节水供水重大水利工程规划设计技术

主 编　沈凤生

黄河水利出版社
·郑 州·

图书在版编目(CIP)数据

节水供水重大水利工程规划设计技术/沈凤生主
编.—郑州:黄河水利出版社,2018.10
ISBN 978 - 7 - 5509 - 2187 - 0

Ⅰ.①节… Ⅱ.①沈… Ⅲ.①水利工程 - 水利规
划 - 设计 Ⅳ.①TV5

中国版本图书馆 CIP 数据核字(2018)第 238025 号

出 版 社:黄河水利出版社 　　　　　　　　网址:www.yrcp.com
　　　　　　地址:河南省郑州市顺河路黄委会综合楼 14 层 　　邮政编码:450003
发行单位:黄河水利出版社
　　　　　　发行部电话:0371 - 66026940、66020550、66028024、66022620(传真)
　　　　　　E-mail:hhslcbs@ 126.com
承印单位:河南瑞之光印刷股份有限公司
开本:787 mm × 1 092 mm 　1/16
印张:54
字数:1 314 千字 　　　　　　　　　　　　　印数:1—1 000
版次:2018 年 10 月第 1 版 　　　　　　　　　印次:2018 年 10 月第 1 次印刷

定价:180.00 元

《节水供水重大水利工程规划设计技术》
编委会

序

人多水少、水资源时空分布极不均匀是我国的基本国情水情,水旱灾害频发,决定了治水兴水对中华民族生存发展和繁荣兴盛至关重要。重大水利工程是水利基础设施体系的骨干和关键,在保障国家水安全中具有不可替代的基础性作用。2014年5月21日国务院常务会议决定,按照统筹谋划、突出重点的要求,在继续抓好中小型水利设施建设的同时,集中力量有序推进一批全局性、战略性节水供水重大水利工程,在"十三五"末建成纳入规划的172项节水供水重大水利工程。工程建成后将实现新增年供水能力800亿立方米和农业节水能力260亿立方米、增加灌溉面积7800多万亩,使我国骨干水利设施体系显著加强。

水利部党组坚决贯彻落实党中央、国务院决策部署,以"节水优先、空间均衡、系统治理、两手发力"治水方针和"确有需要、生态安全、可以持续"的重大水利工程建设原则为指导,把加快推进节水供水重大水利工程建设作为重要政治任务,精心谋划、科学论证,使市场在资源配置中起决定性作用,更好地发挥政府作用,全力推进172项节水供水重大水利工程建设。截至2018年9月,西江大藤峡、淮河出山店、陕西引汉济渭、安徽引江济淮、云南滇中引水等130项重大项目陆续开工建设,在建项目投资规模超过1万亿元,其中中西部地区分布100项,对当地贫困地区乡村振兴和脱贫攻坚将做出重要贡献。目前,牛栏江滇池补水、江西峡江、河南河口村等十几项工程基本完工,开始发挥效益。

规划设计是水利工程的灵魂,是水利工程建设的先行官。172项节水供水重大水利工程规模大、地质条件复杂、设计难度高,存在大埋深长隧洞高地应力、强岩溶、突泥涌水、坝基深厚覆盖层处理等重大工程地质问题,且环境保护要求严格、移民安置政策性强、建设时间紧迫,规划设计工作面临诸多挑战。水利部水利水电规划设计总院高度重视、提前介入、严格把关,勘测设计及相关科研单位精心组织、科学论证,积极运用新理论、新技术、新方法,解决了一个又一个重大工程技术难题。在大型水利枢纽、跨流域调水、灌区、河道治理与防洪等工程的规划论证、勘察、设计方面积累了丰富的经验,在高寒、高海拔、高地震烈度区的各类特高坝设计技术方面,在深埋长隧洞应对各类不良地质条件的技术方面,在深厚覆盖层和强岩溶等地基处理技术方面,在减缓和控制工程对环境的不利影响、保障生态安全技术方面取得了突破性进展。

为及时总结近年来规划设计经验和创新成果,更好地推进172项工程的前期工作,更好地服务于重大水利工程建设,水利部水利水电规划设计总院组织召开"172项节水供水重大水利工程规划设计技术讨论会"。《水利规划与设计》编辑部为本次会议做了充分的技术准备,组织完成了交流论文的征集整理、审核工作,共收到35家单位提交的论文285篇,审核录用194篇。入选论文基本涵盖了参与172项节水供水重大水利工程规划设计的设计单位,内容涉及水利规划、工程地质、水工建筑物设计、金属结构、环境保护、征地移民、施工组织等各个专业。

这些论文是广大工程规划设计人员智慧的结晶,是节水供水重大水利工程建设实践的经验总结。编印《172项节水供水重大水利工程规划设计技术讨论会论文集》,将促进我国重大水利工程规划设计实践成果的交流与推广,也将指导后续设计更好地服务于重大水利工程建设,对提高水利工程的规划设计水平也具有积极的借鉴意义。

2018 年 10 月

目 录

序 ……………………………………………………………………………………… 叶建春

机电信息化篇

环境移民篇

施工概算篇

规　划　篇

福建省平潭及闽江口水资源配置工程总体布局研究

朱光华

(福建省水利水电勘测设计研究院,福州　350001)

摘　要　本文研究提出了平潭及闽江口水资源配置工程"一库一闸三线"的总体布局,即规划建设大樟溪莒口拦河闸作为主水源,建设龙湘水库提高下游枯水期保证流量,由闽江竹岐引水补充大樟溪枯水期不足水量,再通过2条输水线路,分别向平潭和福清、长乐和福州南港片实施供水。工程将有效解决闽江咸潮上溯和区域经济社会发展引起的水资源安全保障问题。

关键词　平潭及闽江口;水资源配置工程;总体布局

1　工程概况

本工程供水范围包括平潭综合实验区、福清市、长乐市、福州市南港片。

平潭人均水资源拥有量448 m³,属绝对贫水区,本岛水资源难以支撑经济社会的跨越发展需要,迫切需要建设岛外引(调)水工程。福清、长乐、福州市区南港片等地的现状取水水源位于闽江南港下游,近年来受海水咸潮上溯影响,频繁出现水质超标问题,取水口水质安全难以保障。为了解决上述供水安全问题,规划提出平潭及闽江口水资源配置工程规划。

闽江是福建省第一大河流,流域面积60 992 km²,闽江竹岐断面多年平均径流量约526亿 m³,多年平均流量1 670 m³/s。大樟溪是闽江下游一级支流,流域面积4 843 km²,多年平均径流量47.58亿 m³。大樟溪流域水量丰富、水质良好,开发利用程度低,地理位置靠近供水区,具有引调水的良好条件。工程以大樟溪为主要水源,以闽江干流补充为补充水源。工程主要由"一库一闸三线"组成:

(1)一库为龙湘水库:工程任务以供水为主,兼顾防洪、发电。规划水库正常蓄水位195 m,死水位173 m,调节库容6 549万 m³。

(2)一闸为莒口拦河闸,闸址位于永泰县塘前乡大樟溪干流上,流域面积4 471 km²。水库正常蓄水位9.0 m,总库容0.65亿 m³,调节库容623万 m³,具有日调节性能,共布置15孔单宽16.0 m的泄水闸,并在右岸设置鱼道。

(3)三线为三条引水线路:闽江竹岐—大樟溪引水线路,设计流量26.3 m³/s,线路长37.873 km;大樟溪—福清、平潭输水线路,设计流量16.8~8.7 m³/s,长度91.713 km;大樟溪—福州、长乐输水线路,设计流量15.2~7.0 m³/s,线路长度51.993 km。三条输水线路全长约181.597 km。其中,隧洞126.754 km、管道及渠道等54.825 km。工程静态总投资59.61亿元,总投资61.64亿元。

工程总体布局示意图如图1所示。

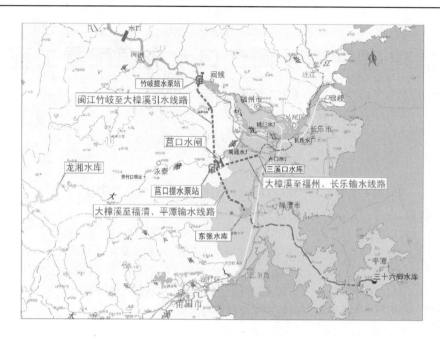

图 1　工程总体布局示意图

2　水资源安全保障形势

2.1　闽江口咸潮上溯危及城市现有供水安全

　　闽江干流的水口水库 1993 年 8 月首台机组投产,自其建成以来,闽江下游的输沙量大幅度减少,造床质泥沙锐减,加上人为过量采砂,导致闽江下游河床下切十分严重。闽江水口坝址—南、北港出口河段,1989～2009 年 20 年时间,河床平均下降了 4.11 m,其中 2003～2009 年 6 年间,平均下降 2.02 m;水口坝址—长门河口段 2003～2009 年 6 年间河床平均下降 2.11 m。2009～2016 年,北港河床基本稳定;南港主河槽继续下切 2～3 m,同水位断面面积增加 10%～20%。

　　闽江口是咸淡水交汇区,枯水期大潮为强混合型、小潮为缓混合型。由于河床下切、水位降低,闽江下游河道纳潮容积大幅扩大,给潮水大量入侵创造了条件,导致潮流界、潮区界不断上延。闽江下游潮区界过去只能到达侯官,现在可达水口坝址;潮流界从旧洪山桥下游向上延伸到闽清梅溪口以上,上延 48 km 左右;20 世纪 90 年代,闽江特枯水期且遇天文大潮时,南港咸潮可过乌龙江大桥到达尚干,北港咸潮上溯到魁岐,2009 年闽江咸潮已上溯到大樟溪口以上。未来一段时间,闽江下游河床仍以冲刷为主,河床将进一步下切,咸潮影响将进一步加剧。

　　近年来,咸潮对闽江下游取水口影响呈加大趋势。闽江下游的城门水厂、长乐炎山、福清闽江调水等取水口,在枯水天文大潮期,水质受咸潮影响较大。2003 年、2009 年、2013 年及 2018 年枯水期,闽江下游发生了较大规模的咸潮入侵,持续时间短则数周,长则 2～3 个月,期间上述水厂取水口水质的氯离子浓度超标,水厂只能间歇取水甚至中断取水,导致城市大面积停水事件发生。

2.2　福州城市扩展需要与时俱进调整水源地布局

　　福州中心城区由鼓楼、台江、晋安、仓山四个行政区的城区部分组成,主要分布在北港两岸。2010 年市区建设用地面积 161.3 km²,其中中心城区 133.3 km²,2010 年市区实际居住人口 200 万,其中中心城区 170 万。随着福州中心城区东扩南移,沿两江四岸发展,中心城区规划面积从 133.3 km² 扩大到 378 km²,人口从 170 万增加到 410 万。随着福州市区扩展,南港现状取水口已位于福州城市下游,同时是城区主要的排污河段,取水口和排污口犬牙交错分布,不利于水源的保护,城市供水受突发污染风险加大。2014 年 3 月 19 日,闽江发生了油污泄漏事件,数千米油污染黑闽江水源保护区。

另外,由于闽江下游河床下切,河道槽蓄量增大、潮动力增强,伴随而来的是南港河道潮差增大、涨潮历时增长、落潮历时缩短,导致福州市城区排入闽江的污染物在闽江下游回荡时间增加,不易向外海扩散。根据模拟计算,2003 年河道地形条件下,闽江下游枯水期水体的置换时间为 25.8 d;2009 年河道地形条件下,水体置换时间延长为 33.8 d;预计今后水体置换时间还将进一步延长。

2.3 现有供水能力难以满足经济社会对需水的增长要求

供水区包括福州、平潭在内的闽江口都市圈,在海峡西岸经济区发展布局中处于重要位置。供水区现状年常住人口约 345 万,地区生产总值(GDP)1 666 亿元,其中工业增加值 741 亿元。预测至近期水平年 2030 年,供水区内将形成 1 个特大城市(福州中心城区)、2 个大城市(福清市、平潭岛),以及一批小城镇,届时常住人口将达 584 万,地区生产总值(GDP)约 7 400 亿元,其中工业增加值约 3 000 亿元。至远期水平年 2040 年,常住人口 584 万,地区生产总值约 13 000 亿元,其中工业增加值约 5 400 亿元。

供水区境内多年平均水资源量 22.56 亿 m³,其中平潭 1.85 亿 m³、长乐 4.28 亿 m³、福清 12.16 亿 m³、福州南港片 4.27 亿 m³。水资源开发利用率约 40.7%,其中平潭 53.4%、长乐 41.4%、福清 37.0%、南港片 45.2%。

供水区 2012 年总供水量 11.58 亿 m³(不含火电直流冷却水),其中城镇用水量 6.74 亿 m³、农业用水量 4.84 亿 m³。从闽江的引提水量约 2.39 亿 m³,当地供水量 9.19 亿 m³。

经需水预测,城镇需水量 2012 年为 6.64 亿 m³,2030 年为 13.05 亿 m³,2012～2030 年增长 6.41 亿 m³,年均增长率 3.82%。2040 年 13.77 亿 m³,2030～2040 年增长 0.72 亿 m³,年均增长率 0.54%。

由于闽江下游咸潮上溯等,现有的闽江南港取水需要替代,保留的可供水量加上境内新可开发的水源工程,供水区 2030 年城镇可供水量 5.25 亿 m³($P = 97\%$),缺水量 7.80 亿 m³;2040 年城镇可供水量 5.25 亿 m³($P = 97\%$),缺水量 8.52 亿 m³。

供水区内的平潭、福清、长乐等地,由于用水紧张,原设计以灌溉为主的水库,纷纷转为城镇供水水源。例如福清市的东张水库、建新水库,长乐市的三溪口水库等,原灌溉面积逐步萎缩。由于用水紧张,境内一些水库难以保证最小下泄生态流量,也导致河流生态环境受到一定程度的影响。

由上述分析可知,如没有建设关键性的替代工程,未来供水区内缺水问题将会日趋严重,影响区域经济社会的可持续发展。

3 水资源供需平衡分析

供水区内已建蓄水工程有:大型水库 1 座,总库容 20 600 万 m³;中型水库 4 座,总库容 7 316 万 m³;小(一)型水库 31 座,总库容 6 086 万 m³;小(二)型水库 124 座,总库容 2 791

万 m³。合计各类供水水库共 160 座,总库容 36 793 万 m³。已建引调水工程主要有:福清闽江调水工程,规划供水流量 10 m³/s,已建成 4.85 m³/s;长乐炎山供水工程,日供水规模约 35 万 t/d;平潭应急调水工程,设计流量 1.337 m³/s,从福清闽江调水工程分水。

2030 年城镇用水部分多年平均可供水量 59 244 万 m³,其中常规水源供水量 54 116 万 m³、雨洪水利用水量 1 165 万 m³、再生水利用水量 3 233 万 m³、海水淡化量 730 万 m³;$P =$ 97% 年份可供水量 52 465 万 m³,其中常规水资源供水量为 47 722 万 m³、雨洪水利用水量 780 万 m³、再生水利用水量 3 233 万 m³、海水淡化量 730 万 m³。

基于现状供水设施的城镇用水供需平衡分析见表 1,净缺水过程见表 2。供水区 2020 年、2030 年、2040 年多年平均缺水量分别为 36 987 万 m³、71 212 万 m³、78 434 万 m³;$P =$ 97% 年份缺水量分别为 43 766 万 m³、77 991 万 m³、85 213 万 m³。2040 年平均缺水流量达到 24.85 m³/s。

表 1　供水区现状年城镇用水供需平衡分析　　　　　　　　（单位:万 m³）

项目	保证率	水平年			
		2012	2020	2030	2040
城镇需水量		66 380	94 581	130 456	137 678
城镇可供水量	多年平均	64 303	57 594	59 244	59 244
	$P =50\%$	67 763	61 587	63 237	63 237
	$P =75\%$	62 195	56 634	58 284	58 284
	$P =90\%$	58 010	53 117	54 767	54 767
	$P =97\%$	55 837	50 815	52 465	52 465
余缺水量	多年平均	− 5 311	− 36 987	− 71 212	− 78 434
	$P =50\%$	− 5 060	− 32 994	− 67 218	− 74 441
	$P =75\%$	− 5 780	− 37 947	− 72 172	− 79 394
	$P =90\%$	− 9 220	− 41 464	− 75 689	− 82 911
	$P =97\%$	− 11 068	− 43 766	− 77 991	− 85 213

表 2　供水区设计水平年净缺水流量过程线　　　　　　　　（单位:m³/s）

分区	缺水	多年平均	$P =50\%$	$P =75\%$	$P =90\%$	$P =97\%$
平潭	年最大	7.52	7.52	7.66	7.75	7.84
	平均	6.98	6.98	7.11	7.19	7.28
长乐	年最大	5.88	5.73	5.96	6.05	6.25
	平均	5.46	5.32	5.53	5.62	5.69
福清	年最大	5.85	4.69	5.94	6.91	7.49
	平均	5.43	4.36	5.51	6.42	6.95

续表2

分区	缺水	多年平均	$P=50\%$	$P=75\%$	$P=90\%$	$P=97\%$
南港片	年最大	7.53	7.46	7.55	7.58	7.60
	平均	6.99	6.93	7.01	7.05	7.08
合计	年最大	26.78	25.41	27.10	28.29	29.18
	平均	24.85	23.59	25.16	26.27	27.00

4 水资源配置方案

大樟溪流域内生态环境优良,水量丰富,水质良好,开发利用程度较低,地理位置靠近供水区,具有引调水的良好条件。经分析,流域内的永泰县现状工业及生活用水量约1.2 m³/s,规划期新增用水流量约1.4 m³/s,在分析计算大樟溪可引水量时,优先保障永泰县用水需求。

在龙湘水库未建情况下,莒口拦河闸保证率97%的可引流量为0,保证率90%的可引流量为5.5 m³/s;引水流量32 m³/s的相应保证率约61%。在设计引水流量32 m³/s的条件下,龙湘水库建成前多年平均可引水量为7.79亿m³。

在龙湘水库建成后,莒口拦河闸保证率97%可引流量为6.1 m³/s,保证率90%的可引流量为11.0 m³/s;引水流量32 m³/s的相应保证率约63%。在设计引水流量32 m³/s的条件下,龙湘水库建成后多年平均可引水量为8.31亿m³。

从区域水资源禀赋、可引水条件、线路布置等方面,规划提出统一配置和分片配置两种水资源配置方案。

(1)统一配置方案:在大樟溪莒口附近建闸取水,取水口统一设在大樟溪莒口拦河闸,水源以大樟溪为主、闽江竹岐引水为补充。引水线路布置为:闽江竹岐—大樟溪引水线路,在竹岐断面建泵站提水,规划流量26.3 m³/s,经闽侯县上街镇、南屿镇,至永泰大樟溪莒口水闸上游,线路长度37.873 km,洞径5.5 m;大樟溪—三溪口水库输水线路,设计引水流量15.2 m³/s,从大樟溪莒口泵站提水,输水至三溪口水库,线路长度18.386 km,洞径4.8 m。该方案合计可比线路长度56.26 km,可比投资17.41亿元。

(2)分片配置方案:福州南港、长乐市从闽江竹岐引水,福清、平潭从大樟溪引水为主,由于枯水期大樟溪水量不足,需要闽江竹岐引水补充。可比引水线路分三段:①闽江竹岐—南屿引水线路,规划引水流量27.8 m³/s,从闽江竹岐泵站提水,途径闽侯县上街镇,至南屿附近分叉,线路长度28.022 km,洞径5.5 m;②南屿—三溪口水库引水线路,规划引水流量15.2 m³/s,线路长度19.50 km,洞径4.8 m;③南屿—大樟溪莒口引水线路,规划引水流量12.6 m³/s,线路长度12.336 km,洞径3.2 m。该方案合计可比线路长度59.858 km,可比投资18.58亿元。

分片配置方案福州中心城区均为闽江,水源单一,中新城区水质略逊,应对闽江中上游突发污染事件能力不足,经济性上没有优势,地方政府持保留态度;统一配置方案以大樟溪作为福州第三水源,增强了福州城市供水的安全性,符合福州市长远战略发展的需要,经济上略优,地方政府容易接纳该方案,因此采用水源统一配置方案。

5 工程总体布局研究

本工程规划总体布局包括取水水源布局、调蓄工程布局、提水工程布局及输水线路布局。

5.1 取水水源布局

5.1.1 大樟溪取水水源

根据水质监测结果,大樟溪塘前以上水质满足地表水Ⅲ类标准,大樟溪塘前以下河段受福州第一化工厂排污影响。结合流域的地形、水位、梯级电站、取水建筑物布置、建库淹没控制等综合分析,选择塘前以上的莒口和界竹口水库两个取水水源进行分析比较。

方案一:莒口取水方案。工程总体布置为"一闸三线"。"一闸"为莒口拦河闸,"三线"为大樟溪(莒口)—东张水库—平潭三十六脚湖输水线路,大樟溪(莒口)—三溪口水库—福州、长乐输水线路,闽江竹岐—大樟溪(莒口)输水线路,配套相应的提水泵站。工程可比投资33.01亿元。

方案二:界竹口取水方案。工程总体布置为"一库三线"。"一库"为界竹口水库,"三线"为大樟溪(界竹口)—东张水库—平潭三十六脚湖输水线路,大樟溪(界竹口)—三溪口水库—福州、长乐输水线路,闽江竹岐—大樟溪(界竹口)输水线路,配套相应的提水泵站。界竹口水库是一座以发电为主,兼有防洪功能的中型水库,位于永泰县城上游12.5 km,坝址以上流域面积3 441 km²,调节库容0.292亿m³,正常蓄水位78 m,死水位72 m,比东张水库和三溪口水库高,可自流输水。工程可比投资49.40亿元。

大樟溪取水水源的比较见表3。方案一经济性较优,生态环境影响较小,社会普遍接受,推荐方案一。

表3 大樟溪取水水源综合比较结果

序号	项目	单位	方案一:莒口配水,闽江竹岐补水	方案二:界竹口取水,闽江竹岐补水
一	取水量			
1	大樟溪取水点流域面积	km²	4 471	3 441
2	多年平均水量	亿m³	36.6	26.8
3	平均流量	m³/s	116	85
4	枯水期平均流量	m³/s	51.5	37.0
二	经济性			
1	可比线路长度	km	79.37	127.50
2	可比投资	亿元	33.01	49.40
3	年运行费用	亿元	1.68	1.91
4	总费用现值	亿元	41.60	57.32
三	重大生态环境制约因素			线路穿越藤山省级自然保护区。界竹口以下枯水期基本只保留生态流量(约10.6 m³/s)
四	相关方意见		永泰县基本同意,受水区地方政府基本接受	永泰县不同意

5.1.2 闽江取水水源

根据《全国重要江河湖泊水功能区划》,水口坝址—闽侯自来水公司河段划为闽江中下游闽清、闽侯饮用水源区和农业用水区,水质执行《地表水环境质量标准》(GB 3838—2002)Ⅱ~Ⅲ类标准。

根据《闽江下游水资源及水环境系统研究》成果,闽江咸潮最终将上溯至淮安头南北港分流口以上,因此本工程的取水口应选在淮安头以上。综合考虑闽江下游的水质情势、河段水位、取水建筑物布置、线路走向,选取闽江竹岐和闽江水口水库两个取水点进行分析研究。

方案一:闽江竹岐取水方案。闽江竹岐—大樟溪引水线路长度约 37.873 km,设计引水流量 26.3 m³/s,洞径 5.5 m,竹岐设计取水位 -0.53 m,莒口正常蓄水位 9.0 m,提水扬程 35.23 m,提水泵站装机容量 16 000 kW。方案一可比投资 12.99 亿元。

方案二:闽江水口水库取水方案。闽江水口水库—大樟溪引水线路长度约 70.5 km,设计流量 26.3 m³/s(竹岐断面),洞径 5.5 m,水口水库正常蓄水位 65.0 m,汛限水位 61.0 m,死水位 55.0 m,可自流输水。方案二可比投资 21.81 亿元。

从取水量看,多年平均从闽江引水补充量为 1.96 亿 m³,相对于取水断面 500 多亿 m³ 的来水量,仅占不到 0.4%,占比很小,可以满足取水需要;从供水水质看,两个方案均可满足供水要求,竹岐水质略好于水口水质。

从经济性看,方案一考虑提水费用后的年运行费用 0.291 亿元,总费用现值约 15.40 亿元;方案二考虑弥补水口水库发电损失后年运行费用 0.316 亿元,总费用现值 24.42 亿元,方案一比方案二总费用现值小 9.03 亿元,方案一明显经济。

从生态环境影响看,设计引水流量 26.3 m³/s,闽江下游生态基流 308 m³/s。通过水口水库及上游大型水库调节,水口水库 $P=97\%$ 保证流量约 410 m³/s,可以满足生态基流和设计引水流量要求,生态影响均较小。从社会可接受程度,两个方案均可接受。

方案一经济性较优,水质较好,生态环境影响小,采用闽江竹岐取水方案。

5.2 调蓄工程布局

供水区主要选择输水线路附近已建或待建的大中型水库作为调蓄工程,主要有莒口拦河闸、福清东张水库、平潭三十六脚湖水库、闽侯三溪口水库及龙湘水库。

5.2.1 莒口拦河闸

莒口拦河闸为本工程的分水枢纽工程,主要作用是调蓄径流和控制闸前水位,确保取水安全。闸址控制流域面积 4 471 km²,多年平均径流量 36.6 亿 m³,多年平均流量 116 m³/s。水库校核洪水位 18.95 m,正常蓄水位 9.0 m,死水位 6.0 m,总库容 6 892 万 m³,调节库容 671 万 m³。上游界竹口水电站以发电为主,在电网中承担一定的调峰、调频及事故备用任务,机组满发流量约 243 m³/s。莒口拦河闸反调节库容可满足界竹口发电运行的反调节需要。

5.2.2 福清东张水库

福清东张水库承担福清、平潭两地供水中转枢纽的作用。水库正常蓄水位 54.54 m,汛限水位 54.04 m,死水位 40.54 m,调节库容 15 500 万 m³。大樟溪(莒口)—东张水库输水线路供水量分别占平潭、福清设计水平年需水量的 74% 及 32%,当输水线路需要正常检修时,对福清与平潭的正常供水将产生较大影响,为此在东张水库设置备用库容约 3 015 万 m³,以满足线路检修、事故备用等。

5.2.3　平潭三十六脚湖水库

平潭三十六脚湖水库位于平潭主岛内,是平潭岛内唯一的中型水库,现为平潭城区供水水源。水库集水面积 13.4 km^2,多年平均来水量 659.3 万 m^3,正常蓄水位 14.44 m,死水位 8.54 m,总库容为 2 057 万 m^3(清淤后),兴利库容约 1 700 万 m^3。

5.2.4　闽侯三溪口水库

闽侯三溪口水库位于闽侯青口镇三溪口村,位于大樟溪—福州、长乐输水线路的中部,三溪口水库正常蓄水位 48.89 m,死水位 33.29 m,调节库容 745 万 m^3。

5.2.5　龙湘水库

龙湘水库工程任务是供水、发电、防洪。其供水任务是承担莒口拦河闸的补偿调节任务,枯水期当下游区间来水不足以满足正常供水时,加大下泄流量补偿用水需求。水库正常蓄水位 195 m,死水位 173 m,调节库容 6 549 万 m^3。

5.3　提水工程布局

为了满足供水需要,布置 3 座提水泵站,分别为大樟溪莒口 1$^\#$泵站、2$^\#$泵站及竹岐泵站。

(1)莒口 1$^\#$泵站负责大樟溪—福清、平潭输水线路的提水任务,莒口水闸平均水位为 8 m,福清东张水库平均运行水位 49.78 m,扬程范围 43.42~59.04 m,设计流量 16.8 m^3/s,设计扬程 58.75 m,装机容量 16 MW。

(2)莒口 2$^\#$泵站负责大樟溪—福州、长乐输水线路的提水任务,平潭三溪口水库平均运行水位 47.13 m,扬程范围 39.73~52.605 m,设计流量 16.8 m^3/s,设计扬程 52.605 m,装机容量 14 MW。

(3)竹岐泵站负责在大樟溪来水不足时,从闽江抽水补充。竹岐断面河道平均水位 1.57 m,出水池莒口水闸平均水位 8 m,设计流量 26.3 m^3/s,扬程范围 35.57~31.06 m,设计扬程 35.23 m,装机容量 16 MW。

5.4　输水线路布局

5.4.1　受水点

(1)平潭受水点:平潭三十六脚湖水库为中型水库,本身具备一定的调节能力,又是主要供水水源,因此选择三十六脚湖水库作为平潭的受水点较为合适。

(2)福清受水点:大樟溪—平潭输水线路经过福清东张水库,福清东张水库本身具有多年调节性能,又是福清规划供水体系中的水源枢纽,因此选择福清东张水库作为福清受水点。

(3)福州南港片受水点:"一闸三线"工程是城门水厂、青口水厂、南通水厂的替代水源,因此选择上述水厂作为受水点。

(4)长乐受水点:长乐现状水源主要为炎山取水泵站,取水规模 35 万 m^3/d,近期可以满足长乐已有三个水厂的供水量要求。选取炎山泵站为长乐受水点,作为其替代主水源,同时以闽江水作为备用,在大樟溪水源出现问题时,可抽取闽江水替代。

5.4.2　输水线路布局

根据取水水源和受水点的不同,并结合线路布置,拟定三条输水线路。

(1)大樟溪—福清、平潭输水线路。

取水点位于大樟溪莒口拦河闸上游,起点为拟建的莒口 1$^\#$泵站,终点为平潭三十六脚湖水库,线路途经福清东张水库。输水线路总长 91.713 km,其中输水隧洞长 48.932 km、输水管(渠)道长 38.589 km、海底铺管 4.192 km。输水方式为有压输水。

（2）大樟溪—福州、长乐输水线路。

取水点位于大樟溪莒口拦河闸上游，起点为拟建的莒口 2# 泵站，终点为长乐炎山泵站，线路途经闽侯三溪口水库。输水线路全长 51.993 km，其中输水隧洞长 40.853 km、输水管道长 6.282 km、河底铺管 4.858 km。长乐支线长度 14.577 km，城门支线长度 5.602 km，南通支线长度 3.947 km，青口支线长度 2.499 km。

（3）闽江竹岐—大樟溪输水线路。

取水点选在闽江竹岐乡上游约 3.6 km 处，起点为拟建的竹岐泵站，输水线路途径闽侯县上街镇、南屿镇至大樟溪莒口拦河闸上游，线路长 37.873 km，其中隧洞长 36.969 km、管道长 0.142 km。

6 结 语

重大水资源配置工程的总体布局往往涉及面广、需要考虑因素多，要通过多方案的深入分析比较才能确定。本文以平潭及闽江口水资源配置工程总体布局的研究论证为例，通过分析区域水资源安全保障存在的主要问题，确立项目建设重大意义；通过供水水资源供需平衡分析计算，确定工程设计规模；通过水资源配置方案比较，确立工程总体布局，并进一步研究提出水源、调蓄工程、提水及输水线路布局。文中提出的平潭及闽江口水资源配置工程，已获得国家批复并动工建设。本文论证思路和经验，可资类似工程参考借鉴。

参 考 文 献

[1] 毛文耀. 跨流域调水工程规划思路的探讨[G]//水利部南水北调规划设计管理局. 跨流域调水与区域水资源配置. 北京：中国水利水电出版社，2012.
[2] 曹正浩，张娜. 滇中引水工程规模论证[G]//水利部南水北调规划设计管理局. 跨流域调水与区域水资源配置. 北京：中国水利水电出版社，2012.
[3] 张克强. 引汉济渭工程规划过程回顾[G]//水利部南水北调规划设计管理局. 跨流域调水与区域水资源配置. 北京：中国水利水电出版社，2012.
[4] 将春芹，王萍. 浅谈北京市南水北调配套工程总体规划[G]//水利部南水北调规划设计管理局. 跨流域调水与区域水资源配置. 北京：中国水利水电出版社，2012.
[5] 于义彬，欧阳如琳，何宏谋. 规划水资源论证要点分析与案例[M]. 北京：中国水利水电出版社，2016.
[6] 潘家铮，张泽祯. 中国北方地区水资源的合理配置和南水北调问题[M]. 北京：中国水利水电出版社，2001.
[7] 福建省水利水电勘测设计研究院. 福建省平潭及闽江口水资源配置（一闸三线）工程初步设计报告第三分册工程任务与规模[R]. 福州：福建省水利水电勘测设计研究院，2016.
[8] 福建省水利水电勘测设计研究院. 福建省平潭及闽江口水资源配置（一闸三线）工程初步设计报告第一分册综合说明[R]. 福州：福建省水利水电勘测设计研究院，2016.
[9] 张欣. 浅议山西省引调水工程中调节水库选型与选址[J]. 人民珠江，2015(3)：96-98.
[10] 刘丙军，陈晓宏，刘德地. 南方季节性缺水地区水资源合理配置研究——以东江流域为例[J]. 中国水利，2008(5)：21-23.
[11] 水利部南水北调规划设计管理局. 调水工程设计导则：SL 430—2008[S]. 北京：中国水利水电出版社，2008.

【作者简介】 朱光华，教授级高级工程师。E-mail：qwqzgh@163.com。

基于河冰模型模拟分析计算伊丹河冰期输水

齐文彪[1]　于德万[1]　茅泽育[2]

(1.吉林省水利水电勘测设计研究院,长春　130021;
2.清华大学水利水电系,北京　10084)

摘　要　根据水动力学、热力学、河冰水力学及固体力学等基本理论,针对吉林省伊丹河输水河段具体特征,建立了伊丹河的河冰数值模型,并用 1958～1988 年共 30 年的水文、气象资料对该输水河段进行了数值模拟及分析。结果表明,伊丹河输水河段冰期封冻形式为平封,可形成稳定冰盖从而实现冰期冰盖下输水,且满足冰期正常输水的要求。

关键词　冰期输水;调水工程;冰情演变;数值模拟;伊丹河

1　引　言

伊丹河冰期输水属于吉林省中部城市引松供水工程(简称吉林引松工程)长春干线的一部分,长春干线全长 14.1 km,起点为冯家岭分水枢纽调压井,随后用隧洞和埋管输水,在伊丹镇后贡家村附近伊丹河处放水入伊丹河,利用伊丹河道输水自流入新立城水库,经新立城水库调节后向长春市及农安县城供水。在入伊丹河口处设置有一扇弧形闸门,控制出水流量,孔口尺寸为 4.0 m×4.0 m。

长春干线需利用天然河道输水,长度为 6.24 km,由于工程地处严寒地带,冬季气温很低,河道冬季输水运行时,会出现不同程度的冰冻,影响河道的水力条件,也会影响到上游长春干线隧洞、冯家岭分水枢纽(总干线调压井、四平泵站、辽源泵站)等的水力条件,影响到工程的调度运行安全,因此长春干线伊丹河段冰期输水状况的研究,已成为吉林引松工程必须解决的问题,对保障冰期输水期间河道及冯家岭分水枢纽安全运行的可靠性、技术的可行性具有重要的意义。

2　伊丹河概况

伊丹河全流域的面积为 483 km²,流经伊通满族自治县和长春市。伊丹河原名伊巴丹河,是伊通河境内最大支流。伊丹河发源于伊通县二道镇流沙村加槽屯东北部的丛山峻岭中。流经伊通县的二道镇,伊丹镇,长春市南关区新湖镇。在长春市南关区新湖镇注入伊通河后自流入新立城水库库区。伊丹河河道全长 59.4 km。河道比降为 1.4‰。上游流域是丘陵和山谷平原之间,下游是平原。河床比较稳定,河岸两侧植被较好。

3　河冰模型

封冻期河冰演变的模型主要包括河道水力学模型、输冰模型、热力学模型及冰冻等。

封冻河道的水流一维流动近似由以下连续性方程和动量方程描述：

$$\frac{\partial Q}{\partial x} + \frac{\partial A}{\partial t} = q_1 \tag{1}$$

$$\frac{\partial Q}{\partial t} + \frac{2Q}{A}\frac{\partial Q}{\partial x} - \frac{Q^2}{A^2}\frac{\partial A}{\partial x} + gA\frac{\partial z}{\partial x} + gn_c^2 Q^2 \frac{P^{4/3}}{A^{7/3}} = 0 \tag{2}$$

其中

$$z = z_b + h + \frac{\rho_i}{\rho}t_i$$

式中：Q 为流量；A 为过水断面面积；q_1 为单宽侧向入流量；x 为距离；t 为时间；g 为重力加速度；z 为水位；z_b 为河床高程；t_i 为冰盖下水深；n_c 为综合糙率系数；ρ 为湿周。

根据热量守恒原理，沿河水温 w 的时空分布近似由以下对流-扩散方程表述：

$$\frac{\partial \eta}{\partial t} + v\frac{\partial \eta}{\partial x} = B_0 \sum S \tag{3}$$

其中

$$\eta = \rho C_p A T_w$$

式中：v 为断面平均流速；B_0 为水面宽；$\sum S$ 为水体与周围环境的单位面积热交换量；C_p 为水的比热容；T_w 为断面平均水温。

根据分层输冰理论，河流中的流冰由面冰和悬浮冰两部分组成，其质量守恒方程可参见文献[9]。根据冰盖前缘断面的水动力条件，以及上游来冰情况，冰盖的发展一般有并置推进、水力增厚推进、机械增厚推进[1,10]。冰盖下冰的输移和积聚采用文献[11]中的输冰能力公式计算。在积聚冰盖体向上游发展过程中，一方面，冰盖体中的孔隙水冻结而形成固状冰体外壳，增大冰体强度；另一方面，由于冰盖表面和底面发生热交换，冰体厚度将发生热力增厚或消融。冰盖体的热力增厚或消融过程由热力平衡原理得到，即

$$\rho_i L_i \frac{dT'_w}{dt} = h_{ia}(T_s - T_a) - h_{wi}(T_w - T_m) \tag{4}$$

式中：T'_w 为水温度；T_s 为冰层表面温度；T_a 为气温；T_m 为冰层热熔度，即 0 ℃；h_{ia} 为大气与冰层表面的热交换系数，取 19.71；h_{wi} 为水体与冰层底面的热交换系数。

模型中式(1)~式(3)采用显式有限差分 MacCormack 步进格式求解[12]，其在时间和空间上具有二阶精度 $o(\Delta x^2, \Delta t^2)$。MacCormack 方法属两步预测-修正型，其预测和修正步骤，可以交替地向前和向后差分。各子模型组成的联合方程组采用同步求解。为准确模拟伊丹河输水河段的冰情，作者曾应用白山河段完整详尽的气象、冰情原型观测资料，采用工程类比验证方法对上述数学模型进行了模型参数率定及验证，自丰满水库取水口至长春干线出水口断面 C09 之间的 99.2 km 隧洞及 16.2 km 埋地输水管道水温，采用以下一维水温对流-扩散方程计算，得到长春干线出水口断面水温随时间的变化过程：

$$\rho C_p \frac{\partial T'_w}{\partial t} + \rho C_p v_1 \frac{\partial T'_w}{\partial x} = -\frac{\sum S_1}{R'} \tag{5}$$

式中：R' 为水力半径；T'_w 为水温；v_1 为水流流速；$\sum S_1$ 为水体与管壁的热交换通量，为简化管道与周围环境之间的热力过程，本文将土壤看成均质材料，采用当量热传导方式，即认为在土壤离散介质中的传热主要通过热传导实现，根据热交换公式求得 $\sum S_1$[15]。式(5)的数值计算方法参见文献[4]。

4　冰清计算

图 1 ~ 图 3 分别为 C09 断面、河道中间断面与入库断面流量随时间变化的计算结果。图 4 为 C09 断面水位随时间变化的计算结果。由图 1 ~ 图 3 可以看出,由于伊丹河常年平均流量不超过 0.512 m³/s,所以其流量过程主要受长春干线的设计输水流量影响,由于 C09 断面与长春干线出口断面相距很近,其流量一直维持在 13.7 m³/s(见图 1)。而河道中间断面的流量过程,起初流量值保持在一稳定值附近,在第 50 天之后(12 月 20 日),流量开始有所下降,最终又趋于稳定(见图 2),这与河道的槽蓄水量变化有关。入库断面的流量过程变化趋势与河道中间断面相似(见图 3),不同之处在于其在第 50 天附近流量的下降幅度较之略大。同样,在第 50 天左右出现明显壅高现象,这是由于在第 50 天后,河道开始形成冰盖。冰盖的形成使河道流动阻力增大,造成上游水位壅高。从图中可知,1977 年 1 月 29 日时刻的水面线较 12 月 1 日时刻明显壅高,因为此时河段上已有冰盖生成,造成上游壅水、水位抬高(见图 5、图 6);1977 年 1 月 29 日时刻河段出现最大冰厚值。图 7 为封冻期入库断面水温随时间变化过程的计算值,从图中可以看出,水温在 12 月 15 日左右降到零度,水体进入过冷却状态,水内冰生成,随后开始流凌以及冰盖的生成,最后水温维持在零度左右。图 8 为入库断面平均冰厚值随时间变化的计算结果。冰厚最大值出现在 1 月 29 日,其值为 0.93 m;2 月中旬以后,由于受丰满水库水温及气温升高影响,冰厚值减小。冰盖前沿断面位置随时间的变过过程如图 9 所示。计算结果表明,12 月 20 日下游入库断面首先形成初始冰盖,大约 6 d 后,冰盖前沿到达河道中间断面之后便不再向前发展。

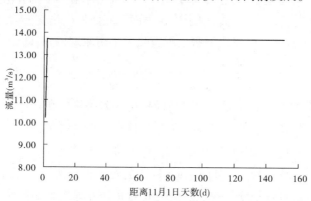

图 1　11 月至翌年 3 月 C09 断面流量过程

图 10 和图 11 分别为入库断面面冰密度和水内冰密度随时间的变化过程。从图中可知,12 月中下旬水温降到零度,水内冰生成。随后,面冰生成河道开始流凌。从图 11 可知水内冰密度在达到峰值之后,便迅速减小,这是由于冰盖的形成阻断了水体和大气的热交换,导致水温维持在零度,此时冰盖下有很少的水内冰生成。1977 年 1 月 29 日 C09 断面到入库断面冰厚沿程分布及 Fr 沿程分布如图 12、图 13 所示。伊丹河输水河段 Fr 值几乎均在第一临界弗劳德数 0.09 以下,表明在气象以及水温条件等适宜的条件下,河道大部分河段都可形成冰盖。C09 断面以及入库断面处的弗劳德数稍微偏大,由于长春干线在 C09 断面放水入伊丹河,会对水体造成一定的扰动,致使 Fr 值较大。

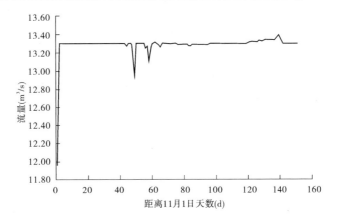

图2 11月至翌年3月河道中间断面流量过程

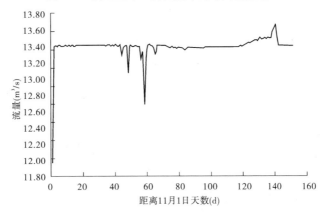

图3 11月至翌年3月入库断面流量过程

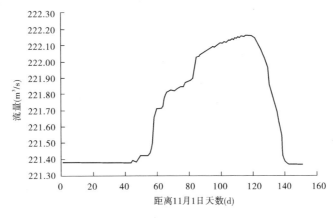

图4 11月至翌年3月C09断面水位过程

5 结 语

冰情数值计算结果表明,自下游入库断面至上游几个过流断面的水流 Fr 值在第一临界弗劳德数(0.09)附近。从输水安全角度考虑,建议适当降低该河段的 Fr 值,否则有可能导致来自上游的冰花及水内冰在该河段堆积,形成冰塞并产生冰害。

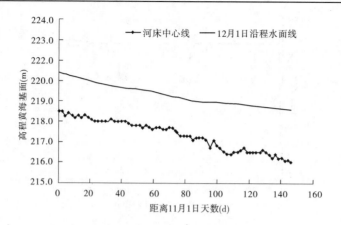

图5 12月1日伊丹河输水河段沿程水位变化

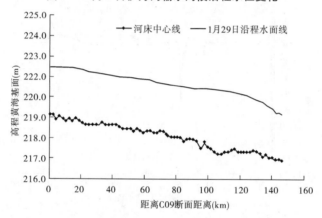

图6 1月29日伊丹河输水河段沿程水位变化

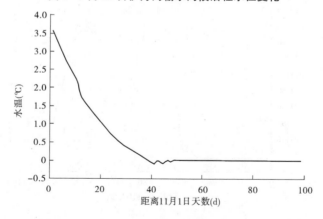

图7 伊丹河输水河段入库断面封冻期水温变化

伊丹河冬季输水期间,在河道部分河段冰盖生成后,各断面水位出现不同程度的壅高,与明流期相比,最大壅水高度达 0.78 m。各断面流量略有减小,但随后又趋于稳定值。在长春干线设计流量 13.2 m³/s 前提下,下游入库断面流量最小值为 12.7 m³/s,最大值为 13.65 m³/s,大部分时间维持在 13.4 m³/s 附近。

伊丹河输水河段没有大型冰塞生成,但长春干线汇入断面的最大壅水高度达 0.78 m。

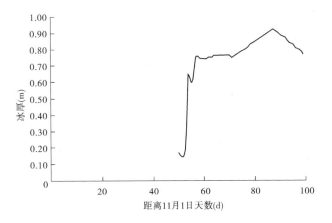

图8 伊丹河输水河段入库断面封冻期冰厚随时间变化

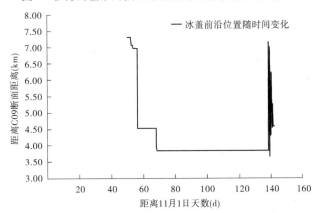

图9 伊丹河输水河段冰盖前沿位置随时间变化

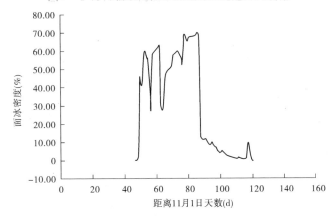

图10 入库断面面冰密度随时间变化

壅水造成的回水影响范围达长春干线有压管道出水口断面附近,导致出水口处水位升高,应采取相应的工程措施。

参 考 文 献

[1] LAL A M,SHEN H T. A mathe matical model for river iceprocesses[J]. Journal of Hydraulic Engineering,

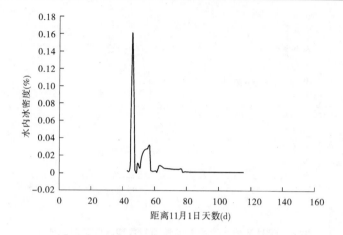

图 11　入库断面水内冰密度随时间变化

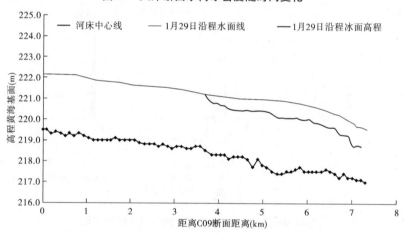

图 12　1977 年 1 月 29 日伊丹河输水河段冰盖体纵剖面图

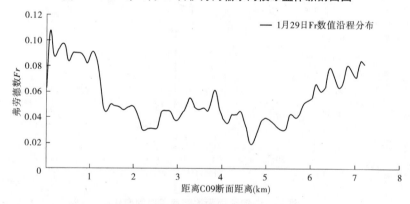

图 13　1977 年 1 月 29 日伊丹河输水河段 Fr 沿程分布

1993,117(7):851-867.

[2] 陈瑞考,宋玲,魏鹏,等. 考虑渠内水影响的冬季输水渠道冻胀的数值模拟[J/OL]. 石河子大学学报（自然科学版）,2018(2):1-6.

[3] 宋玲,陈瑞考,马铭悦,等. 冬季输水梯形渠道冻胀时水力因素对刚性衬砌层内力影响研究[J]. 南水

北调与水利科技,2018,16(2):158-163.

[4] 茅泽育,吴剑疆,张磊,等. 天然河道冰塞演变发展的数值模拟[J]. 水科学进展,2003,14(6):700-705.

[5] 穆祥鹏,陈文学,郭晓晨,等. 高纬度地区渠道无冰盖输水的冰情控制研究[J]. 水利学报,2013,44(9):1071-1079.

[6] 刘国强. 长距离输水渠系冬季输水过渡过程及控制研究[D]. 武汉:武汉大学,2013.

[7] 崔巍,陈文学,穆祥鹏,等. 南水北调中线总干渠冬季输水过渡期运行控制方式探讨[J]. 水利学报,2012,43(5):580-585.

[8] 郭新蕾,杨开林,付辉,等. 南水北调中线工程冬季输水冰情的数值模拟[J]. 水利学报,2011,42(11):1268-1276.

[9] 王永填. 河冰数值模型及河渠冬季输水冰情特性研究[D]. 北京:清华大学,1999.

[10] PARISET E,HAUSSER R. For mation and evolution of icecovers on rivers[J]. Transaction of Engineering Instituteof Canada,1961,5(1):41-49.

[11] 崔巍,陈文学,穆祥鹏,等. 南水北调中线总干渠冬季输水过渡期运行控制方式探讨[J]. 水利学报,2012,43(5):580-585.

[12] 郭新蕾,杨开林,付辉,等. 南水北调中线工程冬季输水冰情的数值模拟[J]. 水利学报,2011,42(11):1268-1276.

[13] 樊霖,茅泽育,吴剑疆,等. 松花江白山河段冰情数值计算及分析[J]. 水科学进展,2016,27:890-897.

[14] 崔慧,吴长春. 热油管道非稳态工况传热与流动的耦合计算模型[J]. 中国石油大学学报(自然科学版),2005,29(3):101-105.

[15] FAN L,MAO Z Y,BAO J,et al. A river – ice model forWanjiazhaireachoftheYellowRiver[C]//Proceeding-softhe22ndIAHRInternationalSy mposiu mon Ice. Singapore NUS,2014:869-876.

【作者简介】 齐文彪(1962—),男,研究员,主要从事水利水电工程设计研究。E-mail:qi – wen – biao@163. com。

关于三江低平原沿松花江两岸
新建灌区建设的研究

韩 梅[1] 梁贞堂[2]

(1. 黑龙江大学水电学院,哈尔滨 150080;
2. 黑龙江省水利水电勘测设计研究院,哈尔滨 150080)

摘 要 新时代国家对生态文明和农田水利建设制定出了全新的政策,对灌区建设提出了更高的要求;如何在三江低平原区建设新的灌区,成为了一个重大课题。研究表明在三江低平原建设的新灌区应当是:水源工程采用地下水与松花江水的双水源,灌溉前期用地下水、后期用松花江水;渠道工程采用灌溉排水两用渠道,改造小河流和原有排水沟道形成灌排两用渠道,并建设节制闸,使水零排放;蓄水工程是改造后的滞洪区和部分湿地,利用冬季的空闲期蓄水。目的是充分利用当地水,节约抽取松花江水,占用耕地最小。
关键词 三江低平原;松花江;灌区;建设

2017 年,以中国共产党第十九次代表大会的召开为标致,中国进入了新时代;"贯彻新发展理念,建设现代化经济体系""加快生态文明体制改革,建设美丽中国"正在全国传播。此时,灌区作为农业的基础与命脉设施,如何大发展、快发展成为一个重大课题;一方面要保障粮食的安全与增长,一方面要克服资源的限制与减少。本文根据三江低平原及松花江干流的特点,对两岸灌区建设进行了研究。

1 基本概况

1.1 松花江干流

嫩江与第二松花江于三岔河汇合后,折向东北流称为松花江干流,长度 939 km,流域面积 18.64 万 km²。哈尔滨以上为平原区,河道比降 0.05%,河道主槽 400 ~ 600 m,水深 4 ~ 7 m。哈尔滨至佳木斯段为高平原丘陵山区,河谷狭窄。佳木斯以下为低平原区,主槽宽度达 1 500 ~ 2 000 m,水深 2 ~ 3 m[1]。松花江曾是黑龙江省的黄金水道,佳木斯以下江段通航流量最小为 850 m³/s[2]。

文献[2]给出了佳木斯水文站的年径流设计成果(见表 1)和 1956 ~ 2010 年的来水过程。通过对来水过程分析,并对比通航最小流量,可以得出灌溉引水期河道流量基本情况,见表 2。

表 1 佳木斯水文站年径流设计成果

站名	均值 (亿 m³)	径流量(亿 m³)				
		$P = 50\%$	$P = 75\%$	$P = 85\%$	$P = 90\%$	$P = 95\%$
佳木斯	688	659	515	445	404	346

表2　灌溉引水期佳木斯站引水流量55年概率分布

流量 （m³/s）	5月上旬		6月上旬		7月上旬		8月上旬	
	次数	%	次数	%	次数	%	次数	%
<850	17	30.9	11	20.0	2	3.6	0	
850～1 050	8	14.5	13	23.6	4	7.3	0	
1 050～1 250	11	20.0	7	12.7	1	1.8	1	1.8
>1 250	19	34.5	24	43.6	48	87.3	54	98.2

从表1可以看出，松花江佳木斯水文站水量是丰富的，按河外取水量占多年平均来水量的40%计算，可提供灌溉水量275亿 m³。按500×15 m³/hm² 的灌溉定额，可提供5 500/15万 hm² 农田的灌溉水量。

从表2可以看出，从1956～2010年55年间，5月上旬无水可取的年份占30.9%，不受控制的取水年份为34.5%；6月上旬无水可取的年份占20.0%，不受控制的取水年份占43.6%；7月上旬无水可取的年份占3.6%，不受控制的取水年份占87.3%。为了保障松花江通航，灌溉取水时，应当避开枯水期。

1.2　三江低平原

三江低平原是指三江平原的萝北、安邦河、挠力河3个分区；总面积4.91万 km²，耕地面积168.5万 hm²。萝北分区内有梧桐河、嘟噜河、蜿蜒河等；挠力河分区内有挠力河、外七星河、内七星河等；安邦河分区内有安邦河、玲珰麦河等。文献[3]给出了低平原地区的基本数据，见表3。

表3　三江低平原地区基本数据

分区	面积 （km²）	降雨量 （mm）	蒸发量 （mm）	干旱 指数	径流深 （mm）	多年平均径流量 （亿 m³）
安邦河	5 862	547	687	1.26	80	4.69
挠力河	26 765	530	702	1.32	94	25.25
萝北	16 448	598	593	0.99	153	25.14

从表3可以看出，本区的干旱指数为0.99～1.32，属于湿润半湿润地区。

文献[3]还给出了三江低平原地下水概况。三江低平原区普遍沉积着很厚的砂砾石层，西部厚度约100 m，向东逐渐增厚，可达300 m左右。地下水的补给来源除当地降雨径流外，还有松花江、黑龙江、乌苏里江径流补给，储量十分丰富，符合生活用水和农业用水要求。埋深浅，易于开采，挠力河以北有部分弱承压水带，埋深3～10 m，单井出水量150～300 t/h；萝北区和其他分区均为潜水，埋深<4 m，涌水量100～200 t/h。文献[4]认为三江低平原地下水含水层厚度平均达187.5 m，给水系数为0.2，净储量十分丰富。

1.3　三江低平原区水利工程

（1）防洪工程。黑龙江、松花江堤防工程均已达到50年以上洪水标准，中小河流均已达到10年以上洪水标准；防洪体系较为完整。

(2)除涝工程。完成了七星河、蜿蜒河、安邦河等骨干河道及排水承泄区治理工程;建设了七星河、莲花泡等大中型涝区工程;建设了三环泡、黑渔泡等滞洪综合工程;但排水骨干工程标准偏低,仅有 3 年一遇洪水标准。

(3)灌溉工程。建设了幸福、新河宫、兴安、桦川、江川等引松花江水的大中型灌区,引汤、梧桐河等河流的灌区。建设了星罗棋布的井灌区。本区水田灌溉面积达 967/15 hm² 以上,其中井灌区达 840/15 hm²,占 87%[5]。

2　新建灌区的研究

三江低平原灌区建设要考虑的原则:合理利用地下水,充分利用当地水,节约利用过境水;充分利用现有中小河道,充分利用原有水利工程,充分利用现有机电井群;最小量地占用土地,最小量地取用松花江水,最小量地占用环境资源。

2.1　灌溉水源

新建灌区的灌溉水源均采用双水源,即井——取用地下水作为水源,泵站——取用松花江等河流中的水作为水源。从基本概况可以看出,三江低平原区地下水资源非常丰富,埋深较浅,完全可以作为灌溉水源,但由于水稻泡田期需水量达 107 mm[8]、生育期的耗水量达 373 mm[6],超出了地下水的补给量,因此需要用泵站抽取松花江等河流中的水源作为补充。

2.1.1　井的建设

单井抽水量按 60 m³/h 设计,控制面积按 150/15 hm² 设计。潜水区地下水最低动水位控制在地面下 8.0 m,弱承压水区最低动水位控制在 12.0 m;最高动水位均控制在地面下 3.0 m。一般情况下,水稻的泡田期、插秧期、返青期和分蘖前期用井水灌溉,即 6 月 27 日前用井水灌溉;此时,根据本区 8 个水稻试验站试验数据得出水稻田间耗水量的平均值为 344 mm,占总耗水量的 53%[8]。考虑到井水水温较低,仅有 8 ℃,此时要建设增温设施,或尽量增加灌溉渠道的长度,或尽量减小田间水层的深度。

2.1.2　泵站建设

泵站的取水量理论上应按控制面积需水量的 47% 设计;但考虑到井水温度等因素,取水量按需水量的 60% 计算。对松花江而言,为保障航道最低水位,当佳木斯水文站的流量 <850 m³/s 时,不取水;当流量为 850 ~ 1 250 m³/s 时,控制取水量。一般情况下,取用松花江水的时间控制在 6 月 27 日以后,此时松花江的水多属于洪水,不受控制指标的限制。泵站为河岸式泵站,可采用轴流泵或混流泵。

2.2　渠道

输水渠道尽量采用灌排两用渠道,配水渠道尽量采用水力最佳断面渠道,两类渠道间用低扬程泵站连接[9]。

2.2.1　输水渠道

新建灌溉工程的输水渠道,在国家新的政策背景下,必须以少占耕地为前提,以综合利用为着力点,以节水为目标。此时,要深入研究项目区内的原有河道、排水沟道、滞洪区等水利工程,争取将较小的河道、较大的排水沟道建设成输水渠道。

2.2.2　河流型输水渠道

小河流是灌溉项目区内的宝贵资源,从空间上讲,它是行洪空间;从生态上讲,它是水生态载体。在低平原区,小河流的防洪工程基本建设完成,河道基本渠化;排水体系也基本完成,排涝与行洪功能得到了发挥。此时,在松花江岸边,用泵站将江水抽入河道;按逆坡明渠设计,校核其断面尺寸;将两岸堤防加高培厚,并做防渗处理,即可形成渠道。再在河流的适当位置建设抽水泵站,继续抬高水位,输水至远方;可形成台阶状灌溉输水渠道。河道水位抬高后,河水逆坡进入原排水系统,整治原排水工程后灌溉体系得以形成。在三江低平原的分区中,安邦河区在挠力河区的上游。安邦河位于集贤、桦川县境内,南北走向;松花江1级支流,流域面积1 679 km²,河道全长167 km;进入平原后,为沼泽河流。经治理后,中下游67.8 km河段全部渠化,两岸筑堤堤距200~400 m,主槽宽50~80 m,平均堤防高度2.5 m,顶宽4.0 m。河道比降1/10 000。挠力河区的外七星河发源于集贤县,东西走向,距安邦河主流仅有16 km。外七星河是典型的沼泽型河流,乌苏里江的2级支流;目前依靠修筑的堤防行洪,上游97 km河道按0.5~1.0 km堤距,挖河筑堤,河底宽10.0 m,深度2.0~2.5 m;下游22.5 km河道按3.0~4.0 km堤距挖河筑堤,堤顶宽度4.0 m,堤高2.5 m。可见,将松花江水抽入安邦河,沿安邦河逆流而上,再将水抽入外七星河,整个输水干渠可形成;整治原有的排水系统,一个跨流域的特大型灌区即可形成。

2.2.3 排涝型输水渠道

三江低平原区在过去很长一段时间是以建设排涝工程为重点的,将田间水排入松花江,种植小麦、大豆等旱田作物。1990年,开展了以井灌水稻治涝的新模式,并取得了成功,从此井溉水稻获得了大发展,为国家粮食安全做出了极大贡献。随着水稻灌溉面积的增大,涝的问题基本得到了解决;随之而来的是地下水位下降、水量不够的问题;抽取松花江等过境水资源灌溉稻田、补充地下水成为了灌区所需,成为了主要矛盾。在三江低平原的3个分区中,萝北区治理涝区18处,建设骨干排水沟211条共1 321 km;安邦河区治理4处,建设排水沟49条共203 km;挠力河区治理23处,建设排水沟346条共2 554 km。这些是田间十分重要的基础设施,也为灌溉工程的建设奠定了基础。在输水渠道改造中,挖深拓宽骨干沟道,按文献[7]的研究确定灌排两用渠的断面尺寸,即

(1)排水工况时沟道深度:

$$D = \Delta H + \Delta h + S$$

$$H_干 = D + \sum_{k=末}^{n} l^k i^k$$

式中:D为末级渠道的深度;ΔH为排渍深度或地下水临界水深,三江平原的控制在3.0 m;Δh为悬挂水头,为0.2~0.3 m;S为日常水深,取0.1~0.2 m;$H_干$为干沟的深度;k为沟道的级别;n为沟道的数量;l为沟道的长度;i为沟道的比降,与地面比降相同。

排水工况时沟道的其他参数按构造和土质状况选取:边坡系数$m > 1.0$,底宽$b > 1.0$ m。

(2)灌溉工况时的渠道断面参数(h, b, m, i)按明渠水流的理论进行计算确定。比较两种工况时的参数,取其大者为设计参数。

在灌排两用渠道的适当位置建设分水闸、节制闸和排洪闸,将渠道分段控制,让降雨径流和引水全部进入田间,达到零排放;同时,建设泵站将水送往更远的渠道。

灌排两用型输水渠道根据灌水与排水的方向可分为:灌排同向型、灌排异向型、部分同向部分异向的混合型[7]。渠道断面的设计均可按棱柱体明渠的设计理论进行。

根据黑龙江省的气候特点,5月1日至6月15日,是灌溉用水为主阶段;6月16日至8

月 20 日,是灌溉与排水的重叠期;8 月 21 日至 9 月 30 日,是排水为主的阶段。灌溉用水阶段控制和启用所有节制闸及泵站,以满足灌溉用水需求;排水阶段控制所有节制闸,以满足排水与生态用水要求。当天气预报通知未来 3 d 有降雨时,要研究灌溉系统的水位、水量,研究节制闸是否开启排水、泵站是否停止供水。

2.2.4　配水渠道

固定式配水渠道原则上按单独灌溉的地上明渠布置,按水力最佳断面设计断面尺寸,以达到最大输水量的目的;工程实践中以 U 形断面渠道最佳,可用混凝土等污工材料做成,也可用高分子复合材料做成。非固定式配水工程可由农民自由选取配水方式。

2.3　调节蓄水工程

在三江低平原的防洪除涝工程建设中建设了 3 处滞洪区工程。黑鱼泡滞洪区位于外七星河上游,控制流域面积 1 086 km²,库区面积 81 km²,由土坝、泄洪闸、库区疏通沟工程组成。二道岗滞洪区位于富锦河中游,控制流域面积 998 km²,库区面积 90 km²,土坝、泄洪闸已建设完成。三环泡滞洪区位于内七星河中游,控制流域面积 3 586 km²,库区面积 250 km²;土坝长度 60.4 km。因按滞洪区设计,土坝标准均为 20 年一遇洪水标准。在新建灌区时应当将 3 处滞洪区进行的标准提高,并按水库工况运行,增加蓄水深度 2 m,即可增加 8.2 亿 m³ 的蓄水。

本区还有可以改造的湿地 3 处。嘟噜河湿地,位于嘟噜河下游,湿地面积 76 km²;友谊湿地,位于外七星河二排干下游,面积 40 km²;安邦河湿地,位于安邦河中游,面积 37 km²。改造后增加蓄水深度 2 m,可增加 3 亿 m³ 的蓄水。

滞洪区和湿地均已被批准为湿地自然保护区,成为了"生态红线"。根据国际国内均认可的定义:"湿地与湖泊以低水位时水深 2 m 处为界。"改造后的滞洪区和湿地仍属湿地性质;且增加了 2 m 水深,对保护湿地与生态多样性具有重大意义。此时,引水时机和放水时机成为了研究重点;根据本区的气候特点,可在 10 月初开始引水,此时已进入初冬,湿地失去了生机,11 月中旬引水完毕,冰盖也已形成;4 月下旬开始放水,30 天放水完毕,湿地恢复生机。

3　结　语

三江平原是国家粮食安全的"压舱石",也是农田基础薄弱的土地之一。本文提出的新建灌区建设方案在理论上符合"耕地保护政策、生态红线政策、节水节约政策";在实践中如何克服政策的制约、技术的制约还有较长的路。希望专家与学者各述已见,不吝赐教,将最新的灌溉工程建设理论用于三江平原,共同努力将"压舱石"建设的更加美好。

参 考 文 献

[1] 水利部水文局.1998 年松花江暴雨洪水[M].北京:中国水利水电出版社,2002.

[2] 黑龙江省水利水电勘测设计研究院.三江平原灌溉工程研究[R].哈尔滨:黑龙江省水利水电勘测设计研究院,2015.

[3] 黑龙江省水利水电勘测设计研究院.三江平原综合治理水利规划报告[R].哈尔滨:黑龙江省水利水电勘测设计研究院,2002.

[4] 黑龙江省三江平原治理领导小组办公室.黑龙江省三江平原综合治理规划[R].哈尔滨:黑龙江省三江

平原治理领导小组办公室,1975.

[5] 黑龙江省第一次全国水利普查领导小组办公室.水利普查成果报告[R].哈尔滨:黑龙江省第一次全国水利普查领导小组办公室,2013.

[6] 朱士江,孙爱华,张忠学.三江平原不同灌溉模式水稻需水规律及水分利用效率试验研究[J].节水灌溉,2009.(11):12-14.

[7] 梁贞堂,宋长虹.黑龙江省典型灌区灌排水两用渠道断面设计参数的研究[J].水利规划与设计,2018(4):5-7.

[8] 黑龙江省农田灌溉管理中心站.黑龙江省水田灌溉试验资料汇编[R].哈尔滨:黑龙江省农田灌溉中心站,2004.

[9] 梁贞堂.基于绿色发展理念融入水利工程设计中的探讨[J].黑龙江省水利科技,2016(5):67-70.

【作者简介】 韩梅(1963—),女,副教授,主要从事水力学的教学与研究。

基于NSPSO算法涔天河灌区长藤结瓜灌溉系统的水资源优化配置研究

杨家亮

(湖南省水利水电勘测设计研究总院,长沙　41007)

摘　要　"长藤结瓜"灌溉系统传统的充塘(库)保库(塘)调度原则,虽在降低骨干输水工程规模上效果明显,但水资源浪费较为严重。涔天河灌区设计采用了基于NSPSO算法灌区"长藤结瓜"灌溉系统的水资源优化配置模型,在尽可能减少基础水利设施弃水的同时能将骨干输水渠道规模显著优化,成效明显,有较大的推广应用价值。

关键词　"长藤结瓜";充塘保库;水资源优化配置;NSPSO算法

1　"长藤结瓜"灌溉系统

"长藤结瓜"是湖南丘陵区最为常见的一种灌溉系统形式,系统在输、配水渠系上连接有水库、塘堰等调蓄水量设施,系统中的渠道像瓜藤,水库、塘堰像藤上的瓜,故称"长藤结瓜"灌溉系统。此类灌溉系统一般由三部分组成:一是渠首骨干给水工程(称之为瓜蒂或瓜根);二是输水、配水渠道系统(称之为藤);三是灌区内部的水库和塘堰(称之为瓜)[1,2],见图1。

瓜根据与渠道的位置关系又有细分:位置比渠道低,骨干水源可通过渠道给其充水的称之为低瓜;位置比渠道高,但它通过自己的渠系可补水给渠道向灌区供水,此类称之为高瓜;还有一类直接串联在渠道上通俗称之为平瓜(见图2),平瓜由于影响渠道输水效率且受渠道水位限制调节性能有限,设计时一般尽量避免。

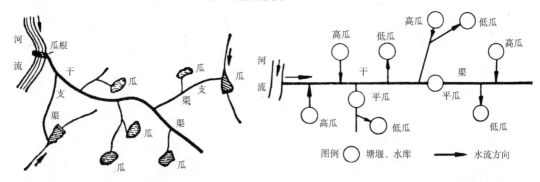

图1　"长藤结瓜"灌溉系统示意图　　　图2　"长藤结瓜"灌溉系统水利联系示意图

2　"长藤结瓜"总体调度原则

湖南省丘陵区的主灌溉期一般为4~10月,降雨一般集中在7月中旬以前,灌溉用水高峰期主要为 7 月下旬到 9 月上旬。"长藤结瓜"灌溉系统最为显著的特点是骨干水库可充分利用雨季的洪水在灌区需水强度不大时间段内向低瓜充水和高瓜控灌面积内补水,让结瓜塘库的水留到高峰期与骨干水库联合供水削峰,大大降低骨干输配水系统的规模;另外"长藤结瓜"灌溉系统可在主灌溉期末利用骨干水库充塘保库留置水资源,保证 11 月至次年 3 月灌区内的灌溉与人畜用水,可缩短骨干水库的供水期,降低运行成本,留足检修时间。总的来说,"长藤结瓜"灌溉系统的总体调度原则就是低瓜塘库闲时充水、高瓜塘库忙前留水,与骨干水源联合调度削减灌溉用水高峰。

"长藤结瓜"灌溉系统最大的优势就是通过充塘保库的调度方式降低骨干工程的输水规模,但此调度模式存在的最大问题是会造成水资源的浪费。传统上"长藤结瓜"灌区水资源配置调度一般采用 6 月按灌区设计流量或一定的定比全力充塘,高瓜 6 月前没蓄到兴利库容的 60% 原则上不供水;主灌溉期末 10 月再进行一次充塘充库;按传统的调度原则在实际操作过程中 6 月的充塘保库若遇到 6 ~ 7 月降雨量大,结瓜水源设施就会主动弃水,浪费水资源。

涔天河灌区设计时,为平衡渠道输水规模与水资源高效利用之间的矛盾,采用系统优化方法进行水资源的配置。

3 "长藤结瓜"水资源优化配置模型

系统优化方法应用于灌溉系统水资源配置始于 20 世纪 50 年代中期,首先是美国,到 20 世纪 50 年代末、60 年代初,苏联、日本等国也相继开展水资源系统分析研究。我国着手此类研究始于 20 世纪 60 年代初,在我国灌溉系统中得到广泛应用和研究则在 20 世纪 80 年代初,提出了诸多优化技术,取得了大量的理论和应用成果[3-8]。

根据灌区水资源优化配置的总体思路,涔天河灌区设计时建立了以弃水量最小、骨干工程输水规模最小和灌溉保证率最高作为目标函数的长藤结瓜灌区系统多目标水资源优化配置模型。

3.1 目标函数

为达到建设规模小、水资源利用高、灌区灌溉保障率高的目的,分别选择下面弃水量、输水规模、灌溉供水保证率作为模型目标函数。

(1)为达到节约利用水资源、提高水资源利用率的目的,选取灌区水利设施弃水量最小作为目标函数。

$$\min_{X_1,\cdots,X_n,Y} F_1(X_1,\cdots,X_n,Y) = \sum_{i=1}^{m} NSW_i$$

式中:NSW_i 为时段 i 基础水源工程的弃水量。

(2)为达到渠道规模最小,在充分利用灌区内基础水利设施调蓄的前提下,选取灌区输水规模最小作为目标函数。

$$\min_{X_1,\cdots,X_n,Y} F_2(X_1,\cdots,X_n,Y) = \sum_{i=1}^{m} NEW_i$$

式中:NSW_i 为时段 i 的骨干水源工程补水量。

(3)为达到效益最大的目标,选取灌区灌溉供水保证率最高作为目标函数。

$$\max_{X_1,\cdots,X_n,Y} F_{3,i}(X_1,\cdots,X_n,Y) = IRRP_i (i = 1,\cdots,n)$$

式中:$IRRP_i$ 为用水户 i 的供水保证率。

3.2　约束条件

根据灌区特点和水资源配置思路,制定了水量平衡约束、调度原则可行域约束、限制供水不能超过允许破坏深度约束、水利设施蓄水不超过其蓄水能力的上下限约束、骨干水库调度原则约束、基础水利设施调度原则约束 6 个模型主要约束条件。

4　基于 NSPSO 模型的求解算法

NSPSO 模型算法的基本原理为:先在可行域内初步确定一组决策变量,再根据该组决策变量确定的调度规则指导灌区水资源配置,逐时段进行模拟,并将最终的统计指标反馈给 NSPSO 模型算法,作为该组决策变量的适应度值,据此对该组变量进行更新、迭代,直到满足要求为止。NSPSO 模型算法是将基于粒子疏密度与非支配关系的比较分级与选择、变异等遗传操作融入到基本 PSO 模型算法中,从而具备了多目标优化功能。基本 PSO 模型算法的粒子位置更新公式如下:

$$v_i^{t+1} = \omega v_i^t + c_1(P_i - X_i) + c_2(G - X_i)$$
$$X_i^{t+1} = X_i^t + v_i^{t+1}$$

式中:v 为速度矢量;X 为位移矢量;ω 为惯性权重;c_1、c_2 为学习因子;P 为个体极值;G 为全局极值[9,10]。

基于非支配排序粒子群算法(NSPSO)的灌区水资源优化配置原则算法流程见图 3。

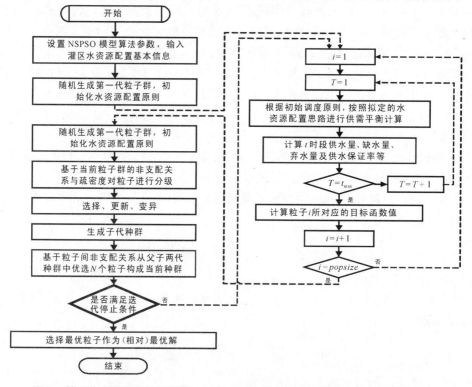

图 3　基于非支配排序粒子群算法(NSPSO)的灌区水资源优化配置原则算法流程

5 涔天河灌区"长藤结瓜"灌溉系统布置

涔天河水库灌区位于湖南省永州市潇水河中上游,设计灌溉面积 111.46 万亩❶。灌区以潇水为界包括左灌区、右灌区两部分。灌区在涔天河水库左岸取水后,沿潇水左岸布置左总干、左干渠至乐海水库,左总干渠在 0 + 017 向左低干渠分水、在 4 + 277(左总干渠尾)设置集中提水站(白芒营提灌站)向白芒营供水;灌区在涔天河水库右岸取水后布置右总干渠及东干渠、西干渠,连接水市水库、半山水库及谢河洞水库,联合向右岸灌区供水。

灌区渠系与 3 座中型水库(低瓜有乐海、水市,集雨面积 310.5 km²,有效库容 1 872 万 m³;高瓜有半山水库,集雨面积 31 km²,有效库容 980 万 m³)结瓜;与 18 座小(一)型水库(高瓜 10 座,集雨面积 53.0 km²,有效库容 1 483 万 m³;低瓜 8 座,集雨面积 21.9 km²,有效库容 1 176 万 m³)和 4 处万亩河坝(桐溪尾、久佳、永泉、仁和)结瓜;还与 159 座小(二)型水库(高瓜 53 座,集雨面积 84.2 km²,有效库容 1 313 万 m³;低瓜 106 座,集雨面积 161.0 km²,有效库容 2 794 万 m³)结瓜;与 17 396 口山平塘(高瓜 5 799 口,有效塘容 1 570 万 m³;低瓜 11 597 口,有效塘容 3 140 万 m³)结瓜;与小河坝 973 处结瓜。

6 涔天河灌区水资源优化配置效果

根据模型优化计算,考虑实际调度的可行性等因素拟定了涔天河水库灌区逐旬优化充塘保库调度原则。表 1 中数据为逐旬调度原则对应的操作库容与基础水利设施兴利库容的比值。

(1)基础水利设施(高瓜):当基础水利设施库容位于保库调度线以上时,基础水利设施可供水至调度线;当基础水利设施库容位于保库调度线以上时,保库不进行灌溉供水,预留库容满足后期灌溉用水要求。

(2)基础水利设施(低瓜):当基础水利设施库容位于充库调度线以上时,可供水至调度线;当水库库容位于调度线以下时,基础水利设施不供水,需骨干水库对其充水,充水量根据骨干水库调度原则确定,若骨干水库可以进行充水,则充水至调度线对应的库容。

表 1　涔天河水库灌区充塘保库优化调度原则对应的操作库容与基础水利设施兴利库容的比值

结瓜类型	4 月			5 月			6 月			7 月		
	1	2	3	4	5	6	7	8	9	10	11	12
高瓜(保库)						0.4	0.5	0.6	0.7	0.7	0.7	
低瓜(充库)	0.2	0.4		0.2	0.4	0.6	0.6	0.7	0.7	0.8	0.9	

结瓜类型	8 月			9 月			10 月			说明		
	13	14	15	16	17	18	19	20	21			
高瓜(保库)	0.2	0.2		0.2	0.2	0.2	0.2	0.4	0.5	此调度原则不包括小(一)型及以上的水库设施		
低瓜(充库)	0.2	0.2		0.2	0.3	0.5	0.6	0.7	0.8			

❶　1 亩 = 1/15 hm²。

按照上述优化调度的原则进行涔天水库灌区调度计算,得到灌区水资源配置成果。灌区设计时,也进行了不充塘保库调度与传统固定的充塘保库调度原则水资源配置成果分析,各方案的结果见表2。

表2　涔天河水库灌区各方案的水资源配置结果

指标	单位	方案一: 不充塘保库	方案二: 固定充塘保库	方案三: 优化的充塘保库(推荐)	说明
计算系列	年	1960~2008 年	1960~2008 年	1960~2008 年	
净需水量	万 m³	41 207	41 207	41 207	
基础水利设施净供水量	万 m³	21 283	17 925	20 024	
需涔天河水库毛供水量	万 m³	39 623	43 344	37 279	
渠首设计流量	m³/s	67.5	48	48.5	
灌溉保障率	%	$P=88$	$P=76$	$P=86$	相同的灌溉库容

从表2中可以看出,经过1960~2008年长系列水资源配置计算,不充塘保库方案在水资源利用方面最优,传统固定调度方案在渠道规模优化方面有优势,但综合两者来看,基于NSPSO模型算法灌区"长藤结瓜"灌溉系统的水资源优化调度优势最为突出。

(1)渠道规模下降显著。优化调度方案较不充塘保库方案渠道规模下降近22%,与传统固定调度的渠道规模相差不大。

(2)灌区弃水减少效果明显。优化调度方案虽较不充塘保库多年平均弃水量增加了1 259万 m³,但与传统固定调度方案基础水利设施的多年平均弃水量减少了2 099万 m³。

7　结论与建议

南方丘陵区"长藤结瓜"灌溉系统通过充塘(库)保库(塘)水资源调度可大幅度削减灌溉高峰期骨干渠道的输水规模,但传统固定调度模式对当地水资源的利用不够充分。涔天河灌区设计时利用基于NSPSO模型算法灌区"长藤结瓜"灌溉系统的水资源优化配置模型,在尽可能降低渠道输水规模的同时最大限度地减少水资源的浪费,取得了较好的效果,在当今实施最严格水资源管理的时代背景下,有较大的推广应用价值。

参 考 文 献

[1] 王铁生. 长藤结瓜灌溉系统的水利计算[M]. 北京:水利电力出版社,1984.
[2] 武汉水利电力学院. 襄阳专区长藤结瓜式灌溉系统[M]. 北京:水利电力出版社,1959.
[3] 胡晓松. 基于 APSO-BP 算法的水库生态优化调度研究[J]. 水利技术监督,2017(1):112-114,133.
[4] 黄维东,牛最荣. 水资源系统分析方法在引大入秦工程水资源优化配置中的应用[J]. 水利规划与设计,2006(1):26-30,48.
[5] 张志军,黄宝连. 基于水资源优化配置的多目标决策模型探析[J]. 水利规划与设计,2011(3):22-24,72.
[6] 郭文献,付意成,王鸿翔. 区域水资源优化调控理论与实践[M]. 北京:中国水利水电出版社,2015.
[7] 徐淑琴,付强,王晓岩. 灌区水资源可持续利用规划理论与实践[M]. 北京:中国水利水电出版社,2010.

[8] 宋磊. 基于 POS 优化算法的区域水资源优化配置研究[J]. 水利技术监督,2017(3):79-81.

[9] 魏秀然,谷红梅,王峰. 基于遗传算法的灌区水资源管理与灌溉决策系统研究[J]. 浙江水利水电专科学校学报,2008,20(4):67-70.

[10] 罗辞勇,陈民铀. 适应性粒子群寻优算法[J]. 控制与决策,2008,23(10):1135-1138,1144.

【作者简介】 杨家亮(1981—),男,高级工程师,现从事水利规划工作。E-mail:79142920@qq.com。

淮河入海水道二期工程管理若干问题的思考

张　鹏　何夕龙　洪　成

(中水淮河规划设计研究有限公司,合肥　230601)

摘　要　淮河入海水道二期工程是国务院常务会议确定的 172 项节水供水重大水利工程之一,建成后可提高洪泽湖的防洪标准,进一步完善淮河流域防洪除涝体系。为了充分发挥工程的综合效益,必须加强淮河入海水道二期工程的管理工作。本文根据淮河入海水道近期工程的管理现状,结合二期工程的具体实际情况,对工程管理的若干问题进行分析探讨。
关键词　淮河入海水道二期;工程管理;若干问题

1 引 言

淮河入海水道工程是扩大淮河下游泄洪能力的关键性工程,是淮河流域防洪体系的重要组成部分。淮河入海水道近期工程于 1999 年 9 月经批复正式开工建设,2003 年 6 月完工通水,2006 年 10 月全面建成,工程建成后洪泽湖及下游保护区的防洪标准由 50 年一遇提高到 100 年一遇,同时将渠北地区 1 710 km² 的排涝标准由 3 年一遇提高到 5 年一遇。

淮河入海水道二期工程是在近期工程的基础上,通过全线扩挖入海水道深槽、扩建入海水道各枢纽泄洪建筑物、加高加固入海水道南北堤防,配合入江水道、灌溉总渠和分淮入沂等工程使洪泽湖防洪标准达到 300 年一遇,有效降低 100 年一遇洪泽湖洪水位,加快中等洪水下泄,减轻淮干防洪除涝压力;进一步增加洪泽湖下游低水位行洪能力,降低洪泽湖最高水位,减少洪泽湖周边滞洪圩区滞洪机遇;同时为提高渠北地区排涝标准创造条件。

淮河入海水道二期工程是国务院常务会议确定的 172 项节水供水重大水利工程之一,建成后可提高洪泽湖的防洪标准,增加洪泽湖的泄洪能力,降低洪泽湖水位,进一步完善淮河流域防洪除涝体系,对流域经济社会发展具有重大意义,为了充分发挥工程的综合效益,必须加强淮河入海水道二期工程的管理工作。本文根据淮河入海水道近期工程的管理情况,结合淮河入海水道二期工程的实际情况,对二期工程管理的若干问题进行分析探讨。

2 工程概况

淮河入海水道西起江苏省洪泽湖二河闸,东至滨海县扁担港注入黄海,与苏北灌溉总渠平行,居其北侧,成“二河三堤”布局,全长 162.3 km,经过江苏省淮安、盐城两市的清浦、淮安、阜宁、滨海、射阳 5 县(区)及省淮海农场,并分别在淮安区境内与京杭大运河、滨海县境内与通榆河立体交叉。

淮河入海水道近期工程是确保淮河下游地区 2 000 万人口、3 000 万亩耕地防洪安全的治淮战略性骨干工程,设计行洪流量 2 270 m³/s,工程主要实施了南、北偏泓两条行洪河道和两岸防洪大堤,兴建了二河、淮安、滨海、海口 4 处枢纽及淮阜控制工程;同时建有穿堤建筑物 32 座、跨河桥梁 7 座和渠北排灌影响处理工程等。

淮河入海水道二期工程在近期工程的基础上扩挖河道,加固堤防,局部堤防适当退建,基本不改变现有南北堤线位置。扩挖深泓长 162.3 km,深泓中心线基本沿两堤中心线布置。扩建二河、淮安、滨海、海口枢纽建筑物,使工程达到行洪流量 7 000 m³/s 的设计规模。同时改建淮阜控制工程,并对沿线 15 座跨河桥梁、28 座穿堤建筑物工程进行改、扩建。

3 工程管理现状

淮河入海水道近期工程实行统一管理与分级管理相结合的管理体制。江苏省水行政主管部门是淮河入海水道工程的主管机关,沿线的市、县(区)水行政主管部门是各自管理范围内的淮河入海水道工程的主管机关。

经江苏省人民政府批准设立的江苏省淮河入海水道工程管理处和江苏省灌溉总渠管理处合署办公,负责淮河入海水道工程行业管理及二河枢纽、淮安枢纽、淮阜控制枢纽、滨海枢纽、海口枢纽管理范围内的具体管理工作。江苏省淮河入海水道工程管理处下设二河新闸管理所、大运河立交管理所、淮阜控制工程管理所、滨海枢纽工程管理所、海口闸管理所,分别负责相应枢纽工程管理工作。

淮安市、盐城市水行政主管部门和淮河入海水道沿线清浦、淮安、阜宁、滨海四县(区)水行政主管部门及县(区)人民政府批准设立的淮河入海水道管理机构负责管理范围内的河道堤防、穿堤建筑物、渠北排灌工程的具体管理工作。

管理单位组建后,在 10 多年的工程管理工作中,结合淮河入海水道工程管理实际和特点,以法规制度为准则,适应形势变化,完善细化管理内容,合理配置资源,严格执行相关规章制度,强化责任落实,注重科技和管理创新,为管理、维护好工程,充分发挥工程应有的效益奠定了可靠的基础。

淮河入海水道工程管理战线长、内容多、任务重。目前,管理中存在的主要问题有:①管理体制和机制仍需进一步完善;②管理任务繁重,人员不足,专业和复合型人才短缺;③河道和沿线水利工程确权划界工作尚未全面完成,影响工程效益正常发挥;④现有管理信息化系统缺少统一平台、设备陈旧、技术落后,难以适应管理需求;⑤水利风景资源开发利用不充分,水利风景区创建工作有待加强。

4 二期工程管理若干问题

4.1 管理体制和机制

2016 年 10 月 11 日,中央全面深化改革领导小组第 28 次会议审议通过了《关于全面推行河长制的意见》。全面推行河长制是党中央、国务院为加强河湖管理保护做出的重大决策部署,是完善水治理体系、保障国家水安全的制度创新。

淮河入海水道工程管理涉及上下游、左右岸,涉及不同地区、不同行业、不同部门,容易形成职责不清、部门分治、多头管理的局面,为有效解决这一弊端,建立河长制势在必行。全面推行河长制,建立健全部门联动综合治理长效工作机制,河长总揽全局,各部门各司其职、各尽其责,密切配合、协调联动,依法履行河湖管理保护的相关职责。但是,推行河长制需要与现行的水管体制形成有机衔接,避免造成新的制度问题。河长负责组织领导淮河入海水道的管理保护,河长制办公室承担河长制日常工作,推动河长确定事项的落实。河长、河长制办公室不包办、代替各部门的工作,各有关部门和单位按照职责分工,在现行水管体制基础上,要做到高度协调配合,凝聚工作合力。通过河长制的实行,完善管理体制和运行机制,实现河长牵头、多部门协作、社会公众参与的良好格局,有利于淮河入海水道沿线各地区、各部门更好地履行河道管理与保护的职责,提高河道管理保护的工作绩效。

4.2 管理人员编制和人才培养

鉴于淮河入海水道二期工程是在近期工程基础上进一步扩建和完善的工程建设项目,二期工程实施后,仍应由现有管理单位负责工程的日常管理工作。参照水利部、财政部共同制定的《水利工程管理单位定岗标准(试点)》和《水利工程维修养护定额标准(试点)》,按照"因事设岗、以岗定责、以工作量定员"的原则,在人员配置上力求精简,提倡合理兼职、尽量减少非生产人员。根据淮河入海水道近期工程中各管理机构人员编制的实际情况,二期工程中除新建(扩建)工程按上述标准配置人员外,其余工程建议不再增加人员配置,只考虑补充改善管理设施、优化人员结构,以满足日常管理工作的需要。

淮河入海水道二期工程管理是一项技术性较强的工作,管理内容广泛,涉及水工、水文、机械、电气、自动化、信息技术、项目管理等专业领域,管理工作的内涵和外延不断拓展,要求高、任务重、责任大,迫切需要加强管理队伍建设,要改善水利人才结构,大力培养和引进专业和复合型管理人才,提高管理人员素质,建立科学合理、运行有效的人才开发管理体系和运行机制,构筑水利改革发展的人才高地。同时,加强管理单位各部门人员之间的交流,设立严格的奖惩制度和绩效评估体系,提高各部门人员的积极性,促进水利工程管理的可持续发展。

4.3 划界确权

划界确权是加强河道和水利工程管理的一项重要基础工作,是水利部门依法行政的前提条件,更是落实水利部深化水利改革和加强河湖管理工作部署的重点任务,对进一步加强淮河入海水道管理与保护、充分发挥水利工程效益具有重要意义。

淮河入海水道二期工程主要建设内容包括:扩挖泓道,加固堤防,扩建二河、淮安、滨海、海口4处枢纽,改建淮阜控制工程,扩建、加固穿堤建筑物,重建、加固跨河桥梁工程及渠北排灌影响处理等。工程占地范围涉及淮安市的洪泽县、清浦区、淮安工业园区、淮安区,盐城市的阜宁县、滨海县、射阳县共7个县(区)和江苏省淮海农场。工程共需永久征收各类集体土地约7.9万亩,临时占用农村集体土地约1.9万亩。

淮河入海水道二期工程线路较长,涉及面广,工程内容多,占地面积大,情况复杂,因此开展河道及水利工程划界确权工作就显得尤为重要。通过划界确权,明确管理单位具体的管理和保护范围,管理单位才能实行统一管理,保证工程的连续性和完整性,促进管理、保护范围内的资源开发和建设项目管理,提高工程的管理水平,为管理工作规范化、制度化创造良好的环境和条件。

开展淮河入海水道和沿线水利工程划界确权,政策性强,协调工作量大,涉及不少技术问题和历史遗留问题。在工作过程中,要以《中华人民共和国水法》《中华人民共和国土地管理法》《江苏省水利工程管理条例》《江苏省淮河入海水道工程管理办法》等相关法律法规和已批准的技术文件为依据,充分发挥河长、河长制办公室在强化河道管理中的作用,按照依法依规、轻重缓急、先易后难、因地制宜、分级负责的基本原则,制订切实可行的实施方案,全面划定河道管理范围和水利工程管理与保护范围,明确管理界线,设立界桩标志,办理土地权属登记手续,搭建信息共享平台,建立范围明确、权属清晰、责任落实的河道和水利工程管理保护责任体系。

4.4　管理信息化系统建设

淮河入海水道二期工程是提高洪泽湖防洪标准的关键性工程,它与入江水道、苏北灌溉总渠、分淮入沂等工程共同承泄洪泽湖以上 15.8 万 km^2 的来水,还兼顾渠北地区 1 710 km^2 的排涝。为全面了解并实时掌握洪泽湖、淮河入海水道的水情、工情,实现数据的自动采集与处理、传输、存储、应用等,提高淮河入海水道二期工程的运行管理水平和效率,建设集语音、视频、办公于一体的管理信息化系统是必要的。

现状工程管理信息化系统依托江苏省灌溉总渠管理处管理机构框架建设,设计目标是具备协同办公、水情监视等应用功能,但受投资和当时技术条件所限,系统存在诸多不完善之处,管理单位应用困难,不能完全适应管理单位的管理需求。伴随着淮河入海水道二期工程的建设,有必要对现状建设的信息化管理系统进行整改、完善,最终建设一套包含近期、二期工程在内的统一的、完整的管理信息化系统。

需求是淮河入海水道工程管理信息化系统设计的根本,系统设计应紧密结合入海水道管理处及其下属机构的职责、管理、日常业务等需求,对管理处的现状管理需求和未来增长性管理需求进行分析,在此基础上配置必要的软、硬件系统。为减少二次开发工作量,便于系统维护、管理和员工培训,结合已建的江苏省防汛抗旱指挥系统构建统一的支撑平台、数据汇集平台、系统操作平台、运行平台、开发平台等。系统首要任务是对淮河入海水道各枢纽建筑物及附属建筑物进行实时的监测、控制、监视,确保实时信息、历史数据能够通畅地上传下达,满足防汛调度要求;其次是日常工作中的工程管理、综合办公、异地视频会议等。在保证实现系统业务功能的前提下,应当采用先进、成熟的通信、计算机网络、视频会议、视频监视等技术和设备,技术上适度超前,并设置完整的安全方案保障系统可靠运行。

随着计算机技术的发展,以信息技术为核心的新技术革命突飞猛进,为实现工程信息化管理提供了可能,只有加强工程管理信息化系统建设,充分运用现代信息技术,深入开发和广泛利用水利信息资源,实现信息采集、传输、存储、管理和服务的数字化、网络化与智能化,才能全面提升淮河入海水道二期工程管理工作的效率和效能,这既是工程管理自身发展的迫切需要,更是实现水利现代化的重要支撑。

4.5　水利风景区创建

淮河入海水道沿线与京杭运河、通榆河相交叉,为解决入海水道的洪水控制、河流交叉、渠北地区排灌等问题,在其沿线布置了二河、淮安、滨海、海口等 4 处枢纽建筑物和淮阜控制工程,它们各具特色、气势宏伟、功能复杂、水文化丰厚,具有较大的开发利用潜力,其中二河枢纽和海口枢纽分别是入海水道的分洪控制和海口控制建筑物,淮安枢纽和滨海枢纽分别是入海水道穿过京杭运河和通榆河的交叉建筑物;淮阜控制是控制渠北地区涝水高低分排的控制建筑物。2004 年,经水利部水利风景区评审委员会评定,淮安水利枢纽风景区已列入国家水利风景区名录,与周恩来纪念馆等人文景观遥相呼应,是淮安市旅游的重要组成部分。

绿色是永续发展的必要条件,是人们对美好生活追求的重要体现。党的十八大以来,党中央高度重视绿色发展,把建设生态文明摆在实现中华民族伟大复兴中国梦的突出位置。因此,淮河入海水道二期工程管理应加强水文化建设和水生态文明建设,充分发掘水利风景资源内涵,强化与河道沿线当地政府相关职能部门的协调与配合,积极创建集旅游度假、休闲娱乐、会议接待、科普教育、康体健身为一体的国家级水利风景区,以此来弘扬水利精神、传播水利文化、普及水利知识、展示水利形象,实现景区建设与工程管理协调发展、相互促进、良性循环的目的。

　　水利风景区的开发不仅激活了水利经济、拉动了区域经济发展,而且在涵养水源、维护工程安全、改善人居环境、维护生态、调整水利产业结构、稳定水利职工队伍等方面也发挥着重要作用。水利风景区的建设管理具有公益性,目前主要依靠政府投资,往往受资金限制,发展空间有限,可以根据实际情况实行股份制、股份合作制、租赁承包等多种灵活经营方式,引入社会资本,拓宽投、融资渠道,通过政府控股、社会资本参与,引入有实力的合作伙伴共同参与景区的经营开发。

　　水利风景区的建设开发应坚持规划先行,合理进行自然景观规划、人文、建筑景观规划等,在淮河入海水道二期工程前期设计阶段就应当综合考虑水利风景区的建设需求,确立景区范围、主题和规模,并按功能要求进行分区,且与当地旅游规划相协调,将水利景观纳入地方旅游的整体,合理配置水土资源,预留水利风景区的发展空间,避免给工程后续的运行管理带来不利影响。

5　几点建议

　　(1)建议根据江苏省第十二届人民代表大会常务委员会第三十二次会议通过的《江苏省河道管理条例》,对《江苏省淮河入海水道工程管理办法》进行修订,结合江苏省实际,完善相关条文,明确部门职责,确保河道管理工作有法可依、有章可循,全面推进河长制实施。

　　(2)建议根据管理单位现有管理人才结构状况,研究其存在问题,尊重水利管理人才成长规律,在人事部门内下设人才培养中心,制定清晰、完整的人才培养目标,推进人才工作机制的创新,推出切实可行的政策和激励机制,培养高级复合型人才,为水利管理提供不同层次的人才保障。

　　(3)建议进一步开展淮河入海水道基本情况和划界确权现状调查摸底,分析确权划界存在的问题,研究开展河道及沿线水利工程确权划界和解决遗留问题的对策,形成专题报告,为下一步顺利开展划界确权工作提供依据。

　　(4)建议在管理信息化系统的建设实践当中,充分利用大数据、云计算、物联网等先进技术,以需求为导向,加快信息系统集成,有效实现资源共享,建立标准统一的信息采集、存储、管理平台,要因地制宜、统筹规划、突出重点、分步实施。

　　(5)建议结合二期工程前期工作准确掌握河道沿线水利风景资源分布状况,系统分析风景资源的开发利用前景,科学编制水利风景区总体规划,在保证水利功能的正常发挥、水生态环境安全的前提下,以传承水文化为核心,加大宣传力度,促进景区的健康可持续发展。

6　结　语

　　淮河入海水道工程管理是一项综合性工作,涉及面很广,几乎与国民经济各个部门均有联系,应当全面考虑防洪、治涝、灌溉、发电、航运、水产等各方面的需求,在确保安全的前提下,统筹兼顾兴利与除害的关系,上游与下游的关系,近期工程与二期工程的关系,进一步完善管理体制和机制,优化人员结构、注重人才培养,全面开展划界确权工作,加强管理信息化系统建设,积极创建国家级水利风景区,切实提升工程管理能力和水平,充分发挥工程的综合效益,为淮河下游地区国民经济和社会发展提供更加有力的保障。

参 考 文 献

[1] 中水淮河规划设计研究有限公司.淮河入海水道二期工程可行性研究报告[R].合肥:中水淮河规划设计研究有限公司,2015.

[2] 郭勇.水利工程管理中存在的问题与对策[J].水利技术监督,2016,24(1):43-44,86.

[3] 刘娟.从水利工程管理考核看提高水利工程管理水平的有效途径[J].水利技术监督,2017,25(3):53-54,122.

[4] 史仁朋.关于全面推行河长制的探讨——以山东枣庄市为例[J].水利规划与设计,2017(1):17-19.

[5] 武建,高峰,朱庆利.大数据技术在我国水利信息化中的应用及前景展望[J].中国水利,2015(17):45-48.

[6] 曾焱,王爱莉,黄藏青.全国水利信息化发展"十三五"规划关键问题的研究与思考[J].水利信息化,2015(1):14-19.

[7] 王乘.培养高素质水利人才服务水利事业跨越式发展[J].水利发展研究,2012,12(12):18-21.

[8] 纪平.推动水利人才队伍统筹协调发展[J].中国水利,2016(13):1.

[9] 王帅,王建生.河长体系下临沂市河库确权划界探讨[J].中国水利,2017(20):16-18.

[10] 谢宗繁,何善国.南宁市内河无堤防河道管理范围确权划界探讨[J].水利规划与设计,2010(4):13-15.

[11] 朱晓娟,夏海宁.廊坊市水利风景区规划探究[J].水利规划与设计,2018(1):7-8,25.

[12] 钟林生,王婧,詹卫华,等.水利风景区生态旅游发展现状及对策建议[J].中国水利,2013(16):55-58.

【作者简介】 张鹏,高级工程师。E-mail:0371@163.com。

珠江三角洲水配置工程建设的
必要性及规模分析

徐洪军　黄永健

（广东省水利电力勘测设计研究院，广州　510635）

摘　要　拟建的珠江三角水资源配置工程是广东省迄今为止投资最大的水利基础设施，工程的建设有利于珠江三角洲东部地区建立较为完备的多水源供水保障系统。本文从经济发展需要、退还生态用水、多水源保障等方面分析其建设的必要性和规模。

关键词　珠江三角洲；水资源配置；必要性；规模

1　引　言

粤港澳大湾区由香港、澳门两个特别行政区和广东省的广州、深圳、珠海、佛山、中山、东莞、肇庆、江门、惠州等九市组成的城市群，是国家建设世界级城市群和参与全球竞争的重要空间载体，与美国纽约湾区、旧金山湾区和日本东京湾区比肩的世界四大湾区之一。

在 2009 年《大珠三角城镇群协调发展规划研究》提出"湾区发展计划"以来，国家和广东省政府联手港澳共建粤港澳大湾区。2017 年 7 月 1 日，《深化粤港澳合作推进大湾区建设框架协议》在香港签署，习近平总书记出席签署仪式。党的十九大会议中习近平总书记要求广东省抓住建设粤港澳大湾区重大机遇，携手港澳加快推进相关工作，打造国际一流湾区和世界级城市群。目前，粤港澳大湾区发展规划纲要已编制完成，粤港澳大湾区经济社会高质量发展势在必行。

珠江三角洲是广东省经济社会最发达的地区，也是世界级城市群粤港澳大湾区的重要组成部分。该地区经济社会发展用水主要依靠东江、西江和北江过境水解决，东江是三条过境河流中径流量最小的河流，承担着香港、广州、深圳、河源、惠州、东莞等多个城市的供水任务。现状东江的供水量已接近特枯水年径流量和广东省人民政府颁布的东江水资源分配方案（简称东江分水方案）的允许开发量，基本不具备进一步开发潜力。广州市南沙区是国务院批复设立的国家级新区，沙湾水道是南沙区境内唯一的供水水道，取水点受咸潮威胁严重，供水保证率低。西江是我国第三大水系，多年平均径流量为 2 230 亿 m^3，水质好，开发利用率低，开发潜力大，是珠江三角洲东部地区水资源配置最佳水源地。

2　工程概况

珠江三角洲水资源配置工程是国务院批准的《珠江流域综合规划（2012～2030 年）》提出的重要水资源配置工程，也是国务院提出加快推进建设的 172 项节水供水重大水利工程之一。工程从佛山市顺德区境内的西江取水，将优质西江水经泵站加压、地下全封闭管道输送至深圳市、东莞市和广州市南沙区，可有效解决受水区经济和社会发展用水矛盾，同时可为香港、番禺、顺德等地区应对突发事件供水创造条件(见图1)。

工程设计取水口引水流量80 m³/s;输水主干线总长度90.3 km,沿线设两级泵站,设计总扬程108 m,最大总扬程115 m;深圳分干线长11.9 km,设一级泵站,设计扬程35.5 m,最大扬程43.0 m;东莞分干线长3.5 km;南沙支线长7.4 km。工程静态总投资约320亿元,施工总工期5年。

2016年9月,国家发展和改革委员会批复了该工程的《项目建议书》。2018年8月国家发展和改革委员会批复了该工程的《可行性研究报告》,工程于2018年底开工建设。

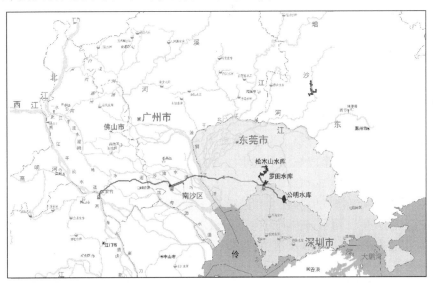

图1　珠江三角水资源配置工程平面布置示意图

3　工程建设的必要性

(1)东部城市水资源承载能力有限,无法满足经济发展用水需求。

深圳市供水布局主要依托东深供水工程和东部供水工程,从东江引境外水,最大引水规模为15.93亿 m³,东莞供水布局主要依靠东江干流,2014年引提水总量为18.58亿 m³,东江干流供水占深圳、东莞城市用水量的90%。东江是珠江三角洲地区主要过境河流中径流量最小的,但负担着香港、广州、深圳、河源、惠州、东莞等多个地区的供水任务,供水人口为3 500万。为保证供水安全,广东省人民政府以粤府办〔2008〕50号颁布了《广东省东江流域水资源分配方案》(简称《东江分水方案》),统一管理和调度东江水资源。目前,东江流域建有新丰江、枫树坝、白盆珠等三大控制性水库(总库容达170亿 m³,兴利库容为81亿 m³),对东江水资源开发利用发挥了重要作用;东江流域现有数百个取水点,供水总量达90亿 m³,占东江最下游水文站(博罗站)多年平均径流量的38.3%,接近特别枯水年的径流总量,也接近东江分水方案确定的允许开发量。此外,考虑到不具备新建大中型水库调节水量的条件和下游河道生态用水需求,因此东江基本不具备开发潜力,需另开辟新水源。

广州市南沙区总面积803 km²,规划人口超350万,现状水源只有北江下游沙湾水道,只能满足40万 m³/d的城市用水,农业和部分低质工业用水仍靠就近引取咸淡水来解决。南沙区现状取水点受咸潮威胁,当思贤滘流量小于2 500 m³/s,现有水厂含氯度超标不能正常供水天数达 40 d。在大藤峡等上游水库调节下,1954 典型年(缺水量保证率 94%)现状缺水天数为 95 d,1992 典型年(缺水量保证率 96%)现状缺水天数为 85 d。因此,南沙区不宜继续在沙湾水道增加取水,该新区是未来广州市重点发展区域,经济发展和用水需求增长较快,急需建设和完善水源及供水系统。

(2)城市供水水源单一,缺少应急备用水源,安全保障能力不足。

近年来全球气候变化,极端天气频繁,同时城市化发展迅速,人类活动直接或间接导致的突发性水源污染事件时有发生。东江流域如果再遭遇 1963 年 4 月至 1964 年 3 月年型的极端连续枯水系列,设计水平年 2040 年供水连续破坏时间达 10 个月,特别枯水年全流域缺水量达到 31.32 亿 m^3,其中惠州博罗、东莞市最大月缺水率均达 90% 以上。在现状供水条件下,2040 年特别枯水年深圳市和东莞市分别缺水 13.12 亿 m^3 和 9.58 亿 m^3,年缺水率分别达 50% 和 39%。

广州南沙区受平原地形限制,缺乏兴建较大规模水库的条件,现状仅有少数山塘只用作景观生态用途,应急备用水源严重缺乏,当北江沙湾水道发生突发性水源污染事件,南沙区供水严重不足。深圳市以东江引水为主,本地水库集雨面积较小,应急备用能力与水源战略配置体系尚不完善。东莞市以东江干流水源为主,本地水库调节能力不足,备用能力低。因此,受水区如不及时建设第二水源工程,构筑多水源的供水保障体系,该区域的水资源系统保障不完善不仅影响经济发展和社会和谐稳定,还将制约城市核心地位的提升。

(3)城市生活、生产用水挤占河道生态用水。

东江负担着香港、广州、深圳、河源、惠州、东莞等多个地区的供水任务,供需矛盾突出,如遇特枯水年东江河道外可供水量不足,城市生活、生产用水将挤占河道内生态环境用水,水环境和河流生态受到威胁。随着经济的发展、用水量增长,特枯水年城市用水挤占河道生态环境用水的问题将更加突出。

深圳市现状用水量较大,本地水资源相对较少,2014 年蓄水工程供水量达 3.59 亿 m^3,水库下泄生态流量不足,挤占河道生态用水 2.08 亿 m^3。城市污水量较大、生态流量不足,导致深圳市河流水质均不达标,目前茅洲河、深圳河、布吉河、大沙河、观澜河等河流水质劣 V 类,跨境河流水质达标率为零,其中茅洲河、深圳河是广东省水污染最严重的。

(4)珠江三角洲水资源配置工程是优化配置水资源、保障供水安全、改善水环境、提升区域竞争力的战略性水源工程。

①可实现珠江三角洲地区水资源优化配置,提高东部城市水资源承载能力。

珠江三角洲东、西部地区水资源分布与人口、经济发展不匹配,客观上需要进行东、西部的水资源合理配置,因此按照流域综合规划统筹东、西、北三江水资源开发利用,将西部丰富的水资源输水至缺水的东部地区,通过建设本工程可解决珠江三角洲东部地区发展现状和未来一段时期内所面临的资源性缺水和咸潮上溯带来的水质性缺水问题,提高水资源对经济社会发展的支撑能力,有利于保障珠江三角洲地区创新、协调、绿色发展。本工程实施后,为受水区南沙、深圳、东莞配置西江水量 17.87 亿 m^3,可较好满足珠江三角洲东部城市的近、远期水资源需求,极大缓解目前东江流域较为突出的供需矛盾。

②构建城市多水源保障体系,提高供水安全保障能力。

本工程实施后,受水区,即广州市南沙区将形成以高新沙水库为中心,西江、北江(沙湾水道)双水源互补的水资源战略保障体系;深圳市、东莞市将形成以联网水库群为纽带,东江、西江和本地水资源多水源互联互通的水资源战略保障体系。受水区各市的供水系统更加健全和完善,同时加强了水资源安全储备,可为该地区维持社会稳定和经济可持续发展提供有力保障。

本工程将作为对港供水的应急备用水源,提高香港供水的安全保障程度。本工程在引水规模中留有一定的富余量并预留必要的分水口门以解决特殊情况下的应急备用,应急分水口流量规模分别为 7 m³/s 和 10 m³/s。

③退还被挤占的生态用水,改善水环境。

本工程实施后,为受水区深圳市增加西江水源,配置西江水量为 8.47 亿 m³,可退还深圳市现状挤占本地河道的生态用水 2.08 亿 m³,较大程度地还原天然河道的水生态环境,有助于修复改善河流生态健康,还有利于美化城市水环境景观。

东江上游城市的发展用水增加,东莞市河段来水量减少,远期东莞市减少从东江取水量 1.2 亿 m³,增加东江河道内流量,可适当改善东江下游水生态环境。

④为珠江三角洲东部缺水地区经济发展提供支撑和保障作用。

粤港澳大湾区建设写入党的十九大报告和政府工作报告,提升到国家发展战略层面,粤港澳三地将在中央有关部门支持下,共同将粤港澳大湾区建设成为更具活力的经济区,宜居、宜业、宜游的优质生活圈和内地与港澳深度合作的示范区,打造成国际一流湾区和世界级城市群。而现有供水系统的供水量、供水保证率、应急备用能力等均无法适应其需要,因此需大大提高城市群供水系统的保证程度,在水源设计供水能力上要长远考虑、留有余地、互为备用,供水保证率也要在原有超大城市 97% 的基础上适当提高,大大提高应急备用供水能力,在遇水污染等突发事故、特枯水年或连续特枯水年时,仍能保证供水安全,建设成多水源、更高标准的安全保障供水系统。

本工程实施后,为受水区建立了较为完备的多水源供水保障系统,可以为未来的粤港澳大湾区城市群地位的提升和珠江三角洲地区综合实力的增强提供优质水源,在粤港澳的经济融合和经济一体化发展,共同构建有全球影响力的先进制造业基地和现代服务业基地的基础保障措施方面将发挥不可或缺的重要作用。工程建设还可兼顾改善东江下游和受水区水生态环境,有利于推动该地区的生态文明建设,提升城市群品质。

因此,本工程的建设实施是十分必要的。

4 工程规模分析

4.1 工程任务

珠江三角洲水资源配置工程是从西江水系向珠江三角洲东部地区引水,解决城市生活、生产缺水问题,提高供水保证程度。工程受水区为广州市南沙区、东莞市、深圳市,在线路经过的佛山市顺德区、广州市番禺区预留分水口,作为应急备用供水水源;同时通过深圳市联网供水工程与东深供水工程连接,为香港提供应急备用水源。

4.2 工程规模

4.2.1 设计水平年和供水保证率

现状水平年为 2014 年,设计水平年为 2040 年,城市生活、工业供水设计保证率为 97%(历时保证率)。

4.2.2　供水缺口

4.2.2.1　需水预测

根据受水区相关规划,并考虑近年来受水区的人口和 GDP 增长趋势、用水定额变化等情况,预测 2040 年受水区总人口为 2 700 万,GDP 总量为 85 220 亿元,预测受水区 2040 年多年平均城市需水量为 56.82 亿 m^3,其中南沙区需水 7.51 亿 m^3、深圳市需水 26.04 亿 m^3、东莞市需水 23.27 亿 m^3,见表 1。

表 1　2040 年受水区城市需水预测成果

项目	南沙区	深圳市	东莞市	合计
总人口(万人)	350	1 350	1 000	2 700
GDP(亿元)	13 220	52 000	20 000	85 220
需水量(亿 m^3)	7.51	26.04	23.27	56.82

4.2.2.2　退还生态水量

1. 深圳市生态水量需求

深圳市本地水资源开发利用程度高,水库拦蓄上游来水作为城市用水未能回归下游河道,水库调度也未考虑下游生态放水,带来河道内生态水量不足的问题。考虑到深圳市人口密集,单位面积产污量大,水质达标所需生态环境用水量相对较大,河道内生态流量推荐采用汛期为多年平均年径流量的 40%、枯期 20%。对深圳市各水库逐年调节计算,多年平均可供水量为 1.51 亿 m^3;现状年深圳市本地水库供水 3.59 亿,超出其可供水量,挤占本地水库下游的河道内生态水量 2.08 亿 m^3。

2. 东江干流生态水量需求

东江干流博罗站生态流量为 212 m^3/s,目前按照东江流域水量分配方案给深圳、东莞、惠州、河源、梅州、韶关等地市分水,由新丰江、枫树坝和白盆珠水库进行年内年际调节,可以满足供水和生态需求。但远期 2040 水平年东江上游地市由于经济社会发展需求,其用水量增加会导致下游东莞、深圳等市用水紧张,如仍正常取水,则城市用水会挤占东江干流生态用水。本工程西江引水后,考虑东江和西江联合调度,远期在多水源配置的格局下,东莞市减少从东江取水 1.2 亿 m^3,适当缓解东江干流供水压力,满足了上游用水增长后的生态流量保证率要求。

4.2.2.3　缺水量

考虑东莞、深圳市退还生态水量后,受水区 2040 水平年多年平均可供水量为 41.85 亿 m^3,其中本地水源 5.28 亿 m^3、东江干流供水 33.24 亿 m^3、再生水 3.33 亿 m^3。

2040 水平年多年平均缺水量为 17.24 亿 m^3,枯水 97% 年缺水 17.63 亿 m^3,需从外流域调水。南沙区、深圳市和东莞市 2040 年多年平均缺水量分别为 5.31 亿 m^3、8.54 亿 m^3 和 3.39 亿 m^3。

4.2.3　备用水量

本工程沿线佛山市顺德区、广州市番禺区供水水源单一,应急备用能力不足,需要应急分水流量规模分别为 7 m^3/s 和 10 m^3/s,香港需要应急备用流量 10 m^3/s,按三地应急备用不同时发生考虑,因此需本工程提供的最大备用流量为 10 m^3/s。

4.2.4 工程引水规模和供水量

受水区枯水 97% 年缺水量 17.63 亿 m³,按满足供水保证率要求的西江引水流量为 70 m³/s(其中南沙区 20 m³/s、东莞市 15 m³/s、深圳市 35 m³/s),如再另外考虑工程沿线等所需应急备用 10 m³/s 后,需要的西江总引水流量为 80 m³/s。

根据长系列水资源配置成果,西江引水 70 m³/s 时,如遇东江流域 1963 年 4 月至 1964 年 3 月的特别枯水年($P > 97\%$),受水区东莞、深圳的缺水破坏深度较大,工业生活用水破坏深度 20%。如西江引水增加到 80 m³/s,则可使受水区工业生活用水破坏深度降低到 15%,对东莞市、深圳市在特别枯水年起到应急备用作用。

综合分析,考虑受水区 2040 年用水需求和特别枯水年供水保障、工程沿线城市的应急备用水量、退还河道生态用水以及适度富余等主要因素,确定西江取水规模设计流量为 80 m³/s,其中南沙区 20 m³/s、东莞市 20 m³/s、深圳市 40 m³/s。西江取水规模 80 m³/s,既能满足受水区基本的供水保证率要求,工程经济指标较好,还能为香港、番禺、顺德地区提供应急备用水量,应对特别枯水年和水污染突发事件的可将破环深度有效降低,同时为珠江三角洲水资源配置长远发展提供战略保障。

2040 水平年水资源配置成果:设计保证率 97% 西江取水量 18.76 亿 m³,供水量 17.94 亿 m³。多年平均取水量 17.87 亿 m³,供水量 17.08 亿 m³,其中南沙区、东莞市、深圳市分别为 5.31 亿 m³、3.30 亿 m³、8.47 亿 m³。

5 结 语

将粤港澳大湾区打造成国际一流湾区和世界级城市群,而现有的供水系统还远不能满足其发展需要,需加强供水设施互联互通,珠江三角洲水资源配置工程的建设是十分必要的。本工程引水规模是以满足受水区 2040 水平年的城市人口和经济发展对水资源需求为基础,东江取水严格执行东江分水方案,退还挤占的生态环境用水,同时满足受水区遇特别枯水年、水污染等突发事故和香港、番禺、顺德地区应急备用需要,将该地区建设成多水源、高标准的安全保障供水系统。

【作者简介】 徐洪军,高级工程师。E-mail:xu.hj@ gpdiwe.com。

西藏水利工程面临的形势及对策分析

尼　玛　尼玛旦增　王亚军

（西藏自治区水利电力规划勘测设计研究院，拉萨　85000）

1　概　况

西藏自治区地处我国西南边陲，幅员面积 120 多万 km^2，国境线长达 4 000 多 km，是我国西南边疆的重要门户，我国重要的国家安全屏障、生态安全屏障、战略资源储备基地、高原特色农产品基地、中华民族特色文化保护地和传承地、世界旅游目的地和重要的清洁能源基地，也是面向南亚开放的大通道，其战略位置十分重要。

西藏地势总体从西北倾向东南，平均海拔由 5 000 m 渐减 4 000 m，在 4 000 m 以上的地区，占土地总面积的 92%，主要由高亢辽阔的高原、高峻巍峨的群山（山地）、长而狭窄的山间平原（谷地）、狭窄幽深的峡谷四大类型组成。

西藏复杂多样的地形地貌和特殊的自然条件，形成了独特而又复杂的高原气候，使之成为我国和南亚地区的"江河源""生态源""气候启动器和调节器"，气候敏感区和脆弱区，升温效应比其他地区更为显著。其总体特征是：空气较为稀薄，气压低，氧气少；太阳辐射强，日照时间较长；气温偏低，年较差小，日较差大；干季雨季分明，干季时间长，多大风。年太阳总辐射量 4 000 ~ 8 800 MJ/m^2、日照时数 1 475 ~ 3 555 h。年平均温度 -2.8 ~ 12.0 ℃、平均气温日较差 10.1 ~ 15.0 ℃。年平均降水量 588 mm、平均蒸发量 1 270 mm，且降水量在空间和时间上分配极不均匀，由东南部林芝市的 2 500 mm 左右向西北部阿里地区的 150 mm 左右递减；全年降水集中在雨季（6 ~ 9 月），占年降水量 80% ~ 90%，10 月下旬至翌年 5 月为干季，降水少，多大风天气，其中 11 月至翌年 4 月的总降水量不足 70 mm，不到全年降水量的 13%。大部分地区全年大于 8 级的大风日数在 30 d 以上，西部和北部可高达 100 ~ 160 d。

西藏植物资源丰富、土壤类型众多，植物主要具有特有种类多、地区间种类差异大、垫状植物和高山冰缘植物多的特点，是世界上生物多样性最典型的地区之一，是保障地球生物多样性的重要基因库。土壤既有我国绝大部分山地的森林土壤类型，也有我国特有的高寒土壤类型，高山土壤面积最大、分布最为集中，土地资源极其丰富。

西藏是我国河流最多的省区之一，均属于山地型河流，基本不存在平原型河流和混合型河流，长江、澜沧江、怒江、雅鲁藏布江等均发源于此。从空间上讲，藏东南和藏东河网密度大、常年性河流多；藏北河网密度较小、间歇性河流增多；补给类型复杂，有雨水补给型、冰雪融水补给型、地下水补给型和混合补给型等四种型式，其中以地下水补给和冰雪融水补给为主；分为太平洋水系、印度洋水系、藏北内流水系和藏南内流水系。据统计，流域面积 50 km^2 及以上河流 6 418 条、总长 17.73 万 km。其中：流域面积 100 km^2 及以上河流 3 361 条，总长 13.16 万 km；流域面积 1 000 km^2 及以上河流 331 条、总长 4.31 万 km；流域面积 10 000

km^2 及以上河流 28 条、总长 1.20 万 km。地表水资源量 4 394 亿 m^3，占全国地表径流量的 16.05%，平均径流深 365.5mm，平均径流模数 11.60 L/(s·km^2)，地下水资源量 977.72 亿 m^3；水体基本未受到工业和生活污染，保持原生态，水质优良。全区水能理论蕴藏量 2.01 亿 kW，约占全国的 30%，以藏东南最为集中，约占全区水能蕴藏量的 70%，技术可开发量达 1.20 亿 kW，是"西电东送"重要接续能源基地。

西藏湖泊星罗棋布，大小湖泊 1 500 余个，面积 2.38 万 km^2，是全国湖泊最多的地区，分布有盐湖 490 个，湖泊淡水资源十分丰富，贮量约 626 亿 m^3。

全区冰川面积 2.74 万 km^2，占全国冰川面积的 46.7%，是我国乃至南亚、东南亚地区的重要江河源和生态源，是我国重要的淡水资源储备基地。

西藏特殊的地理位置和地质构造、复杂多变的气候导致自然灾害频繁且十分严重，泥石流、滑坡、冻土冻融、洪水、旱灾、沙尘暴与沙尘天气、风灾和雪灾都有发生。

2　水利发展成就

根据水力资源普查及相关资料成果，西藏水力资源十分丰富，其地表水资源约占全国地表水资源量的 16.05%，位居全国第一，但由于降水在时空分布上极不均匀，绝大部分区域处于干旱或半干旱地区，且受山高谷深等特殊自然地理环境和经济落后等社会环境的影响，水资源开发利用率低，水资源配置能力不足，工程性缺水问题十分突出。

西藏和平解放后至改革开放前，西藏水利水电工作者在党和国家的关怀下，在西藏各级政府的支持下，以执着的精神和顽强的意志同广大农牧民群众一起兴水利、治水害，在极度困难的情况下，建设了一大批农田水利基础设施，但限于当时的经济社会条件，水利工程数量少、标准低，基本没有较大规模的水利工程，全区只有拉萨市城区简单设防，多数城镇没有堤防；全区万亩以上的干渠仅有 23 条、塘坝合计库容不足 5 000 万 m^3；县及县以下农村水电站装机容量 30.8 MW，绝大多数县处于无电状况；绝大多数县及农牧区群众处于饮水困难状况。

1978 年，我国揭开了改革开放的序幕，西藏水利开始进入发展阶段。年楚河综合治理工程拉开了雪域高原大规模兴水利、治水害的帷幕，通过综合治理，将这条横贯日喀则市和江孜、白朗、康马三县的年楚河束水归槽，在免除水患的同时，扩大耕地面积约 1.95 万亩、宜林面积约 3 万亩、治涝治渍面积约 2 万亩、改善耕地面积约 14 万亩，年楚河流域一跃成为西藏的"粮仓"。年楚河综合治理工程的成功实践不但在西藏水利史上开创了一个崭新的时代，也极大地鼓舞了西藏干部群众的斗志，结合国家资金和物资补助、农牧民群众投工投劳积极投入到江河整治、农田水利基础设施建设、植树造林、筑坝发电等治水活动中来，修建了一批中小型水利基础设施，极大地改善了农牧民生产生活条件，提高了农牧业的综合生产能力。

20 世纪八九十年代，随着中央第一次、第二次、第三次西藏工作座谈会的召开，西藏水利发展进入快车道，特别是 43 项援藏工程和 62 项援藏工程的确定，掀起了水利建设发展高潮。通过开展堤防建设、兴修水利、改造中低产田、山水田林路的综合治理和满拉水利枢纽的建设，提高了"一江两河"流域灌溉能力和农牧业综合生产能力及防洪减灾能力；建设县级水电站 14 座，于"九五"末，实现县县通电的目标。

进入 21 世纪后，随着中央第四次、第五次、第六次西藏工作座谈会和水利工作会议的陆续召开,国家对西藏水利的投资幅度进一步加大,水利基础设施建设步伐明显加快。至"十二五"末,水利基础设施建设实现了历史性跨越,一是饮水安全迅猛发展,建设供水工程20 456处、供水泵站157座,全面解决了城镇及农村居民、学校师生和寺庙僧尼的饮水安全问题。二是防洪减灾能力大幅度提升,建设堤防总长3 087 km;累计完成63座病险水库除险加固,恢复库容10.82亿 m^3,有效保护人民群众生命财产安全。三是农牧业生产条件明显改善,建设大小型水库97座,其中:大型水库7座、中型水库11座、小型水库79座,总库容34.16亿 m^3、兴利库容14.18亿 m^3、防洪库容11.70亿 m^3;中小型水闸122处;塘坝2655座,总容积0.18亿 m^3;建设满拉、江北、雅砻等大型灌区及重点中小灌区6 315处,农田有效灌溉面积达到390万亩、饲草料地灌溉面积18万亩。四是农村水电项目稳步推进,建设大小型水电站306座,总装机容量133.49万 kW,所有乡镇均结束了无电的历史。五是水土保持治理工作有序开展,累计治理0.77万 km^2 水土流失面积。

　　总之,西藏和平解放60多年、改革开放40多年来,西藏水利欣逢盛世,在党中央、国务院的亲切关怀下,在国家有关部委的大力支持下,在自治区党委、政府的坚强领导下,在全国的大力援助和全区人民的共同努力下,各族群众满怀豪情,兴水利、治水害,在雪域高原上掀起了一场轰轰烈烈的治水热潮,用勤劳和智慧的双手改写了落后的水利面貌,在高原治水史上书写了一幅宏伟的画卷,为西藏经济社会的快速发展奠定了坚实的水利基础。特别是中央第四次、第五次、第六次西藏工作座谈会和中央水利工作会议召开后,西藏水利抢抓机遇,加快水利基础设施建设,积极深化水利改革,水利事业得到蓬勃发展,为西藏经济社会跨越式发展和长治久安提供了坚实的支撑和水利保障。

3　水利建设中存在的问题

　　在党中央、国务院的亲切关怀下,在国家有关部委的大力支持下,在自治区党委、政府高度重视和坚强领导下,在全国的大力援助和全区人民的共同努力下,西藏水利建设取得了显著成就,为西藏经济社会发展、脱贫攻坚和长治久安做出了巨大贡献。但由于水资源时空分配不均,工程性缺水仍是西藏水利发展面临的严峻形势,且随经济社会发展、城镇化进程、人民生活水平的提高及生态文明建设的迅速发展,缺水问题更加突出,同时由于基础设施薄弱、各行业或部门间信息壁垒、跨越式发展过程中新问题不断涌现及人力资源缺乏等问题,使得西藏水利建设面临新的问题及挑战。

3.1　水资源配置能力明显不足

　　西藏水资源十分丰富,但开发利用极低。目前,西藏水力资源利用的总库容约45.16亿 m^3、兴利库容约25.18亿 m^3,水资源利用量仅占地表径流的0.57%,加上"十三五"水利发展规划的大中小型水库新增的5.40亿 m^3 的供水能力,水资源利用量仅占地表径流的0.70%,远低于2013年全国水资源利用率22.12%(2013年水资源公报数据)的水平。工程性缺水仍然是制约我区经济社会发展的主要瓶颈之一,水利支撑我区全面建成小康社会的能力远远不足,不能满足城乡供水、农牧业灌溉、防洪抗旱、水力发电和生态文明建设的需求,同时西藏旱灾发生频率高、面积较大,如2009年受旱面积达35.47万亩,全区仍没有建设抗旱应急水源,抗旱能力很弱。一方面水资源利用率很低,利用率不足1%,大量的水资源白白浪费;另一方面全区水利工程总量不足,工程性缺水严重,缺乏控制性骨干工程,水资源配置能力急需提高。

3.2 防洪保安问题依然突出

近年内,随着全球气候变暖,西藏气候湿热化现象特别明显,降水量明显增多增强,防洪保安问题十分严峻,一是城市防洪标准急需提高,防洪减灾体系急需完善。随着日喀则市、昌都市、林芝市、山南市、那曲市等地撤地建市,其人口和经济当量将会显著增加,现有防洪标准不能满足其防洪标准要求,其次规划的新城区暂未建设防洪工程。二是乡村防洪体系尚未完善,标准较低。三是由于西藏特殊的地形地貌及气候特点,山洪、泥石流等地质灾害频繁,目前仅建设了极少数的山洪地质灾害防治工程,还不能满足防洪减灾的要求,同时冰湖灾害治理工程尚未实施,严重威胁着人民群众生命财产安全。

需要说明的是,位于拉萨河中游的旁多水利枢纽在 2018 年拉萨市防洪减灾方面发挥了较大作用,但由于其防洪库容仅为 0.94 亿 m^3、调洪库容 2.02 亿 m^3,规模较小,调洪滞洪作用不大,在雅江流域内的防洪能力较小。

3.3 饮水安全巩固提升任务艰巨

经过"十五""十一五"和"十二五"城乡饮水解困工程和城乡饮水安全工程的实施,城乡居民饮水困难问题基本上得到了全面解决,结束了远距离挑水的问题。但城乡水源地保护问题依然突出,由于资金问题,大多数水源地未进行水源地保护建设,水质安全难以保障,且存在河水浑浊则饮用水浑浊的现象。同时由于西藏地广人稀,农牧民居住极其分散,难以采用集中式规模供水和水源地选择,水源地大多为小河沟,水源条件较差,由于全球气候变暖、雪线抬升、地下水位降低及地质灾害等问题,部分水源地已经干涸或报废,造成了新的饮水安全问题。加之生态及扶贫移民搬迁、城镇化建设及新农村建设和边境小康示范村建设,饮水安全巩固提升资金缺口较大。

3.4 农田水利基础设施仍显薄弱

农牧业在西藏经济社会发展中具有重要的地位,但由于受资金限制,早期建设的灌区工程田间配套率低,支渠以下渠系未建设或仍采用未经防渗处理的土渠,渗漏问题严重,灌溉水利用系数低,使得大量农田无法形成有效灌溉;截至"十二五"末,仍有40%左右的农田缺乏灌溉设施。同时,由于行业或部门间信息壁垒及生态和扶贫移民搬迁等土地面积的增加等原因,造成设计规模与实施规模不匹配,致使部分已建灌区工程无法形成有效灌溉,如江北灌区在规划设计过程中,收集了各行业部门的资料,并充分征求了各行业部门的意见,但在实施过程中,由于各行业部门的平台和信息等不共享的原因,使得建设内容及规模与规划设计的不匹配;湘河水利枢纽工程在开工之际,为满足扶贫搬迁,新增土地面积约 5.52 万亩,使得建设内容及规模与规划设计的不匹配等。

西藏可利用草地面积 9.9 亿亩,但由于草场水利灌溉设施建设滞后,实现灌溉的草地面积仅为 0.18%,水利配套灌溉的饲草料基地人均面积仅为 0.05 亩,载畜和抗灾能力较弱,靠天养蓄的现状并未发生根本性变化。

3.5 水生态文明建设任务艰巨

根据第一次全国水利调查,西藏土壤侵蚀面积达到 42.19 万 km^2。截至目前,累计治理面积为 0.77 万 km^2,水土流失面积治理率仅为 1.83%。土壤侵蚀面积仍为 41.42 万 km^2,占西藏土地面积的 34.52%。由于西藏特殊的自然、地理和气候条件,针对不同区域特点的水土流失综合治理模式尚未形成,水土流失治理难度大。由于农牧业灌溉和工业用水量的增加,城镇规模扩大,加上气候变化和雪线上升,一些城镇(如拉萨市)和乡村地区(如扎囊县等农村井灌区)的地下水位明显下降,河道断流,湖泊湿地萎缩与扩张等现象日益严重,水生态问题突出,部分地区还出现工业、农业及城镇生活等点、线、面零星轻度污染情况,水生态保护与恢复任务艰巨。

3.6 水利工程建设管理亟待提高

在党中央、国务院的亲切关怀下,在国家有关部委的大力支持下,在自治区党委、政府高度重视和坚强领导下,在水规总院和全国兄弟单位的大力援助下,通过多年的努力,西藏水利队伍得到了较快发展,逐渐建立起了一支专业齐全、结构基本合理的水利队伍。但面临当前我区水利改革发展任务骤增的情况下,专业技术人员仍然缺乏,尤其是高水平专业技术人员,在项目建设实施过程中显得更加突出。

目前,西藏没有专业技术实力较强的水利工程甲级监理单位,重大项目及大多数中小型工程监理采用招投标方式选择内地监理单位,监理队伍良莠不齐,存在专业技术力量不足、业务不熟练、持证上岗率较低;有些监理责任心不强,不能认真核实工程签证和投资控制不力等现象;监理现场控制力差,工程资料不齐全。项目法人责任制是"三项制度"的核心问题,但是西藏水利工程建设部分项目法人组建不规范,主要人员不到位或缺乏工程管理经验,不能完全履行项目法人职责;重建设,轻管理;重工程建设进度,轻工程质量等现象比较普遍。水利工程施工过程中,施工单位项目经理、技术负责人和"五大员"不在现场等现象普遍存在,违法分包和转包现象严重,现场管理混乱;施工过程中,随意更换项目管理人员及技术人员,工程不按计划施工,工期严重滞后,工程质量无法保证。

4 解决对策或措施探析

全面贯彻党的十九大、十九届三中全会和自治区第九次党代会、区党委九届三次全会精神,按照全区经济工作会议和农村工作会议部署,以治边稳藏和建设美丽西藏为指导,坚持稳中求进、进中求好、补齐短板总基调,坚持新发展理念和高质量发展要求,践行新时代水利工作方针和治水新思路,以着力解决水利改革发展不平衡不充分问题为导向,以全面提升水安全保障能力为目标,依据实施乡村振兴和"两屏五地一通道"战略构想,充分利用对口援藏的有利条件,结合西藏水利发展实际情况,按照和全国一道全面建成小康社会的要求,以加快完善水利基础设施网络为重点,以大力推进水生态文明建设为着力点,建设民生水利、安全水利、资源水利、生态水利,为实现西藏经济社会持续健康发展提供更为坚实的水利支撑和保障。

4.1 建设战略资源储备基地,提升水资源配置能力

根据国家对我区战略资源储备基地的定位,我区应以重大水利工程和民生水利建设为着力点,完善大中小微相结合的水利工程体系,构建系统完善、安全可靠的现代水利基础设施网络。要把发挥骨干工程辐射带动作用作为重点任务,围绕深化供给侧结构性改革,集中力量建设一批具有战略性、全局性的重大水利工程,优化水资源配置格局,提高水资源配置能力,增强水安全保障能力,缓解工程性缺水对我区经济社会发展的瓶颈影响,基本解决由于时空分布不均造成的城乡供水安全水平不高,耕地有效灌溉面积不大,防汛抗旱能力不足,农村用电安全水平低,生态文明建设缺水问题,充分发挥水利工程建设的投资拉动作用、经济支撑功能和生态环境效应。建成国家水资源战略储备基地和"西电东送"接续能源基地,为国家战略发展提供支持。

4.2 加快完善防洪减灾体系,提高防汛抗旱能力

随着全球气候变暖,极端天气多发频发,各种水灾害发生的可能性进一步加大。全面推行以防汛抗旱行政首长负责制为核心的各项责任制,充分发挥群测群防作用,确保人民群众生命财产安全。

一是加快对雅鲁藏布江,怒江、澜沧江干流和重要支流等大江大河的综合治理,对沿江分布的城镇、乡村、农田等进行河道整治、违建清理和堤防建设,提高河道的防洪能力。二是继续加强中小河流及山洪沟治理,进行清障、疏浚、堤防及排洪渠建设,通过护、通、导工程,消除其安全隐患。三是完善城市防洪建设,结合新型城镇化和城市总体布局,完善城市防洪体系,提高防洪标准。四是结合新农村建设,对集中乡镇、农村,加强防洪体系建设。五是结合大中小型水库、"五小水利"工程、抗旱应急水源的建设,提高水资源配置能力和供水保障能力,全面提高防汛抗旱能力。六是根据冰湖调查成果,建立冰湖和山洪灾害监测预警系统,健全信息系统和群体监测等非工程措施,同时结合河(湖)长制,编制预警预报方案,建立防汛抗旱应急管理决策和协调机制,确保信息畅通,联动协调,高效运行。

4.3 优化布局加强保护,提高城乡供水保障水平

"切实保护好饮用水源,让群众喝上放心水"是民生水利的首要任务,加强水源地保护,优化供水工程布局及供水方式,是提高城乡饮水安全保障水平的主要措施。

首先,结合水资源优化配置或重大水利项目的大中型水库建设,尽可能采用供水管网延伸,建设跨村、乡、镇联片集中供水方式解决相对集中的城乡居民饮水问题。对居住特别分散的农牧民,采用分散式供水,但在水源选择时,尽可能选用埋深较深的地下水,采用地表水时,应建设具有一定规模的或具有简单水质处理的供水工程,以满足饮用水卫生标准,同时应加强日常水质检测监督。其次,需加强水源地的保护和建设,严格按相关标准进行水源地保护区的划定和保护,建立水源地保护实时监测保护系统。再次,积极建设应急备用水源,增强应急供水能力,提高应对突发性水源污染或自然灾害的供水安全保障能力。

4.4 开展水利精准扶贫,夯实农田水利基础设施

深入贯彻以人民为中心的发展思想,正确处理好发挥优势和补齐短板的关系,打好精准脱贫攻坚战,切实落实乡村振兴战略。一是深入开展农田水利基础设施建设,增大农田有效灌溉面积。二是加快灌区续建配套与现代化改造,解决农田灌溉"最后一公里"问题,推进小型农田水利设施达标提质,夯实农业现代化发展的水利基础。三是实施节水行动,着力建设节水增效工程,大力推广喷灌、微灌、管道输水等节水灌溉技术。四是加大牧区饲草料基地及牧区水利建设投入,解决草场灌溉缺水问题,提高牧区抗灾能力。

4.5 坚持绿色发展理念,着力推进生态文明建设

习近平总书记指出,青藏高原是亚洲水塔,保护好青藏高原生态就是对中华民族生存和发展的最大贡献;坚持节约优先、保护优先、自然恢复为主,坚持走生产发展、生活富裕、生态良好的文明发展道路。

在水利工程规划及设计时,需正确处理好保护生态和富民利民的关系,树立生态优先、绿色发展的生态文明建设理念,合理确定工程任务和规模,着力推进生态文明建设。如湘河水利枢纽在原规划时,工程任务为以灌溉与供水为主,兼顾发电,但因灌溉面积中有12.8万亩位于雅鲁藏布江中游河谷黑颈鹤国家级自然保护区缓冲区、核心区中,环评报告审查无法通过。经相关行业部门充分对接沟通,并调查研究,结合生态文明建设,将工程任务调整为

以灌溉、供水、改善自然保护区生态环境为主,兼顾发电。从而使项目环评报告顺利获得环保部批复,为项目开工建设打下坚实基础。

4.6　积极探索管理模式,强化水利工程建设管理

目前,西藏没有专业技术实力较强的水利工程甲级监理单位,面临我区水利改革发展任务骤增的情况下,专业技术人员仍然缺乏,尤其是高水平专业技术人员,在项目建设实施过程中显得更加突出。

虽然在近几年,通过不断完善管理制度,加强市场监管和体制创新等一系列举措后,水利工程建设市场呈现出了良好的局面,但由于西藏地广人稀,技术和组织保证相对薄弱,水利工程建设市场亟待改进和规范的行为依然繁重。鉴于此,建议积极探索代建制和工程总承包制在水利工程建设中的应用,并总结经验,为实现西藏水利事业的全面、协调、可持续发展作出新贡献。

5　结　论

西藏水利工程的建设为全区的跨越式发展和长治久安做出了突出贡献,基本解决了与农牧民切身相关的饮水、电力、灌溉、防洪减灾等问题,全区水安全保障水平全面提升,人水和谐发展格局健全完善,为实现治水体系和治水能力现代化奠定了基础。但在全面建成小康社会的要求下,西藏水利工程建设还有大量工作要作,持续加强水利工程建设,深入分析水利工程建设中存在的问题,有针对性地提出解决对策和措施并落实,将会促进西藏水利跨越式发展。

参 考 文 献

[1] 西藏水利厅.西藏水利概况[R].2015.
[2] 李文汉.辉煌的成就,历史的跨越[J].西藏水利,2008(24).
[3] 孙献忠.在2018年全区水利工作会议上的讲话[Z].2018.
[4] 李静.浅谈西藏水利工程建设管理存在的问题及对策[J].西藏科技,2014.
[5] 文梅君.浅析西藏水利工程建设现状、存在的问题及对策[J].西藏科技,2017.
[6] 吴福清.水利工程建设管理模式探讨[J].江淮水利科技,2009(4).

【作者简介】　尼玛,男,高级工程师。

某调蓄水库渗漏反演及敏感性计算分析

阮建飞　周志博　张欣欣

（中水北方勘测设计研究有限责任公司，天津　300222）

摘　要　某输水干线上的重要调蓄水库在初期运行过程中发现渗漏量明显偏大，且库周局部区域产生了较为严重的浸没现象，给水库安全运行带来了一定的隐患。本文采用反演计算、敏感性分析等方法对该水库渗漏进行了定性分析，并结合坝体稳定计算分析等，对水库运行安全可靠性进行了综合评价，以供上级主管部门参考决策。

关键词　反演计算；渗漏；敏感性；防渗墙

1　概　述

某调蓄水库为中型平原水库，主要建筑物包括围坝、泵站、入（出）库涵闸、放水洞等，工程主要建筑物级别为2级。围坝轴线总长约8 km，最大坝高14 m，为复合土工膜防渗体土坝，全坝段范围内做坝基截渗处理，采用0.3 m厚混凝土防渗墙，防渗墙最大深度约27 m。

在初期运行期间，水库在近半年的时间内共经历了3次蓄水，经粗略测算，水库平均每天蒸发、渗流损失7.66 mm。扣除蒸发损失，平均每天渗流损失约6.79 mm，与设计值2.63 mm相比渗流量偏大。按最后一次蓄水完成推算每天渗流量约3万 m^3，与原设计估算值相比渗流量偏大。

2　工程地质

水库围坝地层在勘探深度内，表层为耕植土，上部为第四系全新统冲积堆积（Q_4^{al}）、湖沼积堆积（Q_4^{fl}）及冲洪积堆积（Q_4^{al+pl}）的新近堆积层，下部为上更新统冲洪积堆积层（$Q_3^{al+pl}{}_3$），自上而下共为八大层：①层砂壤土（Q_4^{al}）；①-1层裂隙黏土（Q_4^{al}）；②层黏土（Q_4^{fl}）；②-1层淤泥质黏土（Q_4^{fl}）；②-2层砂壤土（Q_4^{fl}）；③层壤土夹姜石（Q_4^{al+pl}）；④层黏土（Q_3^{al+pl}）；⑤层壤土（Q_3^{al+pl}）；⑥层壤土（Q_3^{al+pl}）；⑦层壤土（Q_3^{al+pl}）；⑧层黏土夹姜石（Q_3^{al+pl}）。

坝基①~⑤层土属中等—强透水层，水力联系密切，渗透系数一般为1.14~5.16 m/d。⑥层壤土为弱—微透水，壤土厚1.4~7.0 m，渗透系数为0.029~0.068 m/d，属弱透水层。⑦层以下渗透系数多介于0.68~0.97 m/d，属中等透水层。

经地质分析，⑥层壤土可作为相对不透水层。

3　渗漏原因初步分析

结合常规经验，通过对现有的地勘、监测以及完工验收资料等进行初步分析认为，水库产生渗漏的主要原因可大致归纳为以下几点：

（1）相对不透水层缺失。

据地勘资料,坝段 K5 + 761 至 K5 + 951 坝基及附近库内相对隔水层缺失,深层局部有强透水沙层。虽然此段防渗墙已加深到 28 m,仍有通过透水层(带)绕渗的可能。另外,由于受勘探手段的限制,其他区域是否也存在对不透水层缺失并不能完全探明,由此也可能造成渗漏量的增加。

(2)防渗系统局部可能存在施工缺陷。

由于地下工程的不确定性,尤其是防渗墙的施工质量易受施工工艺、施工控制、地层情况等因素的影响,可能会造成防渗系统局部的施工缺陷,使得渗漏增加。

4　计算目的及内容

根据初步分析的渗漏原因,通过已掌握的资料(包括测压管、渗漏量等资料),选择合适的方案对水库渗漏进行计算,包括反演参数计算渗漏量、有关参数敏感性计算分析等,并定性分析渗漏产生的主导因素,为后期采取工程措施及调度运行等提供参考决策依据。主要计算内容有:

(1)采用现有边界条件模拟水库的渗漏情况,首先通过实测资料反演计算参数,结合水库运行估算实际可能产生的渗漏量。

(2)考虑⑥层壤土局部缺失情况下的渗漏计算,评价其对渗漏造成的影响。

(3)由于相关参数离散性较大,计算存在误差在所难免,故计算拟对相对隔水层即⑥层进行参数敏感性分析;另外,考虑防渗墙及土工膜在施工过程中局部可能存在缺陷,其渗透性对总体渗漏量会有一定影响,故对防渗系统也进行了参数敏感性分析。

5　计算模型

考虑相对不透水层较薄,且其下部还存在深厚透水层,对渗漏影响较大,为使计算收敛,地基下部土体需要选取较大的计算深度。查阅相关资料,此时,地基下部土体深度按不小于 1.5 倍的坝基宽度选取,地基宽度按不小于 3 倍坝基宽度选取,本计算模型上下游各取 150 m,地基深度按 150 m 选取,满足计算要求。计算模型见图 1。

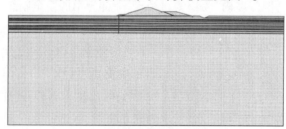

图 1　计算模型单元划分图

6　计算分析

6.1　反演计算分析

反演计算具体步骤为:首先,通过充库期间的实测浸润线及渗漏量反演计算参数;然后,通过计算参数模拟计算正常蓄水位情况下的浸润线及渗漏量;最后,结合水库调度运行,在充库水位 23.0 m 及正常蓄水位各运行半年情况下的渗漏量,得出水库全年总计渗漏量。

通过反演计算表明,调整局部参数可以得到与实测资料基本相符的成果,包括浸润线及渗漏量的成果。由于存在多种可能性的组合,如⑥层局部缺失、防渗系统施工缺陷、土层参数离散性等,故上述综合因素都可能反演出与实测较为吻合的成果,在此前提下,无论采用哪一套反演数据,其估算的水库渗漏量应大致是相当的。

参数主要通过现有实测浸润线以及目前的实际渗漏量(3 万 m³/d)通过反演计算获得,由于库水位采用充库平均水位,故测压管水头实测数据也采用平均值,地基土体渗透系数反演计算成果见表1。

表1 地基土体渗透系数反演计算成果

桩号	上游水位(m)	下游水位(m)	反演渗透系数(cm/s)		
			⑥层以上	⑥层	⑥层以下
北坝段 1+555	充库平均水位 23.0	外河水位 13.0	3×10^{-3}	5×10^{-4}	1×10^{-3}
西坝段 2+970	充库平均水位 23.0	渠道水位 15.0	1.5×10^{-3}	5×10^{-4}	1×10^{-3}
南坝段 4+753	充库平均水位 23.0	截渗沟水位 17.1	3×10^{-3}	5×10^{-4}	8×10^{-4}
南坝段 5+988	充库平均水位 23.0	截渗沟水位 17.1	3×10^{-3}	3×10^{-3}	8×10^{-4}
东坝段 7+280	充库平均水位 23.0	渠道水位 15.0	3×10^{-3}	8×10^{-5}	1×10^{-3}

通过反演计算,采用上述平均充库水位 23.0 m 时的渗漏量约为 3 万 m³/d,与实测资料基本相符,结合调度运行,如按 23.0 m、30.0 m 水位各运行半年,据此估算的全年总计渗漏量约为 1 468 万 m³,而采用原参数计算的年渗漏量约为 1 210 万 m³,渗漏量变幅约为 21%。

6.2 考虑⑥层壤土缺失的渗漏分析

分析主要分为三个方面:第一个方面是沿着坝轴线方向的缺失影响,考虑⑥层缺失 10% 及 20% 的渗漏影响情况;第二个方面是垂直于坝轴线方向的缺失影响,分别考虑防渗墙前后⑥层各 50 m、100 m 连续的情况;第三个方面是局部开天窗的渗漏影响情况,假定天窗间距分别为 50 m 及 25 m,开孔尺寸 1 m×1 m,并将上述计算成果与原参数计算做对比分析。计算成果见表2。

表2 渗流量计算对比统计成果

断面	水位(m)		渗流量(m³/(d·m))						
	上游水位	下游水位	无缺失	纵向缺失		横向缺失		局部天窗	
				10%	20%	50 m 连续	100 m 连续	50 m 天窗	25 m 天窗
南坝段 4+753	23.0	17.1	2.64	3.09	3.54	4.88	4.12	2.70	2.83

从上述结果可以看出,局部较小的天窗对渗漏影响不大,表中反映的渗漏最大贡献率约为 7%,即较小的天窗不会破坏土层的相对连续,而一旦土层缺失使得其连续性遭受破坏,其对渗漏影响是比较大的,表中由于⑥层缺失造成的渗漏量较无缺失时最小增幅为 17%。

6.3 ⑥层壤土参数敏感性分析

考虑⑥层参数离散性较大,故有必要对该层进行参数敏感性分析,由此分析参数选取对渗漏量估算的影响程度。计算选用南坝段典型断面(4+753),计算时不考虑机井的影响,根据计算分析得出,当渗透系数逐渐加大时,渗流量呈上升趋势,两者为非线性关系,渗漏量随渗透系数的增大敏感性逐渐减弱,由于⑥层为相对隔水层,其渗透系数变化对于渗流量的计算影响较大,如采用小值平均值计算的渗流量约为 2 万 m^3/d,采用大值平均值计算的渗流量约为 3 万 m^3/d。如果下部有强透水层存在,渗漏量还会进一步加大。

6.4 防渗系统参数敏感性分析

通过计算表明,防渗墙及土工膜如施工合格,对渗漏量的增加影响不大,土工膜渗透系数由 10^{-9} cm/s 改为 10^{-8} cm/s,引起渗流量最大增加量为 0.005 $m^3/(d \cdot m)$;防渗墙渗透系数由 10^{-7} cm/s 改为 10^{-6} cm/s,引起渗流量最大增加量为 0.198 $m^3/(d \cdot m)$;总渗流量最大增加值为 0.201 $m^3/(d \cdot m)$,其最大变化幅度约为 7.5%。如考虑防渗墙施工有 80% 合格率,计算的渗流量最大增加幅度约为 10%。

7 主要结论

计算主要成果经专家咨询,形成如下主要结论:

(1)根据目前的实测资料,经反演计算分析,结合水库正常调度运行方式,按水位 23.0 m、30.0 m 各运行半年计算,估算年渗漏量为 1 210 ~ 1 468 万 m^3。

(2)⑥层壤土等土层计算参数的离散性以及计算域的选取会产生较大的计算误差,对渗漏量影响较大。

(3)根据地勘资料南坝段坝基相对隔水层⑥层缺失,部分坝段的坝基⑥层较薄,可能影响其连续性,其下壤土呈中—强透水性,造成渗透量加大。通过分析,局部较小天窗对渗漏量影响程度较小,而由于大范围的缺失造成的渗漏影响较大。

(4)防渗系统的施工缺陷客观上也会造成渗漏量的增加。如考虑施工质量合格率达到 80% 以上,则不会引起渗漏量的大幅增加。

(5)此外,结合现状情况通过对坝体稳定进行复核计算表明,水库存在的主要问题是渗漏量偏大,但不至于对坝体抗滑稳定造成影响,围坝是安全的。

参 考 文 献

[1] 毛昶熙. 渗流计算分析与控制[M]. 北京:水利电力出版社,1990.
[2] 景来红,段世超,杨顺群. 渗流反演分析在工程设计中的应用[J]. 岩石力学与工程学报,2007,26(S2):4503-4509.
[3] 郑重阳,蒲玉康. 某水电站覆盖层地基渗透系数反演分析[J]. 水利科技与经济,2015,21(7):96-99.
[4] 徐杰瑞,王志宏,牛万宏. 三维渗流反演分析在深厚覆盖层中的应用[J]. 华北水利水电学院学报,2001,22(1):19-20.
[5] 吴海鹏,詹青文. 廖坊水利枢纽库区防护工程的渗漏分析及处理[J]. 水利技术监督,2009(5):50-52.
[6] 林祥海. 某水库副坝坝基渗漏分析[J]. 水利技术监督,2014(3):58-59,82.
[7] 来金生. 巩哈泉一库渗漏分析及治理方案[J]. 水利技术监督,2013(6):51-53.
[8] 楚灿轩. 含透水层坝基渗漏处理数值分析[J]. 水利规划与设计,2017(7):97-99.
[9] 孙国兴. 沙坪水库坝基透水分析及防渗加固措施[J]. 水利规划与设计,2015(12):106-108.
[10] 陈勇,花剑岚. 南京市象山水库库区渗漏分析[J]. 水利规划与设计,2010(6):37-40.
[11] 毛海涛,侍克斌,宫经伟. 大坝无限深透水地基渗流计算深度选取初探[J]. 水力发电,2009,35(4):48-50,70.

【作者简介】 阮建飞(1979—),男,高级工程师,主要从事水利工程设计工作。

阿尔塔什水利枢纽工程生态放水系统设计

孙红丽

（新疆水利水电勘测设计研究院，乌鲁木齐 830000）

摘　要　阿尔塔什水利枢纽工程建设造成大坝下游河道减（脱）水，需要大坝下泄生态基流。考虑合理利用水能资源，设置生态（基流）电站。由大坝右岸Ⅱ#发电洞分岔洞引水至生态电站厂房，厂房内布置生态放水管和水轮发电机组，生态放水管用于机组检修时旁通泄水满足下游河段生态需水要求。本文重点论述生态放水系统布置的特点，分析发电机组与生态放水管结合布置的形式，综合说明布置原则和设计思路。
关键词　生态基流；生态放水管；枢纽电站

1　工程概况

阿尔塔什水利枢纽是塔里木河主要源流之一的叶尔羌河流域内最大的控制性山区水库工程，位于喀什地区莎车县和克州阿克陶县交界处。工程任务是在保证向塔里木河干流生态供水目标的前提下，承担防洪、灌溉、发电等综合利用。水库总库容22.49亿 m^3，正常蓄水位1 820 m，最大坝高164.8 m，电站总装机容量为755 MW。本枢纽为大（一）型Ⅰ等工程，由拦河坝、表孔溢洪洞、中孔泄洪洞、深孔放空排沙洞、发电引水系统和枢纽电站、生态基流引水洞及生态（基流）电站、过鱼建筑物等组成。生态电站布置于坝后右岸坡脚，与枢纽电站共用Ⅱ#发电洞。生态电站额定水头129 m，装机容量55 MW，多年平均年发电量4.08亿 kW·h。生态基流引水洞及生态电站为3级建筑物，生态电站设计洪水标准为100年一遇，校核洪水标准为200年一遇。

2　设计基本资料

2.1　地形、地质条件

坝址区叶尔羌河自西向东流，河道较顺直，为宽"U"形河谷，坝址右岸岸坡走向近EW向，岸坡陡峻，相对高差400～600 m。1 845 m高程以下平均自然坡度53°，以上近直立。右岸基岩山体宽厚，基岩裸露，为薄层灰岩、巨厚层白云质灰岩、泥灰岩、石英砂岩，泥页岩。坝址下游河道呈N向的"Ω"形，生态基流引水洞由Ⅱ#发电引水洞发Ⅱ0+640.249桩号处水平引出，位于右岸山脚处，坡脚分布大量覆盖层，局部基岩裸露，该段岩体岩层多呈互层状、厚层状至巨厚层状，总体产状340°～345°SW70°～80°，岩层倾向坡内，顺层结构面发育，岩质软硬相间，顺层小断层较发育，破碎带宽度一般为10～50 cm。生态（基流）电站厂房位于右岸洪积扇上，表部为含土碎块石，厚度5～10 m；其下为全新统冲积漂卵砾石层，结构密实，下伏基岩为灰岩、砂岩、页岩互层。该段挖深10～44 m，厂房基础位于结构密实的冲积砂卵砾石层上。

地下水对混凝土具有结晶类硫酸盐型中等—强腐蚀性，对钢筋混凝土结构中的钢筋具有弱—中等腐蚀性。

2.2　气象资料

　　叶尔羌河流域位于新疆塔里木盆地西部,流域内呈典型的大陆性气候,多年平均气温为11.2 ℃,1月平均 -5.55 ℃,七月平均23.91 ℃,极端最高气温39.6 ℃,极端最低气温 -24 ℃。工程区属于寒冷地区。

3　设置生态放水系统的必要性

　　阿尔塔什水利枢纽工程采用混合式开发,工程坝址至枢纽电站厂址13.5 km河段形成减(脱)水段。根据水利水电建设项目保护河道生态环境要求,考虑河道断流对下游工农业用水、居民用水的影响,下泄一定的生态流量维护河流生态环境是必须的。经环评分析和测算,需要大坝下泄的最小流量为41 m^3/s。

　　发电是本工程主要任务之一,下泄生态流量约占工程发电引水流量的12%,且大坝蓄水位较高,与下游水头落差120 m以上,水能资源丰富,利用生态下泄流量发电有条件;同时生态电站功能上既保证下泄生态流量又实现机组发电,可实现工程综合利用和经济效益最大化。

　　生态电站发电量除进入主干电网外,还可供枢纽区建筑物备用、照明等电源,确保其安全运行;同时提供库区周边阿尔塔什村居民生活、生产用电,改善其生活质量,发挥良好的社会效益和经济效益。

4　生态放水系统设计

4.1　设计原则

　　(1)生态放水系统放水流量为保护下游生态环境的最低限值。

　　(2)生态放水系统应有充分的保障措施设计,提高下泄水流保证率,避免下泄流量不足。

　　(3)生态放水系统宜布置简单紧凑、便于操作和维修,工程量少和造价低。

　　(4)寒冷地区生态放水系统的设计,应避免因天气寒冷造成生态放水水流冻结断流。

4.2　生态放水系统设计

　　工程发电引水系统利用坝址下游河道呈N向"Ω"形的地形条件,采用裁弯取直的方式集中落差获取水头,且河道右岸地形可以满足发电洞的埋深要求,在右岸山体内平行布置Ⅰ#、Ⅱ#发电洞引水发电。生态放水系统按上述设计原则,结合地形、地质条件,并综合考虑施工、安全运行管理和工程量等因素进行多方案比较,确定从Ⅱ#发电洞发Ⅱ 0 +640.249桩号处水平引出生态基流引水洞(岔洞),岔洞引水至压力管道和生态电站厂房的总体布置。生态放水系统由生态基流引水洞、压力管道和生态电站(含生态放水设施)等建筑物组成。

4.2.1　生态基流引水洞及压力管道布置

　　生态(基流)电站进口闸井利用Ⅱ#发电洞进口闸井,闸井布置在坝轴线上游右岸沟口内,距坝轴线约1.03 km,生态基流引水洞(岔洞)由Ⅱ#发电洞发Ⅱ 0 +640.249引出,岔洞末端桩号生 0 +685.084处设置调压井,调压井后布置压力管道。生态基流引水洞由洞内埋管段和明管段组成,总长1 625.5 m,其中Ⅱ#发电洞洞径9.4 m,长615.9 m,生态基流引水洞洞径4.0 m,长711.6 m;调压井形式为阻抗式,洞底板高程为1 748.0 m,断面形式为 $R =$

4.0 m 的圆形断面;压力管道由上平洞段、斜井段、下平洞段和出口明管段组成,全长 405 m,为圆形断面,主管内径为 3.5 m,支管内径为 2.4 m。

4.2.2 生态基流电站布置

生态电站布置在大坝下游右岸坡脚,电站厂房内布置生态放水设施和发电机组,共用一个取水系统(生态基流引水洞),采用一洞两机 + 两管的供水方式。生态放水设施由生态放水管、检修阀、调流放水阀、尾水闸门及尾水渠等组成。在压力管道下平段布置贴边岔管,岔管后接生态放水管等放水设施。

根据生态流量的水能分析结论,生态电站厂房内安装 2 台单机容量 27.5 MW 的水轮发电机组(机组发电流量为 47.72 m³/s,额定水头为 129 m)发电;按生态放水系统设计原则,厂房内 2# 机组左侧布置生态放水设施(生态放水设计引用流量 41 m³/s)。研究分析认为,该布置简单紧凑、便于操作和维修,且工程量少。当机组检修或负荷较低,下泄流量不足时生态放水设施放水,保障减(脱)水河段生态需水量。

生态电站由主厂房、副厂房、尾水渠等部分组成。从上游至下游分别布置副厂房、主厂房及尾水渠等,尾水渠接下游河床出水。主厂房主机间尺寸为 42.9 m×19.8 m(长×宽),生态放水设施与发电机组从左至右依次排列布置在主机间内,机组间距为 11.2 m;生态放水设施布置于 2# 机组的左侧,2 根生态放水管进口段中心高程均为 1 653.9 m,管径均为 2.1 m,在主机间内沿管轴线分别设置检修阀和调流放水阀对流量进行控制和消能降速,放水管出口扩至 3.5 m×3.5 m(宽×高),接尾水闸墩并进入尾水反坡内,出口底板高程为 1 652.15 m。考虑生态放水管检修阀和放水阀等对空间的要求,确定生态放水管间距为 8.0 m,且 1# 放水管轴线距 2# 机组中心线间距为 10.6 m。副厂房布置在主厂房上游侧,副厂房尺寸为 51.85 m×10.0 m(长×宽),主要布置有 GIS 室及中控室、通信室、高压开关室、低压配电室等。机组和放水管出口设置尾水闸墩,尾水闸墩布置 2 个 3.677 m×3.335 m(宽×高)的机组尾水闸门和 2 个 3.5 m×3.5 m(宽×高)的放水闸门,尾水闸墩总长 39.1 m、宽 7.10 m。尾水闸墩后接尾水反坡及尾水渠,尾水反坡段长 51.44 m、宽 33.39 m,坡度 $i =$ 1:4;尾水渠渠长约 440 m,采用现浇混凝土板衬砌梯形断面明渠,断面底宽 18 m、边坡 1:1.75、纵坡 1:5 000。

生态放水系统布置见图 1、图 2。

4.2.3 生态放水系统水力学计算

生态放水系统下泄水流时,积蓄的大坝水流能量会冲刷、磨蚀水流通道,因此各段水流通道需进行水力学计算确定结构设计。

生态基流引水洞水力学计算表明:上平洞段最大流速 3.9 m/s,压力管道段流速 5.0 m/s,支管段的最大流速 5.3 m/s。上述流速均在引水洞和压力管道结构设计抗冲磨允许范围内,满足要求。

通过调压井水力学计算,确定其布置和结构尺寸满足水流控制要求。

生态电站放水管设置消能阀消能降速,同时复核放水管水力学计算,调整流道结构设计,保证在各种工况下放水水流安全平稳通过厂内水流通道,进入尾水渠时流速在限值(1.2 m/s)之内。

根据环评专业提出的尾水渠集诱鱼流速不大于 1.2 m/s 的要求和衔接下游河道的布置特点,经水力学计算,确定的尾水明渠设计断面满足要求。

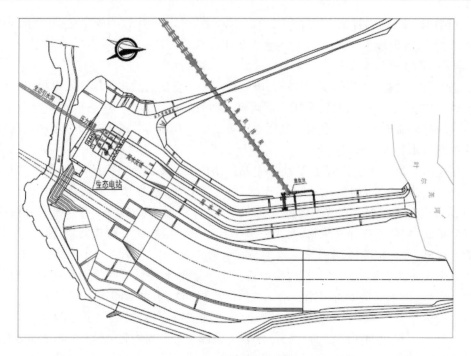

图 1　生态放水系统布置示意图

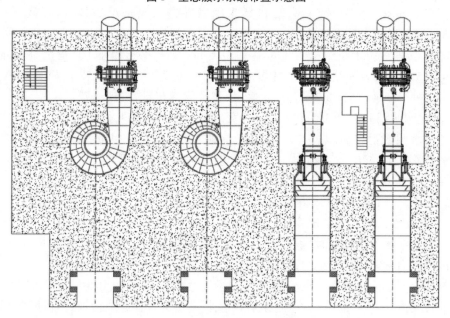

图 2　厂房内机组和放水设施布置示意图

经调查水轮机组发电后的尾水温度在 0 ℃以上,且本工程尾水渠底宽较宽、水流较浅,冬季尾水渠过水断面不会全结冰,可避免生态放水水流冻结断流。

5　结　语

研究获得以下设计经验:

(1)经比选论证,最终提出了保障工程生态放水的设计方案。

(2)保护生态环境是水利水电建设工程必须完成的任务;生态电站保证下泄生态基流的同时使水能资源被合理利用,实现工程经济效益的最大化目标。

(3)作为水利水电工程厂房内放水设施和发电机组结合布置的首例,本工程生态放水系统设计可为类似设计提供指导方法和参考。

(4)特别要注意的是,需根据下游河道实际需求,通过监测水位和流量变化情况,调整生态放水下泄量。

参 考 文 献

[1] 中华人民共和国水利部. 水电站厂房设计规范:SL 266—2014[S]. 北京:中国水利水电出版社,2014.

[2] 新疆水利水电勘测设计研究院. 新疆叶尔羌河阿尔塔什水利枢纽工程初步设计报告[R]. 乌鲁木齐:新疆水利水电勘测设计研究院,2015.

[3] 王津,徐果,吕昌秋. 沐若生态流量电站水工布置与设计研究[J]. 人民长江,2013(8):30-33.

[4] 孙红丽. ATS水利枢纽工程厂址及厂房布置设计[J]. 中国农村水利水电,2016(6):191-194.

[5] 刘元海,段颖,常晓宇. 水电站项目生态用水工程措施设计[J]. 环境科学与管理,2007(1):130-131,135.

[6] 刘向阳,靳锋,马萌萌. 阿尔塔什水利枢纽工程生态放水阀选型分析[J]. 水利水电技术,2018(S1).

[7] 杜强,谭红武,张士杰,等. 生态流量保障与小机组泄放方式的现状及问题[J]. 中国水能及电气化,2012(12):1-6.

[8] 高峰. 辽阳县生态环境与水资源的耦合关系研究[J]. 水利技术监督,2018(2):143-164.

[9] 王喜琴. 基于水库梯级开发的河流生态系统健康评价研究[J]. 水利技术监督,2018(2):101-104,122,192.

[10] 邱洋. 建昌县水土流失生态监测与效益评价[J]. 水利技术监督,2018(2):182-184.

【作者简介】 孙红丽(1973—),女,高级工程师,主要从事水利水电工程设计工作。E-mail:1726244039@qq.com。

古贤水库坝前浑水容重垂向分布研究

陈松伟　　万占伟　　韦诗涛　　李保国

(黄河勘测规划设计有限公司,郑州　450003)

摘　要　坝前浑水容重是工程设计的重要参数,根据坝址代表站——龙门站洪水泥沙特性选取入库含沙量指标,采用经验模型计算了不同水位条件下的坝前浑水容重,并结合三门峡水库实测资料,分析研究了古贤水库汛限水位下坝前浑水容重垂向分布,为工程提供设计参数。为确保工程安全,当正常运用期入库洪水含沙量较大时,建议降低水库水位排沙,减小浑水对坝体的压力。

关键词　浑水容重;垂线分布;洪水泥沙;古贤水库

1　古贤坝址洪水泥沙特性

1.1　洪水特性

古贤坝址的洪水由黄河上游和中游地区的洪水组合而成。黄河上游地区由于降雨历时长、面积大、雨强小,加之流域内湖泊、沼泽以及河道的调蓄作用,形成涨落平缓、历时长的低胖形洪水过程。一次洪水历时平均30 d左右,最长达66 d,年较大洪水集中发生在7月、9月和10月,形成马鞍形分布。黄河中游地区由于暴雨强度大、历时短、雨区面积小,加上有利的汇流条件及黄土丘陵区土壤侵蚀严重,常形成涨落迅猛、峰高量小的高含沙洪水过程。龙门站洪水年最大洪峰流量多发生在7月和8月,其次数占汛期7～10月总次数的89%,五日以上时段洪量多来自河口镇以上,发生时间多为9月和10月,年最大洪峰和洪量发生时间常不一致,这正是黄河上游和中游地区洪水组合的结果,也是黄河北干流洪水特点之一。

1.2　洪水泥沙关系

龙门站洪水陡涨陡落,历时短、洪峰尖瘦,呈现出含沙量猛涨猛落、来沙集中的特点,洪水期挟带含沙量高。根据龙门站1956～2016年洪水要素资料,点绘瞬时流量与含沙量关系,见图1。当流量小于10 000 m³/s时,同流量的含沙量变化范围较大,当流量大于10 000 m³/s时,相同流量的含沙量变化范围趋于缩窄,含沙量为100～600 kg/m³。根据实测资料统计,当流量小于5 000 m³/s时,最大含沙量为1 040 kg/m³;流量为5 000～10 000 m³/s时,最大含沙量为933 kg/m³;流量为10 000～15 000 m³/s时,最大含沙量为690 kg/m³;流量大于15 000 m³/s时,最大含沙量为320 kg/m³。

2　坝前浑水容重计算

2.1　计算方法

单位体积浑水的重量称为浑水容重,采用下式计算:

$$r' = r + \left(1 - \frac{r}{r_s}\right)S \tag{1}$$

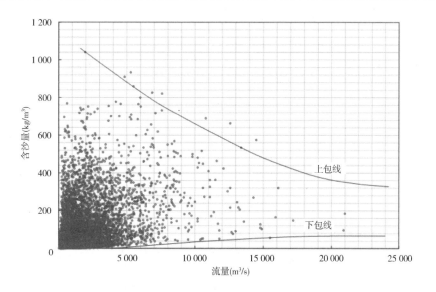

图 1 龙门站实测流量—含沙量关系

式中:r' 为浑水容重,kg/m^3;r 为清水容重,kg/m^3;r_s 为泥沙容重,kg/m^3;S 为浑水的含沙量,kg/m^3。

首先计算不同条件下坝前含沙量,再换算成相应的浑水容重值。坝前含沙量采用经验排沙计算公式计算。

壅水排沙公式为

当 $Q_出 < Q_入$ 时:

$$\eta = \rho_出 / \rho_入 = a \lg Z + b$$

当 $Q_出 > Q_入$ 时:

$$\eta = Q_{s出} / Q_{s入} = a \lg Z + b$$

式中:η 为排沙比(%);Z 为壅水指标,$Z = \dfrac{VQ_入}{Q_出^2}$;V 为蓄水容积,m^3;$Q_入$ 为入库流量,m^3/s;$Q_出$ 为出库流量,m^3/s;$\rho_入$ 为入库含沙量, kg/m^3;$\rho_出$ 为出库含沙量,kg/m^3;$Q_{s入}$ 为入库输沙率,t/s;$Q_{s出}$ 为出库输沙率,t/s。系数和常数 a、b 值根据壅水指标大小选取。

敞泄排沙公式为

$$Q_{s出} = k \left(\frac{S_入}{Q_入} \right)^{0.7} (Q_出 i)^2 \tag{2}$$

式中:$Q_{s出}$ 为出库输沙率,t/s;$\dfrac{S_入}{Q_入}$ 为入库来沙系数;i 为水面比降,与流量大小和水位高低有关;k 为敞泄排沙系数。

2.2 计算结果

根据坝址代表站——龙门站洪水泥沙特性选取入库含沙量指标,计算出水库在校核洪水位、设计洪水位、正常蓄水位、汛限水位、死水位条件下坝前浑水容重分别为 1.10 t/m^3、1.11 t/m^3、1.09 t/m^3、1.26 t/m^3、1.46 t/m^3,见表 1。

表 1　不同运用水位条件下坝前浑水容重

水位条件	校核洪水位	设计洪水位	正常蓄水位	汛限水位	死水位
入库含沙量(kg/m³)	580	630	769	660	760
计算排沙比(%)	27.8	28	18.4	63.7	97.6
出库含沙量(kg/m³)	161.2	176.3	141.2	420.7	742
浑水容重(t/m³)	1.10	1.11	1.09	1.26	1.46

在死水位条件下,坝前浑水容重最大,为 1.46 t/m³,相应坝前含沙量为 742 kg/m³。统计三门峡水库出库站,即三门峡站实测高含沙洪水情况,其中,洪峰及沙峰均发生在 1977 年 8 月 7 日,最大含沙量 911 kg/m³,含沙量连续大于 800 kg/m³ 的持续时间为 3 h。1977 年 7 月 8 日,三门峡水库坝前水位 316.76 m,相应蓄水量 4.2 亿 m³,8:00~20:00,流量在 8 000 m³/s 左右,含沙量大于 500 kg/m³ 的持续时间达为 8 h。总体来看,瞬时含沙量连续大于 500 kg/m³ 的持续时间为 4~18 h,其中 1970 年 8 月 7、8 日和 1977 年 8 月 9 日洪水高含沙量持续时间较长,大于 500 kg/m³ 的持续时间均达到 18 h。1999 年 7 月 16、17 日洪水,22 h 内含沙量均大于 500 kg/m³。本次计算的古贤水库坝前最大含沙量未超过三门峡站实测含沙量范围。

3　坝前浑水容重垂向分布

3.1　计算方法

含沙量垂线分布计算采用公式如下:

$$S_i = S_a e^{-\beta(\bar{y}-a_z)} = S_a e^{-\beta(\frac{Y}{H}-\frac{a}{H})}$$

式中:S_i 为任一位置的含沙量,kg/m³;S_a 为某一定值 a 处的含沙量,取 $a=0.5$ m;β 为坝前含沙量分布指数;y 为任一点水深,m;H 为底孔以上水深,m。

坝前含沙量分布指数 $\beta = \frac{6}{k}\frac{\omega}{U_*}$,其中 ω/kU_* 叫作悬浮指标,实质上代表重力作用与紊动扩散作用的对比关系。k 为卡门常数,其值一般在 0.15~0.4,随含沙量的增大而减小,清水情况下为 0.4;ω 为泥沙沉速;U_* 为摩阻流速,$U_* = \sqrt{ghJ}$。

根据三门峡水库 1971 年 7 月、8 月四次实测深孔、隧洞、底孔的含沙量资料,其相对水深和相对含沙量关系见表 2。可以看出,三门峡坝前悬移质含沙量在垂线上分布相对较均匀。

表 2　三门峡水库坝前相对水深与相对含沙量关系

测验时间 (年-月-日)	流量 (m³/s)	含沙量 (kg/m³)	坝前水位 (m)	不同相对水深下相对含沙量					
				1	0.8	0.6	0.4	0.2	0
1971-07-27	4 420	162	311.64	0.75	0.77	0.8	0.83	0.9	1
1971-08-03	1 300	163	302	0.69	0.71	0.76	0.81	0.89	1
1971-08-23	1 840	236	305.65	0.61	0.62	0.63	0.67	0.78	1
1971-08-24	1 600	170	304.52	0.60	0.61	0.62	0.65	0.73	1

根据三门峡水库实测资料分析的含沙量分布指数 β 为 0.34 ~ 0.72，$S_a/\overline{S}$ 为 1.19 ~ 1.47。含沙量分布指数 β 越小，含沙量沿垂线分布越均匀。小浪底水库初步设计采用的坝前含沙量分布指数 β 为 0.3 ~ 0.68。本次参考三门峡实测资料，根据入库平均含沙量选取含沙量分布指数 β、底层含沙量 S_a 与断面平均含沙量 $\overline{S}$ 关系 $S_a/\overline{S}$。

3.2 计算结果

古贤水库汛限水位条件下的坝前浑水容重是工程设计的控制性参数。根据上述方法，计算的古贤水库汛限水位下坝前浑水容重垂线分布见表3，与小浪底水库设计值对比见图2，可以看出，古贤水库坝前浑水容重沿垂线分布相对较均匀。

表3　古贤水库汛限水位条件下坝前浑水容重垂向分布

高程(m)	617	600	580	560	540	520	500	490
相对水深	1	0.866	0.709	0.551	0.394	0.236	0.079	0
含沙量(kg/m³)	306.80	328.04	354.92	383.99	415.45	449.48	486.31	504.84
浑水容重(t/m³)	1.191	1.204	1.221	1.239	1.258	1.280	1.302	1.314

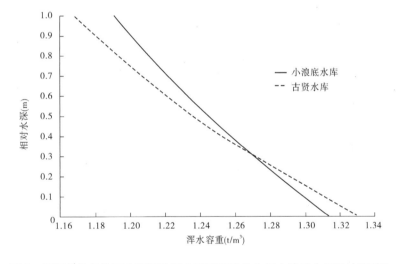

图2　汛限水位条件下古贤坝前浑水容重垂线分布与小浪底水库设计值对比

4 结　语

(1)在洪水期当古贤水库入库流量小于 10 000 m³/s 时，同流量的含沙量变化范围较大；当入库流量大于 10 000 m³/s 时，相同流量的含沙量变化范围趋于缩窄，含沙量为 100 ~ 600 kg/m³。

(2)古贤水库在校核洪水位、设计洪水位、正常蓄水位、汛限水位、死水位条件下坝前浑水容重分别为 1.10 t/m³、1.11 t/m³、1.09 t/m³、1.26 t/m³、1.46 t/m³。

(3)结合三门峡实测资料，计算了古贤水库汛限水位条件下坝前浑水容重沿垂线分布，为工程提供设计参数。

(4)鉴于高含沙洪水输移规律的复杂性，为确保工程安全，当正常运用期入库洪水含沙量较大时，建议降低水库水位排沙，减小浑水对坝体的压力。

参 考 文 献

[1] 涂启华,杨赉斐.泥沙设计手册[M].北京:中国水利水电出版社,2006.

[2] 张瑞瑾,谢鉴衡,王明甫,等.河流泥沙动力学[M].北京:水利电力出版社,1989.

[3] 水利电力部黄委会勘测规划设计院.黄河小浪底水利枢纽初步设计报告[R].郑州:水利电力部黄委会勘测规划设计院,1983.

[4] 杨志达.泥沙输送理论与实践[M].李文学,姜乃迁,张翠萍,译.北京:中国水利水电出版社,2000.

[5] 丁君松.悬移质含沙量沿垂线分布的研究及应用[J].武汉水利电力学院学报,1981(4):44-45.

[6] 解河海,张金良,刘九玉.小浪底水库异重流垂线流速和含沙量分布研究[J].人民黄河,2010,32(8):25-26,29.

[7] 韩其为,陈绪坚,薛晓春.不平衡输沙含沙量垂线分布研究[J].水科学进展,2010,21(4):512-522.

【作者简介】 陈松伟(1983—),男,高级工程师,主要从事泥沙研究工作。E-mail:chensongwei_x@163.com。

大型灌区渠线线路与国家文物保护区的关系研究

申黎平

(河南省水利勘测设计研究有限公司,郑州 450016)

摘 要 本文结合小浪底北岸灌区总干渠选线区域涉及国家级文物(轵国故城含泗涧古墓群)保护区的问题,为了确定总干渠输水线路,通过对国家级文物区的位置、范围、性质和灌区的供水任务、灌溉区域进行分析,研究南、中、北三条线路,对总干渠线路进行比选,最终确定南线方案。针对灌区总干渠选线过程存在的问题,总结灌区渠线选定思路和原则。

关键词 小浪底北岸灌区;总干渠;国家级文物;选线

小浪底北岸灌区工程是小浪底水利枢纽的配套工程,涉及河南省济源市和焦作市的沁阳市、孟州市、温县、武陟县。小浪底北岸灌区规划灌溉面积为51.7万亩,小浪底北岸灌区总干渠沿线输水流量为30~23 m³/s。按照《水利水电工程等级划分及洪水标准》(SL 252—2000)的规定,属于大(二)型灌区,工程等别为Ⅱ等。

1 总干渠线路总体分析

小浪底北岸灌区位于山西高原向豫西山地的过渡部位,西部为太行山系,南部为黄河河谷、秦岭余脉的浕山,东部为黄沁河冲积平原,北部为济源盆地。灌区南靠黄河、北临沁河,自西向东由山前倾斜丘陵区向黄沁河冲积平原过渡,区内地势是西部、西北高,北部、东部低。灌区工程取水口位于小浪底水库北岸灌溉洞,处于济源南部太行山余脉的南侧,在灌区范围的西部。

1.1 供水水源及需水对象分布

小浪底北岸灌区一期工程(前18.7 km)给济源城市供水,前期已动工建设。小浪底北岸灌区渠道(ZG18+782.8)设计水位202.58 m,而整个灌区则位于太行山余脉的东北部和东部,地面高程为175~96 m。

总干渠主要城市需水对象有孟州市城市供水、沁阳市城市供水。灌溉需水对象有济源市4.73万亩、孟州市18.9万亩、温县28.38万亩、武陟县19.72万亩。

1.2 地形地貌及供水水位要求

(1)大沟河水库调蓄。大沟河水库正常蓄水位为193 m,总干渠(ZG18+782)设计水位为202.58 m,具备向大沟河水库输水的条件,在大沟河水库分水处(ZG27+090),要求渠道分水位196.0 m。

(2)济源市4.73万亩灌片。位于济源市东部、灌区的西北部,灌区地面高程137~143 m,为避开文物,二干渠利用双阳河河道,拟定分水口布置在赵庄水库下游双阳河上,双阳河河道底部高程178.2 m,总干渠分水口水位需高于180.2 m。

　　(3)孟州市 18.9 万亩灌片。灌区地面高程 137～110 m，要求四干渠渠首输水位 137.2 m。

　　(4)孟州市城市供水。位于灌区的西部偏南，孟州市城区西部有待扩建的孟州市第二水厂，孟州市城市供水从四干渠引水，要求供水管线进口水位 127 m，要求四干渠渠首输水位 137.2 m。

　　(5)沁阳市城市供水。在灌区的北边，规划在紧邻沁阳市城区范围西部新建一座水厂（沁阳市第二水厂），该水厂设计规模为 5 万 t/d，规划用水为小浪底北岸灌区工程引入的黄河水，规划三干渠埋设供水管道，连接沁阳水厂的蔡湾调蓄池，要求三干渠渠首水位 137.2 m。

　　(6)温县境内灌片和武陟境内灌片。均为三干渠引水，温县 28.38 万亩灌区地面高程 114～105 m，要求利用干渠入口处水位 114 m 左右；武陟县 19.72 万亩灌区地面高程 102～96 m，要求利用干渠入口处水位 103.3 m 左右，温县灌片和武陟灌片距离三干渠渠首都较远，武陟灌片最长约 45 km，要求三干渠渠首水位 137.2 m。

　　各供水区水位需求见表 1。

表 1　各供水区水位需求

供水对象	供水区位置	供水渠道	渠首需求水位 m)
大沟河水库调蓄	灌区西北部，济源市东部	总干渠	196
济源市 4.73 万亩灌片	灌区西北部，济源市东部	二干渠	180.2
孟州市 18.9 万亩灌片	灌区的中南部，孟州市境内	四干渠	137.2
孟州市城市供水	灌区的西南，孟州市城西	四干渠	137.2
沁阳市城市供水	灌区北部，沁阳市城西，利用干渠输水，入口处水位 119 m 左右	三干渠	137.2
温县 28.38 万亩灌片	灌区的南部，温县境内，利用干渠输水，入口处水位 114 m 左右	三干渠	137.2
武陟县 19.72 万亩灌片	灌区的东部，武陟县境内，利用干渠输水，入口处水位 103.3 m 左右	三干渠	137.2

2　灌区布置特点与文物保护的关系

2.1　灌区总体线路布置

　　灌区地形地势的特点和范围分布决定了灌区渠线的总体走向。小浪底北岸灌区渠系布置的总体思路是：自小浪底北岸灌溉洞出口引水进总干渠后顺势向东北穿越山区丘陵，进入冲积平原后再向东延伸，根据南北地势特点向南或向北布置分干渠及支渠，进而覆盖整个灌区。因在灌区的受水区和引水口之间存在太行山余脉分水岭和东西绵延约 20 km 的国家重点文物保护区——轵国故城含泗涧古墓群，需避开。

　　总干渠布设统筹考虑了全灌区各用水对象的供水任务，为达到供水目的，总干渠需穿过太行山余脉分水岭后，避开文物保护区，向东北方向布设，经布置，总干渠线路走向为：始于小浪底水库北岸灌溉洞，渠线走向自南向东北穿过分水岭，在聂庄村南转向东南，经南王庄、泥沟河、北翟庄、上雁门，在南凹转向东北经赵庄、下背坡，绕过文物保护区，转向东穿过二广高速、源沟、三村水库，在青龙沟向北，到冶墙西止，总长约 22.451 km，见图 1。

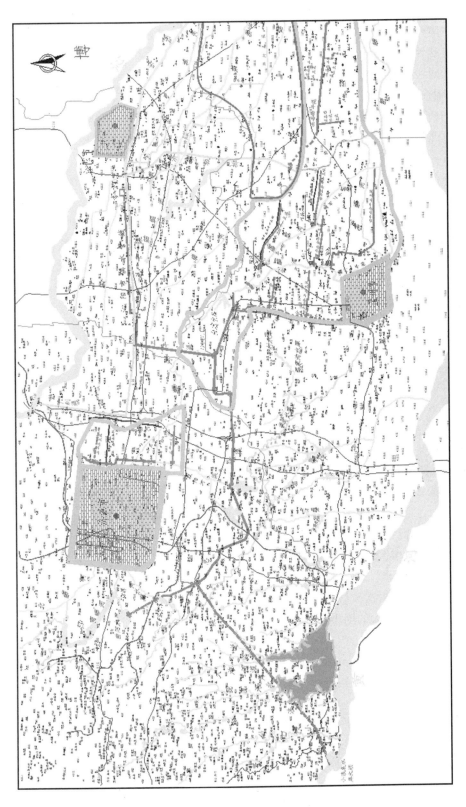

图 1 总干渠渠线布置示意图

考虑到行政管辖权、后期运行管理等因素,总干渠在济源市境内为向济源市灌片输水设置二干渠;在孟州市境内,总干渠为向沁阳市城市供水、温县灌片、武陟县灌片输水分出三干渠,向孟州市灌片输水和城市供水分出四干渠。

2.2　文物区对线路的影响

在现场调查和收集资料时,发现在灌区的受水区和总干渠引水口之间存在国家重点文物保护区——轵国故城含泗涧古墓群。该文物是在可行性研究工作过程中国家批复的国家级保护文物,现状地表无任何文物标示,此前地表标示的古轵国故城遗址在规划阶段已避开,并且该古墓群文物部门也无具体位置,只有大致范围。据资料显示,泗涧古墓群占地较广,保护范围位于古轵国南的金岭之上,呈条带状分布,北接济源市城区,东西绵延约 20 km,包括梨林的裴城、蒋村,轵城的南冢、周楼、郭庄、庚章、岭头、泗涧、卫沟、红土沟、柿花沟、桐花沟、黄龙、留养、杜村、南姚等三镇近 20 个行政村的丘陵台地。由于泗涧古墓群属于国家重点文物保护单位,其分布刚好位于济源南部,在济源受水区和水源地之间东西长约 20 km,文物范围基本和济源城区相连。经咨询文物部门,在国家重点文物保护区,严禁工程建设,如无法避免,需报国家文物总局审批,考虑到轵国故城含泗涧古墓群国家文物保护区因素,建议总干渠线路绕开文物区。

3　文物保护难点与灌区线路选择

3.1　文物保护难点

根据《中华人民共和国文物保护法》规定:

(1)建设工程选址,应当尽可能避开不可移动文物;因特殊情况不能避开的,对文物保护单位应当尽可能实施原址保护。

(2)实施原址保护的,建设单位应当事先确定保护措施,根据文物保护单位的级别报相应的文物行政部门批准;未经批准的,不得开工建设。

(3)全国重点文物保护单位不得拆除;需要迁移的,须由省、自治区、直辖市人民政府报国务院批准。

轵国故城含泗涧古墓群国家文物保护区,东西方向延伸约 20 km,涉及区域较广,覆盖了沿线大部分区域,该区域文物均在地下,大部分都未进行保护性迁移。工程建设穿越国保级文物区,对文物的勘探、保护处理时间长,费用较多,如果遇见重要的文物遗址,可能需要原地保护,会造成渠道再次改线。这些都是是灌区建设难以承担的,文物保护给小浪底北岸灌区总干渠选线造成极大的困难。

3.2　灌区总干渠线路选择

针对灌区供水任务、济源城区范围和轵国故城含泗涧古墓群国家文物保护区的相对位置关系,总干渠拟选取三条线路进行方案比选。

3.2.1　中线方案

总干渠在小王庄分出一干渠后,根据供水对象及灌面的要求,总干渠向正东布置,沿200 m 高程线布置,渠线穿柿花沟、黄龙庙、卫沟、泗涧、郭庄、领头等文物保护范围,文物区东西长约 20 km,该线路主要为明渠,渠线局部还穿泗涧村、岭头村等房屋,中线线路方案对文物保护区及城镇建筑物影响都较大,不宜布置。

因总干渠中线方案不宜布置,线路选线考虑靠北或靠南布设。

3.2.2 北线方案

济源市城区位于小浪底北岸灌溉洞出口东北部,近年城区主要向东、向南发展,现状城区向南与轵城连城一体。虽然济源市周围地势较低,但随经济的发展,济源城区已向南发展基本与轵城镇连成一体。总干渠水位较高,总干渠线路若分出一干渠后,向东北地势较低处布置(总干渠北线),因一干渠分出口东北部仍为留养、杜村、南姚古墓区范围,渠线沿留养村西边过还有约 2 km 渠线需布置在泗涧古墓区范围内。总干渠穿过文物区后,在济源城南及文物区范围北边界外布置,因城市的发展,渠线布置还需穿越:济源市亚飞汽车有限公司厂房、国电豫源发电有限责任公司、蔬菜大棚基地、沁园春天小区、贝迪新能源制冷工业公司、河优客电子材料公司等工厂和零星建筑。因需向三、四干渠分水,总干渠过双阳河后,向东南方向沿文物边界布置,在南临泉村东分出三干渠及四干渠。

总干渠在一干渠后地势变化较快,中间布置陡坡集中消能,往后至双阳河的渠道多为明渠(地面高程 162~145 m),过双阳河后,地势变化较大(地面高程 140~180 m),需布置约5.2 km 隧洞。因总干渠向北地势较低处布置,对文物保护区及城区建筑物影响还是较大,也不宜布置。

3.2.3 南线方案

因在灌区的受水区和总干渠下段之间存在太行山余脉分水岭和东西绵延约 20 km 的国家重点文物保护区——轵国故城含泗涧古墓群,需避开。总干渠前段布设统筹考虑了全灌区各用水对象的供水任务,为达到供水目的,总干渠沿太行山余脉分水岭北侧,避开文物保护区,向东南方向布设,经布置,总干渠前段线路走向为:始于一干渠分水口,渠线向东南,经南王庄、泥沟河、北翟庄、上雁门,在南凹转向东北经赵庄、下背坡,绕过文物保护区,总干渠分出二干渠后,一直向东,穿二广高速后,总干渠变为明渠沿 180~175 m 高程布置,在青龙沟向北,到冶墙止。南线方案,渠道输水建筑物形式主要为隧洞,尾部局部为明渠,该线路既避开了文物保护区,也避开了村庄。

考虑到行政管辖权、后期运行管理等因素,总干渠在济源市境内为向济源市灌片输水设置二干渠;在孟州市境内,总干渠为向沁阳市城市供水、温县灌片、武陟县灌片输水分出三干渠,向孟州市灌片输水分出四干渠;向孟州市城市供水分出总干渠支渠。

经比较,总干渠前段线路最后考虑选择总干渠南线方案,从轵国故城含泗涧古墓群文物保护区南侧布置,完全避开文物保护区和济源市城区,见图 2。

4 灌区渠线选定思路和原则

根据小浪底北岸灌区总干渠选线过程中出现的问题,对灌区线路选择的思路和原则进行如下总结。

4.1 选定思路

(1)首先分析灌区的供水任务,灌溉渠系应在水土资源允许条件下,按尽量扩大自流灌溉面积的指导思想进行布置。

(2)线路布置前,调查研究灌区范围内的工矿企业、重点文物及军事设施。

(3)布置各级渠道在各自控制范围内沿地势较高地带,宜沿等高线或分水岭布置干渠及支渠,斗渠宜与等高线交叉布置。

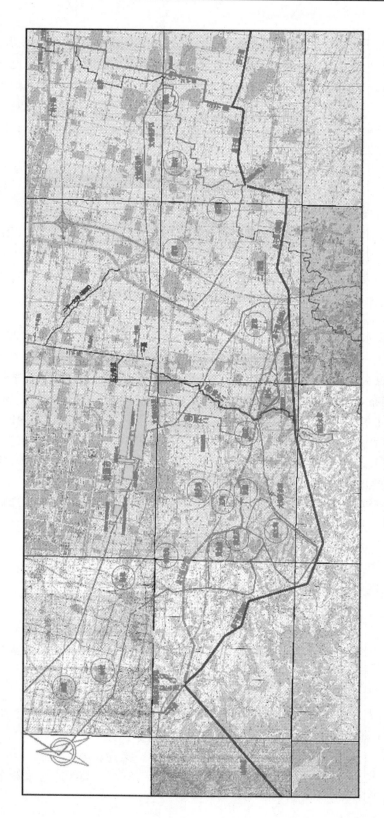

图 2　文物区范围及总干渠线路关系示意图

（4）布置渠系需与灌区的水、林、田、路有机结合；保证渠道有良好的水力条件，渠系尽量顺直。

（5）布置渠系尽量兼顾结合行政区划，各市、县均有独立的分水口，既管理方便，也减少纠纷。

（6）渠线宜短而直，避免深挖、高填、穿越地质条件不良地段和穿越村庄，同时应尽可能避免穿越铁路、公路、河流等，以减少交叉建筑物的数量。

（7）城镇供水工程应与城镇规划相协调，以使分水口位置、输水管道布置合理。

4.2　选定原则

（1）渠道线路的选择以满足供水任务、灌溉目标为目的，尽量使线路较短、投资较省。

（2）渠线尽量避开重点文物、工矿企业、军事设施及居民点。

（3）渠线力求顺直，并选择地质条件相对较好的地段布设。

（4）在保证输水前提下，避免深挖方和高填方，尽量满足挖填平衡，减少永久和临时占压。

（5）穿越铁路、公路以及河流时，尽量与之正交，并选择顺直稳定的河段布设线路。

（6）土渠渠道转弯半径大于 5 倍的设计水面宽，衬砌渠道转弯半径不小于 2.5 倍的设计水面宽。

5　结　语

本文以小浪底北岸灌区总干渠线路选择为例，论述选线过程中遇到的问题及选定线路思路和依据。选定线路前，必须收集线路区域的地质、人文、文化古迹等资料，为线路选择提供详实的依据。渠道线路选择是灌区布置的核心，选定经济合理的线路既可节省国家水利工程投资，也可造福于当地。

参 考 文 献

[1] 赵廷华. 河南省小浪底北岸灌区工程可行性研究报告[R]. 郑州：河南省水利勘测设计研究有限公司，2016.

[2] 周泉. 浅谈某输水总干渠方案比选[J]. 中国水运：下半月，2015(8)：189-190.

[3] 李军. 灌区工作探讨[J]. 甘肃水利水电技术，2005(1)：12-13.

[4] 何平. 关于灌区规划中注意的问题[J]. 民营科技，2014(2)：98

[5] 赵文忠. 小浪底北岸灌区一期工程可行性分析[J]. 陕西水利，2014(2)：104-105

[6] 陈玉培，王伟，孙卫静. 引黄入冀补淀工程局部输水线路分析比选[J]. 河南科学，2014(8)：1534-1537.

[7] 吴剑疆，邵剑南. 南水北调中线工程总干渠渠道设计关键技术问题[J]. 水利规划与设计，2011(5)：54-55，62.

[8] 孙霞. 寒旱区供水工程输水渠道运行管理对策[J]. 水利技术监督，2016(3)：30-31.

[9] 陈静霞. 福建省大型灌区规划设计若干问题探讨[J]. 水利科技，2001(3)：16-17.

[10] 韩凤来. 南水北调东线胶东输水干线穿济南市区段输水方案研究[J]. 水利规划与设计，2007(5)：3-6.

【作者简介】　申黎平(1979—)，男，高级工程师，主要从事水利水电设计工作。E-mail：285823345@qq.com。

多水库联合调度对关门嘴子水库规模的影响

周光涛

（黑龙江省水利水电勘测设计研究院，哈尔滨　150080）

摘　要　随着近年来水库淹没占地投资政策的调整,占地投资在枢纽工程总投资中所占比例越来越大,达到50%~85%。为了充分利用现有水库的调蓄能力,可有效降低拟建水库正常蓄水位。本文在关门嘴子水库规模论证中采用与细鳞河水库、小鹤立河水库联合调度为鹤岗市供水,降低关门嘴子水库正常蓄水位,缩减了水库投资。
关键词　多水库;联合调度;关门嘴子水库;规模影响

1　引　言

水库枢纽投资主要由两部分组成,分别为水库淹没占地补偿费用和枢纽工程投资。其中水库淹没占地投资受国家政策影响最大。近期受国家土地政策变化采用土地区片价的影响,淹没占地补偿费用增长幅度较大,在枢纽投资中所占比例达到50%~80%,占主导地位。为提高拟建工程的经济性,在完成既定任务情况下,降低水库正常蓄水位、减小淹没占地面积成为重点考虑的问题。本文以关门嘴子水库为例,阐述多库联合调度对水库规模的影响。

2　基本概况

关门嘴子水库为梧桐河干流拟建的首座控制性工程,坝址以上流域面积1 846 km²,为国家172项重大节水供水工程之一。工程建设任务是满足鹤岗市城镇工业和生活供水需求,缓解下游农田灌溉用水和生态环境用水紧张局面。

2.1　河流水系

梧桐河为松花江左岸一级支流,流域面积4 516 km²。汇入梧桐河较大的支流自上而下有细鳞河、石头河、鹤立河等,均从右侧汇入(见图1)。细鳞河为山区性河流,是梧桐河中游右岸较大的一条支流,河道全长48 km,流域面积633 km²。细鳞河在细鳞河水库坝址以下8 km处汇入梧桐河。石头河发源于鹤岗市东北部的兔子山一带,河长约52 km,流域面积434.5 km。鹤立河位于黑龙江省东部鹤岗市境内,鹤立河流域面积765 km²,河长146 km。

2.2　现有水利工程

流域内现有中型水库三座,分别为细鳞河水库、小鹤立河水库、五号水库。

2.2.1　细鳞河水库

细鳞河水库位于梧桐河支流细鳞河上,坝址以上集水面积564 km²,总库容3 200 万 m³,调节库容2 129 万 m³,设计年供水能力2 373 万 m³。

2.2.2　小鹤立河水库

小鹤立河水库位于小鹤立河中上游,坝址以上集水面积183 km²,水库总库容为5 789

万 m^3,兴利库容 4 800 万 m^3,设计年供水能力为 1 532 万 m^3,水库为鹤岗市工业供水。

2.2.3 五号水库

五号水库位于鹤立河上游,坝址以上集水面积为 175 km^2,总库容 3 060 万 m^3,调节库容 1 960 万 m^3,设计年供水能力 1 278 万 m^3。水库为城市工业、居民生活供水。

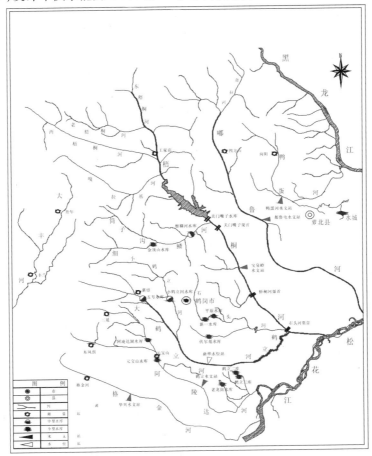

图 1　梧桐河及邻近流域水系示意图

2.3 水库径流量

根据工程所在位置下垫面条件及产汇流特点,关门嘴子水库坝址径流根据宝泉岭水文站推求,细鳞河水库、小鹤立河水库、五号水库坝址径流根据华兴站推求。关门嘴子水库多年平均径流量为 5.54 亿 m^3;细鳞河水库多年平均径流量为 1.57 亿 m^3;小鹤立河水库多年平均径流量 0.53 亿 m^3;五号水库多年平均径流量 0.47 亿 m^3。

3 用水需水

3.1 城镇供水

3.1.1 供水范围

关门嘴子水库供水范围涉及鹤岗市区、鹤北镇、宝泉岭农场、鹤北林业局和宝泉岭管理局。通过分析各地区缺水情况,拟定水库供水范围为鹤岗市区、宝泉岭管理局,供水对象为城镇居民生活、工业供水及鹤岗市煤电化基地工业供水。

3.1.2 需水预测

供水范围内需水预测分生活、工业、浇洒道路及绿地进行预测,其中生活需水根据综合生活用水定额、现状人口及人口增长率预测;工业需水根据现状工业增加值、工业增加值增长率、用水重复利用率预测;浇洒道路及绿地需水根据浇撒道路及绿地面积及浇撒道路绿地用水定额预测;煤化工工业园区需水量按项目预测。考虑未可预见及管网漏失水量后设计水平年城镇总需水量为 2.88 亿 m^3。

3.1.3 现有水源可供水量

设计水平年供水水源主要有细鳞河水库、小鹤立河水库、五号水库、地下水、松花江引水、煤矿疏干水、中水,供水量成果见表 1。

表 1　设计水平年规划区城镇供水量成果　　　　　　(单位:万 m^3)

项目	设计水平年
地下水	1 831
小鹤立河	1 532
五号水库	1 278
细鳞河水库	2 373
引松花江水	8 302
煤矿疏干水	1 809
中水	2 527
合计	19 652

3.1.4 一次供需平衡

根据预测的需水量和可供水量分析,设计水平年缺水量为 9 176 万 m^3。

3.2 农业需水预测

3.2.1 灌区规划范围

关门嘴子水库灌区控制范围为梧桐河流域中、下游,梧桐河干流两岸的河谷地带,灌区北起关门嘴子水库坝址,东至嘟噜河,南到鹤立镇,西至新一及伏尔基水库。

3.2.2 灌溉面积

关门嘴子水库以下现状灌溉面积 39.55 万亩,全部为水田。设计水平年三江联通工程建成后,引黑干渠以东灌溉面积改由三江连通工程供水,保留部分的现状灌溉面积 15.08 万亩;干渠以西由关门嘴子水库供水,划入部分的现状灌溉面积 24.47 万亩。关门嘴子水库灌区在现状 15.08 万亩水田灌溉面积的基础上,规划发展灌溉面积 53.83 万亩,其中水田灌溉面积 33.94 万亩、旱田灌溉面积 19.89 万亩。

3.2.3 灌溉需水量

根据定额及灌溉面积预测关门嘴子水库灌区灌溉总需水量为 2.13 亿 m^3。

3.2.4 灌溉供需平衡

关门嘴子水库灌区经区间径流、地下水补水后多年平均缺水量为 7 270 万 m^3。

3.3 需关门嘴子水库补水量

城镇供水考虑输水损失后需关门嘴子水库补水 9 460 万 m^3。农业供水考虑输水损失后需关门嘴子水库补水 7 520 万 m^3。

4 方案比选与论证

4.1 单库方案

根据水库特性曲线、来水成果、缺水成果采用长系列法对关门嘴子水库进行径流调节计算。

兴利调度采用两线三区制,按时段设定灌溉、城镇供水调度线,当库水位高于灌溉调度线时,水库正常供水;当库水位低于灌溉调度线、高于城镇供水调度线时,灌溉供水量缩减 40%,即灌溉供水量按正常年份的 60% 供水,城镇供水按正常供水;当库水位低于城镇供水调度线时,城镇供水量缩减 20%,即城镇供水量按正常年份的 80% 供水,停止灌溉供水。

调节计算成果见表 2。

表 2 关门嘴子水库兴利调节计算成果 （单位:万 m^3）

来水	生态	城镇供水量	农业供水量	水库损失量	弃水量	正常蓄水位
55 378	9 935	9 339	6 772	2 304	27 028	148.0

4.2 多库联合调度方案

为了使梧桐河水资源得到更为合理的配置,城镇供水采用三库联合供水,将关门嘴子水库通过管线泵站与细鳞河水库、小鹤立河水库串联。各水库调度如下:

(1)小鹤立河水库为鹤岗市工业供水水库,本次在保证生态流量的基础上,工业缺水优先小鹤立河取水,缺水部分由细鳞河水库、关门嘴子水库补水,经过水库调节计算小鹤立河水库在完成原供水任务 1 532 万 m^3 的基础上可增加供水量 1 282 万 m^3。

(2)细鳞河水库原设计为鹤岗市工业及生活供水,本次细鳞河除作为小鹤立河水库工业供水补充水源外,还承担鹤岗市生活供水任务,本次充分利用细鳞河水库兴利库容对细鳞河来睡重新进行调节计算,增加城镇供水量,经过径流调节计算,细鳞河水库在满足原供水任务 2 373 万 m^3 的基础上增加供水量 3 883 万 m^3。

(3)关门嘴子水库作为鹤岗市城镇供水的主水源及补充水源,在满足下游灌溉需水的前提为,为鹤岗市补偿供水,兴利调节计算成果见表 3。

表 3 关门嘴子水库兴利调节计算成果 （单位:万 m^3）

来水	生态	城镇供水量	农业供水量	水库损失量	弃水量	正常蓄水位
55 378	9 935	4 203	6 992	2 167	32 081	146.5

4.3 方案比选

关门嘴子水库单独供水水库正常蓄水位为 148.0 m,三库联合调度后关门嘴子水库正常蓄水位为 146.5 m,正常蓄水位下降 1.5 m,减少淹没面积 2.18 km^2,减少淹没投资 1.92 亿元。

多库联合调度方案具有经济优势,同时对生态环境不会增加损害,因此推荐采用多库联合调度方案。

5　问题探讨

多库联合调度方案具有一定的适用性,也有一定的局限性。目前表现主要有:

(1)各水源水质是关键因素,通过联合调度后,不能影响水源水质要求,因此供水路径中不能有低于水质目标的水体,否则,将降低供水效果。

(2)从目前国内管理体制上看,实现联合调度的前提之一是管理统一,否则容易在后期管理中容易发生纠纷。

(3)按照环境"以新带老"要求,联合调度内的各水源需要按现行环保要求全部达标,并对影响采取措施予以免除,即使是以往造成的影响,因此往往需要补充鱼道、生态放流措施等,造成投资增加,经济性减弱。

(4)生态补偿范围难以确定,往往会扩大化。

6　结　语

根据流域内不同支流径流年内、年际分布的不同,通过多库联合调度,充分利用已有水库的兴利库容进行调节计算,能够在很大程度上降低新建水库的兴利水位、减少淹没占地投资。使流域内水资源配置更为合理,经济上更为可行。

参 考 文 献

[1] 周光涛,曹越. 黑龙江省鹤岗市关门嘴子水库可行性研究报告[D]. 哈尔滨:黑龙江省水利水电勘测设计研究院,2016.
[2] 周杰清. 多库联合调度供水的优越性分析[J]. 水电站设计,2007,23(1):53-55.
[3] 王平. 城镇供水水库调节计算方法的改进[J]. 人民黄河,2014,36(4):22-25.
[4] 王平. 灌溉水库径流调节的改进计算方法[J]. 南水北调与水利科技,2014,12(2):125-128.
[5] 李龙辉. 梧桐河流域蓄水工程可供水量计算[J]. 黑龙江水专学报,2005,32(4):107-110.

【作者简介】　周光涛(1979—),男,高级工程师。

龙塘水库工程不闭合流域径流计算分析研究

赵 云 王 平

（陕西省水利电力勘测设计研究院,西安 710001）

摘 要 龙塘水库位于岩溶发育的喀斯特地区,河道径流不但有本流域的径流,还通过地下管道袭夺了邻近流域古柏河的部分河水,水库以上属于不闭合流域,为了研究该流域径流组成,采用了水文地质调查和岩溶管道联通试验等综合手段,并结合本流域水文观测资料等综合分析方法,对径流成果进行插补延长以及地区合理性分析,其成果及研究方法对不闭合流域径流计算具有一定的借鉴意义。

关键词 不闭合流域;地表;径流补给;盈水区域

1 工程概述

龙塘水库位于四川省凉山彝族自治州盐源县,水库坝址距离盐源县城约 16 km,距离凉山州府——西昌市约 160 km,工程建设任务是灌溉、城乡生活供水及发电等综合利用。工程为 Ⅱ 等大(二)型,由水库工程和灌区工程两大部分组成。龙塘水库总库容 1.45 亿 m^3,兴利库容 1.15 亿 m^3。多年平均供水量 1.31 亿 m^3,坝后电站总装机容量 8 200 kW,年发电量 1 368 万 kW·h。龙塘灌区灌溉面积 36.2 万亩,其中新增灌溉面积 27.4 万亩、改善灌溉面积 8.8 万亩,灌区涉及盐源县盐井镇、梅雨镇、卫城镇、白乌镇、干海乡、下海乡、双河乡、大河乡、河棉桠乡 9 个乡镇,供水惠及人口约 14 万。

2 流域概况

马坝河流域位于盐源盆地北部,系雅砻江的四级支流,发源于白林山脉的火炉山,整个流域呈长条形,北高南低,地表流域面积 287 km²,长度 63 km,主河道平均比降 8.2‰。河流自北向南流经盐源县境内的白乌镇、大河乡至干海乡折向西南方向,于九洞桥附近汇入梅雨河。梅雨河下游又称为盐井河,盐井河与宁蒗河、永宁河汇入卧落河,卧落河与理塘河汇合后进入小金河,在盐源县的东北部的洼里附近汇入雅砻江。马坝河东邻古柏河、西靠白乌河,由于分水岭距离较近,三条河分水岭宽仅 3~5 km,因此马坝河中下游流域成窄条长形,马坝河流域水系示意图见图 1。

龙塘水库所处的马坝河流域处于灰岩发育的喀斯特地区,流域中游漏斗、落水洞密集,可看到成片的落水洞群,落水洞底部常渐变为溶蚀裂隙或竖井,大部分无充填,具有很强的导水能力,成为接受降雨的通道,属于岩溶地下水的径流补给区;下游农耕发达,岩溶形态仅星点状出露,属岩溶水的排泄区,排泄形式以暗河及泉的形式集中排泄,因而在马坝河的龙塘峡谷形成了集中排泄带,每个排泄带均有一个或多个具有长流量的暗河或泉水点,是岩溶水排泄点相对集中的地点。该区间分布的泉有大龙塘、左龙眼、右龙眼等。

龙塘水库坝址位于马坝河下游的峡谷段,坝址以上地表水控制流域面积 256 km²,主河

图1　马坝河流域水系示意图

道长 50 km,河道平均比降 11‰。

3　气象概况

马坝河流域属副热带季风高原气候,干湿季分明,降雨主要集中在 5~10 月,占全年总降雨的 94%,夏秋雨热同季,具有"一山分四季,十里不同天"的典型立体气候特征。11 月至次年的 4 月为干季,这期间冬干连春旱,主要维持晴好天气,空气干燥多西南大风。

4　不闭河流域径流计算研究

流域内的径流包括地表径流和地下径流。因此,分水线也有地表分水线与地下分水线两种。如果地表分水线与地下分水线相重合,这样的流域称为闭合流域。但由于地质构造上的因素,地表分水线与地下分水线常常并不完全重合。这种流域称为不闭合流域。

在石灰岩发育地区,地层中常有溶洞,则本流域产生的地下水,有可能通过溶洞流到外流域去,而外流域的地下水也有可能通过溶洞流到本流域,这是一种不闭合流域。

龙塘水库属于这种石灰岩发育的不闭合流域,河道径流不但有本流域的径流,还通过地下管道袭夺了邻近流域古柏河的部分河水,为了研究该流域径流,采用了水文地质调查和岩溶管道联通试验等手段,并结合本流域水文观测资料等综合分析。

4.1　区域水文地质

马坝河所在的盐源盆地区内水系主要由雅砻江及其支流小金河(包括卧罗河、甲米河、盐塘河及梅雨河等)组成。梅雨河发育分布于盐源盆地内,由白乌河、马坝河、古柏河等众多的支流组成树枝状的向心水系,河谷蜿蜒多曲,河床较为宽坦。其余河流均分布于盆地外围山区,水文网发育展布主要受地质构造控制,其干流以顺构造线发育为主,支流则多垂直构造线展布,组成近似羽状的环形水系。总体来看,盆地内松散地层,东部和西北部的碎屑岩、变质岩地区,水文网发育较密;碳酸盐岩地层分布区,水文网发育相对较稀,干流切割深,支流切割浅。水文网发育特征对地下水补给、运移有明显的控制作用。

区域内地下水类型主要以岩溶水为主,分布广泛,且含水量丰富、排水集中,集中排泄点10 处。排水量受季节影响较大,枯水期排水量较小,丰水期排水量很大。

盐源盆内地共发育了 5 条暗河,盆地内地下水的流向和水位的下降方向与盆地内河流的发育方向基本一致。这些暗河和泉水的补给来源位于盆地内,通过灰岩中发育的溶洞向盆地内部排泄,并在径流过程中接受沿线地表水和地下水的补给;盆地内共有 3 处岩溶水集中排泄点,出露的泉水既有上升泉,又有下降泉,且泉水流量差异性较大,说明每个排泄点的补给来源为多层地下水,且相互之间水力联系微弱。

由区域水文调查资料分析可知,盐源盆地与外侧存在地表和地下分水岭,且高程高于库水位2 420 m,说明盐源盆地属于相对封闭的地下水系统。

4.2 库坝区岩溶管道连通试验

岩溶水是工程区最主要的地下水类型,查明岩溶水的动力特征和补排关系,从而查明库坝区岩溶系统是该工程勘察设计的重点。

(1)补给条件:岩溶水补给来源主要是大气降雨、地表水通过溶蚀洼地、漏斗、落水洞、溶蚀裂隙等直接补给。

(2)径流条件:岩溶水的径流主要受构造和河流侵蚀基准面控制。如马坝龙塘与干海龙塘排泄带,地下水主要受潘家沟复式向斜与马道子复式背斜构造线控制,分别由北东及北西向南西与南东方向运动。

(3)排泄条件:岩溶水以溶隙泉水、岩溶管道大泉、暗河形式排泄于河流及地表水系中,具有排泄集中量大的特点。

为了查明工程区岩溶水的水动力联系,采用了连通试验,其成果如下:

白乌河每年11月下旬开始断流,至翌年5月有大气降雨才恢复流水。据水文观测,此间近6个月的时间并没有造成马坝河流域各岩溶泉水的突然断流或水量的剧减等水文动态变化,说明马坝河流域出露的泉水来自更远的西北地区,反映出白乌河与马坝河流域各岩溶泉水之间没有直接主导型补排关系。

荧光素钠示踪试验表明,古柏河流域大院子以上河段地表水及地下水与马坝河龙塘峡谷段之间存在密切的水力联系,即古柏河流域大院子以上河段的地表水和地下水均流向了马坝河流域,马坝河袭夺了古柏河。两者之间地下水应主要通过管道-裂隙混合型介质运移,并具有多个相互连通的路径:荧光素钠异常最先于大龙塘检出,随后分别为左龙眼、右龙眼,最终在石河坝泉检出,反映示踪剂弥散晕有自北向南推移、扩散的规律。含水介质属于岩溶裂隙-管道混合型,在左、右龙眼以较高浓度出露地表,并穿越马坝河在对岸的石河坝泉较高位置排出,具有一定的承压性,而大龙塘、东西小龙塘(水井)地下水管道相对通畅。

岩溶发育主要受构造及相对隔水岩层分布的控制,地下水动力场也与此相适应,形成了该区特殊的地表水及地下水补排关系——马坝河以地表水为主,同时通过岩溶管道系统袭夺了古柏河上游的河水,增加了自身河流量。岩溶水是工程区最主要的地下水类型,工程区的岩溶水可分为马道子—大林乡水动力单元和长坪子—大院子水动力单元两个水力系统,其补排关系、水动力特征及水化学特征各异,在天然状态下,两个水动力单元的水力联系不密切。

岩溶地区水力联系见图2。

水文地质分析结论:龙塘水库所在的马坝河流域为不闭合流域,流域通过地下管道袭夺了邻近流域的水量,马坝河为盈水区域。

5 坝址来水量分析

马坝河流域水文资料短缺,为了龙塘水库的勘测设计,1972年12月在马坝河下游,水库坝址以上2 km的三甲村设立了龙塘水文站,1973年1月1日正式开始观测。该站控制

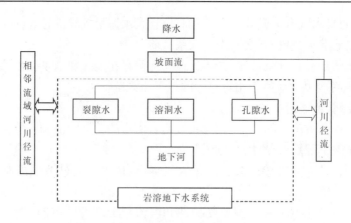

图2　岩溶地区水力联系

流域面积 250 km²，观测有 1973 ~ 1987 年水位、流量、降水等资料。

龙塘水文站观测有 1973 ~ 1987 年 15 年水文资料，为龙塘水库的设计提供了宝贵的资料，因此水文分析计算也依据这 15 年资料进行插补延长。

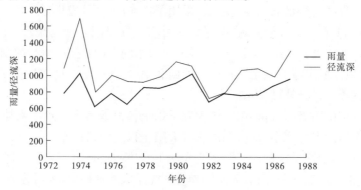

图3　盐源雨量与龙塘实测径流深过程线

5.1　利用降雨资料插补延长径流系列

由于马坝河流域有较好的雨量资料，分析计算龙塘水库坝址以上流域面雨量，建立龙塘站实测降雨—径流关系，采用长系列雨量资料插补延长计算龙塘站实测年径流。

点绘龙塘水库以上面雨量与径流量同步图（见图3），由图可以看出，马坝河龙塘水文站与盐源气象站降雨具有一定的同步性，径流深大于降雨量，一方面说明马坝河流域不闭合，另一方面说明雨量站代表性不好。

由于坝址以上为岩溶地区，地下水所占比例较大，采用龙塘站扣除基流（基流量采用龙塘实测最小月平均流量 0.23 m³/s）的年径流量与盐源气象站年降水量；汛期径流量与汛期降水量分别相关，插补延长龙塘站年、汛期径流量，并以此为控制，得到插补后龙塘各月径流量。根据盐源气象站雨量的年内分配特点，雨量相关汛期采用 5 ~ 10 月，相关关系如下：

（1）年：

相关方程：$W_{龙塘} = 17.184 P^{1.0792}$

相关系数：$r = 0.75$

式中：$W_{龙塘}$ 为龙塘年径流量，万 m³；P 为盐源气象站年降水量，mm。

相关图见图4。

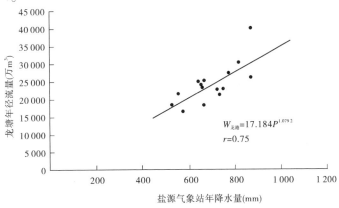

图4

(2) 汛期 5 ~ 10 月:

相关方程: $W_{龙汛} = 16.871 P_{盐汛}^{1.08}$

相关系数: $r = 0.76$

式中: $W_{龙汛}$ 为龙塘 5 ~ 10 月径流量, 万 m^3; $P_{盐汛}$ 为盐源气象站 5 ~ 10 月降水量, mm。

相关图见图5。

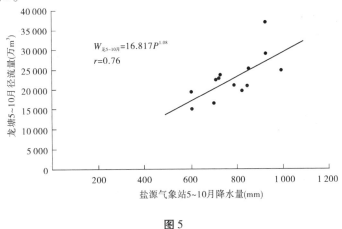

图5

由以上方程插补年及汛期径流量, 然后回加扣除的基流量, 计算得到 1957 ~ 2014 年多年平均径流量 2.43 亿 m^3。

5.2　利用径流资料插补延长径流系列

与马坝河相邻的永宁河、宁蒗河、盐井河上分别设有盖租、庄房、甲米水文站, 其中庄房站观测资料较好, 系列也较长, 且控制流域面积与马坝河龙塘站相差不大, 同期实测径流的同步性较好, 见图6, 因此选用宁蒗河庄房站插补延长龙塘站。

参证站: 宁蒗河庄房站。

资料系列: 1961 ~ 2014 年。

根据龙塘站实测径流和庄房站相应的流量, 分别进行年、汛期径流相关, 汛期根据龙塘站实测资料, 采用 6 ~ 10 月, 相关系数如下:

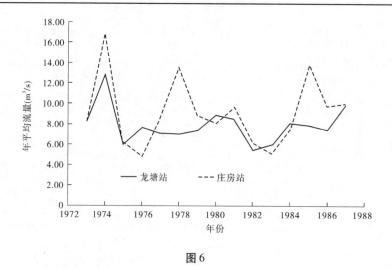

图6

(1)年：

相关方程：$W_{龙塘} = 0.445\ 9W_{庄房} + 12\ 564$

相关系数：$r = 0.78$

式中：$W_{龙塘}$ 为龙塘年径流量，万 m^3；$W_{庄房}$ 为庄房年径流量，万 m^3。

相关图见图7。

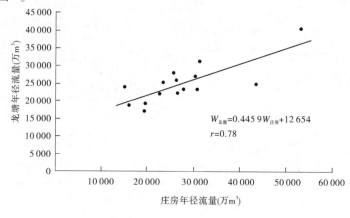

图7

(2)汛期 6～10 月：

相关方程：$W_{龙汛} = 0.428\ 3W_{庄汛} + 12\ 619$

相关系数：$r = 0.77$

式中：$W_{龙汛}$ 为龙塘 6～10 月径流量，万 m^3；$W_{庄汛}$ 为庄房 6～10 月径流量，万 m^3。

相关图见图8。

根据以上相关关系可计算，得到龙塘站 1961～2014 年多年平均径流量为 2.48 亿 m^3。

5.3　采用不同方法计算

采用不同方法计算的多年平均径流量以及汛期径流成果见表1。

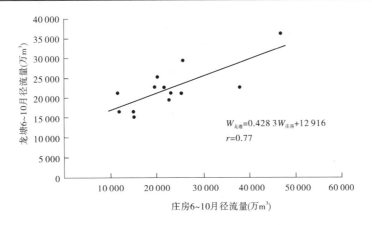

图8

表1 不同方法计算的龙塘站多年平均径流量成果

方法		年径流量（亿 m³）	汛期6～10月径流量（亿 m³）	资料年限
降雨量插补	盐源气象站	2.43	2.02	1957～2014 年
		2.44	2.03	1961～2014 年
参证站插补	宁蒗河庄房站	2.48	2.22	1961～2014 年

龙塘站 1973～1987 年 15 年实测径流量 2.49 亿 m³（7.89 m³/s），汛期 6～10 月径流量 2.22 亿 m³，6～10 月径流占全年的 89.2%

从表1 中可以看出，两种方法计算的龙塘长系列多年平均流量比较接近，由于庄房站插补的成果更接近实测系列的分配，即汛期所占比例更接近；而雨量插补段，汛期 6～10 月径流量仅占年径流量的 83%，与实测段径流量所占比例相差较大，故采用庄房站插补成果。因此，龙塘站多年平均径流量为 2.48 亿 m³，即 7.86 m³/s。

5.4 龙塘坝址来水量

龙塘水文站位于龙塘水库坝址以上 2 km，区间面积仅 5.6 km²，龙塘坝址的年径流直接采用龙塘站径流计算成果，即坝址多年平均径流量 2.48 亿 m³。

坝址上下游是泉水主要的排泄区，主要分布于马坝河龙塘峡谷段上下游。考虑到泉水的不确定性以及水库蓄水后，径流补给条件变化，直接采用龙塘站流量作为坝址流量。

5.5 径流合理性分析

5.5.1 径流深与地区相比较

根据地质连通试验报告结论，古柏河与马坝河存在密切的水力联系，古柏河流域大部分地下水均流向了马坝河。古柏河和马坝河属于统一的地下水系统，两者之间并没有地下分水岭。地下水总体自东向西径流，是古柏河地下水系统被马坝河流域地下水袭夺的结果。古柏河流域大院子以上河段地表水及地下水与马坝河龙塘峡谷段之间存在密切的水力联系，即古柏河流域大院子以上河段的地表水和地下水均流向了马坝河流域，马坝河袭夺了古柏河。根据此结论，马坝河龙塘水库坝址以上总集水面积 517 km²，其中地表水集水面积

256 km², 岩溶地下控制面积 261 km², 将本地区各水文测站的径流统计参数列于表 2, 从表 2 中可以看出, 龙塘水库实际控制面积 517 km², 计算实际径流深 480 mm, 介于该地区径流深之间, 能与地区各站径流深相协调。

表 2　地区水文测站径流统计参数

河名	站名	集雨面积 F（km²）	年均流量（m³/s）	径流量（亿 m³）	径流深（mm）	时段
马坝河	龙塘坝址	256（地表）517（总）	7.86	2.48	969（地表）480（总）	1961～2014 年
宁蒗河	庄房	839	8.77	2.77	330	1961～2014 年
永宁河	盖租	1 753	35.1	11.1	631	1959～2007 年
盐井河	甲米	4 017	46.4	14.6	364	1959～2010 年
理塘河	呷姑	9 162	138	42.5	475	1959～2008 年
小金河	列瓦	17 812	278	87.6	492	1959～2007 年

5.5.2　从马坝河所处的地质地形特点说明

马坝河坝址河床（高程 2 374 m）低于东侧的古柏河（高程 2 404 m, 相当于马坝河三级阶地的高程）约 30 m, 低于西侧的白乌河（高程 2 391 m, 相当于马坝河二级阶地的高程）约 19 m, 河间地块存在连续的地下分水岭。

工程区东部和西部为非可溶岩围限, 北部灰岩地下分水岭虽存在南移, 但地下水位高程远高于库水位高程, 因而盐源盆地属一个相对封闭的地下水系统, 与外围水系无水力联系。岩溶发育主要受构造及相对隔水岩层分布的控制, 地下水动力场也与此相适应, 形成了该区特殊的地表水及地下水补排关系——马坝河以地表水为主, 同时通过岩溶管道系统袭夺了古柏河上游的河水, 增加了自身河流量。

这些水文地质特点造成了马坝河流域为盈水区域, 地表径流深较周边流域偏大。结合水文地质分析成果, 提出水库坝址以上总集水面积, 计算的径流深介于地区各站径流深之间, 能与地区径流深协调。

6　结　语

通过连通试验以及库坝区水文地质调查, 摸清水库来水补给条件, 龙塘水库来水不但有本流域马坝河的来水, 还有通过岩溶管道系统袭夺了古柏河上游的河水, 水库所在流域为不闭合流域。结合连通试验以及地质的分析结论, 划分流域的地下分水岭, 计算的坝址以上实际径流深能与周边相适应。龙塘水库径流组成, 含有外流域古柏河的来水, 为盈水区域, 径流采用采用本流域观测资料, 也为盈水流量。

参 考 文 献

[1] 王平, 赵玮, 赵云, 等. 四川省盐源县龙塘水及灌区工程可行性研究报告[R]. 西安: 陕西省水利电力勘测设计研究院, 2017.

[2] 宁满顺, 孙杰. 四川省凉山州盐源县龙塘水库枢纽岩溶渗漏专题研究报告[R]. 西安: 陕西省水利电力

勘测设计研究院,2015.

[3] 马祖陆,梁晓.四川省盐源县龙塘水库岩溶水示踪试验报告[R].桂林:中国地质科学院岩溶地质研究所,2013.

[4] 林三益,缪韧,易立群.中国西南地区河流水文特性[J].山地学报,1999(8).

[5] 中国科学院地质研究所岩溶研究组.中国岩溶研究[M].北京:科学出版社,1979.

[6] 林三益.西南湿润山区河流径流模拟与径流分析[J].四川水力发电,1995(6):17-23.

[7] 张兆干,杨剑明,等.喀斯特地貌地表空间结构分类及特征[J].南京大学学报,1996(4).

[8] 冯起才.工程地质勘察中水文地质问题研究[J].工程技术(全文版),2016,12.

[9] 黄秋强.贵州喀斯特地区水资源可持续利用现状及发展初探[J].水利规划与设计,2015(9).

【作者简介】 赵云(1976—),女,高级工程师,主要从事水利水电工程水文、水资源研究工作。

考虑梯级水库影响的大藤峡水库
入库悬移质输沙量分析

张永胜　　麻长信

（中水东北勘测设计研究有限责任公司，长春　130021）

摘　要　流域产沙条件的变化及梯级水电站水沙调节的影响，使红水河流域下游水沙条件发生较大变化，对天峨站、迁江站不同时期水沙代表系列及上下游站沙量相关对比分析研究，揭示了红水河下游水沙条件变化规律，并进一步分析论证了龙滩水库蓄水运行后对下游水沙条件的影响，提出了大藤峡水库入库悬移质输沙量成果。

关键词　产沙条件；水沙调节；入库输沙量；大藤峡水库

1　引　言

大藤峡水利枢纽工程是红水河梯级规划中最后一梯级，开发任务以防洪为主，发电与水资源配置并重，兼顾航运和灌溉等综合利用。随流域产沙条件的变化，以及红水河干支流上已建和在建的天生桥、龙滩、岩滩等众多梯级水电站对流域水沙调节，将对流域水沙输移特性产生一定影响，使红水河下游迁江、武宣等水文站输沙量资料较以往发生较大变化。为合理分析大藤峡水库建库后水库淤积和泥沙变化，有必要对考虑上游梯级水库影响后的入库悬移质输沙量进行分析研究。

2　流域及工程概况

大藤峡水利枢纽位于珠江流域西江水系的黔江河段，红水河是黔江的干流，发源于云南省沾益县马雄山南麓，至广西象州县三江口与柳江汇合后称黔江。红水河河流全长 1 573 km，流域面积 137 719 km²；柳江河流全长 755 km，流域面积 58 398 km²。

大藤峡水利枢纽工程位于珠江流域西江水系黔江干流大藤峡出口弩滩上，坝址以上控制流域面积 198 612 km²，是红水河梯级规划中最后一梯级。工程的开发任务以防洪为主，发电与水资源配置并重，兼顾航运和灌溉等综合利用。水库正常蓄水位 61 m，死水位并防洪起调水位 47.6 m。水库调节库容 15 亿 m³，电站为河床式，装机容量 1 600 MW。

黔江水力资源极为丰富，在红水河干支流上已先后建成鲁布革、天生桥一级、天生桥二级、岩滩、大化、百龙滩等电站，柳江上已建麻石电站，还有一些中小型水库，正在修建的有龙滩、乐滩电站。流域水系及工程位置分布示意图见图 1。

3　流域水沙特性

大藤峡坝址以上黔江干流设有武宣水文站，控制集水面积 196 655 km²，占大藤峡坝址以上流域面积的 99.0%，红水河干流上设有天峨（龙滩）、迁江水文站，红水河支流清水江上

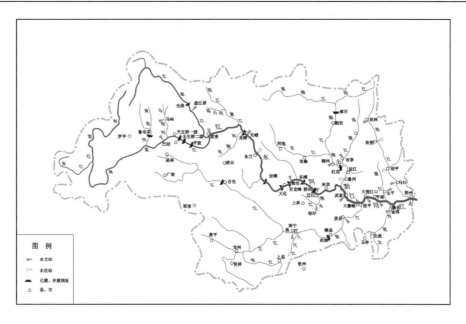

图1 大藤峡流域水系及工程分布示意图

设有邹圩水文站,柳江干流设有柳州水文站,柳江支流洛清江设有对亭水文站。

根据天生桥一级水电站开工建设前各站实测水沙资料分析,黔江流域各站悬移质泥沙含沙量相对较小,武宣站多年平均含沙量为 0.460 kg/m³,迁江站多年平均含沙量为 0.765 kg/m³,柳州站多年平均含沙量仅为 0.122 kg/m³。虽然流域含沙量不大,但因水量充沛,年输沙量值较为可观,武宣站多年平均输沙量达 5 670 万 t。

武宣站来水来沙组成中,红水河泥沙所占比例远大于面积比和水量比,是大藤峡水库的主要泥沙来源,而红水河泥沙又主要来自龙滩以上,龙滩站泥沙占武宣站总沙量的 86.8%。各站水沙资料统计成果见表1。

表1 大藤峡以上主要测站水沙特性

河名	站名	集水面积（km²）	占武宣百分比（%）	年平均流量（m³/s）	占武宣百分比（%）	年平均输沙量（万 t）	占武宣百分比（%）	含沙量（kg/m³）	
								平均	最大
黔江	武宣	196 655	100	3 910	100	5 670	100	0.460	6.19
红水河	龙滩	105 535	53.6	1 580	40.4	4 920	86.8	0.991	25.0
红水河	迁江	128 938	65.6	2 110	54.0	5 090	89.8	0.765	11.5
柳江	柳州	45 413	23.1	1 210	30.9	466	8.2	0.122	4.19

4 梯级水库修建对流域来水来沙的影响

黔江流域自 1981 年大化电站开始建设、特别是天生桥一级水电站（1991 年开建）和龙滩电站（2003 年截流）及其他红水河梯级电站的相继开始建成,大大改变了流域下流的水沙条件。

对比分析天生桥一级水电站开建前后的 1954~1991 年及 1992~2005 年水沙系列:红水河龙滩、迁江站来水量整体变化不大,但来沙量变化很大,龙滩站以上在 1991 年以后相继建成天生桥一级和二级、平班、光照等电站,拦截了一部分泥沙,使龙滩站多年平均悬移质输沙量减少 14.2%;龙滩—迁江区间还有岩滩、龙滩、大化等电站,拦截了红水河干流的大部分泥沙,使得迁江站输沙量减少最大,减少幅度达 65.8%,龙滩—迁江区间沙量出现负值;黔江武宣站因柳江发生了 1996 年、2000 年和 2002 年的较大洪水,来水量增加 11%,输沙量减少了 31.5%。大藤峡以上各主要水文站的实测来水来沙变化情况见表 2。

表 2　大藤峡水库相关各站水沙系列成果比较

项目	站名	均值 (1954~1991 年)	均值 (1992~2005 年)	(后－前)/前(%)
多年平均流量 (m³/s)	龙滩	1 580	1 530	-3.16
	迁江	2 110	2 130	0.95
	柳州	1 210	1 380	14.0
	武宣	3 910	4 340	11.0
多年平均悬移质 输沙量(万 t)	龙滩	4 920	4 220	-14.2
	迁江	5 090	1 740	-65.8
	柳州	466	859	84.3
	武宣	4 570	3 130	-31.5
多年平均含沙量 (kg/m³)	龙滩	0.991	0.875	-11.6
	迁江	0.765	0.258	-66.2
	柳州	0.122	0.197	61.2
	武宣	0.460	0.229	-50.2

梯级水库的修建对红水河来沙产生很大影响。红水河流域梯级水库中,天生桥一级水电站和龙滩水电站为多年调节水库,其他水库多为日调节水库。天生桥一级虽为多年调节水库,但其控制面积只占大藤峡水库坝址以上面积的 25%,且上游的来水量所占比例较小,其余梯级水库如大化、百龙滩、乐滩等水库调节能力有限,冲淤平衡年限较短,排沙能力较强,虽然也会拦蓄部分泥沙,但对大水大沙年影响作用很小。龙滩水库是梯级水库中规模最大的水库,总库容 272.7 亿 m³,对径流、洪水、泥沙均有较强的调节作用,大藤峡水库入库输沙量分析中考虑龙滩水库的水沙调节作用,其他水库的作用可忽略不计。

5　大藤峡水库悬移质入库沙量分析

大藤峡水库三江口以上库区分为两支:一支由三江口至鸡喇,为柳江库段,全长约 115 km,区间有柳江支流洛清江汇入;另一支由三江口至迁江,为红水河库段,全长约 96 km,区间无较大支流汇入。大藤峡水库入库沙量由红水河迁江站以上、柳江柳州站以上、洛清江对亭站以上及上述各站至武宣站未控区间的沙量组成。入库沙量计算中考虑龙滩水库影响,可分为 5 部分:龙滩水库出库沙量,龙滩—迁江区间沙量,柳江柳州站沙量,洛清江对亭站沙量,迁江、柳州、对亭—武宣区间沙量。

5.1 龙滩水库出库沙量

龙滩水电站坝址与天峨站集水面积仅相差 0.2%,龙滩入库输沙量直接采用天峨站实测泥沙资料统计,不进行站坝转换,多年平均入库沙量为 4 730 万 t。龙滩水电站计划分两期开发,初期建设时正常蓄水位 375 m,后期正常蓄水位 400 m。正常蓄水位 400 m 时,水库调节库容 205.3 亿 m³,死库容 67.4 亿 m³,库容系数 0.407,库沙比 692,水库拦沙作用明显。依据经验公式估算,正常蓄水位 375 m 时,不同运行年限水库排沙比为 6.5% ~7.5%,正常蓄水位 400 m 时,不同运行年限排沙比为 4.5% ~5.0%,综合考虑,龙滩水库排沙比采用 10%。龙滩水库出库沙量按入库沙量乘以排沙比直接推求,多年平均出库沙量为 473 万 t。

5.2 龙滩—迁江区间沙量

龙滩—迁江区间面积 23 584 km²,区间无较大支流汇入,无适宜的可供参考的依据水文站直接分析推求区间沙量,区间沙量可由迁江站输沙量减同期天峨站输沙量推求。

龙滩—迁江区间大化电站 1982 年开始蓄水运行后,岩滩、百龙滩、乐滩等电站陆续建成运行,虽然这些水库调节能力有限,冲淤平衡年限较短,但运行中特别是水库达到冲淤平衡之间仍会拦截部分泥沙,从而影响下游迁江站实测沙量成果,致使龙滩—迁江区间沙量出现较多负值,需要对迁江站泥沙资料进行一致性处理。

建立天峨站、迁江站年平均输沙率—年平均流量关系曲线和天峨站—迁江站年平均输沙率关系曲线,见图 2。

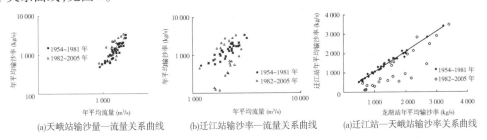

(a)天峨站输沙量—流量关系曲线　(b)迁江站输沙率—流量关系曲线　(a)迁江站—天峨站输沙率关系曲线

图 2　天峨站、迁江站年平均输沙率—年平均流量(输沙率)关系曲线

从图 2 中可以得出如下认识:

(1)天峨站 1954~1981 年系列年平均输沙率、年平均流量关系点据较密集,分布呈条带状,有较好的相关关系。1982~2005 年点据大部分位于 1981 年前系列点据的上方,表明天峨站年输沙量出现系统增加趋势,天峨站 1982~2005 年多年平均输沙率为 1 660 kg/s,1954~1981 年多年平均输沙率为 1 364 kg/s,后期系列均值比前期系列增大 21.6%。分析其产生原因,红水河流域上游仅靠云贵高原,流域坡面比降大,土质疏松,水土易于流失。20世纪 80 年代以后,随地区经济的快速发展,流域内人类经济活动频繁,地表生态环境遭到一定破坏,导致流域水土流失进一步加大,从而影响了流域产沙变化。

(2)迁江站 1954~1981 年系列年平均输沙率、年平均流量具有较好的相关关系。1982~2005年点据呈两极离散状态,少部分点据偏离与 1981 年前系列点据的上方,大部分点据偏离与 1981 年前系列点据的下方。分析其产生原因:一方面,是迁江站上游陆续建成大化、岩滩等梯级电站后,对河流泥沙产生了一定拦蓄作用,使得迁江站实测输沙率呈减小趋势,大部分点据出现在了前期系列的下方;另一方面,因人类经济活动等影响,天峨站后期系列输沙呈增加趋势,上游来沙量增加导致迁江站输沙量增加,少部分点据出现在了前期系列的上方。

(3)天峨站、迁江站 1954~1981 年系列输沙率关系点据密集,相关性良好。因梯级水库运行影响,导致迁江站实测输沙率呈减小趋势,1982 年以后系列点据整体低于前期系列点据。

综上分析认识,在不具备各梯级水库详细的淤积量测资料条件下,迁江站泥沙资料一致性处理中,不宜采用常规的通过本站水沙相关关系进行插补处理。如采用迁江站梯级水库建库前的 1981 年前资料系列建立水沙相关关系插补梯级水库建库后的系列,虽然可以一定程度反映出梯级水库泥沙拦蓄对迁江站沙量的影响,但无法反映出上游产沙条件变化对流域产沙量增加的影响。为定性分析上游产沙条件变化对流域产沙量增加的影响,根据流域梯级电站建成前的天峨站 1954~1981 年水沙相关关系插补 1982~2005 年泥沙系列,天峨站 1982~2005 年系列插补的多年平均输沙率为 1 270 kg/s,实测的多年平均输沙率为 1 660 kg/s,插补成果较实测成果偏小 23.5%,表明上游产沙条件变化对流域产沙量增加的影响在 20% 左右。

迁江站与上游天峨站具有良好的输沙率相关关系,通过梯级水库修建前的(1954~1981 年系列)迁江站与天峨站年平均输沙率相关关系插补延长迁江站梯级水库建库后泥沙资料系列,可以同时反映出梯级水库泥沙拦蓄以及上游产沙条件变化对流域产沙量增加的影响。因此,迁江站泥沙资料一致性处理采用迁江站与天峨站年平均输沙率相关关系插补方法。插补后迁江站 1982~2005 年多年平均悬移质输沙量为 1 753 kg/s,较同期实测系列均值增大 47.9%,较 1954~1981 年系列均值增大 21.1%,插补后迁江站泥沙资料系列与上游天峨站泥沙资料系列相协调。插补结果表明,上游产沙条件变化对迁江站来沙量的影响在 20% 左右,梯级水库泥沙拦蓄对迁江站来沙量的影响在 25% 左右。

以经一致性处理后的迁江站 1954~2005 年系列输沙量减同期天峨站输沙量,龙滩—迁江区间多年平均悬移质输沙量为 297 万 t。

5.3 柳州站沙量

柳州站为大藤峡水库柳江库段末端的控制站,具有 1954~2005 年实测泥沙资料,柳州站输沙量根据实测泥沙资料统计,多年平均悬移质输沙量为 572 万 t。

5.4 对亭站沙量

对亭站为大藤峡水库柳江库段最大支流洛清江控制站,具有 1954~1970 年实测沙量资料,建立对亭站水沙相关关系,利用流量资料将沙量资料插补延长至 2005 年,根据插补延长后的泥沙资料统计其输沙量,多年平均悬移质输沙量为 121 万 t。

5.5 迁江、柳州、对亭—武宣区间沙量

大藤峡水库库区狭长,迁江、柳州、对亭以下至坝址上游武宣站之间的面积达 15 030 km²,占武宣站以上流域面积的 7.64%,其区间沙量是大藤峡水库入库沙量组成部分。经区间流域产沙条件和汇入条件分析,整个区间可以划分为区间 I、区间 II 两部分。区间 I 是指汇入柳江、黔江的流域面积,面积为 6 249 km²;区间 II 是指汇入红水河的流域面积,面积为 8 781 km²。

区间 I 内无实测水沙资料,区间 I 年输沙量移用对亭站年输沙模数推算,多年平均输沙量为 104 万 t。区间 II 内红水河支流清水江上设有邹圩水文站,区间 II 年输沙量移用移用邹

圩站年输沙模数推算,多年平均输沙量为 42.8 万 t。迁江、柳州、对亭—武宣区间多年平均输沙量总计为 147.9 万 t。

5.6 悬移质总入库沙量

根据龙滩出库,龙滩—迁江区间,柳江柳州站,洛清江对亭站,迁江、柳州、对亭—武宣区间五部分沙量推求大藤峡水库入库悬移质沙量,大藤峡多水库多年平均悬移质入库沙量为 1 630 万 t,入库沙量组成情况见表 3。大藤峡水库天然多年平均输沙量为 5 670 万 t,考虑龙滩水库拦蓄影响后,入库沙量减小约 70%。

表 3 大藤峡水库悬移质入库沙量成果

序号	站名	集水面积（km²）	多年平均流量（m³/s）	多年平均输沙量（万 t）	输沙模数 [t/(km²·a)]
1	龙滩出库	105 354	1 568	473	—
2	龙—迁区间	23 584	548	297	126
3	区间 I	6 249	174	105	168
4	区间 II	8 781	241	42.9	48.9
5	柳州	45 413	1 256	572	126
6	对亭	7 274	243	122	168
	合计	4 030		1 630	—

6 结 语

综上所述,随流域产沙条件的变化,以及流域众多梯级水电站水沙调节的影响,红水河流域下游水沙条件发生了较大变化。从本文天峨站、迁江站 1954~1981 年、1982~2005 年两套系列对比分析及上下游沙量相关插补成果来看,流域上游产沙条件变化使下游沙量呈增加趋势,梯级水库水沙调节影响使下游沙量呈减小趋势。

红水河是大藤峡水库的主要泥沙来源,而红水河泥沙又主要来自龙滩以上流域,龙滩水电站 2006 年开始蓄水运行后,将大幅度减小大藤峡水库的入库输沙量,考虑龙滩水库拦沙影响后,大藤峡水库多年平均悬移质入库沙量为 1 630 万 t,较天然情况入库悬移质输沙量减小约 70%。

【作者简介】 张永胜,高级工程师。E-mail:zys_1@126.com。

南渡江引水工程库－泵群联合调度规则研究

薛　娇　杨辉辉

（中水珠江规划勘测设计有限公司，广州　510610）

摘　要　本文构建了南渡江引水工程泵库系统,利用该系统进行水资源系统模拟计算,得到了最优的南渡江引水工程库－泵群联合调度规则,为工程后期的运行调度提供参考。
关键词　南渡江引水工程;泵库系统;模拟;调度规则

1　概　述

　　南渡江是海南岛第一大河流,发源于海南省白沙县南峰山,穿海口市中部而过,最终流入琼州海峡。南渡江流域松涛水库以下至龙塘站区间多年平均天然年径流量54.62亿 m³,南渡江主流在海口市市区长75 km,流域面积1 086.9 km²。

　　海口市地处海南岛北部,其水资源及其开发利用存在着如下问题:①缺乏大型蓄水工程,水资源调控能力不足;②主城区供水水源工程不足,靠挤占生态用水满足各行业用水要求;③主城区地下水开采强度大,成为不良地质灾害的隐患;④羊山地区优质的土地资源得不到有效灌溉;⑤部分河道水环境状况较差,防洪排涝能力不足;⑥水资源供求形势面临挑战。随着海口市国民经济的发展水资源的需求必将不断加大,对处于城区河流的防洪排涝要求也更高,水资源供需矛盾、洪涝灾害与环境高要求矛盾将更加突出,解决这些问题的最佳途径只能是兴建南渡江引水工程。

　　南渡江引水工程的修建将改变工程受水区的供水条件,需要根据受水区的实际情况制定合适的工程调度规则。由此,必须构建水资源系统对受水区的工程调度规则进行研究。

　　国内外众多学者曾对水资源系统模拟模型、优化模型进行了研究,国外的研究最早可追溯到20世纪40年代Masse提出的水库优化调度问题,国内的相关研究则可以追溯到20世纪60年代中国水利水电科学研究院进行的发电水库的优化调度分析。水资源系统相关的研究以优化调度研究起步,不断发展。尤其是随着计算机技术的发展,国内外对水资源系统模拟及优化的研究发展迅速。国外推出了多个以水资源系统模拟为基础的商业软件,诸如RIVERWARE[1]、MIKEBASIN[2]、EMS[3]、WATERWARE[4]、IQQM[5]等,这些软件均具有较强的实用性和通用性。国内学者也进行了各种水资源系统模拟研究工作[6-11],开发了很多软件,但是国内多数模拟软件是针对具体流域或地区的特定情况研制的,通用性不强。游进军等[12]对国内外水资源系统模拟模型的研究历程进行了全面地总结回顾,指出以计算机技术为先导,考虑不同的流域实际状况进行系统分析是构造通用水资源模拟模型的必要条件和发展方向。

　　本文以南渡江引水工程为例,构建南渡江引水工程泵库系统,通过水资源系统模拟,研究南渡江引水工程库－泵群联合调度规则并给出建议,为工程的后期运行提供参考。

2　工程概况

2.1　南渡江引水工程概况

南渡江引水工程位于南渡江下游海口市境内,工程建设任务为以城镇生活工业供水和农业灌溉为主,兼顾改善五源河防洪排涝条件等综合利用。工程由水源工程、输配水工程、五源河综合整治工程及水库连通工程等组成,工程等别为Ⅱ等,工程规模为大(二)型。

工程水源点包括有南渡江东山闸坝取水点和龙塘闸坝取水点,输水末端仅永庄水库具有调蓄功能,工程通过闸坝、水库与输配水工程联合运用保障供水范围的用水需求。工程设泵站15座,其中水源泵站4座、分水泵站1座、新增灌区配套泵站10座。根据4座水源泵站,南渡江引水工程中的水源工程和输配水工程概况如下:①工程在南渡江中游干流上新建东山闸坝和东山泵站,从南渡江干流提水,通过输水管线补给永庄水库,通过永庄水厂向海口中西部主城区供水,并沿线解决狮子岭、观澜湖、美安科技新城和羊山灌区(昌旺片、龙泉片及永兴片)用水,其中昌旺片、龙泉片输水利用现有长为24.89 km的黄竹分干渠;②在南渡江干流已建的龙塘坝址左右岸各增建一座泵站,龙塘左灌溉泵站引水至龙塘片区,龙塘右泵站引水至云龙产业园和江东水厂,解决海口东部主城区供水及云龙产业园供水;③在玉凤水库设置玉凤泵站灌溉玉凤片灌区。工程总体布局见图1。

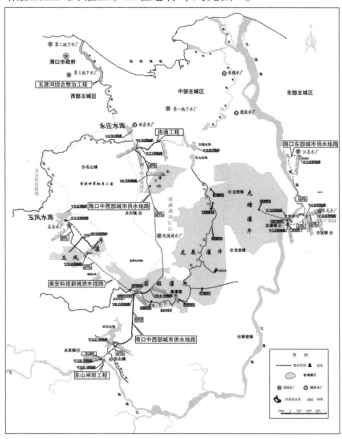

图1　南渡江引水工程总体布局

2.2　上游其他重要建设项目

2.2.1　松涛水库

松涛水库位于南渡江上游河段儋州市境内,是一宗以灌溉为主,兼有发电、防洪、供水等综合效益的大(一)型水利枢纽工程。水库集雨面积 1 496.0 km², 多年平均年径流量 16.22 亿 m³, 水库正常蓄水位 190.0 m, 相应库容 25.95 亿 m³。水库设计灌溉面积 205 万亩,并担负着琼西北部开发区的城乡工业供水任务。海口市位于松涛水库供水末端,松涛水库—永庄水库补水渠长约 170 km, 沿程渗漏损失大,水量利用系数不高,且容易受到中间渠道检修等突发事件的影响。2020～2030 年松涛水库通过白莲东分干渠和黄竹分干渠供给海口市的入境水量为 1.0 亿～1.1 亿 m³[13]。

2.2.2　迈湾水利枢纽

南渡江干流中游河段规划有迈湾水利枢纽,距上游已建松涛水库 55 km, 是一座以供水、防洪为主,兼顾发电,并为改善下游水生态环境和灌溉创造条件的大(一)型水利枢纽工程,水库正常蓄水位 108 m、死水位 72 m、兴利库容 4.87 亿 m³[14]。工程是保障下游海口市及定安、澄迈县供水和生态用水安全的控制性水源工程,与下游堤防结合可将海口地区的防洪标准整体提高到 100 年一遇,沿岸的澄迈和定安城区提高到 50 年一遇,提高下游河道最小生态流量保障,为从南渡江下游引提水灌溉的两岸灌区提供水源保障。由此,在南渡江引水工程泵库系统模拟时需考虑迈湾水利枢纽建设的影响。

3　南渡江引水工程泵–库系统

3.1　系统研究范围

根据南渡江引水工程的受水区范围,确定系统研究范围为海口市主城区、产业园区及羊山地区。为进一步确定工程的直接供水范围及对象,根据地形地势、河流水系、现有水利设施、供水管网、行政区划、工程布置及方便管理等因素,将工程研究范围划分成 7 个片区,最终确定工程直接供水范围及对象涉及 6 个分区,工程无间接供水范围,具体见表 1。

表 1　研究范围及分区

分区	名称	包含范围	南渡江引水工程	
			直接供水范围	供水对象
I	主城1区	中西部主城区、狮子岭工业园	中西部主城区、狮子岭工业园	生活及工业
II	主城2区	东部主城区、云龙产业园、演丰渠灌区	东部主城区、云龙产业园	生活及工业
III	羊山1区	美安科技新城、玉凤灌片、石山镇	美安科技新城、玉凤灌片	生活及工业、农业灌溉
IV	羊山2区	观澜湖旅游度假区、永兴灌片、永兴镇	观澜湖旅游度假区、永兴灌片	生活及工业、农业灌溉
V	羊山3区	东山镇、新坡镇	—	—
VI	羊山4区	昌旺灌片、龙泉灌片、遵谭镇、龙泉镇	昌旺灌片、龙泉灌片	农业灌溉
VII	羊山5区	龙塘灌片、龙桥镇、龙塘镇	龙塘灌片	农业灌溉

3.2 系统主要元素及其概化

南渡江引水工程泵库系统所涉及的各类实体可概括为点和线两类基本元素。点元素包括水源、用水片等,线元素包括河道、渠道、管道等,具体见表2。

表2 南渡江引水工程泵库系统概化要素及其对应实体

基本元素	类型	所代表系统实体
点元素	水源	南渡江引水工程水源(东山闸坝及东山泵站、龙塘右泵站、龙塘左泵站和玉凤水库泵站)、松涛灌区余水
	用水片区	主城1区(中西部主城区、狮子岭工业园)、主城2区(东部主城区、云龙产业园、演丰渠灌区)、羊山1区(美安科技新城、玉凤灌片、石山镇)、羊山2区(观澜湖旅游度假区、永兴灌片、永兴镇)、羊山4区(昌旺灌片、龙泉灌片、遵谭镇、龙泉镇)、羊山5区(龙塘灌片、龙桥镇、龙塘镇)
	其他	美安黄竹分水泵站、10座灌区配套泵站
线元素	河道/渠道/管道	南渡江、黄竹分干渠、输水管线

建立南渡江引水工程泵库系统进行水资源系统模拟的一大核心是制定系统内工程的调度运用规则,完成系统内不同水源到各类用水户的合理分配。根据工程设计情况,确定系统内元素相互间水量传输关系的系统网络图,见图2,该图给出了工程水源及各类用户的定性配置关系,根据该图中的水源传输转化过程,即可按照设定的规则和参数对该过程进行规则化模拟,从而通过对比选取最为合适的调度运行规则。

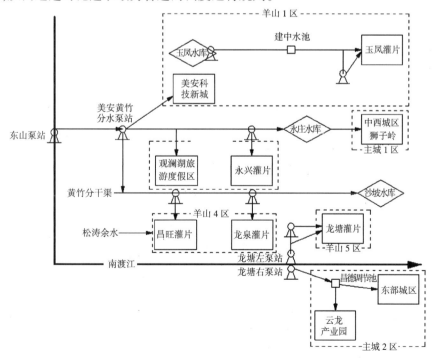

图2 南渡江引水工程泵库系统网络图

3.3 模型实现方法

基于上述搭建的系统网络,输入各调蓄工程的基本参数及提水工程的基本参数,按照系统水资源配置的原则和方案,构建南渡江引水工程泵库系统。在系统内输入水源节点的来水条件以及受水区的缺水条件,设定不同的调度规则和参数,进行水资源系统模拟计算,输出水资源配置成果,通过成果对比确定库-泵群联合调度规则。由于上游规划建设迈湾水利枢纽,迈湾水利枢纽建成后,本工程应根据迈湾水利枢纽的统一调度安排,结合供水范围内实际需水要求,进行模拟计算。

4 泵-库系统运行调度方式

通过上述水资源系统模拟计算,得到如下最优的调度规则。南渡江引水运行调度应优先保障河道生态用水及现有用户用水,充分挖潜本地水源,利用永庄水库来水及松涛余水,在现有水源不足的情况下,才考虑从南渡江引水。工程调度运行方式如下。

4.1 东山闸坝

东山闸坝主要功能是保证城市供水和羊山灌区灌溉用水可靠的取水水位,不参与日间调节。在实际运行中,东山闸坝应尽量保持设计运行水位,当日内来水不均时,可允许临时消落至死水位,东山闸坝设计运行水位 15 m,最小下泄流量为 14.4 m³/s。东山泵站进水池设计运行水位 12.88 m、设计引水流量 13.3 m³/s。东山泵站按设计流量取水对应坝址最小流量为 27.7 m³/s,东山闸坝开闸流量 163 m³/s,敞泄流量为 915 m³/s,拟定运行调度方式如下:

(1)当坝址日平均流量小于 14.4 m³/s 时,库区不取水,来水通过生态泄水闸及鱼道等建筑物泄水,来多少泄多少,坝前水位不低于死水位。

(2)当坝址日平均流量大于 14.4 m³/s、小于 27.7 m³/s 时,在优先保证生态流量前提下取水,来水在扣除东山取水后通过生态泄水闸及鱼道等建筑物泄水,坝前水位不低于死水位。

(3)当坝址日平均流量大于 27.7 m³/s、小于 163 m³/s 时,按需取水,剩余水量主要通过溢流坝下泄到河道。

(4)当坝址日平均流量大于 163 m³/s、小于 915 m³/s 时,按需取水,剩余水量主要通过 6 孔泄水闸全部下泄到河道。

(5)当坝址日平均流量大于 915 m³/s 时,泄水闸畅泄。

4.2 龙塘闸坝

龙塘坝位于南渡江下游海口市境内龙塘镇附近,是海口市现状中心城区的主要供水水源点,也是南渡江引水工程取水点之一,以供水、灌溉为主,结合发电等综合利用。龙塘坝正常蓄水位 8.35 m,死水位 3.55 m,总库容 1 640 万 m³,左岸建有龙塘水源厂,设计取水规模为 36 万 m³/d,右岸建有灵山干渠、演丰干渠引水工程,灌溉面积 5.56 万亩。本工程规划新增右岸供水 18 万 m³/d(规划供水至江东、云龙水厂)、新增左岸灌溉面积 3.8 万亩。根据多年运行资料统计,龙塘坝多年平均运行水位 8.18 m,95% 频率的日平均水位 7.65 m。目前,龙塘坝渗漏较为严重,船闸已封堵。

本工程设计在龙塘坝右岸新建龙塘右泵站,提水解决海口市中心城区东部的供水问题;在龙塘坝左岸新建龙塘左泵站,提水解决龙塘片灌溉问题。拟定兴利运行调度方式如下:

（1）当坝址日平均流量小于 22.5 m³/s 时，工程不取水，来多少泄多少，坝前水位维持正常蓄水位。

（2）当坝址日平均流量大于 22.5 m³/s 时，首先保证生态，其次为龙塘水源厂，再次为灵山干渠、演丰干渠，最后为龙塘右泵站、龙塘左泵站取水。

4.3 永庄水库

永庄水库位于中西部城区供水线路末端，正常蓄水位 42.89 m，死水位 32.93 m，其主要作用为通过水库调蓄，充分利用永庄水库天然来水，减少南渡江抽水水量；同时可在中西部输水线路及白莲东干渠出现事故起到调蓄作用。拟定运行调度方式如下：

（1）充分利用永庄水库天然来水，减少南渡江引水量；当天然来水不足时，启用南渡江引水工程补水。

（2）当白莲东干渠出现事故检修时，立即启用南渡江引水工程，向永庄水库补水至正常蓄水位，以满足检修期间用水要求。

（3）当中西城区供水线路出现事故检修时，加大白莲东向永庄水库补水，同时动用永庄水库自身库容，以满足中西城区供水线路检修的要求。

4.4 泵站运行调度

南渡江引水工程共设有 15 座泵站。其中，水源泵站 4 座，分别为东山泵站、龙塘左泵站、龙塘右泵站以及玉凤泵站；其他分配水泵站 11 座。

4.4.1 东山泵站

东山泵站设计流量 13.3 m³/s，设计扬程 49.20 m，设置 7 用 2 备，单机流量为 1.9 m³/s，主要负责中西部主城区、狮子岭工业园、美安科技新城、观澜湖旅游度假区的生活及工业供水，以及永兴片、昌旺片、龙泉片新增灌区的灌溉用水。根据长系列供水过程统计最小流量为 3.3 m³/s、最大流量为 13.6 m³/s、平均流量为 9.0 m³/s。其运行方式为：

（1）中西部主城区、狮子岭工业园在充分利用松涛灌区白莲东干渠及永庄水库天然来水后不足时，才启用东山泵站抽水，抽水流量为 0.3 ~ 7.1 m³/s，平均流量 5.5 m³/s，可按 3 台机组长期运行；当东山泵站供水不足或白莲东干渠检修时，可充分利用永庄水库的调节库容，待用水高峰过后再利用东山—永庄线路进行补库充水。

（2）美安科技新城用水直接利用东山泵站提水，设计流量 2.2 m³/s，为恒定流量，按 1 台机组长期运行，经美安黄竹分水泵站加压至美安水厂后供其用水，不足部分由观澜湖线路补充。

（3）观澜湖旅游度假区用水利用东山泵站提水，设计流量 0.8 m³/s，为恒定流量，按 1 台机组长期运行，在东山—永庄水库线路上设分水口至观澜湖水厂后供旅游度假区用水，多余部分补充至永庄水库及美安科技新城用水。

（4）永兴片新增灌区用水则通过东山泵站提水后，提水流量 0 ~ 0.6 m³/s，设计流量 0.3 m³/s，与昌旺、龙泉片共用 2 台机组，按需水要求间歇运行，在东山—永庄水库线路上设博吕灌溉泵站提水灌溉。

（5）昌旺片、龙泉片新增灌区用水优先使用松涛灌区多余水量，不足部分则通过东山泵站提水，提水流量 0 ~ 2.9 m³/s，设计流量 2.9 m³/s，与永兴片共用 2 台机组，按需水要求间歇运行。中途通过美安黄竹分水泵站加压至黄竹分干渠，在黄竹分干渠上设昌旺、永藏、榜文、坊门、道贡、三角园、悦兴灌溉泵站提水供昌旺、龙泉片。

东山泵站为供水、灌溉公用泵站,采用双管输水,设计流量 13.3 m³/s,当 1 根输水管发生事故时,单管流量按设计流量的 70% 输水为 9.31 m³/s,启用 4~5 台机组运行,优先保证供水,供水有余时才向灌溉供水。

4.4.2　龙塘左泵站

龙塘左泵站设计流量 2.4 m³/s,设计扬程 36.04 m,设置 2 用 1 备,单机流量为 1.2 m³/s,主要负责龙塘片新增灌区的灌溉用水。泵站运行将根据灌区需水过程,间歇运行,当需水小于 1.2 m³/s 时,启用 1 台机组;当需水大于 1.2 m³/s 时,启用 2 台机组。利用龙塘左泵站抽水后直接供龙塘片的 B、C、D、E、F 灌块,再通过龙新灌溉泵站加压供水龙塘片的 A、G、H 灌块。

4.4.3　龙塘右泵站

龙塘右泵站设计流量 3.10 m³/s,设计扬程 42.38 m,设置 2 用 1 备,单机流量为 1.55 m³/s,主要负责东部主城区及云龙产业园用水。泵站运行按 2 台机组长期运行,利用龙塘右泵站抽水至昌德调节池,然后自流至江东、云龙水厂,供东部主城区及云龙产业园。

4.4.4　玉凤泵站

玉凤泵站设计流量 0.38 m³/s,设计扬程 33.58 m,设置 2 用 0 备,单机流量为 0.19 m³/s,主要负责玉凤片新增灌区的灌溉用水。泵站运行将根据灌区需水过程,间歇运行,当需水小于 0.19 m³/s,启用 1 台机组,当需水大于 0.19 m³/s,启用 2 台机组。利用玉凤泵站从玉凤水库抽水后直接供玉凤片的 A、B1 灌块,并通过美城灌溉泵站加压供玉凤片的 B2 灌块。

4.4.5　其他分配水泵站

其他泵站共 11 座,设计流量 9.2 m³/s,其中除美安黄竹分水泵站较大外,其他泵站设计流量均小于 1 m³/s。

美安黄竹分水泵站设计流量 5.1 m³/s,分设供水、灌溉泵组。其中,供水泵组设计流量 2.2 m³/s,设计扬程 56.14 m,设置 2 用 1 备,单机流量为 1.1 m³/s,泵站运行按 2 台机组长期运行,主要负责美安科技新城供水。灌溉泵组设计流量 2.9 m³/s,设计扬程 13.17 m,设置 2 用 1 备,单机流量为 1.45 m³/s,泵站运行将根据灌区需水过程,间歇运行,当需水小于 1.45 m³/s 时启用 1 台机组,当需水大于 1.45 m³/s 时启用 2 台机组,主要向黄竹分干渠补水供昌旺片、龙泉片新增灌区。

其他灌区泵站 10 座,设计流量为 0.13~0.92 m³/s,均设置 2 用 0 备,均根据各自对应灌块需水过程,分块间歇运行。

5　结　语

(1)本文以南渡江引水工程为背景,结合工程的实际情况,构建了南渡江引水工程泵库系统,系统纳入了南渡江引水工程的各个元素,用于引水工程的水资源系统模拟计算。

(2)在上游迈湾水利枢纽建成的条件下,应用南渡江引水工程泵库系统,设定不同的调度规则和参数,进行水资源系统模拟计算,通过成果对比确定了最优的南渡江引水工程库 - 泵群联合调度规则,为工程后期的运行调度提供参考。

参 考 文 献

[1] Zagona,Edith A,Terrance J. Fulp,Richard Shane,Timothy Magee,and H. Morgan Goranflo. RiverWare :A

Generalized Tool for Complex Reservoir Systems Modeling[J]. Journal of the American Water Resources Association,AWRA,2010,37(4):913-929.

[2] Manoj K. Jha,Ashim Das Gupta. Application of Mike Basin for Water Management Strategies in a Watershed [J]. Water International,2003,28(1):27-35.

[3] Fedra K. GIS and simulation models for Water Resources Management:A case study of the Kelantan River , Malaysia[J]. GIS Development,2002(6):39-43.

[4] Nelson E J,Jones N L,et al. A Comprehensive Environment for Watershed Modeling and Hydrologic Analysis [A],Proceedings of International Conference on Water Resources Engineering ,American Society of Civil Engineers[C]. San Antonio,Texas. 1995 Aug,14-18.

[5] Hameed T,Podger G,Mariño M A,et al. Use of the IQQM simulation model for planning and management of a regulated river system. [C]// Integrated water resources management. Selected papers from an International Symposium on Integrated Water Resources Management,University of California,Davis,California,USA,April 2000. 2001.

[6] 张建中,李群. 水资源系统模拟模型及其应用[J]. 水利水电技术,1998(7):39-43.

[7] 赵建世,王忠静,翁文斌. 水资源系统整体模型研究[J]. 中国科学:技术科学,2004,34(A1):60-73.

[8] 游进军. 水资源系统模拟理论与实践[D]. 北京:中国水利水电科学研究院,2005.

[9] 游进军,甘泓,王浩,等. 基于规则的水资源系统模拟[J]. 水利学报,2005,36(9):1043-1049.

[10] 郭旭宁,胡铁松,黄兵,等. 基于模拟-优化模式的供水水库群联合调度规则研究[J]. 水利学报, 2011,42(6):705-712.

[11] 贾程程,张礼兵,熊珊珊,等. 基于系统动力学方法的灌区库塘水资源系统模拟模型研究[J]. 中国农村水利水电,2016(5):72-76.

[12] 游进军,王浩,甘泓. 水资源系统模拟模型研究进展[J]. 水科学进展,2006,17(3):425-429.

[13] 海南省水务厅关于松涛水库分配给海口市水量的意见(琼水资保[2011]357号).

[14] 中水珠江规划勘测设计有限公司. 海南省南渡江迈湾水利枢纽工程项目建议书[R]. 2012.

【作者简介】 薛娇,工程师。E-mail:xj_em@126.com。

基于二维水流数学模型的洪泽湖周边滞洪区分区运用调度方案研究

季益柱[1] 何夕龙[1] 赵潜宜[2] 朱丽丽[1]

(1. 中水淮河规划设计研究有限公司,合肥 230601;

2. 武汉大学水利水电学院,武汉 430072)

摘 要 建立平面二维水流数学模型,采用实测年份洪水进行验证,模型可用于洪泽湖湖区及周边滞洪区洪水演进分析。对迎湖地势低洼、滞洪效果明显、人口及重要设施较少的一区进行启用顺序研究,初步提出洪泽湖周边滞洪区各片区调度运用建议方案。

关键词 二维数学模型;洪泽湖周边滞洪区;分区运用;调度方案

洪泽湖周边滞洪区是淮河流域防洪体系中的重要组成部分。周边滞洪区目前的调度运用仅有原则性说明,实际调度运用存在一定难度,特别是将整个滞洪区当成单一的一次性运用,更加困难。《淮河流域蓄滞洪区建设与管理规划》和《洪泽湖周边滞洪区建设与管理规划》都提出洪泽湖周边滞洪区分区运用。2007 年何孝光等提出了当时工情条件下分区滞洪的设想;2017 年赵一晗等根据洪泽湖周边滞洪区的地形、人口分布特点,提出了分区滞洪的方案。本文在前述研究的基础上,通过建立洪泽湖及周边滞洪区平面二维水流数学模型,对周边滞洪区调度运用方式进行研究,对充分发挥周边滞洪区滞洪作用,实现洪泽湖周边滞洪区合理运用和有效滞洪的目标,为滞洪区周边经济社会发展和区内安全建设提供技术支撑。

1 滞洪区概况

洪泽湖周边滞洪区位于洪泽湖大堤以西,废黄河以南,泗洪县西南高地以东,以及盱眙县的沿湖、沿淮地区。范围为沿湖周边高程 12.5 m 左右蓄洪垦殖工程所筑迎湖堤圈至洪泽湖设计洪水位 16.0 m 高程之间圩区和坡地。滞洪区面积 1 515 km²,至洪泽湖设计洪水位 16 m 时滞洪库容 30.07 亿 m³。

2009 年 11 月,国务院批复的《全国蓄滞洪区建设与管理规划》对全国蓄滞洪区做了调整,规划明确提出"结合开辟冯铁营引河,将潘村洼远期调整为一般堤防保护区,鲍集圩作为洪泽湖周边滞洪圩区的一部分"。

调整后的洪泽湖周边滞洪区共涉及江苏省宿迁、淮安两市的泗洪、泗阳、宿城、盱眙、洪泽、淮阴六个县(区)及省属洪泽湖、三河两个农场,共 53 个乡(镇),总面积 1 629.5 km²。

1.1 现状

洪泽湖周边滞洪区由洪泽湖周边位置分散且数量众多的圩区组成。洪泽湖北岸地势平缓,从湖区缓慢延伸到高地,周边滞洪区沿入湖河道两侧呈带状分布,涉及地区包括泗洪、泗阳、宿城、淮阴,北岸滞洪区面积占总面积的 83%。洪泽湖南岸地势变化较大,从湖区至岗地过渡很短,周边滞洪区沿洪泽湖岸线呈窄条状分布,涉及地区包括盱眙、洪泽及两处农场,南岸滞洪区面积占总面积的17%。

洪泽湖周边滞洪区各片圩区位置相对独立,部分圩区位置上相连,但通过圩堤相隔,内部并不连通。位于迎湖侧的圩区地势低洼、进洪方便,位于岗地的圩区地势较高、进洪难度大。区内人口主要分布在高程15.0 m以上离湖较远圩区及以上坡地,占总人口的88%以上;迎湖圩区地势较低,居住条件差,人口少,约占总人口的12%,集镇及重要设施也较少。

1.2 分区

将洪泽湖周边滞洪区中迎湖地势低洼、集中连片、滞洪效果明显的划为一区,进行优先滞洪;地势较高,区域分散,离湖较远,人口、集镇、重要设施多的划为二区(见表1),视情况滞洪;现状人口密集、重要设施集中、人员撤退转移困难的重要特殊地区划为安全区(见图1)。通过对滞洪区的分区运用,可对滞洪区进洪时进行有效的管控。使滞洪区需要滞蓄洪时,能"分得进、蓄得住、退得出"。

表1　洪泽湖周边滞洪区分区情况

分区	面积（km^2）	人口（万人）	14.5 m滞洪库容（亿m^3）	16.0 m滞洪库容（亿m^3）
一区	279.11	6.8	5.04	9.57
二区	1 350.39	89.5	8.41	23.93
总计	1 629.5	96.3	13.45	33.5

图1　洪泽湖周边滞洪区分区示意图

2　调洪演算

　　洪泽湖周边滞洪区按现有防御洪水方案启用,即当洪泽湖蒋坝水位达到14.5 m且继续上涨时,启用洪泽湖周边滞洪区。根据调洪演算成果,在现状工况(入海水道近期)条件下,遇1954年洪水,洪泽湖周边滞洪区需滞洪4.63亿 m³,遇100年、300年一遇洪水,洪泽湖周边滞洪区需分别滞洪20.36亿 m³、26.37亿 m³,周边滞洪区需全部开启进洪。在规划工况(入海水道二期建成)条件下,遇1954年洪水,蒋坝最高水位14.19 m,周边滞洪区不需启用;遇100年、300年一遇洪水,如果周边滞洪区全部启用,蒋坝最高水位达14.71 m、15.57 m;如果仅一区启用,蒋坝最高水位达14.87 m、15.77 m。在300年一遇洪水条件下蒋坝最高水位均不超过16 m。

　　洪泽湖周边滞洪区一区涉及洪泽农场片、三河农场片、陡湖片、大莲湖片以及溧东片,均为迎湖地势低洼地区,区内进洪快、滞洪效果明显、人口及重要设施较少且集中连片,在蒋坝水位14.5 m时对应库容为5.04亿 m³。调洪演算结果表明:在仅启用一区的条件下,现状工况可满足1954年洪水周边滞洪区进洪要求,规划工况条件下300年一遇洪水蒋坝最高水位不超过16 m。

　　一区分布在洪泽湖周边不同位置,陡湖片、大莲湖片位于沿淮片,溧东片靠近溧河洼地区,洪泽农场片位于湖区北边,三河农场片离蒋坝位置较近,为研究各片启用顺序对湖区洪水位影响,本文通过建立平面二维水流数学模型对洪泽湖湖区及周边滞洪一区进行洪水演进分析。

3　平面二维水流数学模型

3.1　控制方程及求解方法

　　直角坐标系下平面二维数学模型的控制方程由连续方程与运动方程构成,即

$$\frac{\partial z}{\partial t} + \frac{\partial uh}{\partial x} + \frac{\partial vh}{\partial y} = q$$

$$\frac{\partial uh}{\partial t} + \frac{\partial u^2 h}{\partial x} + \frac{\partial uvh}{\partial y} = fhv - gh\frac{\partial z}{\partial x} - \frac{\tau_{bx} - \tau_{sx}}{\rho} + \frac{\partial}{\partial x}\left(\nu_T \frac{\partial uh}{\partial x}\right) + \frac{\partial}{\partial y}\left(\nu_T \frac{\partial uh}{\partial y}\right) + qu_0$$

$$\frac{\partial vh}{\partial t} + \frac{\partial uvh}{\partial x} + \frac{\partial v^2 h}{\partial y} = -fhu - gh\frac{\partial z}{\partial y} - \frac{\tau_{by} - \tau_{sy}}{\rho} + \frac{\partial}{\partial x}\left(\nu_T \frac{\partial vh}{\partial x}\right) + \frac{\partial}{\partial y}\left(\nu_T \frac{\partial vh}{\partial y}\right) + qv_0$$

式中:z、h分别表示水位与水深;u、v分别表示x、y方向的水深平均流速;τ_{sx}、τ_{sy}分别表示x、y方向的风应力;τ_{bx}、τ_{by}分别表示x、y方向的底部切应力;$f = 2\omega\sin\varphi$为科里奥利力系数,其中φ为计算区域的地理纬度,ω为地面自转角速度;ν_T为广义扩散系数,且$\nu_T = 0.011\sqrt{u^2 + v^2}h$;$q$为单位面积的源汇流量;$u_0$、$v_0$分别表示源汇在$x$、$y$方向的流速。

　　定解条件:包括初始条件与边界条件。边界条件为在入流边界上给定水深平均流速沿河宽的分布,在出流边界上给出水位沿河宽的分布;对于岸边界,则采用水流无滑移条件,即取岸边水流流速为零。初始条件由初始时刻的流场条件给定。

　　前述水流运动的控制方程可用如下通用形式表示:

$$\frac{\partial h\varphi}{\partial t} + \frac{\partial uh\varphi}{\partial x} + \frac{\partial vh\varphi}{\partial y} = \frac{\partial}{\partial x}\left(\Gamma \frac{\partial h\varphi}{\partial x}\right) + \frac{\partial}{\partial y}\left(\Gamma \frac{\partial h\varphi}{\partial y}\right) + S$$

式中:φ 为通用变量;Γ 为广义扩散系数;S 为源项。

在区域剖分时以三角形单元为控制体,将待求变量存储于控制体中心;在对控制方程进行离散时采用有限体积法,并采用基于同位网格的 SIMPLE 算法处理运动方程中水深与速度的耦合关系。离散后的代数方程组可统一表示为:

$$A_P\varphi_P = \sum_{j=1}^{3} A_{Ej}\varphi_{Ej} + b_0$$

该方程组由 x 方向的运动方程,y 方向的运动方程和水位修正方程三个方程构成,用 Gauss 迭代法求解该方程组,其迭代步骤如下:

(1)给全场赋以初始的猜测水位。

(2)计算运动方程中诸项的系数,求解运动方程。

(3)计算水位修正方程的系数,求解水位修正值,更新水位和流速;根据单元残余流量和全场残余流量判断是否收敛,如单元残余流量达到全局流量的 0.01%,全场残余流量达到进口流量的 0.5% 即认为迭代收敛。

(4)进行下一时段流动计算。

由于计算区域平面形态较为复杂,为反映不同水位条件下边界位置的变化,采用了动边界技术,即将露出单元的河床高程降至水面以下,并预留薄层水深($h_{min} = 0.005$ m),同时更改单元的糙率(n 取 1010 量级),使得露出单元的水流运动速度为零,水深为 h_{min},水位值由附近未露出点的水位值外插而得到。

3.2 模型建立

3.2.1 计算范围

模型计算范围为淮河干流花园嘴至洪泽湖出口段,包括洪泽湖周边滞洪区。模型的计算范围及边界见图2,模型进口包括淮干来流、池河(女山湖闸)、怀洪新河(双沟)、怀洪新河(下草湾)、新汴河(团结闸)、新濉河(泗洪站)、老濉河(泗洪站)、徐洪河(金锁镇)等 8 个进口,出口包括淮河入江水道、苏北灌溉总渠、淮河入海水道及分淮入沂工程等 4 个出口。

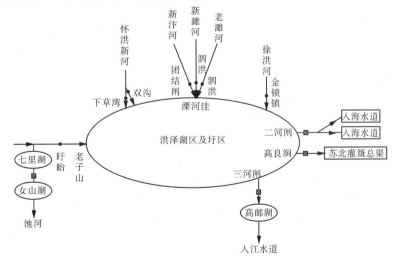

图2　模型计算范围及边界

3.2.2 网格布置

为了合理布置计算网格,在对淮干至洪泽湖出口段水流运动进行计算时,采用 Delaunay 三角化法对计算区域进行剖分,整体网格布置见图 3。

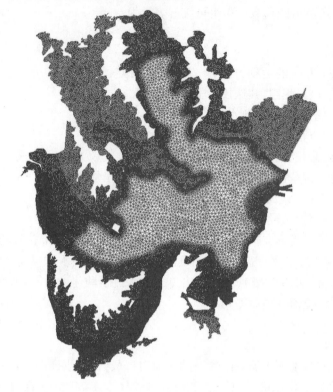

图 3 网格布置图

3.2.2.1 淮干及洪泽湖湖区网格布置

淮干及洪泽湖湖区共布置了 50 977 个网格节点和 97 878 个计算单元,并在淮干部分及进出口附近进行了局部加密,网格间距最大为 800 m,最小为 100 m。

3.2.2.2 滞洪区网格布置

洪泽湖周边滞洪区共布置了 48 138 个网格节点,92 281 个计算单元,网格间距为 200 ~ 300 m。部分保庄圩或安全区范围较小考虑水位库容关系加入模型中。

3.2.2.3 模型验证

选取 2007 年 7 月 1 日至 8 月 31 日实测洪水对数学模型进行验证,典型测站的水位过程对比见图 4,由图 4 可知,各测站水位变化过程基本一致,计算值与实测值较吻合。数学模型能较好地模拟本区域的水流运动特性,模型中相关参数的取值(其中淮河主槽糙率取 0.020 ~ 0.023;滩地取 0.03 ~ 0.04;洪泽湖湖区取 0.020 ~ 0.022;周边滞洪区糙率根据土地利用,参照相关资料选取)是合理的。

4 计算结果分析

4.1 调度方案拟定

一区共涉及陡湖片、大莲湖片、溧东片、洪泽农场片以及三河农场片共 5 片。蒋坝水位

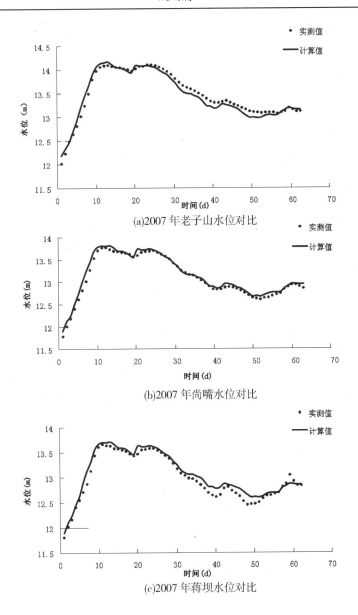

图 4 2007 年典型测站水位对比

达 14.5 m 时各片库容如下:溧东片 1.29 亿 m³,三河农场片 0.73 亿 m³,洪泽农场片 1.53 亿 m³,陡湖片 1.15 亿 m³,大莲湖片 0.34 亿 m³。

在研究一区各片启用顺序时,结合各片库容以及相对位置,初步拟定将溧东和三河农场片同时启用(库容合计为 2.02 亿 m³),陡湖和大莲湖片同时启用(均是沿淮圩区,库容合计为 1.49 亿 m³)。拟定以下启用顺序:

(1)各片同时启用。

(2)按陡湖和大莲湖片、溧东和三河农场片、洪泽农场片顺序,蒋坝水位达 14.5 m 时,这三大片依次间隔 24 h 启用。

(3)按陡湖和大莲湖片、洪泽农场片、溧东和三河农场片顺序,蒋坝水位达 14.5 m 时,这三大片依次间隔 24 h 启用。

（4）按溧东和三河农场片、陡湖和大莲湖片、洪泽农场片顺序，蒋坝水位达 14.5 m 时，这三大片依次间隔 24 h 启用。

（5）按溧东和三河农场片、洪泽农场片、陡湖和大莲湖片顺序，蒋坝水位达 14.5 m 时，这三大片依次间隔 24 h 启用。

（6）按洪泽农场片、溧东和三河农场片、陡湖和大莲湖片顺序，蒋坝水位达 14.5 m 时，这三大片依次间隔 24 h 启用。

（7）按洪泽农场片、陡湖和大莲湖片、溧东和三河农场片顺序，蒋坝水位达 14.5 m 时，这三大片依次间隔 24 h 启用。

4.2　一区调度运用方案计算结果

选取规划工况条件下（入海水道二期工程建成）100 年一遇洪水，采用调度运用模型对各拟定方案进行洪水演进。图 5 为各方案条件下蒋坝水位过程对比图，可以看出，在拟定的不同的启用顺序条件下，各方案计算的蒋坝水位变化趋势基本一致，水位相差不大。蒋坝水位达到 14.5 m 后，方案二至方案七按不同的顺序，依次间隔 24 h 开闸进洪，相较方案一，在开闸进洪的初期，蒋坝水位有所增加，同一时刻水位最大增加幅度约为 0.05 m，大致经过 60 h 后，方案二至方案七与方案一计算的蒋坝水位基本持平，水位差值均在 0.01 m 以内，其中方案二至方案七的洪峰水位比方案一降低 0.01 m。

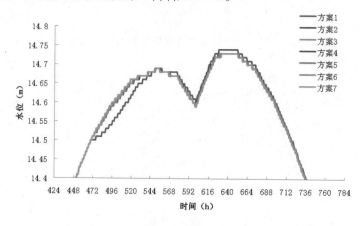

图 5　各方案蒋坝水位过程对比

4.3　调度方案分析

总体看来，在各启用顺序条件下，洪泽湖蒋坝水位过程及峰值变化并不大。各片启用顺序需结合片区位置、实际撤退人口及撤退难度等综合考虑。本次研究建议一区各片区启用顺序采用以下原则：

（1）由于蒋坝水位从 14.5 m 上升至洪峰水位所需时间较长，可适当考虑在蒋坝水位刚达 14.5 m 初期，预留部分一区的圩区库容，待湖区水位上升后再间隔启用。

（2）当洪泽湖蒋坝水位达到 14.5 m 且继续上涨时，先启用撤退人口及撤退难度较小的圩区。

（3）根据各支流来流洪峰时间的不同，在预报支流洪峰将要出现之前，优先启用较近的片区，对附近区域的水位降幅较为明显。

从各片区人口分析，各片区启用前，溧东片需撤退 3.3 万人，陡湖片需撤退 0.24 万人，大莲湖片需撤退0.36万人,三河农场片需撤退0.12万人。从撤退人口以及撤退难度来看,当洪泽湖蒋坝水位将达到14.5 m后,优先启用区内人口最少的洪泽农场片相对合理。洪泽农场片启用后,陆续启用淮干周边的大莲湖以及陡湖片对降低淮干和湖区水位的作用较为明显。在以上三片启用之后,溧东片获得较为充裕的撤退时间,此时可陆续启用溧东片以及三河农场片。

从入流过程线分析,洪泽湖周边主要支流有怀洪新河、池河、新汴河、濉河以及徐洪河等,溧东片离新汴河和濉河最近,在预报新汴河和濉河这两条支流洪峰将要出现之前,优先启用较近的溧东片,对附近区域的水位降幅较为明显。

初步提出洪泽湖周边滞洪区各片区调度运用建议方案如下:

(1)当洪泽湖水位达到14.5 m且继续上涨时,洪泽湖周边滞洪区需破圩滞洪。

(2)现状条件下,遇100年、300年一遇洪水时,洪泽湖周边滞洪区需全部滞洪。

(3)规划条件下(入海水道二期工程建成),如果仅一区启用,在300年一遇洪水条件下蒋坝最高水位不超过16 m,可满足300年一遇洪水标准。在预测来水不超过300年一遇洪水标准条件下,可考虑优先启用迎湖地势低洼、区内进洪快、滞洪效果明显、人口及重要设施较少且集中连片的一区。

(4)由于蒋坝水位从14.5 m上升至洪峰水位所需时间较长,可适当考虑在蒋坝水位刚达14.5 m初期,预留部分一区的圩区库容,待湖区水位上升后再间隔启用,间隔时间可按24 h拟定。

(5)当洪泽湖蒋坝水位达到14.5 m且继续上涨时,可优先启用撤退人口及撤退难度较小的片区,如洪泽农场片、陡湖片和大莲湖片。三河农场片距离蒋坝最近,该片的启用对蒋坝以及三河闸闸上水位的影响相对较快,三河农场片可适时延后启用。

(6)规划条件下(入海水道二期工程建成),如遇超过300年一遇洪水,除及时启用一区滞洪外,二区也应根据实际洪水安排的需要相继启用。

5　结　语

(1)洪泽湖周边滞洪区分区方案满足流域洪水安排要求。将洪泽湖周边滞洪区中迎湖地势低洼、滞洪库容大、集中连片、滞洪效果明显的片区划为一区,进行优先滞洪。洪泽农场片、溧东片、陡湖片、大莲湖片、三河农场片等集中连片圩区地面高程大部分在14.0 m以下,库容大、人口和重要设施少,具备分区条件,在进行防洪排涝工程建设后,可有效滞洪。

(2)建立洪泽湖周边滞洪区调度运用模型,研究周边滞洪区合理的启用、调度方案。通过实测年份洪水验证,模型可用于洪泽湖湖区及周边滞洪区洪水演进分析,研究周边滞洪区各片区的启用顺序,分析各调度方案、启用顺序对洪泽湖水位及周边滞洪区的影响等,确定合理的启用、调度方案。

参 考 文 献

[1] 淮河流域蓄滞洪区建设与管理规划[R].中水淮河规划设计研究有限公司,2010.

[2] 洪泽湖周边滞洪区建设与管理规划[R].江苏省水利勘测设计研究院有限公司,2009.

[3] 何孝光,苏长城,贾健.洪泽湖周边滞洪区分级运用研究[J].江苏水利,2007,(4):38-39.

[4] 赵一晗,陈长奇,宋轩.洪泽湖周边滞洪区分区运用研究[J].人民长江,2017,21(11):15-17.

[5] 全国蓄滞洪区建设与管理规划[R].北京:国务院,2009.

[6] 黄鑫,秦国锐,等.感潮河段平面二维非恒定水流模型深化研究[J].水利水电技术,2015,(4):130-133.

[7] 罗秋实,朱进星,刘士和.河流数值模拟系统的开发与应用[J].武汉大学学报(工学版),2009,42(1):69-72.

[8] 淮河洪水调度方案[R].北京:国家防汛抗旱总指挥部,2016.

[9] 淮河防御洪水方案[R].北京:国务院,2007.

[10] 淮河流域防洪规划[R].蚌埠:水利部淮河水利委员会,2009.

[11] 洪泽湖周边滞洪区建设工程可行性研究报告[R].江苏省水利勘测设计研究院有限公司,2017.

【作者简介】　季益柱,工程师。E-mail:415731037@qq.com。

卫运河历次弯道治理启示

秦何聪

（水利部海委漳卫南运河岳城水库管理局，邯郸 056001）

摘 要 卫运河作为冲积平原上一条蜿蜒型河流经过多年的自然变化和1946年至今的多次弯道治理，河道形态发生了一些变化。每次弯道治理都在其特定的时代背景下进行的，统计分析了不同时期不同条件下的卫运河弯道治理工程。

关键词 蜿蜒型河道；裁弯取直；引河

1 引 言

我国蜿蜒型河流众多，尤其在冲积平原上，蜿蜒型河流是最常见的河流形态，如我国的长江下荆江河段、淮河流域的汝河和颍河下游、黄河流域的渭河下游[1]。蜿蜒型河道的稳定性较弱，滩地易塌，容易危及堤防的安全，弯道过多也导致泄水不畅，洪水下泄困难，易造成洪涝灾害。蜿蜒型河道整治的主要手段就是裁弯[2]，裁弯一般有两种形式：一种是自然裁弯，蜿蜒型河道由于凹岸不断淘刷和凸岸不断淤积，弯曲幅度增大，同一岸相邻两个弯道之间的距离逐渐缩短，水流冲开其间的狭颈逐渐发展成新河道，而老河道则逐渐淤积的过程；一种是人工裁弯，为了航运需求、防洪要求、灌溉需要等，在河湾之间的滩地上开挖引河，并在上弯道同时采取挑溜或堵截等措施，强迫水流循捷径下泄的过程。

卫运河位于漳卫河系中游，是漳卫南运河重要行洪河道，上承漳河、卫河来水，下泄至漳卫新河，通过漳卫新河入海。卫运河上起漳河、卫河汇合口的徐万仓，下至四女寺枢纽，全长157 km。地处河北、山东两省交界处，涉及河北省的馆陶县、临西县、清河县和故城县，山东省的冠县、临清市、夏津县及武城县。卫运河也是一条蜿蜒型河流，河道特点是：上游段和下游段的断面大，中游段断面小，滩地行洪水位高，河流含沙量大，弯道险工多，滩地一般高出堤外地面，属半地上河，设计行洪能力4 000 m³/s。

2 卫运河经历的数次弯道治理

卫运河经历了数次治理，在1945年、1946年、1948年、1958年、1966年、1972年都进行了裁弯处理，2014年的卫运河治理工程中，对12处老河槽进行了封堵。

2.1 20世纪40年代的岁修工程

1945~1948年，卫运河经历了三次裁弯取直[3]过程，裁弯了22处，主要裁弯情况见表1。

20世纪40年代，卫运河裁弯比较频繁，主要是根据南运河上游支流多、水量大、下游槽窄难容的特点，为了加快洪水下泄而进行裁弯。

表 1　卫运河 1945～1948 裁弯统计

时间	地点	故河弯曲半径(m)	故河长(m)	直河长(m)	裁弯比	引河发展情况
1945 年	南馆陶	200、350、560	3 050	250	12.2	
	大第八	230	2 000	100	20.0	已弯曲与河道弯向相同
1946 年	杜里堡	190	2 940	1 200	2.45	与故道弯向相同,河弯下移
	张窑	130	880	450	1.95	
	董庄	120	1 500	30	50.0	
	贾家林	180	1 800	230	7.82	
	辛庄	250	2 160	130	6.6	
1948 年	康庄	250	2 260	450	5.03	与故河道弯曲相同,河湾下移
	滩上	200	1 400	250	5.60	与故河道弯曲相同,河湾下移
	甲马营	130	1 000	280	3.58	
	小街子	220	1 350	650	2.08	
	郑口	220	1 340	100	13.4	直道,下游河湾下移
	八屯	120	1 000	260	3.77	
	达官营	220	600	400	1.50	
	铺上村	200	1 750	220	7.95	与故道弯向相反,河湾下移
	铁窗户	140	720	250	2.88	
	窑厂	190、260	2450	630	3.95	
	河北营	100、140、70	5 150	680	5.32	
	果子口	120、67	3 100	700	4.4	与故河道弯向相反
	万南庄	130、260	2 000	350	5.72	
	朱家圈	230	2 700	720	3.72	河湾下移
	寨庄	200	1 290	500	2.58	

注:1948 年裁弯的达官营是由于 1947 年裁弯不成功,未形成引河而再次开挖。

2.2　20 世纪五六十年代的扩大治理和岁修工程

　　1958 年 1 月 31 日,水利部同意了由卫运河四女寺减河工程办事处编制的《卫运河扩大工程初步设计》,此次治理卫运河的措施主要是扩大河槽、培堤、护险、清理河滩等,原设计裁弯 29 处,引河总长 23.09 km。由于当时卫运河作为通航河道,扩大治理工程需要配合交通部提出的京杭大运河工程计划任务书,由此裁弯新增了 16 处,引河总长增加至 35.4 km。

　　1966 年,实施了包括河北的姜圈、武城、故城三处裁弯和山东的 10 处裁弯引河疏浚工程。此次裁弯按照德州航运局对航道要求统一规划进行的。

2.3　1972 扩大治理和 2014 年治理工程

　　根据《漳卫河中下游治理规划说明》,1972 年的《卫运河扩大工程扩大初步设计》主要治理任务是:为洪水打开出路,结合提高除涝标准,适当改善航运条件,1972 年的弯道治理见表2。

表2　1972年卫运河裁弯统计结果

地点	原险工长度(m)	险工减少长度(m)	险工剩余长度(m)	说明
张窑	680	680	0	
祝官屯	1 200	1 200	0	
石门	620	620	0	故城西南镇
东古城	180	180	0	
北幺庄	500	500	0	
李圈	670	670	0	
宋庄	330	330	0	
车庄	430	430	0	
孙庄	540	540	0	
吕庄	250	250	0	
冀浅	520	520	0	
东徐村	570	570	0	
江庄西	650	650	0	
陈窑	510	510	0	

经历了1972年的弯道治理工程后,卫运河河道总长为现今的157 km,比上次治理缩短了12.2 km。

2014年的卫运河治理工程的主要原因是经过上次治理后的多年运用,河道下游主槽严重淤积,导致河道行洪、排涝能力大幅下降,现状河道行洪和排涝能力均有不同程度的下降:行洪能力小的河段为2 400 m³/s(下降了40%),排涝能力小的河段为450 m³/s(下降了60%),已经严重影响防洪安全,对两岸及下游地区构成极大威胁。在这个背景下,除清淤、堤防加高、涵闸修复等治理措施外,对老河槽的修复也是治理措施之一:卫运河原有老河槽12处,在小流量(700 m³/s)时,河水将漫过滩地进入紧偎堤的老河槽,河水直冲堤防极易出险,所以对老河槽进行封堵是本次弯道治理的措施。

3　不同时期弯道治理的分析

3.1　20世纪40年代的裁弯工程

根据对历史资料的查阅,这个时期卫运河来水丰沛,河道常年有水,但下游泄洪能力不足,这个年代的裁弯工程主要是为了加快洪水下泄。根据表1,裁弯河道长度由原42.44 km缩短为8.83 km,河道长度缩短了33.61 km。裁弯比多数集中在3~7之间,但有四段河道的裁弯比过大:南馆陶裁弯后原河道由3 050 m缩短至250 m,裁弯比为12.2;郑口裁弯后原河道由1 340 m缩短至100 m,裁弯比为13.4;大第八裁弯后原河道由2 000 m缩短至100 m,裁弯比为20.0;董庄裁弯后原河道由1 500 m缩短至30 m,裁弯比甚至达到了50.0。过大的裁弯比改变了河道的原有状态,河湾多数下移,虽然引河的线路变短,但是河流的比降过大,水流冲刷比较剧烈,不仅引河不好控制,下游河流发展也不好掌控,同时下游的防汛压力过大。

1949年华北人民政府水利委员会制止了这种裁弯的做法,主要原因是1946年,漳卫南运河防汛的工作是由解放区人民政府建立的相应管理机构进行管理的,各省、市对河道单独管理,管理单位各自为政,根据自身的需要对管辖范围内的河道进行治理,缺乏对河道上下游防洪的统一调度管理,虽然裁弯加快了洪水下泄,考虑各自管辖的河道、堤防,未考虑过快的洪水下泄对下游的影响负担过重。

3.2　20世纪五六十年代的弯道治理

1958年的扩大治理缘由是1956年卫运河在汛期内发生了大洪水,8月6日称勾湾水文站洪峰流量1980 m^3/s,虽经之前的多次裁弯工程,但是卫运河弯道多,河坡缓,洪水持续时间过长,还是出现了洪水漫堤决口的险情。在历史上卫运河是京杭大运河的一部分,为了航运需要,1958年交通部决定兴建京杭大运河,根据当时的背景,裁弯工程不仅仅以防洪为目的,更是将航运需求作为治理重点。原设计防洪为目的的裁弯是29处,为结合当时京杭大运河的通航要求:弯道半径一般为600 m,特殊河段不低于360 m,引河底宽不小于45 m,由此新增裁弯12处,切滩3处,疏浚原裁弯引河1处。综上,1958年的卫运河扩大治理工程除为了防洪需要,同时也结合了当时京杭大运河的通航要求。1963年洪水过后,这45处裁弯淤老冲新35处,老河道新引河同时过水10处,说明1958年的裁弯还是比较成功的,既满足了通航的需要,也加快了洪水下泄,减少了由于洪灾造成的损失。

1966年的裁弯工程是根据当时德州航运局要求的航运需要,将裁弯与引河疏浚统一规划安排,但是由于1960年京杭大运河的工程已经停止,此时航运需求已经没有那么迫切,这年的裁弯工程主要还是以防洪为目的,同时相对改善航运的条件。这个时期的弯道治理以结合航运为需求的同时,改善卫运河的河道行洪能力,各种治理手段相结合,往多效益方面发展。

3.3　1972年至今的弯道治理

1972年对卫运河实行统一管理的漳卫南运河管理局已经成立,根据此时的治理工程兼顾洪、涝、旱综合治理,解决洪水出路小及灌溉水源不足的原则,裁弯主要是顺直河道,在流势不顺且又是险工处裁弯取直,由于有统一的部门管理,本次治理工程上下游兼顾,防洪兴利效益充分考虑。但是根据卫运河在经历了"96·8"洪水后的资料,一些堤段出现了险情,主要险情段表3。

表3　1996年卫运河出险情况统计结果

险情	处数	发生地点
大堤散漫	3	夏津县三店、燕窝、珠中
大堤坍塌	4	冠县崔庄、临清东桥、市区码头、石佛
堤防坍塌	2	清河县渡口驿东、故城县草寺

根据出险的地点分析,主要集中在卫运河河道中游区域,由于卫运河的河道断面特点是上下游断面大,中游断面小,在中游河段洪水不宜下泄,洪水滞留时间长,导致中游河段容易

出险多,险情急。随着经济社会的发展,水资源使用矛盾日益突出,在水资源综合利用方面对航运用水已经不作安排,1977年以后,卫运河因服务于水利建设而断航,所以之后的河道治理中已不考虑通航的需求。

2014年的卫运河治理工程对老河槽进行封堵,防止在洪水的作用下堤防、涵闸等出现险情。在对老河槽进行封堵的同时对多年来卫运河淤积进行了清理,整治了河流断面。加大了过流能力。2016年的"7·19"洪水,由于上游岳城水库调度科学合理,漳河与卫河洪水错峰通过卫运河,卫运河洪水未上滩,当年没有出现险情。这个阶段的弯道整治更多的是服务于社会效益、经济效益,科学的对易出险险情的部位进行整治,合理的调度上下游洪水,优化利用水资源。

4 结 语

卫运河经历了多次包括弯道治理在内的工程,目前已达到50年一遇的设计行洪能力。但卫运河道中段较上游和下游窄,过流时中段河道比较容易出险,建议今后对弯道进行治理中,上游裁弯比不宜过大,减小因河势变化过大而会对中段河道产生的影响;扩大下游行洪能力,减少洪水滞留时间;弯道治理工程本身是一个系统的工程,最好统筹考虑,在流域、河流的防洪调度统一规划下进行,兼顾上下游、左右岸,在确保防洪的要求下,将水资源优化配置,做到社会、经济、生态效益最大化。

参 考 文 献

[1]李琳琳,余锡平.裁弯对上下游流态影响的三维数学模型研究[J].水利发电学报,2010,(5):183-189.

[2]赵志民,宁夕英.浅议蜿蜒型河道裁弯取直工程[J].河北水利水电技术,2002(2):28-29.

[3]张晓波,包红军.山区型河道"裁弯取直"防洪影响分析[J].水电能源科学,2009(3):42-44.

[4]于洪强,李国海.东辽河河道裁弯取直工程影响分析[J].吉林水利,2014(8):30-32.

[5]李志威,王兆印,徐梦珍,等.弯曲河流颈口裁弯模式与机理[J].清华大学学报,2013(5):618-624.

[6]刘芳芳.洛宁城区段河道综合治理方案设计[J].水利规划与设计,2018(3):136-138.

[7]石玉琛,宋庆武.河道生态治理工程探讨[J].水利技术监督,2013(3):19-21.

[8]逄焕春.新疆玛纳斯河弯道式引水渠首运行经验[J].水利技术监督,2012(4):39-41.

[9]李润清.关于强弯河道水流结构及离散特性分析[J].水利规划与设计,2017(6):93-95.

[10]罗亚伟.裁弯取直工程对河道防洪影响分析[J].水利建设与管理,2011(10):74-79.

[11]许光义,杨进新.浅谈城市河道治理工程设计[J].水利规划与设计,2017(9):7-10.

【作者简介】 秦何聪(1987—),女,工程师。E-mail:3780954522@qq.com。

河道拓浚对邻近高铁安全影响分析

赵津磊　朱庆华　吕大为　王铁力

(江苏省水利勘测设计研究院有限公司,扬州　225127)

摘　要　以新沟河延伸拓浚工程为背景,结合有限元弹塑性分析与全自动现场监测方法,研究了河道拓浚对邻近高铁变形的影响。研究结果表明:河道拓浚过程中,河道土体会因开挖卸荷发生隆起变形,高铁桥梁会发生偏向河道侧的变形,且最大变形发生在桩基顶部,桩基底部变形量较小。在新沟河延伸拓浚工程实例中,因河道西岸侧土体开挖量大于东侧,故西侧高铁桥梁的变形要大于东侧。在今后类似施工中应注意保持两侧土体开挖量的平衡,避免因单侧开挖量大而造成影响较大的情况。

关键词　拓浚;水利工程;高铁;三维有限元

1　引　言

随着国家基础建设的蓬勃发展,基础设施分布愈来愈密集,一些工程不可避免地需在高铁或高速公路地基附近开展[1,2]。在新沟河延伸拓浚工程中,河道与高铁交叉位置因过流断面不够而需要疏浚。在高铁桩基附近进行大面积开挖,必然会对邻近高铁桩基造成一定影响。高速铁路轨道对变形要求严格,因此有必要研究河道拓浚对邻近高铁桩基变形的影响及控制措施。

分析施工对邻近高铁影响的问题较为复杂,目前学者多采用有限元方法分析此类问题。冯印等利用有限元软件 ABAQUS 分析了新开河道与高铁并行时,河道施工对高铁的影响及防护措施[3]。郭星宇等利用有限元软件 PLAXIS 建立平面应变有限元分析模型,分析了无支护措施下河道开挖对周边建筑物的影响[4]。李晓龙等利用 PLAXIS3D 建立了三维有限元模型,研究了基坑开挖对邻近高铁的影响[5]。杜金龙等利用平面弹塑性有限元程序对基坑开挖下邻近桩侧向变形的加固控制进行了研究[6]。

本文以新沟河延伸拓浚工程为背景,运用三维有限元方法结合现场监测,研究河道拓浚对邻近高铁的影响及防护措施。以期为今后类似工程提供参考。

2　工程概况

2.1　工程简介

新沟河延伸拓浚工程属《太湖流域防洪规划》洪水北排长江工程,工程目的是改善太湖水环境,提高流域防洪除涝能力。工程在三山港位置和东支漕河位置与京沪高铁存在两次交叉。交叉位置均存在过流断面不足需进行开挖拓浚的问题。其中,三山港位置河道与高铁于范家村附近交叉,夹角近85°。交叉处河道断面如图 1 所示。交叉处河道两侧分别为173#和174#墩,桥梁结构具体情况如表 1 所示。

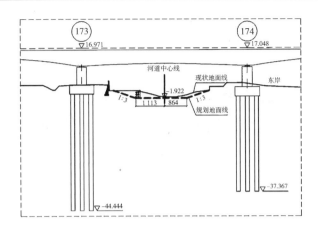

图 1　交叉位置立面图　（单位：高程,m;尺寸,cm）

表 1　桥墩及桩基础基本情况表

墩号	墩高(m)	桩基		桩基形式
		桩基布置	桩长(m)	
173#	6.5	11－ϕ1.50 m	44.0	钻孔灌注桩
174#	7.5	11－ϕ1.50 m	36.0	钻孔灌注桩

2.2　防护方案

为降低河道开挖施工对两侧桥墩及桩基础的影响,在岸边桥墩南北两侧各 25 m 内,设置钻孔灌注桩进行防护。由于从立面图来看,主要开挖区域靠近西岸,最大开挖深度为 2.88 m,而近东岸侧开挖量较小,因此西岸侧采用双排桩防护,双排桩间距 2.4 m,东岸侧采用单排桩防护。灌注桩桩径 1.0 m,桩长 20 m,桩间距 1.2 m。灌注排桩平面布置图如图 2 所示。

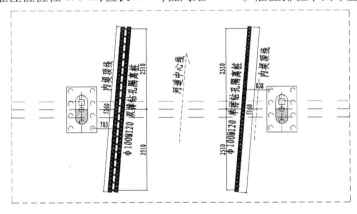

图 2　灌注排桩平面布置图　（单位:cm）

3　数值分析模型及参数

3.1　有限元分析模型

计算模型土层总厚度(Z向)取 60 m,长度(Y向)取 400 m,宽度(X向)取 400 m,如图 3

所示。单元总数 79 416,节点总数 64 950。灌注排桩根据等刚度原则简化为连续墙体。

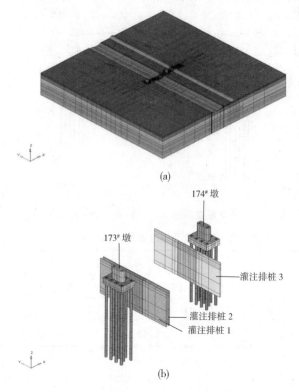

图 3　模型网格

3.2　模型参数

土体单元采用 Mohr – Coulomb 线弹性 – 理想塑性模型。各层土体的物理力学性质参考岩土工程勘察报告,具体参数如表 2 所示。高铁桥墩、承台、桩体以及灌注桩等混凝土结构采用线弹性模型,弹性模型取为 30 GPa,泊松比取为 0.2。土体与混凝土结构间的接

表 2　土层计算参数

土层类型	压缩模量 0.1 ~ 0.2(MPa)	黏聚力 c	摩擦角 φ
(1)素填土	5.5	10	15
(2)1 粉质黏土	6.91	7.62	6.74
(2)淤泥质粉质黏土	3.3	10.5	6.7
(3)3 – 1 粉质黏土	6.1	22.11	10.36
(3)3 粉质黏土	10.49	40.07	14.82

触特性采用法向硬接触、切向摩擦接触的罚摩擦接触模拟。

4　计算结果分析

依据实际施工过程对河道拓浚过程进行了数值模拟,整体模型位移结果如图 4 所示。由于河道开挖卸载,河道区域土体发生隆起变形,而且因西岸侧的开挖深度要大于东岸侧,

所以河床土体在西岸侧的隆起变形要大于东岸侧。具体竖向隆起高度为:近西岸侧最大为1.50 mm,河床中央最大为0.70 mm,近东侧最大为0.73 mm。

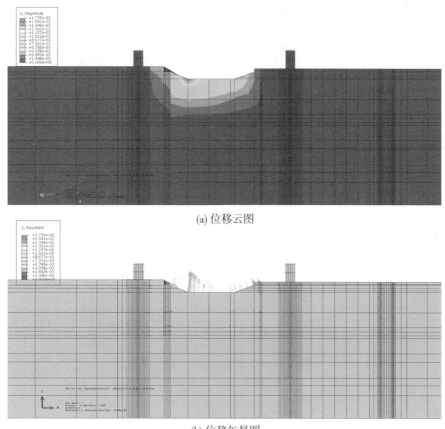

(a) 位移云图

(b) 位移矢量图

图 4　整体模型位移结果

桥梁及灌注排桩结构的变形计算结果如图 5 所示。由于受河道内开挖卸荷的影响,河道两侧的桥梁及灌注排桩结构均发生偏向河道内侧的变形,在计算模型中为 X 向变形。而其他方向的变形量较小,小于 0.1 mm。

4.1　墩顶变形

西岸侧 173# 墩顶 X 向最大位移约为 1 mm,东岸侧 174# 墩顶 X 向最大位移约为 -0.7 mm。从变形量数值上可以看出,在灌注排桩防护下,墩顶变形量较小,基本可满足高铁安全运行的要求。

4.2　桩基变形

图 6 和图 7 为桩基 X 向位移沿高程分布的情况。河道两侧桩基均发生了偏向河道的变形,变形主要发生在高程 -20 m 以上,最大位移发生在桩基顶端,西岸侧桩基顶端最大变形量为 1 mm,东岸侧桩基顶端最大变形量为 -0.6 mm。靠近河道侧的桩基变形量要稍大于远离河道侧的桩基。

4.3　灌注排桩变形

图 8 和图 9 为桩基 X 向位移沿高程分布的情况。与桩基变形类似,河道两侧灌注排桩

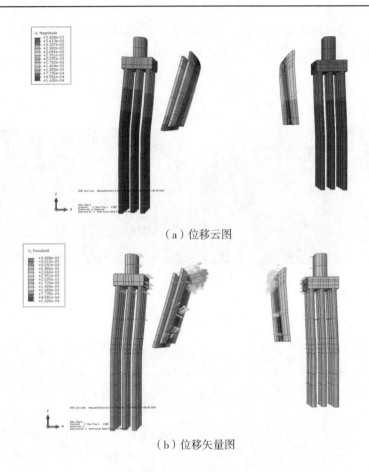

（a）位移云图

（b）位移矢量图

图5　桥梁及灌注排桩位移结果

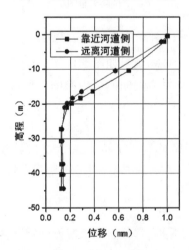

图6　173#桩基础 X 向位移沿高程分布图

亦发生偏向河道的变形,变形量从排桩底部到顶部逐渐增大。西岸侧双排桩顶部最大偏移量为 3.6 mm,东岸侧单排桩顶部最大偏移量为 −1.5 mm。可以看出,由于靠西岸侧河道的开挖深度大于靠东岸侧,西岸侧防护排桩变形量要明显大于东岸侧。

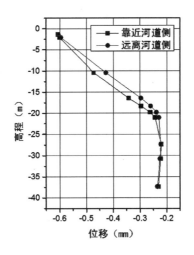

图7　174#桩基础 X 向位移沿高程分布图

从以上数值计算结果来看,在灌注排桩防护下,河道疏浚对两侧桥梁结构的影响较小,变形量基本可满足高铁变形要求的控制标准。

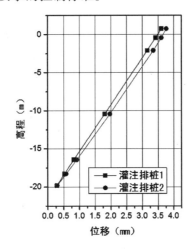

图8　河道西岸双排桩 X 向位移沿高程分布图

5　现场监测

为确保高铁运行的安全,在河道疏浚施工期间,对高铁的变形进行了实时监测。监测采用全自动监测系统,主要包括测量机器人、测站、控制计算机房、基准点和变形点。监测频率根据施工阶段对高铁的影响程度进行划分。防护灌注桩施工期间监测频率为 1 次/2 h,清淤期间为 1 次/6 h,监测时间持续到施工结束后 4 周左右。

监测结果显示,173#桥墩施工期间最大竖向沉降为 0.3 mm、最大横桥向水平位移为 0.2 mm、最大顺桥向水平位移为 0.4 m。174#桥墩施工期间最大竖向沉降为 0.2 mm、最大横桥向水平位移为 0.2 mm、最大顺桥向水平位移为 0.2 m。两桥墩各方向的变形量均小于 1 mm,未达到预警值。数值计算的变形量值与监测结果基本一致。

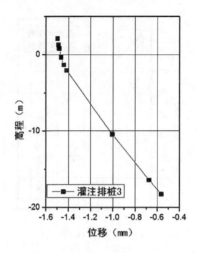

图9　河道西岸双排桩 X 向位移沿高程分布图

6　结　语

　　根据有限元分析及现场监测结果可以得出以下结论:河道拓浚过程中,河道内土体开挖卸荷将导致河道底部土体发生隆起变形;河道两侧桥梁结构在拓浚过程中发生偏向河道的变形;桩基础的最大变形发生在桩基顶部,而桩基底部变形不明显。在本工程中,由于河道主要清淤量发生在近西岸侧,因此西岸的桥梁结构变形量要大于东岸侧。作者建议,今后在类似工程中应依据桥梁结构偏向开挖一侧变形的特点,制订相应的防护措施,并在施工过程中对桥梁结构的变形进行实时监测,以确保高铁运行安全。

参 考 文 献

[1] 孙钰.供水管道斜穿铁路框构桥顶进施工中的状态控制[J].水利规划与设计,2016(3):65-67.
[2] 佚名.南水北调(北京段)工程[J].水利规划与设计,2013(3).
[3] 冯印.新开河道并行沪宁城际高铁安全影响分析[J].铁道工程学报,2014,31(8):37-43.
[4] 郭星宇.河道开挖对周边建筑物影响数值分析[J].中国西部科技,2014(4):58-59.
[5] 李晓龙.基坑开挖对邻近高铁桥墩的影响分析[J].现代城市轨道交通,2016(2):42-45.
[6] 杜金龙,杨敏.邻近基坑桩基侧向变形加固控制分析[J].结构工程师,2008,24(5):93-99.

【作者简介】　赵津磊(1988—),工程师。E-mail:hhuzhjl@163.com。

建立水文学模型对洪泽湖周边滞洪区
洪水演进模拟计算

周 杨[1] 陶碧涵[2]

(1.江苏省水利勘测设计研究院有限公司,扬州 225127;
2.常熟市水利局,苏州 215500)

摘 要 洪泽湖在淮河中起着"承上启下"的作用,具有重要的防洪地位。本文基于水量平衡方程,利用 VB 软件编程,运用水文学方法建立洪泽湖周边滞洪区洪水演进模型,根据已知的库容曲线、入库洪水过程线及泄洪建筑物的泄流能力曲线等资料,按确定的防洪调度规则,求出洪泽湖蒋坝水位和高良涧闸、二河闸以及三河闸的下泄流量的变化过程线。

关键词 洪泽湖;水文学方法;洪水演进

1 引 言

洪泽湖周边滞洪区是一个复杂的大型非恒定水流系统,河湖连通关系复杂。以洪泽湖为中心,有多条河流入湖,又有多个出湖口门,分、滞、蓄、泄定量过程中存在诸多困难,水流流向不定,水位流量关系受水工建筑物控制和洪水涨落影响,蓄滞洪区洪水吐纳等方面的问题均给该地区洪水演进研究带来难题。本文运用水文学方法建立洪水数学模型,将河道、湖泊和滞洪区合并假想为一个大型水库,根据已知的水库库容曲线、入库洪水过程线及泄洪建筑物的泄流能力曲线等基本资料,得出库水位和下泄流量的变化过程线。

2 水文学模型原理

首先,由于圣维南方程组很难求得精确解析解,水库调洪演算法简化方程组,忽略洪水入库至泄洪建筑物间的行进时间等因素,仅考虑坝前水位水平面以下的库容对洪水进行调节作用,得到水量平衡方程[1-7]:

$$\overline{Q}\Delta t - \overline{q}\Delta t = \frac{1}{2}(Q_1 + Q_2)\Delta t - \frac{1}{2}(q_1 + q_2)\Delta t = V_2 - V_1 \tag{1}$$

式中:Q_1、Q_2 分别为初、末计算时段的入库流量;$\overline{Q}$ 为计算时段的平均入库流量;q_1、q_2 分别为初、末计算时段的下泄流量;$\overline{q}$ 为计算时段的平均下泄流量;V_1、V_2 分别为初、末计算时段水库的蓄水量;Δt 为计算时段长度,根据洪水涨落过程变化幅度以及计算精度要求而定。

当水库入库洪水过程线已知,即 Q_1、Q_2、$\overline{Q}$ 均为已知,而 V_1、q_1 又是计算时段 Δt 开始时的初始条件,故式(1)中的未知数有两个,即 V_2 和 q_2,须增加一个方程才能求解。

假定忽略自水库取水的兴利部门泄向下游的流量,则下泄流量 q 是关于泄洪建筑物泄

基金项目: 国家"十二五"科技支撑计划课题(2015BAB07B00)资助。

流水头 H 的函数。因此,对于某一水库,在泄洪建筑物的形式、尺寸等条件一定的情况下,其泄流方程为

$$q = f(H) \tag{2}$$

又由于 H 与库水位 z 有关,而 z 又与库容 V 成函数关系,故 q 实际上为 V 的单值函数。因此,可将式(2)转换为

$$q = f(V) \tag{3}$$

在实际工作中,为方便调洪计算,可将式(3)绘制成泄流能力曲线 q—V。

水库调洪计算的基本原理,就是逐时段联解式(1)、式(3)两式,得出未知数 V_2 与 q_2。

3　洪泽湖周边滞洪区洪水演进模拟计算

本文主要建立水文学模型计算洪泽湖周边滞洪区在现状工况、100 年一遇洪水条件下洪水演进过程,从洪泽湖蒋坝水位过程、下泄流量变化过程两个方面进行分析计算,见图1。

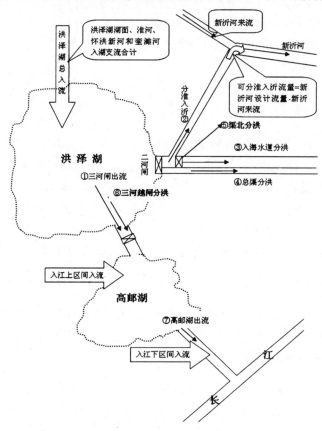

图1　洪泽湖洪水演进模拟示意图

模型采用洪泽湖100 年一遇入湖流量过程线作为模型上边界条件,见图2;三河闸、二河闸、高良涧闸的下泄水位流量关系作为模型下边界条件,见表1 ~ 表3。模型遵循洪泽湖防洪调度规则,在蒋坝水位达到14.5 m 时,洪泽湖周边滞洪区启用滞洪(水文学模型中库容曲线为已知条件,达到滞洪水位时,库容骤增,模拟滞洪区启用效果,见表4)。计算时间为7 月2 日到8 月30 日。

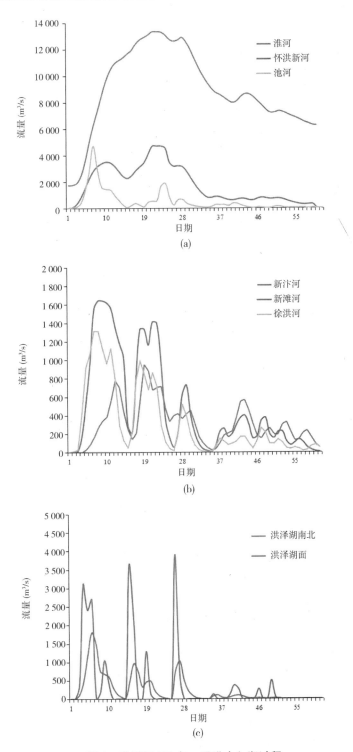

图 2　洪泽湖 100 年一遇洪水入湖过程

表1　三河闸下泄水位流量关系

水位(m)	12.5	13	13.5	14	14.5	15	15.3	15.5	16	20
流量(m³/s)	4 800	5 900	7 150	8 600	10 050	11 600	12 000	12 000	12 000	12 000

表2　二河闸下泄水位流量关系

水位(m)	12.5	13	13.5	14	14.5	15	15.3	15.5	16	17
流量(m³/s)	0	0	0	2 000	2 060	2 270	2 270	2 270	2 270	2 270

表3　高良涧闸下泄水位流量关系

水位(m)	12.5	13	13.5	20
流量(m³/s)	800	800	1 000	1 000

表4　洪泽湖及周边滞洪区库容曲线

水位(m)	12.5	13	13.5	14	14.5	14.7	15	15.2	15.5	15.71	16
库容(亿 m³)	32.43	39.71	48.2	56.45	87.08	92.548	100.75	106.934	116.21	124.139	134.23

3.1　洪泽湖蒋坝水位变化过程

洪泽湖蒋坝水位站靠近洪泽湖主要出湖口门三河闸,通常用蒋坝水位来描述洪泽湖水位,图3为洪泽湖100年一遇洪水条件下蒋坝水位过程,以下所得数据均为日平均水位。

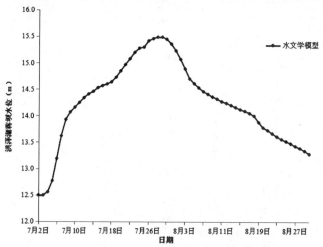

图3　洪泽湖100年一遇洪水入湖过程图

3.2　洪泽湖下泄流量变化过程

洪泽湖主要下泄控制口门有二河闸、高良涧闸以及三河闸,其100年一遇现状工况洪泽湖下泄流量过程见图4,数据结果均采用日平均流量。

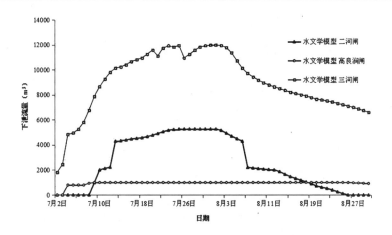

图4　洪泽湖100年一遇洪水入湖过程

4　结　语

通过水文学模型的计算,洪泽湖周边滞洪区将在7月29日达到最高水位15.49 m,洪泽湖下泄总量为658.3 m^3。通过建立水文学模型,可以很好地求出洪泽湖周边滞洪区出湖水位计下泄流量的变化过程线,对洪泽湖的调度运用方法,对入海水道、入江水道的调度运用方式和工程规模的确定起至关重要的决定作用。

参 考 文 献

[1] Adhémar Jean Claude Barré de Saint Venant. Theorie du mouvement non permanent des eaux,avec application aux crues des rivieres et a l'introduction de marees dans leurs lits[J]. Comptes rendus des séances de l'Academie des Sciences,1871.

[2] Dooge J. C. I. Liner theory of hydrologic systems[M]. Washington D. C：USDA,1973.

[3] Cunge J. A. On the Subject of A Flood Propagation Computation Method (Muskingum Method)[J]. Journal of Hydraulic Research,1969,7(2)：205-230.

[4] 王秋梅,付强,徐淑琴,等.水库调洪计算方法的发展[J].农机化研究,2006(6):56-57,67.

[5] 顾圣平.水资源规划及利用[M].北京:中国水利水电出版社,2009.

[6] 谢作涛,张小峰,谈广鸣,等.一维洪水演进数学模型研究及应用[J].武汉大学学报(工学版),2005(1):69-72,99.

[7] 王船海,李光炽.行蓄洪区型流域洪水模拟[J].成都科技大学学报,1995(2):6-14.

【作者简介】　周杨(1989—),男,工程师,主要从事水利规划与管理工作。E-mail：harryzyss@ vip. qq. com。

广西防洪控制性工程落久水利枢纽工程
2018 年主坝施工区度汛设计与实践

莫燕飞　　李震翔

（广西柳州市水利电力勘测设计研究院,柳州　545005）

摘　要　本文详细介绍了广西防洪控制性工程落久水利枢纽工程主坝施工区 2018 年的度汛设计思路和实践情况,以及提出的相关改进措施和建议。

关键词　超标洪水;自溃围堰;消能防冲;度汛

1　工程简介

落久水利枢纽工程位于广西壮族自治区柳州市融水苗族自治县境内的柳江流域融江支流贝江下游,是贝江干流规划七级开发方案中的第六个梯级,距上游四荣镇约 15 km,距下游融水县城约 13 km,距下游柳州市约 121 km。工程建设任务为以防洪为主,兼顾灌溉、供水、发电和航运等综合利用的大（二）型水利枢纽工程。

落久水利枢纽工程正常蓄水位 153.5 m,死水位 142 m,汛期限制水位 142 m,校核洪水位（$P=0.1\%$）161.13 m,设计洪水位（$P=1\%$）161.00 m,防洪高水位 161.00 m,死库容为 0.93 亿 m^3,防洪库容为 2.5 m^3,调节库容 1.14 亿 m^3,总库容 3.46 亿 m^3。

工程由拦河主坝和榄口副坝组成。主坝位于融水县城北东约 8.0 km 的贝江河上,布置有挡水、泄水、发电、过鱼等建筑物;榄口副坝坝址位于库区中下游右岸榄口以南的沟谷地带,直线距离坝址约 5.6 km,距融水县城约 8.0 km,榄口副坝布置有挡水建筑物、灌溉及供水取水建筑物、灌溉抽水泵站等。

主坝为碾压混凝土重力坝,坝轴线垂直河床布置,坝轴线全长 317.90 m,坝顶高程 161.80 m,坝顶宽 7.5 m,上游侧设防浪墙,墙顶高程 162.90 m。主坝自左岸向右岸分为左、右岸挡水坝段,中部溢流坝段,共设 14 个坝块,其中左岸挡水坝段（①~④坝块）长 80.9 m、右岸挡水坝段（⑧~⑭坝块）长 158.0 m、中部溢流坝段（⑤~⑦坝块）长 79.0 m。

2　度汛设计

2.1　施工导流的时段和标准

根据施工组织设计,施工时段为 9 月 1 日至 4 月 30 日,洪水标准为 10 年一遇,相应洪峰流量为 1 270 m^3/s。主坝施工区的导流采用土石围堰一次截断河床、左岸隧洞导流的方式。导流隧洞进口底板高程为 114 m,出口高程为 111.5 m,总长约 630 m,为城门洞形,洞径 6.5 m×9 m。上游围堰采用土石围堰,堰顶高程为 132.21 m,最大堰高约为 25 m,堰顶宽 7.5 m。下游围堰采用土石围堰,堰顶高程为 114.80 m,最大堰高约 7 m,堰顶宽 7.0 m。河床底高程约 109.0 m。

2.2 度汛标准

根据工程进度安排,2018年4月30日前主坝全坝段浇筑至123.00 m高程。据此确定的度汛方式、坝型及坝体挡水高度,初步拟定坝体临时度汛洪水标准为全年20年一遇,洪峰流量5 670 m³/s。按全坝段高程127.00 m坝面过流与导流洞联合泄流的方式,经调洪计算,相应的坝上游最高洪水位为133.74 m,坝前拦洪库容为0.48亿m³,以及《水利水电工程施工组织设计规范》(SL 303—2004)的规定:当坝前拦洪库容1.0亿~0.1亿m³时,坝体汛期施工临时度汛洪水标准为50~20年(混凝土坝),故确定本工程主坝2018年坝体临时度汛洪水标准为全年20年一遇。相应最大下泄流量为5 151 m³/s(其中,坝体下泄4 492 m³/s,导流洞下泄659 m³/s),相应的坝上游洪水位为133.74 m,坝下游洪水位为123.94 m。

2.3 度汛方案设计

2.3.1 上游围堰溃坝水力计算

假设围堰产生瞬时全溃时,计算采用里特尔公式:

$$Q_M = \frac{7}{28}\sqrt{g}BH_0^{3/2} \tag{1}$$

式中:B为溃坝前水面宽度或坝顶宽度;H_0为溃坝前上游水深;Q_M为最大溃坝流量。

假定上游水深与围堰同高,围堰在不同高程发生瞬时全溃时计算成果如表1所示。

表1 围堰溃坝计算成果(瞬时全溃)

堰顶高程(m)	围堰顶长(m)	上游水深(m)	溃坝流量(m³/s)	相应水位(m)
132.21	196.34	23.21	20 374.28	119.32
130.00	191.71	21	17 121.21	118.33
128.00	187.27	19	14 393.27	117.44
125.00	180.62	16	10 727.70	116.11
123.00	173.35	14	8 427.07	115.22

由计算结果可以看出,围堰发生瞬时全溃时,围堰高程越小,溃坝流量越小,对下游影响也越小。

2.3.2 消能防冲及冲刷深度计算

(1)收缩水深h_c的计算式。

$$E_0 = h_c + \frac{q^2}{2g^2h_c^2} \tag{2}$$

式中:E_0为泄水建筑物上游的总能头;q为收缩断面处的单宽流量;g为重力加速度。

(2)跃后水深h_c''的计算式。

$$h_c'' = \frac{h_c}{2}(\sqrt{1+8Fr_c^2}-1) \tag{3}$$

式中:h_c为收缩断面水深;Fr_c为收缩断面弗劳德数,$Fr_c = \frac{q}{h_c\sqrt{gh_c}}$。

(3)消力池深的计算。

$$\sigma h''_c = h_t + S + \Delta z \tag{4}$$

式中：σ 为安全系数，可取 $\sigma = 1.05 \sim 1.10$；Δz 为消力池出水口水面落差。

$$\Delta z = \frac{Q^2}{2gb^2}\left(\frac{1}{\varphi'^2 h_t^2} - \frac{1}{\sigma^2 h''^2_c}\right) \tag{5}$$

其中：b 为消力池宽度；φ' 为水流自消力池出流的流速系数，一般取 $\varphi' = 0.95$。

（4）冲坑深度计算

$$t = Kq^{0.5}Z^{0.25} - h_t \tag{6}$$

式中：t 为冲刷坑深度；q 为单宽流量；Z 为上下游水位差；h_t 为下游水深；K 为抗冲系数，主要与河床地质条件有关。

计算结果如表 2 所示。

表 2　主坝全断面 123 m 高程过水消能及冲坑计算

水位（m）	堰顶高程（m）	溢流缺口（m³/s）、B=175 m	最大冲坑深度岸坡高程（m）	下游水位（m）	单宽流量流量（m³/s）	E_0（m）	h_c（m）	E'_0（m）	Fr_c	h''_c（m）	下游水深 h_t（m）	消力池深度 S_0（m）	最大冲坑深度（m）
124	123	243	113	112.3	1.4	11.1	0.96	1.1	0.5	0.3	0	0.3	3.86
125	123	687	114	113.9	3.9	11.2	1.25	1.9	0.9	1.1	0	1.1	6.50
126	123	1 263	116	115.8	7.2	10.3	1.85	2.9	0.9	1.6	0	1.7	8.60
127	123	1 944	118	117.8	11.1	9.4	2.29	4.0	1.0	2.4	0	2.5	10.39
128	123	2 717	120	119.9	15.5	8.5	2.80	5.0	1.1	3.0	0	3.2	11.93
129	123	3 572	122	121.9	20.4	7.6	3.31	6.0	1.1	3.7	0	3.9	13.23
130	123	4 501	124	124.0	25.7	6.7	3.82	7.0	1.1	4.3	0	4.6	14.29
131	123	5 499	126	125.9	31.4	5.8	5.82	7.9	0.7	3.7	0	3.8	15.09
132	123	6 562	128	128.0	37.5	4.9	7.815 6	9.4	0.5	3.3	0	3.5	15.59
133.74	123	8 554	130	129.9	48.9	4.8	5.34	11.2	1.3	7.2	0	7.6	17.62

由计算结果得出，河床位置因基础较好，且有水垫消能，无冲坑出现。岸坡段在水位由 124.00 m 至 133.74 m 变化过程中，冲坑深度成比例变大，最大冲坑深度均出现于下游水位最高点位置左右，即无水垫消能的时候形成冲坑最深。20 年一遇洪水位 133.74 m 时冲坑深度位于岸坡 130 m 高程处，冲坑深度为 17.62 m。

由于施工期的延后，为抢施工进度，过早的拆除围堰不利于施工，且围堰拆除工程量较大，估算围堰拆除至 123.0 m 高程时，拆除方量约 5.0 万 m²。因此，落久主坝施工区度汛设计除考虑安全度汛外，还需要考虑最大限度利用第一次过洪水前的时间进行施工，并且需要对主坝下游侧岸坡进行适当的防护。根据以上原则，提出的主坝施工区 2018 年度汛方案如下：

（1）建立洪水预警测报系统。由于篇幅所限，相关预警系统的建立不再详述。根据相关资料的计算分析，2017 ~ 2018 年落久水利枢纽工程度汛警戒水位设为 121 m。

（2）主坝施工区度汛设计的思路为大坝上游采用自溃围堰，并利用基坑充水进行消能，

两岸边坡一定范围内进行防冲防护。具体设计为上游围堰整体由 132.21 m 开挖至 128.00 m
高程,中部开挖一宽 10.0 m、深 2.0 m,两侧边坡为 1:1 缺口,下游围堰中部开挖宽 5.0 m,深度
为根据下游当时水位以下缺口,主坝下游近坝体的两岸边坡采用钢筋石笼防护至 123.0 m
高程。主坝施工区的度汛设计简图如图 1 所示。

度汛时,先利用下游围堰缺口对大坝下游消力池基坑充水,以形成消能水垫,上游围堰
缺口经洪水冲刷,形成自溃形态,缺口逐渐向两侧和底部扩大、加深,并利用上游围堰与大坝
之间开挖基坑充水形成水垫消能。可以预见到,如果该方案能够顺利实施,自溃围堰不会产
生瞬时溃坝的情况,其自溃缺口经洪水冲刷后逐渐形成高度不低于大坝碾压高程的围堰,大
坝和围堰之间的开挖基坑将会被填平,最终水流会经过残留的的围堰下部和填平的开挖基
坑以及大坝混凝土表面下泄至下游消力池基坑。

3 度汛实践

2018 年落久水利枢纽工程主坝施工区第一次过洪度汛情况记录如下:

2018 年 6 月 21 日 11:00,本年度第一次发布水情预报,预报最大流量为 1 107 m³/s,洪
峰出现在 21 日 16 时,堰前最高水位 128.83 m,出现时间为 22 日 0 时。上游围堰开挖缺口
底宽 15 m,按照 1:1 边坡开挖,底高程 128.00 m,位于主坝中部,下游暂不开挖。22 日
17:38,上游围堰缺口过水,围堰至主坝上游面基坑开始充水,围堰缺口随着时间推移,缺口
不断扩大。下游围堰(114.8 m)因为时间太短,来不及开挖缺口,基坑不能充水;18:25,主
坝 123 m 高程段(5#、6#、7#、8#、9#共 105 m)开始过水,消力池及厂房基坑进水;18:45,下游
围堰过水。

4 结论和建议

2018 年度落久水利枢纽工程主坝施工区的度汛设计与实践是一次难得的理论与实际
相结合的典型案例,也相当于给我们做了一次大型的水力模型的试验,给了我们很多启示。
可以看出,本次过洪实践情况与度汛设计的情况基本一致,其发生、发展的机制可以预见,风
险总体可控,是一次比较成功的度汛设计方案,但也存在一些不足。

(1)充分利用了第一次过洪前的施工时间,加快了施工进度。广西壮族自治区的汛期
一般为 4~9 月,实际上 2018 年度落久主坝施工区第一次过洪时间为 6 月 22 日,主坝两侧
非溢流坝段抢在过洪前施工至 128.00 m 高程,抢回了一些施工滞后的进度。

(2)围堰采用自溃围堰,并利用主坝与上游围堰之间、主坝与下游围堰之间形成的基坑
充水消能,围堰不会出现瞬时全溃的情况。下游防护压力不大,仅主坝下游侧近坝侧对边坡
进行了防护。施工工作量不大,大大节约了围堰开挖及边坡防护的工程量,节约了工程资
金。(3)洪水预警测报系统建立后,进行了多次预警测报,精度大致与实际相符,但仍有改
进的余地。主坝与下游侧边坡接触的地方虽然进行了防护,但是由于洪水冲刷强度估计不
足,左岸与坝脚接触带的钢筋石笼出现了较大部分被冲毁现象。

(4)建议进一步加强洪水预警测报系统的测报能力,提高其测报精度;对上游自溃围堰
的溃堰机制以及过程进行更加深入的理论计算及研究;研究设计提出的防护措施可靠性的
改进方案等。

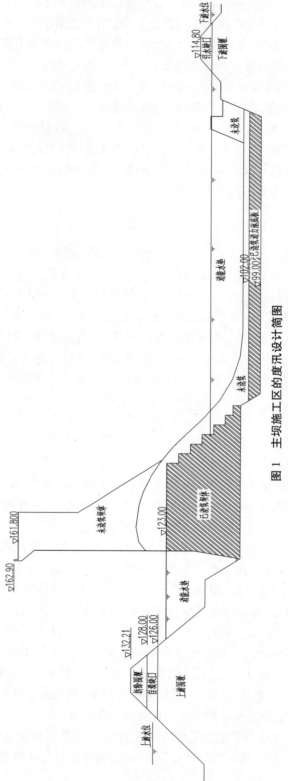

图 1　主坝施工区的度汛设计简图

注：本附图为示意性质，与实际尺寸不一定相符。

参 考 文 献

[1] 武汉大学水利水电学院水力学流体力学教研室,李炜.水力计算手册[M].2版.北京:中国水利水电出版社,2006.
[2] 郭勇.水利工程管理中存在的问题与对策[J].水利技术监督,2016(1).
[3] 程光明.中外防洪标准与防洪措施[J].水利技术监督,1998(5).
[4] 张志雄,熊建宁,白伟,等.梅溪河渡口坝水电站泄洪消能试验研究[J].水利规划与设计,2008(2).
[5] 汤梅,张久军.基于水工与EXNER模型试验的围堰冲刷安全分析[J].水利规划与设计,2017(8).
[6] 王海丽.水库大坝溃坝事故洪水预测数值与研究[J].水利技术监督,2016(6).
[7] 涂小兵,王玉忻.水电站施工期超标洪水应对措施研究[J].水利规划与设计,2017(6).
[8] 水利水电工程施工组织设计规范:SL 303—2017[S].2017.
[9] 崔金铁.坝体施工期临时度汛研究[C]//吉林省第三届科学技术学术年会论文集.2004.
[10] 宾光楣.关于堤岸防护工程的研究[J].水利技术监督,1999(4).
[11] 林文婧.山区中小河流冲刷深度计算分析[J].广东水利水电,2016(5).
[12] 徐唐锦,李蘅,马永峰.坝体度汛及导流泄水建筑物洪水标准研究与探讨[J].人民长江,2011(16).

【作者简介】　莫燕飞(1985—),男,工程师。E-mail:646606670@qq.com。

水库初期蓄水与度汛方案的规划技术难点探讨

李　臻[1]　刘　伟[2]

(1. 中水淮河规划设计研究有限公司，合肥　230001；
2. 水利部水利水电规划设计总院，北京　100020)

摘　要　本文结合172项重大节水供水工程审查工作，对水库初期蓄水和度汛方案工作中的技术难点和主要问题进行了梳理，针对初期蓄水计划的入库径流选取、上下游用水对象需求处理、蓄水时机和起调水位的拟定，以及度汛方案中的度汛标准、分期设计洪水、起调水位选择、泄水建筑物启用条件、坝体等主要建筑物和导流洞封堵闸门挡水水头安全性等问题进行了深入分析和总结，提出了解决思路与方法，为今后的水库工程初期蓄水与度汛方案计算工作提供借鉴与参考。

关键词　水库；初期蓄水期；初期蓄水计划；度汛方案；挡水水头

根据相关规范要求[1,2]，大中型水库工程在初步设计阶段应开展水库初期蓄水计划和度汛方案编制工作。作者结合172项重大节水供水工程审查工作，对初步设计阶段初期蓄水与度汛方案工作中的技术难点进行总结，重点对水文、工程规模论证、施工组织设计、金属结构设计等专业间协调的问题进行分析，提出解决思路与方法，为今后的水库工程初期蓄水与度汛方案计算工作提供借鉴与参考。

1　初期蓄水计划

水库初期蓄水指从水库开始蓄水至水位达到正常蓄水位或基本正常运用水位的整个蓄水期，一般分为初期蓄水期和初期运行期两个阶段，一般蓄水至开始发挥效益的阶段称为初期蓄水期，开始发挥效益至水位初次达到正常蓄水位的阶段称为初期运行期[3]。在水库初期蓄水期，需要协调水库来水、上下游用户的用水要求和水库蓄水的矛盾，尽可能减少对第三方用水的不利影响。通常，初期蓄水期的水库来水分析可采用典型年法或长系列法，其中较为常见的是典型年法，即采用丰水年($P=25\%$)、平水年($P=50\%$)、枯水年($P=75\%$)的来水过程，扣除库内蒸发渗漏损失，并考虑下游用户用水要求，分别进行调节计算，并以枯水年、平水年计算成果分别作为设计的和争取的初期蓄水时间。在审查讨论过程中，不少设计单位在入库径流典型年挑选及年内分配过程拟定、水库上下游用户用水需求处理方式、水库蓄水时机与蓄水起调水位的关系等方面存在不同的认识，以下分别就此进行分析。

1.1　关于水库入库径流

不同水库的死库容大小、入库径流量不同，其初期蓄水期的长短也各不相同，部分高坝大库（如新疆的阿尔塔什水利枢纽工程，死库容为8.69亿 m^3）初期蓄水时期长达1~2年甚至更久[4]，也有不少水库初期蓄水时间仅为1~2个月。因此，选择典型年时不能以年径流量排频结果为依据，应初步估算枯水年所需的初期蓄水时间，再从长系列径流资料中选择相应时期径流量进行排频后，合理选择典型年。以新疆A水库为例，该水库长系列径流系列长度从 1960 年 5 月至 2014 年 4 月,根据施工进度安排,蓄水下闸时间初选为 9 月,初步估算 $P=75\%$ 年份初期蓄水期约 14 个月,可对将 1960 年 9 月至 1961 年 10 月、1961 年 9 月至 1962 年 10 月、…、2012 年 9 月至 2013 年 10 月等 54 个年组的径流量系列进行排频,从而选择不同频率的典型年组。

在确定不同频率的典型年组后,不少设计单位直接选择实际年份进行丰水年、平水年、枯水年初期蓄水计算,往往出现部分时段枯水年蓄水速度快于丰水年的情况,这种计算结果显然不尽合理。因此,在选择典型年(组)后,还需要对其年(组)内分配过程进行修正,通常采用的方法有两种:一是采用水文中的同频率放大法,二是简单采用多年平均年内分配比例统一修正。

1.2 关于上下游用水对象需求的处理

水库初期蓄水计算需统筹考虑上下游用水对象的用水需求。对于水库上游用水对象,宜合理预留上游地区经济社会发展带来的用水增长空间,并从规划来水中优先扣除。对于水库下游用水对象,可根据当地水资源条件以及各用水对象的重要程度,优先保障河道内生态基流,其次是城镇生活用水、工业用水、农业灌溉用水等。对于西北地区内陆河流域等特殊流域,需根据其特点进行分析,以塔里木河支流叶尔羌河阿尔塔什水库初期蓄水为例,阿尔塔什坝址以上天然来水量约 65 亿 m^3,多年平均需下泄塔河干流约 3.3 亿 m^3,下游 700 万亩灌区灌溉用水量约 50 亿 m^3,其余水量均为河道蒸发渗漏损失。若平水年全部保证阿尔塔什下游用水对象(塔河干流输水和农业灌溉用水)的要求,水库在平水年将无水可蓄。考虑到南疆地区无有效降雨,农业灌溉用水一旦破坏,对当地少数民族人民群众的生产生活带来极大影响,不利于边疆稳定和民族团结;叶尔羌河为塔里木河四大源流之一,年下泄塔河水量仅占四大源流总下泄水量的 1/15,通过统筹协调其他源流下泄水量,短期内减少叶尔羌下泄水量也可保证塔里木河干流生态等用水。综合以上因素,考虑优先满足叶尔羌河下游灌区灌溉用水以及平原水库蓄水,其余水量优先蓄到库内,剩余水量向塔里木河干流输水。

1.3 关于蓄水时机和蓄水起调水位

水库初期蓄水时机通常要根据工程施工进度安排,在工程挡水高程、移民搬迁安置高程等条件满足蓄水要求后,封堵导流设施,水库开始蓄水。因此,在进行初期蓄水计划时,应拟定不同的下闸蓄水时间,分析不同情况下初期蓄水期的所需时间,经技术经济综合比选后,推荐合适的初期蓄水计划。在初期蓄水计算时,初期蓄水起调水位应为导流洞底板高程对应的水位,不少设计单位将该水位与导流洞下闸时对应的水位相混淆。根据《水利水电工程施工导流设计规范》(SL 623—2013)规定,为保证导流洞下闸时的安全性,规定导流洞封堵下闸设计流量可取当前时段的 5~10 年一遇月(旬)平均流量[5],不少设计单位采用此流量下对应的水位作为初期蓄水的起调水位,该水位往往高于导流洞底板高程。尽管对于大部分水库,两个水位之间的库容差距很小,基本可以忽略,但就概念上而言两者的差别显著,不可混淆使用。

2 关于初期蓄水期度汛方案

初期蓄水期的度汛方案是水库初步设计和蓄水安全鉴定的重要工作内容,应在初期蓄水计算的基础上,按相应防洪标准计算坝前挡水位,确定坝体等主体建筑物施工面貌,分析其挡水安全性。作者就技术审查中常见的的技术难点和关键问题进行了分析,包括初期蓄水期的度汛标准和分期设计洪水选用、度汛方案起调水位的选择、泄水建筑物的启用条件、坝体等主体建筑物、导流洞临时闸门挡水安全性等。

2.1　初期蓄水期度汛标准和分期设计洪水选用

根据《水利水电工程施工导流设计规范》(SL 623—2013)规定,导流泄水建筑物全部封堵后,如永久泄洪建筑物尚未具备设计泄洪能力,坝体度汛洪水标准应在分析坝体施工和运行要求后按照表1确定[5]。以新疆D水利枢纽工程为例[6],该工程为混凝土面板砂砾石坝,坝型属土石坝,大坝级别为1级。工程设计从9月末下闸蓄水,$P = 75\%$ 来水条件下蓄水期约10个月,即初期蓄水期从第一年汛后至第二年主汛期(6月),导流洞下闸封堵时,表孔溢洪道尚未施工完成,而次年汛期表孔溢洪道可参与泄洪。根据表1,工程初期蓄水期的度汛标准可采用200~500年一遇设计,500~1 000年一遇校核。考虑到10月至次年5月表孔溢洪道尚不能参与泄洪,而次年入汛后,表孔溢洪道施工完成可参与泄洪,因此初期蓄水期的度汛标准按照非汛期与汛期分开选择:非汛期采用200年一遇设计,500年一遇校核,汛期采用500年一遇设计,1 000年一遇校核。分期设计洪水采用水文专业提供的施工期分期设计洪水成果,如表2所示;汛期设计洪水则采用年最大设计洪水成果。

表1　坝体施工期临时度汛洪水标准　　　　　　　　　　(单位:年)

坝型		大坝级别		
		1	2	3
土石坝	设计	500~200	200~100	100~50
	校核	1 000~500	500~200	200~100
混凝土坝、浆砌石坝	设计	200~100	100~50	50~20
	校核	500~200	200~100	100~50

表2　新疆D水利枢纽工程分期设计洪水成果　　　　(单位:m^3/s)

分期时间	1月1日至3月31日	4月1日至5月20日	10月1日至12月31日
$P = 0.2\%$	92.4	586	1 275
$P = 0.5\%$	83.6	524	1 035

2.2　初期蓄水期度汛起调水位

在初期蓄水计划时,通常以设计枯水年的蓄水计划作为设计蓄水时期,以平水年的蓄水计划作为争取的蓄水时期。而在计算初期蓄水期的度汛方案时,宜从偏安全的角度考虑,采用不同蓄水阶段丰水年对应的最高蓄水位作为度汛方案的起调水位。

2.3　泄水建筑物的启用条件

在进行初期蓄水期度汛方案时,要对水库蓄水不同阶段的泄水建筑物的启用条件进行复核。根据生态放水洞、放空排沙洞、中孔泄洪洞、表孔溢洪道的底板高程,分析各泄水建筑物在不同水位下的泄流能力曲线;根据施工总体安排,复核各泄水建筑物的施工面貌。以新疆某水库为例,在导流洞下闸后,导流洞后段将通过施工改造与永久生态放水洞相结合,施工期约3个月,在此期间内永久生态放水洞不能参与泄洪,施工完成后,生态放水洞则可以参与泄洪;如福建某水库在工程设计时,初期蓄水期表孔溢洪道闸门尚在安装调试阶段,在此期间不能启用溢洪道泄洪[7],按照此条件复核设计洪水位和校核洪水位后不能满足度汛要求,则需协调施工进度或推迟下闸时间。

2.4 坝体等主要建筑物及导流洞封堵闸门挡水安全性

某些高坝大库在施工时会采用分期蓄水方案,这类水库通常死水位至正常蓄水位之间的库容较大,为尽快发挥工程效益[8-10]、合理缩短施工工期,常常在大坝填筑到一定高程后,开始下闸蓄水,一边蓄水一边继续填筑大坝。仍以新疆某水库为例,该水库下闸蓄水时,尚未开始大坝三期面板混凝土浇筑,因此需分析不同度汛方案的设计洪水位和校核洪水位,并考虑风浪爬高等安全余度后,与大坝填筑高程、大坝面板浇筑高程进行对比复核。

水库导流洞封堵闸门下闸后,水库开始蓄水,此时要根据度汛方案计算的最高调洪水位对导流洞封堵闸门的设计挡水水头进行复核。若导流洞封堵闸门设计挡水水头不足,下闸蓄水后若遇到较大洪水,水库水位迅速上升,持续增加的水压力将导致导流洞封堵闸门崩毁,蓄水计划无法实现,同时严重威胁导流洞内可能存在的施工人员安全,严重时甚至影响大坝安全。在水库即将下闸蓄水时,一旦发现导流洞封堵闸门设计挡水水头不足,应考虑推迟蓄水时间,对导流洞闸门、洞脸等进行加固处理。

3 结 语

本文结合172项重大节水供水工程审查工作,对水库初期蓄水和度汛方案工作中的技术难点和主要问题进行了梳理,对初期蓄水计划的入库径流选取、上下游用水对象需求处理、蓄水时机和起调水位的拟定,以及度汛方案中的度汛标准、分期设计洪水、起调水位选择、泄水建筑物启用条件、坝体等主要建筑物和导流洞封堵闸门挡水水头安全性等问题进行了深入分析和总结,提出了解决思路与方法,为今后的水库工程初期蓄水与度汛方案计算工作提供借鉴与参考。

参 考 文 献

[1] 水利水电工程初步设计报告编制规程:SL 619—2013[S].北京:中国水利水电出版社,2013.
[2] 水利水电工程施工组织设计规范:SL 303—2017[S].北京:中国水利水电出版社,2017.
[3] 水利部水利水电规划设计总院.水工设计手册[M].2版.北京:中国水利水电出版社,2014.
[4] 新疆水利水电勘测设计研究院.新疆叶尔羌阿尔塔什水利枢纽工程初步设计报告[R].乌鲁木齐:新疆水利水电勘测设计研究院,2014.
[5] 水利水电工程施工导流设计规范:SL 623—2013[S].北京:中国水利水电出版社,2013.
[6] 中国电建集团西北勘测设计研究院有限公司.新疆大石峡水利枢纽工程初步设计报告[R].西安:中国电建集团西北勘测设计研究院有限公司,2018.
[7] 福建省水利水电勘测设计研究院.福建霍口水利枢纽工程初步设计报告[R].福州:福建省水利水电勘测设计研究院,2016.
[8] 韩小妹,陈松滨,朱峰.官帽舟水电站下闸蓄水方案研究[J].水利规划与设计,2018(7):145-149.
[9] 李庆国,李保国,王宝玉,等.西霞院水库下闸蓄水方案研究[J].人民黄河,2009(10):67-68.
[10] 邱振天,何素明.百色水利枢纽下闸蓄水方案研究[J].广西水利水电,2007(2):6-9,13.

【作者简介】 李臻(1987—),男,工程师。E-mail:lizhen@ giwp. org. cn.

巴音河流域防洪需求及防洪方案研究

盖永岗　沈　洁　崔振华　陈松伟

（黄河勘测规划设计有限公司,郑州　450003）

摘　要　在介绍巴音河、蓄集峡水利枢纽和黑石山水库概况的基础上,进行了巴音河流域防洪需求分析,拟定了单独由黑石山水库、单独由蓄集峡水库和由蓄集峡水库与黑石山水库联合完成巴音河流域下游防洪任务的三种方案,并进行了分析计算和比较,选定由蓄集峡水库承担水源地防洪任务、蓄集峡和黑石山水库联合承担德令哈市防洪任务的联合防洪方案。

关键词　巴音河;蓄集峡水库;黑石山水库;防洪

1　概　况

1.1　巴音河

巴音河是青海省柴达木盆地东北部最大的内陆河,发源于祁连山支脉却荀力安木吉勒（野牛脊山）,源地海拔 5 000 m 以上。巴音河流经蓄集峡、泽林沟、德令哈、尕海、戈壁,注入托索湖,戈壁以上干流全长 208 km,总流域面积 10 800 km²[1]。

巴音河在出蓄集峡口上游约 6 km 处正在建设有蓄集峡水利枢纽工程,流出蓄集峡后进入蓄集盆地河段,原泽林沟水文站位于蓄集峡口处,德令哈水文站位于泽林沟站下游约 33 km 处,为其下游黑石山水库的入库站,在德令哈水文站附近河段分布有德令哈城镇生活及工业（青海碱业基地）水源地（简称"水源地"）,黑石山水库以下即进入德令哈市区河段。巴音河流域水系及重要工程位置示意图见图 1。

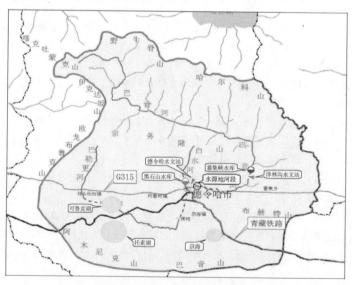

图1　巴音河流域水系及重要工程位置示意图

1.2　蓄集峡水利枢纽工程

蓄集峡水利枢纽工程位于巴音河中游河段的蓄集峡口泽林沟水文站上游约 6 km 处,坝址以上流域面积 4 970 km²。蓄集峡水库设计总库容 1.62 亿 m³,工程规模为大(二)型,工程等别为 Ⅱ 等,主要水工建筑物为 2 级,其中大坝为混凝土面板堆石坝,提高一级为 1 级,大坝设计标准采用 100 年一遇洪水,校核标准采用 2 000 年一遇洪水,蓄集峡水库有关设计指标见表1。工程开发任务以城镇生活和工业供水为主,兼顾发电、防洪等综合利用[2]。目前,该工程正在建设中。

表 1　蓄集峡和黑石山水库设计指标

指标类别	设计指标	蓄集峡水库 设计值	黑石山水库 (原)设计值	说明
水库库容 （万 m³）	总库容	16 226	3 664	黑石山水库除险加固后蓄水安全鉴定中提出汛限水位和正常蓄水位保持一致,现状按汛限水位为 3 020 m
	防洪库容	827	540	
	兴利库容	13 713	3 119	
	死库容	460	5	
水库水位 （1956 年黄海高程系统,m）	汛限水位	3 468	3 018.5	
	正常蓄水位	3 468	3 020	
	防洪高水位	3 470.04	—	
	设计洪水位	3 470.06	3 021.29	
	校核洪水位	3 471.02	3 021.84	

1.3　黑石山水库

黑石山水库位于巴音河黑石山出山口,上距蓄集峡水利枢纽约 45 km,库尾上端为德令哈水文站,坝址以上流域面积 7 354 km²,坝下即进入德令哈市区河段。黑石山水库原设计总库容 3 664 万 m³,工程规模为中型,工程等别为 Ⅲ 等,主要水工建筑物为 3 级,水库大坝为黏土心墙沙壳坝,大坝设计标准采用 100 年一遇洪水,校核标准采用 1 000 年一遇洪水,黑石山水库有关设计指标见表1。黑石山水库是一座以灌溉为主,结合发电、防洪等具有综合效益的水利工程。工程于 1992 年竣工并投入运行;2001~2002 年进行了首次除险加固;2007 年进行了震后除险加固;2010 年进行了大坝安全鉴定,定为"三类坝",并进行了除险加固[3],其后完成的蓄水安全鉴定中提出"蓄集峡水库建成后,建议减轻或解除黑石山水库的防洪压力,黑石山水库汛限水位和正常蓄水位(3 020 m)保持一致,适当降低水库防洪最高运行水位,提高大坝防洪安全保障程度"。

1.4　主要防洪及河道治理工程

目前,巴音河流域防洪工程和河道治理工程相对较少。黑石山水库以上河段防洪工程主要为德令哈水文站附近水源地河段的简易防洪堤。黑石山水库以下河段的防洪及河道治理工程主要集中在德令哈市区河段,2005 年以来,在国家和地方政府的大力支持下,对巴音河德令哈市区河段进行了整治,整个河道治理长度为 21.81 km,工程共分为七期,总投资 2.81 亿元。其中,德令哈市区所在的巴音河二级电站尾水至都兰桥段南北长 4.15 km,两岸防洪堤均已建成,防洪标准采用近期30年一遇洪水设计,并规划到远期2030年,德令哈城市防洪的防洪标准提高到50年一遇,不再加高防洪堤,由上游新建的蓄集峡水库设防洪库容调节后解决。

2 巴音河流域防洪需求分析

2.1 防洪对象及防洪标准

根据《青海省海西州巴音河流域综合开发利用规划》[4](简称《规划》),蓄集峡水利枢纽工程和黑石山水库除承担自身防洪任务外,还需承担水源地防洪和德令哈城市防洪任务,因此本文研究中,流域防洪对象为水源地和德令哈市。《规划》中确定水源地远期2030年防洪标准为50年一遇;德令哈市人口小于20万,根据中华人民共和国《防洪标准》(GB 50201—2014)[5],防洪标准为20~50年一遇,参考《规划》,考虑德令哈市为青海省第三大城市,也是海西州州府所在地,综合考虑其经济发展和人口增长等因素,确定德令哈市防洪标准远期2030年达到50年一遇。

2.2 过流能力分析

根据实地调查,水源地河段防洪控制断面位于德令哈水文站测流断面下游100 m处,见图2,河道过流能力为348 m³/s。

图2 水源地防洪控制断面示意图

德令哈市区河段防洪控制断面位于黑石山水库坝址下游约12.5 km、德令哈市区站前路大桥上游777 m处,见图3,河道治理工程完成后使得巴音河德令哈市区段河道过流能力为312.3 m³/s。

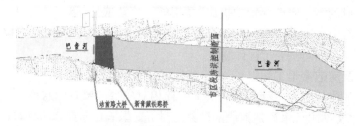

图3 市区段防洪控制断面示意图

依据巴音河德令哈水文站实测洪水资料分析,水源地防洪控制断面50年一遇洪水洪峰流量为 429 m³/s,德令哈市防洪控制断面 50 年一遇洪水洪峰流量为 433 m³/s。因此,不论是德令哈水文站附近的水源地防护河段还是德令哈城市河段,在无水库工程调蓄情况下的现状河道过流能力均不能满足 50 年一遇洪水的安全过洪要求。依据《规划》,若使水源地和德令哈市达到 50 年一遇的防洪标准,需借助上游水库工程承担部分防洪任务。

3 蓄集峡与黑石山水库防洪方案比选

根据第 2 节对德令哈城镇生活和工业水源地河段及德令哈市区段过流能力的分析,在遭遇 50 年一遇洪水时,水源地段控制流量指标为 348 m³/s,德令哈市区河段控制流量指标为 312.3 m³/s。水源地和德令哈市区所在的两河段防护对象远期防洪任务需借助上游在建的蓄集峡工程和已有的黑石山水库工程承担,考虑:①完全由黑石山水库承担下游防洪任务;②完全由蓄集峡水库承担下游防洪任务;③由蓄集峡和黑石山水库联合承担下游防洪任务三种防洪方案进行分析比选。

3.1 完全由黑石山水库承担下游防洪任务

若完全由黑石山水库承担下游防洪任务,即新建的蓄集峡水库不考虑设置防洪任务,则考虑黑石山水库坝址至德令哈市防洪控制断面(黑德)区间和黑石山水库以上流域的洪水地区组成和不同洪水典型的设计洪水条件,按照黑石山水库的泄流条件、库容曲线条件和汛限水位 3 020 m 进行调洪计算。

在遭遇 50 年一遇洪水时,德令哈水文站最大流量 429 m³/s,超过了水源地河段河道过流能力 348 m³/s。黑石山水库最大出库流量 223.3 m³/s,加入该方案下黑德区间 50 年一遇设计洪峰流量 89 m³/s,可保证德令哈市区段最大流量不超过过流能力 312.3 m³/s;但此时,黑石山水库防洪高水位 3 021.88 m,校核洪水位达到 3 022.40 m,超过了黑石山水库原设计的校核洪水位 3 021.84 m。因此,单独由黑石山水库不能实现防御水源地河段 50 年一遇的防洪目标;且在抬高汛限水位至 3 020 m 的情况下,水库自身的防洪安全与下游德令哈市区段 50 年一遇的防洪要求难以同时实现。

3.2 完全由蓄集峡水库承担下游防洪任务

若完全由在建的蓄集峡水库承担下游防洪任务,即黑石山水库按敞泄运行,遭遇 50 年一遇洪水时,水源地河段及德令哈市区段的防洪任务均由蓄集峡水库调蓄来完成。此时,黑德区间 50 年一遇设计洪峰流量为 89 m³/s,需黑石山水库最大下泄流量不超过 223.3 m³/s,可保证德令哈市区段最大流量不超过过流能力 312.3 m³/s;蓄集峡坝址至黑石山坝址(蓄黑)区间 50 年一遇设计洪峰流量为 193 m³/s,需蓄集峡水库进行控泄,使得蓄集峡水库下泄洪水与蓄黑区间洪水汇合后最大流量不超过 223.3 m³/s,考虑蓄集峡水库下泄洪水的演进(洪峰削减系数为 0.36),得到蓄集峡水库需控泄流量为 48 m³/s,则水源地及德令哈市均能达到 50 年一遇防洪标准。在这种情况下,对蓄集峡水库进行调节计算,需蓄集峡水库防洪库容 7 902 万 m³,防洪高水位为 3 483.54 m,因此单独由蓄集峡水库承担下游防洪任务,所需蓄集峡水库防洪规模太大。

3.3 由蓄集峡和黑石山水库联合承担下游防洪任务

3.3.1 黑石山和蓄集峡水库控泄指标分析

(1)黑石山水库控泄流量分析。德令哈市区段河道过流能力为 312.3 m³/s,黑德区间 50 年一遇设计洪峰流量为 89 m³/s,需黑石山水库控制最大泄流量不超过 223.3 m³/s。

（2）蓄集峡水库控泄指标分析。蓄集峡水库控泄指标的选取既要考虑满足德令哈城镇生活和工业水源地河段50年一遇防洪要求,同时要考虑联合黑石山水库共同防御德令哈市区段50年一遇洪水,尽量减轻黑石山水库的防洪压力。

与黑德区间相同,蓄黑区间洪水预见期也较短,无法实现蓄集峡水库考虑区间洪水的预报调度,只能采用固定泄量的运用方式进行洪水调节。蓄黑区间50年一遇设计洪峰流量为199 m³/s,需蓄集峡水库控制下泄流量为最小,蓄黑区间河段距离较长,考虑蓄集峡水库下泄洪水的演进(洪峰削减系数为0.36),则需蓄集峡控制下泄流量不超过231 m³/s,下泄洪水与蓄黑区间50年一遇设计洪水汇合后,最大流量不超过348 m³/s,满足德令哈城镇生活和工业水源地河段50年一遇防洪要求。因此,蓄集峡水库控泄流量选用231 m³/s时,可满足各洪水地区组成方案下德令哈城镇生活和工业水源地河段50年一遇防洪要求,首先选用231 m³/s为蓄集峡水库控泄指标进行试算。

3.3.2 黑石山和蓄集峡水库联合调洪方案

由蓄集峡水库承担水源地防洪任务,蓄集峡和黑石山水库共同承担德令哈市防洪任务。则考虑黑德区间、蓄黑区间和蓄集峡坝址以上流域的洪水地区组成和不同洪水典型的设计洪水条件,按照蓄集峡和黑石山水库的泄流条件、库容曲线条件和汛限水位3 468 m及3 020 m进行蓄集峡和黑石山水库联合调洪计算,分别列举蓄集峡水库控泄流量为231 m³/s和220 m³/s两种计算方案,结果见表2。

表2　蓄集峡和黑石山水库联合调洪计算结果

方案编号	水库	频率 P（%）	最大入库流量（m³/s）	最大出库流量（m³/s）	最高水位（m）	调洪库容（万 m³）	设计洪水位（m）	校核洪水位（m）	相应坝顶高程（m）
方案1（蓄集峡控泄231 m³/s;黑石山控泄223.3 m³/s）	蓄集峡	2	555	231	3 470.04	827	3 470.06	3 471.02	3 472.00
		1	662	486	3 470.06	836			
		0.05	1 139	558	3 471.02	1 310			
	黑石山	2	348	223.3	3 020.78	204	—	3 021.24	—
		0.1	688.2	504.7	3 021.24	330			
方案2（蓄集峡控泄220 m³/s;黑石山控泄223.3 m³/s）	蓄集峡	2	555	220	3 470.36	985	3 470.38	3 471.29	3 472.30
		1	662	509	3 470.38	989			
		0.05	1 139	578	3 471.29	1 440			
	黑石山	2	340	223.3	3 020.68	177	—	3 021.12	—
		0.1	681.9	488.6	3 021.12	297			
黑石山原设计指标	黑石山	—	—	—	—	—	—	3 021.84	—

在方案1情况下,遭遇50年一遇洪水时,蓄集峡水库控泄流量为231 m³/s(该控泄指标为多个拟定指标调算后,从工程规模经济性等综合比选后选定),考虑各种洪水地区组成条件蓄集峡下泄洪水的演进(洪峰削减系数为0.36)和蓄黑区间50年一遇设计洪水的加入,可使得水源地河段最大流量不超过河道过流能力348 m³/s;组合洪水再经黑石山水库控泄223.3 m³/s,考虑黑德区间50年一遇设计洪水的加入,可使得德令哈市区段最大流量不超

过河道过流能力 312.3 m³/s。此时,黑石山水库 50 年一遇防洪高水位 3 020.78 m,调洪库容 204 万 m³,校核洪水位 3 021.24 m,比原始设计的校核洪水位 3 021.84 m 低 0.60 m,比完全由黑石山水库承担德令哈市区段防洪任务情况下的校核洪水位 3 022.40 m 低 1.16 m,同时实现了黑石山水库蓄水安全鉴定中提出的将黑石山水库汛限水位抬高至 3 020 m 的兴利和管理需求。蓄集峡水库设计洪水位为 3 470.06 m,校核洪水位 3 471.02 m,对应的设计坝顶高程为 3 472.00 m,工程规模较为经济,可在尽可能少增加蓄集峡坝高的情况下,较大程度地减轻黑石山水库的防洪压力。

方案 2 与方案 1 相比,在增加蓄集峡校核洪水位 0.22 m 的情况下,仅降低黑石山水库校核洪水位 0.12 m,相对方案 1 来讲,并未进一步显著减轻黑石山水库防洪压力,却相对较多地增加蓄集峡规模。因此,在满足尽可能降低黑石山水库防洪压力这一既定目标的基础上,从经济性来讲,选用方案 1 为相对合理的方案。

4 结 语

综合上述分析,为满足水源地及德令哈市遭遇 50 年一遇洪水时的过洪安全要求,考虑:①单独由黑石山水库不能实现防御水源地河段 50 年一遇的防洪目标;且在抬高汛限水位至 3 020 m 的情况下,水库自身的防洪安全与下游德令哈市区段 50 年一遇的防洪要求难以同时实现。②完全由蓄集峡水库承担下游防洪任务,虽可同时满足水源地和德令哈市 50 年一遇防洪要求,且可最大承担减轻黑石山水库防洪任务,但所需蓄集峡水库防洪规模太大。③由蓄集峡水库承担水源地河段防洪任务,蓄集峡和黑石山水库共同承担德令哈市区河段防洪任务,蓄集峡水库控泄指标 231 m³/s,黑石山水库控泄 223.3 m³/s,可同时满足水源地和德令哈市 50 年一遇防洪要求,在尽可能实现蓄集峡规模经济性的情况下,最大程度减轻了黑石山水库的防洪压力和满足黑石山水库的兴利和管理需求。综合比选后,选取蓄集峡和黑石山水库联合承担下游防洪任务的方案较为合适。

参 考 文 献

[1] 盖永岗,段高云,崔振华,等.青海省巴音河蓄集峡水利枢纽工程初步设计报告第二卷 2 水文[R].郑州:黄河勘测规划设计有限公司,2015.
[2] 刘宗仁,史海英,侯红雨,等.青海省巴音河蓄集峡水利枢纽工程初步设计报告第一卷 1 综合说明[R].郑州:黄河勘测规划设计有限公司,2015.
[3] 孔巧玲,王青宁,石建梅,等.青海省海西州德令哈市黑石山水库除险加固工程初步设计报告[R].西宁:青海省水利水电勘测设计研究院,2011.
[4] 沈奎,严顺君,齐国庆,等.青海省海西州巴音河流域综合开发利用规划[R].郑州:黄河勘测规划设计有限公司,2008.
[5] 中华人民共和国住房和城乡建设部,中华人民共和国国家质量监督检验检疫总局.防洪标准:GB 50201—2014[S].北京:中国标准出版社,2015.

【作者简介】 盖永岗(1982—),男,工程师,主要从事水利规划、水文分析计算和水情自动测报等工作。E-mail:395870347@qq.com。

设 计 篇

SETH水利枢纽工程碾压混凝土
重力坝温控设计

王立成[1]　高　诚[1]　张青松[2]

(1. 中水北方勘测设计研究有限责任公司，天津　300222；
2. 沿河土家族自治县水务局，铜仁　565300)

摘　要　SETH水利枢纽工程位于严寒地区，冬季严寒，夏季酷热，多风少雨，蒸发量极大，气候条件恶劣。修建碾压混凝土坝，温控难度极大。本文根据大坝的实际施工进度、施工条件及工程区的气候特点，对碾压混凝土大坝进行了温控设计，并提出了适合本工程温控措施，在保证大坝质量的情况下，节约投资，方便施工。

关键词　碾压混凝土重力坝；严寒地区；温控

1　概　述

SETH水利枢纽工程位于新疆阿勒泰地区，是国务院部署的"十三五"期间172项重大水利工程之一，也是国务院要求2016年必须开工的20项工程之一。工程任务为工业供水和防洪，兼顾灌溉和发电。

水库总库容2.94亿m^3，多年平均供水量2.631亿m^3，设计水平年改善灌溉面积27.61万亩，电站装机27.6 MW。

大坝为碾压混凝土重力坝，最大坝高75.5 m。大坝设有溢流表孔、泄水底孔、发电引水压力钢管、电梯井坝段及纵横向廊道，结构复杂。

坝址区地处欧亚大陆腹地，纬度高，气温低，酷暑、严寒，冬夏冷暖悬殊，昼夜温差大，气温骤降较频繁。恶劣气候条件极易引起坝体混凝土温度裂缝，坝体混凝土温控设计难度大。

2　温控设计条件

2.1　气象水文

坝址工程区最高气温40.9 ℃，最低气温-42.0 ℃，最大温差达到82.9 ℃，月平均气温分布不均，1月月平均气温最低-15.3 ℃，7月月平均气温最高20.2 ℃，相差较大。蒸发量多年平均1 571.8 mm，最大风速17.3 m/s，冻土最大深度239 cm。

坝址区各月气温、降水量统计如表1所示，4～10月水温统计见表2。

2.2　坝体混凝土性质

碾压混凝土大坝混凝土分区设计如下：

(1)坝体上游面：0.8 m二级配变态混凝土 +2.2 m富胶凝碾压混凝土。

(2)坝体中部：三级配碾压混凝土。

(3)坝体下游面：0.8 m二级配变态混凝土 +1.7 m富胶凝碾压混凝土。

表1　坝址区平均气温和降水量统计结果

项目	1月	2月	3月	4月	5月	6月	7月	8月	9月	10月	11月	12月	年
平均气温 （℃）	−15.3	−11.3	−4	5.9	13.6	18.7	20.2	18.2	11.8	3.7	−6	−12.7	3.6
降水量 （mm）	4.1	3.7	5.9	9.1	8.9	13	18.1	11.2	9.1	7.5	9.7	7.4	107.8

表2　4~10月水温统计结果　　　　　　　（单位:℃）

项目	4月	5月	6月	7月	8月	9月	10月
月平均水温	3.0	12.4	17.1	19.5	18.1	12.8	4.8
月最高水温	7.8	14.5	18.5	20.6	20.0	14.2	6.8
月最低水温	0.0	10.3	15.5	18.5	17.2	10.7	0.0

（4）基础垫层采用1.0 m厚的常态混凝土垫层。

混凝土材料参数见表3。

表3　混凝土热力学性能及力学指标

名称	线胀系数 （×10^{-6}/℃）	容重 （kN/m³）	比热 [kJ/(kg·℃)]	放热系数 [kJ/(m²h·℃)]	导温系数 [kJ/(mh·℃)]	泊松比 v	弹模 （GPa）
坝体内部	78	24.4	0.95	84	0.035	0.167	31.3
防渗层	83	24.2	0.96	85	0.035	0.167	32.0
基础垫层	89	24.0	0.98	86	0.033	0.167	24.4

2.3　基础岩石性质

坝体基础岩石为辉长岩,其热学及力学指标见表4。

表4　基岩的热学、力学指标

名称	弹模 （GPa）	容重 （kN/m³）	比热 [kJ/(kg·℃)]	放热系数 [kJ/(m²h·℃)]	导温系数 [kJ/(mh·℃)]	泊松比 v	线胀系数 （×10^{-6}/℃）
辉长岩	20	27.1	0.210	38.8	640	0.24	7

2.4　混凝土入仓浇筑方式

除特殊情况外,碾压混凝土层厚30 cm,通仓薄层连续铺碾,连续升程3 m,间歇4~5 d。层厚达到基础面上3 m厚时候,开始坝体固结灌浆。层厚超过30 m以上时,开始做坝体帷幕灌浆。坝体施工进度安排及混凝土入仓温度见表5。

3　稳定温度场

3.1　计算边界条件

（1）库水温计算:经计算,库水温沿水深分布见表6。

表 5　施工进度表

起始时间	结束时间	起始高程（m）	结束高程（m）	时间间隔（d）	浇筑块高度（m）
2018 年 4 月 10 日	2018 年 4 月 18 日	956.5	957.5	8	1.0
2018 年 4 月 17 日	2018 年 4 月 28 日	957.5	959	12	1.5
2018 年 4 月 29 日	2018 年 5 月 11 日	959	960.5	12	1.5
2018 年 5 月 12 日	2018 年 6 月 23 日	960.5	962	12	1.5
2018 年 6 月 24 日	2018 年 8 月 24 日	968	969.5	11	1.5
2018 年 8 月 25 日	2018 年 9 月 16 日	975.5	978.5	23	3.0
2018 年 9 月 17 日	2018 年 10 月 9 日	978.5	981.5	23	3.0
2018 年 10 月 10 日	2018 年 10 月 31 日	981.5	984.5	23	3.0
2018 年 11 月 1 日	2019 年 3 月 31 日	（冬季停工）		151	—
2019 年 4 月 1 日	2019 年 4 月 16 日	984.5	987.5	15	3.0
2019 年 4 月 17 日	2019 年 4 月 30 日	987.5	990.5	15	3
2019 年 5 月 1 日	2019 年 5 月 17 日	990.5	993.5	16	3
2019 年 5 月 18 日	2019 年 6 月 2 日	993.5	996.5	16	3
2019 年 6 月 3 日	2019 年 6 月 18 日	996.5	999.5	16	3
2019 年 6 月 19 日	2019 年 8 月 25 日	999.5	1 002.5	17	3
2019 年 8 月 26 日	2019 年 9 月 11 日	1 011.5	1 014.5	17	3
2019 年 9 月 12 日	2019 年 9 月 28 日	1 014.5	1 017.5	17	3
2019 年 9 月 29 日	2019 年 10 月 15 日	1 017.5	1 020.5	17	3
2019 年 10 月 16 日	2019 年 10 月 31 日	1 020.5	1 023.5	17	3
2019 年 11 月 1 日	2020 年 3 月 31 日	（冬季停工）		152	—
2020 年 4 月 1 日	2020 年 4 月 18 日	1 023.5	1 026.5	17	3
2020 年 4 月 19 日	2020 年 5 月 5 日	1 026.5	1 029.5	17	3
2020 年 5 月 6 日	2020 年 8 月 31 日	1 029.5	1 032	119	3

（2）通过对坝址左岸（XZK61）、河床（XZK66）及右岸（XZK59）钻孔中进行温度测量，岩体地表温度受气温影响明显，随季节平均气温变化而变化。孔深 4~5 m 以下至 118 m 深度范围内，岩体地温变幅不大，基本稳定在 9~10 ℃。计算稳定温度场基岩的温度取 9.5 ℃。

表 6　库水温垂直分布情况

水深（m）	年平均水温（℃）	水深（m）	年平均水温（℃）
0.0	11.2	40	6.12
10	9.15	50	5.32
20	8.02	60	5.01
30	7.04	71.5	4.88

3.2　计算结果

坝体稳定温度场计算成果如图 1 所示。

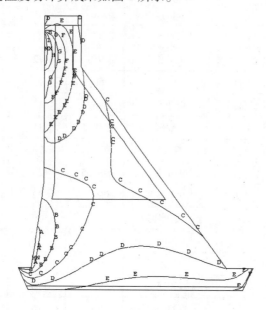

```
OCT  9 2016
10:20:08
NODAL SOLUTION
STEP=1
SUB =1
TIME=1
TEMP      (AVG)
RSYS=0
PowerGraphics
EFACET=1
AVRES=Mat
SMN =4.50024
SMX =9.75471

YV  =-1
DIST=41.525
XF  =44828.6
YF  =10024.2
ZF  =994.25
PRECISE HIDDEN
A  =4.79216
B  =5.37599
C  =5.95982
D  =6.54365
E  =7.12748
F  =7.71131
G  =8.29514
H  =8.87897
I  =9.4628
```

图 1　坝体稳定温度场

4　控制标准

4.1　温度控制

（1）碾压混凝土基础温差见表 7。

表 7　碾压混凝土的基础容许温差

距离基础面高度 h （m）	浇筑块长边长度 L(m)		
	30 m 以下	30 ~ 70 m	70 m 至通仓
$(0 \sim 0.2)L$（强约束区）	15.5 ℃	12 ℃	10 ℃
$(0.2 \sim 0.4)L$（弱约束区）	17 ℃	14.5 ℃	12 ℃

（2）在间歇期超过 28 d 的老混凝土面浇筑时，老混凝土面上 $\frac{1}{4}L$ 范围内新浇混凝土平均温度与老混凝土平均温度之差小于 15 ℃。

（3）内外温差碾压混凝土：约束区内为 12 ℃，约束区外为 14 ℃；常态混凝土：20 ℃。

（4）冷却温差。坝体混凝土埋设冷却水管降温，冷却水温度与坝体混凝土温度温差小于 20 ℃。

4.2　温度应力控制

经计算，坝体温度应力控制标准如下所示：

（1）坝体混凝土龄期小于 90 d，$[\sigma] = 1.275$ MPa。

（2）坝体混凝土龄期 90 ~ 180 d 以内，$[\sigma] = 1.35$ MPa。

（3）坝体混凝土龄期大于 180 d，$[\sigma] = 1.75$ MPa。

5 施工期坝体温度场及温度应力

5.1 施工期坝体温度场

经通冷却水及采取有效的温控措施,坝体内部最高温度强约束区为 30 ℃;弱约束区为 33 ℃;约束区以外为 37 ℃。坝体不同高程的温度场如图 2 ~ 图 5 所示。

5.2 温度应力

经计算坝体施工期的最大拉应力:垫层混凝土 $\sigma_{max} = 1.15$ MPa,坝体碾压混凝土 $\sigma_{max} = 1.11$ MPa,均小于混凝土容许拉应力。施工期的应力在控制范围。坝体运行期的最大拉应力 $\sigma_{max} = 1.25$ MPa,位于基岩面上(靠近坝踵、坝趾附近),亦满足容许拉应力的要求。

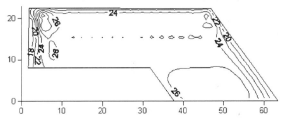

图 2 施工第 3 月温度等值线图

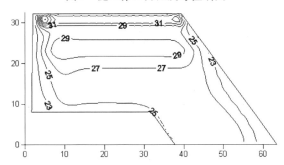

图 3 施工第 5 月温度等值线图

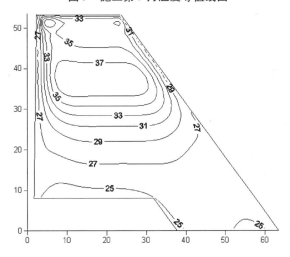

图 4 施工第 11 月温度等值线图

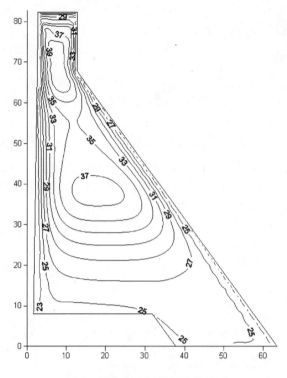

图 5　施工结束时温度等值线图

6　温控措施

工程每年 4～11 月上旬为施工期,其余时间停工。恶劣的气候条件及间歇的施工方式,增加了碾压混凝土坝温控难度。根据上述计算成果、枢纽工程的特点、施工条件并类比同类地区相似的工程,除采用常规的温控方法(如优化碾压混凝土配合比降低水化热、预冷骨料、冷水拌和混凝土、运输设备加设保温设施、仓面喷雾、快速摊铺、及时碾压、及时覆盖等)外,确定本工程温控措施如下:

(1)在坝体结构设计方面,通过设置主灌浆廊道及纵、横向排水廊道,将坝体强约束区混凝土分割成小于 30 m 的基础块,基础温差值相应由 12.0 ℃ 提高至 15.5 ℃。超出廊道高程,但仍处于强约束区部位,采用人工切缝填塞彩条布、形成预裂缝的方式处理,预裂缝设置原则不超过 30 m。超出强约束区后,缝顶部采用倒扣半圆钢管,钢管上部设置钢筋网做止缝处理。

(2)原设计坝基固结灌浆为整个坝基满布,梅花形布置,间、排距 3 m×3 m。实际施工过程中,在满足坝体抗滑、坝基承载力及沉降变形的条件下,仅在坝踵和坝趾上、下游 4 m 范围内进行固结灌浆,减小基础岩体对上部混凝土的约束,从而减小相应坝体混凝土温度应力。

(3)因枢纽工程区处于严寒地区,坝体上、下游侧设置了 10 cm 及 8 cm 的聚氨酯保温层,聚氨酯良好的保温保湿效果,隔绝坝体混凝土与外界气候,坝体散热缓慢。通过温控计算可知,坝体温度场需要长达 70～80 年才能达到稳定。因此,采用准温度场温度作为坝基温差的起算温度,温度值 15 ℃。

(4)控制混凝土浇筑温度:控制混凝土浇筑温度并加设通冷却水等措施,以满足坝体温控要求,具体要求如表8所示。

表8　混凝土各月浇筑温度及冷却水温度

月份		4	5	6	7	8	9	10
月平均气温(℃)		5.9	13.6	18.7	20.2	18.2	11.8	3.7
月浇筑温度(℃)	1区	自然入仓	自然入仓	16	17	16	自然入仓	自然入仓
	2区	自然入仓	自然入仓	自然入仓	自然入仓	自然入仓	自然入仓	自然入仓
	3区	自然入仓	自然入仓	自然入仓	自然入仓	自然入仓	自然入仓	自然入仓
冷却水温度(℃)	1区	—	—	河水	河水	河水	—	—
	2区			河水	河水	河水		
	3区			—	—	—	—	—

注:1区指基础强约束区,2区指基础弱约束区,3区指基础约束区外;通冷却水措施为本工程温控的关键所在,一定要严格执行。

(6)大坝越冬保护措施。工程施工期为每年4~10月,11月进入停工期。外界气温与混凝土内部温差大,极易引起温度裂缝。因此,坝体上游、下游面喷涂10 cm、8 cm厚聚氨酯泡沫作为永久保温措施。而坝体顶部越冬仓面采用架设20 cm空气隔热层+上部覆盖2布一膜的土工布+4层2 cm厚棉被的保温方式作为临时保温措施。

7　结　语

针对SETH水利枢纽工程区的恶劣的气候条件,在坝体温控设计中采用了适合本工程的温控方案,降低了坝体温控难度,节约了投资,为快速施工提供了技术保证。目前,坝体浇筑正在进行,并且已经经过了一个越冬期,经现场检查及温度监测,坝体无裂缝存在,坝体内部实测温度为26 ℃左右。说明采用的温控措施合理,为今后坝体浇筑提供了有力的支持,同时为类似的工程温控设计提供了参考。

参 考 文 献

[1] 郭之章,傅华.水工建筑物的温度控制[M].北京:中国水利电力出版社,1990.
[2] 朱伯芳.大体积混凝土温度应力与温度控制[M].2版.2012.
[3] 龚召熊.水工混凝土的温控与防裂[M].1999.
[4] 朱伯芳.寒潮引起的混凝土温度应力计算[M].水力发电,1985(3).
[5] 朱岳明,贺金仁,石青春.龙滩大坝仓面长间歇和寒潮冷击的温控防裂分析[J].水力发电,2003(5).
[6] 侍克斌,毛远辉,牛景太.高碾压混凝土坝在严寒干旱地区的温控探讨[J].水力发电,2007(1).
[7] 王石连,刘云,赵文华.龙滩水电站全断面碾压混凝土温控仿真研究及应用[J].水力发电,2007(4).
[8] 洪辉.新疆博湖东泵站工程混凝土温控措施[J].水利技术监督,2014(5).
[9] 张越.水利工程大体积混凝土温控防裂措施探究[J].水利规划与设计,2015(4).
[10] 杨林.青山水库溢洪道混凝土温控防裂措施[J].水利规划与设计,2016(5).
[11] 刘其文,陈大松,罗健.鱼简河碾压混凝土拱坝温控设计[J].水利规划与设计,2009(5).

【作者简介】　王立成(1974—),男,教授级高级工程师。

"龙落尾"布置形式在高速水流泄洪洞中的应用研究

杨志明　郑　洪　詹双桥

(湖南省水利水电勘测设计研究总院,长沙　410007)

摘　要　泄洪洞采用"龙落尾"布置形式可以减小主洞段流速,将能量集中至尾部设陡坡形成小范围高速水流区,从而大大减小掺气减蚀难度。在涔天河 1# 泄洪洞的应用中,通过优选主洞纵坡,最大限度地优化了洞身断面,取消了主洞段的掺气设施,降低了衬砌施工难度;通过尾部短陡坡的布置及掺气坎体型的优选,保证了"龙落尾"洞段的掺气效果及高速水流区防空化保护。

关键词　泄洪洞;高速水流;纵坡;龙落尾;空化;掺气坎

1　工程背景

涔天河水库扩建工程位于湖南永州市江华瑶族自治县,为湘江支流潇水第一个梯级,是具有灌溉、防洪、下游补水、发电并兼顾航运等综合利用效益的大(一)型水利水电枢纽工程。水库正常蓄水位 313.0 m,最大坝高 114 m,总库容 15.1 亿 m³,灌溉面积 111.46 万亩,电站装机容量 200 MW。

大坝为混凝土面板堆石坝,采用两条高速水流泄洪洞宣泄洪水,其中 2# 泄洪洞为表孔溢流明流隧洞,采用"龙抬头"布置形式与导流洞结合;1# 泄洪洞为深孔短管有压明流隧洞,为了较好地解决掺气减蚀与混凝土衬砌施工质量问题,开展了"龙落尾"布置形式在高速水流泄洪洞中的应用研究。

2　掺气减蚀试验研究

前期设计中,1# 泄洪洞采用一坡到底的纵向布置形式,进口底板高程 260 m,出口底板高程 224.5 m,洞身全长 570 m,纵坡 6.25%,沿线设置 7 道掺气坎槽,出口挑流消能。设计洪水位下,1# 泄洪洞下泄流量 2 205 m³/s,进口有压短管出流最大流速约 28 m/s,出口挑流鼻坎前最大流速超过 33 m/s,全洞大部分洞段流速大于 30 m/s,属高速水流隧洞,抗空蚀要求高。为确保工程运行安全,在进行泄洪洞设计时,从解决泄洪洞防空蚀研究入手,开展了一系列的掺气减蚀试验研究工作。

长江水科院在减压箱内进行空化模型试验及掺气效果验证时,经过多种不同掺气坎体型试验分析表明,在 6.25% 纵坡隧洞内,各掺气坎掺气效果均不理想,坎下掺气槽极易被底部回流淹没封堵,难以形成有效空腔,最终不得不局部改变洞身纵坡来保证掺气效果。试验

基金项目:湖南省水利科技项目(湘水科计[2012]177-5);湖南省水利科技项目(湘水科计[2017]230-28)。

推荐的掺气坎型式及布置为:洞身沿线设置 4 道型式一致的掺气坎,间距 145～155 m;掺气坎上游 20 m 洞段为水平段,坎后设 5 m 平台,平台后接 30 m 长 15% 的斜坡段,其后再接4.28% 的斜坡与下一道掺气坎上游水平段连接;掺气坎为"挑跌坎"型式,坎高 1.1～1.4 m,挑坎为 1:10 的反向挑坎,通气孔尺寸 2 m×0.9 m,掺气坎结构型式见图 1。

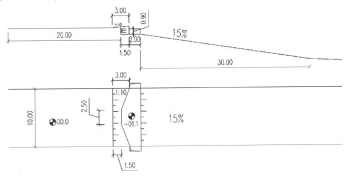

图 1 选定掺气坎体型示意图

根据洞身掺气坎布置及试验流速分布,由于掺气坎的小角度挑流作用,坎后水面出现局部升高,相应部位洞顶需进行加高以满足洞顶余幅要求,试验推荐的洞身纵向布置见图 2。

图 2 试验推荐洞身布置图

试验选定的掺气坎体型可以形成稳定的空腔,掺气效果较好,但洞身底坡及顶拱采用多段折线布置,无法采用钢模台车连续浇筑混凝土衬砌,施工难度加大,衬砌过流表面平整度难以保证;由于洞身底坡频繁变化,洞内水面线受多道掺气坎干扰而极不稳定,模型中时有较大水翅发生,水流流态紊乱,为此,设计开展了洞身纵向布置优化研究。

3 "龙落尾"布置形式

3.1 "龙落尾"布置思路

泄洪洞"龙落尾"布置形式,即上游大部分洞段采用较小纵坡和尾部小范围洞段采用较大纵坡组合的布置形式。该布置的思路是:首先通过合适的纵坡选择,尽量控制上游主洞段水流流速相对较小、恒定,避免出现高速水流现象,达到取消掺气设施、减轻减蚀保护难度的目的;然后将能量集中在尾部设置短陡坡形成高速水流,方便设置掺气效果良好的掺气坎,并通过一个掺气坎对小范围高速水流区达到良好的保护效果。

3.2 洞身纵坡选择

3.2.1 主洞段纵坡

合理选择主洞段纵坡,将主洞段水流流速控制在一定范围内达到减少甚至取消掺气减蚀设施的目的,同时,控制沿线水面线尽量与底板纵坡平行,即接近均匀流,既可保证主洞断面一致,方便钢模台车连续施工,又可使洞身获得最经济的断面尺寸。

1#泄洪洞进口底板高程 260 m,工作弧形闸门全开时最大出流流速约 28 m/s,国内众多工程经验及试验研究表明,该流速已接近不设掺气设施的混凝土衬砌泄洪洞流速上限(30 m/s)。因此,上游主洞段纵坡选择以全线过水断面均匀、流速在 28 m/s 左右为原则。采用均匀流公式计算,最终选择主洞 0 + 000 m 至终点 0 + 515 m 段纵坡为 3.5%,经单体模型试验验证,沿程水面线均匀稳定,近似均匀流。

3.2.2 "龙落尾"段纵坡

在已经选定的上游主洞段纵坡的基础上,根据泄洪洞出口地形地质条件,综合考虑出口挑流消能要求、掺气保护范围以及掺气减蚀效果等因素,并通过模型试验,最终确定"龙落尾"段纵坡为 20%,纵坡长 62 m,坡底通过反弧曲线与出口明渠底板 228.0 m 衔接。

3.3 掺气坎布置

掺气坎布置于"龙落尾"陡坡起点 0 + 515 m 桩号处,上接 3.5% 纵坡、下接 20% 纵坡。经单体模型试验优化,掺气坎体型采用翼型坎,掺气效果良好,掺气空腔稳定。由于掺气量明显加大,将通气管尺寸加大至 2 m×1.6 m。掺气设施体型示意图见图 3,掺气坎布置示意图见图 4。

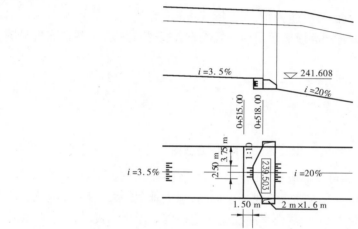

图 3　掺气设施体型示意图

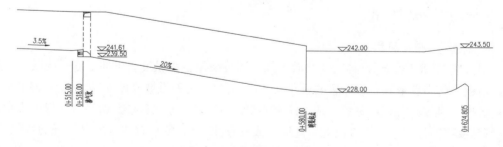

图 4　掺气坎布置示意图

3.4 试验验证

(1)在各库水位工况下,3.5% 纵坡主洞段水流较平顺,整个城门洞洞身段的水面均未超出直墙顶部,洞顶余幅均满足规范要求。

(2)"龙落尾"布置方案的掺气坎下能形成稳定的空腔,较好地解决了原方案中存在的空腔回溯积水较深的问题,保证了掺气效果。

(3)模型时均压力测试成果表明,掺气坎后无明显不良压力特性,坎后底板未出现不利的动水冲击压力,底坡坡比取值合理。

(4)通气管风速及通气量试验成果表明,通气管内的最大风速小于60 m/s。

(5)掺气坎后斜坡段内底板掺气浓度均大于1.5%,空蚀破坏可能性不大;反弧段内(掺气坎后50.3~66.8 m范围)底板掺气浓度最小,约为0.3%,仍具有一定的掺气减蚀效果;而反弧后至挑流坎末端43.9 m范围的底板掺气浓度较小,需严格控制衬砌表明平整度。

4 结构设计

4.1 掺气水深计算

对明流泄洪洞,如果掺气水深估计不足,洞顶余幅留得过小,可能导流明满流交替现象发生,水流不间断击拍洞壁而威胁洞室安全;而掺气水深估计过大,又会增大隧洞断面尺寸,投资增加,造成不必要的浪费。根据《掺气减蚀模型试验规程》(SL 157—2010),模型水流流速大于6.0 m/s时,模型水流掺气才与原型相似,因本模型(1/40)水流流速未达6.0 m/s,模型试验无法提出掺气水深。因此,通过计算合理估计高速水流掺气水深是十分必要的。

4.1.1 计算公式

关于掺气水深的计算确定,目前主要以经验公式为主,本文对几个主要经验公式进行了对比分析。

(1)公式一(溢洪道设计规范公式)。

$$h_b = \frac{h}{\beta} = \left(1 + \frac{\zeta v}{100}\right) h$$

式中:h、h_b为泄槽计算断面的水深及掺气后的水深,m;v为不掺气情况下泄槽计算断面的流速,m/s;ξ为修正系数,可取1.0~1.4 s/m,流速大者取大值,取1.4。

(2)公式二(霍尔公式)。

$$h_b = \frac{h}{\beta}, \quad \beta = \frac{1}{K\frac{v^2}{gR} + 1}$$

式中:h、h_b为计算断面的水深及掺气后的水深,m;β为含水比(气水混合物中水所占的比例);K为槽壁材料系数,混凝土渠槽取值0.006;v为不掺气情况下泄槽计算断面的流速,m/s;R为水力半径,m。

(3)公式三(王俊勇公式)。

$$h_b = \frac{h}{\beta}, \quad \beta = 0.937\left(\frac{v^2}{gR}\psi\frac{b}{h}\right)^{0.088}, \quad \psi = \frac{n\sqrt{g}}{R^{1/6}}$$

式中:b为计算断面底宽,m;n为糙率,取0.014;其他符号意义同前。

4.1.2 计算结果

采用上述经验公式计算设计水位工况下上游缓坡段掺气水深,计算结果如表1所示。

表1　计算掺气水深对比表

糙率 n	0.014	公式一			公式二			公式三		
泄槽宽度 b(m)	10.0	修正系数 ξ	含水比 β	掺气水深 h_b(m)	槽壁材料系数 K	含水比 β	掺气水深 h_b(m)	ψ	含水比 β	掺气水深 h_b(m)
单宽流量 q (m³/(s·m))	220.5									
泄槽底坡 i	0.035									
计算清水深 h(m)	7.84									
流速 v(m/s)	28.1	1.4	0.72	10.89	0.006	0.86	9.08	0.04	0.92	8.52
水力半径 R(m)	3.05									

4.1.3　掺气水深取值

影响水流掺气的主要因素有泄槽糙率 n、弗劳德数 Fr、坡度及边界条件等，1#泄洪洞主洞段具有单宽流量大、底坡小、弗劳德数低及流速高等特点。溢洪道规范推荐的掺气水深计算公式考虑影响因素单一，只与流速相关，计算值偏大；霍尔公式考虑了弗劳德数、泄槽粗糙度及流速的影响，计算值居中；王俊勇公式考虑了糙率、弗劳德数、泄槽宽深比及流速的影响，计算值相对较小。涔天河 1#泄洪洞主洞段尽管流速较大，但纵坡较缓，过流断面均匀顺直，上游无掺气设施，自然掺气条件较差，采用溢洪道规范公式偏保守。国内小湾电站泄洪洞、黄连山水库溢洪洞经模型试验验证，掺气水深与霍尔公式计算值较吻合。因此，设计最终采用类似工程采用较多且相对安全的经验公式——霍尔公式计算掺气水深、确定洞身断面尺寸。

4.2　洞身断面设计

依据水工隧洞设计规范，高流速无压隧洞掺气水面以上的空间宜为断面面积的 15% ~ 25%，且水面不宜越过直墙。

主洞段纵坡 3.5%，近似明渠均匀流，断面流速约 28 m/s，掺气水面以上净空面积按不小于总断面面积的 25% 控制。经沿程计算水面线与模型实测水面线对比分析及掺气水深计算，确定洞身断面尺寸 10 m×13.2 m（宽×高），直墙高度 10.5 m，顶拱圆心角 112°，设计水位工况下计算掺气水面以上净空面积占总断面面积的 26.7%。

"龙落尾"洞段纵坡 20%，水流沿程加速，掺气前清水深应小于上游缓坡段水深，但受掺气坎挑射及掺气影响，水面波动较大，试验实测水面线远高于计算值，最终根据掺气坎单体模型试验成果确定洞身高度 16.2 m，直墙高度 13.5 m，顶拱角度 113.5°，洞身宽度 10 m 不变。

4.3　掺气减蚀措施

4.3.1　衬砌结构

1#泄洪洞洞身围岩厚层状砂岩，以Ⅲ类为主，但破碎夹层较发育，考虑到掺气水深采用值比溢洪道规范公式计算小得多，且泄洪时洞内难免产生雾化及偶然水翅，因此该泄洪洞全断面采用钢筋混凝土衬砌，衬砌底板过流面设置 60 cm 厚 C40HF 混凝土，侧墙采用常规 C40 混凝土，顶拱为常规 C25 混凝土，衬砌厚度 0.8 ~ 1.5 m。

4.3.2　掺气坎设计

该泄洪洞设置一道掺气坎,布置于"龙落尾"陡坡起点 0 + 515 m 桩号处,上接 3.5% 纵坡,下接 20% 纵坡。采用翼型坎结构,挑角反坡 1∶10,坎高 2.26 ~ 2.41 m,底部气腔宽 2 ~ 3.5 m,掺气坎全部采用 C40HF 混凝土。左右侧墙各布置一个 2 m × 1.6 m 的通气孔至洞顶,洞顶设两个 2 m × 1.6 m 的进气口。

4.3.3　平整度控制

根据工程运用调研成果,1#泄洪洞过流表面不平整度要求控制在 3 mm 以内,平整度不达标部位要求通过打磨,使纵向坡度不大于 1/40,横向坡度不大于 1/30。

5　结　语

"龙落尾"布置形式在浐天河水库扩建工程 1#泄洪洞的应用,大大缩小了泄洪洞高速水流空蚀影响范围,优化了洞身断面尺寸,减少了掺气坎数量,保证了高流速区的掺气效果,降低了隧洞衬砌施工难度,加快了施工进度,提高了工程运行安全度,工程效益显著。该布置形式在高速水流泄洪洞设计中具有一定的借鉴意义。

参 考 文 献

[1] 长江水利委员会长江科学院.浐天河水库扩建工程 1#泄洪洞单体模型试验报告[R].武汉:2013.
[2] 长江水利委员会长江科学院.浐天河水库扩建工程 1#泄洪洞局部体型减压模型试验研究报告[R].武汉:2013.
[3] 高速水流论文丛译:第一辑 第一册[M].北京:科学出版社,1958.
[4] 水工设计手册:第 1 卷,基础理论[M].2 版.北京:中国水利水电出版社,2013.
[5] 王俊勇.明渠高速水流掺气水深计算公式的比较[J].水利学报,1981(5):48-52.
[6] 曾玉娟.无压泄洪洞高速水流掺气水深的计算分析[J].云南水力发电,2001(3):62-64.
[7] 李静,胡国毅.泄洪洞掺气减蚀设施空腔回水研究[J].长江科学院院报,2013,30(8):50-53.
[8] 蒙富强.长河坝水电站泄洪洞掺气减蚀设施设计[J].水力发电,2016,42(10):36-38.
[9] 梁尚英.泄洪洞掺气减蚀探讨[J].水利规划与设计,2017(4):51-54.
[10] 向庆银,刘杰.岸坡弯道式溢洪道优化设计应用[J].水利技术监督,2017(6):166-169.

【作者简介】　杨志明(1966—),男,研究员级高级工程师。E-mail:769591943@ qq. com。

田间工程装配式结构在绰勒水利枢纽下游内蒙古灌区的应用

马莅春　贺文华　李　璇　杨文静

（内蒙古自治区水利水电勘测设计院，呼和浩特　010020）

摘　要　灌区田间工程装配式结构应用。

关键词　渠道防渗；衬砌结构型式；节水灌溉；装配式结构

1　项目背景

绰勒水利枢纽下游内蒙古灌区（简称绰勒灌区）位于内蒙古自治区东北部兴安盟扎赉特旗境内，地处嫩江右岸一级支流绰尔河的中下游。绰勒水利枢纽以灌溉为主，兼顾防洪、发电。绰勒灌区是国家 172 项重大水利工程之一，灌区灌溉面积 41.02 万亩，其中水田 8.25 万亩、水浇地 32.77 万亩。工程总投资 8.50 亿元，其中骨干工程投资 5.19 亿元、田间工程投资 1.47 亿元。

绰勒灌区主要建设内容是新建、扩建灌溉引水枢纽工程、骨干灌排渠沟系工程、山洪沟治理工程以及田间工程等。其中，骨干渠系工程包括：新建总干渠 3 条，总长度 20.19 km；干渠（分干渠）11 条，总长度 111.93 km；支渠 58 条，总长度 238.23 km；灌溉渠道衬砌总长度 370.34 km，全部采用现浇或预制 C20 混凝土板梯形衬砌断面；配套渠系建筑物 1 732 座。骨干工程于 2015 年 8 月开工，工期 3 年，目前已近尾声。

绰勒田间工程建设任务为农业灌溉，配套田间渠、沟、路、林、建筑物及土地平整。

绰勒灌区批复的建设规模为 41.02 万亩，田间工程批复建设面积为 28.35 万亩（其余 12.67 万亩田间工程已在其他项目中批复）。

受投资总额的限制，田间工程批复投资为 14 752.7 万元，远远不能满足田间工程建设的资金需求。根据资金落实到位情况，确保田间工程建设能够按照设计标准完成，工程将分期实施：一期实施初步设计已批复投资对应的田间工程，可实施面积约 9.4 万亩；二期采用整合资金，实施剩余部分。

一期田间工程：斗渠、农渠全部衬砌，共衬砌渠道 701 条，总长 341.59 km。其中 $0.2 \leqslant Q < 0.3 \ \mathrm{m^3/s}$ 的斗、农渠 34 条，总长 45.01 km，采用 UD700 矩形槽；$0.1 < Q < 0.2 \ \mathrm{m^3/s}$ 的斗渠、农渠 168 条，总长 104.46 km，采用 UD600 矩形槽；$Q \leqslant 0.1 \ \mathrm{m^3/s}$ 的斗渠、农渠 499 条，总长 192.12 km，采用 UD500 矩形槽。

2　灌区田间渠道衬砌现状

目前，灌区田间渠道衬砌结构多采用预制混凝土 U 形槽，其在生产工艺、施工、运行管理、占地等方面主要存在以下问题：

（1）受生产工艺影响，U形槽糙率较大。

由于U形槽采用干硬性混凝土压制生产工艺，所以生产出的U形槽内外壁粗糙，糙率较大，对水流的阻力大，容易造成淤积。

另外U形槽混凝土密实度不均匀，抗渗性能无法保证，为了使渠道具有良好的防渗性能，需在基础底部加设土工膜，因此增加了建设费用。

（2）施工较复杂。

受生产工艺及施工的制约，U形槽的长度一般为500 mm；人工安装，施工较复杂，受温度影响，U形槽冬季不做渠槽土方回填工程。

（3）后期运行管理维护费用高。

U形槽抗冻性能较差，运行中易发生冻胀位移、渠道渗水错位等情况，破坏较严重，使用寿命短。一般3~5年后，需进行大面积维修，后期运行维护费用较高。

（4）占地较大，增加社会矛盾。

预制混凝土U形槽开口宽一般在1.0 m左右，且两侧渠顶宽度为1.0 m，一般占地宽度在5 m左右，占地面积较多，造成了土地资源的浪费，社会矛盾较大，增加实施难度。

3 灌区田间工程装配式结构应用及设计方案

3.1 渠道衬砌结构型式

3.1.1 渠道衬砌结构形式选择原则

为减少渠道输水损失、提高渠系水利用系数、节约用水、提高灌溉效益，田间工程的斗渠及农渠要全部衬砌。

渠道防渗衬砌结构型式的选择，应根据当地的气候、地形、土质、地下水位的自然条件，渠道大小、输水方式、防渗标准、耐久性等工程要求，水资源条件、地表水和地下水结合运用情况，土地利用、材料来源、劳动力、能源及机械设备供应情况等社会经济和生态环境选定。防渗结构贯彻因地制宜、就地取材的原则，并满足下列要求：①防渗效果好，最大渗漏量能满足工程要求；②经久耐用，使用寿命长；③输水能力和防淤抗冲能力高；④施工简易，质量容易保证；⑤管理维修方便，价格合理。

3.1.2 衬砌结构型式选择

根据防渗衬砌结构的适用条件和使用年限，结合本灌区初步设计成果，斗渠、农渠设计流量均小于0.3 m³/s，本次设计选择两种方案进行比较。

3.1.2.1 方案一：预制混凝土U形槽方案

灌区原初步设计中田间工程衬砌渠道采用预制混凝土U形槽。根据灌区田间工程斗、农渠的设计流量，选用D800、D600两种槽型。

3.1.2.2 方案二：装配式钢筋混凝土矩形槽方案

装配式钢筋混凝土矩形槽为工厂预制加工，渠道断面型式为矩形。根据灌区田间工程斗、农渠的设计流量，选用UD700、UD600、UD500三种槽型（见表1）。

表 1　田间斗渠、农渠装配式钢筋混凝土矩形槽与 U 形槽渠道水力计算比较

流量 (m³/s)	比降	槽型		糙率		渠深(m)		流速(m/s)		槽体宽度(cm)	
		C30 矩形槽	C20 U形槽	C30 矩形槽	C20 U形槽	C30 矩形槽	C20 U形槽	C30 矩形槽	C20 U形槽	C30 矩形槽	C20 U形槽
0.27	1/1 000	UD700	D800	0.014	0.015	0.7	0.7	0.79	0.73	84	112
0.2	1/1 000	UD600	D800	0.014	0.015	0.6	0.7	0.74	0.7	72	112
0.1	1/1 000	UD500	D600	0.014	0.015	0.5	0.6	0.62	0.59	62	93.2

根据渠道的比降、设计流量,渠道所处的地质条件,采用工厂预制的钢筋混凝土矩形槽、分水口(三通)、节制闸、进地涵、过路涵和生物通道等通过现场装配施工形成的渠道。使斗渠、农渠、毛渠及渠系配套建筑物形成一个完整的灌溉系统。

3.2　装配式钢筋混凝土矩形渠道的特点及优势

(1)渠道质量稳定。采用定型的模具工厂预制渠槽,每节长 2 m,可以保证外形尺寸精度,使渠道壁厚均匀,混凝土质量可控。提高了工程的安全系数,保证工程的使用寿命。

(2)渠道可配置钢筋。由于渠道采用定型的模具在工厂预制,可以将钢筋预制到渠道构件中,提高槽体强度。

(3)输水效率高。由于钢筋混凝土矩形渠道表面光滑平整,每节渠槽长 2 m,分缝少,渠道糙率低,$n \leqslant 0.014$,故水流阻力小,输水能力强。

(4)防渗效果好。钢筋混凝土矩形槽接口为平口对接或承插口对接,接口采用高分子遇水膨胀橡胶止水,防渗效果好;高分子遇水膨胀橡胶取代土工膜,降低了安装成本。

(5)减少征占地。钢筋混凝土矩形渠道一般开口宽在 0.65 m 左右,渠道总体占地宽度在 2 m 以下,占地面积少,可减小社会矛盾。

(6)安装简便、施工效率高。机械吊装,安装便捷,省时省工,冬季可施工。钢筋混凝土渠槽的安装只要将槽底找平、夯实便可进行安装,安装速度为 350 ~ 450 m/台班,而且劳动力投入比减小。

(7)后期维护费用低。钢筋混凝土矩形渠道表面光滑,糙率低,不易产生淤积;运行中渠道不易发生冻胀位移、渠道渗水错位等情况,使用寿命长;降低了渠道后期的维修费用,管理更加方便。装配式钢筋混凝土矩形槽渠道与预制混凝土 U 形渠道比较见表 2。

表 2　装配式钢筋混凝土矩形槽渠道与预制混凝土 U 形渠道比较

项目	装配式钢筋混凝土矩形渠道	预制混凝土 U 形渠道	比较结果
槽型	①0.2 m³/s ≤ Q < 0.3 m³/s,采用 C30W6F200 混凝土 UD700 矩形槽; ②0.1 m³/s < Q < 0.2 m³/s,采用 C30W6F200 混凝土 UD600 矩形槽; ③Q ≤ 0.1 m³/s,采用 C30W6F200 混凝土 UD500 矩形槽	①0.2 m³/s ≤ Q < 0.3 m³/s,采用 C20W6F200 混凝土 D800U 形槽; ②0.1 m³/s < Q < 0.2 m³/s,采用 C20W6F200 混凝土 D800U 形槽; ③Q ≤ 0.1 m³/s,采用 C20W6F200 混凝土 D600U 形槽	装配式钢筋混凝土矩形渠道比预制混凝土 U 形渠道过流能力大

续表2

项目	装配式钢筋混凝土矩形渠道	预制混凝土U形渠道	比较结果
特点	①为钢筋混凝土结构,强度高; ②具有防渗功能,不需铺设土工膜防渗; ③工厂预制加工,渠体混凝土质量可控; ④渠道表面光滑平整,每节渠槽长2 m,分缝少,糙率0.014,对水流阻力小,输水能力强; ⑤接口为平口对接或承插口对接,槽与槽之间采用遇水膨胀橡胶止水,槽体不易错位,防渗效果好; ⑥相同流量矩形槽开口比U形槽小,节约占地,占地宽度小于2 m,社会矛盾小; ⑦机械吊装,安装便捷,省时省工,冬季可施工; ⑧造价较高; ⑨运行中不易发生冻胀位移、渠道渗水错位等情况,使用寿命长,后期维护费用低	①为混凝土结构,强度较高; ②具有防渗功能,一般需铺设土工膜防渗; ③现场预制,渠体混凝土质量不易控制; ④渠道表面较光滑平整,每块渠槽长0.5 m,分缝较多,糙率0.015,对水流阻力较小,输水能力较强; ⑤槽与槽平口对接,结构缝采用水泥砂浆填接,6 m一道伸缩缝,闭孔发泡板填缝,槽体易错位; ⑥相同流量U形槽开口比矩形槽大,占地面积较多,占地宽度大于5 m,社会矛盾较大; ⑦人工安装,施工较复杂,冬季不做渠槽土方回填工程; ⑧造价较低; ⑨运行中易发生冻胀位移、渠道渗水错位等情况,破坏较严重,使用寿命短,后期维护费用高	经比较,装配式钢筋混凝土矩形渠道除投资大于预制混凝土U形渠道外,其他优点均大于U形渠道

3.3 节水渠道的选择

因预制混凝土U形槽施工及运行中存在诸多问题,绰勒灌区田间渠系工程设计参照临近在建的吉林省松原灌区,以及已建的黑龙江省富裕灌区的成功经验,对衬砌渠道适用条件及施工技术等进行综合分析,同时结合灌区土质、填挖方情况,渠基土层薄、渗漏量大、水量损失比较严重等特点综合考虑,本灌区田间工程衬砌渠道设计采用装配式钢筋混凝土矩形节水渠道(见图1、图2)。

(a) 在建的钢筋混凝土矩形渠

(b) 在建的混凝土U形渠

图1

(a) 运行中的钢筋混凝土矩形渠   (b) 运行中的混凝土 U 形渠

图 2

3.4　装配式钢筋混凝土矩形渠道结构

装配式钢筋混凝土矩形槽根据渠道的宽度可分为矩形和 L 形两种结构。一般规定为：渠口宽度在 300 ～ 1 000 mm 之间的采用矩形结构；渠口宽度大于 1 000 mm 采用 L 形结构。本灌区斗、农渠渠口宽度在 300 ～ 1 000 mm 之间，采用矩形结构。

装配式钢筋混凝土矩形渠道横断面外轮廓为矩形，内轮廓为梯形，槽壁内侧为斜边其倾角为 3° ～ 10°；槽内壁与槽底连接处采用倒圆过渡，目的在于增加装配式矩形钢筋混凝土节水槽的抗侧向土压、外部荷载以及水平冻胀的性能。槽口宽度与槽深比为 1∶1。

矩形装配式钢筋混凝土矩形渠道接口形式主要有平口、楔形接口（见图 3、图 4）等形式。

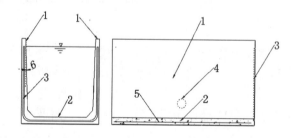

1—槽口宽度；2—槽底厚度；3—密封槽；4—吊装孔；5—钢筋；6—内壁倾角

图 3　平口装配式钢筋混凝土矩形槽结构示意图

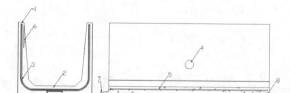

1—槽口宽度；2—槽底厚度；3—密封槽；4—吊装孔；5—钢筋；6—内壁倾角；7—插入楔；8—楔子孔

图 4　楔形口装配式钢筋混凝土矩形槽结构示意图

3.5　装配式钢筋混凝土矩形渠道构件及应用

3.5.1　分水口（三通）

在灌溉渠系中，将灌溉用水由上一级渠道向下一级渠道或向同一级渠道的分水的渠道

表3 装配式钢筋混凝土矩形槽渠道与预制混凝土U形渠道投资对比

渠道型式	项目名称	单位	数量	元/亩	万元/9.40万亩
装配式钢筋混凝土矩形渠	UD700渠道衬砌	m	45 010	135	1 269
	UD600渠道衬砌	m	104 458	251	2 359
	UD500渠道衬砌	m	192 121	420	3 948
	节制闸	座	2 280	14	132
	进水闸	座	588	5	47
	毛渠进水闸	座	5 239	35	329
	方涵	座	387	11	103
	渠道占地	亩	1 342	16 000	2 147
	合计			16 871	10 335
预制混凝土U形渠	D800渠道衬砌	m	45 010	63	592
	D800渠道衬砌	m	104 458	135	1 269
	D600渠道衬砌	m	192 121	181	1 701
	节制闸	座	2 280	40	376
	进水闸	座	588	10	94
	毛渠进水闸	座	5 239	12	113
	方涵	座	387	29	273
	渠道占地	亩	2 466	16 000	3 946
	合计			16 470	8 364
矩形渠－U形渠				401	1 971

配件。分水口装配有分水闸,分水闸的形式根据渠道的断面尺寸决定,一般情况下,渠深小于600 mm的分水口可采用手提式梯形闸板或圆形旋转闸门;渠深大于600 mm的分水口一般采用带启闭机的平板弧面闸门。

3.5.2 节制闸

利用闸门启闭调节上游水位和下泄流量,满足下一级渠道的分水、壅水或截断水流进行闸后渠道的检修的预制构件。节制闸一般采用带启闭机的平板弧面闸门。

3.5.3 进地涵

进地涵为毛渠上的进地口,其断面尺寸一般为圆形。

3.5.4 过路方涵

斗渠、农渠与机耕路交叉处,道路与渠道连接的一种预制构件,其作用是保证农业机械、交通工具和作业人员通行。其断面尺寸采用矩形,每节长2 m。

3.5.5 生物通道

为了保证进入渠道中的野生动物能顺利逃生,在渠道中设立的一种带有逃生坡道的预制构件,其作用是保护生态环境,保护野生动物。

装配式钢筋混凝土矩形渠道构件见图5～图11。

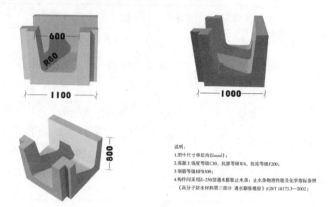

说明：
1.图中尺寸单位均以mm计；
2.混凝土强度等级C30，抗渗等级W6，抗冻等级F200；
3.钢筋等级HPB300；
4.构件间采用Z-250型遇水膨胀止水条；止水条物理性能及化学指标参照
《高分子防水材料第三部分 遇水膨胀橡胶》(GB/T 18173.3—2002)

图5　预制钢筋混凝土渠槽UD600三通构件结构图

说明：
1.图中尺寸单位均以mm计；
2.混凝土强度等级C30，抗渗等级W6，抗冻等级F200；
3.钢筋等级HPB300；
4.构件间采用Z-250型遇水膨胀止水条；止水条物理性能及化学指标参照
《高分子防水材料第三部分 遇水膨胀橡胶》(GB/T 18173.3—2002)；
5.该闸采用明杆机闸用一体式镶铜铸铁圆闸门型号MXY-300，LQ型直柄手
淮式螺杆启闭机型号LQ-0.3

图6　预制钢筋混凝土渠槽进水闸UD600构件结构图

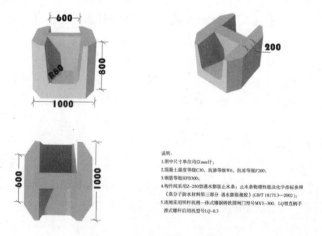

说明：
1.图中尺寸单位均以mm计；
2.混凝土强度等级C30，抗渗等级W6，抗冻等级F200；
3.钢筋等级HPB300；
4.构件间采用Z-250型遇水膨胀止水条；止水条物理性能及化学指标参照
《高分子防水材料第三部分 遇水膨胀橡胶》(GB/T 18173.3—2002)；
5.该闸采用明杆机闸用一体式镶铜铸铁圆闸门型号MXY-300，LQ型直柄手
淮式螺杆启闭机型号LQ-0.3

图7　预制钢筋混凝土渠槽节制闸UD600构件结构图

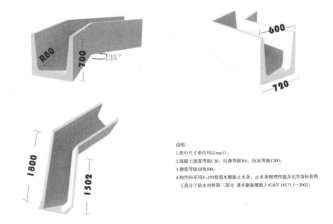

图8 预制钢筋混凝土渠槽UD600135°转角构件结构图

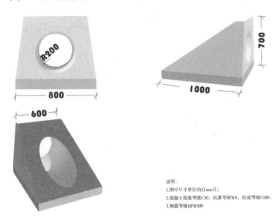

图9 预制钢筋混凝土渠槽进地涵 UD600 构件结构图

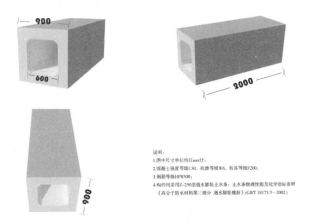

图10 预制钢筋混凝土渠槽过路方涵 UD600 构件结构图

图 11　预制钢筋混凝土渠槽生物通道图

4　结论及推广建议

根据临近东北灌区在建和已建的装配式钢筋混凝土矩形渠槽应用结果,装配式槽体结构在施工及运行管理方面均占有很大优势。虽然建设期矩形槽比 U 形槽投资略大(每亩地多 400 元),但矩形槽比 U 形槽具有结构稳定、强度高、糙率小、安装便捷、施工不受季节影响、使用寿命长、后期运行费低等优点。灌区田间渠系工程设计采用装配式钢筋混凝土矩形槽,在渠道相同流量下,矩形槽开口、堤顶宽度、填土方量均小于 U 形槽,故大大节约了占地面积,减少了社会矛盾,同时节省了水资源,值得在灌区田间渠系工程中推广应用。

【作者简介】　马莅春(1967—),正高级工程师。E-mail:mlc2008009@163.com。

引黄入冀补淀工程老渠村涵闸闸板底高程分析论证

胡永生 苏 丹 戴菊英

(黄河勘测规划设计有限公司,郑州 450003)

摘 要 针对引黄入冀补淀工程渠首段老渠村涵闸拆除重建设计情况,结合老渠村涵闸原底板高程、现设计涵闸出口地形条件及泄流能力分析、1#分水枢纽过流条件、黄河下游河道冲淤变化及引黄渠首(渠村闸)处的冲刷深等多方面因素,确定了老渠村涵闸原底板高程采用 55.30 m。2017 年 10 月通过通水阶段验收并于 2017 年 11 月通水运行,结合实际通水条件分析,认为新建老渠村涵闸底板高程确定是合理的。

关键词 引黄入冀补淀;老渠村涵闸;底板高程

1 工程概况

引黄入冀补淀工程建设主要任务是向工程沿线部分地区农业供水,缓解沿线地区农业灌溉缺水及地下水超采状况;为白洋淀实施生态补水,保持白洋淀湿地生态系统良性循环;并可作为沿线地区抗旱应急备用水源。工程通过渠村新、老引黄闸同时引水,总引水流量为150.0 m³/s;引黄入冀输水总干渠渠首设计流量为 100.0 m³/s(包括河北出省界调水流量61.4 m³/s、调水损失流量 6.4 m³/s、河南受水区引黄流量 32.2 m³/s)。

工程由河南省濮阳市渠村新渠村闸(维持现状)和老渠村引黄闸(拆除重建)联合引水,经 1#分水枢纽分流入南湖干渠后汇入第三濮清南干渠,沿第三濮清南干渠至金堤河倒虹吸,经皇甫闸、顺河闸、范石村闸,走第三濮清南西支至阳邵节制闸向西北,至清丰县苏堤村穿卫河入东风渠,河南境内全长约 84 km。河北省境内输水线路分冀豫界(穿卫河倒虹吸出口)至白洋淀的主输水线路及滏阳河支线输水线路。主输水线路以穿卫倒虹吸出口(桩号0+000)为起点,经连接渠入留固沟、东风渠、南干渠、支漳河、老漳河、滏东排河、北排河、献县枢纽段、紫塔干渠、陌南干渠、古洋河、韩村干渠、小白河东支、小白河和任文干渠经 12 孔闸(桩号 397+556)最终入白洋淀,线路全长 398 km。

本工程可行性研究报告 2015 年 7 月得到国家发展和改革委员会批复,2015 年 9 月初步设计得到水利部批复,工程总投资 42.41 亿元。该工程被国务院确定为 172 个重大水利工程之一,2015 年 10 月正式开工建设,2017 年 10 月通过通水阶段验收并于 2017 年 11 月通水运行。

2 老渠村闸及连接建筑物拆除重建前现状情况

渠村老引黄闸建成于 1979 年,位于黄河左岸濮阳临黄堤 48+850 处,引水口上距天然文岩渠入黄口 800 m,设计引水流量 100 m³/s。担负着濮阳市城市供水和 193 万亩农田灌溉等任务。

原初步设计闸底板高程 55.89 m(1985 年国家高程基准),设计流量 100 m³/s。考虑到黄河逐年淤积及下游渠道的过流能力,技施设计阶段闸底板高程抬高了 0.5 m,即 56.39 m,其他不变。设计水位 58.89 m,设计防洪水位 65.94 m,校核防洪水位 66.94 m。闸孔数 4 孔,灌溉涵洞尺寸 3.4 m × 3.6 m(宽 × 高) × 4 孔;涵洞长度 96 m,纵坡 $i = 0.005$。按当时技施文件说明,设计过流能力实际为 80 m³/s。

3　新建老渠村涵闸设计情况

老渠村涵闸在原老渠村闸址重建,设计引水流量 100 m³/s。涵闸总长 182 m,闸室部分长 14 m,涵洞段长 168 m。闸室共 6 孔,5 孔灌溉,每孔净宽 4.4 m,1 孔供水,净宽 2.0 m,闸孔净高 4.4 m,闸底板高程 55.30 m(较原老闸现状闸底板高程 56.39 m 低 1.09 m),闸墩顶高程 65.40 m,上部设启闭机房。涵洞布置与水闸对应,6 孔,5 孔灌溉,每孔净宽 4.4 m,净高 4.4 m,1 孔供水,净宽 2.0 m,净高 4.4 m,纵坡 1:500。上游连接段设 7.5 m 长干砌石渐变段及 7.5 m 长浆砌石渐变段与引渠连接,闸室前设 25 m 长 C30 钢筋混凝土铺盖,涵洞出口设 20 m 长的消力池,后设 15 m 长出口渐变段与老渠村衬砌渠道连接。涵闸起点高程 55.30 m,终点高程 54.96 m。

4　老渠村涵闸处的冲淤变化冲刷深度

4.1　小浪底水库蓄水运用以来(1999 ~ 2012 年)

小浪底水库运用以来(1999 年 11 月至 2012 年 10 月),由于小浪底水库拦沙和调水调沙,黄河下游各个河段均发生了明显冲刷,下游河道利津以上河段共冲刷 19.40 亿 t。

从冲刷量的沿程分布来看,高村以上河段和艾山以下河段冲刷较多,高村至艾山河段冲刷比较少。其中,高村以上河段冲刷 16.02 亿 t,占冲刷总量的 71.4%;艾山以下河段冲刷 3.19 亿 t,占冲刷总量的 14.0%;高村至艾山河段冲刷 3.23 亿 t,占下游河道冲刷总量的 14.4%。从时间分布来看,冲刷主要集中在汛期,汛期下游河道共冲刷 15.44 亿 t,占年总冲刷量的 68.8%。黄河引水口渠村老闸位于高村断面上游约 6.2 km,渠村新闸位于高村断面上游约 7.55 km,引水口所在的花园口—高村河段 1999 年 11 月至 2012 年 10 月累计冲刷了 9.42 亿 t。

4.2　引黄渠首(渠村闸)处的冲刷深度

小浪底水库运用以来,通过水库拦沙和调水调沙使黄河下游主槽发生持续的冲刷下切,同流量水位明显下降,高村同流量水位已经降低约 2.5 m。目前,小浪底水库已进入拦沙后期,剩余约 45 亿 m³ 拦沙库容,仍有一定的拦沙作用,下游河道仍将进一步发生冲刷,因此引水闸底板高程设计时,还应充分考虑小浪底水库对下游河槽继续冲刷下切的影响。随着小浪底水库拦沙库容逐渐淤积减小,进入下游河道水流含沙量将增大,下游河道又将处于淤积抬高状态。

《小浪底水库拦沙期防洪减淤运用方式研究》(黄河勘测规划设计有限公司,2012 年)项目中,基于黄河未来水沙变化预测,选取了设计水沙代表系列,按照小浪底水库推荐的水库运用方式,利用水沙数学模型对黄河下游河道冲淤变化趋势进行预测,结果表明,小浪底水库拦沙后期黄河下游河道仍将持续冲刷约 8.96 亿 t,其中高村以上河段累计最大冲刷

4.26 亿 t。按照河道主河槽面积,推算得主槽将继续下切 0.88 m。

5 引水口正常设计引水位

5.1 设计引水相应大河流量

据《黄河下游引黄涵闸、虹吸工程设计标准的几项规定》(黄工字(1980)第 5 号文),设计引水相应大河流量,应按表 1 采用。渠村老引黄闸取水口位于青庄断面上游约 1.2 km,位于夹河滩(三)水文站下游约 77 km,高村水文站上游约 6.2 km,渠村新引黄闸取水口位于青庄断面上游约 2.55 km,位于夹河滩(三)水文站下游约 75.65 km,高村水文站上游约 7.55 km,渠村新、老引黄闸处设计引水相应大河流量采用夹河滩站和高村站流量的内插值,均约为 450 m³/s。

表 1 设计引水相应大河流量

控制站	花园口	夹河滩	高村	孙口	艾山	泺口	利津
流量(m³/s)	600	500	450	400	350	200	100

5.2 正常设计引水位

根据《黄河下游引黄涵闸、虹吸工程设计标准的几项规定》(黄工字(1980)第 5 号文),设计引水相应大河流量的水位即为设计引水位。设计引水位采用工程修建时前 3 年平均值。

设计引水位推算采用以下两种方法。

方法一:利用高村站 2012~2014 年实测水位—流量关系曲线,查出大河流量 450 m³/s 时,相应的水位平均值 $\bar{z}_{高村} = 58.05$ m,根据 2012~2014 年青庄和高村大断面测验以及 2012 年地形测量时的水边点高程,推算至渠村老引黄闸引水口处大河的水位为 58.83 m。

方法二:利用夹河滩站 2012~2014 年实测水位—流量关系曲线,查出大河流量 450 m³/s 时,相应的水位平均值 $\bar{z}_{夹河滩} = 71.41$ m,利用高村站 2012~2014 年实测水位—流量关系曲线,查出大河流量 450 m³/s 时,相应水位平均值 $\bar{z}_{高村} = 58.05$ m,推算至渠村老引黄闸引水口处大河的水位为 59.05 m。

从引水安全出发,选取 58.83 m(可行性研究阶段 59.03 m)作为渠村老引黄闸前设计引水位。渠村新引黄闸(三合村闸)选取 58.99 m(可行性研究阶段 59.22 m)作为渠村老引黄闸前设计引水位。

6 老渠村涵闸底板高程确定情况

6.1 老渠村涵闸底板高程确定考虑的因素

显然,作为本工程最重要的控制性工程,老渠村涵闸底板高程的确定是设计的关键。闸底板高程拆除前现状设计高程 56.39 m。从有利于引水条件分析,闸底板高程应尽可能降低,使本工程引水受大河下切的影响尽可能小。由于本工程位置特殊,闸孔尺寸净宽受到限制,底板高程太低则同时造成大河回淤时容易淤积,出口开挖工程量大,征地面积加大,还可能影响预沉池的隔堤,受分水枢纽底板控制条件的限制,也不允许一个一味地降低闸底板高程。

因此,闸底板高程确定需要考虑现设计涵闸出口地形条件及泄流能力分析、1#分水枢纽过流条件、黄河下游河道冲淤变化及引黄渠首(渠村闸)处的冲刷深等多方面因素综合确定。

6.2 项目建议书阶段闸底板高程设计

由于大河水位下切情况每年都在变化,项目建议书阶段在 2011 年 11 月开始设计,所以在项目建议书阶段分析渠村新、老引黄闸的设计引水位分别为 59.58 m、59.36 m。项目建议书阶段在引水位条件下闸底板高程为 56.39 m 时能满足 100 m³/s 过流能力要求。

6.3 可行性研究阶段新、老渠村闸在引水能力复核水位条件下过流能力计算分析

经分析,老渠村闸可行性研究阶段设计引水位 59.03 m 条件下闸底板高程为 56.39 m 时仍能满足 100 m³/s 过流能力要求。新渠村闸可行性研究阶段设计引水位 59.22 m 条件下能满足 50 m³/s 过流能力要求。为保证工程安全、合理确定闸底板高程,需要对引水能力复核水位条件进行泄流能力分析。

根据可行性研究阶段对黄河下游冲刷情况的进一步分析,该段河道还将进一步受到冲刷,根据水文分析成果,老渠村闸在极端条件下复核引水位为 58.15 m(新渠村闸在极端条件下复核引水位为 58.34 m),与设计引水位相差 0.88 m,为了尽可能增大引水能力复核水位下建筑物过流能力,考虑适当降低老渠村闸底板高程。

经复核新渠村闸及老渠村闸在复核引水位条件下过流能力分别见表 2、表 3。

表 2　新渠村闸泄流能力复核(现状闸底板高程 57.29 m)

工况	闸前计算水位(m)	分水枢纽控制水位(m)	计算泄流能力 Q(m³/s)
工况 1	58.34(现复核水位)	分水枢纽 58.55 降 0.3	0
工况 2	58.34(现复核水位)	分水枢纽 58.55 降 0.5	25
工况 3	58.34(现复核水位)	分水枢纽 58.55 降 0.8	26

表 3　老渠村闸泄流能力复核(项目建议书闸底板高程 56.39 m)

工况	计算条件			计算泄流能力 Q (m³/s)
	闸前计算水位(m)	分水枢纽控制水位(m)	底板高程(cm)	
工况 1	设计降到复核水位 58.15	分水枢纽 58.55 不变	底板高程不变	不能自流引水
工况 2	设计降到复核水位 58.15	分水枢纽 58.55 降 0.8	底板高程不变	65
工况 3	设计降到复核水位 58.15	分水枢纽 58.55 降 0.4	底板降底 50	0
工况 4	设计降到复核水位 58.15	分水枢纽 58.55 降 0.6	底板降底 50	65
工况 5	设计降到复核水位 58.15	分水枢纽 58.55 降 0.7	底板降底 50	80
工况 6	设计降到复核水位 58.15	分水枢纽 58.55 降 0.8	底板降底 50	90

从表 2、表 3 分析可知,新渠村闸在复核引水位条件下最大过流能力仅 26 m³/s,在小流量引水条件下,闸前引水渠很容易淤死导致无法引水,因此新渠村闸在复核引水位条件下引水保证程度很低且运行费用极大;而老渠村闸在复核引水位条件下若维持现有底板设计高程不变,引水能力也将大大降低(分水枢纽 58.55 m 水位则不能自流引水)。

6.4 可行性研究阶段老渠村闸底板高程降低可行性方案分析

为提高复核引水位条件下的引水保证程度,在可行性研究阶段考虑适当降低老渠村闸的设计底板高程。根据1#分水枢纽前的布置分析,维持渠道纵坡不变等条件下老渠村闸底板高程在原设计高程的基础上最低可降低高度0.77 m。因此,本阶段对闸底板高程的选取拟定以下3个方案:

(1)维持原设计底板高程56.39 m不变,该高程与现状底板高程一致。

(2)原设计底板高程降低0.5 m为55.89 m,该高程与老渠村闸修建前设计高程一致。

(3)原设计底板高程降低0.77 m为55.62 m,该高程为极限底板高程。

老渠村闸的过流能力不仅与闸底板高程有关,还与1#分水枢纽控制水位有关。在老渠村闸进口为引水能力复核水位58.15 m情况下,1#分水枢纽维持58.55 m显然无法引到水。1#分水枢纽水位降低可以增大老渠村闸的过流能力但会减少南湖干渠的输水能力。为此考虑将1#分水枢纽水位降低,分析不同的水位条件下老渠村闸过流能力和南湖干渠渠道输水能力。

随着1#分水枢纽水位的降低,老渠村闸过流能力增大,但南湖干渠过流能力减小,这样逼迫1#分水枢纽水位抬高,随着分水枢纽水位的抬高,老渠村闸过流能力减小,南湖干渠过流能力增大,最终达到一个平衡水位,在此水位情况下,老渠村闸和南湖干渠过流能力相等。

闸孔宽度维持不变,针对上述三个方案分别计算复核引水位时其单独为南湖干渠供水的情况下的供水能力和平衡水位,老渠村闸及南湖干渠过流能力复核分别参见图1~图3。结果汇总见表4。

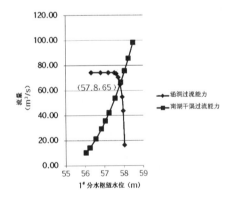

图1 复核水位闸底板不降与1#分水枢纽水位—流量关系

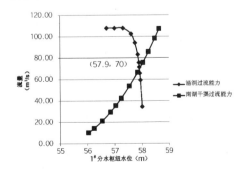

图2 复核水位闸底板降0.5 m与1#分水枢纽水位—流量关系

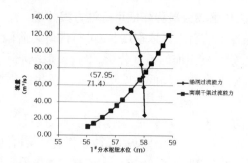

图 3　复核水位闸底板降 0.77 m 与 1# 分水枢纽水位—流量关系

表 4　复核水位下老渠村闸底板高程可行性方案计算结果汇总

计算工况	底板高程(m)	分水枢纽平衡水位(m)	老渠村闸和南湖干渠引水能力(m³/s)
工况 1	底板高程 56.39 不变	57.8	65
工况 2	底板高程降低 0.5	57.9	70
工况 3	底板高程降低 0.77	57.95	71.4

　　由此可知由于受限于南湖干渠的引水能力,随着闸底板高程的降低幅度增大,其对过流能力的影响逐步降低,而工程投资则逐步增大,工程布置难度也将增大。经综合考虑,该阶段将闸底板高程在原设计基础上降低 0.5 m,即方案二 55.89 m。底板高程降低后,为安全起见,原设计闸孔宽度维持不变,在设计引水位条件下,其过流能力有所增加,为 130 m³/s。

6.5　初步设计阶段闸底板高程确定情况

　　初步设计阶段,老渠村闸大河设计引水位 58.83 m,较可行性研究阶段又降低 0.20 m,1# 分水枢纽控制水位若继续维持 58.55 m,则老渠村闸总的水头仅 0.28 m,显然现有水力条件无法满足工程布置。为此初步设计需在可行性研究阶段分析确定基础上适当降低南湖干渠渠首闸后设计控制水位,为渠首段争取更多的水头,经设计单位分析确定分水枢纽南湖干渠闸后水位调整为 58.20 m(较降低 0.15 m),南湖干渠渠首渠道底部高程同时较可行性研究阶段降低约 20 cm。分水枢纽控制水位按照 58.35 m 设计,这样渠首段总水头为 0.48 m。

　　按照初步设计新的水力计算条件,需要对原闸底板高程适当降低,经综合分析确定南湖干渠渠首进水闸底部高程为 54.80 m(可行性研究 55.04 m)。依此为老渠村闸末端底板高程进行水力调算并分析确定老渠村闸底板高程 55.30 m(可行性研究 55.89 m),较可行性研究降低 0.59 m。

7　通水运行情况

　　本工程结合项目建议书、可行性研究的大河水位分析初步成果,最终依据初步设计阶段论证分析的(2015 年 5 月)大河水位设计引水位 58.83 m 及其他多方面因素确定闸底板高程为 55.30 m(见表 5)。2017 年 11 月试通水实测大河流量及水位情况见表 6。

表 5 老渠村涵闸初设设计基本数据

项目	单位	数值	说明
大河设计流量	m³/s	450	2015 年 5 月确定
设计引水位	m	58.83	
闸底板高程	m	55.30	
闸前水深	m	3.53	
涵闸设计引流量	m³/s	100	

表 6 老渠村涵闸 2017 年 11 月通水实测大河水位与大河流量

项目	单位	数值				
大河流量	m³/s	590	676	637	550	523
实测大河水位	m	59.07	59.12	59.04	58.9	58.84
闸底板高程	m	55.30	55.30	55.30	55.30	55.30
闸前水深	m	3.77	3.82	3.74	3.46	3.54
涵闸引流量	m³/s	—	—	—	—	—
实测日期		4 日	5 日	6 日	15 日	11 日

2017 年 11 月通水期间实测结果表明,大河流量 523 m³/s 时,大河水位 58.84 m,大河水位与设计水位 58.83 m 基本一致,流量比设计流量稍大 73 m³/s。说明初步设计启动至通水两年来大河仍在下切,下切已逐渐减小,在常水位 500 m³/s 左右情况下,闸前仍能保持 3 m 以上的水深,老渠村涵闸的引水条件是完全有保障的,经计算分析在常水位 500 m³/s 左右情况下,老渠村涵闸可以引到 100 m³/s,满足引黄入冀补淀工程的最大引水流量要求。

8 结 语

濮阳老渠村涵闸作为引黄入冀补淀工程最重要的控制性工程,其底板高程的确定是设计的关键。老渠村涵闸闸底板高程确定过程经历了项目建议书、可行性研究、初步设计三个阶段,设计充分考虑了各个阶段引黄口大河水位分析成果和老渠村涵闸处的大河下切情况;同时结合可行性研究阶段老渠村涵闸的泄流能力分析成果及 1# 分水枢纽的控制水位等多方面分析论证,最终确定闸底板高程为 55.30 m。通过通水运行情况实测分析,在工程运行相当长一段时间内,在设计引水位条件下,闸前实际水深是有保证的,引水条件是可靠的,因此闸底板高程确定的结果是合理的。

参 考 文 献

[1] 濮阳县渠村引黄灌溉闸竣工报告[R]. 郑州:黄河渠村灌溉闸施工指挥部,1979.
[2] 黄河渠村灌溉闸施工指挥部. 濮阳县渠村引黄灌溉闸验收鉴定书[R]. 郑州:黄河渠村灌溉闸施工指挥部,1980.
[3] 小浪底水库拦沙期防洪减淤运用方式研究[R]. 郑州:黄河勘测规划设计有限公司,2012.

[4] 引黄入冀补淀工程项目建议书(渠首段)[R].郑州:黄河勘测规划设计有限公司,2013.

[5] 引黄入冀补淀工程可行性研究报告渠首段)[R].郑州:黄河勘测规划设计有限公司,2015.

[6] 引黄入冀补淀工程初步设计报告渠首段)[R].郑州:黄河勘测规划设计有限公司,2015.

【作者简介】 胡永生(1965—),男,教授级高级工程师,从事水工结构设计和研究工作。E-mail:13343861899@189.cn。

引黄入冀补淀工程新、老渠闸联合应用方案研究

胡永生　苏　丹　戴菊英

（黄河勘测规划设计有限公司,郑州　450003）

摘　要　引黄入冀补淀工程经论证需要从渠村引黄闸取水,老渠村闸因为天然文岩渠曾经污染引水口而停用废弃,并于 2016 年新建了三合村渠村闸(新渠村闸)。本文针对引黄入冀补淀工程引黄口取水方案比选阶段对三合村渠村闸(新渠村闸)和老渠村闸如何运用进行了详细的论述,为本工程最终选定新老渠村闸运行方案提供了重要依据。

关键词　引黄入冀补淀;老渠村闸;新渠村闸;联合应用方案

1　工程概况

引黄入冀补淀工程建设主要任务是向工程沿线部分地区农业供水,缓解沿线地区农业灌溉缺水及地下水超采状况;为白洋淀实施生态补水,保持白洋淀湿地生态系统良性循环;并可作为沿线地区抗旱应急备用水源。工程通过渠村新、老引黄闸同时引水,总引水流量为 150.0 m^3/s;引黄入冀输水总干渠渠首设计流量为 100.0 m^3/s(包括河北出省界调水流量 61.4 m^3/s、调水损失流量 6.4 m^3/s、河南受水区引黄流量 32.2 m^3/s)。

工程由河南省濮阳市渠村新渠村闸(维持现状)和老渠村引黄闸(拆除重建)联合引水,经 1# 分水枢纽分流入南湖干渠后汇入第三濮清南干渠,沿第三濮清南干渠至金堤河倒虹吸,经皇甫闸、顺河闸、范石村闸,走第三濮清南西支至阳邵节制闸向西北,至清丰县苏堤村穿卫河入东风渠,河南境内全长约 84 km。河北省境内输水线路分冀豫界(穿卫河倒虹吸出口)至白洋淀的主输水线路及滏阳河支线输水线路。主输水线路以穿卫倒虹吸出口(桩号 0 +000)为起点,经连接渠入留固沟、东风渠、南干渠、支漳河、老漳河、滏东排河、北排河、献县枢纽段、紫塔干渠、陌南干渠、古洋河、韩村干渠、小白河东支、小白河和任文干渠经 12 孔闸(桩号 397 +556)最终入白洋淀,线路全长 398 km。

本工程可行性研究报告 2015 年 7 月得到国家发展和改革委员会批复,2015 年 9 月初步设计水利部得到批复,工程总投资 42.41 亿元。该工程被国务院确定为 172 个重大水利工程之一,2015 年 10 月正式开工建设,2017 年 10 月通过通水阶段验收并于 2017 年 11 月通水运行。

2　老渠村闸和新渠村闸现状

2.1　老渠村闸及连接建筑物现状

渠村老引黄闸建成于 1979 年,位于黄河左岸濮阳临黄堤左中 48 +850 处,引水口上距天然文岩渠入黄口 800 m,设计引水流量 100 m^3/s。担负着濮阳市城市供水和 193 万亩农

田灌溉等任务。

初步设计闸底板高程 56 m,设计流量 100 m³/s。考虑到黄河逐年淤积及下游渠道的过流能力,技施设计阶段闸底板高程抬高了 0.5 m,即 56.5 m(1956 黄海高程系统),其他不变,闸孔数 4 孔,灌溉涵洞尺寸 3.4 m×3.6 m(宽×高)×4 孔;涵洞长度 96 m,纵坡 i = 0.005,设计过流能力实际为 80 m³/s。

依据《濮阳县渠村引黄灌溉闸竣工报告》(1979 年 12 月 15 日,黄河渠村灌溉闸施工指挥部)、《濮阳县渠村引黄灌溉闸验收鉴定书》(1980 年 6 月 25 日)等文件内容,原涵闸竣工不久就出现严重的沉陷变形,报告指出涵洞于 1979 年 6 月中旬至 7 月 30 日完成全部洞顶填土后,8 月 9 日沿 4 个涵洞底纵向测量,发现涵洞沉陷量迅速增长,沉陷量最大达 330 mm,1980 年 1 月 21 日发展至 475 mm。

由于原阳、延津、封丘等县天然文岩渠段水体污染严重,2006 年新建了三合村引黄闸,老渠村闸就此废弃。由于老引黄闸自 2006 年以来不再启用,闸钢门锈蚀、涵洞混凝土碳化严重,启闭机设备、电气设备等重要元件使用也已超过 30 年,闸身已全部淤死,闸前引水渠已自然淤平。闸后海漫、消力池在 2007 年濮阳标准化堤防建设过程中按堤防加固设计标准进行了淤填。

依据《水闸安全鉴定规定》(SL 214—98)规定:水闸安全鉴定周期为水闸投入运用后每隔 15 ~ 20 年应进行一次全面安全鉴定。水利部《水闸安全鉴定管理办法》(水建管〔2008〕214 号)规定:水闸实行定期安全鉴定制度,首次安全鉴定应在竣工验收后 5 年内进行,以后应每隔 10 年进行 1 次全面安全鉴定。因此,如果启用老渠村闸,必须进行安全鉴定。

2.2　新渠村闸及连接建筑物现状

新渠村引黄闸(三合村取水闸)位于黄河左岸大堤桩号左中 47 + 120 处。由于原阳、延津、封丘等县天然文岩渠段水体污染严重,2005 年河南黄河勘测设计研究院编制了《濮阳市渠村引黄闸改建工程初步设计》,按原规模对渠村引黄闸进行异地改建。黄委以《关于河南濮阳市渠村引黄闸改建工程初步设计的批复》批复引水流量 100 m³/s,工程总投资 6 708 万元。

新渠村引黄闸设计引水位(1956 黄海高程系统):60.75 m,最高运用水位 63.74 m,5 孔灌溉闸 +1 孔供水闸。灌溉涵洞尺寸:3.9 m×3.0 m(宽×高)×5 孔;Q = 90 m³/s。供水涵洞尺寸:2.5 m×3.0 m(宽×高)×1 孔,设计流量 Q = 10 m³/s,闸底板高程 57.40 m。

渠村引黄闸改建工程于 2005 年开工建设,2006 年发挥引水功能。2010 年以来,受河势变化影响,渠村新引黄闸前河槽南移,引水口全部淤死。濮阳市委、市政府组织濮阳河务局、市水利局及有关专家制定并实施了引水应急方案,在青庄险工 4# 坝开挖 1 700 m 渠道回流引水,引水能力正常为 20 ~ 25 m³/s。根据现场调查情况,目前在大河流量 580 m³/s 情况下,引水能力可达 50 m³/s(《河南黄河河务局关于重新启用渠村老引黄闸有关问题的报告》)。

新渠村闸及其连接建筑物有进口防沙闸、出口第一段连接渠道、天然文岩渠倒虹吸、出口第二段连接渠道、穿黄河大堤涵闸、出口第三段连接渠道,总长度约 2.9 km。供水渠道与灌溉渠道基本平行,在 1# 分水枢纽处供水渠道汇入 1# 分水枢纽濮阳市城市供水预沉池。

2.3　新、老渠村闸现状过流能力复核

2.3.1　主要计算方法

计算方法由 1# 分水枢纽控制水位 58.55 m 从下游向上游(进口涵闸闸前设计引水位)进行水面线计算和过流能力计算。根据黄河大堤涵闸的有关规定,穿堤涵闸要求洞内均为

无压流。

2.3.1.1 涵洞长短洞判别

对于进口为无压流的无压泄水涵洞,其洞长不影响泄流能力的速度称为短洞,洞长影响泄流能力的速度为长洞。根据工程规模和拟定的结构尺寸($Q = 100$ m³/s,5 孔 × 4.2 m,纵坡 1/400)可以判断临界底坡 $i_k = 1/290$,设计为 1/400,为缓坡。

当底坡为缓坡而趋于平坡长、短洞的界限长度为

$$l_k = (64 - 163\text{m})H$$

m 为流量系数,一般取 0.36 ~ 0.32;即 $l_k = (5 ~ 12)H$。若洞长 $l > l_k$,为长洞;若洞长 $l < l_k$,为短洞。

本工程进口水深 $H = 2.57$ m,涵洞长度 182 m,坡度为缓坡,显然,本工程的穿堤涵闸均为长洞。

2.3.1.2 闸过流能力计算

根据《水闸设计规范》(SL 265—2001)规定,平原区水闸的过闸水位差可采用 0.1 ~ 0.3,本次设计按设计引水位计算过闸最大引水流量,控制过闸水位差由 1# 分水枢纽控制水位从下游向上游(进口涵闸闸前设计引水位)进行水面线计算确定。在设计引水位情况下 $e/h > 0.65$(e 为孔口高度,h 为闸前水深),水闸过流形式为堰流,因此按平底宽顶堰流计算过流能力,水闸净宽计算采用的公式为

$$Q = B_0(m\varepsilon\sigma_s \sqrt{2g}H_0^{3/2})$$

2.3.1.3 涵洞、渠道水面线计算

对于无压长洞,由 1# 分水枢纽控制水位从下游向上游(进口涵闸闸前设计引水位)进行水面线计算,以确定涵洞进口断面处水深。渠道的非均匀流计算方法与此相同。

涵洞水面线按明渠恒定非均匀渐变流水面曲线逐段试算法推求。逐段试算法的基本公式为

$$\Delta s = \frac{\Delta E_s}{i - \bar{J}} = \frac{E_{sd} - E_{su}}{i - \bar{J}}$$

2.3.2 新渠村闸现状过流能力复核

2.3.2.1 过流复核

如前所述,新渠村闸及其连接建筑物有进口防沙闸、出口第一段连接渠道、天然文岩渠倒虹吸、出口第二段连接渠道、穿黄河大堤涵闸、出口第三段连接渠道,总长度约 2.9 km。

复核的条件为进口引水能力复核水位为 59.18 m;出口 1# 分水枢纽节制闸控制水位为 58.55 m;进口闸及连接建筑物依据搜集的初步设计图纸和部分竣工图纸、可行性研究报告等。

复核结果表明现有新渠村闸经复核设计过流能力为 55 m³/s。

2.3.2.2 原因分析

原新渠村闸(三合村引水闸)设计引水位为 60.64 m,现采用引水能力复核水位为 59.18 m,相差 1.46 m。

原新渠村闸(三合村引水闸)设计引水位较高,下游水位基本对过流没有影响,设计引水位为 60.64 m,1# 分水枢纽处水位 58.781 m,相差 1.86 m。

目前,我们的论证新渠村闸设计引水位为引水能力复核水位 59.18 m,1# 分水枢纽处水位 58.55 m,相差 0.63 m,导致过流能力大幅减小。

2.3.3　老渠村闸过流能力计算

对老渠村闸的利用主要考虑两个方案:一个方案是拆除原闸,原址重建满足过流的新闸;另一个方案是对老闸进行除险加固并扩建,使其满足过流能力要求。这两个方案都是考虑新渠村闸有 55 m³/s 过流能力的前提下,因此老渠村闸不管是拆除重建还是除险加固,只要过流能力能满足 100 m³/s 即可。

2.3.3.1　拆除重建方案老渠村闸过流能力计算

复核的条件为进口引水能力复核水位:58.96 m,涵洞进口底板高程为 56.39 m。

涵洞的纵坡按 1/400,长度按放淤固堤断面后的涵洞长度,约 182 m,出口渠道约650 m,纵坡按 1/4 100,边坡采用混凝土衬砌,糙率 n 取 0.015,边坡系数 m 取 2。

出口 1# 分水枢纽节制闸控制水位为 58.55 m。

依据《河南黄河河务局关于重新启用渠村老引黄闸有关问题的报告》内容,根据现场调查情况,目前在大河流量 580 m³/s 情况下,引水能力可达 50 m³/s。

设计引水位下新渠村闸过流 55 m³/s,为安全计,设计按 50 m³/s 考虑。根据总规模 148.2 m³/s,老渠村闸新建老渠村闸灌溉规模按设计流量 100 m³/s 计算。

经计算,新建老渠村闸灌溉涵闸净孔宽度需要约 19 m(3.8 m×5),为安全计,现阶段按 21 m 设计。涵洞后连接渠道 B = 25 m,边坡 1:2,纵坡 1/4 100。

2.3.3.2　除险加固方案老渠村闸过流能力计算

复核的条件为进口引水能力复核水位:58.96 m,涵洞进口底板高程为 56.39 m。

老渠村闸初步设计闸底板高程 55.89 m,设计流量 100 m³/s。考虑到黄河逐年淤积及下游渠道的过流能力,技施设计阶段闸底板高程抬高了 0.5 m,即 56.39 m,其他不变。按当时技施文件说明设计过流能力实际为 80 m³/s。

引黄闸闸孔数 4 孔,灌溉涵洞尺寸 3.4 m×3.6 m(宽×高)×4 孔;涵洞长度 96 m,纵坡 i = 0.005)。

除险加固拟定按目前的放淤固堤断面进行延长,为便于新老涵洞的衔接并考虑下游渠道连接要求,对 182 m 长涵洞结构布置为:前段 96 m 纵坡为 1/200,后段 86 m 纵坡为 1/1500,这样涵洞出口高程 55.97 m。原涵洞 4 孔,1 孔为供水涵洞,3 孔为灌溉涵洞。根据过流能力计算复核,目前 3 孔灌溉涵洞过流能力为 55 m³/s。要满足灌溉规模 100 m³/s,需要新建 3 孔宽度为 3.4 m 的涵洞。

因此,除险加固方案为新建 3 孔 3.4 m×3.6 m(宽×高)加原 3.4 m×3.6 m(宽×高)×4 孔,总孔数为 7 孔,总净宽为 23.8 m。前段 96 m 纵坡为 1/200,后段 86 m 纵坡为 1/1500,涵洞总长 182 m。

2.4　新、老渠村闸取水组合方案选择

2.4.1　方案一:全部利用新渠村闸(三合村引水闸)取水口引水

根据前述计算分析,新渠村引黄闸(三合村引水闸)目前引水设计能力为 50 m³/s,本工程的灌溉引水规模约为 150 m³/s,是目前引水能力的 3 倍,需要新闸扩建以达到该规模。

新渠村闸沿线总长度有 2.9 km(不含进口引渠),其中有 70 m 的进口涵闸、169 m 的文岩渠倒虹吸、170 m 的穿黄河大堤涵洞、约 2.5 km 连接渠道,在该取水口扩大规模显然工程量十分巨大,且需要侵占大量耕地,工程投资很大。

根据《濮阳市渠村引黄闸改建工程可行性研究报告》(2006 年 2 月),原工程总投资约

7 500万元。现阶段如果全部利用新渠村闸改建或扩建,按照目前的引水能力和工程规模,经初步估算,1#分水枢纽前工程总投资约12 912万元。

同时从上述文件内容可知,从该段河势分析及建成后几年的运行情况来看,该取水口位置引水条件不好,大河主流经常摆动,大河流量较小时主流常常向南摆动,常需要大量的人工开挖渠道才能引到水。为此濮阳市政府曾多次向上级有关部门反映考虑启用老渠村闸。

2.4.2 方案二:全部利用老渠村闸位置引水

老渠村闸位于大河弯道的凹岸,主流常年靠岸,从建闸近30年的运行情况看,引水条件很好,只是因为前几年文岩渠的污染问题难以解决才新建了三合村引黄闸。

由于新渠村闸的启用,老渠村闸实际已经废弃,河道主管部门为防洪的需要,将老渠村闸按照黄河大堤放淤固堤的要求进行了加固处理,拆除了涵闸出口的消力池和海漫,对大堤背河侧进行了100 m的放淤固堤加固。

根据前述计算分析,老渠村闸150 m³/s需要约净宽度28 m的涵闸,考虑隔墙厚度,估计灌溉涵闸总宽度达34 m左右。需要考虑对涵闸现有宽度进行加宽(现有宽度仅16.3 m)。根据现有引水条件分析,对老渠村闸扩宽较多时问题较多、工程量很大,投资明显大于新、老渠村闸共同引水方案。

老渠村闸位置如图1所示。

该闸址正好位于大堤转弯处,右扩则影响3#堤坝,且涵洞过长,出口200左右就是预沉池,涵洞出口渠道不好布置。需要改建700 m长的3#堤坝。

左侧是渠村分洪闸和渠村灌溉闸之间的隔堤,隔堤左侧就是渠村分洪闸,扩宽较多时会影响隔堤的布置,需要改建700 m长的隔堤,同时可能对分洪闸带来不利影响。涵洞出口左侧是耕地,大幅扩宽出口引渠会大量占用耕地。显然老渠村闸大规模扩大会带来很多不利的影响。

另外,由于天然文岩渠入黄口的污染风险并没有完全排除,全部利用老渠村闸位置引水在天然文岩渠入黄口水质不能满足要求,特别是不能满足城市供水要求时将会带来非常不利的影响。

2.4.3 方案三:新老渠村闸共同引水

经复核,现有三合村引黄闸在设计水位59.18 m(对应大河流量为450 m³/s)条件下设计过流能力为55 m³/s,为安全计,设计考虑50 m³/s。

本工程最大引黄流量为148.2 m³/s,需要老渠村闸近似取98.2 m³/s(设计近似取100 m³/s)。

经计算,新建老渠村闸过流100 m³/s情况下灌溉涵闸净孔宽度需要约19 m(3.8 m × 5),为安全计,现阶段按总净孔宽度21 m设计(4.2 m×5)。涵洞后连接渠道 B = 25 m,边坡1:2,纵坡1/4 100。

2.4.4 新、老渠村闸取水方案选择

经比较,方案一(全部利用新渠村闸取水口引水)线路很长、引水条件不好、工程投资巨大,经初步估算,1#分水枢纽前工程总投资约12 912万元。方案二(全部利用老渠村闸位置引水)引水条件很好、线路较短,但需要大规模扩建老渠村闸及其进口引渠,工程量较大,经粗略估算,该方案1#分水枢纽前工程总投资约7 850万元,同时将给渠村分洪闸带来不利影响,而新建不久的三合村引黄闸几乎废弃,在天然文岩渠入黄口水质不能满足要求,特别是

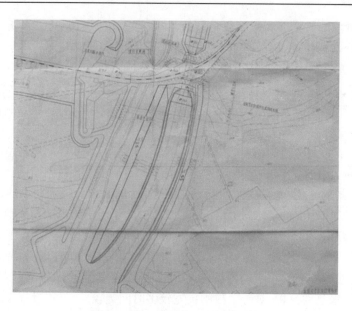

图 1　老渠村闸原设计平面位置图

不能满足城市供水要求时将会带来非常不利的影响。

方案三(新、老渠村闸位置共同引水方案)可根据现有条件利用已建的三合村渠村闸适当引水,剩余的水量利用老渠村闸拆除重建,在原规模基础上适当扩大,投资最省,经估算,1#分水枢纽前工程总投资约 5 246 万元,远小于方案一,也明显小于方案二。

综合分析,确定方案三(新、老渠村闸共同引水方案)为本工程取水方案。

3　结　语

引黄入冀补淀工程经论证需要从河南濮阳渠村引黄闸取水,老渠村闸因为天然文岩渠曾经污染引水口而停用废弃,并于 2016 年新建了三合村渠村闸(新渠村闸)。在对引黄入冀补淀工程引黄口取水方案比选阶段,我们对三合村渠村闸(新渠村闸)和老渠村闸如何运用进行了多方面的方案比选,包括全部利用新渠村闸取水口引水,全部利用老渠村闸位置引水,新、老渠村闸共同引水方案等,最终选定新、老渠村闸共同引水方案为本工程引黄口取水方案,为本工程最终选定新、老渠村闸运行方案提供了重要依据。

参 考 文 献

[1] 濮阳县渠村引黄灌溉闸竣工报告[R]. 郑州:黄河渠村灌溉闸施工指挥部,1979.
[2] 黄河渠村灌溉闸施工指挥部. 濮阳县渠村引黄灌溉闸验收鉴定书[R]. 郑州:1980.
[3] 濮阳市渠村引黄闸改建工程可行性研究报告[R]. 郑州:河南黄河勘测设计研究院,2006.
[4] 熊启钧. 取水输水建筑物丛书——涵洞[M]. 北京:中国水利水电出版社,2006.
[5] 中华人民共和国水利部. 水闸设计规范:SL 265—2001[S]. 北京:中国水利水电出版社,2001.
[6] 引黄入冀补淀工程初步设计报告(渠首段)[R]. 郑州:黄河勘测规划设计有限公司,2015.

【作者简介】 胡永生(1965—),男,教授级高级工程师,从事水工结构设计和研究工作。E-mail:13343861899@189.cn。

江西省峡江水利枢纽工程设计

张建华　刘　波　廖冬芽　翟泽冰

(江西省水利规划设计研究院,江西省水工结构工程技术研究中心,南昌　330029)

摘　要　文章通过对江西省峡江水利枢纽工程设计的介绍,总结工程设计的特点,分析设计方案的合理性,提炼工程设计的创新点,最终反映实施效果。

关键词　峡江;工程设计;创新点

江西省峡江水利枢纽工程位于赣江中游峡江县老县城巴丘镇上游约 6 km 处,是一座具有防洪、发电、航运、灌溉等综合效益的大(一)型水利枢纽工程,也是赣江干流梯级开发的主体工程,是江西省大江大河治理的关键性工程。防洪方面:工程建成后,经合理调度和水库调节,并与泉港分蓄洪区配合使用,可使坝址下游的南昌市昌南城区和昌北主城区的防洪标准由 100 年一遇提高到 200 年一遇,赣东大堤和南昌市昌北单独防护的小片区防洪堤由抗御 50 年一遇洪水提高到抗御 100 年一遇洪水;降低赣江洪水位,减轻南昌市和赣东大堤保护区的洪灾损失,经济效益和社会效益十分显著。发电方面:峡江水电站靠近江西省负荷中心,为大(二)型电站,装机容量 360 MW,年发电量 11.44 亿 kW·h,水库具有一定的调节性能,是江西电网中的骨干水电站。航运方面:可渠化峡江库区航道 77 km(基本可与上游石虎塘航电枢纽航道衔接),使之能畅通航行千吨级船舶,并增加坝址下游的枯水流量,改善赣江中下游航道的航运条件,提高航运保证率。同时可利用水库的 2.14 亿 m³ 兴利库容,可作为特枯年份为赣江中下游补水的应急水源,若 2.14 亿 m³ 水量均匀补给到最枯的 10 d,可使赣江下游连续 10 d 枯水期的平均流量增大 248 m³/s。

2009 年 9 月工程奠基建设,2013 年 7 月工程首台机组并网发电,2015 年 12 月工程基本建成完工,峡江水利枢纽工程建成是江西水利界大事,2017 年 12 月工程进行了竣工验收技术鉴定并顺利通过竣工验收。竣工验收技术鉴定专家组强调"特别是对灯泡贯流机组、抬田、鱼道、外观打造和船闸基础处理等技术亮点,要好好提炼,形成可推广、可复制的经验。"竣工验收委员会认为:峡江水利枢纽工程已按设计和批复要求完成,实现了进度提前、质量优良、投资可控、安全生产无事故、移民与工程建设同步的建设目标,同意峡江水利枢纽工程通过竣工验收。验收委员会指出,工程开工以来,建设者们始终高标准、高质量、高水平建设目标,周密组织,精心施工,科学管理,打造出很多工程技术亮点,为我国大型水利工程建设提供了"峡江方案"和"峡江经验"。截至 2017 年底,在 2015 年、2016 年和 2017 年,对 12 次中等洪水进行了拦蓄,较好地发挥了水库蓄、滞洪水的作用;累计发电量 30 余亿度;发挥了通航效益;鱼道运行效果好,鱼道运行期间日均过坝数千尾鱼。工程运行以来,防洪、发电等综合效益显著,社会效益与经济效益兼济,为当地经济社会发展提供了坚实的水利支撑和保障。

1　枢纽工程

峡江水利枢纽工程正常蓄水位 46.0 m,总库容 11.87 亿 m^3;电站装机容量 360 MW,船闸设计最大吨位 1 000 t。枢纽工程等别为 I 等,属大(一)型工程。挡水主要建筑物为 1 级,按 500 年一遇洪水设计,2000 年一遇洪水校核;非挡水主要建筑物为 2 级,按 100 年一遇洪水设计,500 年一遇洪水校核。

1.1　枢纽总体布置

枢纽布置平面和立面布置分别如图 1 和图 2 所示,发电厂房结构布置如图 3 所示。

坝轴线走向 EN2.88°,主要建筑物沿坝轴线从左至右依为:左岸挡水坝段(包括左岸灌溉总进水闸,长 102.5 m)、船闸(长 47.0 m)、门库坝段(长 26.0 m)、泄水闸(长 358.0 m)、厂房坝段(长 274.3 m,其中主机房长 211.8 m,为枢纽挡水建筑物)、右岸挡水坝(包括安装间上游挡水坝、右岸灌溉总进水闸及鱼道,长 99.7 m)。坝轴线总长 845.0 m,设计坝顶高程 51.2 m,泄水闸最大闸高 30.5 m,挡水重力坝最大坝高 21.2 m,门库坝段最大坝高 30.5 m。

1.2　枢纽布置特点

峡江水利枢纽工程是赣江干流梯级开发的主体工程,也是江西省大江大河治理的关键性工程。多项工程开发任务、复杂的水库运用方式以及电站的大转轮直径(灯泡贯流式,属国内第一、世界第二),给枢纽布置提出了一系列具有挑战性的技术难题。该工枢纽布置方案具有下列特点:

(1)河谷相对开阔,保证有足够的泄流能力并留有裕度,较好布置了泄水建筑物,为本工程在国内首次于设计阶段提出"动态水位控制"的水库调度方案奠定基础。

(2)有效地解决施工导流过程中三期围堰挡水水位过高、库区临时淹没范围偏大的问题。

(3)降低了施工期水流流速,有利于施工期临时通航,充分发挥工程施工期航运效益。

(4)枢纽建筑物尽可能在河道内布置,避免了两岸高边坡开挖。这既可减少安全隐患,又可降低工程造价。

2　库区工程

峡江水利枢纽库区位于吉泰盆地,涉及峡江、吉水和吉安 3 县,以及吉洲、青原 2 区。库区赣江两岸地势平坦,土地肥沃,水系众多。

赣江干流两岸阶地一般宽度为 600 ~ 1 400 m,地面高程一般为 45 ~ 48 m,人口与耕地集中。沿赣江支流同江、文石河、乌江两岸冲积平原,其长度达 10 ~ 20 km,阶地最大宽度可达 3.7 km 以上,人口与耕地更为集中。沿江现有少量堤防,防洪标准低,洪涝灾害严重,水库淹没损失大。淹没影响范围和淹没损失之大,是峡江水利枢纽工程建设中需要解决的极为关键问题。

峡江库区防护工程措施分为筑堤防护和抬田防护两大部分:

(1)对库区人口密集、土地集中的临时淹没区、浅淹没区、淹没影响区以及人口多、耕地面积大、淹没补偿投资大,但具备防护条件的淹没区,采取修筑堤防的防护工程措施,使防护区内的村镇和耕地在遭遇设计标准的洪水时,免受洪涝灾害,防止土地淹没。

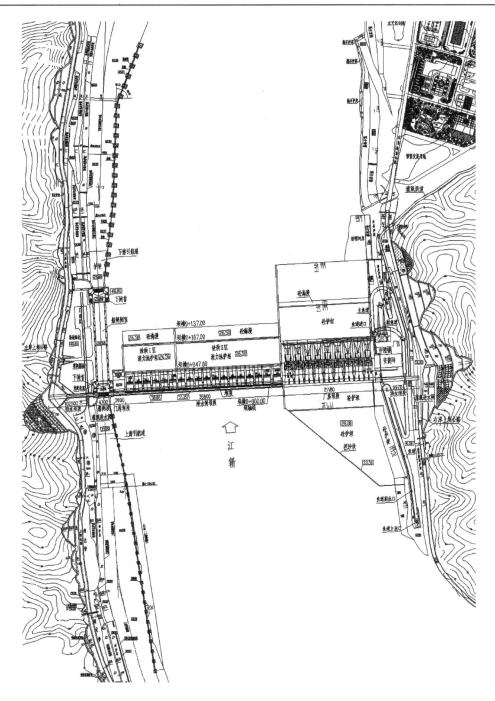

图 1 枢纽平面总布置图

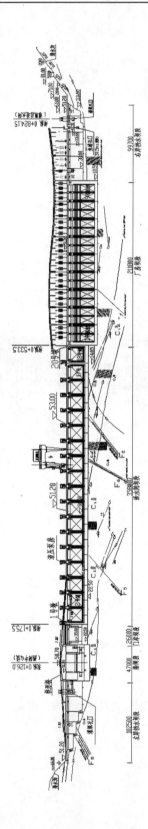

图 2　枢纽上游立视图

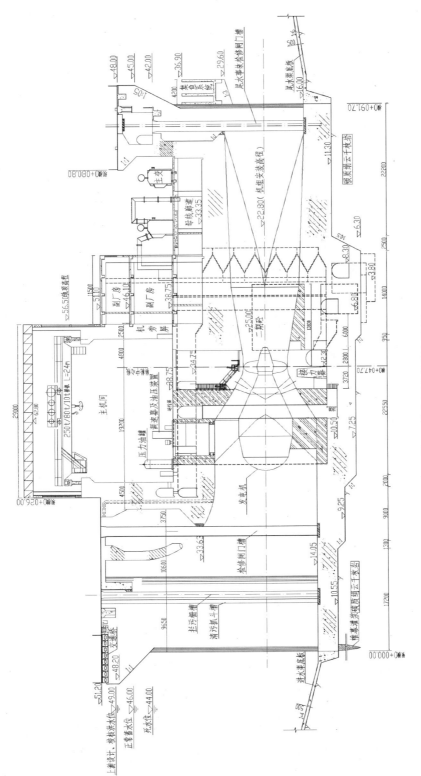

图 3 发电厂房结构布置图

（2）对部分浅淹没区采取抬田防护措施，减轻因建库蓄水而造成的淹没影响。

库区设有同江河、吉水县城、上下陇洲、金滩、柘塘、樟山、槎滩共7个防护区；对沙坊、八都、桑园、水田、槎滩、金滩、南岸、醪桥、乌江、水南背（抬地）、葛山、砖门、吉州、禾水、潭西共15个浅淹没区进行抬田处理；对同江河、上下陇洲、槎滩、柘塘、樟山防护区内及其周边的个别区域进行抬田处理（见图4）。

2.1　筑堤防护设计

同江防护区保护耕地面积3.16万亩、人口4.48万、房屋面积246万 m^2，依据《防洪标准》，同江防护区为乡村防护区，等别为Ⅳ等，其防洪标准为10~20年；考虑到防护区内人口与耕地较为集中、水库淹没水深达6 m，且区内还有赣粤高速公路、西气东输天然气管道等重要设施，确定同赣堤设计洪水标准为50年。同南河上游万福堤、阜田堤及同南河两岸堤防设计防洪标准的采用20年，设计水位采用同南河出口遭遇赣江50年一遇洪水推求。依据《堤防工程设计规范》，同赣堤堤防级别为2级，其他堤防级别为4级。

吉水县城的城市等别为Ⅳ等，其防洪标准重现期为20~50年。考虑该县城防洪标准近远期相结合，其防洪标准重现期取高限50年。依据《堤防工程设计规范》，堤防工程的级别为2级。

其他防护区防洪标准同南河、上下陇洲防护区设计洪水重现期为20年，柘塘、金滩、樟山、槎滩设计洪水重现期为10年。依据《堤防工程设计规范》，上下陇洲防护区其堤防级别为4级堤防，其余防护区堤防为5级堤防。

防护区工程情况见表1。

2.2　抬田工程设计

峡江库区是著名的吉泰盆地的组成部分，近年来，该区域经济社会发展较快。为最大限度地降低水库淹没对当地国民经济和生态环境的影响，减少土地淹没和人口迁移的数量，对峡江库区涉及的峡江县、吉水县、吉州区、青原区及吉安县的浅淹没区进行抬田工程。抬田工程分为防护区外抬田和防护区内抬田工程。防护区外抬田按抬田后的耕地高程不低于各断面在坝前水位46.00 m相应5 000 m^3/s时水面线高程，即抬田后最低田块耕地高程不低于46.50 m；防护区内抬田工程，主要依据各防护区内的耕地高程、工程地质条件及堤基防渗处理方式确定，同江防护区采取全封闭防渗处理，抬田后最低田块耕地高程不低于41.00 m。

上下陇洲防护区堤基未做防渗处理，堤后填塘及抬田后最低田块耕地高程不低于43.00 m；柘塘防护区堤基作防渗处理，但考虑到老河道处耕地高程较低，防护堤附近耕地高程抬高至44.00 m，对防护堤外的耕地高程抬高至46.80 m和47.80 m；樟山防护区对防护堤外的耕地高程抬高至47.00 m；槎滩防护区对老河道处耕地高程较低，防护堤附近耕地高程抬高至44.00 m，对防护堤外的耕地高程抬高至46.80 m。峡江库区抬田工程主要分布在沙坊、八都、桑园、水田、槎滩、金滩、南岸、醪桥、乌江、水南背、葛山、砖门、吉州区、禾水、潭西、同江防护区、上下陇洲防护区、柘塘防护区、樟山防护区、槎滩防护区，共20个区域。

峡江水利枢纽工程抬田面积达3.75万亩，其中淹没区抬田2.39万亩、防止浸没抬田1.36万亩，库区抬田工程明细见表2。

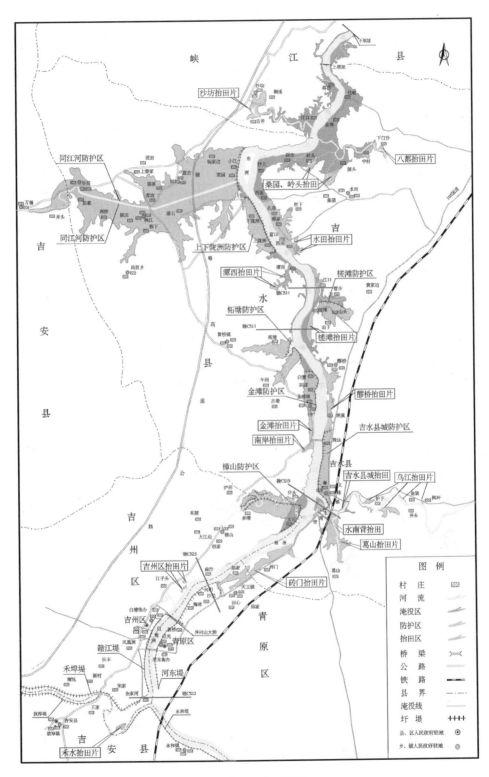

图 4　库区工程示意图

表 1　防护工程情况

防护工程情况表

防护区名称	防护堤					导托建筑物					电排站		
	堤名	长度 (km)	设计洪水位 (m)	堤顶超高 (m)	堤顶宽度 (m)	名称	导托面积 (km²)	设计流量 (m³/s)	长度 (km)	底宽或孔口(宽×高) m 或 (m×m)	站名	装机容量 (kW)	圩堤桩号
同江	同赣堤	3.703	48.09~48.32	1.5	6	同南河	865.4	1070	16.385	45	同江河口	2000×4	同赣 0+750
	万福堤	6.85	50.24~50.98	1.2	4	同北渠东支	15.7	23.2	7.041	4.3~6.0	坝尾	180×4	万福 4+500
	阜田堤	3.84	50.24~50.53	1.5	5	同北渠西支	54.5	70.40	6.56	6.00	罗家	132×3	万福 1+856
吉水县城	南堤	3.2	51.38~51.07	1.5	6	城北排洪涵	13.9	19.0	0.65	3.0×3.0	城南	75×2	南堤 0+610
	南北堤连接段		51.07~50.97			排洪涵				4×5	小江口	170×5	南堤 2+102
	北堤	3.317	50.97~50.76	1.5	6					(2孔)	城北	180×4	北堤 1+612
上下陇州	陇州	4.48	46.92~46.54	1.5	5	陇州导托渠	8.57	25.8	2.146	1.0~5.6	陇州	155×3	2+900
拓塘	南堤	1.4	47.93~47.75	1.5	5	凌头水	33.95	49.5	2.8	10~15	拓口	250×3	南堤 0+550
						南导托渠	1.55	3.85	0.3	1.5			
	北堤	3.02	47.75~47.57	1.5	5	拓塘托水	103	103	5.34	25~70	南园	560×4	北堤 1+800
						北导托渠	4.33	19.8	3.55	3~5			
金滩	金滩	4.44	48.62~47.78	1.5	5.0	金滩排洪涵	9.57	22.4	0.8	2.7×2.0 (2孔)	白鹭	155×3	5+400
樟山	樟山	8.86	49.46~49.92	1.2,1.5	5.00	文石河	356	457.00	2.644	35.00	舍边	280×4	樟 6+500
	奶奶庙	4.44	49.75~51.25	1.20	4.00						庙前	65×3	奶 3+800
	落虎岭	2.81	49.62~49.75	1.20	4.00						落虎岭	37×2	落 1+650
	燕家坊	2.35	49.56~49.69	1.20	4.00						燕家坊	75×2	燕 1+650
槎滩	槎滩	3	47.73~47.16	1.2~1.5	5	下汉洲	54.1	98.5	1.285	10~30	签背	355×4	2+256

表2 库区抬田工程明细

序号	抬田区	位置			抬田面积(亩)	
		县区	乡(镇)	距坝址距离	淹没区	防护区
1	沙坊	峡江	罗田	约3 km处左岸的支流黄金江	1 778	
2	八都	吉水	八都	约3 km处右岸的支流曲岭河	1 062	
3	桑园	吉水	水田	约5 km处赣江右岸台地	1 263	
4	水田	吉水	水田	约18 km处赣江右岸台地	5 387	
5	槎滩	吉水	醪桥	约28 km处赣江右岸台地	2 222	
6	金滩	吉水	金滩	约38 km处赣江左岸台地	665	
7	南岸	吉水	金滩	约39 km处赣江左岸台地	381	
8	醪桥	吉水	醪桥	约38 km处赣江右岸台地	2 511	
9	乌江	吉水	乌江 文峰	约43 km处赣江右岸乌江支流	660	
10	水南背	吉水	文峰	约43 km处赣江右岸台地	1383	
11	恩江	吉水	文峰	约45 km处赣江右岸台地	248	
12	葛山	吉水	文峰	乌江支流葛山水汇合口两岸	2 213	
13	砖门1	吉水	文峰	约48 km处赣江右岸台地	2 324	
14	砖门2	青原	天玉	约49 km处赣江右岸台地	550	
15	吉洲区	吉洲区	白糖	约54 km处赣江左岸台地	144	
16	禾水	吉洲区	禾埠	约64 km处赣江左岸滩地	357	
17	潭西	吉水	枫江	约23 km处赣江左岸台地	466	
18	陇洲外	吉水	枫江	约20 km处赣江左岸陇洲堤外	286	
19	同江防护区	吉水	枫江	约15 km处赣江左岸同江堤内		9835
20	陇洲防护区	吉水	枫江	约18 km处赣江左岸陇洲堤内		1 406
21	柘塘防护区	吉水	金滩	约29 km处赣江左岸台地		596
22	樟山防护区	吉水、吉洲区	金滩	约42 km处赣江左岸台地		1 251
23	槎滩防护区	吉水	醪桥	约25 km处赣江右岸台地		499
合计					23 900	13 587

3 主要设计创新点及实施效果

(1)优化水库调度运行方式,使库区内大量耕地得到保护,提高了工程实施的可行性。

经多种水库调度运行方式的比选,本工程采取了"小水下闸蓄水兴利调节径流,中水分级降低水位运行减少库区淹没,大水控制泄量为下游防洪,特大洪水开闸敞泄洪水以保闸坝运行安全"的水库调度运行方式,其总的调度运行原则是:小水(坝址流量小于5 000 m³/s)

下闸蓄水兴利（发电、航运、灌溉），调节径流；中水（坝址流量介于 5 000~20 000 m³/s 之间）分级降低坝前水位运行，减少库区淹没；大水（坝址流量介于 20 000~26 600 m³/s 之间）控制下泄流量，为下游防洪；特大洪水（坝址流量大于 26 600 m³/s）开闸敞泄洪水，以保闸坝（枢纽工程）运行安全。

国内首次在设计阶段提出蓄水位进行动态控制，使库区内 21 000 余亩肥沃且宝贵的土地资源（耕地）可经抬田工程措施后得到保护，降低工程投资 4 亿余元，提高了工程实施的可行性。

（2）大面积连片抬田应用，取得好的经济、社会、生态效益。

峡江水利枢纽工程抬田面积达 3.75 万亩，其中淹没区抬田 2.39 万亩、防止浸没抬田 1.36 万亩，是全国首个实现大面积抬田工程的水利枢纽。通过抬田试验研究确定了最优的抬田高度和三层结构的抬田结构型式，提出了保水层的厚度、压实度、渗透系数等关键技术参数，以及抬田工程耕作层厚度、灌排技术和土壤改良技术，总结了抬田工程的施工工艺、施工操作技术和质量控制标准，形成了抬田工程完整的技术体系。制定了《水利枢纽库区抬田工程技术规范》（DB36/ T 853—2015）地方标准。2009 年实施抬田现场试验，2011 年起大规模实施抬田、2015 年基本完成抬田工程实施，抬田后的耕地全部建成为高标准农田，移民的生活得到稳定和改善；以抬田工程实施为载体，移民新区打造为秀美乡村，为当地"乡村振兴"发挥了重要作用；保护了耕地资源 2.39 万亩，减少外迁移民安置 3.5 万人，减少工程弃渣 664 万方，耕地效益发挥快，农民增产增收节，直接经济效益超过 25 亿元，取得了巨大的社会、经济、生态效益。

（3）合理选型，优化水轮发电机组参数，为提高工程效益奠定了良好基础。

峡江电站安装了 9 台单机容量 40 MW 的灯泡贯流式水轮发电机组，总装机 360 MW，多年平均发电量 11.42 亿 kW·h，其中 5 台由阿尔斯通水电设备（中国）有限公司生产，转轮直径 7.8 m；4 台由东方电机厂有限公司制造，转轮直径 7.7 m，是国内已运行的转轮直径最大的灯泡贯流式机组。首台机组于 2013 年 9 月 1 日启动试运行，后续机组均一次投运成功；截至 2018 年 4 月已安全发电量 30 余亿度，未发生机组安全事故，标志着峡江电站机组从模型参数的确定、转轮的开发等各环节取得了巨大成功，主要技术指标达到了世界先进水平。峡江水轮发电机组具有能量指标高、空化性能好、过流量大、运行稳定性强等特点，为提高经济指标和工程效益奠定了良好的基础。

（4）泄水闸深层滑动基础处理。

泄水闸坝段地基岩性主要为千枚状变余炭质粉砂岩、炭质变余粉砂岩、砂质绢云千枚岩等，地质条件较为复杂，各闸段地层岩性及风化程度等各有差异。闸基岩体受构造挤压影响，断层和挤压破碎带发育。经开挖揭露，泄水闸 11~18 号闸段地基存在倾向下游的缓倾角软弱结构面，成为控制闸基稳定的重要边界，有可能导致泄水闸深层滑动失稳。由于闸基软弱结构面形成条件复杂，形式多样，其深层滑动破坏模式、稳定分析计算方法以及加固处理措施均成为重点研究的问题之一。为全面、合理评价其抗滑稳定安全性，同时采用了传统的刚体极限平衡法、适用于多滑面的 Sar ma（萨尔玛）法以及有限元法对闸基深层抗滑稳定进行分析计算，并提出合理可行的加固处理方案。根据本工程实际情况，经综合分析比较认为，闸室下游设有消力护坦，可作为尾部抗力体表面混凝土压盖，并对抗力体起到保护作用，可加以充分利用其作用来提高闸基的抗滑稳定性。针对不同的闸墩段基础软弱结构面分布情况,综合采取了如下处理措施:闸室地基固结灌浆加密加深,闸室底板增设锚筋桩;下游第一块护坦板加厚,将闸室底板与下游第一块护坦板之间以及下游护坦板之间联成整体;下游第一块护坦锚筋加粗加深,下游第一块护坦板设置锚筋桩等。根据多次正常蓄水位工况下监测成果分析表明,监测物理量的大小及变化趋势反映泄水闸工作状态正常,泄水闸深层滑动基础处理措施合适,泄水闸整体稳定安全可靠。

(5)堤防景观建设的启示。

吉水县城属于峡江库区淹没区,峡江水利枢纽库区工程对吉水县城进行了防护设计。实施过程中与县城市政建设、历史、生态景观、民生工程等结合设计、建设,把吉水县城建设成为滨江生态旅游城市,把吉水县城建成"千年历史古绿红,满城山色半城湖"的居住福地、旅游胜地、发展宝地。①与市政建设结合建设,在堤顶设有滨江路,路面宽40 m,既能起到防洪效果,又能缓解交通。②与历史景观结合建设,通过修复城墙、瓮城、雉堞、马面等,并采用景观手法再现当年"文风鼎盛"的历史风貌,传承千年的文脉,凸显"文章节义之邦、人文渊源之地"的独特魅力;经过对现存城墙的规整和再造,重现"千年古县",给人以沧桑与厚重感。③与生态景观结合建设,在满足现代城市水利防洪、统筹美学和场所精神的理想路堤外,探索滨江空间环境与景观文化意境结合的表达方式;利用滨江优势,"做足绿文章,做足水文章",沿堤分别设置了5个公园,在总体上形成11 km滨江绿色长廊,宛若巨幅景观画卷,整个防洪景观大园中包小园,物景中赋人文,形象中聚精神,达到可观可游,怡情怡乐的雅兴之地。④与民生工程结合建设,通过与棚户区改造相结合方式,坚持"让利于民"的原则,使被征收户利益得到保障,并实实在在的得到实惠,积极推进了吉水县城防防护工程(路堤工程)建设工作。

(6)鱼道设计先进合理,打通鱼类"生命通道"。

峡江水利枢纽工程的建成、运行带来了显著的社会效益和经济效益,同时对水生态环境产生重大的影响。工程的勘测设计过程中,如何破解大坝阻隔江水自然流淌,造成赣江峡江段水文条件发生变化,影响对水流速度、温度敏感的鱼类的生存繁衍,是峡江枢纽设计工作中的一道难题。经与水利部中国科学院水工程生态研究所等单位交流、咨询,通过对峡江坝址处的鱼类的生活史要求、资源量现状、洄游特性以及鱼类的保护价值等研究,峡江坝址主要过鱼对象为洄游及半洄游鱼类,如"四大家鱼"以及赤眼鳟,其他生活史中需要短距离迁徙的鱼类同时作为工程兼顾的过鱼对象(如鳡鱼等)。按照主要过鱼种类的繁殖习性,结合工程地形条件及下游水位变化范围大等特点,采取了"横隔板式"的竖缝式鱼道过鱼设施设计,既保证了4～7月底主要过鱼季节鱼类溯游繁衍需要,又兼顾了其他季节过鱼需要。2016年9月10日至10月23日,据峡江水利枢纽工程鱼道观测设施观测,有鳡、大眼鳜、银鲴、鳊鱼、黄颡鱼等13种鱼类,共计55 090尾鱼经过经过峡江水利枢纽鱼道。其中,9月总计40 298尾;10月共计14 792尾,日均数量为1 252尾。相比国内类似已建过鱼设施,峡江鱼道设计先进合理,过鱼效果好,真正打通了鱼类的"生命通道"。

【作者简介】　张建华,教授级高级工程师。E-mail:1050708448@ qq. com。

贵州夹岩水利工程附廓取水建筑物设计研究

周仕刚

(贵州省水利水电勘测设计研究院,贵阳　550002)

摘　要　夹岩水利工程利用已经建成的黔西县附廓水库作为北干渠的在线调节水库,附廓取水建筑物设计取水流量 27 m³/s,为了不影响县城的生产生活用水,新建的取水建筑物需在不放空水库的条件下施工。本文简述了附廓取水建筑物的工程布置,论述了有压取水和无压取水两种不同方案的工程布置和建筑结构设计,并进行了工程量计算和投资估算,从技术、经济、运行管理等方面进行了技术经济比较,最终从投资节约和施工便利的角度推荐了无压取水方式。

关键词　夹岩水利工程;取水建筑物;有压取水;无压取水;方案设计研究

1　工程概况

夹岩水利枢纽及黔西北供水工程,简称夹岩水利工程,为贵州省迄今为止最大的水利工程。位于乌江上游主要支流六冲河上,水库位于贵州省毕节市,坝址以上集水面积 4 312 km²,水库总库容 13.23 亿 m³,工程任务为供水和灌溉,兼顾发电,多年平均供水量约 6.88 亿 m³,总供水人口 267 万,设计灌溉面积 90 万亩,坝后电站装机 90 MW,多年平均发电量 2.2 亿度。受水范围为贵州省遵义市和毕节市 2 个地级市中心城区及下辖的 11 个县,供水对象包括毕节市和遵义市 2 个地级市中心城区供水,8 个工业园区供水和 1 个火电厂供水,11 个县的 69 个乡(镇)及 365 个农村聚居点近 100 万人的人畜饮水,以及 5 个县(区)内 51 个乡(镇)的农田灌溉。工程所在的黔西北地区为高寒地区,地域宽广,人口众多,工程性缺水严重。夹岩水利工程以自流供水为主,极大地解决了该区大片土地的饮水安全和灌溉用水问题,极大地完善该地区的基础设施,为大幅提升该地区的人民生活质量有重大意义。

夹岩水利工程为大型 Ⅰ 等工程,主要分为水源工程、毕大供水工程、灌区骨干输水工程等三大部分,骨干输水工程包括总干渠、北干渠、南干渠及 16 条主要支渠,渠线总长 648.19 km。工程总布置为在六冲河潘家岩建坝形成夹岩水库,以夹岩水库为集中供水水源,利用已建附廓水库、文家桥水库为在线调节水库、灌区现有小型水库为屯蓄水库,总干渠、北干渠、南干渠及 16 条主要支渠连接各水库,并向灌区各部位供水。

总干渠渠首设计流量为 34 m³/s,总干渠末端位于猫场镇,其后分为南干渠和北干渠。北干渠为夹岩水利工程的最主要骨干渠道,夹岩水库的供水功能绝大部分由北干渠实现。

北干渠始于猫场镇的总干渠尾,自西向东先后跨越白甫河、木白河、西溪河等三条深切百余米的大河谷及其间的数条深埋长隧洞,穿山越岭进入黔西县附廓水库,再弯曲延伸至金沙县赖关,全长 115 km,渠道设计流量 31 m³/s,渠末设计流量 14 m³/s。

附廓水库位于黔西县城区附近,为一座已建的中型水库,校核洪水位 1 275.21 m,总库

基金项目:贵州省重大科技专项(黔科合重大专项字[2017]3005 号)。

容 2 380 万 m^3,正常蓄水位 1 273.8 m,死水位为 1 258 m,死库容为 296 万 m^3,水库工程任务为以灌溉、黔西县城及输水管线沿线村寨供水为主,兼有防洪、发电功能。在夹岩水利工程中,附廓水库作为在线调节水库,位于北干渠中部,引入附廓水库的流量为 22 m^3/s,经附廓水库调节后,在不影响水库原有效益的前提下,引出的流量为 27 m^3/s,调节效益显著。

2 附廓取水建筑物的布置

附廓水库最大坝高 34.9 m,为单圆心单曲拱形砌石重力坝,下游坝坡 1:0.8,最大坝高 34.9 m,坝顶宽 4.5 m,坝底宽 29.7 m,坝轴线长 258.368 m,坝顶高程 1 276.5 m。附廓水库放水管直径为 0.8 m,无法满足下放 27 m^3/s 流量的要求,不能利用原放水管放水进入北干渠,只得新建取水设施。

附廓水库邻近城区,大坝周边房屋密集,居民众多。另外,水库已经运行了 50 多年,库内泥沙淤积深度约 11 m,水库放空较困难,不宜在大坝附近布置取水建筑物,因而将取水建筑布置在大坝左岸冲沟出口附近,经新建的取水隧洞穿过左坝肩山体,引至水库东面的佐落沟,再进入明渠输向下游。这样的布置可以避开村寨的影响,水库每年的冲沙清库也能排除取水口附近泥沙淤积,同时不会因爆破施工对大坝防渗帷幕造成破坏,更不用去扰动正常运行的水库大坝。根据现场地形条件,取水设施包括取水口和取水隧洞。

3 取水建筑物型式选择和建筑物设计

北干渠黔西段控制高程为 1 250 m,控制点位于附廓水库下游 7 km 处的黔西分干渠首。附廓水库死水位 1 258 m,正常蓄水位 1 273.8 m,取水方式可以是无压取水,也可以是有压取水,因地形高程限制,取水口和取水隧洞的总水头损失不得超过 1 m,按此条件分别拟定取水建筑物的断面尺寸、隧洞坡降、进出口高程和相应水位。

3.1 有压取水方案

有压取水建筑物包括岸塔式取水口、有压取水隧洞、出口调流阀和消力池,消力池出口进入明渠。

取水口位置地形坡度 27°左右,岩性为 T_1m^3 中厚层泥晶灰岩,岩层倾角 23°左右,为逆向坡,边坡稳定性好。因附廓水库为已建水库,为保证黔西县城供水不中断,附廓水库不能放空来满足施工要求。因此,取水口宜尽量靠近岸边布置,修筑围堰拦水满足取水口和取水隧洞的施工条件。为满足淹没水深和过流能力的要求,有压取水口底板高程 1 251.285 m,型式选用岸塔式。经布置,有压取水口由拦污栅、喇叭口、检修闸门井、渐变段组成,长 15.245 m。拦污栅位于进口,为平面直立活动式拦污栅,宽 7 m、高 6 m。喇叭口为三面收缩型式,长 4.7 m,侧面及顶面均为椭圆曲线,底面为平底。检修闸门井筒顶面高程为 1 277.4 m,平面宽度 9.4 m,顺水流方向长度 6.2 m,内设一道平板钢闸门,尺寸 4.4 m×4.4 m。闸门井筒顶设闸门启闭机房,并设一台卷扬式启闭机。井筒靠山侧用 C15 混凝土回填至 1 271.035 m 高程,再在其上架设板梁式交通桥。

有压取水隧洞采用圆形断面,总长 578.5 m,进口底板高程 1 251.285 m,出口底板高程 1 251 m。受整个灌区高程控制,要求附廓取水隧洞水头损失不能超过 1.0 m,经计算洞径取为 4.4 m,全断面采用 C25 钢筋混凝土衬砌,Ⅲ类围岩洞段衬砌厚度 0.4 m,Ⅳ、Ⅴ类围岩洞段衬砌厚度 0.6 m。隧洞围岩为灰岩,为中硬岩,埋深 0~90 m,因为是有压隧洞,隧洞全断面固结灌浆,洞顶做回填灌浆。

隧洞出口设流量阀,以便保证流量的准确控制。根据运输要求,外部交通公路每个车道宽度 3 m,桥洞限高 4.5 m,因此流量阀直径最大只能取到 2.6 m。附廓取水口设计过流能力 27 m³/s,考虑布置简单,可设 2 台 DN2.6 m 流量阀。流量阀属大型特种机械设备,需专门设置流量阀控制室,控制室长 28 m、宽20.8 m、高 14 m,内设 QD50/10 t 检修行车一台和相应的电气设备。

因为流量阀调节下放流量时会有水锤压力,为了保证隧洞安全,有压隧洞出口段设一段长 60 m 的钢管衬砌,Q345R 钢材,壁厚 16 mm,末端通过钢岔管一分为二分别进入 2 条支管,2 台流量阀分别接在支管出口,然后进入消力池,消力池后接渠道。岔管为"Y"岔管,Q345R 钢板现场焊制,管壁厚 26 mm。2 条支管每根支管长 11.37 m,直径 2.6 m,壁厚12 mm。

流量阀出口消力池长 46.43 m、宽 20 m、深 10.25 m,池底高程 1 247.75 m,池顶高程 1258 m,池内正常水位 1 257 m,相应正常水深9.25 m。消力池基础置于弱风化基岩上,底板及四周侧墙采用 C25 钢筋混凝土衬砌,底板厚 1.0 m,侧墙厚 1.5 m。侧墙周边用 C10 埋石混凝土回填,增加边墙的稳定性。有压取水方案取水口、隧洞及出口流量阀控制室纵剖面图、平切图及断面图见图 1 ~ 图 5。

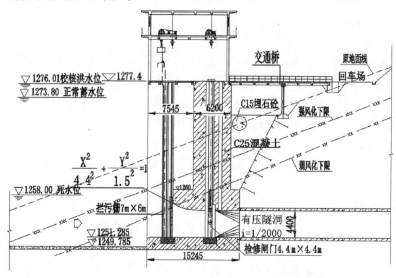

图 1　附廓有压取水口纵剖面图(比较方案)

3.2　无压取水方案

无压取水口型式仍选用岸塔式,取水口由拦污栅、喇叭口、检修闸门井、压坡段、弧形闸门井、旁通管、洞内消力池组成,总长 60.03 m,其中闸门井控制段长 30.03 m,洞内消力池长24.5 m。无压取水口底板高程考虑淤沙高程,在满足取水流量的前提下尽量抬高。取水口底板高程按死水位 1 258 m 能过加大流量控制,确定取水口底板高程 1 255 m。进口设一扇平面直立活动式拦污栅,宽 7 m、高 6 m。因为水库水位下降至接近取水口时,淹没水深不满足规范要求,会出现涡流,所以拦污栅采用加强设计,以满足刺破涡流和防止涡流破坏的作用。喇叭口为三面收缩型式,长 4.5 m,侧面及顶面均为椭圆曲线,底面为平底。检修闸门

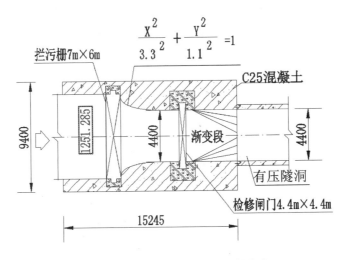

图2　附廓有压取水口平切图(比较方案)

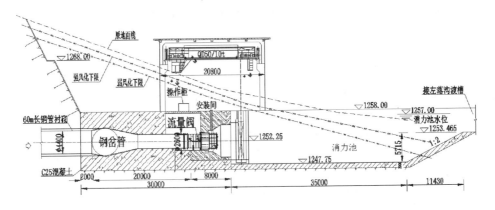

图3　附廓有压取水隧洞出口流量阀室及消力池纵剖面图(比较方案)

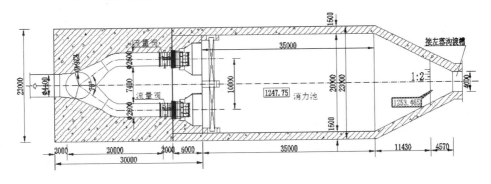

图4　附廓有压取水隧洞出口流量阀室及消力池平切图(比较方案)

井筒顶面高程1 277.4 m,平面宽度11 m,顺水流方向长度6.1 m,内设一道平板钢闸门,尺寸4.0 mm×4.5 m。井筒顶部设闸门启闭机房,并设一台卷扬式启闭机。检修闸门后为压坡段,坡比1:5,压坡段末端设弧形闸门,闸门尺寸4.0 m×4.0 m。弧形闸门左右两侧各设一根φ1 000 mm旁通管,旁通管上设蝶阀和活塞式多功能控制阀,蝶阀为检修阀,活塞式多功能控制阀为工作阀。当下游有灌溉和供水需求时或需要大流量时开启弧形闸门,设计下

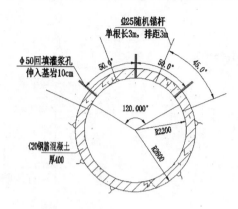

图 5 附廓有压取水隧洞断面图（比较方案）

放流量 27 m³/s,当下游只有供水需求或需水量较小时,仅开启旁通阀,设计下放流量 0～5 m³/s。弧形闸门井结构相对复杂,闸井高 22.4 m,顺水流方向长 12.95 m、宽 18 m,中间为弧形闸门的液压启闭机室,两侧为旁通阀室和采光通风通道,并布置上下楼梯。

弧形闸门后设洞内消力池,采用下挖式消力池,长 24.5 m,为城门洞型断面,宽 4 m、高 5.245 m,池底板上布置三排消力墩,以增加消能效果,起到减小消力池长度的作用。消力墩高 1.5 m,顶厚 1 m,宽 1 m。消力池后为无压取水隧洞,总长 578.5 m,进口底板高程 1 254.7 m,出口底板高程 1 253.7 m。无压取水隧洞采用城门洞形断面,宽 4 m、高 4.405 m,全断面采用 C25 钢筋混凝土衬砌,厚度 0.35～0.4 m。隧洞围岩为灰岩,强度较好,埋深 0～90 m,隧洞洞顶做回填灌浆。无压取水方案进口闸室及旁通管布置纵剖面图、平切图、无压取水隧洞标准断面图如图 6～图 8 所示。

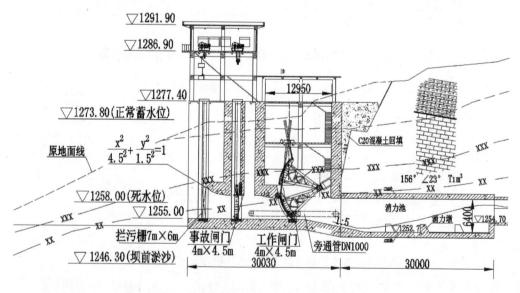

图 6 附廓无压取水口剖面图（推荐方案）

3.3 取水方案的技术经济比较

3.3.1 施工方便程度的比较

两个方案的取水口和取水隧洞布置基本一致,只是底板高程存在差异。

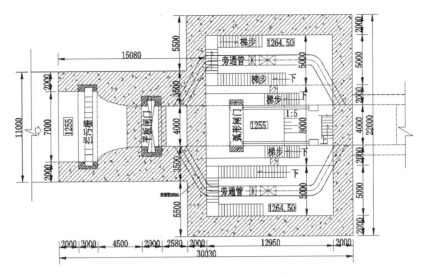

图7 附廊无压取水口平切图(推荐方案)

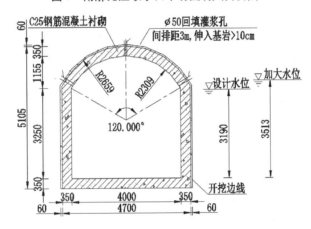

图8 附廊无压取水隧洞断面图(推荐方案)

有压取水口进口底板高程1 251.285 m,有压取水隧洞出口底板高程1 251 m。

无压取水口进口底板高程1 255 m,无压取水隧洞出口底板高程1 253.7 m。

无压取水口进口底板高程比有压取水口底板高3.7 m,对于在已经建成蓄水且不能放空的水库内新建取水口,显然无压取水方式所需的围堰工程量小得多,围堰防渗、基坑排水和施工安全性也具有明显优势。

有压取水所需的调流阀,直径2.6 m,运输、安装过程都较为复杂,特别是在山区乡村公路上的运输,沿途需要扩建、修整许多道路,而无压进水的弧形闸门制作安装就简单得多,无须担心钢板运输的问题。

3.3.2 建筑物及工程量的比较

无压取水的闸门控制段结构比较复杂,所有检修闸门、弧形工作闸门、旁通管闸阀、启闭设备都置于进口闸门井筒内。无压取水隧洞为城门洞形断面,施工较为方便。

有压取水的取水口为普通的岸塔式取水口,内设拦污栅和平板检修闸门,水工建筑物结构简单,但出口的流量阀体较大,设计流量达27 m³/s,出口流量控制设施复杂且体型庞大,流量阀控制室内需要配备桥机等起重设备以及相应的电气设备,有压隧洞出口的消力池体型也大。有压取水隧洞采用圆形断面,比起城门洞型隧洞来说,施工稍显复杂。

有压隧洞和无压隧洞均按相同的过流流量,水头损失不超过 1 m 控制,断面特性比较见表1。

表1 取水隧洞断面特性比较

序号	项目	单位	有压隧洞	无压隧洞	说明
1	洞长	m	578.5	578.5	
2	水头损失	m	1	1	
3	断面型式		圆形	城门洞形	
4	断面尺寸	m	$\phi 4.4$	4×4.405	
5	净空断面面积	m²	15.2	16.2	
6	过水断面面积	m²	15.2	13.77	扣 15% 空间
7	开挖断面(含 10 cm 喷护空间)	m²	22.5	22.5	底部不喷护
8	衬砌面积	m²	6	4.92	
9	主要受力		内水压力(含水锤压力)、围岩压力	围岩压力	

两种取水建筑物的混凝土量和开挖量差异接近 50%,主要差别在于有压取水出口流量阀室和消力池体积较大,所需的开挖量和混凝土量明显增加,两种取水方案主要工程量见表2。

表2 两种取水方案主要工程量比较

序号	项目	单位	有压取水	无压取水	说明
一	取水口				
	土方开挖	m³	754	792	
	石方开挖	m³	6 784	15 046	
	混凝土	m³	3 361	10 857	
	钢筋制安	t	264	1 062	
二	取水隧洞洞身段				
	洞挖石方	m³	16 197	15 051	
	C30 隧洞衬砌混凝土	m³	7 029	5 611	
	钢筋制安	t	540	503.3	
三	隧洞出口建筑物				
	土方开挖	m³	17 065	2 622	
	石方开挖	m³	31 076	2 178	
	混凝土	m³	12 836	534	
	钢筋制安	t	997	41.6	
四	直接工程投资估算	万元	5 405	3 454	差值 1 951

两者最明显的差异在于水流控制设备,无压取水所需设备为拦污栅、平面检修闸门、弧形工作闸门和小口径的旁通阀,而有压取水除需要拦污栅、平面检修闸门外,还需大口径的调流阀,并需专门为调流阀配套大尺寸的控制室、安装间、行车等。经估算,有压隧洞配大直径流量阀的取水方案投资约5 405万元,而弧形闸门+小直径旁通管配无压洞的取水方案投资3 454万元,后者投资少1 951万元,投资节约36%。

3.3.3 运行管理的差异

无压取水主要控制设施位于进口,弧形闸和旁通阀均位于水库水面高程以下20余m的地方,正常运行的电动开关均设置于地面,但设备检修和故障排除时操作人员必须进入井筒内部,心理上不可避免的会存在一定的安全压力,好在当今钢筋混凝土结构的力学性能完全可以达到安全要求,能确保工程和操作人员的安全。但操作需要上下20余m的楼梯,不太方便。采光、通风等也需要增加一定的设备和设施。

有压取水主要控制设施位于隧洞出口的流量阀室,这种大型的特种设备,配备了全自动的电气化控制设备,操作运行较为方便。其好处更在于一切人为活动均在水面以上,不会给操作人员心理形成压力。

3.3.4 比较结论

归纳前述各方面的比较结论列于表3。

表3 附廓水库取水方案比较表

项目	方案一:有压取水	方案二:无压取水	说明
施工条件	进口底板高程1 251.85 m	进口底板高程1 255 m	两者高差约为3.7 m,对于不能放空的附廓水库来说,方案二优
最大运输件	直径2.6 m的调流阀	直径1 m的流量阀	方案一的调流阀运输尺寸达到了沿线公路运输的极限,乡村公路需要扩建和改建才能满足要求;方案二的小直径流量阀可以畅通无阻,方案二优
建筑物布置	塔式取水口+圆形断面有压隧洞+出口大口径流量阀及大尺寸消力池,以及配备了桥机的流量阀控制室	塔式取水口、弧形闸门井、小直径旁通阀井、洞内消力池+无压隧洞+简单的隧洞出口及连接渠道	方案一取水口建筑物简单,出口流量阀控制室及消力池结构复杂且体量庞大;方案二取水口建筑物复杂,出口连接渠道尺寸小,结构简单。相比之下,方案一的建筑物复杂,且布置分散。方案二相对较优
工程量及工程投资	开挖量7.2万m³,混凝土量2.3万m³,钢筋0.18万t,建筑工程加设备投资合计5 405万元	开挖量3.6万m³,混凝土量1.7万m³,钢筋0.16万t,建筑工程加设备投资合计3 454万元	方案二工程量和工程投资都较为节约,直接工程投资节约36%,相应的工程占地、水土保持和环境保护工程量也较小。方案二优

续表3

施工条件	方案一:有压取水	方案二:无压取水	说明
运行管理	设备运行自动化程度高,且操作人员都在地面上作业	设备运行自动化程度高,操作人员大多时间在地面上作业,检修时需要下到闸门井底部	方案一全部在地面上运行管理,维修维护也有大型起重机辅助,方案二在检修和设备更换时需要进入闸门井底部,通风、照明都需要专门的设备,维修人员在水库水位以下20余 m 的地方作业,会有一定的心理压力。方案一优

本工程的设计计算都采用常规的水力计算方法,有压取水方案的计算相对单一,水锤计算需要采用水力过渡仿真计算,流量阀的局头损失系数需要设备厂家配合,而无压取水的水力计算工况较多,随着水位的变化,水力条件和计算公式会发生变化,计算相对复杂,但也都是成熟的水力计算公式。两种型式的隧洞结构计算均采用了理正岩土软件计算,操作简单,计算结果安全可靠。因为篇幅所限,本处不再细述。

目前,附廓取水建筑物已经按照无压取水方案出具施工蓝图并开始实施,因为对周边环境和附廓水库效益影响都很小,工程进展顺利。

4 结 语

附廓取水口及取水隧洞是经过大范围的地形地物分析研究,结合功能需要,尽量避开周边村寨、学校、采石场等干扰因素,尽量不影响已建大坝的结构安全和防渗安全,同时选择隧洞围岩条件较好,进、出口地形较宽缓,受水库淤积影响较小的位置为建筑物选址和选线,尽量简化施工,减少实施过程中可能遇到的困难,减少对老百姓的干扰。本工程已经开工建设,进展较为顺利,达到了设计预期。

经过本工程的研究和比较,有压取水和无压取水各有优缺点,主要受地形地物等边界条件的限制,同时,取水流量也是一个重要的决定性因素。如果本工程的流量是 5 m³/s 以下的小流量,比较的结论可能会相反。也就是说,有压无压的优劣,与取水流量也有较为密切的关系,所以本文仅仅提供一个个案的经验与交流,供广大同仁参考。

参 考 文 献

[1] 灌溉与排水工程设计规范:GB 50288—1999[S].
[2] 灌溉与排水渠系建筑物设计规范:SL 482—2011[S].
[3] 水电站压力钢管设计规范:SL 281—2003[S].
[4] 水工隧洞设计规范:SL 479—2016[S].
[5] 杨晓红,郑俊,等. 中型水库水温分层的影响及分层取水建议[J]. 城镇供水,2014(5),62-63.
[5] 周立坤. 青龙河引水工程输水线路方案对比研究[J]. 水利规划与设计,2017(2),112-114.
[6] 李晓梅,王鹏飞. 麻沟水库导流兼放空隧洞设计与研究[J]. 河南水利与南水北调,2013(12):46-47.
[7] 李炜. 水力计算手册[M].2 版. 北京:中国水利水电出版社,2006.
[8] 耿华. 浅谈供水工程取水建筑物设计[J]. 水利水电,2016(31):230-231.

[9] 张通. 五里峡水库取水兼放空隧洞建筑物设计计算[J]. 水利规划与设计,2017(9),132-135.

[10] 苏桐鳞. 黄花滩水利骨干工程 3# 低压输水管道进水池设计方案[J]. 水利规划与设计,2017(10),159-161.

[11] 王成全. 南充干渠引水隧洞工程施工技术要点探究[J]. 水利技术监督,2015(6),68-70.

【作者简介】 周仕刚(1976—),男,高级工程师,主要从事水工结构设计、工程咨询和勘察设计管理工作。E-mail:58494299@ qq. com。

莽山水库主坝 $6^\#$ ~ $8^\#$ 坝段坝基缓倾角
结构面抗滑稳定设计

王旭斌　林　飞　王　明

（湖南省水利水电勘测设计研究总院，长沙　410007）

摘　要　莽山水库碾压混凝土重力主坝 $6^\#$ ~ $8^\#$ 坝段坝基岩体内发育缓倾角结构面，是影响大坝稳定的最重要因素。经深层抗滑稳定计算分析后采用上游齿槽、锚筋桩及加强基础固结灌浆的综合处理措施解决深层抗滑稳定问题。

关键词　重力坝；稳定分析；深层抗滑；处理措施；莽山水库

1　工程概况

莽山水库位于湖南省郴州市宜章县境内的珠江流域北江二级支流长乐水上游，是一个以防洪、灌溉为主，兼顾城镇供水与发电等综合效益的大（二）型水利枢纽工程，水库正常蓄水位 395 m，总库容 1.33 亿 m^3；水库灌溉面积 31.2 万亩，多年平均城镇供水量 2 227 万 m^3，水电站装机容量为 18 MW，多年平均发电量 4 480 万 kW·h。莽山水库工程主坝为碾压混凝土重力坝，坝顶长度为 355 m，坝顶高程为 399.8 m，最大坝高 101.3 m。主坝共分 13 个坝段，河床 $7^\#$ 坝段为溢流坝，坝段长为 31.5 m，左、右两岸为非溢流坝，右岸非溢流坝（ $1^\#$ ~ $6^\#$ 坝段）长 168.5 m，左岸非溢流坝（ $8^\#$ ~ $13^\#$ 坝段）长为 155 m。

2　主坝 $6^\#$ ~ $8^\#$ 坝段工程地质条件

2.1　主要工程地质问题

莽山水库主坝 $6^\#$ ~ $8^\#$ 坝段位于坝址河床及左、右岸临河岸坡部位，坝基岩体为燕山早期（ $\gamma_5^{2(1)}$ ）浅肉红色中、粗粒斑状（黑云母）花岗岩和细粒花岗岩，局部为浅肉红色绿泥石化花岗岩、脉状细粒花岗岩，两岸山坡 315.0 m 高程以下至河床区域裸露较完整坚硬的弱风化岩石。无区域性大断层切割坝基岩体，只有顺河向延伸、破碎影响带为 0.1 ~ 0.5 m 的 F_1 断层切割 $6^\#$ 坝段坝基。主要结构面为倾角 5° ~ 15° 的缓倾角及两组陡倾角结构面，在 292.0 ~ 317.0 m 高程较发育。两组陡倾角结构面顺河向（N60° ~ 85°W·NE（SW）∠70° ~ 85° 及 N70° ~ 85°E·NW（SE）∠70° ~ 85°）、横河向（N50° ~ 70°E·NW ∠65° ~ 85°）发育，具卸荷特性，局部充填次生夹泥 1 ~ 5 cm，发育频率为 0.5 ~ 3.0 条/m；两岸缓倾角结构面多倾向河床偏下游，张开宽 0.1 ~ 5 mm、深 0.1 ~ 1.0 m，延伸长一般为 3.0 ~ 10.0 m，最长达 56.0 m，局部形成节理密集带，发育频率为 0.2 ~ 5.0 条/m。高程 317.0 m 以上至坝顶之间，因岩体差异风化较强烈，岩体较破碎，不同产状的结构面相互切割、限制，缓倾角结构面延伸较短，岩体呈碎块状结构，缓倾角结构面成层状特征不太清晰。

主坝 $6^\#$ ~ $8^\#$ 坝段建基面高程为 298.5（河床）~ 317.5 m（左岸平台），坝基岩体受结构面切割以及开挖卸荷等影响呈似块状结构,其中缓倾角结构面构成了大坝坝基产生滑移变形的潜在危险控制面,是坝基的主要工程地质问题。随着建基面高程升高,岩体风化逐渐加重,节理相互切割,大坝抗滑稳定主要受风化破碎岩体控制。

2.2　主坝6#~8#坝段坝基缓倾角结构面的主要特征

经钻探、摄像、声波、注水等勘探查明缓倾角结构面发育特征为:①两岸缓倾角结构面多为倾向河床、偏下游,倾角5°~15°,部分结构面倾向上游。②292.0 m高程以下(河床持力层下部深埋岩体)缓倾角结构面不发育,发育频率为0.5~1.0条/m;292.0~304.0 m高程之间(河床部位的持力层岩体),缓倾角结构面发育频率为5.0条/m;高程304.0~317.0 m之间(两岸岸坡),缓倾角结构面发育频率为1.0~2.0条/m;③张开:多数张开宽度0.1~5.0 mm,通过细小钢丝穿插,可探张开深度达5.0~70.0 cm;④充填:局部有透镜状岩块岩屑充填,充填厚度1.0~10.0 mm,无胶结,沿结构面透镜体长度3.0~20.0 m;⑤结构面特征:舒缓波状,较粗糙,在陡倾角节理切割部位略有台坎,起伏差0.1~30.0 mm;⑥连通率:综合分析验证推断:单条结构面连通率为30%~70%,建基面附近的结构面连通率多为70%。

3　主坝6#~8#坝段深层抗滑稳定分析

本工程采用刚体极限平衡法对坝基进行深层抗滑稳定计算分析。根据勘探孔孔内摄像成果,综合分析坝基缓倾角结构面的空间分布及组合,将产状类似、分布高程相当的缓倾角结构面追踪拟定为可能产生坝基滑移变形的"危险趋势面",主坝6#、7#、8#坝段主要缓倾角结构面组合情况见表1。对倾向下游的缓倾角结构面按双滑动面进行计算,计算简图见图1;倾向上游的缓倾角结构面按单滑动面进行计算,计算简图见图2。双滑动面深层抗滑稳定按照《混凝土重力坝设计规范》(SL 319—2005)附录E中的公式进行计算,采用等安全系数法。

表1　主坝6#、7#、8#坝段主要缓倾角结构面组合汇总

坝段	结构面组合	视倾角	连通率	分布高程(m)	建基面以下埋深(m)
6#	J_{17}、J_{34}、J_{38}结构面组合	倾向下游2°	77%	292~295	3.5~6.5
	J_{18}、J_{34}、J_{38}结构面组合	倾向上游3°	77%	291~294	4.5~7.5
7#	J_5	倾向下游2°	85%	293~298.5	0~5
	J_7、J_{47}、J_{28}结构面组合	倾向下游2°	70%	290~294.7	3.8~8.5
8#	J_1、J_{46}结构面组合	倾向上游3°	74%	310~315	2.5~7.5
	J_3	倾向下游7.4°	74%	299~304	13.5~18.5

3.1　计算工况和岩体力学参数

三个坝段的深层抗滑稳定分析计算工况如下:①基本组合1:正常蓄水位工况;②基本组合2:设计洪水位工况;③特殊组合1:校核洪水位工况。

根据现场岩基试验成果和缓倾角结构面的起伏粗糙度、连通率、裂隙充填率及物质成分等工程性状,优化结构面的力学参数,深层抗滑稳定计算采用的岩体力学参数见表2。

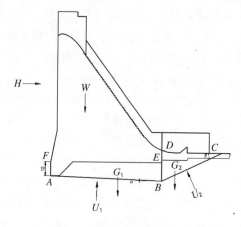

图 1　双滑动面计算简图

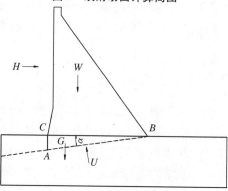

图 2　单滑动面计算简图

表 2　深层抗滑稳定采用岩体力学参数

序号	部位	f'	c'(MPa)	f
1	结构面(290.0 m 高程以上)	0.60	0.10	0.50
2	结构面(290.0 m 高程以下)	0.63	0.15	0.52
3	弱风化下带岩体	1.0	1.0	0.70

3.2　计算结果及分析

由于每个坝段坝基的缓倾角结构面产状及空间分布不同,为了合理分析大坝深层抗滑稳定,在计算过程中,以每个坝段不利结构面的组合作为滑动控制面分别进行抗滑稳定计算,计算成果见表 3～表 5。根据计算成果,6#坝段除 J_{17}、J_{34}、J_{38} 结构面组合在设计洪水位工况下,深层抗滑稳定安全系数为 2.8,小于规范要求的 3.0 外,其余工况都能满足规范要求;7#坝段除 J_7、J_{47}、J_{28} 结构面组合在校核洪水工况下,深层抗滑稳定安全系数为 2.5,满足规范要求的 2.5 外,其余工况都不能满足规范要求;8#坝段除 J_1、J_{46} 结构面组合在设计洪水位工况下,深层抗滑稳定的安全系数为 2.9,小于规范要求的 3.0 外,其余工况都能满足规范要求。

表 3 6#坝段深层抗滑稳定计算成果

序号	计算工况	结构面综合计算参数					尾岩(完整岩体)计算参数($\beta=25°$)		采取措施情况	计算安全系数 K'	规范容许值 $[K']$	是否满足规范要求
		结构面组合	视倾角 α (°)	连通率 (%)	抗剪断 f'_1	抗剪断 c'_1 (kPa)	抗剪断 f'_2	抗剪断 c'_2 (kPa)		K'	$[K']$	
1	正常蓄水位	J_{17}、J_{34}、J_{38} 结构面组合	倾向下游 2°	77	0.69	307	1	1 000	否	3.0	3.0	否
	设计洪水位									2.8	3.0	
	校核洪水位									2.7	2.5	
2	正常蓄水位	结构面组合	2°	77	0.75	540	1	1 000	上游设 10 m 深齿槽	3.4	3.0	是
	设计洪水位									3.2	3.0	
	校核洪水位									3.1	2.5	
3	正常蓄水位	J_{18}、J_{34}、J_{38} 结构面组合	倾向上游 3°	77	0.69	307	1	1 000	否	3.5	3.0	是
	设计洪水位									3.3	3.0	
	校核洪水位									3.2	2.5	

表4 8#坝段深层抗滑稳定计算成果

序号	结构面组合	结构面综合计算参数				尾岩(完整岩体)计算参数($\beta=25°$)		采取措施情况	计算工况	计算安全系数 K'	规范容许值 $[K']$	是否满足规范要求
		视倾角 α (°)	综合连通率(%)	抗剪断 f_1'	抗剪断 c_1' (kPa)	抗剪断 f_2'	抗剪断 c_2' (kPa)					
1	J_1、J_{46} 结构面组合	倾向下游 3°	74	0.70	334			否	正常蓄水位	3.2	3.0	否
									设计洪水位	2.9	3.0	
									校核洪水位	2.8	2.5	
2			74	0.70	371		布置 3 Φ 32 mm @3×3 m 锚筋桩	上游设 10 m 深齿槽	正常蓄水位	3.4	3.0	是
									设计洪水位	3.1	3.0	
									校核洪水位	2.9	2.5	
3	J_3 结构面	倾向下游 7.4°	74	0.70	334	1	1 000	否	正常蓄水位	4.1	3.0	是
									设计洪水位	3.8	3.0	
									校核洪水位	3.6	2.5	
4			100	0.60	100	1	1 000	否	正常蓄水位	3.3	3.0	是
									设计洪水位	3.3	3.0	
									校核洪水位	3.2	2.5	

表 5 7# 坝段深层抗滑稳定计算成果

序号	计算工况	结构面组合	结构面综合计算参数				尾岩(完整岩体)计算参数($\beta=25°$)		采取措施情况	计算安全系数 K'	规范容许值 $[K']$	是否满足规范要求
			视倾角 α (°)	综合连通率(%)	抗剪断 f_1'	抗剪断 c_1' (kPa)	抗剪断 f_2'	抗剪断 c_2' (kPa)				
1	正常蓄水位			85	0.66	235	1	1 000	否	2.4	3.0	否
	设计洪水位									2.2	3.0	
	校核洪水位									2.1	2.5	
2	正常蓄水位	J_5 结构面	倾向下游 2°	70	0.72	370	1	1 000	上游设 6.5 m 深齿槽	3.0	3.0	否
	设计洪水位									2.8	3.0	
	校核洪水位									2.7	2.5	
3	正常蓄水位			70	0.72	370	1	1 000	上游设 8.5 m 深齿槽	3.1	3.0	否
	设计洪水位									2.9	3.0	
	校核洪水位									2.9	2.5	
4	正常蓄水位			85	0.78	620	1	1 000	上游设 10 m 深齿槽	3.2	3.0	是
	设计洪水位									3.0	3.0	
	校核洪水位									2.9	2.5	
5	正常蓄水位	J_7、J_{47}、J_{28} 结构面组合	倾向下游 2°	70	0.72	370	1	1 000	否	2.7	3.0	否
	设计洪水位									2.6	3.0	
	校核洪水位									2.5	2.5	
6	正常蓄水位				0.78	618	1	1 000	上游设 10 m 深齿槽	3.2	3.0	是
	设计洪水位									3.0	3.0	
	校核洪水位									2.9	2.5	

三个坝段的深层抗滑稳定安全系数在各计算工况下不能完全满足规范要求,但随着计算滑动面高程降低,安全系数明显增大。要确保坝体深层抗滑稳定,需采取适当的工程措施进行处理。

4　深层抗滑稳定工程处理措施

根据此段坝基的钻孔取芯和孔内摄像资料分析,坝基高程294 m以上的缓倾角结构面比较发育,且大都处于张开状态,高程294 m以下的缓倾角结构面不太发育,且大都处于闭合状态。对坝基高程294 m以上的缓倾角结构面发育分析的主要原因是:①由于坝基开挖时,表层盖重被剥离,导致地应力进一步释放,建基面岩体产生卸荷松弛变形,导致原生裂隙面呈层状扩张;②爆破振动的附加作用,加剧了原生闭合裂隙的张开度和延伸加长。如将河床段大坝建基面高程由298.5 m降低至294 m,坝基表部岩体可能又会出现相似的情况。因此,大坝建基面高程不再降低,维持原设计高程。

要提高大坝深层抗滑稳定,需增加大坝的抗滑力,根据计算成果分析,结合主坝的施工进度、不利结构面的组合情况及类似工程经验,可采用的工程处理措施有:①预应力锚索;②上游设齿槽;③锚筋桩等。采用预应力锚索加固大坝是比较常用的工程处理措施,但其施工麻烦,影响工期,造价高,不适用于本工程;采用上游齿槽截断软弱结构面,提高大坝深层抗滑稳定性,也是比较常用的工程处理措施,此处理措施施工方便,施工速度快,造价较低,可用于本工程缓倾角结构面倾向下游的坝段进行坝基处理;目前国内已有工程成功采用了锚筋桩的工程措施加固大坝,如我省的筱溪水电站[4]和云南的景洪水电站[5],在坝基布置锚筋桩,提高坝基滑动面的抗剪断凝聚力,增加坝体深层抗滑稳定性,此处理措施可利用坝基固结灌浆孔布置锚筋桩,施工较方便,造价较低,可用于本工程缓倾角结构面倾向上游的坝段进行坝基处理。

根据每个坝段的不利缓倾角结构面组合情况,通过坝基深层抗滑稳定计算分析,并进行了经济技术比较,6#~8#坝段分别采取的工程处理措施如下:

(1)6#、7#坝段采取的工程处理措施。

经深层抗滑稳定计算分析,6#、7#坝段的深层抗滑稳定以倾向下游的不利结构面组合为滑动面控制,采用上游加齿槽的处理措施。经计算,在上游齿槽深度达到10 m后,即可满足深层抗滑稳定要求,计算成果见表3、表5。设计上游齿槽底部高程288.5 m,底宽6 m,上游面垂直,下游面坡比1:1;同时为确保齿槽本身结构稳定,在齿槽内配筋。考虑到6#坝段岸坡段齿槽施工不便,在岸坡段利用固结灌浆孔孔内插锚筋的方式,采用垂直孔不做锚头,固结灌浆孔孔径φ150 mm,间距3×3 m,梅花形布置,入岩深度8 m(帷幕前一排深度为15 m),孔内插入3根Φ32 mm锚筋,锚筋深入混凝土内长度不小于1.5 m。

(2)8#坝段采取的工程处理措施。

经深层抗滑稳定计算分析,8#坝段的深层抗滑稳定以倾向上游的不利结构面组合为滑动面控制,采用坝基布置锚筋桩的处理措施。经计算,在坝基高程317.5 m平台布置4排、间排距3 m×3 m的锚筋桩后,即可满足深层抗滑稳定要求,计算成果见表4。锚筋桩利用坝基固结灌浆孔布置,桩径150 mm,梅花型布置,桩内放置3根Φ32 mm钢筋,锚筋在坝体混凝土内设置灯泡状钢筋锚头。锚筋桩入岩深度要求穿过滑动控制结构面并留有锚固长度,锚筋桩深度 15～18 m。锚筋桩倾向上游,垂直水流方向采用倾角 15°、25°间隔布置。考虑到锚筋桩在岸坡上难以施工,岸坡上利用固结灌浆孔孔内插 3 根 Φ 32 mm 锚筋,采用垂直孔不做锚头,入岩深度为 8 m(帷幕前一排为 15 m),锚筋深入混凝土内长度不小于 1.5 m。同时,为避免岸坡段(ZB0＋141.4～ZB0＋154.8 m,高程 306.5～317.5 m)下游侧出现临空面,影响坝基深层抗滑稳定,8#坝段在溢流坝消能段左导墙与岸坡之间采用 C15 混凝土回填,回填高程 319.50 m。

(3)加强坝基固结灌浆。

为提高坝基岩体完整性,减少孔隙的连通率,控制坝基变形,对整个坝基采取加强固结灌浆处理。河床坝基固结灌浆孔间距为 2 m,梅花型布置,孔深 8 m(齿槽底部为 5 m);并在河床坝基上游增设 3 排、下游消能段基础增设 4 排固结灌浆孔,孔深 5 m。6#、8#坝段岸坡坝基固结灌浆孔间距为 3 m,梅花型布置,孔深为 8 m。

河床坝基利用厚度为 1.5 m 的大坝垫层混凝土做盖重进行固结灌浆,为确保灌浆质量,进行了灌浆试验,根据试验成果,固结灌浆分 3 序施工,灌浆压力:Ⅰ序孔第一段采用 0.2～0.25 MPa,第二段采用 0.25～0.3 MPa;Ⅱ序孔第一段采用 0.25～0.3 MPa,第二段采用 0.3～0.35 MPa;Ⅲ序孔第一段采用 0.35～0.4 MPa,第二段采用 0.4～0.45 MPa 的压力;并根据坝基抬动观测值,在确保坝基安全的前提下,适当加大灌浆压力。

5 深层滑动监测设计

为加强坝基应力应变监测,结合坝基锚筋桩布置情况,在主坝基础部位设置多点位移计、土压力盒和锚杆应力计。在主坝 6#～8#坝段,每个坝段布置 1 个监测断面,共布置 6 套多点位移计,监测坝基变形。在 3 个监测断面设置 9 支土压力盒监测基础受力情况。在 6#、8#坝段各布置 1 个锚筋桩监测断面,共设置锚杆应力计 11 支,监测锚筋的受力状况。各监测仪器电缆引出至廊道,接入布置于廊道内的 MCU。

6 结 语

(1)主坝 6#～8#坝段深层抗滑稳定问题,在前期勘察工作基础上,施工图阶段又补充了大量针对性的地勘及现场试验工作,查明了坝基缓倾角结构面的空间分布及其特性,提出了偏于安全的不利结构面组合做为滑动控制面。

(2)坝体深层抗滑稳定计算以刚体极限平衡法为主,计算分析时对结构面的指标及裂隙连通率进行了敏感性分析,计算结果表明 6#～8#坝段在采取了上述工程处理措施后,大坝的抗滑稳定是满足规范要求的。

(3)目前主坝正在施工,在今后运行期需加强大坝的安全监测及反馈分析,确保大坝运行安全。

参 考 文 献

[1] 周建平,党林才. 水工设计手册 第5卷混凝土坝[M]. 2 版. 北京:中国水利水电出版社.
[2] 刘志明,杨启贵,王玉杰,等. 水工程基础和边坡软弱结构面抗滑稳定研究及案例分析[M]. 北京:中国水利水电出版社,2013.

[3] 蔡胜华,谢孟良,陈文卓. 大坝齿槽常态混凝土原位抗剪试验[J]. 水力发电,2014,40(9).

[4] 陈胜宏,汪卫明,杨志明. 筱溪水电站重力坝坝基锚筋桩加固研究[J]. 岩土力学,2010,31(4).

[5] 李玲云. 景洪水电站大坝坝基深层抗滑稳定分析及处理措施[J]. 云南水力发电,2014,30(6).

【作者简介】 王旭斌,高级工程师。E-mail:cswxb@126.com。

出山店水库重力坝基岩固结灌浆
设计与效果评价

王桂生 马东亮 杨 中 刘美义

(中水淮河规划设计研究有限公司,合肥 230601)

摘 要 出山店水库重力坝坝基位于局部裂缝发育的弱风化花岗岩上,基岩面总体较坚硬完整,但坝基开挖后发现有 F30、F34 两大缓倾角断层,两大断层采用全开挖回填混凝土处理。对其余 F7、F27、F31、F32、F33 等规模较小的陡倾角断层,选取了合适的固结灌浆方式,确定了相关灌浆参数,并对灌浆效果检查评价,结果表明基岩固结灌浆效果良好,为类似地质条件坝基固结灌浆设计提供了很好的参考和借鉴。

关键词 地层岩性;灌浆;参数;检测

出山店水库位于淮河上游,在河南省信阳市境内,是以防洪为主,结合灌溉、供水,兼顾发电等综合利用的大型水利枢纽工程,水库总库容 12.51 亿 m^3,枢纽主要由水库大坝(土坝和混凝土坝)、副坝、灌溉隧洞、电站厂房等部分组成,水库设计灌溉面积 50.6 万亩,年供水量 8 000 万 m^3,电站装机容量 2 900 kW。

1 重力坝布置

水库大坝由土坝和混凝土重力坝组成,其中混凝土坝全长 429.57 m,共分 23 个坝段,其中 1# ~4# 坝段为连接坝段,长 80 m,与土坝呈插入式连接;5# ~13# 坝段为表孔坝段,共长 150.5 m,由 8 个表孔组成,单孔净宽 15 m;14# ~15# 坝段为底孔坝段;16# 坝段为电站坝段;17# ~23# 坝段为右岸非溢流坝段。最大坝高 40.60 m。

2 地质条件

2.1 地层岩性

混凝土坝段基岩为加里东晚期中粗粒黑云母花岗岩,局部夹片岩捕掳体,并有细粒花岗岩脉、长英岩脉、石英岩脉及绿帘石脉穿插。河床表层以粗砂为主,含砾石,下部为级配良好砾,局部夹透镜状或薄层状含砂黏性土层或软土,总厚度 2 ~6.4 m,受采砂影响,河床及漫滩地形变化较大,由于下部 Q^3 地层中大粒径卵砾石筛除后现场乱堆,严重影响河床及漫滩中砂卵砾石的颗粒组成。

2.2 地质构造

坝基花岗岩经受了加里东期、燕山期、喜山期运动。混凝土坝段内断层以北西西向为主,次为北西向、近东西向、北东向、北东东向以及近南北向。多数陡倾角,倾向南,压扭性,其特点是平行排列,成群揭露有 F13、F2、F7、F58、F59、F1、F27 等,断层破碎带一般宽 0.3 ~ 1.0 m,交汇带增大至 2.5 ~5 m,在 7# ~8# 坝段揭露有 F34 断层,采用开挖回填素混凝土处理,最大挖深 19.0 m,12# ~14# 坝段揭露有 F30 断层,也采用开挖回填素混凝土处理,最大开挖深度 17.0 m。断层泥厚 0.5~3 cm,沿断壁呈条带状分布。花岗岩在强烈的挤压作用下,原岩矿物颗粒已经粉末化,未被搓碎的石英颗粒呈残碎的斑状物出现。在显微镜下可见少量的应力矿物斑点与糜棱物质呈条带状构造,具有扭动形迹。断层泥的矿物成份经鉴定以蒙脱石为主,含少量水云母和石英,其黏粒含量 56%,胶粒含量 42%;流限 53.2%,塑限 26.8%,塑性指数 26.4,含水率 42%;饱和固结快剪内摩擦角 14.1°,凝聚力 14 kPa;压缩系数 0.05 MPa^{-1}。

3 固结灌浆设计

3.1 设计参数

固结灌浆参数设计主要包括布孔参数、施工控制参数两部分。其中,布孔参数主要指布孔方式、布孔密度及孔深等;施工控制参数主要指灌浆孔分段段长、灌浆压力、水固比和注灰量。出山店水库重力坝固结灌浆采用有盖重方式灌浆,混凝土盖重厚度综合现场定型模板高度、当年年度汛方案确定为 3.0 m,要求混凝土强度等级达到 75% 以上方可灌浆。灌浆施工顺序为:抬动观测孔钻孔—仪器安装—声波测试孔钻孔—灌前测试—临时封孔保护—Ⅰ序固结灌浆孔钻孔—灌浆—封孔—Ⅱ序固结灌浆孔钻孔—灌浆—封孔。灌浆孔呈梅花型布置(见图1、图2),基岩段长一般为 5 m 和 8 m,地质缺陷部位根据现场实际情况加深或加密;抬动测试孔入岩 6 m,声波测试孔呈正三角形布置(见图3),边长 5 m,入岩深 5 m。固结灌浆孔、声波测试孔孔径为 76 mm,抬动测试孔孔径为 91 mm。灌浆采用孔内循环灌浆法,分两序施工。基岩段长为 8 m 的分两段灌注,第 1 段灌深 3 m,栓塞阻塞在混凝土与基岩接触面处,第 2 段灌深 5 m,阻塞在受灌段以上 0.5 m 处,第 1 段灌后须待凝 24 h 后方可钻灌第 2 段。固结灌浆孔Ⅰ、Ⅱ序孔的第 1 段灌浆压力为 0.3 MPa,第 2 段灌浆压力为 0.4 MPa,采用水固比为 2:1。灌浆封孔标准为灌浆段压力达到 0.3~0.4 MPa 后,注入率小于 1 L/min 时,继续灌注 30 min,即可结束灌浆封孔处理。

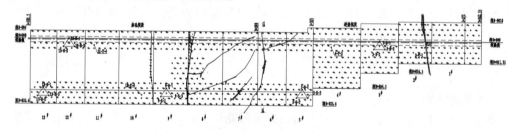

图 1 左岸固结灌浆孔布置示意图

3.2 质量检查与测试

大坝基岩固结灌浆完成后,根据要求进行了灌浆质量和效果的检查,对检查不符合要求的灌浆部位,进行加密钻孔补灌。灌浆效果检查,一般以岩石力学性能改善程度或所达到的数值为指标。常用方法有:计算各序次灌浆孔的单位注入量和透水率的均值评价灌浆效果法;钻检查孔进行压水试验和单位注入量检查法;测定弹性模量或弹性波速法等三种。

本工程对 2#、3# 坝段部分 11 个灌浆孔采用封孔注灰量与灌浆注灰量对比法对灌浆效果进行检查,检查结果见表1,并对 2#、3# 坝段抽取断面采用弹性波速法对灌浆效果进行评价,

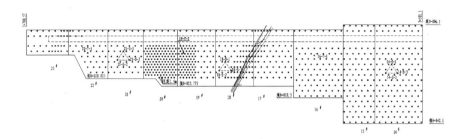

图2 右岸固结灌浆孔布置示意图

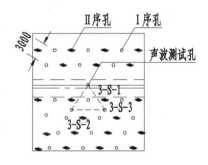

图3 灌浆孔及声波测试孔布置详图

弹性波速测试结果见表2和表3。

表1 灌浆压力及注灰量

序号	孔号	灌浆注灰量 (kg/m)	封孔压力 (MPa)	封孔注灰量 (kg/m)
1	SY – 2 – 4 – 3	42. 15	0. 33	4. 75
2	SY – 2 – 4 – 4	56. 80	0. 34	5. 33
3	SY – 2 – 5 – 2	47. 31	0. 35	5. 10
4	SY – 2 – 6 – 3	40. 50	0. 32	4. 66
5	SY – 2 – 7 – 2	45. 96	0. 32	4. 77
6	SY – 3 – 5 – 2	18. 01	0. 35	5. 79
7	SY – 3 – 5 – 5	13. 90	0. 34	5. 13
8	SY – 3 – 6 – 2	18. 57	0. 34	4. 87
9	SY – 3 – 6 – 3	18. 15	0. 34	4. 75
10	SY – 3 – 6 – 5	13. 39	0. 34	5. 48
11	SY – 3 – 6 – 6	19. 71	0. 32	4. 92

表2 2#坝段声波测试结果

检测部位	工程情况	检测剖面	低波速段范围(m)	低波速段声速平均值(m/s)	稳定波速段范围(m)	稳定段声速平均值(m/s)
2#坝段试验区	灌浆前	1 - 2	-3.0 ~ -4.6	3 243	-4.6 ~ 11.0	4 298
		1 - 3	-3.0 ~ -4.0	3 218	-4.0 ~ -11.0	4 217
		2 - 3	-3.0 ~ -5.4	3 171	-5.4 ~ -11.0	4 236
	灌浆后	1 - 2	-3.0 ~ -4.6	3 963	-4.6 ~ 11.0	4 510
		1 - 3	-3.0 ~ -4.0	4 063	-4.0 ~ -11.0	4 518
		2 - 3	-3.0 ~ -5.4	4 052	-5.4 ~ -11.0	4 464

表3 3#坝段声波测试结果

检测部位	工程情况	检测剖面	低波速段范围(m)	低波速段声速平均值(m/s)	稳定波速段范围(m)	稳定段声速平均值(m/s)
3#坝段试验区	灌浆前	1 - 2	-3.0 ~ -4.8	3 428	-4.8 ~ -8.0	4 404
		1 - 3	-3.0 ~ -5.0	3 259	-5.0 ~ -8.0	4 276
		2 - 3	-3.0 ~ -3.8	3 318	-3.8 ~ -8.0	4 199
	灌浆后	1 - 2	-3.0 ~ -4.8	4 075	-4.8 ~ -8.0	4 503
		1 - 3	-3.0 ~ -5.0	4 031	-5.0 ~ -8.0	4 431
		2 - 3	-3.0 ~ -3.8	4 036	-3.8 ~ -8.0	4 282

由表1可见,固结灌浆达到封孔阶段时,注灰量已降低至4.75 ~ 5.79kg/m,约为灌浆阶段注灰量的10%,远低于灌浆封孔阶段注灰量一般限值25kg/m,表明灌浆效果良好。由表2、表3可见,2#坝段试验区波速提高了9.2% ~ 24.5%;3#坝段试验区波速提高了5.7% ~ 23.8%,满足设计提出高波速部位波速提高15%以上,且各部位平均波速不低于3 450 m/s的灌浆标准,这说明固结灌浆效果良好,满足设计要求。

4 结 语

(1)出山店水库重力坝基岩固结灌浆设计总进尺达12350 m,为重要的隐蔽工程,对岩石断层破碎带进行固结灌浆设计、确定合理的灌浆参数直接决定了工程灌浆效果。

(2)盖重层混凝土厚度的确定需根据地质参数、工程工期、度汛要求以及现场模板尺寸等综合条件合理选择。

(3)根据地质参数选取合适的灌浆方式、合理确定灌浆参数和施工控制参数,灌浆完成后,通过多种方法对灌浆效果进行检查和评价是判断固结灌浆工程安全、合理和优化的根据也是固结灌浆设计的关键。

(4)本工程提出灌浆后平均波速以及两种控制要求是合适的,效果和评价结果表明重力坝基岩固结灌浆设计是成功的,为类似地质条件下重力坝坝基固结灌浆设计提供了重要参考。

参 考 文 献

[1] 张瑞洵,李晨英. 小浪底工程进水塔基础固结灌浆设计施工[J]. 人民黄河,2001,23(2):43-44.

[2] 沙椿,黄泽孝. 溪洛渡水电站坝基固结灌浆试验检测[J]. 水电站设计,2003,19(3):65-69.

[3] 杨学样. 三峡工程右岸大坝基础找平混凝土封闭法固结灌浆施工[J]. 水利水电技术,2005,36(6):72-75.

[4] 卢无海,方伟. 小湾水电站特殊坝基固结灌浆施工和工艺探讨[J]. 人民长江,2007,38(9):148-150.

[5] 李琪,李若东,赵海峰,等. 拉西瓦大坝陡坡基础有盖重固结预埋灌浆管法工艺试验及应用[J]. 青海大学学报:自然科学版,2008,28(1):60-63.

[6] 钱宁. 大渡河金川水电站两岸卸荷岩体固结灌浆试验工艺研究[J]. 西北水电,2008,(6):55-57.

[7] 黄海峰. 高压固结灌浆在坝肩地质缺陷处理中的应用[J]. 水力发电,2009,35(9):73-74.

[8] 杨学样,李焰. 大岗山水电站高拱坝坝基同结灌浆试验[J]. 水利与建筑工程学报,2010,8(1):35-38.

[9] 李冬梅,任建江,严新军. 碾压混凝土重力坝破碎基岩固结灌浆处理研究[J]. 水利水电技术,2011,42(3):66-69.

[10] 张文举,卢文波,陈明,等. 基于灌浆前、后波速变化的岩体固结灌浆效果分析[J]. 岩石力学与工程学报,2012,31(3):469-478.

[11] 樊少鹏,丁刚,黄小艳,等. 乌东德水电站坝基固结灌浆方法试验研究[J]. 人民长江,2014,45(23):46-50.

【作者简介】 王桂生(1980—),男,高级工程师,主要从事水工结构工程的研究与设计工作。E-mail:18856925285@163.com。

某电站压力管道布置优化设计

柴玉梅　张　晓　赵亚昆

（中水北方勘测设计研究有限责任公司，天津　300222）

摘　要　电站压力管道的布置方案与厂房布置密不可分，某电站因厂房位置需要调整，而相应地对压力钢管布置进行调整，进行整体优化设计。经过压力管道五个布置方案对比分析，在满足机组过渡过程调节保证要求的条件下，优化了压力钢管管径和壁厚，减少钢材用量，节省工程投资。

关键词　电站压力管道；过渡过程调节；优化设计；节省投资

1　工程概述

　　某电站位于新疆博尔塔拉蒙古自治州某河支流冬吐劲河上，工程任务以发电为主，由拦河坝、泄洪洞、排沙洞、发电引水系统和电站、过鱼建筑物、生态放水建筑物组成，属大（一）型工程，电站装机容量 320 MW。发电引水系统由电站进水口、引水隧洞、调压室、压力管道等组成。压力管道为 2 级建筑物，采用一洞四机布置形式，主管内径 6.2 m，岔管布置为一分二、二分四形式。

2　压力管道地质情况

　　压力管道沿线主要以中低山地貌为主，地表高程 880～1 240 m，沿线主要出露地层岩性为汗吉尕组第二段（D_2h^2）紫红色—灰黑色凝灰质粉砂岩，总体走向 NW280°～300°，倾向 SW，倾角 65°～75°；第四系上更新统冲洪积层（Q_3^{al+pl}）含漂石砂卵砾石，钻孔揭露厚度达 50.5 m；全新统坡风积层（Q_4^{dl+eol}）含碎石砂壤土，厚度 2～8 m。

　　压力管道上平段及斜井段上部位于地下水位以上，斜井段下部及下平段位于地下水位以下。

　　压力管道段以微新岩体为主，围岩类别以Ⅳ类为主，Ⅴ类次之，靠近厂房部位存在强风化—弱风化岩体，洞室围岩类别为Ⅴ类。

3　压力管道布置优化调整问题的提出

　　电站压力管道的布置方案与厂房布置密不可分。本电站厂房后边坡为 2 级，地震设防烈度为 8 度。后边坡一旦失事，对厂房安全威胁极大。

　　本电站厂房后边坡原设计结合主厂房坐落在凝灰质砂岩上，对天然边坡进行削坡和防护。厂房和后边坡砂砾石开挖量 90.79 万 m^3，岩石开挖 12.97 万 m^3，开挖工程投资 2 758 万元，此部分工程费用较高。因此，提出对厂房位置沿压力管道轴线适当向下游移动，在满足厂房布置需要的前提下，尽量减少开挖节省工程投资。根据厂房后边坡地形地质条件、厂房地质条件、施工条件等综合因素,进行了5个方案对比,以便在压力管道满足过渡过程调节保证的条件下,最大程度地整体节约工程投资。

4 压力管道布置调整优化设计

根据压力钢管布置和长度复核,考虑对 $1^{\#}$ 岔管之后的压力钢管结合厂房布置方案进行调整,力求适当减小管径和壁厚。因此,提出了5个方案进行对比,即方案1~方案5。

4.1 方案1(招标设计方案)

压力管道主管内径6.2 m,采用上平段+斜井+下平段布置形式。调压室中心线至 $1^{\#}$ 岔管中心主管长度828.16 m。推荐的岔管采用对称Y形布置,分岔角74°。 $1^{\#}$ 岔管与 $2^{\#}$ 岔管之间钢管直径4.2~4.0 m, $2^{\#}$ 岔管之后支管直径2.8~2.0 m。压力钢管末端平面布置示意图见图1。

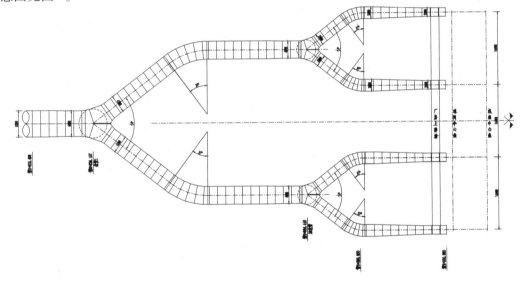

图1 方案1压力钢管末端平面布置示意图

该方案厂房标引水系统主要工程量见表1。

表1 方案1引水系统主要工程量(厂房标)

序号	项目	工程量	单位
1	高强钢 WSD690E	485.462	t
2	内壁热喷锌(厚200 μm)	1 330	m²
3	厚浆型环氧沥青涂料(底漆、面漆各125 μm)	1 330	m²
4	无机改性水泥浆,干膜厚度400 μm	1 854	m²
5	C30W4F200 镇墩混凝土(二级配)	8 654	m³
6	C15 素混凝土垫层	158.4	m³
7	HRB400 级钢筋	511.689	t
8	高压聚乙烯闭孔泡沫板(弹性垫层)	51.5	m²

4.2　方案 2(厂房向下游移 55 m 转 60°)

该方案将厂房向下游移 55 m 转 60°,以减少厂房后边坡的开挖高度及开挖量,同时保持进水口、引水隧洞、调压室、1#岔管之前管段布置形式不变,将 1#岔管向下游移 122 m,移出山外,岔管形式由对称 Y 形调整为非对称 Y 形,4 根支管与主管夹角 60°后垂直进入厂房。方案 2 压力钢管末端平面布置示意图见图 2。

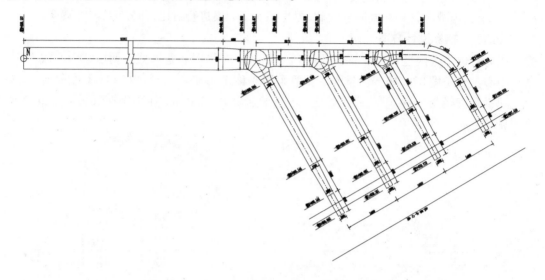

图 2　方案 2 压力钢管末端平面布置示意图

4.3　方案 3(厂房向下游移 30 m、1#岔管布置在洞外)

该方案将厂房向下游移 30 m,以减少厂房后边坡的开挖高度及开挖量,保持进水口、引水隧洞、调压室、压力钢管(1#岔管之前管段)布置形式不变,将 1#岔管外移 82.75 m,移至山外,2#岔管紧接 1#岔管布置。为减少因钢管加长造成的投资增加,将 1#岔管前增加的主管缩径至 5.8 m,1#岔管进口由 6.0 m 缩径至 5.7 m,出口由 4.2 m 缩径至 3.99 m,2#岔管进口由 4.0 m 缩径至 3.8 m,出口由 2.8 m 缩径至 2.66 m。此方案压力钢管段增加 30 m 长的隧洞开挖、支护、回填及灌浆。方案 3 压力钢管末端平面布置示意图见图 3。

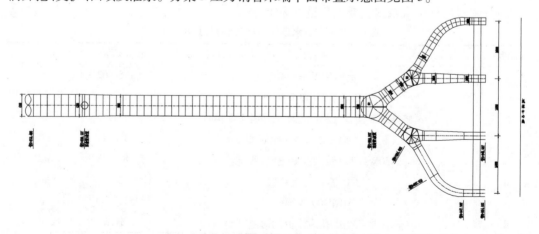

图 3　方案 3 压力钢管末端平面布置示意图

该方案厂房标引水系统主要工程量见表2。

表2 方案3引水系统主要工程量(厂房标)

序号	项目	工程量	单位
1	高强钢 WSD690E	807.348	t
2	内壁热喷锌(厚200 μm)	1 919	m²
3	厚浆型环氧沥青涂料(底漆、面漆各125 μm)	1 919	m²
4	无机改性水泥浆,干膜厚度400 μm	2 359	m²
5	C30W4F200 镇墩混凝土(二级配)	6 040.6	m³
6	C15 素混凝土垫层	93.8	m³
7	HRB400 级钢筋	238.399	t
8	高压聚乙烯闭孔泡沫板(弹性垫层)	51.5	m²
9	砂砾石洞挖	1 401.77	m³
10	C25 微膨胀混凝土回填	441.69	m³
11	ϕ25 系统锚杆(3 m)	766	根
12	C30 喷混凝土(0.2 m)	143.67	m³
13	I20a 钢拱架	26.08	t
14	ϕ28 锁脚锚杆(3 m)	470	根
15	ϕ8 挂钢筋网	2.91	t
16	ϕ22 联系钢筋	4.40	t
17	ϕ25 超前锚杆(3 m)	779	根
18	ϕ42 超前小导管(6 m)	584	根

4.4 方案4(厂房向下游移30 m 转30°)

该方案将厂房向下游移30 m 转30°,以减少厂房后边坡的开挖高度及开挖量,1#岔管之后的支管加长并适当调整支管轴线位置,2#岔管形式由对称Y形调整为非对称Y形,2#岔管之后的4根支管偏转30°后垂直进入厂房。该方案最长一根支管比原招标方案增长约57.2 m。同时压力钢管段增加118.76 m长的隧洞开挖、支护、回填及灌浆。方案4压力钢管末端平面布置示意图见图4。

该方案厂房标引水系统主要工程量见表3。

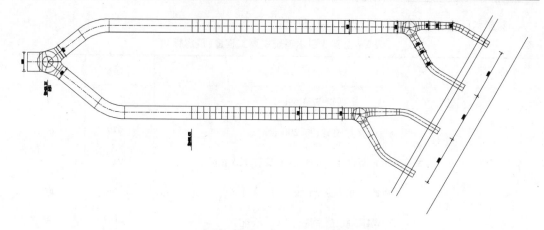

图 4　方案 4 压力钢管末端平面布置示意图

表 3　方案 4 引水系统主要工程量(厂房标)

序号	项目	工程量	单位
1	高强钢 WSD690E	854.226	t
2	内壁热喷锌(厚 200 μm)	2 376	m²
3	厚浆型环氧沥青涂料(底漆、面漆各 125 μm)	2 376	m²
4	无机改性水泥浆,干膜厚度 400 μm	2 858	m²
5	C30W4F200 镇墩混凝土(二级配)	7 495.3	m³
6	C15 素混凝土垫层	93.1	m³
7	HRB400 级钢筋	371.529	t
8	高压聚乙烯闭孔泡沫板(弹性垫层)	51.5	m²
9	砂砾石洞挖	3 816.88	m³
10	C25 微膨胀混凝土回填	1 812.32	m³
11	φ25 系统锚杆(3 m)	1 770	根
12	C30 喷混凝土(0.2 m)	358.90	m³
13	I20a 钢拱架	63.72	t
14	φ28 锁脚锚杆(3 m)	1 184	根
15	φ8 挂钢筋网	7.24	t
16	φ22 联系钢筋	10.92	t
17	φ25 超前锚杆(3 m)	3 720	根
18	φ42 超前小导管(6 m)	697	根

4.5　方案 5(厂房向下游移 20 m)

该方案将厂房向下游移 20 m,以减少厂房后边坡的开挖高度及开挖量,1#岔管保持在山内,位置不变,将 2#岔管外移 21 m,两岔管间支管直径由 4.2 m 减小为 4.0 m。此方案压力钢管段增加 42 m 长的隧洞开挖、支护、回填及灌浆。压力钢管末端平面布置示意图见图 5。

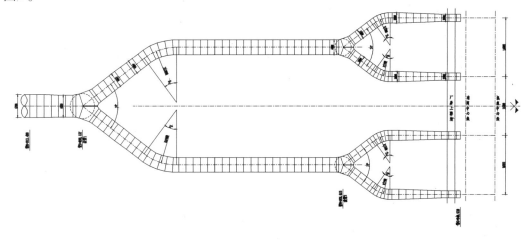

图 5 方案 5 压力钢管末端平面布置示意图

该方案厂房标引水系统主要工程量见表 4。

表 4 案 5 引水系统主要工程量（厂房标）

序号	项目	工程量	单位
1	高强钢 WSD690E	612.235	t
2	内壁热喷锌（厚 200 μm）	1 868	m²
3	厚浆型环氧沥青涂料（底漆、面漆各 125 μm）	1 868	m²
4	无机改性水泥浆，干膜厚度 400 μm	2 205	m²
5	C30W4F200 镇墩混凝土（二级配）	6 455.2	m³
6	C15 素混凝土垫层	116.4	m³
7	HRB400 级钢筋	230.303	t
8	高压聚乙烯闭孔泡沫板（弹性垫层）	51.5	m²
9	砂砾石洞挖	1 186.84	m³
10	C25 微膨胀混凝土回填	523.11	m³
11	φ25 系统锚杆（3 m）	664	根
12	C30 喷混凝土（0.2 m）	120.11	m³
13	I20a 钢拱架	21.63	t
14	φ28 锁脚锚杆（3 m）	437	根
15	φ8 挂钢筋网	2.43	t
16	φ22 联系钢筋	3.66	t
17	φ25 超前锚杆（3 m）	800	根
18	φ42 超前小导管（6 m）	600	根

5　机组调节保证复核

经过综合比较,方案2~方案5均达到了减少厂房后边坡开挖高度及开挖量的目的,其中方案3和方案5投资较少。因此,选择了方案1、方案3和方案5进行调节保证复核,计算分析发电引水系统调整后能否满足机组运行要求。调节保证计算结果汇总见表5。

表5　调节保证计算结果汇总

调保参数(极值)	方案1		方案3(岔管1在山外)		方案5(岔管1在山内)		控制标准
	计算小组1	计算小组2	计算小组1	计算小组2	计算小组1	计算小组2	
直线关闭时间(s)	8	9	8	9	8	9	—
机组最大转速升高率(%)	46.2	47.13	48.4	47.5	48.2	47.43	50
蜗壳末端最大压力(mH_2O)	387.18	404.73	400.8	407.42	399.8	406.57	416.63
尾水管进口最小压力(mH_2O)	8.4	6.59	8.6	6.44	8.7	6.71	-7.14

通过计算分析,方案3和方案5比方案1的机组最大转速、蜗壳末端最大压力值都有所上升,但增加值不大,尾水管进口最小压力变化不大。其中,方案5能满足机组运行要求,且留有一定安全裕度。压力钢管沿线压力变化不大,变化最大处压力增加1.84 m,不影响钢管壁厚选择。

6　结　语

综合比较五种方案,方案2~方案5均达到了减少厂房后边坡开挖高度及开挖量的目的,但厂房标发电引水系统相关工程量相对于方案1(原招标设计方案)均有不同程度的增加,其中方案5工程量增加最少,厂房位置调整综合考虑投资最小,为推荐方案。

压力钢管支管长度增加20 m,为节省投资,将1#岔管与2#岔管之间的支管直径由4.2 m减小至4.0 m。对方案5进行机组调节保证复核,机组最大转速升高率和蜗壳末端最大压力值都有所增加,但增加值不大,满足机组运行要求,1#岔管上游压力管道内水压力增加0.323 m水头,设计壁厚满足要求。方案5比方案1(招标方案)节省工程投资1 900万元,大大缩减了工程投资。

参 考 文 献

[1] 水利部长江水利委员会长江勘测规划设计研究院. 水电站压力钢管设计规范:SL 281—2003[S]. 北京:中国水利水电出版社,2003.

[2] 国家电力公司西北勘测设计研究院. 水电站压力钢管设计规范:DL/T 5141—2001[S]. 中国电力出版社,2002.

[3] 水利部天津水利水电勘测设计研究院. 水电站厂房设计规范:DL/T 5141—2001[S]. 中国水利水电出版社,2001.

[4] 张金斌,谢丽华,成莉.超高水头水电站岔管布置及水压试验[J].水利规划与设计,2012(3).

[5] 张曼曼,石广斌,王红,等.积石峡水电站压力管道设计与分析[J].水力发电,2011.

[6] 刘君,段宏江,刘国峰,等.如何做好输水发电系统的调节保证设计[J].西北水电,2013.

[7] 郑源,张健,周建旭,等.水力机组过渡过程[M].北京:北京大学出版社,2008.

【作者简介】 柴玉梅(1968—),女,高级工程师。

某一级电站厂房后边坡优化设计

张　晓　柴玉梅　陈　浩　訾　娟

(中水北方勘测设计研究有限责任公司,天津　300222)

摘　要　某一级电站厂房坐落在凝灰质砂岩上,基坑开挖后形成 110.70 m 砂砾石人工高边坡,厂房开挖量和边坡防护工程量较大,投资较高。通过反复论证研究,利用天然地形条件,对厂房位置进行调整,对厂房后边坡进行优化设计,避免砂砾石高边坡的开挖和支护,减小施工难度并节省工程投资。

关键词　电站厂房;砂砾石高边坡;优化设计;节省投资

1　工程概述

某一级电站位于新疆博尔塔拉蒙古自治州精河县境内精河支流冬吐劲河上,工程任务以发电为主,由拦河坝、泄洪洞、排沙洞、发电引水系统和电站、过鱼建筑物、生态放水建筑物组成,属大(一)型工程。拦河坝为沥青混凝土心墙堆石坝,最大坝高 60.5 m。水库总库容 0.07 亿 m^3,水库正常蓄水位 1 199.00 m,死水位 1 185.00 m,电站装机容量 320 MW。水电站厂房为 2 级建筑物,厂房后边坡为 2 级,主要建筑物地震设防烈度为 8 度,基岩水平动峰值加速度为 224.8 gal。

2　厂房上游侧后边坡地质情况

厂房建基面高程为 854.30 m,厂房后边坡位于冬吐劲河河流 III 级阶地前缘地带,阶地阶面前缘高程为 958 m,自然坡度 30° ~ 35°,坡高 100 ~ 110 m。

厂房后边坡在高程 900 m 附近存在一基岩陡坎,陡坎以上边坡主要由第四系上更新统冲洪积(Q_3^{al+pl})漂石卵砾石组成,表部结构松散;陡坎以下边坡除表层覆盖少量坡积外,边坡由泥盆系(D_2h^2)中厚层凝灰质粉砂岩组成,表部裂隙发育,岩体较破碎。岩性分布如图 1 所示,地貌特征如图 2 所示。

第四系上更新统冲洪积(Q_3^{al+pl})冲洪积层与下伏基岩接触面平缓,边坡岩(土)体结构对边坡整体稳定有利,边坡未发现明显变形破坏迹象,自然边坡稳定性较好。边坡表部,受降雨冲刷影响,有小冲沟发育,地形略有起伏,坡面分布的较大漂卵石,存在滑塌的可能。建议对边坡进行平整处理,清除表部松散的漂卵砾石,做好排水及防护。

高程 900 m 基岩陡坎以下边坡岩性为泥盆系(D_2h^2)中厚层凝灰质粉砂岩,受附近区域性构造影响,基岩岩层产状多变。该部位岩体地表未出露,总体走向 NW280° ~ 300°,倾向 SW,倾角 65° ~ 75°,岩层与边坡大角度相交,岩层对边坡稳定不起控制作用。边坡的稳定性主要受岩体结构及边坡坡度的影响,现状边坡整体稳定。但边坡坡面岩体较破碎,表部岩体呈强风化状,裂隙发育,坡面岩体以碎裂结构为主,边坡开挖后局部可能存在卸荷松动岩体

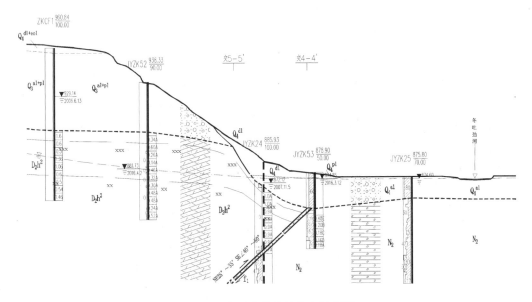

图1 厂房后边坡岩性分布示意图

图2 拟建厂房位置地形地貌特征图

及不利组合形成的不稳定块体,建议加强处理。

3 厂房后边坡优化设计

3.1 厂房后边坡原设计

厂房级别为2级,边坡一旦失事,对厂房安全威胁极大,确定其边坡等级为2级。

厂房后边坡原设计结合主厂房坐落在凝灰质砂岩上,对天然边坡进行削坡和防护,凝灰质砂岩弱风化岩层采用1:0.5边坡开挖,强风化岩层采用1:1边坡开挖,边坡表面挂 Φ8@200 mm 钢筋网喷 10 cm 厚混凝土,并采用 Φ25@2.0 m×2.0 m、长5.0 m 的系统锚杆进行锚固支护,根据现场情况布设随机预应力锚索加固;上部砂卵砾石采用1:1.75边坡开挖,沿高度每 10.0 m 设置一级马道,马道宽2.0 m,坡面设置设30 cm×30 cm 混凝土框格梁防护,框格梁间铺设 8 cm 厚混凝土预制块防护,开挖边坡顶部设防洪堤,坡面上设置纵、横排水沟。厂房和后边坡砂砾石开挖量90.79 万 m^3,岩石开挖12.97 万 m^3,开挖工程投资 2 758 万元,此部分工程费用较高。

3.2 厂房后边坡优化设计

3.2.1 参数取值

根据新疆当地的经验,厂房后边坡天然状态稳定,且经过精河县 2017 年 8 月 9 日地震后无不稳定现象,只有少量滚石分布在坡脚附近,没有影响到现状交通;高程 890 ~ 900 m 出露的岩坎为水流冲刷形成,有相当的强度和一定的胶结,挖除其下游侧砂砾石后不会影响岩坎的稳定。对厂房上游天然边坡尽量减少扰动,厂房位置适当向河床前移,可减少边坡开挖,避免人为开挖形成高边坡。

天然边坡坡比 1:1.5,从现场看有一定的胶结,为厂房后边坡处理措施提供依据,对厂房后边坡 Q_3^{al+pl} 砂砾石进一步勘探、取样,进行直剪试验,并类比国内相近工程经验,见表 1,对厂房区主要岩土体物理力学指标提出地质建议值,见表 2、表 3。

表 1　国内部分工程砂砾石主要物理力学参数

工程名称		地层代号及岩性	干密度 ρ_d (g/cm³)	允许承载力 R (MPa)	变形模量 E_0 (MPa)	抗剪强度		说明
						c (MPa)	φ (°)	
雅砻江流域	锦屏二级	Ⅲ-1(alQ₄): 含孤石砂卵砾石	2.10 ~ 2.15	0.55 ~ 0.60	42 ~ 46	0	29 ~ 30	河床覆盖层厚约 40 m
	桐林子水电站	alQ₄³-③: 含漂砂卵砾石	2.24	0.50 ~ 0.60	50 ~ 60	0	27 ~ 29	河床覆盖层厚约 37 m
大渡河流域	双江口水电站	③、①:漂卵砾石	2.14 ~ 2.22	0.50 ~ 0.60	50 ~ 60	0	30 ~ 32	河床覆盖层厚约 50 ~ 70 m
		②:砂卵砾石	2.00 ~ 2.10	0.40 ~ 0.45	30 ~ 35	0	26 ~ 28	
	金川水电站	③、①:漂卵砾石	2.20 ~ 2.30	0.50 ~ 0.55	40 ~ 50	0	30 ~ 32	河床覆盖层厚约 60 m
		②:砂卵砾石	2.00 ~ 2.10	0.35 ~ 0.40	30 ~ 35	0	28 ~ 30	
新疆地区	AETS工程	Ⅰ岩组: 含漂石砂卵砾石层	2.22 ~ 2.23	0.60 ~ 0.70	50 ~ 55	0	37.0 ~ 38.0	河床覆盖层最大厚 94.9 m
		Ⅱ岩组砂卵砾石	2.18 ~ 2.20	0.70 ~ 0.80	60 ~ 70	0	37.5 ~ 38.5	
		Ⅱ岩组缺细粒充填卵砾石层	2.08 ~ 2.10	0.50 ~ 0.60	40 ~ 50	0	36.0 ~ 37.0	

表 2　厂房区覆盖层物理力学指标建议值

层位	岩性及风化程度	岩体密度		地基承载力 (MPa)	弹性模量 (GPa)	变形模量 (GPa)	抗剪强度		基础与地基土摩擦系数 f	渗透系数 (cm/s)
		干 (g/cm³)	饱和 (g/cm³)				c' (MPa)	φ (°)		
Q_4^{al+pl}	砂卵砾石	2.05	2.2	0.35		0.03	0	30 ~ 32	0.50 ~ 0.53	1.72×10^{-2} ~ 2.35×10^{-1}
Q_3^{al+pl}	砂卵砾石	2.1	2.3	0.6		0.04	0	37 ~ 38	0.53 ~ 0.55	

表3 覆盖层下强风化凝灰质砂岩物理力学参数

层位	岩性及风化程度	岩体密度		地基承载力（MPa）	弹性模量（GPa）	变形模量（GPa）	泊松比	抗剪强度 f(MPa)	抗剪断强度		渗透系数（cm/s）
		干（g/cm³）	饱和（g/cm³）						c'(MPa)	f'(MPa)	
D_2h^2	强风化凝灰质砂岩	2.2~2.3	2.3~2.35	0.5~1	2~3	1~2	0.35~0.36	0.4~0.5	0.3~0.4	0.5~0.6	

3.2.2 厂房后边坡优化方案

根据厂房后边坡 Q_3^{al+pl} 砂砾石地层勘查成果,结合新疆当地处理砂砾石边坡的经验,厂房上游900 m高程岩坎以上天然边坡尽量不扰动,局部挖除上部覆盖层,开挖砌筑挡土墙对上部边坡防护,墙顶设一道被动防护网,防止天然边坡碎石滚落影响厂房安全。

具体措施如下:

(1)清理900 m高程以上坡面松动块石,防止块石滚落对基坑人员和后期永久建筑物造成安全隐患。

(2)局部开挖清理出900 m高程的岩坎,在岩坎前端设折背式挡土墙。

(3)岩坎以下至基坑清除砂砾石至基岩,露出岩坎,对岩坎及时锚喷支护,根据现场需要设随机锚索局部加固。

挡土墙为折背式挡土墙,采用仰斜式钢筋混凝土扩展基础,基础嵌固在岩坎部位的凝灰质砂岩内,最大墙高10 m,上墙背高度3.82 m,下墙背高度6.18 m,墙前面坡坡比1:0.25,上墙背倾斜坡度1:0.7,下墙背倾斜坡度1:0.25,墙底倾斜坡率0.15:1,钢筋混凝土扩展基础墙趾悬挑长度1.40 m,榫头宽度2.15 m,高度0.3 m,配筋采用HRB400Φ20@200钢筋,扩展基础采用C30F200(二级配)混凝土,墙身采用C20毛石混凝土砌筑,毛石强度等级不低于MU30,砌体自重不小于22 kN/m³,毛石混凝土的毛石掺入量不大于总体积的30%。根据岩坎出露高程的变化调整墙体高度,岩坎顶部挡土墙形成完整连续的防护结构,墙顶设一道被动防护网。

900 m高程以下岩坎出露,清除坡积物及砂砾石覆盖层,顺岩土分界线向下开挖至厂房建基面,尽量不扰动岩体,对开挖出露的基岩面及时进行挂网喷锚支护处理,采用C30喷混凝土防护,厚度0.1 m,挂钢筋网φ8@200 mm,φ25长4.5 m的自进式中空注浆锚杆,锚杆间排距2.5 m×2.5 m,必要时设1 000 kN(L=25 m/30 m)预应力随机锚索进行加固处理。厂房后边坡岩坎顶部设挡土墙防护方案见图3。

3.2.3 厂房后边坡岩坎顶部挡土墙稳定复核

挡土墙按2级建筑物设计,地震设防烈度为Ⅷ度。采用理正挡土墙进行稳定复核计算,断面尺寸见图4。

根据《水工挡土墙设计规范》(SL 379—2007),挡土墙计算相关物理力学参数见表4,相应计算工况和计算结果分别见表5、表6。

挡土墙抗滑及抗倾覆稳定安全系数均大于规范最小允许值,基底最大应力小于地基承载力,满足规范要求。

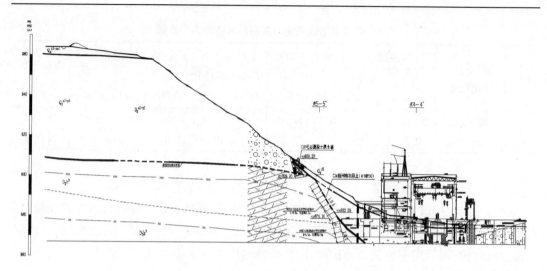

图3　厂房后边坡岩坎顶部设挡土墙防护方案断面示意图

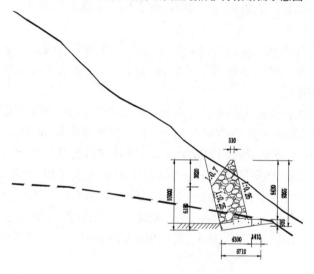

图4　挡土墙断面图

表4　挡土墙相关物理力学参数

材料分区	重度 （kN/m³）	黏聚力 （kPa）	内摩擦角 （°）	地基承载力 （MPa）	基础与地基土 摩擦系数 f
Q_3^{al+pl} 砂卵砾石	21	0	39	0.6	0.53~0.55
强风化凝灰质砂岩	22~23	300~400	45	0.5~1	0.5~0.6

表5　挡土墙计算工况

	计算工况	自重	土压力	静水压力	地震荷载
1	正常运用	√	√		—
2	正常运用 + 降雨	√	√	√	—
3	正常运用 + 地震	√	√		√

表6 挡土墙稳定计算结果

工况	墙踵应力（kPa）	墙趾应力（kPa）	抗滑稳定安全系数 K	抗滑稳定安全系数允许值	抗倾覆稳定安全系数 K'	抗倾覆稳定安全系数
正常运行	274.9	77.9	1.784	1.08	4.316	1.50
正常运用+降雨	244.86	85.73	1.484	1.08	3.383	1.50
正常运行+地震	183.4	210.3	1.171	1.0	2.654	1.30

3.2.4 岩坎顶部挡土墙地基稳定性验算

由于岩坎下部砂砾石开挖形成基坑后,挡土墙位于陡坡地段,墙下地基的稳定性亦关系到墙体的整体稳定,采用 G – SLOPE 公司开发的 GEOSTUDIO 软件进行计算,按圆弧滑动面法对地基稳定性进行分析验算。砂卵砾石和强风化凝灰质砂岩物理力学参数见表2、表3,计算工况为正常运行和地震工况,计算结果见表7,滑弧示意见图5、图6,计算结果表明岩坎顶部挡土墙地基整体稳定。

表7 挡土墙地基稳定计算成果表

工况	挡土墙地基整体抗滑稳定安全系数 K	允许最小稳定	滑弧示意图
正常运行	1.861	1.20	图5
正常运行+地震	1.666	1.05	图6

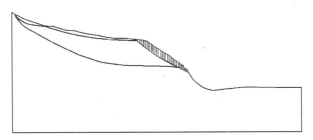

图5 正常运行地基整体稳定滑弧示意图

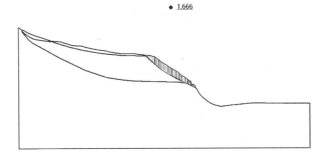

图6 地震工况地基整体稳定滑弧示意图

4　结　语

对厂房后边坡 Q_3^{al+pl} 砂砾石层取样进行直剪试验,并类比国内相近工程经验,厂房区 Q_3^{al+pl} 砂砾石内摩擦角取 38°~40°。厂房后边坡在 900 m 高程以上保持天然状态尽量不扰动,岩坎顶部设折背式挡土墙,挡土墙采用仰斜式钢筋混凝土扩展基础,岩坎以下基坑清除砂砾石至基岩面,对基岩及时进行喷锚支护,并根据现场情况设随机锚索局部加固。经复核厂房后天然边坡在正常运行和设计地震工况下整体稳定。厂房后边坡优化后较原方案节省 1 900 万元,大大缩减了工程投资。

参 考 文 献

[1] 西北勘测设计研究院. 水利水电工程边坡设计规范:DL/T 5353—2006[S]. 北京:中国电力出版社,2006.

[2] 黄河勘测规划设计有限公司. 水利水电工程边坡设计规范:SL 386—2007[S]. 北京:中国水利水电出版社,2007.

[3] 冶金部建筑研究总院. 锚杆喷射混凝土支护技术规范:GB 50086—2001[S]. 北京:中国计划出版社,2004.

[4] 江苏省水利勘测设计研究院有限公司.水工挡土墙设计规范:SL 379—2007[S]. 北京:中国水利水电出版社,2007.

[5] 向蕾.某一级水电站工程厂房高边坡处理设计[J].华北水利水电学院学报,2011,32(2).

【作者简介】　张晓(1983—),女,高级工程师。

多年运行渠道及配套建筑物除险加固浅析

张瑞雪

（河南省水利勘测设计研究有限公司，郑州 450016）

摘 要 本文结合陆浑灌区这一多年运行渠道近两年的除险加固工作，总结多年运行渠道涉及渠道衬砌加固、涵洞重建、灌浆加固，渡槽止水更换修补，管理房基础处理等既结合现状又经济实用、新颖独特的加固措施，采用近年来新的材料及技术，让灌区更长时间更好地发挥灌溉效益。

关键词 灌区；除险加固；涵洞灌浆；顶管；渡槽止水修补

陆浑灌区位于河南省西部，是大（二）型灌区，建于 20 世纪 70 年代，设计灌溉面积134.24 万亩，跨黄河、淮河两大流域，灌区一共有 4 条干渠，长 277.8 km；支渠 49 条，长232.3 km；干、支渠系建筑物 2 098 座。经过多年运行，骨干工程老化，近年来正在逐步进行加固处理。加固处理在借鉴成功经验的基础上打破习惯性思维，坚持不断创新设计，根据灌区实际情况创造性地设计出既符合现状又新颖、独特、有创意的、人文结合水利工程结构型式及处理方法。因陆浑灌区渠线长，涉及面广，建筑物型式多样，除险加固全面。经过运行得到肯定，为我国大中型灌区的续建配套与节水改造提供了第一手的综合性成果，为灌区下一步的除险加固奠定了坚实的技术基础。

1 项目背景

陆浑灌区建于 20 世纪 70 年代，采用民办公助的投资方式，大多数工程系组织群众施工，工程质量差、隐患多；工程不配套、遗留尾工大。经过几十年的运行，骨干工程老化、损坏，功能衰减，渠道渗漏严重、输水能力低、水量损失大；工程险情时常发生，不能安全运行；管理体制不健全、设施落后等，造成了灌区内有限水资源的浪费，渠系水利用系数低，严重制约灌区效益发挥。

从 2009 年开始，陆浑灌区经过了七个年度八期实施方案的实施，通过对灌区渠道衬砌、渡槽维修、填方坝加固、涵洞处理等工程的实施，灌区工程状况发生了一定的改善，部分险工得到了处理，输水能力及输水安全性得到了一定的提高。灌区灌溉效益得到发挥。

2 除险加固措施

灌区除险加固措施主要有：多型式渠道及配套建筑物除险加固，无拆除衬砌渠道防渗加固处理；多年运行渡槽止水更换及槽身防渗处理；穿堤涵洞渗漏处理及非开挖重建；特殊地质条件下高地下水渠段加固处理；管理段所因地制宜重建等。

2.1 无拆除衬砌渠道防渗加固处理

总干渠部分渠段位于前富山隧洞以上，该段渠道为梯形渠道，设计流量为 65.5 m³/s，设计边坡为1:1.75,设计底宽7.1 m,设计水深4.5 m,渠深5.3 m。渠道原为全断面混凝土衬砌渠道,经30多年的输水运行后,衬砌混凝土破碎严重,伸缩缝、裂缝内杂草丛生,造成大面积漏水。

本段渠道主要解决防渗问题,总干渠为全断面衬砌渠道,衬砌措施选取两个方案进行研究比较。方案一:在原衬砌混凝土上重新衬砌一层混凝土,并铺设土工膜进行复合防渗;方案二:将原衬砌混凝土全部拆除,重新进行混凝土衬砌,并铺设土工膜进行复合防渗。

方案二拆除过程中不可避免地会损坏衬砌基面,需要重新进行基面修整,施工工期较长,修整部分容易与原基础形成两张皮。方案一直接在原混凝土上衬砌,不扰动渠道基础面,衬砌质量易于保证。考虑到灌溉渠道的特殊性,并结合以往的设计施工经验,渠道施工期一般安排在灌溉的间歇期,时间较短,因此处理措施选取方案一,即在原衬砌混凝土上重新衬砌一层混凝土,并铺设土工膜进行复合防渗。对于关键性渠段及填方坝段渠道采取全断面铺设土工膜,挖方段渠道仅在分缝处铺设土工膜。为了增强护砌的稳定性,在原护砌坡脚齿墙的内部切除部分底板混凝土新建坡脚齿墙(见图1)。经过渠道过流能力复核,衬砌后不减小渠道过流能力。

此设计与常规的拆除重建设计相比,施工工期短,操作方便,基础稳定,后期隐患少小,经通水验证,防渗效果良好。坡顶、坡脚大样图见图1、图2。

图1　坡顶大样图　　　　　　　　图2　坡脚大样图

2.2　渡槽止水更换及槽身防渗处理

陆浑灌区渡槽经过几十年的运行大部分渡槽止水老化损坏,槽身分缝处漏水,渡槽内壁局部碳化严重,钢筋裸露生锈,严重影响渡槽安全引水,针对不同的渡槽型式采用不同的加固处理方案。

对于浆砌石矩形槽,渡槽槽身加固前要求用高压水枪或相应工具进行清基,清基后进行加固措施。槽底板采用C20混凝土衬砌,衬砌厚度为100 mm,槽壁采用环氧砂浆抹面,抹面平均厚度控制为30 mm。抹面及衬砌每隔15 m设伸缩缝,缝宽20 mm,伸缩缝尽量设在原槽身分缝处。槽身加固衬砌伸缩缝采用闭孔泡沫塑料板填缝。缝内迎水面设30 mm厚密封胶。槽壁环氧砂浆施工完毕后,迎水面采用新型材料——氯磺化聚乙烯刷三遍,避免太阳光直射环氧砂浆。

对于钢筋混凝土渡槽,加固处理方案为对槽身进行碳化混凝土加固处理及防渗处理,对槽身分缝处止水进行更换(见图3、图4)。更换后渡槽槽身水平止水和垂直止水均采用橡胶止水带,外压6 mm厚钢板,采用直径12 mm锚栓锚固,橡胶止水带采用遇水膨胀橡胶止水带,止水带宽350 mm,厚8 mm。槽身混凝土碳化处理采用环氧砂浆材料修补,施工时先清基、刷界面剂,然后采用补强材料填充,外侧刷防渗材料,防渗材料选用新型材料水泥基渗透结晶型防渗涂料。

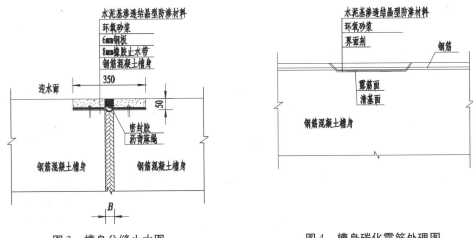

图3 槽身分缝止水图   图4 槽身碳化露筋处理图

陆浑灌区的渡槽多为大跨度,高架空渡槽,施工难度大,成本高,选取的处理方案抓住了渡槽的薄弱环节,采用新型材料运用于渡槽的加固处理,利用最少的资金解决关键性的问题,实现利益的最大化。加固工程施工完成后通水过程中渡槽漏水问题得到有效控制。

2.3 穿堤涵洞渗漏处理

穿堤涵洞渗漏是困扰大型灌区工程安全引水的普遍问题,陆浑灌区的穿堤涵洞多,填方坝高,经过几十年的运行,普遍存在渗漏问题。若采用传统大开挖加固或重建,工期较长,影响通水,通过调查分析研究,对于渗漏严重的关键性涵洞,采用的方法是对涵洞进行内、外部灌浆相结合的处理方案,内部进行裂缝灌浆后混凝土抹面处理。

涵洞外部灌浆从渠道上部进行钻孔灌浆,以实际涵洞轴线位置进行灌浆,灌浆孔布置原则为自涵洞中心线向两端布设,根据涵洞洞身的宽度,间距1.5 m,梅花型布孔。要求灌浆造孔应保证铅直,偏斜不得大于孔深的2%,涵洞灌浆材料采用水泥浆,灌浆压力初拟为100~150 kPa,施工时应根据涵洞的稳定和漏浆等情况调整灌浆压力。灌浆完毕采用水泥黏土浆进行封孔。水泥黏土浆要求水泥为土重的15%,水泥强度等级为42.5的普通硅酸盐水泥。灌浆完毕封孔压力不大于50 kPa。

涵洞内部灌浆是从涵洞内部从下往上灌浆,由于上部灌浆前将下部裂缝进行临时封堵,有出浆的地方不再灌浆,没有出浆的裂缝从下部向洞身裂缝灌浆,灌浆材料采用水泥浆,灌浆压力150 kPa。灌浆完毕后对涵洞内壁进行清理,然后进行混凝土护面施工。

内外结合灌浆加固的方法增加了我国大型灌区涵洞处理的新方案,灌浆方案施工工期短,投资省,对渠道影响较小,不用开挖施工,后期隐患小,在内外灌浆的双重作用下,涵洞裂缝一般能充填完备,涵洞渗漏能得到控制。此方案对续建配套项目加固有引领作用。涵洞灌浆典型纵剖面图、平面图见图5、图6。

2.4 填方段穿堤涵洞非开挖重建

续建配套工程中的管茅填方坝位于东一干中段,填方坝处渠道经过多年运行,衬砌混凝土老化渗水,加之原坝体填筑质量较差,在水力作用下,混凝土衬砌板下部形成空洞;坝下涵洞基础沉陷,洞壁变形严重,多处出现裂缝,且局部坍塌。另外,涵洞孔径较小,维修加固难

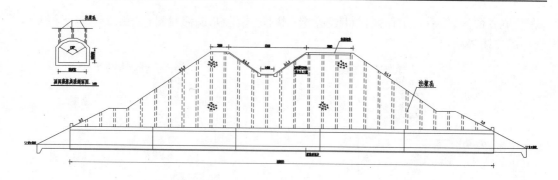

图 5　涵洞灌浆典型纵剖面图

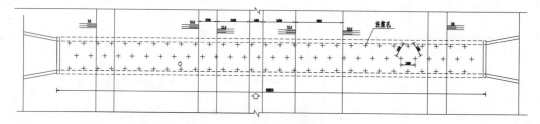

图 6　涵洞灌浆典型平面图

度较大。涵洞位于填方坝段,加固影响因素多。

该填方坝处渠道设计流量 25.2 m³/s,担负着向偃师市下段及巩义段 20 多万亩农田的灌溉任务,设计对该处填方坝及涵洞进行处理。处理方案选取:①顶管方案;②浅层开挖方案;③拆除重建方案;④原涵洞中套钢管方案进行方案比较,最后选用顶管方案。

顶管方案为将涵洞封堵灌浆,在其旁边重新设计一涵管,采用顶管施工方法。根据现场实际情况在沟道上游设顶进井,下游设接收井,顶管施工完成后,进出口的工作井作为工程的永久工程,实现永临结合。此方案不进行渠道的开挖与回填,避免了新回填渠道的不均匀沉降和新老回填土的结合问题,施工期短不影响渠道通水。对于原涵洞采用砂砾石进行洞身内部回填,然后沿洞身在洞顶内预设灌浆管,灌注水泥浆。待回填灌浆完成后,对原涵洞进出口采用砌石进行封堵。顶管涵洞纵剖面图见图 7。

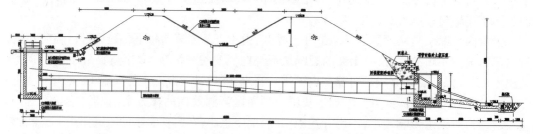

图 7　顶管涵洞纵剖面图

顶管方法设计施工方案与常规处理方案相比,对上部渠道通水影响小,同时避免了新回填渠道的不均匀沉降和新老回填土的结合问题,且进出口临时工程与永久工程相结合,实现了效益的最大化。

2.5 特殊地质条件下高地下水渠段加固处理穿堤

总干渠前富山隧洞出口深挖方渠段渠道边坡有地下水渗出,渗漏严重的地方形成了小股水流,现状渗水情况严重。根据现场查勘分析,原衬砌混凝土下局部已经形成渗水通道,需进行处理才能进行渠道衬砌。

本设计所选方案为保持原衬砌混凝土不拆除,在原渠道坡脚处及渠底两侧设排水措施,具体设计为:在渠坡坡脚附近原衬砌混凝土中切割出一 400 mm × 400 mm 的矩形槽,间距1.5 m,在明显有渗水出流部位增设排水槽,渠底两侧顺水流方向切割宽 400 mm 排水槽(见图8),槽底铺设土工布后用砂带填充至原混凝土衬砌迎水面,将原衬砌混凝土下渗水导出,然后进行上部混凝土衬砌施工(见图9),施工时顺水流方向每隔1.5 m 在排水槽部位设无砂混凝土块,进行后期排水,并在两岸渠顶上部渗漏严重的地方设入渠排水。

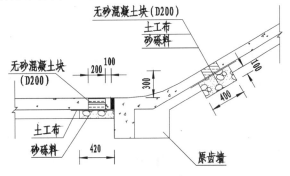

图8　排水孔布置详图

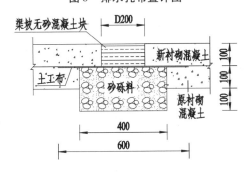

图9　排水孔大样图

本处理方案在充分进行地质查勘、分析的基础上,采取局部凿除、增设排水措施,避免了将原衬砌混凝土全部拆除,重新进行排水及降水处理设计,既减少了工程投资,保护了原渠道基础,减小了对两岸高边坡的影响,同时可兼做施工期排水措施,加快了施工进度。

因为该段高地下水渠段位于深挖方段,尽管局部有渗水出溢,原混凝土衬砌保存较好,如将原衬砌拆除重新设反滤排水,施工机械工作时,势必会对两岸的高边坡产生影响,可能诱发次生灾害,或产生安全隐患,本设计既解决了问题又避免了不安全因素的发生。

2.6 管理段所改造中地基处理与地下室相结合

杨河管理段所坐落于沙河渡槽进口右岸山坡的坡脚位置,地形为斜坡式,院内前后落差大于5 m,房屋基础位于第一层粉质黏土层,地基承载力特征值为160 kPa,满足设计要求,但地形起伏较大,需要进行下部处理。一般房屋基础部分采用墙下钢筋混凝土条形基础,局部采用独立基础。结合杨河管理段所现状及段所需要,本次设计将基础与地下室相结合,既增加了段所地下室的功能又兼顾了地形限制所需要的基础处理。新建管理房主体层数为3层,其中地下室1层,地上2层,主体高度8.8 m。总建筑面积349.0 m²。结构型式为砖混结构,墙体采用240厚烧结普通砖砌筑。

新建成的杨河管理段所管理房稳稳的扎在这片泥土里,与自然融为一体,上部建筑用来办公,地下室用来储藏等,整个建筑既美观又有内涵。

陆浑灌区续建配套与节水改造项目针对渠线长、地质条件多样、地形复杂的特点,对不同的渠段采用不同的加固处理方式,原状混凝土大部分完好的,在上部加衬混凝土;填方坝段进行全断面复合防渗;石渠段进行钢筋挂网混凝土加固等。对不同的渠系建筑物采用不同的处理方案,对于槽身渗漏的渡槽,采用更换止水、槽身碳化处理后防渗处理的方案;对于渗透严重的涵洞,采用上部渠道复合防渗+涵洞内外部结合灌浆的方案等。对于常年应用的大型水利灌区的除险加固,陆浑灌区的续建配套工程可以说是一个综合的百科全书。

加固设计中根据实际情况,结合新技术新材料进行方案研究,对于浆砌石渡槽采用环氧砂浆抹面加固后刷氯黄化聚乙烯隔离紫外线;对于U形钢筋混凝土渡槽采用分缝处止水更换+槽身碳化混凝土修补后刷新型材料水泥基渗透结晶型防渗材料;对于填方坝涵洞重建采用顶管方案等。对于灌区除险加固所采用的新技术新材料,与当前国内同类工程相比,具有开拓性,在我国已有的灌区工程除险加固中尚属首创,在全国属先进水平。

本工程设计所采用的杨河管理段采用基础处理与地下室结合的方案,充分结合现场实际情况,考虑业主需要,房屋上部结构结合当地建筑风格,做到了外观设计新颖和独特,整座建筑物具有内外兼修之美。

3 结 语

陆浑灌区除险加固工程各个典型的处理方案涵盖了大型灌区除险加固的多种技术,不但节省了工程投资、保证了质量,而且缩短了施工工期,为陆浑灌区的顺利通水灌溉提供了技术保障,为我国大中型灌区的续建配套与节水改造提供了第一手的综合性成果,同时因为灌区渠道长、灌片范围大,既有山区、浅山区还有平原,涵盖渠道及建筑物型式多样,不但为灌区下一步的除险加固奠定了坚实的技术基础,也为其他灌区的除险加固积累了宝贵经验。尽管陆浑灌区堪比多年运行渠道除险加固的百科全书,但很多技术对新建灌区并不太适用。

参 考 文 献

[1] 赵廷华. 河南省陆浑灌区续建配套与节水改造项目造第五期可行性研究报告[R]. 郑州:河南省水利勘测设计研究有限公司,2015.
[2] 赵廷华. 河南省陆浑灌区续建配套与节水改造项目总体可行性研究报告[R]. 郑州:河南省水利勘测设计研究有限公司,2016.
[3] 赵廷华. 河南省陆浑灌区续建配套与节水改造项目滚动实施方案报告[R]. 郑州:河南省水利勘测设计研究有限公司,2016.
[4] 张瑞雪. 水工混凝土结构裂缝成因及处理浅析[J]. 河南水利与南水北调,2015(8).
[5] 李华强. 引沁灌区东方红渡槽除险加固工程设计[J]. 河南水利与南水北调,2012.
[6] 张文渊. 灌区小型涵闸的安全问题及除险加固技术[J]. 水利科技与经济,1999.
[7] 孙桂喜. 浑河闸应急除险加固工程建设探究[J]. 水利技术监督,2016.

[8] 郭平论.河道灌区节水改造[J].水利规划与设计,2013.

[9] 张永峰.幸福灌区渠首枢纽除险加固工程初设可行性分析[J].科技创业家,2014.

[10] 阙钢生.霞家河灌区续建配套与节水改造工程规划与研究[J].水利规划与设计,2010.

[11] 许琳林.辽宁某灌区节制闸及分水闸除险加固工程设计探讨[J].内蒙古水利,2017.

【作者简介】 张瑞雪(1982—),女,高级工程师,主要从事水利水电设计工作。E-mail:52146175@ qq. com。

分层取水在三河口水利枢纽工程中的
应用与研究

谭迪平　　张　刚

（陕西省水利电力勘测设计研究院,西安　710001）

摘　要　为了下游生态和取水水质的要求,在高坝设计采用分层取水的方式,能有效解决高坝取水中的垂直水温分布不均的情况下,取到最合适的水质。

关键词　三河口;分层取水;叠梁门;进水口

1　工程概况

陕西省引汉济渭工程是陕西省内重大的跨流域调水工程,工程地跨黄河、长江两大流域,西安、汉中和安康三市,整个调水工程由三大部分组成,即黄金峡水利枢纽、三河口水利枢纽和秦岭输水洞(黄三段和越岭段)工程。

三河口水利枢纽是引汉济渭工程的重要水源工程之一,也是整个引汉济渭工程中具有较大水量调节能力的核心项目,具有调蓄子午河径流量和汉江干流由黄金峡水利枢纽抽存水量向关中供水、生态放水、结合发电等综合利用功能。枢纽位于整个引汉济渭工程调水线路的中间位置,是整个引汉济渭工程的调蓄中枢。

引汉济渭工程等别为Ⅰ等工程,工程规模为大(一)型,三河口水利枢纽大坝按1级建筑物设计,枢纽整个供水系统的流道部分全部按1级建筑物设计;大坝下游泄水消能防冲建筑物为2级,供水系统上部厂房级别按2级设计;枢纽其他次要建筑物级别均为3级,临时建筑物按4级设计。

2　进水口形式设计

三河口水利枢纽大坝为碾压混凝土拱坝,最大坝高145 m,根据枢纽的总体布置,在满足工程任务的同时,为节约工程投资,枢纽常规机组、双向机组、供水阀共用一个进水口。整个供水系统包括进水口、压力管道、厂房、供水阀室、尾水系统、连接洞等六部分。厂房为双向机组与常规机组混合式厂房。运行时分抽水、供水、发电等三个运行工况。

根据以往大型已建工程经验,水库在下泄水面深度低于20 m水流时,下游河道水温在10 km以后才能恢复到天然河道温度。本工程涉及3处国家级自然保护区、1处国家级水产种质资源保护区、1处省级自然保护区,保护区内含有较珍贵的动植物和鱼类。因此,为满足下游生态要求,必须对进水口采用分层取水的方式,直接引用水库表层水。

分层取水结构常用的形式主要有斜置式、浮子式、竖塔式等。斜置式常布置于水库岸坡面或坝坡面斜置的取水结构;浮子式取水结构随库水位的变化升降,一般只用于小型水库;竖塔式为封闭式进水塔,有固定和活动取水口两种形式。固定式是在不同高程设置单面或多面、一道或数道进水孔口,活动式进水口一般采用多节叠梁门控制取水位。

三河口水库取水是以城市供水为主,兼顾农业用水,并考虑工程所在地为秦岭生态保护区,下游生态水对保护区内动植物的影响。城市用水主要考虑水温、浊度、浮游生物、溶解氧的分布情况,希望引用易处理、浊度低、浮游生物等杂质含量小的表层水。结合本工程的总体布置及建筑物形式,引水系统进水的分层取水方式采用竖塔式,其具体形式采用孔口式和叠梁门式进行比较分析。

2.1 孔口式分层取水

根据水工建筑物的结构布置及运行管理要求,取水口不宜过多,由于底孔是必设的,其上部根据水位变化情况,考虑设置深表层和中层取水口,故取水层数为3层。这样塔体结构趋于简单化,施工方便,且对闸门、拦污栅及其启闭设备要求降低,给运行管理带来了方便,使工程设计更加合理、经济。

设计的进水口放水塔位于大坝右坝段坝体上,塔体为高耸箱型钢筋混凝土悬臂结构。坝顶平台高程与坝顶同一高程,放水塔塔筒上游壁设有三个分层进水口,各进水口的孔底高程由上向下依次为543.0 m、590.0 m及625.0 m。进水口尺寸为9 m×7 m,进水口前设有拦污栅,底孔为活动拦污栅,其余4孔为固定拦污栅。塔筒内布置有平面位置不同、高程不同的4道竖向隔墙,下游3道隔墙底均有4.5 m×4.5 m的取水孔口,各孔前均设有平面钢闸门。下游塔壁底部与洞首相接部位,设有5.0 m×6.0 m的事故检修平面钢闸门。放水塔筒上游壁厚1.5 m,下游塔壁厚2.5 m,塔两侧壁厚均为3.0 m,塔基底板厚6.0 m。塔四周侧壁顶部设有牛腿,与大坝坝顶相接。

2.2 叠梁门形式分层取水

叠梁门分层取水方式在国内外水利水电工程中均有大量的应用,其取水结构是在取水塔内设置多节可沿塔身高度方向升降的叠梁门,每节叠梁门均通过启闭机控制,用叠梁门挡住水库中下层低温水,通过对叠梁门的操作,使水库表层水通过叠梁门顶部孔口进入引水系统,根据水库运行水位变化,提起或放下相应节数的叠梁门,从而达到引用水库表层水、提高下泄水温的目的。

由于三河口水库引水位变幅高达100 m,经分析,若采用单门槽安放叠梁门,则需要在坝顶布置较大门库,难度较大。若采用上、下两层前后布置,则上部门槽可兼做门库使用。因此,最终在586 m高程设置隔梁,将叠梁门分为上、下两层,前面的下部取水闸门由5节9.8 m×7.5 m(高×宽)的叠梁门组成,控制543.00~582.50 m的水层;后面的上部为上层取水口,5扇叠梁门,控制586.00~635.00 m的水层。

2.3 进水口设计

根据综合分析比较,进水口分层取水方式采用叠梁门取水方式,选定的引水系统进水口布置于坝身右岸侧坝体中,进水口为竖井式,由直立式拦污栅、喇叭口、闸室等组成,进口高程543.65 m,设计引水流量72.71 m³/s。闸室后接坝内埋管,出坝体后接压力主管道,主管道直径4.5 m,长度142.39 m,先后分别接电站岔管和减压阀岔管。

进水口金属结构部分由拦污栅与进水闸两部分组成。为了保证电站的安全和下游引水的质量,进水口再设置一道拦污栅和一套机械清污设备。拦污栅全部高度为101.85 m,因进水口要兼顾出水口,在水流通过拦污栅时的流速小于1 m/s,分层取水口可有效避免产生涡流的发生。在拦污栅后接分层取水闸门,分层取水闸门分上、下两部分,下部取水闸门由

5 节叠梁门组成,其后部为上层取水口,5 扇叠梁门。取水闸门后部接连通竖井,竖井底部通过渐变段与进水闸相通,闸室宽 4.5 m,设一孔口尺寸为 4.5 m×7.5 m(宽×高)的事故检修门。

事故检修门后采用椭圆圆弧曲线,空口高由 8.1 m 渐变为 4.5 m,后接 4.5 m×4.5 m 的方形压力洞,后与供水系统厂房压力管道相连。

供水系统进水口从充分利用水库效益和保护下游生态生物等多方面考虑,对三河口电站进水口工作闸门运行状况进行了模拟运行试验,运行方式为由高到低逐级减少。在保证 72.71 m³/s 的引水流量,最少每一闸门上水深要达到 3.2 m,在库水位达到 638.2 m 时必须打开最上面一级的叠梁工作闸门。进水口剖面图见图 1。

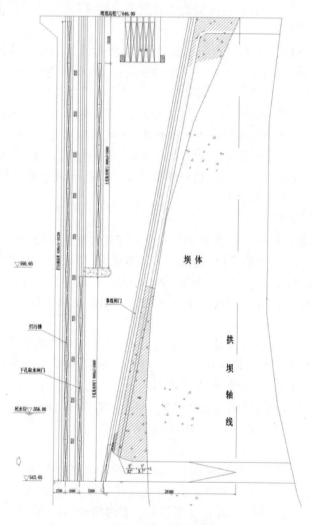

图 1　进水口剖面图

3　结　语

(1)上、下分层取水设计充分考虑了工程在建成后水库的水温呈现垂直分布的特点,合理控制下泄水温对下游生态的影响,有利于对环境和生物的保护。

（2）事故检修门的轴线,斜向深入库区方向84°,有效地减少上部检修平台的长度,避免伸入库区太长,能减少工程量。

（3）在高坝高水头取水的情况下,采用上、下层前后布置的取水闸门在全国水利水电设计中属于前列。该布置方案,在闸门运行时,方便运行管理,减少了门库的设计规模,有利于放水塔的布置,便于检修,提高了进水口运行的安全可靠性。

参 考 文 献

[1] 范志国.新型分层取水结构的研究与应用[J].水利水电技术,2017,48(10):103-108.

[2] 游湘.进水口叠梁门分层取水设计研究[J].水电站设计,2011,27(2):32-34.

[3] 薛联芳.基于下泄水温控制考虑的水库分层取水建筑物设计[J].中国水利,2007(6):45-46.

[4] 张玲.新疆喀拉克水利枢纽进水口分层取水设计[J].中国水运(下半月),2010,10(7).

[5] 杨鹏.董箐水电站引水发电系统进水口分层取水设计[J].贵州水利发电,201125(5):18-20.

[6] 姜跃良.溪洛渡水电站进水口分层取水措施设计[J].水电站设计,2012,28(4):69-73.

[7] 刘志枫,斧子口水利枢纽进水口设计[J].广西水利水电,2011,28(4):20-22.

[8] 勒兆岚,山口岩水利枢纽分层取水设计[J].江西水利科技,2012,38(1):4-6.

[9] 高志芹,糯扎渡水电站进水口叠梁门分层取水研究[J].水力发电,2012,38(9):35-37.

【作者简介】 谭迪平(1972—),男,高级工程师,主要从事水利水电工程设计研究工作。

龙塘水库引水发电系统布置方案研究

郑湘文[1]　补舒棋[2]

（陕西省水利电力勘测设计研究院，西安　710001）

摘　要　龙塘电站根据地形地质条件，灌溉、供水需求，水能充分利用等条件，选择了上、下电站右岸布置方案，满足了左、右干渠的取水要求，合理的利用水能、充分发挥了弃水、灌溉、供水、生态水的效益，解决了设计中存在的一些难点，具有为类似工程参考的价值。

关键词　上电站；下电站；灌溉；供水；生态水

1　工程概况

四川省凉山州盐源县龙塘水库及灌区工程由水库工程和灌区工程两大部分组成，工程主要任务是灌溉、城乡生活供水及发电等综合利用。龙塘水库工程为马坝河流域规划的第4级水库（电站），是马坝河流域的唯一控制性水利枢纽工程。坝址距离盐源县城距离16 km，距离凉山州州府——西昌市约160 km，水库总库容为1.45亿 m^3，调节库容为1.15亿 m^3，引水发电最大流量为22 m^3/s，水库多年平均供水量1.31亿 m^3，灌区设计灌溉面积为36.2万亩。坝后电站总装机容量为容量为8.2 MW，其中，上电站装机容量为2.2 MW、下电站装机容量为6.0 MW。上电站为渠首电站，利用灌溉和城乡供水水量发电，下电站为弃水生态电站，利用水库弃水和下游河道生态供水发电[1]。

2　地质条件

上厂房位于坝后右岸边坡中部，边坡地形较为完整，基岩裸露，岩体强风化厚度11~15 m，裂隙发育，岩体质量级别为Ⅴ级承载力特征值0.7 MPa，变形模量1.0 GPa；下部为弱风化的岩体，厚度13 m左右，裂隙不甚发育，岩体质量级别为Ⅳ级，岩石饱和抗压强度71.3~76.9 MPa，承载力特征值2.2 MPa，变形模量4.0 GPa。

下厂房位于右岸下游坡脚二级阶地上，阶地上部地层岩性为粉质黏土及砂卵石，粉质黏土为稍密状，厚度1~3 m，砂卵石成分以灰岩、泥质灰岩为主，钙泥质半胶结，粒径一般3~5 cm，最大8 cm，砂粒充填，较密，厚度大于2 m。下部为三叠系中统白山组灰岩，强风化厚度7.6 m左右，裂隙较发育，岩体质量级别为Ⅴ级，承载力特征值0.7 MPa，变形模量1.0 GPa；下部为弱风化的岩体，厚度12.0 m左右，裂隙不甚发育，岩体质量级别为Ⅳ级，岩石饱和抗压强度71.3~76.9 MPa，承载力特征值2.2 MPa，变形模量4.0 GPa[1]。

3　布置方案

3.1　上、下电站方案设计思路

龙塘水库以灌溉、城乡生活供水及发电等为主要工程任务。龙塘水库电站主要是利用水库供水及生态水量和弃水进行发电,该工程由水库枢纽工程和灌区工程组成。

灌区工程从渠首取水,根据灌区高程确定渠首的取水位,电站尾水池的水位必须满足灌区渠首的水位衔接,根据水位,也就确定了电站的布置的高程在 2 391 m 附近,而河道高程 2 372.0 m,电站建在半山坡,弃水、生态等流量的水能未能充分利用,为了充分利用水能,拟定上、下两个电站,其中上电站利用灌区、人、蓄供水发电,其尾水池与灌溉渠首相接;下电站利用水库下泄河道生态流量、汛期河道弃水及上电站与河道之间的落差设置[2-5]。

根据水库坝址区的实际地形地质条件,大坝的左右岸均具有布置电站厂房的条件,为了节约投资,出线方便,上、下电站均采用一套引水发电系统,左岸或右岸阶梯形布置。为此,设计对左、右岸电站均进行了设计,通过对左、右岸两个方案电站厂房和引水洞的布置设计、工程量计算,并进行投资估算,右岸厂址方案比左岸厂址方案投资省 448.06 万元,左岸布置主要是由于引水洞及压力管道略长带来投资增加,并且左岸电站相对交通不便,需新建桥梁跨过马坝河才能与右岸道路相接,进场道路需增设跨河桥一座,并且下电站交通须经过上电站厂区才能进入下电站,交通条件比右岸电站交通条件差。经综合比较分析,推荐右岸布置上、下电站方案[2-5]。

3.2 引水洞设计引水流量的确定

上、下电站采用一套引水发电系统,对于引水洞的规模确定,是一个重点和难点。

在水库正常运行期上电站利用灌溉和城乡生活供水发电,上电站装机容量 2.2 MW,电站设计水头为 10 ~ 28.72 m,在考虑水头特性及机组选型,上电站设计最大引水流量为 13.4 m^3/s。下电站利用水库弃水和生态水量发电,电站设计水头为 25 ~ 47.7 m,下电站装机容量 6.0 MW,考虑水头特性及机组选型,下电站最大引水流量为 18.11 m^3/s[10]。

通过对水库长系列调节计算过程分析,水库在灌溉高峰期,水库无弃水。当水库发生弃水时,灌溉引水要么很小,要么不需要灌溉。因此,上、下电站同时满发的情况在水库正常运行期几乎不可能同时出现。所以,引水洞设计引水流量为灌区供水流量 9.5(左干) + 7.9 (右干) = 16.8(m^3/s),考虑灌区加大引水流量 11.8(左干) + 9.8(右干) = 21.6(m^3/s),引水流量按 22 m^3/s 设计[10]。

但是水库在洪水期运行,马坝河流域的洪水是由暴雨形成的,暴雨的特性决定着洪水特性。由于本流域处于亚热带季风气候区,且位于山区,因此地域之间差异较大,年降雨量随高程变化也较大。夏秋两季流域内斑状暴雨居多,汛期 6 ~ 9 月降水量占全年降水量 80% 以上,据盐源县气象站统计最大一日降雨量均值为 60.0 mm,最大一日降雨量为 84.4 mm,全年日降雨≥25 mm 的日数平均仅 6 d。根据龙塘水库洪水峰不高、时间长的特点,水库在洪水期可完全利用洪水,让上、下电站同时满发,增加发电量。因此,引水洞引水流量按上、下电站同时满发考虑即 18.11 + 13.4 = 31.51(m^3/s)。从以后长远水库运行考虑,引水洞引水流量确定为 31.51 m^3/s。

3.3 上、下电站尾水位的确定

上电站与灌溉渠道连接,尾水的设计必须考虑渠道的整体运行工况和电站的运行工况,而左、右干渠引水流量不一致,上电站尾水位如何满足左、右干渠的流量和水位是设计的一个重点。

下电站尾水与河道连接,尾水位只要满足电站厂房设计规范中发电尾水位的设计要求就能满足工程的需求。

3.3.1　上电站尾水位

上电站尾水与干渠相接,渠道水位与尾水池水位之间密切相关,尾水位应将干渠运行与电站运行统筹考虑。

3.3.1.1　设计尾水位

电站尾水位是左、右干渠道进口的水位,渠道进水口水位高程应从灌区控制点高程自下而上逐级推求,计入沿程水头损失和各种建筑物的局部水头损失确定。经过灌区规划推求,确定左干渠道设计流量 9.5 m³/s 时,进水口设计水位为 2 393 m,2 393 m 即左、右干渠取水的设计水位,左干渠应根据设计流量 9.5 m³/s 时,进水口设计水位为 2 393 m,设计左干渠的断面与底板高程,而右干渠断面及底板设计应遵循当水位 2 393 m 时,过设计流量 7.9 m³/s 而定,此时设计水位和电站机组的一台、半台发电流量不能一一对应,但是可以满足电站的运行工况[5-7]。

3.3.1.2　最低尾水位

上电最低水位为半台机组发电流量所对应水位,半台机组流量为 3.35 m³/s,所对应的水位为 2 391.97 m。从而确定电站的最低尾水位为 2 391.97 m。

3.3.1.3　最高尾水位

电站的最高尾水位应由电站最大发电流量控制,但本工程以灌溉为主,渠道断面设计由灌溉需求设计,因渠道的设计加大流量为 11.4 m³/s,渠道断面通过的最大流量为 11.4 m³/s,二台机组满发的多余水量均由退水渠下泄,故渠道过流 11.4 m³/s 时的进水口水位高程,是尾水池的最高水位。由此经水力计算,最高尾水位为 2 393.3 m。

3.3.2　下电站尾水位[2]

下电站的尾水接河道,此处的河道断面水位流量关系曲线可以确定各个流量下的水位。

3.3.2.1　设计水位

设计水位为 3 台机组满发 18.11 m³/s 时的对应水位 2 373.54 m。

3.3.2.2　最低水位

单台小机流量为 3.05 m³/s,其相对应的尾水位为 2 373.10 m,为最低尾水位。

3.3.2.3　设计洪水位与校核洪水位

20 年一遇设计洪水流量为 279.33 m³/s,对应的设计洪水位为 2 375.52 m。50 年一遇校核洪水流量为 442.77 m³/s,对应的校核洪水位为 2 375.90 m。

3.4　上、下电站布置

3.4.1　引水洞

引水洞布置在大坝左岸,由进口段、隧洞段、压力管道段组成,后接电站上下厂房。水库洪水期利用洪水,让上、下电站同时满发,增加发电量。引水洞最大引水流量为 31.51 m³/s。

进水口为分层取水塔式进水口,由放水塔和工作桥组成,放水塔塔高 38 m,设有工作桥与岸边永久道路相接,工作桥长 56 m,分 4 跨,工作桥面宽 4.0 m,由 3 片 T 形梁拼接而成,塔后隧洞为压力洞,引水洞总长 1 000.7 m,水洞管径由 4.6 m 渐变为 4.0 m。隧洞段末端接压力钢管段,压力钢管采用一管多机联合供水方式给水轮机组供水[6-8]。

3.4.2　电站厂房

电站厂房布置考虑结合下游灌溉和供水要求,同时合理利用水能资源,分为上、下两个电站,上电站利用灌溉和供水量发电,下电站利用弃水和生态流量发电,电站总装机容量8.2 MW,其中上电站2.2 MW、下电站6 MW。厂区布置在马坝河出口右岸边坡上,为使两厂房之间布局紧凑、协调,同时考虑进水顺畅,两厂房机组纵轴线均平行于山坡等高线布置,上电站厂房内安装两台卧式水轮发电机组和保证灌溉供水需求的减压调流阀,下电站厂房内安装三台卧式水轮发电机组。两厂房均为地面厂房[8]。

3.4.2.1　上电站

上电站主要包括主厂房、副厂房、主变压器场、尾水池、左干渠进水闸、右干渠进水闸、进厂道路等。厂区室外地坪2 390.37 m。

上电站厂房内安装两台卧式水轮发电机组,主厂房单层排架结构,长41.2 m、宽15 m、高14.5 m,厂房基础置于岩基弱风化岩体上,建基面高程2 383.85 m,减压调流阀布置于厂房内。副厂房布置于主厂房左侧端头,主变压器位于副厂房左侧。安装间位于主厂房右侧,长×宽为12 m×15 m,地面高程2 390.52 m[3,4]。

厂区对外交通采用公路运输,从龙塘水利枢纽右岸上坝道路分岔至进厂道路。厂内交通宽6 m,布置于厂房上游侧。厂房的安装间侧及厂房尾部均设有回车场,满足交通及消防要求[2]。

3.4.2.2　下电站

下电站主要包括主厂房、副厂房、主变压器场地、尾水池、进厂道路等。

下电站厂房内安装3台卧式水轮发电机组,主厂房单层排架结构,主厂房从右至左依次为1台小机组和2台大机组,小机组专为生态流量设置,机组间距为11.5 m,主厂房(长×宽×高)50.0 m×15.0 m×13.5 m,安装间尺寸(长×宽)11 m×15.0 m,地面高程2 376.9 m,建基面高程2 365.15 m。副厂房位于主厂房上游侧,主变压器位于厂房安装间上游侧。

厂区对外交通采用公路运输,从龙塘水利枢纽右岸上坝道路分岔至进厂道路。厂内交通宽5 m,布置于厂房上游侧。厂房的安装间侧设有回车场,满足交通及消防要求[24]。引水发电系统布置详见图1。

3.4.2.3　生态放水建筑物

本工程建成后需河道下泄生态基流,根据工程环境保护需要,经分析研究,要满足河道生态用水需求,维持河道生态功能不降低,需多年平均生态基流约5 126万 m³,多年平均最小值0.67 m³/s,最大值2.37 m³/s,平均值1.62 m³/s。[1]

为充分利用水头,正常情况下,生态流量由下厂房电站设置1台小机组发电后泄水至下游河道。在遇见下电站机组检修的情况时,则由上电站厂房内的减压调流阀放水至下游河道,确保工程下泄生态用水量正常[9]。

4　结　语

四川省凉山州盐源县龙塘水库及灌区工程由水库工程和灌区工程两大部分组成,工程主要任务是灌溉、城乡生活供水及发电等综合利用。龙塘电站根据地形地质条件,灌溉、供水需求,水能充分利用等条件,选择了上、下电站右岸布置方案,满足了左、右干渠的取水要求,合理的利用水能,充分发挥了弃水、灌溉、供水、生态水的效益,可以为类似工程参考。

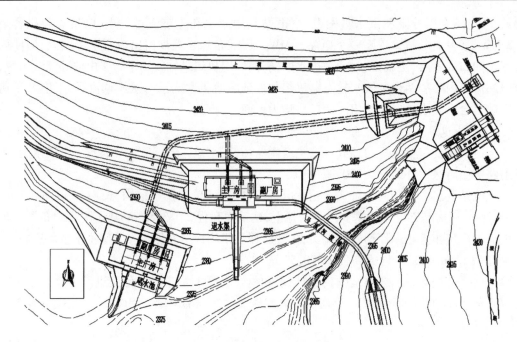

图1　引水发电系统布置平面图

参 考 文 献

[1] 四川省凉山州盐源县龙塘水库及灌区工程可行性研究报告[R]. 陕西省水利电力勘测设计研究院, 2017.

[2] 水电站厂房设计规范:SL 266—2014[S]. 北京:中国水利水电出版社,2014.

[3] 练继建,王海军,秦亮. 水电站厂房结构研究[M]. 北京:中国水利水电出版社,2007.

[4] 混凝土结构设计规范:GB 50010—2006[S].

[5] 泵站设计规范:GB 50265—2010[S].

[6] 水工隧洞设计规范:SL 279—2016[S].

[7] 水闸设计规范:SL 265—2016[S].

[8] 张瑞春. 水利工程施工进度影响因素与控制方法分析[J]. 水利技术监督,2016,24(4):50-52.

[9] 田鼎文. 不同生态基流对水利枢纽发电损益的影响[J]. 水利规划与设计,2016(7):25-27.

[10] 王娟娟. 梯级水电站发电优化调度研究[J]. 水利规划与设计,2016(6):93-95.

【作者简介】 郑湘文(1973—),女,高级工程师,主要从事水利水电工程设计研究工作。

SETH 水利枢纽过鱼建筑物设计

柴玉梅[1]   马妹英[1]   胡　鹰[2]

(1. 中水北方勘测设计研究有限责任公司,天津　300222;
2. 遂宁市水利工程质量监督管理站,遂宁　629000)

摘　要　SETH 水利枢纽工程区位于新疆阿勒泰地区,工程的建设对河流中的鱼类洄游产卵产生了不利影响。为保护河道中珍贵的冷水鱼类,在充分考虑各种因素情况下,工程设计了新型过鱼建筑物。鱼类可通过诱鱼道上溯游至集鱼池,再以电动葫芦吊运 + 运鱼电瓶车运送至坝脚,用塔吊将集鱼箱内的鱼类集中提升过坝放生。目前,过鱼建筑物建设正在实施中。

关键词　水利枢纽;过鱼建筑物;设计

1　概　述

SETH 水利枢纽工程是额尔齐斯河流域乌伦古河上游的控制性工程,工程主要任务为工业供水和防洪,兼顾灌溉和发电,并为加强乌伦古河流域水资源管理和水生态保护创造条件。本工程等别为 Ⅱ 等,工程规模为大(二)型。大坝为碾压混凝土重力坝,最大坝高 75.5 m,坝顶长度 372 m。水库总库容 2.94 亿 m^3,水电站装机 3 台,总装机容量 27.6 MW(2 台大机组容量 12.0 MW、1 台小机组单机容量 3.6 MW)。

大坝设计洪水重现期为 100 年一遇,校核洪水重现期为 1 000 年一遇;泄水建筑物消能防冲设计洪水标准取 50 年一遇。水电站厂房为 3 级建筑物,设计洪水标准取 50 年一遇,校核洪水标准取 200 年一遇。

2　鱼类概况

2.1　鱼类种类

工程区河段分布有 6 种鱼类,其中土著鱼类 5 种,分别是贝加尔雅罗鱼、河鲈、尖鳍鮈、北方须鳅和北方花鳅;非土著鱼类 1 种,为麦穗鱼。贝加尔雅罗鱼为春季溯河产卵鱼类,河鲈、尖鳍鮈、北方须鳅和北方花鳅为定居性鱼类。

河道中主要鱼类为贝加尔雅罗鱼和河鲈。贝加尔雅罗鱼为中上层鱼类,喜聚群活动,尤其春、夏季水温逐渐升高时活动于浅水觅食,冬季水温降低居深水处越冬;其产卵期为 4 月中、下旬,产卵时间约 15 d,有溯河产卵的习性,该鱼主要在河道底部的砂砾上产卵繁殖;贝加尔雅罗鱼为杂食性鱼类,主要摄食水生昆虫为主、水生高等植物、浮游生物,以及鱼类等食物。河鲈栖息在湖泊和水库,以及河道形成的河湾和坑塘中,较为适应亚冷水水域环境(介于温水与冷水水域之间),适应能力强,具有广泛的生态学侵占性,繁殖力强,种群数量增加很快;其产卵期较早,4 月下旬湖水解冻后即开始产卵,产卵时水温为 6 ~ 8 ℃,产卵地点为所栖息水域沿岸具有水草的浅水区域;河鲈为小型肉食性鱼类,在仔鱼阶段主要摄食浮游动物,在成鱼阶段主要摄食各种鱼类,也少量摄食水生昆虫。

2.2 鱼类数量及体长

根据工程区河段现场调查成果,评价河段渔获情况见表1。

表1 评价河段渔获物组成

种类	质量（g）	质量百分比（%）	尾数	尾数百分比（%）	尾均重（g）	体长范围（mm）	体重范围（g）
北方花鳅	72	0.61	18	1.40	4	72~105	2~7
北方须鳅	3 964	33.36	737	57.18	5.4	42~140	0.6~35
贝加尔雅罗鱼	2 879	24.23	78	6.05	36.9	56~190	3~130
河鲈	124	1.04	11	0.85	11.3	73~102	4~19
尖鳍鮈	4741	39.90	431	33.44	11	25~126	0.1~44
麦穗鱼	103	0.87	14	1.09	7.4	52~82	2~10
总计	11 883	100	1 289	100			

2.3 过鱼对象及过鱼季节

本工程过鱼设施以恢复坝址上下游的洄游通道、沟通上下游的鱼类交流、保护土著鱼类资源为目标。结合工程所处河段的鱼类分布、鱼类洄游特性以及鱼类的保护价值,初拟过鱼对象见表2。

表2 工程区河段初步拟定过鱼对象

过鱼对象	鱼名	迁徙类型	土著鱼类	经济鱼类
主要过鱼对象	贝加尔雅罗鱼	春季溯河产卵鱼类	√	√
	河鲈	定居性鱼类	√	√
兼顾过鱼对象	尖鳍鮈、北方须鳅、北方花鳅	定居性鱼类	√	

初步拟定每年进行人工过鱼的时间为4~6月(繁殖期),其他时间鱼类也可以根据生活习性需要通过过鱼设施过坝。工程运行过程中可根据实际情况调整。

3 过鱼建筑物布置

3.1 现有过鱼建筑物概述

现有技术的过鱼建筑物主要有鱼道(又称鱼梯)、鱼闸、缆机式升鱼机、集运鱼船等。其中鱼道是一种比较常用的过鱼建筑物型式,其优点是操作简单,运行保证率高,可沟通上下游水系,在自然条件下连续过鱼,运行管理费用低,并且在适宜条件下,其他水生生物也可以通过鱼道,对维护原有生态平衡有较好的作用,其缺点是鱼道一般较长,在枢纽中较难布置,造价过高,一般80 m左右的坝体,过坝鱼道投资约1.0亿元,施工及运行管理难度加大。随着坝高增加,投资增加更多,施工以及运行管理更加困难;鱼类上溯洄游需要耗费较大能量,对鱼类产卵繁殖不利;鱼道的流速、流态受上下游水位和流量的变化影响较大,不适于高坝过鱼。鱼闸、缆机式升鱼机和集运鱼船均为人为操作过鱼手段,适用于高坝过鱼。鱼闸的工作原理和运行方式与船闸相似,其优点是可适应上游水位一定的变幅,缺点是鱼闸对主体工程布置影响较大、投资大,且操作运行复杂,后期运行管理及维修程序复杂。

缆机式升鱼机是利用机械升鱼和转运设施助鱼过坝,其优点是适宜高坝过鱼,并且适应水库水位的较大变幅,也可用于较长距离转运鱼类,缺点是需要设置较高的缆机支架及较大的支架基础、布置困难;由于缆机自身吊装能力有限,运鱼量较小;坝顶缆机需跨越两岸(或凹岸两端)缆机布置较复杂,缆索长度较长,运鱼速度慢,鱼类长时间处于运鱼设备中一直处于惊恐状态,对产卵繁殖期鱼类不利;缆索为柔性结构,无风运鱼过程中产生晃动较大,对鱼类影响更大;运行中受风力及天气因素影响较大,上游转运操作较复杂,运行及检修费用较高。集运鱼船由集鱼船和运鱼船组成,利用驱鱼装置将鱼驱入运鱼船,然后通过通航建筑物过坝后将鱼投放入上游适当水域,故其仅限于建有通航建筑物的枢纽工程,并且其受气候环境影响较大,又难以诱集底层鱼类,难以保证过鱼效果。上述各种过鱼建筑物在工程中都有运用,通过各种工程实践表明,过鱼效果较差。

3.2 本工程过鱼建筑物布置

针对目前过鱼建筑的优缺点,本工程采用了创新型过鱼建筑物设计(获得国家发明专利,专利号:ZL 201510991956.7),由诱鱼道、集鱼池、运鱼轨道和塔吊平台组成。具体布置方式如下:采用短鱼道与回转吊升鱼相结合的型式,首部以短诱鱼道与下游河床相接,鱼类可通过诱鱼道上溯游至一定高程处的集鱼池,再以电动葫芦吊运 + 运鱼电瓶车运送至坝脚,用塔吊将集鱼箱内的鱼类集中提升过坝,置于坝前库内的运鱼船内,将鱼送至上游远处放生。该布置衔接连续性强,并且避免了坝高库长而单纯使用鱼道过鱼造成的通道过长、鱼类难以洄游而上的问题。具体如图1所示。

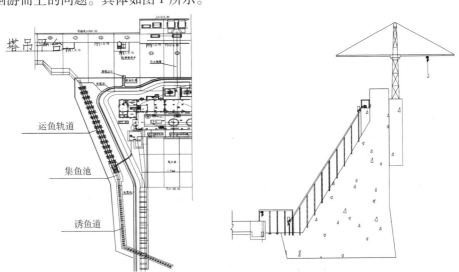

图1 过鱼建筑物平面布置及纵剖图

诱鱼道进口底部高程967.2 m,与主河床走向大致呈50°角相衔接,向岸坡爬升,穿过进场路后折角57°转换方向,沿进场路方向继续爬升至集鱼池,鱼道出口处底高程为968.80 m,后接集鱼池。鱼道采用竖缝式隔板池室型式,池室净宽1.5 m,常规池室长2.0 m,休息池室长4.0 m。

　　鱼类汇于集鱼池后,通过轨道系统运送过坝。轨道系统由厂坪平台上的排架柱架设,平直将集鱼箱运至排架末端的坝脚附近,置于转运电瓶小车上,利用地面铺设的轨道,推送出排架系统至坝脚位置,然后由坝顶回转塔吊将集鱼箱调运过坝。

3.3　鱼道设计

3.3.1　设计水位

　　根据《水电工程过鱼设施设计规范》,鱼道设计运行水位应根据坝(闸)上下游可能出现的水位变动情况合理选择。上游设计水位范围可选择在过鱼季节电站的正常运行水位和死水位之间,下游设计水位可选择在单台机组发电与全部机组发电的下游水位之间。本工程过鱼季节下游最主要的运行工况为机组满发流量 63.9 m³/s,对应下游水位 968.72 m,也是鱼道运行的最高下游水位;过鱼季节特殊运行工况为一台小机组满发流量 8.6 m³/s,对应下游水位 967.7 m,也是鱼道运行的最低下游水位。上游出口由于并未直接通往库内,故上游水位由集鱼池内水位控制。

3.3.2　鱼道设计流速

　　设计流速依据鱼道设计导则、规范以及类似工程拟定。流速的设计原则:过鱼设施内流速小于鱼类的巡游速度,这样鱼类可以持续在该设施中前进;过鱼断面流速小于鱼类的突进速度,这样鱼类才能够通过过鱼设施中的孔或缝。

　　本阶段采用临近流域类似工程调研的经验建议值,即 0.8～1.0 m/s。针对主要过鱼对象贝加尔雅罗鱼和河鲈,以建议值为主,初拟设计极限流速为 0.8 m/s。

3.3.3　鱼道相关水力计算

　　依据《水利水电工程鱼道设计导则》以及《水电工程过鱼设施设计规范》中相关公式。

3.3.3.1　隔板水位差

$$\Delta h = \frac{v^2}{2g\varphi^2}$$

式中:Δh 为隔板水位差,m;v 这鱼道设计流速,取 0.8 m/s;g 为重力加速度,9.81 m/s²;φ 为隔板流速系数,一般可取 0.85～1.00,本工程取 0.9。

　　隔板水位差根据计算结果取 0.04 m。

　　池室底坡为 0.04/2.0 = 1/50。

3.3.3.2　鱼道过流流量

　　(1)公式 1:

$$Q = C_{\mathrm{d}} b_2 H_2 \sqrt{2gD_{\mathrm{h}}}$$

式中:Q 为流量,m³/s;b_2 为竖缝宽度,m,本工程为 0.3 m;H_2 为缝上水深,即上游池室水位与竖缝顶高差,m,计算用(进口水深 + Δh);g 为重力加速度,9.81 m/s²;D_{h} 为池室间水头差,m;C_{d} 为流量系数,主要受竖缝结构形态的影响,竖缝上游边界的圆化处理能增大竖缝的流量系数,对于圆化处理的竖缝可取 0.85,对于尖锐棱角的竖缝可取 0.65,本工程采用 0.65。

　　(2)公式 2:

$$Q = \frac{2}{3}\mu s h_0^{\frac{3}{2}} \sqrt{2g}$$

式中:Q 为流量,m³/s;μ 为流量系数,查图可知;s 为竖缝宽度,m,本工程为 0.3 m;g 为重力加速度,9.81 m/s^2;h_0为池室内上游水深,m,计算用(进口水深 + Δh)。

本鱼道竖缝宽度 0.30 m,隔板水位差计算为 0.04 m,根据拟定工况计算可得,鱼道运行时,流量在 0.1 ~ 0.43 m^3/s 内浮动即可满足过鱼要求,这样逆流的鱼类才能够通过过鱼设施中的缝、孔。满足要求。

3.3.4 辅助设施

(1)观察设施:为观察过鱼效果在合适的池室壁上安装观测摄像头。

(2)防护栏:鱼道顶部设置防护栏,以防杂物进入鱼道,也可防止水中的鱼跳出鱼道。

(3)诱鱼设施:为增强诱鱼效果,使鱼类可以更加顺利地进入鱼道,在布置允许的情况下采用诱鱼设施,可采取灯光、声音等辅助措施。

3.3.5 运行维护

鱼道投入运行以后要建立巡查等规章制度,加强鱼道的保养维修,每年应进行一次全面的维修,避免出现因管理不善或维护不够而导致鱼道废弃使用的情况。

4 结 语

本文通过对 SETH 水利枢纽过鱼建筑设计的详细论述,结合短鱼道集诱鱼、综合轨道式过鱼结构机械提升过坝的工作原理,既发挥了鱼道和升鱼机的优势,又避免了单纯鱼道过长、造价高、无法适应水位变化,以及缆机式升鱼机在布置时受限于枢纽坝型、运鱼时间长,鱼类易受惊吓等缺点。与传统过鱼建筑物相比,轨道式过鱼结构在实际运用过程中,占地少、易布置、投资省、设计灵活性强,适用于中、高坝过鱼,能适应库水位较大变幅,可同时通过多种鱼类,数量也较大,便于长途转运,还可以满足施工期过鱼。本工程正在建设中,截至目前,工程进展顺利,为今后中、高坝体过鱼建筑物设计提供了宝贵的经验。

参 考 文 献

[1] 张军劳,王立成,等. 用于中、高水头拦河坝枢纽的轨道式过鱼结构:2015 10991956.7[P]. 2017-02-22.
[2] 水电水利规划设计总院,中国电建集团华东勘测设计研究院有限公司. 水电工程过鱼设施设计规范:NB/T 35054—2015[S]. 北京:中国电力出版社,2015.
[3] 水利部水利水电规划设计总院,南京水利科学研究院. 水利水电工程鱼道设计导则(附条文说明):SL 609—2013[S]. 北京:中国水利水电出版社,2013.
[4] 薛静静. 国内外鱼道建设特色浅析[J]. 水利规划与设计,2015(6).
[5] 戚印鑫,孙娟,邱秀. 水利枢纽中的鱼道设计及试验研究[J]. 水利与建筑工程学报,2009,7(3).
[6] 王兴勇,郭军. 国内外鱼道研究与建设[J]. 中国水利水电科学研究院学报,2005(3).
[7] 吴剑疆,邵剑南,李宁博. 水利水电工程中高水头鱼道的布置和设计[J]. 水利水电技术,2016,47(9).
[8] 谢春航,安瑞冬,李嘉,等. 鱼道进口布置方式对集诱鱼水流水力学特性的影响研究[J]. 工程科学与技术,2017(S2),49(6).
[9] [澳大利亚]M. 泰. 澳大利亚伯内特河大坝的鱼道系统[J]. 水利水电快报,2007,28(4).
[10] 郑金秀,韩德举. 国外高坝过鱼设施概况及启示[J]. 水生态学杂志,2013,34(4).
[11] 陈凯麒,葛怀凤,郭军,等. 我国过鱼设施现状分析及鱼道适宜性管理的关键问题[J]. 水生态学杂志,2013,34(4).

【作者简介】 柴玉梅(1968—),女,高级工程师。

浅谈青海省黄河干流防洪工程护岸结构设计

焦万明

(青海省水利水电勘测设计研究院,西宁　810001)

摘　要　一般防洪工程或河道治理工程中,护岸或堤防护坡的基础以满足冲刷深度的要求将基础开挖至设计高程,施工时做施工导流围堰,但在黄河上由于流量大、水深大,基础开挖至冲刷深度以下很难做到,做施工导流围堰不经济也不可能,在青海省黄河干流防洪工程中基础防护采用了水平防护的结构形式,对基础不做深开挖,避免了施工导流,降低了施工难度,节约了工程投资。另外,本文中就格宾石笼及网箱设计方面提出经验和建议。

关键词　护坡;水平防护;格宾石笼

1　工程概况

1.1　流域概况

黄河为我国第二大河,青海省境内为其上游段,系省内最大河流。流域地理位置在东经95°54′~103°04′,北纬33°10′~38°20′,处于青藏高原东北部。干流在玉树藏族自治州发源后,东流经果洛藏族自治州、甘川两省、黄南藏族自治州、海南藏族自治州、海东地区后在寺沟峡出口处进入甘肃省境内。支流除省境内汇入干流者,还有大夏河、洮河、湟水河流出省境后汇入黄河。黄河干支流在省界内的集水面积为18.1万 km^2,黄河干流出省断面以上的集水面积为14.7万 km^2,出省境处多年平均流量为703 m^3/s,多年平均年径流量221.70亿 m^3。

黄河上游于1986年建成了大型调蓄水库——龙羊峡水库,之后在下游建成了李家峡、拉西瓦、公伯峡、积石峡等大型水库和水电站。龙羊峡水库对洪水起到了调蓄削峰作用,根据龙羊峡水库防洪调度原则,当龙羊峡以上发生超过1 000年一遇洪水时,龙羊峡水库最大下泄流量为6 000 m^3/s;当发生20年一遇至1 000年一遇洪水时,龙羊峡水库控制最大下泄流量为4 000 m^3/s。

1.2　工程设计概况

青海省黄河干流防洪工程是国务院2014年确定的172项重大水利工程之一,2015年10月完成设计并开工建设,截至2018年7月基本完工。项目涉及青海省沿黄4州(市)15县36乡(镇),共布置了73处防洪工程,防护总长度186 km,其中干流防护164 km(新建护岸137 km、新建堤防10 km、加培堤防17 km),支沟沟口防护22 km。累积治理干流河道长度140 km,治理支沟沟口长度13 km。

该工程防洪标准为县城段30年一遇,乡(镇)段20年一遇,农村段10年一遇。以龙羊峡下游的贵德和民和为例,贵德盆地30年一遇洪峰流量为4 200 m^3/s,10年一遇洪峰流量为3 660 m^3/s;省境下游民和官亭段30年一遇洪峰流量为4 400 m^3/s,10年一遇洪峰流量为3 730 m^3/s。

该防洪工程建筑物以护岸为主,部分防护段建设有砂砾石堤防,护岸和堤防迎水面防护材料为格宾石笼,采用了"格宾石笼护坡 + 格宾石笼脚槽 + 格宾石笼水平防护"的结构形式。

2 护岸结构设计

2.1 护岸顶高程确定

护岸处滩面高程高于设计洪水位时,按设计洪水位加 0.5 m 控制;当滩面高程低于设计洪水位时,护岸顶高程与滩面齐平,即滩面上不形成堤防,大洪水时滩面允许淹没。

2.2 护坡设计

2.2.1 护坡结构设计

根据地形及施工要求,本工程护坡断面形式基本分为三种横断面形式:缓坡高坎河岸段斜坡护岸、缓坡低坎(平滩)河岸段斜坡护岸、直立陡坎直墙护岸。

2.2.1.1 缓坡高坎河岸段

河岸坡度较缓,自然边坡一般在 1:1 ~ 1:2,甚至更缓,坡顶高于洪水位。这种地形采用格宾石笼护坡 + 格宾石笼护脚的断面形式,护岸顶高程高于设计洪水位 0.5 m。护坡采用 40 cm 厚格宾石笼,网箱与地基砂砾石之间设一层 PET80 - 4 - 300 长丝机织的土工布反滤层,岸坡为土质边坡的开挖后铺一层 20 cm 厚的砂砾石垫层,再铺土工布和网箱。护坡坡度依据实际地形开挖(回填)成统一坡度,坡度不陡于 1:1.5,一般开挖坡段为 1:1.5 ~ 1:2。护坡根部设格宾石笼基础(脚槽),宽度 1.5 m,深度 1.5 m。断面形式见图 1。

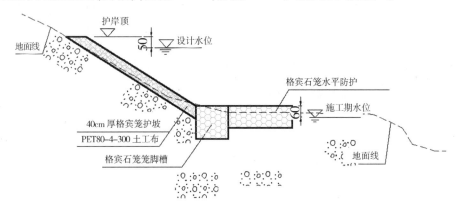

图 1 缓坡高坎河岸护岸典型断面图

2.2.1.2 缓坡低坎(平滩)河岸段

缓坡低坎(平滩)河岸段指河岸较低,坎沿以上为平滩面,洪水允许漫过滩面,不需要设堤防的河段。这种地形的护岸形式与缓坡高坎河岸段断面相同,只是护岸顶高程按不高于滩面高程控制,即洪水位高于护岸顶,护岸顶以上平滩面为过水断面,在护岸顶做 2 m 宽浆砌石压顶,厚度 40 cm。断面形式见图 2。

2.2.1.3 直立高陡坎河岸段

陡坎河岸段主要是指岸坡较陡,坡度陡于 1:0.5,甚至直立的岸坡,高度一般大于 5 m,最高达 10 ~ 20 m,该部分河段由于无法进行水下护根部位的开挖施工,施工人员和机械无

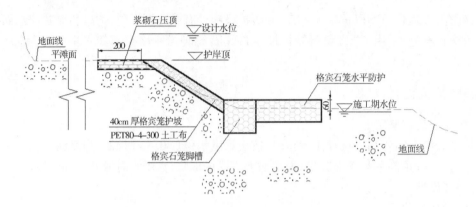

图 2　缓坡低坎(平滩)河岸护岸典型断面图

法直接到达施工面,基础采用水下抛填格宾网袋石笼,其抛填顶部高程高于枯水期水位 50 cm,施工时从一端相对平缓处下到河边按进占法施工。上部采用台阶状格宾石笼挡墙护岸,顶宽取 1 m,背水侧直立或按实际自然边坡,临水侧按高 1 m、宽 0.5 m 的台阶状布置。

2.2.2　护坡厚度确定

格宾石笼护坡厚度按中国工程建设协会标准《生态格网结构技术规程》(CECS 353：2013)中式(7.2.1-1)和式(7.2.3-1)计算。

2.2.2.1　按填石平均粒径计算

该法适用于厚度为 150～500 mm 的格宾垫,水流不是急流,河流坡度小于 2% 的场合。格宾垫中填石的平均粒径 D_m 按式(1)计算,用于河道转弯处外侧的格宾垫填石 D_m 应乘以系数 1.2。

$$D_m = S_f C_s C_v d \left[\left(\frac{\gamma_w}{\gamma_s - \gamma_w} \right)^{0.5} \frac{v}{\sqrt{gdK_1}} \right]^{2.5} \tag{1}$$

式中:D_m 为格宾垫填石的中值粒径,50% 的填石粒径超过该值;S_f 为安全系数(取 1.1);C_s 为格宾垫中填石的稳定系数(取 0.1);C_v 为流速分布系数,$1.283 - 0.2\log(R/W)$(最小 1.0),在堤和混凝土渠道的端部为 1.25,R 为水力半径,W 为水面宽度;d 为流速 v 处局部水深,m;γ_w 为水的容重,kN/m³;γ_s 为填石的容重,kN/m³;v 为断面平均流速,m/s,通常取水面以下水深 60% 处的流速,或者取水深 20%、水深 80% 处流速平均值,本计算采用断面平均流速;g 为重力加速度,9.81 m/s²;K_1 为边坡修正因子(坡度 1:1.5 取 0.71,1:2 取 0.88)。

该法适用于厚度为 150～500 mm 的格宾垫,水流非急流,河流坡度小于 2% 的情况。格宾垫内最大填石的直径不能超过最小填石直径的 2 倍,同时最小填石直径应大于网目,以免填石穿过网目而流失。

通常情况下,填石粒径确定后,按下式确定格宾垫厚度:

$$t \geq 2.0D_m \tag{2}$$

式中:t 为格宾垫的最小厚度,实际使用中应选用厚度不小于 t 的标准规格格宾垫。

根据对不同流速、不同水深、不同坡度的护坡厚度计算。对于边坡 1:1.5 的,在流速 3 m/s 时,厚度为 0.2 m 左右;流速 3～4 m/s 时,厚度为 0.3 m 左右;流速 4.5 m/s 时,厚度为 0.4 m 左右;流速 5 m/s 时,厚度为 0.5 m 左右。对于边坡 1:1.5 的,流速 5 m/s 时,厚度为 0.4 m 左右。

本工程中设计洪水时流速一般在 1 ~ 3 m 之间,格宾厚度统一取 0.4 m,在河流急弯处直立高陡坎段的流速为 4 ~ 5 m,采用台阶式挡墙形式,厚度大于 1 m。

2.2.2.2 考虑波浪作用时格宾垫厚度计算

考虑波浪作用时,格宾垫厚度设计按下式确定:

当 $\tan\alpha \geqslant 1/3$ 时:
$$t_{\mathrm{m}} \geqslant \frac{H_{\mathrm{s}} \cdot \tan\alpha}{2(1-n)\Delta m} \tag{3}$$

当 $\tan\alpha < 1/3$ 时
$$t_{\mathrm{m}} \geqslant \frac{H_{\mathrm{s}} \cdot (\tan\alpha)^{1/3}}{4(1-n)\Delta m} \tag{4}$$

式中:H_{s} 为波浪设计高度,m;α 为河岸倾角,(°),本工程边坡 1:1.5、1:2,$\tan\alpha > 1/3$;n 为格宾垫填石空隙率(%);Δm 为水下材料的相对单位重度,$\Delta m = \dfrac{r_{\mathrm{s}} - r_{\mathrm{w}}}{r_{\mathrm{w}}}$;$r_{\mathrm{s}}$ 为填石重度,kN/m³;r_{w} 为水的重度,kN/m³。

通过计算,波高 0.4 ~ 1.3 m 时,边坡 1:1.5 的护坡厚度 0.12 ~ 0.4 m;边坡 1:2 的护坡厚度 0.10 ~ 0.30 m;本工程取护坡厚度 0.4 m。

2.2.3 格宾护坡稳定验算

水流动对河床底部施加的剪切力 τ_{b} 按规范 CECS353:2013 中公式(7.3.1-1)计算:
$$\tau_{\mathrm{b}} = \gamma_{\mathrm{w}} i d \tag{5}$$
式中:d 为断面平均水深,m;i 为河床坡降。

岸坡剪切力 τ_{m} 按公式(7.3.1-3)计算:
$$\tau_{\mathrm{m}} = 0.75\tau_{\mathrm{b}} \tag{6}$$

移动填石中值粒径为 D_{m} 的块石时临界剪切力 τ_{c} 按规范 CECS 353:2013 中公式(7.3.1-4)计算:
$$\tau_{\mathrm{c}} = C(\gamma_{\mathrm{s}} - \gamma_{\mathrm{w}})D_{\mathrm{m}} \tag{7}$$
式中:C 为防护系数,抛石结构中取值约为 0.047,格宾护坡结构中一般 $C \approx 0.10$。

岸坡临界剪切力 τ_{s} 按规范 CECS 353:2013 中公式(7.3.1-5)计算:
$$\tau_{\mathrm{s}} = \tau_{\mathrm{c}}\left(1 - \frac{\sin^2\theta}{0.4304}\right)^{1/2} \tag{8}$$
式中:θ 为河岸与水平线的夹角。

计算中防护系数 $C = 0.1$,填石中值粒径 $D_{\mathrm{m}} = 0.15$ m,水重 $\gamma_{\mathrm{w}} = 10$ kN/m³,填石重度 $\gamma_{\mathrm{s}} = 26.5$ kN/m³。以 $\theta = 15°$ 为例,$\tau_{\mathrm{c}} = 0.248$,$\tau_{\mathrm{m}} = 0.023 \sim 0.180$(对应水深 1 ~ 8 m),$\tau_{\mathrm{s}} = 0.156$,根据计算,$\tau_{\mathrm{b}} \leqslant 1.2\tau_{\mathrm{c}}$ 且 $\tau_{\mathrm{m}} \leqslant 1.2\tau_{\mathrm{s}}$,满足抗冲刷稳定要求。

2.2.4 残余流速计算

格宾垫与织物滤层或砾石滤层界面处的水流速度 v_{b} 按规范 CECS 353:2013 中公式(7.3.2-1)计算:
$$v_{\mathrm{b}} = \frac{1}{n_{\mathrm{f}}}\left(\frac{D_{\mathrm{m}}}{2}\right)^{2/3} i^{1/2} \tag{9}$$
式中:n_{f} 为织物滤层取 0.02,砾石滤层取 0.022。

水流穿过格宾垫和底部滤层后的残余流速:
$$v_{\mathrm{f}} = \frac{1}{4}v_{\mathrm{b}} \sim \frac{1}{2}v_{\mathrm{b}}$$

对不同滤层(织物、砂砾石)、不同河床比降(0.003 ~ 0.004)、不同填石中值粒径(0.15 ~ 0.25)护坡的参与流速计算见相关规范。

壤土、黏土的允许流速v_e为 0.6 ~ 1.0 m/s,砾石的允许流速v_e为 0.6 ~ 1.4 m/s,本工程中护坡底部均为砂砾石,根据上述计算,$v_f = 0.111 ~ 0.180$,小于护坡底部土层的表面最大允许流速v_e,满足要求。

2.2.5　土工布滤层计算

格宾石笼护坡坡比 1∶1.5 ~ 1∶2,护坡石笼厚度 0.4 m。因岸坡是砂砾石土层,为防止水流淘刷带走砂砾石,护坡与岸坡之间设置一层土工布反滤层,上面铺设格宾石笼。岸坡为土质边坡的开挖后铺一层 20 cm 厚的砂砾石垫层,再铺土工布和网箱。反滤材料的保土性通过下式计算:

$$O_{95} \leqslant Bd_{85} \tag{11}$$

式中:O_{95}为土工织物的等效孔径,mm;B为系数,取 2;d_{85}为土的特征粒径,mm;按土中小于该粒径的土粒质量占总土粒质量的 85% 确定。

反滤材料的透水性通过下式计算:

$$k_g \geqslant Ak_s \tag{12}$$

式中:k_g为土工织物的渗透系数,cm/s;A为系数,不宜小于 10;k_s为保护土的渗透系数,cm/s。

经保土性及透水性计算,PET50 - 4 - 100 的长丝机织土工布土工布即可满足本工程所需,但由于本工程地处高寒地区,且土工布与格宾石笼直接接触,根据本地区已建工程实际经验,本次设计采用 PET80 - 4 - 300 长丝机织土工布。

2.3　护脚设计

2.3.1　冲刷深度计算

根据地质勘察成果,本工程护岸基础岩性大部分为第四系全新统冲洪积砾、卵石层。冲刷深度计算分别按水流平行岸坡和水流斜冲岸坡两种情况计算。水流平行岸坡的冲刷一般发生在两个弯道的过渡段或半径很大的微弯河段,水流斜冲岸坡的冲刷一般发生在弯道的凹岸,冲刷一般较严重。依据《堤防工程设计规范》(GB 50268—2013)中公式(D.2.2-1)和公式(D.2.2-2)计算。

黄河干流防洪段一般处于非峡谷段,地形开阔,河漫滩较宽,实际运行中河床主流摇摆不定,局部水流流态紊乱,根据公式计算的冲刷深度与实际运行存在一定的差距,因此设计采用的冲刷深度还要考虑本河段现有防洪工程基础埋深多年的运行实践经验。根据现场调查,黄河河岸淘刷深度一般在 1 ~ 3 m 之间。

根据冲刷深度计算结果,冲刷深度一般为 0.2 ~ 2.5 m,有些河段小于 0.2 m,流速较大时最深达 4 m。

2.3.2　护脚结构设计

护坡的基础埋深应满足冲刷深度要求,然而对于本工程而言,黄河流量较大,基础开挖至冲刷深度以下很难做到,本工程中,采用水平防护的形式代替基础深开挖。水平防护长度(垂直水流方向)按 2 ~ 3 倍冲刷深度确定,计算的水平防护长度小于 3 m 的按 3 m 取值,石笼厚度 1 m。水平防护格宾石笼置于脚槽前,顶高程与护脚顶高程一致,一般高于枯水期施工水位或地面 0.5 m。

在运行期,水流对基础淘刷时,水平防护允许变形,其地基下塌或沉陷时,水平防护相当于备塌体随之下塌,运行一段时间后基本能达到稳定。当洪水较大、冲刷严重致使水平防护全部塌陷或被冲走而影响到脚槽和护坡的稳定时,需要对水平防护部位进行抢险加固,采用石笼或大块石抛填防护。

2.4 材料技术要求

格宾石笼网箱采用机编双线绞合六边形钢丝网面,材料为锌－5%铝混合稀土合金镀层钢丝,护坡格宾笼网线开孔尺寸为 80 mm × 100 mm,网丝采用 2.7 mm,边丝 3.4 mm,绑丝 2.2 mm,尺寸规格选用长 3 m、宽 1 m、厚 0.4 m,长度方向每 1 m 设隔片。

脚槽及水平防护格宾笼网线开孔尺寸为 130 mm × 150 mm,网丝采用 2.7 mm,边丝 3.4 mm,绑丝 2.2 mm,尺寸规格选用长 3 m、宽 1.5 m、厚 1.5 m(或 1.0 m 和 0.5 m 组合),隔片数量为 2 片。格宾网箱技术指标及镀层含量的测试方法按现行国家标准《锌－5%铝－混合稀土合金镀层钢丝、钢绞线》(GB/T 20492)和中国工程建设协会标准《生态格网结构技术规程》(CECS 353:2013)执行。

格宾石笼填充材料可采用天然块石、卵石等,填料应具有耐久性好、不易碎、无风化迹象,填料的中值粒径宜介于 1.5D ~ 2.0D 之间(D 为铰合中心线的轴线距离),不在外表面的填料可有 15% 的超出该范围。填充料填充后生态格网结构的空隙率应小于 30%。

PET80－4－300 长丝机织土工布的其物理力学性能为:经向断裂强度≥80 kN/m,伸长率经向≤35%,纬向≤30%,CBR 顶破强力≥8.0 kN,等效孔径为 0.05 ~ 0.50 mm,垂直渗透系数 $(1.0 ~ 9.9) × (10^{-2} ~ 10^{-5})$ cm/s,撕破强力≥1.2 kN。

3 经验与建议

3.1 水平防护结构代替基础深开挖

防洪工程和河道治理工程中,一般基础埋深根据冲刷深度确定,深度应满足冲刷深度的要求,但是对于大江大河由于流量大、水深大,基础开挖至冲刷深度以下很难做到,采用施工导流围堰不经济也不可能,故可采用水平防护的形式代替垂直防护,以加快施工进度,节约工程投资。

脚槽和水平防护施工在枯水期进行,一般开挖深度 0.5 ~ 1 m,脚槽和水平防护的顶部高程略高于枯水期水位,部分时段或部分河段的脚槽和水平防护施工在水中进行。

在运行期水平防护允许变形和下塌,当下塌严重影响到脚槽和护坡的稳定时需要对水平防护部位抢险加固。

3.2 格宾石笼和网箱设计

目前,大多数河道治理工程和防洪工程中采用了格宾石笼结构,由于目前尚没有关于格宾石笼的行业标准或国家标准,通过本次工程,作者提出以下经验和建议,供参考。

(1)关于水平防护的长度和厚度:长度按冲刷深度的 2 ~ 3 倍,本工程中水平防护长度 3 ~ 6 m;厚度在可行性研究阶段为 0.5 m,初设和技施阶段调整为 1.0 m,根据施工和运行期效果来看,水平防护厚度不宜小于 1.0 m。

(2)关于石笼网箱的铺设方向:护坡、脚槽及水平防护的石笼网箱宜将长度方向顺水流方向铺设。

(3)关于脚槽和水平防护的石笼网箱连接:水平防护在运行期允许下塌和沉陷,根据本工程中运行期情况来看,脚槽石笼与水平防护石笼不能连接,水平防护横向(顺水流方向)不宜连接,纵向(顺水流方向)每 3～4 组网箱连接(10 m 长左右分开,不宜全部连为一体),目的是在变形和沉陷时相对独立的一段发生变形,全部连接时不利于对塌陷段的下沉,还将未塌陷段拉坏。

(4)关于护坡石笼网箱的连接:石笼网箱的纵横向均不需要连接,各自独立为好,网箱顶盖也各自独立封口,不应将一整块网面铺设与多个网箱顶面,这样不利于石笼网箱变形,当局部有下沉或冲毁时会带动大面积破坏。

(5)关于格宾石笼护坡坡度:从稳定和施工角度看,一般宜缓于 1:2,考虑地形开挖难度大、征占地困难时可适当放陡,但不应陡于 1:1.5,坡度 1:1.5 的斜坡长度不宜超过 5 m。本工程中大部分为 1:2,部分段采用了 1:1.5。

(6)关于格宾网箱绞合长度:目前国内生产厂家生产的网箱网丝绞合有三拧(一般称两绞)和五拧(一般称五绞),《生态格网结构技术规程》(CECS 353:2013)中针对不同网孔尺寸规定了绞合长度,如 80×100 网孔的≥45 mm、100×120 网孔的≥55 mm、130×150 网孔的≥65 mm,实际生产中这个指标不好控制,绞合长度与生产的机器有关。根据本工程经验,小网孔(60×80、80×100)采用两绞,大网孔(100×120、130×150)的采用五绞,对绞合长度不做要求。

(7)关于石笼中填充石料:一般可采用块石和卵石,石料应具有耐久性好、不易碎、无风化迹象、遇水不宜崩解和水解,填石的饱和抗压强度不小于 30 MPa。但是在挡墙形式的结构或坡度较陡的护坡中不宜采用卵石,其咬合力较差,容易失稳。

(8)关于网箱钢丝盐雾试验的技术要求:《生态格网结构技术规程》(CECS 353:2013)中对盐雾试验要求是不低于 3 000 h 的盐雾试验,其腐蚀率最大值 110 g/m²(锌-5%铝镀层钢丝),在施工过程中抽检时,3 000 h 的盐雾试验时间太长,而且此规程中对腐蚀率的要求偏高,经咨询国内多家权威检测机构,按国内生产技术水平和工程中的防腐要求,一般采用 1 000 h 盐雾试验,其腐蚀率最大值 150 g/m²(锌-5%铝镀层钢丝)即能满足需要。本工程中对网箱钢丝盐雾试验要求为 1 000 h 腐蚀率≤150 g/m²。

(9)关于石笼装填施工:石笼石料装填需要人工码放,严禁采用挖掘机装填,以保证装填粒径符合设计要求和孔隙率要求。

(10)建议水利部门尽快编制格宾石笼设计和施工规范,以便在工程设计和施工中规范统一,同时给工程验收提供依据。

参 考 文 献

[1] 青海省水利水电勘测设计研究院.青海省黄河干流防洪工程初步设计报告[R].西宁:青海省水利水电勘测设计研究院,2015.
[2] 田晓静,高金超,王迎风.防洪河道生态护坡工程探析[J].黑龙江水利科技,2009(6):97-98.
[3] 林志敏.绿滨网垫在山区性河道整治生态修复中的应用[J].水利规划与设计,2018(1):152-153,158.
[4] 吴事陆.城市河道生态护坡工程设计分析[J].水利技术监督,2016(2):24-25,28.
[5] 李新芝,王小德.论城市河道中直立式岸坡改造模式[J].水利规划与设计,2009(6):60-63.
[6] 张书滨,陈静.南昌市乌沙河整治中的生态设计[J].水利技术监督,2009(5):19-21,46.
[7] 王文野,王德成.城市河道生态护岸技术的探讨[J].吉林水利,2002(11):26-28.
[8] 韩军胜,李敏达,马强.石笼在生态治河中的应用[J].甘肃水利水电技术,2005,41(3):75-76.

[9] 许光义,杨进新. 浅谈城市河道治理工程设计[J]. 水利规划与设计,2017(8):134-137.

[10] 堤防工程设计规范:GB 50286—2013[S].

[11] 生态格网结构技术规程:CECS 353:2013[S].

【作者简介】 焦万明(1976—),男,高级工程师,注册土工(水工结构)工程师,从事水利水电工程的规划设计工作。E-mail:99299668@qq.com。

东台子水库鱼类保护设计

孙　鹏　张五洋　陈永彰

(辽宁省水利水电勘测设计研究院有限责任公司,沈阳　110006)

摘　要　水库建成后,库区的形成及下游水文条件的变化将对工程影响河段的鱼类生境等产生影响。本文结合流域特征及水库特性,简要阐述通过水库调度、增殖放流、过鱼设施等保护措施设计,对河道内的鱼类进行有效保护。

关键词　水库;鱼类;保护

1　引　言

东台子水库位于西拉木伦河中上游、林西镇东南约 50 km 处,坝址处左岸为林西县新城子镇下场村,右岸为翁牛特旗毛山东乡胡角吐村。东台子水库工程开发建设的任务是以防洪、供水为主,兼顾灌溉和发电。水库设计总库容 3.21 亿 m³,为大(二)型水库。水库设计洪水位为 673.75 m,校核洪水位为 674.38 m,正常蓄水位 672.3 m,防洪限制水位 672.3 m,死水位 658.0 m。工程等别为 Ⅱ 等,主要建筑物包括沥青混凝土心墙堆石坝、右岸泄洪建筑物、引水建筑物、电站和鱼道等。水库建成后,可将下游少冷河口以下两岸的防洪标准由 10 年一遇提高到 30 年一遇,设计水平年 2030 年多年平均可向林西工业园区供水 3 951 万 m³,多年平均补偿下游灌溉水量 1 916 万 m³,电站装机 8 000 kW,多年平均年发电量为 1 834 万 kW·h。

受河流断流及已建拦河工程阻隔等影响,现状西拉木伦河干流鱼类种类不丰富、资源量少、小型化趋势明显。东台子水库工程建成后,将进一步加剧对鱼类的阻隔影响,水文情势的变化也将导致鱼类生境和资源结构发生相应变化,故需采取有效措施对鱼类进行保护。

2　西拉木伦河主要鱼类及其游泳能力

西拉木伦河干流中 98% 为鲌亚科鱼类,主要包括蛇鲌、银鲌、大头鲌等,其中蛇鲌数量占 91%,银鲌占 4%,大头鲌占 3%,其他土著鱼类仅占 2%。鲌亚科鱼类体长范围 5.2 ~ 14.1 cm,平均 13.4 cm;体重范围 6.3 ~ 32.1 g,平均体重 25.8 g;喜好流速 0.3 ~ 0.7 m/s,极限流速 1.2 m/s。因此,东台子水库主要保护鱼类为鲌亚科鱼类,体长 10 cm 左右,喜好流速 0.3 ~ 0.7 m/s,极限流速 1.2 m/s。

经调查和相关资料分析,西拉木伦河东台子水库工程河段主要鱼类及其游泳能力特征见表 1。

表 1 西拉木伦河主要鱼类及其游泳能力特征

鱼名	体长(cm)	感应流速(m/s)	适应流速(m/s)
蛇鮈	4 ~ 15	0.2	0.3 ~ 0.7
银鮈	3 ~ 8	0.2	0.3 ~ 0.8
	9 ~ 13	0.2	0.3 ~ 0.7
大头鮈	3 ~ 9	0.2	0.3 ~ 0.7
	10 ~ 15	0.2	0.3 ~ 0.8
瓦氏雅罗鱼	4 ~ 18	0.2	0.3 ~ 0.8
红鳍原鲌	4 ~ 9	0.2	0.3 ~ 0.8
	10 ~ 18	0.2	0.3 ~ 0.9
	19 ~ 30	0.2	0.3 ~ 1.0

3 水库生态调度

水库建成运行后,在防洪调度、兴利调度的基础上,结合鱼类生活习性及繁殖特征等,需适时开展生态调度运行,以满足下游鱼类生境需要。

3.1 生态调度原则

(1)安全第一、统筹兼顾原则。生态调度须在保证水库工程安全、服从防洪总体安排的前提下,协调防洪、兴利等任务及社会经济各用水部门的关系,发挥综合利用效益。

(2)可操作原则。以现有的工程设计能够实现并保证枢纽建筑物安全为前提,具有可操作性,并且具备技术经济可行性。

(3)整体性与突出重点原则。突出生态保护的重点目标,分层次、分河段、分时段对重点目标加以保护。

(4)综合效益原则。综合考虑工程防洪、供水、发电等调度目标,协调好其他目标同生态调度目标之间的关系,争取防洪、兴利、生态目标效益的最大化。

3.2 刺激鱼类产卵的生态调度方案

根据生态调度原则,水库运行期进行刺激鱼类产卵的调度过程如下:

在每年 4 ~ 6 月鱼类产卵季节,结合下游生态环境和农业补水量安排生态调度过程,每年至少开展 1 次;调度涨水幅度不低于每日 7%,刺激产卵涨水过程每次至少维持 7 d;调度期终点流量不低于 22 m³/s,调度水量不低于 1 096 万 m³。经调度计算,东台子水库在拟定的调度方式下,4 ~ 6 月下泄水量均可满足生态所需水量要求。

4 增殖放流站设计

4.1 增殖放流方案

4.1.1 放流对象与标准

根据西拉木伦河主要鱼类分布情况,在水库初期蓄水及运行期拟长期放流蛇鮈、大头鮈、银鮈、瓦氏雅罗鱼、红鳍原鲌等鱼类。

　　放流的苗种必须是由野生亲本人工繁殖的子一代,且无伤残和病害、体格健壮。放流鱼种的规格越大,适应环境的能力和躲避敌害生物的能力越强,成活率越高。但鱼种规格越大,培育成本越高,所需生产设施也越多。综合考虑,放流鱼种应以鳞被形成为标准,此阶段鱼种的眼、鳍、口和消化道功能已完全形成,从其生活史上划分,已经是幼鱼阶段,并形成了自己固有的生活方式。同时,鳞被形成后体表皮肤的各种机能已趋于完善,皮肤分泌的黏液能够减小水体对鱼的阻力,保证鱼在水中的游动速度,使鱼类更高效的捕食和躲避其他鱼类;黏液在鱼体外形成保护膜,能有效抵御水体中各种细菌的侵入,保持机体的健康,还能使鱼周围水体中的悬浮物质加快沉淀,保持自身所处水体的稳定。此外,鳞被形成后大部分鱼类表皮细胞的色素已形成,并与其所处水体的背景相适应,使鱼类在水体环境中能够更好的隐藏自己,从而更有效地捕食和躲避其他鱼类。

4.1.2　放流周期和地点

　　培育的鱼种经过种质鉴定、疫病检验检疫合格并经相关渔业主管部门同意后即可放流。从水库建成蓄水后连续每年放流,放流周期覆盖工程的全部周期,同时根据放流效果监测决定是否需要调整放流数量。放流时间一般选择在 6 ~ 8 月、晴朗无风的天气进行,最好在上午 10 时左右。

　　根据水库大坝上下游鱼类生存环境的变化,放流地点设在水库库区、库尾上游天然河段以及胡日哈下游天然河段缓流区。

4.1.3　标志与放流效果评价

　　为使人工增殖放流达到预期效果,应由具有相当资质的科研单位同步进行放流效果的评价,其工作内容主要包括:开展标志放流技术研究,建立与放流品种生物学习性相适应的高效标记技术和最佳生物学效果的人工放流方法,包括适宜的放流规格、数量、地点和时机等;开展人工放流增殖效果监测,建立样本回收及监测网络,通过研究人工增殖种群的行为生态学差异、对自然种群的贡献率等,评估增殖放流效果,为物种保护决策提供科学依据。

4.2　增殖放流站建设

4.2.1　站址选择

　　增殖放流站的场址选择原则上要求生态环境良好、无泛洪、滑坡和泥石流的地区,水源充足、水质良好,取排水方便、交通便利、地势较平坦。东台子水库鱼类增殖放流站拟建于水库工程管理范围河流左岸,满足建设增殖放流站基本条件,取水水源方便,运行费用较低,易于管理。

4.2.2　技术工作流程

　　增殖放流技术工作流程主要为:亲鱼收集购置、亲鱼驯养培育、人工催产和授精、人工孵化、苗种培育、放流、放流效果监测、调整生产规模和方式等。增殖放流工作流程见图1。

4.2.3　总体布置及主要建筑物

　　根据建筑物的性质、工艺流程及交通运输需求等对增殖放流站功能分区进行合理划分,在满足使用功能的前提下,力求布置合理、管理方便、建筑美观。东台子水库增殖放流站场内地势较平坦、开阔,长 302 m,宽 157 ~ 190 m,占地面积约 75 亩,主、次干道共同构成环状通路,通达各个建(构)筑物,满足交通运输、消防通道的要求。

　　增殖放流站主要建(构)筑物包括蓄水池、催产孵化车间、亲鱼、鱼种及驯养培育池、活饵料培育池、防疫隔离池、生产实验楼等配套设施,各建(构)筑物规格见表2。

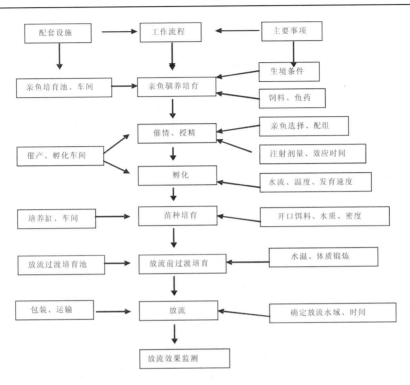

图 1 增殖放流工作流程

表 2 增殖放流站各建(构)筑物规格

名称	规格			个数(个)	面积(m²)	布置地点
	长(m)	宽(m)	深(m)			
蓄水池	30.0	30.0	4.5	2	1 800	室外
催产孵化车间	55.3	18.0		1	995.4	室外
催产池	5	3	1.5	2	30	催产孵化车间
玻璃钢孵化槽	2	0.8	0.6	3	4.8	催产孵化车间
圆锥形孵化桶	0.8	0.8	1.5	3	2.26	催产孵化车间
圆形开口苗培养缸	1	1	1	135	106	催产孵化车间
水处理间	12.5	4	1.5	1	50	催产孵化车间
亲鱼培育池	20	6	1.5	6	720	室外
鱼种培育池	35	20	1	30	21 000	室外
驯养培育池	10	5	1.4	12	600	室外
活饵料培育池	30	15	1.5	2	900	室外
防疫隔离池	30	15	1.5	2	900	室外
生产实验楼	25.2	13		1	327.6	
收发室	7.5	3.6		1	27	

5　鱼道设计

5.1　鱼道设计重点考虑的因素

东台子水库鱼道过鱼对象主要为工程影响河段的喜急流性鱼类,包括蛇鉤、银鉤、大头鉤及瓦氏雅罗鱼等。过鱼季节大坝下游最低设计过鱼水位为 635.25 m,上游最高设计过鱼水位为 672.3 m,最大水头差 37.05 m。

据调查,幼小体弱等溯游能力差的鱼,大多在 0.3 ~ 0.7 m/s 的水流中行进;成鱼、亲鱼等溯游能力强的鱼,大多在 0.7 ~ 1.2 m/s 的水流中行进。对于鉤亚科鱼类,鱼道内允许最大流速为 1.2 m/s,水深一般为 0.5 m 以上。

鱼道进口是否易被鱼类发现和利于鱼类集结是鱼道设计的关键因素之一,可以考虑将进口布置在水库尾水前沿、溢流坝两侧等位置,水流相对集中利于诱鱼。

鱼道出口要适应库水位的变动,当库水位变化时,既要保证出口有足够的水深,又要使进入鱼道的流量基本保持不变,使鱼道能连续运转;应远离溢洪道、厂房进水口等泄水、取水建筑物,防止进入水库的鱼被水流带回下游;应傍岸,出口外水流应平顺,流向明确,没有漩涡,以便鱼类能沿着水流和岸边线顺利上溯;应远离水质有污染的水区和有噪音的地方,方向应迎着水库水流方向,便于下行鱼类顺利进入鱼道;高程应适应过鱼对象的习性,对于底层鱼类,应设置深潜的出口,幼鱼、中上层鱼类,可设在水面以下 1.0 ~ 1.5 m 处。

5.2　鱼道类型选择

考虑到鱼道过鱼种类较多、水位变化较大等特点,东台子水库鱼道类型选用隔板式,隔板型式选用单侧竖缝式,其不仅适用于不同喜好水深的洄游鱼类,也能够有效减少鱼道内的泥沙淤积。

5.3　鱼道总体布置

综合以上因素,同时兼顾经济性及运行管理方便,东台子水库鱼道进口设在电站尾水下游,为适应较大的水位变幅,设置 2 个进口,底高程分别为 634.05 m、633.05 m,并设有闸门及启闭设备;鱼道设置 2 个出口,均位于大坝右岸上游,并设有闸门及启闭设备,底高程分别为 668 m、670 m,鱼类洄游期间该水位保证率可达到 85%。

鱼道总体布置见图 2。

5.4　鱼道结构尺寸确定

依据《水利水电工程鱼道设计导则》(SL 609—2013),初步拟定鱼道尺寸,通过物模和数模分析,最后确定鱼道池宽 1.2 m,池长 1.5 m,竖缝宽度 0.18 m,坡比 0.028 6,鱼道总长度为 2 065 m。鱼道结构见图 3。

6　结　语

针对西拉木伦河鱼类组成特点及分布状况,通过掌握鱼类的生长、活动及繁殖等习性,采取水库生态调度、鱼类增殖放流站及鱼道建设等保护措施,可有效减低水库工程建设对鱼类等水生态的影响,对促进流域受影响鱼类资源的恢复及可持续改善具有重要意义。

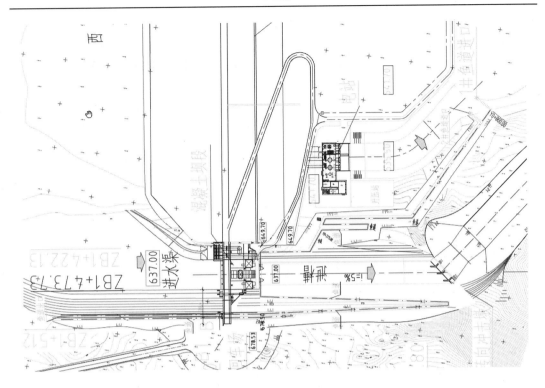

图2 鱼道总体布置

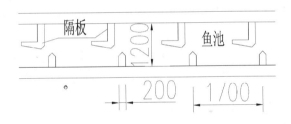

图3 鱼道结构

参 考 文 献

[1] 国家能源局. 水电工程鱼类增殖放流站设计规范[Z]. 2014.

[2] 中华人民共和国水利部. 水利水电工程鱼道设计导则[Z]. 2013.

[3] 辽宁省水利水电勘测设计研究院. 赤峰市林西东台子水库工程初步设计报告[R]. 2017.

[4] 张东亚, 牛天祥. 水电工程鱼类增殖放流站工艺设计[J]. 西北水电, 2010.

【作者简介】 孙鹏, 高级工程师, 主要从事水利水电工程环境影响评价、水土保持、水资源论证等工作。E-mail: Goodbaby527@163.com。

卡拉贝利工程联合进水口的设计

谭新莉

（新疆水利水电勘测设计研究院,乌鲁木齐　830000）

摘　要　本工程地处高烈度地震频发地区,泥沙含量高,岩性软弱,这给联合进水口的设计带来很多难题,包括百米软岩高边坡和高耸进水塔的抗震稳定如何保证。常年受水体淹没浸泡且每年都经历水位大幅升降的情况下如何保证百米级软岩边坡稳定。怎样接决多泥沙问题来保证水库正常运行。结合工程实际情况,通过设两条泄洪洞,并将两条泄洪洞与发电洞进水塔形成共用塔基的联合进水口塔群,有效增强抗震稳定性。采取"强开挖、弱支护",用缓于岩石水下稳定边坡坡比开挖,确保软岩高边坡在地震、岩石饱和状态及水位降落工况下均不会失稳。运行时控制水库水位消落,及时喷锚保护岩石,制订合理的水沙调度方案等措施保障运行安全,在类似工程中值得推广应用。

关键词　联合进水口;高烈度地震频发;多泥沙;软岩;水位大幅升降

1　工程概况

新疆卡拉贝利水利枢纽工程是 2015 年国家 172 座节水供水重大水利工程之一,是克孜河干流规划的控制性工程,是一座具有防洪、灌溉、发电等综合效益的水利枢纽工程,为大(二)型 II 等工程。坝址距乌恰县城 70 km,水库总库容 2.57 亿 m³(淤积前),调节库容 1.085 亿 m³(淤积 30 年)。工程建成后,可有效控制克孜河洪水,与中下游规划的堤防建设相结合,可使喀什市防洪标准提高到 50 年一遇,并相应提高下游沿岸城镇及农田防洪标准;可有效调节克孜河水资源,提高灌溉水利用效率,增加春灌冬灌水量,防治土壤盐渍化,为农业供水安全提供水源保障;电站装机 70 MW,多年平均有效年发电量 2.773 亿 kW·h。建设该工程,对于稳定边疆、当地人民脱贫致富、民族团结和区域经济社会可持续发展都具有重要的作用。正常蓄水位 1 770.00 m,死水位 1 740.00 m,电站装机容量 70 MW。大坝采用混凝土面板砂砾石坝,最大坝高 92.5 m。

1.1　地震条件

工程位于新疆克孜勒苏柯尔克孜自治州乌恰县境内,地震活动频繁,工程区方圆 300 km 区域内有记录的破坏性地震 $M_s \geq 4.7$ 级有 620 次,其中 7.0 级以上地震 8 次,6.0~6.9 级地震 57 次,5.0~5.9 级地震 285 次,尤其是 1985 年乌恰 7.1 级地震震中烈度为 IX 度,震中距场址只有 19 km。近场区记录到破坏性地震($M_s \geq 4.7$) 21 次。区域内有南天山地震带、帕米尔地震带和西昆仑地震带三个地震带,从 1883 年至今,这三个地震带地震活动一直很活跃,未来地震活动性参数仍以活跃期水平估计。根据《中国地震动峰值加速度区划图》(GB 18306—2015),工程场地对应的地震动峰值加速度为 0.4g。说明工程处于一个地震频度高、强度大且正处于地震活跃期的地区。尽管水库坝址区位于卡兹克阿尔特活动断裂系中卡拉贝里盆地南缘断裂的下盘,距该段断裂 1.5~2 km,库盘区和坝址不会遭到活动断层的直接破坏,但受到较高地震烈度的影响在所难免。经对工程场地的地震危险性计算,得到50年超越概率10%和100年超越概率5%、2%的基岩地震动水平向峰值加速度分别为252.5 gal和358.9 gal、424.4 gal。据分析,水库地震的最大烈度不会超过坝址基本烈度。

1.2 泥沙情况

由于克孜河流域流经广大的中、新生代红色泥岩地区,此地层极易侵蚀,故泥沙含量较高。多年平均含沙量为6.94 kg/m³,泥沙推悬比5%,多年平均推移质输沙量74.32万t,多年平均输沙总量为1 584万t。悬移质泥沙粒径主要由粒径1 mm以下的颗粒组成,0.005～0.05 mm的粉土占50.0%,而粗沙仅占1.9%,悬移质粒径较细,为水流挟带泥沙及排沙创造了有利条件,干容重为1.30 t/m³。河床质主要由粗沙、砾石和卵石组成,其中粗沙占16.7%,砾石占23.4%,卵石占59.9%,其干容重为2.20 t/m³。

1.3 地质条件

联合进水口位于河床左岸坝线上游约350 m处的明尧勒背斜处,明尧勒背斜轴向282°,背斜北翼产状为30～60°NW∠30～47°,南翼产状为300～330SW∠25～45°,南翼岩层倾角向河边逐渐变陡。1 750 m以下岸坡坡度20°～30°,高程1 760 m以上岸坡坡度60°～80°,基岩裸露,坡顶部发育有卸荷裂隙,带宽3～5 m,切割深度3～8 m。联合进水口附近基岩岩性为N_2的砂岩、砂砾岩、泥岩,岩层产状325°SW∠52°,砂砾岩岩性软弱,泥钙质胶结,为碎屑粒状结构,厚—巨厚层状构造,层理不发育;砂岩主要由中—粗砂组成,中—厚层状构造,层理不发育,泥钙质胶结;泥岩一般呈夹层状出现,单层厚度0.3～1.0 m,强度低,遇水易软化崩解。该套地层与上部的第四系呈不整合接触关系。1 800～1 850 m高程为Ⅵ级基座阶地,阶地面宽500～800 m。地表为5～15 m厚的坡积碎石土。

微风化—新鲜岩体纵波波速1 500～2 430 m/s,干燥抗压强度2.8～19.5 MPa,饱和状态下抗压强度微风化—新鲜砂岩0.80 MPa,饱和状态下混凝土/岩体抗剪断强度微风化—新鲜砂岩凝聚力为0.23 MPa,摩擦系数取值0.67。

2 联合进水口设置的必要性及布置

结合本工程的实际情况,枢纽布置时专门设置了两条泄洪排沙洞,一个重要因素是工程处于高地震多泥沙地区,目前降低库水位是降低地震直接影响和次生灾害影响程度的有效途径。对于本工程而言洪水期间极有可能出现地震破坏或泥沙严重淤积导致闸门出现故障打不开的情况,一旦发生此类事故,两条洞都坏的概率较低,由此增大工程的安全保障系数;另外若采用一条泄洪排沙洞,为满足泄洪、导流度汛和冲砂的功能要求,单条隧洞的泄量会大于1 000 m³/s。经计算,若布置成有压洞洞径需12.5 m,若布置成无压洞,因兼导流,进口底板高程需接近河床,由此隧洞纵坡不会超过0.01,众所周知,相同条件下纵坡越缓无压隧洞洞径越大,计算采用城门洞断面时底宽需8.5 m,高11.0 m。本工程基岩岩性软弱且遇水易软化崩解,如此大断面的隧洞施工期间需加强支护,运行也有一定风险。采用两条断面尺寸相对小的隧洞,无论从施工,结构受力到运行都相对简单安全可靠很多。再者,春秋季节有20～30 m³/s小流量灌溉供水要求,采用小孔口泄水时闸门开度相对较大,易于避开闸门共振区,运行更安全,便于灵活操作,因易于控制小流量下泄,从而也能更好地解决水库供水与排沙的矛盾。

因为岩性软弱,山体内不易设置数量过多的隧洞,最好按"一洞多用"原则进行设计。

因水库有发电灌溉需求,故少不了设置发电洞,为防止进入发电洞的泥沙过多磨损水轮机,发电洞进口底板高程宜布置高些,不宜与进口底板高程较低的导流洞或放空洞结合,还需专门设置低于发电洞进口高程且可满足"门前清"要求的排沙洞(2 条泄洪洞均兼做排沙洞)。由于卡拉贝利水库泥沙问题严重,采用最低发电水位即死水位作为排沙水位的下限。从排沙的角度考虑,要求死水位尽可能低,但排沙水位过低,形成的冲刷漏斗过小,不利于电站防沙,且泄流规模达不到应有的标准,影响水库排沙效果,而排沙水位过高,则会加大水库淤积量,影响水库的运行寿命。通过论证水库死水位确定为 1 740 m,可保证排沙水位下足够的泄流规模和合理的泄流排沙设施,同时可控制水库淤积和长期保持调节库容。

天然河床高程 1 696 m,死水位 1 740 m,发电洞为满足有压流进口淹没深度,进口底板高程确定为 1 725 m。深孔泄洪洞兼顾发电洞进口"门前清"的任务,进口底板高程需低于发电洞,其进口底板高程与河床高程之间高差不到 30 m,即深孔具备兼做导流洞的条件,同时可满足放空水库的功能,由此确定深孔泄洪洞兼顾排砂、导流度汛、放空水库等功能。考虑联合进水口整体抗震效果好,故将两条泄洪排沙洞和发电洞均布置在相对高陡、成洞条件和围岩稳定性较好的左岸,开敞式溢洪道布在地形相对平缓的右岸阶地。为保障高地震区多泥沙高水头运行情况下深孔闸门的运行可靠,在洪水的泄量分配上深孔不宜过大,导流期考虑两条深孔均参与导流度汛,在满足导流度汛和排沙放空要求条件下确定深孔孔口尺寸,其余泄量由表孔溢洪道承担。

由于围岩是极软岩,遇水易软化崩解,深孔宜布成运行相对安全的无压洞型式。因坝址区河道相对顺直,只能在靠近河道一侧布置一条无压洞。无压洞洞轴线不宜转弯,满足洞间距后第二条隧洞出口无法出去,故另一条泄洪洞只能布成有压洞。由此 1# 泄洪排沙放空洞进口底板高程设计为 1 696 m,采用无压洞形式,主要按满足导流放空要求设计。因进口底板高程低,泄洪排沙效果好,主要用于大流量洪峰或高含沙水流的冲库拉沙,可保证水库的长期有效库容。2# 泄洪排沙洞为有压洞,主要按冲沙度汛要求设计,进口底板高程设计为 1 715 m,可保证发电洞的"门前清",满足日常发电排沙要求。具体布置见图 1。

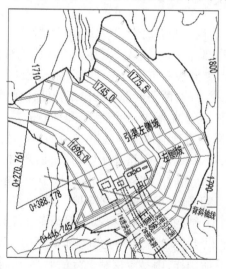

图 1　联合进水口平面布置图

3 联合进水塔群的抗震稳定

对于经常发生高烈度强震的工程,保证联合进水口的抗震安全是关键。设置两条深孔,加大强震下至少有一座深孔塔体不被破坏的概率,保证其正常运行,使得工程遭遇强震破坏后有能力迅速降低库水位,可有效减轻地震损害。而1#洞进水塔长×宽×高(下同)尺寸为40 m×16 m×83.5 m,2#洞进水塔 31.8 m×11 m×63.5 m,发电洞进水塔 27 m×22.9 m×53.5 m,对于常年泡在水库中高柔细长的进水塔,在高水头高烈度地震作用下,地震惯性力、地震外水压力和塔内动水压力都大,确保地震时进水塔的抗滑和抗倾覆稳定性的最好方式是加大基础。具体为将三座相对高度而言显得细高单薄的进水塔专门放在一起,在塔体1/2~2/3高度以下回填混凝土(见图2),形成一个联合进水塔群共用的庞大基础。顺水流向塔体下部尽量贴近岩体,横河向通过下部回填混凝土、连接锚杆将三座进水塔塔基相连为一个整体,如此可大大增强塔群的整体抗震稳定性。为提高抗震性能,通过进水塔各闸井基底设置固结灌浆和锚杆的工程措施,一方面加强基岩的整体性和密实性,另一方面将闸井基础与基岩连为一体可增强整体性。通过回填混凝土将三座塔基相连,大大增加了基础与基岩的接触面积,从而有效降低了强震时基础最大压应力值,使之小于该地层软岩的允许抗压强度,解决了基岩承载力低不宜满足的矛盾。回填混凝土表面、岩石接触面均布设有温度钢筋,可增加结构延性,以防裂缝开展。所有进水塔均设计为整体性好、抗震性能优的岸塔式钢筋混凝土箱筒结构。通过有限元法和刚体极限平衡两种方法验证,联合进水口各种工况下的稳定均能满足规程规范要求。

图2 联合进水口横剖面布置图

通过加强塔体下部与山体和基础连接,共用并加大加强塔基,加强结构突变处配筋,使塔体与庞大完整山体一起抗震等一系列措施,经计算可有效保障联合进水塔群的抗震稳定。

4 联合进水口软岩高边坡的稳定

联合进水口共用一条引渠,引渠长 407 m,底宽 13.5 m,底板高程 1 696 m,由此形成的开挖边坡最高达 113 m(见图1)。联合进水口边坡常年泡在库水中,岩石饱和强度低,除需经受地震频发地区高地震烈度的考验外,因每年汛前水位需由正常蓄水位 1 770 m 降至死水位 1 740 m 进行水库冲砂,汛末又需由 1 740 m 蓄水至 1 770 m 以满足灌溉发电等运行要求,导致每年均有 30 m 高差的水位降落,枢纽下游为喀什市,在上述诸多不利条件下均须保证高边坡满足稳定要求,对工程设计提出了挑战。

对于泡在水库中的百米级极软岩高边坡,因岩石的饱和抗压强度低,单根锚索的锚固力不能过大,因此不适合采用以支护为主的"弱开挖、强支护"方式。通过观察库区两岸自然条件下的高陡直立岸坡发现(见图3),在常年的风化、重力等外动力作用下,边坡特别是靠岸坡顶部卸荷裂隙发育,表层密度从几米至几十米不等,卸荷多集中在具有临空面的河谷岸坡地带及河流拐弯处陡壁岩体中,河水高漫滩后缘岸坡脚可见岸坡卸荷坍塌块体,由此表明边坡卸荷崩塌的破坏形式是以渐进式崩塌为主。分析原因,尽管砂岩、砂砾岩、泥岩这种软岩的岩石强度低,但新鲜岩石的完整性好,节理裂隙不发育。从联合进水口背斜的岩层走向(见图4)、倾向及与开挖边坡的关系分析,除发电洞进口局部岩层倾向坡外,岸坡坡度大于岩层倾角,存在顺层滑动的可能外,其余部位边坡均为切层开挖。由于不存在不利的结构面组合及使其失稳的底滑面,故一般不会整体突然垮塌,这与自然条件下边坡的破坏型式多表现为沿卸荷裂隙向临空方向松驰卸荷一致。因夹薄层泥岩,而泥岩具有遇水易软化、崩解的特性,被水浸泡后岩体强度骤然降低,当卸荷张裂缝及软弱夹层被库水浸泡软化后,边坡在库水淘蚀破坏作用下坍塌的速度可能会加快。由此分析,本工程高陡岸坡在水淘蚀作用下会产生局部坍岸及岸坡再造,随着时间的推移会逐步产生坍塌,直至形成稳定岸坡为止,以此类推按稳定坡比开挖的边坡则不会发生大规模的边坡变形失稳破坏。

图3　坝轴线面向上游库区边坡照片　　　　　图4　联合进水口背斜照片

分析联合进水口地形,左侧边坡开口线附近阶地面宽 500～800 m,具备采取大坡比开挖的条件,边坡高度不会因开挖坡度的增大而增加太多,故采用以开挖为主的"强开挖、弱支护"的原则进行设计,即用缓于岩石水下稳定边坡坡比 1∶1 进行开挖,施工简便易行,经计算可使边坡在地震、岩石饱和状态及水位降落等情况下均不会有滑坡产生,以此保证重要边坡的整体稳定。

因本工程岩石暴露在空气中或长期在水中不加保护时,岩体会沿表面一层一层剥落碎裂甚至解体,在陡立的自然岸坡上多见这种风蚀形成的凹坑,故需重视开挖后的边坡表面防护和防护的及时性。设计要求边开挖边立即素喷混凝土 50 cm 厚,及时封闭保护岩面,减少开挖出的新鲜岩石在空气中的暴露时间。采用浅层系统锚杆挂网喷锚支护措施,控制边坡局部掉块和表层滑动。

结合极限平衡法和有限元法分析,对边坡稳定状态做了多工况复核计算。结果表明,现有设计方案满足边坡稳定要求;且显示有"水位越低,浸润线越高,水位降落速度越快,若与地震叠加,则对工程运行越不利"的规律,故运行时应尽量减缓库水位降落速度,以保证边坡运行安全。

5 水库排沙

根据泥沙计算成果按水库运行 50 年时调节库容泥沙淤损率 49.5%,水库运行 30 年死库容基本淤满进行设计。水库库形狭窄细长、滩库容相对较小,坝高较高,库底纵比降陡约为 7.5‰,具有有利的排沙条件。充分利用洪水水沙集中特点,在大洪水即将来临的时机进行水库泄空冲沙,能有效地延长水库的使用寿命。枢纽防沙主要是电站防沙,水库的泥沙冲淤除与水库来水来沙、水库地形有关外,还与水库运行方式和运行水位有密切关系。根据水力学、泥沙计算和水库运行方式,确定死水位和排沙水位均为 1 40 m。排沙水位下足够的泄流规模和合理的泄流排沙设施是控制水库淤积和长期保持调节库容的必要条件。泄流规模要满足水库保持槽库容冲淤平衡,延缓滩库容损失速度,即排沙水位下的泄流规模应不小于 359 m³/s,1 740 m 水位下 1# 洞敞泄 711 m³/s,2# 洞敞泄 366 m³/s,泄流能力均可满足要求。

克孜河的来沙量大,需根据上游来水来沙条件、电站运用情况和排沙洞前淤积高程,抓住有利时机,灵活地运用多种方式冲沙保库。根据水库灌溉供水要求,因干旱区灌溉用水刚性需求大,要求蓄部分洪水满足春灌,并且需维持一定的水位用于发电,即春汛期 4、5 月份结合灌溉用水进行排沙,当入库含沙量大于 20 kg/m³ 时则采用加大下泄流量的方式进行排沙。主汛期水库降低至死水位 1 740 m 运行,即 6 月、7 月在不超过下游安全泄量的前提下,通过低水位适当地加大泄量的方式排沙。结合实际情况开启排沙洞,在水库淤积接近平衡阶段,库区来高含沙洪水时,适时利用泄空冲刷,如上游来水含沙量过高(大于 30 kg/m³)或洪水流量持续较大时,可考虑停运全部机组、降低水位进行冲库拉沙,开启 1# 泄洪排沙洞,充分利用洪峰的大流量拉沙,恢复部分库容。根据水库兴利的要求和来水来沙的特点,要求水库从 8 月开始蓄水兴利,8 月、9 月水库蓄水时采用利用加大泄流相机排沙的运行方式。

6 结　语

卡拉贝利工程于 2014 年 3 月正式开工,2017 年 9 月下闸蓄水,目前运行正常。通过对联合进水口进水塔群的设计,总结出以下经验,望能给类似工程提供借鉴:

(1)卡拉贝利工程任务包括防洪、灌溉、发电,又地处软岩地区,饱和抗压强度不足 1 MPa,枢纽布置时需按"一洞多用"原则进行设计;有条件尽量布成运行相对安全可靠的无压洞型式,洞径不宜过大。

(2)对于地震高发频发、水库泥沙问题严重的重要工程,需充分考虑洪水期间有可能出现地震或泥沙淤积严重时闸门出现故障打不开的情况,尤其是较高水头的深式进水口。为确保水库运行安全,有条件时建议设置两条深孔泄洪排沙洞,一方面在工程遭遇强震破坏后有能力迅速降低库水位,可有效减轻地震损害;另一方面对水库长期保留有效库容、延长使用寿命有利。

(3)联合进水口各孔口进口高程和规模的确定,首先必须满足死水位下的淹没深度要求,其次结合水库运行要求,要满足高水位泄洪、低水位排沙、导流及度汛要求,同时需复核排沙漏斗坡比和水库放空要求。

（4）对于高度远大于平面尺寸的高耸进水塔,处于地震高发频发地区,首选竖井式或岸塔式这类结构抗震性能相对好的型式;布置成联合进水口型式,进水塔群下部通过回填混凝土、锚杆等相互连结,加大加强基础后,一方面大大提高进水塔群的抗震稳定性,另一方面易于满足软岩承载力低的要求。

（5）为满足经常遭遇高烈度地震、常年受水体淹没浸泡且每年都经历水位大幅升降情况下百米级软岩高边坡的稳定,在地形允许、工程量不会增加过多或开挖料可利用的条件下,可考虑采用施工简易的"强开挖、弱支护"的设计理念。针对岩石易风蚀软化特点,强调施工时边开挖边喷锚支护,及时封闭保护岩石的治理措施。

（6）卡拉贝利工程按水库运行 50 年调节库容泥沙淤损率 49.5% 设计,枢纽防沙主要是电站防沙,水工布置时尽可能抬高发电洞进口底板高程,将发电洞与两个泄洪排沙洞前沿基本平齐布置。另需通过制定合理的水沙调度方案,调整水库泥沙淤积形态,消减泥沙淤积问题,从而使水库长期发挥效益。

参 考 文 献

[1] 中华人民共和国水利部. 水工建筑物抗震设计规范:SL 203—1997[S]. 北京:中国水利水电出版社,1997:28-30.

[2] 中华人民共和国水利部. 水利水电工程边坡设计规范:SL 386—2007[S]. 北京:中国水利水电出版社,2007.

[3] 马军,李泽发. 某电站库岸塌岸范围计算分析及研究[J]. 西部探矿工程,2013,25(12).

[4] 谭新莉,崔炜,等. 新疆卡拉贝利水利枢纽工程联合进水口高边坡及进水塔群设计方案咨询报告[R].2013.

[5] 崔炜,朱银邦,谭新莉,等. 新疆卡拉贝利水利枢纽工程联合进水口进水塔群及高边坡动力分析计算总报告[R].2015.

[6] 钟德钰,郑忠,肖俊,等. 新疆卡拉贝利水利枢纽工程水库泥沙淤积分析计算报告[R]. 乌鲁木齐:新疆维吾尔自治区水利水电勘测设计研究院,2009.

[7] 王洪亮,邓理想,谭新莉,等. 新疆卡拉贝利水利枢纽工程初步设计报告[R],乌鲁木齐:新疆维吾尔自治区水利水电勘测设计研究院,2013.

【作者简介】 谭新莉(1971—),女,高级工程师,注册土木工程师(岩土)、注册土木工程师(水利水电工程),从事水工设计。E-mail:txli666@126.com。

柴石滩水库灌区傍山明渠断面型式探讨与研究

戴菊英　王爱国　苏　丹　李晓梦

(黄河勘测规划设计有限公司,郑州　450003)

摘　要　本次研究以柴石滩水库灌区工程为实例,对灌区工程中傍山明渠在糙率、纵断面、横断面设计方面提出了一些宝贵的经验,渠道纵坡宜根据灌片高程进行分段纵坡设计,横断面宜根据地形横向坡度分不同坡度选择不同的断面型式,做到工程布置合理经济。为其他山区灌区工程设计提供了可借鉴的经验。

关键词　柴石滩水库灌区工程;傍山明渠;纵断面;横断面;糙率

1　引　言

随着国家对节水、供水、灌溉工程等基础设施建设的重视,在目前的许多大型灌区工程建设中,明渠作为灌区工程中最主要的建筑物型式,其相关参数的选取对整个工程投资及运行管理十分重要。对于灌区工程来说,干渠渠道线路往往布置在灌区高程较高的地方,以争取最大限度的自流灌溉面积,因此渠线一般需要傍山而行,地形地势多数复杂多变。山区傍山渠道有以下特点:

(1)傍山成渠。

(2)开挖断面较大,易形成高边坡。

(3)稳定性受地质条件影响大。

(4)断面型式受地形、占地情况等因素的影响较大。

鉴于渠道布置过程中牵涉因素较多,合理地对明渠纵横断面型式进行确定显得尤为重要,因此本文以国家172项重大水利工程项目——柴石滩水库灌区工程中干渠相关明渠段为典型,对傍山明渠的断面型式选择,从占地、投资情况等多方面进行探讨与研究。

柴石滩水库灌区工程任务是配套建设水库灌区,有效发挥水库的灌溉、供水作用,并为保护阳宗海生态环境创造条件。工程包括宜良灌片和石林灌片,灌区总面积37.81万亩,其中宜良片31.54万亩,以自流为主、局部提灌;石林片6.27万亩,为高扬程提水灌溉。灌区共布置干渠及主要干支管总长170.83 km,其中明渠长92.82 km,管道长26.16 km,建筑物长51.85 km。骨干支渠15条,其中有2条为利用现状渠道,13条新建支渠长30.41 km。

2　渠道断面型式简述

渠道断面型式通常有梯形、矩形、半圆形、U形等多种型式。从水力学角度考虑,半圆形为水力最佳断面,但其不易施工,实际工程中应用较少,而较多的选择梯形断面或矩形断面。这两种断面型式具有施工简单、便于应用各种衬砌材料等特点。

　　渠道若从水力条件角度考虑,在流量、底坡、糙率一定时过水断面面积最小的断面才是水力最佳断面。矩形渠道的水力最佳断面为 $b=2h$,梯形断面水力最佳断面的水面宽深比 $m>1$,即不管是矩形断面还是梯形断面,其型式均为宽浅式。

　　在工程实际应用中,所采用梯形断面的宽深比 n 都大于 m,在《水工设计手册》中称为实用经济断面,即实用经济断面比水力最佳断面还要宽浅。这种宽浅式断面在平原地区较适用,对山区傍山渠道来说,由于其地形坡度较大,若渠道开挖太宽易造成高边坡、开挖量大、造价高等问题,因此宽深比 $n<m$ 的断面型式反而比较适用于山区傍山渠道。

3　纵坡及糙率的选择

3.1　纵坡确定

　　根据渠线所经过的地形、地质条件,在满足灌区范围内灌溉高程的前提下,选取合理的纵比降以降低工程投资并满足工程布置的需要。山区渠道纵比降设计原则如下:

　　(1)填方和浅挖方段一般采用较缓比降。

　　(2)挖方较深段一般采用较陡比降。

　　(3)比降变化不宜过于频繁。

　　灌区工程的纵比降设计不同于引调水工程,调水工程线路起止点的水位一般为某一限定值,全线总水头也已固定,有限水头在渠道和建筑物之间分配,使工程投资经济合理。灌区工程一般没有限定起止点水位,受灌片高程限制,在工程投资合理的情况下,尽可能控制更多的自流灌片面积。

　　柴石滩水库灌区工程西干渠明渠长 20.33 km,结合各灌片分布位置、灌片高程,沿线共设置 22 个分水口,各分水口及灌片信息见表 1。

表 1　西干渠各分水口、灌片信息

序号	分水口名称	灌溉方式	高程范围(m)	所在片区	耕地面积(亩)
1	四方山分水口	提水	1 600 ~ 1 655	四方山上片(1)	13 872
		提水	1 655 ~ 1 700	四方山上片(2)	18 082
2	玉古村分水口	自流	1 550 ~ 1 600	四方山下片	1 870
3	獐子坝河东分水口	自流	1 550 ~ 1 600	四方山下片	3 367
4	耿家营分水口	自流	1 545 ~ 1 595	獐子坝河片	8 374
		自流	1 545 ~ 1 570	獐子坝河片	1 802
		自流	1 535 ~ 1 545	獐子坝河片	1 290
5	新河东支	自流	1 532 ~ 1 590	新河片	9 530
6	新河西 1# 分水口	自流	1 531 ~ 1 590	新河片	2 134
7	新河西 2# 分水口	自流	1 531 ~ 1 590	新河片	6 965

续表 1

序号	分水口名称	灌溉方式	高程范围(m)	所在片区	耕地面积(亩)
8	贾龙河东分水口	自流	1 535~1 590	贾龙河片	8 003
9	贾龙河西分水口	自流	1 570~1 590	贾龙河片	1 022
			1 565~1 590	贾龙河片	944
10	金家营分水口	自流	1 552~1 590	贾龙河片	1 343
11	史家村分水口	自流	1 547~1 590	贾龙河片	888
12	万户庄分水口	自流	1 544~1 585	贾龙河片	756
13	河西营分水口	自流	1 543~1 580	贾龙河片	1 921
14	汤池河处分水口	自流	1 533~1 580	西河西片	3 689
15	大村分水口	自流	1 533~1 580	西河西片	1 604
		自流	1 533~1 580	西河西片	3 364
16	王瓜村分水口	自流	1 535~1 580	西河西片	3 331
17	上黄堡分水口	自流	1 550~1 580	西河西片	1 908
		提水	1 580~1 620	西河西片	5 405
				南羊片	4 918
18	邱家庄分水口	自流	1 530~1 580	南羊片	2 816
19	羊街分水口	自流	1 532~1 580	南羊片	1 717
20	亥谷田分水口	自流	1 527~1 580	南羊片	3 068
21	苗家营分水口	自流	1 527~1 565	南羊片	2 055
22	崔家营分水口	自流	1 523~1 560	南羊片	4 910
		提水	1 560~1 600	南羊片	4 192

　　从表 1 中可以看出,各灌片高程沿渠线总体上呈现从高到低的趋势,各自流片最高高程范围 1 550~1 600 m,各段渠道比降应在工程投资合理的情况下,尽量满足此高程范围。经综合比选,西干渠渠道纵比降分为 5 段,具体见表 2。

表 2　柴石滩水库灌区工程西干渠明渠纵比降分段

渠段	分段桩号		纵比降
	起桩号	止桩号	
西干渠	X0+000	X5+089	1/2 500
	X6+028	X18+289	1/2 000
	X18+289	X23+531	1/5 000
	X28+370	X41+062	1/4 000
	X41+067	X44+976	1/2 000

3.2　糙率选取

根据《灌溉与排水工程设计规范》(GB 50288—99),对金属模板浇筑,衬砌面平整顺直,表面光滑的渠道,其糙率为 0.012 ~ 0.014;对抛光木模板浇筑,表面一般的渠道,其糙率取值范围为 0.015。由于本灌区明渠多为傍山布置,而且沿线布置了较多的建筑物,在平面上和局部连接处很难实现衬砌面平整顺直。再加上傍山渠道弯道较多,在水力学计算中难以对每个弯道的水力学进行详细计算,经综合考虑并参照其他灌区渠道衬砌的相关经验,柴石滩灌区新建渠道糙率取 0.015。

4　横断面与地面坡度的关联性

柴石滩水库灌区工程渠道沿线地面横向坡度变化范围较大,东干渠沿线热龙潭倒虹吸以北地形平缓,山坡坡度一般小于 15°,热龙潭倒虹吸以南自然坡度一般为 20° ~ 40°;西干渠沿线地形以中低山为主,山坡坡度一般小于 30°,局部为 30° ~ 40°。因此,东、西干渠属于典型的傍山渠道。经过对梯形和矩形断面在地形坡度分别为 0°、10°、20°、30°、40° 的情况下进行工程量及占地面积的综合比较,当地形坡度 ≤14° 时,梯形断面渠道单米投资约为矩形断面的 50% ~ 70%,是比较实用、经济的;当地形坡度 ≥20° 时,梯形断面会形成高边坡,不仅增加边坡处理费用,给渠道的安全运行也带来隐患,同时渠道永久占地和弃渣引起的临时占地也会大幅增加,从而增加工程总投资。经综合比较,确定柴石滩灌区明渠横断面的选择原则如下:

(1)对于东、西干渠,当地形较缓时(地形坡度 ≤14°),采用梯形断面。

(2)当地形较陡时(地形坡度 ≥20°),采用矩形断面。

(3)当地形坡度为 14° ~ 20° 时,根据渠段所处地形地质条件,以梯形断面为主,只是在渠道距房屋较近时,采用矩形断面,减小渠道占地宽度,从而减小对房屋的影响。

5　结　语

通过柴石滩水库灌区工程傍山渠道的设计,在傍山渠道纵坡、糙率及断面型式选择方面得出以下结论:

(1)灌区工程纵断面设计一般以灌片控制高程为准,尽可能多地保证自流灌溉面积。对于长距离傍山渠道,分段采用不同的纵坡是比较经济合理的纵坡设计方式。

(2)傍山渠道由于前后连接及平面布置中弯道繁多,在采用混凝土渠道衬砌的情况下,糙率可根据实际情况适当提高。

(3)渠道横断面可根据地形横向坡度采用矩形断面和梯形断面,本次研究成果以小于 14°、14° ~ 20° 和大于 20° 分别采用矩形断面、以梯形断面为主、梯形断面。

明渠断面型式较多,合理地选择断面型式,在满足水力条件的情况下,最大限度地节省工程投资,至于地面横向坡度对断面型式的选择的影响,有待进一步进行详细研究,以便对傍山明渠断面型式的选择有一个比较明确的标准供后续工程设计参考和借鉴,避免设计中的随意性和盲目性。

参 考 文 献

[1] 戴菊英,王爱国. 云南省昆明市柴石滩水库灌区工程可行性研究报告[R]. 郑州:黄河勘测规划设计

有限公司,2016.

[2] 戴菊英,王爱国. 云南省昆明市柴石滩水库灌区工程初步设计报告[R]. 郑州:黄河勘测规划设计有限公司,2016.

[3] 姜永吉,孙丽娜. 三种渠道断面结构形式的适用及经济性分析[J]. 长春理工大学学报:高教版,2016(1):150-151.

[4] 程吉林,陈平,朱春龙,等. 提水灌区输水明渠纵横断面优化设计[J]. 灌溉排水学报,2003(1):31-34.

[5] 国家质量技术监督局,中华人民共和国建设部.灌溉与排水工程设计规范:GB 50288—99[S].北京:中国计划出版社,1999.

[6] 王玉坤. 灌溉渠道设计问题探讨[J]. 科技创新与应用,2012(13):149.

【作者简介】 戴菊英(1977—),女,主要从事水利工程设计与研究工作。E-mail:52374023@ qq. com。

三河口水利枢纽电站压力管道适应大坝变形布置形式研究

党　力　赵　玮　解　豪

（陕西省水利电力勘测设计研究院,西安　710001）

摘　要　压力管道坝管联结段形式选择多样,但针对坝后背管的布置形式,其刚度小且与大坝共同工作时,受力条件复杂,合理拟定方案和充分的论证是确保工程安全的保证。本文结合三河口水利枢纽压力管道布置、垫层伸缩钢管方案确定的合理性、钢管变形受力分析以及排水方案等方面进行论述,论证了垫层伸缩钢管选择的合理性,并提出了后续进一步研究的问题,为以后类似工程的设计提供参考。

关键词　压力管道;伸缩管;软垫层;位移差;应力分析

1　工程概况

三河口水利枢纽是引汉济渭调水工程两个水源工程之一,是引汉济渭调水工程的核心项目。主要功能是将子午河天然径流量汉江黄金峡水利枢纽抽水量根据关中地区需水量情况进行抽存调节向受水区供水,根据生态要求下泄子午河生态水,同时综合利用供水和生态水量具有发电功能。

三河口水利枢纽的工程多年平均供水量5.46亿 m^3 ,同时,调蓄黄金峡水利枢纽断面多年平均抽水量1.078亿 m^3 。因此,结合子午河生态流量的要求,抽水、供水、发电系统供水发电设计流量72.71 m^3/s ,其中包括2.71 m^3/s 的下游生态流量,抽水流量为18 m^3/s ,电站采用2台可逆式机组和2台常规水轮发电机组,压力管道采用钢管设计,布设在消力塘右岸岸坡,主管道长225 m,直径4.5 m。

2　压力管道布置

三河口水利枢纽供水抽水系统需与秦岭隧洞控制闸衔接,秦岭隧洞控制闸布置在子午河右岸。因此,三河口水利枢纽工程抽水、供水、发电系统布置在子午河右岸是由引汉济渭调水工程总体布局决定的。整个系统位置的确定,也决定了压力管道布置在河道右岸。

三河口水利枢纽工程大坝为碾压混凝土双曲拱坝,按照常规,该项目引水、供水、发电系统可独立进行布置,采用岸坡式独立进水口结合引水隧洞方案,可减少坝体开孔,同时不受拱坝变形的制约,受力条件简单。但是,在项目前期,该项目勘探试验洞布置在河道右岸并已完成,综合各类因素考虑,将该勘探试验洞进行改造后将作为工程施工期导流洞使用。因此,引水系统进水口采用坝身进水口,压力管道采用坝后背管,其中下平段位于消力塘右岸527.75 m高程马道上(见图1)。

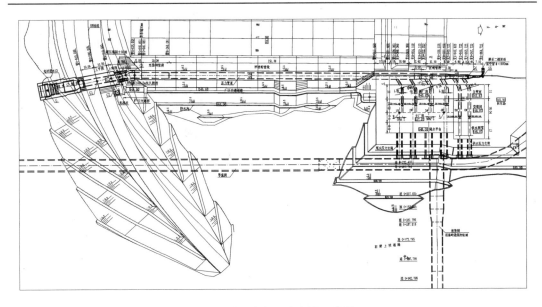

图1 引水发电系统布置示意图

3 压力管道垫层钢管设计

3.1 软垫层伸缩钢管方案确定

根据压力管道布置,为确保进水和出水水流平顺,进水口和压力管道上平段布置在拱坝法线方向,下平段根据消力塘岸坡方向布置。因此,压力管道上平段和下平段压力管道轴线为空间相交关系,这也决定了为确保上下管道平顺衔接,坝后背管采用了空间弯管形式(见图2、图3)。

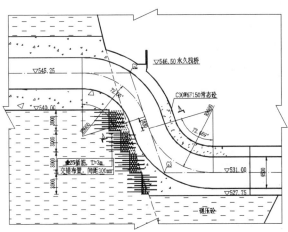

图2 压力管道坝后背管剖面图

根据拱坝特性,在运行期间受温度、上下游水压力、大坝自重等荷载作用,会在坝管连接段产生轴线和竖向变位差,同时结合空间弯管的布置形式,会产生相对转动。因此,为适应坝管之间产生的相互作用,确保引水管道运行安全,坝管联结方式选择就显得尤为重要。

在传统的引水发电系统设计中,坝管联结多采用伸缩节柔性联结方式来适应坝管变为差,使得两段钢管结构受力得到有效的缓解和改善。但是通过大量已成工程实践统计,伸缩节的设置,使工程造价和工程运行费用增大,主要表现在金属结构制造、安装以及后期维护检修费用方面。基于以上问题,同时结合近年来水电站引水管道取消伸缩节已成为研究的热点,且已建成运行的李家峡水电站、三峡水电站等工程运行以来尚未出现问题,可见,在三河口引水系统坝管连接段设置伸缩节并不是必须的,所以在设计初期,即提出了伸缩钢管加软垫层方案的坝管联结方案,其中,采用 20 m 光面钢管作为伸缩钢管

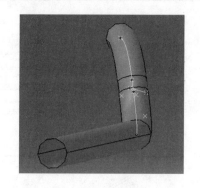

图 3　坝后背管空间弯管三维图

以适应坝管变为差,在伸缩钢管与外包混凝土之间设置 30 mm 软垫层,以消除钢管由于变形产生的应力直接作用在外包混凝土上。

3.2　软垫层伸缩钢管受力分析

伸缩钢管的设置,主要是适应大坝变形引起的坝管变为差,同时,钢管伸缩变形产生的应力通过光面钢管后第一个加劲环作用在混凝土上,因此寻找大坝在不同运行工况下的最大变为差以确定加劲环作用在混凝土上的最大压应力是确保压力管道运行安全可靠的关键。

三河口大坝采用三维有限元计算,建立了大坝与进水口整体结构计算模型(见图 4),对进水口断面在不同工况下变形情况进行了分析研究,参考该计算成果,大坝在自重 + 正常蓄水位 + 相应下游水位 + 泥沙压力 + 温降 + 地震工况下,大坝在压力管道下平段高程位移最大,达到 15 mm,其中主要位移方向指向下游。通过对以上条件采用三维有限元计算,针对伸缩钢管变形监理模型分析作用在混凝土上的应力。

根据分析结果,外包混凝土在垫层末端有应力集中现象,X 向产生最大拉应力 3.2 MPa(见图 5),Y 向产生最大拉应力 2.2 MPa,Z 向产生最大拉应力 2.0 MPa,可见应力较大超过混凝土抗拉强度(见表 1)。因此,在施工图设计中,伸缩钢管后第一个加劲环处加强配筋以满足规范要求。

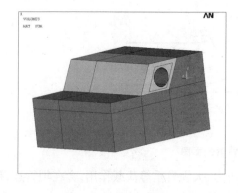

图 4　伸缩钢管计算模型图

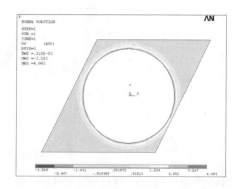

图 5　外包混凝土垫层末端剖面 X 向应力

表1 压力钢管外包混凝土受力分析结果

受力最大部位	应力方向	应力数值(MPa)	说明
加筋环处混凝土	σ_X	3.2	上游推力作用结果
加筋环处混凝土	σ_Y	2.2	上游推力作用结果
加筋环处混凝土	σ_Z	2.0	上游推力作用结果

注:X 顺水流方向,Y 竖直向,Z 垂直水流方向。

3.3 软垫层排水方案确定

在钢管与混凝土之间设置软垫层将很大限度降低钢管变形或内水压力引起的钢管应力直接作用在外包混凝土上,有效较少外包混凝土配筋量。因此,工程运行期间确保软垫层有效发挥作用就显得尤为重要。通过分析研究类似工程经验,在工程运行期间,混凝土和压力钢管之间或多或少会有水渗入,如这些渗水没有排泄通道,则通过长时间累计,由于水的不可压缩性,将导致外包混凝土承担钢管变形产生的应力或内水压力比例明显增加,对外包混凝土产生破坏,因此针对软垫层设置排水系统是必要的。

根据本工程压力管道布置的特点,在沿管道水流方向压力管道底部设置半圆形排水钢管,由于压力管道位置消力塘岸坡,结合消力塘排水盲沟位置,将排水钢管与排水盲沟联通,有效的保证了排水通畅。

4 结 语

本文从工程布置、应力计算及相关措施上论述了三河口水利枢纽压力管道采用垫层伸缩钢管方案的合理性,通过分析,采用伸缩钢管适应大坝变形确保引水系统运行安全是可行的,采用软垫层降低钢管由于变形或内水压力产生应力传递给外包混凝土是可靠的。但同时工程实施过程的不确定性也是同样存在的,建议选择适宜的时段进行钢管合拢,减小由于温度变化增加钢管的附加应力,同时确保断层排水通畅确埋设必要的监测设备,为工程的安全运行和问题排查创造有利条件。

参 考 文 献

[1] 陕西省引汉济渭工程三河口水利枢纽初步设计报告[R]. 陕西省水利电力勘测设计研究院,2015.

[2] 陕西省引汉济渭工程三河口水利枢纽碾压混凝土拱坝进水口及电梯井三维有限元计算分析报告[R]. 西安理工大学水利水电学院,2017.

[3] 傅金筑,张淑婵. 李家峡水电站取消伸缩节论证[J]. 水力发电学报,1997(1)41-50.

[4] 傅金筑,张淑婵. 黄河李家峡水电站发电引水钢管取消伸缩节论证报告[R]. 能源部水利部西北勘测设计研究院,1994.

[5] 刘东常,藉东,孙健,等. 水电站引水钢管采用垫层钢管代替伸缩节的研究[C]//第六届全国水电站压力管道学术会议,2006:364-368.

[6] 赵德海,董毓新,陈婧. 某大型水电站取消厂坝间压力钢管伸缩节研究[J]. 大连理工大学学报,2000(7):496-499.

[7] 吴海林,杨威妮,张伟. 水电站压力管道取消伸缩节研究进展[J]. 三峡大学学报(自然科学版),2009(3):1-6.

[8] 石广斌,牛天武,冯兴中,等. 坝体与背管结构相互作用分析[J]. 长江科学院院报,2004(6):31-33,

37.

[9] 张多新,谢巍,刘东常. 水电站厂坝联结形式优选与取消伸缩节研究[J]. 华北水利水电学院学报,2008(5):18-22.

[10] 王兴云,娄绍撑. 高水头水电站压力钢管镇墩设计若干技术问题探讨[J]. 水利规划与设计,2011(2):28-30.

【作者简介】　党力(1984—),男,高级工程师,从事水利水电工程设计研究工作,主要设计研究引水系统、水电站工程等。

三河口水利枢纽泄洪消能设计与研究

李　红　毛拥政　赵　玮

（陕西省水利电力勘测设计研究院，西安　710001）

摘　要　三河口水利枢纽大坝泄洪消能具有高水头、大流量、河谷狭窄等特点，泄洪与消能问题突出。经多方案的比较研究，采用坝身设置表、底孔，坝后设消力塘和二道坝的泄洪消能方案，按照"底孔纵向拉开，表孔横向扩散，泄洪落点入槽，减少水舌碰撞"的原则，通过水工模型试验对泄洪消能建筑物进行了优化研究，较好地解决了大坝泄洪消能防冲问题。

关键词　拱坝；高水头；大流量；泄洪消能；水工模型试验；三河口

1　工程概况

　　三河口水利枢纽是引汉济渭工程的两大水源工程之一，位于佛坪县与宁陕县境交界、汉江一级支流子午河中游峡谷段，由碾压混凝土双曲拱坝、泄洪消能系统（包括坝身泄洪建筑物、消力塘和二道坝）、供水系统和右岸厂区等组成。大坝及坝身泄洪建筑物为1级建筑物，洪水标准按2 000年一遇洪水设计，5 000年一遇洪水校核；下游消能防冲建筑物为2级建筑物，按100年一遇洪水设计，200年一遇洪水校核。

　　工程最大下泄流量为7 580 m³/s，最大水头130.7 m，相应下泄功率达8 499 MW，高水头、大流量的泄洪消能问题比较突出，经研究比选，采用坝身三表孔、两底孔、坝后设消力塘和二道坝的泄洪方案。枢纽泄洪建筑物平面布置见图1。

2　泄洪消能建筑物布置

　　三河口水利枢纽坝址位于子午河峡谷段，河谷呈"V"形发育，两岸地形基本对称，河谷狭窄，岸坡陡峻。坝址区主要岩体为变质砂岩夹薄层结晶灰岩，河床砂卵石覆盖层厚6.5~7.2 m，地质条件较好。

　　根据三河口大坝体型以及坝址处的地形、地质条件，结合本工程泄洪流量大、泄洪水头高的特点，参考国内已成高拱坝泄洪消能建筑物布置经验，经多方案研究比选，三河口大坝宜采用"坝身分层出流、水垫塘消能"的布置型式。坝身泄洪采用三个表孔+两个底孔的泄洪布置，分散泄洪，消弱射流的集中强度，减少泄洪雾化影响，并在下游设水垫塘来集中消刹下泄水流的动能。

　　开敞式泄洪表孔布置在主河床段，三孔布置，孔口尺寸为15 m×15 m（宽×高），堰顶高程628.0 m，最大泄洪流量6 020 m³/s。两个泄洪底孔相间布置在三个表孔之间，进口高程550.0 m，出口孔口尺寸4 m×5 m（宽×高），最大泄洪流量1 560 m³/s。在大坝下游设置消力塘和二道坝，消力塘宽70 m，长200 m，底板高程514.0 m，二道坝坝顶高程535.5 m，最大坝高24.5 m。

　　考虑到底孔水头高，流速大，高速水流会带来振动、冲刷磨蚀等诸多不利因素，参考已建

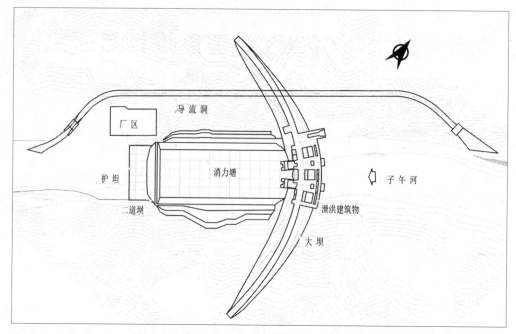

图 1　三河口水利枢纽布置平面图

类似工程实际运行情况和水库调度运行要求,三河口水库泄洪建筑物运行方式为:常遇洪水时采用表孔泄洪,在大洪水时,采用表底孔联合泄洪,泄洪时底孔为全开。底孔除承担泄洪任务外,还承担工程完建后大坝检修时放空水库及施工期渡汛的任务。

3　泄洪消能研究与设计

3.1　坝身泄洪试验研究与设计

根据三河口水利枢纽大坝泄洪基本条件,坝身泄洪按照"底孔纵向拉开,表孔横向单体扩散,泄洪落点入槽,减少水舌碰撞"的原则,通过整体水工模型试验,对坝身泄洪建筑物进行了优化试验研究,并获得了较好的泄洪消能效果。

大坝左、右表孔出口采用大俯角跌坎加分流齿坎的形式,使水舌分为上下两层,两层水舌之间由一股纵向水流相连,整个水舌落水区呈英文字母"U"形,扩散宽度各占消力塘的一半左右。中孔采用横向扩散的舌型挑坎,横向扩散宽度几乎与水垫塘底宽相同,落水范围呈一段圆弧形。各工况表孔出口流速基本均在 20.0 m/s 以上,最大不超过 25.0 m/s。泄洪时,中表孔水舌最高,挑距也最远,左、右表孔水舌挑距稍近,位于中孔水舌之下。分析认为,位于上部的表孔分散水舌对位于下部的左、右表孔水舌碰撞产生的水雾有一定的压制作用,有利于减轻泄洪雾化影响。

表孔各股水舌落水位置互相错开,挑距均不相同,水舌在空中掺气并扩散,入水面积大大增加,使水垫塘得到充分的利用,增加其消能率,同时改善塘内水流流态,减小底板受到的冲击压力。

底孔进口高程为 550 m,出口孔口尺寸为 4 m×5 m(宽×高),出口采用带跌坎的窄缝挑流消能工,挑坎高程为 549.0 m,为防止水流冲击弧门支承梁,收缩段置于支承梁下游,宽度由 5.0 m 收缩为 2.0 m,收缩比 0.4,收缩长度为 5 m。为了避免水舌向心集中,窄缝收缩采用不对称式。

底孔泄洪时,泄流水舌呈直线纵向拉开,侧面呈扫帚状,在宽尾墩的导向作用下,两孔水舌接近平行,没有产生向心集中现象。底孔水舌流速高,穿过左右表孔、中表孔水舌,落点略远于中表孔水舌落点,水舌外缘挑距145 m左右,内缘挑距29 m左右,纵向入水长度116.0 m。底孔出口最大水流流速40 m/s左右。

经多方案优化试验研究,在汛限水位642.0 m,遭遇5年、10年及20年一遇洪水时,表孔局开,消力塘底板上时均动水压强分布比较平坦,说明底板上压强分布比较均匀;在特征库水位642.0~644.7 m、遭遇50~2 000年一遇洪水时,表孔全开,各工况下消力塘底板上的动水冲击压强均小于15×9.81 kPa。

在特征库水位642.0~644.7 m下,左、右表孔单孔运行时,消力塘底板脉动压强均方根值均小于60 kPa,最大值为15.78 kPa,中孔单孔运行时,消力塘底板脉动压强最大值为79.56 kPa。在双孔全开运行时,左、中、右三孔两两运行效果良好,消力塘底板脉动压强均小于60 kPa,最大值为48.18 kPa。在表孔三孔运行时,50年一遇洪水(仅三个表孔全开),消力塘底板脉动压强均小于60 kPa。200年一遇洪水、500年一遇洪水及2 000年一遇洪水三个工况(三个表孔和两个底孔均全开)均有个别点脉动压强大于60 kPa,最大值为127.14 kPa。

各工况下泄水建筑物运行方式见表1,各工况下消力塘底板上的动水冲击压强和最大脉动压强详见表2。

表1 各工况泄水建筑物运行方式及闸门开度 (单位:m)

泄水建筑物	5年一遇	10年一遇	20年一遇	50年一遇	200年一遇	设计洪水	校核洪水
左表孔	关	关	7.38	全开	全开	全开	全开
中表孔	5.82	8.64	7.38	全开	全开	全开	全开
右表孔	5.82	8.64	7.38	全开	全开	全开	全开
左右底孔	关	关	关	关	全开	全开	全开

表2 消力塘底板各工况动水冲击压强和脉动压强

工况	最大时均压强 (9.81 kPa)	最大动水冲击压强 (9.81 kPa)	最大脉动压强 (kPa)
校核洪水 (2 000年一遇洪水)	37.42	11.62	127.14
设计洪水 (500年一遇洪水)	34.27	9.97	122.4
消能校核洪水 (200年一遇洪水)	30.52	6.07	77.64
消能设计洪水 (50年一遇洪水)	32.62	7.12	56.70

根据试验结果,三河口大坝泄洪运行方式为先开右孔,再开中孔、左孔,最后开底孔。各种工况下消力塘底板动水冲击压强均小于15×9.81 kPa,在下泄50年一遇及其以下洪水时,消力塘底板脉动压强不超过60 kPa,满足预期消能目标。

3.2　坝后消能工研究与设计

由于坝身泄洪落差大、流量大、河谷狭窄,泄洪水舌跌落区位于坝肩抗力体区域,为防止泄洪时巨大的下泄能量对河床及两岸边坡造成冲刷破坏,确保大坝安全,在大坝下游设置消力塘和二道坝。其布置见图 2。

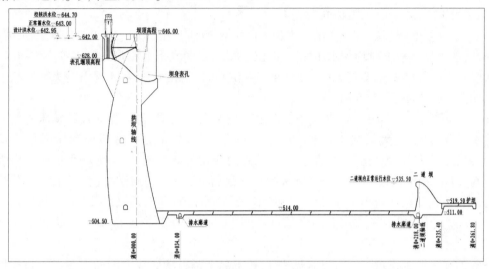

图 2　消力塘纵剖面图

消力塘为大坝下泄水流提供了消能场所。为保证下泄水流在塘内形成稳定的淹没水跃,并且使消力塘底板冲击压力在衬砌结构的承受能力范围内,消力塘需有足够的消能体积和水垫深度。根据三河口坝址峡谷地形地质条件,设计适当加大消力塘开挖深度,以减少二道坝后消能压力。通过整体水工模型试验,对消力塘及其下游河床水流的流态、流速和冲刷情况,以及消力塘底板及二道坝上的动水冲击压强、脉动压强等进行了系统的研究分析。

三河口消力塘为平底消力塘,设计采用全断面混凝土护。底板宽 70 m,长 200 m,底板高程 514.0 m,厚度为 3.0 m。两岸岸坡 546.5 m 高程以下采用贴壁式钢筋混凝土护坡,护坡混凝土厚度不小于 2.0 m。消力塘末端设置二道坝,坝顶高程 535.5 m,最大坝高 24.5 m。由试验结果可知,不同工况下,二道坝后均形成水面跌落及水跃,跌落幅度可达 7~11 m,水跃长度 20~30 m;护坦下游河床均发生不同程度的冲刷,5 年及 10 年一遇洪水冲刷坑深度较浅,其他洪水工况冲刷坑深度较大,最大冲刷深度为 5.3 m,距护坦末端 15 m 左右。根据试验结果,设计在二道坝后设 30 m 长护坦,并对左岸岸坡适当扩挖,平顺下泄水流,以减轻对下游河道冲刷。

为避免泄洪水流的冲击、脉动及抬动作用掀起底板,消力塘底板往往很厚,并要设置抽排和锚固措施。根据消力塘底板抗浮稳定计算,消力塘底板下部需设置锚筋桩和抽排系统。因此,消力塘底板布设 3 ϕ 28 锚筋束,入岩深 7.0 m,间、排距为 3.0 m,锚筋束与底板表层钢筋焊接;底板下部布置有纵、横排水廊道,在消力塘周边形成封闭排水网络,以降低底板所受扬压力,渗水流入右岸的集水井后,由水泵抽至消力塘下游。经计算分析,在各种工况下消力塘底板满足抗浮稳定设计要求,消力塘结构是稳定安全的。

3.3　底孔空化空蚀研究与设计

三河口大坝放空泄洪底孔事故闸门门槽采用Ⅱ型门槽,倾斜布置,倾角 7°,最大工作水头 93 m,门槽处最大流速 26 m/s;出口工作弧门采用偏心铰弧门,为突扩突跌式门槽,最大工作水头 93 m,出口最大流速达 40 m/s。底孔设计见图 3。

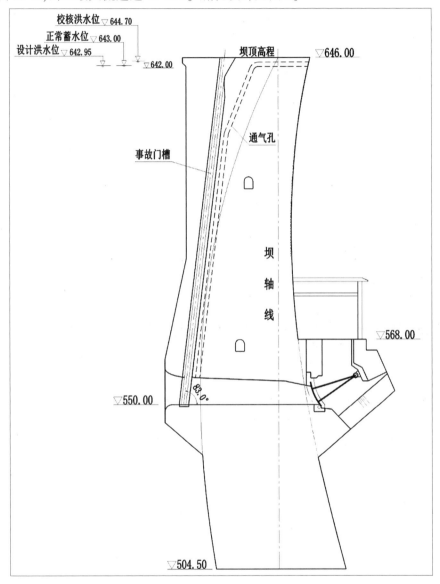

校核洪水位 ▽644.70
正常蓄水位 ▽643.00
设计洪水位 ▽642.95
▽642.00
坝顶高程 ▽646.00
通气孔
事故门槽
坝轴线
▽568.00
83.0°
▽550.00
▽504.50

图 3　底孔设计图

底孔事故门槽和工作门槽结构相对复杂,运行水头和泄流流速高,门槽的空化空蚀问题必须引起高度重视。国内外多个突扩跌坎工程发生空蚀破坏,据统计,事故率高达 30%,主要为边墙空蚀破坏。因此,通过底孔减压模型试验,对底孔的空化特性进行深入研究,验证原设计门槽体型的合理性,优化各门槽体型,以确保放空泄洪底孔的运行安全。

由试验结果可知,各种工况下,底孔喇叭进口水流平顺稳定,检修闸门槽段水流正常,洞身段流态为典型的有压流,流动平顺,说明倾斜布置的检修闸门槽段及洞身段水流空化特性良好,不仅无空化,而且有一定的安全裕度。

工作弧门后的跌坎水流形态较好,掺气情况较为理想。工作弧门后的突扩水流分为两部分,一是水舌突扩主流,主流完全为清水区,毫无掺气减蚀作用,空化空蚀问题比较突出;二是水舌上面及下面的水翅,水翅区掺气充分,能够起到掺气减蚀的作用,基本无空化空蚀问题。

试验中按允许的垂直升坎不平整度高度定量评价突扩体型。由试验结果可知,无论工作弧门全开还是局开,相对真空度 $\eta/\eta_0 \leqslant 1.01$ 时,出口边壁上所有 6.8 mm 高的凸体均无空化,说明底孔出口的突扩跌坎体型良好,水流空化特性满足设计要求。同时,试验提出工作闸门全开比局开有利,可以降低空蚀可能性,工程运行中,宜优先采用底孔工作闸门全开泄洪,这与工程总体泄洪运行方案要求相一致。

4 结 语

三河口水利枢纽大坝泄洪消能具有高水头、大流量、河谷狭窄等特点,设计采用坝身设置表、底孔,坝后设消力塘和二道坝的泄洪方案,按照"纵向分层拉开,横向单体扩散,总体入水归槽,减少水舌碰撞"的原则,对泄洪消能建筑物进行了优化研究,较好地解决了大坝泄洪消能防冲问题。本文论述的泄洪消能方法可为我国类似的工程泄洪消能设计提供可借鉴的经验。

参 考 文 献

[1] 朱伯芳,高季章,陈祖煜,等.拱坝设计与研究[M].北京:中国水利水电出版社,2002.
[2] 练继建,杨敏,等.高坝泄流工程[M].北京:中国水利水电出版社,2008.
[3] 李瓒,陈飞,郑建波,等.特高拱坝枢纽分析与重点问题研究[M].北京:中国电力出版社,2004.
[4] 肖兴斌,袁玲玲,等.高拱坝泄洪消能防冲技术发展与应用评述 [J].水电站设计,2003,19(1):59-63.
[5] 陈椿庭.高坝大流量泄洪建筑物[M].北京:水利电力出版社,1998.

【作者简介】 李红(1977—),女,高级工程师,主要从事水利水电工程设计研究工作。

三河口水利枢纽消力塘结构优化研究

赵利平　赵　玮　毛拥政

(陕西省水利电力勘测设计研究院,西安　710001)

摘　要　消力塘作为高拱坝泄洪时消能的重要建筑物,由于其结构安全非常重要,位置特殊,检修条件较差,因此其结构设计优化尤为关键。本文通过对三河口水利枢纽消力塘建筑物体型、抽排水系统、检修通道、分缝结构等细部优化研究解决了底板稳定、抗冲磨及检修等问题,可供类似工程参考。

关键词　消力塘;体型优化;抽排水系统;检修通道;分缝结构

1　工程概况

三河口水利枢纽位于陕西省佛坪县与宁陕县境交界、汉江一级支流子午河中游峡谷段。总库容为 7.1 亿 m^3,主要由大坝、坝身泄洪放空系统、右岸坝后引水系统、右岸抽水发电厂房和连接洞等组成。其中,拦河大坝为 1 级建筑物,下游泄水消能防冲建筑物为 2 级。混凝土大坝主要建筑物按 500 年一遇洪水标准设计,2 000 年一遇洪水标准校核。设计最大泄量为 6 610 m^3/s,校核最大泄量为 7 580 m^3/s,最大泄洪功率 8 499 MW。泄洪建筑物由坝身泄洪表孔、放空泄洪底孔及下游消能防冲建筑物等组成。泄洪表孔采用浅孔布置形式,泄洪底孔相间布置在三个表孔之间,形成三表孔两底孔的布置格局。泄洪表孔孔口尺寸 15 m×15 m(宽×高),堰顶高程 628 m。两个底孔高程 550 m,压坡后孔口尺寸 4 m×5 m(宽×高)。泄洪建筑物采用挑流消能工,大坝下游设置消力塘(见图1)。消能防冲建筑物按 50 年一遇洪水设计,200 年一遇洪水校核。

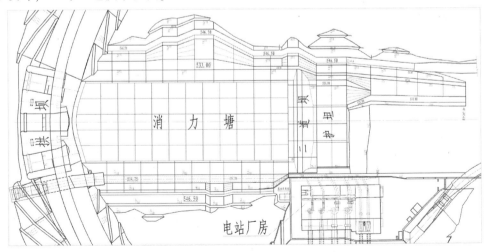

图 1　三河口水利枢纽布置简图

2　消力塘结构设计方案

消力塘段河谷呈"V"形发育,两岸地形基本对称,山体雄厚,自然边坡坡度 35°~50°。该段河床上部为砂卵石,下部及边坡岩性为变质砂岩、结晶灰岩,局部夹有大理岩脉、伟晶岩脉及变质砂岩蚀变带。

三河口水利枢纽消能防冲建筑物设于坝后,由平底消力塘、二道坝、护坦和下游护坡组成。消力塘底板宽 70 m,长 200 m,厚度为 3 m,底板顶面高程 514.0 m,为防止高速水流冲刷,底板顶面采用高强混凝土,其余部分为普通钢筋混凝土。为避免泄洪水流的冲击、脉动及抬动作用掀起底板,消力塘底板布设锚筋束进行加固;底板设置纵横变形缝,缝内设铜止水和橡胶止水两道止水。为保护拱座的完整性及防止雾化对岸坡的影响,两岸岸坡在高于塘内 200 年一遇校核水深以上 546.50 m 以下采用贴壁式钢筋混凝土护坡,护坡设锚杆与基岩锚固。贴壁式混凝土 546.5 m 高程以上边坡全面喷锚支护,并在坡面布置排水孔。

为确保消力塘有足够的水垫厚度,在消力塘末端设置二道坝,坝顶高程 535.50 m,坝底高程 511.0 m,坝高 24.5 m。基本体型为三角形,坝顶宽 4 m,坝底宽 20.4 m,上游坡比 1∶0.2,下游坡比 1∶0.6。为防止下泄水流对二道坝后下游河道的冲刷,在二道坝后设置 26.4 m 长钢筋混凝土护坦,护坦厚度为 2 m,两岸 546.5 m 以下采用钢筋混凝土护坡,护坡设锚杆与基岩锚固。为防止高速水流冲刷,在二道坝表面采用高强混凝土。

三河口水利枢纽抽排水系统分为三大部分:大坝、消力塘、右岸电站厂房。三部分各自独立,设置独立的抽排系统,以防止任意一个抽排系统出现事故不致对整个枢纽正常运行造成较大影响。消力塘部分抽排水布置为在消力塘底板两侧设置纵向排水廊道,在拱坝坝后底板和二道坝内设置横向排水廊道,纵横排水廊道相连,在消力塘周边形成封闭的排水网络。消力塘底板下部设置纵向软式透水管,两岸 546.5 m 高程以下的护坡及底板下部布置横向软式透水管,纵横软式透水管与排水廊道相连,渗水均汇入排水廊道。在消力塘右岸电站厂房上游侧布置有抽水泵站,泵站下部设有 9 m×5 m×6 m(长×宽×深)的集水井,渗水流入集水井后,由水泵抽至二道坝下游。

3　消力塘结构优化思路

消力塘作为水工建筑物的易损消耗件,又是高拱坝泄洪时消能的重要建筑物,由于其结构安全非常重要,位置特殊,检修条件较差。因此,其结构设计优化尤为关键。为解决结构安全稳定、抗冲磨及检修问题,保证其使用寿命,并尽可能减少开挖,设计从调整开挖、建筑物体型、分缝结构、抽排水系统等方面做了大量深入细致的研究,并结合施工图阶段三河口水利枢纽泄洪消能方案整体水工模型试验成果与试验单位进行充分的技术沟通和交流后,最终确定了消力塘的优化设计。

4　消力塘结构优化设计

4.1　开挖设计优化

三河口水利枢纽下游消能防冲建筑物自坝脚到下游依次为消力塘、二道坝、护坦和下游护坡,总长 367.80 m。根据地质实际情况,设计对消能防冲建筑物开挖设计做了深入细致的优化工作,以将所有开挖边坡清除全部覆盖层,使边坡置于稳定基岩上并减少开挖工程量为原则,左岸护坡在 533.0 m 高程马道以下坡比为 1∶0.5,533.0～546.5 m 马道之间护坡坡比随地形自上而下依次调整为 1∶0.5、1∶0.9、1∶1.3、1∶0.6 四种坡比,变坡段用扭面衔接。546.50 m 以上喷锚支护边坡,坡比均为 1∶0.5。二道坝后左岸下游护坡在 533.0 高程以上开挖坡比均为 1∶0.5,533.0 高程以下依地形平顺衔接至下游。

二道坝和护坦部分,下部岩体为结晶灰岩和变质砂岩。二道坝基础置于弱风化下部基岩上,护坦置于弱风化上部基岩上。河床部分为标准体型;为减少工程量,若采用同一个体型需使两侧开挖至微风化岩体,导致开挖较大并破坏了原始好的基岩,为了利用好的基础条件,在二道坝后体型衔接时根据基础基岩情况采用异型体型结构,即垂直水流向的左右岸两侧基础随弱风化基岩线采用一定坡度逐渐收起;顺水流向自二道坝底部排水廊道开始往下游以 1∶0.5 的坡亦逐渐收起。

优化后,下游消能防冲建筑物土石方工程量较前期设计省 2.5 万 m³,石方开挖少 2.8 万 m³。

4.2　二道坝体型优化

如前述,结合二道坝基础情况根据体型适应性将二道坝两岸体型采用异型结构以减少工程量。

施工图阶段整体水工模型试验中发现,由于二道坝上下游水位相差较大,水流经过二道坝后出现了明显的跌落,原方案基本体型为三角形的二道坝坝顶及紧邻下游各测点在 200 年一遇、50 年一遇及 20 年一遇三个洪水工况下均出现了多个不同大小超过规范值的负压值。所以,为了改善坝顶水流状态,以免该区域坝面因常泄量洪水频繁出现空蚀情况,经过多种方案比较,以满足水流条件并不增加工程量为原则,将二道坝体型调整为上游为倒悬的 WES 溢流堰,经过再次试验测定,各工况下虽依然有较小的负压值存在,但均满足规范允许值。优化后的二道坝体型如图 2。

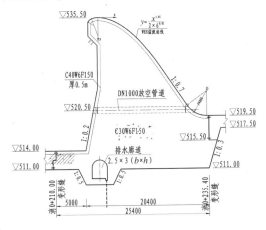

图 2　优化后二道坝体型

4.3　消力塘混凝土选用及岸坡护坡设计

4.3.1　消力塘混凝土选用

三河口水利枢纽设计最大泄量为 6 610 m³/s,校核最大泄量为 7 580 m³/s,最大泄洪功率 8 499 MW。泄洪量和能量均较大,高水头大流量泄洪消能问题突出。对泄洪消能建筑物过流面混凝土抗冲耐磨性能要求很高,为了保证消力塘底板和护坡混凝土不被巨大的射流冲击和脉动压力作用侵蚀破坏,根据模型试验实测流速数据,不同工况水舌落点宽度均小于消力塘的水面宽度,致使水舌落点两侧均产生回流,最大回流流速 10.96 m/s。二道坝底部流速大于表层流速,底部实测最大流速 13 m/s,护坦实测最大流速 11.23 m/s。

鉴于流速数值适中,三河口消能防冲建筑物为 2 级建筑物,合理使用年限为 100 年对混凝土耐久性的要求,消力塘底板顶面 0.5 m 厚采用 C40 抗冲耐磨高强混凝土;两岸护坡高程为 546.50 m,由于底部流速大于表层流速,所以左岸在 533.0 m 高程以下,右岸在 534.75 m高程以下顶面 0.5 m 厚均为 C40 抗冲耐磨高强混凝土,二道坝表层亦为 0.5 m 厚 C40 高强混凝土,其余部分均为 C30 钢筋混凝土。

4.3.2　岸坡护坡设计

为防止下泄水流对两岸边坡的冲刷破坏,两岸岸坡在高于塘内 200 年一遇校核水深以上 546.50 m 以下采用贴壁式钢筋混凝土护坡,依地形布置,护坡混凝土厚度不小于 2 m,混凝土标号设置如前述。两岸护坡顺水流向结合地形地质变化情况每隔 15 m 左右设直型变形缝。垂直水流向根据体型变化左岸在 533.00 m 高程处设置竖直键槽型变形缝,右岸护坡内侧在 531.00 m 高程处设有 D4.5 m 的电站压力管道,压力管道管包混凝土上部与消力塘护坡混凝土分界高程 534.75 m 处和底部与下部护坡混凝土分界面 527.75 m 高程处分别设置水平键槽型变形缝。变形缝内均设置两道止水,迎水面为紫铜止水,背水面为橡胶止水。

消力塘 546.50 m 高程以下护坡混凝土边坡,设置系统锚杆,与护坡混凝土表层钢筋连接。546.50 m 高程以上开挖坡面为防止泄洪雾化影响,全面喷锚支护,并在坡面布置排水孔。

4.4　抽排水系统优化布置及细部设计

4.4.1　抽排水系统优化布置

消力塘为独立的抽排水系统,为有效排除消力塘底板下渗水,使内外水分离,降低底板扬压力,确保底板稳定,减少其破坏的风险,增加安全可靠度,排水系统的优化方案为:

(1)减小底板扬压力措施。在坝后消力塘上游横向排水廊道和消力塘末端二道坝坝内各设置一道 D110 排水孔,孔深 10 m,间距 3 m。上游排水孔用来折减消力塘内水头压力,由于消力塘与拱坝间设置有变形缝,缝内上下层分别设置紫铜止水和橡胶止水带,所以上游库水位对消力塘底板扬压力渗透水头将大大折减。下游排水孔用来折减由于二道坝后下游水位产生的浮托力。

(2)排水材料的优化。设计经过认真研究,并考虑到三河口水利枢纽工程规模和消能防冲设施的重要性及参考同类工程经验,平底板对基础排水系统可靠性要求高,担心软式透水管在耐久性、渗排水效果、因地质和温度变化对材料的影响以及施工便利等方面存在的不确定问题,为了确保工程的安全性,设计对原方案消力塘底板下部设置的纵横向软式透水管更换为排水盲沟,增加排水系统运行安全可靠度并方便施工。

优化设计后抽排水系统布置为:消力塘底板两侧设纵向排水廊道,在拱坝坝后和二道坝内设有横向排水廊道,排水廊道断面为 2 m×2.5 m 和 2.5 m×3.0 m 的城门洞型,纵横排水廊道相连,在消力塘周边形成方形封闭排水廊道。排水廊道底坡约为 3‰,将渗水汇集到消力塘右下部的集水井内。消力塘底板下部设有纵横排水盲沟,间排距为 5 m,排水盲沟均连接至排水廊道。纵横排水盲沟相交处设 D110 排水孔,孔深 5 m,内嵌排水盲管。消力塘两岸护坡设置排水盲沟,排水盲沟亦连接至排水廊道。顺水流向每隔 3 m 设一道排水盲沟,每道排水盲沟下部每隔 3 m 设 D80 排水孔,孔深 5 m,孔内内嵌排水盲管。排水盲沟与排水孔内嵌排水盲管外侧均包裹无纺土工布,阻止水泥浆液进入其内。

在右岸厂区上游侧设有抽水泵站,其下部为 9 m×5 m×6 m(长×宽×深)集水井。消力塘两岸和底部的渗水经过排水盲沟流入排水廊道,再由排水廊道流入集水井,最后由水泵将渗水抽至二道坝下游。

4.4.2　排水廊道交通及检修问题

此问题的优化思路为:既解决消力塘排水廊道的交通检修问题,使其检修维护方便,又能使大坝和电站厂房排水廊道出现紧急事故时可以利用消力塘排水廊道作为排水通道将其渗水排出,并由于大坝和电站厂房的重要性及检修复杂性,消力塘内的渗水不能进入大坝和电站厂区,即大坝和电站厂房的水可以进入消力塘,但消力塘渗水不能进入其他两个。所以,在消力塘底部排水廊道上设置两个交通廊道。上游交通廊道位于泄洪中心线右侧 20 m处,是一条连接大坝 515.0 m 高程廊道和消力塘上游侧排水廊道的廊道。下游交通廊道位于右岸,紧挨着二道坝上游侧,是一条连接厂区 520.95 m 高程排水廊道和消力塘右侧纵向排水廊道的廊道。交通廊道断面均为 2 m×2.5 m 的城门洞形,均设有阻水闸门,以起到排水相互独立,互不进入,减少影响,假如哪个排水系统出现事故,利于快速查清渗水来源。另外,能在非常时刻作为大坝和厂区的排水通道,利用消力塘将其渗水快速排水,方便其他两部分检修维护,减小对对整个枢纽运行的影响。

4.4.3　排水廊道通风

为满足运行期排水廊道内的通风要求,在消力塘排水廊道的右上角和左下角附近,设置通风管道,将其埋于护坡砼内,管道出口位于 550 m 高程以上,出口均设有风机,右岸为进风管道,左岸为出风管道,以确保整个排水系统正常安全运行。

4.5　消力塘检修设计

4.5.1　消力塘放空设计

消力塘在检修时需要提前将塘内水放空,为了解决这个问题,在二道坝内埋设直径 1 m的放空管道,管道中心高程为 520.5 m,用于自流放空消力塘内的水。由于二道坝后下游河床高程为 525.0 m,所以泄洪后消力塘内的水可以自流放空至 525.0 m 高程。525.0 m 高程以下水的放空在二道坝上游右侧底板设置有 1.5 m×1.0 m×1.5 m 集水抽水坑,里面放置水泵,将水抽排至二道坝下游。

4.5.2　消力塘检修道路

塘内水放空后,为了方便人员及施工机具能一直下到消力塘底板,解决消力塘检修问题。设计对此问题做了进一步的方案比较研究后,在消力塘左岸设置一条宽 3.5 m,坡比约为 12% 的下消力塘的检修道路,为检修时提供方便。道路先由 546.7 m 高程的马道(边坡马道采用 0.2 m 厚的混凝土封闭)下至 533.0 m 高程马道,再由 533.0 m 高程马道下至消力塘底部 514.0 m。

4.6　消力塘细部结构优化设计

4.6.1　消力塘底板分块尺寸

根据天津大学的研究成果及白鹤滩、拉西瓦、小湾等大型工程的经验,关于底板分缝分块尺寸主要受以下几个因素影响:①消力塘底板分缝分块长度宜尽量大于塘内水流旋滚涡旋尺度,以免产生较大的脉动上举力(三河口水利枢纽整体模型试验测得消力塘内水流旋滚涡旋尺度在 11~12 m);②如果分块过小,分缝止水偏多,止水失效等不确定因素的可能性加大;③受温度应力的影响,底板分缝长度不易超过 15 m;④结合底板抗浮稳定计算。综合分析后将底板分块尺寸调整为 15 m×13.4 m,因此底板分缝按顺水流方向板块长 15 m,垂直水流方向板块长 13.4 m 分块,缝间设两道止水,底板上层设紫铜止水、下层设橡胶止水。

4.6.2 消力塘底板分缝结构型式

消力塘底板的结构型式对其稳定有显著的影响。通过改变底板板块间结构缝的衔接型式增加板块间的相互作用,对提高底板的极限抗力和减小动力响应作用显著。

因此,三河口消力塘顺水流向采用搭接缝,垂直水流向采用键槽缝。顺水流向的搭接缝,以上游方向的板块为上盘,压在下游板块之上,进入消力塘的第 1 块板在大坝之下,这样可以保证第 1 块板难以被水流和上举力掀开破坏,即使第 1 块板被略抬起,反而因力矩作用会重压下游板块的上缘,使下游板块更难以被掀开破坏。垂直水流向的键槽缝使得板块之间咬合的非常紧密,只传递剪力而不传递弯矩,有效地防止板块因为临近板块的破坏而破坏,且能通过键槽帮助相邻板块保持稳定,使得在承受竖直方向荷载时整个消力塘的板块能够趋于整体承载。

所以,优化后的结构布置图如图 3 所示。

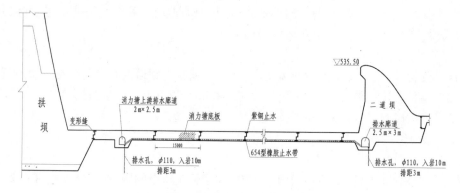

图 3　消力塘结构布置图

5 结语

三河口水利枢纽消能防冲建筑物通过对开挖设计、体型优化、抽排水系统、检修及细部结构等系统完整的方案优化研究,保证了工程消能安全,为类似工程设计提供有价值的参考。

参 考 文 献

[1] 混凝土拱坝设计规范:SL 282—2003[S].北京:中国水利水电出版社,2003.
[2] 混凝土重力坝设计规范:SL 319—2005[S].北京:中国水利水电出版社,2005.
[3] 溢洪道设计规范:SL 253—2000[S].北京:中国水利水电出版社,2000.
[4] 水利水电工程合理使用年限及耐久性设计规范:SL 654—2014[S].北京:中国水利水电出版社,2000.
[5] 陕西省引汉济渭工程三河口水利枢纽初步设计报告[R].西安:陕西省水利电力勘测设计研究院,2015.
[6] 练继建,杨敏,等.高坝泄流工程[M].北京:中国水利水电出版社,2008.

【作者简介】　赵利平(1980—),女,高级工程师,主要从事水利水电工程设计研究工作。

廖坊灌区拱式渡槽结构内力及损伤分析

万小明[1]　詹青文[1]　李同春[2]

（1.江西省水利规划设计研究院,南昌 330029;2.河海大学水利水电学院,南京 210098）

摘　要　水工结构内力是配筋设计中的基本依据,传统结构力学方法在复杂结构内力计算时往往效率较低。本文采用有限元内力法和传统结构计算了设计荷载作用下廖坊灌区渡槽拱圈的内力值,并基于四参数损伤本构模型对渡槽整体结构的损伤情况进行了分析,结果表明:有限元内力法计算结果与结构力学结果相近,验证了该方法的准确性,且渡槽拱圈易在两拱端出现较大损伤,研究结果对工程设计具有重要参考价值。

关键词　拱式渡槽;有限元内力法;结构力学法;配筋设计;损伤分析

1　引　言

　　渡槽在输水工程中应用十分普遍,由我国水工混凝土结构设计规范可知[1],渡槽结构内力是配筋计算的基本依据,若结构内力计算出现误差,将直接影响所设计工程结构的运行安全,甚至造成结构的失事。传统的结构力学分析方法在渡槽结构内力计算中难以满足各组合部件的要求[2],且面对复杂的工程结构时,求解精度往往会降低,近年来,随着计算机技术的快速发展,三维有限元计算方法得到了普遍应用,该方法不仅提高了结构内力计算的精度,同时对计算效率也有较大的提升。因此,有限元分析方法在渡槽结构设计中的应用具有重要意义。傅作新[3]1991年提出了一种有限元等效应力法,该方法通过合成有限单元法计算的应力得到截面的线性化等效应力,可以求解复杂结构的任意截面内力值,解决了有限元单元面非求解面这一问题,但是由于该方法计算的截面内力是经插值拟合而来,一定程度上会降低所求截面内力的精度。李同春[4-6]依据有限元基本方程提出了有限元内力法,该方法可以直接由节点位移及单元刚度求解截面内力,能够得到精度较高的截面内力值。

　　本文以廖坊灌区渡槽为例,采用有限元内力法计算了该渡槽在设计荷载作用下的结构内力,并通过与结构力学方法的对比分析,验证了计算结果的准确性,此外,基于四参数损伤模型分析了渡槽损伤分布情况,研究成果对于渡槽的配筋设计具有重要参考价值。

2　结构内力求解的有限元法

2.1　节点内力的有限元求解

　　对一给定结构体系,施加相应的约束边界条件后的有限元方程为[7]

$$[K]\{\delta\} = \{F\} \tag{1}$$

式中:$[K]$为结构的刚度矩阵;$\{\delta\}$为未知节点位移向量;$\{F\}$为荷载列阵。

　　对某一结构系统,若用给定的界面 π 将结构分为Ⅰ、Ⅱ两子结构,并对这两子结构在该指定截面上施加一组大小相等、方向相反的约束内力,则可建立与方程(1)完全等价的另一组方程：

$$\begin{bmatrix} k_{ii} & k_{ic} \\ k_{ci} & k_{cc} \end{bmatrix}_{\text{I},\text{II}} \begin{Bmatrix} \delta_i \\ \delta_c \end{Bmatrix}_{\text{I},\text{II}} = \begin{Bmatrix} F_i \\ F_c + f_c \end{Bmatrix}_{\text{I},\text{II}} \tag{2}$$

式（2）中下标 c 代表截面 π 上的节点；i 表示非 π 截面上的节点；F_i 表示非 π 截面上节点荷载向量；F_c 为 π 截面上节点荷载向量，$\{f_c\}_{\text{I}}$、$\{f_c\}_{\text{II}}$ 分别代表 Ⅰ、Ⅱ 两子结构间的约束内力，有

$$\{fc\}_{\text{I}} + \{f_c\}_{\text{II}} = 0 \tag{3}$$

由于方程（1）和（2）完全等价，则由方程（1）解出节点位移后，带入式（2）可直接求解出给定截面 π 上的约束内力，其表达式为

$$\begin{aligned} \{f_c\}_{\text{I}} = - \{f_c\}_{\text{II}} &= [k_{ci}]_{\text{I}} \{\delta_i\}_{\text{I}} + [k_{cc}]_{\text{I}} \{\delta_c\}_{\text{I}} - \{F_c\}_{\text{I}} \\ &= \{F_c\}_{\text{II}} - [k_{ci}]_{\text{II}} \{\delta_i\}_{\text{II}} - [k_{cc}]_{\text{II}} \{\delta_c\}_{\text{II}} \end{aligned} \tag{4}$$

式（4）中的右端项可按 Ⅰ 或 Ⅱ 中的所有单元循环求解，然后按自由度进行叠加。由于有限元中位移采用的是分片差值函数，因此 π 截面上的约束内力只与 Ⅰ 或 Ⅱ 子结构中所有包含 π 截面上的节点单元相关。因此，而在实际求解时只需对 Ⅰ 或 Ⅱ 子结构中所有包含 π 截面上的节点的单元进行循环即可。

2.2　截面内力的有限元求解

用上述方法求解的截面约束内力是在 π 截面上与坐标系相对应的每个节点的约束内力值，而结构内力是用与节点无关的弯矩、轴力及剪力等表示的，因此需对截面约束内力合成，这里以矩形截面为例说明合成方法[8,9]。

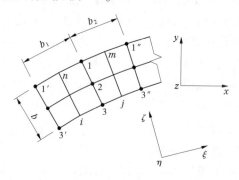

图 1　计算简图

对于拱式渡槽而言，如图 1 所示，取一拱圈段，截面为 π 截面，整体坐标系为 xyz，截面内的局部坐标为 $\xi\zeta\eta$，整体坐标轴 x 与局部坐标 ξ 的夹角为 α。约束内力在拱圈环向是变化的，必须沿拱圈环向分段求出结构内力。在拱圈上任取一段，设由点 $ijmn$ 围成的截面为 A 截面，并假定截面 A 上包含 n 个节点，点 2 为 A 截面的形心点，已解出截面上每个节点在整体坐标系下的约束内力为 $\{f_c{}^i\} = \{f_{cx}{}^i f_{cy}{}^i f_{cz}{}^i\}$，则该截面上相对于点 2 的局部坐标系下的结构内力 $\{N_\xi, N_\eta, M_\xi, M_\eta,\}^{\mathrm{T}}$ 为

$$\left.\begin{array}{l} N_\eta = \displaystyle\sum_{i=1}^n f^i_{cz} \\[2mm] N_\xi = \displaystyle\sum_{i=1}^n (f^i_{cx}\cos\alpha + f^i_{cy}\sin\alpha) \\[2mm] M_\xi = \displaystyle\sum_{i=1}^n f^i_{cz}\xi_i \\[2mm] M_\eta = \displaystyle\sum_{i=1}^n (f^i_{cx}\cos\alpha + f^i_{cy}\sin\alpha)\xi_i \end{array}\right\} \tag{5}$$

根据式(5)可以求得截面的内力值,而后根据材料力学公式可求解得到相应的等效应力,并依据该等效应力通过四参数损伤模型对结构损伤情况进行分析。

2.3 四参数损伤模型

在应力应变曲线的情况下,结构损伤变量可表示为[10,11]:

$$D = 1 - \frac{\sigma}{E_0\varepsilon} \tag{6}$$

式中:D 为损伤变量,该值越接近于1,结构损伤程度越大,达到1时结构完全损伤,而为0时结构无损伤;E_0 为材料无损时的弹性模量;σ 为应力;ε 为应变。对于多轴应力情况,将应变 ε 换成等效应变 ε^*。为此,文献[10,11]根据 Hsieh-Ting-Chen 强度破坏准则的基本思想,给出了四参数等效应变,即

$$\varepsilon^* = A\frac{J_2}{\varepsilon^*} + B\sqrt{J_2} + C\varepsilon_1 + DI_1 \tag{7}$$

式中:I_1 为应变张量第1不变量,$I_1 = \varepsilon_{ii}$;J_2 为应变偏量第2不变量,$J_2 = e_{ij}e_{ij}/2$;ε_1 为最大主应变,$\varepsilon_1 = \frac{2}{\sqrt{3}}\sqrt{J_2}\sin(\theta+\frac{2}{3}\pi) + \frac{1}{3}I_1$,$|\theta| \leq 60°$;$J_3$ 为应变偏量第3不变量,$J_3 = e_{ij}e_{jk}e_{kl}/3$。

式(7)中位一关于 ε^* 的二次方程,求解此二次方程即可求出各种应力状态下的等效应变,带入式(6)可求出损伤变量。A、B、C、D 4个参数可以根据极限强度破坏准则及4组强度试验数据来确定,具体过程见文献[10,11]。

3 拱式渡槽结构内力计算实例

3.1 有限元模型建立

廖坊水利枢纽工程是抚河干流梯级开发的关键性工程,具有灌溉、防洪、发电等综合效益,本文以该枢纽工程西干渠某拱式渡槽为例进行有限元内力计算。由于渡槽槽身为预制构件,相互间连接较弱,因此本文选取其中两跨拱进行分析,建立的有限元模型如图2所示,其中 X 轴以指向下游方向为正,Y 轴以竖直向上为正,Z 轴为横槽向,以背风面方向为正,采用正六面体单元对有限元模型进行离散,共划分有95 542个单元和122 898个节点。

有限元模型中混凝土结构采用四参数损伤本构模型,地基为线弹性材料,其与桩基础接触面采用分区有限元和界面混合解法进行分析。对模型施加设计荷载,包括渡槽自重、水重、人群荷载以及横向风荷载,通过有限元分析得到模型单元节点位移后,运用有限元内力法求解截面节点约束内力,进而得到截面内力值。

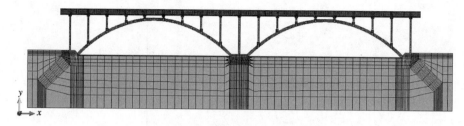

图 2 渡槽有限元模型

3.2 结构内力计算结果分析

设计荷载作用下计算得到的两跨拱拱圈内力分布如图 3~图 5 所示,沿拱圈轴线逆时针方向共计算了 50 个截面的内力值,其中轴向弯矩 M_{OX} 计算值较小,本文忽略不计。由图 3~图 5 可知,纵向弯矩图 3(b)及纵向剪力图 4(b)均在横系梁处发生突变,此外,横系梁的作用也导致拱圈出现了较大的横向弯矩。统计计算结果得到:渡槽拱圈横、纵向弯矩均在拱端达到最大值,其中横向弯矩 M_{OZ} 最大值为 176.43 kN·m,纵向弯矩 M_{OY} 最大值为 563.64 kN·m;轴力 N_O 最大值同样位于拱端部位,且向拱顶方向轴力逐渐减小,最大值为 4 908.29 kN;剪力最大值出现在靠近拱端处的横梁附近,其中横向剪力 Q_{OZ} 最大值为 186.16 kN,纵向剪力 Q_{OY} 最大值为 368.99 kN。

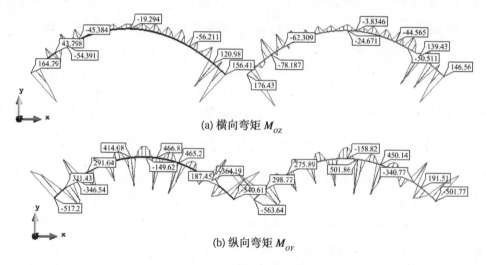

(a) 横向弯矩 M_{OZ}

(b) 纵向弯矩 M_{OY}

图 3 两跨拱拱圈弯矩图

为验证有限元内力法计算的准确性,本文将该内力计算结果与传统结构力学法计算的内力值进行对比分析。由于渡槽各拱圈所受荷载相同,因此为减少计算量,本文采用结构力学法时只计算了单跨拱圈的内力值。图 6 给出了结构力学法计算得到的渡槽拱圈内力取值,由图可知,两种计算方法得到的弯矩、剪力及轴力分布规律相似,但两者的内力值大小又存在一定的差异,表 1 给出了两种方法计算得到的给内力最大取值。

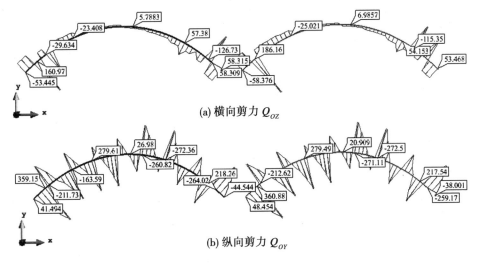

(a) 横向剪力 Q_{OZ}

(b) 纵向剪力 Q_{OY}

图4　两跨拱拱圈剪力图

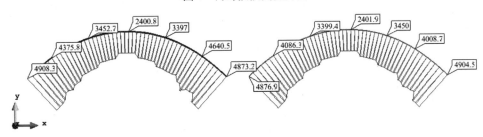

图5　两跨拱拱圈轴力 (N_O) 图

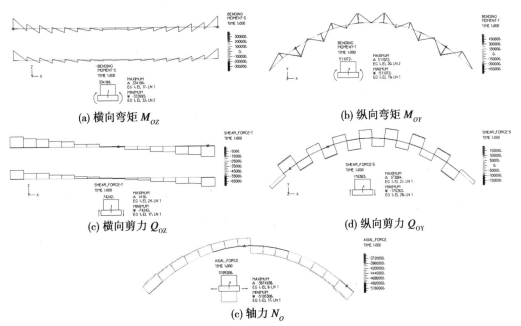

(a) 横向弯矩 M_{OZ}　　　　　　(b) 纵向弯矩 M_{OY}

(c) 横向剪力 Q_{OZ}　　　　　　(d) 纵向剪力 Q_{OY}

(c) 轴力 N_O

图6　渡槽拱圈内力图

表 1　有限元内力法计算结果与结构力学结果对比

计算方法	横向弯矩 M_{OX} （kN·m）	纵向弯矩 M_{OY} （kN·m）	轴力 N_O （kN）	横向剪力 Q_{OX} （kN）	纵向剪力 Q_{OY} （kN）
有限元内力法	176.43	563.64	4 908.29	186.16	368.99
结构力学	334.19	511.07	5 195.31	176.36	74.27

如表 1 所示。对比分析发现,结构力学法计算得到的轴力 N_O 及横向弯矩 M_{OX} 相对有限元内力法较大,纵向弯矩 M_{OY} 及剪力 Q_{OX}、Q_{OY} 相对较小,且该两种算法计算得到的渡槽拱圈内力值总体上接近,说明了有限元内力法计算结果的准确性,其中有限元内力法计算的横向弯矩 M_{OX} 及纵向剪力 Q_{OY} 与结构力学法计算结果出现了较大的偏差,其原因可能是横系梁与拱圈复杂的接触条件导致的应力计算偏差。

3.3　结构损伤分析

渡槽有限元计算得到了两跨拱各单元节点的应力及四参数等效应变后,由公式(6)可计算得到结构的损伤变量取值,图 7 给出了设计荷载作用下结构损伤值分布情况。由图可知,结构损伤主要出现在拱圈两底端部位,其中背风面拱圈损伤相对迎风面较大,其最大损伤变量取值为 0.5。根据 3.2 节中内力计算结果可知,拱圈内力最大值均分布于拱端位置,因此其应力取值较大,更易产生损伤。此外,在拱圈上部的排架也出现了部分损伤,其中排架中间部位损伤相对较大。

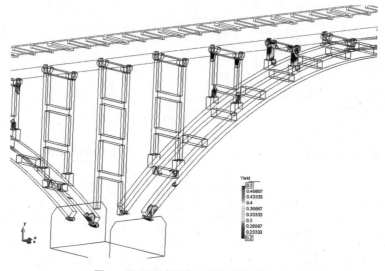

图 7　两跨设计荷载作用下拱损伤分布

4　结　语

水工结构设计中,结构内力是配筋计算的基本依据,本文以廖坊灌区拱式渡槽为例,采用有限元内力法计算了渡槽结构的截面内力,相对于结构力学方法更快更全面的获取了渡槽拱圈整体的弯矩、轴力及剪力取值,并将计算结果与结构力学结果进行了对比分析,验证了有限元内力法计算结果的准确性,此外,基于四参数损伤本构模型对渡槽在设计荷载作用下的损伤分布情况进行了分析。本文研究成果可为结构设计中的配筋计算提供重要参考依据。

参 考 文 献

[1] 水利部水利水电规划设计总院. 水工混凝土结构设计规范：SL191—2008[S]. 北京：中国水利水电出版社，2008.

[2] 万小明，林峰，刘祥睿，等. 基于有限元法的廖坊灌区渡槽结构内力分析[J]. 水利水电技术，2018，49(3)：188-192.

[3] 傅作新. 水工结构力学问题的分析和计算[M]. 南京：河海大学出版社，1993.

[4] 李同春. 拱坝应力分析中的有限元内力法[J]. 水力发电学报，2002(4)：18-24.

[5] 林湘如，姚纬明，赵兰浩. 基于有限元内力法的某拱坝加高培厚方案对比分析[J]. 三峡大学学报(自然科学版)，2012，34(6)：20-22.

[6] 束加庆，任旭华. 结构任意截面内力求解的有限元内力法[J]. 三峡大学学报(自然科学版)，2008，30(3)：49-52.

[7] 朱伯芳. 有限单元法原理及应有[M]. 北京：水利水电出版社，2009.

[8] 章杭惠，李同春，温召旺. 有限元内力法求解坝体等效应力[J]. 水电站设计，2003，19(2)：23-26.

[9] 刘祖军. 拱式渡槽结构受力性能三维有限元分析[J]. 水利水电科技，2006(9)：30-32.

[10] 李同春，杨志刚. 混凝土变参数等效应变损伤模型[J]. 工程力学，2011，28(3)：118-122.

[11] 韦未，李同春. 基于四参数等效应变的各向同性损伤模型[J]. 河海大学学报(自然科学版)，2004，32(4)：425-429.

【作者简介】 万小明(1976—)，男，高级工程师，主要从事水工建筑物设计研究。

猴山水库溢流坝闸墩及堰面混凝土抗裂设计

袁　哲

(辽宁省水利水电勘测设计研究院有限责任公司,沈阳　110006)

摘　要　水利工程大体积混凝土温控防裂是个悠久而复杂的课题,裂缝研究涉及岩土、结构、材料、施工、环境等多个领域,闸墩裂缝影响闸墩的整体性及结构稳定性,堰面裂缝极易引起堰面冻融破坏,为防止裂缝产生、减少裂缝数量,必须从原材料选择、施工安排、坝面保温、内外降温及坝体结构等方面采取综合的混凝土防裂措施。

关键词　溢流坝;闸墩裂缝;堰面裂缝;抗裂措施

1　工程概况

猴山水库工程位于辽宁省绥中县狗河中游范家乡赵家甸村上游约 1 km 处,距离绥中县约 35 km。坝址以上河长 47.9 km,控制面积 377 km²,占狗河全流域面积的 70%。水库最大库容为 1.59 亿 m³,为大(二)型水库,工程等别为 Ⅱ 等,永久性主要建筑物拦河坝、副坝建筑物级别为 2 级。

水库挡水建筑物型式为常态混凝土重力坝,最大坝高 51.60 m,由右岸挡水坝段、引水坝段、溢流坝段、门库坝段及左岸挡水坝段组成。坝顶全长 349 m,最低建基面高程 86.60 m,溢流坝坝体、闸墩及堰面混凝土总量为 9.1 万 m³。

狗河流域地处辽宁省西部,属于温带季风气候区,其特点是冬季以西北季风为主,严寒干燥;夏季以东南季风为主,炎热多雨,四季冷暖干湿分明。多年平均气温为 9.5 ℃,极端最高气温达 39.8 ℃,极端最低气温为-26.3 ℃。结冰时间一般为 11 月上旬,融冻时间为 3 月中旬。最冷月为 1 月,多年平均温度为-7.7 ℃。气温年内变幅大,昼夜温差也较大。

通过坝址区多年平均气温统计表可知,全年高温时段为 6 月、7 月、8 月,平均气温超过 20 ℃,11 月至次年 3 月为冬季和寒冷月份,冬季寒冷月份较长,夏季高温月份较短,春秋昼夜温差大。

2　研究内容

根据水库的基本条件和大坝的结构特征,对大坝的温度场、温度应力以及温控措施进行深入地研究,提出适合本工程的温控方案及避免大坝产生严重危害性裂缝的建议措施,为大坝的设计和施工提供参考。

2.1　准稳定温度场计算和温度应力仿真分析

(1)计算溢流坝段的准稳定温度场。

(2)根据计算结果提出浇筑温度及最高温度的控制标准,提出高温季节的温控措施和各季节的保温标准及其他避免大坝产生严重危害性裂缝的建议措施;

(3)分析溢流坝段永久纵缝对大坝安全及温控标准的影响。

2.2 计算基本资料和参数

2.2.1 自然条件

2.2.1.1 气象资料

气象资料见表1。

表1 绥中站气象特征

项目	单位	1月	2月	3月	4月	5月	6月	7月	8月	9月	10月	11月	12月
多年平均气温	℃	−7.7	−4.8	2	10.2	16.9	21.2	24.1	23.8	18.8	11.4	2.6	−4.6
极端最高气温	℃	11.3	19.1	23	32.9	37.9	39.8	38.1	35.7	33.6	28.8	24.5	15.3
日期		1	13	19	26	28	10	12	8	8	1	5	4
年份		1976	1996	1963	1981	1992	1972	2000	1967	1999	1978	1993	1983
极端最低气温	℃	−25.2	−26.3	−20.9	−7.1	1.4	8.8	12.8	8.2	1.9	−6	−16.5	−23.3
日期		13	13	4	1	2 d	2 d	2	31	28	31	28	29
年份		1987	1962	1969	1972	2年	2年	1976	1972	1981	1997	1987	1978
多年平均风速	m/s	2.7	3	3.7	4.3	3.9	3.2	2.6	2.2	2.5	2.8	2.9	2.6

2.2.1.2 水库水温

水库水温见表2。

表2 各月多年平均水温 （单位:℃）

月份	1	2	3	4	5	6	7	8	9	10	11	12
多年平均	2.4	3.1	4.4	8.9	16.4	22.4	26.1	26.1	22.5	16.4	9.4	3.5

根据《水工建筑物荷载设计规范》的水库水温计算方法,上游库水温度的变化用下式表示:

$$T_w(y, \tau) = 14.9e^{-0.005y} + 13.48e^{-0.012y}\cos\left[(\tau - \tau_0 - (0.53 + 0.008y))\right] \quad (℃) \quad (1)$$

2.2.2 基岩的性能参数

基岩的性能参数见表3。

表3 基岩的热力学参数

导温系数 a （m²/h）	导热系数 λ [kJ/(m·h·℃)]	比热 c [kJ/(kg·℃)]	线膨胀系数 α （10⁻⁵/℃）
0.003 6	10.0	1.03	0.56

弹模取 23.0 GPa,泊松比 0.32。

2.2.3 混凝土性能参数

混凝土的弹性模量用公式表示为

$$E(t) = E_0(1 - \mathrm{e}^{-at^b}) \quad (\mathrm{GPa}) \tag{2}$$

弹模公式拟合系数见表 4。

表 4　弹模公式拟合系数

混凝土	公式系数		
	E_0	a	b
I	36.0	0.4	0.34
II	36.0	0.4	0.34
III	36.0	0.4	0.34
IV	34.9	0.4	0.34
V	34.9	0.4	0.34
VI	39.8	0.4	0.34

在温度应力分析中采用徐变度计算公式如下：

$$C(t,\tau) = (0.23/E_0)(1 + 9.2\tau^{-0.45})[1 - \mathrm{e}^{-0.3(t-\tau)}] + (0.52/E_0)$$
$$(1 + 1.7\tau^{-0.45})[1 - \mathrm{e}^{-0.005(t-\tau)}] \quad (10^{-6}\ 1/\mathrm{MPa}) \tag{3}$$

式中：E_0 为弹性模量的最终值。

混凝土的自生体积变形见表 5。混凝土绝热温升见表 6。

表 5　混凝土自生体积变形($\times 10^{-6}$)

水泥类型										
渤海牌水泥	龄期(d)	1	3	5	7	12	28	33	50	63
	ε_0	-2.22	-3.63	-4.04	-3.03	-7.75	-2.69	-6.13	-3.03	-1.58
	龄期(d)	78	85	93	103	110	118	125		
	ε_0	-0.13	0.13	1.62	4.55	5.20	6.48	8.7		
浑河牌水泥	龄期(d)	3	15	30	45	60	90	120	150	180
	ε_0	-0.34	-0.45	-0.28	6.02	6.19	9.34	12.72	14.4	16.0

表 6　混凝土绝热温升

混凝土		绝热温升
I		$T = 37.6t/(1.363+t)$
II		$T = 37.6t/(1.363+t)$
III		$T = 37.6t/(1.363+t)$
IV	渤海牌水泥	$T = 35.5t/(1.363+t)$
	浑河牌水泥	$T = 31.0[1-\exp(-0.203t^{1.020})]$
V		$T = 30.8t/(1.363+t)$
VI		$T = 45.5t/(1.363+t)$

2.2.4 冷却水管参数

冷却水管参数见表7。

表7 冷却水管参数

水管的材料	管材导热系数	水管的外径	水管壁厚
HDPE 管	≥1.6 kJ/(m·h·℃)	32 mm	2 mm

每根水管的长度:200 m;水管的水平间距1.5 m,垂直间距为混凝土浇筑层厚度;冷却水初温:12 ℃;流量:1.0 m³/h;开始通水时间:一期冷却在开始浇筑混凝土时立即进行;每根水管通水天数:14 d。

2.3 溢流坝段温度和温度应力研究

2.3.1 准稳定温度场

计算了溢流坝段的准稳定温度场,图1表示了准稳定温度场温度较低的1月的温度分布。由准稳定温度场计算结果可以看出,坝体中下部区域的温度常年保持不变,温度变化的区域是上下游坝面附近和溢流面附近。坝段中下部的温度为11~12 ℃。

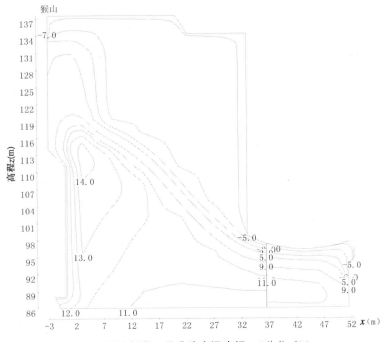

图1 溢流坝段1月准稳定温度场 (单位:℃)

2.3.2 温度和温度应力

由于溢流坝段的坝体形状复杂,既有闸墩,又有溢流面,因此它的温度应力也很复杂。

按照表8、表9的条件和温控措施,计算了溢流坝段多种方案的温度和应力。计算结果图中给出了Ⅰ—Ⅰ剖面(顺河向,坝段中剖面)、Ⅱ—Ⅱ剖面(顺河向,距坝段中剖面4 m的剖面)和Ⅲ—Ⅲ剖面(横河向,距上游面20.6 m)上的温度和应力。表10给出了各部位的温度和应力特征值。

表8　溢流坝段计算方案

计算方案	计算条件和温控措施
YL-1	(1)强约束区,混凝土浇筑温度≤18 ℃; (2)弱约束区,混凝土浇筑温度≤20 ℃; (3)非约束区,混凝土浇筑温度≤22 ℃; (4)溢流面6月浇筑,混凝土浇筑温度≤18 ℃; (5)基础混凝土水泥品种为浑河牌PM.H42.5; (6)上游面永久保温,下游面、闸墩、溢流面11月开始保温,连续保温3个冬季; (7)5~10月浇筑的混凝土中铺设水管; (8)6~9月浇筑的混凝土采取表面流水(采用河水,当河水温度超过20 ℃时,用20 ℃的制冷水); (9)4月开始浇筑混凝土,施工计划见表9; (10)有自生体积变形
YL-2	(1)强约束区,混凝土浇筑温度≤18 ℃; (2)弱约束区,混凝土浇筑温度≤20 ℃; (3)非约束区,混凝土浇筑温度≤22 ℃; (4)溢流面3~4月浇筑,混凝土浇筑温度≤18 ℃; (5)基础混凝土水泥品种为浑河牌PM.H42.5; (6)上游面永久保温,下游面、闸墩、溢流面11月开始保温,连续保温3个冬季; (7)5~10月浇筑的混凝土中铺设水管; (8)6~9月浇筑的混凝土采取表面流水(采用河水,当河水温度超过20 ℃时,用20 ℃的制冷水); (9)4月开始浇筑混凝土,施工计划见表9; (10)有自生体积变形
YL-3	溢流面预留台阶由直角改为135°角的斜面,其他条件与方案YL-2同

注:在计算中,当河水温度低于设定的水管冷却水温时,用河水冷却。当气温低于本表中设定的浇筑温度时,采用自然入仓。

表9　溢流坝段混凝土施工计划

序号	浇筑时间 (年-月-日)	浇筑层起止高程 (m)	浇筑层厚 (m)	间歇时间 (d)
1	2014-04-01	▽86.6~▽87.6	1.0	6
2	2014-04-07	▽87.6~▽88.6	1.0	6
3	2014-04-13	▽88.6~▽89.6	1.0	6
4	2014-04-19	▽89.6~▽90.6	1.0	6
5	2014-04-25	▽90.6~▽91.6	1.0	6
6	2014-05-01	▽91.6~▽92.6	1.0	6
7	2014-05-07	▽92.6~▽93.6	1.0	6
8	2014-05-13	▽93.6~▽95.1	1.5	6

续表9

序号	浇筑时间 （年-月-日）	浇筑层起止高程 （m）	浇筑层厚 （m）	间歇时间 （d）
9	2014-05-19	▽95.1~▽96.6	1.5	6
10	2014-05-25	▽96.6~▽98.1	1.5	6
11	2014-05-31	▽98.1~▽99.6	1.5	6
12	2014-06-06	▽99.6~▽101.1	1.5	6
13	2014-06-12	▽101.1~▽102.6	1.5	6
14	2014-06-18	▽102.6~▽104.1	1.5	6
15	2014-06-24	▽104.1~▽105.6	1.5	6
16	2014-06-30	▽105.6~▽107.1	1.5	6
17	2014-07-06	▽107.1~▽108.6	1.5	6
18	2014-07-12	▽108.6~▽110.1	1.5	6
19	2014-07-18	▽110.1~▽111.6	1.5	6
20	2014-07-24	▽111.6~▽113.1	1.5	6
21	2014-07-30	▽113.1~▽114.6	1.5	33
22	2014-09-01	▽114.6~▽116.1	1.5	2
23	2014-09-03	▽116.1~▽117.6	1.5	2
24	2014-09-05	▽117.6~▽119.1	1.5	2
25	2014-09-07	▽119.1~▽120.6	1.5	2
26	2014-09-09	▽120.6~▽122.1	1.5	2
27	2014-09-11	▽122.1~▽123.6	1.5	2
28	2014-09-13	▽123.6~▽125.1	1.5	2
29	2014-09-15	▽125.1~▽126.6	1.5	2
30	2014-09-17	▽126.6~▽128.1	1.5	2
31	2014-09-19	▽128.1~▽129.6	1.5	2
32	2014-09-21	▽129.6~▽131.1	1.5	2
33	2014-09-23	▽131.1~▽132.6	1.5	2
34	2014-09-25	▽132.6~▽134.1	1.5	2
35	2014-09-27	▽134.1~▽136.2	2.1	2
36	2014-09-29	▽136.2~▽138.2	2.0	172（245）
37	2015-03-20（6-1）	溢流面		10（5）
38	2015-03-30（6-6）	溢流面		10（5）
39	2015-04-09（6-11）	溢流面		10（5）
40	2015-04-19（6-16）	溢流面		

表 10　溢流坝段温度和应力计算结果

计算方案		强约束区		弱约束区		非约束区	闸墩	溢流面	上游面
		Ⅲ区	Ⅳ区	Ⅲ区	Ⅴ区				
YL-1	最高温度（℃）	30.1	29.6	37.4	35.3	44.0	46.6	44.0	40.6
	最大拉应力（MPa）	1.3	1.2	0.9	1.7	1.9	2.1	3.4	1.6
YL-2	最高温度（℃）	30.1	29.6	37.4	35.3	44.0	46.6	37.0	40.6
	最大拉应力（MPa）	1.2	1.2	1.0	1.7	1.9	2.6	4.9	1.5
YL-3	最大拉应力（MPa）							3.2（与 YL-10 中 4.9 相同位置处）	

对于 6 月浇筑溢流面的方案 YL-1,计算结果见图 2~图 7 和表 10。由计算结果得知,坝体强约束区Ⅲ区混凝土中的最高温度为 30.1 ℃,Ⅳ区混凝土中的最高温度为 29.6 ℃;弱约束区Ⅲ区的最高温度为 37.4 ℃,Ⅴ的最高温度为 35.3 ℃;非约束区的最高温度为 44 ℃,闸墩中的最高温度为 46.6 ℃,溢流面中最高温度为 44 ℃,上游面外部混凝土的最高温度为 40.6 ℃。本方案闸墩中的温度最高,原因是混凝土绝热温升高造成的。从应力计算结果来看,温度应力的分布规律为,坝体强约束区Ⅲ区的最大应力为 1.3 MPa,Ⅳ区的最大应力为 1.2 MPa;弱约束区Ⅲ区的最大应力为 0.9 MPa,Ⅴ区的最大应力为 1.7 MPa;非约束区的最大应力为 1.9 MPa,上游面外部混凝土的最大应力为 1.6 MPa,闸墩中的最大应力为 2.1 MPa,溢流面中的最大应力为 3.4 MPa,最大应力出现的时间是溢流面保温 3 年后去除之后的冬季。坝体内部的应力不大,闸墩和溢流面中的应力较大,最大的温度应力位于溢流面中。因此,除坝踵和坝趾的局部应力集中区域外,方案 YL-1 中坝体内部的温度应力满足混凝土的抗裂要求,但是溢流面中的应力不满足混凝土的抗裂要求。

对于 3 月浇筑溢流面的方案 YL-2,计算结果见图 8~图 11 和表 10。溢流面中最高温度为 37 ℃,与 6 月浇筑溢流面的方案 YL-1 比较,溢流面中的最高温度降低了 7 ℃,其他区域的最高温度同方案 YL-1。闸墩中的最大应力为 2.6 MPa,溢流面中的最大应力为 4.9 MPa,其他部位的最大应力与方案 YL-1 基本相同。溢流面中应力大的原因是 3 月浇筑溢流面混凝土时,其浇筑温度低,而老混凝土由于保温其温度较高,形成了较大的温差,导致预留台阶处出现了很大的应力。因此,除坝踵和坝趾的局部应力集中区域外,方案 YL-1 中坝体和闸墩的温度应力满足混凝土的抗裂要求,但是溢流面中的应力不满足混凝土的抗裂要求。

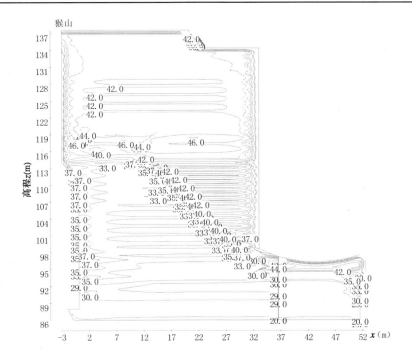

图 2 溢流坝段最高温度包络图(Ⅰ—Ⅰ剖面)(方案 YL-1) （单位:℃）

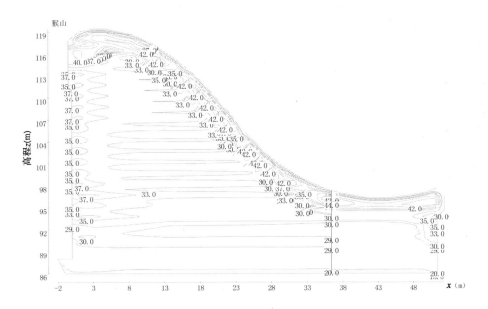

图 3 溢流坝段最高温度包络图(Ⅱ—Ⅱ剖面)(方案 YL-1) （单位:℃）

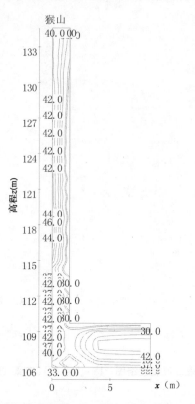

图 4　溢流坝段最高温度包络图(Ⅲ—Ⅲ剖面)(方案 YL-1)　(单位:℃)

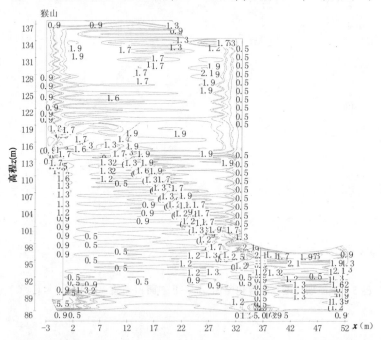

图 5　溢流坝段温度应力 σ_1 包络图(Ⅰ—Ⅰ剖面)(方案 YL-1)　(单位:℃)

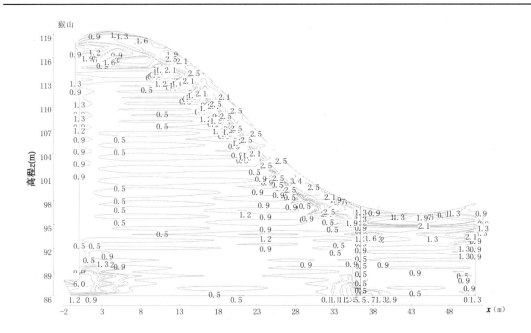

图6 溢流坝段温度应力 σ_1 包络图(Ⅱ—Ⅱ剖面)(方案 YL-1) (单位:℃)

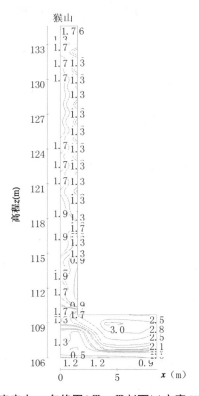

图7 溢流坝段温度应力 σ_1 包络图(Ⅲ—Ⅲ剖面)(方案 YL-1) (单位:℃)

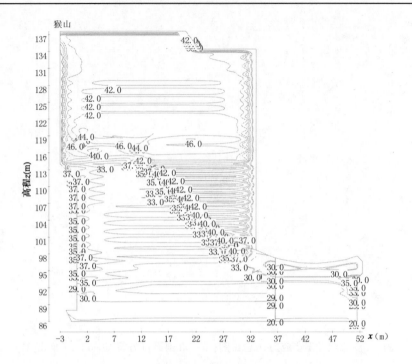

图 8　溢流坝段最高温度包络图(Ⅰ—Ⅰ剖面)(方案 YL-2)　(单位:℃)

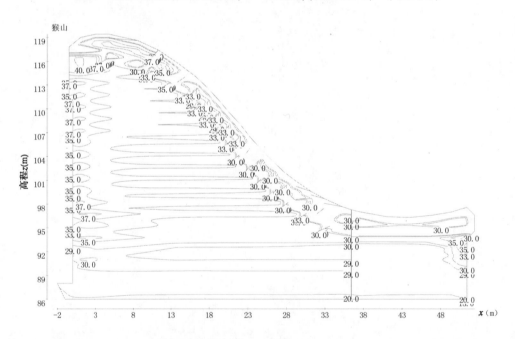

图 9　溢流坝段最高温度包络图(Ⅱ—Ⅱ剖面)(方案 YL-2)　(单位:℃)

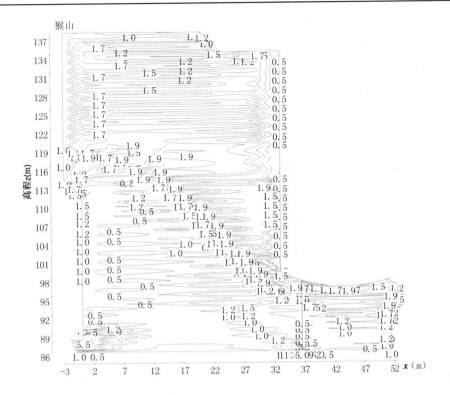

图10　溢流坝段温度应力 σ_1 包络图（Ⅰ—Ⅰ剖面）（方案 YL-2）　（单位:℃）

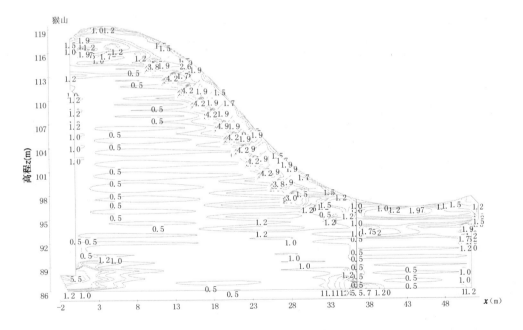

图11　溢流坝段温度应力 σ_1 包络图（Ⅱ—Ⅱ剖面）（方案 YL-2）　（单位:℃）

为了减小溢流面中的温度应力,改变预留台阶的结构形式,由直角改为135°角的斜面,计算了方案 YL-3。该方案的计算条件与方案 YL-2 相同。直角形式的预留台阶时(方案YL-2),溢流面中的最大应力为 4.9 MPa,而 135°角的斜面预留台阶时(方案 YL-3),与方案YL-10 中溢流面最大应力 4.9 MPa 对应位置处的最大应力为 3.2 MPa,减小了 1.7 MPa,结构形式对应力的影响很大。

2.4　混凝土外掺抗裂纤维、抗裂剂试验研究

大坝高部位混凝土浇筑,由于仓面多,层间间隔时间加长,极容易出现早期裂缝。

分析早期裂缝产生的原因,一方面是由于混凝土凝结硬化过程中,水泥水化热作用,3~5 d 内温度达到最高,之后缓慢下降,此时混凝土内外温差较大,同时混凝土浇筑初期自生体积变形有一定的收缩,在内部约束及下层混凝土对上层混凝土的外部约束作用下,使新浇筑层混凝土产生较大的早期拉应力。另外,掺加粉煤灰混凝土早期抗拉强度较低,且增长较缓慢。当混凝土中拉应力大于允许拉应力时,导致混凝土早期裂缝的产生。

参考国内外大坝防裂研究成果,可以采取混凝土中掺加纤维,增加其极限拉伸值,提高其抗裂能力;混凝土中掺加膨胀抗裂剂,增加其自生体积变形值,补偿混凝土因内部约束和外部约束而产生的约束应力,减小早期混凝土表面拉应力,达到减免混凝土早期裂缝的目的。

2.4.1　选材

2.4.1.1　抗裂纤维

混凝土中掺加的抗裂纤维一般包括钢纤维、聚丙烯纤维(pp 丙纶)和聚丙烯腈纤维(A-acrylic 腈纶)等。

钢纤维混凝土是在普通混凝土中掺入乱向分布的短钢纤维所形成的一种新型的多相复合材料。这些乱向分布的钢纤维能够有效地阻碍混凝土内部微裂缝的扩展及宏观裂缝的形成,显著地改善了混凝土的抗拉、抗弯、抗冲击及抗疲劳性能,具有较好的延性。

聚丙烯纤维(pp 丙纶)是目前工程上使用最多最普遍的抗裂纤维,聚丙烯腈纤维(A-acrylic腈纶)使用的相对较少。

聚丙烯纤维由聚丙烯或聚丙烯腈及多种有机、无机材料,经特殊的复合技术精制而成,产品在混凝土中可形成三维乱向分布的网状承托作用,使混凝土在硬化初期形成的微裂纹在发展过程中受到阻挡,难以进一步发展。

聚丙烯纤维比重为 0.91,强度高,抗拉强度可达 200~300 MPa,弹性模量 3 400~3 500MPa,完全不吸水,为中性材料,与酸碱不起作用,熔点 160~170 ℃,燃点 590 ℃。掺加在混凝土中的聚丙烯纤维长度一般为 12~30 mm,直径几十微米。与常规混凝土比较,聚丙烯纤维混凝土有以下几方面的特点:

(1)防止或减少混凝土收缩裂缝的产生。

(2)改善混凝土的变形特性和韧性。

(3)对混凝土强度性能的影响。试验证明,加入聚丙烯纤维,并不能提高混凝土的静力强度。但国外的试验表明,由于韧性改善,抗冲击能力可以提高 2 倍以上,抗磨损能力也可提高 20%~105%。

(4)提高了混凝土的耐久性。由于聚丙烯纤维混凝土能大大减少裂缝发生和使裂缝细化,从而使混凝土的抗渗能力得到较大提高。根据国内外试验,掺加纤维后,混凝土渗漏可

减少 25%~79%,抗渗标号从 W10 提高到 W14。

(5)聚丙烯纤维混凝土的施工性能。国内外大量实践表明,聚丙烯纤维混凝土的施工与常规混凝土没有大的不同,一般的施工方法都适用于聚丙烯纤维混凝土。但聚丙烯纤维混凝土在相同配合比下,坍落度比普通混凝土要降低 30% 左右。有的文献指出,聚丙烯纤维混凝土泌水速度降低,收面作业应比普通混凝土晚一些进行。

聚丙烯纤维掺量范围:0.6~1.8 kg/m³,用于混凝土抗裂一般为 1.0 kg/m³。

由于钢纤维价格昂贵,聚丙烯腈纤维混凝土研究的较少,且价格较聚丙烯纤维略高,从经济、技术、力学性能、施工性能、国内外研究和工程应用各方面分析,抗裂纤维采用聚丙烯纤维合适。

2.4.1.2 膨胀抗裂剂

能产生膨胀性自生体积变形的有以下几种类型水泥:钙矾石型(CSA)、氧化钙型(CaO)和氧化镁型(MgO)。

外掺 MgO 混凝土筑坝技术已在我国广泛应用于填塘堵洞、导流洞封堵、大坝基础处理、重力坝体底部强约束区、高压管道外围回填、碾压混凝土坝的垫层垫座及上游防渗体、防渗面板、拱坝全坝外掺 MgO 等 50 余个大中型水利水电工程的不同部位,并且均获得了成功。从地域看,已在我国广东、四川、贵州等 17 个省的不同气候条件下成功使用;有在冬季、夏季施工的,也有跨季节施工的;工程量从不足 1 万 m³ 到近 30 万 m³;施工工艺有常态混凝土台阶法和碾压混凝土通仓浇筑法两种;坝型有重力坝、拱坝、面板堆石坝等;MgO 掺量 5% ~ 6%,其膨胀量多在 120×10⁻⁶~240×10⁻⁶ 之间(目前使用内含 MgO 水泥的碾压混凝土在 50×10⁻⁶ 以上),均取得了显著的技术经济效益和社会效益。

氧化镁混凝土的微膨胀在受外界约束时才产生压应力,自生体积变形在宏观上是近乎均匀的,一般对于寒潮及内外温差引起的温度应力是没有补偿作用的。猴山水库混凝土坝溢流面是单独后浇筑的薄层混凝土,其拉应力中应含有其内部老混凝土约束引起的部分,因此膨胀抗裂剂对于减小堰面拉应力会起到一定的作用。需结合有限元仿真计算,进行膨胀抗裂剂膨胀性能试验研究。

2.4.2 试验研究内容

(1)混凝土膨胀抗裂剂采用海城回转窑轻烧氧化镁粉,对煅烧温度、细度及 CaO 含量等都有一定要求,使用时测定其活性及其他成分,满足《水利水电工程轻烧 MgO 材料品质技术要求》的要求。抗裂剂氧化镁掺量 2%~4%、抗裂纤维采用聚丙烯纤维,掺量 1.0 kg/m³。

(2)不掺加抗裂纤维和抗裂剂混凝土 28 d、90 d、180 d 龄期的极限拉伸、弹性模量、抗压、抗冻、自生体积变形试验。

(3)掺加抗裂纤维混凝土 28 d、90 d 及 180 d 龄期的极限拉伸、弹性模量、抗压、抗冻试验。

(4)掺加抗裂剂混凝土 28 d、90 d、180 d 龄期的极限拉伸、弹性模量、抗压、抗冻、自生体积变形试验。

(5)掺加抗裂纤维和抗裂剂混凝土 28 d、90 d、180 d 龄期的极限拉伸、弹性模量、抗压、抗冻、自生体积变形试验。

2.4.3 试验成果

(1)自生体积变形试验结果见表 11、图 12。

（2）极限拉伸值及弹性模量、抗压、抗冻试验结果见表 12。

表 11　自生体积变形试验结果

素混凝土		纤维		3% MgO		3% MgO +纤维	
试验时间（h）	自生体积变形（×10⁻⁶）	试验时间（h）	自生体积变形（×10⁻⁶）	试验时间（h）	自生体积变形（×10⁻⁶）	试验时间（h）	自生体积变形（×10⁻⁶）
2	−96.25	1.5	−84.14	2	−42.92	1.5	−33.81
5.5	−95.84	3.5	−84.48	4	−46.84	3.5	−41.51
12	−65.49	10	−48.87	10.5	−32.11	10	−31.06
24	0.00	24	0.00	24	0.00	24	0.00
32	−0.30	32	−2.38	31	8.83	30	4.43
78	−5.69	78	−6.96	77	20.44	76	17.22
124	−7.71	124	−7.23	123	22.90	173	23.10
220	−10.64	219	−10.69	219	31.03	218	27.66
443	−12.80	442	−12.66	442	37.59	441	35.71
590	−10.13	589	−9.88	589	36.09	588	35.59
816	−13.48	816	−13.04	816	41.58	816	39.64
1 128	−14.69	1 128	−9.09	1 128	51.26	1 128	48.62
1 704	−15.06	1 704	−10.07	1 704	62.92	1 704	63.70
2 088	−15.22	2 088	−10.68	2 088	71.65	2 088	70.94
2 592	−20.41	2 592	−12.76	2 592	76.82	2 592	82.15

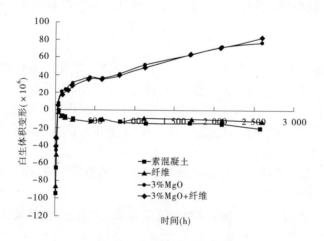

图 12　自生体积变形试验结果

表 12　极限拉伸及弹性模量、抗压、抗冻试验结果

检测项目	弹性模量（GPa）			抗压（MPa）		抗冻试验						试验抗拉强度（MPa）		极限拉伸值（10⁻⁶）		抗拉强度 $\sigma \leqslant \varepsilon E/K$	
						28 d		90 d		180							
	28 d	90 d	180	28 d	90 d	相对动弹模量（%）	质量损失率（%）	相对动弹模量（%）	质量损失率（%）	相对动弹模量（%）	质量损失率（%）	28 d	90 d	28 d	90 d	28 d	90 d
1（空白）	26.0	33.0	—	37.5	45.3	75.5	2.6					2.10	2.97	82.7	115.9	1.43	2.55
2（纤维）	26.2	33.7	—	38.0	44.7	85.6	1.3					2.58	3.59	96.6	151.3	1.69	3.40
3　3%MgO	26.1	29.4	—	34.8	41.2							1.69	2.72	77.6	90.1	1.35	1.77
4　3%MgO+纤维	26.1	31.1	—	36.5	44.5							2.16	3.07	99.6	135.9	1.73	4.23

3　结　语

3.1　温控仿真计算结果

（1）大坝浇筑完成后，经过多年的运行，坝体的温度场将处于以年为变化周期的准稳定温度场，准稳定温度场将随着外界环境温度的变化而变化。溢流坝段坝体中下部区域的温度常年保持不变，温度变化的区域是上下游坝面附近、溢流面附近，坝段中下部的温度为 11~12 ℃。

（2）水管冷却的降温效果比较明显，各个区域混凝土的降温幅度为 2.1~6.9 ℃；表面流水对混凝土的降温效果比水管冷却差，各个区域混凝土的降温幅度为 0.1~3.5 ℃。

（3）对于溢流坝段，高温区位于闸墩和溢流面中，最高温度为 46 ℃，高应力区也位于闸墩和溢流面中。当溢流面冬季不保温时，溢流面中的温度应力很大，不能满足混凝土的抗裂要求。

（4）对于 3 月浇筑溢流面的方案，当溢流面在冬季（11 月至翌年 3 月）保温时，溢流面中的最大应力值 4.9 MPa，不能满足混凝土的抗裂要求。改变溢流面预留台阶的结构形式可以有效减小溢流面的温度应力，由直角改为 135°斜面的预留台阶时，应力减小了 1.7 MPa。

（5）对于 6 月浇筑溢流面的方案，当溢流面在冬季（11 月至翌年 3 月）保温时，坝体各部分的温度应力都满足混凝土的抗裂要求。如果溢流面保温 3 年后去除，溢流面中的温度应力将不能满足混凝土的抗裂要求。

3.2　溢流坝反弧段设置铅直永久纵缝

有限元仿真计算结果表明，溢流坝堰面反弧段表面最大主拉应力达到 6.0 MPa 以上。拉应力远超过混凝土容许拉应力，在溢流坝反弧段设置铅直永久纵缝，以防止溢流坝堰面反弧部位产生纵向裂缝。溢流坝内部混凝土台阶做成圆弧状，进一步减小内部混凝土台阶尖角引起的堰面应力集中。

3.3　溢流坝闸墩及堰面混凝土掺加抗裂纤维

掺加纤维使混凝土 90 d 龄期抗裂允许拉应力从 2.55 MPa 增加到 3.40 MPa；掺加 3% MgO +纤维使混凝土 90 d 龄期抗裂允许拉应力从 2.55 MPa 增加到 4.23 MPa。可见，掺加纤维同时掺加 MgO，将进一步提高混凝土抗裂能力。

参 考 文 献

[1] 王顶堂.大体积混凝土裂缝控制技术应用研究[J].安徽建筑工业学院学报(自然科学版),2008(6).
[2] 黄祚继.临淮岗船闸底板混凝土裂缝控制方法研究[D].南京:河海大学,2005.
[3] 王朋.大体积混凝土施工温度控制计算[J].安徽水利水电职业技术学院学报,2008(3).
[4] 李宏伟.碾压混凝土大坝施工温度控制措施与效果[J].水利技术监督,2013(3):60-63.
[5] 杨秀军.浅谈混凝土的施工温度与裂缝[J].内蒙古水利,2009(6):132-133.
[6] 丁浩.北疆供水工程拱坝温度裂缝形成机理分析及控制措施[J].水利技术监督,2016(4):93-95.
[7] 白伟,张志雄.渡口坝水电站拱坝混凝土温度控制[J].水利规划与设计,2010(3):76-78.
[8] 王焰驹.碾压混凝土重力坝工程中温度控制施工技术[J].水利技术监督,2014(2):60-62.
[9] 焦燕飞.水利施工中混凝土裂缝产生的原因及防治[J].黑龙江水利科技,2012(10):30-31.
[10] 杨志华,谢卫生.山口岩碾压混凝土拱坝温度控制设计[J].水利规划与设计,2013(11):71-74.

【作者简介】　袁哲,男,工程师,从事水利水电工程设计工作。

浯溪口水利枢纽泄洪建筑物优化设计研究

吴正东 陈 卫

（江西省水利规划设计研究院，南昌 330000）

摘 要 水利枢纽在建设过程中，一座建筑物的设计往往会有多种设计方案提出，从而存在方案的比选、优化问题。通过对泄水建筑物表孔与低孔相结合的设计方案在工程总体布置、泄流能力、淹没范围、工程造价等方面定性和定量的比选，择优推荐综合综合性能最好的建设方案。优化后的泄水建筑物布置方案，不仅能很好地对电站进水口起到拉砂、排砂效果，而且能满足设计水库调度泄流能力要求，并且能减少库区淹没范围。

关键词 泄水建筑物；表孔；低孔；优化；设计

1 概 述

浯溪口水利枢纽工程是昌江干流中游一座以防洪为主，兼顾供水、发电等的综合利用工程，项目位于景德镇市蛟潭镇境内，距景德镇 40 km。

浯溪口水利枢纽工程水库总库容 4.75 亿 m³；电站装机容量 32 MW，为大（二）型 Ⅱ 等工程。水库正常蓄水位为 56.0 m，汛期限制水位 50.0 m，死水位 45.0 m，总库容 4.27 亿 m³，防洪库容 2.96 亿 m³。工程主要建筑物有河床式电站厂房、黏土心墙坝、混凝土非溢流坝、混凝土溢流坝等。主要建筑物工程等级为 2 级，电站厂房（非挡水部分）和次要建筑物为 3 级。混凝土坝、土坝的校核洪水标准分别采用 1 000 年一遇和 2 000 年一遇，主要建筑物设计洪水标准采用 100 年一遇。

工程区对应地震基本烈度小于 Ⅵ 度，地震动反应谱特征周期为 0.35 s，地震动峰值加速度小于 0.05g，区域稳定性较好。

2 枢纽布置

浯溪口水利枢纽上坝线处河床宽度约 175 m，左岸阶地宽约 200 m，右岸基本无阶地。正常蓄水位高程河面宽度 470 m，河床内基本具备同时布置挡水、泄水建筑物及电站等水工建筑物的条件，故枢纽总体布置可采用集中布置的方式。大坝采用重力坝及河床式厂房，为满足下游生态流量的下放要求，发电厂房采用 2 台灯泡贯流式大机组和 1 台轴伸贯流式小机组。

根据以上枢纽布置原则，河床区内可布置表孔溢流坝、低孔溢流坝、厂房建筑物。由于低孔溢流坝是小频率洪水期的主要泄水建筑物，因此将低孔溢流坝布置在河床中部，厂房和表孔溢流坝分别布置低孔溢流坝的两侧，厂房置于低孔溢流坝右侧。河床区基岩裸露，河床左、右侧可利用基岩面高程无明显差异，且高程较高，建筑物基础高程主要是受建筑体型的要求控制。

枢纽主要建筑物有河床式电站厂房、碾压混凝土非溢流坝、表孔溢流坝、低孔溢流坝等，本文将对泄水建筑物布置方案优化设计进行探讨。

3　泄水建筑物优化设计

本工程大坝高度属中坝,经过前期方案比选,泄水建筑物选择表孔和低孔相结合的型式。

3.1　设计原则

(1)结合施工布置的需要,便于其他建筑物的施工。

(2)泄水建筑物运行方便、布置简单、结构可靠、工程量省。

(3)尽可能减少上游水位壅高,泄水建筑物泄流能力要求较大,以减少库区淹没,同时为了满足水库和发电厂房的防淤排沙要求,需要进行拦沙、排沙设计。

3.2　泄水方案比较

根据水库防洪泄流要求,水库在汛限水位时的泄流量应尽量大些,可避免因泄流能力的限制而增加非必须的防洪库容,因此水库洪水泄流方式选用有闸控制的表孔和低孔一起参与泄流。工程布置情况,经初步方案比较筛选后拟定表孔为 5 孔和两种低孔数(5 孔和 6孔)及三种表孔数(4 孔、5 孔和 6 孔)和 6 孔低孔组合进行比选。表孔堰顶高程均为 47.0m,单孔净宽 12 m;低孔堰顶高程均为 34.5 m,单孔净宽 12 m,孔口高度为 9 m。

3.2.1　低孔溢流坝孔数比较

为满足防洪调度泄流要求,以尽可能减少水库淹没,满足 50 年一遇以下洪水时可有效降低水库水面线的壅高来确定低孔溢流坝泄流能力。据工程布置情况,拟定低孔溢流孔数为 5 孔和 6 孔两种方案进行比较(低孔数超过 6 孔需要在滩地上布置,工程开挖量及投资要大幅增加,经济上明显不利)。低孔孔数方案比较时,表孔均按 5 孔方案进行。两种方案泄流能力成果见图 1。由图 1 可知,当库水位为汛限水位 50 m 时,低孔为 6 孔方案的泄流量为4 276 m^3/s,小于水库防洪调度需在汛限水位时的泄流量不小于 4 800 m^3/s 的要求,因此该泄流孔方案仍然存在由于泄流能力的限制而增加非必须的防洪库容情况。

经洪水调节计算比较(见表 1),汛限水位 50 m 方案,两种泄流规模所需的防洪库容(由典型年洪水调洪确定)分别为 3.009 亿 m^3 和 2.964 亿 m^3,防洪高水位分别为 62.40 m 和 62.30 m,$P=0.1\%+\delta$ 校核洪水位分别为 63.77 m 和 63.51 m;$P=0.05\%+\delta$ 校核洪水位分别为64.55 m 和 64.30 m。经统计库区淹没影响实物指标及对各方案淹没补偿标准回水线推算,两方案的库区淹没相差为:淹没房屋 18 769.7 m^2、移民 396 人。6 低孔与 5 低孔方案比较如下:

(1)6 低孔与 5 低孔相比,设计洪水位(100 年一遇标准)降低幅度为 0.14 m。

(2)6 低孔与 5 低孔相比,校核洪水位(1 000 年一遇标准)降低幅度为 0.26 m。

(3)6 低孔与 5 低孔相比,校核洪水位(2 000 年一遇标准)降低幅度为 0.25 m。

(4)6 低孔与 5 低孔相比,淹没房屋 18 769.7 m^2、减少移民 396 人。

低孔溢流宽度为每孔 12 m,边墩厚度为 3 m,缝墩厚度 6 m。每增加一孔低孔,相应土石坝段长度减少约 18 m,低孔溢流坝坝段长度增加 18 m。从表 1 中可知,5 表 6 低方案可以节省工程总投资 1 131.23 万元。

经综合比较,本阶段设计推荐 6 低孔泄流建筑物方案。

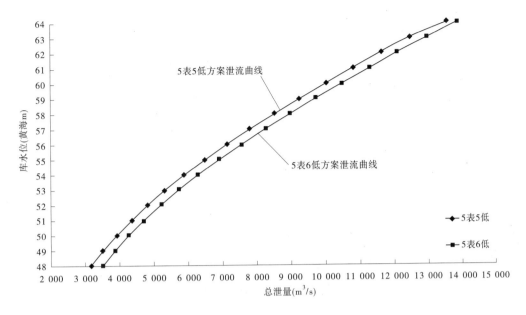

图1 浯溪口水库上坝址低孔孔数方案泄流曲线比较

表1 低孔孔数方案比较特征水位及相应投资成果

序号	项目	单位	方案1					方案2				
1	泄流尺寸		表孔:5孔;低孔:5孔					表孔:5孔;低孔:6孔				
2	堰顶高程	m	表孔:47;低孔:34.5					表孔:47;低孔:34.5				
3	洪水频率		$P=20\%$	$P=5\%$	$P=1\%$	$P=0.1\%$	$P=0.05\%$	$P=20\%$	$P=5\%$	$P=1\%$	$P=0.1\%$	$P=0.05\%$
4	坝址洪峰流量	m³/s	4 310	6 950	10 060	16 000	17 500	4 310	6 950	10 060	16 000	17 500
5	起调水位	m	50.00	50.00	50.00	50.00	50.00	50.00	50.00	50.00	50.00	50.00
6	相应库容	亿m³	0.811	0.811	0.811	0.811	0.811	0.811	0.811	0.811	0.811	0.811
7	防洪高水位	m	50.27	55.02	62.34	62.40	62.40	50.01	54.73	62.20	62.30	62.30
8	相应库容	亿m³	0.839	1.524	3.791	3.82	3.82	0.811	1.467	3.729	3.775	3.775
9	防洪库容	亿m³	0.028	0.713	2.98	3.009	3.009	0	0.656	2.918	2.964	2.964
10	最高调洪水位	m	50.27	55.02	62.34	63.77	64.55	50.01	54.73	62.20	63.51	64.30
11	相应库容	亿m³	0.839	1.524	3.791	4.482	4.874	0.811	1.467	3.729	4.347	4.747
12	最大泄量	m³/s	4 029	5 400	10 060	13 313	14 162	4 277	5 400	10 060	13 423	14 143
13	相应坝下水位	m	45.00	47.14	52.30	55.18	55.89	45.39	47.14	52.30	55.27	55.87
17	土建+相关投资	万元	17 543.56					18 524.42				
18	水库淹没投资	万元	239 959.8					237 847.6				
19	工程表态总投资	万元	316 757.31					315 626.08				
20	差额投资	万元	1 131.23									

3.2.2 表孔泄流规模比较

大坝泄流能力加强可以降低水库校核洪水位,从而降低坝顶高程,降低大坝工程建筑投资。工程投资可能会随着表孔孔数的增加而增长,所以需对表孔溢流坝的溢流净宽进行比较。据工程布置,在工程可行性研究阶段分析比较基础上,拟定表孔孔数为 4 孔(简称方案 1)、5 孔(简称方案 2)和 6 孔(简称方案 3)3 种方案进行比选。表孔每孔溢流宽度均为 12 m,堰顶高程均为 47.0 m,各方案泄流曲线比较见图 2。

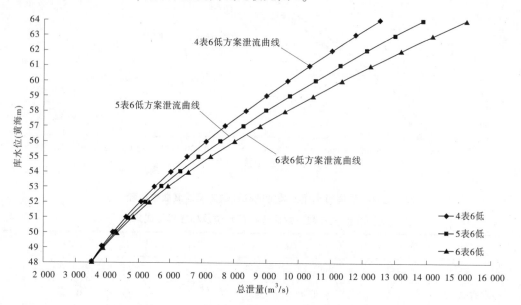

图2 各方案泄流曲线比较图

经洪水调节计算比较(见表 2),汛限水位 50 m 方案,三种泄流规模所需的防洪库容均为 2.964 亿 m³(由典型年洪水调洪确定),防洪高水位均为 62.30 m,$P = 0.05\% + \delta$,校核洪水位分别为 65.16 m、64.30 m 和 63.62 m。

从表 2 可知,随着表孔孔数的增多,校核洪水位 $P = 0.05\%$ 降低幅度分别为 0.86 m 和 0.68 m。5 表 6 低方案工程投资比 6 表 6 低工程投资少 899 万元,比 4 表 6 低工程投资多 1 227 万元。经综合分析,从有利于工程布置且考虑到适当加大表孔泄流能力可更有利与水库防洪调度,本阶段设计推荐 5 表 6 低泄流建筑物方案。各方案调洪成果及投资比较见表 2。

3.2.3 溢流坝孔口尺寸确定

受地形限制,表孔溢流坝布置在高程为 46.0~48.0 m 的左侧滩地,高程不宜低于 47.0 m,可选择的范围有限。在选定的 5 表 6 低方案的基础上,比较加大溢流净宽,抬高堰顶高程的泄流方式。比选堰顶高程 47.0 m,单孔宽度 12.0 m 和堰顶宽度 48.0 m,单孔宽度 14.0 m 两种方案进行比较。两种方案泄流能力计算成果比较表见图 3(图中堰顶高 47 m,孔宽 12 m 方案为方案一,堰顶高 48 m,孔宽 14 m 方案为方案二)。

表2 浯溪口水库泄流规模比较调洪成果及相应投资成果
（采用坝址频率洪水调洪）

序号	项目	单位	方案1		方案2		方案3	
1	泄流尺寸		表4孔,低6孔		表5孔,低6孔		表6孔,低6孔	
2	堰顶高程	m	表孔:47;低孔:34.5					
3	洪水频率		$P=2\%$	$P=0.05\%+\delta$	$P=2\%$	$P=0.05\%+\delta$	$P=2\%$	$P=0.05\%+\delta$
4	坝址洪峰流量	m³/s	8 690	16 000	8 690	16 000	8 690	16 000
5	起调水位	m	50.00	50.00	50.00	50.00	50.00	50.00
6	相应库容	亿m³	0.811	0.811	0.811	0.811	0.811	0.811
7	防洪高水位	m	62.30	62.30	62.30	62.30	62.30	62.30
8	相应库容	亿m³	3.775	3.775	3.775	3.775	3.775	3.775
9	防洪库容	亿m³	2.964	2.964	2.964	2.964	2.964	2.964
10	最高调洪水位	m	59.67	65.16	59.63	64.30	59.59	63.62
11	相应库容	亿m³	2.788	5.185	2.774	4.474	2.76	4.401
12	最大泄量	m³/s	5 400	13 406	5 400	14 143	5 400	14 801
13	相应坝下水位	m	47.14	55.26	47.14	55.87	47.14	56.42
14	土建投资+金属结构投资	万元	15 123		16 350		17 249	
15	投资差额	万元	−1 227		−899			

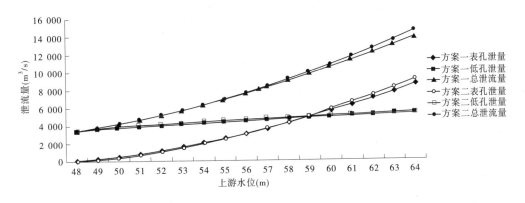

图3 表孔孔口型式各方案泄流能力计算成果对比

两种泄流方案特征水位及坝顶高程见表3。

表3　表孔孔口型式各方案特征水位及坝顶高程

项目	土坝坝顶高程（m）	重力坝坝顶高程（m）	设计洪水位（$P=1\%$）（m）	设计洪水位（$P=5\%$）（m）	设计洪水位（$P=20\%$）（m）	校核洪水位（$P=0.05\%$）（m）	校核洪水位（$P=0.1\%$）（m）
堰顶高程48 m 孔宽14 m	65.15	65.15	62.22	54.77	50.02	63.94	63.23
堰顶高程47 m 孔宽12 m	65.50	65.50	62.20	54.73	50.01	64.30	63.51

依据上节分析，同理对各方案的工程投资进行比较，见表4。从表中可知堰顶高程47 m 孔宽12 m 方案比堰顶高程48 m 孔宽14 m 方案投资少605万元。经综合比较，选堰顶高程47 m 孔宽12 m 方案为推荐方案。

表4　表孔孔口型式各方案（5表6低）投资比较

编号	项目名称	单位	孔口净宽12 m 堰顶高程47 m	孔口净宽14 m 堰顶高程48 m
一	土建投资	万元	8 514	8 914
二	金属结构投资	万元	7 726	7 931
三	土建投资+金属结构投资	万元	16 240	16 845

为满足防洪调度原则的要求，以减少水库淹没，满足小频率洪水时有效降低水库水面线的壅高来确定低孔溢流坝的泄流能力。低孔堰顶高程在虑低孔对厂房取水口冲砂的要求下，根据主河床的高程来确定，低孔溢流坝堰顶高程宜略高于坝址处河床高程，从而确定堰顶高程为34.50 m，低孔溢流坝采用胸墙和闸门联合挡水，为尽量加大低孔溢流坝的泄流能力，孔口高度定为9 m，单孔宽度根据挡水水头及常规闸门启闭力要求，确定为12 m。孔高考虑到启闭设备的布置和孔口淹没深度的要求不宜大于9 m。推荐方案泄流能力成果见图4。

4　结　语

本文通过对几种方案泄流能力、淹没范围、工程投资等方面的比选，表明采用表孔和低孔相结合的泄流建筑物的设置方案是合适的。采用表孔和低孔相结合型式，溢流建筑物的规模能满足设计水库调度泄流能力要求，低孔在低水位时泄流能力大，有利于减少库区淹没，低孔溢流坝能很好地对电站进水口起到拉砂、排砂效果；表孔堰顶高程高，可布置在滩地，在高水头的情况下，表孔的泄流能力大，降低校核洪水位效果明显，可降低坝高。

工程建成后，景德镇市的防洪标准经水库调节后，可从20年一遇提高到50年一遇，减免坝址下游沿岸保护区的洪灾损失，经济效益和社会效益十分显著。

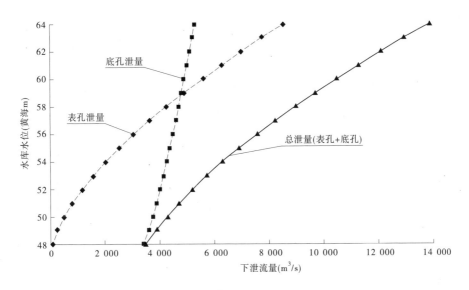

图4 浯溪口水利枢纽工程泄流能力曲线

参 考 文 献

[1] 刘志明,王德信,汪德爟. 水工设计手册[M]. 北京:中国水利水电出版社,1983.
[2] 李炜. 水力计算手册[M]. 2版.北京:中国水利水电出版社,2006.
[3] 林继镛,王光纶. 水工建筑物[M].5版.北京:中国水利水电出版社,2009.
[4] 万玲,邹娟茹. 塘澄水库工程泄洪建筑物布置与设计[J]. 水利规划与设计,2017,12.
[5] 杨秀东. 岩门子水库枢纽平面布置继泄洪建筑物设计[J]. 吉林水利,2018,05.
[6] 杨家卫,薛芝龙,马麟. 小湾水电站泄洪建筑物布置优化研究[J]. 水力发电,2004,10.
[7] 张林. 月潭水库枢纽工程泄洪建筑物优化设计[J]. 工程与建设,2017,01.

【作者简介】 吴正东(1989—),男,工程师。E-mail:872714221@qq.com。

东台子水库沥青混凝土心墙堆石坝设计

贾庆稳　陈永彰　张　希

(辽宁省水利水电勘测设计研究院有限责任公司,沈阳　110006)

摘　要　东台子水库枢纽工程坐落在深厚覆盖层上,主坝为沥青混凝土心墙堆石坝,充分利用当地材料,减少了征地困难且节省工程投资;综合考虑坝体变形协调和渗流稳定,进行合理的坝体设计,为深厚覆盖层区堆石坝工程提供设计参考。

关键词　沥青心墙堆石坝;深厚覆盖层;变形协调;坝体设计

1　工程概况

东台子水库枢纽工程位于内蒙古赤峰市林西县新城子镇下场乡,西拉木伦河与一级支流莘塘河汇合口下游,控制流域面积 10 764.4 km²,总库容 3.21 亿 m³。东台子水库是一座以防洪、供水为主,兼顾灌溉和发电为建设任务的综合利用大(二)型 Ⅱ 等水利枢纽工程。主要建筑物包括沥青混凝土心墙堆石坝、右岸泄洪建筑物、引水建筑物、电站和鱼道等。

主坝坝型为沥青混凝土心墙堆石坝,堆石坝主要坐落在河床及左侧阶地段,坝顶高程 678.53 m,最大坝高 45.8 m。建筑物设计洪水标准为 100 年一遇,校核洪水标准为 2 000 年一遇。抗震设防烈度采用地震基本烈度为 6 度,设计地震动峰值加速度采用场地 50 年超越概率 10%地面水平地震动峰值加速度为 0.06g。

堆石坝典型断面如图 1 所示,堆石坝上游坡比 1∶1.7,高程 668.0 m 以上采用干砌料石护坡,高程 668.0 m 以下采用 1.0 m 厚大块石理砌块石护坡,上游不设马道;下游坡比为 1∶1.7,采用框格混凝土碎石护坡,护坡厚度为 0.3 m。在大坝下游坝坡高程 660 m 处设置 2.0 m 宽马道。

坝体中部偏上游侧设置一道沥青混凝土心墙,心墙顶高程为 676.50 m,厚度为 0.50 m,心墙上部与钢筋混凝土防浪墙相接,下部与基础混凝土防渗墙相连,最大高度为 42.60 m。心墙两侧设两层过渡层。第一层过渡层铺设水平宽度 2.0 m 厚的砂砾石,顶高程与沥青心墙相同;第二层过渡层为台阶状,顶高程 672.3 m,水平宽度 2.0 m,在高程 650.0 m 处扩展为 4.0 m,在高程 642.0 m 处扩展为 6.0 m。心墙与基础混凝土防渗墙连接时,在相接处设置混凝土基座,基座呈倒"凸"字型,加厚的沥青混凝土心墙坐落在基座上。

2　地质条件

东台子水库所在的西拉木伦河流域属于大兴安岭南段山地与燕山山脉交汇处,境内以山地、丘陵为主,地势呈西北高、东南低,最高点海拔高度为 1 880 m,最低点西拉木伦河河谷,海拔高度为 645 m。

工程区位于华北地台与兴蒙古生代地槽褶皱系分界的北侧,属于内蒙古中部地槽褶皱

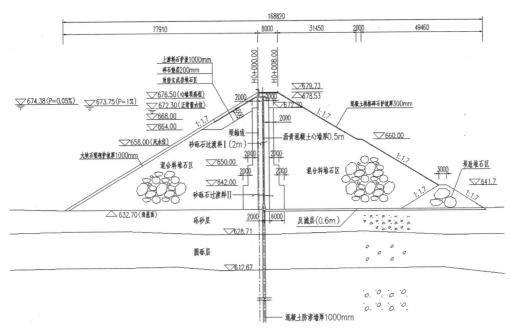

图 1　堆石坝典型断面图

系、苏尼特右旗晚华力西褶皱带、哲斯—林西复向斜。西拉木伦河断裂位于华北地台与兴蒙古地台分界处,该断裂规模较大。工程区位于西拉木伦河断裂带及影响范围内,经研究分析该断裂为古老非活动性断裂。

依据坝址区地层结构特征及清基厚度,将工程区分为山前堆积段、阶地段、低漫滩及河床段、右岸高漫滩段。由于坝体长,地形变化大,覆盖层厚度不一,坝基地层岩性有差异,坝高及坝体荷载差异均较大,沿坝轴线方向存在不均匀沉降问题。

坝址区覆盖层深厚,基岩埋深大于80 m占坝轴线总长度的59%。覆盖层岩性由上至下分别为粉细砂、中砂夹圆砾、砾砂、卵石、卵石夹漂石及冰积卵石(下部随机分布有玄武岩孤石),一般厚度为70~90 m,最大厚度约128 m,位于河谷中部,向两侧厚度逐渐变小。砾砂、卵石层颗粒级配差。表层粉细砂及浅表层中砂夹圆砾层为松散状,其余地层均为中密—密实状。覆盖层②层中砂夹圆砾、③层砾砂及③-1圆砾层渗透系数为30~35m/d(3.47~4.0×10^{-2}cm/s),为强透水;中下部④层卵石及⑤层冰积卵石渗透系数为1~6.3 m/d(1.0~7.3×10^{-3}cm/s),为中等透水;左坝端花岗片麻岩以弱透水为主,局部为中等透水—强透水,右坝端玄武岩以弱透水—中等透水为主,局部为强透水,河床底部花岗片麻岩及玄武岩多为弱透水,局部中等透水。

3　堆石坝料设计

根据天然建筑材料的调查情况分析:土料料场剥离量大、储量不足、运距较远,诸多不利因素决定主坝不宜采用均质土坝坝型;砂砾料上层粉细砂覆盖层较厚,剥离量大,而且所采砂砾层均位于水下,开采受汛期及丰水期水位变化影响大,开采困难,用料成本巨大,且不满足反滤料要求。因此,不宜作为砂砾石坝坝壳料的料场,而且工程区坝址附近无优质砂砾料的天然料场。当地石料储量丰富且质量较好,故选择以石料为主的堆石坝型作为本工程拦河主坝的基本坝型。

3.1　坝壳堆石料设计

　　通过料场比较,坝体右岸石料场距离坝址较近,运输方便,且可充分利用混凝土坝段及泄水渠开挖石方,优先考虑作为堆石料场。

　　右岸石料场、混凝土坝段及泄水渠岩性为玄武岩,物理指标见表 1。

表 1　料场物理指标

岩性	项目	干密度（g/cm³）	天然密度（g/cm³）	饱和密度（g/cm³）	比重	自然吸水率（%）	饱和吸水率（%）	孔隙率（%）
花岗片麻岩	LS1	2.85	2.86	2.87	2.97	0.35	0.69	2.85
	LS2	2.83	2.84	2.85	2.95	0.38	0.72	2.83
	平均值	2.84	2.85	2.86	2.96	0.37	0.71	2.84
致密状玄武岩	平均值	2.62	2.65	2.72	2.85	1.77	3.98	
气孔状玄武岩	平均值	2.37	2.42	2.54	2.80	2.60	7.17	2.35

岩性	项目	抗压强度（MPa）		软化系数	冻融损失率（%）	硫酸盐及硫化物含量（%）
		干	饱和			
堆石料(弱风化)原岩质量指标			>30	>0.75	<1%	
花岗片麻岩	LS1	128.30	118.00	0.92	0.14	0.07
	LS2	116.40	115.20	0.90	0.16	0.08
	平均值	122.35	116.60	0.91	0.15	0.075
致密状玄武岩	平均值	110.54	82.57	0.75	0.25	0.06
气孔状玄武岩	平均值	48.33	37.35	0.71	0.16	0.08

　　库区右岸的玄武岩,广泛分布于沟谷处的第四系地层,玄武岩强度随气孔含量的增大而减少,致密状弱风化玄武岩属中硬岩—坚硬岩,少气孔状玄武岩饱中硬岩,多气孔状玄武岩属较软岩—中硬岩。多气孔、少气孔及致密状玄武岩呈互层状,少气孔及致密状玄武岩可作为堆石料,多气孔状玄武岩(气孔率约占 45%)饱和抗压强度值为 37.35 MPa,偏小,且干密度值较低,应与致密状玄武岩混合后使用。若坝壳料全部采用致密状玄武岩与少气孔状玄武岩,将产生大量的弃料,堆石料单价将有所提高,并且将致密状玄武岩与多气孔状玄武岩分离也较困难。综合考虑,在坝体上游防冰区域的部分采用气孔率不大于 10%的致密玄武岩填筑,其余坝体填筑采用混合料。

3.2　过渡层砂砾石料

　　分别在沥青混凝土心墙上、下游侧与坝壳堆石料之间设置两层砂砾石过渡料,第一层过渡层料选用经筛选的天然砂砾石料,填料厚度为 2.0 m,最大粒径 40 mm,小于 0.075 mm 的颗粒含量不超过 5%。要求砂砾石填筑相对密度不小于 0.8。第二层过渡层料以人工骨料为主,掺入部分经筛选的天然砂砾石料,水平宽度 2.0 m,最大粒径 100 mm,小于 0.075 mm 的颗粒含量不超过 5%,级配连续,要求砂砾石填筑相对密度不小于 0.8。

3.3 下游坝基反滤层设计

下游坝基与堆石料接触面设置反滤层,以保证不发生渗透变形并保证渗漏水通畅排出。反滤层设计按照《碾压式土石坝设计规范》附录 B 计算,由于阶地段坝基材料主要为中砂加圆砾,河床段坝基主要为砾砂,两者颗粒级配不同,分别计算。

3.3.1 阶地段反滤层设计

阶地段坝基以中砂加圆砾层为主,被保护土为无黏性土,不均匀系数 2.64,小于 5~8,其反滤层的级配宜按照下式计算:

$$D_{15} / d_{85} \leq 4 \sim 5$$
$$D_{15} / d_{15} \geq 5$$

反滤层需符合下式要求: $0.90 \text{ mm} \leq D_{15} \leq 3.6 \sim 4.5 \text{ mm}$

3.3.2 河床段反滤层设计

河床段坝基以砾砂层为主,被保护土为无黏性土,不均匀系数 56.6,大于 8,则取 $C_u \leq 5 \sim 8$ 的部分作为计算粒径。

反滤层需符合下式要求:

$$1.20 \text{ mm} \leq D_{15} \leq 10.24 \sim 12.8 \text{ mm}$$

通过上述计算,经过综合考虑,本工程反滤粒径统一采用 $1.20 \text{ mm} \leq D_{15} \leq 4 \text{ mm}$。考虑采用机械施工,并保证有效厚度,反滤层厚度确定为 0.6 m 厚。

4　堆石坝坝基处理

4.1　坝基清理

主河床漫滩部位表层分布 1~3.7 m 厚的粉细沙层,结构松散;一级阶地部位表层分布约 10 m 厚的风积粉细砂层,结构松散,承载能力低,不满足坝基稳定要求。这些土体均不能作为坝基,应清除,初步确定平均清基深度为 6.0 m,坝基坐落在清基后的中度密实的中砂层上。坝体清基后,基础面采用重型振动碾洒水碾压后,再用重型夯板强夯一遍。

左右坝端基岩坡面,筑坝前应清除松动岩石、凹处积土和突出岩石,对张开裂隙用水泥浆封堵。左坝端基岩坡面约在 23.50°~55.00°,上缓下陡,对坡面变坡角较大处进行削坡处理,控制变坡角小于 20°。岩石开挖边坡采用 1:0.5~1:0.75,坝基砂砾石开挖边坡采用 1:1.5。

4.2　坝基覆盖层防渗处理

4.2.1　地质条件

坝基第四系覆盖层最大厚度为 128.0 m,其中阶地表层的中砂夹圆砾层及河床、漫滩表层的砾砂层渗透系数为 30~35 m/d($34.7 \times 10^{-3} \sim 40.0 \times 10^{-3}$ cm/s),为强透水;下部的卵石层及冰积层渗透系数为 1~6.3 m/d($1.1 \times 10^{-3} \sim 7.3 \times 10^{-3}$ cm/s),为中等透水。各地层中存在中、细砂夹层,不同部位渗透性有一定差异,冰积层渗透性与砂卵砾石层比,相对较小,但其渗透性依然为中等透水(渗透系数 $1.1 \times 10^{-3} \sim 1.2 \times 10^{-3}$ cm/s),因此坝基覆盖层必须做防渗处理。

堆石坝段各土层允许水力比降建议值为:中砂夹圆砾层为0.34~0.48;砾砂层为0.25~0.30;卵石层为0.10~0.20。

4.2.2　防渗深度的确定

工程区覆盖层深厚,水平层次非常显著,具有强渗漏带时,对于中、高坝应采用垂直防渗措施。首选考虑悬挂式防渗的合理性,分别考虑防渗的悬挂深度为70 m、80 m和到达漂石层为界线,并对各个深度的防渗效果进行有限元数值分析,采用《岩土通用有限元分析软件Midas GTS NX》计算。渗漏量计算采用正常蓄水位计算工况。

各悬挂深度渗漏量计算结果见表2。库区多年平均渗漏量见表3。

表2　悬挂混凝土防渗墙渗流计算成果

悬挂深度	70 m	80 m	漂石层
渗漏量(m³/a)	2 356万	1 729万	1 581万

表3　库区多年平均渗漏量

水位 (m)	水库面积 (km²)	规划渗漏 (mm/a)	规划多年平均渗漏量 (亿 m³/a)	计算渗漏量 (亿 m³/a)
658.0	8.86	1 500	0.13	
666.0	13.51	1 500	0.20	
672.3(正常蓄水位)	19.98	1 500	0.30	0.16

本工程最大坝高45.8 m,水头为37.8 m,根据地质勘查成果,卵石层底部施工难度相对较大的漂石层深度为75~98 m,如采用悬挂防渗墙,底部座落于漂石层,最大深度为98 m,防渗墙总面积为96 590 m²。鉴于地质勘查成果精度的局限性,且本工程防渗断面长度较大(约1.5 km),考虑到工程的重要性,为了保证工程的安全可靠,基于百米级防渗墙施工工艺成熟且经验丰富,确定采用全断面封闭的防渗形式,最大深度为122 m,总面积为104 896 m²。

4.2.3　防渗形式的选定

根据坝址区松散地层的分布及结构,结合目前国内深厚砂砾石层基础防渗处理技术的发展水平及类似工程的经验,同时根据《碾压式堆石坝设计规范》中"能可靠而有效地截断坝基渗透水流的垂直防渗措施,在技术条件可能而又经济合理时应优先采用"的要求,拟采用三种垂直防渗的处理方案,即帷幕灌浆、混凝土防渗墙和上墙下幕方案。

经比较,灌浆帷幕方案可靠性差,混凝土防渗墙全封闭方案和70 m深混凝土防渗墙下接4排灌浆帷幕方案均适合本工程的坝基防渗。混凝土防渗墙全封闭方案和70 m深混凝土防渗墙下接4排灌浆帷幕方案相比,投资相差不大,但方案二防渗效果、可靠性、耐久性优于方案三;而方案三需增加灌浆廊道和冰积层灌浆设施、设备,也增加覆盖层中空钻孔量,幕体质量很难控制和保证。综上因素分析,确定选用方案二全封闭混凝土防渗墙形式。

4.2.4　防渗墙体设计

混凝土防渗墙中心线桩号为0+002.000 m,厚度1.0 m,防渗墙顶高程为大坝建基面,并与坝体沥青混凝土心墙相接,防渗墙深入下部基岩内1.0 m。

5 沥青混凝土心墙设计

5.1 沥青混凝土心墙形式选择

沥青混凝土心墙常用两种形式:浇筑式和碾压式。

5.1.1 浇筑式沥青混凝土心墙

浇筑式沥青混凝土心墙施工机械化程度较低,工序较复杂,且施工质量不易控制;其最大的优点是可以在低温季节施工,因而在北方地区应用较多,但根据本工程的具体情况看,坝体断面较大,控制工程进度的是坝壳料的填筑而非心墙的浇筑,即使在冬季进行心墙施工也不能缩短工期,因此这一优势在本工程中无法体现。

浇筑式沥青混凝土心墙适用于中低高度的土石坝,目前国内采用浇筑式沥青混凝土心墙的土石坝大多坝高在 20~40 m 之间,较高的土石坝上采用此种方式缺乏成功经验,而本工程的坝高在 42 m 左右。

5.1.2 碾压式沥青混凝土心墙

碾压式沥青混凝土心墙可适用于坝高在 150 m 以下的土石坝。碾压式沥青混凝土心墙在国内应用较多,尤其近年来随着现代化的专用摊铺碾压设备的出现和应用,使得施工速度明显加快,施工质量明显提高,使其应用得到了进一步推广。

近年来,我国已有茅坪溪、冶勒及尼尔基等较大型的工程采用了碾压式沥青混凝土心墙做为坝体防渗体,坝高超过了 100 m,取得了较丰富的经验,尤其是在地处寒冷地区的尼尔基工程成功运用,积累了在寒冷地区进行碾压式沥青混凝土施工的宝贵经验,对本工程借鉴意义极大。

根据工程量估算了两种形式沥青混凝土心墙的投资,结果表明,碾压式沥青混凝土心墙投资比浇注式沥青混凝土心墙要少 351 万元。

综上所述,浇筑式沥青混凝土心墙优势在本工程中无法体现,碾压式沥青混凝土心墙施工工艺先进并且施工质量容易保证,选用碾压式沥青混凝土心墙作为土石坝的防渗体。

5.2 碾压式沥青混凝土设计指标及配合比

沥青混凝土的粗骨料以采用碱性骨料轧制的碎石为宜,坝址区附近岩石岩性均为第三系碱性玄武岩,满足规范要求。

为了获得最佳的试验配合比,设计了 4 种满足要求的矿料级配,进行室内沥青混凝土配合比试验。根据试验可知,选用的盘锦 90# 重交通道路沥青、玄武岩骨料、矿粉组合的沥青混凝土均可满足碾压式沥青混凝土设计要求。为保证骨料加工质量,建议现场采用二次破碎的加工方式生产骨料,两次破碎不宜都采用锷式破碎机破碎,应先用锷式破碎机破碎,再用反击式或锤式破碎机破碎,避免加工后的骨料针片状颗粒超标。

采用盘锦 90# 重交通道路沥青、玄武岩骨料和矿粉。配制的碾压式沥青混凝土推荐配合比表 4。

表 4 碾压式沥青混凝土推荐配合比

骨料种类	各粒级(mm)骨料比例(%)				矿粉含量(%)	沥青含量(%)
	10~20	5~10	3~5	0~3		
玄武岩	19	17	14	33	17.0	7.0

6　堆石坝整体稳定

6.1　渗流及渗透稳定计算

根据规范规定,应采用数值法进行渗流计算。选择了具有代表性的五个典型断面 1—1(桩号主坝 0+209)、2—2(桩号主坝 0+397)、3—3(桩号主坝 0+787)、4—4(桩号主坝 1+080)、5—5(桩号主坝 1+208),作为平面稳定渗流计算问题进行处理,并利用分段综合的方法计算主坝渗流量。

6.1.1　计算工况

渗流计算考虑以下两种计算工况:

(1)正常蓄水位。上游水位 672.3 m,下游水位 635.50 m。

(1)设计洪水位。上游水位 673.75 m,下游水位 636.87 m。

6.1.2　计算参数选择

计算中近似认为渗透系数水平和垂直方向相等。渗透系数选择见表5。

表 5　渗透系数取值

名称	沥青混凝土心墙	过渡区砂砾石	坝基上层中砂夹圆砾	坝基上层圆砾	坝基中层卵石	坝基下层漂石	坝基下层冰积石	坝基防渗墙
渗透系数(cm/s)	$1×10^{-8}$	$2.7×10^{-2}$	$3.5×10^{-2}$	$4.0×10^{-2}$	$6.0×10^{-3}$	$7.27×10^{-3}$	$1.1×10^{-3}$	$2×10^{-7}$

渗漏量计算采用正常蓄水位计算工况;渗透稳定计算采用设计洪水位计算工况。

土石坝正常蓄水位时渗漏量为:$Q=61.2$ 万 m^3/a。

主坝浸润线及主坝最小 k 值滑弧位置见图 2。

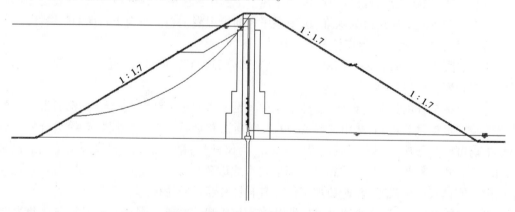

图 2　正常水位浸润线及稳定滑弧图

堆石坝不存在下游坝坡渗透破坏问题,因此只需计算坝基的渗透坡降。坝基的渗透坡降是根据渗流计算成果绘制的流网图,经分析计算得出的。坝基表面的最大出逸比降 $J=0.06<[J]=0.27$,满足要求。

6.2　稳定计算

土石坝抗滑稳定安全系数成果见表 6。

表6 土石坝上、下游坝坡抗滑稳定安全系数

部位	工况		主坝	规范允许值
上游坝坡	正常运用	正常蓄水位稳定渗流期	1.547	1.35
		1/2坝高库水位稳定渗流期	1.422	
		1/3坝高库水位稳定渗流期	1.424	
		1/4坝高库水位稳定渗流期	1.431	
		设计水位稳定渗流期	1.590	
	非常运用I	校核水位稳定渗流期	1.612	1.25
		施工完建期	1.509	
下游坝坡	正常运用	正常蓄水位稳定渗流期	1.529	1.35
		设计水位稳定渗流期	1.474	
	非常运用I	施工完建期	1.529	1.25
		校核水位稳定渗流期	1.473	

计算成果表明:设计选定的坝坡,其抗滑稳定满足规范要求。

6.3 坝体、坝基应力及变形计算

采用《岩土通用有限元分析软件 Midas GTS NX》计算,该程序由北京迈达斯技术有限公司编制。

本次采用了邓肯 E-B 模型进行心墙坝二维有限元计算。坝壳料、砂砾石过渡料、基础垫层料和沥青混凝土心墙料等同样采用此类本构模型。防渗墙和基座采用线弹性材料,混凝土标号为C25。静力计算参数见表7~表10。防渗墙厚度为1.0 m。心墙、防渗墙以及基座均采用四边形单元,坝体采用四边形及少量退化的三角形单元。在心墙和基座与过渡料、防渗墙与覆盖层地基土交界面等位置设置了4节点 Goodman 单元。接触面的本构关系采用邓肯和克拉夫提出的双曲线模型。

坝体填筑和蓄水有限元模拟的荷载步共分为19级,分层模拟大坝的施工过程。正常蓄水位672.3 m,竣工期为第19步。坝体填筑完成后进行稳态渗流分析,将渗流计算的结果提取后施加在坝体进行下一步的应力计算。

典型断面有限元网格见图3。

表7 筑坝材料静力计算参数

材料名称	天然容重(kN/m³)	φ_0	$\Delta\varphi$	c(kPa)	R_f	K	n	K_b	m
致密玄武岩堆石料	20.3	54.4	10.5	—	0.72	1 100	0.24	683	0.10
混合堆石料	19.6	51.4	9.6	—	0.71	1 000	0.18	474	0.15
砂砾石过渡料	21.5	43.0	2.6	—	0.72	548	0.19	173	0.15
沥青混凝土心墙	24.0	24.0	0	360	0.82	600	0.40	300	0.30

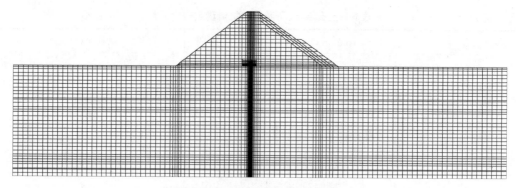

图 3 典型断面的整体有限元模型

表 8 覆盖层地基土静力计算参数

材料名称	浮容重(kN/m³)	φ_0	$\Delta\varphi$	c(kPa)	R_f	K	n	K_b	m
中砂夹圆砾层	9.5	31.2	1.0	—	0.89	259	0.49	57	0.10
卵石	11.5	48.0	8.1	—	0.85	1500	0.45	700	0.20
砾砂	9.5	44.3	4.2	—	0.88	1620	0.53	780	0.32
圆砾	10.5	43.5	3.6	—	0.93	777	0.48	256	0.15
冰积砂卵石层	13.9	48.4	4.5	—	0.75	876	0.71	1 036	0.53

表 9 泥皮静力计算参数

材料名称	φ_0	c	R_f	K	n
泥皮(地基土与防渗墙之间)	11.0	10 500	0.89	600	0.80

表 10 混凝土材料静力计算参数

材料名称	ρ(g/cm³)	E(MPa)	υ
混凝土防渗墙和基座(C25)	2.4	28 000	0.167

坝体及心墙计算结果见表 11。

表 11 计算最大值(应力以压为正)

项目		最大值	
		竣工期	满蓄期
坝体位移 (cm)	向上游位移	18	9
	向下游位移	16	25
	竖向沉降	76	62
坝体应力 (MPa)	第一主应力	0.88	0.92
	第三主应力	0.60	0.45

续表 11

项目		最大值	
		竣工期	满蓄期
沥青心墙位移（cm）	水平向位移	4.7(向上游)/1.84(向下游)	21.9(向下游)
	竖向沉降	66.6	50.5
沥青心墙应力（MPa）	最大压应力	4.58	1.81
	最大拉应力	—	—

有限元分析主要结论和建议如下：

（1）坝体位移。

竣工期，坝体以心墙和防渗墙为中心线分别向上、下游变形，水平向上、下游位移最大值分别为 0.18 m 和 0.16 m；坝体竖向沉降以心墙和防渗墙为中心线基本上对称分布，最大值为 0.76 m。满蓄期，坝体向上游变形区域和数值减小，最大值为 0.09 m；向下游变形区域和数值增大，最大值为 0.25 m；坝体沉降最大为 0.62 m，较竣工期有所减小。

最大沉降发生在坝壳与覆盖层交界处，表明地基模量对大坝变形影响较大，可采取一定的工程措施提高坝基密实指标，减小坝基的沉降。

（2）心墙应力。

竣工期和满蓄期的心墙最大压应力分别为 4.58 MPa 和 1.81 MPa，发生在心墙底部，心墙没有出现拉应力，竖向应力大于水压力，不会发生水力劈裂或拉裂现象。

7 结　语

东台子水库覆盖层最大深度达 122 m，水平层次显著且具有强渗漏带，坝基采用全封闭混凝土防渗墙形式，保证了坝体渗漏及渗流安全。为保证坝体整体变形协调，在沥青混凝土心墙上、下游侧与坝壳堆石料之间设置两层砂砾石过渡料，并将第二层过渡料阶梯型布置，充分发挥了其变形过渡作用，为同类工程的设计提供了参考和方案借鉴。

因现场取样和试验误差等多种因素，有限元计算参数无法完全拟合实际的物理参数，在施工及运行过程中，还应加强对坝体应力和变形的监测，为工程的安全复核和现场管理提供依据。

参 考 文 献

[1] 赤峰市林西东台子水库工程初步设计报告[R]. 辽宁省水利水电勘测设计研究院,2017.
[2] 林道通,朱晟,稽红刚,等.黄金坪深覆盖层上沥青混凝土心墙堆石坝数值分析[J]. 水利水电科技发展, 2011, 31(4):82-86.
[3] 汪明元,周欣华,包承纲,等.三峡茅坪溪高沥青混凝土心墙堆石坝运行性状研究[J]. 石力学与工程学报, 2007, 26(7):1470-1477.
[4] 黄云,庞辉,杨西林.新疆下坂地工程沥青混凝土心墙设计[J].水利技术监督,2012(4):49-53.
[5] 汪洋.寒冷地区冬季施工的碾压式沥青混凝土心墙坝设计[J].水利规划与设计,2012(9):98-102.
[6] 白生贵.土石心墙坝沥青混凝土防渗的几个问题[J].水利规划与设计,2011(7):292-295.
[7] 乔玲,焦阳.库什塔依水电站工程沥青混凝土心墙坝设计[J].水力发电,2012(4):38-41.

［8］白生贵.深覆盖层上修建沥青混凝土心墙坝［J］.水利规划与设计,2014(9):65-69.

［9］杨智睿.新疆下坂地沥青混凝土心墙坝坝坡设计研究［J］.水利技术监督,2006(7):68-69.

［10］孔凡辉,熊堃,曹艳辉,等.卡洛特沥青混凝土心墙坝结构设计与安全评价［C］//中国水利学会2014
　　　 学术年会论文集(下册),2014(10):115-118.

【作者简介】 贾庆稳(1986—),男,工程师,主要从事水工结构及岩土工程设计工作。

滇中引水工程水力特性分析
——龙泉倒虹吸水力控制

王 超 杨小龙 朱国金 司建强

(中国电建集团昆明勘测设计研究院有限公司,昆明 650051)

摘 要 滇中引水工程龙泉倒虹吸在中部设置的盘龙江分水口通过有压自流的方式向盘龙江分水。为了达到分水的目的需要在倒虹吸出口设置节制闸,仅设节制闸情况下,不同来流及分流组合运行条件下,闸门随流量变化操作频繁,且在流量小时闸门开度较小,调度过程复杂。采用节制闸与溢流堰联合运行的方式可以简化调度运行的方式,避免节制闸在小开度下频繁调节动作。

关键词 滇中引水工程;龙泉倒虹吸;水力控制

1 引 言

滇中引水工程龙泉倒虹吸上接龙泉隧洞,下连昆呈隧洞,倒虹吸全长 5 071.693 m。倒虹吸中部穿越盘龙江,在交叉点附近设置盘龙江分水口,通过有压自流的方式向盘龙江分水,分水的设计流量为 30 m³/s,用于滇池生态补水。以盘龙江分水口为界,倒虹吸上游和下游的设计流量分别为 70 m³/s 和 55 m³/s。在倒虹吸进口部位设置一座分水闸,采用泵站提水的方式向昆明四城区供水,分水设计流量为 25 m³/s,泵站分水口位于倒虹吸进口水池内,底部高程较低,能满足倒虹吸进口淹没水深即能满足分水要求。在盘龙江分水口处设置分水闸,用于控制向盘龙江分水的流量。为了满足倒虹吸进口淹没水深[1-3]和盘龙江分水控制的需要,在倒虹吸出口设置节制闸(见图1)。

图 1 龙泉倒虹吸及分水口布置示意图

在倒虹吸不同过流及盘龙江分水口不同分流情况下,盘龙江分水口分水闸和倒虹吸吸出口节制闸需要特定的开度组合,且分水闸与节制闸对于水位的影响是联动的[4-6],倒虹吸及其控制闸门的运行条件复杂,因此需要对其水力控制进行设计。

2 节制闸采用闸门控制的方式

可行性研究阶段在龙泉倒虹吸出口布置一节制闸,其功能主要为控制龙泉分水口、盘龙江分水口及龙泉倒虹吸进出口水位。仅设节制闸情况下,为满足分水水位及进出口淹没深度要求,运行期闸门随流量变化操作频繁,在流量小时闸门开度较小,调度过程复杂且易引起闸门震动[7-9]。

各来流条件下采用节制闸控制时,为满足分水水位及进出口淹没深度要求,龙泉倒虹吸出口节制闸开度计算成果如表1所示。

表1　龙泉倒虹吸节制闸开度计算结果

盘龙江分水口	倒虹吸进口流量（m³/s）	盘龙江分水流量（m³/s）	节制闸后流量（m³/s）	节制闸开度（m）	盘龙江分水口水位（m）	进口淹没深度（m）	进口最小淹没深度（m）
不分水	55	0	55	全开	—	8.611	3.44
	30	0	30	全开	—	2.493	1.88
	25	0	25	1.70	—	2.149	1.57
	10	0	10	0.37	—	2.189	1.50
分水	70	15	55	全开	1 902.33	10.33	4.38
		30	40	1.40	1 901.99	9.98	
	65	10	55	全开	1 902.33	9.71	4.07
		30	35	1.10	1 902.05	9.43	
	60	10	50	2.80	1 902.27	9.07	3.76
		30	30	0.85	1 902.18	8.99	
	55	10	45	1.90	1 901.89	8.16	3.44
		30	25	0.70	1 902.32	8.59	
	50	10	40	1.40	1 902.00	7.78	3.13
		30	20	0.55	1 902.30	8.08	
	45	10	35	1.10	1 902.07	7.41	2.82
		30	15	0.41	1 902.15	7.49	
	40	10	30	0.85	1 902.20	7.19	2.51
		30	10	0.27	1 902.21	7.20	
	35	10	25	0.70	1 902.34	7.01	2.19
		30	5	0.15	1 902.12	6.79	
	30	10	20	0.55	1 902.31	6.71	1.88
		30	0	全关	1 901.40	5.80	

由上述计算成果可以看出:①盘龙江不分水情况下,龙泉节制闸主要用于控制倒虹吸进出口淹没深度。来流量大于30 m³/s时,节制闸可全开运行。来流量小于30 m³/s需采用节制闸调节进出口水位以满足最小淹没深度要求;②盘龙江分水情况下,龙泉节制闸主要用于控制倒虹吸进出口淹没深度及盘龙江分水口水位以满足分水要求,绝大部分情况下都需要采用节制闸控制,节制闸操作频繁且小流量时闸门开度较小。

3 节制闸采用闸门与溢流堰联合运行的方式

3.1 出口溢流堰的设置

为便于调度运行,尽量减少运行期龙泉节制闸操作频次,在龙泉倒虹吸接收井内增设溢流堰,溢流堰与龙泉节制闸共同运用以控制龙泉分水口及龙泉倒虹吸进出口水位。溢流堰主要用于尽量避免小流量工况下节制闸小开度长期运行,堰顶高程按以下原则拟定:

(1)考虑到灌溉及湖泊供水具有时段性,而生产生活用水引水过程一般波动不大,故堰顶高程按仅引生产生活用水时不用节制闸调节倒虹吸进出口水位设置,即大流量时闸门全开、小流量时闸门全关工况下均能满足最小淹没深度要求。

(2)堰顶高程需满足节制闸后零流量时盘龙江分水 30 m^3/s 要求。

(3)灌溉及湖泊供水与生产生活用水叠加工况下尽量减少节制闸操作频次。

由于在不考虑盘龙江分水情况下,流量小于 30 m^3/s 时进出口最小淹没深度不满足要求。经计算分析,在引水流量小于 30 m^3/s 时满足最小淹没深度要求的同时,且满足设计流量下闸门全开运行时溢流堰不过水的最低堰顶高程为 1 899.373 m,考虑 0.3 m 超高后相应堰高 5.8 m。

盘龙江分水 30 m^3/s 时盘龙江分水口处水位为 1 901.4 m,此时,如龙泉节制闸后为零流量,则需堰顶高程不低于 1 901.4 m,相应堰高不小于 7.827 m。

结合满足最小淹没深度要求、2030 年及 2040 年生产生活用水引水流量、节制闸后零流量时堰顶高程满足盘龙江分水 30 m^3/s 要求,堰顶高程选择 1 901.573 m,相应堰高 8 m。溢流堰采用薄壁堰[10],节制闸两侧各设一个,堰宽 2.5 m,堰后流道宽 1.5 m。溢流堰平面布置如图 2 所示。

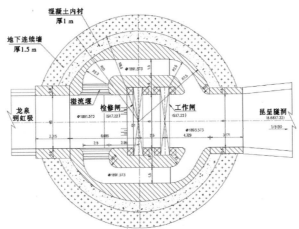

图 2 龙泉倒虹吸出口溢流堰示意图

3.2 设置溢流堰后龙泉节制闸调度运行分析

3.2.1 盘龙江不分水

盘龙江不分水情况下,龙泉倒虹吸输水流量为 55~0 m^3/s。盘龙江不分水情况下,龙泉节制闸功能主要为调节倒虹吸进出口水位以满足最小淹没深度要求。

盘龙江不分水情况下,设置溢流堰后各流量工况下龙泉倒虹吸出口节制闸开度计算成果如表 2 所示。

表 2　盘龙江不分水时闸堰联合运行节制闸开度计算结果

倒虹吸进口流量（m³/s）	节制开度	倒虹吸进口			倒虹吸出口		
		进口水位（m）	实际淹没深度（m）	要求最小淹没深度（m）	出口水位（m）	实际淹没深度（m）	要求最小淹没深度（m）
55	全开	1 905.111	8.611	3.44	1 899.070	2.497	0.80
50	全开	1 903.680	7.180	3.13	1 898.693	2.12	0.66
45	全开	1 902.324	5.824	2.82	1 898.283	1.71	0.54
40	全开	1 901.114	4.614	2.51	1 897.893	1.32	0.42
35	全开	1 900.001	3.501	2.19	1 897.503	0.93	0.32
30	全开	1 898.993	2.493	1.88	1 897.113	0.54	0.24
	全关	1 906.312	9.812	1.88	1 904.432	7.859	0.24
25	全关	1 905.476	8.976	1.57	1 904.110	7.537	0.17
20	全关	1 904.644	8.144	1.50	1 903.698	7.125	0.11
15	全关	1 903.941	7.441	1.50	1 903.322	6.749	0.06
10	全关	1 903.334	6.834	1.50	1 902.948	6.375	0.03

计算成果表明:当龙泉倒虹吸输水流量大于 30 m³/s 时,节制闸可全开运行;当龙泉倒虹吸输水流量小于 30 m³/s 时,节制闸可全关运行,下游供水通过溢流堰输送。

3.2.2　盘龙江分水

盘龙江分水情况下,龙泉倒虹吸输水流量为 70~0 m³/s,龙泉节制闸功能主要为调节倒虹吸进出口水位以满足最小淹没深度的同时需控制盘龙江水分水口位满足分水要求。

盘龙江分水情况时不同流量组合下龙泉倒虹吸出口节制闸开度计算成果如表 3 所示。

盘龙江分水情况下,计算成果表明:①盘龙江分水时由于满足自流要求的水位较高,节制闸开度受盘龙江分水水位控制(满足盘龙江分水水位要求的闸门开度均满足进出口淹没深度要求);②当龙泉倒虹吸进口流量小于 40 m³/s 时节制闸全关运行,下游供水通过溢流堰输送;③当龙泉倒虹吸进口流量不小于 55 m³/s 时,龙泉节制闸处出闸流量为 55 m³/s(设计流量)时节制闸全开运行,龙泉节制闸处出闸流量小于 55 m³/s 时需采用节制闸控制盘龙江分水口水位(最小开度 0.7 m,出闸流量 25 m³/s);④当龙泉倒虹吸进口流量介于 40~55 m³/s 时,需采用节制闸控制盘龙江分水口水位。

表 3　盘龙江分水时闸堰联合运行节制闸开度计算结果

倒虹吸进口流量（m³/s）	盘龙江分水口流量（m³/s）	节制闸后流量（m³/s）	节制闸开度（m）	盘龙江分水口水位（m）	进口淹没深度		
					进口水位（m）	实际淹没深度（m）	要求最小淹没深度（m）
70	15	55	全开	1 902.33	1 906.83	10.33	4.38
	20	50	2.8	1 902.27	1 906.76	10.26	
	30	40	1.4	1 901.99	1 906.48	9.98	
65	10	55	全开	1 902.33	1 906.21	9.71	4.07
	15	50	2.8	1 902.27	1 906.14	9.64	
	30	35	1.1	1 902.05	1 905.93	9.43	
60	10	50	2.8	1 902.27	1 905.57	9.07	3.76
	30	30	0.85	1 902.18	1 905.49	8.99	
55	10	45	1.9	1 901.89	1 904.66	8.16	3.44
	30	25	0.7	1 902.32	1 905.09	8.59	
50	10	40	1.4	1 902.00	1 904.28	7.78	3.13
	25	25	0.7	1 902.33	1 904.61	8.11	
	30	20	全关	1 904.16	1 906.44	9.94	
45	10	35	1.1	1 902.07	1 903.91	7.41	2.82
	25	20	全关	1 904.16	1 906.01	9.51	
	30	15	全关	1 903.61	1 905.45	8.95	
40	10	30	全关	1 905.41	1 906.90	10.40	2.51
	30	10	全关	1 903.11	1 904.59	8.09	
35	10	25	全关	1 904.81	1 905.98	9.48	2.19
	30	5	全关	1 902.56	1 903.73	7.23	
30	10	20	全关	1 904.16	1 905.06	8.56	1.88
	30	0	全关	1 901.57	1 902.47	5.97	

4　溢流堰过流数值计算与模型试验

为便于调度运行，尽量减少运行期龙泉节制闸操作频次及小开度运行，在龙泉倒虹吸接收井内增设溢流堰，溢流堰与龙泉节制闸共同运用以控制龙泉分水口及龙泉倒虹吸进出口水位。为考察溢流堰后及节制闸后水流流态，采用三维 CFD 软件 Flow 3D 模拟水流通过溢流堰的流态以及闸室后出流段水流的状态。

为了使湍流充分发展并模拟堰后紊流的扰动区域，闸室后昆呈隧洞取 50 m 范围。模拟区域的进口为流量边界条件,流量为 30 m^3/s(正常运行溢流堰最大过流量),出口为水深边界条件,水深为 3.54 m(流量为 30 m^3/s 时昆呈隧洞的正常水深),计算的区域如图 3 所示。

图 3　计算模型范围

计算区域的水深及流速分布如图 4 所示,从中可以看出,当来流量为 30 m^3/s 时,堰顶水深约为 2.40 m,计算区域内的最大流速为 12.73 m/s,最大流速发生在过堰水流跌落后与下游水体接触冲击处。

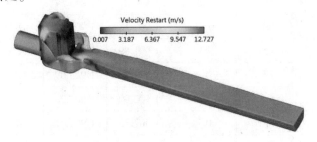

图 4　计算区域内流速分布

过堰水流流态较紊乱,部分过堰后的侧向水流与导墙冲刷折向后跌入下游。图 5 所示的溢流堰横剖面(垂直于洞轴线的剖面)的流速和流场分布图,从中可以看出,通过溢流堰的主流自由跌入下游,主流未与墙体接触,从流线图中看出,跌落后的水流冲入低处水体后,在底部形成向内侧旋转的旋流,水面表现为外侧高内侧低,跌落后的水流顺着两侧的导流渠流入下游,在闸室内交汇后进入昆呈隧洞内。

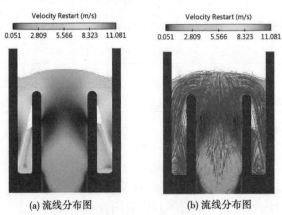

(a) 流线分布图　　　　　　　(b) 流线分布图

图 5　过堰水流横切面流速和流线分布

虽然水流在过堰及跌落的过程中流态紊乱,但在闸后很短的距离内就能形成稳定的均匀流。图 6 所示的是沿洞轴线方向垂直纵切面流速分布图,可以看出水流在两个导流渠交汇处的最大流速约 3.3 m/s,在交汇流速分布不均,但在交汇点后 15 m 的范围内,流速及水深就趋于稳定。图 7 所示的是沿洞轴线方向水平横切面流线分布图,从中可以看出导流渠出口两股水流有对冲的现象,出口处流线表现的混乱,但经过一段距离的调整后,流线就变得均匀,因此水流通过溢流堰后并不会影响其在昆呈隧洞内的稳定流动。

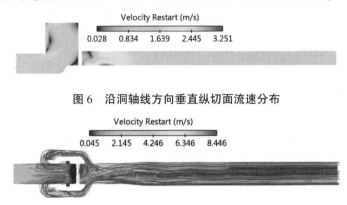

图 6 沿洞轴线方向垂直纵切面流速分布

图 7 沿洞轴线方向水平横切面流线分布

5 结 语

在倒虹吸出口节制闸两侧设溢流堰与节制闸共同运用以控制倒虹吸进出口、龙泉分水口及盘龙江分水口水位,可以减少运行期倒虹吸出口节制闸长期小开度运行,以及降低闸门在小开度下运行时误操作的风险。本文计算时只考虑了满足盘龙江分水口分水的水位要求,没有具体考虑盘龙江分水口分水闸门局部开启对分水闸前水位、倒虹吸进口水位以及节制闸前水位的影响,下一步将建立更加详细的模型,考虑各个闸门之间的水力影响关系。

参 考 文 献

[1] 王仁坤,张春生.水工设计手册第 8 卷水电站建筑物[M].2 版.北京:中国水利水电出版社,2013.
[2] 李惠英,田文铎,阎海新.倒虹吸管[M].北京:中国水利水电出版社,2006.
[3] 缪吉伦,王云莉,刘亚辉.长距离过江倒虹吸管道进口掺气及消涡措施研究[J].给水排水,2013,39(7):94-98.
[4] 张成.南水北调中线工程非恒定输水响应及运行控制研究[D].北京:清华大学,2008.
[5] 周芳.调水工程中明渠输水系统的水力控制研究[D].天津:天津大学,2008.
[6] 崔巍,李斯胜,陈文学.南水北调中线分水口群不同运用方式对总干渠水力控制特性的影响[J].水利学报,2011,42(11):1316-1321.
[7] 张晓萍,吴杰芳,张林让.三峡水利枢纽导流底孔闸门泄流振动监测与分析[J].长江科学院院报,2014,31(2):82-85.
[8] 杨婷婷.淹没条件下平面直升闸门流固耦合振动研究[D].昆明:昆明理工大学,2016.
[9] 刘晶.水工弧形闸门流激振动控制的研究[D].武汉:武汉理工大学,2005.
[10] 李炜.水力计算手册[M].2 版.北京:中国水利水电出版社,2006.

【作者简介】 王超(1988—),男,工程师,从事水利水电工程设计工作。E-mail:784485595@qq.com。

驮英水库沥青混凝土心墙软岩堆石坝设计

刘时明

（广西壮族自治区水利电力勘测设计研究院，南宁　530023）

摘　要　驮英水库沥青混凝土心墙软岩堆石坝设计通过三维有限元计算分析，合理确定坝体分区、坝坡坡比及防渗型式，采用堰坝结合方式，充分利用枢纽开挖的软岩石渣料，减少了工程弃渣量，加快施工进度，不仅节约了工程投资，也减少对周边环境的影响。同时，为同类地区沥青混凝土心墙堆石坝设计积累经验，可供类似工程借鉴。

关键词　沥青混凝土；心墙堆石坝；软岩；三维有限元计算

1　工程概况

驮英水库位于广西宁明县那堪乡峒中村上游约 6 km 的珠江流域西江水系明江支流公安河上游河段，坝址下游距那堪乡 28 km，距宁明县城约 115 km，是一座以灌溉、供水为主，兼顾发电等综合利用的大（二）型水库，为广西左江治旱驮英灌区工程的龙头供水水库。枢纽工程由沥青混凝土心墙堆石坝、开敞式溢洪道、河道电站引水系统、导流泄洪隧洞、灌溉发电引水系统、渠首电站、坝后河道电站厂房、升鱼机系统组成。水库正常蓄水位 226.5 m，总库容 2.276 亿 m^3，有效库容 1.512 亿 m^3，规划灌溉面积为 84.1 万亩。

2　地形地质条件

坝址两侧为中低山峡谷地形地貌，河谷为"V"形谷，水面宽 20.5~52 m。河床高程 163.4~166.4 m，平水期水深 0.7~4.2 m，河床冲积漂卵砾石层厚 0~1.7 m，河滩漂卵砾石层厚 2.6~8.6 m。坝址两岸山体不对称，其中右岸较单薄，右岸山头高程 293.6 m；左岸较雄厚，左岸山头高程 303.6 m，局部岸坡见基岩出露。坝址基岩普遍出露，主要为侏罗系下统百姓组下段地层（J_1b^1）和上段地层（J_1b^2），岩性大致分为砂岩、粉砂质泥岩和泥质粉砂岩三大类，均为软岩，岩体抗压强度较低。左岸岩体相对不透水层（$q \leqslant 3$ Lu）顶板埋深一般为 15.8~25.2 m，右岸为 43.2~86.5 m，河床部位为 24.8~32.9 m。

根据勘察成果，坝址岩层中软弱夹层发育，特别是粉砂质泥岩与砂岩分界处的软弱夹层两岸均发育，河床中也见有，宽度变化较大，是连续的，性质为泥夹岩屑型。夹层总体倾角较平缓，一般为 25~35°。

坝址河床工程地质纵剖面详见图 1。

3　坝型选择

根据本工程坝址的地形、地质条件及天然建筑材料供应条件，选择当地材料坝和混凝土重力坝进行比选。

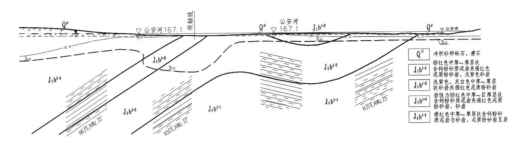

图 1　坝址河床工程地质纵剖面

3.1　碾压均质土坝及黏土心墙堆石坝

由于坝区沿岸山坡覆盖层较薄,上坝土料储量分散,导致土料场挖采面非常大,料场临时占地面积也很大,对环境影响较大;再者,工程所处地区属暴雨区,降雨频繁,对土坝的填筑质量、施工工期影响均较大;为此不考虑碾压均质土坝及黏土心墙堆石坝。

3.2　混凝土面板堆石坝

混凝土面板堆石坝主堆石区的硬岩料填筑量较大,需开辟新的硬岩石料场,料场运距较远,新建料场施工道路投资较大;再者,由于坝基内存在较多软弱夹层,面板堆石坝趾板基础处理工程量较大。

3.3　沥青混凝土心墙堆石坝

沥青混凝土心墙能很好地适应变形,坝壳可最大程度地利用溢洪道、隧洞等开挖的软岩料,减少了弃渣量,对周边的环境和水保影响相对较小,且工程投资最省。

3.4　碾压混凝土重力坝

由于坝基岩层软弱夹层发育,岩体破碎,混凝土重力坝需在坝踵设置齿墙以保障深层抗滑稳定,而齿墙最大开挖深度达 45 m 左右,不仅开挖量大,开挖与出渣难度也非常大,且齿墙为钢筋混凝土结构,施工难度加大,占据工期较长,不利于加快施工进度;混凝土灰岩骨料运距较远,且用量大,工程投资较大。

经综合比选,本工程推荐采用沥青混凝土心墙堆石坝方案。

4　拦河坝设计

4.1　拦河坝布置

本坝址区附近硬岩缺乏,软岩丰富,溢洪道开挖料大。本着就近取材、因材筑坝、减少弃渣、减少对环境和水保影响的原则,拦河坝采用了沥青混凝土心墙全断面软岩堆石坝。坝壳采用溢洪道、隧洞开挖渣料,以及坝址附近料场的软岩料填筑,采用沥青混凝土心墙防渗。溢洪道、隧洞开挖渣料利用率约为 80%。

拦河坝采用堰坝结合方式进行布置,坝顶高程 233.2 m,坝顶宽 8 m,坝顶长 225 m,最大坝高 72.2 m。结合施工围堰的布置和围堰坝壳与大坝主体的填筑顺序,上游堆石区在 207.8 m 高程以上坡比为 1∶2.25,207.8 m 高程以下坡比为 1∶2.5,在 207.8 m 高程(围堰顶高程)设宽 32.5 m 的平台,下游坝坡坡比为 1∶1.9。根据施工组织设计,在下游坝面的 181.95 m 高程至坝顶 233.2 m 高程间设一条宽 6.5 m、纵坡为 14% 的"Z"形施工道路。拦河坝典型断面见图 2。

4.2　拦河坝分区设计

坝体材料分区按料源及坝体各部位对坝料强度、力学指标、施工方便、经济合理等要求

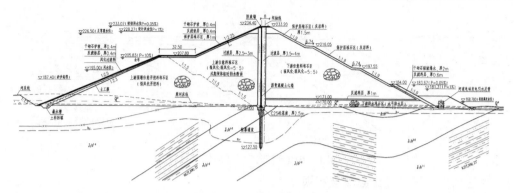

图 2   拦河坝典型断面图

进行,以充分利用建筑物开挖料,尽可能降低工程造价,简化施工,缩短工期。坝料分区原则为:防渗心墙上(下)游侧各分区坝料的透水性按水力过渡要求从下(上)游向上(下)游逐渐增加,坝体排水区堆石体要求具有强透水性、低压缩性、软化系数大、湿化变形小、不因干湿交替影响而致开裂、崩解、泥化等特点;过渡料要求质地坚硬、抗水及抗风化能力较强,且具有连续级配;并根据《碾压式土石坝设计规范》(SL 274—2001)中的 5.1.5 条规定,当采用风化料或软岩筑坝时,坝表面应设保护层,保护层垂直厚度应不小于 1.5 m。其余部位堆石料则考虑最大限度地利用建筑物开挖料。各材料分区最小尺寸按满足机械化施工要求确定。

根据坝体分区原则、填筑料的料源、与上游围堰的结合方式及溢洪道开挖料的可利用量等情况,坝体材料分区自上游往下游依次为:上游灰岩料干砌石护坡,砂砾料反滤垫层区,风化过渡料,上游围堰任意开挖料堆石区,上游软岩石渣料堆石区,上游灰岩料过渡层,沥青混凝土心墙,下游灰岩料过渡层,下游软岩石渣料堆石区,灰岩反滤料层,下游基础面灰岩料排水堆石区,灰岩料贴坡排水,下游软岩堆石区坝坡面灰岩料堆石保护层,下游草皮护坡。砂砾料反滤垫层区,风化过渡料,上游围堰任意开挖料堆石区等,属上游施工围堰填筑区。

4.3   沥青混凝土心墙设计

工程实践中,沥青混凝土心墙常采用的布置型式有直心墙、斜心墙及下直上斜式心墙等。斜心墙具有受力条件较好的优点,但存在工程量较大、施工较难控制的缺点;直心墙在坝体变形较大的情况下,具有较好的适应性,沥青混凝土工程量较小、施工较简单,用于工程实践的案例较多;下部垂直、上部倾斜式心墙的优缺点介于两者之间。考虑到本拦河坝软岩料坝壳较一般常规堆石料坝壳的变形要稍大一些,故采用碾压式直心墙型式。

驮英水库拦河坝沥青混凝土直心墙轴线布置在坝轴线上游 3 m 处位置。心墙顶高程为232.4 m,心墙底最低高程为 163 m,心墙最大高度 69.4 m。心墙墙顶厚 0.5 m,向下游逐渐加厚,心墙上、下游坡度为 1∶0.003 7,底部最大厚度为 1 m,心墙底部为 2 m 高的放大脚,放大脚上、下游坡度按 1∶0.5 放脚至基座表面。心墙底部坐落于混凝土基座上(见图3),其与基座接触面设一层厚 2 cm 的沥青玛琋脂以加强心墙与混凝土基座间的结合,并于接合面设置一道紫铜止水片,以防止接合面产生层间渗漏问题;心墙顶部的上游面与坝顶防浪墙底板下游面相连接,其间设一道紫铜止水片,以形成封闭的防渗体系。心墙底部混凝土基座厚2.5 m,水流向宽 4~6 m,混凝土基座河床段及岸坡段混凝土基座建基面均考虑落于弱风化基岩上。

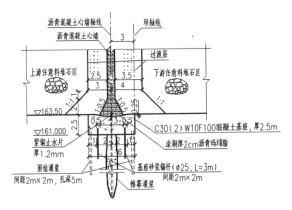

图 3　心墙支座大样图

5　拦河坝三维有限元计算分析

　　为了全面了解坝体软岩堆石区和沥青混凝土心墙的应力、变形情况,以及软岩坝料的计算参数对坝体和心墙的应力、变形影响程度,正确评价坝体与心墙在各工况下的运行安全性,并为进一步进行坝体设计优化、选择合理的计算参数提供理论依据,为此,对本心墙堆石坝坝体结构进行了三维有限元计算分析。

5.1　拦河坝应力变形计算成果及分析

5.1.1　坝体应力及变形分析

　　坝体竣工期与蓄水期工况下的应力、变形最大值详见表 1。坝体河床段典型断面在竣工期、蓄水期变形详见图 4、图 5。

表 1　坝体应力、变形最大值统计

坝体应力、变形			竣工期	蓄水期
坝体位移（cm）	顺河向位移	向上游	14.5	10.7
		向下游	16.0	19.8
	竖直沉降	向下	65.9	61.4
坝体应力	大主应力(MPa)		1.31	1.37
	小主应力(MPa)		0.73	0.78
	应力水平		0.76	0.88

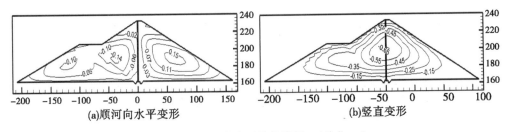

(a)顺河向水平变形　　　　　　　　(b)竖直变形

图 4　坝体竣工期变形等值线图　(单位:m)

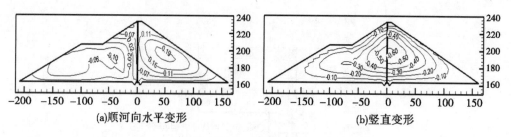

(a)顺河向水平变形　　　　　　　　(b)竖直变形

图5　坝体蓄水期变形等值线图　（单位:m）

坝体竣工期最大沉降为65.9 cm,占坝高的0.91%,位于大坝1/2高程处。坝体竣工期向上游水平位移最大值为14.5 cm,位于上游堆石区域;向下游水平位移最大值为16.0 cm,位于下游堆石区域。从变形分布情况看,坝体变形在竣工时分布较为对称,没有呈现明显的不均匀性。

从坝体应力水平来看,由于水荷载作用使得下游堆石区小主应力增加而大主应力变化较小,造成偏应力减小,因而导致下游堆石区的应力水平较施工期有所降低。同时,由于上游堆石区小主应力减小,造成偏应力增加,此时心墙上游侧底部的应力水平有所增加。根据计算成果,应力水平最大值为0.88,说明该局部区域发生剪切破坏的可能性不大,不会危及大坝的整体安全。

5.1.2　沥青混凝土心墙应力及变形分析

沥青混凝土心墙在竣工期及蓄水期的应力、变形最大值详见表2。心墙最大纵剖面在竣工期、蓄水期竖向沉降与坝轴向水平位移详见图6、图7。

表2　心墙应力、变形最大值统计

心墙应力、变形			竣工期	蓄水期
心墙位移 （cm）	顺河向位移	向上游	2.3	0.2
		向下游	0.5	11.1
	竖直沉降	向下	65.9	61.2
	坝轴向位移	向左岸	8.6	9.0
		向右岸	6.8	7.3
心墙应力	大主应力(MPa)		1.23	1.20
	小主应力(MPa)		0.73	0.76
	应力水平		0.46	0.41

心墙竣工期向上游水平位最大值为2.3 cm,主要发生于心墙下部;向下游水平位移最大值为0.5 cm,主要发生于心墙上部。总体来看,心墙顺河向水平变形较小,基本处于铅垂状态。蓄水后,由于受水压力的作用,心墙主要向下游发生水平变形,最大值为11.1 cm,位于心墙的顶端,对应的挠跨比约为0.16%。根据试验结果,沥青混凝土最大挠跨比可达7%~8%。根据计算结果,沥青混凝土心墙挠跨比小于该极限值,说明沥青混凝土心墙发生挠曲破坏的可能性不大。从心墙应力水平上来看,无论在竣工期和蓄水期,其数值均在0.4左右,说明沥青混凝土心墙具有较大的抗剪安全储备,发生剪切破坏的可能性很小。

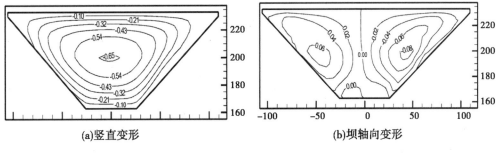

(a)竖直变形 　　　　　　　　　　　(b)坝轴向变形

图6　心墙竣工期变形等值线图　（单位:m）

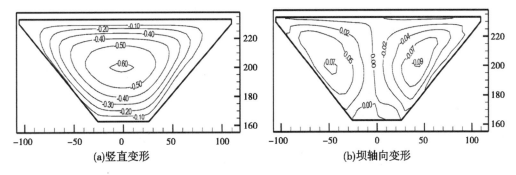

(a)竖直变形 　　　　　　　　　　　(b)坝轴向变形

图7　心墙蓄水期变形等值线图　（单位:m）

5.1.3　心墙水力劈裂计算分析

水力劈裂是指水压力超过土中的压力,而将土体劈开的现象。根据水力劈裂发生的机制,当采用总应力法时,应用心墙内的中主应力和上游水压力相比来判别是否发生水力劈裂。心墙中轴线处上游侧中主应力与水压力沿高程的分布图见图8。由计算结果可知,同一高程处的心墙上游侧中主应力均大于水压力,说明心墙发生水力劈裂的可能性非常小。这是因为本工程采用了软岩堆石料筑坝,其弹性模量较低,一定程度上减小了心墙的"拱效应",这对防止心墙发生水力劈裂现象是有利的。

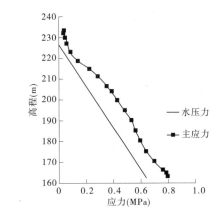

图8　主应力与水压力分布图

5.2　湿化作用对大坝应力变形的影响

5.2.1　湿化作用对坝体应力变形的影响

采用试验参数对沥青混凝土心墙坝进行了湿化变形计算,开展了坝料湿化变形对大坝应力变形的影响研究。考虑湿化前后,坝体竣工期与蓄水期的应力、变形最大值详见表3。

表3　考虑湿化前后坝体应力、变形最大值统计

考虑湿化前后 坝体应力、变形			不考虑湿化		考虑湿化
			竣工期	蓄水期	蓄水期
坝体位移(cm)	顺河向位移	向上游	14.5	10.7	14.3
		向下游	16.0	19.8	18.9
	竖直沉降	向下	65.9	61.4	70.7
坝体应力	大主应力(MPa)		1.31	1.37	1.43
	小主应力(MPa)		0.73	0.78	0.80
	应力水平		0.76	0.88	0.89

由计算结果可知,当不考虑湿化变形时,蓄水后坝体最大沉降值较竣工期减小了4.5 cm。也就是说,此时坝体由于浮托力的作用发生了上抬变形。当考虑湿化变形时,蓄水后坝体发生了下沉变形,最大沉降值为70.7 cm,约占坝高的0.98%,较竣工期增加了9.3 cm,仍位于大坝1/2高程处。表明坝料浸水湿化作用明显,其湿化沉降量大于浮力作用产生的抬升量,符合一般的工程规律。因此,计算中应合理考虑坝料的浸水湿化作用。

由于湿化效应并没有额外的荷载产生,因此对坝体的主应力影响较小,大主应力与小主应力稍微有所变化,这是应力重分布引起的。

5.2.2　湿化作用对沥青混凝土心墙应力变形的影响

考虑湿化前后,沥青混凝土心墙竣工期与蓄水期的应力、变形最大值详见表4。

表4　考虑湿化前后心墙应力、变形最大值统计

考虑湿化前后心墙应力、变形			不考虑湿化		考虑湿化
			竣工期	蓄水期	蓄水期
心墙位移(cm)	顺河向位移	向上游	2.3	0.2	0.8
		向下游	0.5	11.1	6.7
	竖直沉降	向下	65.9	61.2	69.3
	坝轴向位移	向左岸	8.6	9.0	9.5
		向右岸	6.8	7.3	7.5
心墙应力	大主应力(MPa)		1.23	1.20	1.25
	小主应力(MPa)		0.73	0.76	0.79
	应力水平		0.46	0.41	0.44

当考虑湿化时,心墙跟随坝壳料发生下沉变形,最大沉降为69.3 cm,较未考虑湿化时增加了8.1 cm。同时,坝轴向位移也有稍许增加,考虑湿化时,向左岸坝轴向位移为9.5 cm,向右岸坝轴向位移为7.5 cm。不考虑湿化时,心墙顺河向变形主要指向下游,最大值为11.1 cm,位于其顶端。由于坝料浸水湿化的作用,心墙向下游水平位移最大值为6.7 cm,较不考

虑湿化时有所减小,对应挠跨比为0.10%,发生在大坝1/2高程处,且心墙顶端有向上游变形的趋势,符合一般规律。

由于没有额外的荷载产生,考虑湿化前后,心墙应力的变动较小,说明湿化作用对心墙的应力影响较小。

5.3 坝料流变对大坝应力变形的影响研究

5.3.1 坝体的长期应力变形分析

考虑湿化作用基础之上,采用流变试验参数对大坝蓄水到正常水位并满库运行至稳定的应力变形进行计算分析,研究坝体的长期流变特性。考虑流变后,坝体竣工期、蓄水期和运行期的应力、变形最大值详见表5。

表5 考虑流变前后坝体应力、变形最大值统计

考虑流变前后坝体应力、变形			基本方案		
			不考虑流变		考虑流变
			竣工期	蓄水期	运行期
坝体位移（cm）	顺河向位移	向上游	14.5	14.3	16.2
		向下游	16.0	18.9	21.7
	竖直沉降	向下	65.9	70.7	81.1
坝体应力	大主应力（MPa）		1.30	1.43	1.40
	小主应力（MPa）		0.72	0.80	0.82
	应力水平		0.72	0.89	0.91

由计算结果可知,当考虑流变时,大坝运行期向上、下游水平位移分别为16.2 cm和21.7 cm,有小幅增长,分别较蓄水期增长了1.9 cm和2.8 cm,变动较小。坝体运行期最大沉降为81.1 cm,约占坝高的1.12%,较蓄水期增加了10.4 cm,仍位于大坝的1/2高程处,符合软岩筑坝的变形实测规律。当考虑流变时,大坝运行期坝体应力较蓄水期变动较小,可见坝料流变只引起坝体的沉降变形,而对水平变形及应力影响较小。

5.3.2 坝料流变对沥青混凝土心墙应力变形的影响

考虑流变后,沥青混凝土心墙竣工期、蓄水期和运行期的应力、变形最大值详见表6。

由计算结果可知,当考虑坝料流变时,仅对心墙沉降有一定影响,对心墙水平变形及应力情况均影响较小。

5.4 大坝三维有限元计算分析结论

沥青混凝土心墙具有适应变形能力强,塑性性能和防渗安全性能好等优点,使其在竣工期、蓄水期和运行期受力状态良好,发生剪切破坏、挠曲破坏和水力劈裂破坏的可能性不大。软岩作为拦河坝坝壳料填筑,沥青混凝土作为拦河防渗体系是合理的,拦河坝具有足够的安全性。

表6　考虑流变前后心墙应力、变形最大值统计

考虑流变前后心墙应力、变形			基本方案		
			不考虑流变		考虑流变
			竣工期	蓄水期	运行期
心墙位移（cm）	顺河向位移	向上游	2.3	0.8	0.8
		向下游	0.5	6.7	8.7
	竖直沉降	向下	65.9	69.3	77.4
	坝轴向位移	向左岸	8.6	9.5	10.0
		向右岸	6.8	7.5	8.0
心墙应力	大主应力（MPa）		1.23	1.25	1.27
	小主应力（MPa）		0.73	0.79	0.79
	应力水平		0.46	0.44	0.48

6　结　语

驮英水库沥青混凝土心墙软岩堆石坝设计中，根据本工程坝址的地形、地质条件及天然建筑材料供应条件，本着就近取材、因材筑坝、减少弃渣、减少对环境和水保影响的原则，通过三维有限元计算分析，合理确定坝体分区、坝坡坡比及防渗型式，确保大坝的安全性。本拦河坝采用沥青混凝土心墙全断面软岩堆石坝，充分利用枢纽开挖的软岩石渣料，减少了工程弃渣量，加快施工进度，不仅节约了工程投资，也减少对周边环境的影响。同时，为同类地区沥青混凝土心墙堆石坝设计积累经验，可供类似工程借鉴。

参 考 文 献

[1] 广西壮族自治区水利电力勘测设计研究院.广西左江治旱驮英水库及灌区工程初步设计报告[R].南宁：广西壮族自治区水利电力勘测设计研究院,2016.
[2] 长江水利委员会长江科学院.广西左江治旱驮英水库及灌区工程初步设计阶段软岩筑坝材料科学试验报告[R].长江水利委员会长江科学院水利部岩土力学与工程重点实验室,2017.
[3] 关志诚.土石坝工程—面板与沥青混凝土防渗技术[C].北京：中国水利水电出版社,2015.
[4] 杜雷功,王勇生.沥青混凝土心墙全断面软岩筑坝技术研究与实践[M].北京：中国电力出版社,2012.
[5] 蒋涛,付军,周小文.软岩筑面板堆石坝技术[M].北京：中国水利水电出版社,2010.
[6] 李天赐.堆石坝碾压试验及其质量控制措施[J].水利技术监督,2014(4)：75-77.
[7] 王德强.赵子河水库泥岩心墙石渣坝工程的施工技术[J].水利技术监督,2014(4)：53-54.
[8] 中华人民共和国行业标准.碾压式土石坝设计规范：SL 274—2001[S].北京：中国水利水电出版社,2002.
[9] 中华人民共和国行业标准.土石坝沥青混凝土面板和心墙设计规范：SL 501—2010[S].北京：中国水利水电出版社,2010.
[10] 中华人民共和国行业标准.混凝土面板堆石坝设计规范：SL 228—2013[S].北京：中国水利水电出版社,2013.

[11] 水利水电土石坝工程信息网,中国水电顾问集团华东勘测设计研究院. 土石坝技术 2007 年论文集 [C]. 北京:中国水利水电出版社,2007:375-388.

【作者简介】 刘时明(1986—),男,工程师。E-mail:591865769@ qq.com。

复杂地质条件下调压室防渗与排水系统研究

赵亚昆　尉霄腾　陈　浩　郭巍巍

(中水北方勘测设计研究有限责任公司,天津　300222)

摘　要　在长距离引水式电站中,为了改善水锤现象,常在有压引水隧洞与压力管道衔接处建造调压室。在地质条件较差时,调压室内水外渗常常危及厂房后边坡及调压室自身结构安全。本文结合工程实际,从减少内水外渗、降低外水压力等方面提出三种工程处理措施。工程运行结果表明,以上处理措施达到了预期效果。对类似工程具有一定的借鉴和指导意义。

关键词　调压室;防渗;排水;聚脲;软式透水管

1　工程概况

　　新疆某水电站工程是一座低闸坝、长隧洞、高水头引水式电站,工程主要任务是发电。枢纽建筑物主要包括拦河坝、泄洪排沙闸、进水口及有压引水隧洞、调压室、压力管道、电站厂房及厂区建筑物等。水库正常蓄水位 2 743.0 m,死水位 2 739.0 m,水库总库容 172.8 万 m^3。电站设计引水流量 78.6 m^3/s,电站总装机容量 210 MW,多年平均年发电量 6.973 亿 kW·h,保证出力 48.37 MW,年利用小时 3 320 h。

　　引水发电系统位于河道左岸,主要由电站进水口、引水隧洞、调压室、压力管道等建筑物组成。引水隧洞进口高程 2 727.0 m,隧洞末端(调压室竖井中心处)底高程 2 649.7 m,隧洞总长 15 639.8 m,内径 4.7 m。

　　调压室位于引水隧洞末端,为带阻抗孔的双室式调压室。竖井和下室采用圆形断面,上室无压断面采用城门洞型。竖井内径 10~9 m,底部高程 2 657.4 m,顶部平台高程为 2 795.0 m,竖井高 137.6 m,其底部加设直径为 3.2 m 的阻抗孔(由闸门井孔扩建而成)作为安全储备。上室长 150 m,断面尺寸 8 m×(10~8.5) m(宽×高,城门洞型),进口底板高程 2 747.5 m。下室长 65 m,直径 5~7 m,进口底板高程 2 661.5 m。调压室竖井钢筋混凝土衬砌厚度高程 2 679.0 m 以下为 2 m,以上为 1.5 m。下室钢筋混凝土衬砌厚度为 1.5 m,下室与竖井相贯处局部采用钢板衬砌。上室钢筋混凝土衬砌底板厚度为 1.2 m,边顶拱衬砌厚度为 1 m。调压室下游设有事故闸门井和通气孔,事故闸门设置启闭设备。

　　调压室后接压力管道,主管总长 835.16 m,管道内径 4.5 m。

2　地质条件

　　调压室位于厂房上游山坡部位,山体自然边坡较缓,岩体风化卸荷强烈,全—强风化岩体厚度约为 20 m,弱风化带厚约 50 m。岩层倾向坡内,自然边坡整体稳定,但由于岩体破碎,风化卸荷强烈,开挖扰动对边坡稳定不利,并应加强防渗、排水措施。

　　围岩为 O-S 角闪斜长板岩、片岩夹大理岩,薄层状夹中厚层状。岩层产状为 NW315~

330°SW∠20°~40°,倾向坡内。

调压室竖井深 0~40 m 为弱风化岩体,风化卸荷强烈,岩体破碎,位于地下水位之上。井壁外侧边墙为顺向坡,围岩岩体较破碎,岩块易沿层面滑动失稳。井壁内侧边墙为逆向坡,围岩稳定性差,岩块易沿构造面滑动失稳。围岩类别以Ⅳ类为主。

调压室竖井深 40 m 至底部,为弱~微风化岩体,裂隙发育,岩体破碎,位于地下水位之上。井壁外侧边墙为顺向坡,围岩整体稳定性差,岩块易沿层面滑动失稳。井壁内侧边墙为逆向坡,围岩局部稳定性差,岩块易崩塌、掉落。围岩类别以Ⅲ类为主,局部为Ⅳ类。

总体而言,调压室区段围岩以Ⅲ类和Ⅳ类为主,地质条件相对较差。

3 调压室衬砌结构抗渗设计

由于调压室开挖揭露的围岩地质条件较差,调压室竖井、上室和下室均采用钢筋混凝土衬砌结构,并采用较高的抗渗等级,具体见表 1。为提高衬砌混凝土的抗拉强度、抗裂和抗渗性能、抗水流冲击能力,在衬砌混凝土中掺入 0.9 kg/m³(体积掺量约 0.1%)的聚丙烯单丝纤维,其物理性能指标和技术要求见表 2。

表 1 调压室混凝土强度等级和抗渗等级

部位	强度等级	抗渗等级
竖井(1.5 m 厚衬砌段)	C25	W10
竖井(2.0 m 厚衬砌段)	C25	W12
竖井底板	C30	W8
上室	C25	W6
下室	C25	W12
门槽二期混凝土	C25	W8

表 2 聚丙烯单丝纤维物理性能指标和技术要求

项目		单位	指标
尺寸	长度规格	mm	12~19
	长度偏差	%	±10
	当量直径	μm	15~50
外观质量	形状		束状丝,切口均匀
	色差		基本一致
	手感		柔软
	未牵引丝		不允许有
	洁净度		无污染

续表 2

项目		单位	指标
物理性能	抗拉强度	MPa	≥350
	弹性模量	MPa	≥3 500
	密度	g/cm³	0.91+0.01
	燃点	℃	590
	熔点	℃	160~180
	断裂延伸率	%	≥10

　　调压室竖井采用滑模施工,不设施工缝,如因施工原因混凝土浇筑间歇时间较长,则按施工缝处理,并在混凝土层间增加镀锌钢片止水。上室根据混凝土结构和施工浇筑强度设置施工缝和伸缩沉降缝,下室设置伸缩沉降缝,施工缝设置镀锌钢片止水,伸缩沉降缝设置铜片止水和橡胶止水。施工缝和伸缩沉降缝的止水应按设计图纸要求施工,止水焊接接头表面应光滑、无砂眼或裂纹,不渗水。在工厂加工的接头应抽查,抽查数量不少于接头总数的20%。在现场焊接的接头,应逐个进行外观和渗透检查合格。

4　调压室喷涂聚脲防渗涂料设计

4.1　聚脲防渗涂料喷涂范围

　　调压室围岩条件差,下室和竖井内水作用水头高。为减少和控制内水外渗,对调压室下室内表面、竖井内壁(底部高度70 m,即高程2 727.4 m以下)、竖井底板混凝土表面、闸门槽(包括金属结构)表面、门槽与隧洞相交连接结构表面等喷涂聚脲防渗材料,喷涂聚脲涂层的厚度不小于3 mm。

　　喷涂聚脲防渗材料应在调压室混凝土衬砌、钢板及金属结构安装、回填灌浆和围岩固结灌浆施工及质量检查完成后进行。

4.2　材料性能指标

　　本工程选用双组分喷涂聚脲防渗材料,基本性能指标应满足表3的要求;界面剂和层间处理剂的基本性能指标应满足表4和表5的要求。

表 3　双组分喷涂聚脲防渗材料基本性能

序号	项目	技术指标
1	固体含量(%)	≥98
2	胶凝时间(s)	≤30
3	表干时间(s)	≤80
4	拉伸强度(MPa)	≥20
5	断裂伸长率(%)	≥350
6	撕裂强度(N/mm)	≥50

续表3

序号	项目		技术指标
7	低温弯折性(℃)		≤-40,无破坏
8	不透水性		1.2 MPa,48 h 不透水(厚度 3 mm)
9	加热伸缩率(%)	伸长	≤1.0
		收缩	≤1.0
10	黏结强度(MPa)		≥2.5
11	吸水率(%)		≤3.0
12	硬度(邵 A)		≥80

表4 界面剂基本性能

序号	项目	技术指标
1	表干时间(h)	≤6
2	黏结强度(MPa)	≥2.5

表5 层间处理剂基本性能

序号	项目	技术指标
1	表干时间(min)	≤40
2	黏结强度(MPa)	≥2.5,且涂层无分层

基层局部缺陷修补材料采用环氧砂浆或环氧腻子,修补材料强度指标应不低于基层混凝土强度指标(C25),与基面的黏结强度大于 2.5 MPa。

结构的阴角、阳角及接缝等细部构造部位应设置加强层。加强层的材料可采用喷涂聚脲防渗涂料或涂层修补材料,宽度不小于 200 mm,厚度不小于 2 mm。结构的阴角、阳角部位应处理成圆弧状或135°折角。

喷涂聚脲作业环境温度应高于 5 ℃、相对湿度小于 85%,施工应在基面温度比露点温度至少高 3 ℃的条件下进行。

5 调压室渗漏排水设计

为有效收集调压室衬砌外水并排至安全区域,在调压室竖井、下室和上室沿钢筋混凝土衬砌与岩壁之间设置竖向和横向排水系统,与引水隧洞和压力管道纵向排水管相连,同时与设置在 6# 施工支洞封堵段外侧的调压室渗漏排水检查池相通,检查池设置自动水位监测装置。调压室竖井、下室和上室排水系统结构布置如下:

竖井紧贴钢筋混凝土井壁外侧设置 12 列竖向排水管(内径φ80)和 18 排环向排水管(内径φ50),环向与竖向排水管相连接。上室钢筋混凝土底板下设置 29 排横向排水管(内径φ50),底板两侧设置两排纵向排水管(内径φ50),与调压室竖井最顶层环向排水管连接。

下室布置14排环向排水管(内径φ50)、围岩径向排水管(内径φ50)和3排纵向排水管(内径φ50),其中两侧的纵向排水管与竖井环向排水管连接,中间一根纵向排水管与竖井竖向排水管相连。各管之间应可靠连接和畅通,并做好接头处的反滤保护。调压室渗漏水经竖井竖向排水管汇入压力钢管外纵向排水管,经7#施工支洞排出。

竖向排水管采用打孔钢管外包反滤土工布保护,环向排水管采用软式PVC套管(打孔外包反滤土工布)保护。钢管和PVC管与界面固定好,防止浆液串入堵塞排水管。

排水管采用高强软式透水管,其构造为用特多龙纱及经磷酸防锈处理并外覆PVC的钢线。高强软式透水管主要性能指标见表6。

表6　高强软式透水管主要性能指标

项目		单位	φ50	φ80
滤布	纵向抗拉强度	kN/20 cm	≥5.0	≥5.0
	纵向延伸率	%	≥40	≥40
	横向抗拉强度	kN/20 cm	≥2.0	≥2.0
	横向延伸率	%	≥20	≥20
	圆球顶破强度	kN	≥2.0	≥2.0
	渗透系数	cm/s	≥0.28	
	等效孔径	mm	0.02~0.025	
耐压值	扁平率1%	kN	≥0.1	≥0.45
	扁平率3%	kN	≥0.4	≥1.6
	扁平率5%	kN	≥1.2	≥4.0

6　结　语

在调压室衬砌混凝土中掺入聚丙烯纤维、调压室内壁喷涂双组份聚脲防渗材料,大大增强了调压室衬砌结构的抗渗性能,在调压室正常运行期间,有效地减少了内水外渗量;在调压室衬砌混凝土与围岩之间系统布设环向、竖向高强软式透水管,可有效收集围岩内水体和调压室少量内水外渗的水,然后将其排至安全区域。本工程自2017年,电站并网发电后,根据安装的渗压计读数知,调压室外水压力始终维持在一个相对较低的水平,说明本文所提方法起到了抗渗及排水的作用,满足了工程安全运行要求。

参 考 文 献

[1] 余淑红.聚丙烯纤维混凝土在疏勒河灌区昌马旧总干渠改建中的应用[J].水利规划与设计,2017(9):108-114.

[2] 孙志恒,张会文.聚脲材料的特性、分类及其应用范围[J].水利规划与设计,2013(10):36-38.

[3] 张斌.水利工程施工中喷涂聚脲弹性体技术的应用[J].水利技术监督,2016(5):93-94,118.

[4] 黄微波,刘旭东,等.喷涂纯聚脲技术在水利工程防护中的应用与展望[J].现代涂料与涂装,2011,14(9):20-24,40.

[5] 孙志恒,岳跃真.聚脲弹性体喷涂技术及在水利工程中的应用[J].大坝与安全,2005(1):64-66.

［6］孙志恒,郝巨涛.聚脲防水材料在水利水电工程中的应用［J］.工程质量,2013,31（10）:20-22,26.

［7］中华人民共和国住房和城乡建设部.喷涂聚脲防水工程技术规程:JGJ/T 200—2010［S］.北京:中国建筑工业出版社,2014.

［8］周跃年,王平.二滩水电站尾水调压室排水系统设计及高强透水软管的应用［J］.四川水利发电,2001,20（4）:10-11,22.

［9］刘向阳,卓全.软式透水管在三峡船闸墙后排水管网中的应用［J］.人民珠江,2003(5):46-47.

［10］刘海峰,张红梅.吉沙水电站引水调压井设计［J］.水力发电,2012,38(3):54-57.

［11］李学英,马新伟,韩兆祥,等.聚丙烯纤维混凝土的工作性与力学性能［J］.武汉理工大学学报,2009,31（5）:9-12.

【作者简介】 赵亚昆(1989—),男,工程师。E-mail:869665215@ qq.com。

南水北调中线鲁山南 2 段地下水内排设计计算与分析

马少波　贾　静　岳丽丽　曹　阳

摘　要　南水北调中线工程总干渠渠线长,且沿线工程地质、水文地质条件复杂,部分输水渠道地下水位高于渠底高程。由于总干渠全线采用混凝土护砌,在此情况下,为防止运行期或渠道放空检修期地下水扬压力对衬砌的破坏,必须设置可靠的排水措施。本文结合南水北调中线鲁山南 2 段工程渠道特点,通过分析,确定了地下水内排方案;经过计算,确定了内排方案所采用逆止阀的间距和个数。

关键词　南水北调中线;鲁山南 2 段;地下水内排;逆止阀

1　引　言

鲁山南 2 段工程为南水北调中线一期总干渠陶岔渠首至沙河南段工程的一部分,渠段设计桩号为 TS 229+262 ~ TS 239+042,渠段总长 9.780 km。走向基本为东南至西北方向。其中,全挖方渠段长 3 263 m,全填方渠段长 111 m,半挖半填渠段长 5 692 m。

根据渠线现状地下水位埋深、长期观孔资料,渠线勘探孔及附近水井观测成果,结合大气降水资料,并考虑渠线地形地貌、土岩渗透性等,预测地下水分布情况。据统计,本渠段地下水位高于渠底板的渠段长约 7.618 km。由于总干渠全线采用混凝土护砌,且全断面采用复合土工膜防渗,因此在地下水位高于渠底板的渠段必须采取一定的排水措施,以便有效防止运行期或渠道放空检修期地下水产生的扬压力对衬砌板的破坏。

2　排水方案选择

本渠段几条交叉河渠的河道水位较高,不具备自流外排的条件,且经检测,地下水水质良好,符合饮用水要求,故全渠段采用自流内排方式,通过逆止阀将地下水排入总干渠。逆止阀按设计间距布设,通过三通与集水管相连,逆止阀出口埋入渠道混凝土衬砌中,自流排水入渠道。底板采用球型逆止阀,边坡采用拍门型逆止阀。

自流内排方案首先在渠底中部设置单排集水管,按照排水需要布置球阀逆止阀;当地下水位高于渠底不多、渠道挖深不大时,边坡采用单排布置方案;当地下水位接近或高于渠内水位或渠道挖深较大时,边坡采用双排布置方案。按上述原则,并综合考虑地下水位变化情况,鲁山 2 段采取自流内排方案渠段总长 8 814 m,其中,单排布置渠段长 5 368 m、双排布置渠段长 3 446 m。具体排水布置见表 1。

表1 鲁山2段地下水排水布置情况

序号	起点桩号	起点桩号	长度(m)	排水方式	备注
1	TS229+262.0	TS231+781.0	2 519.0	内排单排	
2	TS232+312.0	TS232+665.0	353.0	内排单排	
3	TS232+665.0	TS236+111.0	3 446.0	内排双排	
4	TS236+111.0	TS238+135.0	2 024.0	内排单排	
5	TS238+539.0	TS239+011.0	472.0	内排单排	

3 水力计算

3.1 计算条件

3.1.1 计算工况

选择对工程最不利的水位组合,即地下水为预测最高水位,渠内无水(渠道检修或完建期),此时内外水位差最大。

3.1.2 渠道渗漏量考虑

渠道采用全断面防渗混凝土板衬砌并铺设复合土工膜,防渗效果好,渠水外渗很少,排水量仅考虑地下水涌出量。

3.2 计算公式的选取

参考暗管集水流量计算方法,采用非完整式(埋设未达到基岩面上)管状渗渠(见图1)计算公式。

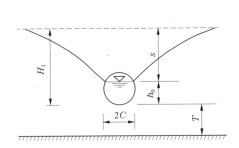

图1 集取地下潜水非完整式渗渠示意图

$$Q = 2LK\left(\frac{H_1^2 - h_0^2}{R} + sq_r\right) \quad (\text{单侧进水时除以2}) \tag{1}$$

式中:s 为水位降深,m;H_1 为渗渠底至静水位的距离,m;T 为渗渠底至基岩的距离,m;C 为渗渠宽度之半,m;q_r 根据 α、β 值由《供水水文地质手册》中图查得;R 为影响半径,可采用松散含水层完整式井群影响半径的公式

$$R = 2s\sqrt{Hk} \tag{2}$$

式中:S 为地下水位下降值,m;H 为潜水含水层厚度,m,本次采用渠底以上的含水层厚度;K

为渗透系数,m/d,地下水面至计算基岩面高度范围内的加权平均值。

3.3　计算参数

根据本渠段排水方案布置原则及地质报告中的地质分析,对渠段进行分段。各分渠段的地下水位、土体渗透系数等均不同,可选取相应的地质参数。本文仅以渠段 TS 229+262~TS 229+664($L = 402$ m)为例,对计算过程进行详细分析。

3.3.1　渗透系数

根据《南水北调中线地质勘察报告》中地质资料和试验成果,综合选取渗透系数。典型断面选取的计算参数值见表 2。

表 2　渠段地下水位及渗透系数取值

桩号	地面高程(m)	底板高程	地下水位(m)	渗透系数(m/d)
TS 229+262	128.4	126.168	128.2	0.55
TS 229+664	129.6	126.152	128.7	0.55

3.3.2　内排逆止阀出水管出水量计算

逆止阀设计以 10 cm 水头时的流量作为逆止阀的设计流量。根据相关资料可得:逆止式自由出流量球阀形式 30 L/min,拍门形式 11.2 L/min。

在计算过程中,按照集水暗管过流能力及逆止阀出水流量较小者计算逆止阀间距,即按逆止阀出水流量计算,并取安全系数为 3.0。

3.3.3　集水暗管内水深

集水暗管采用软式透水管 FH250 mm,随渠底纵坡铺设;内排集水暗管按无压均匀流计算,水深拟定为 2/3 管径;外排暗管按无压满流计算。

其余计算参数均根据相应断面确定。

3.4　计算结果

根据相应计算参数,经计算,渠段 TS 229+262~TS 229+664 地下水内排计算结果见表 3。

表 3　渠段 TS 229+262~TS 229+664 地下水内排计算结果

桩号	TS 229+262	TS 229+664
集水暗管直径 D	0.25	0.25
单坡单位长度	1	1
地下水位	128.2	128.7
渠道底板高程	126.168	126.152
渗渠底至静水位的距离 H	2.287	2.788
渗透系数 K(m/d)	0.55	0.55
渗渠内水深 h_0	0.17	0.17
水位降深 $s = H - h_0$	2.120	2.621
渗渠底至基岩的距离 T	10	10

续表 3

桩号	TS 229+262	TS 229+664
影响半径 R	4.756	6.492
渗渠宽度之半 C	0.125	0.125
α	0.974	0.981
β	0.476	0.649
q_r	0.40	0.40
渗渠单侧出水量 $q(m^3/d)$	1.149	1.377
段长(m)	0	402
渠段日集水量(m^3/d)		507.65
逆止阀日出流量(m^3/d)		16.00
单坡需设逆止阀个数		95.00
逆止阀间距(m)		4.00
安全系数		3.00

3.5 计算结果分析

本渠段排水计算均采用上述方法,但是需根据不同分段,采取不同的计算参数。对于计算间距小于 20 m 的渠段,根据计算结果布置,同时考虑到衬砌分缝间距为 4.0 m,为了与衬砌板块协调,逆止阀间距按 4 的倍数确定。对于逆止阀计算间距大于 20 m 的渠段,设计按 20 m 间距布置。同时为保证排水连通性,每隔 8.0 m 设置横向连通管,与纵向管道连接形成管网,提高排水的安全性。各分渠段计算结果见表 4。

表 4 鲁山南 2 段地下水内排计算成果

渠段	渠段桩号		内排渠段净长(m)	暗管内径(cm)	逆止阀个数(个)	说明
	起	止				
1	TS229+262.0	TS231+781.0	2 519.0	25	1 410	内排单排
2	TS232+312.0	TS232+665.0	353.0	25	90	内排单排
3	TS232+665.0	TS236+111.0	3 446.0	25	3 120	内排双排
4	TS236+111.0	TS238+135.0	2 024.0	25	1 023	内排单排
5	TS238+539.0	TS239+011.0	472.0	25	75	内排单排
合计			8 814.0		5 718	

4 排水系统布置

地下水内排系统主要由横、纵向集水暗管和逆止阀(见图 2)组成,并在衬砌混凝土板下及暗管四周铺设起导水作用的砂砾料。集水暗管采用软式透水管 FH250 mm,随渠底纵坡铺设。单排方案在渠道边坡下部布置一排集水暗管,并布设拍门型逆止阀;双排方案在距离渠底板顶面 1.5 m(垂向距离)高度处的两侧边坡下增设第二排集水暗管(见图 3),集水管及逆止阀相应布置两排。

集水暗管外侧填充 20 cm 厚中粗砂以保证管基土壤稳定,同时可起导水、反滤作用。

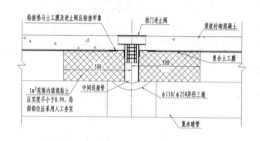 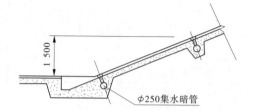

图 2　逆止阀接头构造　　　　　图 3　地下水内排双排方案示意图

5　结　语

鲁山南 2 段工程全渠段采用混凝土板护砌,且全断面采用复合土工膜进行防渗。在地下水位高于渠底板的渠段,采用逆止阀内排可有效防止运行期或渠道放空检修期地下水产生的扬压力对衬砌板的破坏。本文从工程自身特点出发,通过分析,确定了地下水内排方案,且经过计算,确定了内排方案所采用逆止阀的间距和个数,对类似工程有一定参考和借鉴作用。

参 考 文 献

[1] 供水水文地质手册第二册[M].
[2] 南水北调中线一期总干渠陶岔渠首至沙河南干渠鲁山 2 段初步设计报告[R].
[3] 南水北调中线地质勘察报告[R].
[4] 水力计算手册[M].武汉大学水利电力学院.
[5] 毛昶熙.渗流数值计算与程序应用[M].南京:河海大学出版社,1999.
[6] 毛昶熙.渗流计算分析与控制[M].北京:水利电力出版社,1990.

【**作者简介**】　马少波(1972—) 男,高级工程师。

观景口水利枢纽工程输水线路
交叉建筑物选型设计

曹　阳　马少波　张青松　陈星宇

(中水北方勘测设计研究有限责任公司,天津　300222)

摘　要　观景口水利枢纽工程输水线路沿线地形地质条件相对复杂,跨越各类河沟有 6 处,需布置 12 座交叉建筑物。在对该输水线路各类交叉建筑物进行技术、经济比选分析的基础上,最终选定建筑物形式,对类似输水工程建筑物的设计和选型具有一定的指导和借鉴作用。

关键词　交叉建筑物;管桥;埋管;渡槽

观景口水利枢纽是重庆市重点水源工程之一,位于巴南区五布河干流上,工程的主要任务是:以城市供水为主,同时兼顾沿线小城镇、农业灌溉及农村人畜用水。观景口水利枢纽输水工程主要采用隧洞输水,线路水平投影总长 24.969 km,首端有压隧洞输水长 0.24 km,后接泵站集中扬水,然后无压输水至终点。该输水工程从观景口水库取水,输水终点为重庆市南岸区的茶园组团,设计输水流量 4.76 m³/s,加大输水流量 5.76 m³/s。

输水线路沿线地形、地质条件复杂,跨越各类河沟有 6 处,沿线布置交叉建筑物除进水口外共 12 座,分别为:倒虹吸 3 座(含 4 座管桥、7 段埋管),无压暗涵 7 座,渡槽 2 座,交叉建筑物总长 5.22 km。结合输水线路中各类交叉建筑物的特点,对重力流输水的跨河沟建筑物进行分析和探讨。

1　交叉建筑物选型设计原则

输水线路与冲沟、山谷、河流等天然障碍物相交时,通常采用埋管、管桥、渡槽等形式,各建筑物比选时宜遵循下述原则。

1.1　埋管

1.1.1　布设原则

当河道(或冲沟)中设计洪水位高于压坡线时,宜选用埋管的方式从河道(或冲沟)底部通过。

1.1.2　布设影响因素

1.1.2.1　河道(或冲沟)宽度对埋管的影响

河道(或冲沟)越宽,埋管长度越长,沿程水头损失越大,并且管道水下施工部分增长,相应施工难度增大。所以,过河时应选在河道宽度较窄位置,尽量与其正交通过。

1.1.2.2　河道(或冲沟)水深对埋管的影响

河道(或冲沟)水深主要对埋管水下施工产生影响。埋管设置于河底,管道水下施工工艺主要有:围堰施工、顶管施工工艺等。

围堰法施工:可用于河道(或冲沟)内水深较浅,允许短时间断流或采用分段围堰施工河段。一般土袋围堰施工适用于水深小于 3 m,水流速度小于 1.5 m/s 河段;对于水深超过 3 m 河段,则需要根据河床基础条件设置钢板桩围堰或双壁钢围堰[1],投资也会大大增加。

顶管法施工:主要用于河床基础较好,水深较深河段。施工时需将待穿越部位的河床断面尺寸与河底地质、水文资料勘测准确。顶进中,管道埋深、防腐措施均应满足顶管施工要求。目前,国内一般顶管法施工适用管径 900~4 000 mm;对于 150~900 mm 管径范围管段,可采用微型隧道法施工工艺[2]。

1.1.2.3　河道(或冲沟)水流流速对埋管的影响

经过冲刷深度计算,河道(或冲沟)水流流速越大,埋管顶部埋置深度越大,除水下沟槽开挖工程量增加以外,管道的工作压力也随埋深的增大而增大。

1.2　管桥

1.2.1　布设原则

当压坡线高于河道(或冲沟)中设计洪水位与梁下净空之和时,可选用管桥的方式从河道(或冲沟)上部跨越。

1.2.2　管桥与埋管方案比选需考虑因素

(1)对于山区河道而言,管桥过河位置的地形及地质条件比较复杂,河道两岸陡峭,深度可达 20~30 m,甚至有的可达上百米。对于此种类型的河道,管桥造价可能会偏高,而且需考虑管桥与周边环境和景观的协调。

(2)管桥只能采用钢管输水,而埋管管材可根据管线承受的内压、外压、地形地势、输水流量等因素选用金属管或非金属管。

(3)对于内水压力较大,河床覆盖层较深,采用深埋管方式,内水压力会随着埋深的增加随之加大,管壁厚度随之增大,同时考虑到此段为最低点,需预留检修口,并单独设泵抽水检修,工程量会相应增加。由于在河底施工将不可避免有高地下水,如遇节理裂隙发育将出现涌水等险情危及施工安全。

1.3　渡槽

1.3.1　布设原则

当水头满足无压流条件,且灌区高程、受供水点高程以及地形条件限制,或水头紧张时,宜采用渡槽。

1.3.2　渡槽在建筑物比选中的优势

1.3.2.1　工程安全方面

渡槽工程安全性较高,钢筋混凝土结构受力明确,采用明流输水,水压力小,出现问题,易于修复。而有压埋管对混凝土质量或管节接口止水密封性能要求较高,管身钢筋混凝土结构同时承受内、外压力,受力复杂,结构完整性要求较高,施工不当或出现渗漏问题,难于修复。

1.3.2.2　施工方面

渡槽施工基本不需采取导流措施,枯水期施工河道两边的墩柱,只需局部防护。而有压埋管需采取导流措施,需采取开挖基坑降排水措施。

1.3.2.3　运行管理方面

渡槽管理范围较大,运行管理工作量相对较大但出现问题可及时发现,便于检修。有压埋管需要额外增加设置停水检修期管道排空系统建筑物或设施设备,系统较渡槽略复杂,出现问题,难以修复。

1.3.3 渡槽与有压输水方案比选需考虑因素

1.3.3.1 经济性比较

架空高度 15 m 以上的渡槽下部的支撑结构应使用双排架结构,根据国内已完建实际工程经验,有压输水(包括有压埋管与管桥)与架空高度较高的渡槽相比在造价方面存在优势。

1.3.3.2 地形条件比较

河道(或冲沟)两岸具有相对较大的高差,输水线路建筑物进、出口高程高差较大时,水流通过渡槽跨越河道(或冲沟)后流速较大,应对水流采取消能措施,并在下游设置消能建筑物。此时,有压输水比渡槽更有优势。

综上所述,如采用埋管的方式,在较深的洼地处不利于排水检修,且在天然来水量较大的冲沟处又存在冲刷问题,对工程安全带来隐患,一味地深埋不够经济;采用渡槽无压输水具有明显优势,但受地形地质条件及水头等因素的制约;有压输水能够更好的适应相对复杂的条件,适用性较广。在实际应用中应结合工程实际情况综合比选。

2 观景口水利枢纽工程交叉建筑物选型

2.1 输水线路穿下四合头沟南-2 段

加压泵站下游侧为下四合头沟南-2 段,该段地势较低,河底高程为 260.0~263.0 m,输水线路上游侧山顶高程为 315.00 m,水池顶高程 303.0 m,下游侧山顶高程为 335.00 m;沟内 200 年一遇校核洪水位 259.67 m,此处加大流量时水头为 301 m。具体布置见图 1。

(1)本段若采用渡槽形式,渡槽槽身底部距沟底超过 40 m,渡槽全长超过 300 m,显然施工难度极大且不够经济,因此选用有压输水方式跨沟。

(2)如全部采用埋管,因沟南-2 冲沟较深,冲沟内不利于埋管的排水检修,若埋管深埋至冲刷线以下,埋管压力过大,存在运行检修方面的问题和安全隐患。

(3)综上所述,选用部分采用埋管,埋管后连接管桥的方案。管桥布设以满足山坡道路净空为控制条件,管桥钢管管底高程 272 m,管桥距地面不超过 15 m,且满足四合头沟南-2 过流要求。

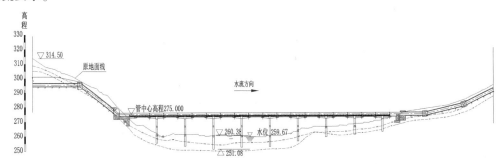

图 1 输水线路穿下四合头沟南-2 段管桥布置

2.2 输水线路穿鸦溪河段

输水线路与鸦溪河交叉处,河底高程为 217.5 m,输水线路上游侧山顶高程为 277.00 m,下游侧山顶高程为 296.00 m;鸦溪河 200 年一遇校核洪水位 223.57 m,鸦溪河处加大流量时水头为 296.90 m。具体布置见图 2。

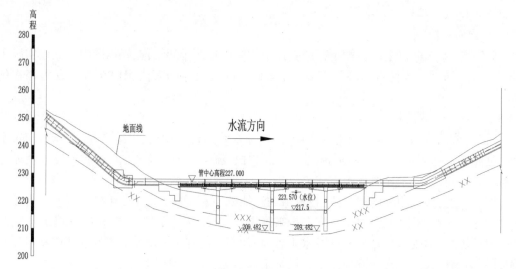

图 2   输水线路穿鸦溪河段管桥布置

（1）输水线路穿鸦溪河上游侧原地面高程在 255.00 ~ 277.00 m，小于加大流量水头 296.90 m，需使用有压方式输水，采用有压埋管具有唯一性。

（2）输水线路穿鸦溪河下游侧山体高程在 255.00 ~ 296.00 m，山顶高程小于加大流量水头 296.90 m，下游侧山体坡度较缓，山体高度较低，采用有压埋管方案合理。

（3）输水线路穿鸦溪河，高程在 215.50 ~ 230.00 m 之间，鸦溪河河床覆盖层深约 9.0 m。若采用埋管深埋至冲刷线以下的方式，埋管内水压力应大于 85 m，此处埋管管壁厚度应大于输水线路穿鸦溪河上游侧埋管管壁厚度，管壁外侧同时需要一定厚度的外包混凝土。考虑到此段为最低点，需预留检修口，并单独设泵抽水检修。由于在河底施工将不可避免有高地下水，如遇节理裂隙发育将出现涌水等险情危及施工安全。施工时应设置临时围堰和导流工程，增大工程投资，加大施工难度。

（4）若采用有压管桥方案，管桥布设以满足桥下 200 年一遇校核洪水位 224.69 m 加超高净空为控制条件，确定穿鸦溪河处管桥梁底高程分别为 227.19 m。管桥全长 112 m，管桥上部为跨越河、沟的桥梁架空结构，钢管支撑在空心板梁上，桥面净宽 4.37 m；下部采用钻孔灌注桩，桩径 1.0 m，桩长 8 ~ 15 m，桩尖嵌入弱风化岩层不小于 2.0 m。该方案施工难度小、运行检修更方便、更经济，故推荐此方案。

3 结 语

（1）输水工程交叉建筑物的选型应根据河道（或冲沟）洪水位、横纵向地形特点等，结合输水工程跨越河道（或冲沟）所处区域的地质条件合理选择。穿越方式在考虑建筑物布置、技术、安全、经济及与周边环境和景观相协调等因素前提下，还需考虑施工条件和施工方法以及后期运行检修管理等问题。

（2）对跨越河流处的有压输水管线而言，架空高度在 15 m 以下的管桥与埋管相比较，若采用同种管材且管径和管壁厚度均相同时，投资相差不大。但从后期运行检修管理的角度来看宜采用管桥方式。

参 考 文 献

[1] 给水排水工程结构设计手册编委会.给水排水工程结构设计手册[M].北京:中国建筑工业出版社,
　　2012.
[2] 马保松.非开挖工程学[M].北京:人民交通出版社,2008.
[3] 灌溉与排水工程设计规范:GB 50288—99[S].
[4] 敖良根.山地城市河流保护研究[D].重庆:重庆大学,2011.
[5] 给水排水工程结构设计手册编委会.给水排水工程结构设计手册[M].北京:中国建筑工业出版社,
　　2012:190.
[6] 中华人民共和国住房和城乡建设部.15 城市桥梁设计规范:CJJ 11—2011[S].北京:中国计划出版社,
　　2011.
[7] 陈德亮,等.倒虹吸管取水输水建筑物丛书[M].北京:中国水利水电出版社,2002.
[8] 灌溉与排水渠系建筑物设计规范:SL 482—2011[S].
[9] 姜永宏信邑沟水库跨溢洪道交叉建筑物方案研究[J].陕西水利,2009(05).
[10] 潘江,游万敏,上官江.南水北调河渠交叉建筑物参数化设计[J].人民长江,2009(23).

【作者简介】 曹阳,男,工程师。

SETH 水利枢纽工程物理模型试验与数模计算对比分析研究

吕会娇　禹胜颖　李桂青　苏　通

（中水北方勘测设计研究有限责任公司，天津　300222）

摘　要　采用水工模型试验研究表、底孔的泄流能力，对不同工况下表、底孔前后的水力要素、表底孔堰面的时均压力以及消力池的消能效果进行模型试验与数模计算对比分析研究，并对消力池的设计方案提出优化改进措施，确保工程的安全运行。

关键词　水工模型试验；表底孔；数模计算；泄流能力；消力池；时均压力

1　工程概况

SETH 水利枢纽位于新疆阿勒泰地区青河县乌伦古河上游河段，工程任务为工业供水和防洪，兼顾灌溉和发电。电站装机 27.6 MW。工程等别为 II 等，工程规模为大（二）型。本工程为碾压混凝土重力坝，主要由拦河坝（碾压混凝土重力坝）、泄水建筑物（表孔和底孔坝段）、放水兼发电引水建筑物（放水兼发电引水坝段）、坝后式电站厂房和过鱼建筑物等组成，拦河坝最大坝高 75.5 m，从左岸至右岸布置 1#~21# 共 21 个坝段，坝顶总长 372.0 m。挡水建筑物混凝土重力坝的设计洪水重现期为 100 年一遇，校核洪水重现期为 1 000 年一遇。泄水建筑物消能防冲设计洪水标准取 50 年一遇，水电站厂房设计洪水标准取 50 年一遇，校核洪水标准取 200 年一遇。

2　物理模型设计

根据试验内容要求，模型试验范围包括坝轴线上游 450.00 m 内的地形（高程模拟到 1 032.00 m），下游 650.00 m 内的地形（高程模拟到 968.00 m）、宽度最宽为 600.00 m。该河段包含重力坝挡水坝段、表孔坝段、底孔坝段和电站坝段等建筑物。上游水位测点位置：坝上游 $L0-150.00$ m，下游水位测点位置：坝下游 $L0+225.00$ m。根据试验研究目的，选择几何比尺 $\alpha_L = \alpha_H = 50$ 的正态模型。水流运动主要作用力是重力，因此模型按重力相似准则设计，保持原型、模型弗劳德数相等。

模型制作时，电站及表孔、底孔和消力池段等建筑物均采用有机玻璃制作，几何精度为 0.2 mm；上、下游地形（定床）采用高程控制法定点，用水泥沙浆抹面，几何精度控制在 2 mm 以内。采用精度为 ±0.5% 的电磁流量计量测流量；采用活动测针（水准仪）量测水面线，精度为 ±0.3 mm；采用精度为 2% 的直读式光电旋桨流速仪量测流速。

3 物理模型试验成果

3.1 泄流能力

3.1.1 表孔

表孔的泄流能力根据《规范》(SL 319—2005)附录 A.3 公式计算:

$$Q = Cm\varepsilon\sigma_s B\sqrt{2g}H_w^{\frac{3}{2}} = MB\sqrt{2g}H_w^{\frac{3}{2}} \tag{1}$$

式中: Q 为泄量; m 为流量系数; ε 为侧收缩系数; B 为闸室总净宽; M 为包括收缩系数在内的综合流量系数; g 为重力加速度; H_w 为未计入行近流速的堰上总水头。

试验对表孔敞泄时的过流能力进行观测,其水位流量关系曲线见图1。当上游水位为设计水位(H = 1 028.24 m)时,实测下泄流量为 583.26 m³/s,比设计计算值 550.4 m³/s 大 5.97%,综合流量系数为 0.469;当上游水位为校核水位(H = 1 029.94 m)时,实测下泄流量为 771.00 m³/s,比设计计算值 721.4 m³/s 大 19.15%,综合流量系数为 0.481,表孔的设计规模满足泄量要求。

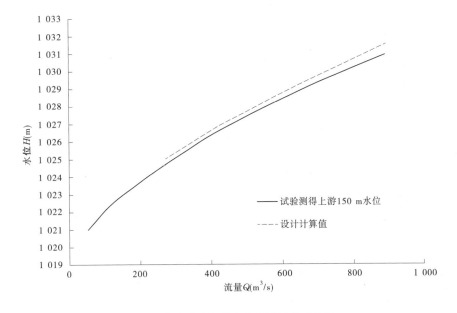

图1 表孔敞泄上游水位与流量关系曲线

3.1.2 底孔

底孔泄流能力计算公式如下:

$$Q = \sigma_s \mu eB\sqrt{2gH_0} \tag{2}$$

式中: Q 为流量; B 为孔口宽度; H_0 为计入行进流速的闸前水头; g 为重力加速度; σ_s 为淹没系数; μ 为闸孔流量系数。

试验对底孔敞泄时的过流能力进行观测,其上游水位流量关系曲线见图2。当上游水位为设计水位(H = 1 028.24 m)时,实测下泄流量为 387.50 m³/s,比设计计算值 329.68 m³/s 大 17.54%,闸孔流量系数为 0.721;当上游水位为校核水位(H = 1 029.94 m)时,实测下泄流量为 393.20 m³/s,比设计计算值 334.78 m³/s 大 17.45%,闸孔流量系数为 0.719。底孔的设计规模满足泄量要求。

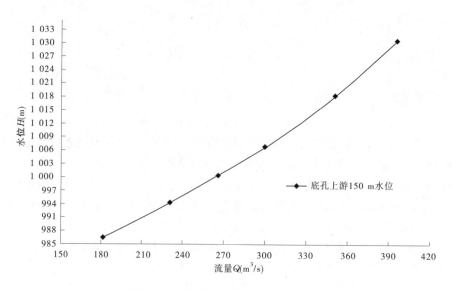

图 2　泄洪闸敞泄时上游水位流量关系

3.2　原方案消力池

原设计方案消力池池长 80 m,底孔出口段后孔口宽度由 3 m 扩散到 7 m,其后接反弧段与消力池相接,表底孔共用一个消力池。消力池底板顶高程为 963 m,墙顶高程为 975 m,消力池底部总宽度为 23.5 m,尾坎顶高程 970 m,顶宽 2 m,上游坡比 1∶2,下游为直立式,坎后设混凝土防冲板,顶高程为 969.0 m。试验表明,按 50 年一遇的洪水标准联合泄洪时,此布置方式下消力池存在以下问题:消能不充分;表底孔间未设隔墙,表底孔单独放水时消力池内产生侧向回流,水流流态紊乱;池中水位较高翻越边墙进入厂区。

3.3　消力池优化方案一

针对原设计方案出现的不利水流现象,对消力池的体型进行修改,具体措施有:

(1)在原表底孔共用的消力池中增加宽度为 2.5 m 的隔墙,使表孔、底孔单独消能。

(2)扩宽消力池宽度,底孔出口段后孔口宽度由 3 m 扩散到 10 m,比原方案增宽 3 m。

(3)降低消力池底板高程,底板高程由 963 m 降低至 961 m。

(4)加长池长,池长由 80 m 增加到 90.5 m。

(5)增加消力池边墙高度,将墙顶高程有原来的 975.0 m 调整为 977.0 m。

(6)调整尾坎体型,由原来上游坡比 1∶2、下游直立式改为上游直立式、下游坡比 1∶1,且降低坎后防冲板高程,由 969 m 降低为 967.5 m。

消力池优化后,隔墙的增设使表底孔单独消能,池内不再产生侧向回流;建筑物消能防冲设计标准 50 年一遇洪水工况下,表孔消力池内产生淹没水跃,出池水流平稳,坎上最大底流速为 6.63 m/s,表孔消力池基本满足安全运行的要求。底孔消力池内的水利要素相较于原方案也得到明显改善,50 年一遇洪水工况下,水流在底孔消力池内形成完整水跃,出池流速 9.12 m/s。流速相较原方案虽有降低,但仍然偏大,仍对下游产生冲刷。

3.4　消力池优化方案二

针对优化方案一出现的问题,再次对消力池的体型进行修改,即将消力池底板高程由 961 m 降低为 959 m,尾坎顶高程由 970 m 降低为 968.5 m。修改前后消力池体型见图 3。

　　消力池体型再次优化修改后,建筑物消能防冲标准50年一遇洪水工况下,水流在消力池内流态相对稳定,底孔出池流速降低为6.68 m/s,相较优化方案一降低26.75%。再次优化后的消力池体型满足下游消能防冲要求。

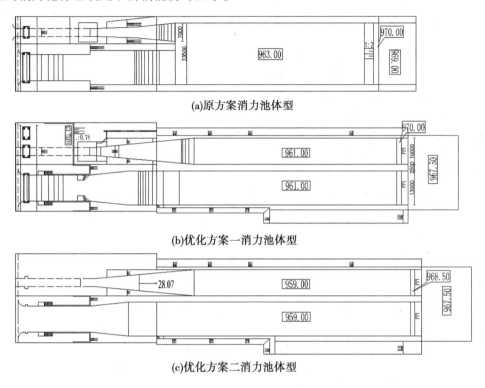

(a)原方案消力池体型

(b)优化方案一消力池体型

(c)优化方案二消力池体型

图3　修改前后消力池体型图

4　数模计算与物理模型对比分析

　　针对优化方案二进行了数值模拟计算与物理模型试验的对比分析研究。数模计算按原型1∶1建立几何实体模型,模型范围采取表、底孔坝段进口至下游防冲槽末端,计算区域采用自由网格法,均用结构化正交网格来划分,表孔堰顶区域进行网格渐变加密,网格总数约5 399 000。分别对50年一遇洪水工况和100年一遇洪水工况,消力池内水流流态、消力坎上流速和表底孔堰面时均压力进行了对比分析研究。

4.1　水流流态及流速对比分析

　　50年一遇洪水工况,下泄流量636 m³/s,上游水位1 028.24 m。水流在消力池内紊动剧烈,掺气明显,水流时而越边墙外翻溢出,水流在消力池内形成完全水跃流出消力池,以50年一遇洪水工况为例说明物理模型和数模计算的消力池内水流流态,分别见图4和图5,在消力坎位置流速对比见表1。

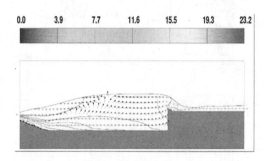

图 4　物理模型消力池内水流流态　　　　图 5　数模计算消力池内水流流态

表 1　消力坎上流速对比分析

试验工况	下泄流量 (m³/s)	测速位置	流速(m/s)					
			物理模型试验值			数模计算值		
50 年一遇洪水	636	表孔	左	中	右	左	中	右
			6.29	6.05	6.63	5.40	4.38	5.26
		底孔	左	中	右	左	中	右
			9.12	8.51	8.87	6.34	6.20	5.54
100 年一遇洪水	726	表孔	左	中	右	左	中	右
			7.20	6.62	6.92	5.01	4.74	5.55
		底孔	左	中	右	左	中	右
			9.22	8.09	8.35	6.14	6.44	5.35

　　由表 1 可以看出,50 年一遇洪水模型试验量测底孔消力坎上最大流速为 9.12 m/s,表孔消力坎上最大流速为 6.63 m/s,而数值计算底孔消力坎上最大流速为 6.34 m/s,表孔消力坎上最大流速为 5.40 m/s;100 年一遇洪水模型试验量测底孔消力坎上最大流速为 9.22 m/s,表孔消力坎上最大流速为 7.20 m/s,而数值计算底孔消力坎上最大流速为 6.44 m/s,表孔消力坎上最大流速为 5.55 m/s。相较于模型试验量测值,数模计算的流速值均偏小。此情况下应采用物模量测值,对下游防冲槽及河道进行保守防护。

4.2　表底孔堰面时均压力对比分析

　　沿表孔中心线布设 8 个测点,沿底孔中心线布设 9 个测点,具体布设位置见图 6。针对表底孔堰面的时均压力测试,分别进行了 50 年一遇和 100 年一遇洪水的试验,其测试结果见表 2。

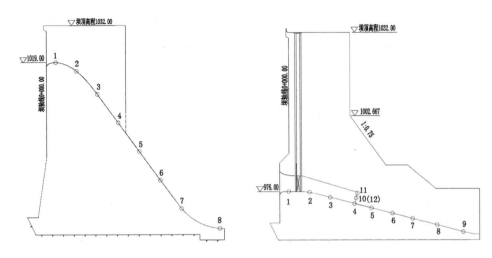

图 6　表底孔堰面时均压力测点布设图

表 2　各工况表孔堰面时均压力

部位	测点编号	测点高程（m）	各试验工况时均压力（kPa）			
			物理模型试验值		数模计算值	
			50 年一遇洪水（636 m³/s）	100 年一遇洪水（726 m³/s）	50 年一遇洪水（636 m³/s）	100 年一遇洪水（726 m³/s）
表孔	1	1 019.00	63.67	56.31	74.13	69.19
	2	1 016.01	−5.11	−5.11	−3.89	−6.03
	3	1 008.00	−3.98	−4.47	−3.15	9.07
	4	998.00	2.88	5.33	8.75	13.74
	5	988.00	2.08	4.38	20.47	21.86
	6	978.00	1.41	3.37	13.51	12.03
	7	968.06	43.00	45.94	43.81	34.65
	8	962.56	98.87	96.91	65.98	63.29
底孔	3	974.00	93.59	93.57	97.59	96.90
	4	971.78	57.51	57.51	26.95	27.51
	5	970.25	30.31	28.35	2.27	2.59
	6	968.38	28.10	28.11	11.81	13.98
	7	966.50	29.82	34.73	2.51	2.76
	8	964.30	33.76	37.68	25.31	28.59
	9	961.88	103.15	111.00	37.29	51.79

　　通过物理模型试验量测和数模计算对比分析由表 2 可知，各试验工况下，表孔 2# 测点均产生负压，50 年一遇洪水和 100 年一遇洪水时，3# 测点也产生负压。正压最大值均发生

在 8# 测点位置,物模量测最大为 98.87 kPa,数模计算最大为 65.98 kPa,负压最大值均发生在 2# 测点。随着闸门开度的增大,流量的增加,堰顶 1# 测点的时均压力逐渐减小。底孔堰面时均压力均为正值,最大值均发生在 1# 测点,且随着流量的增加,压力值逐渐增大。

5 结　语

(1)设计水位和校核水位下,表、底孔实测下泄流量均大于设计计算值,说明表、底孔的设计规模满足泄量要求。

(2)试验各洪水标准下方案二较于方案一:消力池形成水跃的跃首位置更靠前;消力池内水流翻滚和消能更充分;水流经翻滚消能后,出池前水流更平稳;水流出池时坎上流速更小。故认为优化方案二优于优化方案一。

(3)通过物理模型试验量测和数模计算对比分析得到表孔控泄运行时,表孔堰面弧线中间位置、弧线和直线相接位置均有负压产生,发生在弧线中间位置。各工况下,底孔堰面和孔口四周的时均压力均为正值。

参 考 文 献

[1] 陈世新,聂世虎,王子朝.消力池深度与长度计算中应注意的问题[J].水利技术监督,2015(4).

[2] 杨晓池,刘少斌,等.数值模拟在水工模型试验中的应用[J].云南水利发电,2007 (5).

[3] 蔡守允,李恩宝,等.应用于水利工程物理模型试验的旋浆流速仪[J].水利技术监督,2007(5).

[4] 白兆亮,等.某渠首工程整体水工模型试验研究[J].水资源与水工程学报,2014(1).

[5] 戴晶晶,刘增贤,陆沈钧.基于数值模拟的城市内涝风险评估研究[J].水利规划与设计,2015(6).

[6] 戴晶晶,刘增贤,陆沈钧.基于数值模拟的城市内涝风险评估研究[J].水利规划与设计,2015(6).

[7] 张为,陈和春,尤美婷,等.基于 FLOW-3D 软件的块体水垫塘消能机理数值模拟[J].水电能源科学,2015(4).

[8] 王月华,包中进,王斌.基于 FLOW-3D 软件的消能池三维水流数值模拟[J].武汉大学学报(工学版),2012(8).

[9] 田径,罗全胜.溪洛渡水电站泄洪洞水工模型试验研究[J].人民长江,2009(7).

[10] 叶俊飞.水工模型试验在柏峰水库除险加固工程溢洪道消力池设计中的应用[J].科技视界,2012(13).

【作者简介】　吕会娇(1986—),女,工程师。E-mail:275105429@ qq.com。

灌区节水改造中渠道断面结构
与设计流量选择研究

于 浩

（内蒙古自治区水利水电勘测设计院，呼和浩特 010020）

摘 要 在灌区节水改造中，渠道节水改造的工程措施主要是防渗衬砌，而且大部分是在已形成固有断面，并已运行多年的土质渠道上实施防渗衬砌。如何选择渠道的设计流量与防渗衬砌断面尺寸，是渠道防渗衬砌改造中需重点研究解决的关键问题，它不仅直接影响改造工程的投资和节水效果，而且对施工、工程质量、周边环境等也有影响。

本文以内蒙古河套灌区沈乌灌域的干渠、分干渠骨干输水渠道为研究对象进行分析比较选择。对渠道的设计流量与防渗衬砌断面尺寸进行理论计算与现状统计，通过比较，总结出在灌区节水改造中，对现有渠道节水改造的设计流量与防渗衬砌断面尺寸选择的基本原则。

关键词 灌区节水改造；渠道断面结构；设计流量

1 基本情况

黄河水权试点工程，是内蒙古黄河干流水权盟市间转让试点项目。项目建设地点在巴彦淖尔市河套灌区沈乌灌域，主要建设任务是利用沿黄盟市新建工业项目所属企业的资金，对河套沈乌灌域现有 87.166 万亩灌溉范围的灌溉工程实施节水改造。建设目的是提高灌溉用水效率，将节余的黄河水转让给相应的出资企业，解决新建工业项目的用水指标。节水改造的主要任务包括：对斗以上骨干渠道实施防渗衬砌及建筑物配套建设，对田间灌水系统实施畦田改造田间配套建设，对部分现状畦灌面积改造为高效节水面积，对灌溉运行管理设施、监测设施进行配套建设。

沈乌灌域在项目实施前骨干渠道大多为土渠，在输水过程中渗漏量非常大，将骨干渠道进行防渗衬砌节水改造后渗漏量大幅减少，节水效果显著。现对骨干渠道的防渗衬砌节水改造中渠道断面结构与设计流量选择进行研究总结。

2 渠道断面防渗衬砌结构型式选择

渠道防渗衬砌，是在土质渠道断面上设置防渗衬砌层，目的是减少渠道渗漏损失，提高渠道输水效率。

河套灌区沈乌灌域为自流引黄灌区，地形平缓，现状渠道断面大部分属于宽浅式梯形断面，渠道改造是在原土质渠槽上进行防渗衬砌，因此渠道衬砌在现状宽浅式梯形断面基础上选择衬砌结构型式。

目前在自治区的河套等引黄灌区已建工程中，基本是采用渠底塑膜防渗素土回填保护，渠坡预制混凝土板护坡和现浇模袋混凝土护坡两种型式。河套灌区的模袋衬砌厚度 15 cm

的较多,如一干渠、总干渠、建设一分干渠上游段等渠道均有采用模袋混凝土,运行效果很好,12 cm 和 10 cm 厚度的也有试验段,目前看均没有出现问题。

据此,干渠、分干渠衬采用预制混凝土板护坡和现浇模袋混凝土护坡方案进行比较,从已建工程的运行情况、工程造价、管理运行、维修养护、施工方便、安全稳定等方面比较进行选择。以建设二分干渠为例,工程造价 15 cm 厚模袋混凝土略高于预制混凝土板,12 cm 基本相当,10 cm厚略低,详见表1。而且模袋混凝土具有一次成型、施工速度快、质量容易控制,可在水上或水下直接浇筑、成型后不易破损、大幅减轻管理维护负担等优点。因此,干渠、分干渠设计采用模袋混凝土衬砌护坡,渠底塑膜防渗、渠底素土回填保护结构型式。

表 1　建设二分干渠衬砌型式投资比较

衬砌型式	总投资(万元)	单位投资(万元/km)
10 cm 厚模袋混凝土	4 174.37	130.45
12 cm 厚模袋混凝土	4 805.94	150.19
15 cm 厚模袋混凝土	5 746.23	179.57
预制混凝土板(厚 8 cm)	4 680.78	146.27

3　渠道设计流量选择

3.1　灌溉水利用系数

3.1.1　计算方法及依据的基本资料

灌溉水利用系数推算方法是:依据现状各级土质渠道实测段落的利用系数,分别推算现状条件下的各级渠道全长及计算段落的利用系数;依据各级渠道的防渗衬砌材料及结构,在现状利用系数的基础上,推算各级渠道及渠段衬砌后的利用系数;依据渠道衬砌后的利用系数、田间水利用系数、输配水渠道系统的构成,分别推算各分干渠域的灌溉水利用系数;按照组合类型的灌溉面积分别推算斗以上衬砌后的东风分干渠域、一干渠域及沈乌灌域的灌溉水利用系数。

现状渠道水利用系数推算依据的基础,一是 2013 年 6 月内蒙古农业大学完成的水利厅专项课题《内蒙古引黄灌区灌溉水利用效率测试分析与评估》成果中的有关资料;二是乌兰布和灌域管理局实测的各级渠道水利用系数资料。

3.1.2　现状土质渠道利用系数推算

依据现状各级土质渠道实测段落的利用系数,分别推算现状土质条件下的各级渠道全长及计算段落的渠道水利用系数。

3.1.3　渠道衬砌后的渠道水、灌溉水利用系数推算

3.1.3.1　衬砌后渠道水利用系数推算

根据现状各级土质渠道的渠道水利用系数,推算衬砌后相应各级渠道的渠道水利用系数。

依据现状土渠利用系及衬砌后渗漏损失折减系数,计算渠道衬砌后的利用系数的推算方法是,已知现状土渠利用系数为 η_T,则损失系数为 $1-\eta_T$;衬砌后渗漏损失折减系数为 β,据上述参数推算,衬砌后的渠道水利用系数为: $\eta_c = 1-(1-\eta_T) \times \beta$。

3.1.3.2　衬砌后灌溉水利用系数推算

在推算衬砌后各级渠道的渠道水利用系数的基础上,依据各分干渠域的渠道系统级别

组成及田间水利用系数(田间水利用系数为 0.85),分别计算各分干渠域的灌溉水利用系数,依据灌溉面积加权平均,估算沈乌灌域的灌溉水利用系数。

3.1.4 工程实施后灌溉水利用系数推算结果

依据上述方法推算,斗以上渠道实施防渗衬砌、畦田实施改造之后灌溉水利用系数是,一干渠域为 0.575,东风分干渠域为 0.647,沈乌灌域为 0.595。

根据 2013 年 6 月内蒙古农业大学完成的水利厅专项课题《内蒙古引黄灌区灌溉水利用效率测试分析与评估》结果,沈乌灌域现状灌溉水利用系数平均为 0.402,试点工程实施后灌溉水利用系数平均为 0.595,试点工程建设可使沈乌灌域的灌溉水利用系数由现状的 0.402 提高到 0.595。

3.2 渠首设计流量确定

3.2.1 依据灌溉设计参数计算

依据引黄灌溉面积、灌溉水利用系数、设计灌水率、配水轮灌制度等设计参数,计算 6 条骨干渠道的渠首流量。其中:一干渠、东风分干渠及尾端的建设四分干渠,采用现状的续灌方式;建设一、二、三分干渠采用现状的 2 组轮灌方式。

计算公式为

$$Q = q_{设} A / \eta N$$

式中:Q 为渠道流量,m^3/s;$q_{设}$ 为设计灌水率,$m^3/(s \cdot 万亩)$;A 为灌溉面积;η 为灌溉水利用系数;N 为轮灌组数。

3.2.2 现状配水方式及运行流量

据灌溉管理部门提供的资料,现状灌溉运行配水方式是,沈乌引水渠实行续灌,一干渠、东风分干渠内部实行分组或分段轮灌。以实测断面验算渠道过流量和现状运行实测流量中位数估算平均流量。

3.2.3 干渠首流量选择因素综合比较

各渠道渠首的计算流量与现状平均流量比较见表 2。

表 2 干渠、分干渠渠首计算流量与现状平均流量比较

序号	断面位置	计算流 (m^3/s)	现状平均流量 (m^3/s)	计算值比现状减小值 (m^3/s)
一	沈乌引渠尾端	46.23	54	-7.77
二	东风分干渠首	13.21	18	-4.79
三	一干渠首	33.02	36	-2.98
1	建设一分干渠首	9.17	15	-5.83
2	建设二分干渠首	12.05	15	-2.95
3	建设三分干渠首	9.23	11	-1.77
4	建设四分干渠首	21.89	19	2.89

经以上对比,各渠首计算流量均小于现状平均流量,如果选择计算流量,现状渠道断面均需缩小,横断面上新建建筑物工程规模相应减小,但缩小断面渠道填方量增加;如果选择现状流量,横断面上新建建筑物工程规模相应增加,但渠道填方量减小。同时渠道流量增

加,使渠道运行时间缩短,可减小渠道输水损失,反之渠道流量减小,运行时间延长,渠道输水损失也相应增加。因此,按照计算流量和现状平均流量两种状态的投资情况和对节水的影响情况,通过对比分析,从中选择既可节省投资又对节水有利的渠道设计流量。

从影响渠道建筑物工程规模投资方面看,本次改造工程中需配套横断面上的建筑物很少,需新建的建筑物工程主要是渠堤上的取水建筑物(下级渠道进水闸)。因此,骨干渠道横断面尺寸大小,对新建建筑物工程投资的影响较小,选择大流量对渠道建筑物投资影响很小。

从影响渠道防渗衬砌工程投资方面看,渠道基本选择为宽浅式断面,渠道防渗衬砌形式选择为全断面塑膜防渗,防护层结构选择为渠底素土回填和渠坡模袋混凝土两种材料组合结构,渠坡模袋混凝土投资占整个渠道衬砌投资的较大比重,对于宽浅式断面渠道,设计流量增加,只是底宽增加,渠坡长度不增加。因此,增加底宽,过水流量增加,衬砌投资增加很小,选择大流量对投资影响有限。

从影响渠道土方投资方面看,如果选择计算流量,现有渠道断面均需回填,使渠道土方填筑工程增加,相应增加土方填筑投资;如果选择现状流量,现有渠道断面土方回填小,不需要增加土方填筑投资。为了说明选择现状流量可减少土方工程投资,以一干渠上段(长度30.299 km)为例分析对比,计算流量与现状流量下的土方工程投资情况。一干渠上段计算流量与现状流量条件下渠道土方及投资对比详见表3。断面比较见图1。由比较表可知,仅比较渠道土方投资,计算流量比采用现状流量增加1 220万元,说明采用现状流量对减少土方工程投资有利。因此,选择现状流量,使渠道在现状土渠断面上设置防渗衬砌层,可减少土方填筑量,对降低渠道工程投资有利。

表3 计算流量与现状流量条件下投资增加比较

项目内容	计算		现状		(计算-现状)	
	工程量 (万 m³)	投资 (万元)	工程量 (万 m³)	投资 (万元)	工程量 (万 m³)	投资 (万元)
土方开挖	14	56	45	180	−31	−124
土方回填	56	392	14	98	42	294
外运土方量	42	1 050	0	0	42	1 050
合计		1 498		278	0	1 220

从影响周边环境方面看,如果选择计算流量,则需要大量的外运土,取土场取土后不易平整复土,且植被恢复也需要较长时间,对环境造成了不利的影响。而采用现状流量,可以尽量减少因取土对周边环境的影响。因此,选择大流量对周边环境也是有利的。

从影响节水效果方面看,在灌溉工程运行中,渠道输水量一定条件下,输水流量加大,输水时间将缩短,输水损失会降低,反之,输水流量减小,输水时间将加长,输水损失增加。因此,选择大流量可使渠道的输水损失减少,对节水有利。

从施工期对灌溉运行的影响方面看,节水工程的整个建设周期较长,节水工程从施工到全面建成投入运行,施工时间将延续4~5年,如果将渠道设计流量减小,会在施工期内直接影响灌溉用水;如果选择现状流量,则在施工期内不会影响灌区灌溉用水。因此,渠道流量

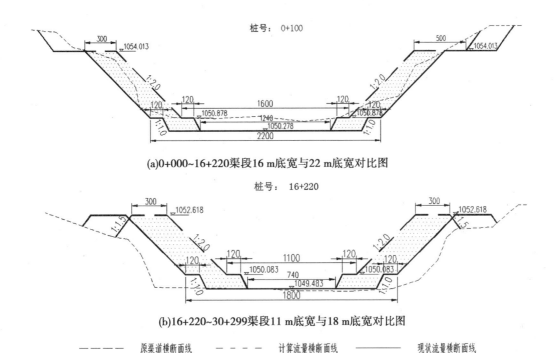

(a)0+000~16+220渠段16 m底宽与22 m底宽对比图

(b)16+220~30+299渠段11 m底宽与18 m底宽对比图

————— 原渠道横断面线　- - - - 计算流量横断面线　——— 现状流量横断面线

图 1　断面对比

选择现状流量对灌区运行不会产生影响。

4　渠道断面尺寸及流量确定的原则及方法

本项目是对旧灌区进行节水改造配套建设,受上级水位及流量规模的制约,采取自上而下的顺序进行渠道工程设计。依据整个系统的现状运行流量和相应的灌溉面积,先确定整个沈乌灌域渠道系统中的分干渠以上设计流量,特别是一干渠设计流量的基础上,之后分别确定下设渠道的流量。

依据灌溉制度设计参数和现状灌溉工程规模和运行情况,先确定一干渠、东风分干渠及建设一、二、三、四分干渠,共计6条骨干渠道的渠首设计流量,后确定其下级各渠道的设计流量。

本项目建设重点是对现状斗以上渠道实施防渗衬砌改造及建筑物配套建设,渠道工程是在现状基础上进行衬砌改造建设。因此,渠道改建方案及规模,应充分考虑渠道现状纵横断面尺寸,应考虑现状渠底、水位、渠顶高程条件,应充分考虑已建建筑物的结构尺寸等现状特征,应充分考虑现状的运行调度配水方式。同时,改建方案也应考虑节水要求和灌区改建后的运行需要。

综合分析对比两种流量状态下的投资因素、节水影响因素和对灌溉的影响三方面的情况,选择现状流量比较有利。选择现状流量,一是新建建筑物工程投资、衬砌工程投资不增加,而且使得渠道土方填筑工程投资减小;二是渠道输水时间缩短,可减少输水损失,对节水有利。

据此,渠道改建方案设计规模选择的基本原则是,干渠、分干渠防渗衬砌尽量在现状土渠断面尺寸基础上进行衬砌,一般不再扩大现状土渠断面。干渠、分干渠的设计流量,采用以灌溉设计参数计算与现状输水能力相结合的原则确定。

5　结　语

　　根据对比计算流量与现状流量下的断面尺寸,从中选择经济合理的渠道设计流量与防渗衬砌断面尺寸,是灌区节水改造中应重点研究的问题之一。结果显示,以现状断面及现状运行流量为基础选择渠道设计流量与防渗衬砌断面尺寸,可节省投资,节水效果好,施工质量易达到要求,施工便利,对周边环境影响更小,且满足灌溉需要的目标。

老旧灌区节水改造中骨干渠系衬砌形式的探索

王　敏　王瑞昕

（内蒙古自治区水利水电勘测设计院，呼和浩特　010020）

摘　要　本文从镫口扬水灌区多年节水改造工程实践入手，探讨预制混凝土板、现浇混凝土板和膜袋混凝土在灌区骨干渠系衬砌工程中的应用情况、技术要点及优缺点，为下一步灌区节水改造工程的实施提供参考。

关键词　灌区节水；渠道衬砌；预制混凝土板；现浇混凝土板；膜袋混凝土

镫口扬水灌区是内蒙古自治区的大型扬黄灌区，位于土默川平原的中西部，是包头市、呼和浩特市的粮食生产基地。灌区始建于 1927 年，1965 年改为扬水灌区，到 1975 年东泵站建成，灌溉面积进一步扩大到 63.5 万亩（含井渠双灌 10 万亩）。2000 年按照水利部大型灌区节水改造项目建设要求，根据国家给镫口灌区分配的黄河水量，经水土平衡分析后，确定灌区灌溉规模为 67 万亩，并对工程的续建配套与节水改造进行了总体规划，灌区范围包括镫口一级扬水灌区 57 万亩，哈素海二级灌域一扬干 10 万亩灌溉面积，《镫口灌区续建配套与节水改造规划》报告完成后，并通过了水利部的审查，属于水利部注册的大型灌区之一。

经过 1997 年土默特川农业综合开发镫口灌区骨干配套工程建设与国家"九五"商品粮基地建设后，国家从 1999 年开始逐年对镫口灌区进行续建配套与节水改造投资，截止 2018 年共投资 39 800 万元，其中：国家投资 31 800 万元，地方配套资金总额 8 000 万元。

灌区续建配套与节水改造工程的主要建设内容有渠道整治，渠道衬砌，新建、改建渠系建筑物，泵站改造等。其中，已完成渠道衬砌总干渠 17.76 km，跃进干渠 48.34 km，民生干渠 13.18 km，哈素海一扬干 9.07 km。

1　骨干渠系衬砌形式选择

骨干渠系的衬砌，主要是为了起到节水防渗作用，同时可以减小渠道糙率，稳定边坡，改善行水条件等。综合考虑工程投资、同时期类似灌区衬砌实践、地方施工队伍施工水平等条件，镫口灌区骨干渠系衬砌工程的衬砌形式从 1999 年至今发生了多次变化。骨干渠系的断面形式均为梯形断面，早期的渠系衬砌工程以预制混凝土板为主，以总干渠扬水站下游桩号 0+000-6+300 段为代表；2012 年以后，骨干渠系多以现浇混凝土板为主；2016 年，跃进干渠桩号 20+002-27+009 段采用了长约 5 km 的膜袋混凝土。

2　预制混凝土板的应用

预制混凝土板衬砌是一种应用广泛的渠道衬砌形式，镫口灌区早期的衬砌工程多采用这种形式。预制板的尺寸为 40 cm×60 cm，厚度为 6 cm，渠顶设 20 cm 宽封顶板，渠底坡脚设 30 cm 宽、50 cm 深的齿墙。护坡混凝土板下面铺设 3 cm 的 M10 水泥砂浆垫层,垫层以下为聚苯乙烯保温板和聚氯乙烯塑料防渗膜。

相邻预制板之间设砌筑结构缝,砌筑结构缝设置为宽度 2.5 cm 的矩形缝,结构缝由人工清除杂质、清水冲洗湿润后,用 M10 水泥砂浆勾缝。

顺水流方向每 6.225 m 设置横向结构缝,伸缩缝设置为宽度 2.5 cm 的矩形缝。填缝材料上部为 3 cm 厚的双组份聚硫建筑密封胶,下部为 3 cm 厚的聚乙烯闭孔泡沫板。

预制混凝土板的设计边坡常为 1∶1.5,部分规模较小、占地困难的渠道也可采用 1∶1.25。

3　现浇混凝土板的应用

现浇混凝土板是镫口灌区近年来应用较多一种的渠道衬砌形式,护坡厚度 8~10 cm,渠顶设 40 cm 宽封顶板,渠底坡脚设 30 cm 宽、50 cm 深的齿墙。护坡混凝土保护层中铺设钢丝丝网,规格 10 cm×10 cm,丝粗 3.2 mm。混凝土保护层以下是聚苯乙烯保温板和聚氯乙烯塑料防渗膜。

根据混凝土板规格,从衬砌堤顶起沿坡向渠底方向设置纵向结构缝 1 条,顺水流方向每隔 4 m 设置横向结构缝,结构缝宽为 2.0 cm。填缝材料上部为 1/4 保护层厚度的双组份聚硫建筑密封胶,下部为 3/4 保护层厚度的聚乙烯闭孔泡沫板。

现浇混凝土板要求梯形渠道的边坡不能太陡,否则坡面难以振捣,以不小于 1∶2.0 为宜。

4　膜袋混凝土的应用

镫口灌区的渠道衬砌工程需要在灌水期的间隙施工,考虑到 8 月初结束夏灌、10 月中旬开始秋浇,有效施工时间仅有 2 个多月,对工期要求较高。膜袋混凝土多用于河道治理工程当中,在渠道衬砌中应用,主要就是为了发挥其施工速度快的特点。

镫口灌区应用的膜袋混凝土采用机织有排水点 PE 型膜袋做软磨具,通过混凝土泵将混凝土充灌进膜袋成型,起到护坡、护底和防渗的作用。

膜袋混凝土厚度主要是由工程运行中所遇到的不同边界条件的受力因素确定。设计中主要从三方面条件考虑。一是在有波浪水体的抗漂浮需要考虑;二是在有冰冻水体的抗水体冻胀需要考虑;三是从构造要求考虑。同时,混凝土本身亦存在冻、融循环破坏。据此,结构上考虑膜袋混凝土厚度不宜小于 10 cm,常用膜袋厚度为 12 cm 和 15 cm,镫口灌区选择的膜袋混凝土厚度为 15 cm。

混凝土采用一级级配混凝土,骨料采用 5~20 mm 自然料,最大粒径不大于 20 mm。砂采用中粗砂。

膜袋衬砌要求拌制的混凝土要具有良好的和易性和流动性,塌落度控制在 18~22 cm。水灰比 0.5~0.55。掺用粉煤灰采用 Ⅱ 级粉煤灰,密度为 2.20 t/m^3,不应大于 15%,掺用高效引气减水剂不应大于 0.2%(对有抗冻性要求的混凝土适宜的含气量为 3%~6%)。

由于膜袋混凝土塌落度较大,边坡较陡的情况下易出现充灌不均匀的问题,所以要求渠道边坡以不小于 1∶2.5 为宜。

5 三种衬砌形式的优缺点对比

三种衬砌形式在镫口扬水灌区多年的节水改造过程中都有应用,结合工程实际,三种衬砌形式的优缺点分析如下:

优点:

(1)预制混凝土板的施工质量比较好控制,对于施工条件的要求较低,后期维修简单,在1∶1.25的边坡上也可以施工,占地较小。

(2)现浇混凝土板的整体性较好,结构缝数量比预制混凝土板更少,混凝土厚度大、中间铺设钢丝网片、强度较高,抗冻胀性较好。

(3)膜袋混凝土的整体性好,施工速度快,质量易控制,可以在水上和水下直接浇筑。

缺点:

(1)预制混凝土板需要的人工工时较多,施工环节多,包括修坡、铺膜、铺保温板、铺砂浆、砌筑混凝土板、勾缝等,工序较为复杂,混凝土板厚度多为6 cm,强度低于另外两种衬砌形式。

(2)现浇混凝土板对施工水平要求较高,施工时间较长,后期维修比较困难。

(3)膜袋混凝土的投资大于预制混凝土板,由于单块板面积大,不均匀沉降对其影响大,对修坡质量要求高,糙率较大,后期维修困难。

三种渠道衬砌形式特征见表1。

表1 三种渠道衬砌形式特征

衬砌形式	单位	预制混凝土	现浇混凝土	膜袋混凝土
单块板面积	m²	0.24	8	22
混凝土厚度	cm	6	8~10	12~15
每1 km投资	万元	240	240	280
每1 km施工时间	d	7.5	10	6
强度指标	—	C25	C25	C20
抗冻指标	—	F200	F200	F200
防渗指标	—	—	—	W6
坡板糙率		0.017	0.017	0.020
最陡内边坡	—	1∶1.25	1∶2.0	1∶2.5

注:1.单块板面积、投资、施工时间均以跃进干渠底宽18 m,渠深2.46 m,内边坡1∶2.0进行估算,现浇混凝土厚度为8 cm,膜袋混凝土厚度为15 cm。

2.工程所需主要材料原价依据土右旗2015年第三季度信息价。

3.每1 km投资包括土方、堤顶砂砾石路面和植被恢复。

4.每1 km施工时间为单个施工队、单侧坡面衬砌的施工时间。

6 镫口扬水灌区衬砌形式选择经验总结

通过近年来大型灌区续建配套与节水改造的工程实践,文本对三种衬砌形式在镫口扬水灌区的应用中总结出的优缺点进行了分析,结合工程建设,在不同衬砌形式的选择方面总结出以下经验：

　　（1）预制混凝土板对施工场地要求较小，适合规模较小、交通不便、大型设备无法进入的骨干渠系衬砌工程。由于预制板施工要求工人数量多，施工时间集中，对于施工管理要求较高，而由于目前人工工资不断上涨，预制混凝土板在投资方面的优势正在逐渐减小。

　　（2）膜袋混凝土衬砌虽然施工速度快，但是对混凝土供应的要求非常高，只有保障混凝土供应，保证每道工序上都安排好工人进行流水作业，才能真正体现出膜袋混凝土在施工时间上的优势。

　　（3）镫口灌区为扬黄灌区，灌溉用水主要是抽取黄河底层径流，含沙量大，而由于膜袋混凝土糙率较大，为保证渠道过流能力，在膜袋段增大了设计断面，导致流速减小，进而产生了一定程度上的淤积。相比膜袋衬砌应用最为广泛的巴彦淖尔市河套灌区，由于河套灌区为自流灌区，灌溉水含沙量相对较少，所以淤积情况要好于镫口灌区。

　　（4）现浇混凝土衬砌对施工场地的要求很高，施工环节多，质量控制难度较大，但是施工、运行效果良好。在近些年实施过程中提出的在保护层中增加钢丝网片的设计有效的在保障强度的同时减小了保护层厚度，但是在施工过程中往往容易出现网片摆放位置不居中甚至是在保护层以下的情况，影响了保护层的强度。

　　（5）无论哪一种衬砌形式，对渠道修坡的要求都很高，尤其是膜袋混凝土，由于单块混凝土板面积大，极易出现由渠坡夯实不到位、修坡不平整而导致的不均匀沉降从而产生裂缝，影响渠坡稳定和防渗效果。此外，也要注意对渠顶、背水侧的土方夯实，以免雨水从背后掏蚀护坡，有必要时也可以适当加高渠顶。

　　（6）灌区节水改造工程的衬砌形式，应综合考虑实施段落的现状特点、投资条件、工期要求、当地施工队伍的施工水平等因素来进行综合考虑，选择一个最适合的方案。在投资条件允许的情况下，可以采用衬砌机等现代化设备提高施工进度和施工质量。

参 考 文 献

[1] 王乐波，王敏.黄河内蒙古镫口扬水灌区续建配套与节水改造工程初步设计[R].内蒙古自治区水利水电勘测设计院，2015.
[2] 胡浩.渠道衬砌防渗技术浅析[J].江西建材，2017(12)：130,136.
[3] 游斌.衬砌混凝土施工技术在渠道工程中的应用[J].中国新技术产品，2010(8)：83.
[4] 何宏顺.不同渠道衬砌形式在实际中的应用[J].现代农业科技，2008(3)：207,209.

【作者简介】　王敏（1991—），男，工程师。E-mail：18704775866@163.com。

新型箱泵一体化泵站在水利水电工程中的应用

卢建业　　金图雅　　肖志远　　李艳涛

（内蒙古自治区水利水电勘测设计院，呼和浩特　010020）

摘　要　新型箱泵一体化泵站是近年来在给水、排水行业中新开发的一种泵站形式。新型箱泵一体化泵站正是改变了传统混凝土泵站水池、泵房、水泵、管道、阀门及控制柜的简单组合，而是以新式水泵、水箱新技术（装配式水箱）真正实现了泵箱系统一体化。本文从新型箱泵一体化泵站的构造组成、技术对比、功能、设备抗浮、节能环保、施工周期及造价等方面探讨其优劣性，为其在水利水电工程中的推广应用提供参考。

关键词　箱泵一体化泵站；自动化；抗浮；节能环保

近年来，新型箱泵一体化泵站在市政给水工程中广泛应用。在以往工程中，以传统钢筋混凝土泵站为主，设置蓄水池、泵房、水泵、管道、阀门及配电室、控制柜等。新型箱泵一体化泵站正是改变了传统的水池、泵房、水泵、管道、阀门及配电室、控制柜的简单组合，而是以新式水泵、水箱新技术真正实现了泵箱系统一体化，水泵和泵室放置在水箱中且固定在一体化泵站专用模块上，无需建泵房，直埋至冻土深度以下。外形上以水箱外形展现给人们，满足了当今人们对供水设备的最新设计理念。占用空间小、节能、美观、无污染、无噪音，还避免了传统泵站占用空间大、噪声、振动大、安装烦琐等缺点。

随着国民经济的快速发展，水利水电工程建设越来越多。大多水利水电工程由电站工程、供水工程及配套生产生活管理区等组成，且比较偏僻没有市政供水，各工程厂区生产、生活、消防用水及排水存在诸多弊端。比如Z866工程，由山上电站厂房、码头、管理区及山下增殖放流站、大门等组成，各建筑物比较分散且距离较远，生活、消防用水需在每个区域设水池、建泵房。虽各建筑物不大，但麻雀虽小五脏俱全。一占用厂区面积，二施工繁琐且周期较长，三一定程度上影响了整个区域的美观。在水利水电工程中，生产管理用房及附属设施用房的建筑面积在可研初设批复中按相关规定要求已经确定，各功能房间布置紧凑，面积紧张。针对以上因素，将地埋式新型箱泵一体化泵站在水利水电工程中应用，对箱泵一体化泵站与传统泵站在技术要求、施工周期、工程造价、维护管理等方面进行研究、分析、对比，做出经济合理的创新型水利水电工程。

1　新型箱泵一体化泵站的构造组成

新型箱泵一体化泵站的构造组成如图1、图2所示，由底板混凝土基础、装配式水箱（用不锈钢板和镀锌钢板有机结合起来）、泵室、控制室、水泵及管道阀门等组成。无须泵房，节省空间，水泵和泵室放置在水箱中且固定在一体化泵站的专用模块上，通常情况下只占用 $15 \sim 20 \ \text{m}^2$ 的水箱面积。以有效容积 $200 \ \text{m}^3$ 水箱为例，水箱部分的占地面积约为 $90 \ \text{m}^2$，泵室连同检修孔等的占地面积约为 20 m²,整个箱泵一体化泵站的占地面积约为 110 m²,直埋于地下,不占用地上空间,节约了附属设备用房等的建筑面积。

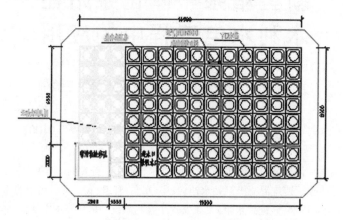

图 1 新型箱泵一体化泵站平面图

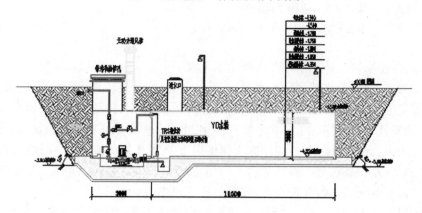

图 2 新型箱泵一体化泵站剖面图

2 传统钢筋混凝土泵站的构造组成

传统钢筋混凝土泵站的构造组成如图 3、图 4 所示,由钢筋混凝土水池、泵房、控制室、水泵及管道阀门等组成,需单独设置水池、泵房、控制室等。以有效容积 200 m³ 水池为例,钢筋混凝土水池的占地面积约为 100 m²,泵房的占地面积约为 40 m²,控制室的占地面积约为 10 m²,考虑疏散通道等其他因素,整个钢筋混凝土泵站的占地面积约为 180 m²,将占用附属设备用房的建筑面积约为 180 m²。如果将钢筋混凝土水池设置室外(直埋于地下),仅将泵房、控制室等设于室内,则将占用附属设备用房的建筑面积约为 60 m²。

3 新型箱泵一体化泵站的优点

通过与传统钢筋混凝土泵站的比较,新型箱泵一体化泵站具有以下优点:

(1)新型箱泵一体化泵站为成套设备,直埋于地下,土建工程量小,安装简便。在施工安装中只需要将各种零件进行简单组合以及紧固即可,结构紧凑,既能节省投资以及安装的时间消耗,又能减少占地面积,而且设备的使用以及检修维护便捷。

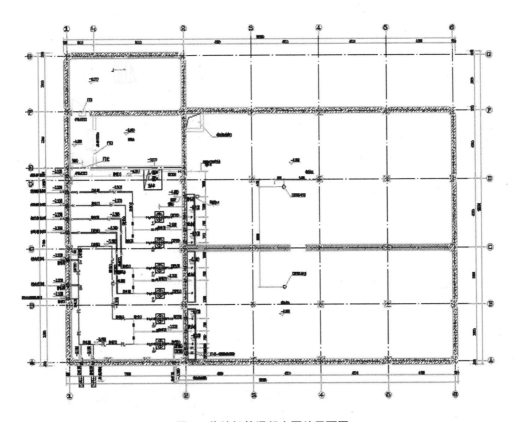

图 3　传统钢筋混凝土泵站平面图

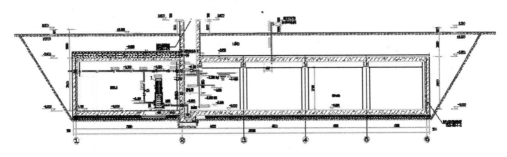

图 4　传统钢筋混凝土泵站剖面图

（2）新型箱泵一体化泵站能够避免二次污染，整套设备的运行基本处于密封状态，可有效消除地下水池的二次污染问题，保证水源的质量。

（3）新型箱泵一体化泵站采用自动化模式控制，运行完全可靠，在节约水资源的同时并能有效降低事故发生的几率，而且设备可附加自动巡检功能，进而能有效地降低对其的管理费用，节水节能、绿色环保。

新型箱泵一体化泵站与传统钢筋混凝土泵站技术相比的优势明显，在实际应用当中具有土建工程量小，施工周期短，占地面积小，自动化程度高，无人值守等优点。新型箱泵一体化泵站与传统钢筋混凝土泵站的技术比较如表 1 所示（以有效容积为 200 m^3 为例）。

表1　新型箱泵一体化泵站与传统钢筋混凝土泵站技术比较

类别	传统钢筋混凝土泵站	新型箱泵一体化泵站
工期问题	土建工程量大,施工工期长(需3~4个月),冬季无法施工	在地面上预制混凝土底板、回填,几乎无土建工作量,施工基本不受季节影响
占地面积	约180 m³,需水池泵房等,占用地上空间	约110 m³,无须泵房,采用装配式水箱,直埋于地下
水质问题	钢筋混凝土水池清洗周期长,水宜变臭且滋生藻类,水池内部水质差	装配式水箱宜清洗,水质较好,可采用自洁消毒水箱,杜绝二次污染
控制方式	自动化程度低,部分需有人值守	现场继承控制、无线传输、手机短信提示,互联网通信,自动化程度高,可无人值守
检修维护	工作量大、成本高	维护简易、便捷,成本低
沉积物	过水面积太大、有大量沉积物	专业设计自清洁泵站底座、无沉积物

4　新型箱泵一体化泵站的抗浮

对于地下水位较高的区域,存在泵站抗浮的问题,新型箱泵一体化泵站较传统混凝土泵站自重轻,抗浮问题尤其突出。可以通过增加覆土埋深或者在泵站底部设混凝土筏板基础及周边设挡土墙的措施解决抗浮问题。两种方法的技术比较如表2所示。根据《建筑地基基础设计规范》(GB 50007—2011)和《混凝土结构设计规范》(GB 50010—2010(2015年版))的要求设计钢筋混凝土筏板基础,并根据《建筑地基基础设计规范》(GB 50007—2011)要求验算抗浮且计算出覆土厚度。

表2　设筏板基础抗浮与不设筏板基础覆土深度比较

箱体容积(m3)	箱体规格			筏板基础规格			设筏板基础抗浮水箱总浮力(t)	不设筏板基础抗浮水箱总浮力(t)	覆土深度(m)	
	长(m)	宽(m)	高(m)	长(m)	宽(m)	厚(m)			不设筏板基础	设筏板基础
300	10	10	3	12	12	0.65	390	330	1.8	0.6
	15	5	4	17	7	0.65	377		2.4	1.0
400	14	10	3	16	12	0.65	542	462	1.8	0.6
	21	5	4	23	7	0.65	525		2.4	1.0
500	17	10	3	19	12	0.65	645	550	1.8	0.6
	12.5	10	4	14.5	12	0.65	616		2.4	1.0
抗浮系数:1.1			土比重:1.8 t/m³				钢筋混凝土比重:2.5 t/m³			

由表2可以看出设筏板基础与不设筏板基础覆土深度相差较大。在冻土深度较浅的地区,由于增加覆土深度加大了土方开挖量,也会产生施工中排水量等诸多问题,可采用设置

筏板基础解决设备抗浮。在冻土深度较大的地区,覆土深度满足抗浮要求的情况下可无须设置筏板基础。

5　新型箱泵一体化泵站的防腐

新型箱泵一体化泵站箱体采用金属钢板(不锈钢、镀锌钢板等),直埋于地下,应对整个设备进行防腐处理。根据《防护漆体系对钢结构的防腐蚀保护—第五部分:《防护漆体系》(ISO12944-5—2017)国际标准确定箱体防腐层材料、厚度和防腐年限,满足规范要求和使用要求。

6　新型箱泵一体化泵站的发展趋势

现代社会的发展趋势就是自动化、智能化、绿色建筑、节能环保。

新型箱泵一体化泵站通过电气信息自动控制装置,集成泵站电气主回路及二次回路、软启/软停控制、变频控制、主设备控制与保护、泵站各种运行参数检测、辅助设备的控制及保护、人机界面操作、各种泵站运行参数数据的采集与处理、远程指令的接收、控制、监控和安全防盗报警等。是集机械、计算机、信息化、控制及通信多学科的交叉综合,其发展和进步依赖并促进相关技术的发展和进步。目前,国内外一体化泵站控制朝着模块化、智能化、网络化、节能化及数字化方向发展。

(1)模块化,即不同型号、不同用途及不同应用时期的泵站在控制要方面不同,若要实现泵站一体化控制设备能够根据功能的不同自由实现组合,就需要将从自动化控制、信息化管理方面涉及的功能设计成不同模块,以满足不同型号、用途及时期的泵站进行模块化组合。这样不仅能根据建设要求提升对控制设备进行相应升级,而且能够提高设备生产制造效率,缩短泵站的建设周期。

(2)智能化,是近年来技术发展的主流趋势,得到各个行业的重视。是指设备能够自己进行思考,会根据收集的信息进行判断并执行任务。泵站的智能化并不是简单的将信息进行收集和堆砌,而是以这些信息资源为基础,通过对信息的采集、整理、分析和量化成各种指标作为决策的依据,以自动化控制技术为手段,模拟人工智能,是泵站系统具有判断推理、逻辑思维及自主决策能力,实现无人监控的情况下自行优化运行。

(3)网络化,是指通过有线和无线网络,使信息采集范围更广。同时,电子产品制造工艺的提升以及互联网的普及,使得设备本身成本降低,促使信息采集和控制的网络化成为可能,进而一体化控制设备必然实现网络化。

(4)节能化,通过泵站本身高效运行来实现。通过软启动和变频调速技术的应用,在满足实际功能要求的情况下,降低过程能耗,提升泵站效率,实现经济效益和社会效益的最大化。

(5)数字化,随着计算机网络的快速发展,为数字化设计与应用奠定基础,如虚拟设计、计算机集成制造等。同时,控制器及其发展为机电产品数字化铺平道路。数字化同时要求一体化设备的软件具有高可靠性、易操作性、可维护性、自诊断能力。数字化的实现也将有利于设备的远程诊断、修复和操作。

综上所述,从与传统钢筋混凝土泵站技术相比的优势、在实际施工安装与后期维护检修中的便捷性及未来的发展趋势等方面阐述新型箱泵一体化泵站技术特点。新型箱泵一体化泵站直埋于冻土以下、无需泵房、占地面积小,施工周期短,安装维护方便快捷,使用寿命长并且自动化智能化、节能环保。在水利水电工程中应用经济合理。

参 考 文 献

[1] 智能型箱泵一体化泵站设计图集:苏 S/T08—2009[S].
[2] 林燕.智能型箱泵一体化泵站及泵控一体化消防增压给水设备[J].建材与装饰.
[3] 汪维,杨欣,徐秀丽.一体化泵站在城镇污水设计中的应用[J].山西建筑.
[4] 建筑设计标准图集—给排水专业[S].

【作者简介】　卢建业,工程师、注册给排水工程师、注册消防工程师、注册安全工程师。E-mail:15848115537@163.com。

蓄集峡面板堆石坝应力变形分析

杜少磊　赵大洲　游慧杰　王全锋

（黄河勘测规划设计有限公司,郑州　450003）

摘　要　利用邓肯 E-B 模型,对蓄集峡水库面板堆石坝在竣工期和运行期进行三维数值分析,获得了堆石坝体和混凝土面板的应力变形分布。计算结果表明所设计的面板堆石坝应力变形是合理的。

关键词　混凝土面板;堆石坝;应力;变形;数值分析

混凝土面板堆石坝对地形地质和气候条件适应性强,具有良好的抗震性能,可以充分利用开挖料来填筑坝体,施工期短,节省投资,运行安全,便于检修,在世界范围内的应用日益广泛,成为一种极富竞争力的坝型[1]。对面板土石坝而言,堆石坝体、混凝土面板和接缝止水系统的应力变形控制是关系到坝体安全和运行的关键技术问题[2]。本文基于 FLAC3D 有限差分程序对蓄集峡面板堆石坝的竣工期和蓄水期两种工况进行计算,得到了堆石坝体和混凝土面板的应力变形指标,为工程设计、施工和安全监测提供了技术依据。

1　工程概况

蓄集峡水利枢纽工程是巴音河干流骨干调蓄工程,其开发任务以城镇生活和工业供水为主,兼顾发电、防洪等综合利用。水库总库容 1.62 亿 m^3,正常蓄水位以下有效库容 1.39 亿 m^3,装机容量 33 MW。挡水建筑物为混凝土面板堆石坝,1 级建筑物,按 100 年一遇洪水设计,2 000 年一遇洪水校核。水库正常蓄水位 3 468.00 m,设计洪水位 3 469.52 m,校核洪水位 3 470.92 m。坝顶高程 3 471.50 m,坝顶上游侧设高 1.20 m 防浪墙,坝顶宽 10.00 m,坝顶长 352.40 m, 最大坝高 121.00 m。面板坝上游坝坡为 1∶1.4,下游坝坡 1∶1.4,下游坡从 3 370.50 m 高程至 3 471.50 m 高程间设置上坝之字路,之字路宽 6.50 m,坡比为 10%,下游综合边坡为 1∶1.75。面板坝平面布置见图 1。

坝体自上游至下游依次分为石渣盖重（1B 区）和粉土铺盖（1A 区）,混凝土面板、垫层区（2A 区）和周边缝下特殊垫层区（2B 区）、过渡层（3A 区）、上游主堆石区（3B 区）、下游堆石区（3C 区）、块石护坡（3D 区）。其中垫层区水平宽度 3.00 m,过渡区水平宽度 4.00 m,主堆、下游堆石区在坝轴线 3 450.00 m 高程处以 1∶0.5 的坡比衔接。上游铺盖的顶高程 3 393.00 m,最大高度为 39.60 m。混凝土面板顶厚 0.3 m,底厚 0.71 m。河床段面板垂直缝间距为 12 m,在两岸岸坡陡峻和地形突变处,垂直缝间距为 6 m,以适应坝体变形,减小面板的挠曲应力。面板分两期浇筑,面板坝典型断面见图 2。

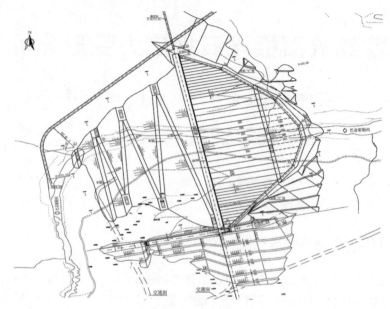

图 1　蓄集峡混凝土面板坝平面布置

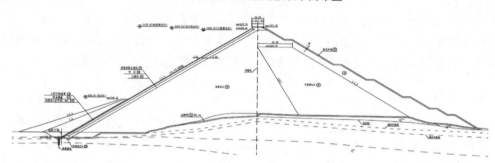

图 2　坝体典型断面材料分区

2　数值计算模型

2.1　计算模型及原理

计算模型沿河流方向长 510 m,沿坝轴线宽 355 m、高 127 m(见图 3)。实体单元共 8 586个,节点 14 837 个,其中坝堆石体划分单元 3 502 个,面板划分单元 1 998 个、趾板划分单元 138 个,上游铺盖划分单元 308 个,覆盖层划分单元 171 个,基岩划分单元 2 469 个。接触面及连接缝单元共 4 126 个,其中接触面单元 969 个,连接缝单元 3 157 个。

坝体材料静力特性采用 DuncanE-B[3] 非线性弹性模型模拟。考虑混凝土与堆石体及覆盖层存在明显的材料刚度变化,在混凝土面板与坝体堆石之间、趾板与过渡层之间、趾板与覆盖层之间均设置了接触面单元以反映各材料间的接触特性。接触面单元为无厚度单元。混凝土面板与面板之间、面板与趾板之间的接缝中均设有铜片、橡胶、乳化沥青等止水材料,因此在这些连接部位设置连接缝单元模拟接缝的力学特性。

FLAC3D 是美国 Itasca Consulting Goup Inc 开发的三维快速拉格朗日分析程序,该程序能较好地模拟岩土材料在达到强度极限或屈服极限时发生的破坏或塑性流动的力学行为,特别适用于分析渐进破坏和失稳以及模拟大变形[4]。作者借助该软件提供的二次开发平台,在完成了DuncanE-B模型、接触面模型及连接缝模型构建的基础上,对蓄集峡面板堆石坝的应力变形特性进行了计算分析。

计算时,首先将坝体单元设置为空单元计算得出基岩的初始地应力,然后通过逐次激活坝体各单元模拟坝体分层填筑过程,并根据蓄水安排,在面板表面施加水压力。

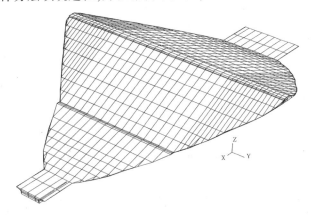

图3 计算模型网格

2.2 计算参数

蓄集峡面板堆石坝体DuncanE-B模型材料参数见表1。

表1 堆石坝体DuncanE-B模型材料参数

项目	密度(t/m³)	$\varphi_0(°)$	$\Delta\varphi(°)$	K	n	R_f	K_{ur}	K_b	m
主堆石	2.10	53	10	940	0.35	0.86	1 800	500	0.10
下游堆石	2.06	45	8	800	0.27	0.80	1 900	350	0.02
过渡层	2.10	48	7	1 000	0.35	0.70	2 000	450	0.23
垫层	2.14	50	7	1 100	0.35	0.76	2 100	480	0.25
河床覆盖层	2.13	34	0	800	0.42	0.85	1 200	400	0.28
粉土铺盖	1.67	24	6	500	0.29	0.71	1 000	300	0.26
石渣盖重	1.87	35	5	550	0.32	0.70	1 100	350	0.26

蓄集峡面板堆石坝面板与挤压边墙间采用"乳化沥青+砂+乳化沥青+砂+乳化沥青"的设计方案,本次参照巴贡面板坝的试验成果确定接触面参数。面板与挤压边墙、趾板与垫层、面板与铺盖间接触面单元计算参数见表2。

表2 接触面参数

项目	$\varphi(°)$	$c(kPa)$	R'_f	k_1	n'
面板与挤压边墙	31.5	1.5	0.84	20 000	1.15
趾板与垫层	41.0	0.0	1.0	140 000	1.20
面板与铺盖	36.6	0.0	0.74	4 800	0.56

2.3　计算工况

分别计算竣工期和运行期两种工况下大坝的变形情况,各工况荷载组成见表3。

表3　计算工况荷载组合

工况	上游水位(m)	作用荷载	
		自重	水压力
竣工期	3 393.00	√	√
运行期	3 468.00	√	√

3　计算成果及分析

计算结果中,沿河流方向(顺河向)向上游位移为正、向下游为负,沿坝轴线(横河向)位移向右岸为正、向左岸为负,竖向位移向上为正、向下为负,连接缝张开为正、压缩为负,应力压为正、拉为负。限于篇幅,本文只给出竣工期和运行期大坝最大横断面的应力变形等值线图。

3.1　堆石体变形和应力

竣工期和运行期堆石体的位移及应力极值汇总见表4。

表4　堆石体变形极值汇总

计算工况	竣工期	运行期
顺河向位移(cm)	−21.44/15.15	−29.04/4.03
横河向位移(cm)	−13.18/12.44	−12.64/11.56
坝体沉降(cm)	−72.94	−74.86
坝顶沉降(cm)	0	7.87
大主应力(MPa)	2.17	3.13
小主应力(MPa)	0.05	0.03

3.1.1　水平位移

由堆石体顺河向位移等值线图4可以看出:竣工期在自重荷载及初期蓄水的作用下,坝轴线上游侧堆石体与下游侧堆石体分别往库盆方向(上游)与下游方向发生位移,下游侧水平位移大于上游侧水平位移,上游侧最大位移为15.15 cm,出现在上游侧堆石内约1/2坝高位置,向下游侧最大位移为21.44 cm,出现在下游侧堆石区约1/2坝高位置,零位移线基本与坝轴线重合。正常蓄水后,受水压力的进一步作用,上游侧堆石向上游的位移减小至4.03 cm,下游侧堆石向下游的位移进一步增大,最大值为29.04 cm,出现在次堆石区3 420.00 m高程附近,与竣工时相比,下游侧最大位移出现位置有所抬升。

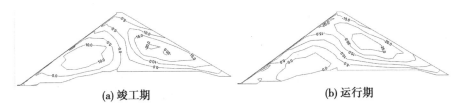

(a) 竣工期   (b) 运行期

图4　堆石体顺河向位移　（单位:cm）

3.1.2　竖向位移

图5给出竣工期和运行期堆石体最大横断面竖向位移等值线分布图。从图5中可以看出:竣工期堆石体最大沉降位移出现在次堆石区约3/5坝高处(相应高程约为3 424.00 m)，最大值为72.94 cm，占最大坝高的0.60%，符合一般面板堆石坝沉降分布规律。运行期在水荷载的作用下，堆石体再次产生沉降，最大沉降量增至74.86 cm，增幅约2.6%，分布规律与蓄水前相同。正常蓄水后，坝顶最大沉降达7.93 cm。

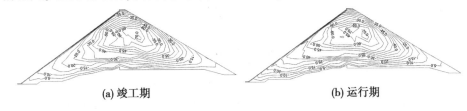

(a) 竣工期   (b) 运行期

图5　堆石体竖向位移　（单位:cm）

3.1.3　主应力

图6和图7分别给出竣工期和运行期堆石体最大横断面大主应力、小主应力等值线分布图。竣工期堆石体大、小主应力值基本随上覆堆石体厚度的增加而增大，即高程较低的部位应力值较大，坝轴线底部堆石体厚度最大，相应的大、小主应力也最大，靠近坝坡处主应力等值线与坝坡基本平行，坝轴线处纵断面堆石应力等值线基本为水平线。水库正常蓄水后，坝体上游侧主应力略有增加，而下游侧主应力并未产生明显变化。计算所得竣工期及运行期堆石体大主应力极值分别为2.17 MPa和3.13 MPa，而小主应力极值分别为0.05 MPa和0.03 MPa。

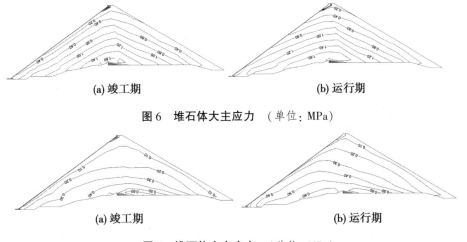

(a) 竣工期   (b) 运行期

图6　堆石体大主应力　（单位: MPa）

(a) 竣工期   (b) 运行期

图7　堆石体小主应力　（单位: MPa）

3.1.4 应力水平

图 8 给出竣工期和运行期堆石体最大横断面应力水平等值线分布图。竣工期在次堆区堆石体应力水平较高,应力水平基本为 0.35~0.55,最大值为 0.60,坝体其余部位应力水平基本为 0.20~0.45;运行期堆石体应力水平分布形式与竣工期基本相同,应力水平值较竣工期略有增加,最大值约为 0.65。总体来说,坝体堆石应力水平均在 0.70 以下,未出现破坏单元,表明堆石体强度满足要求并有较大的安全富裕,坝体具有良好的稳定性。

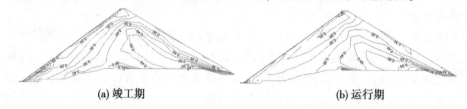

(a) 竣工期　　　　　　　　　　　　(b) 运行期

图 8　堆石体应力水平 （运行期）

3.2　面板变形和应力

竣工期和运行期面板变形及应力极值汇总于表 5。

表 5　面板变形极值汇总

计算工况	竣工期	运行期
顺坡向位移(cm)	0.00/4.08	−3.45/1.71
沿坝轴线位移(cm)	−1.98/2.08	−4.22/4.53
面板挠度(cm)	−14.37/2.44	−33.02/0.18
顺坡向应力(MPa)	−0.16/9.53	−6.78/3.89
沿坝轴线应力(MPa)	−1.47/4.14	−4.45/4.84

注:顺坡向下位移为正,向右岸位移为正,向坝体外挠度为正。

3.2.1　面板变形

竣工期和运行期面板挠度分布及变形情况见图 9。

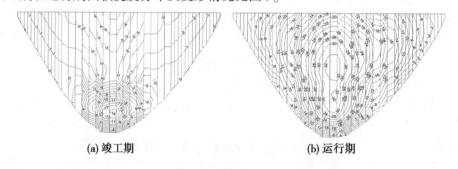

(a) 竣工期　　　　　　　　　　　　(b) 运行期

图 9　面板挠度分布图 （单位:cm）

竣工期面板挠度基本指向坝内,位于河谷中央靠近坝底部的面板挠度较大,挠度最大值为 14.37 cm。蓄水后,面板指向坝内挠度进一步增加,最大值为 33.02 cm,出现在河床段面板距坝底约 3/5 坝高处。

竣工时,面板顺坡位移以向下为主,位于河床段面板距坝底 1/3~2/5 坝高处顺坡向下位移较大,为 4.08 cm;运行后,在高水压力作用下,面板发生了明显向下游的位移,顺坡向下位移最大为 1.71 cm,出现在接近坝顶处,顺坡向上位移最大为 3.45 cm,出现在河床段面板距坝底约 1/2 坝高处。

竣工期面板沿坝轴线变形趋势为由两岸向河谷中央挤压,左岸轴向位移最大值为 2.08 cm(指向右岸);右岸最大轴向位移为 1.98 cm(指向左岸)。运行后,面板沿轴向即由两岸向河谷中央挤压的变形趋势更加明显,沿坝轴线右岸、左岸位移极值分别为 4.53 cm 和 4.22 m。

3.2.2 面板应力

竣工期面板顺坡向最大压应力为 9.53 MPa,最大拉应力为 0.16 MPa,沿坝轴线最大压应力为 4.14 MPa、最大拉应力为 1.47 MPa;运行期顺坡向最大压应力为 3.89 MPa,最大拉应力为 6.78 MPa,沿坝轴线最大压应力为 4.84 MPa、最大拉应力为 4.45 MPa。面板拉应力区基本位于上游铺盖范围内。

3.3 连接缝变形

面板上垂直缝及周边缝在竣工期和运行期变形计算成果见表6。

表6 面板间接缝变形极值汇总

变形量(mm)		竣工期	运行期
垂直缝	最大张开量	10.5	29.2
	最大顺缝错动量	37.2	17.3
	最大法向错动量	30.5	28.9
周边缝	最大张开量	3.3	37.8
	最大顺缝错动量	33.6	20.9
	最大法向错动量	15.5	21.5

竣工期面板间垂直缝最大张开量为 10.5 mm,最大顺缝错动量为 37.2 mm,最大法向错动量为 30.5 mm;运行期面板间垂直缝最大张开量为 29.2 mm,最大顺缝错动量为 17.3 mm,最大法向错动量为 28.9 mm。相比于竣工期,由于水压力作用,运行期面板间垂直缝张开量及法向错动量总体呈增大趋势,但垂直缝顺缝错动量有所减小。竣工期面板垂直缝的变形主要发生在一期面板区域,且数值较小;运行期面板垂直缝的变形区域有所增加,变形量也相应增大。

竣工期周边缝最大张开量为 3.3 mm,最大顺缝错动量为 33.6 mm,最大法向错动量为 15.5 mm;运行期周边缝最大张开量为 37.8 mm,最大顺缝错动量为 20.9 mm,最大法向错动量为 21.5 m。竣工期和运行期周边缝的变形规律基本一致,竣工期周边缝变形量较小,运行期周边缝变形明显增大。竣工期周边缝张开量较小,且主要位于左、右岸岸坡起始段。周边缝在岸坡段顺缝错动量较大,河床段趾板部位顺缝错动量较小。周边缝在岸坡段和河床段趾板部均有沿面板法向的错动,且距坝底 1/3 坝高以下周边缝沿法向错动量较大。

4 结 语

(1)竣工时,堆石体向上游侧位移为 15.15 cm,向下游侧位移为 21.44 cm,正常蓄水后,上游侧堆石体向上游的位移减小至 4.03 cm,下游侧堆石体向下游的位移增大至 29.04 cm。

在施工过程中,堆石体竖直向下位移达 72.94 cm,出现在次堆石区约 3/5 坝高处。运行期堆石体竖直向下位移增至 74.86 cm,与之相应的坝顶最大沉降量达 7.93 cm。堆石体变形情况符合一般百米级面板堆石坝变形规律。

(2)竣工期及运行期堆石体大主应力极值分别为 2.17 MPa 和 3.13 MPa,运行前后堆石体的主应力值无明显增减。运行期堆石体应力水平较竣工期略有增加,最大值约为 0.65,未出现破坏单元,表明堆石体强度满足要求并有较大的安全富裕,坝体具有良好的稳定性。

(3)运行期面板挠度最大值为 33.02 cm。运行期面板顺坡向最大压应力值为 3.89 MPa,最大顺坡向拉应力值为 6.78 MPa;沿坝轴线最大压应力值为 4.84 MPa,最大拉应力值为 4.45 MPa。面板拉应力区基本位于上游铺盖范围内。

(4)竣工期面板垂直缝的变形主要发生在一期面板区域,且数值较小;运行期面板垂直缝的变形区域有所增加,变形量也相应增大。位于河床段的面板间垂直缝多处于压紧状态,而岸坡段的面板间垂直缝多处于张开状态。相比于竣工期,运行期面板与趾板间周边缝的张开量及沿面板法向的错动量明显增大,变形较大区域均位于距坝底 1/3 坝高以下。垂直缝和周边缝变形量基本在工程经验范围内。

参 考 文 献

[1] 王柏乐.中国当代土石坝工程[M].北京:中国水利水电出版社,2004.
[2] 郦能惠,王君利,粘宽,等.高混凝土面板堆石坝变形安全内涵及其工程应用[J].岩土工程学报,2012,34(2):193-201.
[3] Duncan J M. Strength, Stress-strain and Bulk Modulus Parameters for Finite Element Analysis of Stresses and Movements in soil Masses, Report No.UCB/GT/80-01[R]. Berkeley CA:University of California,1980.
[4] 陈育民,徐鼎平.FLAC/FLAC3D 基础与工程实例[M].北京:中国水利水电出版社,2009.

【作者简介】　杜少磊(1988—),男,工程师,从事水利水电工程结构设计工作。E-mail:609116494@ qq.com。

庄里水库工程枢纽布置设计及研究

吴先敏　冯庆刚　兰　昊　李玉莹

（山东省水利勘测设计院,济南　250014）

摘　要　本文根据庄里水库工程坝址处河床较宽、地质条件复杂、泄量大、建筑物类型较多等特点,对溢洪道布置、混合坝型设计、坝基处理及关键部位重点和设计难点进行了论证和比较,选定的方案能较好地适应工程特点,节省投资,保证枢纽各项功能的有效发挥,为以后混合坝型设计提供了有益参考。

关键词　混合坝型;溢洪道;枢纽布置;水工建筑物

1　工程概况

庄里水库位于山东省南四湖湖东地区十字河流域(见图1),十字河先后流经枣庄市的山亭区、滕州市、薛城区和济宁市的微山县,是南四湖湖东地区的一条重要排洪河道。十字河流域是湖东地区的暴雨中心之一,暴雨强度大,历史上洪灾较频繁。为解决十字河流域的洪水灾害,保护下游防洪安全,"十三五"期间国务院把庄里水库列为规划建设的172项重大水利工程之一,是2015年计划新开工的27项重大水利工程之一。庄里水库建成后将缓解枣庄市水资源紧缺的状况,对提高十字河流域的防洪能力,保障流域内铁路、公路、工矿企业等国家重要基础设施以及人民群众生命和财产的安全,提高灌区抗御自然灾害,实现流域内社会、环境和经济的可持续发展将起到积极的作用。

新建庄里水库坝址位于滕州市羊庄镇西江和前台村北十字河,是一座工业供水、防洪、灌溉、发电等综合利用的大(二)型水库,工程等别为Ⅱ等。水库总库容1.33亿 m³,防洪保护面积410 km²。水库设计兴利库容0.8亿 m³,死库容0.07亿 m³,水库校核洪水位118.87 m,设计洪水位116.72 m,正常蓄水位114.56 m,死水位101.32 m。

2　枢纽布置及主要建筑物设计研究

庄里水库主体工程包括大坝、溢洪道、南放水洞、北放水洞和水电站等。庄里水库大坝坝轴线南起前台村南大灰山北坡,整体走向为WN65°,向西北经西江村与海子村中间穿过,终点在洪山口村东南山坡。大坝轴线总长3 124 m,分为土石坝段和重力坝段,南、北放水洞、水电站均位于重力坝段。

溢洪道布置在河床中部重力坝段,采用WES实用堰,闸门控制泄洪方式。中轴线位于大坝桩号1+500处,重力坝轴线长249 m,分为溢流坝段,左岸半插入段、右岸半插入段、左岸全插入段和右岸全插入段共五部分12段。溢流坝段布置在河床中间,3孔,单孔净宽

基金项目:国家重点研发计划(2017YF0405000)。

13.0 m,分两个坝段,坝段长 24.5 m,总长 49 m。溢流坝段最大坝高 43.90 m。上设机房、排架及交通桥,两侧坝顶设桥头堡。挑流消能方式,鼻坎后设消力塘。

北放水洞位于右岸非溢流坝段,大坝桩号 1+538.5,由进水口、竖井段、坝后钢管段、供水管段组成。竖井位于非溢流坝段内部,设检修门、工作门各一道,上部建筑结构与溢洪闸启闭机房结合为一体式,布置紧凑外形美观。竖井后接钢管将来水引致电站并进行生态补水。

南放水洞位于左岸非溢流坝段,大坝桩号 1+461.5。由进口段、竖井段、坝后钢管段、弧形工作闸门和消能段组成。竖井位于非溢流坝段内部,上部启闭机房与北放水洞对称布置,进口设检修门,出口设弧形工作门,消能后末端利用扩散段与消力塘衔接。

电站为坝后式,与北放水洞顺水流向轴线一致,厂房位于土石坝与重力坝相接锥坡外侧,电站选用贯流式发电机组,机组共四台,呈一字形排列,总装机容量 510 kW。

图 1　庄里水库效果图

2.1　水库地质情况

水库区以寒武系炒米店组灰岩为主,总体稳定条件较好,局部岸坡可能松动或塌滑,但对水库运行影响不大。水库区左岸山体由寒武系碳酸盐岩组成,地下水位高于水库正常蓄水位,不存在渗漏问题。库区西侧存在低邻谷,在东凫山断裂以北有透水性差的花岗斑岩岩脉阻隔,地下水位高于水库正常蓄水位,库水渗漏的可能性不大;花岗岩脉以南为灰岩地层,存在右岸坝端导水的洪山口断裂沟通库内外,存在渗漏问题。

坝基寒武系炒米店组凤山第一至第五层灰岩一般具中等透水性,为坝基透水层;寒武系炒米店组长山第二至第五层灰岩除局部具中等透水性外,一般具微—弱透水性,可视为本区相对隔水层。寒武系炒米店组凤山第一至第五层灰岩,于河道右岸出露于地表,溶沟、溶槽、溶蚀裂隙、溶洞均较发育,岩性较破碎,具中等透水性,是水库渗漏主要控制因素。

2.2　溢洪道形式比选

根据选定的庄里水库坝址、坝轴线以及地形地质情况,拟定河床式和岸边式溢洪道两个方案进行比选。

2.2.1　河床式溢洪道

河床式溢洪道位于十字河主河槽内,溢洪道中线交于大坝设计桩号 1+500 处。溢流堰处基岩为薄层夹中厚层状灰岩,无断裂构造通过,主河槽处基岩总体为浅层中等透水,其岩性为长山第五层薄层条带灰岩夹中厚层灰岩;深层基岩为长山第四层巨厚层灰岩,深层基岩弱透水。

溢流堰堰顶高程为 108.30 m,坝顶高程 119.90 m,建基面高程 76.0 m,溢洪道采用开敞式 WES 实用堰(溢流坝段)。溢洪道与两侧土坝采用插入式连接,连接段长度共 200 m,重力坝(非溢流坝段)插入土坝中,插入段分半插入段(每侧长 80 m)和全插入段(每侧长 20 m)。

2.2.2　岸边式溢洪道

岸边式溢洪道布置在大坝左坝肩的大灰山的北山坡上,溢洪道中线交于大坝设计桩号 0+101.87 处。溢洪闸处地基为薄层夹中厚层状灰岩,总体为弱透水性。溢洪闸采用宽顶堰形式,泄洪闸 5 孔,单孔净宽 10 m,总净宽 50 m。

溢洪道泄槽长 1.0 km,底宽为 56 m,纵坡 1:40;断面形式为梯形,两岸为钢筋混凝土护砌,坡度 1:0.3,底部为钢筋混凝土护底,护底下设锚筋和纵横向排水管相互贯通。溢洪道末端设消力池,池深 3.5 m,池长 76 m,断面形式为梯形。

2.2.3　比选结论

河床式溢洪道布置于大坝征地线内,尾水渠利用现状河道,不需新增工程永久占地。溢流堰挑流消能后直接泄入下游河道,充分利用现状河道泄洪,水流条件较好。溢流堰及消力塘充分利用现状地形,相比于岸边式溢洪道无须大量开挖现状地面,对当地环境、景观影响小。溢洪闸与放水洞联合布置,建筑物紧凑,方便管理,工程投资约 60 110 万元。主要缺点是工程由碾压混凝土坝和土石坝两种坝型组成,施工时会相互干扰,施工组织复杂,施工难度大。

岸边式溢洪道需新开挖约 1 000 m 泄槽与原河道相连,泄槽开挖改变现状地貌,对当地环境、景观影响较大;需新增工程永久占地 161 亩;土石坝坝线较长,岸边式溢洪道建筑物布置较为分散,运行管理不如集中式布置方便。其工程投资约 59 053 万元,移民工程投资 2 357 万元,比河床式溢洪道投资大。其主要优点是岸边式溢洪道与土石坝施工交叉作业面少,相互影响小;挡水工程由土石坝一种坝型组成,方便施工,利于抢工期。

经综合比选后,河床式溢洪道从有利于保护当地环境、节省工程投资,推荐选择河床式溢洪道方案。

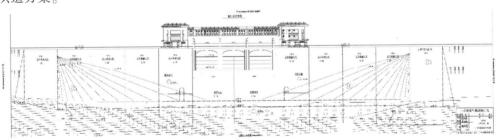

图 2　插入式坝段上游立视图

2.3　插入式坝段设计

庄里水库插入式坝段(见图 2)分为半插入式和全插入式两种,半插入式坝段左右岸共计 8 个,全插入式坝段共计 2 个,插入段 20 m 一段,总长 200 m。

根据坝高及坝址地质条件,插入式坝段上游面填土高程以下坡度 1:0.2,填土高程以上为铅直面;下游坝坡 1:0.7,上、下游坡面直线交点位于坝顶。插入坝段横断面图见图 3。

大坝主要建筑材料为 C15 三级配碾压混凝土,基础面设置 1 m 厚 C20 混凝土垫层,上

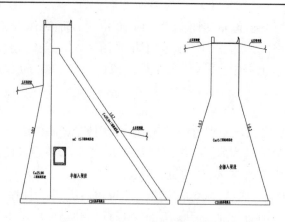

图3 插入坝段横断面图

游面设置 2 m 厚 C20 三级配碾压混凝土,下游面设置 2 m 厚 C20 三级配碾压混凝土。为满足温控防裂、施工强度的要求,根据工程地质条件及参照类似工程经验,溢流坝段设 1 条横缝,分为两个坝段,每段长 24.5 m。非溢流坝段 20 m 一段,共分 8 个坝段。插入段 20 m 一段,分 2 个坝段,总长 249 m。

在大坝横缝上游面、溢流面、下游面最高尾水位以下均布置止水设施。上游坝面横缝内设置二道止水,第一道止水片为"W"形铜片止水,第二道止水为橡胶止水。下游最高尾水位以下缝面设置一道铜片止水。

2.4 坝基防渗处理

坝基基岩由寒武系炒米店组长山灰岩、凤山灰岩构成。以十字河为界左岸地表出露为长山灰岩,右岸则为凤山灰岩。凤山灰岩为厚层、中厚层,隐晶结构,可溶盐 CaO 含量相对较高,岩溶发育形式多为溶洞型。地表溶沟、溶槽发育,宽 50~200 cm 不等,多被红黏土充填,凤山灰岩透水性较强是水库渗漏主要控制因素。

坝基分布两个断层,分别为 FW4 断层和洪山断裂,FW4 断层分布在河床重力坝位置,断层走向 SW209°,倾向 NW,倾角 67°,与溢洪道夹角 33°。主要为沿岩体层理发育的层面裂隙,该类型裂隙在不同岩性中的发育程度不同,在薄层条带状灰岩中发育程度较高,在区内其他类型灰岩中发育程度低,主要表现为规模较小的岩溶裂隙或溶蚀裂隙。洪山断裂断层走向 SE107°,在距大坝右端 85 m 处穿过。断层带宽 5.0~7.0 m,断层角砾岩破碎,岩溶发育,无充填或半充填,上盘岩性为凤山组第三层中厚层泥晶灰岩,下盘出露岩性为凤山白云质灰岩,根据上下盘岩性对比断距大于 40 m,断层带内岩石较破碎,岩溶较发育,通过钻探资料及物探资料综合分析,断层两侧影响带宽度 50~130 m,为导水性断层。

根据庄里水库地质情况,本次庄里水库帷幕灌浆分为左岸坝肩段、断层段(包含坝基FW4 断层段和右岸洪山断裂段)、左岸坝基段、主河槽溢流坝段、右岸坝基段、右岸坝肩段共六段,左岸坝肩、左岸坝基段和右岸坝肩段采用单排帷幕灌浆,孔距 1.5 m;右岸坝基段、主河槽溢流坝段采用双排帷幕灌浆孔距 2.0 m,排距 1.5 m;断层段洪山断裂和 FW4 断层影响范围采用三排帷幕灌浆,其中洪山断裂段最大灌浆深度 99.0 m,洪山断裂段灌浆范围根据其断层性质和影响范围,两侧各取 120 m,共计 240 m,FW4 断层灌浆范围 150 m,断层两侧各取75 m,三排帷幕灌浆孔距 2.0 m,排距 1.5 m。现状坝基帷幕灌浆已结束,经现场检查孔检查,实际检测透水率均小于 5 Lu,满足设计指标要求。

3 设计过程中的亮点

3.1 坝基帷幕灌浆压板不分缝设计

防渗压板为 C20 素混凝土,桩号范围 0+050~1+375.5、1+624.5~3+070,总长度 2 771 m,抗渗等级 W4,抗冻等级 F100,厚 1.0 m,其中单排帷幕灌浆压板顺水流向长 4.0 m,两排和三排帷幕灌浆压板顺水流向长 6.0,压板由 4.0 m 到 6.0 m 之间设渐变段长 10.0 m。

帷幕灌浆压板位于基岩面以下 1.0 m,压板施工完成后作为坝基工程,其工作条件基本处于恒温状态,同时,为减少分缝结构处止水和防止分缝处帷幕灌浆封孔压力不足冒浆等问题,本次帷幕灌浆压板采用整体不分缝跳仓浇筑结构形式。

基岩边坡开挖为直立边坡作为灌浆压板模板,开挖面采用粗糙面,基岩地面开挖后清除碎屑,并用高压水枪冲洗干净后方进行浇筑,防渗压板采用跳仓浇筑方式,顺坝轴线向 5.0 m 一仓。施工中采取了降低入仓温度、掺入Ⅰ级粉煤灰和聚羧酸等材料措施和调整跳仓时间间隔、减少内外温差、增加覆土等技术措施,有效保障了压板工作条件,避免了有害裂缝的产生。通过帷幕灌浆封孔灌浆检测,帷幕灌浆压板整体性能较好,未出现贯穿性裂缝,封孔压力基本在 0.3 MPa,跳仓接缝处未出现冒浆、跑漏等现象。

3.2 土石坝与重力坝接触面设计

土石坝与重力坝连接段下游侧位于大坝桩号 1+371.0~1+455.5、1+544.5~1+629.5,上游侧位于大坝桩号 1+371.0~1+475.5、1+524.5~1+629.5。为保障结合面不出现拉裂缝形成集中渗漏通道,采取在结合部位连接段顺水流向宽 2 m 范围内回填黏土,并采用专门小型压土机压实。黏土要求含水率控制在最优含水率 1%~3%,其塑性指数不小于 18,不大于 25,压实度要求不小于 0.98,并在混凝土面上涂一层 3~5 mm 厚的泥浆结合层,并在锥坡底部设置褥垫层排水通道,用于排出坝体内存水。

为保障运行期降雨入渗问题引起接触面裂缝,在半插入段重力坝和土石坝接触面结合处设柔性止水和排水沟,使运行期坡面水能够按设计排出,保证了结合面的安全。

3.3 坝基凤山组灰岩基岩溶沟填筑控制

庄里水库大坝坝基下存在溶洞、溶沟、破碎带、节理裂隙等情况,尤其是右岸凤山组灰岩,岩面参差不齐,表层沟、洞较多,针对此种情况,分节理裂隙和溶洞溶沟分别制定措施进行处理。节理、裂隙宽度小于 5 cm 时,清理节理内的树根杂物后进行风水抢冲洗,清理深度 10 cm,直接采用坝基水泥砂浆灌注;大于 5 cm,小于 30 cm 时,清理节理内的树根等杂物后对张开的节理采用风水枪进行冲洗,冲洗完成后挖深至 2 倍缝宽,采用坝基水泥喷浆灌注;节理、裂隙宽度大于 30 cm 时,清理、风水抢冲洗后采用混凝土塞处理。节理、裂隙处理长度为裂隙延伸长度,每侧加 0.5 m。

溶洞、溶沟清理树根等杂物后,采用风水抢冲洗,对于宽度大于 50 cm 的开挖至坡度 1:1,然后表层在回填一层土范围内喷水泥浆增加保湿和与黏土连接,喷完后在半小时内回填黏土压实,压实度 0.98,含水率控制在最优含水率以上 1%~3%;对于小于 50 cm 的溶洞、溶沟,采用 C20 混凝土塞处理。通过以上回填措施,经现场注水试验证明均达到较为理想的处理效果。

4 工程特点及新技术

(1)坚持生态环保、人水和谐及可持续发展的设计理念。溢洪道推荐方案中充分利用现状河槽条件,减少了对耕地及山体的破坏,护坡等多以生态护坡为主,筑坝材料尽量利用河床天然材料进行填筑等设计等,有效保证了库区内的生态系统的原貌。

(2)建筑物设计方案先进。利用混合坝型既能结合现状地形保证水库防洪安全,使复杂的泄洪消能问题得以很好解决,并节省了投资;同时,混合坝型工程布置紧凑,投资较省,运行管理更加方便。

(3)针对较为复杂坝基条件,制定了详细的防渗和坝基填筑方案,有效的保证了坝体的渗透安全。

(4)混合坝型接触面部位在运行中较为薄弱,通过在设计阶段加强处理,保障了工程运行安全。

5　结　语

本文通过河床式和岸边式溢洪道比选,选择了生态环境影响小、投资省、水流条件好、结构布置紧凑的河床式溢洪道,减少了水土保持破坏,符合青山绿水的水利发展理念;结合河床较宽、地质条件较复杂、溢洪工程泄量大等特点,采用混合坝型设计,有效保证了水库泄洪安全和充分利用库区内淹没区壤土修建了土石坝,节省工程投资;在设计过程中针对坝基岩溶、结合面等细部进行了详细设计,确保施工和运行期安全。

随着我国水利水电工程开发的日益深入,混合坝型的应用也会越来越多,混合坝型结合部位绕渗规律、水头与插入坝段长度关系、土和混凝土坝结合面脱空等问题需要进一步研究和规范。

参 考 文 献

[1] 碾压式土石坝设计规范:SL 274/2001[S].
[2] 混凝土重力坝设计规范:SL 319/2005[S].
[3] 林昭.碾压式土石坝设计[M].郑州:黄河水利出版社,2003.
[4] 陈洪军.沥青混凝土心墙石渣坝渗流稳定分析[J].水利技术监督,2017,25(5):75-79.
[5] 李影.大型土坝坝体挡水建筑物工程设计及其稳定性分析[J].水利技术监督,2018(1):95-99,141.
[6] 安元,唐雷彬.基于数值模拟的土石坝渗流计算及防渗措施分析[J].水利规划与设计,2018(3):91-93.
[7] 赵磊. 插入式混合坝接头部位静动力特性分析[D].大连理工大学,2007.
[8] 彭云枫,何蕴龙,李建成.混合坝接头型式与抗震安全性分析[J].武汉大学学报(工学版),2008(3):60-63.
[9] 周伟,常晓林,周创兵,等.观音岩水电站混合坝接头结构形式研究[J].岩土力学,2008(2):496-500.
[10] 关志诚.水工设计手册:土石坝(第2版第6卷)[M].北京:中国水利水电出版社,2014.
[11] 王金玉.土石坝施工中的渗流控制[J].水利技术监督,2015,23(6):96-98.
[12] 相彪,杨家卫,杨华.观音岩水电站混合坝插入式接头设计研究[J].水力发电,2017,43(1):38-42.

【作者简介】　吴先敏(1980—),男,工程师。E-mail:wxmin1023@163.com。

锦西灌区渠首泵站布置形式分析

黄 勇 胥 慧

(黑龙江省水利水电勘测设计研究院,哈尔滨 150080)

摘 要 本文根据锦西灌区工程渠首泵站站址的地形、地质、水流、施工等实际工程情况,选择引水式布置形式。结合泵房否直接参与挡水及与堤防的连接方式,详细比较防洪闸结合布置和防洪闸分离布置两种方案,通过综合论述两种方案的优缺点,进一步得出对于建在河道岸坡较缓、重要堤防位置的灌溉泵站的优化方案。

关键词 渠首泵站;布置型式;防洪

1 概 述

富锦市地处黑龙江省东北部三江平原腹地、松花江干流下游南岸。东经 131°25′~133°26′,北纬 46°45′~47°45′~47°37′之间。锦西灌区位于富锦市西部,地理坐标为东经 131°30′~132°37′,北纬 46°48′~47°14′。锦西灌区渠首泵站设在灌区范围内松花江主流凹岸弯顶点偏下游段,所在松花江段地面开阔平缓,河道宽阔顺直、平缓,主流靠岸边较近,河岸地面高程在 61.90~62.30 m。以 20 世纪 50、70 年代 1:50 000 比例尺航测图与 2014 年谷歌地图为基本图,对所在江段松花江河势进行套绘和对比分析,松花江该江段近 60 多年河岸基本没有变化,河势稳定。

从工程地质钻探资料分析该河段地质条件较好,渠首泵站建基面高程为 48.80 m,基础主要座落于级配不良粗砂层中,地层稳定,无不良地质现象,地基抗滑稳定性较好。灌区范围内地震基本烈度为 6 度,近期无地震活动纪录,为区域地质构造稳定区。

锦西灌区以松花江为主要水源,以地下水为补充水源。地表水通过渠首集中提水泵站进行农田灌溉。渠首泵站设计流量 65 m³/s,泵站装机 7 500 kw,泵站等别为 Ⅱ 等、泵站规模为大(二)型,相应主要建筑物拦污栅桥、泵房、进水池、出水池等级别为 2 级,次要建筑物为 3 级。根据《泵站设计规范》,防洪标准可取 50(年),校核标准 200(年),同时考虑防洪标准不低于所在松花江干流富锦西堤防洪标准,故本次设计防洪标准取为 50 年一遇洪水设计,200 年一遇洪水校核。

2 泵站布置原则

(1)泵站的总体布置应包括泵房,进、出水建筑物,降压站,工程管理用房,内外交通、通信以及其他维护管理设施的布置。

(2)泵房布置满足机电设备布置、安装、运行和检修要求。

(3)泵站进水池池采用正向进水方式,底坡 1:4.0,进水池容积远大于泵站设计流量的 50 倍,压水池与泵房和出水涵洞紧密连接,尺寸满足闸门安装和检修的要求,出水池与渠道底宽相同,渐变段的收缩角均小于40°,满足结构布置要求。

　　(4)满足通风、采暖、和采光要求,并符合防潮、防火、防噪声、节能、劳动安全与工业卫生等技术规定。

　　(5)对于建在重要堤防处的泵站,宜采用堤后式布置,泵房与堤防需留适当的安全距离。

　　(6)由河流取水的泵站,当河道岸边坡度较缓时,宜采用引水式布置。

3　泵站布置方案比较

　　本文结合锦西渠首泵站实际工程情况,针对泵房否直接参与挡水及与堤防的连接方式提出两种布置方案,分别为防洪闸与泵房结合布置方案、防洪闸与泵房分离布置方案。

3.1　防洪闸结合布置方案

　　防洪闸与泵房结合布置方案主要由堤防交通、拦污栅、厂区交通、泵房、出水池、泵站厂区六部分组成。该方案详细布置见图1。

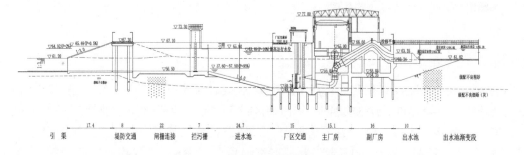

图1　防洪闸结合方案纵剖面图

　　(1)堤防交通:引渠后与泵站堤防交通段衔接,采用钢筋混凝土U形槽结构满足最大引水要求;闸墩上部采用4跨单跨10 m的预制钢筋混凝土交通桥与堤防连接,堤防交通段后与拦污栅段之间布置采用扶壁式挡土墙和钢筋混凝土底板形式;后接拦污栅段。

　　(2)拦污栅:该段设置8道通栅(采用清污抓斗)(宽×孔数)4 m×8;采用清淤抓斗清淤,同时为便于进水池检修,设置8扇检修门与拦污栅同槽;闸底板高程56.50 m;闸墩顶高程65.00 m;拦污栅段后进水池段以1∶4.0底坡与厂区交通段连接,进水池段采用扶壁式挡土墙和1 m厚钢筋混凝土底板铺装。堤防交通段堤后挡土墙顶高程65.00 m,高出部分采用65.00 m高堤防参与挡外江洪水。

　　(3)厂区交通:拦污栅段后设置进水池与泵房前厂区交通段连接,进水池布置采用扶壁式挡土墙和钢筋混凝土底板型式;进水池斜坡段长24.68 m(水平长度),泵房闸室段设6扇拦污栅(兼做检修门槽使用),拦污栅尺寸为5 m(高)×5 m(宽);闸门设置6道液压工作闸门,工作门闸孔尺寸为4 m(高)×5 m(宽)。闸底板高程50.30 m;闸墩顶高程67.10 m。

　　(4)泵房:泵房基础采用块基型,泵房安装间高程64.50 m,泵房长65.98 m,宽25.2 m,泵房内从上至下分别为:电机层、水泵层、吸水池层,泵房内安装6台1800ZLB12.4-7.3型立式混流泵,进口采用肘型进水流道,主厂房内水泵呈“一”字形布置,单机功率1 250 kW,总功率7 500 kW,水泵中心间距9.0 m,机组进口底板高程50.30 m;主厂房内设电动双梁桥式起重机1台,副厂房位于主厂房的下游侧,副厂房宽度11.0 m,副厂房优化为单层布置,主要电气设备布置于主厂房电机层和副厂房内。水泵出口后接出水池。

　　(5)出水池:水泵出口采用驼峰式出水流道,后接出水池。泵站出水池溢流段长10 m;

宽 53.70 m,出水池与干渠衔接渐变段长 60 m。

（6）泵站厂区:泵站厂区高程 64.30 m,厂区内交通通过堤防交通两侧堤防与厂区交通段连接,不再单独设置进场交通,为便于运行管理厂区设置道路(位于出水池连接段)与总干渠渠顶道路连接,道路路面高程 64.30~66.60 m,路面宽 5.0 m。

表 1　防洪闸结合方案主要工程量及投资

序号	项目	土方 (m³)	混凝土方 (m³)	钢筋 (t)	施工专业 (万元)	土建投资 (万元)	金属结构 投资(万元)	投资汇总 (万元)
1	引渠					1 210	—	1 125
2	堤防交通		3 549	284		643	—	643
3	闸栅连接		3 212	327		407	—	407
4	拦污栅		1 540	114.4		162	268	457
5	进水池		5 749	623		754	—	754
6	厂区交通		8 062	450		750	523.6	1 273.6
7	泵房		16 623	1 713		2 165	—	2 165
8	出水池		4 017	108.3		351	—	351
9	土方开挖	186 947			707.14	213		213
10	厂区回填	199 726				450		450
11	交通桥、基础处理、厂区硬化等					593		593
12	合计	386 673	42 752	3 619.7	707.14	7 698	791.6	8 431.6

3.2　防洪闸分离布置方案

防洪闸与泵房结合布置方案主要由防洪闸、拦污栅段、泵房进口段、泵房、出水池、泵站厂区六部分组成。该方案详细布置见图 2。

（1）防洪闸:引渠后与泵站防洪闸衔接,防洪闸两侧与富锦西堤结合布置,闸墩上部设置交通桥与堤防交通连接;防洪闸闸孔尺寸(宽×高×孔数)8 m×5 m×4,闸后接拦污栅前连接段。

（2）拦污栅:防洪闸与拦污栅段之间布置采用扶壁式挡土墙和 0.5 m 厚钢筋混凝土底板铺装;该段设置 8 道栅(采用清污抓斗)(宽×孔数)4 m×8;采用清淤抓斗清淤,闸底板高程 56.50 m,闸墩顶高程 65.00 m,拦污栅段后进水池底板以 1:4.0 底坡与厂区交通段连接,进水池段采用扶壁式挡土墙和 1 m 厚钢筋混凝土底板铺装。

（3）泵房进口:拦污栅段后进水池与泵房前闸室段连接,进水池布置采用扶壁式挡土墙和钢筋混凝土底板形式;进水池斜坡段长 24.68 m(水平长度),泵房闸室段设 6 扇拦污栅,拦污栅尺寸为 5 m(高)×5 m(宽);闸门设置 6 道检修闸门,闸孔尺寸为 4 m(高)×5 m(宽);闸底板高程 50.30 m,闸墩顶高程 65.00 m。

（4）泵房:泵房基础采用块基型,泵房安装间高程 64.50 m,泵房长 65.98 m,宽 25.2 m,泵房内从上至下分别为:电机层、水泵层、吸水池层,泵房内安装 6 台 1800ZLB12.4-7.3 型立式混流泵,进口采用肘型进水流道,主厂房内水泵呈"一"字形布置,单机功率 1 250 kW,总功率 7 500 kW,水泵中心间距 9.0 m,机组进口底板高程 50.30 m;主厂房内设电动双梁桥式起重机 1 台,副厂房位于主厂房的下游侧,副厂房宽度 11.0 m,副厂房优化为单层布置,主要电气设备布置于主厂房电机层和副厂房内;水泵出口后接出水池。

(5)出水池:水泵出口采用驼峰式出水流道,后接出水池。泵站出水池溢流段长 10 m;宽 53.70 m,出水池与干渠衔接渐变段长 60 m。

(6)泵站厂区:厂区设置交通与锦西堤防连接,路面宽 5.0 m,纵坡 5%;堤后厂内高程 64.30 m;厂内横向交通布置于拦污栅段闸墩顶部,桥宽 5.5 m,同时泵房出口处设计 4.0 m 宽检修平台;为便于运行管理厂区设置连接道路与总干渠渠顶道路连接。

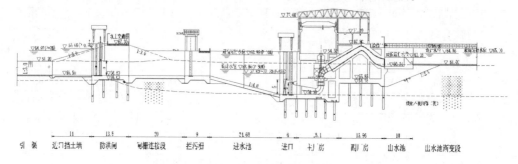

图 2　防洪闸分离方案纵剖面图

防洪闸分离方案主要工程量及投资见表 2。

表 2　防洪闸分离方案主要工程量及投资

序号	项目	土方 (m³)	混凝土方 (m³)	钢筋 (t)	施工专业 (万元)	土建投资 (万元)	金属结构 投资(万元)	投资汇总 (万元)
1	引渠					1 210	—	1 210
2	防洪闸		6 261	538.7		720	320	1 040
3	闸栅连接		3 212	327		407	—	407
4	拦污栅		1 540	114.4		162	249.5	411.5
5	进水池		5 749	623	707.14	754	—	754
6	进口闸门		8 062	450		750	134	884
7	泵房		16 623	1 713		2 165		2 165
8	出水池		4 017	108.3		351		351
9	土方开挖	186 947				213		213
10	厂区回填	215 156				350	—	350
11	交通桥、基础处理、厂区硬化等					593	—	593
12	合计	402 103	45 464	3 874.4	707.14	7 675	703.5	8 378.5

3.3　综合比较两种方案

3.3.1　布置形式比较

防洪闸与泵房结合布置:主要优点是通过堤防交通段与泵站厂区分离布置,泵房主体施工不受松花江洪水期影响,为泵房主体施工保证了时间,泵房管理范围与堤防分离,利于泵站独立运行管理和维护。缺点在于堤防交通段无闸门控制泵房前淤积情况将较严重,由于泵站运行需要堤防交通与泵房交通衔接,造成堤防交通段布置与泵房距离加大、投资增加,因防洪闸与泵房结合布置,在洪水期间洪水引入堤后,造成防洪闸前段均处于洪水影响中,如出现安全隐患、抗洪抢险难度增大;同时非运行期间冬季江水位较低,滩地处水面均结成冰,冰冻问题对堤防交通段、拦污栅段挡墙、拦污栅结构稳定影响较大,当泵站发生险情时无闸门挡水。

防洪闸与泵房分离布置:主要优点是通过防洪闸与泵房主体分离布置,防洪闸布置于堤防处,大幅减少了泵房前池淤积量,同时泵房主体施工不受松花江洪水期影响,为泵房主体施工保证了时间,同时降低了泵房本身的防洪压力,泵房管理范围与堤防分离,利于泵站独立运行管理和维护。防洪闸后和泵房前连接段挡墙高度降低至65.00 m与厂区高度相同,既降低了混凝土和钢筋用量,又利于挡土墙稳定。缺点是冬季期间防洪闸闸门需采取人工清冰措施。

3.3.2 施工工期比较

以上两个方案施工总工期一样;防洪闸分离布置方案与防洪闸结合布置方案围堰都只需经历秋汛或春汛,泵站主体施工度汛可在堤防保护下施工,两个方案度汛难度基本相当。

3.3.3 投资比较

在进行布置型式及施工工期比较结果基础上,汇总两种布置方案工程量及投资,其结果见表3。

表 3 两种方案投资对比

项目	土建投资 (万元)	金属结构投资 (万元)	施工专业 (万元)	投资汇总 (万元)
防洪闸结合方案	7 698	791.6	707.14	9 196.74
防洪闸分离方案	7 675	703.5	707.14	9 085.64
两方案投资差额	23	88.1	0	111.1

表3中防洪闸结合方案较防洪闸分离方案总投资多111.1万元,其中两种方案围堰、防渗及基坑排水投资基本相当。

综上所述,防洪闸与堤身结合布置、泵房主体堤后式布置,外部交通与泵站厂区各自独立,更便于运行管理,保证了泵房部位施工、运行管理和维护,并且不受外江水位影响,防洪闸解决了泵房前池因松花江洪水的淤积影响,同时解决了泵房挡高水位对泵房结构稳定的影响,大幅降低了泵房主体的防洪压力。通过渠首泵站总体布置型式、施工工期以及投资比选,总体上防洪闸与泵房分离布置优于防洪闸与泵房结合布置方案,最终确定防洪闸与泵房分离布置作为选定方案。

4 结 语

松花江沿岸灌溉泵站较多,布置形式多数采用岸边式布置,缺少机组功率较大、建在重要堤防的引水式布置形式灌溉站,本文结合防洪闸与泵房位置关系,提出两种布置方案,进一步比较两种方案的布置型式优缺点、施工工期以及投资,对于拟建在松花江沿岸泵站布置形式提供可参考的优化方案。

综上所述,锦西渠首泵站布置形式比选过程是一个比较全面、完整的方案论证,这些设计经验值得在以后其他类似工程中借鉴。

参 考 文 献

[1] 泵站设计规范:GB 50265—2010[S].北京:中国计划出版社,2011.

[2] 黑龙江省富锦市锦西灌区工程初步设计报告[R].黑龙江省水利水电勘测设计研究院,2018.

[3] 锦西渠首泵站取水影响数学模型计算分析[R].中国水利水电科学研究院,2017.

三河口水利枢纽电站厂房安装间
结构设计与仿真分析

薛一峰　郑湘文

（陕西省水利电力勘测设计研究院,西安　710001）

摘　要　三河口水电站岸边式厂房布置紧凑合理,主机间与安装间不同高程布置,节省了投资;通过厂房安装间结构的三维仿真分析,验证了安装间结构的安全性,确定了合适的配筋型式;针对传统梁板式结构布置在某些方面存在的问题,提出了中厚板+主梁在孔边布置暗梁的结构型式;对于转子检修孔边结构计算复杂的特点,通过计算优化了圈梁布置型式和体型尺寸。
关键词　安装间;结构设计;仿真分析;配筋

1　工程概况

引汉济渭工程为Ⅰ等大(一)型工程,三河口水利枢纽是引汉济渭工程的调蓄中心,工程具有供水、调蓄、发电功能。三河口水利枢纽的供水系统由流道、电站厂房、尾水、连接洞、控制闸等建筑物组成。供水流量 70 m^3/s,发电最大流量 72.71 m^3/s,抽水设计流量 18 m^3/s,供水阀供水最大流量 31 m^3/s。

三河口水利枢纽坝后电站具有抽水(向水库补水)和发电(向关中地区供水)两种运行情况:泵、电站合用一个厂房、一套输水系统,选用 2 台 12 MW 可逆式水泵水轮机组(单台抽水设计流量 9 m^3/s)适应抽水和发电两种功能,另外设置 2 台 20 MW 常规水轮发电机组(单台设计流量 23 m^3/s),总装机 64 MW。在安装间上游侧布置有供水阀室,阀室内布置 2 台 DN2000 减压调流阀,并设一台 32/5 t 桥式起重机,单独用于阀室内工作。厂房建筑物级别为 2 级。

2　安装间布置与结构设计

2.1　安装间结构布置概况

厂房基础至于微新岩体,岩石饱和抗压强度 $R_b = 82 \sim 85$ MPa,岩体基本质量级别为Ⅱ级,承载力标准值 $f_k = 3.0$ MPa。

安装间位于主厂房下游侧,为了与厂外交通衔接,与主机间错层布置。安装间尺寸 22.5 m×18.0 m。安装间下部布置水机副厂房和空压机室。安装间与主机间、主变室、供水阀室间皆设永久缝,建筑物结构独立,受力明确。三河口电站机组采用上拆检修方式,厂内设一台 QD75/20T 桥式起重机。安装间平面布置见图1、图2。

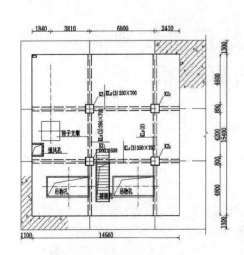

图 1　安装间下层结构布置图　（单位：mm）

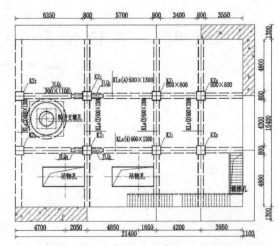

图 2　安装间上层结构布置图　（单位：mm）

2.2　安装间结构设计特点

在已建工程中，厂房楼板结构大致可分为两类：一类是如国内十三陵电站等采用的厚板结构；另一类是传统的板梁组合结构。厚板结构具有显而易见的施工方便、各层顶板电缆桥架布置灵活等优点，而梁板结构通常会影响电气设备的有效使用空间，此外，在结构振动特性方面，厚板结构一般比梁板结构更具优势，因为在具有与板梁结构相同静力刚度的前提下，其频率略高于板梁结构的频率，这对防止共振的发生是有效的。

由于安装间结构完全独立，其承担的主要动力作用为设备或检修件的冲击荷载，相较主机间结构承受机组振动作用的影响，改善其动力特性意义不大。但考虑吸取厚板结构施工方便的优点，并在一定程度上增大结构刚度，三河口电站厂房安装间采用中厚板+主梁（不布置次梁）的结构型式，中厚板与边墙之间增强联结，即二者一起浇筑使它们形成整体，孔洞周边无集中荷载作用时采用暗梁加强方式予以处理。而转子检修孔边的楼板一般均承受较大的集中荷载，对此设计采用中厚板+圈梁的型式处理。

厂房统一采用了三维协同设计，各专业基于 CATIA VPM 设计平台在一个大环境下工作，可随时获取所需的其他专业的最新变化，减少了设计中存在的错漏碰问题，既提高了效率，又保证了质量。

3　三维仿真分析

3.1　安装间底板结构

（1）模型建立。

安装间底板承受上部传递下来的全部荷载，其传递路径为牛腿柱+梁板及楼面→安装间外墙+框架柱→底板→基岩，楼板与框架柱、外墙刚性连接。因此，自上而下取牛腿柱、安装间整体结构建立三维有限元模型。边界条件为：底面按固定约束，侧面因设有结构缝，不设约束。模型中安装间基础单元大小为 0.5 m，梁板柱墙等构件单元大小为 0.2 m。

（2）荷载工况。

检修工况，安装间承受最大荷载，且模拟全负载吊车运行到对基础底板结构最不利的跨段时。

（3）荷载种类：①结构自重；②设备自重；③土压力；④扬压力。

（4）静力计算分析。

从图3~图8的计算结果可以发现，安装间底板混凝土除上游侧吊物孔角部应力超限外，混凝土破坏主要发生于位置较高且厚度相对较薄的支承外墙部位，大主应力最大值出现在该位置底板上缘中部，数值为3 MPa拉应力，最小值出现在相邻安装间外墙下部，其值为0.93 MPa压应力。分析整体模型可知，安装间通往主机间侧由于开口设柱，其刚度远小于外墙，上部荷载主要通过其他三面墙向下传递，而上部吊车行程及安装间外墙下较薄的底板混凝土厚度显然成为该部位应力较大的主要原因。

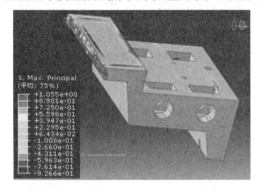

图3　安装间底板大主应力分布及
破坏图　（应力单位：MPa）

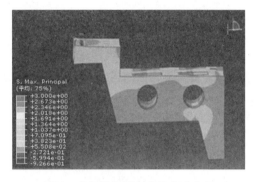

图4　安装间底板大主应力分布及
变形图　（应力单位：MPa）

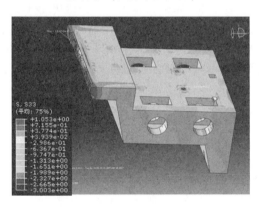

图5　安装间底板主应力分量
S33分布图　（应力单位：MPa）

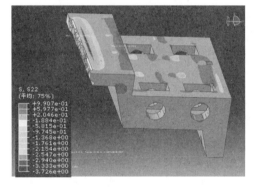

图6　安装间底板主应力分量
S22分布图　（应力单位：MPa）

从以上三维计算结果来看，本次安装间底板三维计算成果符合该厂房受力规律，同时从计算结果可以看出，底板下部主要受压，上部因变形产生较小拉应力，而主控部位应为外墙下底板外缘中部。

采用《水工混凝土结构设计规范》（SL 191—2008）中的拉应力图形法对该部位结构进行配筋算得单宽范围内所需配置主筋的面积为2 742 mm²，而根据底板最小配筋率换算所需面积为2 123 mm²/m，因此实配钢筋选用28@200（面积3 079 mm²/m），钢筋顺长按上下游方向摆放，沿进出水方向等间距布置。

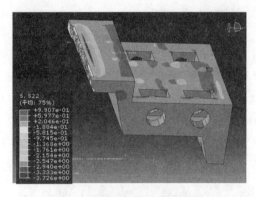 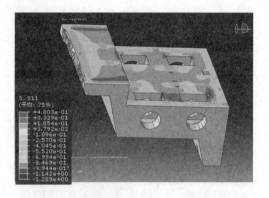

图7　安装间底板主应力分量　　　　　图8　安装间全局模型大主应力分布及
S11 分布图　（应力单位:MPa）　　　　　变形图　（应力单位:MPa）

由此,安装间底板结构的安全可通过配置钢筋满足承载能力极限状态和正常使用极限
状态设计要求。

3.2　安装间框架结构

3.2.1　框架结构布置

安装间框架体系为两层结构,包括安装间层板梁及支承柱以及空压机室层板梁及支撑
柱,下层板厚 300 mm,楼板上有 2 个 3.975 m×1.8 m 吊物孔、1 个 3.7 m×1.2 m 楼梯孔和 1 个
1 m×1 m 通风孔,转子支墩从下层穿过楼板,二者固结为一体,梁截面尺寸统一为 350 mm×
700 mm,梁最大跨度 5.7 m 垂直水流方向布置;上层板厚 400 mm,楼板上有 2 个 3.9 m×1.8 m
吊物孔、1 个 3.75 m×1.2 m 楼梯孔和 1 个直径 1.35 m 检修孔,梁截面尺寸统一为 500 mm×
1 300 mm,梁最长跨 5.7 m 和次长跨 5.55 m 垂直水流方向布置于上游侧的两跨,该两跨相
连的部位在框架柱两侧各设置 0.3 m×1 m(厚×长)剪力墙一道;框架柱截面尺寸 800 mm×
800 mm,下层共设置 4 根,上层共设置 8 根,上、下游侧 2 排柱分别坐落在安装间底板和侧
墙上。该两层框架体系上层与牛腿柱相连,承受上部结构传下来的荷载。

3.2.2　三维仿真计算

安装间框架三维模型如图9,经图10~图13计算结果可见,在安装间层楼面检修荷载
作用下,该层跨度最大和次之的四根梁各自在与框架柱衔接处产生很大的弯矩和扭矩,分析
其原因主要是该侧为安装间通往主机间的通道,整体刚度较另一侧小,楼板在该侧有更大的
变形趋势,作用在梁上就造成了过大的弯矩和扭矩,此外,梁的跨度较大也是一大影响因素。
为此,设计在该部位设置两段剪力墙,墙顶与梁底固结,用于缓解该梁的受力条件,减少相应
的配筋。经最终修改验算,安装间框架梁系配筋合理,满足结构设计要求。框架柱按该结构
布置计算符合常规,此处不再赘述。

3.3　转子检修孔边结构

3.3.1　模型建立

转子检修孔边由于受检修设备的集中荷载作用,孔边按前述设计原则需设置圈梁。为
分析圈梁及其周边结构的受力条件并配筋,取安装间层板梁柱(包括剪力墙)结构单独建立
三维有限元模型。边界条件为:梁柱(墙)端与板端按固定约束,设置结构缝的构件侧面和
板面自由。

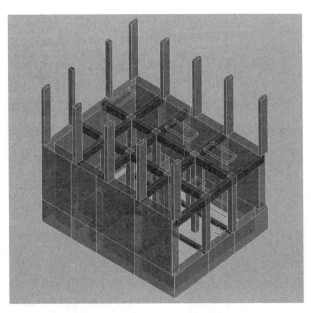

图 9　安装间框架三维模型

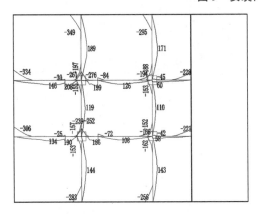

图 10　下层梁截面设计弯矩
包络图　（单位：kN・m）

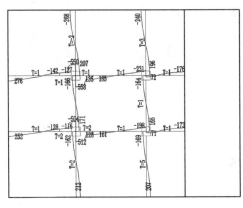

图 11　下层梁截面设计剪力
包络图　（单位：kN）

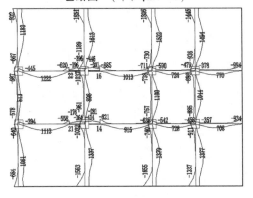

图 12　上层梁截面设计弯矩
包络图　（单位：kN・m）

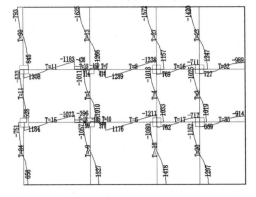

图 13　上层梁截面设计剪力
包络图　（单位：kN）

3.3.2　荷载工况

检修工况,圈梁承受检修设备最重件自重,经与安装间层楼面荷载比较略小于楼面荷载,计算中仍统一按楼面荷载大小取值。

3.3.3　静力计算分析

由图 14~图 17 计算结果表明,采用中厚板+圈梁(不设次梁)的结构型式通过配置 25@200 的钢筋(板底配置 16@150 的钢筋)能够满足设计要求,且破坏范围仅出现在梁上不会危及与之相连的楼板,可见其设计体型尺寸较为合理。分析可知,由于上部检修设备自重即集中荷载作用范围较大,圈梁截面只能是宽矮型,若设置过高的圈梁而不设次梁,其对相邻楼板会产生较大不利影响,检修荷载作用在圈梁上难以保证相邻板结构的安全,故此设计中对圈梁的截面尺寸做了多次优化计算,得到了最终成果。

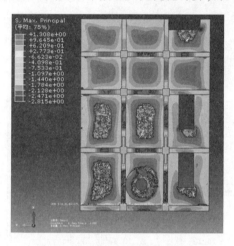

图 14　结构底面大主应力分布及破坏图　(应力单位:MPa)

图 15　结构正面大主应力分布及破坏图　(应力单位:MPa)

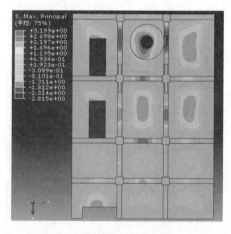

图 16　圈梁出现破坏时结构大主应力分布　(应力单位:MPa)

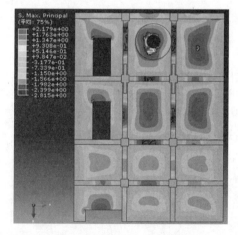

图 17　结构正面大主应力分布及破坏图　(应力单位:MPa)

4 结 语

三河口水电站厂房主机间与安装间错层布置,安装间与主机间、主变室、供水阀室间皆设永久缝,建筑物结构独立,受力明确。通过厂房安装间底板结构、框架体系和检修孔边局部结构的三维仿真分析,验证了安装间结构的安全性,确定了合适的配筋型式。通过本设计可以看出应用三维有限元计算软件进行结构分析,对设计过程中的结构构件安全性复核具有一定实践意义。

参 考 文 献

[1] 水工混凝土结构设计规范:SL 191—2008[S].
[2] 陕西省引汉济渭工程三河口水利枢纽初步设计报告[R].2015.
[3] 洪振伟, 等. 梨园水电站厂房布置及结构设计[J]. 云南水力发电, 2013, 29(6): 112-115.
[4] 李幼胜, 等. 大型抽水蓄能电站不同楼板结构形式的动力特性研究[J]. 水电能源科学, 2014 (4):76-80.
[5] 彭凤琼, 等. 高变幅洪水位作用下水电站椭圆形厂房设计[J]. 水利技术监督, 2003, 11(5):52-55.
[6] 张启奎, 何来兴. 山秀水电站厂房布置设计[J]. 水利规划与设计, 2010(4):45-48.
[7] 阎培林, 等.土卡河水电站厂房布置及结构设计[J]. 云南水力发电, 2006, 22(6):62-65.
[8] 王琛, 等. 尼尔基水利枢纽工程厂房布置及优化[J]. 水力发电, 2005, 31(11):30-32.
[8] 翟利军, 等. 西霞院水电站厂房整体有限元分析[J]. 人民黄河, 2009, 31(10):18-19.
[9] 刘玲玲, 吴永恒. 有限元法在大体积混凝土结构配筋计算中的应用[J]. 人民长江, 2012, 43(17):21-24.
[10] 王玉镯, 傅传国. ABAQUS 结构工程分析及实例详解[M]. 北京: 中国建筑工业出版社, 2010.

【作者简介】 薛一峰(1988—),男,工程师,主要从事水利水电工程设计研究工作。E-mail:381125665@ qq.com。

引汉济渭二期工程输水线路选择

王　刚　周　伟　周春选　尚小军

（陕西省水利电力勘测设计研究院,西安　710001）

摘　要　引汉济渭二期工程输水线路沿线社会经济发达,自然保护区、文物保护区、军事管理区、企事业单位及旅游热点地区多,选线制约因素大,在线路比选过程中,综合考虑对当地社会、自然环境及城市规划的影响,经过大量现场勘察、协调与保护区及多部门用地矛盾,多次优化线路,最终确定了对自然环境及当地社会发展影响小、投资合理的输水线路方案。
关键词　引汉济渭;二期工程;受水对象分布;总体布局;线路方案

1　工程概况

陕西省引汉济渭工程是陕西省境内一项跨流域调水工程,由调水和输配水两部分组成。调水工程是在汉江干流和支流子午河上分别修建程黄金峡水利枢纽和三河口水利枢纽两个水源工程,通过穿越秦岭山脉的输水隧洞调汉水至关中;输配水工程从周至县境内的黄池沟起,沿渭河两岸向东布设输水线路,向渭河沿岸的 21 个受水对象供水。引汉济渭工程 2025 水平年多年平均调水量为 10 亿 m^3,2030 水平年为 15 亿 m^3。

引汉济渭二期工程是输配水工程的骨干干线工程,供水范围包括西安、咸阳、杨凌 3 个重点城市,西咸新区 5 座新城及周至、武功、鄠邑、长安、兴平 5 个中小城市,共计 13 个受水对象。依据受水对象分布特点,输水干线工程在总体布局上沿渭河两岸布设南、北两大输水干线系统,分别向渭河南、北两大供水片区供水。其中,南干线西起黄池沟配水枢纽,东至西安市灞桥区灞河以东,始端设计流量 47 m^3/s,末端设计流量 18 m^3/s;北干线南起黄池沟配水枢纽,北至泾河新城分水口,始端设计流量 30 m^3/s,末端设计流量 13 m^3/s。

2　受水对象分布及工程总体布局

引汉济渭二期工程的受水对象分布于渭河两岸,自西向东,渭河南岸分布有周至、鄠邑、西咸新区沣西、沣东 2 座新城、长安、西安 6 个供水片区,高程分布在 462~490 m;渭河北岸分布有杨凌、武功、兴平、咸阳、西咸新区的秦汉、空港、泾河三座新城共 7 个供水片区,高程分布在 413~494 m。

二期工程始端黄池沟配水枢纽位于渭河南岸,水位 514.88 m,依据用水对象分布位置及高程,工程采用北干线一次过渭,南、北干线全线自流供水的总体布局方案。在秦岭北麓中低山布设南干线;北干线跨过渭河后沿渭北黄土台塬布设。南、北干线分别向渭河两岸的受水对象供水。

3　输水线路控制性节点

长距离供水工程输水线路走向应尽量靠近沿线各受水对象,这是线路选择的一个基本原则。因此,输水线路选择与水厂位置、高程选择是一个互动的过程,在技术可行条件下,靠近水处理厂的输水干线分水口位置往往是线路走向的控制性节点。

本工程南干线沿秦岭北麓中低山布置,北干线线路沿东北方向布设,根据受水对象及水厂位置,南干线沿线设鄠邑、西安西南郊、子午、灞河4处分水口;北干线沿线设周至、杨武、兴平、咸阳、西咸新区空港、泾河2座新城共6处分水口。

4 输水线路选线

依据二期工程的总体布局思路,以及控制性节点要求,南北干线分段进行线路设计。

4.1 南干线

根据南干线线路所承担的输水任务及各受水对象水厂的位置和地形条件,将南干线划分为2段:黄池沟至西安子午及长安分水口段(简称黄池沟至子午段)、西安子午及长安分水口至西安灞河分水口段(简称子午至灞河段)。

4.1.1 黄池沟至子午段线路

黄池沟至子午段线路西起周至县马召镇黄池沟,东至长安区子午街办东北,线路基本沿东西向布置。该段输水线路通过秦岭北麓山前地带,宝鸡—蓝田—华阴秦岭大断裂自西向东分布于黄池沟—沣峪河间的秦岭北麓与山前洪积扇交汇处。该范围属西安国际化大都市经济圈及秦岭北麓自然环境重点保护区,近年来相继建成了一批带动当地经济社会发展的科研教育、文化旅游及现代农业设施。在充分考虑当地经济社会发展的总体布局和发展空间的要求的基础上,拟定了北线(箱涵+隧洞)和南线(长隧洞)两条线路方案,在各分水口水位相同条件下,综合对比见表1。

表1 南干线黄池沟至子午段线路综合比较

序号	项目	北线	南线
1	走径	线路沿秦岭北麓山前洪积扇,布设在西安市黑河引水暗渠南侧,大致与黑河暗渠伴行。线路全长73.5 km	线路以长隧洞方式布置于秦岭北麓山体内,较箱涵+隧洞方案线路整体偏南1.0~2.0 km,线路全长69.50 km
2	建筑物	箱涵24处,长33.28 km;隧洞8座,长34.35 km;倒虹15座,长5.47 km;渡槽1座,长0.374 km;鄠邑、西南郊、子午分水口3处;施工支洞6条	箱涵2处,长0.80 km;隧洞1座,长68.70 km;鄠邑、西南郊、子午分水口3处;施工支洞17条
3	环境影响	线路大部分建筑物明挖施工,施工占地大,境影响程度大;局部线路与西安黑河供水暗渠距离较近,存在施工及运行相互干扰因素;线路沿线为经济发达地区,人口密集、企事业单位多,经过的环境敏感区多	主体工程以隧洞为主,线路大部分建筑物暗挖施工,施工占地小,境影响程度小;线路与西安黑河供水暗渠距离较远,基本不影响;虽然线路沿线通过的环境敏感区多,但全部为下部穿越,对环境影响小
4	施工	输水线路沿国道及省道布置,交通条件优越,可全线展开施工,施工相对简单,进度有保证;缺点是线路沿线多次经过村镇、生态保护区及文化旅游设施区,施工协调工作量大、干扰多,跨河建筑物数量多,施工导流工程费用高	线路距村镇、生态保护区及文化旅游设施区相对较远,施工协调工作量小,干扰少,施工支洞数量多,需要的施工工期长,隧洞掘进相比箱涵施工难度大,进度不易保证,弃渣量大,隧洞施工遇不良地质条件洞段会产生影响工期及投资的风险

续表1

序号	项目	北线	南线
5	投资	36.34亿元	36.97亿元
6	运行管理	沿线交叉建筑物倒虹、渡槽数量多,运行管理任务大	建筑物以隧洞为主,运行管理较方便

4.1.2 子午至灞河段线路

该段线路主要承担西安灞河水厂的输水任务及后续工程向下游的临潼、渭南、华州区输水任务。子午至灞河段区间无分水口,线路西起长安区子午街办九村,至灞桥区洪庆街办车丈沟村东灞河分水口结束,基本沿东北方向布设。本段线路沿线穿越滈河、潏河、浐河、灞河及河流之间的神禾塬、少陵塬、白鹿塬3个黄土台塬高地。经过多次现场勘察及线路优化,在车村至灞河段,考虑对沿线村庄尽可能产生较小影响及避让汉陵墓园及"国家级文物保护单位老牛坡遗址"保护范围,线路基本唯一;在九村至车村段确定了南、北2条线路方案,综合对比分析详见表2。

表2　南干线子午至灞河段车村至九村线路综合比较

序号	项目	南线	北线
1	走径	线路自西向东采用明流暗涵穿越长安大道,以倒虹方式穿越滈河后,转向东北,以隧洞方式通过黄土台塬,以倒虹型式通过潏河、以渡槽方式通过浐河,至车村后,继续沿东北方向至灞河东岸结束,线路总长33.60 km	线路沿东北方向采用明流暗涵穿越长安大道,以倒虹方式穿越滈河、潏河、浐河,以隧洞方式穿越河流之间的黄土台塬,至车村后,继续沿东北方向至灞河东岸结束,线路总长32.34 km
2	建筑物	箱涵2处,长1.67 km,隧洞3座,长20.77 km,倒虹3座(其中桥倒1座),长9.10 km,渡槽1座,长2.06 km	箱涵2处,长0.6 km,隧洞3座,长19.05 km,倒虹4座(其中桥倒1座),长12.69 km(灞河桥倒长4.05 km)
3	环境影响	施工期废水排放、噪声、粉尘等环境影响。线路2#隧洞进口穿越北堡寨村拆迁范围较大,对当地社会经济有较大影响	施工期环境影响程度与南线相当;线路在2#、3#隧洞进出口的重要建筑物附近涉及的房屋、企业数量多,对当地社会环境影响大;过浐河线路右岸河滩段距离某卫星测控单位较近
4	施工	线路2#隧洞进口距离王曲街办北堡寨村较近,灞河桥倒线路在灞河右岸从许家寺村穿过,涉及拆迁民房数量多,施工干扰大,其余隧洞进出口附近相对距离民房较远,施工干扰较小	线路2#隧洞出口附近人口稠密,房屋连片;3#隧洞进口涉及拆迁陕西煜恒混凝土厂;过浐河线路右岸河滩段距离某卫星测控单位较近;北线相对协调工作量大、拆迁赔偿费用高,施工难度大
5	投资	13.46亿元	13.85亿元
6	运行管理	两方案线路建筑物型式类似,交通便利,运行管理方便	

4.2 北干线

根据北干线线路所承担的输水任务及各受水对象水厂的位置和地形条件,将北干线划分为3段:黄池沟至杨凌武功分水口段(简称黄池沟至杨武分水口段)、杨凌武功分水口至板桥出水池段(简称杨武分水口至板桥出水池段)、板桥出水池至三原分水口段。

4.2.1 黄池沟至杨武分水口段线路

该段线路走向为东北方向,沿线需要穿越黑河、沙河、渭河、黑惠渠东干渠和已建成的引石过渭工程输水管道,线路沿线地形基本为"U"形,穿越渭河处最低,采用压力流方式输水,该段线路沿线制约因素较少,按照输水线路最短、拆迁赔偿少、投资最省的原则进行线路布置。

黄池沟至杨武分水口段线路全长 19.2 km,共布设隧洞 1 座,长 0.70 km;倒虹 1 座(黑河),长 1.0 km;管桥 1 座(渭河),长 1.90 km,压力管道 15.60 km,上黄池进水池 1 座,布置周至及咸阳 1 和杨凌、武功分水口 2 处。

4.2.2 杨武分水口至板桥出水池段线路

该段输水线路走向为东北方向,地势西南低、东北高,输水方式为压力流管道输水。该段输水线路受武功、兴平城市规划限制,线路走向及位置基本是唯一的。线路南起集街乡黄家村,沿东北方向布设,穿越西宝高铁、西宝高速、西千线、宝鸡峡渭高干渠,至兴平市西北方向约 6.5 km 的板桥村附近设置板桥出水池。

杨武分水口至板桥出水池段线路全长 19.9 km,共布设压力管道 19.82 km,板桥出水池 1 座。

4.2.3 板桥出水池至泾河分水口段线路

该段线路穿越西平铁路、银西高铁、西咸北环线、国道 312、福银高速、泾河、泾惠渠灌区南干渠,并经过正在建设的大西安(咸阳)文化体育功能区,以及西咸新区的秦汉、空港、泾河新城和西安咸阳国际机场等,沿线设兴平、咸阳、空港、泾河 4 个分水口,受相关规划因素制约,输水线路选线难度较大。重点研究了该段线路采用"箱涵+管道"(南线)和"隧洞+管道"(北线)相结合的输水线路方案。综合对比分析详见表 3。

表 3 北干线板桥出水池至泾河分水口段线路综合比较

序号	项目	南线	北线
1	走径	南线方案自板桥出水池起,沿东北方向自西向东布设,沿线穿越西咸北环线高速、福银高速、以倒虹方式穿越泾河后至泾阳县城东南约 2.5 km 的口外姜,其后线路再次穿越西咸北环线高速,然后向东到达三原县铁门里结束,线路全长 55.5 km	北线线路从板桥出水池起,沿东北方向布设,沿西咸北环线高速路北侧空地布置,沿线穿越 G69 银百高速、以倒虹方式穿越泾河,向东沿西咸北环线北侧到达三原县铁门里结束,线路全长 56.1 km
2	建筑物	箱涵 3 座长 21.95 km,压力管道 23.95 km,隧洞一座长 7.45 km,倒虹 1 座 2.13 km;三合村进水池 1 座;布置分水口 5 处	无压隧洞 1 座,长度 32.6 km;压力管道长度 17.20 km;箱涵 2 处,长度 3.34 km;倒虹 1 座,长度 2.95 km;张阁村进水池 1 座;布置分水口 5 处

续表 3

序号	项目	南线	北线
3	环境影响	以大开挖施工为主,相应产生的噪声、粉尘对环境影响较大,占用土地资源面积和迁移人口数量较大,对生态环境影响较大。 线路与大西安发展规划有较严重冲突,该方案在实施过程中会严重干扰和制约大西安(咸阳)文化体育功能区、西咸新区的建设和发展	北线方案由于隧洞较长,存在施工期隧洞洞内降水对生态环境的影响大,其余施工对环境影响较南线小; 远离重要新城规划区,避让了西安咸阳国际机场等重要设施,与重要设施高速公路交叉较少,因此,基本对当地经济社会的发展不产生不利影响
4	施工	箱涵和管道线路长,施工方便,工期短; 线路距兴平市、咸阳北塬新城、重要文物保护区、重点村镇和居民区的距离较近,施工干扰大	线路中浅埋黄土隧洞较长,施工与箱涵管道相比较难,弃渣量大,工期较长; 避开了兴平规划区、体育功能区规划区、西咸新区规划区,施工干扰小
5	运行管理	方案建筑物型式简单,线路沿线交通便利,运行管理方便	方案建筑物型式简单,沿线交通便利,但兴平水厂、咸阳水厂分水均需要在洞内分水,分水口距离水厂位置较远,管理相对不便

5　输水线路选择

通过以上综合比较分析,确定引汉济渭二期工程南干线黄池沟至子午段选择南线(长隧洞)方案、子午至灞河段选择南线方案,南干线线路全长 103.10 km,通过周至、鄠邑、长安南部秦岭北麓中低山、神禾塬、少陵塬、白鹿塬时以明流隧洞型式穿越;通过滈河、潏河时以倒虹型式穿越,通过浐河、灞河时分别以渡槽和桥式倒虹型式跨越;通过秦岭山前洪积扇平原时以明流箱涵型式通过。

北干线杨武分水口至板桥出水池段及杨武分水口至板桥出水池段线路线路走向及位置基本是唯一的,板桥出水池至泾河分水口段线路选择北线方案,北干线黄池沟至泾河新城分水口段全长 88.87 km,线路全线采用封闭方式输水,线路过秦岭山前洪积平原、渭河冲积平原时以压力管道型式穿过;通过渭河时以管桥型式跨越,通过黑河、泾河时以倒虹型式穿越;通过渭北黄土台塬时以明流隧洞和箱涵型式穿越。工程总体布置见图 1。

6　结　语

引汉济渭二期工程输水干线沿线通过多处自然保护区、文化旅游区以及城市规划区,沿线区域人口密集、企事业单位分布众多,线路多次穿越铁路、等级公路和河流。随着关中城市群、西咸一体化、大西安建设的快速推进,西安及其周边城市社会经济发展迅速。在工程输水线路设计过程中,输水线路的选择综合考虑社会经济、环境影响及城市规划的多种因素,通过大量多方案线路比选工作,多次现场查勘,并对局部线路反复优化调整,最终确定的线路方案技术经济合理,把对当地自然环境、经济社会发展的影响降到了最小,为后期工程顺利实施提供了可靠的技术支撑。

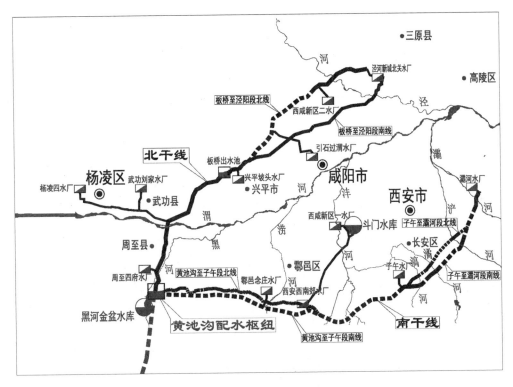

图1 引汉济渭二期工程平面布置图

参 考 文 献

[1] 李庆林.南水北调东线工程输水线路布置[J].水利规划与设计,2005(1):17-20,55.

[2] 许明祥,等.引江济汉工程规划设计关键技术研究[J].水利规划与设计,2006(3):4-12,64.

[3] 高仁,超李玥.重力流长距离输水工程经济直径分析计算[J].水利规划与设计,2015(6):87-90,106.

[4] 于厚文,谷凤涛.长大重力流输水隧洞与输水管道连接型式论述[J].水利技术监督,2016,24(3):88-91.

[5] 李津,李世龙.国外PCCP管应用失效深度分析及国内应用建议[J].水利规划与设计,2018(4):69-74, 132.

[6] 周立坤.青龙河引水工程输水线路方案对比研究[J].水利规划与设计,2017(2):112-114.

[7] 孙霞.寒旱区供水工程输水渠道运行管理对策[J].水利技术监督,2016,24(3):30-31.

[8] 刘斌.引汉济渭工程总体布局[J].中国水利,2015(14):76-79.

[9] 王文成,等.陕西省引汉济渭二期工程可行性研究报告[R].西安:陕西省水利电力勘测设计研究院, 2018.

[10] 吴换营,宁金钢,王云静.引黄入冀补淀工程总体输水线路分析比选[J].南水北调与水利科技,2014, 12(2):154-156,177.

[11] 焦小琦.引汉济渭受水区输配水工程规划布局[J].中国水利,2015(14):89-92.

[12] 高宇,诸葛妃.大伙房输水工程线路设计方案比选[J].水利建设与管理,2007(5):57-58,10.

【作者简介】 王刚,工程师。E-mail:120359280@qq.com。

大藤峡船闸上游引航道右侧边坡裂缝处理

杜泽鹏　赵现建　李　欢　李亚文

（中水东北勘测设计研究有限责任公司，长春　130021）

摘　要　大藤峡船闸上游引航道右侧开挖边坡多为顺向坡，层间软弱夹层发育，地质条件较差，坡内节理易发育为后缘拉裂面。本文通过对边坡裂缝采取支护处理措施的设计过程，探讨了此类危险性边坡的计算方法和发生裂缝时的支护措施。

关键词　顺向坡；软弱夹层；后缘拉裂；稳定计算；支护设计

1　引　言

大藤峡水利枢纽工程位于珠江流域西江水系的黔江河段末端，功能是防洪、航运、发电、水资源配置、灌溉。水库总库容 34.79 亿 m³，装机容量 1 600 MW，工程规模为 Ⅰ 等大（一）型工程。船闸级别为 Ⅰ 级，采用单线单级，设计通航最大船舶吨级为 3 000 t，上游引航道长 1 136 m，设计底宽 75 m，底高程为 38.20 m，最高通航水位 61.00 m，最低通航水位 44.00 m。

上游引航道分两期开挖，一期开挖至 54 m 高程，二期开挖至 38.2 m 高程。54.00 m 以上边坡开挖形成后，施工现场遭遇连续强降雨，航上 0+710.00 m 至航上 0+800.00 m 段未支护边坡坡面出现拉裂缝。

2　工程地质

上游引航道出露的基岩为泥盆系下统那高岭组和莲花山组，岩性由细砂岩、含泥细砂岩、粉砂岩、泥质粉砂岩、泥岩等碎屑岩组成。软弱夹层发育，夹层产状与岩层产状一致，成因以构造为主，存在少量风化夹层。构造夹层厚度多为 1~3 mm，组成物为碎屑夹泥；风化夹层厚度较大，一般 10~50 cm，组成物为灰黄色泥或碎块夹泥。岩层层理与岩层产状相同，与上游引航道轴线近平行或斜交，右侧岩质边坡层间顺坡向缓倾角软弱夹层发育，倾角 11°~18°，边坡稳定性较差。

3　裂缝成因分析

上游引航道航上 0+710.00 m 至航上 0+800.00 m 段开挖两个月后，在施工现场连续强降雨影响下，未支护边坡坡面出现拉裂裂隙，裂隙在坡面上呈倾斜走势，裂隙起点（航上 0+710.00 m）处高程约为 58.00 m，终点（航上 0+800.00 m）处高程约 67.10 m，裂隙宽度 2~5 cm，裂隙面呈陡倾角发育，倾角近似垂直。

上游引航道右侧开挖边坡多为顺向坡，层间软弱夹层发育，性状差。开挖后局部段地质条件变差，软弱夹层倾角变陡。边坡产生裂缝前没有进行锚喷支护，排水孔及坡顶截排水系统未形成。连续降雨冲刷坡面，地表水沿裂隙渗入，恶化地质条件。构成以软弱夹层为底滑面,与边坡平行的节理为后缘拉裂面,以断层及节理为侧向切割面的不稳定体。考虑到产生裂缝边坡已经张裂并有滑动迹象,为防止裂缝进一步发展,确保工程安全,结合临时支护与永久支护措施,以期达到以较小规模的施工保证该边坡稳定的设计目的。

4 支护设计

4.1 边坡支护设计

上游引航道右侧岩质开挖边坡以泥岩、泥质粉砂岩为主,天然条件下极易风化,不宜暴露时间过长,在坡面开挖形成后立即喷一层 5 cm 厚的 C20 混凝土进行临时防护,永久支护采用浅层支护与深层锚固相结合的型式。浅表层支护为系统锚杆加 25 cm 厚混凝土面板,深层锚固采用 200 t 级压力分散型预应力锚索,锚索之间通过框格梁相连以增强整体性。

4.2 边坡稳定复核

4.2.1 岩质边坡滑面分析

结合现场揭露的节理产状,选取不利节理组合进行岩质边坡稳定计算与分析。边坡软弱夹层与陡倾角节理结构面相切割,形成了不利边坡稳定的结构面组合。如果滑动体后缘形成拉裂面,对边坡稳定存在更不利影响,计算采用后缘现场出现的拉裂缝,滑动体不计入侧向弱风化岩体约束力,以单位宽度为计算单元。

4.2.2 计算参数

在上游引航道右侧边坡中,岩质边坡层间顺坡向缓倾角软弱夹层发育,构成了边坡可能产生滑动的底滑面。软弱夹层物理力学参数见表 1,倾角采用施工现场揭露的实际角度。选取该段边坡中航上 0+765.00 m 剖面作为典型计算剖面。

表 1　结构面、层面参数建议值

结构面	岩层	f'	C'(MPa)	f	连通率(%)
节理面		0.50	0.080	0.40	50
软弱夹层	11 层	0.26	0.015	0.24	100
	13 层	0.28	0.02	0.26	100
层面		0.45	0.15	0.40	100
断层		0.28	0.02	0.24	100

4.2.3 计算工况及结果

(1)非常运用条件 I:施工期工况。主要荷载:自重+地下水压力,坡外无水,地下水位为施工期边坡出露地下水位。

①一期开挖完成后边坡无支护,边坡出露地下水位约为 56 m,后缘拉裂面内无雨水灌入时,边坡抗滑稳定计算结果见图 1。

②一期开挖完成后边坡无支护,施工期遇暴雨,后缘拉裂面内灌入雨水(因一期地下水位线较高,计算考虑雨水灌入至地下水位线以上 6 m,即高程 62.00 m)时,边坡抗滑稳定计算结果见图 2。

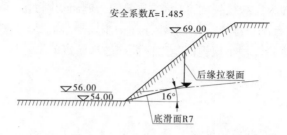

图 1　一期无支护施工期工况边坡抗滑稳定计算图

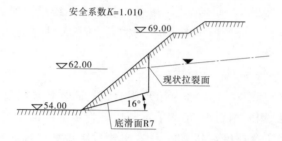

图 2　一期无支护施工期遇暴雨工况边坡抗滑稳定计算图

③一期临时支护后,施工期遇暴雨,后缘拉裂面内灌入雨(计算考虑雨水灌入至地下水位线以上 6 m,即高程 62.00 m)时,边坡抗滑稳定计算结果见图 3。

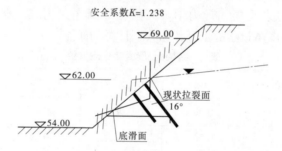

图 3　一期临时支护后施工期遇暴雨工况边坡抗滑稳定计算图

④一期永久支护后,施工期遇暴雨,后缘拉裂面内灌入雨(计算考虑雨水灌入至地下水位线以上 6 m,即高程 62.00 m)时,边坡深层抗滑稳定计算结果见图 4。

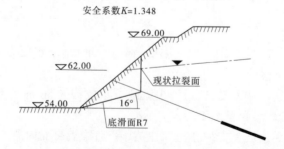

图 4　一期永久支护后施工期遇暴雨工况边坡抗滑稳定计算图

⑤二期开挖完成永久支护后,施工期遇暴雨,后缘拉裂面内灌入雨(二期开挖完成后地下水位下降,计算考虑后缘拉裂面内雨水灌入至地下水位线以上 8 m,即高程 49.00 m)时,边坡抗滑稳定计算结果见图 5。

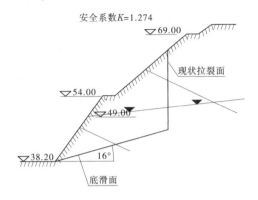

图 5　二期永久支护后施工期遇暴雨工况边坡抗滑稳定计算图

(2)正常运用条件:正常蓄水位降落至汛期最低水位工况。主要荷载:自重+地下水压力,坡外水位为汛期最低运行水位 44 m,考虑到地下水位下降速度低于外水,取地下水位高于外水位 3 m,即 47 m。边坡抗滑稳定计算结果见图 6。

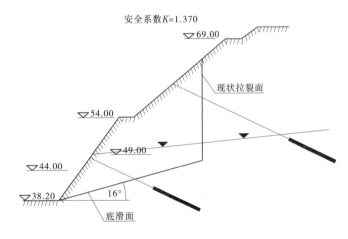

图 6　正常运用条件下水位降落工况边坡抗滑稳定计算图

(3)正常运用条件:正常蓄水位工况。

主要荷载:自重+地下水压力,正常蓄水位 61 m。边坡抗滑稳定计算结果见图 7。

4.2.4　计算结果汇总

船闸上游引航道航上 0+765.00 m 剖面边坡抗滑稳定计算结果汇总见表 2。

计算结果表明,上游引航道右岸边坡抗滑稳定的控制工况为施工期遇暴雨工况,边坡后缘拉裂面内积水对边坡稳定极为不利。施工期遇暴雨时,如喷锚、排水等支护措施不及时,边坡后缘节理(拉裂缝)内积水水位超过一定高程,边坡抗滑稳定安全系数小于规范允许值,边坡可能会发生塌滑。

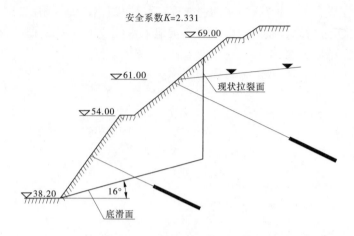

图 7　正常运用条件正常蓄水位工况边坡抗滑稳定计算图

表 2　航上 0+765.00 m 剖面边坡抗滑稳定计算结果汇总表

计算工况		抗滑稳定系数 K	规范允许值	是否满足规范要求	说明
非常运用条件 I	施工期工况	1.485	1.15~1.10	满足	一期开挖后无支护
		1.010	1.15~1.10	不满足	一期开挖后无支护遇暴雨
		1.238	1.15~1.10	满足	一期临时支护后遇暴雨
		1.348	1.15~1.10	满足	一期永久支护后遇暴雨
		1.274	1.15~1.10	满足	二期永久支护后遇暴雨
正常运用条件	正常蓄水位降落至汛期最低水位工况	1.370	1.20~1.15	满足	
	正常蓄水位工况	2.331	1.20~1.15	满足	

4.3　边坡处理措施

考虑到该段边坡已经张裂并有滑动迹象,为防止裂缝进一步发展,对该段边坡采取了临时应急加固措施:①采用水泥砂浆对拉裂缝进行回填封闭,对于已喷混凝土坡面,应先对裂隙附近的混凝土进行清理,然后再回填砂浆。砂浆回填施工完成后,采用防水塑料布对裂隙顶口进行覆盖。②新增两排直径 32 mm 的锚杆加强支护,上排锚杆长 9.0 m,入岩 8.5 m,下排锚杆长 6.0 m,入岩 5.5 m,间、排距为 3.0 m,锚杆倾角垂直于开挖坡面。③坡面高程 60 m处增设一排 8.0 m 深排水孔,孔径 100 mm,排水孔轴线与水平线倾角为 3°。

根据边坡稳定复核,采用永久加强支护措施:增设 2 排预应力锚索,上排锚索吨位为1 000 kN,长 45 m,下排锚索吨位为 2 000 kN,长 45 m,间距均为 4 m,倾角 15°。

5　总　结

(1)船闸上游引航道右侧边坡多为顺向坡,层间软弱夹层发育,性状差、具有连续性。雨季施工,边坡开挖后喷护迟滞,排水孔未及时形成,坡顶、坡面截排水系统不顺畅是导致边坡开裂及塌滑的主要原因。受雨季频繁降雨影响,软弱夹层饱水后强度降低,坡面排水不畅,平行坡面的节理面灌水后形成水压力,最终导致边坡拉裂、失稳。

(2)计算结果表明,船闸上游引航道右岸边坡抗滑稳定的控制条件为施工期遇暴雨工况,边坡的饱和度是边坡稳定的重要条件,施工期如支护不及时,边坡可能再次发生塌滑。对出现裂缝、塌滑的边坡,分别采取临时应急加固、永久加强支护措施及开挖等方法进行处理。通过边坡稳定计算复核,采取措施后裂缝、塌滑段边坡整体抗滑稳定系数满足规范要求。

(3)引航道开挖及支护应分层分段进行,施工期间需要注意边坡开挖后应及时进行封闭、锚固、排水等支护措施。支护完成后才能向下开挖,避免泥岩长期暴露风化崩解,防止软弱夹层、裂隙进一步发育导致边坡失稳。

参 考 文 献

[1] 中华人民共和国水利部.水利水电工程边坡设计规范:SL 386—2007[S],北京:中国水利电力出版社,2007.

【作者简介】 杜泽鹏,男,主要从事水利水电工程设计工作。E-mail:617893296@ qq.com。

大藤峡水利枢纽工程取消发电
厂房排沙洞的优化分析

李　帅　张冬冬　傅　迪

（中水东北勘测设计研究有限责任公司，长春　130021）

摘　要　大藤峡水利枢纽工程位于珠江流域西江水系黔江干流大藤峡出口弩滩上，河床式厂房布置在黔江主坝，两岸分设。取消布置于厂房坝段的排沙底孔，可优化厂房结构布置，取消排沙洞配套金属结构设备，总体工程量及投资得到有效控制。

关键词　大藤峡水利枢纽工程；河床式厂房；排沙洞；优化分析

1　工程概况

　　大藤峡水利枢纽工程位于珠江流域西江水系黔江干流大藤峡出口弩滩上，地属广西自治区桂平市，坝址下距桂平市彩虹桥 6.6 km。工程枢纽建筑物功能齐全，布置有挡水、泄水、发电、通航、过鱼、灌溉取水口建筑物等；本枢纽水电站属红水河水电开发的第十个梯级，可充分开发利用梯级水能资源，缓解电力供需矛盾，提供清洁能源，承担电网的发电和调峰任务，河床式厂房布置在黔江主坝，两岸分设，左岸布置 3 台机组，右岸布置 5 台机组。

2　流域水沙现状

　　大藤峡工程所在黔江水系，主源南盘江发源于云南省沾益县马雄山南麓，自西向东流，途中与北盘江汇合后称红水河，柳江汇入后称黔江。现阶段红水河、柳江上梯级电站大多已开发完成（见图 1），其中红水河龙滩水电站对拦蓄泥沙起到了控制性作用，极大地降低了下游枢纽的排沙压力，排沙能力较强；红水河其余梯级电站大部分已运行多年，很快会达到冲淤平衡状态，虽然也会拦蓄部分泥沙，但对大水大沙年拦沙作用很小；柳江梯级麻石电站建成后，库区流速变缓，总趋势淤大于冲，柳江干流最后一个梯级红花电站厂房设计时，亦未设置冲砂底孔的实际情况说明，柳江干流的泥沙情况已得到显著控制；上述梯级电站的建成，使黔江的水沙条件发生较大变化，泥沙量大幅度减少。

　　根据流域内天峨、迁江、武宣、柳州水文站 1954～1981 年同步水沙资料系列统计成果分析（见表 1），红水河泥沙是黔江干流的主要泥沙来源，而红水河泥沙又主要来自天峨站以上流域，柳江来沙量所占比重较小。因此，本工程泥沙分析时仅考虑龙滩水库的拦沙作用，其他水库的影响忽略不计。

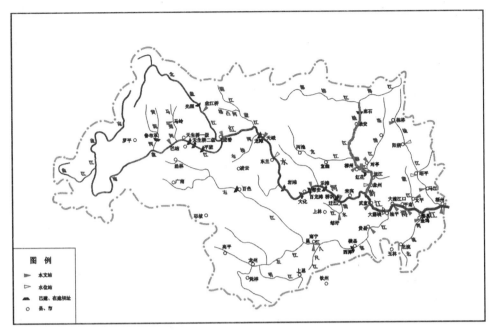

图1 红水河、柳江梯级电站枢纽位置示意图

表1 黔江流域主要水文站水沙特征值统计成果

河名	站名	集水面积（km²）	占武宣百分比（%）	多年平均流量（m³/s）	占武宣百分比（%）	多年平均输沙量（万t）	占武宣百分比（%）	含沙量（kg/m³）	
								平均	最大
黔江	武宣	196 655	100	3 970	100	4 490	100	0.358	6.19
红水河	天峨	105 535	53.6	1 540	38.8	4 090	91.1	0.842	25.0
红水河	迁江	128 938	65.6	2 070	52.1	3 700	82.4	0.566	11.5
柳江	柳州	45 413	23.1	1 240	31.2	551	12.3	0.141	4.19

　　考虑龙滩水库拦沙影响后，大藤峡水库入库输沙量可分为6部分：龙滩出库沙量、龙滩—迁江区间沙量、柳江柳州站沙量、洛清江对亭站沙量、柳州站和对亭站以下汇入柳江、黔江区间沙量、迁江以下汇入红水河区间沙量。大藤峡水库悬移质入库输沙量采用1954~2005年共52年悬移质泥沙资料系列计算，龙滩水库出库沙量由悬移质入库输沙量按排沙比推求。龙滩水库排沙比根据适用于壅水明流排沙的布伦经验公式估算，估算得龙滩水库排沙比约为10%，推得龙滩出库多年平均沙量为473万t；通过各区间悬移质输沙量根据邻近站或区间的侵蚀模数，计算所得大藤峡多水库多年平均悬移质入库输沙量见表2。

　　柳州水文站于1983~1986年开展了4年推移质泥沙测验工作，共取得46次推移质泥沙测验资料，1986年在武宣水文站上游约15.1 km设立了陇村专用站开展推移质泥沙测验，每年测验30次；参照窦国仁公式计算成果与南方水库调查的推悬比成果，考虑龙滩水库运行所产生的影响，最终确定大藤峡水库多年平均推移质入库输沙量为74.5万t，其中红水河库段多年平均推移质入库输沙量为27.5万t，柳江库段多年平均推移质入库输沙量为47.0万t。

表 2　大藤峡水库悬移质入库沙量成果

序号	站名	集水面积 （km²）	多年平均流量 （m³/s）	多年平均输沙量 （万 t）
1	龙滩出库	105 354	1 568	473
2	龙滩—迁江区间	23 584	548	297
3	柳州站、对亭站以下汇入柳江、黔江区间	6 249	174	105
4	迁江以下汇入红水河区间	8 781	241	42.9
5	柳江柳州站	45 413	1 256	572
6	洛清江对亭站	7 274	243	122
	合计		4 030	1 610

经计算，大藤峡库区多年平均入库输沙量为：悬移质 1 610 万 t、推移质 74.5 万 t、总入库输沙量为 1 684.5 万 t；大藤峡工程水库正常蓄水位以下库容为 28.13 亿 m³，多年平均悬移质入库含沙量为 0.127 kg/m³，库沙比为 250；按以往设计经验，当工程库沙比大于 100 时，可认为泥沙淤积问题不严重，由此可知，现阶段本工程泥沙淤积情况大幅好转，泥沙问题并不突出。

3　库区泥沙淤积分析计算

大藤峡水库泥沙冲淤计算采用一维不平衡输沙法计算，数学模型选用原武汉水利电力大学"河流泥沙不平衡输沙数学模型"。淤积年限按《水利水电工程结构可靠度设计统一标准》（GB 50199—2013）规定，水利水电工程主要挡水建筑物设计基准期为 50~100 年；本工程泥沙设计基准期为 50 年。通过对比分析，选取考虑龙滩水库运行后 1963~1983 年共 21 年系列作为本次泥沙冲淤分析计算的代表系列，各河段各级流量的初始糙率依据库区各大水年洪水水面线调查成果率定，平衡糙率采用 0.03，过渡期糙率采用韩其为公式内插计算。大藤峡库区淤积量计算成果见表 3。

表 3　大藤峡库区泥沙淤积量成果统计

运行年限 （年）	淤积量（万 m³）			
	黔江干流库段	红水河库段	柳江库段	全库
10	411	-40.7	167	537
20	899	39.9	221	1 160
30	1 320	145	341	1 810
40	1 820	249	386	2 460
50	2 290	372	485	3 150

由表 4 可以看出，由于上游龙滩水库运行后拦蓄了红水河的大量泥沙，清水下泄使红水河库段在运用初期发生了一定冲刷，水库运行 50 年后，全库累积淤积量为 3 150 万 m³，占总

库容的 0.92%。水库泥沙淤积量相对较少,对水库库容影响很小。大藤峡水库坝址位于大藤峡谷出口下游由山区型河流转为平原型河流的过渡区域,坝区河段较为开阔,有利于泥沙的落淤。经计算,坝前断面在水库运行 50 年后平均淤积厚度为 3.64 m。

4 取消排沙洞的优化分析

大藤峡水利枢纽上游引渠底高程 22.00 m,根据淤积高程计算,水库运行 50 年后坝前断面最大淤积高程为 25.64 m;在枢纽布置中,左岸厂房进水前池及进水渠导墙顶高程为 30.00 m,右岸厂房前拦沙坎顶高程为 28.00 m,均可挡住淤沙;同时,右岸厂房前拦沙坎与坝轴线成 30°夹角布置,有利于淤积在拦沙坎前的泥沙移向主河床排走,通过两岸厂房间布置的 24 个泄水低孔泄洪排沙,可最大限度的降低过机泥沙含量。

过机泥沙含量及持续时间、泥沙粒径、泥沙矿物成分和颗粒形状等因素与水轮机磨损有直接关系。对于常用钢材及环氧树脂,其饱和粒径值为 0.5~0.7 mm,当泥沙粒径小于饱和粒径时,磨损强度随粒径增大而增大;通过对已运行水电站泥沙磨损资料分析,四川某水电站,在 1981 年以前,多年平均含沙量不大于 0.12 kg/m³,泥沙磨损非常轻微;1982~1985 年,多年平均含沙量约为 0.5 kg/m³,泥沙磨损为中等程度;1986~1989 年,多年平均含沙量约为 0.75 kg/m³,泥沙磨损较为严重。湖北某水电站,多年平均含沙量约为 1.03 kg/m³,泥沙磨损为中等程度。广西某水电站,多年平均含沙量为 0.67 kg/m³,泥沙磨损轻微;总结以往经验,当进入水轮机有害粒径 $d \geq 0.05$ mm 的含沙量小于 0.2 kg/m³ 时,水轮机磨损情况并不突出。

武宣、柳州、迁江水文站 1982 年以后的悬移质泥沙颗粒分析工作表明,该流域泥沙颗粒较细,各水文站多年平均悬移质泥沙级配见表 4。大藤峡库区水库运行 50 年内过机粒径 $d \geq 0.05$ mm 的最大平均含沙量为 0.021 kg/m³;过机泥沙小于 0.05 mm 粒径的泥沙占总数的 75%以上,大颗粒的泥沙所占比例极小;且通过计算,大藤峡多年平均悬移质含沙量为 0.127 kg/m³;以上情况可说明,大藤峡电站运用 50 年内,过机泥沙有害粒径含量满足要求,过机泥沙将不会对水轮机造成较大危害。

表 4 黔江流域多年平均悬移质泥沙级配

站名	小于某粒径百分数(%)									
	0.007	0.01	0.025	0.05	0.1	0.25	0.5	1.0	D_{50}	d_{cp}
武宣	26.84	35.2	57.43	75.62	93.40	99.44	99.96	100	0.018	0.037
迁江	32.12	41.21	64.74	85.10	97.48	99.60	99.97	100	0.014	0.027
柳州	16.70	23.94	47.93	68.54	94.36	99.43	99.97	100	0.027	0.042

由大藤峡泥沙的矿物组成看,磨损的硬颗粒主要是石英和长石,其莫氏硬度分别为 6.81 和 6.58,约占总含沙量的 36%,如保证水轮机制造材料的莫氏硬度大于 7,可认为该部分泥沙对叶片的磨损并不严重,经计算,水轮机运行到 8 000 h 后的失重量约为 6.43 kg,小于标准的失重量,可以保证安全运行。

通过以上分析,考虑大藤峡上游已建工程,特别是龙滩电站对泥沙的拦蓄作用,通过合理的枢纽布置,并保证水轮机制造工艺结构,大藤峡过机泥沙将不会对水轮机造成较大危害,泥沙问题对电站运行的影响并不突出。

5　坝址上、下游电站调研情况

为验证理论计算成果,我公司设计人员于 2014 年围绕大藤峡坝址选择了部分梯级电站进行调研,调研期间正值本枢纽所在流域进入枯水期,调研人员进入电站机组流道内部,近距离观察运行情况及转轮叶片磨损情况,并与运行人员在现场进行了直接沟通和交流。某红水河梯级电站为河床式电站,机组型式为轴流立式机组,与大藤峡电站机组机型类同,已经运行达 10 年之久,经调研组近距离观察蜗壳室内壁、导叶及转轮叶片后,未发现磨损及气蚀现象,几乎无泥沙磨损问题(见图 2),且转轮叶片运行至今均未做更换和大修,同时电站工作人员介绍,因上游龙滩电站建成后拦沙效果明显,水电站非汛期时水库水体清澈,洪水期间的泥沙含量也大幅减少。某柳江梯级电站机组型式为贯流灯泡式机组,整个枢纽建筑物均未设置冲砂孔,经近距离观察转轮及流道室后,亦未发现磨损及气蚀现象(见图 3);尾水下游多为卵砾石滩地,据介绍,汛期江水浑浊多为悬移质,过机、过闸泄放未出现落淤。

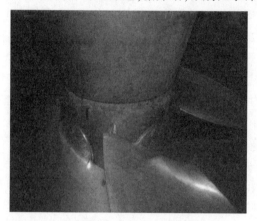
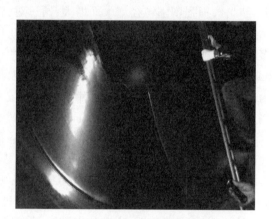

图 2　某红水河梯级电站水轮机转轮叶片　　　图 3　某柳江梯级梯级电站水轮机转轮叶片

6　结　语

综上所述,受上游龙滩电站的影响,极大的改变了下游河段水沙条件,减少下游河段的含沙量、输沙量及大藤峡水利枢纽入库泥沙量,这种变化的趋势反映了本工程取消排沙洞的可行性;根据对大藤峡坝址淤积高度的计算及过机泥沙对水轮机的影响分析表明,只要对工程进行合理布置,同时在水轮机工艺结构和制造质量方面得到保证,过机泥沙将不会对水轮机造成影响;对大藤峡坝址上下游电站的实地调研结果也证明了计算分析的准确性,即该流域龙滩电站下游侧各枢纽的泥沙问题均不突出。

由以上分析可知,大藤峡水利枢纽工程取消发电厂房排沙洞的优化分析是切实可行的;取消排沙洞,可抬高发电进水口底板高程,减少工程开挖量,缩减厂房水下部分宽度,优化厂房结构布置,取消排沙洞配套金属结构设备,总体工程量及投资得到有效控制。

引绰济辽水源工程分层取水进水口设计

宁卫琦　郑玉玲　孙　利　尹一光

(中水东北勘测设计研究有限责任公司,长春　130021)

摘　要　文得根水利枢纽工程是引绰济辽工程的水源工程,位于松花江流域嫩江支流绰儿河中游,坝址位于内蒙古自治区兴安盟境内,是一座具有调水、灌溉、发电等多项功能的大型枢纽工程。为减少水库下泄的低温水对鱼类生长发育的不利影响,水电站进水口采用分层取水结构形式。

关键词　进水口;分层取水;下泄水温

1　工程概况

引绰济辽工程是从绰尔河引水至西辽河,向沿线城市及工业园区供水的大型引调水工程,设计年调水量 4.88 亿 m³,由水源工程和输水工程组成。

文得根水利枢纽工程是引绰济辽工程的水源工程,位于松花江流域嫩江支流绰儿河中游,坝址位于内蒙古自治区兴安盟境内,是一座具有调水、灌溉、发电等多项功能的大型枢纽工程,工程规模为Ⅰ等大(一)型工程。

引水发电系统布置在左岸山体内,由引水明渠、分层取水口、渐变段、引水隧洞、钢岔管及压力钢管组成,总长 269.04 m(进洞点沿 4# 机至厂房上游墙),采用一洞四机加灌溉生态管的布置方式,引水隧洞洞轴线方位角由 NE80°50′35″转为 NW315°50′1″,转弯半径为 40.00 m,经"卜"型分岔由 5 条压力钢管与厂房的 3 台大机和 1 台小机及一条灌溉兼生态放水管相连。

2　基本资料

2.1　特征水位

文得根水库是一座以调水为主,结合灌溉,兼顾发电等综合利用的大型水利工程。正常蓄水位 377 m,死水位 351 m,调节库容 15.18 亿 m³,库容系数 0.84,调节性能为多年调节;文得根水库结合灌溉及生态用水进行发电,具备首批两台机组发电条件为水库水位达到最低发电水位 356.4 m;文得根水利枢纽坝址处设计及校核洪水进行调节计算,水库设计洪水位为 377.7 m,相应泄量为 6 600 m³/s,校核洪水为 379.8 m,相应泄量为 8 060 m³/s。

2.2　鱼类繁殖水温

(1)冷水型鱼类繁殖水温多在 6~8 ℃。

(2)温水型鱼类繁殖所需水温多在 16~18 ℃。

3　分层取水进水口设计

3.1　进水口布置

为了尽量减少引水洞的长度,将进水口布置在左岸距坝轴线上游约 100 m 处,由于进口处岩石风化较深,且地形较陡,不宜布置竖井式进水口,经综合考虑采用适用性较广的岸塔式进水口。

整个进水口由引水明渠和进水口段构成。

3.1.1　引水明渠

引水明渠底宽约 21.00 m,渠底高程为 339.50 m,沿水流方向长 15.00 m(叠梁门式)/5.5 m(多层式)。

3.1.2　进水口段

3.1.2.1　叠梁门式

进口段由通仓流道、喇叭口及闸门井等组成,长 27.50 m,进水口轴线方位角为 NE80°50′35″。沿水流方向依次为两孔 7.00 m×39.50 m(宽×高)活动式拦污栅,栅底高程 340.50 m,栅顶高程 380.00 m;两孔 7.00 m×30.00 m(宽×高)叠梁门,底板顶高程 340.50 m,孔口顶高程 380.50 m;门后为通仓流道,后接一孔 7.50 m×7.50 m(宽×高)事故检修闸门。

3.1.2.2　多层式

进口段由通仓流道、喇叭口及闸门井等组成,长 37.00 m,进水口轴线方位角为 NE80°50′35″。沿水流方向依次为两孔 7.00 m×39.50 m(宽×高)活动式拦污栅,栅底高程 340.50 m,栅顶高程 380.00 m;三层两孔 7.00 m×7.00 m(宽×高)工作门,底板顶高程分别为 340.50 m、351.50 m 和 362.50 m;门后为通仓流道,后接一孔 7.50 m×7.50 m(宽×高)事故检修闸门。

3.2　分层取水进水口型式选择

文得根水利枢纽工程使原有天然河道水温在时空分布上发生一定程度的改变,库内水温形成垂直分布,4~8 月水库表面水温度高,底部水温度低。而引水发电系统进水口则一般采用深孔取水,因此下泄水温较原天然河道水温低,对下游生态环境造成一定程度的不利影响。

进水口设置分层取水措施的首要目的,就是通过抬高取水口高程,引取水库表层水,提高下泄水温,达到鱼类的适宜温度。

分层取水进水口型式主要包括多层式、叠梁门式、翻板门式、套筒式、斜卧式等,大中型水电站分层取水宜采用机械控制的叠梁门式进水口或多层进水口。

3.2.1　分层取水方案拟定

文得根水利枢纽工程为大(一)型工程,本次设计在叠梁门式和多层式两种方案中进行选择。根据《水电站分层取水进水口设计规范》(NB/T 35053—2015)规定,对进水口最低淹没水深进行计算以确定布置方案。

进水口最小淹没深度按戈登公式确定:

$$S = cvd^{1/2}$$

式中:S 为进水口淹没深度,m;c 为系数,对称水流取 0.55;v 为闸孔断面流速,m/s;d 为闸孔高度,m。

经计算,发电时,进水口最小淹没水深为 3.27 m,最低发电水位为 356.40 m;灌溉时,生态放流时进水口最小淹没水深为 0.80 m,最低放流水位为死水位 351.00 m。因此,为满足各种工况下的淹没水深,并考虑高于泥沙淤积高程,叠梁门式进水口底板顶高程取 340.50 m,多层式进水口采用三层取水,底板顶高程分别取 340.50 m、351.50 m 和 362.50 m。

3.2.2　分层取水进水口数学模型计算

分别对叠梁门式、多层式分层取水及底孔取水进行数学模型计算并与河道天然水温进行数据对比分析。

3.2.2.1　叠梁门式分层取水布置及运行方案

文得根水库叠梁门单节门尺寸 7 m×3 m(宽×高)、总高 30 m,共两孔。叠梁门运行水位在 351 m 以上,当水位低于 351 m 时,不放水。叠梁门调度方式如表 1,布置型式示意图如图 1 所示。

表 1　不同水位下文得根水库叠梁门调度方式

水库水位	叠梁门运行方式	水库水位	叠梁门运行方式	水库水位	叠梁门运行方式
377~376 m	无需提叠梁门	370~367 m	提第 3 节叠梁门	361~358 m	提第 6 节叠梁门
376~373 m	提第 1 节叠梁门	367~364 m	提第 4 节叠梁门	358~355 m	提第 7 节叠梁门
373~370 m	提第 2 节叠梁门	364~361 m	提第 5 节叠梁门	355~351 m	提第 8 节叠梁门

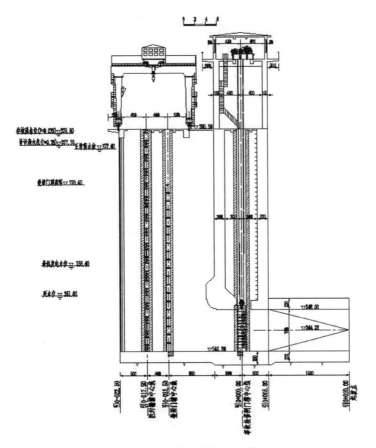

图 1　叠梁门布置型式示意图

各水平年下叠梁门运用情况如表 2 所示。

表 2　不同来水频率各月叠梁门顶高程　　　　　　　　（单位：m）

月份	1	2	3	4	5	6	7	8	9	10	11	12
$P=25\%$	370.5	370.5	370.5	370.5	367.5	367.5	367.5	370.5	370.5	370.5	370.5	370.5
$P=50\%$	370.5	370.5	367.5	367.5	367.5	367.5	367.5	370.5	370.5	370.5	370.5	370.5
$P=90\%$	370.5	370.5	370.5	367.5	367.5	367.5	367.5	364.5	364.5	364.5	364.5	364.5

3.2.2.2　多层式分层取水布置及运行方案

多层式进水口采用三层两孔取水方式，底板顶高程分别为 340.5 m、351.5 m 和 362.5 m，闸门尺寸为 7 m×7 m（宽×高）。其调度方式为：

（1）当水位在 377.0~373.5 m 时用第一层闸门取水。

（2）当水位在 373.5~362.5 m 时用第二层闸门取水。

（3）当水位在 362.5~351.0 m 时用第三层闸门取水。

（4）当水位低于 351.0 m 时，不放水。

多层式进水口布置型式示意图如图 2 所示。

各水平年下多层取水口运用情况如表 3 所示。

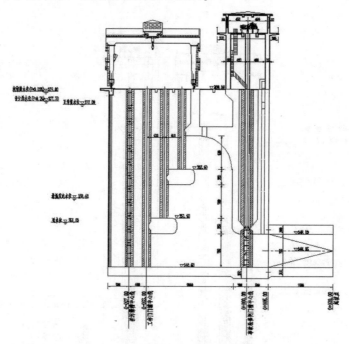

图 2　多层进水口布置型式示意图

表 3　不同来水频率各月多层进水口取水底板高程　　　　　　　　（单位：m）

月份	1	2	3	4	5	6	7	8	9	10	11	12
$P=25\%$	362.5	362.5	362.5	362.5	362.5	362.5	362.5	362.5	362.5	362.5	362.5	362.5
$P=50\%$	362.5	362.5	362.5	362.5	362.5	351.5	362.5	362.5	362.5	362.5	362.5	362.5
$P=90\%$	362.5	362.5	362.5	362.5	362.5	362.5	351.5	351.5	351.5	351.5	351.5	351.5

3.2.2.3 不同型式取水下泄水温与天然水温数据比较

在不同来水频率下,文得根水库下泄水温与河道天然水温比较,在不同月份变化不一,下泄水温与天然水温对比如表 4 和图 3~图 5 所示。图表中底孔取水为底孔取水,多层为采用多层式进水口取水,叠梁门为采用叠梁门式进水口取水。

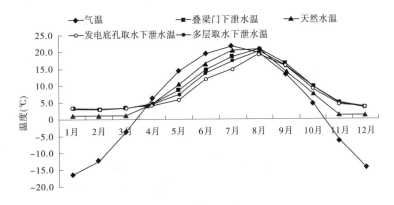

图 3 25%水文频率下水库下泄温度对比

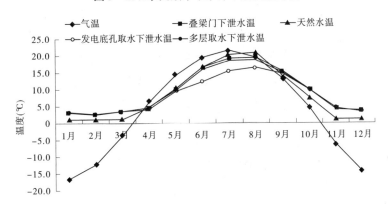

图 4 50%水文频率下水库下泄温度对比

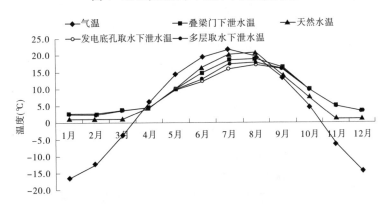

图 5 90%水文频率下水库下泄温度对比

在不同来水频率,文得根水库低温水发生于 4~8 月,下泄水温较坝址天然水温有不同程度的降低。9 月以后下泄水温开始高于坝址天然水温,尤其在冰封期,原天道河道处于冰封状态,河道水温接近于 0 ℃。而在文得根水库运行后,下泄水温在 2.5 ℃以上。

表 4　不同来水频率下泄水温过程　　　　　（单位:℃）

月份		1	2	3	4	5	6	7	8	9	10	11	12
天然水温		1.2	1.2	1.2	4.7	10.3	16.7	20.4	21.0	14.3	7.5	1.2	1.2
P=25%	底孔取水	3.4	3.1	3.4	4.1	5.6	11.9	14.9	19.2	15.7	9.0	4.3	3.8
	多层	3.1	2.9	3.3	4.5	7.3	13.7	17.2	20.3	15.8	9.6	4.5	3.7
	叠梁门	3.0	2.8	3.3	4.5	8.6	14.8	18.6	20.8	16.5	9.8	4.8	3.4
P=50%	底孔取水	3.2	2.8	3.7	4.1	9.4	12.3	15.5	16.6	14.6	9.7	4.5	3.4
	多层	3.1	2.7	3.4	4.4	9.7	16.1	18.7	18.9	15.0	9.8	4.3	3.6
	叠梁门	3.0	2.5	3.3	4.7	10.1	16.6	19.2	19.6	15.4	9.9	4.1	3.8
P=90%	底孔取水	2.9	2.8	3.9	4.3	9.8	12.3	16.1	17.2	16.0	9.6	5.2	3.7
	多层	2.7	2.6	3.5	4.4	10.0	13.1	17.6	18.0	16.1	9.9	4.9	3.6
	叠梁门	2.6	2.5	3.7	4.6	10.1	14.9	18.6	19.0	16.6	10.0	5.0	3.4

3.2.4　分层取水型式选择

在采取底孔取水情景下,文得根水库低温水下泄较为显著,尤其以丰水年(25%)条件下最为明显。文得根水库下泄水温较天然水温最大降幅为 5.5 ℃,发生于丰水年(25%)情景下 7 月。在多层取水情景下,文得根水库低温水下泄得到缓解。文得根水库下泄水温较天然水温最大降幅为 3.6 ℃。在叠梁门取水情景下,文得根水库低温水下泄得到明显缓解。文得根水库下泄水温较天然水温最大降幅为 2.0 ℃。

叠梁门式分层取水效果更好,本次设计采用叠梁门式分层取水。

4　叠梁门式分层取水对下游鱼类繁殖的影响

根据绰尔河鱼类资源现状调查结果,冷水型鱼类繁殖水温多在 6~8 ℃,温水型鱼类繁殖所需水温多在 16~18 ℃。文得根水库运行后,4~7 月低温水下泄,适合鱼类繁殖的水温将延迟出现。为了进一步分析文得根水库下泄水温对鱼类的影响,通过 4~7 月份天然水温与底孔取水和叠梁门取水逐日下泄水温的对比,分析了 6 ℃、8 ℃、16 ℃和 18 ℃四个水温的延迟状况。

不同来水频率 4~7 月份逐日水温变化如图 6~图 8 所示。在天然状况下,6 ℃水温出现于 4 月中下旬,8 ℃出现于 5 月上旬,16 ℃水温出现于 6 月中旬,18 ℃水温出现于 6 月下旬。在各种取水条件下,6 ℃水温延迟现象均不突出,最大延迟时间发生于 25%水文条件下底孔取水(发电)情景,延迟时间大约为 20 d,其他情景延迟时间在 10 d 以内,在叠梁门取水方式下基本无延迟。8 ℃水温延迟时间与 6 ℃水温延迟时间类似,略有增加,但变化不明显。对于 16 ℃和 18 ℃水温则在底孔取水(发电)方式下,延迟时间非常显著,最大延迟时间为 50 d。采用叠梁门取水方式后,16 ℃和 18 ℃水温延迟时间则显著改善,延迟时间在 10~20 d 以内,叠梁门取水有效地改善了下泄水温的不利影响。

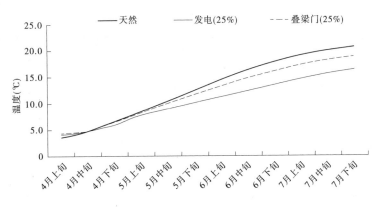

图6 25%水文频率下4~7月逐日温度对比

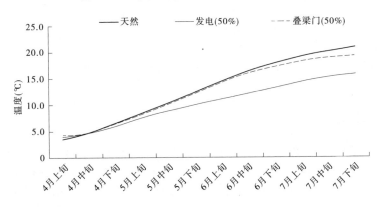

图7 50%水文频率下4~7月逐日温度对比

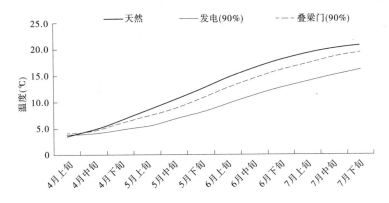

图8 90%水文频率下4~7月逐日温度对比

5 结 语

(1)利用叠梁门式进水口实现分层取水要比多层式进水口取水节省投资,施工便利,降低工程对场地的要求,对枢纽布置影响小。

(2)叠梁门式进水口,其控制分层取水灵活、水流流态较好,运行相对简单,水库低水温下泄得到明显缓解,对下游鱼类的生存繁殖提供良好条件。

(3)经综合分析,引绰济辽发电引水系统选用叠梁门式分层取水设计方案。

引绰济辽工程岸坡溢洪道下游消能试验研究

马 纪 吴允政 吕宏飞 李广一

(中水东北勘测设计研究有限责任公司,长春 130021)

摘 要 引绰济辽工程溢洪道基本布置方案具有上下游水头差小、泄量大及出水渠紧邻右岸山体等特点。工程设计的挑流消能方案存在挑流高度低、挑射距离短、冲坑深度大、回流区大、汇流流速大、挑坎和右岸冲刷严重以及出水渠堆积严重等缺点。针对溢洪道基本布置方案存在的问题经分析和研判,拟定了出水渠改进方案(研究方案一)和泄槽尾部及挑坎改进方案(研究方案二)。经过调整溢洪道结构,优化水流条件等一系列措施,最终有效解决了溢洪道基本布置方案存在的问题,为大坝安全提供了保障。

关键词 引绰济辽工程;溢洪道;挑流消能;预挖冲坑;边坡防护;回流

1 溢洪道基本方案概况

引绰济辽工程枢纽岸坡溢洪道建筑物级别为 1 级,校核洪水标准为 5000 年一遇($P = 0.02\%$),下泄流量 8 014 m^3/s;设计洪水标准为 500 年一遇($P = 0.2\%$),下泄流量 6 600 m^3/s;溢洪道消能防冲设计标准为 100 年一遇($P = 1\%$),下泄流量 5 640 m^3/s。溢洪道布置于右岸岸坡阶地,修建于砂岩地层上。进水渠、控制段、泄槽段、挑坎段和出水渠组成,总长 743 m。进水渠底高程 359.00 m,渠底宽 72 m。控制段顺水流方向长 33.00 m,为 WES 型实用堰,堰顶高程 363.00 m,共设 5 个溢流孔,每孔净宽 12.00 m。泄槽段为矩形等宽陡槽与溢流堰相接,顺水流方向长度为 233.00 m,宽度为 72.00 m。泄槽轴线平面视图为直线布置,轴线纵剖面为变底坡布置,前段 168 m 坡比为 1∶25,后段 58 m 坡比为 1∶7.04,中间采用抛物线连接。挑流鼻坎位于泄槽末端,鼻坎挑角为 32°、反弧半径 30.00 m、坎顶高程 339.65 m。鼻坎下游 20.00 m 范围内设钢筋混凝土护底,后接 30.00 m 格宾石笼护底,护底高程 336.00 m。出水渠段位于护底下游,长度 144.5 m,渠底宽度 72.00 m,渠底高程为 336.00 m,出水渠与河道相接。出水渠岩石为砂岩,抗冲流速为 5 m/s。溢洪道基本方案溢洪道尾部平面布置见图 1。

2 溢洪道基本方案模型试验

模型几何比尺为 1∶75,地形用水泥砂浆抹制,建筑物用有机玻璃制作。下游冲刷坑采用动床模拟,根据下游冲刷区抗冲流速为 5 m/s,计算出冲刷石子粒径为 $D = 11$ mm。溢洪道模型宣泄了消能防冲洪水和校核洪水两种工况对下游消能情况进行试验,下游冲刷情况见图 2、图 3。

可以看出溢洪道模型在宣泄消能防冲洪水冲后,下游冲刷破坏较为严重。挑流鼻坎下产生了较深的垂直淘刷,已然危及到溢洪道结构的安全。冲坑右侧模拟山体的动床散粒石子已全部冲走,定床裸露。下游冲坑范围较大,冲坑及边坡动床石子堆积在出水渠。右岸山

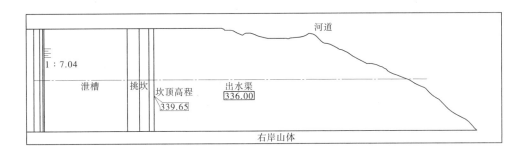

图1 基本方案溢洪道尾部平面布置图

体附近产生巨大回流漩涡,出水渠左侧发生冲向坝脚的横向流。宣泄校核洪水工况,下游冲刷则更为严重,甚至将挑坎冲毁。从模型试验角度来讲,溢洪道基本布置方案下游消能防冲效果不好,该方案安全性差,需要改进。

图2 基本方案消能防冲洪水下游冲刷

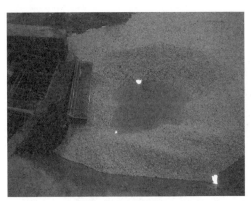

图3 基本方案校核洪水下游冲刷

3 溢洪道布置研究方案一

鉴于溢洪道基本方案模型试验的结果,重点分析试验放流过程中的水力学特点发现:溢洪道挑流消能过程中,水流未被完全挑起,掺气不够,消能不充分;冲坑内被冲走的石子堆积在出水渠内堵塞了水流,迫使右侧水体在挑坎、冲坑及右岸山体部位形成巨大回流漩涡,经量测最大回流流速达7 m/s,超过了岩石抗冲流速。回流不断冲刷右岸山体,造成塌方,并产生再次堆积。回流淘刷致使挑坎基础出露,严重影响溢洪道结构安全。左侧水体则受堆积体阻塞发生了冲向大坝坝脚的横向水流,影响大坝安全。通过分析,下泄水流产生右侧回流和坝脚横向流的主要原因是出水渠部位冲刷形成了的堆积体阻塞出流。因此,重点研究在出水渠内预挖冲坑的方案,事先将引起堆积的石子预先清除,并对右岸山体进行适当扩挖,更有利于下泄主流顺利进入河道。

溢洪道布置研究方案一,溢洪道混凝土结构型式不变,尝试对出水渠进行改进。按基本方案的消能防冲设计洪水冲坑范围预挖,并将溢洪道出水渠右边线以5°扩散角扩挖。按溢洪道布置研究方案一,宣泄消能防冲洪水和校核洪水进行试验。溢洪道研究方案一溢洪道尾部平面布置见图4,下游冲刷情况见图5、图6。

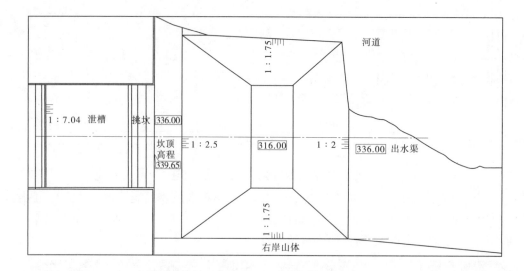

图4　研究方案一溢洪道尾部平面布置图

图5　研究方案一消能防冲洪水下游冲刷

图6　研究方案一校核洪水下游冲刷

可以看出溢洪道模型在宣泄消能防冲洪水后,下游冲刷破坏得到改善。挑流鼻坎下未产生垂直淘刷,挑流鼻坎基础稳定,溢洪道结构安全基本得到保证。受预挖冲坑影响,堵塞河道的堆积体量明显减少但任然存在。左侧冲向坝脚的横向流得到改善。冲坑内回流范围减小,回流流速明显降低。但是冲坑右侧模拟山体的动床散粒石子依然全部冲走,定床裸露。右岸山体冲刷问题依然未得到有效解决。从试验结果来看研究方案一基本解决了溢洪道结构安全问题,但山体冲刷严重,回流依然存在。该方案如付诸现实,存在隐患,且开挖量巨大对工程投资不利。

4　溢洪道研究方案二

溢洪道最大下泄流量为8 014 m³/s,最大单宽流量111.3 m²/s,上下游水位差为39.7 m。就溢洪道水头来看,能量并不算大,单宽流量稍大,整体行洪量较为适中。由于下游河谷宽阔,下游水深仅有4.3 m。鉴于溢洪道基本方案和溢道研究方案一的试验结果,综合分析主要考虑以下因素导致上:①右岸山体边坡作为下泄水流的边界,约束作用较大,水流未扩散,主流过于靠近右岸。②水流消能不充分。③单宽流量较大且下游水垫单薄。针对溢洪道基本方案和研究方案一的水力学特点,科研设计人员拟定了溢洪道研究方案二,进一步改进水流条件,进行试验。溢洪道研究方案二与溢洪道基本方案相比采取了泄槽尾部轴线调整、挑流鼻坎参数调整、挑流鼻坎两侧边墙型式改变等一系列综合措施,对水流条件加以改善。具体改变内容及思路如下:①泄槽轴线由基本方案平面直线调整为尾部转角6°。该调整主要考虑控制主流远离右岸山体,减小山体冲刷。②挑流鼻坎高程由基本方案高程339.65调整为高程335.28,降低4.37 m;挑射角度由基本方案32°调整为40°,挑角增加了8°;挑流鼻坎反弧半径不变。该项调整旨在彻底改变鼻坎及出水渠内的水流的流态,从而达到充分消能的目的。③挑流鼻坎两侧边墙调整为八字型,与水流方向夹角42°。该项调整目的在于减小出坎水流单宽流量,有利于改善右侧山体附近回流。按溢洪道布置研究方案二,宣泄消能防冲洪水和校核洪水进行试验。溢洪道研究方案二溢洪道尾部平面布置见图7,下游冲刷情况见图8、图9。

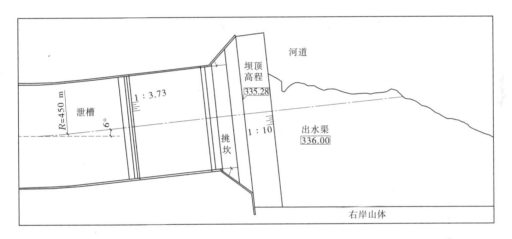

图7 研究方案二溢洪道尾部平面布置图

图8 研究方案二消能防冲洪水下游冲刷　　图9 研究方案二校核洪水下游冲刷

可以看出模型在宣泄消能防冲洪水和校核洪水后,冲坑范围明显集中,下游河道堆积体大量减少。挑流鼻坎下未产生垂直淘刷,挑流鼻坎基础稳定,溢洪道结构安全。左侧冲向坝脚的横向流得到改善。右侧山体附近回流消失,山体基本未受冲刷,岸坡保持稳定。从试验结果来看研究方案二基本解决了溢洪道基本布置方案存在的诸多问题,设计思路可行,模型试验成功。在模型试验放流过程中,我们观察发现下泄水流经转弯后较为稳定的进入挑流鼻坎,在鼻坎反弧段内发生了激烈的旋滚,挑射水流因大量掺气而发白,消能效果较好。挑坎右侧扩散的水体顶托来自下游的回流水体,形成阵阵水波,未见回流产生漩涡,也未见右岸冲刷。考虑到本方案挑流鼻坎挑角较大,试验及设计人员对于鼻坎基脚冲刷较为关注。模型试验在宣泄消能防冲洪水和校核洪水的基础上,又增加了其他各级流量情况,尤其是小流量工况。经试验各工况均未产生鼻坎基脚淘刷和危及鼻坎稳定的冲坑。

5 结论及思考

溢洪道作为水利水电工程枢纽主要建筑物,和大坝具有同等安全重要性。在大型项目前期阶段,及早的介入模型试验是十分必要的。在溢洪道水力学条件复杂时,常规设计难以判断流态及冲刷,模型试验的研究能够为工程设计提供有力的支撑,避免实施过程中工程安全风险和重大设计变更的发生。

工程前期设计时,受枢纽布置方案、地形地质条件、工程投资等诸多制约条件的影响,往往采用岸边溢洪道较为合理。引绰济辽工程枢纽溢洪道通过模型试验研究较好的解决了基本方案出现的问题。值得深思的是,当溢洪道出水渠紧邻一侧山体时,岸边冲刷是设计容易忽视的一个问题。

【作者简介】 马纪(1991—),男,主要从事水利水电工程设计工作。E-mail:792451643@qq.com。

观音山倒虹吸水工模型试验研究

潘建娟

(中国电建昆明勘测设计研究院有限公司,昆明　650033)

摘　要　通过控制流量及控制断面处的压强水头与原型一致,确保倒虹吸进口后水流流态与原型相似。测定进出口各主要控制断面上的水力参数,对进水池、出水池的流态进行观测,指出倒虹吸管内是否进气,是否出现不利水力现象,对倒虹吸进口进行了7个方案的优化试验,得到推荐方案体型。

关键词　模型比尺;测压管水位;断面平均水位;进口淹没水深;出口侧堰过流

1　工程概况

观音山是滇中引水工程中规模最大的倒虹吸,位于禄丰县以北,上接龙潭隧洞,下连昆明段蔡家村隧洞。倒虹吸起点桩号 GYSS0+000.000 m(CX133+039.078m),终点桩号 GYSS9+777.718 m(CX142+816.195 m),水平长 9 777.117 m,实长 9 818.945 m。

观音山倒虹吸上游连接龙潭隧洞,下游连接蔡家村隧洞,隧洞糙率的设计值为 0.014。倒虹吸的设计流量为 100 m³/s,采用 3 根内径为 4.2m 的钢管输水,钢管糙率的设计值为0.012。不同输水流量时通过启闭倒虹吸进出口的工作闸,采用不同的管道输运行。

倒虹吸进出口与上下游隧洞的水位衔接关系如表1所示。

表 1　观音山倒虹吸进出口设计水位

项目		单位	数量
设计流量		m³/s	100
进口隧洞 (龙潭隧洞)	底板高程	m	1 919.927
	设计水深	m	6.904
	设计水位	m	1 926.830
出口隧洞 (蔡家村隧洞)	底板高程	m	1 911.860
	设计水深	m	6.753
	设计水位	m	1 918.614

观音山倒虹吸进、出口布置见图 1 和图 2。

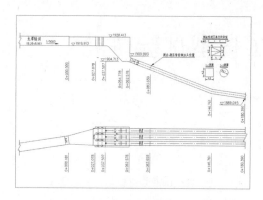

图1　观音山倒虹吸进口布置

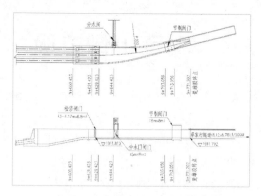

图2　观音山倒虹吸出口布置

2　试验研究方法

在充分考虑现有条件下,模型比尺采用1∶30正态模型,按重力相似准则进行设计,满足水流运动相似条件的模型主要比尺关系见表2。

表2　模型主要比尺关系

名称	几何比尺 λ_L	流量比尺 λ_Q	流速比尺 λ_V	压力比尺 λ_P	糙率比尺 λ_n	时间比尺 λ_t
关系	—	$\lambda_L^{2.5}$	$\lambda_L^{0.5}$	λ_L	$\lambda_L^{1/6}$	$\lambda_L^{0.5}$
数值	30	4 929.503	5.477	30	1.763	5.477

为了保证进口流态相似,进口模拟总长度为300 m,龙潭隧洞出口模拟180.00 m,扩散段及进水池全程模拟,每根虹吸管进口均模拟长度102.00 m。

为了保证出口流态相似,出口模拟总长度为320 m,每根虹吸管出口均模拟长度90.00 m,出水池、扩散段及循构结合井全程模拟,蔡家村隧洞模拟48.00 m。

进、出口间长140 m,用PVC管连接,中间分别设置了2道闸阀,一个闸阀用于调节进、出口控制断面的水头损失差或调节进口控制断面处的测压管水头,另一个用于调节全开全关进行组合运行。在试验时用闸阀调节阀前压力,使闸前压力钢管的压力与原型管道中的压力相同。由于模型管道长度比原型短,通过调节阀处的水头损失,使整个管道的水头损失与原型相似,以确保倒虹吸进、出口水流流态与原型相似。

龙潭隧洞用砖、砂石、沙及水泥砂浆制成,中间连接段用PVC管连接,倒虹吸进口、出口全流程均采用有机玻璃制作,以便观察水流流态及修改。

试验控制方法如下。

2.1　倒虹吸进口段

倒虹吸进口全程模拟,必须控制倒虹吸进口后的压力与原型一致,才能确保进口前的水深、流态与原型一致。倒虹吸进口测压管水位控制断面(测点1)为渐变段后4倍洞径处。通过控制流量及控制断面处的压强水头与原型一致,以确保倒虹吸进口后水流流态与原型相似。

2.2 倒虹吸出口段

倒虹吸出口全流程模拟,倒虹吸出口测压管水位控制断面(测点2)为渐变段前4倍洞径处,出口水深控制断面为蔡家村隧洞进口(测点3,桩号 GYSS9+794.324 m)。

3 试验研究成果

3.1 方案优化过程

前期试验主要对观音山倒虹吸进口段进行研究。观音山方案1进口体型在中小流量时,由于溢流面高差较大,均有气泡进入虹吸管内,还需进一步优化。

观音山方案2减小了溢流面高差,三管同时运行,出口节制闸全开,过75 m³/s 流量时;左、右二管同时运行,出口节制闸全开(侧堰不过流),过55 m³/s 流量时;左、右二管同时运行,出口节制闸全关(侧堰过流),过30 m³/s 流量时,进水池内水流均处于临界状态,需对进口段进行适当修改,方能满足不进气要求。流量在70~80 m³/s(三管运行)和55~60 m³/s(左、右二管运行,侧堰不过流)范围内,倒虹吸会有少量进气。其他流量下不会发生进气,体型见图3。

观音山方案3体型阶梯式溢流面消能效果不明显,三管同时运行,出口节制闸全开,过75 m³/s 流量时,在进水池末会间歇性产生立轴漩涡,使气泡进入虹吸管内。因此,三管运行在过70~80 m³/s 流量范围时倒虹吸进气问题仍未能解决,体型见图4。

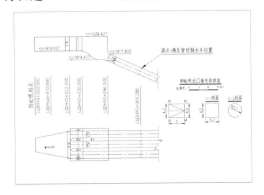

图3 方案2进口体型图

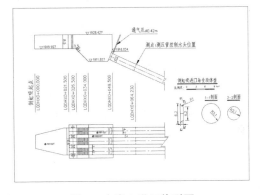

图4 方案3进口体型图

观音山方案4体型方案3基础上将进水池末的直边墙改为45°斜胸墙,与方案3相比进气频次大大减少,排气也更顺畅,但仍然未能降低表面流速,三管同时运行,在过70~75 m³/s 流量时,水流冲击胸墙产生少量小气泡,并沿胸墙进入虹吸管内。下一步还将继续修改进口体型,使整个流量范围内保持进口流态平稳,虹吸管不进气,或有少量进气,但能顺利排出,体型见图5。

观音山方案5在方案4基础上将进口扩散段挖深3 m,但消能效果不明显,观音山倒虹吸分别泄70 m³/s、75 m³/s 流量时,流态与方案4差不多,仍然有少量气泡进入倒虹吸管内,体型见图6。

观音山方案6观音山倒虹吸分别泄70 m³/s、75 m³/s 流量时,进水池表面流速较大,仍然有少量气泡进入倒虹吸管内,还需进一步优化,体型见图7。

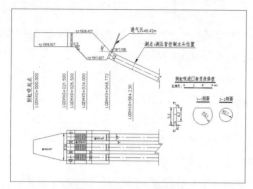

图5　方案4进口体型图

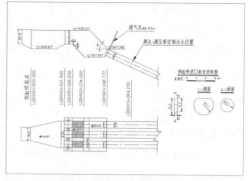

图6　方案5进口体型图

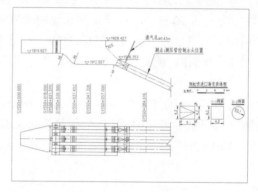

图7　方案6进口体型图

3.2　推荐方案试验成果

为了解决倒虹吸 70~75 m³/s 流量级进气问题,在方案6基础上,在进水池上加设导流板,方案7进口体型见图8。此方案试验时安装了倒虹吸出口部分。在原设计方案基础上,在盾构结合井两侧底板上增设了消力坎,在侧堰落水点处形成水垫,出口体型见图9。

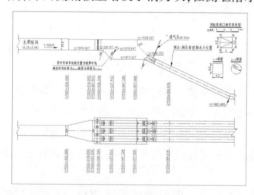

图8　方案7进口体型

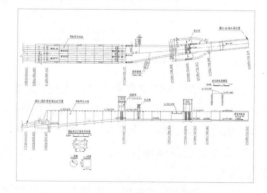

图9　方案7出口体型

(1)倒虹吸过设计流量 100 m³/s,出口侧堰不过流,三管同时运行时,进口流态很好,没有气泡进入虹吸管,龙潭隧洞出口(桩号 0+000.000 m)断面平均水位为 1 926.805 m,进水池末(桩号 0+057.000 m)断面平均水位 1 926.932 m,略高于设计水位 1 926.830 m。过流能力基本满足工程要求。倒虹吸出口、出水池及盾构接收井水流平顺,出口(桩号 9+566.607 m)断面平均水位 1 918.888 m,最大平均淹没水深为 9.65 m。

(2)三管同时运行,出口节制闸全开时,可过流量范围为 70~100 m³/s;在过 70 m³/s 流量时,水流在经过溢流面时产生的大气泡经导流板下方后从下游水面逸出,有部分水流在导流板上游顶部附近产生二次弱水跃,有极少量小气泡进入倒虹吸进口,随后聚集于管顶部,形成气囊后沿管顶向上游移动,间歇性从进口顶部排气管排出,流态见图 10。在过 75 m³/s 流量时,在导流板上游顶部附近产生二次弱水跃,有极少量小气泡进入倒虹吸进口,随后聚集于管顶部,形成气囊后沿管顶向上游移动,间歇性从进口顶部排气管排出;过其他流量时,进水池内无水跃产生,进水池内水流清澈透明、无气泡产生,也没有气泡进入倒虹吸管内,流态见图 11。

图 10 $Q=70$ m³/s 三管运行出口侧堰不过流,　　图 11 $Q=75$ m³/s 三管运行出口侧堰不过流,
倒虹吸进水池及进口管顶流态　　　　　　　　倒虹吸进水池及进口管顶流态

(3)左、右二管同时运行,出口节制闸全开(侧堰不过流)时,可过流量范围为 55~70 m³/s;过 55 m³/s、70 m³/s 流量时,进水池内无水跃产生,进水池内水流清澈透明、无气泡产生,也没有气泡进入倒虹吸管内。

(4)左、右二管同时运行,出口节制闸全关(侧堰过流)时,可过流量范围为 30~55 m³/s;过 30 m³/s、55 m³/s 流量时,进水池内无水跃产生,进水池内水流清澈透明、无气泡产生,也没有气泡进入倒虹吸管内。由于出口节制闸门全关,水流经两侧溢流堰后,沿溢流堰壁跌入下游水面,潜底后,沿接收井外壁向上翻至表面,回至入水点附近后折向下游。过 55 m³/s 流量时,底板脉动压力最大均方根值为 2.59 kPa。

(5)中间一管单独运行,出口节制闸全关(侧堰过流)时,可过流量范围为 10~30 m³/s;过 10 m³/s 流量时,极少量小气泡进入倒虹吸管内,聚集于斜管顶部,缓慢向上移动,间歇性从上游进口顶部通气孔排出。倒虹吸出口、出水池及水流平顺,由于出口节制闸门全关,水流经两侧溢流堰后,沿溢流堰壁跌入下游水面,潜底后,沿接收井外壁向上翻至表面,回至入水点附近后折向下游。底板脉动压力最大均方根值为分别为 0.39 kPa、0.98 kPa。

(6)倒虹吸出口段总体流态较好,无不利水力现象。当倒虹吸出口侧堰不过流时,其出口、出水池及盾构接收井水流平顺。当倒虹吸出口侧堰过流时,两侧溢流堰前水流平稳,水流经两侧溢流堰后,沿溢流堰壁跌入下游水面,潜底后,沿接收井外壁向上翻至表面,回至入水点附近后折向下游,经盾构接收井出口后水流平顺。

各试验工况综合情况见表 3。

表 3　方案 7 各试验工况综合情况

流量 (m³/s)	运行 方式	出口 节制闸	出口侧堰堰上水头 (m)	桩号 0+000.000(m) 隧洞末断面平均水位(m)	桩号 0+057.000(m) 倒虹吸进口断面平均水位(m)	桩号 9+566.607(m) 倒虹吸出口断面平均水位(m)	桩号 0+057.000(m) 倒虹吸进口最大平均淹没水深(m)	桩号 9+566.607(m) 倒虹吸出口最大平均淹没水深(m)	倒虹吸进气进口情况	结论
100	三管	全开	不过流	1 926.805	1 926.932	1 918.888	10.61	9.65	无	√
90	三管	全开	不过流	—	—	—	—	—	无	√
80	三管	全开	不过流	—	—	—	—	—	无	√
75	三管	全开	不过流	1 921.735	1 922.620	1 917.701	6.28	8.44	极少量小气泡	√
70	三管	全开	不过流	1 920.970	1 921.692	1 917.493	5.53	8.23	极少量小气泡	√
70	左、右二管	全开	不过流	1 926.775	1 926.926	1 917.401	10.58	8.15	无	√
65	左、右二管	全开	不过流	—	—	—	—	—	无	√
60	左、右二管	全开	不过流	—	—	—	—	—	无	√
55	左、右二管	全开	不过流	1 922.305	1 922.366	1 916.591	6.17	7.34	无	√
55	左、右二管	全关	1.312	1 925.920	1 926.052	1 920.161	9.73	10.91	无	√

续表3

流量 (m³/s)	运行方式	出口节制闸	出口侧堰堰上水头 (m)	桩号0+000.000(m)隧洞末断面平均水位(m)	桩号0+057.000(m)倒虹吸进口断面平均水位(m)	桩号9+566.607(m)倒虹吸出口断面平均水位(m)	桩号0+057.000(m)倒虹吸进口最大平均淹没水深(m)	桩号9+566.607(m)倒虹吸出口最大平均淹没水深(m)	倒虹吸进口进气情况	结论
50	左、右二管	全关	1.231	—	—	—	—	—	无	√
45	左、右二管	全关	1.149	—	—	—	—	—	无	√
40	左、右二管	全关	1.064	—	—	—	—	—	无	√
35	左、右二管	全关	0.974	—	—	—	—	—	无	√
30	左、右二管	全关	0.88	1 921.375	1 921.282	1 919.793	4.99	10.54	无	√
30	中间一管	全关	0.88	1 925.875	1 925.992	1 919.771	9.64	10.49	无	√
25	中间一管	全关	0.78	—	—	—	—	—	无	√
20	中间一管	全关	0.674	—	—	—	—	—	无	√
15	中间一管	全关	0.556	—	—	—	—	—	无	√
10	中间一管	全关	0.425	1 920.970	1 919.820	1 919.306	3.47	10.04	极少量小气泡	√

4 结 语

通过观音山倒虹吸七个方案的模型试验优化研究,得到推荐方案体型,进水池加长可使在溢流面处产生的气泡从进水池水流表面排出,加设导流板可降低表面流速,使水流不会冲击进水池末边墙产生气泡并沿边墙进入倒虹吸管内。进水池流态对倒虹吸运行有重要影响,建议倒虹吸尽量在进水池高水位情况下运行,过中小流量时可通过调节过水管数量和出口溢流堰开关,如条件允许,也可通过在进口采取一定的工程措施或通过调节出口节制闸开度使整个流量范围内保持进口流态平稳,虹吸管不进气,或有少量进气,但能顺利排出。

参 考 文 献

[1] 李娟,韩明轩,牧振伟,等.倒虹吸工程水力学模型试验[J].南水北调与水利科技,2012,10(4):73-75.
[2] 石俊营,田志中.南水北调中线总干渠淇河渠倒虹吸水力学模型试验研究[J].水利规划与设计,2006,(1):45-48.
[3] 中华人民共和国水利部.水工(常规)模型试验规程:SL 155—2012[S].
[4] 中华人民共和国水利部.水工隧洞设计规范:SL279—2016[S].

【作者简介】 潘建娟(1990—),女,助理工程师。E-mail:1206344097@qq.com。

勘 察 篇

大藤峡水利枢纽左岸泄洪闸坝基岩体 稳定的工程地质特性研究

李占军　史海燕　李保方　吕　赫

（中水东北勘测设计研究有限责任公司，长春　130021）

摘　要　大藤峡水利枢纽工程左岸坝基岩体内泥岩含量高，软弱夹层发育，受构造影响，岩体内节理发育。因此，结合勘探和施工开挖情况，依据试验成果，对坝基岩体的工程地质特性和坝基岩体稳定进行综合分析研究。

关键词　坝基岩体；泥岩；软弱夹层

1　引　言

大藤峡水利枢纽坝址位于珠江流域西江干流黔江河段的大藤峡出口弩滩附近，水库正常蓄水位61.00 m，相应库容28.13亿m³，装机容量1 600 MW。枢纽由黔江主坝、黔江副坝、南木江副坝和船闸组成。黔江主坝坝型为混凝土重力坝，最大坝高80.01 m，坝长1 343.098 m。主坝施工利用主河床左岸岩滩的有利地形，采取束窄河道分两期施工导流方式，一期导流先围左岸，施工船闸、左岸发电厂房和21孔泄洪闸。混凝土重力坝是依靠坝身自重与地基间产生足够大的摩阻力来维持坝体稳定，故对坝基岩体抗滑稳定要求比较高。左岸坝基岩体为泥盆系下统碎屑沉积岩，层间存在软弱夹层，岩层以缓倾角倾向下游偏左岸，构成坝基深层抗滑稳定的底滑面，左岸枢纽建筑物存在深层抗滑稳定问题。而船闸体型庞大，阻滑性能好，发电厂房开挖高程低，形成较大的尾抗作用，只有泄洪闸（23#～33#坝段）深层抗滑稳定问题突出。本文围绕左岸泄洪闸抗滑稳定问题，分析研究左岸泄洪闸坝基岩体的工程地质性质。

2　地质概况

大藤峡水利枢纽工程位于大藤峡谷与桂平盆地之间的低山丘陵地带，左岸为Ⅰ级阶地，右岸为低山丘陵，河床偏向右岸，基岩裸露。河流流向S36°E，枯水期江水面宽约400 m，两岸均有岩滩出露。

坝址区基岩岩性为泥盆系下统那高岭组碎屑沉积岩和郁江阶上段的碳酸盐岩。泥盆系下统各岩层之间为整合接触，按岩性、岩相和古生物特征划分，那高岭组自下而上分为6大层（编号D1n8～D1n13），厚度约244 m，部分大层又划分若干中层。岩性包括细砂岩、含泥细砂岩、粉砂岩、泥质粉砂岩、泥岩五种。郁江阶上段岩性为泥质灰岩、灰岩和白云岩。

坝址区地处湘桂褶皱带的桂中—桂东台陷区，褶皱多平缓开阔，位于大瑶山复式背斜的北东翼，地层倾角平缓，并发育次级轻微褶曲。主坝区为单斜地层，岩层产状稳定。

印支运动以来，北西向的构造线发育，受此影响，坝址的发育的断层产状多为N60°～

80°W,倾向 NE,倾角 70°~85°。断层多窄而平直,有擦痕,以平推断层为主。

3 左岸泄洪闸坝基岩体工程地质性质

坝基岩体是存在于一定环境中的地质体,其形成和发展经受过地质历史时期各种内外动力地质作用的改造和影响,坝基岩体的质量直接影响大坝的安全和经济。坝基岩体质量是取决于岩性、岩体的风化状态、岩体结构类型等多种因素。

3.1 岩石物理力学性质

岩性和风化状态决定了岩石的坚硬程度,是研究岩体工程质量的基础。黔江主坝左岸泄洪闸坝基出露的岩层为泥盆系下统那高岭组 D_1n13-2、D_1n13-3 层的弱风化岩体,其中 $D1n13-2$ 厚度大,出露范围广,$D1n13-3$ 层仅出露 27# 和 28# 坝段。坝基软弱夹层发育,且见有多条断层出露,F216 断层为坝基规模最大的断层,如图 1 所示。

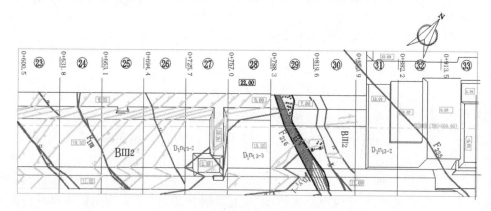

图 1 坝址左岸泄洪闸坝基地质简图

大藤峡水利枢纽工程坝基基岩属于潮汐相成因,岩性复杂。结合前期勘探资料和施工开挖现场统计,得出左岸坝基各岩层岩性组成及比例和岩石物理力学性质(见表 1 和表 2)。

表 1 左岸坝基各岩层岩性比例

岩层编号	含量(%)				
	泥岩	泥质粉砂岩	粉砂岩	含泥细砂岩	细砂岩
D1n13-3	38	37	19	6	
D1n13-2	61	1	37	1	
D1n13-1	18	11	31	29	11

3.2 岩体结构特征

岩体结构对坝基岩体质量有着重要的影响。黔江主坝位于龙山—大瑶山复背斜东南翼的一套单斜地层之上,岩层产状为走向 N5°~12°E,倾向 SE,倾角 15°~22°,局部较缓。单层厚 30~50 cm 为主。受龙山—大瑶山复背斜影响,坝址区构造发育,表现形式以层间剪切带为主,节理和断层次之。

表2 岩石物理力学性质

岩石名称	风化状态	颗粒密度	密度（g/cm³）		孔隙率（%）	软化系数	单轴抗压强度（MPa）		泊松比
			烘干	饱和			烘干	饱和	
泥岩	弱风化	2.772	2.656	2.70	4.34	0.52	51	25	0.24
泥质粉砂岩	弱风化	2.76	2.71	2.75	1.68	0.49	77	39	0.23
粉砂岩	弱风化	2.73	2.70	2.71	1.10	0.75	130	96	0.20
含泥细砂岩	弱风化	2.69	2.66	2.67	1.0	0.76	111	84	0.20
细砂岩	弱风化	2.7	2.68	2.69	0.7	0.77	108	83	0.21

3.2.1 软弱夹层发育情况

层间剪切破碎带是在沉积地层中由于沉积物质的粗细不同而形成岩石软硬相间分布，褶皱作用产生的层间剪切力往往剪破硬岩间的软岩形成的破碎带。层间剪切破碎带内的破碎物质经长期的风化营力作用下形成层间泥化夹层，本文称之为软弱夹层。

根据施工现场开挖揭露，该段坝基共发育27条软弱夹层，厚度多小于5 mm，仅有4条夹层局部厚度大于10 mm。其中碎屑型夹层7条，碎屑夹泥型夹层7条，泥夹碎屑型12条，泥膜型1条。夹层在频度上层厚每隔2~4 m出现一条。

3.2.2 断层发育情况

根据开挖揭露，左岸泄水闸主要发育12条断层，其中位于30#坝段的f_2断层和31#坝段的f_{10}断层为中等倾角断层，其余均为陡倾角断层。断层宽度一般为1~30 cm，其中F_{216}断层宽度为200~400 cm，F_{235}断层在33#坝段局部宽度为100~200 cm。

3.2.3 节理发育情况

根据开挖揭露情况，现场统计，左岸泄水闸坝基主要发育2组共轭陡倾角剪节理（见表3）。其中①节理与坝轴线大角度斜交，②节理与坝轴线近平行，③节理与坝轴线近垂直，④节理与坝轴线呈30°夹角。节理面多为平直光滑，壁面呈弱风化状态，节理的张开宽度一般为1~3 mm，近一般得节理呈闭合状态，大部分节理迹长小于3 m。在不同坝段节理的产状有差异。

表3 左岸坝基节理发育情况

编号	产状			特征	出露位置
	走向	倾向	倾角		
①	N60°~70°W	NE或SW	75°~80°	节理多平直光滑或平直粗糙，充填钙质或方解石，切层，间距多为50~100 cm，局部为20~30 cm	在泄水闸基础均有发育
②	N30°~40°E	NW或SE	70°~85°	节理面多平直粗糙或起伏粗糙，充填少量钙质或无充填，不切层，间距多为50~100 cm	23#、27#~31#坝段

续表3

编号	产状			特征	出露位置
	走向	倾向	倾角		
③	N30°~40°W	NE或SW	80°~85°	节理面多平直粗糙,少量为平直光滑,切层,少量不切层,充填岩屑或钙质	24#~30#坝段
④	N10°~20°E	NW	70°~85°	节理面多起伏粗糙,无充填,不切层,间距100~200 cm	多发育在23#~26#坝段,27#和28#坝段见少量发育

3.3 声波波速测试

在泄水闸23#~33#坝段建基面完成129个声波孔测试,各坝段平均波速成果见表4。

表4 泄水闸23#~33#坝段各坝段声波平均波速

坝段	孔深	平均波速(m/s)	坝段	孔深	平均波速(m/s)
23#	12	4 390	29#	12	4 129
24#	12	4 265	30#	11	4 024
25#	12	4 064	30#	11	4 024
26#	12	3 871	31#	12	4 480
27#	12	4 081	32#	12	4 230
28#	12	4 258	33#	15	4 260

3.4 岩体的力学参数

根据坝基岩石的抗压强度、岩体的结构面的发育和胶结情况及岩体的纵波波速,根据《工程岩体分级标准》(GB/T 50218—2014)和《水利水电工程地质勘察规范》(GB 50487—2008)综合判断,左岸坝基岩体为 B_{III2} 类,坝基岩体力学参数见表5。

表5 坝基岩体力学参数

岩层编号	风化状态	相应工程地质类别	岩石/混凝土			岩石/岩石			变形模量(GPa)	弹性模量(GPa)	泊松比
			f'	C'(MPa)	f	f'	C'(MPa)	f			
D_1y^1-1	弱风化	III	0.90	0.75	0.55	0.85	0.80	0.60	5	8	0.28
D1n13-3		III	0.85	0.70	0.50	0.80	0.75	0.55	3	4	0.32
D1n13-2		III	0.90	0.75	0.55	0.85	0.80	0.60	3	4	0.32
D1n13-1		III	0.95	0.80	0.55	0.90	0.95	0.60	4	6	0.30

4 软弱夹层的特性及取值

4.1 软弱夹层的成因

大藤峡水利枢纽工程坝基岩形成于沉积环境动荡不定的潮汐相环境,呈软弱相间的岩性组合,受龙山—大瑶山复背斜影响,岩体发生层间剪切错动,导致软弱岩体原生结构发生破坏进而泥化和片理化,并可见镜面和擦痕。软弱夹层产状与岩层产状一致。

4.2 软弱夹层的分布及几何形态

左岸坝基软弱夹层密度大,分布间距 2~5 m,沿层面连续分布,在断层周围分布较密集。根据现场开挖揭露情况,软弱夹层的几何形态具有以下特征:

(1)同一条夹层的内部构造变化剧烈,组成物变化较大,以泥夹岩屑型为主,碎屑和碎屑夹泥型次之。

(2)夹层厚度较为稳定,一般 1~5 mm,局部较厚呈透镜体状分布。

(3)沿层面走向和倾向起伏较小,软弱夹层普遍延伸较长,贯穿坝基。

4.3 软弱夹层的矿物成分和化学成分

在前期勘探期间,分别采用 X 射线衍射、电镜、差热及红外吸收光谱等分析方法,对泥化带的矿物成分进行鉴定,见表 6。其结果表明,泥化带的矿物成分以伊利石(水云母)为主,少量高岭石、绿泥石、石英及微量蒙脱石。此外,测得的阳离子交换量为 12~26 mL/100g,比表面积为 55~70 m^2/g,同样说明以伊利石为主。

软弱夹层的化学成分与原岩基本一致。有机质、易溶岩含量不高。硅铝比在 2~3,反应出水云母类黏土矿物为主的化学组成特征。

表 6 软弱夹层化学成分分析成果

项目	化学成分(%)														
	SiO_2	Al_2O_3	CaO	MgO	MnO	Fe_2O_3	FeO	TiO_2	P_2O_3	H_2O	CO_2	K_2O+Na_2O	$SiO_2/(Al_2O_3+Fe_2O_3)$	易溶盐含量	有机物含量
试验组数	7	7	7	7	7	7	4	4	4	4	2	7	7	3	3
最大值	65.83	26.70	1.33	3.01	2.00	16.54	0.63	1.10	0.25	5.14	0.06	8.19	2.75	0.28	0.24
最小值	48.01	16.06	0.47	1.02	0	2.24	0.09	0.63	0.15	3.94	0.01	3.19	1.47	0.02	0.01
平均值	56.44	22.27	0.87	1.64	0.44	6.30	0.36	0.92	0.22	4.54	0.03	5.77	2.02	0.11	0.09

4.4 软弱夹层的物理力学性质

前期勘探期间,在左岸井下硐、右岸平硐及钻孔内对不同岩层揭露的软弱夹层取样进行了室内物理力学试验,试验成果见表 7。

表 7　软弱夹层物理力学试验成果

项目	土的物理性质指标												粗粒组（mm）				细粒组（mm）				抗剪强度（饱固快）		排水反复直接剪切试验			
	含水率（%）	密度（g/cm³）			孔隙比	饱和度（%）	土粒比重	膨胀性指标	液限（%）	塑限（%）	塑性指数	液性指数	20~5	5~2	2~0.5	0.5~0.25	0.25~0.1	0.1~0.05	0.05~0.005	<0.005	凝聚力（kPa）	内摩擦角（°）	峰值强度		残余强度	
		湿	干	饱和																			凝聚力（kPa）	内摩擦角（°）	凝聚力（kPa）	内摩擦角（°）
组数	3	3	3	3	3	3	6	3	6	6	6	3	6	6	6	6	6	6	6	6	3	3	2	2	2	2
最大值	26.2	2.05	1.73	2.1	0.785	95	2.84	0.09	35.1	17.0	18.1	0.67	31	14	13	10	12	8	85	43	30	32.4	18.8	24.9	1.8	22.1
最小值	18.8	2.00	1.58	2.02	0.607	86	2.78	0.03	22.6	12.7	9.7	0.38	0	1	1	1	1	1	12	6	15	20.1	9.5	19.8	1.2	12.1
平均值	22.9	2.03	1.65	2.06	0.698	92	2.81	0.05	29.4	14.8	14.6	0.55	10	7	6	4	5	5	33	30	20.0	27.1	14.2	22.4	1.5	17.1

4.5 软弱夹层的抗剪强度

勘探和施工期间,对不同性质的软弱夹层进行了原位抗剪强度试验,试验结果采用最小二乘法和作图法相结合确定,坝基软弱夹层抗剪强度见表8。

表8 坝基层间软弱夹层抗剪强度

结构面类型	抗剪(断)强度(饱和)		
	f'	C'(MPa)	f
泥夹岩屑型	0.28	0.020	0.26
碎屑夹泥型	0.30	0.05	0.29

5 结 论

左岸坝基岩体属于中硬岩,岩体呈弱风化状态,各坝基岩体平均波速大于3 500 m/s,岩层呈中厚层状,岩体类别为B_{III_2},满足了坝基建基要求。

坝基内软弱夹层发育,延伸性好,构成影响泄洪闸深层抗滑稳定的底滑面对坝基稳定影响较大。夹层类型以泥夹碎屑型为主,未见全泥型夹层,从安全性考虑,左岸泄洪闸坝基稳定分析时,可以取泥夹碎屑型的强度值作为软弱夹层的强度。

坝基岩体为倾向上游的缓倾角岩层,层间软弱夹层,坝基岩体内存在在横向和纵向的切割面,坝下存在坝基岩体的临空面,故左岸泄水闸坝基存在深层抗滑稳定问题。

参 考 文 献

[1] 于景宗,史海燕,孙政.大藤峡水利枢纽工程初步设计报告[R].中水东北勘测设计研究有限责任公司,2015.
[2] 米猛.电站坝基岩体评价及深层抗滑稳定性分析[J].四川地质学报,2014,36(2):243-247.
[3] 于景宗,周海峰.大藤峡水利枢纽工程项目建议书设计报告[R].中水东北勘测设计研究有限责任公司,2012.
[4] 洪海涛.黄河沙坡头水利枢纽坝基岩体工程地质特性研究[J].水利水电工程设计,2003,23(4):13-16.
[6] 陈正位.广西大藤峡水利枢纽工程区域构造稳定性研究报告[R].广西工程防震研究院,中国地震局地震预测研究所,2012.

【作者简介】 李占军,教授级高级工程师。E-mail:575849866@qq.com。

挤密砂桩在土坝坝基处理
中的应用与效果分析

张一冰　张浩东　刘兰勤　李　洋

(河南省水利勘测设计研究有限公司,郑州　450016)

摘　要　结合出山店水库土坝段的工程地质条件,为了解决土坝段坝基软土排水条件差、饱和砂土地震液化等地质问题,采用挤密砂桩进行土坝段坝基处理,通过挤密砂桩桩体的排水作用,缩短了软土的排水固结时间;易发生地震液化的坝基可抵抗Ⅶ度地震,保证了工程安全,产生较大的经济效益、社会效益、环境效益。

关键词　挤密砂桩;排水固结;地震液化

1　工程概况

出山店水库是淮河干流上的一座以防洪为主、结合供水、灌溉、兼顾发电等综合利用的大型水利枢纽工程,位于河南省信阳市境内,控制流域面积 2 900 km²,总库容 12.51 亿 m³。

主要建筑物有主坝(土坝段、混凝土坝段)、电站厂房、引水建筑物(南灌溉洞、北灌溉洞)、水库管理局、交通道路等。主坝总长 3 690.57 m,其中土坝段长 3 261 m,混凝土坝段长 429.57 m,坝顶高程为 100.40 m[1]。

2　工程地质条件

主坝土坝段坝基分为长里岗丘陵段、淮河Ⅰ级阶地段、Ⅱ级阶地段三种地质类型。

2.1　长里岗丘陵段

上覆第四系中更新统(Q_2)低液限黏土层,厚 19.2~27.5 m,具弱膨胀性,其底部有含泥质很多的级配不良砾层或含砾低液限黏土,属土岩双层结构。

2.2　Ⅱ级阶地段

整体属土、岩双层结构,上部黏性土为低液限黏土,厚 7~17 m,下部由级配良好砾和级配不良砂、级配不良砂(含砾)组成,厚 1.5~8 m。

2.3　Ⅰ级阶地段

整体属土、岩双层结构,上部由低液限黏土组成,多呈黄色,厚 2~9 m;下部透水层由级配良好砾(Q_3)和级配不良砂、级配不良砂(含砾)(Q_4^1)组成,厚 6~12 m;下伏基岩主要为古近系红色岩系。

2.4　土坝坝基存在的主要工程地质问题

(1)坝基软土稳定问题。桩号 1+036.9~1+219.34 现为坑塘,宽 80~180 m,其沉积物较松软,属新近堆积,以灰色软土层为特征,总厚 9~11 m,该段软土排水条件较差;桩号 2+156.65~2+475.45、2+720.02~3+147.80,在 Q_4^1 黄色低液限黏土之下有灰色软土层分布,以低液限黏土为主,含腐草、烂树叶及朽木块,有机质含量为4.4%,最大32%,具臭味,上游较薄,厚1~2 m,下游为2~4 m,呈软塑状,此类软土分布在黏性土层与砂层之间,具有一面排水的条件;桩号3+147.80以南及下游,黄色低液限黏土与级配不良砂之间或级配不良砂、级配良好砾中尚分布有零星状的灰色软土或黏性土,其厚度大都1 m左右或数十厘米,很少超过2.0 m,以低液限黏土为主。软土强度低、压缩性高、沉降变形历时长,对坝基不均匀沉陷和稳定均有影响。

(2)饱和砂土地震液化问题。左岸桩号2+140.294~3+274.9段Ⅰ级阶地下部砂层和河槽中的中粗砂为第四系全新统饱和少黏性土,Ⅰ级阶地下部砂层、河槽段砂土均为液化性土,Ⅰ级阶地场地液化等级为中等—严重,液化深度7.0~10 m。河槽段砂土场地液化等级为严重,深度范围内全部液化。可液化土层主要影响Ⅰ级阶地段(2+140.294~3+274.9)、河槽土坝段(3+274.9~3+331)和右岸非溢流坝段(3+575~3+655)[2]。

3 土坝段坝基处理措施

由于出山店水库土坝段坝线较长,其间跨越了多处岩性不同甚至工程性质差异较大的地基、岗地与二级阶地分界、二级阶地与一级阶地分界、正常固结土与软土分界、基岩(或左岸阶地)与河槽砂层分界、土坝与混凝土溢流坝搭接段混凝土刺墙与土坝新墙分界。经沉降计算,大坝坝基沉降量虽然施工期完成了将近90%。但是,由于大坝坝线比较长,很难达到均匀上升,容易引起坝体开裂和心墙裂缝,故经过多方案比较,对坝基软土采取挤密砂桩措施进行处理。

一级阶地下部砂层液化等级为中等—严重,液化深度7.0~10 m。河槽段砂土液化等级为严重,深度范围内全部液化。为了处理一级阶地砂土液化问题,采取挤密砂桩措施进行处理[3-5]。

3.1 布置范围及深度

结合坝基软土及一级阶地砂层液化问题,本标段土坝桩号0+980~2+700段坝基采用挤密砂桩基础处理,上下游侧地基处理边界分别至上、下游坝脚线外10 m之间全断面布置,0+980~2+140.3桩号之间挤密砂桩深入砂层1.0 m,2+140.3~2+700(一级阶地)桩号之间挤密砂桩深入级配良好砾层1.0 m。

3.2 砂桩布置

为了避免混凝土防渗墙施工时,把已经做好的砂桩挖掉造成浪费,挤密砂桩布置时以防渗墙中心线为基准,分别向上下游布置。砂桩等边三角形布置,防渗墙中心线至上下游压重平台坝基范围内桩间距为1.5 m,桩径0.5 m;压重平台外布置桩间距1.8 m、2.0 m、2.2 m过渡,至上下游坡脚线10 m范围内桩间距2.5 m,桩径0.5 m。

4 挤密砂桩现场试验

为了确定合适的成桩工艺、合理确定桩间距离,在主坝软基1+600~1+650段选取了10个试验区域,进行了施工工艺试验[6]。试验桩径均为0.5 m,桩间距分别为1.5 m、2.0 m、2.5 m。试验区施工工艺参数详表1。

表 1　试验区施工工艺参数

试验区编号	桩间距（m）	桩长（m）	提升高度（m/次）	振密时间（s）	成桩方式	完成根数（根）	说明
1	1.5	12	1	20	行间跳打	81	
2	1.5	12	1.5	20	行间跳打	81	
3	1.5	10.7	1.5	15	行间跳打	81	
4	1.5	10.7	2.0	15	行内、行间跳打	81	埋渗压计
5	2.0	12	2.0	15	行内、行间跳打	81	开挖探坑
6	2.5	12	2.0	15	行内、行间跳打	81	
10	2.0	12	2.0	15	行内、行间跳打	81	载荷试验

在施工前对各试验区进行了标准贯入检测和双桥静力触探检测；试验施工完成后 28 天、72 天后分别对各试验区进行了标准贯入检测、双桥静力触探等检测；试验数据表明：桩体完成 28 天后，桩间土的标贯击数、锥尖阻力、侧壁摩阻力均比试验前有所减少，72 天检测的标贯击数、锥尖阻力、侧壁摩阻力比试验前和 28 天检测的有所提高。坝基可液化砂的标贯击数均有较大提高。分析其原因，主要是因为土体具有灵敏度，天然状态下，由于地质历史作用具有一定的结构性，当土体受到桩体施工产生的外力扰动作用，其结构遭受破坏时，土的强度降低，压缩性增高。将桩打入土中后，随着时间的推移，桩间土通过挤密砂桩排水固结，强度逐渐恢复，并有所提高。检测结果表明挤密砂桩实施后对提高坝基土体强度取到了一定的作用。

5　挤密砂桩应用效果分析

5.1　计算方法

砂桩复合地基可以按照砂井地基固结的方法计算[7,8]。对于在砂井地基上一次性施加大面积荷载的情况（见图 1），桩间土在荷载施加的瞬间，超静孔压的的值 u_0 等于均布荷载 q。

假设地基表面同步沉降，则砂井复合的地基的固结问题可以转化为轴对称问题求解，如图 2 所示。

在地基的固结的过程中，假设桩间土的平均孔压为 u，地表瞬时沉降为 s_t，桩间土的固结度可以表示为：

$$U_r = \frac{s_t}{s} = 1 - \frac{u}{u_0} \tag{1}$$

对于桩间土的渗透系数远小于砂桩本身的情况，砂井（桩）可视为理想井，及砂桩内的孔压等于静孔压，复合地基的平均固结度可以按照如下方法计算：

$$U_r = 1 - \exp\left[\frac{-8T_r}{f(n)}\right] \tag{2}$$

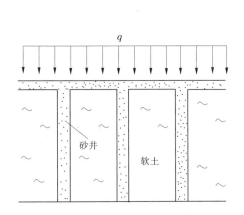

图1　作用均布荷载的砂井地基示意图

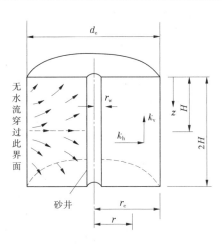

图2　砂井地基固结计算示意图

其中

$$T_r = \frac{C_{vi}t}{d_e^2} \tag{3}$$

$$f(n) = \frac{n^2}{n^2 - 1}\ln(n) - \frac{3n^2 - 1}{4n^2} \tag{4}$$

式（3）中的 C_{vr} 为水平向渗流固结系数，按照一维固结理论确定，可按下式确定

$$C_{vr} = \frac{k_h(1 + e)}{a_v \gamma_w} \tag{5}$$

式中：k_h 是桩间土水平向渗透系数，e 是孔隙比，a_v 是桩间土的竖向压缩系数，γ_w 是水的容重。

式（4）中的 n 为井径比，$n = \dfrac{r_m}{r_e}$，r_w 和 r_e 的含义见图2。

对于三角形布置的砂桩，砂井的影响区半径 γ_e 为

$$r_e = 1.15a \tag{6}$$

式中：a 为砂桩之间的距离。

5.2　计算参数

根据室内试验成果，原状土渗透系数在 $A \times 10^{-4} \sim A \times 10^{-8}$ cm/s 量级，取桩间土的渗透系数分别为 1×10^{-6} cm/s、1×10^{-7} cm/s 和 1×10^{-8} cm/s 来计算。

根据地勘报告和室内压缩试验成果，除拟挖除的极软土外，其他黏土均为中等压缩性土，原状土在 $0.1 \sim 0.2$ MPa 压力范围内的压缩系数为 $0.195 \sim 0.370$ MPa^{-1}。由于压缩系数越大，土体固结越慢，因此偏于保守的取压缩系数为 0.5 MPa^{-1}。根据室内原状土干密度和颗粒比重试验成果，孔隙比 e 取 0.8。

考虑井阻与涂抹效应时，取砂桩的渗透系数为 0.001 cm/s，涂抹区厚度为 5 cm，涂抹区渗透系数为桩间土的 10%。假设地基厚度（砂桩长度）为 8 m。

5.3　计算成果

按照理想井（不考虑井阻与涂抹效应），渗透系数分别取 1×10^{-6} cm/s、1×10^{-7} cm/s 和 $1 \times$

10^{-8} cm/s,桩间距分别取 1.5 m、2.0 m 和 2.5 m,计算得到加载后不同时刻复合地基的固结度,如表 2 和图 3 所示。

表 2　按照理想井计算的复合地基固结度

时间（天）	$k=1\times10^{-6}$ cm/s			$k=1\times10^{-7}$ cm/s			$k=1\times10^{-8}$ cm/s		
	$a=1.5$ m	$a=2.0$ m	$a=2.5$ m	$a=1.5$ m	$a=2.0$ m	$a=2.5$ m	$a=1.5$ m	$a=2.0$ m	$a=2.5$ m
0.041 7	0.055 5	0.022 9	0.012 0	0.005 7	0.002 3	0.001 2	0.000 6	0.000 2	0.000 1
0.083 3	0.107 9	0.045 3	0.023 8	0.011 3	0.004 6	0.002 4	0.001 1	0.000 5	0.000 2
0.166 7	0.204 1	0.088 5	0.047 1	0.022 6	0.009 2	0.004 8	0.002 3	0.000 9	0.000 5
0.5	0.495 8	0.242 6	0.134 7	0.066 2	0.027 4	0.014 4	0.006 2	0.002 8	0.001 4
1	0.745 8	0.426 4	0.251 3	0.128 0	0.054 1	0.028 5	0.013 6	0.005 5	0.002 9
2	0.935 4	0.671 0	0.439 5	0.239 6	0.105 2	0.056 2	0.027 0	0.011 1	0.005 8
3	0.983 6	0.811 3	0.580 3	0.337 0	0.153 6	0.083 2	0.040 3	0.016 5	0.008 6
7	0.999 9	0.979 6	0.868 1	0.616 7	0.322 3	0.183 4	0.091 4	0.038 2	0.020 1
30	1.000 0	1.000 0	0.999 8	0.983 6	0.811 3	0.580 3	0.337 0	0.153 6	0.083 2
90	1.000 0	1.000 0	1.000 0	1.000 0	0.993 3	0.926 1	0.708 5	0.393 6	0.229 3
180	1.000 0	1.000 0	1.000 0	1.000 0	1.000 0	0.994 5	0.915 0	0.632 3	0.406 1
365	1.000 0	1.000 0	1.000 0	1.000 0	1.000 0	1.000 0	0.993 3	0.868 5	0.652 3
730	1.000 0	1.000 0	1.000 0	1.000 0	1.000 0	1.000 0	1.000 0	0.982 7	0.879 1
1 095	1.000 0	1.000 0	1.000 0	1.000 0	1.000 0	1.000 0	1.000 0	0.997 7	0.958 0
1 461	1.000 0	1.000 0	1.000 0	1.000 0	1.000 0	1.000 0	1.000 0	0.999 7	0.985 4
1 825	1.000 0	1.000 0	1.000 0	1.000 0	1.000 0	1.000 0	1.000 0	1.000 0	0.994 9

可以看到,复合地基的固结度受桩间土的渗透系数影响非常显著。桩间土渗透系数取 1×10^{-6} cm/s 时,复合地基在 30 天可基本完成固结(固结度超过 98%)。桩间土渗透系数取 1×10^{-8} cm/s 时,复合地基基本完成固结可能需要数年。

在桩间土渗透系数较小时,桩间距对地基的固结速度有明显影响。当桩间土渗透系数取 1×10^{-7} cm/s,桩间距取 1.5 m、2.0 m 和 2.5 m,复合地基基本固结完成的时间分别约为 30 天、90 天和 180 天。桩间土渗透系数取 1×10^{-8} cm/s 时,则三种桩间距下复合地基的固结时间(按固结度超过 98% 计算)分别为 1 年、2 年和 4 年。

无论何种情况,砂桩均对加速地基的固结排水起到了非常显著的效果,且原状地基的渗透系数越小,砂桩的作用越显著。对于复合地基仅有下面排水(心墙附近的可能情况)或者上下面均能排水两种情况比较,双面排水时排水固结的效率要高一些,但是影响很小[9]。

通过动力有限元分析方法,进行了砂桩桩体填料设计参数和砂桩密度敏感性分析,以及可液化坝段砂桩抗液化处理效果分析,在设计地震作用下,坝基砂层进行砂桩加固处理后,位于墙体下游侧坝脚和上游压重区域外砂层振动孔压比仍较大,最大动孔压比为 1.0,该区域存在发生液化的危险性,但对坝体稳定影响不大,而坝体底部砂层孔压较小,根据有效应力液化判别的孔压比标准可知该区域砂层未发生液化。另外,坝体上游通过布置压重和运行后随着淤积体的增加,将进一步增加上游坝基砂层的上覆压力,可有效改善该区域的抗液

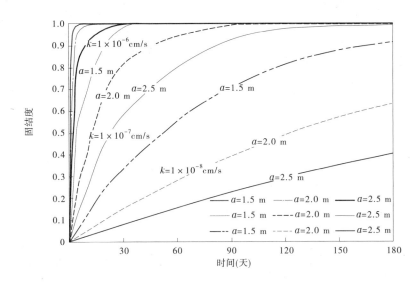

图3　按理想井计算的复合地基固结度发展过程

化能力[10,11]。

因此,挤密砂桩作为一种可行的加固措施,可有效改善本工程地基覆盖层存在级配不均匀饱和细粒土层的液化问题。

6　结　语

本文通过现场试验和理论计算现结合的方式,分析了出山店水库土坝段坝基采用挤密砂桩进行处理的应用效果,对软基坝段,挤密砂桩实施后通过砂桩的排水固结作用,可提高坝基土体强度;对易液化砂基坝段,采用挤密砂桩可改善级配不均匀饱和细粒土层的液化问题,但在上游侧坝脚还存在发生液化的风险,还需配合通过布置压重等措施增加坝基砂层的上覆压力,改善该区域的抗液化能力。该工程布设的挤密砂桩数量之多、范围之广,在国内少有,可为同类坝基提供设计参考依据及经验借鉴。

参 考 文 献

[1] 何杰,李玉娥,张一冰,等.河南省出山店水库工程初步设计报告[R].河南省水利勘测设计研究有限公司,中水淮河规划设计研究有限公司,2015.

[2] 赵建仓,陈全礼,等.河南省出山店水库工程地质勘察报告[R].河南省水利勘测有限公司,2015.

[3] 王云飞.振动沉管挤密砂石桩在涵闸地基加固中的应用[J].水利技术监督.

[4] 李永见,张伟,龚志国.振动挤密砂桩在加固软弱地基的应用[J].土木建筑与环境工程,2001.23(6):27-29.

[5] 王晓风.水利工程软土地基处理方式探讨[J].水利规划与设计,2014(8).

[6] 国家质量技术监督局,中华人民共和国建设部.土工试验方法标准:GB/T 50123—1999[S].北京:中国计划出版社,1999.

[7] 于沭,张延亿,等.出山店水库土坝段坝基处理措施加固效果研究[R].流域水循环模拟与调控国家重点实验室,中国水利水电科学研究院水利部水工程建设与安全重点试验室,2016.

[8] 关志诚.水工设计手册[C].第6卷.土石坝.2版.北京:中国水利水电出版社,2014.

[9] 杨巧玲.挤密砂桩软基处理施工分析[J].城市建设理论研究,2013(18).

[10] 朱家鹏.基于挤密砂桩法的重度液化软基处理技术研究[J].建筑工程技术与研究,2015(9).

[11] 杨殿臣.黄柏洪.振冲法在石佛寺水库坝基抗震加固处理中的应用[J].水利技术监督,2005(4).

【作者简介】　张一冰(1971—),男,教授级高级工程师,主要从事水工建筑物工程设计工作。E-mail:hpdwzyb@163.com。

丘陵平缓区施工支洞勘察与评价
——引绰济辽工程施工支洞勘察总结

冯　伟　康家亮　李保方　王俊杰

(中水东北勘测设计研究有限责任公司,长春　130021)

摘　要　引绰济辽工程项目位于内蒙古自治区东北部的兴安盟与通辽市境内,处于大兴安岭东南麓的中低山及丘陵区向松辽平原过渡区,由文得根水利枢纽和长引调水线路组成。长引水线路施工支洞较多,支洞多为丘陵平缓区地面向下开挖进入主洞,具有进洞条件差、浅埋段长等特点,这些特点对勘察提出了较高要求。本文通过分析探讨,望对类似工程有借鉴作用。

关键词　丘陵平缓区;施工支洞;勘察评价

1　引　言

当前规程规范对引水隧洞主线勘察有专门的勘察规定,实际工作中,也比较受重视,勘察工作布置比较详细,相应的勘察工作量也比较多。然而,施工支洞一般属于临时建筑物,往往被忽视,没有针对性的勘察规定,参照主线隧洞工程进行勘察布置,勘察工作量比较少,有些工程因施工支洞较小不安排勘察工作量,因勘察精度不足,施工开挖时出现因地质条件变化引起的较大设计变更等情况经常发生,严重时,会造成难以挽回的财产损失和人员伤亡。

2　工程概况

引绰济辽调水工程北起内蒙兴安盟扎赉特旗文得根水利枢纽工程,供水至西辽河流域通辽市的莫力庙水库,地理位置处于大兴安岭东南麓的中低山及丘陵区向松辽平原过渡区,由文得根水利枢纽和输水线路组成,文得根水利枢纽地处嫩江支流绰尔河流域中游,坝址位于内蒙古自治区兴安盟扎赉特旗音德尔镇上游90 km处,建筑物主要由黏土心墙砂砾石坝、引水发电系统、岸坡溢洪道、副坝及鱼道等组成;输水线路工程起点为文得根水利枢纽工程水库,自北向南穿越洮儿河、霍林河,采用自流的方式输水,最终到达通辽市西辽河干流的莫利庙水库。文得根水库至乌兰浩特段长70 km,为引水洞,有31个施工支洞。支洞合计长约17.26 km,多处于丘陵平缓区,地表平坦,覆盖层和全、强风化岩层较厚,多为平地向下开挖进洞,进洞条件差,勘察及评价有一定难度。

2.1　地形地貌

文得根水库至乌兰浩特段位于大兴安岭东南麓的中低山、低山丘陵向辽河平原中部的过渡段,属于中低山及丘陵区向松辽平原过渡的地区,山脉总体呈北西向展布,河谷间山脊走向呈北北东,地势西北高东南低。剥蚀中低山及丘陵区地面高程300~1 000 m,山顶多呈浑圆状或馒头状,山坡坡度一般为10°~50°,个别地段由于河流切割造成山势陡峻多峭壁。

侵蚀阶地和漫滩地面高程 300~380 m,地形较平坦,坡度一般为 5°~10°,沿河道弯延分布。

2.2 地层岩性

输水工程沿线地层为二叠系上统索伦组(P_2s)、二叠系下统清风山组(P_1q)、大石寨(P_1d)、侏罗系上统玛尼吐组(J_3mn)、白音高老组(J_3b)、上兴安岭组(J_3s)、侏罗系中统新民组(J_2x)、侏罗系下统傅家洼子组(J_2f)、红旗组(J_1h)、燕山期侵入岩(γ_5^2)、华力西期侵入岩(γ_4^3),岩性主要是厚层—巨厚层状凝灰岩、凝灰角砾岩、酸性熔岩、凝灰砂砾岩、变质砂岩、板岩、安山岩,侵入岩为致密块状花岗岩、花岗斑岩,以及第四系河流冲洪积层和坡残积层的低液限黏土、碎石土和级配不良砾、砂等。

2.3 水文地质条件

施工支洞区地下水为分布在低山丘陵区的基岩裂隙水和分布在河漫滩、阶地区的第四系松散堆积物孔隙水两大类型。基岩裂隙水赋存于岩石裂隙和孔隙中,分布不均,富水性差异较大,受岩石风化程度及构造裂隙的发育情况控制。第四系松散堆积物中孔隙水主要分布在漫滩和阶地区、中低山丘陵区的残坡堆积物的孔隙中,含水层岩性以级配不良砾、细砂、中砂、粗砂和残坡积土为主。主要的补给来源为大气降水的入渗,排泄于山前台地和河谷阶地、漫滩中,局部以泉的形式排泄。

3 施工支洞勘察过程及特点分析

施工支洞布置受多种因素的控制,多根据地形地质条件、主洞布置、施工方案、施工工期、施工方法及机械化程度等具体情况,通过技术及经济比较后确定。

引调水工程规划阶段主要是以线路规划方案进行论证为主,地质勘察主要了解区域地质及规划方案的地质概况,初步查明影响线路方案的主要工程地质、水文地质及环境地质问题。项目建议书阶段主要进行线路比选,分析各比选线路的工程地质、水文地质条件和可能存在的主要工程地质问题,对推荐线路及主要建筑物地段进行工程地质初步评价,基本查明影响线路比选的要主要工程地质问题;隧洞区为初步查明沿线的地质地貌、地层岩性、不良地质现象、地质构造、不良岩(土)体等的成因、分布和规模,地下水的类型、分布、化学性质及腐蚀性等,初步查明主要岩(土)体物理力学性质,初步确定主要参数建议值,基本查明隧洞进出口边坡的稳定条件。[1]规划阶段和项目建议书阶段主要以方案和线路合理性论证为主,因施工支洞并不是影响线路选择的关键因素,所以在此二个阶段勘察中各规范并无明确规定施工支洞勘察内容,在实际工作中也是如此,设计各专业在设计过程中也未对施工支洞进行具体设计,勘察过程中主要以收集区域地质资料和地质测绘为主。

可行性研究阶段工程地质勘察是在项目建议书基础上提出线路比选地质意见,对选定线路及主要建筑物进行工程地质评价,基本查明隧洞段及周边工程地质条件和水文地质条件,基本查明各岩(土)体的物理力学性和参数,进行隧洞围岩工程地质初步分类,初步评价施工的工程地质条件及适宜性。初步设计阶段主要评价线路和建筑物的工程地质问题,提出局部线路比选的工程地质意见,查明隧洞不良地质现象、地层岩性、地质构造、风化及卸荷深度、地下水补排关系等工程地质条件和水文地质条件,进行围岩详细分类,渗透性分级,评价施工的工程地质条件和适宜性,分析、评价和论证进出口边坡稳定性、围岩稳定性、外水压力、突泥涌水等工程地质问题,提出改善、处理和预防措施,提出隧洞施工超前预报设计和线路局部优化的建议并进行工程地质论证。[1]

　　施工支洞的勘察主要放在可行性研究和初步设计阶段,由于施工支洞需主洞设计方案和施工方案敲定后才能确定,因此决定了施工支洞的位置、设计的滞后性,甚至在招标设计阶段乃至技施阶段,施工支洞往往也会发生一定的变化。如可行性研究和初设阶段主隧洞线路和施工方案确定后,施工支洞数量和位置亦确定。但在项目审查和评估的过程中,任何主要因素发生一些变化都会影响施工支洞的数量和位置发生变化,再加上施工支洞大多为临时性工程,本身也存在一定的不确定性,正是这种临时性和不确定性,会使勘察设计者疏忽了施工支洞的重要性,往往达不到相应阶段的深度要求,所以有很多工程在进入技施设计阶段后,才临时进行补充勘察工作。发生这样的情况,看似合理,但若前期项目进展顺利,推进比较快,很可能导致没有时间对施工支洞进行详细的勘察,即进入施工阶段,造成设计质量不高,严重时,会造成难以挽回的后果。特别是地形平缓区施工支洞,地表平坦,覆盖层和全、强风化岩层较厚,多为地表平面直接向下开挖进洞,如不进行详细勘察,覆盖层性质、界线和全、强风化厚度等关键性设计指标无从判别,经验指标无从下手。所以,施工支洞的勘察,应和主洞的勘察一起进行,精度满足阶段性勘察要求是必要的。

4　丘陵平缓区施工支洞勘察手段应用分析

　　丘陵平缓区施工支洞布置位置地形选择性小,多地势平坦,坡度一般为5°~10°,地表有一定厚度的覆盖层,基岩的全、强风化也较厚,洞口多在地表直接下挖进洞(见图1和图2),这就区别于常规山区隧洞勘察,虽手段主要还是地质测绘、钻探、物探、取样试验等,但勘察重点有一定区别。

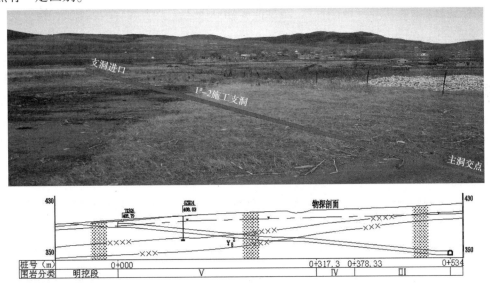

图1　1#-2施工支洞平剖面示意图

4.1　地质测绘

　　丘陵区长引水隧洞施工支洞一般在主隧洞两侧平缓的沟谷附近,施工支洞沿线地形一般较平缓,见图1和图2,不存在边坡稳定问题,覆盖层较厚,无基岩露头且全强风化有一定厚度。

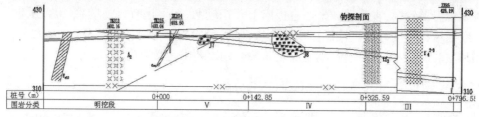

图2　2#-5施工支洞平剖面示意图

典型施工支洞地质测绘工作布置:施工支洞长约0.797 km,测绘精度1:2000,洞线两侧各200 m,测绘面积为0.32 km²。洞口地质测绘精度1:500,每个施工支洞以进洞点为控制点,按上下左右各150 m范围控制,测绘面积约0.09 km²。为配合地质测绘,施工支洞及洞口布置探坑150 m³。

工程区地质测绘重点是表层的地层岩性、坡积物和冲积物岩层界线等,首先要收集区域地质、地方地质志、附近工程等相关资料,野外手段主要采用布置人工勘探点(探坑、探槽等),对地质点、人工勘探点和地质线路进行详细观察描述,掌握地貌形态特征、类型及单元的划分,水系分布牲征,地层岩性类别、名称、变化规律、层序及接触关系等地形地貌地层岩性的基本工程地质特性。因洞口有一定的明挖段,地质测绘应掌握洞口区域的土层性质及配合原位测试。

4.2　钻探

钻探是隧洞勘察的必要手段,规范规定勘探钻孔主要布置在隧洞进出口、浅埋段、过沟段及工程地质条件较复杂地段,勘探深度进入设计洞底以下不应小于10 m,至少大于1倍洞径。由于施工支洞多为临时性工程,勘察也多在进洞点附近布置。

典型施工支洞钻探工作布置:在支洞进口部位布置1个钻孔,设计孔深40 m;在浅埋段布置1个钻孔,设计孔深50 m;在与主洞交叉部位布置1个共用钻孔,设计孔深120 m;钻孔达到设计孔深未到弱风化岩石时,应继续钻进,以进入弱风化岩石1 m为结束条件。

本工程施工支洞区地形平缓,地貌单一,覆盖层和全、强风化岩层较厚,进洞点不易判别,进口钻孔宜采用双排控制或浅井配合单孔,孔深穿过强风化层;由于为地表平面直接向下开挖进洞,浅埋洞段较长,隧洞顶板与强风化界线相交处宜布置钻孔;另外,主隧洞较长,钻孔间距较大,可结合主隧洞与施工支洞交叉部位布置钻孔,一孔两用。根据本工程施工支洞特点(丘陵平缓区),不同于一般施工支洞仅在洞口布置,应在洞口、隧洞中间和与主洞交叉位置均有钻孔,同时要配合钻孔原位测试和取样试验等工作,施工支洞延线至少布置 3 个及以上钻孔方能满足要求。

4.3 物探

隧洞物探工作多布置在进出口、浅埋段、过沟段及地质条件复杂洞段,探明覆盖层厚度、岩体风化程度、构造及岩溶发育情况及富水洞段含水层等,利用钻孔进行物探测试。

典型施工支洞物探工作布置:延施工支洞轴线进行地面物探,物探剖面长度为 0.797 km;洞顶板以上三倍洞径至孔底进行声波测试。

丘陵平缓区施工支洞地形较平缓,有一定厚度覆盖层,岩体全、强风化较厚,地质构造等不易被发现,且多为地表平面直接向下开挖和主洞相交,各层及风化界线地质测绘和钻探难以达到目的,布置地面物探十分必要,宜采用高密度电法和浅层地震相结合进行,位置布置在支洞轴线和浅埋段部位横断面上,解译深度大于洞底板,探明覆盖层厚度及层次、全强风化界线、破碎带的位置及宽度等。除地面物探外应进行孔内声波测试,视需要进行孔内数字成像。

4.4 取样试验

长引水隧洞施工支洞布置数量较多,施工支洞之间相距较远,少则数千米,多则十几千米,施工支洞之间的岩性及岩土性质差异大,基本无相互借鉴价值。故每一条施工支洞,应作为单独的项目考虑,对施工支洞进口附近每一层岩(土)均进行取样试验工作,且取样数量满足地质参数统计要求。必要时,进行原位试验工作。

典型施工支洞取样试验工作布置:取扰动土样(碎石土和全风化岩)6 组;原状样(黏土和粉土)6 组;取岩样(弱风化和强风化)6 组;现场探坑密度试验(碎石土和全风化岩)6 组。

除常规岩土物理力学性质试验外,重点注意的是覆盖层和基岩表部,无论是黏性土、砂状土还是全风化岩体,一定取原状样或进行原位试验,天然容重、饱和容重、剪切指标(内摩擦角和凝聚力)一定取得,因平缓区地形平坦,需从地表平面直接向下开挖进洞,有很长一段隧洞在覆盖层和全风化层中穿行,不取得相关性质参数(如坍落拱高度、山岩压力),无法进行隧洞开挖和支护设计计算。

5 丘陵平缓区典型施工支洞评价

引绰济辽调水工程施工支洞 31 条,合计长约 17.26 km,多处于丘陵平缓区,数量较多且分散,条件不一,取平缓区比较典型的 1#-2 号和 2#-5 号施工支洞进行分析评价。施工支洞轮廓为城门洞形,根据开挖衬砌断面形式不同,开挖宽度为 6.2~8.1 m,高 6.3~7.8 m。采用钻爆法进行施工。[3]

1#-2 号施工支洞全长 543.43 m,地面高程 398~425 m,坡度 3°~7°,覆盖层为低液限黏土,基岩为燕山期花岗斑岩,见图 4。工程地质条件及评价见表 1。[3]

2#-5 号施工支洞全长 796.55 m,地面高程 396~424 m,坡度 3°~5°,覆盖层为低液限黏土,基岩为二叠系凝灰岩、熔岩和华力西期花岗岩,见图 2。工程地质条件及评价详见表 2。[3]

表 1　1#-2 施工支洞工程地质条件及评价

支洞编号	桩号 (m)	工程地质条件简述	围岩类别
1#-2 支洞	进口外侧	洞口附近覆盖层黏土厚度 1.7~3.5 m,全风化带厚度约32 m,呈砂状;强风化带厚度 17~19 m,呈碎块状,地下水位埋深约 9 m	
	0+000~0+317.3	隧洞埋深 5~45 m,洞顶板以上全风化岩体厚度 5~32 m,强风化岩体厚度 0~16 m,洞身在全风化、强风化、弱风化花岗斑岩中穿过,地下水位高于洞顶板 0~33 m,围岩极不稳定,围岩类别为 V 类	V
	0+317.3~0+378.33	隧洞埋深 45~53 m,洞顶板以上全风化岩体厚度 18~24 m,强风化岩体厚度 14~15 m,洞身在弱风化花岗斑岩中穿过,上覆弱风化围岩厚度 7~21 m,地下水位高于洞顶板 34~41 m,围岩不稳定,围岩类别为 IV 类	IV
	0+378.33~0+534.43	隧洞埋深 53~72 m,基岩岩性为花岗斑岩,全风化带厚度 12~18 m,强风化带厚度 11~14 m。隧洞在弱风化花岗斑岩中穿过,上覆弱风化围岩厚度 21~49 m,地下水位高出洞顶板 41~57 m,围岩局部稳定性差,为 III 类围岩	III

表 2　2#-5 施工支洞工程地质条件及评价

支洞编号	桩号 (m)	工程地质条件简述	围岩类别
1#-2 支洞	进口外侧	洞口附近表部覆盖层厚度小于 1 m,基岩为熔岩,全、强风化带厚度 9~12 m,地下水埋深 11~12 m	
	0+000~0+142.85	隧洞埋深 4.8~19.9 m,基岩为凝灰岩和熔岩,隧洞在强—弱风化岩体中通过,洞顶板以上弱风化带厚度 0~7.0 m,围岩完整性差—破碎,地下水位高于洞底 0~8 m,围岩极不稳定,为 V 类	V
	0+142.85~0+325.59	隧洞埋深 19.9~41 m,基岩为凝灰岩,隧洞在弱风化岩石和物探解译 50 m 宽低阻破碎带中穿过,洞顶板以上弱风化带厚度 7.0~21 m,地下水位高于洞顶 8~25.8 m,围岩完整性差—破碎,围岩不稳定,为 IV 类	IV
	0+325.59~0+796.55	隧洞埋深 41~90 m,岩性为凝灰岩、花岗岩,洞身在弱风化围岩中穿过,洞顶板以上弱风化带厚度 21~63 m,地下水位高于洞顶板 25.8~72 m。局部稳定性差,围岩分类为 III 类;桩号 0+622.20 m~0+660.39 m 为物探解译断层破碎带和岩性交界处,岩体破碎,围岩不稳定,为 V 类围岩	III

由于隧洞进口段在覆盖层和全、强风化穿行距离较长,不同于常规支洞洞口段,设计所需参数不同,主要为塌落高度,Ⅲ类围岩 1.4~1.6 m;Ⅳ类围岩 4.2~4.8 m;Ⅴ类围岩中,上覆为基岩部分 8.5~9.0 m,上覆为松散体取全部上覆厚度。其余设计所需地质参数建议值见表 3。[3]

表 3   1#-2 和 2#-5 施工支洞参数建议值

	地层岩性	天然容重 (kN/m³)	饱和容重 (kN/m³)	内摩擦角 (°)	黏聚力 (kPa)
1#-2 号施工支洞	黏土	16.5	17.5		
	全风化花岗岩	19	20	15	18
	强风化花岗岩	23	24	30	5
	弱风化花岗岩	26.8	27.3		
2#-5 号施工支洞	黏土	16.5	17.5	15	18
	全风化熔岩	19	20	30	5
	强风化熔岩	24	25		
	弱风化熔岩	27.5	28		
	全风化凝灰岩	19	20		
	强风化凝灰岩	24	25		

从支洞评价上看,从地表平面直接向下开挖进洞的平缓区施工支洞重点是进洞段,一般地质条件较差,成洞条件不良,洞口及浅埋段多为全强风化岩体,甚至为覆盖层,特别注意覆盖层与基岩的界线及全强风化界线交于洞项板位置,对围岩分类、支护方案及施工挖至关重要,也是勘察与评价难点和重点。从设计所需提供的参数上看,也区别于常规山区施工支洞,山区施工支洞地质参数评价重点是基岩,平缓区施工支洞重点是覆盖层及全强风化性质和物理力学参数,设计计算需各层天然容重、饱和容重、抗剪指标等原始参数以及计算坍落拱高度等指标,原状样室内试验和原位测试必不可少。

丘陵平缓区施工支洞评价,因覆盖层和全、强风化层较厚且与支洞交线难以确定,故勘察时要以区域地质资料分析入手,结合区域资料进行地质测绘、钻探、物探及取样试验,除加强勘察与科学评价外,施工期也应加强施工地质工作,复核前期勘察资料,进行及时预报和预测。

6 结论与建议

从勘察上看,根据丘陵平缓区施工支洞工程特点,区别于常规施工支洞只在进口位置布置勘察,应全洞线考虑,充分利用物探工作,同时要配合钻孔原位测试和取样试验等工作。岩土体性质除进行常规物理力学性质试验外,重点是覆盖层和全风化岩体,取原状样或进行原位试验十分关键。

从评价上看,丘陵平缓区施工支洞从地表平面直接向下开挖进洞,评价重点是进洞段,洞身多为覆盖层和全强风化岩体,地质条件较差,成洞条件不良;特别注意覆盖层与基岩的界线及全强风化界线交于洞项板位置,对围岩分类、支护方案及施工挖至关重要,也是勘察与评价难点和重点。

从设计所需提供的参数上看,也区别于常规施工支洞重点为弱风化基岩参数,丘陵平缓区施工支洞重点是覆盖层及全强风化岩层,隧洞设计计算需要的各层天然容重、饱和容重、抗剪指标等原始参数以及计算坍落拱高度等指标。

丘陵平缓区施工支洞虽多为临时性工程,但一般为长引水隧洞,施工支洞较多,施工工程量相对较大,范围影响较广,且地质条件较差,勘察应引起足够重视,避免工程设计缺陷和工程事故的发生。

参 考 文 献

[1] 中华人民共和国水利部.引调水线路工程地质勘察规范:SL 629—2014[S].2014.
[2] 中水东北勘测设计研究有限责任公司.引绰济辽工程初步设计报告[R].长春:中水东北勘测设计研究有限公司,2017.
[3] 中水东北勘测设计研究有限责任公司.引绰济辽工程文得根水利枢纽及乌兰浩特输水段施工支洞地质报告[R].长春:中水东北勘测设计研究有限公司,2017.

【作者简介】 冯伟(1974—),男,教授级高级工程师,现从事工程地质勘察工作。E-mail:277898886@qq.com。

吉林引松工程隧洞 TBM 穿越灰岩地区涌水分析

齐文彪　徐世明　马振洲　刘　阳

（吉林省水利水电勘测设计研究院，长春　130021）

摘　要　本文对穿越灰岩地区地层岩性、地质构造、水文地质条件进行了简要分析，对三次较大的涌水做了较详细的分析；地下水富水性为中等－强富水区。涌水分类为中等涌水，涌水类型属于脉状岩溶管道涌水。村屯水位下降的原因一个是隧洞开挖的影响，另一个是降雨和降雪的影响，距离洞线较远位置两者的影响程度难以界定。

关键词　隧洞 TBM 穿越灰岩地区；水文地质；地质构造；环境影响；涌水；突泥

1　工程概况

吉林引松工程输水总干线及下游的长春干线，采用全程自流有压输水方式，有压隧洞总长为 99.2 km，最大自然洞长 72.2 km，最大洞径 7.90 m。石门子河—饮马河段线路，位于总干线的中段，在饮马河右岸 TBM 穿越 7921 m（桩号 71+131~63+210）的灰岩地层，该段 TBM 开工时间 2015 年 7 月 8 日，TBM 竣工时间 2016 年 7 月 18 日，TBM 开挖施工历时 376 天。

2　地层岩性

本段线路穿越的地层岩性主要为古生代石炭系与泥盆系灰岩、石炭系凝灰岩、三叠系凝灰岩、华力西晚期闪长岩等。其中，灰岩地层中见砂岩、碳质板岩、泥岩、细粒闪长岩等，岩石多见蚀变现象。洞线穿越地层岩性情况见表 1。

表 1　洞线穿越地层统计表

桩号（m）	洞段长度（m）	地层代号	洞室部位主要岩性	地层产状	洞段走向	穿越断层	接触关系
63+210~65+986	2102	C_{1-2m}	灰岩	NW354，NE∠42°	SW260	Fw_{32-1}、Fw_{32}、Fw_{32-2}、F_{34}	与 D_{1-2cj} 断层接触
65+986~67+913	1927	D_{1-2cj}	灰岩	NW313，NE∠35°	SW260	Fw_{34}、Fw_{34-2}、Fw_{34-1}	
67+913~71+131	3133	C_{1-2m}	灰岩	NW317-334，NE∠38-49°		f_{13}、F_{38-1}、F_{38-2}、Fw_{38}、F_{39}、F_{40-1}	与 C_{1y} 不整合接触

TBM 穿越 7 921 m 长灰岩线路勘察主要工作量，勘探钻孔 41 个，物探（电法、地震、电磁法、声波测试等）全线，钻孔抽水试验 5 处，泉水调查 16 个，民井调查 32 个，水样分析 51 组，矿物成分分析和磨片鉴定 55 组，降雨、长观井水位、泉水流量动态曲线 121 个。

3 地质构造

本段线路共穿越断层23条见表2。

表2 洞线穿越断层统计

序号	编号	桩号	产状	宽度(m)	影响宽(m)	组成物质	地下水	说明
1	Fw$_{41-1}$	71+131拱顶及左侧	NE35°,SE∠55°	10~50	7	泥及岩屑,断层泥厚5~6 mm	线状流水	炭质板岩条带Fw$_{41}$
2	F$_{40-2}$	71+00.5~71+002	NE35°,SE∠80°	0.1~2	7	泥及岩屑	渗滴水	3条平行小断层,炭质板岩
3	Fw$_{41-1}$	71+131	NE35°,SE∠55°	0.5~0.6	6	断层泥	线状流水	炭质板岩条带10~50 cm,FW41
4	F$_{40-1}$	70+910.5	NE35°~59°,SE∠44°~52°	20~40	11	泥及岩屑,断层泥1~5 cm	渗滴水	F$_{40-1}$
5	F$_{40-1}$	70+905.5	NE35°~59°,SE∠44°~52°	20~40	5	泥及岩屑,断层泥厚1~5 cm	滴水	F$_{40-1}$
6	f$_{7-14}$	71+088	NE55°,SE∠60°	10~20	3	泥及岩屑,断层泥厚5~8 mm	渗滴水	F$_{40}$
7	f$_{7-15}$	70+733~70+734.5	NE30°~50°,NW∠60°~70°	10~20	16	泥及岩屑,泥厚3~5 cm	滴水	
8	f$_{7-16}$	69+894	NE5°,SE∠78°	10	5	泥及岩屑	渗滴水	
9	F$_{38-2}$	69+522	SE152°,NE∠76°	0.5	5	泥及岩屑	渗水	
10	F$_{38-1}$	69+259~69+263、69+268~69+272、69+290~69+294	SE160°,SW∠75°	0.3~0.5	40	断层泥及碎裂岩	线状流水	
11	F$_{34-2}$	66+409.5~66+398.5	NW354°,NE∠80°	0.1~0.5	30	断层泥及碎裂岩	涌水、线状流水	3条,F34-1
12	f$_{6-5}$	66+483	SE166°,NE∠56°	0.005	4	岩屑	滴渗水	发育溶洞
13	f$_{6-7}$	66+487.5	SW196°,NW∠80°	0.003	5	泥	滴渗水	与f$_{6-8}$相交
14	f$_{6-8}$	66+487.5	SE145°,SW∠56°	0.005	5	泥及岩屑	滴渗水	
15	f$_{6-9}$	66+497.7	NW51°,SW∠35°	0.003	3	岩屑	滴渗水	
16	f$_{6-10}$	6+516.5	SW202°,NW∠40°	0.005	8	岩屑	滴渗水	发育溶洞,涌水
17	F$_{34-1}$	66+399.6	NW354°,NE∠80°	0.1~0.5	30	断层泥及碎裂岩	涌水、线状流水	破碎带
18	f$_{6-1}$	66+356.5	NW307°,NE∠68°	0.06	10	断层泥及碎裂岩	滴渗水	
19	f$_{6-2}$	66+320.5	NW321°,NE∠77°	1~2	20	断层泥及碎裂岩	滴渗水	
20	f$_{6-3}$	66+292	NE2°,SE∠81°	0.5~1	20	断层泥及碎裂岩	滴渗水	
21	F$_{34-1}$	66+236	NE30°,SE∠44°	0.1	30	断层泥及碎裂岩	涌水	发育大溶洞
22	f$_{6-4}$	66+106	SE125°,NE∠42°	1~4	15	断层泥及碎裂岩	干燥	
23	F$_{34}$	66+030	NW339°,NE∠40°	0.5	15	断层泥及碎裂岩	滴渗水	溶蚀发育

4 水文地质特征

工程区地下水主要靠大气降水补给,枯水期地表径流接受地下水补给,丰水期河水短时补给地下水,地下水以浅循环为主。受地形切割影响,地下水往往以短途径流为主,且常以泉的形式排出地表,补给河水。

该段地下水的类型有松散岩类孔隙水、碳酸盐岩类岩溶裂隙水和断裂带脉状水。

4.1 松散岩类孔隙水

工程区内为水量贫乏的河谷孔隙潜水:分布在该段的山间河谷中,主要有北沟、小河沿沟、碱草甸子沟。赋存在第四系松散堆积的碎石含黏性土和黏性土含碎石层中,水量贫乏。北沟,钻孔揭露覆盖层厚度为12.8~20.3 m;小河沿沟钻孔揭露覆盖层厚度为14.0~28.4 m;碱草甸子沟钻孔揭露覆盖层厚度为8.7~29.0 m。

4.2 碳酸盐岩类岩溶裂隙水和断裂带脉状水

工程区内碳酸盐岩岩溶裂隙水,赋存在古生界泥盆系和石炭系中、下统的灰岩中,灰岩为线路的主要岩性,且均已褶皱成山,绝大部分为裸露型,局部覆盖有5~25 m的松散层,高出饮马河河床侵蚀基准面30~160 m。钻探中发现有两处钻孔中地下水有溢流现象,两处均处于沟谷中,为汇水区,水位观测孔1 058孔(桩号65+117 m)雨后地下水自孔中自流。1 068孔(桩号69+736 m)验孔时发现地下水自孔中自流,高出地表50 cm,据钻探人员反映当钻孔打到15 m左右揭露到破碎带时,开始见自流现象,验完孔后3天左右,自流现象慢慢消失,前后持续约1周(10月17~23日)。两处地下水自流流量不大,水量与降水关系密切。碳酸盐岩岩溶裂隙水为承压水,通过抽水试验,单井最大涌水量820.44 m³/d,水量较丰富。

区内不同构造体系、不同力学性质的断裂均较发育。压性、压扭性断裂规模较大,形成较大河谷;张性、张扭性断裂规模一般较小,多形成小河谷或沟谷。

4.3 岩溶

本区地貌为山谷相间,山体多沿NE或近SN展布,两侧为沟谷,使该区有良好地下水和地表水排泄条件。隧洞穿过的灰岩为古生代石炭系、泥盆系地层。

本区现代岩溶不发育,古代岩溶与南方地区相比,相对微弱。

从钻探资料分析,地下岩溶主要是近浅表的溶沟、溶槽、溶蚀裂隙、溶洞,充填有紫红色残积土及块石,溶洞中见水流沉积物,发育的深度为30~50 m,30 m以上到基岩面之间相对较发育,发育的部位,主要位于较大的沟谷及附近,分水岭地段发育相对较弱。

基岩面到30 m深度内类似地下石林,沟槽相间,30 m以下岩溶沟、槽密度和规模减小。

石炭系地层溶蚀洞穴分布高程在225~267 m,泥盆系地层在197~248 m。垂直分带性不明显。石炭系灰岩垂直分带不少于两级。岩溶水排泄基准面为饮马河。

岩溶岩水文地质条件,洞线主要沿山脊或分水岭走,在灰岩边部的高位置穿过,条件相对较好,属于补给区,径流排泄条件较好,降雨径流经沟谷很快排泄到饮马河,多年平均入渗深度78.8 mm,地下水量有限。

主要工程地质问题是涌水突泥和可能遇到空洞等。从上述岩溶及岩溶水条件分析,发生类似南方大规模涌水涌泥的概率不大,但在小河沿沟、碱草甸子沟及北沟附近发生中小规模的涌水涌泥现象不能排除。在小河沿沟、碱草甸子沟采用钻爆法通过,穿灰岩线路是可以成立的,水文地质风险是可控的。

隧洞穿越灰岩地区,施工开挖所揭露的地质问题与勘察结论基本一致,并有相应对策,取得了成功经验。

隧洞穿越灰岩地区,揭露:①溶蚀裂隙;②溶蚀宽缝;③溶蚀条带;④溶腔;⑤溶洞(多为半充填);共计52处。洞线高程以上:①溶蚀裂隙;②溶蚀宽缝;洞线高程;③溶蚀条带;④溶腔;⑤溶洞;洞线高程以下:岩溶不发育。

4.3.1　钻孔揭露的岩溶特性及发育情况

在沟谷低洼处共布置了11个钻孔,上述揭露到溶洞或溶缝的8个钻孔均位于沟谷低洼处。该8个钻孔沿钻孔纵向共揭露溶蚀现象29段,总长度61.8 m,占揭露溶蚀现象的43.3%,占总揭露长度的67.0%,占这11个孔揭露灰岩的16.1%。表明该区段岩溶发育较集中,与地表水联系密切,补给条件好的低洼处,岩溶相对发育。钻孔揭露的溶洞内均有黏土含角砾碎石充填,固结不好,表明地下水补充排泄不好,充填时代较新。

对钻孔按不返水情况、钻孔稳定水位情况、钻孔掉钻情况及钻孔位置进行分类统计,统计后钻孔揭露岩溶掉钻位置有三个在洞顶以上(高于洞顶39.2 m、25.8 m和2.3 m),一个投影钻孔掉钻位置在洞深范围内;钻孔不返水的位置都高于洞顶(2.87~32.47 m);钻孔稳定水位均高于洞顶。说明该地区岩溶发育在浅部,发育深度多数小于30 m,部分在30~50 m内。

4.3.2　施工期岩溶统计

施工期共发现大型溶洞、中型溶洞、小型溶洞、溶孔、溶蚀裂隙、溶蚀宽隙和溶蚀条带52处。较大岩溶发育情况统计见表3。

表3　较大岩溶发育情况统计

序号	桩号	位置	类型	尺寸	描述	地下水
1	70+574.5~70+572.6	小型溶洞	右侧起拱线处	轴向长2 m,环向宽约4 m,深度不详	溶洞壁发育方解石晶簇,溶洞中空周围节理裂隙串珠状发育小溶腔	滴渗水
2	70+458~70+437	大型溶洞	全断面	看不出明显形状	整个洞段溶蚀溶蚀严重,从外表可见泥夹大块石,局部发育小型空腔	干燥
3	69+254~69+238	大型溶洞	右侧壁	出露面积较大,长约16 m,宽约6 m,深度不详	填充方解石晶簇和锈黄色松散物质,局部位置存在无填充空腔	干燥,局部滴水、线流
4	68+355~68+351	大型溶洞	顶拱位置	长约8 m,宽约4 m深约1.5 m	处于贯通位置,只能看到一部分,充填黄色泥质(不确定是否夹碎块石)	潮湿
5	66+897.3~66+893.5	小型溶洞	右上侧	长约4 m,宽约2.5 m,深度不详	填充黄色泥岩,附近溶蚀裂隙发育,沿裂隙发育有小溶孔	干燥
6	66+829~66+798	中型溶洞	上断面	该段发育多个溶洞,最大溶洞长约8 m,宽约3 m,深约2 m	沿裂隙溶蚀发育,产生较多大小溶洞、溶隙,溶洞填充泥质为主	渗水

表3 较大岩溶发育情况统计

序号	桩号	位置	类型	尺寸	描述	地下水
7	66+742~66+733	中型溶洞	上断面	溶洞长约9 m,宽约7 m,深约5 m	填充泥及碎块石,不稳定	滴水,局部线流
8	66+727.5~66+721.2	小型溶洞	右侧起拱线处	溶洞长约5 m,宽约4.5 m,深约0.5 m	洞壁溶蚀严重,TBM开挖后仅见溶洞壁面,填充物不详	渗水
9	66+721.5~66+715.4	中型溶洞	顶拱位置	溶洞长约7 m,宽约5.5 m,深约1.5 m	溶洞填充泥及碎块石,开挖后产生掉块塌腔,不稳定	滴渗水
10	66+239~66+217	大型溶洞	顶拱	溶洞长22 m,宽度大于8 m,深度4~5 m	断层破碎带中,填充泥及碎块石,出现突泥、突砂	涌水
11	66+216.1~66+209.7	小型溶洞	右上侧	长约6.5 m,宽约4 m,深约2 m	处在断层破碎带中,充填泥及碎块石	滴水,局部线流
12	66+125~66+113	中型溶洞	右侧壁	长约9 m,宽约5 m,深约2 m	溶洞充填泥及碎块石,周围裂隙溶蚀发育,出露串珠状小溶腔	渗水
13	65+941.5~65+958.5	大型溶洞	上断面	长约17 m,宽约7 m,深3~6.5 m	大型溶洞,填充泥及岩屑,局部位置发育方解石晶簇,形成较大空腔	线状流水
14	64+317~64+308	小溶洞	上断面	长约8 m,宽约3 m,深度不详	填充泥及碎块石,有掉块,深度无法观察	潮湿
15	64+144~64+141	小型溶洞	顶拱	长约2 m,宽约1 m,深度不详		渗滴水
16	63+708.3~63+705	小型溶洞	右侧边墙	长约3.3 m,宽约3.2 m,深约6 m	沿裂隙发育小型溶洞,填充泥质	线状流水

5 预测隧洞涌水量及施工期出水统计

5.1 原设计计算预测隧洞涌水量

根据《水利水电工程水文地质勘察规范》最大涌水量的计算,采用古德曼公式和佐藤邦明非稳定流公式。正常涌水量计算,采用裴布依公式和佐藤邦明非稳定流经验式。

计算结果见表4。

表4　穿灰岩段隧洞涌水量分段计算成果

计算分段	隧洞计算段通过含水体的长度 L (m)	隧洞正常涌水量			隧洞单位长度正常涌水量	隧洞最大涌水量			隧洞单位长度最大涌水量	富水性分区名称
		裘布依公式 Q_s (m³/d)	佐藤邦明经验式 Q_s (m³/d)	平均正常涌水量 Q_s (m³/d)	佐藤邦明经验式 q_s [m³/(d·m)]	古德曼公式 Q_s (m³/d)	佐藤邦明非稳定流式 Q_s (m³/d)	平均最大涌水量 Q_s (m³/d)	佐藤邦明非稳定流式 q_s [m³/(d·m)]	
55+894.6—58+388.1	2 493.5	7 718.71	22 509.96	15 114.33	9.03	43 717.20	32 374.08	38 045.64	12.98	强富水区
58+388.1—59+701.3	1 313.2	1 494.93	2 813.85	2 154.39	2.14	5 282.93	3 830.93	4 556.93	2.92	中等富水区
59+701.3—60+852.1	1 150.8	1 773.53	2 827.83	2 300.68	2.46	5 206.50	3 719.13	4 462.82	3.23	中等富水区
60+852.1—63+076.7	2 224.6	3 184.59	5 721.54	4 453.07	2.57	10 667.30	7 696.33	9 181.81	3.46	中等富水区
63+076.7—65+280.5	2 203.8	6 395.74	13 343.69	9 869.71	6.05	25 054.06	18 168.84	21 611.45	8.24	强富水区
65+280.5—67+413.7	2 133.2	3 207.91	16 603.22	9 905.56	7.78	38 356.84	30 243.35	34 300.09	14.18	强富水区
67+413.7—68+903.7	1 490	162.78	948.86	555.82	0.64	2 691.38	2 231.59	2 461.48	1.50	中等富水区
68+903.7—70+627.9	1 724.2	3 521.51	18 380.84	10 951.18	10.66	40 651.51	31 429.25	36 040.38	18.23	强富水区
70+627.9—71+855	1 227.1	1 127.82	4 496.77	2 812.29	3.66	9 658.42	7 468.58	8 563.50	6.09	强富水区
合计	15 960.4	28 587.52	87 646.56	58 117.04	3.64	181 286.12	137 162.08	159 224.10	9.98	强富水区

5.2 施工期涌水量统计

施工以来收集到的涌水量大于或等于 5 L/min 的有 36 处,涌水情况见表 5。

表 5 桩号 71+131~63+210 段涌水量大于或等于 5 L/min 涌水情况

序号	桩号	位置	涌水类型	流量(L/min)[m³/h]
1	70+747	左侧底部	股状流水	30
2	70+569	左侧起拱线	股状流水	10
3	69+885	左侧底部	线状流水	12
4	68+408	左上侧	线状流水	5
5	68+060~68+062	右侧	线状流水	10
6	67+740~67+770	全洞段	滴水~线流	5
7	67+330~67+360	全洞段	线状流水	10
8	66+108.6	左下侧	线状流水	15
9	66+111.6	右下侧	涌水	200
10	66+133.6	右侧底部	线状流水	1.5
11	66+160.6	右下侧	涌水	180
12	66+170.6	左下侧	涌水	260
13	66+176.6	右下侧	线状流水	6
14	66+228.6	左上及下侧分界	涌水	[100]
15	66+237.6	顶拱及左上	线状流水	30
16	66+279.6~66+283.6	左上侧	线状流水	70
17	66+331.6~66+352.6	左侧为主	涌水	>[1 000]
18	66+468.6~66+479.6	左右侧底,顶拱偏右	线状流水及 3 处涌水	[300~400]
19	66+502.6~66+510.6	顶拱及右下底	3 处涌水	[300~400]
20	66+609.6	左下侧	线状流水	
21	66+727.6~66+730.9	底部两侧	涌水	(400)
22	65+855~65+865	全洞段	多处线流	10
23	65+595	右上侧	线状流水	5
24	64+952	顶部	线状流水	5
25	64+728	顶拱	线状流水	20
26	64+724	右侧	涌水	[2 500]
27	64+710	右侧	涌水	300
28	64+699	左侧及顶部	柱状流水	30
29	64+640~65+620	全洞段	线流	10
30	64+559	左侧	线状流水	10
31	64+367	右侧	柱状流水	50
32	64+360	右侧	涌水	>125
33	64+355	顶部	线状流水	5
34	64+467~64+457	上断面	多处股状、线状流水	150
35	64+360~64+354	上断面	线流	5
36	64+032~64+020	上断面	滴水,局部线流	6

6　隧洞主要涌水段分析

从表 5 看出,TBM 施工以来有三次较大的涌水,分述如下。

6.1　桩号 66+342~66+338 段水文地质分析

6.1.1　地下水类型

该段地下水的类型有松散岩类孔隙水、碳酸盐岩类岩溶裂隙水和断裂带脉状水。

该段在《吉林省中部城市引松供水工程输水总干线隧洞 TBM3 穿越灰岩地区专题研究报告》中富水性分区划分为强富水区(见表 4)。

6.1.2　桩号 66+342~66+338 段 2016 年 2 月 29 日涌水

2016 年 2 月 29 日晚 22 点,掌子面涌水急剧增加,刀盘水位上升至从主大梁刀仓孔涌出和盾尾边墙涌水,致使作业人员无法进入刀仓查看掌子面具体情况。隧洞积水急剧上升并自流出洞,并淹没部分洞口及生产生活区,利用洞外排水及排洪系统外排,时值寒冬季节,涌水抢险工作困难较大,整个过程中涌水部位水质清澈且无减弱趋势。施工方截止 3 月 1 日凌晨形成了小河沿、碱草甸子和出口涌水抢险排水系统。

6.1.3　桩号 66+342~66+338 段 2 月 29 日涌水分析

6.1.3.1　桩号 66+342~66+338 洞内涌水观测

2016 年 2 月 29 日,小河沿段发生涌水,涌水类型为脉状岩溶管道涌水,笔者 3 月 1 日~3 月 9 日观测到的最大涌水量为 921.82 m³/h,最小涌水量为 415.38 m³/h。

附近有钻孔长观井二个(C1061、C1206),民井观测井二个(CMJ5-1、CMJ5-3),泉水观测点一个(CQ1207)。

地下水有两个来源:①沿着 F34-1 断层破碎带流向洞内;②沿着东侧沟谷溶蚀裂隙、溶洞流向洞内。

断层破碎带上的村屯民井及水源井和泉水影响大。涌水没有影响到邻谷的地下水。桩号 66+356~66+340 隧洞左上侧有一溶蚀宽缝。

桩号 66+342~66+338 洞内涌水观测见表 6。

表 6　桩号 66+342~66+338 洞内涌水量观测

观测日期 (年-月-日)	观测时间	流量 (m³/h)
2016-03-01	10:50	893.66
2016-03-02	11:10	921.82
2016-03-08	8:50	415.38
2016-03-09	10:50	762.97

桩号 66+338 断面侧壁涌水量观测了二次,涌水量观测采用流速仪观测计算;在桩号 66+412 位置处观测最大涌水量 921.82 m³/h;观测的该处的涌水量加上洞内其他涌水量等于排水量。

6.1.3.2　小河沿竖井及碱草甸子竖井排水量

涌水期排水量观测结果见表 7。

表 7 小河沿和碱草甸子排水量观测统计

时段	观测时间 (年-月-日)	排水量(m³/h)		合计
		小河沿	碱草甸子	
66+338 右侧壁涌水前	2016-01-13	97.73		162.93
	2016-01-26		65.20	
	2016-02-29	174.31	95.23	269.54
66+338 右侧壁涌水后	2016-03-02	845.36	152.83	998.19

从表 7 可以看出,小河沿排水在 66+338 断面涌水前的 1 月 13 日排水量为 90.73 m³/h,在 2 月 29 日排水量增大为 174.31 m³/h;碱草甸子排水在 66+338 断面右侧壁涌水前的 1 月 26 日排水量为 65.20 m³/h,在 2 月 29 日排水量增大为 95.23 m³/h,在 66+338 断面涌水后,两处排水量合计为 998.19 m³/h。

6.1.4 水文地质分析

通过调查观测分析,该区段具有可溶性的岩石;该段处在断层破碎带上,节理、裂隙发育,岩石具有透水性,可溶岩经受构造变动并发育构造裂隙是岩溶发育的一个必要条件;具有侵蚀能力的水;并且具有流动性的水,该段在坡脚(山坡和河谷的过度带),水的压力大,冲刷、溶蚀能力强,导至岩溶较发育。

该段隧洞开挖笔者观测到的最大涌水量为 921.82 m³/h,最小涌水量 415.38 m³/h。通过调查观测分析,2016 年 2 月 29 日的涌水分类为中等涌水,涌水类型属于脉状岩溶管道涌水。

在雨季,原受 TBM 施工影响的民井,有的水位上升,大多数还没有水。

从观测到的数据看,如果开挖中对地下水不及时封堵,减少排水量,洞线上及附近水位会持续下降,部分民井会干枯,部分水源井水位下降,甚至干枯无水;也可能产生区域地下水位下降,在水位下降大的位置工程运行后衬砌或者围岩灌浆质量不好的部位可能产生内水外渗及外水压力大。突涌水影响环境和影响施工进度及工程质量应及时封堵。

6.2 66+231~66+181 段水文地质分析

6.2.1 地下水类型

该段地下水的类型有松散岩类孔隙水、碳酸盐岩类岩溶裂隙水和断裂带脉状水。

该段在《吉林省中部城市引松供水工程输水总干线隧洞 TBM3 穿越灰岩地区专题研究报告》中富水性分区划分为强富水区(见表 4)。

6.2.2 桩号 66+231~66+181 段 2016 年 3 月 24 日突泥涌水

2016 年 3 月 22 日夜班掘进 5.2 m 时,出露护盾围岩拱腰及右侧边墙范围出现溶蚀溶洞无填充(1 点至 3 点位置,深 2.5~3 m,长度一直延伸进入护盾,并有一股状水流出,拱顶有少许剥落体块石覆盖在钢筋排上面)。

23 日白班接班停机进行清渣及加强支护,并喷混凝土封闭坍腔,确保撑靴能提供反力,同时减少钢筋排上部的剥落体厚度;23 日夜班掘进 0.8 m,因喷混凝土不密实继续清渣干喷封闭及加强支护,此时出渣渣体含有少量泥夹碎块石、大块石,刀盘前方并有大股浑水涌出,开始方量大约 320 m³/h。

24 日白班掘进 0.4 m,桩号 66+231,在受 F34-1 断层及溶洞充填物和水的共同叠加作用下发生了突泥涌水,出渣有大量泥夹碎石,并有泥浆和水从刀仓孔流出,下午 14:10,因刀仓主机 1#皮带被压死停转,进行人工清理,手动输渣,刀仓无法进人观察;24 日夜班 19:40 至 21:07,主机 2#皮带下部块石卡皮带,进行清理,回复后空转刀盘、出渣,并在刀仓孔位置堆码砂袋以防更多泥浆突出。

6.2.3　突泥涌水分析

小河沿竖井及碱草甸子竖井排水情况:小河沿竖井处排水从 2016 年 3 月 7 日至 2016 年 3 月 23 日排水量为 753.55~283.28 m³/h,碱草甸子竖井排水从 2016 年 3 月 7 日至 2016 年 3 月 23 日排水量为 140.09~58.88 m³/h。

6.2.4　水文地质分析

该段地下水有两个方向来源:①沿着 F34-1 断层破碎带流向洞内;②沿着东侧小沟谷中水平径流带发育的溶蚀裂隙、溶洞流向洞内。洞内处的地下水必然是从高水位沿着节理裂隙流向低水位。在流动中对节理、裂隙面溶蚀,形成溶蚀裂隙或溶洞,更有利于地下水的流动,导致这次突泥涌水。

6.3　桩号 64+746.5~64+699 段水文地质分析

6.3.1　地下水类型

该段地下水的类型有松散岩类孔隙水、碳酸盐岩类岩溶裂隙水和断裂带脉状水。

该段在《吉林省中部城市引松供水工程输水总干线隧洞 TBM3 穿越灰岩地区专题研究报告》中,富水性分区划分为强富水区(见表 4)。

6.3.2　桩号 64+746.5~64+699 段 5 月 30 日涌水情况

2016 年 5 月 29 日,TBM 开挖揭露围岩为灰岩,灰白色,坚硬岩,岩石微风化,岩体完整性较差,地下水不发育,呈潮湿到渗水状,为Ⅲb 类围岩,凌晨 2:10 当 TBM 掘进至桩号 64+746.5 时,拱顶 1 点钟方向出现柱状带压水,初步判定水量 300 m³/h。

2016 年 5 月 30 日 TBM 恢复掘进,开挖揭露围岩为灰岩,灰白色,坚硬岩,岩石微风化,岩体完整性较差,为Ⅲb 类围岩,凌晨 1:00,TBM 掌子面施工至桩号 64+747 时,在掌子面拱顶 12 点钟方向出现股状带压水,其余位置地下水不发育,初步判定水量 100 m³/h。现场采用应急处理措施及时进行防护,将水引排后继续掘进。下午 17:40,TBM 掘进至桩号 64+727 时,在掌子面 3 点钟方向,距离中心约 1.8 m 处出现柱状带压水,出水点直径约 30 cm,施工单位初步判定水量 1 500 m³/h,涌出的水中含有泥沙,水质浑浊,含泥砂、碎块石较多。

由于隧洞涌水影响,该处村屯水井部分水位下降严重,部分出现水井干枯现象。掌子面为 64+727,掌子面发生涌水,水质浑浊,携带大量泥砂及细小碎块石,小碎块棱角分明(搬运距离较短)。结合钻孔及地质剖面图资料分析,掌子面上方可能存在大型溶洞,溶洞充填泥及小碎块石,且通过溶蚀裂隙与洞室连通,引起大型涌水;涌水期间地表水井水面有明显下降趋势,推断该处涌水与潜水层存在水力联系,地表沉降监测未发现地表有沉降现象,可推断水流携带的泥砂均为溶洞填充物。

TBM 恢复掘进掌子面为 64+724,发生涌水;掘进至 64+710 和 64+699 时均发生了涌水。

6.3.3　桩号 64+746.5~64+699 段 5 月 30 日涌水观测

2016 年 5 月 30 日,北沟段发生涌水,涌水类型为脉状岩溶管道涌水,笔者 5 月 31 日至

6月2日观测到的最大涌水量为718.04 m³/h,最小涌水量为324.37 m³/h。

附近有钻孔长观井二个(C1058、C1201),民井观测井二个(CMJ3-1、CMJ3-2),自来水井观测井一个(CMJ3-4),泉水观测点一个(CQ1204)。

地下水有两个来源:①沿着Fw32溶蚀裂隙、溶洞流向洞内;②沿着东侧沟谷溶蚀裂隙、溶洞流向洞内。涌水没有影响到邻谷的地下水。北沟段共3处涌水,均在溶蚀槽位置。

在2016年5月31日和2016年6月1日、2日对桩号64+746.5~64+699洞内涌水量观测了三次,见表8。

表8　桩号64+746.5~64+699洞内涌水量观测

观测日期(年-月-日)	观测时间	流量(m³/h)
2016-05-31	15:00	718.04
2016-06-01	15:40	324.37
2016-06-02	11:28	359.54

涌水含泥量大,并且6月2日涌水量比6月1日涌水量大,因6月2日开挖到64+699又有新的涌水点涌水。最大涌水量718.04 m³/h,最小涌水量324.37 m³/h。

6.4 水文地质分析

该段地下水有两个方向来源:①沿着Fw32低阻异常带(地下溶蚀裂隙和溶洞)流向洞内;②沿着东侧小沟谷中水平径流带发育的溶蚀裂隙、溶洞流向洞内。该区域的饮马河侵蚀基准面高程为205~208 m。降水入渗补给地下水;洞内处的地下水必然是从高水位沿着节理裂隙流向低水位。在流动中对节理、裂隙面溶蚀,形成溶蚀裂隙或溶洞,更有利于地下水的流动。

该段最大涌水量718.04 m³/h,最小涌水量324.37 m³/h;5月30日涌水,到6月1日涌水量由718.04 m³/h衰减到324.37 m³/h;涌水分类为中等涌水,涌水类型属于脉状岩溶管道涌水。

从隧洞TBM开挖同期观测到的数据看,对地下水不及时封堵,不减少排水量,洞线上及附近水位会持续下降,部分民井会干枯,部分水源井水位下降,甚至干枯无水;也可能产生区域地下水位下降;在水位下降大的位置工程运行后衬砌或者围岩灌浆质量不好部位可能产生内水外渗及外水压力大。突涌水影响环境和影响施工进度及工程质量应及时封堵。

7 结 论

该段地下水富水性分区为中等—强富水区。涌水分类为中等涌水,涌水类型属于脉状岩溶管道涌水。

隧洞开挖洞内的涌水量没有超过预测估算的涌水量。

隧洞开挖对有水力联系的地下水位有直接影响,对洞线上的村屯及附近的村屯地下水位大部分影响大,有的井中水干,有的水位下降,特别对洞线上、沟谷地下水位影响大。洞内涌水量排水量越大,对周围地下水水位下降的影响越大。

从隧洞TBM开挖同期观测到的数据看,对地下水不及时封堵,不减少排水量,洞线上及附近水位会持续下降,部分民井会干枯,部分水源井水位下降,甚至干枯无水;也可能产生区域地下水位下降;在水位下降大的位置工程运行后衬砌或者围岩灌浆质量不好部位可能产生内水外渗。

从雨季观测的数据看,洞线附近有的干枯的长观井有水了,有的长观井水位上升,说明地下水同时受降雨和降雪的(近几年冬季降雪少,春季降雨少对地下水的补给少)影响,距离洞线较远位置两种因素影响大小难以界定。

参 考 文 献

[1] 齐文彪.吉林省中部城市引松供水工程设计关键技术研究[J].长春工程学院学报,2010(3):93-96.
[2] 齐文彪,刘阳.吉林中部供水工程关键技术问题综述[J].长江科学院院报,2012(8):1-6.
[3] 齐文彪,刘阳,刘守伟,等.吉林省中部城市引松供水工程输水总干线隧洞 TBM3 穿越灰岩地区专题研究报告[R].吉林省水利水电勘测设计研究院.
[4] 卢耀如,等.岩溶水文地质环境演化与工程效应研究[M].北京:科学出版社,1999.
[5] 刘招伟,等.岩溶隧道灾变预测与处理技术[M].北京:科学出版社,2007.
[6] 邹成杰,等.水利水电岩溶工程地质[M].北京:水利水电出版社,1994.
[7] 张梅,等.宜万铁路岩溶断层隧道修建技术[M].北京:科学出版社,2010.
[8] 卢耀如,等.硫酸盐岩岩溶及硫酸盐岩与碳酸盐岩复合岩溶–发育机理与工程效应研究[M].北京:高等教育出版社,2007.

【作者简介】 齐文彪(1962—),男,研究员,主要从事水利水电工程设计研究。E-mail:qi-wen-biao@163.com。

夹岩水利枢纽工程岩溶发育特征及主要工程地质问题

吴高海[1]　高奋飞[1,2]　陈敏涛[1]

(1.贵州省水利水电勘测设计研究院,贵阳　550002;
2.贵州省喀斯特地区水资源开发利用工程技术研究中心,贵阳　550002)

摘　要　贵州黔西北高原峡谷地区地形地质条件复杂,可溶岩占70%以上,岩溶强烈发育,在这复杂地质条件下修建夹岩水利枢纽工程,建高坝大库、长隧洞输水线路,岩溶工程地质问题突出。只有深入研究工程区岩溶发育控制因素及其特征,认清该区岩溶在时空上的变化映衬出不同的工程地质问题后,才能针对性解决不同区段岩溶工程地质问题。

关键词　夹岩水利枢纽工程;岩溶;侵蚀基准面;工程地质问题

1　引　言

夹岩水利枢纽工程位于贵州黔西北一带,工程包含有水源区及输水线路,输水线路从总干渠至黔西附廓水库从东向西展布,之后转北北东向至金沙县、仁怀市、遵义市。水源工程位于乌江上游,六冲河七星关区与纳雍县界河段上,坝址以上集水面积4 312 km²,大坝为面板堆石坝,坝高154 m,水库正常蓄水位1 323 m,正常蓄水位以下库容13.25亿 m³,为大(一)型水利枢纽工程。水库主要功能为供水、灌溉、兼顾发电。根据受水区分布,输水线路工程由毕大供水、总干、北干、南干和金遵、金沙分干渠,干渠长度293.815 km。

该工程于2010年6月进行规划设计,2011年初至2015年3月完成项建、可研、初设、勘察设计工作,2015年初开始施工至今,大坝于2018年4月截流,现主体工程施工基本完成,现场揭露的地质情况比较吻合于设计,工程按计划推动中。

2　区域地质背景

工程区地处云贵高原边缘之乌蒙山脉北东延伸部位,高程1 000~2 400 m。晚更新世以来,受多次大面积掀斜式抬升影响,乌江上游六冲河及其支流强烈溯源侵蚀,于河床及两岸形成深切峰丛洼地、岩溶峡谷地貌;在远离河谷地带,大娄山期剥夷面和山盆期剥夷面改造瓦解,地形支离破碎,形成残丘坡地、峰林盆地、宽阔河谷的高原景观(见图1)。地理位置为赫章、毕节、大方、纳雍、织金、黔西、金沙、遵义、仁怀一带,为贵州第一、二阶梯面过渡带和第二阶梯面上,地势整体西高东低,其中毕节、大方、纳雍、织金一带为乌蒙山脉,遵义、仁怀一带为大娄山脉。

基金项目:贵州省重大科技专项(黔科合重大专项字[2017]3005号)。

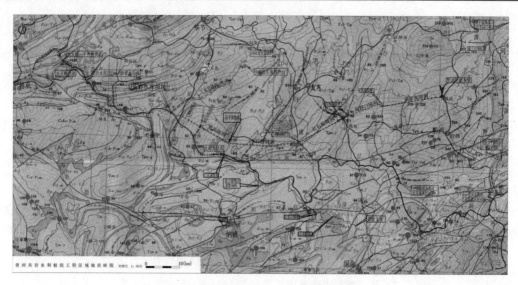

图 1　夹岩水利枢纽工程区域地质略图

工程区位于毕节北东构造变形区、贵阳复杂构造变形区和威宁北西向构造变形区三个构造带交汇区域的北西侧。构造形迹主要为：北东、北北东方向平行斜列的褶皱及断裂，诸如马场向斜、露朗背斜、毕节向斜、赫章背斜、高家园向斜、引底向斜、马场向斜和三合海子街断裂、龙场坝断裂、朱昌断裂；其次为北西向奢戛断裂、垭都断裂和东西向马场断裂、纳雍断裂。这些褶皱、断裂控制了该区的地层展布，使得该区三迭系、二迭地层一再重复出现，碳酸盐岩与非碳酸盐岩呈条带状相间分布，也造就工程区现今高原岩溶峡谷地貌景观。

3　工程区岩溶发育控制因素及其特征

（1）岩性因素。可溶岩是岩溶发育的物质基础，受构造影响，碳酸盐岩与非碳酸盐岩呈条带状相间分布，工程区出露地层岩性主要为三迭系、二迭系的灰岩、白云岩等碳酸盐间夹条带状砂岩、泥页岩及煤等碎屑岩，岩组特征见表1。

表 1　岩组划分特征

岩石类别	地层代号	岩 性	比例（%）	岩溶化程度
纯碳酸盐岩	T_1yn^1、T_1yn^3、T_1y^2、P_2m	灰岩、白云质灰岩	42	强岩溶岩组
次纯碳酸盐岩	T_2g^{2-3}、T_1yn^4、P_3c	白云岩、灰质白云岩、泥质灰岩	20	中等岩溶岩组
不纯碳酸盐岩	T_2g^1、T_1yn^2、T_1y^1	泥灰岩、泥质白云岩	8	弱岩溶岩组
非碳酸盐岩	T_1f、T_1y^3、P_3l、$P_3\beta$	砂岩、泥页岩、煤及玄武岩	30	非岩溶岩组

工程区90%以上的洞穴、暗河、伏流均发育在质纯、比溶蚀度高的 P_2m、T_1yn^1、T_1yn^3 灰岩地层中，如库区大天桥、中天桥、小天桥伏流，水库下游九洞天风景区六冲河伏流，田坝暗河、狗吊岩地下暗河等。另一特征是在强岩溶岩组与非岩溶岩组的界面上，岩溶化程度尤其明显，溶洞、消水洞、地下岩溶管道强烈发育，最明显体现在 T_1yn^1 灰岩与 T_1f 砂泥岩接触带上。

（2）构造因素。地质构造是工程区岩溶发育的必要条件之一,对岩溶发育的控制作用主要体现在控制可溶岩层的展布和产出状态,为溶蚀作用提供地下水渗透、运移空间。如图2所示,受垭都—纳雍深大断裂影响,水库南面(右岸)的北西向奢戛断裂延伸至库首右岸阴底一带时受南北向、北北东向阻隔、限制,使得奢戛断裂北面、朱昌断裂以西地层呈东西向北东向扭转,形成舒缓、紧密相间分布的背斜、向斜,而朱昌断裂以东,输水线路一带地层呈北东向展布。大量调查分析发现,岩溶管道总是选择能提供最佳运移途径的节理发育,能满足最佳途径要求的是那些规模大、向深性好、倾角陡,在平面上和排泄基准面地表水系流向呈锐角相交的节理。工程区大天桥、中天桥、小天桥伏流,大坡岩溶地下暗,大型岩溶地下暗河,马落洞地下暗河等横穿舒缓褶皱,迁就两组共轭节理发育而成,而在紧密褶皱区,岩溶管道规模相对要小,沿层面裂隙、褶皱的纵张节理发育而成,顺沿岩层走向方向展布,都是最好的例证。

（3）地表水文网因素。六冲河为该区规模最大的河流,也是该区低侵蚀基准面,在其工程区的流域境内,两侧地表水文网发育,其中水源区主要有马场河、阴底河,下游输水线路区主要有白浦河、乌溪河、西溪河等,这些水系对岩溶发育控制作用主要体现在可溶岩组的切割程度已达深切区,它决定了在其影响的范围内地下水的补给及运动特点,这些不同运动特点的地下水在其运移过程中分别塑造了深切区现今不同的地表、地下岩溶景观。另外,水系对于地表的分割,在可溶岩分布区形成了众多的局部侵蚀基准面,它们决定了各区块地下水排泄方向,从而也决定了地下河系、岩溶管道的发育方向。

（4）新构造运动因素。是该区造貌的主要动力,自燕山运动以后,岩溶发育所必须具备的岩性和地质构造条件已具备,此时的岩溶发育受控于古气候条件与造貌运动,它决定了岩溶空间分布状况及演化趋势。根据有关资料分析,自晚第三纪以来古气候一般是适合于岩溶发育的,此时的喜山运动主要体现在造貌性质上,其特征是以大面积抬升为主,两者叠加作用使得该区经历了不同岩溶期的发育史,在地貌的表现上有多层溶洞、河谷阶地、河谷裂点。如图2、表2所示。

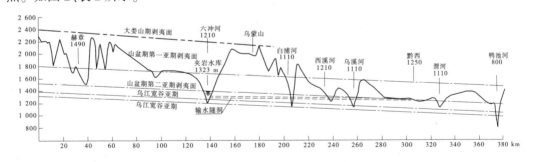

图2　夹岩水利枢纽工程区地势略图

由表2可见,工程区岩溶发育经历了构造背景—溶原阶段—溶丘谷地阶段—峰林谷地阶段—峰丛深洼阶段的演化模式。分水岭至深切河谷地带发育了不同组合类型岩溶,并呈一定的规律变化,大致顺序是:溶丘谷地—峰林谷地—峰丛浅地—峰丛深洼。这些岩溶地貌时空上的变化映衬出不同的工程地质问题,只有去深入研究工程区岩溶发育控制因素及其特征后,才能针对性解决不同区段岩溶工程地质问题。

表 2　工程区域岩溶分期及特征

地质时代			构造运动	造貌期	岩溶期	岩溶发育特征及对应工程部位
第四系	全新世		乌罗运动	乌江期	峡谷亚期	乌江岩溶期	峡谷岩溶亚期	岩溶发育处于幼年期阶段,位置处于区域水系裂点带以下及六冲河深切河谷两岸一带,以强烈的垂向岩溶作用改造山盆岩溶期、乌江宽谷岩溶亚期岩溶地貌。高程 1 100~1 250 m。夹岩水库及枢纽区的河床岩溶现象就是这一时期的产物,代表性有库尾大、中、小天桥伏流,九洞天伏流和坝址 k16、k17 溶洞
	更新世	晚更新世					
		中更新世					
		早更新世	翁哨运动		宽谷亚期	宽谷岩溶亚期	岩溶发育处于幼年期-壮年期过渡阶段,溶蚀作用水平与垂向相当,经后期改造,岩溶在貌多呈峰丛深洼、溶丘洼地组合形态。位置为夹岩水库河谷两岸斜坡、台地,高程 1 250~1 400 m,代表性有田坝岩溶管道。为枢纽区和总干、北干输水线经过地段
晚第三纪	上新世		喜山运动	山盆期	第二亚期	山盆岩溶期	第二岩溶亚期	岩溶发育处于壮年期,岩溶发育程度高,岩溶作用以侧蚀为主,但尚未达到溶原阶段,为该区域第三级剥夷面。经后期改造,岩溶地貌多呈峰林洼地、峰林洼地组合形态。如为六冲河两岸谷地的田坝、野马川、马场、朱昌、黔西、金沙等地,高程 1 300~1 600 m,为输水线路和受水区主要经过地段
	中新世				第一亚期	第一岩溶亚期	岩溶发育处于壮年晚期,岩溶发育程度较高,已达溶原阶段,岩溶作用以侧蚀为主,经后期改造,岩溶地貌多呈溶丘谷地、峰林浅洼、水平溶组合形态,已构成二级剥夷面。如赫章、毕节、大方,高程 1 500~1 800 m
早第三纪	渐新世			大娄山期			岩溶发育处于暮年期,造貌作用以剥蚀夷平为主,为该区域第一级剥夷面。经后期多次改造,以残存的孤峰为主,位置距六冲河较远,如威宁、九菜坪、乌蒙山脉,高程 2 000~2 600 m,该期的岩溶作用弱小,仅有少数水平溶洞出现
	始新世						
	古新世						
白垩纪	晚白垩世		燕山运动				强烈挤压作用(褶皱造山运动)构成了现今构造格局
	早白垩世						

4　岩溶地质问题对工程影响及防治措施

4.1　库尾大、中、小天桥伏流对水库影响及处理措施

夹岩水库属峡谷型水库,库尾六冲河存在大天桥、中天桥及小天桥伏流河段,河段从大天桥进口至小天桥出长 6 km,距坝址约 45 km。河谷狭窄呈"V"形,其中,该伏流河段东面

发育一条较为连续的深切槽谷地形,槽谷两侧地形陡峭,两侧山体高于谷底 200 m 左右。除槽谷为崩塌堆积的块石外,河谷基岩露头较好,岩性为 P_2m 厚层块状灰岩、燧石结核灰岩。构造处于区域性三合海马子街断裂东面的赫章舒缓背斜轴一带,两翼岩层岩层倾角 5°~10°,陡倾裂隙发育。为了查明伏流成因、发育方向、规模以及洞内工程地质条件,组织了地质、测量、水文、设计 4 个专业组成的队伍进入伏流实测工作,伏流发育情况及规模详见图 3 和表 3。

图 3　库尾伏流区岩溶水文地质略图

由图 3 可知,大天桥入伏流总体沿 S60°W 转向 S60°W 方向延伸,与中天桥连接,其中大天桥优流出口与中天生桥伏流进口相距近,为两伏流的天窗段。小天桥发育方向总体由西向东,具体由两段近似 N-S,转由 W-E 的 4 段组成。分析伏流形成成因为:首先是 P_2m 厚层块状灰岩是比溶蚀度最高的岩性,构造处于宽缓的赫章背斜轴部一带,N55E、N30W 和 SN、EW 两组大型共轭剪节理发育,给地下水活动提供活动空间,控制了岩溶管道发育方向。其次为六冲河为该区最主要河流,为最低侵蚀基准面,控制着水流及岩溶发育总方向,加之汇水面积大,水动力条件好,给溶蚀扩大提供了强有力的动能。地史进入早更新世后,地壳不断隆升,河流不断下切,在乌江峡谷期岩溶继续追踪这两组优势共轭剪节理溶蚀、扩大,以至于完全袭夺乌江宽谷期的河水,洞顶块体失去支撑而垮塌,形成现今伏流暗河。实测伏流段附近槽谷底部高程为 1 315~1 325 m,槽谷 FZK1、FZK6 钻孔揭露,上部为 5~69 m 厚崩塌堆积块石,中部为 0~25 m 粉质黏土、泥炭层,下部为 0~15 m 厚砂砾石,显然为乌江宽谷期古河床,而现今伏流为乌江峡谷期河谷裂点,为典型的峡谷岩溶亚期产物。

从伏流的展布、断面及洞室地质特征分析,伏流河对工程影响主要体现在以下三个方面:

(1)卡口段影响。尤以大天桥与小天桥较突出,大天桥与小天桥存在多处小天 300 m²的过水断面,大天生桥暗河内分布有两处卡口段(桩号 0+720~0+830 段、桩号 1+800~1+850 段),断面最小处仅 65 m²,洪水期小断面严重泄洪不足,加之水库蓄水后淤砂的影响,伏流段行洪能力降低,对库尾淹、浸没等危害大。

表 3　库尾伏流断面实测统计

伏流名称	分段桩号	长度(m)	洞宽(m)			洞高(m)			断面(m²)			比降(‰)	备注
			最大	最小	一般	最大	最小	一般	最大	最小	一般		
大天桥	0+000~0+450	450	75	46	55~70	88	58	70~85	4 886	2 650	3 000~3 800	3.5	洞室宽阔
	0+450~0+720	270	65	32	40~60	50	40	45~50	2 400	1 100	1 500~2 200	1.04	
	0+720~0+830	110	30	14	15~25	37	2.5	7~10	1 100	65	80~150	23.8	暗河卡口段
	0+830~1+450	620	65	24	30~40	40	18	25~30	750	360	400~600	0.1	
	1+450~1+550	100	40	30	32~38	25	12	13~20	600	270	300~500	21.2	暗河卡口段
	1+550~2+023	473	55	23	30~45	80	25	60~70	1 360	630	800~1 200	2.1	
中天桥	0+000~0+150	150	33	23	25~30	55	25	30~45	936	450	500~800	0.4	
	0+150~1+053	903	50	25	30~40	50	25	35~45	780	455	500~700	0.36	
小天桥	未分段	672	35	17	20~30	34	17	20~25	502	198	250~350	0.8	存在暗河卡口段

(2)伏流洞室稳定影响。实测洞室宽一般超过 30 m,局部达 100 m,洞室围岩为厚层块状灰岩,属硬质岩类,但岩层平缓,两组陡倾角裂隙较发育,岩溶发育,对洞顶稳定不利,其中大天桥桩号 1+100~1+380 段洞壁及洞顶岩体均较破碎,水库蓄水后因水位经常升降,对洞壁及洞顶破碎岩体淘蚀冲刷、水压力变化等,易导致洞顶及洞壁破碎岩体垮塌或崩落等次生地质灾害的发生,垮塌或崩落岩体堵塞暗河将产生严重后果。

(3)潬洞顶托的影响。伏流段洞内有两段为中部高、两端低的洞室,库水充放水及洪水过程中的潬洞现象,将会诱发洞室气爆型地震。

由此可见,伏流河段一系列潜在的工程地质问题,对水库存在较大影响,在水库规模确定,且不能避让的情况下,必须进行工程处理。处理方案如下:

(1)伏流暗河扩洞方案。此方案优点是在原洞室基础上扩挖,开挖工程量相对较小,但缺点也较多:首先开挖工作均在水中作业,施工难度大,弃渣运输困难;其次是伏流洞室部分稳定性差,且洞室跨度大,极不规则,洞室衬砌困难;再次因洞室在水库蓄水后均位于水下,不排除仍有气蚀爆炸的可能性。

(2)明渠方案。在槽谷内修筑梯形明渠排洪,设计明渠底宽 30 m,底高程 1 315 m。其中设计大大天桥槽谷明渠段长约 1 170 m,开挖深度一般为 40~60 m,最深处达 93 m;中大天桥槽谷明渠段长约 1 310 m,开挖深度一般为 50~70 m,最深处达 105 m,明渠段长约 470 m,开挖深度一般为 20~40 m,最深处达 45 m。由此可见,工程边坡与自然边坡组合成超高边坡,加之小天桥槽谷区古河床上部为 20 m 厚的崩塌堆积块石,下部有 13 m 厚砂砾石、粉土层软弱层,工程边坡稳定性极差,处理难度、工程量大,可靠性差。

(3)隧洞方案。为开挖隧洞进行排洪。伏流河段基岩为厚层块状灰岩,为硬质岩类,岩体呈层状—块状结构,岩层走向与洞向呈大角度相交,成洞条件较好。弱点是岩溶化程度高,遇岩溶机率大,处理工程量较大。

综合比较,隧洞方案地质条件总体较明朗,可靠性好。目前施工已结束,遇大型岩溶洞穴是在地质评价预料之中,所以比较顺利的通过岩溶不良洞段。由此可见,前期方案的选择是正确的。

4.2 岩溶工程地质问题对坝址的影响

可研阶段对夹岩水库上、下坝址进行比选工作。上坝址位于 T_1yn 灰岩峡谷河段,两岸山体雄厚,河谷狭窄,河床宽 30 m 左右,高程 1 209 m,正常蓄水位 1 323 m 时河谷宽 305 m,宽高比为 2.0,"夹岩"这一地名依此而得名。T_1yn 灰岩为与 T_1f^2 砂泥岩交界处即为峡谷出口位置,亦进入下坝址 T_1f^2 砂泥岩较宽的"V"形河段,为现今建设的坝址。

上坝址位于 T_1yn^1 中至上部位置,为质纯的中至厚层灰岩,岩石比溶蚀度高,岩溶强烈发育,主要体现在以下几个方面:

(1)岩溶发育强度统计,T_1yn^1 层位地表溶沟、溶槽遍布,形成规模的溶洞、落水洞的岩溶率为 23.3~63.5 个/km^2,20 个钻孔统计地下遇洞率达 65%,8 个平硐统计遇洞率达 75%。

(2)坝址岩溶液发育强度在横向和纵向上都表现出较大的差异,横向上看,左岸岩溶比右岸发育,溶洞规模大,如 k16、k17。纵向上看,T_1yn^1 中部最发育,中下部次之,上部再次之。

(3)岩溶发育具多层性和继承性。第一层高程 1 340~1 450 m,属山盆期第二亚期,水平及垂直溶洞均发育,有水平溶洞 11 个,落水洞 14 个,岩溶管道 4 条。显示这一时期地壳相对稳定的时间较长外，但进入乌江期后，地壳不断上升，为适应新侵蚀基准面的发展，溶蚀作用多继承该期岩溶向深发展，如田坝暗河和 k40 朝天洞大型落水洞。第二层高程 1 210~1 300 m，为乌江峡谷亚期岩溶，以水平溶洞为主，有水平溶洞 8 个，落水洞 3 个，分析靠近水位变动带的 k16、k17、S4 处在继续发育中。

（4）岩溶发育方向、深度及受控因素。坝址位于维新背斜与马场向斜之间的单斜构造上，岩层倾向上游，倾角 30°左右，下游为 T_1f^2 砂泥岩可靠的隔水层，延伸稳定、位置高，为完整的横向隔水边界，这种横向河谷地质结构，限制了岸坡地下水的纵向运动，迫使岸坡乃至谷坡的地下水作横向径流补给河流。在此种前提下，上坝址还发育了 5 条断层，其间的小褶皱和裂隙亦相当发育。平硐内统计，线裂隙频率 2~4 条/m；地表统计，线裂隙频率 2~5 条/m。给地表水的渗入和地下水运移提供了空间条件，符合溶蚀作用遵循最佳途径的原则，因此在断层带和裂隙发育的部位，常发育溶洞、落水洞、暗河及岩溶泉水分布。

调查统计发现，坝址岩溶以顺裂隙、断层发育为主，层面为辅；方向以 N 30~40°E 这组构造裂隙发育为主，沿 N60~70°W 裂隙溶蚀、串通，发育成支洞，在其交汇处往往形成溶洞大厅及水潭。据 k16、k17 溶洞水潭发育深度，以及河心孔 ZK1 揭露，坝址岩溶发育深度已深入河床 30 m，但下限受制于下伏的 T_1f^2 砂泥岩隔水层。

（5）典型溶洞的实测情况。

k16 溶洞：洞口位于河床左岸水边，高程 1 212.33 m，实测洞长 64 m，宽 1.5~15 m，高 1.5~10 m，估算溶洞空腔体积大于 5 600 m^3，发育于 T_1yn^{1-1} 层位中，洞体总体方向为 N20°E，主要顺 N40°W、N20°E 和 N70°E 三组方向裂隙溶蚀而成，洞内钟乳石、石笋、石柱发育，洞底为泥砂、黏土堆积，洞内发育 5 个水潭，水深 5~7 m，水位与同期河水位平。

k17 溶洞：位于河床左岸陡壁脚，洞口有沙滩堆积，高程 1 218.48 m，实测洞长 220 m，宽 1~20 m，高 1.5~17 m，洞尾有 3 个水潭，最大水潭面积约 60 m^2，实测水深最大 7 m，水面高程 1 211.1~1 212.7 m，高出河水位 0.31~1.65 m，分析洞尾与 ZK3 揭露的溶洞相通。可见溶洞空腔体积约 15 000 m^3，发育于 T_1yn^{1-2} 层位中，洞体总体方向为 N45°E 转 N5°W，主要顺 N70°W、N40°E 两组方向裂隙溶蚀而成，洞内钟乳石、石笋、石柱发育，洞底为粉砂、淤泥堆积。

由此可见，坝址 T_1yn^1 灰岩比溶蚀度高，为强岩溶层位。坝址处集雨面积达 4 312 km^2，水动力条件好，河谷地质结构决定上坝址岩溶发育、洞穴规模大，不可预见岩溶地质问题多，防渗体系复杂，岩溶工程地质问题突出。其中由我院勘察设计，并已建成的黔中水利枢纽工程，位于乌江上游的三岔河上，与夹岩水库为同经度的右岸邻谷的大型水库，大坝也是建在 T_1yn^1 灰岩层位上，河谷地质结构基本类似，在右岸防渗帷幕线上发育一长约 60 m，宽 15~40 m，高 40~60 m 的大溶洞，体积达 4.6 万 m^3，左岸防渗帷幕线上也遇一大溶洞，体积达 1.6 万 m^3，如此的岩溶地质问题和现成的工程案例，在坝址比选上只好放弃地形条件好、硬质岩地基的上坝址，而选择下坝址，目前大坝枢纽工程已基本建成，说明坝址选择是合理的。

4.3 岩溶地质问题对输水干渠的影响及处理措施

输水线经坝前左岸取水后，总干呈南东向沿六冲河左岸至猫场，之后向东、北东至黔西附廓水库为此干渠，向南跨越六冲河至纳雍、织金县城为南干，干渠长度 293.815 km，路因战线长，跨越地貌类型、地质单元多，导致输水线干渠以隧洞主，隧洞占干渠长度 51.14%，详表 4。

表4　输水线干渠长度及隧洞长度统计

输水线干渠名称	长度 （km）	隧洞长度及条数 （km）/（条）	隧洞线路百分数 （%）	主要隧洞名称
毕大供水	27.0	16.0	59.26	王家坝隧洞
总干渠	19.02	18.717/2	98.41	猫场隧洞
北干渠（附廓前）	63.78	60.03/7	94.12	水打桥、长石板、 两路口、余家寨隧洞
北干渠（附廓后）	51.56	20.36/20	39.49	
南干渠	11.67	7.954/2	68.16	
金遵干渠	40.912	7.205/13	17.61	
黔西分干渠	43.98	13.699/12	31.15	
金沙分干渠	35.893	6.291/8	17.53	
合计	293.815	150.256/65	51.14	

由前述知,输水线路可溶岩占70%以上,加之干渠隧洞所占比例大,岩溶地质问题显得格外突出,只有在基本查明岩溶发育特征及工程特性的基础上,才能较好的解决输水线干渠地段岩溶工程地质问题,本着该思路综述如下:

(1)输水线干渠分布于六冲河左岸谷坡地带,横穿乌蒙山脉,受六冲河及支流白甫河、木白河、西溪河等深切河谷影响,地形起伏差大,地面高程1 100~1 700 m,但最主要是在1 330~1 360 m高程之间,为山盆期第二亚期剥夷面地带,其间多有山间盆地、谷地和二级支流发育。六冲河及支流白甫河、木白河、西溪河等深切河谷为乌江宽谷期、峡谷期的地貌景观。

(2)碳酸盐岩出露面积占70%以上,岩性对岩溶发育强度的控制作用明显,大型洞穴、地下暗河均发育在比溶度大的P_2m、T_1yn^1、T_1yn^3地层中。而且岩溶发育强度与频度与岩性组合关系明显,在T_1yn^1灰岩与T_1f粉砂岩的接触界面上,地表落水洞与进水溶洞呈线性排列,如毕节朱昌滥坝暗河系统、大方以哪田坝暗河系统、羊场坝暗河系统、水落洞暗河等。

(3)所处地貌部位不同,岩溶发育的形态及强度也不同。分水岭地带为三盆期第二期岩溶时期,地壳稳定时间较长,气候湿润温和,岩溶作用强烈。但受乌江期溶蚀改造和继承发展的影响大,以垂直岩溶形态多见,主要有落水洞、岩溶洼地和岩溶盲谷等。分水岭至河谷斜坡地带地形切割强烈,冲沟发育,为乌江宽谷溶蚀亚期的产物,水平与垂直岩溶作用强烈,以干的、多层水平溶洞或倾斜溶洞和落水洞为主。河谷以峡谷为主,为乌江峡谷岩溶亚期产物,水平岩溶形态为主,有暗河、岩溶管道、水平溶洞及岩溶泉等。干渠输水高程为1 300~1 270 m,正好处在承上启下的乌江宽谷溶蚀亚期上,地表、地下岩溶形态齐全、规模大小不等。

(4)晚近期来,地壳上升强烈,溶蚀作用加强,为适应新的侵蚀基准面的发展,总干南面的六冲河在此段入伏转为地下暗河,形成九洞天伏流河段,此区无论地表支流,还是地下暗河与六冲河呈树枝状分布,彰显着岩溶发育的方向不但受水文网的控制,同时也受构造作用的控制。输水线路位于区域性垭都-纳雍深大断裂带北面,其间构造形迹还受近 NW 向马场断裂的控制,以断层为界,北面的褶皱、断层呈 NE 向展布,其中干渠斜穿维新背斜、落脚河向斜、大方背斜、西溪向斜、煤洞背斜等一系列的舒缓类型的背、向斜,岩层缓倾,使得该区 P_2m、P_2l、T_1f、T_1yn 灰岩、碎屑岩、煤系地层地层反复出现。岩溶除了沿断裂破碎带、影响带发育外,大型岩溶管道、地下暗河最主要还是沿着两组优势共轭节理发育,最大限度的遵循最佳途径的原则,在新构造运动、水动力及诸多条件的配合下,形成了现今规模宏大的岩溶洞穴、地下暗河,如九洞天伏流段、大坡地下暗河系统、狗吊岩暗河系统、花厂暗河系统等。

(5)几条大型地下暗河对总干、北干渠影响见表 5。

表 5　几条大型地下暗河与总干、北干关系统计

岩溶管道名称	位置	发育层位	岩溶水文地质特征	与输水干渠关系
大坡暗河	毕节大坡乡	P_2m灰岩	进口位于马驼子煤矿附近,为地表集中补给,高程 1 680 m,出口位于六冲河左岸坡,高程 1 260 m,汇水面积约 12.4 km²,流量 120 L/s 左右,管道长约 7.8 km,XZK8 孔长期稳定水位在 1 260 m,比降约 4%,主要顺 NE 向裂隙发育	与总干渠猫场隧洞洞身段大角度交叉,交叉处地下水位高程 1 260~1 300 m,对隧洞影响大
狗吊岩暗河	毕节大坡乡	P_2m灰岩	进口分散补给,出口位于六冲河左岸坡,高程 1 180 m,汇水面积约 38.1 km²,流量 540 L/s,管道长约 8 km,比降约 3.8%,沿宽缓的维新背斜核部展布,主要顺 NNE 向共轭剪节理发育而成	与总干渠猫场隧洞洞身段大角度交叉,交叉处地下水位高程 1 260~1 300 m,对隧洞涌水影响大
小田坝暗河	大方县则鸡乡	T_1yn^1灰岩	进口地表河流集中补给,补给高程 1 565 m,出口位于六冲河左岸坡,高程 1 145 m,流量 150 L/s,管道长约 4.6 km,比降约 9%	北干水打桥隧洞为该暗河补给区
水落洞暗河	大方县则鸡乡	T_1yn^1灰岩	进口地表河流集中补给,补给高程 1 587 m,出口位于六冲河左岸坡,高程 1 120 m,流量 300 L/s,管道长约 9.0 km,比降约 5%	北干水打桥隧洞为该暗河补给区
以哪田暗河	大方县白布乡	T_1yn^1灰岩	进口多处集中补给,补给高程 1 540~1 430 m,出口位于白甫河右岸,高程 1 044 m,流量 268.8 L/s,管道长约 6.5 km,比降 6% 左右	与北干长石板隧洞出口段近于重合,对隧洞影响较大

(6)针对输水线干渠地段岩溶发育和分布特征,以及存在的主要工程地质问题处理如下:

①隧洞遇岩溶地质问题主要体现在:岩溶管道、地下暗河的涌水、涌泥和袭夺地表水体;通过大型岩溶空腔的可行性、稳定性和隧洞通过充填、半充填溶洞、溶蚀破碎带的稳定性等。

②在规划、可研选线工作中,根据岩溶发育的分带性、空间展布特性以及水力比降,使输水线尽可能避让大型溶洞和地下暗河,为此,总干、北干渠向南位移,与六冲河相距 2~6 km,其间要能避让小田坝暗河、水落洞暗河,与不可避免的大坡暗河、狗吊岩暗河呈大角度相交于中上游位置,尽可能让岩溶管道地下水位于隧洞之下。

③在初设阶段,采用钻探、EH4 及综合物探、现场测试和水文地质试验等,加强隧洞区

岩溶水文地质勘察,分段预测评估隧洞遇岩溶洞穴概率,计算岩溶涌水量,并提出防治措施。

④施工阶段,与施工单位密切配合,在初设预判的基础上,加强超前地质预报工作,采用地质雷达、综合物探、超前探孔等手段进行探测,以便指导下一步开挖及处理方案。

⑤隧洞遇不同形态、不同规模的岩溶问题,常用的处理方法有超前引排、防渗封堵、超前支护、回填固结、架设管桥及改线绕行等。

⑥目前,总干、北干渠隧洞施工已完成70%以上,并已穿过了上述的几条大型地下暗河和其他的岩溶管道,有措施、有准备地遇上了上述的岩溶地质问题,这主要得益于正确选线和超前地质预报。

5 结 语

通过提示贵州黔西北地区岩溶孕育模式,建立岩溶发育受控因素、发育特征及岩溶化程度的分析、判断系统,取得了在岩溶峡谷区复杂地质条件下修建高坝大库、长隧洞输水线路勘察、评价及防渗的关健性技术,攻克了夹岩水利枢纽工程一个又一个岩溶工程地质问题。

参 考 文 献

[1] 高道德,张世从,毕坤,等.黔南岩溶研究[M].贵阳:贵州人民出版社,1986.
[2] 吴高海,杨序烈,等.贵州省夹岩水利枢纽及黔西北供水工程可行性研究报告[R].2013.
[3] 杨兴富.贵州省夹岩水利枢纽工程库尾伏流段岩溶水文地质专题报告[R].2013.
[4] 杨序烈.贵州省夹岩水利枢纽及黔西北供水工程区域岩溶水文地质专题报告[R].2013.
[5] 韩至钧,金占省.贵州省水文地质志[M].北京:地震出版社,1996.

【作者简介】 吴高海(1964—),男,高级工程师,从事水利水电工程地质勘察及施工工作。E-mail:641970392@qq.com。

基于软岩变形特性的溢洪道边坡稳定性分析

文　杰[1]　朱明杰[1,2]　代承勇[1]　卓国锋[1]

（1.贵州省水利水电勘测设计研究院，贵阳　550002；

2.贵州省喀斯特地区水资源开发利用工程技术研究中心，贵阳　550002）

摘　要　以贵州省紫云县黄家湾水库枢纽区泥岩为研究对象,进行室内单轴压缩蠕变试验研究其蠕变效应,采用流变力学模型对试验数据做拟合,得到泥岩的蠕变参数,再结合 Hoek—Brown 准则反演得到具有时效性的泥岩岩体强度参数,采用极限平衡有限元法建立数值动态模型对该区域典型的溢洪道开挖边坡做数值分析。分析结果表明,由于该区域下伏泥岩层的不断蠕变,其强度参数随着时间不断减小,边坡安全系数也随之不断降低,天然开挖状态下,历时 5 年左右,边坡安全系数从 1.55 降到 1.23,不满足规范要求。研究结果揭示了软岩的流变特性,为黄家湾溢洪道边坡的动态安全预测提供了理论依据。

关键词　软岩;蠕变试验;参数;溢洪道;边坡稳定性

1　引　言

软岩流变[1,2]是软岩工程存在的普遍性问题,一般是指软岩受力情况下其变形与时间的相互关系。软岩流变会造成很多地质灾害,比如开挖过程中的岩体滑坡、地基沉降失稳、水利建设中的坝基失稳等。近年来,国内外对软岩变形问题研究较多且取得了不少成果,研究结果以及相关的工程实例表明:软弱岩石受到外部应力的作用会发生变形,其变形随着时间的增长而不断地变化和调整,而最终变形趋于稳定或失稳都需要一个时间过程,因此我们可以在数学上建立一个函数表达式来模拟软岩变形的过程,描述其变形与时间的相互关系,在求解这个数学表达式时如何确定软岩的时变力学参数就成为一个关键性问题。本文以紫云黄家湾水利枢纽为工程背景,通过对泥岩室内单轴压缩蠕变[3]的试验研究,揭示了工程区泥岩的流变特性;通过统一流变力学[4]模型建立了泥岩的蠕变方程,并得到相关模型参数;结合 Hoek-Brown 准则[5]获得了泥岩随时间逐渐减小的强度参数即时变强度参数,最后应用 GEO-SLOPE 软件利用极限平衡有限元法,模拟分析了黄家湾溢洪道边坡开挖后不同时期的边坡稳定性,为预测边坡动态安全提供了理论依据。

2　泥岩室内单轴加卸载蠕变试验及分析

本研究使用的试验方法为单轴加卸载蠕变试验[6,7],测试不同围压下泥岩在循环加卸载作用下的力学性质及变形破坏特征。试验采用试件为标准试件(尺寸 $\phi 50 \times 100$ mm),是由黄家湾溢洪道开挖后揭露的泥岩现场取样送实验室经切割磨平后加工成。经检测,本次

基金项目:贵州省重大科技专项(黔科合重大专项字[2017]3005 号)。

所取岩样试件含水量平均为 25.5%,设定保温箱恒定温度为 25 ℃,试验共制作 4 块试件,分为两组。本次试验采用可由计算机控制得岩石剪切流变仪,型号为 RYL-600,该流变仪主要用于各种岩石和岩石各软弱结构面的流变试验或单轴压缩、岩石直剪、岩石双向压缩等试验。本次试验为室内试验,试验采用 4 种应力情况进行加载,试验过程中由计算机终端随时监控变形量,试验操作控制标准为:在较低应力条件下,当试件变形量小于 $0.5×10^{-3}$ mm/d 即进行应力卸载;在较高应力条件下,当计算机终端观测到试验蠕变曲线略微发生上凹时,便立刻进行应力卸载,全程由计算机智能控制,以避免试件突然发生塑性破坏后影响变形回弹。试验结果如图 1 所示。

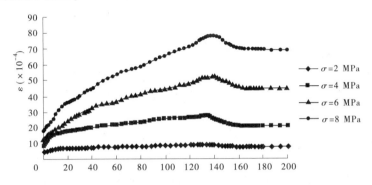

图 1　黄家湾泥岩加卸载蠕变试验曲线

3　蠕变模型及参数拟合

一般软岩的蠕变过程可分为几个阶段,包括初始的弹性应变阶段、初始蠕变、等速蠕变以及加速蠕变,而目前国内外对软岩蠕变的第一阶段(初始)和第二阶段(等速)研究较多,对软岩加速蠕变研究较少。本研究选择的研究方向为泥岩的加速蠕变,由于关于软岩的流变模型本质上主要是在不同试验条件下得到的数学表达式,所以在建立加速蠕变模型中选择合理的本构模型参数至关重要,本研究使用经典统一流变力学模型[4]对研究区的泥岩蠕变过程进行辨识,并建立加卸载蠕变模型,进一步确定流变力学模型中的参数。

统一流变力学模型如图 2 所示,是理论流变模型中最复杂的,它同时包含了黏性、黏弹性、黏塑性和黏弹塑性四种基本流变力学形态,由于泥岩的变形过程十分复杂,所发生的蠕变应变既包含了衰减蠕变[6]应变部分,又包含了定常蠕变[7]应变部分,而其衰减蠕变应变

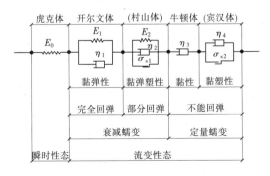

图 2　统一流变力学模型

又分为黏弹性[8]和黏弹塑性两种分量,定常蠕变应变又分为黏性和黏塑性两种应变分量,所以综合上述条件,选用统一流变力学模型来描述泥岩的蠕变过程。在综合确定诸如泥岩等岩体复合流变力学模型的模型参数时,需要区分开蠕变试验数据中的衰减蠕变阶段的应变分量和定常蠕变阶段的应变分量;然后,根据试验中不同应力条件下的蠕变曲线,研究衰减蠕变阶段的黏弹性和黏弹塑性两种应变分量,以及定常蠕变应变阶段的黏性和黏塑性两种应变分量。

本研究中将泥岩加卸载蠕变模型中的参数分为弹性部分和黏性部分,然后分别确定两部分的相关参数。由于蠕变模型中使用弹性元件来模拟泥岩的弹性应变,因此在确定弹性部分的相关模型参数时,可以直接通过虎克定律(某个应力水平下的瞬时应变量)得到:

$$E_1 = \frac{\sigma_0}{\varepsilon} \tag{1}$$

式中:E_1为模型中弹性元件的弹性模量;σ_0为外部施加的应力荷载;ε表示泥岩试件发生的变形量。对于黏性部分的相关参数,可以通过单轴加卸载试验得到的某个应力水平下的蠕变试验稳定阶段曲线的斜率ε用下式确定,即

$$\eta_1 = \frac{\sigma}{\varepsilon} \tag{2}$$

式中:η_1为模型中黏性元件的黏滞系数;σ为外部应力荷载。

本研究建立的泥岩流变模型中,在衰减蠕变阶段同时包含黏弹性和黏弹塑性两种应变分量。这种情况下,衰减蠕变阶段的蠕变曲线特征为:在试验中施加的外部应力较低时,试件所表现出来的衰减蠕变应变仅有黏弹性应变,当逐步缓慢加大外部应力,其应变特征发生了明显变化即外部荷载达到一定水平时,衰减蠕变应变会变为同时包含黏弹性应变和黏弹塑性应变两部分。基于泥岩的这种变形特征,利用低荷载条件下的衰减蠕变试验数据(即此时只含有黏弹性应变),再结合虎克定律,通过某个应力σ_0水平下蠕变趋于稳定时得到的最终蠕变量$\varepsilon(\infty)$计算相关弹性参数,计算公式如下:

$$E_2 = \frac{\sigma_0}{\varepsilon(\infty)} \tag{3}$$

在蠕变曲线上任取一点(ε, t)按下式计算可得到黏性参数,即

$$\eta_2 = -\frac{E_2 t}{\ln\left(1 - \dfrac{E_2 \varepsilon}{\sigma_0}\right)} \tag{4}$$

试验中泥岩试件的变形特征还包括:当外部施加的荷载水平较高时,所表现出来的蠕变变形会同时包含黏弹性应变和黏弹塑性应变,在这种情况下,相关模型参数的确定变得更为复杂,需要利用在一定应力水平下蠕变趋于稳定时的最终蠕变量$\varepsilon(\infty)$、在试验外部荷载进行卸载后的恢复曲线及恢复最终稳定时的残余蠕变量$\varepsilon_{nr}(\infty)$来确定,方法如下:

在蠕变试验前期,外部荷载处于加载情况下,试件产生的蠕变量ε与加载所经历的时间t的关系为

$$\varepsilon = \frac{\sigma}{E_2}\left(1 - e^{-\frac{E_2}{\eta_2}t}\right) + \frac{\sigma - \sigma_s}{E_3}\left(1 - e^{-\frac{E_3}{\eta_3}t}\right) \tag{5}$$

式中:E_2、E_3为模型中弹性元件的弹性模量;η_2、η_3表示黏滞系数;σ_s为延时屈服强度。

在蠕变试验后期,外部荷载处于卸载情况下,此时试件的可恢复蠕变量 ε_r 与卸载所经历的时间 t 的关系为:

$$\varepsilon_r = \frac{\sigma}{E_2}(1 - e^{-\frac{E_2}{\eta_2}t}) + \frac{\sigma - 2\sigma_s}{E_3}(1 - e^{-\frac{E_3}{\eta_3}t}) \tag{6}$$

用式(5)减去式(6),可得到蠕变试验中试件发生的不可恢复的变形量 ε_{nr} 与时间 t 的关系:

$$\varepsilon_{nr}(t) = \frac{\sigma_s}{E_3}(1 - e^{-\frac{E_3}{\eta_3}t}) \tag{7}$$

当 $t \to \infty$ 时,式(3)和(5)分别变为

$$\varepsilon(\infty) = \frac{\sigma}{E_2} + \frac{\sigma - \sigma_{s1}}{E_3} \tag{8}$$

$$\varepsilon_{nr}(\infty) = \frac{\sigma_s}{E_3} \tag{9}$$

联立式(8)和式(9),可得

$$E_3 = \frac{1}{\dfrac{\varepsilon(\infty) + \varepsilon_{nr}(\infty)}{\sigma} - \dfrac{1}{E_2}} \tag{10}$$

$$\sigma_s = E_3\varepsilon_{nr}(\infty) \tag{11}$$

将式(9)代入式(7),可得

$$\eta_3 = - \frac{E_3 t}{\ln\left[1 - \dfrac{\varepsilon_{nr}(t)}{\varepsilon_{nr}(\infty)}\right]} \tag{12}$$

利用式(12),在蠕变试验曲线上任取一点 $[\varepsilon_{nr}(t), t]$ 代入,可求得 η_3。同一个应力水平条件下,可在蠕变试验曲线上取多个观察数据点,取各点计算结果的平均值可得到模型参数 η_2、η_3。由蠕变试验加卸载曲线,并利用上述公式得到黄家湾溢洪道泥岩蠕变模型的参数如表1所示。

表1 黄家湾溢洪道泥岩蠕变模型参数

参数	$\sigma_2 = 4$ MPa	$\sigma_2 = 6$ MPa	$\sigma_2 = 8$ MPa	$\sigma_2 = 10$ MPa	平均值
$E_1(10^3\text{MPa})$	1	0.923 1	0.727 3	0.714 3	0.841 2
$\eta_1(10^4\text{MPa}\cdot\text{h})$	14.666 7	13.5	8.8	5.2	10.542
$E_2(10^3\text{MPa})$	0.666 7	0.461 5	0.347 8	0.333 3	0.452 3
$\eta_2(10^4\text{MPa}\cdot\text{h})$	7.440 8	3.600 0	3.329 5	3.694 2	4.516 1
$E_3(10^3\text{MPa})$			0.25	0.212 8	0.231 4
$\eta_3(10^4\text{MPa}\cdot\text{h})$			2.085 2	2.696 2	2.390 7
$\sigma_s(10^3\text{MPa})$			7.500 3	9.576	8.538 2

将表1中的模型参数代入流变本构方程,可得到工程区泥岩在加卸载条件下的蠕变模型拟合曲线[9,10],如图3所示。

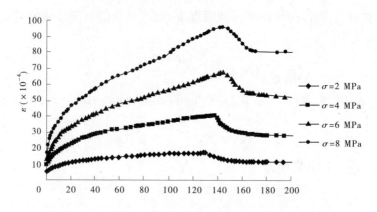

图 3　泥岩加卸载蠕变试验模型拟合曲线

将模型拟合结果与试验阶段的数据对比,由图 3 可知:

(1)拟合曲线与试验曲线的变化基本一致,误差较小,表明对试验曲线进行模拟的效果较好,因此本次建立的泥岩流变本构模型以及确定的相关模型参数较为合理。

(2)由试验数据,在外部荷载分别为 2 MPa、4 MPa、6 MPa、8 MPa 处于加载阶段时的最大变形值分别为 $13.4×10^{-4}$、$30.58×10^{-4}$、$53.2×10^{-4}$、$82×10^{-4}$,而同样条件下拟合曲线的最大变形值分别为 $17.24×10^{-4}$、$40.12×10^{-4}$、$61.33×10^{-4}$、$90.28×10^{-4}$,变形值的最大误差约为 21.83%,分析原因是由于模型拟合采用的是理想的黏塑性体,而实际软岩的流变包含了弹—黏弹—黏塑性特性。

(3)根据本研究的采用的蠕变模型拟合拟合所得的蠕变曲线,对比试验蠕变曲线后发现,在稳定蠕变阶段(第二阶段)的蠕变速率大于试验测得的蠕变速率,分析原因是由于模型参数计算得到的开尔文体的黏性参数(η_1)过小引起的,两者参数差值在 25.3%左右,可以通过使用修正系数来进行局部调整。

4　蠕变模型及参数拟合

结合 Hoek-Brown[11,12] 及其对应的 Mohr-coulomb 准则,再根据表 1 中的蠕变模型参数,将得到的泥岩随时间变化的松弛应力 σ 代入,可得到具有时效性[13,14]的岩体强度参数。

Hoek-Brown 准则如下:

$$\begin{cases} R_{mc} = \sqrt{s}\,\sigma \\ s = \exp\left(\dfrac{RMR - 100}{7.5}\right) \end{cases} \tag{13}$$

式中:R_{mc} 表示岩体的抗压强度;根据现场地质及试验资料,工程区揭露的弱风化泥岩的 RMR 值见表 2,本文 RMR 值取 46,代入式(4),则可确定 s 值。

表 2　CSIR 分类与 RMR 值

岩石类别	RMR 值						岩体分类
	抗压强度	RQD	节理间距	节理状态	地下水	RMR 综合值	
泥岩	6	7	18	8	7	46	IV

将式(13)得到的 R_{mc} 值代入与 Hoek-Brown 准则对应的 Mohr-coulomb 准则,即求得泥岩岩体的时变力学强度参数,计算方式如下:

$$c = \frac{1}{2}\sqrt{R_{mc} \cdot R_{mt}} \quad \varphi = \arctan\frac{R_{mc} - R_{mt}}{2\sqrt{R_{mc} \cdot R_{mt}}} \quad (14)$$

式中:R_{mt} 表示岩体抗拉强度。由于当边坡发生剪切破坏时,可以基本不考虑岩体本身的抗拉强度,因此本研究中对岩体抗拉强度 R_{mt} 取定值,由式(14)可求得岩体随时间变化的 c、φ 值,为下一步的边坡变形破坏分析及长期安全稳定提供预测。不同年限的泥岩岩体长期强度结果见表3。通过表3可知,泥岩的蠕变特性强烈,表现为其力学强度参数在短时间内急剧减小,随着时间的延长,其强度参数值减小的速度在不断下降。

表3　泥岩长期强度参数

$t(a)$	1	5	10	15	20	25
$c(kPa)$	350	170	80	42.9	38.3	34.6
$\varphi(°)$	28.8	22.5	14.0	8.9	6.8	5.45

5　边坡稳定性分析

黄家湾溢洪道边坡开挖示意图见图4。溢洪道沿左岸坡布置,左岸山脊地表高程为1 042～1 093 m,相应河段河床高程约为 984 m,相对高差为 58～109 m,自然坡度为 25°～40°,局部较陡,以岩质边坡为主,总体稳定性较好。开挖后溢洪道左侧边坡最大高度约 60 m,右侧边坡最大高度为 28 m。溢洪道工程边坡上部为第四系残坡积的粉质黏土夹碎石的土质边坡,下部为各种结构面切割的岩质边坡。岩质边坡上部主要为强风化薄层泥岩,裂隙发育,多张开充填黏土,层间错动严重,岩体破碎,为散体结构边坡;岩质边坡下部为弱风化至新鲜薄层泥岩,局部裂隙较发育,多呈闭合状,岩体多呈层状,为层状结构边坡,局部为砂岩夹及薄层泥岩如图5所示。边坡的变形表现为卸荷回弹和蠕变两种主要方式。

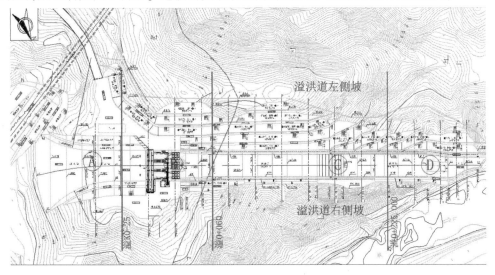

图4　黄家湾水利枢纽工程溢洪道边坡示意图

图 5 砂岩尖灭现象及夹极薄层泥岩

根据前文已确定的泥岩时变强度参数,应用 GEO-SLOPE 软件利用极限平衡有限元法[15],建立如图 6 所示模型模拟分析黄家湾溢洪道边坡不同时期的边坡稳定性。边坡各层介质的力学参数如表 4 所示。计算结果见表 5。

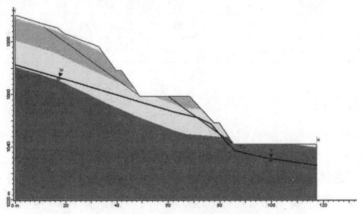

图 6 溢洪道边坡计算模型

表 4 边坡各层介质的力学参数

名称	天然/饱和容重(kN/m³)	$\varphi(°)$	$c(kPa)$
黏土	16.5/17.0	20	8
强风化岩体	21.0/21.5	19.2~24.2	50~100
强风化层面	—	14.0~19.2	30~50
强风化裂隙面	—	14.0~16.6	50~60
弱风化岩体	24.0/24.5	26.5~28.8	350
弱风化层面	—	19.2~21.8	50~60
弱风化裂隙面		19.2~21.8	60~70

表 5 不同年限边坡安全系数

$t(a)$	1	5	10	15	20	25
安全系数	1.55	1.23	1.13	1.07	0.94	0.83

6 结 论

(1)运用统一流变力学模型描述了泥岩的流变特征,揭示了泥岩的流变特性。泥岩的蠕变特性强烈,表现为其力学强度参数在短时间内急剧减小,随着时间的延长,其强度参数值减小的速度在不断下降。同时将得到的泥岩蠕变模型参数结合 Hoek - brown 准则与 Mohr-coulomb准则,最终给出泥岩的时变强度参数,在一定程度上为研究软岩的时变力学提供了方法借鉴。

(2)由于研究区泥岩的流变特性,其力学强度参数随时间的增长而不断减小,使得开挖后的边坡安全系数随时间的延长逐渐降低,经计算历时 5 a 后,边坡安全系数逐渐降低到1.23,低于规范要求,存在安全隐患。因此,需加强工程措施进行支护,对黄家湾溢洪道边坡的永久支护稳定提供理论依据。

参 考 文 献

[1] 谢和平,陈忠辉. 岩石力学[M]. 北京:科学出版社,2004.
[2] 范广勤. 岩土工程流变学[M]. 北京:煤炭工业出版社,1993.
[3] 王宏贵,魏丽敏,赫晓光. 根据长期单向压缩试验结果确定三维流变模型参数[J]. 岩土工程学报,2006,28(5):669-673.
[4] 夏才初,王晓东,许崇帮,等. 用统一流变力学模型理论辨识流变模型的方法和实例[J]. 岩石力学与工程学报,2008,27(8):1594-1600.
[5] Hoek E, Brown ET. Practical estimate the rock mass strength. Int J Rock Mech Min Sci. 1997,34:1165-1186.
[6] 谌文武,原鹏博,刘小伟. 分级加载条件下红层软岩蠕变特性试验研究[J]. 岩石力学与工程学报,2009,28(增1):3076-3081.
[7] 张忠亭,罗居剑. 分级加载下岩石蠕变特性研究[J]. 岩石力学与工程学报,2004,23(2):218-222.
[8] 郑雨天. 石力学的弹塑黏性理论基础[M]. 北京:煤炭工业出版社,1985.
[9] Wawerisk w R. Time-dependent rock behavior in unixial compression. Proc.14. Symp. Roc kmeck, U.S.A. 1972.
[10] Tian Y S,Zhang W. Engineering geological characteristics and rheological properties ofrock mass in Jinchuan Nickel Mine[A]. In:Proc. ofthe 8th ISRM Congress[C]. Tokyo:A.A. Balkema,1995:9-12.
[11] Hoek E, Brown ET. Empirical strength criterion for rock masses. J Geotech Eng 1980,106:1013-35.
[12] Hoek E, Carranza-Torres C, Corkum B, Hoek-Brown failure criterion—2002 edition. In: Proceedings of the North American rock mechanics society meeting in Toronto in July 2002.
[13] 许宏发. 软岩强度和弹模的时间效应研究[J]. 岩石力学与工程学报,1997,16(3):246-251.
[14] 曹树刚,边金,李鹏. 软岩蠕变试验与理论模型分析的对比[J]. 重庆大学学报,2002,25(7):96-98.
[15] Simo J C, Ju J W. Strain-and stress-based contium damage models,part I. formulation,part II. Computational aspects[J]. Int. J. Solid structures,1988,23(3):821-869.

【作者简介】 文杰(1976—),高级工程师,主要从事水利水电工程地质勘察方面的工作。E-mail:18848006@qq.com。

滇中引水工程香炉山隧洞渗控设计研究

颜天佑　李建贺　张传健

（长江勘测规划设计研究有限责任公司,武汉　430010）

摘　要　深埋隧洞可能导致地表水体水量减少或疏干,对沿线地下水环境和当地生产生活用水造成不利影响,所以渗漏控制是香炉山隧洞建设关键难题之一。根据香炉山隧洞水文地质条件研究,隧洞渗控设计采用"以堵为主,限量排放"的原则,对地下水采用既封堵又疏导的方式,及多种材料围岩灌浆与周圈设置排水孔相结合的处理措施。处理后隧洞渗漏量将小于 3 m³/(d·m),对各泉点的影响显著减小,满足隧洞对总径流的影响不超过 5%,对地下水径流量的影响不超过 10% 的要求。

关键词　香炉山隧洞;渗漏量;渗控设计;灌浆;排水孔

1　工程概况

滇中引水工程香炉山隧洞沿途经玉龙县白汉场、汝南河、松桂大沟,在鹤庆县松桂镇与积福村渡槽相接,隧洞总长 62.596 km,最大埋深约 1 450 m。香炉山隧洞斜穿玉龙县、剑川县与鹤庆县之间的马耳山脉,马耳山脉位于金沙江与澜沧江分水岭地带,为典型断陷盆地与断块山岩溶区。隧洞沿线两侧的丽江盆地、鹤庆盆地和剑川盆地均为断陷盆地,丽江盆地高程 2 350~2 400 m,其他两盆地海拔高程一般在 2 200~2 300 m,地形平坦。鹤庆和剑川等盆地边缘成串珠状分布岩溶泉,主要河流水系自西向东有属于澜沧江流域的剑湖水系及其所属支流清水江、汝南河,属于金沙江流域的漾弓江（东山河）及其支流银河（马厂煤矿沟）、洗马池（锰矿沟）、草海等,其主要盆地、河流水系分布如图 1 所示。

隧洞施工期洞内抽排水及长期运行的隧洞渗涌水,将在一定程度上降低隧洞区地下水水位,可能导致地表水体水量减少或疏干,对沿线地下水环境造成不利影响,同时隧洞

图 1　香炉山隧洞区主要盆地、河流水系

基金项目:国家重点研发计划资助（项目编号:2016YFC0401804）。

较大渗漏量将导致沿线一定范围内泉点流量减小,对当地生产生活用水造成不利影响[1-5]。香炉山隧洞底高程在 1 993.95~2 028.743 m,低于隧洞两侧盆地较多,且岩溶发育,施工期影响最为显著的泉水主要有黄龙潭、西龙潭、黑龙潭、东山寺泉、清水江村泉等,裸洞施工条件下对以上泉点影响均大于10%,特别是清水江村泉有疏干的可能,为减小隧洞对沿线地下水环境的影响,必须采取渗漏处理措施,所以隧洞渗漏控制是香炉山隧洞建设的关键难题之一。

2   渗控措施影响敏感性分析

为分析不同围岩渗透性、地下水埋深、灌浆圈厚度、排水孔布置等对香炉山隧洞外水压力和渗漏量的影响,建立有限元仿真模型,重点比较衬砌外水压力、渗漏量及外水压力等关键参数的变化规律,对比分析衬砌外水压力和渗流量,研究不同渗控参数下的效果敏感性[6,7]。

2.1   渗控分析模型

选择香炉山隧洞桩号 DL I 39+175 附近的横断面(见图 2)建立分析模型,模型顶部按实际地形处理,模型底部高程 1 500 m。模型沿洞轴线方向 9 m,考虑 3 排排水孔,周圈按 45°布置 8 根排水孔,水头 400 m 以下孔深 2 m,400 m 以上按孔深 3 m,有限元网格采用六面体八节点单元剖分,模拟排水孔实际尺寸,模型网格见图3,节点数 34 512 个,单元 31 245 个。洞内水位以上孔边界按可能出逸边界处理,洞内水位以下按洞内水头处理;运行期洞内水深 6.3 m,隧洞顶部其余部位按可能出逸边界处理。

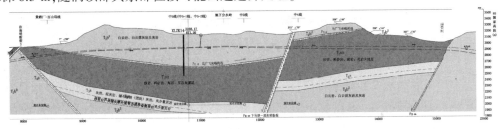

图2   香炉山隧洞 DL I 39+175 地质剖面图

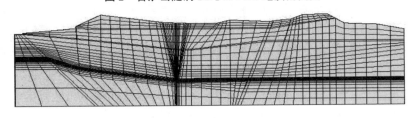

图3   模型有限元网格

2.2   计算结果

(1)在隧洞运行期,在不同地下水头条件下,围岩渗透性从 $1×10^{-6}~5×10^{-4}$ cm/s 做敏感性分析,相应灌浆圈渗透性也按一定比例进行变化组合,当围岩渗透性和灌浆圈渗透性比值 N 一定,相同边界水头条件下的隧洞衬砌外水压力基本相同,但渗流量则随着围岩渗透性基本成正比增加。

(2)在隧洞围岩综合渗透性相同条件下,渗流量和水头基本呈正比关系。

(3)隧洞围岩渗流场分布图(见图4,围岩渗透系数 $1×10^{-5}$ cm/s,外水水头 1 000 m,10 m 灌浆圈渗透系数 $1×10^{-6}$ cm/s)可以看出,灌浆圈内水头等值线密集分布,尤其是排水孔周围水头分布线更加密集,这表明在灌浆圈承担大部分外水压力,比降较大,排水孔排水降压效果显著。

（4）在灌浆圈渗透系数 $1×10^{-6}$ cm/s 条件下,大多数方案隧洞渗流量小于 3.0 $m^3/(d·m)$。

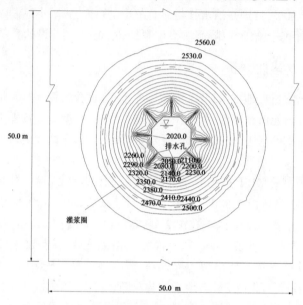

图 4　隧洞围岩渗流场分布图

3　渗漏量控制

根据香炉山隧洞水文地质条件研究,香炉山隧洞影响区地表水与地下水的年均总径流在 45.52（枯）~49.62 m^3/s（丰）,其中地下水总径流量为 22~26 m^3/s（按平均入渗系数 0.5~0.6 考虑）。根据香炉山隧洞区主要盆地、河流水系分布及补给情况,建立香炉山隧洞地下水渗流模型,预测不同工况下隧洞开挖的渗漏量。结果表明,香炉山隧洞主洞全裸洞工况下枯水期单位渗漏量 $q>3$ $m^3/(d·m)$ 洞段长 33.1 km,需采取防渗灌浆措施,灌浆洞段占隧洞总长约 52.98%;丰水期单位渗漏量 $q>3$ $m^3/(d·m)$ 洞段长 38.5 km,需采取防渗灌浆措施,灌浆洞段占隧洞总长约 61.67%。考虑香炉山隧洞地下水位高,隧洞防渗处理后不能完全阻断地下水向洞内汇集,参照已有工程经验和数值分析,隧洞处理后达到仅渗水滴水的要求,相应隧洞渗漏量小于 3 $m^3/(d·m)$,则香炉山隧洞总的渗漏量不超过 2.17 m^3/s。从总量上评价,对香炉山隧洞对总径流的影响不超过 5%,对地下水径流量的影响不超过 10%。

4　渗控措施

对深埋的长无压引水隧洞,必须设置可靠的排水措施,以保证隧洞衬砌结构的安全。同时,从环保和生态方面考虑和隧洞流量控制考虑,应避免隧洞内有较多渗漏。参照已有的隧洞工程实例[8-10],渗控设计采用"以堵为主,限量排放"的原则,即对地下水应采用既封堵又疏导的方式,封堵地下水主要采用隧洞围岩灌浆,处理后要求隧洞不产生大量渗漏,且地下水可能形成的承压作用在隧洞围岩安全距离以外;疏导即是通过设置排水孔有效减小隧洞衬砌结构周边的水压力。

4.1 隧洞灌浆

隧洞灌浆主要考虑三种灌浆材料:①普通水泥灌浆,要求灌浆圈渗透系数达到 10^{-5} cm/s;②超细水泥灌浆,要求灌浆圈渗透系数达到 5×10^{-6} cm/s;③化学灌浆,要求灌浆圈渗透系数达到 10^{-6} cm/s。

灌浆圈厚度主要有两类:①地下水水头小于等于 400 m 洞段,灌浆圈厚度取 8 m;②地下水水头大于 400 m 洞段,灌浆圈厚度取 10 m。

对裸洞情况下进行渗流分析,当裸洞渗漏量大于 3 $m^3/(d\cdot m)$ 时,采用首先选用普通水泥灌浆;对普通水泥灌浆后渗漏量大于 3 $m^3/(d\cdot m)$ 但小于 5 $m^3/(d\cdot m)$ 洞段,可直接改为磨细水泥灌浆;对普通水泥灌浆后渗漏量大于 5 $m^3/(d\cdot m)$ 洞段,增加二次化学灌浆。

4.2 设置排水孔

为降低衬砌外水压力,考虑香炉山外水压力水头较高,隧洞衬砌都采用透水衬砌,衬砌之间设置橡胶止水。衬砌外地下水水头小于等于 50 m 洞段,隧洞顶部 120° 范围布置 3 个排水孔,排距为 3 m,围岩排水孔深 2 m;地下水水头大于 50 m 洞段,隧洞周圈设置排水孔,排水孔间排距均为 3 m,围岩排水孔深 2 m。

5 结 论

为减小滇中引水工程香炉山隧洞对地下水环境的影响,必须进行防渗处理。渗控设计采用"以堵为主,限量排放"的原则,对地下水采用既封堵又疏导的方式,以及多种材料隧洞围岩灌浆与隧洞周圈设置排水孔相结合的处理措施,使得隧洞渗漏量小于 3 $m^3/(d\cdot m)$。隧洞采取灌浆防渗后,隧洞对各泉点的影响显著减小,除对清水江村泉影响较大外(影响程度22.16%),对其他泉点影响均小于 10%;同时,满足香炉山隧洞对总径流的影响不超过5%,对地下水径流量的影响不超过 10% 的要求。

参 考 文 献

[1] 李立民.秦岭输水隧洞施工对黑河金盆水库的影响[J].隧道建设,2016,36(4):379-384.
[2] 陈玉辉,赵玉杰,李毅.锦屏二级水电站 3#引水隧洞溶洞探洞地下水处理[J].水利水电技术,2012,43(5):78-79.
[3] 唐运刚.基于解析法的隧洞施工对地下水环境影响预测[J].人民长江,2018,49(8):67-71.
[4] 周人杰,沈振中,徐力群,等.基于三维非稳定流分析的隧洞开挖地下水环境影响评价[J].南水北调与水利科技,2016,14(6):135-140.
[5] 黄润秋,王贤能.深埋隧道工程主要灾害地质问题分析[J].水文地质与工程地质,1998,25(4):21-24.
[6] 彭亚敏,沈振中,甘磊.深埋水工隧洞衬砌渗透压力控制措施研究[J].水利水运工程学报,2018(1):89-94.
[7] 朱伯芳,李玥,张国新.渗流场中排水直径、间距及深度对排水效果的影响[J].水利水电技术,2008,39(3):27-29.
[8] 吴世勇,王坚,王鸽.锦屏水电站辅助洞工程地下水及治理对策[J].岩石力学与工程学报,2007,26(10):1959-1967.
[9] 殷国权.深埋引水隧洞超高渗透压力条件下堵水灌浆技术研究[J].水电站设计,2017,33(2):104-107.
[10] 毕守森,田淑贤,新启.引黄入晋工程北干线 1#隧洞地下水处理[J].水利水电工程设计,2014,33(2):1-4.

【作者简介】 颜天佑,高级工程师。E-mail:yantianyou@cjwsjy.com.cn。

某高拱坝拱肩槽顺层高边坡稳定及开挖支护方式研究

朱　涛　秦永涛　刘清朴　金　月

(中水北方勘测设计研究有限责任公司,天津　300222)

摘　要　某高拱坝拱肩槽顺层节理面发育,开挖后在左岸下游形成切脚边坡,对拱肩槽整体稳定不利。本文对顺层高边坡存在的问题进行分析,并结合拱肩槽边坡稳定计算,采取了有效的加固措施和合理的开挖支护方式,为工程安全经济提供了技术依据。

关键词　拱坝拱肩槽;顺层高边坡;边坡稳定;开挖支护

1　工程概况

某水利枢纽工程位于我国高纬度严寒地区,挡水建筑物为混凝土双曲拱坝,最大坝高167.5 m,为大(一)型工程。

2　地形地质概况

坝址所在河段河谷狭窄,宽高比1:1.26;边坡高陡,坡高170~200 m,坡度多在65°以上;两岸谷坡地形较平顺完整。坝址区两岸多基岩裸露,河床覆盖层厚度较小,厚度一般为10~15 m。基岩以石炭系巨厚层、厚层、中厚层灰岩为主,岩质坚硬。

坝址区构造简单,结构面稀疏发育,岩层呈单斜构造,产状稳定,走向和河流大角度相交,倾向上游,倾角多大于55°。坝址区发育的Ⅳ、Ⅴ级结构面主要为NWW向层面陡倾裂隙、NNE向陡倾裂隙、中缓倾角裂隙,性状以硬性结构面为主。NWW向陡倾角裂隙,多顺层发育,或与层面走向相近,优势产状为NW285°~295°SW∠60°~65°,具有延伸长度大、性状较差的特点,裂隙在坝址区自然面貌见图1。NNE向陡倾裂隙,优势产状为NE17°~28°SE∠59°~73°。裂隙面平直光滑,延伸长度相对较大,多属微张或闭合,结构面性状较好,裂隙间距具有靠近河岸较小、向山体内部方向逐渐增大的趋势。中缓倾角裂隙,左岸优势产状为NW288°~313°NE∠15°~23°,右岸优势产状为NE49°~83°NW∠8°~24°,随机零星分布,多数近闭合或充填方解石,连通率较低、性状较好。

拱坝拱肩槽及上下游侧边坡最大开挖高度约230 m,NWW向层面陡倾裂隙、NNE向陡倾裂隙在左岸拱肩槽下游侧形成不利滑块组合(见图1),随着拱肩槽开挖,部分高程滑块被切脚,不利于拱肩槽稳定。

图 1　NWW 向层面裂隙

3　计算方法及计算模型

3.1　计算方法

本文计算采用 Itasca 公司开发的三维离散元程序 3DEC（3 Dimensional Distinct Element Code，Version 5.0）进行计算分析。

3DEC 是基于离散元法研发的一款岩土领域计算软件，采用摩尔库伦本构模型。3DEC 中主要是根据强度折减系数来评价边坡稳定性，其主要通过对岩体及结构面的强度参数逐渐折减，使边坡达到临界破坏状态，此时得到的折减系数即可等同为边坡的安全系数，基于变形趋势突变或者计算收敛条件来判断其临界破坏状态。

3.2　计算模型及参数选择

3.2.1　计算模型

通过对拱肩槽边坡结构面组合情况分析，NWW 向层面陡倾裂隙（NW288°/SW∠62°）与 NE 向陡倾角裂隙（NE6°/SE∠64°）构成楔形体的双滑面，沿交棱线向河谷或拱肩槽开挖面滑出。由于岩层、NE 向裂隙均为一组相互平行的结构面，取不同位置时，将会组成不同的楔形体，滑块组成示意图见图 2。此外，NE 向裂隙在不同岩体中的连通率不同也影响滑块的选择。

经初步试算：NEE 向裂隙进入微卸荷部分（AⅢ-1），滑块未切脚，且裂隙连通率较大，滑块安全系数较大；弱卸荷范围内，切脚滑块体积越大，安全系数越低，且加固效果越差；若将弱卸荷内切脚滑块全部挖除，则部分拱肩槽和建基面将被挖除或边坡大范围扰动，不利于拱坝和边坡稳定。故据此原则确定弱卸荷范围内体积最大的切脚滑块位置大小见图 3。

图 2　左岸下游拱肩槽滑块平面示意图

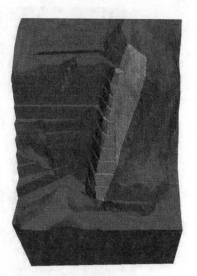

图 3　滑块整体三维模型

3.2.2　参数选择

拱肩槽边坡为一级工程边坡。影响拱肩槽稳定的滑块位于山体表面,且坝址区有系统防渗排水设施,故忽略构造应力、降雨、地下水的影响。本次计算仅需考虑边坡岩体自重、地震力作用。

拱肩槽部位结构面抗剪断参数及岩体物理力学性质指标见表 1 和表 2。

表 1　坝址区各结构面抗剪强度指标建议值

结构面	类型	抗剪强度指标		连通率 (%)	备注
		f'	c'(MPa)		
NWW 向层面陡倾裂隙	次硬性	0.42~0.47	0.08~0.09	100	
NE 向陡倾角裂隙	硬性	0.45~0.50	0.08~0.09	90~100	微卸荷内连通率为 55%

注:计算时,抗剪断参数采用中值,连通率取大值。

表 2　坝址岩体物理力学性质指标建议值

岩体 类别	岩石干密度 (g/cm³)	岩体承载力 (MPa)	岩体弹模 (GPa)	岩体变模 (GPa)	岩体 泊松比	岩体抗剪强度指标	
						f'	c'(MPa)
AⅢ-1	2.50~2.55	4~5	12~14	7~9	0.24~0.26	1.0~1.2	1.0~1.2
AⅢ-2	2.45~2.50	3~3.5	10~12	6~7	0.26~0.28	0.8~0.9	0.8~0.9
AⅣ-1	2.35~2.40	2~2.5	5~7	3~4	0.3~0.32	0.7~0.8	0.5~0.7

注:计算时,设计参数采用中值。

4　计算结果及加固方案

4.1　加固方案

削坡减载措施在开挖过程中已考虑,本工程针对顺层坡滑块稳定采用加固方式主要为锚索支护:在下游侧边坡布置间距 5.0 m、排距 10 m、单孔持力 1 000 kN 系统锚索,锚索长度

35~40 m。固结灌浆对结构面参数提升不明显且提升数值不确定,故固结灌浆一般作为安全储备,稳定计算中不考虑固结灌浆的影响。

4.2　加固前后对比

加固前后安全系数见表3。

表3　加固前后滑块安全系数

项目	加固前	加固后	备注
安全系数	1.15	1.31	强度折减法

拱肩槽边坡为工程一级边坡,加固前边坡稳定安全系数大于1.0,边坡能自稳,但是安全系数不满足规范要求;加固后正常工况安全系数大于1.30,满足规范要求。从图4和图5位移对比来看,最大位移由加固前的1.76 cm减小为1.41 cm,说明锚索对控制边坡位移变形效果明显。

图4　加固前滑块位移云图

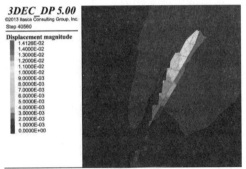

图5　加固后滑块位移云图

4.3　加固敏感性分析

边坡在不同加固措施下安全系数详表4。

表4　加固后边坡安全系数敏感性分析

项目	正常加固后	f'、c'值均提升15%	f'、c'值均降低15%	锚固力提升30%
安全系数	1.31	1.51	1.10	1.36

从表4加固措施敏感性分析来看,进一步增加边坡锚索加固措施对滑块稳定安全系数影响已不明显,结构面抗剪断参数大小为边坡稳定的一个主要影响因素,故在施工过程中需加强对开挖爆破的控制,减小施工过程对结构面参数的影响,并进行必要的灌浆处理。

5　边坡开挖支护

JH二级工程为边坡陡峭、裂隙发育的大型人工边坡,应采用合理的开挖支护方式,以提高边坡安全度。

5.1　开挖支护原则

5.1.1　少开挖、强支护

高山峡谷地区的自然边坡经过漫长的地质时期,其应力、变形已趋于稳定,大方量的边坡开挖将扰动其稳定环境,造成应力、变形调整和新的卸荷松弛,不利于边坡稳定。因此,应采用弱爆破、小开挖,以期减少对边坡的扰动,并采用强支护,使工程边坡满足安全要求。

5.1.2　分层分区开挖

JH 二级边坡稳定可分为表层稳定和深层稳定,应根据不同的地质条件和边坡稳定类型采用不同的开挖方式和加固处理措施。

5.2　拱肩槽边坡开挖设计

左岸下游侧边坡高约 230 m,坝顶高程以上采用 15 m 一级马道开挖,开挖坡比 0.3~0.7,坝顶高程以下拱肩槽采用 20 m 一级马道开挖,开挖坡比 0.3~0.5。表层强卸荷区采用较缓的开挖坡比,深层微、弱卸荷区采用较陡的开挖坡比。

针对控制拱肩槽边坡稳定的顺层坡,其切脚边坡的开挖,应采用先锚后挖的方式:预留保护层,采用 9 m 长锚筋桩锚固,锚筋桩顶部深入岩体开挖面以下 0.1 m,再开挖爆破,减少爆破震动和开挖卸荷松弛对顺层节理面的影响,提高其整体稳定性。

5.3　拱肩槽边坡支护设计

根据左岸边坡的地形地质条件分析,参考稳定计算成果,类比同类工程经验,拱肩槽边坡稳定分为深层稳定和表层稳定,深层稳定滑块是 NWW 向层面陡倾裂隙、NE 向陡倾角裂隙(NE6°/SE∠64°)及开挖面组成的楔形体,表层稳定滑块为卸荷带内局部潜在不稳定块体、表层松动岩体、岩体松弛卸荷等小滑块。

针对深层稳定滑块采用预应力锚索加固,间距 5.0 m、排距 10 m、单孔持力 1 000 kN 系统锚索,锚索长度 35~40 m。针对表层稳定滑块采用全断面挂网喷混凝土、系统锚杆、局部锚筋桩支护处理的措施。挂网钢筋 ϕ 8@150 mm,喷 C25 混凝土,厚 10 cm,系统锚杆采用 Φ 28、L=6.0 m、Φ 25、L=4.5 m 交错布置,间排距 2.0 m。

结合拱肩槽固结灌浆扩大区,对裂隙进行补强灌浆,增加边坡稳定性。应加强灌浆压力对边坡抬动的控制,避免灌浆压力过大对边坡稳定造成不利影响。

6　结　论

JH 二级工程拱肩槽边坡裂隙发育、边坡陡峭,存在部分切脚的顺层高边坡,在以往的水利工程建设中并不常见,边坡开挖支护难度大。

本文根据地质信息建立三维模型,通过加固处理、分析计算得到,加固前安全系数 1.15,加固后安全系数 1.32,加固后拱肩槽顺层高边坡稳定满足规范要求。

顺层边坡稳定安全系数受结构面抗剪断参数影响较大,边坡开挖应采用弱爆破、强支护原则,减小施工对边坡的扰动。同时,应对边坡进行强支护,保证边坡稳定安全。

参 考 文 献

[1]　宁宇,徐卫亚,郑文棠. 白鹤滩水电站拱坝及坝肩加固效果分析及整体安全度评价[J].岩石力学与工程学报,2008,27(9):1890-1898.

[2]　宋胜武,向柏宇,杨静熙,等. 锦屏一级水电站复杂地质条件下坝肩高陡边坡稳定性分析及其加固设计[J].岩石力学与工程学报,2010,29(3):442-458.

[3]　庞明亮,唐忠敏,陆欣. 锦屏一级水电站拱坝坝肩稳定分析及工程措施研究[J].西北水电,2012,(4):23-27.

［4］向柏宇,饶宏玲.锦屏一级水电站坝区左岸高边坡复杂岩石力学问题及工程治理措施研究[J].水电站设计,2008,24(2):14-19.

［5］刘晓军,陈敦科,范五一.乌东德水电站坝肩边坡及深基坑开挖方案研究[J].人民长江,2014,45(20):72-75.

［6］朱伯芳,高季章,陈祖煜,等.混凝土设计与研究[M].北京:中国水力水电出版社,2002.

【作者简介】 朱涛(1985—),男,高级工程师。E-mail:zhutao686@163.com。

高承压水复杂地质输水隧洞处理方案研究

苏卫涛　王　帅　王　伟　王志华

（河南省水利勘测设计研究有限公司,郑州　450016）

摘　要　本文以小浪底备北岸灌区工程为例,分析高承压水复杂地质条件下的长距离输水隧洞在设计与施工中遇到的难题,建立数字模型,模拟岩体结构、软弱断层结构、高承压水等复杂地质条件,进行涌水量预测。通过对灌浆措施进行模拟,来分析超期灌浆后承压水对洞室围岩应力的耦合情况,最终研究出最佳灌浆方式,来指导隧洞的设计与施工,为后期同类型工程提供参考。

关键词　小浪底北岸灌区;高承压水;输水隧洞

1　工程概况

小浪底北岸灌区位于河南省黄河北岸,涉及济源市和焦作市的沁阳市、孟州市、温县,是黄河小浪底枢纽的配套工程,北岸灌区一期工程总干渠包含 12 条无压输水隧洞,其中 11# 隧洞为其中长度最长、地质条件最复杂的隧洞,隧洞起止桩号为 11+163.55 ~ 18+0235.55,全长 6 862 m,位于小炼钢厂—沟西庄,涉及三个标段,设计流量为 30 m^3/s,隧洞糙率采用 $n=$ 0.014。隧洞净宽为 3.5 m,水深 3.44 m,洞身净高为 4.5 m,比降 1/1 000,城门洞形结构形式,围岩最大厚度为 195 m。

2　工程地质条件

工程区属华北断陷—隆起区之太行山隆起和豫皖隆起—拗陷区之济源盆地结合部位。新构造运动主要表现为大面积间歇性和差异性升降运动及断裂的继承性活动,还具有明显的水平运动分量。该处工程区地震动峰值加速度为 0.10g,相应的地震基本烈度为Ⅶ度。

受区域性断裂影响,场区内分布有次级的断裂及裂隙发育。对隧洞影响规模较大的断层有 9 条,其中 F29 断裂影响规模最大(见图 1),地质测绘表明,沿断层上盘,发育有大量塌滑体。存在高位承压水、裂隙发育、多层含水层等复杂水文地质问题。在总干渠 11# 隧洞 14+690 ~ 15+060 段(钻孔 XZS5-6-1 ~ XZS5-6-4)可能存在严重突水突泥地质灾害,影响施工安全和生态环境,还可能造成涌水排泄大量降低地下水位等工程问题。

3　地下水赋存条件

11# 隧洞在桩号 14+690 ~ 15+060 段(富水断裂 F29 附近),岩层中地下水较丰富,存在承压水,承压水最大水位高程为 331 m,孔口最大涌水量 35L/min。该范围内洞段工程地质与水文地质条件复杂。洞室涌水量大,易形成次生地质灾害,对工程施工造成影响,因此提出隧洞施工过程中应加强对地下水活动的观测、加强地质预报,并做好保证安全施工的各种预案措施等工作。

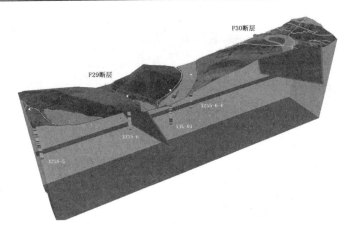

图1　总干渠 11# 隧洞 F29 断层带三维示意图

4　F29 断层涌水量预测

针对隧洞涌水量的预测分析,主要包括定性分析和定量分析两种。定性分析仅初步对隧洞的地下水分布、赋存规律进行预测分析,而定量分析通过钻探、物探、水化学分析、同位素分析等多种手段来确定地下水分布情况、断层段构造情况,再通过地下水动力学理论等理论来估算隧洞的涌水量。在实际工程中往往出现较大的误差。本次采用了国际上流行的三维地下水渗流软件 MODFLOW,来分析 11# 隧洞 F29 断层及影响带涌水量等。

MODFLOW 是目前应用最广泛的地下水模拟程序,模拟地下水的方法采用多层的长方形网格来刻画三维含水层系统,输入含水层参数,然后对每个单元格建立非稳定流的有限差分方程进行数值求解。其将含水层处理为潜水含水层、承压含水层、承压/非承压含水层三种类型。其中,承压/非承压含水层又按导水系数是否变化分为两类,一类导水系数为常数,另一类则随饱和厚度的变化而变化,贮水系数、给水度的确定将按照地下水在无压状态(潜水)还是在承压状态(承压水)进行切换。

根据地质资料,F29 断层宽 5 m,F29 断层影响带宽度范围为 370 m,但存在不确定性,作为参考,取 200 m 宽度作为比较。计算模型剖分图见图 2。

根据已经建立的三维数值计算模型,计算 11# 隧洞 F29 断层及断层影响带的涌水量,得出 F29 断层带宽度 5 m 总的涌水量为 1 415 m³/d,单位宽度的涌水量为 283 m³(d·m),断层影响带范围 370 m 的涌水量为 2 613 m³/d,单位宽度的涌水量为 7.06 m³(d·m)。

5　超期灌浆后承压水对洞室围岩应力的耦合分析

针对 11# 隧洞 F29 断层高承压水段地质条件复杂、地下水位高、涌水量大的特点,在经济合理、安全可行的前提下,对于富水、涌水洞段的开挖及地下水处理,应遵循"先探后掘、以堵为主、堵派结合、可控排放、择机封堵"的原则。对该段高承压水处理选择高压水泥灌浆法,灌浆法具有独特的优势,既经济又合理,具有广泛的应用价值。

对隧洞和地层建立三维数值分析模型,隧道开挖断面为城门洞形隧洞,截面尺寸为 4.9 m×5.9 m,隧洞贯穿模型整个地层,根据勘测结果,断层与断层影响带的存在及存在的高承压水是导致施工地质问题复杂的主要原因,基于此,将模型的范围定位:200 m×700 m×250

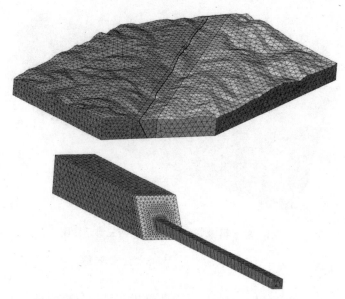

图2　11#隧洞 F29 断层带三维模型剖分图

m,模型宽度 200 m,长度 700 m 并包含断层影响带以外 420 m 区域,高程范围为 100~350 m,共 250 m。

模型计算范围内的地层单元有断层 F29、断层 F29 影响带、T3t 地层、T3C 地层。模型计算范围内的其他材料分区有:隧洞,注浆范围 40 m×40 m、20 m×20 m、5 m 超前灌浆和 3 m 超前灌浆。模型底部为固定约束,模型四个周边为水平约束。

上述模型材料分区的计算参数,综合考虑参考前期勘测试验结果和本次补充试验结果,计算参数表见表1。

表1　模型材料分区参数取值

材料分区	剪切模量 (Pa)	体积模量 (Pa)	c(Pa)	内摩擦角 (°)	密度 (kg/m³)	抗拉强度 (Pa)	孔隙率
F29	$1.81×10^9$	$5×10^9$	$0.6×10^6$	26	2 300	$4×10^6$	0.35
F29 影响带	$2.03×10^9$	$5.5×10^9$	$7×10^6$	28	2 400	$8×10^6$	0.30
T3C\T3T 地层	$2.03×10^9$	$6×10^9$	$8×10^6$	30	2 510	$1.3×10^7$	0.16
结石体	$2.17×10^9$	$6×10^9$	$7.5×10^6$	29	2 500	$1×10^7$	0.15

基于现场的实际情况,并考虑处理措施等情况,选取以下计算工况:

(1)开挖前工况:隧洞完成超期灌浆未开挖,地下水位为初始地下水位。

(2)开挖工况:隧洞完成超期灌浆且开挖,地下水位降落稳定的情况。模型共剖分 76 842个单元,节点 34 025 个,如图3 所示。

从开挖前工况计算结果看出,位移和应力仍然受到地形的明显影响,位移受断层、断层影响带和 3 m 超前灌浆的影响较小,地表和内部断层没有明显的位移不连续;应力受断层和断层影响带明显,在 F29 断层处,应力出现不连续,且这种不连续也受到了 3 m 超前灌浆的影响,形成了加固区范围内的应力区,计算范围内没有出现塑性区。

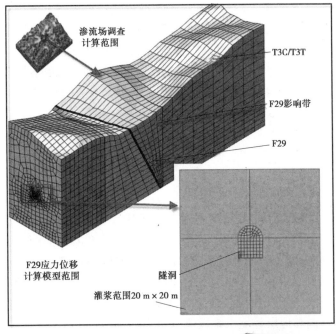

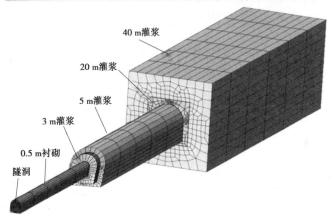

图3　模型材料及剖分图

从开挖工况计算结果看出,位移场和应力场的总体变化情况与开挖前工况基本类似。主要的差别在于应力场,3 m 的超前灌浆使洞室周边形成了一个加固圈,它的存在,使隧洞开挖引起的应力场集中在了加固区,加固区外受应力分布影响较小。

6　隧洞高承压水处理方案

隧洞高承压水处理方案遵循"先探后掘、以堵为主、堵排结合、可控排放、择机封堵"的原则。开挖前采用超前钻孔,探明掌子面前方地下水的活动规律,测定漏水量、压力,防止突然涌水突泥。

如果预测前方可能出现大涌水,按以下程序执行:

(1)探明补给水源,将其截断,利用集水坑、排水沟抽排地下水,降低地下水位及封堵难度。

（2）采用超前固结灌浆等手段降低其渗透性或形成帷幕阻水。洞内超前围幕注浆属深孔注浆，是通过掌子面的超前钻孔，对围岩内部压注浆液，形成较大范围的筒状的注浆加固圈。洞内超前围幕注浆依靠浆液压力，对围岩用浆液充填、挤密，达到加固、堵水的作用。所以，适用于软弱围岩及地层破碎带、自稳性差的含水地段的加固，更适用于有地下水及地下水较多的地层加固与堵水。灌浆压力值应大于承压水压力值的 2~3 倍，11#隧洞高承压水段设计最大压力值为 3×1.26 = 3.8（MPa）。

灌浆后的开挖间隔时间，应该通过试验确定。灌浆后的开挖，采取短进尺、弱爆破、快支护的原则。

7　结　语

本研究通过对小浪底北岸灌区 11#隧洞某断层带设计施工中面临的涌水突泥问题，通过对地下水分布、赋存条件、地下水动态等进行分析研究，建立地下水模型，预测出 F29 断层涌水量；在经济合理、安全可行的前提下，对高承压水洞段的开挖及处理遵循"先探后掘、以堵为主、堵排结合、可控排放、择机封堵"的原则，首先探明补给水源，将其截断，利用集水坑、排水沟抽排地下水，降低地下水位及封堵难度；然后对该段高承压水进行封堵，采用高压水泥灌浆法；再对隧洞和地层建立三维数值分析模型，分析最适合的灌浆方式；最后制定高承压水处理执行程序，确保隧洞安全施工。

参 考 文 献

[1] 河南省水利勘测设计研究有限公司.小浪底北岸灌区一期工程初步设计报告[R].2011.
[2] 柴军瑞.大坝及其周围地质体中渗流场与应力场祸合分析[D].西安理工大学,2001.
[3] 王晓仁.江西省某水工隧洞渗水原因分析及整改措施[J].水利规划与设计,2018.
[4] 徐济川.黄少霞大瑶山隧道的突泥涌水机制[J].铁道工程学报,1997(12).
[5] 肖大鹏.全断面掘进施工隧洞围岩失稳风险识别与对策研究[J].水利规划与设计.2016.
[6] 王家服.隧道涌水量计算探讨[J].铁道学报,1999.
[7] 河南省水利勘测设计研究有限公司.小浪底北岸灌区一期工程总干渠 11#隧洞专题报告[R].2011.
[8] 河南省水利勘测有限公司.小浪底北岸灌区一期工程初步设计阶段工程地质勘察报告[R].2011.
[9] 河南省水利勘测有限公司.小浪底北岸灌区一期工程总干渠 11#洞线地质比选工程地质勘察报告[R].2011.
[10] 曹吉胜.高承压水作用下工作面突水机理数值模拟研究[D].山东科技大学,2006.
[11] 曹丹.隧洞工程涌水突泥分析及对本溪水洞的影响评价[J].水利规划与设计,2016.

【作者简介】　苏卫涛（1981—），男，高级工程师，主要从事水利水电工程设计工作。

四川龙塘水库库坝区岩溶渗漏防渗处理方案研究

程汉鼎　赵　玮

(陕西省水利电力勘测设计研究院,西安　710001)

摘　要　岩溶渗漏问题是制约龙塘水库建设的关键技术问题。根据各阶段地质勘探和专题研究成果,研究了工程区岩溶发育特征及岩溶水水文地质条件,对水库向外围流域渗漏及库区临谷渗漏的可能性进行了分析,提出了龙塘水库库坝区防渗处理方案,综合勘察研究成果表明龙塘水库坝址具备成库建坝条件。

关键词　岩溶渗漏;发育特征;临谷渗漏;防渗处理

1　概　况

龙塘水库位于四川省凉山州盐源县,是马坝河流域的唯一一座控制性水利枢纽工程,水库坝址位于马坝河下游峡谷出口段,水库坝址距离盐源县城约 16 km,距离凉山州州府——西昌市约 160 km。拟建大坝为混凝土重力坝,坝高 61 m,总库容 1.5 亿 m³,该工程为 II 等大(二)型,开发任务是灌溉、城乡生活供水及发电等综合利用。

20 世纪 50 年代至今,水库库坝区岩溶渗漏问题一直是工程成库建坝的关键技术问题。围绕岩溶渗漏和重要工程地质问题,勘测设计单位先后开展了大量的地质勘探和专题研究,并通过对已建工程岩溶渗漏处理经验的调研和总结,对岩溶渗漏问题和处理措施得到进一步的有效落实,充分论证了"龙塘水库具备成库建坝条件"这一重要结论。

2　工程区岩溶发育特征

2.1　地层岩性分布特征

本区地层可分为可溶岩、非可溶岩和第四系松散堆积层。可溶岩主要为三叠系白山组(T_2b)的灰岩,下博达组(T_3xb)的硅质结核灰岩和第三系红崖子组(Eh)的砾岩。非可溶岩主要为三叠系上博达组(T_3sb)的砂岩、粉砂岩及页岩和第三系中的昔格达组(N_2x)的黏土岩。第四系松散堆积层主要为堆积于河床及河道两侧漫滩,一、二级阶地上部和斜坡地带的物质,岩性为砂砾(卵)石、细砂、壤土、砂质黏土、碎石土等。

三叠系中统白山组(T_2b)的均匀状质纯灰岩,厚度大,层位稳定,分布广泛,是岩溶最为发育的主要层位。白山组(T_2b)厚层灰岩中化学成份以 CaO 为主,平均含量55%,绝对溶解量达 300~330 mg/L,相对溶解度平均值为 1.1,且普遍具有生物碎屑结构,有利于岩溶的发育,属强可溶岩。

2.2　地质构造特征

工程区左岸由上游至下游依次发育有大院子向斜、汪家平背斜、甲花村向斜和石河坝背斜,右岸由上游至下游依次发育有麦地向斜、黑元宝背斜、采石场向斜和汪家沟向斜。工程区主要构造展布见图1。

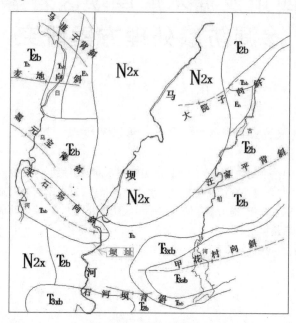

图1　工程区主要构造展布简图

根据各向斜构造特点,除了黑元宝背斜核部出露的 T2y 中非可溶岩,其余背斜核部为可溶的 T₂b 的灰岩,对这一区域的岩溶控制作用不强。而以大院子向斜、甲花村向斜、麦地向斜及采石场向斜为主的向斜构造,其核部出露有相对可溶性差的泥灰岩及互层非可溶岩地层,对这一区域的岩溶地下水的分布及运移起到主要控制作用,几个水动力单元的补给、径流、排泄均受限于此。另外,采石场向斜因 F1 的横切而导致其南北翼岩溶水的沟通,在坝址下游出露多个泉水。

2.3　岩溶发育特征

2.3.1　岩溶发育分布特点

工程区岩溶形态各异,既有漏斗、落水洞、溶洞和溶隙,又有溶蚀洼地、暗河等多种形态,岩溶发育继承性较强,具有沿地形、岩性、构造、地下水流向等发育的特点。

从坝区平硐揭示溶洞的规模来看,平硐总进尺 285.35 m,揭示溶洞 245 个,洞径大于 1 m 的有 20 个,洞径 0.5~1.0 m 的溶洞有 26 个,洞径小于 0.5 m 的溶洞有 199 个。溶洞基本沿北东向张扭性裂隙、层面裂隙及断层方向发育,从岸坡表部向基岩深部,面岩溶率、岩溶发育数量和规模有逐渐减弱的趋势。

其次,库坝区共实施 44 个钻孔,基岩段总进尺 3 383.1 m,共揭示溶洞 163 个,累计溶洞段长度 183.4 m。从钻孔揭示情况看来,马坝河两岸岸坡地段岩溶发育强烈,向两侧邻谷发育渐弱,岩溶发育高程大多在 2 320~2 330 m 高程以上。

另外,根据物探成果,溶洞大多充填黏土及少量的碎石,岩溶发育高程一般不低于古河道河谷高程(2 350 m),且沿古河道径流方向岩溶发育高程存在逐渐降低的特点。马坝河河床以上岸坡地段岩体中岩溶较河床以下地段岩体中岩溶发育,而在河床以下岩体中岩溶发育具有成层性的特点。

2.3.2　岩溶发育的规律

岩溶发育下限受梅雨河最低侵蚀基准面控制,不低于高程 2 280 m。在高程 2 280 m 以上岩溶发育规模、充填情况不一,存在差异性。在 2 360～2 370 m 以上岩溶发育强度大;而在其下岩溶发育稀疏,且洞径小。在高程 2 280 m 以下受泥灰岩的影响,发育微弱,规模小,充填密实。工程区钻探揭示的溶洞发育高程,规模及充填情况见图 2。

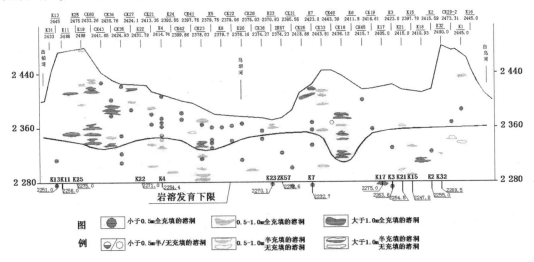

图 2　工程区钻孔揭示溶洞投影图

2.3.3　岩溶发育下限的初步分析

古柏河及白乌河岸边发育的溶洞大多向洞口反向倾斜,且大院子至大龙塘泉段存在河流袭夺现象,说明马坝河较古柏河及白乌河下切发育强烈,在其三级、二级阶地形成过程中相应发育的溶洞,在两侧河流形成后放弃了马坝河控制基准面,适应了本身的河流基准面而发育。因此,马坝河及其下游的梅雨河的侵蚀基准面为本区最低的侵蚀基准面,说明区域岩溶主要发育在高程 2 280 m 以上。

2.4　岩溶水水文地质特征

盐源盆地属一个相对封闭的地下水系统,与外围水系无水力联系。岩溶发育主要受构造及相对隔水岩层分布的控制,地下水动力场也与此相适应,形成了该区特殊的地表水及地下水补排关系——马坝河以地表水为主,同时还通过岩溶管道系统袭夺了古柏河上游的河水,增加了自身河流量。岩溶水是工程区最主要的地下水类型,工程区的岩溶水可分为石真沟—大林乡水动力单元和长坪子—大院子水动力单元两个水力系统,其补排关系、水动力特征及水化学特征各异,在天然状态下,两个水动力单元的水力联系不密切。

工程区岩溶水的主要补给形式为石真沟—大林乡水动力单元和长坪子—大院子水动力单元的岩溶洼地接受大气降水、河水等直接补给,然后赋存于 T_{2b} 灰岩的岩溶和裂隙、褶皱等构造中,并沿途接受上部地表水入渗以暗河的形式向盆地内部运动。岩溶水的排泄形式以暗河及泉的形式在马坝河的龙塘峡谷集中排泄。工程区岩溶水动力分区示意见图 3。

2.5　连通试验

2012 年 12 月,分别在白乌河(河床)高程 2 420 m 以上的麦地堰沟口段投放钼酸铵示踪剂;在古柏河左岸大河乡大院子桥以东约 2 km 处一落水洞内投放荧光素钠。接收点主要

图3　工程区岩溶水动力分区示意图

布置在马坝河水库、龙塘峡谷附近的各岩溶水排泄点(泉点)、钻孔。接收检测点总计28个,其中钻孔9个、泉13个、河流断面6处,具体工作布置见图4。

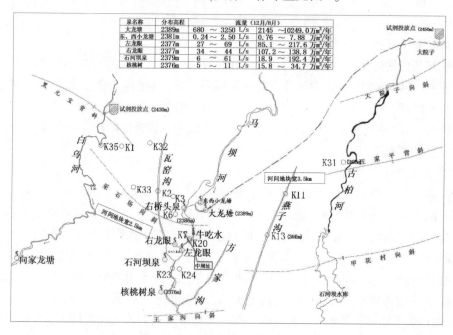

图4　示踪试验工作布置图

白乌河投放点位于石真沟—大林乡水动力单元内,各接收点均未接收到钼酸铵,表明白乌河投放点以下河段地表水与马坝河流域各泉点之间没有水力联系。

古柏河大院子投放点位于长坪子—大院子水动力单元内,荧光素钠示踪试验表明,古柏河流域大院子以上河段地表水及地下水与马坝河龙塘峡谷段之间存在密切的水力联系,即古柏河流域大院子以上河段的地表水和地下水均流向了马坝河流域,马坝河袭夺了古柏河。

从荧光素钠回收率、初现视流速与峰值视流速值和示踪波形态看,两者之间地下水应主要通过管道——裂隙混合型介质运移,并具有多个相互连通的路径。

库区北东向的长坪子—大院子水动力单元岩溶管道的发育规模、高程主要受地形、岩性及构造控制。岩溶水主要以管道形式向马坝河方向流动,并且发育数条高低不同的岩溶管道。推测主管道有3条,岩溶管道起始端均位于大院子向斜构造的翘起端,然后沿古河道两侧向大龙塘泉方向发育,岩溶管道底板高程由2 350 m降至2 280~2 300 m,大龙塘为其主要岩溶水排泄点。

3　水库渗漏可能性分析

工程区外围水系小金河、雅砻江等深切河谷,河谷高程低于水库正常蓄水位高程,即存在向外围渗漏的地形条件;而盆地内马坝河与两侧邻谷地下水之间存在通过暗河、岩溶泉等形式的袭夺现象,且河间地块的岩溶水文地质条件复杂,地下分水岭高程低于正常蓄水位高程;管道型的排泄区跨越龙塘峡谷区。因此,龙塘水库渗漏问题分为两部分:一是向外围流域(如小金河、卧罗河和雅砻江)的渗漏问题,二是水库库区的临谷渗漏问题。

3.1　向外围流域渗漏可能性分析

从区域构造形迹展布来看,区内受由北向南水平推力的控制,形成了一系列北东及北西向延伸的宽缓褶皱和断裂构造,发育的主要断裂构造距工程区较远,水库周边无贯穿盆地的区域性断层通过,不存在沿断裂带渗漏的问题。

盐源盆地属于相对闭合的地表水和地下水系统,盆地中东部、南部及西南部分布碎屑岩与岩浆岩,为相对隔水层。盐源盆地北侧(面坝坪子、长坪子)及西北部(棉垭)一带岩溶地下水的埋藏深度在50~100 m(高程大于3 000 m),地下水位高程远高于水库正常蓄水位高程2 420 m,故龙塘水库不存在向外围远距离渗漏的岩性、构造及水文地质条件。

3.2　库区邻谷渗漏可能性分析

库区位于马坝河河谷中,左岸有古柏河、燕子沟和方家沟,右岸有白乌河和瓦窑沟,均与马坝河近似平行向下游发育。根据地形地质条件推测,可能产生水库邻谷渗漏的地段有四处:一是向左岸古柏河(下游庙子湾—古柏分场干谷段)的岩溶性邻谷渗漏;二是向马坝河下游方家沟的岩溶性邻谷渗漏,三是向白乌河下麦地峡谷产生反压渗漏,四是向马坝河支沟瓦窑沟的邻谷渗漏。

3.2.1　左岸临谷渗漏问题

左岸山梁上部的昔格达组(N_2x)黏土岩夹砾岩,东西方向呈中部厚度大,两侧薄的形态。靠近古柏河一侧厚度大于90 m,底板高程远低于古柏河河床;南北方向厚度变化较大,整体呈现中部厚两端薄的趋势,下伏基岩面高程2 240~2 370 m,最低(最厚)点位于山梁中部K11钻孔西北侧附近,黏土岩为左岸天然相对隔水屏障。因此,左岸不存在向古柏河的岩溶性渗漏问题,但存在向方家沟的绕坝渗漏问题。

方家沟沟口距坝址1.3 km,沟口高程2 385 m。表部为昔格达组黏土岩,厚度5~54.5 m,顶板高程2 406.8~2 450 m,下伏白山组灰岩。地下水位高程在高程2 398 m左右,低于正常蓄水位。沟谷两侧裸露灰岩中有小的溶洞和溶蚀裂隙较发育,库水可能通过灰岩中溶蚀裂隙可渗漏到方家沟中、下游段。

3.2.2 右岸临谷渗漏问题

右岸河间地块靠近马坝河一侧分布有连续的昔格达组的黏土岩,底板高程低于 2 300 m,出露的黏土岩(相对隔水层)阻碍了库水向右岸邻谷的渗漏,可作为天然隔水屏障。且采石场向斜核部连续出露弱透水的红崖子组砾岩和下博达组的泥灰岩,厚度大于 100 m,在向斜中间出露最低高程约 2 300 m。故右岸不存在向邻谷渗漏的地质条件。

根据多年的钻孔水文观测资料分析,右岸河间地块存在地下分水岭,最大高程 2 410 m,证实了该段白乌河河床与马坝河两流域之间没有水力联系。虽然 F1 断层从右岸河间地块顺瓦窑沟向上游展布发育,但野外出露痕迹不明显,加之上部覆盖厚层的黏土岩。故库水不存在向白乌河流域渗漏的地质构造条件。

马坝河右岸庙子堡至烈士陵园段昔格达组黏土岩中夹有多层厚 2~5 m 的砾岩层,位于正常库水位以下,且分布连续。因昔格达组的砾岩属中等透水性,当水库蓄水后,库区右岸存在向瓦窑沟河谷高程 2 420.0 m 以下地段渗漏的水文地质条件。

经综合分析,左岸不存在向古柏河的岩溶性渗漏问题,但存在向方家沟的绕坝渗漏问题;右岸不存在向白乌河的邻谷渗漏,但存在向瓦窑沟的邻谷渗漏。

4　岩溶防渗处理方案研究

4.1　防渗处理范围

库坝区及河间地块稳定连续分布的 T_3xb 泥灰岩及 N_2x 黏土岩地层可作为工程区的相对隔水岩层。库坝区广泛分布的三叠系白山组(T_{2b})灰岩,岩溶很发育,但岩溶的发育受河流侵蚀基准面的控制,岩溶发育下限高程在 2 280~2 300 m。

坝基和两坝肩绕渗帷幕下限高程按 2 280 m 控制;左、右岸库区段的帷幕下限高程可按 2 300 m 考虑,如遇(T_{3xb})泥灰岩时,进入泥灰岩内 10 m 左右。左岸防渗主要防止向方家沟的邻谷渗漏段。左岸帷幕线从左坝肩向东过 K19 钻孔再延伸 800 m;右岸帷幕线向上游延伸至老鹰嘴下游处。由于右岸采石场向斜核部出露红崖子组(Eh)砾岩,还需要防渗至下部相对隔水的三叠系下博达组(T_{3xb})泥灰岩内 10 m 左右。

坝址区帷幕防渗标准为 3 Lu,库区帷幕防渗标准为 5 Lu。

4.2　帷幕防渗设计

库坝区防渗以集中处理岩溶管道渗漏,坝区坝肩及坝基的渗漏为主。坝址区防渗沿马坝河主坝和右岸旱船口处的副坝段布置,左岸防渗主要防止向方家沟的邻谷渗漏段,右岸帷幕线向上游延伸至老鹰嘴下游处(见图 5)。

坝基及两坝肩帷幕线长度约 0.62 km,左岸帷幕长度约 1.55 km(主要防渗 2 420~2 300 m 高程以上的灰岩),右岸帷幕长度约 1.75 km(防渗第三系可渗漏地层及高程 2 300 m 以上的灰岩),全长 3.92 km,总防渗面积约 41.1 万 m^2,其中灰岩防渗面积 25.9 万 m^2,占总防渗面积的 63.0%。

防渗帷幕布置两排灌浆孔,排距为 1.5 m,孔距为 2 m。坝基及两坝肩设上下两层防渗帷幕。坝基段设计灌浆底线高程为 2 280 m,最大灌浆深度 87 m。右岸库区段防渗帷幕长度 1.75 km,左岸库区段防渗帷幕长度 1.55 km,设计灌浆底线高程均为 2 300 m,最大灌浆深度为 120 m。

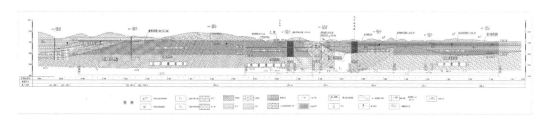

图5 库坝区防渗处理剖面略图

5 结论及建议

5.1 结 论

(1)区域内岩溶形态多样,各个时期的岩溶在岩溶化过程中继承性较强,具有沿地形、岩性、构造、地下水流向等发育的特点。工程区岩溶水两个水力系统的补排关系、水动力特征及水化学特征各异,在天然状态下,两个水动力单元的水力联系不密切。

(2)水库蓄水后不存在向外围流域的永久性渗漏问题,亦不存在岩溶管道式的邻谷渗漏,但存在向马坝河下游左岸方家沟、右岸白乌河及瓦窑沟的常规型邻谷渗漏的问题,坝基和坝肩的溶隙型渗漏及大龙塘向左、右龙眼,石河坝泉和右桥头泉向河湾子泉等反压渗漏的问题。

(3)根据岩溶发育特征、渗漏特点及国内外工程实践经验,龙塘水库采用垂直防渗处理方案是可行的。

5.2 建 议

(1)由于工程区岩溶发育的复杂性和不均一性,防渗帷幕实施宜采取"探灌相结合"的方法和"堵灌相结合"的工艺,因地制宜,区别对待。根据不同形态和规模的岩溶穴、溶隙等,采用不同的堵塞材料、不同配比的浆液进行灌浆处理。

(2)为了有效确保工程正式施工时的工程质量,同时控制工程投资变化,下阶段工作开始时,应在已确定的帷幕线上进行现场试验段的灌浆工艺控制性试验,提前明确防渗灌浆工艺及效果,掌握防渗投资情况,为后续设计、施工提供准确方案设计支持。

参 考 文 献

[1] 李清波,等.东庄水库岩溶渗漏与防渗研究进展[J].资源环境与工程,2015,29(5):671-676.
[2] 巩绪威,等.岩溶地区水库防渗设计——以宜兴市油车水库为例[J].水利规划与设计,2016(12):112-116.
[3] 中国科学院地质研究所.中国岩溶研究[M].北京:科学出版社,1979.
[4] 宁满顺,等.龙塘水库工程岩溶渗漏专题研究报告[R].2017.
[5] 黄顺涛,刘荣,吴高海.沙老河水库岩溶渗漏分析及防渗处理[J].水利规划与设计,2008(04):41-44.
[6] 卢小鹏,谭光明.灿柯水库岩溶区渗漏分析与治理措施[J].水利技术监督,2012(5):56-59.
[7] 范美师,何向英,张忠福.会泽县驾车水库岩溶防渗处理工程实例[J].人民长江,2007,38(8):117-119.
[8] 余光夏,王宁.论泾河东庄水库的岩溶防渗处理措施[J].西北水电,1994,49(3):41-48.
[9] 李兆林,邹胜章,陈宏峰.广西龙州金龙水库岩溶渗漏分析与治理[J].桂林工学院学报,2006,26(3):341-346.
[10] 吴述彧.索风营水电站水库岩溶渗漏分析及防渗处理建议[J].贵州水力发电,2002,16(3):19-23.

【作者简介】 程汉鼎(1981—),男,高级工程师,主要从事水利水电工程设计研究工作。

大藤峡水利枢纽岩溶水文地质
条件与基坑涌水分析

于景宗　孙　政　史海燕　杨瑞刚

(中水东北勘测设计研究有限责任公司,长春　130021)

摘　要　大藤峡水利枢纽船闸位于大瑶山和桂平溶蚀平原交接处的可溶岩区,降水量大、地下水丰富,岩溶发育,岩溶水文地质条件复杂。岩溶发育具有两个主要特点:一是受构造控制,岩溶现场呈线状、串珠状分布;二是具有成层性,不同高程岩溶程度差异较大。船闸基坑岩溶涌水问题突出,通过对涌水点分布位置、高程、水温、水位长期观察成果分析,确定了涌水来源和涌水管道的位置,为基坑岩溶涌水处理提供有利依据。

关键词　可溶岩;岩溶水文地质条件;岩溶管道;岩溶涌水

1　概　况

大藤峡水利枢纽位于珠江流域西江干流黔江河段峡谷出口下游,大瑶山和桂平溶蚀平原交接处,水库正常蓄水位 61 m,库容约 28 亿 m^3,装机容量 1 600 MW。

出露的地层主要为第四系覆盖层和泥盆系下统郁江阶、那高岭组、莲花山组地层。其中,覆盖层主要分布在一级阶地,厚度较大,一般为 20~30 m;郁江阶为可溶岩地层,岩溶发育;那高岭组和莲花山组为潮汐相碎屑沉积岩地层。

断层破碎带和节理裂隙一般倾角较陡,走向以 N60°~80°W 为主,以 N30°~40°E 为辅。断层破碎带在那高岭组和莲花山组地层宽度一般较小,在郁江阶地层受溶蚀影响形成溶蚀破碎带宽度相对较大;节理裂隙一般平直、光滑、无充填,在郁江阶地层受溶蚀影响部分形成溶隙,宽度不一,几厘米至 30 多 cm,多充填黄色次生泥。

2　岩溶水文地质条件

2.1　水文地质

大藤峡水利枢纽地处亚热带季风气候区,雨水充沛,流域多年平均降雨量 1 400~1 800 mm。由于季风进退影响,降雨年内分配不均,多集中于 4~8 月,约占全年降雨量的 70%。大量的降雨一部分入渗形成地下水,一部分蒸发返回大气层,还有一部分通过地表溪流、沟渠直接汇入黔江。枢纽区地下水主要来源于周边地下水的补给和地表水的入渗,赋存于第四系松散层的孔隙、基岩裂隙和岩溶裂隙孔洞中,向黔江排泄。大瑶山地层由寒武系和泥盆系组成,岩性主要为砂岩、泥岩,接受大量降雨入渗形成地下水,通过基岩裂隙向枢纽区运移,是枢纽区地下水的主要补给来源。由于大瑶山地势高,地下水深部循环强烈。枢纽区接受周边地下水和地表水入渗补给,赋存于第四系松散层的孔隙、基岩裂隙和岩溶裂隙孔洞中,向黔江排泄。

从松散岩类含水岩组的含水介质及透水性质来看,地下水主要赋存和运移于碎石土中,渗透性中等,为潜水,局部黏土层厚,有微承压的特点;地下水沿着松散岩类的孔隙或裂隙流动,水流速度缓慢,属于层流。岩溶裂隙溶洞水主要运移于岩溶管道内,会有局部承压的特点,从钻孔钻进情况来看,钻至岩溶后,钻孔开始不返水,且每日观测水位情况来看,水位较稳定,说明浅表岩溶发育区以潜水为主,但深部岩溶管道为承压水。岩溶管道规模不均一,属于溶隙串联溶洞,地下水运动复杂,属于层流与紊流并存。

工程建设前地下水埋深为 10~15 m,枯水期和汛期水位变化较大,长期观测孔地下水位与江水位变幅趋势一致,说明工程区地下水位与江水位关联性强、连通性好。船闸基坑开挖后,地下水最大降深达 35 m,使船闸周围地下水降幅较大,地下水动力条件变强,加大了水力比降和流速,形成以船闸基坑为中心的地下水降落漏斗。

2.2 岩溶发育特点

2.2.1 可溶岩的分布

枢纽区可溶岩地层主要为泥盆系郁江阶下段和中段地层,岩性主要为灰岩、白云岩和少量的泥质灰岩,地表覆盖层厚,仅在江边有小面积基岩出露。其中灰岩、白云岩溶蚀强烈,可见的溶蚀现象有溶洞、溶沟、溶牙及蜂窝状溶孔。郁江阶和下部那高岭组地层整合接触,岩层分界线由右岸坝下约 100 m 处沿 N15°E 方向经过左岸坝头,其中左岸船闸及下引航道、厂房尾水渠、左岸消力池靠下游部分均位于可溶岩区。

2.2.2 构造对岩溶发育的控性

由于可溶岩区覆盖层厚,地面可见的岩溶现象较少,从地表冲沟的分布情况可以看出,冲沟多为 NW 向;船闸基坑开挖降水受施工影响地表发生多处塌陷,塌陷坑的多呈线状分布,走向亦为 NW 向。冲沟和塌陷坑的分布与 NW 向构造关系密切,一定程度上受该构造控制。

船闸基坑开挖发现岩溶主要沿 N55°W、N30°E 两组陡倾角结构面发育,层面次之,形成溶槽、溶沟、溶洞、溶隙、溶孔等,其中沿断层发育的溶槽规模较大。由于构成控制了地下水的运移路径,促使岩溶沿构造发育强烈,开挖揭露的涌水点基本发育在溶槽、溶洞和溶隙附近,岩溶现象的平面展布呈线状、串珠状也说明构造对岩溶发育的控制作用。

2.2.3 岩溶发育的成层性

通过对勘探钻孔的统计发现可溶岩基岩面起伏大,高程一般为 15~25 m,船闸基坑开挖揭露的基岩面陡起陡降,表面沟槽发育,也验证了钻孔统计数据。对钻孔发现的溶洞进行统计,高程 10 m 以上溶蚀强烈,高程 -10 m 以下岩溶发育相对较弱。通过物探探测局部高程 -25 m 仍有岩溶发育,与钻孔统计数据基本吻合,说明高程 -20 m 以下依然有岩溶发育,但规模数量均较小(见表1)。

表1 溶洞百分比

高程(m)	>10 m	10~0 m	0~-10 m	-10~-20 m	-20~-30 m
溶洞个数	116	45	19	10	4
溶洞百分比(%)	60	23	10	5	2
线岩溶率	42	14	7	3	1

　　船闸开挖揭露的岩溶现象不同高程岩溶发育程度差异较大,高程 10 m 以上主要发育溶沟、溶槽、溶洞,多充填黏土、卵石混合土等,规模相对较大,属强烈溶蚀地基见图 1;高程 10~-10 m 主要发育溶隙、溶洞和少量切割较深的溶槽,多充填黏土,少部分无充填,属弱溶蚀上带地基,见图 2;高程-10~-30 m 主要发育溶隙和少量小规模溶洞,多无充填,属弱溶蚀下带地基。

图 1　10 m 高程以上沿断层、裂隙、层面发育溶槽和溶洞

图 2　2 m 高程处沿断层、裂隙发育的溶隙和溶洞

2.2.4　岩溶发育的复杂性

　　通过工程区的开挖揭露可以看出,岩溶发育是不均匀的,在构造和地下水活动的地方岩石溶蚀强烈,在构造不发育和地下水活动弱的地方岩体溶蚀不发育,在一个小的岩溶通道上,是溶隙与溶洞串联,溶蚀的发育规模相差较大。岩溶的不均匀性主要受地下水活动和构造的影响,多发于溶沟溶牙等,面溶率极高,同时也说明了构造等因素的不均匀性导致地下水的不均匀,从而导致岩溶发育的不均匀性。

　　岩溶的复杂性主要表现在地下水径流条件的复杂性,每一次构造运动都会有一个新的地下水径流条件,不仅径流的方向会发生变化,径流的模式也会改变,原来的补给区有可能变为了排泄区,最低排泄面也在发生变化,多期交织在一起,加上岩溶的继承性,使工作区岩溶发育复杂和多样。

3　基坑涌水分析

3.1　基坑开挖涌水情况

　　船闸基坑开挖至基岩面时开始出现涌水点,涌水量 0.15 m³/s;随开挖高程下降出现的涌水点增多,开挖高程至 0 m 时主要的涌水点有 4 个,分布在船闸左侧,涌水量约 0.80 m³/s;开挖到最终建基面高程−5~−2 m 时,出现的涌水点 21 个,多分布在下闸首,涌水量稳定在 1.80 m³/s 左右,涌水点位置见图 3。高程 2 m 以上溶洞、溶隙多被充填,地下水活动受限,涌水量并没有预测的大;高程 2 m 以下开挖截断了部分虹吸式排泄管道,未被充填的溶洞、溶隙相对较多,地下水和倒灌的江水沿岩溶管道涌出,涌水点和涌水量明显增加。基坑长时间的抽排,开始时大部分涌水点为浑水,随时间推移涌水逐渐变清,涌水量变大,从这个过程可以判断出岩溶裂隙和管道充填物逐渐被水流带出,变得越来越通畅。船闸基坑排水导致周边地下水位下降发生了多起岩溶塌陷,沿塌陷坑发生了地表水倒灌,船闸基坑涌水量明显增加,说明地下水在线状发育的塌陷位置存在地下水运移相对集中的岩溶管道和岩溶裂隙,形成集中渗漏通道。建基面高程形成后,地下水运移的通道重新形成,并逐渐稳定,基坑涌水量也基本稳定下来。

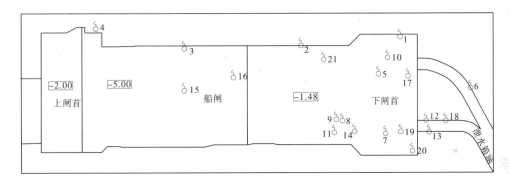

图 3　船闸建基面涌水点分布

3.2　集中渗漏通道分析

　　发现的 21 个涌水点均为承压水,主要来源于地下水和黔江水的倒灌。对涌水点进行水温监测发现,3#、4#、15#、16#、21# 涌水点水温较高,恒定在 23.5~24 ℃,不随外部环境温度变化而变化,说明这 5 个涌水点地下水为来自深部的岩溶水。其他涌水点水温较低,随黔江水温变化,高出黔江水温 1 ℃左右,可以推断该部分水来自于黔江。

　　岩溶发育的溶洞和溶隙部位地下水以涌水点的形式集中出露,说明地下水的赋存、运移主要在岩溶裂隙和管道中进行。通过对地下水位长期观测资料和地下水等水位图分析(见图 4),可以发现船闸基坑附近处在 5 个地下水位低槽,在综合构造、岩溶塌陷、岩溶洼地等岩溶现象,可推断出 5 条地下水的集中运移通道。

　　1# 集中渗漏通道 R1:南木江→平安村串珠状溶蚀洼地→冲沟→上闸首,从地貌上看,两者之间有一系列串珠状洼地,沿岩层走向上发育冲沟溪流,集中渗漏通道主要是沿岩层走向方向发育,在该通道上还发育有塌陷坑 TX06。

　　2# 集中渗漏通道 R2:在洛连村→地表洼地→上闸首~闸室左侧,经走访调查在船闸左侧的洛连村,随着船闸基坑降水,该村民井出现了水位下降、水质变浑和干井的现象,说明该

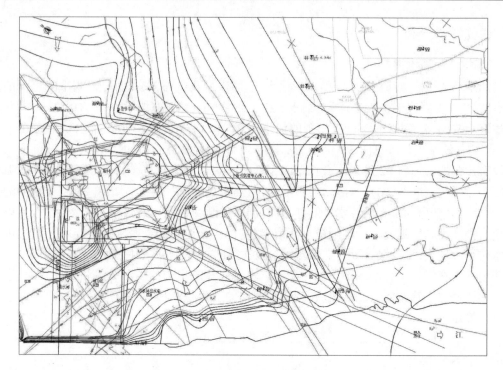

图 4　地下水等水位图

村有和船闸联通的渗漏通道,在洛连村与船闸基坑间发育有条形洼地,总体走向为 N60°E,渗漏通道的总体走向一致,通道为沿走向 N50°~80°W 的和走向 N10~30°E 的两组陡倾角结构面发育至船闸。

3#集中渗漏通道 R3:该渗漏通道联通黔江和船闸,通道走向为 N30°E,基本和岩层走向一致,该通道分布有 2 个塌陷坑,塌陷坑 TX02 的 1#示踪试验证明了塌陷坑与船闸的连通性,且在江边围堰的电磁波 TC 测试成果显示,该处岩溶集中发育,岩溶形态呈串珠状或狭缝型,说明该管道上深部岩溶发育,江底部发育集中排泄口,该通道活跃度较高,为联通船闸基坑和黔江的主要渗漏管道。

4#集中渗漏通道 R4:该渗漏通道起于 2#冲沟上游,经塌陷坑 TX07、塌陷坑 TX02 附近汇入 3#岩溶管道,该通道沿断层发育,江底部发育集中排泄口。

5#集中渗漏通道 R5:从地貌上来看,洼地 W9、W10、W11、W12 沿 2#冲沟走向同一方向展布,洼地呈串珠状,展布走向为 N20°E,与岩溶管道走向基本一致,该通道地表还发育有塌陷坑 TX08,该塌陷坑前后反复塌陷 10 余次,证明该处地下水活动剧烈。

通过上述分析可以确定基坑涌水补给来源主要由两部分组成:一是周边补给的地下水,二是沿岩溶管道倒灌的江水。对地下水集中渗漏通道位置的判断,为岩溶涌水处理提供了有利依据。

4　结　语

大藤峡水利枢纽船闸部位岩溶发育强烈,基坑涌水问题突出,对基坑涌水的分析判断,对控制岩溶涌水风险、进行岩溶涌水处理,促进工程顺利进行起到积极作用。

参 考 文 献

[1] 邹成杰. 水利水电岩溶工程地质[M]. 北京：水利电力出版社,1994.
[2] 彭土标. 水力发电工程地质手册[M]. 北京：中国水利水电出版社,2011.
[3] 沈春勇. 水利水电岩溶勘察与处理[M]. 北京：中国水利水电出版社,2015.
[4] 任美锷,刘振中. 岩溶学概论[M]. 北京：商务印书馆,1983.
[5] 谢树庸. 岩溶区四大工程地质问题综述[J]. 贵州水力发电,2001(4).
[6] 肖万春.论水利水电工程基坑岩溶涌水与预测[J].水利水电技术,2013(8):50-53.
[7] 中水东北勘测设计研究有限责任公司. 大藤峡水利枢纽工程枢纽区左岸岩溶、施工区土洞专项勘察报告[R].2017.
[8] 张江华,陈国亮. 水均衡法预测岩溶区坑道涌水量的一些见解[J]. 中国岩溶,1988(3).
[9] 王颂,王雪波.银盘电站三期工程基坑岩溶渗漏分析及处理措施[J].人民长江,2013(6):1-5.
[10] 吴小杰,胡碧池. 广西崇左某厂址岩溶发育特征及工程地质评价[J]. 工程勘察,2006(增刊).

【作者简介】 于景宗,高级工程师。E-mail:591474585@qq.com。

引绰济辽工程输水线路 2# 隧洞涌水量预测方法探讨及应用

康家亮　李保方　程宪龙　赵海阔

(中水东北勘测设计研究有限责任公司,长春　130021)

摘　要　本工程在隧洞涌水量预测之前,对各种常用的预测方法进行了探讨,根据本工程的基本地质条件,依据水利行业规范和手册,选取了几种适用本工程的预测方法对隧洞涌水量进行预测和对比,最终,结合工程经验,提出隧洞涌水量地质建议值。

关键词　隧洞;涌水量;预测方法

1　引　言

随着地下工程设计和施工的需要,我国从 20 世纪 80 年代起,铁路、水利水电、冶金等部门开始了对隧洞(道)涌水量预测的系统研究,从定性分析逐步发展为定量评价和计算,取得了长足的进步,特别是最近几十年,研究的深度和广度都有了很大的拓展,但也存在许多的缺点和不足。随着工程项目开展和对实际涌水量的统计,各种隧洞涌水量预测方法所计算的结果也不断得到验证,不同预测方法之间也得到了相互的比较,这些工程应用,终将会对隧洞涌水量的预测研究做出贡献。

2　隧洞涌水量预测方法

目前,隧洞(道)涌水量的预测方法主要有确定性数学模型和随机性数学模型两大类。确定性数学模型方法包括水文地质类比法、水均衡法、水力学法、地下水动力学法、数值法等,随机性数学模型方法主要有"黑箱"理论、灰色系统理论、时间序列分析、频谱分析等。每种预测方法都有其特定的应用条件和适用范围,都有一定的局限性,因此一般采用不同的方法相互验证,以使预测结果更加合理。目前,隧洞(道)涌水量便于计算且常用的预测方法有水文地质类比法、地下水动力学法和简易水均衡法等。

当新建隧洞附近有水文地质条件相似的既有隧洞或坑道及岩溶区时,可采用水文地质比拟法预测隧洞涌水量。

当隧洞通过潜水含水体时,即可采用地下水动力学法对隧洞可能最大涌水量及稳定涌水量进行计算。其中,计算隧洞最大涌水量的方法包括古德曼经验式、佐藤邦明非稳定流式、大岛洋志法;计算隧洞稳定涌水量的方法包括落合敏郎法、裘布衣理论式、柯斯嘉科夫法、佐藤邦明经验式等。

简易水均衡法包括地下径流深度法、地下径流模数法和降水入渗法。当越岭隧洞通过一个或多个地表水流域时,预测隧洞正常涌水量可以采用地下径流深度法和地下径流模数法;当隧洞通过潜水含水体且埋藏深度较浅时,可采用降水入渗法预测隧洞正常涌水量。

3 引绰济辽工程输水线路 2# 隧洞涌水量预测

3.1 工程概况

"引绰济辽"跨流域调水工程项目位于内蒙古自治区东北部的兴安盟与通辽市境内。调水工程北起兴安盟扎赉特旗文得根水利枢纽工程,供水至西辽河流域通辽市的莫力庙水库,地理位置处于大兴安岭东南麓的中低山及丘陵区向松辽平原过渡区。输水线路地处寒温带大陆性气候区,多年平均降水量 424.5 mm。

水源地为文得根水利枢纽工程,为黏土心墙砂砾石坝,主坝最大坝高 48.00 m,坝顶长度 1 358 m。水库总库容 19.64 亿 m^3,电站装机容量 36 MW。输水线路全长 390.263 km,设计最大年调水量 4.88 亿 m^3。2# 输水主洞桩号为 W10+300 m~W68+805 m,长度为 58.505 km,为无压隧洞,设计流量 18.58 m^3/s。施工方法为钻爆法+开敞式 TBM。TBM 掘进总长度为 38.286 km,钻爆法施工段长 20.219 km。TBM 开挖洞径 5.17 m,钻爆法施工段净断面尺寸为底宽 4.47 m,墙高 3.61 m,拱顶半径 2.7 m,开挖断面面积根据不同围岩类别不等。

输水线路 2# 隧洞穿越沙巴尔吐河、查干木伦河、胡尔勒河,以及沿线多条次级支流与冲沟谷地(一般高程为 360~375 m)的下部,隧洞最大埋深约 280 m,局部河谷及浅埋段埋深为 28~60 m。

输水工程沿线地层岩性主要为厚层—巨厚层状凝灰岩、凝灰角砾岩、酸性熔岩、凝灰砂砾岩、变质砂岩、板岩、安山岩,侵入岩为致密块状花岗岩、花岗斑岩,以及部分第四系河流冲洪积层和坡残积层。

工程区断裂构造总体不太发育,无区域性断裂、活动断裂穿越。

线路沿线地下水主要为河谷第四系松散岩类孔隙潜水及基岩风化网状裂隙水两类。第四系孔隙潜水主要赋存于河谷内级配不良砾中,埋深 2~3 m,基岩裂隙水埋深 10~60 m,均受大气降水补给,向河流排泄。

3.2 计算方法的选择

本隧洞工程属长引水隧洞,穿越低山丘陵区,隧洞最大埋深 280 m,埋深小于 60 m 的隧洞段长 7656 m,埋深 60~120 m 之间的隧洞段长 37 356 m,埋深大于 120 m 的隧洞段长 13 493 m,岩体中的地下水径流及排泄条件一般较为复杂,目前隧洞附近尚没有与之条件相似的完整工程可以借鉴,难以采用水文地质比拟法对隧洞涌水量进行预测。

结合前期勘察成果及隧洞的工程地质条件、水文地质条件等,本文采用古德曼法、大岛洋志法、中国工程经验法、裘布依理论公式法、地下径流法及降水入渗法预测计算隧洞的涌水量。计算的是未考虑任何工程处理和衬砌措施的裸露围岩条件下的天然涌水量。

3.3 参数确定

3.3.1 洞段的划分

引绰济辽工程输水线路 2# 隧洞分别穿越沙巴尔吐河、查干木伦河和胡尔勒河三条河流,穿河段为富水段,其他在山体下穿过段,一般为弱富水段,局部断层部位为富水段。根据隧洞围岩富水情况的不同,分别将 3 个穿河段单独计算。依据河流为界,将 2# 隧洞划分为 7 段进行计算,范围分别为:桩号 W10+300~W24+804 m,长度 14 504 m;桩号 W24+804~W26+464 m,长度 1 660 m;桩号 W26+464~W32+034 m,长度 5 570 m;桩号 W32+034~W33+225 m,长度 1 191 m;桩号 W33+225~W40+200 m,长度 6 975 m;桩号 W40+200~W42+247 m,

长度 2 047 m;桩号 W42+247~W68+805 m,长度 26 558 m。

3.3.2　隧洞围岩透水性

隧洞涌水量预测计算的岩体渗透系数根据隧洞底板以上 5 段压水试验资料,分段统计压水试验吕荣值平均值、大值平均值和小值平均值,并依据渗透系数与透水率吕荣值的转换公式,计算渗透系数 k。

(1)透水率 q:透水率为当试段压力为 1 MPa 时每米试段的压入水流量(L/min),采用第三阶段的压力值计算:

$$q = \frac{Q_3}{LP_3} \tag{1}$$

式中:q 为试段的透水率,Lu,取两位有效数字;L 为试段长度,m;Q_3 为第三阶段的计算流量,L/min;P_3 为第三阶段的试段压力,MPa。

(2)渗透系数 K:当岩体透水性较小($q<10$ Lu)、$P—Q$ 曲线为 A(层流)型时,可按下式计算岩体渗透系数:

$$k = \frac{Q}{2\pi HL} \ln \frac{L}{\gamma_0} \tag{2}$$

式中:Q 为压入流量,m^3/d;H 为试验水头,根据试验压力 P 进行换算;r_0 为钻孔半径。

综合上面的公式(1)和(2),即可得出岩体透水率吕荣值 q 与渗透系数 k 之间的转换公式。

输水隧洞各段钻孔的吕荣值统计结果见表 1。

表 1　2# 隧洞底板以上 5 段钻孔压水试验成果

分段	桩号范围(m)	钻孔数量	隧洞底板以上 5 段压水吕荣值(Lu)			备注
			平均值	小值平均值	大值平均值	
第一段	W10+300~W24+804	14	2.12	1.29	3.99	
第二段	W24+804~W26+464	5	8.45	4.08	17.20	穿沙巴尔吐河段
第三段	W26+464~W32+034	4	4.27	0.93	12.28	
第四段	W32+034~W33+225	1	因试验数据较少,只用平均值计算,吕荣值采用 3.4			穿查干木伦河段
第五段	W33+225~W40+200	4	1.39	0.68	3.05	
第六段	W40+200~W42+247	2	15.89	1.81	37.00	穿胡尔勒河段
第七段	W42+247~W68+805	21	3.26	1.35	7.75	

根据计算公式,计算所得渗透系数 k,见表 2。

表 2　2# 隧洞底板以上 5 段钻孔压水试验范围内渗透系数

渗透系数 k(m/d)	第一段	第二段	第三段	第四段	第五段	第六段	第七段
大值平均值	0.045	0.193	0.138	—	0.034	0.415	0.087
小值平均值	0.014	0.046	0.010	—	0.008	0.020	0.015
平均值	0.024	0.095	0.048	0.038	0.016	0.178	0.037

洞底以上潜水含水体厚度 H 取地下水位线至洞底板的距离,依据等面积法分别计算各段地下水位线至隧洞底板的距离 H 的平均值,见表3。

表3　2# 隧洞各段地下水位线至洞底板的距离 H

分段编号	第一段	第二段	第三段	第四段	第五段	第六段	第七段
H(m)	73.6	36.1	94.9	100.1	130.3	61.5	80.6

3.4 涌水量预测计算

3.4.1 最大涌水量预测

3.4.1.1 古德曼法

基本公式:

$$L = \frac{2\pi KH}{\ln(\frac{4H}{d})} \tag{3}$$

式中:Q 为洞身通过长度为 L 的含水体地段的最大涌水量,m^3/d;K 为含水体的渗透系数,m/d;L 为通过含水体的隧洞长度,m;H 为静止水位至洞身横断面等价圆中心的距离,m;d 为洞身横断面的等效圆直径,m。

适用条件:预测隧洞通过潜水含水体时的最大涌水量预测。

公式来源:《引调水线路工程地质勘察规范》(SL 629—2014)附录 E。

各段含水体的渗透系数 k 见表2,隧洞计算长度 $L=1$ km,各段洞底以上潜水含水体厚度 H 见表3,洞身横断面的等效圆直径 $d=5.6$ m。详细计算结果见表4。

表4　古德曼法隧洞涌水量计算成果

涌水量($m^3/(h \cdot km)$)	第一段	第二段	第三段	第四段	第五段	第六段	第七段
大值平均值	218	561	811	—	257	1765	452
小值平均值	70	133	62	—	58	86	79
平均值	116	275	282	234	118	758	190

3.4.1.2 大岛洋志法

基本公式:

$$Q = qL \tag{4}$$

式中:q 为洞身通过含水体单位长度最大涌水量,$m^3/(d \cdot m)$;m 为转化系数,一般取 0.86。r_0 为洞身横断面的等效圆半径,m。

其余符号意义同前。

适用条件:适用于潜水、第四系松散层孔隙潜水、基岩裂隙水的初期最大涌水量预测。

公式来源:《水利发电工程地质手册》。

各段含水体的渗透系数 k 详见表2,隧洞计算长度 $L=1$ km,各段洞底以上潜水含水体厚度 H 见表3,洞身横断面的等效圆直径 $d=5.6$ m,半径 $r_0=2.8$ m。详细计算结果见表5。

表5 大岛洋志法隧洞涌水量计算成果

涌水量[m³/(h·km)]	第一段	第二段	第三段	第四段	第五段	第六段	第七段
大值平均值	182	456	682	—	218	1467	379
小值平均值	59	108	52	—	49	72	66
平均值	97	224	237	205	99	630	159

3.4.1.3 中国经验法

依据工程实践总结的经验公式如下。

最大单位涌水量：

$$q = 1\ 000 \times (0.025\ 5 + 1.922\ 4KH) \tag{5}$$

$$Q = qL$$

式中：q 的单位为 m³/(d·km)。

公式来源：《铁路工程水文地质勘察规程》(TB 10049—2004)条文说明。

适用条件：预测隧洞最大涌水量。

各段含水体的渗透系数 k 详见表2，隧洞计算长度 $L = 1$ km，各段洞底以上潜水含水体厚度 H 见表3。详细计算结果见表6。

表6 中国经验法隧洞涌水量计算成果

涌水量[m³/(h·km)]	第一段	第二段	第三段	第四段	第五段	第六段	第七段
大值平均值	265	559	1 048	—	358	2 044	562
小值平均值	86	133	81	—	81	101	99
平均值	141	275	365	307	164	87	237

3.4.2 正常涌水量预测

3.4.2.1 裘布依公式法

当隧洞通过潜水含水体时，可采用裘布依理论公式：

$$Q_s = LK \frac{H^2 - h_2}{R_y - \gamma_0} \tag{6}$$

式中：Q_s 为洞身通过长度为 L 的含水体的正常涌水量，m³/d；K 为含水体的渗透系数，m/d；L 为通过含水体的隧洞长度，m；H 为洞底以上潜水含水体厚度，m；h 为洞内排水沟假设水深，m；R_y 为隧洞涌水地段的引用补给半径，m；r_0 为洞身横断面的等效圆半径，m。

洞内排水沟假设水深取 0.1 m。

R_y 一般采用库金公式进行估算。库金公式：$R = 2S = \sqrt{KH}$。

降深 S 近似取含水层厚度 H 减去洞内排水沟假设水深 h。

各段含水体的渗透系数 k 见表2，隧洞计算长度 $L = 1$ km，各段洞底以上潜水含水体厚度 H 见表3，洞身横断面的等效圆直径 $d = 5.6$ m，半径 $r_0 = 5.6$ m。详细计算结果见表7。

表 7　裘布依理论公式法隧洞涌水量计算成果

涌水量[m³/(h·km)]	第一段	第二段	第三段	第四段	第五段	第六段	第七段
大值平均值	38	56	76	—	44	106	56
小值平均值	22	28	21	—	21	24	23
平均值	28	39	45	41	30	69	36

3.4.2.2　地下径流模数法

基本公式：

$$Q = MA \tag{7}$$
$$A = LB \quad B = (215.5 + 510.5K) \times 2$$

式中：M 为地下径流模数，$m^3/(d \cdot km^2)$；A 为隧洞通过含水体地段的集水面积，$A = LB$，km^2；L 为隧洞通过含水体地段的长度，km^2；B 为隧洞涌水地段 L 长度内对两侧的影响宽度，km。

公式来源：《引调水线路工程地质勘察规范》（SL 629—2014）附录 E。

适用条件：预测隧洞通过地表水体时的正常涌水量。

本公式仅计算穿河段涌水量，各段含水体的渗透系数 k 见表 2，隧洞计算长度 $L=1$ km，各段洞底以上潜水含水体厚度 H 见表 3，地下径流模数参考水文专业提供临近有相关水文资料的特默河地表径流模数，值为 314.84 $m^3/(d \cdot km^2)$，详细计算结果见表 8。

表 8　地下径流模数法隧洞涌水量计算成果

涌水量[m³/(h·km)]	第一段	第二段	第三段	第四段	第五段	第六段	第七段
大值平均值	—	8	—	—	—	11	—
小值平均值	—	6	—	—	—	6	—
平均值	—	7	—	6	—	8	—

3.4.2.3　降水入渗法

基本公式：

$$Q = 2.74\alpha WA \tag{8}$$

式中：α 为降水入渗系数；W 为年降水量，$W=424.5$ mm（水文专业提供）；A 为隧洞通过含水体地段的集水面积，$A=LB$，$B=(215.5+510.5k)\times 2$。

公式来源：《引调水线路工程地质勘察规范》（SL 629—2014）附录 E。

适用条件：预测隧洞埋深较浅，通过潜水含水体正常涌水量。

各段含水体的渗透系数 k 见表 2，隧洞计算长度 $L=1$ km，各段洞底以上潜水含水体厚度 H 见表 3，降水入渗系数 α 采用据《引调水线路工程地质勘察规范》（SL 629—2014）附录 E 条文说明表 12 中的裂隙率较大岩石，取值 0.20。详细计算结果见表 9。

表9　降水入渗法隧洞涌水量计算成果

涌水量[m³/(h·km)]	第一段	第二段	第三段	第四段	第五段	第六段	第七段
大值平均值	111	146	133	—	108	199	121
小值平均值	104	111	103	—	102	105	104
平均值	106	123	112	109	104	143	109

3.5　涌水分析与建议

3.5.1　隧洞涌水分析

(1)隧洞越长,出现大涌水的概率越大,涌水量也越大。

本工程输水隧洞长达58 km,出现大涌水的概率很高。

(2)地形地貌与涌水量。

隧洞涌水量的变化,在相当程度上取决于隧洞通过地区的地形条件。如隧洞穿过盆地、宽谷等大面积汇水地形,一般会出现较大涌水。

本工程隧洞为穿越丘陵区隧洞,并穿越3条河流,须注意断层附近及穿河段突涌水问题。

(3)地质条件与涌水量。

岩体条件:隧洞中涌水、漏水、渗水等现象多发生在孔隙度大、裂隙率高的岩土体地段和岩溶化地带。良透水的岩层与相对不透水岩层的接触带、可溶性岩石与非溶解岩层的交接带常有地下水富集,易发生涌水、突水。

地质构造条件:隧洞遇水的机率按断层、向斜、背斜、单斜的顺序排列。断层破碎带及其影响范围的裂隙密集带、向斜构造的轴部与背斜构造的两翼是地下水的富集地带。临近深大断裂带和靠近构造运动活跃地区的隧洞涌水、突水等现象比较严重。

地下水类型条件:就涌水量而言,以岩溶水最为严重。承压水有其特定的岩体、地质构造和补给条件,如向斜构造,一般流量较稳定。断裂带的地下水,视其断层性质、规模、补给等因素,有的流量相对稳定,有的流量随其储量的流失而减小。裂隙水流量变化大,与其连通情况、赋水情况、所连接含水体情况关系密切,随其裂隙率的不同可以从涌水到湿水,影响面也广。

比较本工程隧洞,较为有利的因素是没有发现碳酸盐岩分布,岩溶不发育,断层段、浅埋段、连接水体段应为主要的赋水带,开挖时须多加注意。

(4)涌水量与气象条件。

气象湿润,降雨、融雪补给条件良好的隧洞涌水的机率大于干旱少雨、补给条件不佳的隧洞,且对涌水量有一定影响,一般有水隧洞的流量都随季节变化。

本隧洞位于内蒙古东北部地区,降水量约数百毫米每年,旱季雨季相差较大,雪水融化,入渗率也较高。所以工程施工应注意季节上涌水量的变化。

(5)涌水量随时间变化。

涌水量随时间的变化有以下四种情况:

开始揭露就有大量涌水,随着静储量的流失或上层滞水的渲泄,地下水位降低,涌水量逐渐减小,以致仅有滴水、渗水。

涌水量逐渐增大,隧洞贯通后涌水量达到一定的峰值。其后当达到动、静储量相对平衡时,隧洞保持较稳定的流量。

由于地下水的袭夺作用,增大了补给范围,隧洞受水范围相对的增加,隧洞涌水量逐渐递增到一定值。

旱季时隧洞有漏水、渗水或有相对稳定的流量。雨季时,特别降雨或融雪后,隧洞量涌水增大或涌水量猛增。

虽然隧洞涌水很多表现状态,但初期涌水量大、以后逐渐减少或出现均衡的流量,这一类型最为普遍。

(6)各工程涌水量实测资料统计。

根据以往经验隧洞单位总涌水量(稳定涌水量)为:深成岩浆岩 300~1 000 m³/(d·km),碎屑岩为 500~2 000 m³/(d·km),可溶岩为 500~5 000 m³/(d·km)。

突水量一般情况下为 2 880~14 400 m³/d,如遇大型构造破碎带或地表水大规模突入等可达 150 000 m³/d 以上。

3.5.2 地质建议值

3.5.2.1 最大涌水量建议值

本工程最大涌水量采用古德曼法、大岛洋志法和中国经验法预测计算,对比 3 种方法的计算结果,古德曼公式和中国经验法计算结果比较接近,大岛洋志法计算结果较小。根据计算结果,结合有关工程经验,综合考虑确定最大涌水量地质建议值见表 10。建议保证隧洞施工安全的排水设计采用最大涌水量建议值计算。

表 10　隧洞最大涌水量预测计算汇总及地质建议值

分段	正常涌水量[m³/(h·km)]									地质建议值
	古德曼公式			大岛洋志法			中国经验法			
	平均值	小值平均值	大值平均值	平均值	小值平均值	大值平均值	平均值	小值平均值	大值平均值	
第一段	116	70	218	97	59	182	141	86	265	220
第二段	275	133	561	224	108	456	275	133	559	520
第三段	282	62	811	237	52	682	365	81	1048	280
第四段	234	—	—	205	—	—	307	—	—	400
第五段	118	58	257	99	49	218	164	81	358	210
第六段	758	86	1765	630	72	1467	87	101	2044	600
第七段	190	79	452	159	66	379	237	99	562	300

3.5.2.2 正常涌水量建议值

本工程正常涌水量采用裘布依理论公式法、地下径流模数法和降水入渗法预测计算,对比 3 种方法的计算结果,降水入渗法计算结果数据相对合理,裘布依理论公式法偏小;地下径流模数法所采用的 M 值为附近河流特默河流域的地表径流模数,准确性值得商榷,计算结果偏差较大;综合考虑主要按降水入渗法计算值并参考最大涌水量计算结果,正常涌水量地质建议值见表 11。建议施工期隧洞废水处理设计采用正常涌水量建议值计算。

表 11　隧洞正常涌水量预测计算汇总及地质建议值

| 分段 | 正常涌水量[m³/(h·km)] | | | | | | | | | 地质建议值 |
| | 地下径流模数法 | | | 降水入渗法 | | | 裴布依理论公式法 | | | |
	平均值	小值平均值	大值平均值	平均值	小值平均值	大值平均值	平均值	小值平均值	大值平均值	
第一段	—	—	—	106	104	111	28	22	38	110
第二段	7	6	8	123	111	146	39	28	56	150
第三段	—	—	—	112	103	133	45	21	76	130
第四段	6	—		109	—		41	—		150
第五段	—	—	—	104	102	108	30	21	44	110
第六段	8	6	11	143	105	199	69	24	106	200
第七段	—	—	—	109	104	121	36	23	56	120

4　结　论

(1)目前,隧洞涌水预测往往都要计算最大涌水量和正常涌水量,一般考虑开挖初期为最大涌水量,随着地下水的排出,降落漏斗形成后,一般认为是正常涌水量。作为偏安全考虑,作为施工安全防护,一般建议采用最大涌水量,而隧洞施工排水和环境保护处理水量,建议采用正常涌水量。

(2)隧洞涌水量的预测方法并不是普遍适用的,不同的方法有不同的适用条件,应用时,必须按水文地质条件选择合适的预测方法,不可滥用。一般建议采用不同的预测方法进行对比,分析不同预测方法计算结果的差别和原因,最终给出涌水量的建议值。

(3)隧洞涌水量的预测,难点就是水文地质参数和计算边界条件的确定,应综合考虑勘察期工程地质条件和水文地质条件,以及该地区的多年平均降水量、降雨入渗情况等,选取相对合理的地质参数进行计算。

(4)本工程隧洞涌水量预测,在分析几种计算结果的基础上,同时也参照了一些工程案例,最终给出了涌水量地质建议值。随着工程的开展,将会对涌水情况进行统计,与计算结果对比,分析原因,为以后的隧洞涌水量预测提供借鉴作用。

参 考 文 献

[1]　中华人民共和国水利部.引调水线路工程地质勘察规范:SL 629—2014[S].北京:中国水利水电出版社,2014.
[2]　彭土标,等.水力发电工程地质手册[M].北京:中国水利水电出版社.
[3]　熊道锟,熊婝偲.隧道涌水量的类型划分及预测方法[J].四川地质学报,2014(4).
[4]　魏帼钧.隧洞涌水量的计算方法比较[J].山西建筑,2007,5(14).
[5]　中水东北勘测设计研究有限责任公司.引绰济辽工程 2#隧洞涌水量预测专题报告[R].长春:中水东北勘测设计研究有限公司,2018.

【作者简介】　康家亮(1981—),男,高级工程师,现从事工程地质勘察工作。E-mail:45318878@qq.com。

西藏拉洛水利枢纽沥青混凝土
骨料质量评价及料场比选

黄振伟　杜胜华　雷　明

（长江勘测规划设计研究有限责任公司,武汉　430010）

摘　要　沥青混凝土心墙是土石坝的重要结构,骨料、填料等原材料质量对心墙抗渗性、耐久性及适应变形能力具有决定性影响。本文以西藏拉洛水利枢纽工程为例,进行了沥青混凝土原材料石料场质量对比分析和料场比选,并讨论了质量评价中应注意的若干问题,对现行相关标准文件中的要点进行了强调,也提出了补充完善意见。

关键词　水工沥青混凝土;骨料;填料;质量评价;料场比选

1　引　言

拉洛水利枢纽工程位于西藏自治区日喀则地区,是雅鲁藏布江右岸一级支流夏布曲上的控制性工程,主要任务为灌溉兼顾供水、发电和防洪,并促进改善区域生态环境[1]。拦河坝坝型为沥青混凝土心墙坝,最大高度62.7 m,为Ⅱ等、大(2)型水利工程。沥青混凝土总量2.07万 m³,拟在卡吉朗、卡贡石料场中选择一处料场作为人工骨料料源,岩性分别为玄武岩、灰岩,在初步设计阶段对两处石料场进行了勘探试验和对比研究。

2　料场地质概况

卡吉朗石料场位于坝址上游夏布曲右岸卡吉朗沟左侧斜坡,距离沟口2 km左右,行政上隶属于萨迦县拉洛乡。料场为走向近南北的山体斜坡,高程4 350~4 410 m,地形坡度15°~25°,南侧分布一冲沟。地层为喷出岩浆岩,南北向分布长度150~250 m;岩性主要为玄武岩,灰色、灰绿色,气孔状、杏仁状构造。基岩大部分裸露,强风化带厚度2~4 m,沟壁出露弱风化岩体,局部分布厚度不大的第四系残坡积碎石土。

卡吉朗石料场有用层为弱风化及微新玄武岩,上部强风化带及局部分布的覆盖层应予以剥离,有用层储量47.7万 m³,剥离层体积8.7万 m³,采剥比1∶0.18。相对于设计需要量,储量丰富。料场与坝址之间运距约14 km。

卡贡石料场位于吉定镇以北约11 km夏布曲河口左岸山体,行政上隶属于萨迦县吉定镇卡贡村。料场为走向南西的山体,高程3 925~4 000 m,山体两侧斜坡地形坡度30°~50°。地层为白垩系昂仁组,顺坡向分布长度300 m左右;岩性主要为灰岩,局部充填灰白色方解石条带(脉),单斜构造,一般具中厚层、厚层状构造。基岩裸露,溶蚀程度微弱,地表即为弱风化岩体,局部地段裂隙风化蚀变或夹泥。

卡贡石料场有用层为弱风化及微新灰岩,地表局部应予以剥离,勘探范围内有用层储量30万 m³,剥离层体积3万 m³,采剥比1∶0.10。相对于设计需要量,储量丰富。料场与坝址之间运距约 72 km。

3　骨料、填料质量评价

3.1　岩石酸碱性和抗压强度

卡吉朗石料场玄武岩为岩浆岩，SiO_2 含量 35.9%，小于 45%，属超基性岩；CaO、MgO、Fe_2O_3 含量分别为 16.3%、6.7%、9.0%（见表 1），碱度模数 M（计算公式 $M=\dfrac{CaO+MgO+FeO}{SiO_2}$）0.89，在 0.6~1.0 之间，属中性岩石。玄武岩单轴饱和抗压强度 46.3~92.8 MPa，平均 66.2 MPa，属中硬岩—坚硬岩；冻融损失率 0.01%~0.02%，平均值 0.02%，<1%，抗冻融性能较好；干密度 2.76~2.84 g/cm³，平均值 2.79 g/cm³。

表 1　料场岩石化学分析试验成果

料场名称	岩石名称	Loss（%）	SiO_2（%）	Al_2O_3（%）	Fe_2O_3（%）	CaO（%）	MgO（%）	SO_3（%）	合计（%）
卡吉朗	玄武岩	15.5	35.9	11.2	9.0	16.3	6.7	0.1	94.7
卡贡	灰岩	27.6	21.4	6.1	3.7	29.5	6.9	0.4	95.6

卡贡石料场灰岩为化学沉积岩，SiO_2 含量为 21.4%，CaO、MgO、Fe_2O_3 含量分别为 29.5%、6.9%、3.7%（见表 1），碱度模数 $M=1.87$，>1.0，属碱性岩石。灰岩单轴饱和抗压强度 82.5~110.4 MPa，平均 96.6 MPa，属坚硬岩；冻融损失率为 0.1%~0.3%，平均值为 0.2%，<1%，抗冻融性能较好；干密度 2.68~2.72 g/cm³，平均 2.70 g/cm³。

3.2　质量评价

土石坝面板和心墙用沥青混凝土骨料、填料质量评价依据的技术标准，电力行业有《土石坝沥青混凝土面板和心墙设计规范》（DL/T 5411—2009）[2]，水利行业有《土石坝沥青混凝土面板和心墙设计规范》（SL 501—2010）[3]、《水利水电工程天然建筑材料勘察规程》（SL 251—2015）[4]。

3.2.1　细骨料

将岩石冲洗干净后，破碎成粒径小于 2.36 mm 的细骨料。根据品质检测结果（见表 2），玄武岩细骨料表观密度 2.79 g/cm³，≥2.55 g/cm³（或 2.60 g/cm³）；吸水率 1.4%，≤2%；水稳定等级 8 级，≥6 级；耐久性 2.5%，≤15%；有机质及含泥量 0，≤2%。灰岩细骨料表观密度 2.66 g/cm³，≥2.55 g/cm³（或 2.60 g/cm³）；吸水率 1.1%，≤2%；水稳定等级 10 级，≥6 级；耐久性 1.1%，≤15%；有机质及含泥量 0，≤2%。

卡吉朗石料场玄武岩和卡贡石料场灰岩作为沥青混凝土细骨料，各试验项目均可满足电力、水利行业三个规范、规程的相关技术指标要求。灰岩细骨料水稳定等级为 10 级，大于玄武岩细骨料水稳定等级 8 级；灰岩细骨料耐久性为 1.1%，小于玄武岩细骨料耐久性 2.5%。水稳定等级和耐久性是评价细骨料质量的主要试验检测项目，水稳定等级越高，表明细骨料与沥青的黏附性能越好；耐久性值越小，经多次冷热循环后质量和强度损失越小，耐久性能越好。相对而言，灰岩细骨料质量较玄武岩为优。

表2 沥青混凝土人工细骨料质量评价

项目	单位	试验值		各标准文件技术指标			评价
		玄武岩	灰岩	DL/T 5411	SL 501	SL 251	
表观密度	g/cm³	2.79	2.66	≥2.55	≥2.55	≥2.60	均符合要求
吸水率	%	1.4	1.1	≤2	无规定	无规定	均符合要求
水稳定等级	级	8	10	≥6	≥6	≥6	均符合要求,灰岩高出玄武岩2个等级,水稳定性相对更好
耐久性	%	2.5	1.1	≤15	≤15	≤15	均符合要求,灰岩质量损失率较低,耐久性较玄武岩更好
有机质及含泥量	%	0	0	≤2	≤2	≤2	均符合要求

3.2.2 粗骨料

将岩石冲洗干净后,破碎成粒径 2.36~13.2 mm 的粗骨料。根据品质检测结果(见表3),玄武岩粗骨料表观密度 2.74 g/cm³,≥2.60 g/cm³;与沥青黏附性等级为 4 级,≥4 级;针片状颗粒含量 0,≤25%;压碎值 1.8%,≤30%;吸水率 0.75%,≤2%;含泥量 0,≤0.5%;耐久性 1%,≤12%。灰岩粗骨料表观密度 2.75 g/cm³,≥2.60 g/cm³;与沥青黏附性等级为 5 级,≥4 级;针片状颗粒含量 1.75%,≤25%;压碎值 0.9%,≤30%;吸水率 0.57%,≤2%;含泥量 0,≤0.5%;耐久性 0.73%,≤12%。

表3 沥青混凝土人工粗骨料质量评价

项目	单位	试验值		各标准文件技术指标			评价
		玄武岩	灰岩	DL/T 5411	SL 501	SL 251	
表观密度	g/cm³	2.74	2.75	≥2.60	≥2.60	≥2.60	均符合要求
与沥青黏附性	级	4	5	≥4	≥4	≥4	均符合要求,灰岩高出玄武岩1个等级,与沥青黏附性较好
针片状颗粒含量	%	0	1.75	≤25	≤25	≤25	均符合要求
压碎值	%	1.8	0.9	≤30	≤30	≤30	均符合要求
吸水率	%	0.75	0.57	≤2	≤2	≤2	均符合要求
含泥量	%	0	0	≤0.5	≤0.5	≤0.5	均符合要求
耐久性	%	1	0.73	≤12	≤12	≤12	均符合要求,灰岩质量损失率较低,耐久性较玄武岩更好

卡吉朗石料场玄武岩和卡贡石料场灰岩作为沥青混凝土粗骨料,各试验项目均可满足

电力、水利行业三个规范、规程的相关技术指标要求。灰岩粗骨料与沥青黏附性等级为 5 级,大于玄武岩粗骨料与沥青黏附性等级 4 级(指标下限);灰岩粗骨料耐久性为 0.73%,小于玄武岩粗骨料耐久性 1%。与沥青黏附性和耐久性是评价粗骨料质量的主要试验检测项目,与沥青黏附性等级越高,表明粗骨料与沥青的黏附性能越好;耐久性值越小,经多次冷热循环后质量和强度损失越小,耐久性能越好。相对而言,灰岩粗骨料质量较玄武岩为优。

3.2.3 填料

将岩石冲洗干净后,破碎碾磨成粒径<0.075 mm 为主的粉末。根据品质检测结果(见表 4),玄武岩填料表观密度 2.68 g/cm³,≥2.50 g/cm³;亲水系数 0.85,≤1;含水率 0,≤0.5%;<0.6 mm 粒径含量 100%;<0.15 mm 粒径含量 97.9%,>90%;<0.075 mm 粒径含量 90.7%,>85%。灰岩填料表观密度 2.68 g/cm³,≥2.50 g/cm³;亲水系数 0.67,≤1;含水率 0.2%,≤0.5%;<0.6 mm 粒径含量 100%;<0.15 mm 粒径含量 92.8%,>90%;<0.075 mm 粒径含量 86.7%,>85%。

表 4　沥青混凝土填料质量评价

项目		单位	试验值		各标准文件技术指标			评价
			玄武岩	灰岩	DL/T 5411	SL 501	SL 251	
表观密度		g/cm³	2.68	2.68	≥2.50	≥2.50	无规定	均符合要求
亲水系数		—	0.85	0.67	≤1	≤1		均符合要求,灰岩亲水系数较小,胶结性较玄武岩更好
含水率		%	0	0.2	≤0.5	≤0.5		均符合要求
细度	<0.6 mm	%	100	100	100	100		均符合要求
	<0.15 mm	%	97.9	92.8	>90	>90		均符合要求
	<0.075 mm	%	90.7	86.7	>85	>85		均符合要求

卡吉朗石料场玄武岩和卡贡石料场灰岩作为沥青混凝土填料,各试验项目均可满足电力、水利行业两个规范的相关技术指标要求(SL 251 没有对填料质量指标进行规定)。灰岩填料亲水系数为 0.67,小于玄武岩填料亲水系数 0.85。亲水系数是评价填料质量的主要试验检测项目,亲水系数越小,填料颗粒与沥青分子之间的胶结性能越好。相对而言,灰岩填料质量较玄武岩为优。

3.3 质量评价应注意的若干问题

3.3.1 岩石酸碱性对沥青混凝土骨料质量的影响

岩石酸碱性是以碱度模数即($CaO+MgO+FeO$)含量与 SiO_2 含量的比值作为依据,划分为酸性(<0.6)、中性(0.6~1.0)、碱性(>1.0)岩石[5],适用于沉积岩、变质岩、岩浆岩等各类岩石。岩石酸基性是以岩浆岩中 SiO_2 含量作为依据,划分为酸性(>65%)、中性(65%~53%)、基性(53%~45%)、超基性(<45%)岩石,仅适用于岩浆岩。物质酸碱度是以 pH 即物质在溶液中的酸碱性强弱程度作为依据,划分为酸性(pH<7)、中性(pH=7)、碱性(pH>7)。因此,岩石酸碱性与酸基性没有对应关系,与物质酸碱度更不属于同一概念。在 DL/T 5411—2009、SL 501—2010 两个设计规范条文说明中,将 SiO_2 含量作为骨料酸碱性的鉴别方法,实是混淆了岩石酸碱性与酸基性判断依据。

已有工程应用的实践表明,碱性岩石骨料与沥青的黏附性能更好,主要原因是碱性岩石骨料不仅与沥青具有物理性吸附,而且可产生化学性吸附作用,从而提高沥青混凝土的强度和耐久性[5],因此一般选用灰岩、白云岩等碱性岩石作为沥青混凝土人工骨料。本工程卡吉朗石料场玄武岩碱度模数 0.89,为中性岩石,细骨料水稳定性等级 8 级,耐久性 2.5%,粗骨料与沥青黏附性 4 级,耐久性 1%;卡贡石料场灰岩碱度模数 1.87,为碱性岩石,细骨料水稳定性等级 10 级,耐久性 1.1%,粗骨料与沥青黏附性 5 级,耐久性 0.73%。两种岩石相关指标均能满足质量技术要求,相对于中性岩石玄武岩,碱性岩石灰岩骨料水稳定性、与沥青黏附性和耐久性更好。

天然砂砾石物质组成和矿物成分复杂,酸性、中性、碱性岩石混合,特别是天然砂多为酸性岩石的产物且含泥质,因此一般不采用天然砂砾石作为沥青混凝土骨料。当然,我国党河水库和国外也有使用天然酸性砂砾石生产沥青混凝土的成功案例,但数量较少。因此,规范、规程均规定,当使用酸性骨料时,应采取增强骨料与沥青黏附性的措施,并经试验研究论证。

3.3.2 沥青混凝土粗、细骨料试验检测项目

采用人工破碎岩石作为沥青混凝土粗、细骨料,在原岩强度方面,DL/T 5411、SL 501、SL 251 均没有明确,仅规定粗、细骨料应质地坚硬、新鲜,提出了粗骨料压碎值指标≤30%。压碎值表示石子抵抗压碎的能力,但只能间接反映岩石强度,细骨料原岩强度却没有规定。为确保料场岩石人工粗、细骨料质量,建议补充饱和抗压强度作为沥青混凝土骨料试验检测项目,其指标可采用混凝土人工骨料原岩质量技术规定的饱和抗压强度>40 MPa。

DL/T 5411、SL 501、SL 251 等三个标准文件中对沥青混凝土粗、细骨料质量技术要求基本相同,但 SL251 勘察规程细骨料表观密度指标≥2.60 g/cm³,与 DL/T 5411、SL 501 两个设计规范≥2.55 g/cm³均不一致,应进行修改。另外,SL 501、SL 251 对细骨料吸水率没有做规定,应予以补充,因人工砂和天然砂吸水率存在差异,需分别提出质量指标。

3.3.3 沥青混凝土填料试验检测项目

填料可采用岩石破碎碾磨而成,在沥青混凝土中,填料与沥青通过相互吸附作用组成均匀的沥青胶结体,足够多的沥青胶结体可以更好地充填粗、细骨料之间的孔隙,从而提高沥青混凝土的强度、抗渗性和耐久性[6]。一般采用碱性岩石制备填料,本工程卡吉朗石料场玄武岩填料亲水系数为 0.67,小于卡贡石料场玄武岩填料亲水系数 0.85,两种岩石填料相关指标均能满足质量技术要求,相对于中性岩石玄武岩,碱性岩石灰岩填料质量更好。

如采用石料场原岩制备填料,需要对其质量技术要求进行规定。DL/T 5411、SL 501 两个设计规范对填料质量技术要求相同,SL 251 勘察规程没有相应规定,应予以补充完善。

4 料场比选

大坝坝型为沥青混凝土心墙坝,天然原材料设计需要量 3.11 万 m³(粗骨料 1.75 万 m³、细骨料 0.97 万 m³、填料 0.39 万 m³)。初拟卡吉朗、卡贡两处石料场,现从质量、储量、开采运输条件等方面进行比较(见表 5)。

表5　石料场对比

项目		卡吉朗石料场	卡贡石料场	比较
地质概况		山体斜坡高程 4 350~4 410 m，坡度 15°~25°。岩性为玄武岩，强风化带厚度 2~4 m。基岩大部分裸露，局部分布第四系残坡积碎石土	山体高程 3 925~4 000 m，坡度 30°~50°。岩性为白垩系灰岩，中厚层、厚层状。地表出露弱风化岩体，溶蚀程度微弱，局部地段裂隙风化蚀变或夹泥	—
质量	细骨料	表观密度 2.79 g/cm³，吸水率 1.4%，水稳定性 8 级，耐久性 2.5%，有机质及含泥量 0	表观密度 2.66 g/cm³，吸水率 1.1%，水稳定性 10 级，耐久性 1.1%，有机质及含泥量 0	均满足要求。灰岩细骨料水稳定性、耐久性较好，灰岩粗骨料与沥青黏附性、耐久性较好，灰岩填料与沥青胶结性能较好，卡贡石料场质量较好
	粗骨料	表观密度 2.74 g/cm³，与沥青黏附性 4 级，针片状颗粒含量 0，压碎值 1.8%，吸水率 0.75%，含泥量 0，耐久性 1%	表观密度 2.75 g/cm³，与沥青黏附性 5 级，针片状颗粒含量 1.75%，压碎值 0.9%，吸水率 0.57%，含泥量 0，耐久性 0.73%	
	填料	表观密度 2.68 g/cm³，亲水系数 0.85，含水率 0	表观密度 2.68 g/cm³，亲水系数 0.67，含水率 0.2%	
储量		有用层勘探储量 47.7 万 m³	有用层勘探储量 30 万 m³	两石料场储量丰富，均可满足设计要求
采运条件	开采	上部强风化带及局部分布的覆盖层应予以剥离，剥离层体积 8.7 万 m³，采剥比 1:0.18	裂隙风化蚀变或夹泥的局部地段应予以剥离，剥离层体积 3 万 m³，采剥比 1:0.10	卡贡石料场剥离层范围及厚度小，开采条件较好
	运输	料场位于坝址上游夏布曲右岸卡吉朗沟左侧斜坡，至大坝运距约 14 km。需新建料场至沟口道路长约 2 km，与场内交通衔接	位于吉定镇以北约 11 km 夏布曲河口左岸山体，至大坝运距约 72 km。可利用已有公路、国道，与场内交通衔接	卡吉朗石料场运距近，较好

卡吉朗、卡贡石料场岩性分别为玄武岩、灰岩，质量均可满足水工沥青混凝土人工骨料、填料技术要求，相对于中性岩石玄武岩，碱性岩石灰岩质量较好。两石料场储量丰富，均可满足设计要求，无区别。卡贡石料场灰岩剥离层范围及厚度小，开采条件较好。卡吉朗石料场运距虽较近，但需新建长约 2 km 施工道路。考虑到高海拔高寒地区沥青混凝土心墙安全且石料用量小，经技术经济综合比较后选择卡贡灰岩石料场作为沥青混凝土原材料料源。

5　结　语

拉洛水利枢纽工程是国务院确定的 172 项节水供水重大水利工程之一，也是西藏自治区在建投资规模最大的水利工程，对改善和促进地区经济社会的可持续发展具有重大意义。枢纽工程大坝为沥青混凝土心墙坝，前期勘察初拟卡吉朗玄武岩、卡贡灰岩两处石料场作为沥青混凝土原材料人工料源。经勘探试验专题研究，两种岩石质量均可满足水工沥青混凝土人工骨料、填料技术要求,但灰岩细骨料水稳定性、耐久性较好,灰岩粗骨料与沥青黏附性、耐久性较好,灰岩填料与沥青胶结性能较好,综合考虑各种因素后选择卡贡灰岩石料场,确保了高原高寒高海拔地区沥青混凝土心墙的安全。

沥青混凝土心墙是土石坝的重要结构,骨料、填料等原材料质量对心墙抗渗性、耐久性及适应变形能力具有决定性影响。通过对本工程石料场勘察试验、质量评价等方面的详细分析和充分讨论,强调了现行标准文件中有关沥青混凝土原材料质量的技术要点,并提出了补充完善意见,可作为其他工程实践的借鉴和相关规范、规程修订的参考。

参 考 文 献

[1] 陈志康,杜胜华,黄振伟,等.西藏拉洛水利枢纽及配套灌区工程初步设计报告[R].2014.

[2] 国家能源局.土石坝沥青混凝土面板和心墙设计规范:DL/T 5411—2009[S].北京:中国电力出版社,2009.

[3] 中华人民共和国水利部.土石坝沥青混凝土面板和心墙设计规范:SL 501—2010[S].北京:中国水利水电出版社,2010.

[4] 中华人民共和国水利部.水利水电工程天然建筑材料勘察规程:SL 251—2015[S].北京:中国水利水电出版社,2015.

[5] 闫小虎,姚新华,王晓军,等. 土石坝沥青混凝土心墙材料配合比试验研究[J]. 长江科学院报,2017(6).

[6] 贺传卿,杨桂权,王显旭. 不同填料对水工碾压式沥青混凝土性能的影响[J]. 新疆农业大学学报,2014(6).

【作者简介】 黄振伟(1974—),男,高级工程师,主要从事水利水电工程地质勘察工作。E-mail:434305107@ qq.com。

新航片与老航片在航空摄影
测量中的整合运用分析
——以夹岩水利枢纽工程为例

顾莉娟

(贵州省水利水电勘测设计研究院,贵阳　550002)

摘　要　航空摄影测量是水利水电建设的基础,航片则决定着航测地形图的质量。随着航空摄影平台以及传感器的发展,航空摄影测量从胶片时代进入数字时代,而传统的现势性差的,摄影年代久远的光学航片,渐渐的被遗忘在档案馆的角落。实际上,夹岩水利枢纽重南支渠地区,现势性好的航片,因植被覆盖茂密区域,却无法满足高程精度。作者结合新航片与老航片的优势,不仅缩短了成图工期,更使得该区域的地形图现势性好,精度也高。再现老航片在航空摄影测量中的意义。

关键词　新航片;老航片;航空摄影测量

1　引　言

夹岩水利枢纽工程,主要由水源工程、毕大供水工程和灌区骨干输水工程等组成。高精度,现势性好的 1:2 000 地形图,是整个枢纽规划设计的关键。是多个部门开展此项目的基础资料,如库容的量算、淹没指标的统计、占用林地的研究、工程投资的计算、移民安置等。

按照审查的可行性研究报告,工程总投资 172.58 亿元(其中静态总投资 168.16 亿元),水库总库容 13.25 亿 m^3,最大坝高 154 m。渠道总长 829 km,其中输水干渠 6 条长 281 km,支渠 26 条长 548 km,毕大供水工程线路总长 26 km。供水区涉及毕节 —大方城区、遵义市中心城区、黔西县城、金沙县城、纳雍县城、织金县城、仁怀市等 7 个城镇(区),以及 8 个工业园区及七星关区火电厂、69 个乡镇、365 个农村集中聚居点,工程年平均供水总量 6.93 亿 m^3,设计灌溉面积 90.42 万亩,水电装机 9 万 kW。工程施工总工期 5 年半。本文截取夹岩水利枢纽重南支渠作代表性段为例加以论述,旨在推广新航片与老航片相结合在航测中的意义以及其产生的经济价值。

2　理论基础

航空摄影测量的主题,是将地面的中心投影(航摄像片)变换为正射投影(地形图)。具体过程是,在空中飞行器上用航摄仪器对地面连续摄取有一定重叠度的像片,结合地面控制点,依据三点一线的共线条件方程(见式 1),恢复航片的内、外方位元素后,重建与地面相似的几何模型,测量、调绘,根据需求提交成果。

$$x - x_0 = -f \frac{a_1(X_A - X_s) + b_1(Y_A - Y_s) + c_1(Z_A - Z_s)}{a_3(X_A - X_s) + b_3(Y_A - Y_s) + c_3(Z_A - Z_s)}$$

$$y - y_0 = -f\frac{a_2(X_A - X_s) + b_2(Y_A - Y_s) + c_2(Z_A - Z_s)}{a_3(X_A - X_s) + b_3(Y_A - Y_s) + c_3(Z_A - Z_s)} \quad (1)$$

式中：(X_s, Y_s, Z_s) 为摄影中心 s 点的物方空间坐标；(x, y) 为像片坐标，(X_A, Y_A, Z_A)，(x_0, y_0) 为像主点坐标。

3 资料解译分析

3.1 老航片

1968 年拍摄，相机为 AφA-JƏ，焦距 $f = 98.3649$，像幅尺寸为 18 cm×18 cm，像主点 $x_0 = -0.0424$，$y_0 = -0.0086$。由图 1 可见，1968 年所拍的航片，在重南支渠的该区域的测区内，植被很稀疏，也很低，这类影像，成立体模型后，侧标基本上是可以切准地面的。但是，地面建筑也相应的很少，如当时的路只是小路，房屋也是那个年代的。

3.2 新航片

2014 年拍摄，相机为 SWDC，航摄仪焦距 $f = 50$ mm，像幅尺寸（pixel×pixel）：8 000×11 500，像元大小 9 μm，航摄仪主点坐标（最佳对称主点 PPS 和自准直主点 PPA）(0,0)。由图 2 可见，2014 年所拍的航片，在重南支渠的该区域的测图内，植被已经很茂密，树林深不见底。以前小路的地方已经扩成了公路。房屋发生了变化，翻修、新建的都有。随着时代的变迁，环境也发生了巨变。

图 1

图 2

4 软件支持应用

VirtuoZo2014 是武汉大学张祖勋院士开发的全数字摄影测量系统，最显著的核心技术部分是影像匹配，领先于世界同行。VirtuoZo 先进综合的空间地理数据通用生产平台和强大的系统功能，一直深受用户的青睐。它可以提供从自动空中三角测量到测绘各种比例尺地形图的全套整体作业流程解决方案[1]，因此在国内测绘界一直有很大的市场份额。VirtuoZo 数字测图系统还具有独特的线状地物半自动提取功能，包括道路、建筑物、水系等的人工辅助半自动提取功能。VirtuoZo2014 版则实现了采编一体化，最突出的工具是可以设置边采集计曲线边内插首曲线，还有等高线的拖框连接、曲线编辑等为数字化成图节约了不少时间。图3为夹岩水利枢纽工程重南支渠1:2 000地形图的数字化成图流程。

5　数据处理及建模

（1）建立夹岩k-1测区，设置测区参数、相机参数，导入控制点文件，引入老航片（1968年所摄），修改影像像素参数，影像处理，建立像对，内定向，相对定向，刺像控点，绝对定向，检查精度，生核线。

（2）建立夹岩11040测区，设置测区参数、相机参数、导入控制点文件，引入新航片（2014年所摄），修改影像像素参数，影像处理，建立像对，相对定向，刺像控点，绝对定向，检查精度，生核线。

（3）夹岩重南支渠用了两个时期的、不同相机拍摄的航片，相机参数不一样，故需建立两个测区。夹岩k-1测区用1968年拍摄的老航片，因为是光学相机，所以影像处理后，需做内定向。

夹岩11040测区用的是2014年所拍摄新航片，因为是可量测数码相机，则影像处理是勾选可量测数码相机类型，就不需要再做内定向。两个测区在绝对定向时，必须用相同坐标系的相同位置的

控制点，这样才能保证两个测区的所生成的立体模型空间位置是一致的。在两测区分别完成绝对定向并生好核线后，即可在测图模块里采集地形图要素。

6　DLG的采集

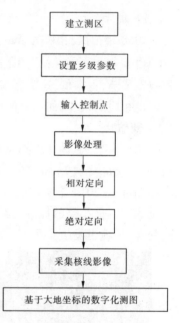

图3

（1）先在夹岩11040测区建立的立体模型上采集地物要素，因为新航片的地物要素现势性优于1968年拍摄的老航片的。如图4所示，先采集房屋、道路、田坎、地类界，根据现势性优先原则，2014年所拍摄的航片明显比1968年所拍摄的更接近现在。经对比，该区域老航片上没有新航片上的道路，居民区也有所不同，土地的面积也有所减少。

（2）采集完地物要素后，再装载夹岩k-1测区所建立的立体模型，在夹岩k-1测区的模型上采集等高线。将图4和图5对比，前者的植被覆盖厚度远超后者，在采集等高线的过程中，在新航片的模型上，根本无法看到地面，也不知测标要在树林下面多少米才是地面的位置，甚至山形也不能准确地被判读；反之，老航片的立体模型一目了然，能清楚地看到整个山形，测标也能精准地切到地面，这种情况下，采集的等高线就是符合地势的，在精度范围内的。

在多年的工作经验中，先采集地物比先采集地形要素有一些优势，比如先采集了田坎再采集等高线，那么后采集的等高线与田坎的连接就比较好，为编辑图省去一部分时间。

图 4　　　　　　　　　　　　　　　　图 5

7　老航片与新航片在夹岩航测中的整合运用分析

夹岩水利枢纽是一座以城乡供水和灌溉为主、兼顾发电并为区域扶贫开发和改善生态环境创造条件的综合大型水利枢纽工程,建成后年平均供水总量为 6.93 亿 m^3,设计灌溉面积 90.42 万亩,水电装机 9 万 kW,意义非常重大。高质量的现势地形图是是规划、建设、管理夹岩水利枢纽项目的各项基础设施的关键性技术资料,是夹岩水利枢纽总体规划实施的重要依托,不仅要求精度高,而且现势性要好。

老航片一般都是光学相机所拍摄,成像清晰,变形小,时间比较久远。对于毕节地区,大多拍摄于植树造林前,它所体现的植被密度稀疏,厚度浅显。用于测地形图,能更好地锁定高程,但是地物变化大,外业调绘工作量大,工期也很长,势必影响工程的进度。

新航片一般是用数码相机所拍摄,真彩色,视觉效果好,时间近,地物现势性好,用于建模测图,外业调绘地物的工作量少,但是对于林区的航测等高线,外业是必测点复测校核,可在大片的森林深处,人都无路可走,即便伐木开道,也只能走到林区的九牛一毛。

因此,要现势性好,精度也高,本文提出并实现新航片与老航片整合运用。在这个方案下,夹岩的重南支渠采用同样的像控点,对新航片和老航片分别做绝对定向,在采集地形数据时,先在新航片上采集地物,如房屋、道路、稻田、地类、水系等,然后加载老航片建立的立体模型,在其模型上采集等高线。这种方案,取长补短,既满足了现势性,也满足了高程精度。该项目做下来可证明,老航片的存留意义非常大,除了在地形测绘中还原真实的地貌,还可以在多方面给我们对地球表面发展的研究提供历史性的依据。

8　小　结

毕节地区在 20 世纪五六十年代石漠化比较严重,随着政府开展的防水土流失政策,退耕还林,再到新时代的"金山银山不如绿水青山",我们都在给地球穿上厚厚的绿衣裳。国民经济要发展,人民需求日益上升,水利资源的调配是急迫的,高质量的地形图是水利项目的规划建设的先决资料,但植被覆盖地区高程精度较差又是测绘工作者面临的挑战。所谓

"差之毫厘,谬以千里",在测绘地形图时,必须合理确定质量标准,既能充分满足设计的要求,又能使测绘工作经济合理。

　　建设和生态似乎是个永恒的矛盾,作者认为,测绘档案馆必须保管好时代变迁与生态恢复过程中的每一期"过时"的老航片,它不止对测量精准的地形有意义,还对众多行业都提供着见证性帮助。

参 考 文 献

[1] 栾兰.全数字摄影测量系统 Virtuozo 的应用[J]. 测绘与空间地理信息,2013,36(3):188.
[2] 李奇,房成法.中幅面航空相机在航空摄影测量中的应用[J]. 研究与开发,2014,15(6):27.

【作者简介】　顾莉娟(1980—),女,高级工程师,主要从事摄影测量与遥感方面的工作。E-mail:41390812@ qq.com。

滇中引水工程昆呈隧洞
大新册岩溶水系统研究

孙文超 闫 斌 刘 皓 李宗龙

(中国电建集团昆明勘测设计研究院有限公司,昆明 650051)

摘 要 昆呈隧洞大新册段穿越多个可溶岩地层以及导水断裂,岩溶发育程度普遍较高,将对线路施工带来一系列困难,并产生繁多的岩溶地质灾害以及地下水环境问题。本文通过对研究区岩溶发育规律、含水结构及空间展布、水均衡分析、岩溶水系统精细化划分及边界确定等研究,研究结果表明黑、白龙潭暗河系统相对独立,主要接受大气降雨入渗补给,集中排泄于黑、白龙潭暗河出口,部分零星排泄或直接汇入滇池,仅在丰水期时白龙潭暗河系统越流补给黑龙潭暗河系统。研究结果对准确评价和解决岩溶隧洞施工涌突水问题有重要意义。

关键词 岩溶;岩溶水系统;隧洞

1 引 言

我国已建、在建、拟建岩溶隧道(巷道)数量多、分布广,施工过程中极易发生突水突泥灾害,造成重大的经济损失、人员伤亡与工期延误[1]。牛栏江-滇池补水工程大五山隧洞输水线10标13号施工支洞穿过兔耳关断层,施工中发生了3次特大地下泥石流,施工多次中断施工段,并引发地面沉降,形成塌陷坑[2]。大量的涌水在洞内成为河流,隧洞多次被涌水淹没,严重影响工期。锦屏二级水电站辅助洞西端地下水具有储存量大、水位高、压力大的特点,当隧洞揭穿阻水屏障时,大量的岩溶地下水倾泻而出导致洞内高压涌水,对施工安全有较大的潜在威胁。圆梁山隧道施工中在桐桐麻岭背斜和毛坝向斜遇到5个深埋充填型溶洞,受高压、富水、岩溶等诱导因素的影响,隧道施工中多次突发了大规模的涌水、涌砂和涌泥灾害,给工程的安全施工造成了极其严重的影响[3]。岩溶隧洞围岩岩体溶蚀破碎以及软弱的溶洞充填物及活跃的地下水对隧洞施工非常不利[4],不仅对人员安全及施工进度产生影响,同时会引起一系列的环境效应[5],岩溶涌水、突泥已成为岩溶地区隧道施工主要地质灾害之一,据统计因岩溶问题引起的隧道施工地质灾害造成的停工时间约占施工总工期的30%[6]。

滇中引水工程是一项以城镇生活与工业供水为主,兼顾农业和生态用水的大型引水工程。昆呈隧洞大新册段全长17.77 km。隧洞穿越可溶岩累计总长12.72 km,约占该段隧洞总长的71.6%,岩溶极为发育,隧洞穿越黑、白龙潭段为两暗河管道系统,地下水补给丰富、水量较大、径流条件复杂,两主要排泄点黑龙潭(高程1 910 m,流量290 L/s)、白龙潭(高程1 920 m,流量390 L/s)泉流量巨大,隧洞穿越此段(分布高程1 886~1897 m)遭遇岩溶突水危险性高,岩溶涌水、突泥问题突出。为有效控制岩溶隧道突水突泥风险,确保隧道建设安全,查明黑、白龙潭两暗河系统的联系性至关重要。黄会在《昆明呈贡黑、白龙潭地下水系统独立性研究》中认为黑、白龙潭地下水系统受中间稳定隔水条带 P_1d 的阻隔不具水力联

节水供水重大水利工程规划设计技术

系,但构造断裂使得 P_1d 在浑水塘一带被错断,两个地下水系统在下部具有水力联系[7]。未对两暗河系统泉流量变化详细论述,本文结合泉流量随季节变化特征,对地下水补、径、排特征及地下水均衡精细分析,重新界定系统边界,对水系统进行深入分析,研究黑、白龙潭两暗河系统的联系性。预测隧洞施工涌突水影响。

2 大新册岩溶文地质条件分析

2.1 地形地貌与岩溶发育特征

2.1.1 地形地貌

研究区为滇中高原的一部分,地形复杂、起伏明显、盆岭相间、深受构造控制。总体地势为北东高,南西低(见图1、图2)。研究区内地貌类型多样,根据成因差异将区内地貌分为构造侵蚀地貌、侵蚀地貌、溶蚀地貌、湖泊地貌。

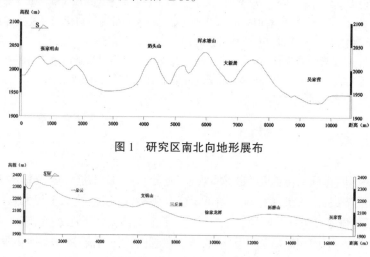

图 1 研究区南北向地形展布

图 2 研究区南西向地形展布

2.1.2 岩溶发育特征

研究区可溶岩广泛分布,出露的主要可溶岩层位从新到老依次为:二叠系下统栖霞茅口组(P_1q+m)灰岩,石炭系中统威宁组(C_2w)灰岩,石炭系下统大塘组上司段(C_1d^2)灰岩、白云岩,泥盆系上统宰格组(D_3z)白云岩。

区内构造较为复杂,发育有一条主要断裂:一朵云—龙潭山断裂(F_{31})及四条主要断层:浑水塘断层(F_{V-54})、浑水塘—白龙潭山以北断层(F_{V-56})和黄莲山—白龙潭山断层(F_{V-60})、呈七断层(F_{V-57}),如图3所示。五条主要构造及由其发育的各个走向的中小型断层,为地下水的流动提供了良好的流通通道,促进了岩溶的发育。

根据调查,研究区岩溶现象十分发育,可分为地表岩溶现象和地下岩溶现象。地表岩溶现象包括洼地、漏斗、落水洞(竖井)、溶蚀槽谷和石芽坡地等,地下岩溶包括溶洞、地下暗河和溶孔、溶隙。除了上述野外水文地质调查所能观测到的岩溶现象,隧洞沿线布置的勘探和物探也揭露了一些溶蚀现象。由于地形的变化,从分水岭至河流谷盆,岩溶发育形态由开敞式—隐蔽式—覆盖式呈有规律的过渡。

河流切割、构造运动、沉积环境的影响,研究区内不同地段可溶岩的岩性及岩溶的发育程度不同。其中 P_1q+m、C_2w 灰岩地层中洼地、落水洞、溶孔、溶隙、岩溶槽谷、岩溶暗河等岩

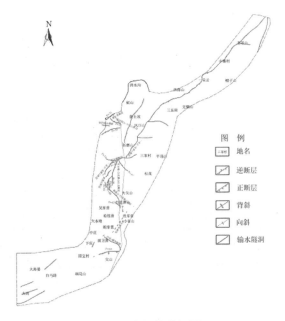

图3 研究区构造纲要

溶形态十分发育;中等岩溶化的大塘组(C_1d^2)、宰格组(D_3z)溶隙、溶孔也较发育。

(1)地表岩溶现象。工程区内地表岩溶形态主要表现为洼地、漏斗、落水洞(岩溶竖井)、溶蚀槽谷和石芽(见图4~图7)。

图4 灰岩中溶孔(C_2w)

图5 三家村灰岩石芽地貌(P_1q+m)

图6 浑水塘洼地(P_1q+m)

图7 三家村落水洞(C_2w)

（2）地下岩溶现象。研究区内暗河管道非常发育，暗河管道受地质构造和岩性的控制，尤其在 P_1q+m 灰岩地层中表现的十分明显（见图8、图9）。暗河管道多沿轴向顺层发育，规模巨大，径流长且常年有水，且水量非常大，是区域地下水一个重要的排泄出口，作为昆明城区饮用水源。

图8　黑龙潭伏流出口（P_1q+m）　　　　　　图9　白龙潭暗河出口（P_1q+m）

黑龙潭暗河出口（见图8）为扁平狭长形状，暗河管道顺层发育，经地形切割，遇第四系阻隔排出地表。现已用作集中式饮用水供水地，水质清澈。枯季、雨季流量变化较大，平均流量约290 L/s。白龙潭暗河出口（见图9），出口埋于水下，暗河管道顺层发育，于山脚受第四系阻隔排泄。现已作为供水水源地，水质清澈，有少量污染。一年四季流量变化不大，平均流量约为392 L/s。

2.2　含水结构及其空间展布

在岩溶地区，由于强烈的构造运动，断裂交错发育，各个时代的地层被切割成不同形态的断块，岩溶含水层与非岩溶相对隔水层在垂直上的间隔分布[8]。研究区内可溶岩含水层组为 P_1q+m、C_2w、C_1d^2、D_3z、Z_bdn。其中，P_1q+m 富水性强，C_2w、C_1d^2 富水性较强—强，D_3z、Z_bdn 富水性较强。结合可溶岩地层岩性、富水性及其空间展布关系，可将上述可溶岩含水层组划分为三套含水结构，如表1所示。

2.3　地下水均衡分析

地下水均衡分析是应用质量守恒定律去分析参与水循环的各要素的数量关系，目的在于全面客观认识区域或局域水文地质条件，从而分析各细化单元的地下水补径排条件与循环转化规律。

研究区处于大新册岩溶水系统（Ⅰ），属于吴家营水文地质单元，由山地裸露型岩溶区和盆地、河谷覆盖型岩溶区组成。地下水动态类型为岩溶管道渗入—径流型，即降雨补给地下水，并以地下径流形式泄出地表成泉，或补给地表水体。结合野外调查，选取大新册岩溶水文地质单元（Ⅰ）为均衡区，采用一个"水文年"为均衡期，根据水均衡原理，建立地下水均衡方程：

$$\mu F \cdot \frac{\mathrm{d}H}{\mathrm{d}t} = P_f + \Delta Q_{fw} + \Delta W_g + \Delta Q_a + (C_d - E) \tag{1}$$

式中：P_f 为大气降雨入渗补给量；ΔQ_{fw} 为地表水入渗增减量；ΔW_g 为地下水流入与流出增减量；ΔQ_a 为人工补排增减量；C_d 为凝结水补给量；E 为地下水蒸发量。

表 1 研究区含水结构及其空间展布特征

编号	含水结构特征			与隧洞关系
	含水	隔水边界	含水介质	
I	P_1q+m	Q ～ $P_2\beta$	溶隙+管道	隧洞穿越该含水系统
		P_1d		
II	C_2w C_1d^2 D_3z	断裂+$P_2\beta$	裂隙、溶隙+管道	隧洞穿越该含水系统
	D+∈ 碎屑岩地层			
III	$∈_1q$		弱	与隧洞无关
	Z_bdn		裂隙+溶隙	

根据研究区长观孔实测水位数据显示,2010~2016 年地下水水位介于 1 911~1918 m,处于基本稳定状态,故可假设该岩溶水文地质单元内的储存量变化量为 0,即 $\mu F \cdot \frac{dH}{dt}$ 为 0。根据该单元的生态环境特征,可忽略等式右边的 ΔQ_{fw}、C_d 的和 E 三项,同时可忽略人为因素产生的 ΔQ_a 项,而 ΔW_g 项近似看作年泉流量 Q_s(取负值),则将公式(1)简写为:

$$0 \approx P_f + Q_s \tag{2}$$

即单元内大气降雨补给量大致与主要排泄点的排泄量相当,其中大气降雨入渗补给量 P_f 为:

$$P_f = \alpha F P \tag{3}$$

式中:α 为降水综合性入渗系数;F 为接受降水入渗的地表面积,m^2;P 为多年平均年降水量,m^3/a。

在大新册岩溶水文地质单元(I)内,地下水主要以泉的形式集中排泄,大型岩溶泉点为黑、白龙潭暗河出口,马金铺一带发育若干小型泉点,与上述泉点存在直接水力联系的可溶岩区域为③、⑤、⑥、⑧,如图 10 所示,非可溶岩区域为④、⑦,而区域⑨、⑩则因大新册一带第四系覆盖,尚未明确该区域是否作为黑龙潭岩溶水文地质单元的补给径流区,故采用水均衡计算方法分析该问题。

Q_s 计算:黑龙潭泉流量变化较大,丰水期约为 290 L/s,枯水期仅为 80 L/s,白龙潭此次调查流量约为 390 L/s,马金铺一带发育流量稍大的两个泉点,均<10 L/s,其余分散汇入滇池及地表溪沟,则

$$\begin{aligned} Q_S &= (Q_{s1}+Q_{s2}++Q_{s3}+Q_{s4}+Q_{s5})a \\ &\approx 750 \times 60 \times 60 \times 24 \times 365 \times 10^{-3} \\ &= 2.365\ 2 \times 10^7 (m^3/a) \end{aligned} \tag{4}$$

P_f 计算:③、⑥为裸露型纯灰岩地区,α 取经验值 0.38,面积分别为 15.338 km²、12.841 km²;⑤为裸露型碎屑岩与碳酸盐岩互层地区,α 取经验值 0.28,面积为 7.978 km²;⑧为覆盖型岩溶区,第四系较厚,且地表建筑物星罗棋布,α 取经验值 0.05,面积为 37.866 km²;④、⑦

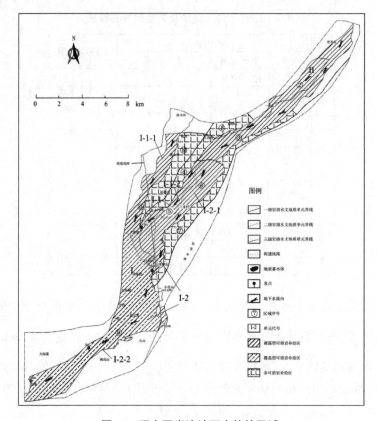

图 10　研究区岩溶地下水补给区域

为玄武岩侵蚀山体,斜坡上汇集的降水有很大一部分流向岩溶区从而补给岩溶水,故计算斜坡汇集降水时 $\alpha' = 1 - \alpha$, α' 取 0.80,部分形成地表明流,故折减系数 k 取 0.5,面积分别为 5.829 km^2、18.192 km^2;年均大气降雨量取 806.6 mm/a,则该区域大气降雨入渗补给量 P_f 为

$$P_f = (P_{f3} + P_{f6}) + P_{f5} + P_{f8} + (P_{f4} + P_{f7})$$

$$= (15.338 + 12.841) \times 10^6 \times 0.38 \times 806.6 \times 10^{-3} + 7.978 \times 10^6 \times 0.28 \times$$

$$806.6 \times 10^{-3} + 37.866 \times 10^6 \times 0.05 \times 806.6 \times 10^{-3} + 0.5 \times$$

$$(5.829 + 18.192) \times 10^6 \times 0.8 \times 806.6 \times 10^{-3} = 1.971\ 6 \times 10^7 (\text{m}^3/\text{a}) \tag{5}$$

据此可知,$P_f < Q_s$。表明③~⑧补给区域并不满足该地区的排泄量,从而⑨、⑩可能成为其补给径流区。

⑨为裸露型纯灰岩地区, α 取经验值 0.38,面积为 10.781 km^2;⑩为玄武岩侵蚀山体, α' 取 0.80,主要形成地表水系,故折减系数 k 取 0.2,面积为 9.573 km^2,则大气降雨入渗补给量 P_{f9}、P_{f10} 为

$$P_{f9} = 10.781 \times 10^6 \times 0.38 \times 806.6 \times 10^{-3}$$

$$= 0.330\ 4 \times 10^7 (\text{m}^3/\text{a})$$

$$P_{f10} = 0.2 \times 9.573 \times 10^6 \times 0.8 \times 806.6 \times 10^{-3}$$

$$= 0.123\ 5 \times 10^7 (\text{m}^3/\text{a})$$

$$P_{f'} = P_f + P_{f9} + P_{f10} = 2.425\ 5 \times 10^7 (\text{m}^3/\text{a}) \geq Q_s$$

计算结果表明,清水沟南—黑龙潭一带同样也为黑龙潭岩溶水文地质单元(Ⅰ-1)的补给径

流区。

2.4 岩溶水系统精细划分及边界确定

根据研究区的地层富水性、地下水补径排条件以及相关水均衡计算分析,大新册岩溶水文地质单元(Ⅰ)为"Y"字形岩溶区域,北西以清水沟南即蛇山一带的地表分水岭为界,正北、东以及南边界均为 $P_2\beta$ 构成的物理隔水边界,西边界由 P_1d、ϵ_{1c} 及 NS 向白邑—横冲断裂构成。该单元可溶岩大面积出露,地下水主要接受大气降雨入渗补给,集中排泄于黑、白龙潭暗河出口,部分零星排泄或直接汇入滇池。

根据野外调查显示,二叠系下统倒石头组(P_1d)岩性为铝土质黏土岩,为一稳定的隔水条带,结合示踪实验以及现场野外地质调查可知,该地层为一稳定的隔水条带,因此可将大新册岩溶水文地质单元(Ⅰ)进一步细分为相对独立的黑龙潭岩溶水文地质单元(Ⅰ-1)和白龙潭—马金铺岩溶水文地质单元(Ⅰ-2),如图 11 所示。

图 11　研究区岩溶水文地质单元分区

根据水文地质单元分区图(见图 11)和研究区岩溶地下水补给区域图(见图 10),黑龙潭岩溶水文地质单元(Ⅰ-1)补给区为③、④、⑨、⑩,该单元大气降雨入渗补给量 P_f 为

$$P_f = \frac{2}{5}P_{f3} + P_{f4} + P_{f9} + P_{f10}$$

$$= (0.188\,1 + 0.188\,0 + 0.330\,4 + 0.123\,5) \times 10^7$$

$$= 0.830\,0 \times 10^7 (\text{m}^3/\text{a})$$

最大泉排泄量为

$$Q_s = 290 \times 60 \times 60 \times 24 \times 365$$
$$= 0.914\ 5 \times 10^7 (\mathrm{m^3/a}) \geq P_f$$

由于计算 Q_s 选取丰水期最大泉流量,故推测在丰水期可能存在其他补给。

黑、白龙潭暗河系统被 P_1d 隔水条带阻隔,而在三家村以及浑水塘附近因 EW 向、NW—SE 向走滑断层错动,C_2w 含水岩组与 P_1q+m 含水岩组沟通。经野外调查显示,白龙潭排泄高程虽高于黑龙潭,但其流量常年较为稳定,而黑龙潭流量在枯、平、丰时期变化大。此外,结合丰水期开展的示踪试验结果,推测上述沟通部位如图 12、图 13 所示。

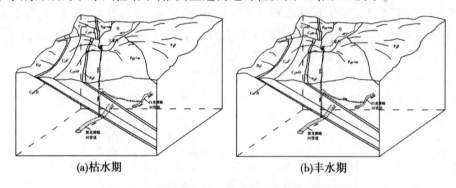

(a)枯水期　　　　　　　　　(b)丰水期

图 12　三家村落水洞一带地下水径流模式示意图

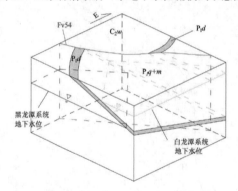

图 13　浑水塘东地下水位关系示意图

黑、白龙潭暗河系统相对独立,仅在丰水期时白龙潭暗河系统补给黑龙潭,故将该单元进一步划分为黑龙潭岩溶水文地质单元(Ⅰ-1)和白龙潭-马金铺岩溶水文地质单元(Ⅰ-2),拟建引水隧洞均穿越上述两个子单元。黑龙潭岩溶水文地质单元(Ⅰ-1)的主要含水岩组为 D_3z、C_1d^2、C_2w、P_1q+m,均为可溶岩地层,洼地、落水洞、石芽等岩溶形态发育,富水性较强—强。单元主要接受"Y"字形上部左右两支裸露型条带状岩溶区大气降雨入渗补给以及由非可溶岩侵蚀山体斜坡汇集的降雨形成地下径流,集中排泄于黑龙潭暗河出口,排泄高程为 1 920 m。以补给区域及排泄特征差异为依据,将该单元细分为清水沟南—黑龙潭岩溶水文地质单元(Ⅰ-1-1)和徐家龙潭—黑龙潭岩溶水文地质单元(Ⅰ-1-2)。清水沟南-黑龙潭岩溶水文地质单元(Ⅰ-1-1)的补给和径流区为"Y"字形上部左支,地下水向南顺层径流至奶头山一带后进入覆盖型岩溶区,由于上覆第四系地层在大新册一带厚度较大,导致地下水径流方式转变为扩散微承压流,在凹陷地带作深循环后,呈虹吸管流形式排泄至黑龙潭暗河出口周围,如图 14 所示。

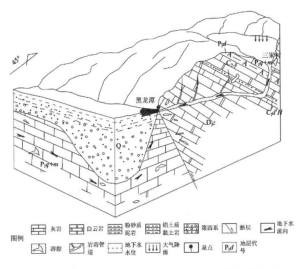

图 14　黑龙潭岩溶水文地质单元(Ⅰ-1)排泄示意图

徐家龙潭—黑龙潭岩溶水文地质单元(Ⅰ-1-2)的补给和径流区为"Y"字形上部右支的一部分。由于 P_1d 隔水条带在大青岩水库-徐家龙潭一带被一朵云—龙潭山逆断层和 EW 向小型走滑断层错断,造成 C_2w 与 P_1q+m 沟通,使得地下水的可溶岩补给来源除了徐家龙潭—黑龙潭接受大气降雨入渗补给外,还包括部分老爷山—徐家龙潭一带 P_1q+m 的侧向径流补给。而通过现场调查,三家村一带的地表明流现已修茸防渗沟渠并引入石龙坝水库,并未通过三家村落水洞补给该单元的地下水。

3　昆呈隧洞大新册段施工水文地质

研究区内二叠系(P)、石炭系(C)等可溶岩地层分布广,岩溶发育程度普遍较高,其发育因素错综复杂,而岩溶发育的不均衡性和不规则性形成了纵横交错的岩溶管隙(道)网络系统。昆呈隧洞大新册段穿越多个可溶岩地层以及导水断裂,将对线路施工带来一系列困难,并产生繁多的岩溶地质灾害以及地下水环境问题。区内地下水多以岩溶管道的形式赋存、径流,部分溶腔中充填碎屑物质,因此,引水隧洞穿越可溶岩地层所引起的涌水、突水和突泥问题较为突出,尤其是在强岩溶化的可溶岩地层 P_1q+m 洞段、构造发育和可溶岩与非可溶岩接触部位洞段以及地下水活动强烈的部位。

隧洞穿越清水沟南—黑龙潭岩溶水文地质单元(Ⅰ-1-1),为岩溶强烈发育的 P_1q+m 地区,地表为一溶蚀槽谷出口,有利于大量地下水在此入渗汇集,隧洞处于地下水强径流区,地下水径流通畅,水量丰富,流量稳定,隧洞通过极容易遭遇涌水、突泥灾害。隧洞穿越徐家龙潭—黑龙潭岩溶水文地质单元(Ⅰ-1-2),该段出露的 D_3z、C_1d^2、C_2w 以及 P_1q+m 等可溶岩岩溶强烈发育,岩溶发育高程低于隧洞底板,岩体富水性好,透水性较强,隧洞处于滇池流域地下水强径流排泄区,通过时极易遭受涌水、突水、突泥灾害,特别是一朵云—龙潭山断层发育部位和可溶岩与非可溶岩接触部位。隧洞下穿黑龙潭暗河系统径流途径且靠近排泄区,泉水出露高程为 1 920 m,高于隧洞顶板,距隧洞较近,为 958.96 m,该泉流量较大,作为呈贡新区集中用水点,而隧洞通过,对其袭夺、疏干风险极大。

隧洞穿越断裂带时也易发涌突水灾害。断裂构造是具有特殊意义的水文地质体,具有储水空间、集水廊道和导水通道的作用,给地表水、地下水存储和径流提供了良好的条件。尤其是裂隙较为发育的断层破碎带及影响带,更容易形成富水带,且地下水量较大。但即使断裂构造处于非可溶岩区,隧洞在通过时,也较易发生涌突水、突泥,特别是通过大规模区域断裂带。

参 考 文 献

[1] 李术才,李树忱,张庆松,等.岩溶裂隙水与不良地质情况超前预报研究[J].岩石力学与工程学报, 2007,26(2):217-225.

[2] 周怀春,蔡星星.大五山隧洞13号施工支洞地下泥石流灾害处理[J].人民长江,2013,12:47-49.

[3] 张民庆,刘招伟.圆梁山隧道岩溶突水特征分析[J].岩土工程学报,2005,27(4):422-426.

[4] 余波.深埋隧洞中岩溶地基工程地质问题及地基处理[J].岩石力学与工程学报,2001,20(3):403-407.

[5] 汪亚莉,许模,韩晓磊,等.大理岩溶地区某引水隧洞涌突水预测研究[J].地下水,2015,37(3):9-11.

[6] 李术才,薛翊国,王树仁.高风险岩溶地区隧道施工地质灾害综合预报预警关键技术研究[J].岩石力学与工程学报,2008,27(7):1297-1307.

[7] 黄会,张恺翔.昆明呈贡黑、白龙潭地下水系统独立性研究[J].地下水,2017,39(4):51-56.

[8] 王宇.西南岩溶地区岩溶水系统分类、特征及勘查评价要点[J].中国岩溶,2002,21(2):114-119.

【作者简介】 孙文超(1988—),男,主要从事水利水电勘测设计方面的工作。E-mail:879759483@qq.com。

全风化花岗岩在土石坝中的应用

刘　苏　陈善友

（湖南省水利水电勘测设计研究总院，长沙　410007）

摘　要　全风化花岗岩常用做土石坝填料，因此其试验研究具有经济价值和工程价值。本文通过一系列室内试验，对用于莽山水库副坝的全风化花岗岩填料做了全面的测试和分析，结果发现填料的内摩擦角和其黏粒含量呈明显的反比关系。

关键词　全风化；花岗岩；土石坝；填料

1　引　言

花岗岩在我国，特别是南方省份分布广泛，如广东省总面积的 30%～40%，福建省总面积的约 40%，香港特别行政区总面积的 30% 以上，湖南、广西、江西等省总面积的 10%～20% 为花岗岩出露[1]。由于高温多雨等因素影响，南方地区表层花岗岩多呈强（全）风化状。全风化花岗岩常被用作土石坝的填筑材料，其工程性质对大坝稳定性有决定性影响。全风化花岗岩具有结构松散、黏聚力小、持水性差、难压实等工程特性[2]。

全风化花岗岩用作土石坝填筑材料的主要问题是难以压实。如果废弃开挖的全风化花岗岩而换填其他填料，则需新征取土场与弃土场，将会极大地增加工作量和工程费用，也与当前趋严的环保要求和趋紧张的用地状况相违背。现有的研究成果和工程经验表明，在一定条件下，全风化花岗岩可以用作土石坝填筑材料。

2　强度影响因素

抗剪强度指标 c 和 φ 反映了土体抗剪切破坏的极限能力。c 值是土颗粒间的胶结作用和分子间作用力等因素引起的，主要取决于矿物成分、颗粒成分、化学成分和水理性；而 φ 值是由颗粒之间的滑动摩擦以及镶嵌作用所产生的，其大小取决于颗粒级配、密实度、粗糙度、颗粒强度等因素[3]。

在三轴试验中，土体的破坏是由于强度最软弱面的逐步发展造成的[4]。在加载过程中，变形的产生是由于土体密度的变化或沿软弱面的滑移，土体的破坏就是由一种稳定状态转变为一种非稳定状态的过程。在此过程中，从密度变化的变形为主转化为以沿软弱面滑移的变形为主。因此，临界状态的强度指标实际上也就是软弱面的强度指标[5]。

3　工程概况

莽山水库工程地处珠江流域、北江二级支流——长乐水河流的上游，地址位于湖南省郴州市宜章县天塘乡菜子冲村钟家组至大板冲组之间的峡谷河段。该工程是长乐水流域防洪和水资源利用的控制性工程，也是珠江流域在湖南省境内的骨干工程。该工程以防洪、灌溉为主,兼顾供水、发电等综合效益的Ⅱ等大(二)型工程。永久性主要建筑物主坝为碾压混凝土重力坝,最大坝高101.3 m,坝顶长355 m;副坝最大坝高41.1 m,坝顶长124 m,为沥青混凝土心墙土石坝,上、下游坝体填筑采用花岗岩风化料。

4 试验结果

对沙坝料场土料6组、副坝坝基开挖土料2组及右坝料场2组共10组土样进行了室内的颗粒分析、比重、液塑限、击实试验,以及三轴压缩试验等物理力学性质试验,了解土料的颗粒组成、抗剪强度和应力—应变关系等,为设计提供依据。

(1)物理性质:对10组土料进行了比重试验、颗粒分析试验、对粒径<5 mm的颗粒进行界限含水率试验,结果如下:

①沙坝料场($1^{\#}$-$6^{\#}$)的比重在2.66~2.70;副坝坝基开挖料($7^{\#}$-$8^{\#}$)的比重为2.60~2.63,右坝($9^{\#}$-$10^{\#}$)的比重为2.64~2.65。沙坝和副坝的颗粒级配曲线如图1、图2所示。

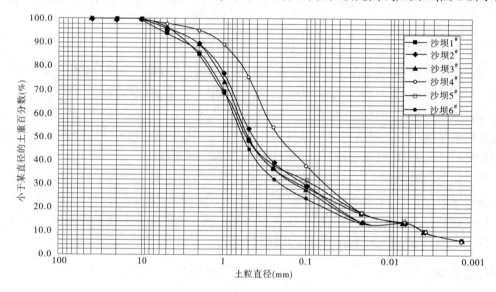

图1 沙坝($1^{\#}$~$6^{\#}$)颗粒级配曲线

②沙坝料场液限为24.9%~27.5%,塑限为12.8%~15.7%,塑限指数为11.8~13.0;副坝坝基开挖料场液限为20.3%~21.3%,塑限为11.3%~11.5%,塑性指数为8.8~10.0;右坝液限为23.7%~24.4%,塑限为12.1%~12.8%,塑性指数为11.6。根据塑性图分类,副坝坝基开挖料场2组土样为含细粒土砂;沙坝料场及右坝共8组土样均为黏土质砂。

③粒径<0.005 mm的黏粒含量,沙坝料场为12.0%~13.0%,副坝为7%,右坝为9%。级配曲线如图3所示。

(2)击实试验:对10组土样进行了重型击实试验,击实桶内径为152 mm,单位体积击实功能为2 684.9 kJ/ m³,每组分5层击实,每层56击。试验得出$1^{\#}$土样最大干密度为1.76 g/cm³,最优含水率为14.9%;$2^{\#}$土样最大干密度为1.78 g/cm³,最优含水率为13.1%;$3^{\#}$土样最大干密度为1.75 g/cm³,最优含水率为13.6%;$4^{\#}$土样最大干密度为1.79 g/cm³,最优含水率为12.8%;$5^{\#}$土样最大干密度为1.83 g/cm³,最优含水率为11.6%;$6^{\#}$土样最大干密度为1.76 g/cm³,最优含水率为13.1%;$7^{\#}$土样最大干密度为1.96 g/cm³,最优含水率为8.2%;$8^{\#}$

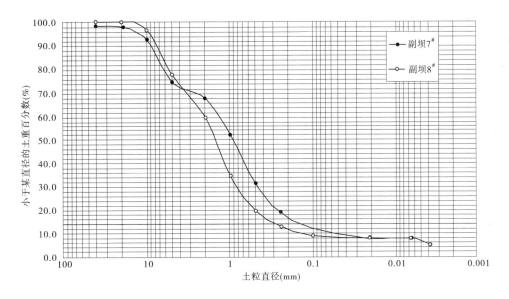

图2 副坝(7#~8#)颗粒级配曲线

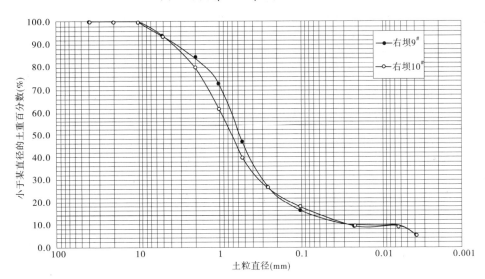

图3 右坝(9#~10#)颗粒级配曲线

土样最大干密度为 1.87 g/cm³,最优含水率为 10.6%;9# 土样最大干密度为 1.80 g/cm³,最优含水率为 12.6%;10# 土样最大干密度为 1.83 g/cm³,最优含水率为 12.4%。

(3)对 10 组土料进行三轴压缩试验,以压实度 98% 进行配料,采用直径 29 cm、高度 60 cm 的试样,1# 和 2# 试样固结排水剪(CD)围压为 0.2 MPa、0.4 MPa、0.8 MPa、1.0 MPa,其他试验围压为 0.2 MPa、0.4 MPa、0.6 MPa、0.8 MPa。每组土料在 CD、CU、UU 条件下各进行一组试验,结果见表1。

表1　副坝填筑料三轴试验结果

土样编号		沙坝料场						副坝坝基开挖料场		右岸料场	
		1#	2#	3#	4#	5#	6#	7#	8#	9#	10#
试验干密度(g/cm³)		1.72	1.74	1.72	1.75	1.79	1.72	1.92	1.83	1.76	1.79
压实度(%)		98	98	98	98	98	98	98	98	98	98
固结排水剪	$\varphi_d(°)$	34.1	33.4	32.3	33.5	33.7	33.1	35.7	34.1	33.4	33.7
	$C_d(kPa)$	5.4	29.6	11.1	21.7	48.7	15.7	30.8	140.6	24.2	21.4
固结不排水剪	$\varphi_{cu}(°)$	25.4	25.7	24.7	26.1	26.7	25.0	26.4	26.1	25.4	25.7
	$C_{cu}(kPa)$	25.3	35.6	36.3	27.0	53.4	34.0	55.8	120.7	69.6	60.7
	$\varphi'(°)$	30.4	30.7	29.6	31.1	31.8	30.0	32.2	31.1	32.0	31.9
	$C'(kPa)$	21.0	32.0	31.1	22.5	46.2	28.9	30.7	95.3	37.8	39.1
不固结不排水剪	$\varphi_u(°)$	21.4	22.6	20.4	22.8	23.2	22.0	25.4	24.3	23.8	24.0
	$C_u(kPa)$	13.6	13.3	23.2	37.4	22.6	20.2	31.6	161.4	35.9	65.9

图4给出了在CD工况下,内摩擦角和黏粒含量的关系。由图可知,内摩擦角和黏粒含量呈明显的反比关系:黏粒含量越高,内摩擦角越小。由此可以推断,黏粒含量越高,对土石坝的稳定性越不利。

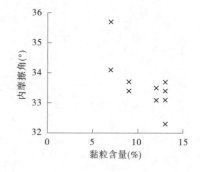

图4　CD工况下内摩擦角和黏粒含量关系

5　结　论

本文通过室内试验,验证了全风化花岗岩作为土石坝填料的可行性,并发现填料的内摩擦角和黏粒含量呈明显的反比关系。工程实际表明,该填料确实可以满足施工和短期稳定性要求,但蓄水后的长期稳定性,尚待进一步确认。

参 考 文 献

[1] 周援衡,王永和,卿启湘,等.全风化花岗岩改良土路基的长期稳定性试验研究[J].岩土力学,2011(4):596-602.

[2] 方聪,董城,郑祖恩.湖南省风化花岗岩残积土路基填筑技术研究[J].公路工程,2017(1):136-138.

[3] 杨英华.土力学[M].北京:地质出版社,1987.

[4] 蒋建平,章杨松,罗国煜.土体宏观结构面及其对土体破坏的影响[J].岩土力学,2002,23(4):482-485.

[5] 赵建军,王思敬,尚彦军,等.全风化花岗岩抗剪强度影响因素分析[J].岩土力学,2005,26(4):624-628.

【作者简介】　刘苏。E-mail:billsouls@163.com。

滇中某水源工程地下泵站绢云微晶片岩软弱夹层对主泵房大型洞室围岩稳定的影响分析

张海平　王家祥　周　云　陈长生　史存鹏　李银泉

(长江勘测规划设计研究有限责任公司,武汉　430010)

摘　要　在岩性组合复杂的大型洞室建设过程中,不良岩性组合对洞室围岩稳定影响较为突出。滇中某水源工程地下泵站主泵房属大型洞室,围岩总体以中硬至坚硬状的绢云石英片岩、石英片岩和透镜体状灰岩为主,夹绢云微晶片岩软弱夹层或透镜体。绢云微晶片岩岩性软弱,空间分布复杂,在分析阐明其分布特征、岩体质量与力学特性基础上,选取概化地质断面,采用FLAC³ᴰ计算软件,对绢云微晶片岩夹层在主泵房等洞室开挖后围岩变形特征与基本规律进行数值模拟。结果表明,绢云微晶片岩分布部位围岩变形显著并起控制性作用,综合其分布情况及可能发生的变形对主泵房等大型洞室围岩整体稳定性进行了综合评价,结论为主泵房洞室通过系统支护具备整体成洞条件,但局部洞段围岩稳定问题突出,需加强支护。分析成果为泵址方案论证与工程设计提供了地质依据。

关键词　大型洞室;绢云微晶片岩;软弱夹层;分布特征;岩体质量与力学特性;数值模拟;围岩稳定

1　引　言

围岩稳定性研究是地下工程勘察、设计、施工、运行中的主要问题之一[1],复杂地质条件下的大跨度、高边墙地下洞室围岩稳定问题是研究的重中之重。在大量工程实践和研究工作中,国内外学者已建立一套关于围岩稳定性评价较为完整的理论体系[2-3],目前,国内外对洞室围岩稳定的研究方法一般有地质分析法、工程类比法、岩体结构分析法、模型实验法和数值分析法等[4]。地质分析法是对现场工程地质的诸多因素进行鉴别、判断并做出评价,从宏观上把握工程是否存在重大地质缺陷,从地质角度分析工程可行性[5-6]。特定地质环境条件下,不同岩性组合及软弱夹层对大型洞室围岩稳定影响尤为突出,查明洞室部位不同类型岩性分布、组合及相关工程特性是围岩稳定性分析的关键[7]。随着各项技术的发展,数值分析方法在工程地质和岩土工程领域都得到了广泛应用[8],可以辅助地质分析法进行定量分析,该方法以地质原型为基础并加以简化,可概化模拟岩体复杂力学规律和变形特征,成为解决复杂介质、复杂边界条件下工程问题之重要且有效的工具[9-10]。

本文以滇中某水源工程地下泵站为依托,在查明泵站区工程地质及水文地质条件基础上,在分析阐明其分布特征、岩体质量与力学特性基础上,选取概化地质断面(8#进水流道:据勘察成果概化以硬质岩为主的断面;1#进水流道:概化发育有3层绢云微晶片岩的地质断

基金项目:国家重点研发计划项目(2016YFC0401801、2016YFC0401803)。

面),采用 FLAC^{3D}计算软件,对绢云微晶片岩夹层对主泵房等洞室开挖后围岩变形特征与基本规律进行数值模拟。结果表明,绢云微晶片岩分布部位围岩变形显著并起控制性作用,综合其分布情况对主泵房等大型洞室围岩整体稳定性进行了综合评价,结论为主泵房洞室通过系统支护具备整体成洞条件,但局部洞段围岩稳定问题突出,需加强支护。该分析成果为泵址方案论证与工程设计提供了地质依据。

2 概 述

2.1 工程概述

滇中某水源工程采用一级地下泵站提取金沙江水,取水建筑物主要由引水渠、进水隧洞、进水涵管及地下泵站等主要建筑物组成,地下泵站主泵房开挖尺寸 217 m×23.4 m×48 m(长×宽×高),泵站扬程达 219.16 m,规模为现今国内甚至亚洲之最。

2.2 地质概况

该水源工程大地构造单元位于松潘-甘孜褶皱系内,区域构造背景复杂(见图 1),地震基本烈度为Ⅷ度。地下泵站部位山体地面高程一般为 2 010~2 070 m,地形坡角为 30°~42°,主泵房、主变洞埋深一般为 190~230 m。泵站区基岩地层岩性主要为泥盆系中统穷错组(D$_2$q)绢云石英片岩、绢云微晶片岩及灰岩(见图 2),岩性组合复杂,绢云微晶片岩岩质软弱,多呈夹层状分布;区内未见规模较大断裂发育,局部发育小规模裂隙性断层,岩层产状一般为 93°~108°∠23°~68°,岩层走向与泵房长轴呈 52°~65°相交,主泵房、主变洞均布置于微新岩体中,地下水位位于洞身以上 118~138 m,泵房区最大水平主应力方向为 9°,与主泵房长轴线向呈 48°角相交,地应力水平为 4.7~7.0 MPa,总体属低地应力场。

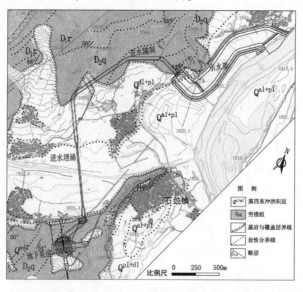

图 1 水源区工程地质平面简图

3 绢云微晶片岩分布及岩体质量特征

3.1 分布特征

地下泵站工程区总体位于金沙江混杂变质岩带内,工程所在部位岩性分布及组合复杂。

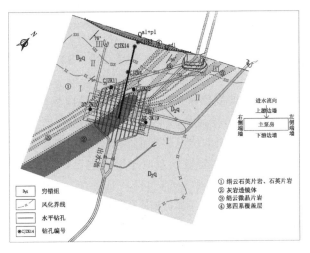

图2　主泵房顶拱高程部位地质平切图

综合地质测绘及勘探成果分析,结合区内岩层产状可看出,主泵房及主变洞中部以灰岩(呈透镜体状产出)、绢云石英片岩夹石英片岩等硬质岩分布为主(位于主泵房 4#~8# 机组安装部位、主变洞洞身下部 6#~9# 流道),绢云微晶片岩主要分布于主泵房 1#~3#、9#~12# 机组洞段及主变洞 1#~5#、10#~12# 流道所在洞身部位。主泵房顺进水流道中心线方向(8# 流道)及主泵房长轴向工程地质剖面图见图3、图4。

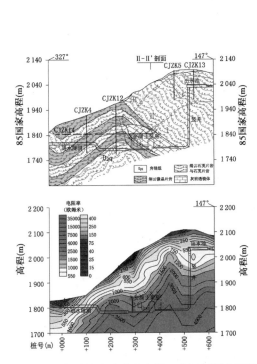

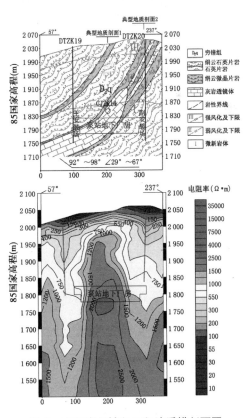

图3　主泵房顺输水流道中心线工程地质纵剖面图　　　图4　主泵房长轴向工程地质横剖面图

3.2　岩体质量特征

勘察成果表明,主泵房、主变洞洞身部位以微风化岩体为主,微风化绢云微晶片岩饱和单轴抗压强度一般为 5~10 MPa,岩芯 RQD 值一般为 23%~44%,岩体声波值一般为 3 200~4 000 m/s,岩体完整性系数 k_v 值为 0.32~0.53,岩体完整性差—较破碎。大地电磁物探测试表明(见图 3、图 4):主泵房、主变洞顶拱及洞室中部岩体视电阻率值相对较高(主要为灰岩透镜体及绢云石英片岩、石英片岩等硬质岩类),一般为 1 000~2 500 Ω·m,岩体质量总体较好;主泵房及主变洞上、下游端墙部位电阻率值相对较低(绢云微晶片岩软弱夹层夹层分布较多),为 750~1 000 Ω·m,岩体质量较差。泵站区绢云微晶片岩软弱岩层及其他主要岩性岩体质量特征见表 1。

表 1　泵站区绢云微晶片岩软弱岩层及其他主要岩性岩体质量特征

岩性	风化状态	饱和单轴抗压强度(MPa)	软化系数	岩芯 RQD 值	岩体声波值(m/s)	岩体视电阻率值(Ω·m)
绢云微晶片岩	微风化	5~10	0.59	23%~44%	3 200~4 000	750~1 000
绢云石英片岩	微风化	35~55	0.62	55%~66%	5 200~5 500	1 500~2 000
石英片岩	微风化	70~90	0.79	75%~85%	5 600~5 800	2 000~2 500
灰岩	微风化	70~90	0.75	70%~80%	5 400~5 600	2 000~2 500

4　绢云微晶片岩对主泵房洞室围岩稳定影响数值分析

4.1　典型地质剖面选取及计算模型

为了定量分析绢云微晶片岩软弱岩层对主洞室围岩稳定的影响,根据泵房部位特定地质条件以及前述绢云微晶片岩分布特征,本次研究选取了顺水流中心线方向(8#进水流道)、泵房右侧端墙(1#进水流道)等两条具有典型代表性的地质剖面合理概化数值模型(见图 5、图 6),采用有限差分软件 FLAC³ᴰ 计算分析灰岩透镜体及片岩软弱夹层对主泵房、主变洞的洞室围岩稳定影响。

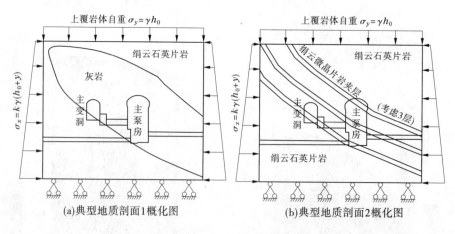

(a)典型地质剖面 1 概化图　　　　(b)典型地质剖面 2 概化图

图 5　典型地质剖面模型概化图

典型地质剖面 1:顺进水流道中心线(8#流道中心线),该剖面垂直泵房长轴方向,根据勘察成果,该剖面岩性概化为以绢云石英片岩、灰岩透镜体等硬质岩分布为主,绢云微晶片

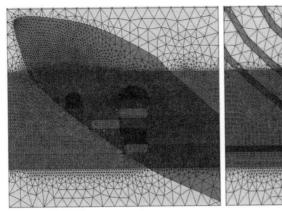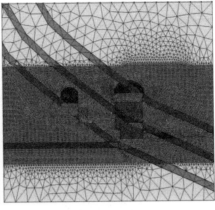

图6　典型地质剖面数值计算模型

岩在该地质剖面未出露。

典型地质剖面2：顺1#进水流道，剖面线垂直泵房长轴方向，该剖面岩性主要为绢云石英片岩、绢云微晶片岩，根据绢云微晶片岩的产状及其在顶拱、边墙及拱脚区域的出露位置，对其分布特征进行了适当概化（主要概化有3层）。

模型尺寸为150 m×180 m，顶部采用上覆岩体自重作为应力边界条件，底部采用铰约束，两侧采用法向应力约束，并根据钻孔实测地应力资料取侧压系数$k=1.4$。岩体力学参数取值见表2，采用摩尔—库伦岩体本构模型进行计算。

表2　岩体主要物理力学参数建议值

岩性	风化分带	天然块体密度（g/m³）	饱和抗压强度（MPa）	岩体抗剪断强度		变形模量（GPa）	泊松比μ
				f'	c'（MPa）		
绢云石英片岩	微	2.72	40~70	0.8~1.0	0.7~1.0	8~12	0.27
绢云微晶片岩	微	2.65	5~10	0.3~0.4	0.1~0.2	0.5~1	0.32
灰岩	微	2.76	70~90	1.1~1.3	1.2~1.4	15~25	0.25

无支护开挖条件下典型地质剖面洞室围岩变形规律如图7所示。

4.2　计算结果分析

典型地质剖面1位移云图（见图7（a））表明：主泵房拱顶最大变形量为1.8 cm，拱底最大变形量为1.6 cm，上游边墙最大变形值为2.6 cm，下游边墙最大变形量为1.4 cm，位于边墙中部，上游边墙变形量总体大于下游边墙，主要与上游边墙总体呈顺向结构对边墙围岩稳定总体不利有关。主变洞拱顶最大变形量1.4 cm，拱底最大变形量为1.0 cm，两侧边墙最大变形均为1.2 cm，位于拱肩。

典型地质剖面2位移云图（见图7（b））表明：主泵房顶拱的最大变形量为9.0 cm，底拱的最大变形量为4.0 cm，两侧边墙的最大变形量均为15.0 cm，位于绢云微晶片岩夹层分布位置。主变洞顶拱最大变形量9.0 cm，底拱最大变形量为2.0 cm，上、下游侧边墙最大变形量分别为7.0 cm和11.0 cm，亦分布于绢云微晶片岩夹层出露位置。绢云微晶片岩夹层的存在，导致洞室围岩局部变形量较大。

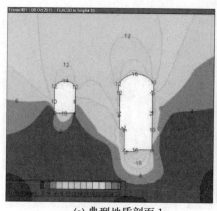 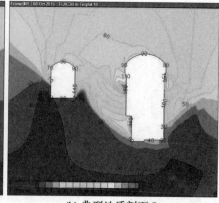

(a) 典型地质剖面1　　　　　　　　　　　　(b) 典型地质剖面2

图7　无支护开挖条件下围岩变形分布特征　（单位：mm）

　　由上述计算结果可知,绢云微晶片岩夹层对主洞室开挖后围岩变形影响显著,顶拱与边墙部位变形量值均较大,在顶拱与边墙交界部位变形量达到极值。

5　主洞室围岩稳定性综合评价

　　结合前述泵房区绢云微晶片岩分布特征、岩体质量特征及其对主泵房洞室围岩稳定影响数值计算分析成果,同时综合考虑泵站区岩性组合、岩层走向、地下水埋藏及富水性特征、天然地应力水平、岩体电阻率空间分布特征等,主泵房、主变洞中部(主泵房4#~8#机组安装部位、主变洞洞身下部6#~9#流道)围岩以微风化灰岩透镜体、绢云石英片岩及石英片岩等硬质岩为主,围岩总体为Ⅲ类,少量Ⅱ类,围岩整体稳定条件较好,主要存在沿裂隙、溶隙(缝)及开挖临空面组合切割有形成不稳定块体可能,局部可能产生塌方、掉块或变形破坏;主泵房1#~3#、9#~12#机组洞段及主变洞1#~5#、10#~12#流道所在洞身部位围岩主要为微风化绢云石英片岩、石英片岩夹绢云微晶片岩,绢云微晶片岩多呈夹层状分布,岩质软弱,岩体质量总体较差,部分夹层延伸至顶拱或上、下游侧边墙,尤其是在缓倾角裂隙发育地段,软弱夹层对顶拱变形或受力不利,考虑地下水等因素综合影响,上述部位围岩主要为Ⅲ类为主,夹Ⅳ、Ⅴ类,绢云微晶片岩发育部位围岩局部稳定性差,施工过程中需采取固结灌浆、置换绢云微晶片岩软弱夹层等措施提高围岩整体稳定性。

6　结论及建议

　　本文在查明泵站区工程地质及水文地质条件基础上,对泵站区主泵房、主变洞等洞室主体部位发育的绢云微晶片岩等软弱岩层分布及岩体质量特征进行了分析,结合本工程特定工程地质及水文地质条件,选取了顺水流中心线方向(8#进水流道)、泵房右侧端墙(1#进水流道)两条典型代表性地质剖面进行数值计算,得出绢云微晶片岩在主泵房、主变洞等主要洞室开挖后围岩变形量较大,且对主泵房边墙、顶拱的围岩局部稳定存在较大不利影响等结论,从宏观上对主泵房、主变洞等大型洞室围岩整体稳定性以及绢云微晶片岩等软弱岩层发育部位的围岩局部稳定性进行了综合评价,结合考虑主洞室部位地质条件及受力特点,建议施工过程中需采取以下系统支护措施:

　　(1)采用喷锚支护和预应力锚索相结合的系统支护方案加固主泵房顶拱及高边墙,系统锚杆及锚索应穿过绢云微晶片岩发育部位锚固于岩性相对较好的绢云石英片岩岩体中。

（2）采用混凝土置换法合理置换开挖临空面附近一定范围内的绢云微晶片岩软弱夹层,充分发挥围岩整体自稳能力。

参 考 文 献

[1] 乔国文.大跨度、深埋地下洞室群围岩稳定性工程地质研究——以锦屏二级水电站洞室群为例[D].成都:成都理工大学,2005.

[2] 巨能攀.大跨度高边墙地下洞室群围岩稳定性及支护方案的系统工程地质研究——以糯扎渡水电站为例[D].成都:成都理工大学,2005.

[3] 罗应贵,胡辉.水利水电施工中洞室开挖施工安全技术探讨[J].水利技术监督,2017(3):48-50.

[4] 林媛媛,杨兴国,周家文,等.超大洞室群施工期围岩稳定性数值反馈分析及支护作用研究[J].四川水利发电,2009,28(4):40-44.

[5] 李华晔.地下洞室围岩稳定性分析[M].北京:中国水利水电出版社,1999.

[6] 于立宏.天花板水电站3#施工支洞围岩变形分析[J].水利规划与设计,2010(6):80-81.

[7] 李欣.龙滩水电站地下厂房洞室群围岩稳定性研究[D].贵州:贵州大学,2007.

[8] 肖大鹏.全断面掘进施工隧洞围岩失稳风险识别与对策研究[J].水利规划与设计,2016(2):89-91.

[9] 周家文,徐卫亚,童富果,等.糯扎渡水电站1#导流隧洞三维非线性有限元开挖模拟分析[J].岩土力学,2008,29(12):3393-3400.

[10] 杨晓莹.输水隧洞的支护结构及围岩稳定性分析[J].水利规划与设计,2015(6):65-67.

【作者简介】 张海平(1984—),男,工程师,主要从事水利水电等大中型水利水电枢纽、大中型引调水工程,以及岩土等工程勘察。E-mail:390652434@qq.com。

引江济淮调蓄水库地质问题及其处理措施

周子东　张利滨

（河南省水利勘测有限公司，郑州　450008）

摘　要　引江济淮工程是一项沟通长江、淮河两大流域的重大战略性水资源配置工程，对发展江淮航运，改善巢湖及淮河水生态环境具有重要意义。本文通过对调蓄水库工程地质条件的分析，指出了存在的主要水文、工程地质和环境地质问题，针对以上问题提出了处理方案。

关键词　引江济淮；调蓄水库；地质问题；处理方案

1　工程概况

引江济淮工程沟通了长江、淮河两大流域，是一项跨流域的重大战略性水资源配置工程，工程建设的主要任务是以城乡生活、工业供水和农业灌溉补水为主，发展江淮航运，改善巢湖及淮河水生态环境。按工程所在位置和主要功能，自南向北可划分为引江济巢、江淮沟通、江水北送三个密切相关而又相对独立的工程段落。其中，江水北送承担向淮河以北地区输水和配水任务，河南省段属于江水北送的一部分。

引江济淮工程（河南段）涉及河南省商丘市、周口市的 7 县 2 区，主要利用清水河通过 3 级提水泵站逆流而上向河南境内输水，经鹿辛运河自流至调蓄池，然后通过加压泵站、压力管道、明渠及管网输送至各受水区。

由于豫东地区地势平缓，村庄稠密，没有较大面积的天然洼地，无法布置一个能完全满足所有用水目标的调蓄水库，故调蓄工程采用分散布置的方式，邻近输水线路、结合地方区域规划、兼顾各个供水目标，在鹿邑县试量、后陈楼及柘城县七里桥布置 3 个调蓄水库，以解决在输水线路检修或紧急情况下，满足供水目标 3 天的用水要求。

2　地质概况

2.1　地形地貌

工程区属黄淮冲积平原，地势较平坦、开阔。场区地面高程一般为 41.00 ~ 46.00 m。场区分布少量排水沟、坑（塘）、小陡坎等微地貌。场区均有乡间道路、村村公路与省道或国道相通，交通较便利，场地条件较好。

2.2　地层岩性

场区地层结构为黏砂多层结构，勘察深度内揭露地层为第四系全新统及上更新统冲积地层，岩性主要为重粉质壤土、粉细砂、砂壤土等，呈互层状分布。典型地质剖面见图 1。

2.3　水文地质条件

场区地下水类型为第四系松散层孔隙潜水，主要赋存于砂壤土层中，下部粉、细砂层中地下水具承压性，地下水埋深一般为 3.5 ~ 4.9 m。场区重粉质壤土渗透系数为 $2.00 \times$

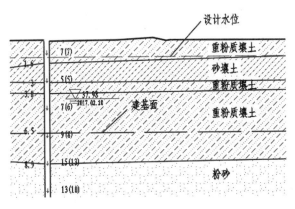

图 1

$10^{-5} \sim 6.00 \times 10^{-5}$ cm/s,具弱透水性,为相对不透水层;砂壤土、粉细砂层渗透系数为 $5.50 \times 10^{-4} \sim 3.50 \times 10^{-3}$ cm/s,具中等透水性。地下水具动态变化特征,年变幅一般为 $1 \sim 3$ m。

3 水文、工程地质问题

3.1 渗漏问题

各调蓄水库均存在不同情况的渗漏问题,见表 1。

表 1 各调蓄水库的渗漏情况

名称	开挖深度（m）	地下水位（m）	地层结构	渗漏情况
试量调蓄水库	7.0	3.4~4.8 m	库底局部位于粉砂（或砂壤土）中;库周部分地段为砂壤土和粉砂	存在库底及库周渗漏问题
后陈楼调蓄水库	4.4	1.7~3.9 m	库底位于重粉质壤土中;库周部分地段为砂壤土	存在库周渗漏问题
七里桥调蓄水库	6.0	3.6~5.2 m	库底位于重粉质壤土中;库周部分地段为砂壤土	存在库周渗漏问题

3.2 边坡稳定问题

调蓄水库开挖深度为 4.4~7.0 m,岸坡由重粉质壤土、砂壤土和粉砂构成。砂壤土、粉砂结构疏松,抗冲刷能力和稳定性差,重粉质壤土可塑状,强度较低,稳定性较差。由于岸坡土层稳定性较差,在库水升降和冲刷作用下易造成边坡坍塌,存在边坡稳定问题。建议蓄水池边坡坡比采用土层 1:2.00~1:2.50、粉砂层 1:3.00~1:3.50。必要时可采用分级开挖,中间留设马道。施工时禁止在基坑周围施加堆载,并加强监测,必要时采取支护措施,确保施工安全。

3.3 施工降排水问题

各调蓄水库均存在不同情况的施工降排水问题,详见表 2。

表 2　各调蓄水库的施工降排水问题

名称	开挖深度（m）	水位埋深情况	施工降排水问题
试量调蓄水库	7.0	3.4~4.8 m,高于建基面 2.3~3.8 m	粉砂具中等透水性,具承压性,承压水水头 3.0 m 左右,存在基坑开挖承压水顶托破坏及降排水问题
后陈楼调蓄水库	4.4	1.7~3.9 m,高于建基面 0.5~2.0 m	存在基坑开挖降排水问题
七里桥调蓄水库	6.0	3.6~5.2 m,高于建基面 1.0~2.4 m	存在基坑开挖降排水问题

4　环境地质问题

4.1　地形地貌的改变

场区地处黄淮冲积平原,地势平坦开阔,工程建设后形成水库。修建调蓄水库需要移动大量的土方,而场区周边多为耕地、河流及村庄,水库开挖及堆放废土势必会改变库区一定范围内的地形地貌。

4.2　水文地质条件的改变

水库蓄水后,库区沿岸一定范围内的地下水位将产生一定的抬升,库岸地段内的地下水运动产生变化,从而引起与地下水运动有关的一系列环境地质问题,如地下水补排条件的改变。工程运行后会阻断上部含水层的径流,引起局部地段地下水的绕排、抬升。库水会对场区地下水予以不同程度的补充。

4.3　水库边岸再造

水库蓄水后库区水文条件急剧变化,在库岸与库水相互作用过程中因库岸失稳坍落而引起的岸坡形态的改变称为水库岸边再造。水库建成蓄水后,抬升的水位浸没自然条件下的水上斜坡,使斜坡岩土体因饱水而强度降低;库水涨落引起地下水位波动变化还对斜坡岩土体产生动水压力;水库水体波浪拍打库岸增强了波浪的冲刷作用。原来处于平衡状态的岸坡为适应新的环境,不断产生坡形的再造,形成新的稳定性岸坡。

4.4　水库浸没

各库区地层为黏砂多层结构,砂壤土具中等透水性。水库设计水位一般低于四周地面 0.5~1.0 m,库水位高于地下水位。水库蓄水后,库岸岩土体被水浸泡而逐渐饱和,地下水位随之上升而形成壅水。若岸坡相对平缓、地下水位接近甚至高出地面,导致库岸岩土体强度降低、大片土地变成沼泽或严重盐渍化的过程和现象,称为水库浸没。水库浸没对邻近库岸地带的工农业生产和居民生活危害巨大,平坦、肥沃的良田因地下水位上升而沼泽化或盐渍化;地基承载力降低,建筑物遭受破坏。

5　处理方案

5.1　防渗、截渗设计

防渗工程是调蓄工程的关键环节,通过对水平防渗和垂直方案的选择,结合工程特点,形成三个方案,水平防渗:①壤土铺盖防渗,②膨润土防水毯防渗;垂直防渗:防渗墙防渗。三种方案均为目前水利工程中比较成熟的施工方案,施工工艺较完善,技术可靠。

各防渗方案优缺点对比情况见表3。

表3　防渗方案优缺点对比情况

防渗方案	优点	缺点
壤土铺盖防渗	料源充足,可利用开挖弃土	需壤土存放场地;多挖深1.5 m;施工排水任务量大;工序繁多;投资较大
膨润土防水毯防渗	密实性、持久性、柔软性、自我修复性、绿色环保性	需要土料压重;多挖深1.5 m;施工排水任务量大;工序繁多;工期较长;投资较大

通过对比分析,试量调蓄水库库底及周边均存在渗漏问题,下部重粉质壤土分布相对稳定,可作为垂直防渗处理隔水层。建议采取高压摆喷防渗墙防渗,沿防护堤轴线进行布置,顶部高程比原地面低0.5 m,底部进入相对不透水层重粉质壤土内不小于1 m,钻孔间距初步按1.5 m,防渗墙最小厚度0.3 m,墙体渗透系数不小于1×10^{-6} cm/s,合理的孔距、摆角及浆液水灰比等根据现场实验确定。

后陈楼、七里桥调蓄水库库底主要位于重粉质壤土中,重粉质壤土具弱透水性,库底以下层厚较厚,且分布稳定,为相对不透水层,能起到隔水作用,故库底不存在渗漏问题。库周地层岩性存在砂壤土,砂壤土具中等透水性,为透水层,故库周存在渗漏问题。建议对库周砂壤土层进行换填处理,虽然壤土换填需要将可利用的壤土专门存放,工序较多,但投资较低,优势较大,只需合理安排好施工工序即可,故选择壤土置换对岸坡渗漏夹层进行防渗处理。在库周遇到砂壤土时,将砂壤土挖除厚度不小于2 m,然后换填为重粉质壤土。考虑到工程建成后,调蓄水库表层区域的渗透系数较小,工程运行期间应尽量减小水位突降速度,并注意观察边坡变形情况。

水库蓄水后,存在浸没问题,为消除浸没对库周农田、村庄的影响,在库周防护堤坡脚排水沟外侧设截渗暗沟,深2 m,沟底宽0.6 m,两侧开挖边坡坡比1:1,暗沟内设两条φ150软式透水管,周围回填中粗砂(相对密度不小于0.65),厚1 m,中粗砂周围铺设250 g/m²土工布,其上回填砂壤土或壤土(压实度不小于0.95)。截渗暗沟将库内渗水引至周边河、沟内排走。

5.2　边坡控制与防护

正常蓄水位以下,结合稳定计算和调蓄水库的开挖深度,坡比控制为不陡于1:3.5。正常蓄水位以上,按照1:3.5坡比开挖至地面,沿调蓄水库周边设置防护堤,堤防两侧边坡为1:1.5。临时开挖边坡:结合该地区的土层结构和工程经验,岸坡开挖施工过程中的临时边坡控制为不陡于1:2。

对干砌块石、现浇混凝土板、预制混凝土六边形块3种护坡方案进行了计算比较。

干砌块石护坡:干砌块石护坡虽然是大堤比较常见的一种护坡型式,由人工铺砌块石于碎石或砾石垫层上,块石应力求紧密嵌紧且不能叠砌。但是由于块石体积较大,标准较高,成材率低,市场实际采购价格较高,且开辟石料场破坏环境。目前,干砌石人工费用市场价增长很快,砌筑水平下降,实际操作时投资难以控制,质量难以保证,施工有一定难度。

现浇混凝土板护坡:坡面糙率降低,需要增加堤顶防浪墙高度,施工工期长,不适于冬季施工,对堤身变形适应能力差,混凝土面板上排水孔容易淤堵,不利于库岸水位突降,同时维修困难。

预制混凝土块:虽然施工工期短,可以不受季节影响,容易养护,维修加固方便,透水性较好,但是护坡厚度大,预制的难度比较大,投资也相对较大。但施工简单,维护管理方便,整体稳固性好;而且砌块的尺寸比较规则,采用了工厂化、标准化生产,大大缩短了工期;铺设出来的上游护坡结构整体美观、环保。

通过比选及计算,调蓄水库岸坡防护材料选用0.18 m厚的预制六边形C25混凝土砌块。

为满足调蓄水库的除涝要求,防止地面雨水、附近居民生活污水及农业面源污染源入库,在调蓄水库周边设置小型防护堤,结合工程管理的巡视道路进行布置,堤顶高程高出地面平均高程约1.4 m,并沿防护堤外侧坡脚设置C25预制混凝土矩形排水沟。

5.3　弃土再利用

调蓄水库开挖产生的大量弃土,堆在库周营造景观会占用大量耕地,建议对弃土利用方案进行优化,亦结合附近工程建设对弃土再利用,尽量减少对耕地的侵占。如在建的禹亳铁路距试量、后陈楼调蓄水库10 km左右;规划的南济铁路距七里桥调蓄水库1 km左右,铁路所需填筑土料均可利用水库开挖弃土。

参 考 文 献

[1] 张志敏,孙刚,周子东.引江济淮工程(河南段)初步设计阶段工程地质勘察报告[R].郑州:河南省水利勘测有限公司,2017:99-138.
[2] 潘懋,李铁锋.环境地质学[M].北京:高等教育出版社,2003:125-131.
[3] 水利水电工程地质勘查规范:GB 50487—2008[S].北京:中国计划出版社,2009:40-46,101-102.
[4] 常士骠,张苏民.工程地质手册[M].4版.北京:中国建筑工业出版社,2008.
[5] 王婕,管爱民.复合土工膜在南洼水库除险加固坝基防渗处理中的应用[J].水利规划与设计,2012(1):57-59.
[6] 陶晓东,严志程,崔勇.滨海平原水库的主要水环境问题及对策分析[J].水利规划与设计,2012(4):17-18,53.
[7] 赵青.地质勘查中水文地质问题分析及灾害防治[J].水利规划与设计,2018(7):57-59.
[8] 李健民.下岸水库工程发电引水系统的主要工程地质问题[J].水利技术监督,2013(3):40-42.
[9] 韦卓信.澄碧河水库加固工程的设计创新[J].水利技术监督,2000(3):19-22.
[10] 牛永田.南城子水库防渗处理方案优化设计[J].水利技术监督,2004(2):58-59.

【作者简介】 周子东,男,工程师。E-mail:10748145@qq.com。

缓倾角断层对某特高拱坝坝肩稳定影响研究

訾 娟 朱 涛 孙亮科 高 诚

(中水北方勘测设计研究有限责任公司,天津 300222)

摘 要 某特高拱坝左岸缓倾角断层 F2 贯穿坝肩,断层倾向河谷,参数较低,对坝肩稳定不利。本文分析了 F2 断层对坝肩稳定的影响,采用刚体极限平衡法、有限元法计算坝肩稳定,根据计算反馈采取坝肩混凝土网格洞塞置换、表面刻槽置换等工程加固措施,并通过物理模型试验验证拱坝整体稳定性。结果表明,加固措施合理有效,加固后坝肩稳定性显著提高,满足工程安全要求。

关键词 缓倾角断层;坝肩稳定;加固

1 工程概况

某水利枢纽工程位于我国高纬度严寒地区,挡水建筑物为混凝土双曲拱坝,最大坝高240.0 m,水库总库容 17.5 亿 m^3,为大(一)型 I 等工程。

坝址区两岸山体为侵蚀构造地貌,河谷切割深度 300～800 m,河谷岸坡陡峻,呈"V"形,岸坡坡度一般为 35°～50°。

两岸岩体主要为黑云母石英片岩,无区域性断裂通过,断层以陡倾为主,且产状相似,总体展布方向以 NE5°～30°为主,主要倾 SE,倾角 50°～80°。左坝肩发育一条缓倾角断层 F2,为左坝肩稳定控制性断层(见图 1、图 2)。

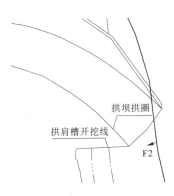

图 1 F2 断层平面位置图

图 2 平硐揭露的 F2 断层

缓倾角断层 F2 属于 III 级结构面,其走向 NE25°～50°NW∠20°～40°(拟合产状 NE35°倾 NW∠25°),分布于坝中低高程,延伸长度 300～400 m,可以形成坝肩滑块的底滑面。断层破碎带宽度由 0.2～1.0 m,为泥夹岩屑型和岩块夹岩屑型,影响带宽度多在 1.0 m 左右,影响带内岩体结构面较为发育,多呈碎裂结构。

坝肩主要发育三组陡倾节理,多属 IV～V 级优势结构面,其走向分别为 NE10°～30°、

NE50°~70°和 NW290°~330°,节理面多平直光滑,延伸长一般小于 30 m。

2　缓倾角断层 F2 组成的滑块分析

　　经分析,F2 断层与优势结构面②、③组成的滑块 1 为坝肩稳定计算控制滑块。F2 断层为底滑面,优势侧滑面②为侧滑面 1(拉裂面)、优势侧滑面③为侧滑面 2,河谷面为临空面,其滑动破坏模式属于典型的两陡一缓。滑动破坏模式为双面滑动,沿 F2 断层与优势侧滑面③交线滑向河床。

　　优势结构面②、③均为不确定性结构面,经试算,滑块底部出露于河床时,滑块体积越大,安全系数越小;随着滑块向河床下部延伸,安全系数逐渐增大。故滑块以优势结构面③经过 F2 在河床出露点为控制位置,优势结构面②经过优势结构面③与建基面下游侧交点为控制位置。滑块 1 分布高程、各结构面产状及抗剪断参数见表 1 和图 3。

表 1　滑块抗剪断计算参数

结构面	位置	滑动面	产状	结构面抗剪断强度	
				f'	c'(MPa)
F2	990~780 m（左岸）	底滑面	NE35°/NW∠25°	0.225	0.03
优势结构面②		侧滑面 1	NE73°/NW∠70°	1.03	1.07
优势结构面③		侧滑面 2	NW315°/NE∠80°	0.91	0.92

3　滑块稳定数值计算及加固处理

　　根据《混凝土拱坝设计规范》(SL 282—2003)规定,拱坝坝肩抗滑稳定的数值计算以刚体极限平衡法为主。1、2 级拱坝或地质条件复杂的拱坝还应辅以有限元法。

　　本工程水库为引水工程调节水库,低水位为常遇工况,故除计算正常水位和校核水位工况外,还需计算低水位工况。

3.1　刚体极限平衡法

　　本次计算采用规范规定剪摩公式:

$$K = \frac{\sum (Nf_1 + c_1A)}{\sum T}$$

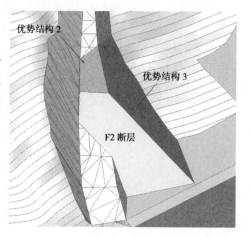

图 3　滑块 1 三维示意图

式中:N 为垂直于滑裂面的作用力;A 为计算滑裂面的面积;c_1 为抗剪断凝聚力;f_1 为抗剪断摩擦系数;T 为沿滑裂面作用力。

3.1.1　滑块加固处理和稳定计算

　　F2 加固处理方式为混凝土表面置换 + 抗剪洞置换。

　　置换加固方式为:表面置换深度取 5 m,回填混凝土塞;水平抗剪洞沿 F2 走向均匀布设、方向间距 30 m,纵横均 4 条,断面为城门洞型,尺寸 10.0 m×6.5 m 和 10.0 m×5.5 m

（宽×高），置换率为32%。另外，增加断层附近的排水孔，加强排水处理。加固示意图见图4，加固前后安全系数见表2。

由表2可知，加固后滑块1抗滑稳定安全系数安全系数满足规范要求，作为200 m级高拱坝，仍需采用其他方法对坝肩稳定进一步进行分析。

3.1.2 滑块敏感性分析

由表3可知，在无拱推力时，为边坡稳定问题，加固前安全系数为2.20，满足自稳要求；加固后抗滑稳定安全系数为3.58，满足边坡抗滑稳定要求；在施加拱端推力后，滑块安全系数明

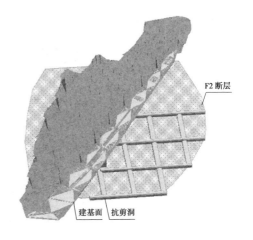

图4 断层F2处理三维示意图

显变大，加固后抗滑稳定安全系数为4.31，说明拱端推力为有利荷载；自重＋拱推力＋渗透压力较自重＋拱推力工况下安全系数低，说明渗透压力为不利荷载。

表2 加固前后滑块1不同工况下稳定安全系数计算结果

安全系数	正常水位＋温升	正常水位＋温降	低水位＋温升	低水位＋温降	校核水位＋温升	低水位＋温升＋地震	低水位＋温升＋地震
加固前	2.50	2.43	2.36	2.12	2.51	1.22	1.22
加固后	3.63	3.53	3.59	3.51	3.64	1.92	2.10

表3 加固后不同拱推力工况下滑块1稳定安全系数计算结果

工况	仅自重	自重＋拱推力	自重＋拱推力＋渗透压力
加固前安全系数	2.20	3.12	2.43
加固后安全系数	3.58	4.31	3.53

3.2 有限元法

3.2.1 计算方法及模型

本文采用多重网格法和矢量和法求解滑块稳定安全系数。多重网格法可将有限元的应力成果转移到任一滑面（平面或曲面）上，进而分析滑面的稳定状态，包括滑面的应力、屈服区及剪应力的分布及变化过程。同时，基于矢量和方法，可求出滑块的安全系数，从而可对块体变形直至失稳的全过程进行全面探讨。

上游模拟范围大于1.5倍坝高，下游模拟范围大于等于3倍坝高；左右两岸模拟范围大于2倍坝高；坝基模拟深度大于1.5倍坝高，坝顶高程以上模拟1倍坝高。模拟了包括F2在内的坝址区主要断层。有限元计算网格模型详见图5。

3.2.2 计算边界条件

计算考虑的荷载包括自重场地应力、坝体自重、水载、泥沙荷载、温度荷载和渗流荷载。采用超水容重法进行超载计算。岩体参数见表4。对比刚体极限平衡成果，此处只列滑块稳定最不利工况：正常水位＋温降工况。

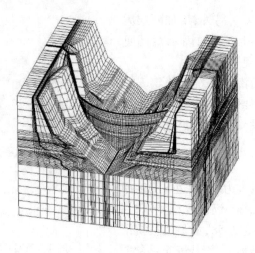

图 5　有限元整体计算网格模型

表 4　坝基岩体计算采用力学参数

岩体分级		密度 (g/cm³)	泊松比 μ	变形模量 E_0(GPa)	岩体抗剪断强度		混凝土/岩抗剪断强度	
					f'	c'(MPa)	f'	c'(MPa)
Ⅱ		2.75	0.24	13.5	1.3	1.45	1.3	1.45
Ⅲ	Ⅲ₁	2.70	0.26	10.5	1.1	1.20	1.1	1.20
	Ⅲ₂	2.64	0.285	6	0.9	0.95	0.9	0.95
Ⅳ		2.75	0.325	2.5	0.6	0.7	0.6	0.7
Ⅴ		2.1	0.45	0.30				
挤压破碎带	泥屑	V			0.20~0.25	0.01~0.05		
	岩屑夹泥				0.35~0.40	0.05~0.08		
硬性节理面					0.60~0.65	0.10~0.20		

3.2.3　滑块 1 稳定计算成果

经有限元计算,加固后滑块(见图 6)安全系数大幅提升,加固措施效果明显,正常水载工况下滑块安全系数满足规范要求。加固前后,滑块各工况下各面及整体安全系数见表 5 和表 6。

加固后,仅自重工况下,滑块安全系数 3.29,正常水载工况下安全系数 3.79,水载为有利荷载,随着超载的进行,滑块安全系数逐渐减小,水载变为不利荷载,但是影响幅度不大。

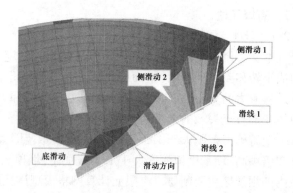

图 6　滑块 1 示意图

表5　加固前滑块1不同水载工况下安全系数

项目	仅自重工况	正常工况	1.5倍水载	2.0倍水载	2.5倍水载	3.0倍水载	3.5倍水载
侧滑面1面安全度	2.75	3.75	3.55	3.34	3.13	2.96	2.81
侧滑面2面安全度	4.82	7.82	8.77	9.43	9.78	9.82	9.54
底滑面面安全度	0.20	0.27	0.28	0.29	0.30	0.30	0.29
滑块安全度	2.59	2.98	2.96	2.87	2.76	2.67	2.62

表6　加固后滑块1不同水载工况下安全系数

项目	仅自重工况	正常工况	1.5倍水载	2.0倍水载	2.5倍水载	3.0倍水载	3.5倍水载
侧滑面1面安全度	3.03	4.12	3.9	3.67	3.44	3.26	3.09
侧滑面2面安全度	6.03	9.78	10.96	11.79	12.22	12.28	11.92
底滑面面安全度	0.26	0.34	0.36	0.38	0.38	0.38	0.38
滑块安全度	3.29	3.79	3.73	3.59	3.43	3.3	3.23

4　物理力学模型试验

根据《混凝土拱坝设计规范》(SL 282—2003)的规定，1、2级拱坝或地质条件复杂的拱坝必要时应辅以地质力学模型试验。

4.1　模型试验设计

本次模型在特定的钢筋混凝土试验台中进行，模型几何比尺为1∶250，选取合理的计算建模区域。

本次试验模型采用5 cm×5 cm×8 cm的小块体砌置而成。用不同配比的胶水来模拟岩体的f和c，采用脱水石膏和加纸方式来模拟断层裂隙材料，其中脱水石膏用来模拟变形性能，纸用来模拟强度特性，具体根据夹泥厚度不同选用。

为了研究坝体的受力状态及各种地质构造对坝体应力稳定的影响，在坝面、坝肩岩体内部埋设大量内部位移计。针对F2断层，在下游基础内布置内部3#位移计，位移计位置见图7。

4.2　模型试验工作基理

本次试验采用超载法研究拱坝、拱座和抗力体岩体的各个变形阶段及破坏过程，分析大坝及基础各个变形阶段及破坏过程、坝体及基础的裂缝出现和发展状况及规律，研究各阶段超载安全度，分析拱坝的薄弱环节和失稳模式，进而分析加固措施的有效性和针对性。

本次模拟试验仅模拟水荷载，试验超载系用超比重法加载，并采用了逐级增量加压。

4.3　F2变形稳定分析

经坝体应变和位移观测，F2断层加固处理后，其附近坝体(810～820 m高程)破坏未出现异常，坝体应力、变形满足规范要求，F2未对坝体造成不利影响。

根据内部3#位移计的监测曲线，F2断层在超载过程中，错动变形很小；在超载9.0倍以后，才出现较明显的错动变形和位移不收敛(见图8)，F2断层是滑块1的控制性结构面，因此可以判断,滑块 1 在超载过程中稳定性较好。

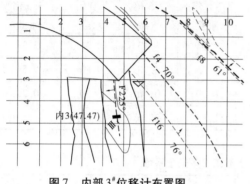

图 7　内部 3# 位移计布置图

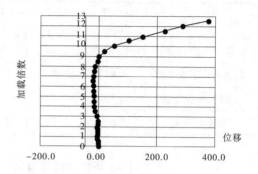

图 8　内部 3# 位移计位移与超载倍数图

5　结　论

　　坝肩由缓倾角断层组成的滑块一般安全系数较小,需给予高度重视。本文采用了刚体极限平衡法、有限元法、地质力学模型验证法对滑块 1 的稳定进行分析,计算结果表明:

　　(1)滑块 1 的缓倾角断层倾向河谷偏下游,与裂隙组合后,滑块有向河谷滑动的趋势,自重为其主要滑动力,拱端推力为有利荷载,渗透压力为不利荷载。

　　(2)经刚体极限平衡法和有限元法计算,加固后滑块 1 稳定安全系数均满足规范要求;根据有限元计算成果,滑块超载能力较高。

　　(3)经物理模型试验验证,滑块的控制性断层 F2 超载能力较强,不会对坝体应力变形造成不利影响,坝肩沿断层位移错动较小。滑块 1 稳定、变形满足工程安全要求。

参 考 文 献

[1] 杨宝全,陈媛,张林,等.基于地质力学模型试验的锦屏拱坝坝肩加固效果研究[J].岩土力学,2015,36(3):819-826.

[2] 宁宇,徐卫亚,郑文棠.白鹤滩水电站拱坝及坝肩加固效果分析及整体安全度评价[J].岩石力学与工程学报,2008,27(9):1890-1898.

[3] 熊远发.小湾拱坝坝肩加固方案研究[J].水电站设计,2006,22(4):16-19.

[4] 宋瑞华,曲苓,李炳奇.克孜尔水库 F2 活断层防渗处理[J].水利规划与设计,2010,(1):60-63.

[5] 赵玉华,王剑,叶金伟,等.引兰入汤隧洞通过极软岩断层的施工经验教训[J].水利技术监督,2002,(1):39-43.

[6] 马为民.甘肃省龙首二级(西流水)水电站 F66 断层活动性及工程设计措施[J].水利规划与设计,2005,(4):24-25.

[7] 白俊光,林鹏,李蒲健,等.李家峡拱坝复杂地基处理效果和反馈分析[J].岩石力学与工程学报,2008,27(5):1890-1898.

[8] 刘先珊,周创兵,王军.复杂条件下高拱坝应力及坝肩稳定分析[J].岩土力学,2008,29(1):225-234.

[9] 潘家铮.工程地质计算和基础处理[M].北京:水力电力出版社,1985.

[10] 李瓒.混凝土拱坝设计[M].北京:中国电力出版社,2000.

【作者简介】　訾娟(1988—),女,工程师。

饱水泥岩隧洞主支洞交叉区域支护系统研究

杨　凡[1]　辛凤茂[1]　李　萍[2]

(1. 中水北方勘测设计研究有限责任公司,天津　300222；
2. 新疆伊犁河流域开发建设管理局,乌鲁木齐　830000)

摘　要　以新疆某在建深埋长距离输水隧洞饱水泥岩洞段施工支洞与主洞交叉区域为背景,结合运用三维数值分析技术,探讨饱水泥岩隧洞主支洞交叉布置形式以及相应支护系统的设计,计算结果表明隧洞支护结构满足稳定要求,该交叉段的设计经验对类似工程具有一定的参考意义。

关键词　隧洞；饱水泥岩；交叉段；支护系统；三维数值分析

1　工程概况

新疆某输水隧洞穿越天山,设计内径 5.3 m,长度超 40 km,最大埋深超 2 000 m。隧洞下穿某一冲沟处为第三系软岩洞段,长约 3 km,隧洞埋深 180～300 m,采用钻爆法施工。围岩以上第三系砂砾岩为主,部分为泥岩、粉砂岩,均为软岩,泥岩具有弱—中等膨胀性；砂砾岩成岩程度差异大,有多层呈疏松状,疏松状砂砾岩为主要含水层,泥岩和胶结良好的砂砾岩为相对隔水层,相间分布,隧洞局部洞段开挖后周边揭露的泥岩呈饱和潮湿状。隧洞轴线处地下水位线以下,泥岩在水的作用下发生软化；同时隧洞地应力相对较高,围岩具备严重—极严重变形条件[1,2]。经综合判断围岩类别为 V 类。

图 1 为隧洞软岩洞段以及上下游部分洞段布置示意图,根据该洞段地质情况以及施工要求,布置有 Z1、Z2 两条斜井支洞在泥岩洞段与主洞相交,文中选取地质条件相对更差的 Z2 斜井支洞与主洞交叉区域进行饱水泥岩隧洞主支洞交叉段交叉形式和支护系统设计的探讨。

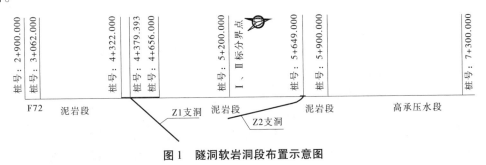

图 1　隧洞软岩洞段布置示意图

基金项目:国家重点研发计划项目资助(2016YFC0401802)。

2　交叉段布置及支护系统设计

2.1　交叉段布置

在长距离隧洞施工中,支洞与主洞交叉段的临空面大,跨度大于主洞和支洞,受力结构复杂,支洞与主洞相交角度不同,交叉段岩体和支护结构的力学行为也将不同[3,4];同时作为隧洞施工运料出渣的中转区域,其空间还应满足运输车辆转弯半径等施工布置要求。张志强等[5]研究表明,支洞与主洞交角应尽量大一些,以减少交叉区域结构变形的不对称程度以及围岩的应力集中程度;石继训[6]对斜井与正洞交角分别为30°、60°、90°三种情况进行了分析,相交角度30°比60°和90°大了一个数量级,而相交角度60°和90°交叉段处的塑性应变最大值相差不大,并总结提出加强对交叉段的支护,做好锁口工作的建议。设计中,主支洞交角一般选择为不小于45°。当支洞与主洞正交时,主支洞区域结构对称,受力相对明确,可一定程度壁面上述变形不对称和应力集中现象;但运输车辆由主洞转直角入支洞,需增大交叉段跨度以满足施工对空间的要求,交叉段跨度越大,结构安全风险越大。图2为Z2支洞与主洞交叉区域布置图,最终选择的主支洞布置方案为支洞与主洞斜交,交角为55°;为保证施工对空间的要求同时加快施工效率,隧洞成洞洞型设计为平底城门洞形,同时为减小隧洞底板受力,保证交叉结构的安全,使隧洞结构衬砌受力合理,设计中结合运用三维数值分析技术,经多次初拟洞型→结构安全分析→优化洞型→结构安全分析的重复过程,最终将隧洞开挖轮廓设计为图中反拱城门洞形。

2.2　支护系统设计

考虑主支洞交叉段地处饱水泥岩区域,埋深大(230 m),洞室稳定性差,为保证主支洞交叉区域的长久稳定,设计中采用二次衬砌跟进一次支护的复合支护型式。参照类似工程[7,8],一次支护采用超前中管棚+锚杆+钢拱架+钢筋网+喷纳米合成粗纤维混凝土的组合措施,见图3;二次衬砌采用现浇C40钢筋混凝土。根据主洞支护设计参数,拟定的主支洞支护参数如下。

(1)超前中管棚:超前中管棚起到加固掌子面前方顶部围岩作用,对有效预防拱顶开挖后的下沉甚至塌方有良好的效果。本次超前中管棚布设于支洞进入主洞前支洞断面上,范围选择为顶拱160°,直径为63,长15 m,保证主支洞交叉段在管棚下施工开挖,保证施工安全;同时考虑饱水泥岩洞段长距离钻进难以有效成孔,管棚钻进形式选用自进式,并注浆加固围岩。

(2)锚杆:锚杆设置范围为侧、顶拱,选用直径为25的中空注浆锚杆,考虑交叉段隧洞断面跨度大,锚杆长度由主洞的3.5 m提高至5 m,间排距1.25 m。

(3)钢拱架:主洞选用HW150型钢拱架,全断面布置,榀距0.5 m;交叉段在此基础上予以加强,选用HW200型钢拱架,全断面布置,榀距0.5 m,纵向相邻两榀拱架间采用12#槽钢连接。支洞进入主洞洞口断面跨度大,受力复杂,是整个交叉段稳定的薄弱环节;此处设置并排三榀HW200型钢拱架锁洞口,待开挖主洞部分时沿主洞轴向布置的型钢拱架分别与该锁洞口拱架连接[9,10]。

(4)钢筋网:全断面挂单层钢筋网,$\phi 8 \times \phi 8$,间排距20 cm×20 cm。

(5)喷混凝土:全断面喷混,厚25 cm;由于饱水泥岩洞段围岩赋存地下水,变形大,为提

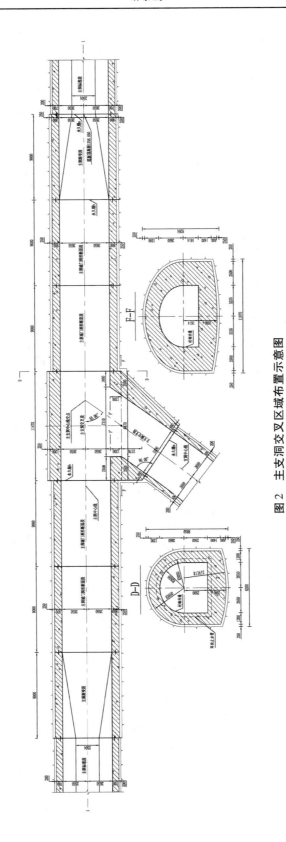

图 2 主支洞交叉区域布置示意图

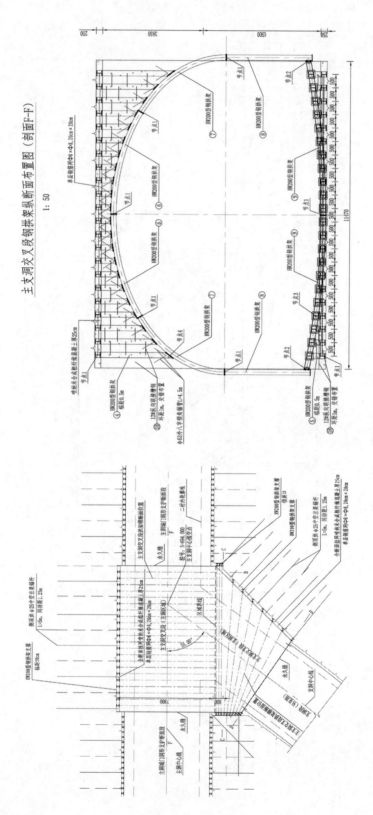

图3　主支洞交叉段一次支护布置示意图

高喷射混凝土的抗拉强度、抗弯折能力、抗渗性以及韧性等支护性能,在喷射混凝土中双掺纳米材料及合成粗纤维[11,12]。

(6)二衬混凝土:采用现浇 C40 钢筋混凝土,紧跟一次支护施工;主洞轴线向侧、顶拱衬砌厚度为 1.2 m,底拱为 1.4~2.0 m;支洞轴线向衬砌逐渐加厚,至锁洞口断面衬砌厚由顶拱中心 1.5 m 渐变至侧拱 2.5 m,底拱为 1.4~2.0 m;衬砌体型见图2。

3　支护衬砌结构稳定分析

3.1　计算模型

采用三维有限元分析程序 ANSYS 进行结构稳定计算。计算范围及约束选取:为避免周边约束对隧洞计算结果的影响,隧洞四周分取 10 倍的洞径,四面约束。永久缝用 2cm 的膜层模拟,材料弹模取围岩弹模的 1/1000,二次衬砌和围岩之间做接触单元,主支洞交叉区域整体三维示意图以及主支洞交叉段三维单元示意图见图 4。

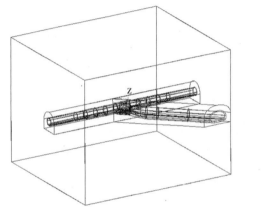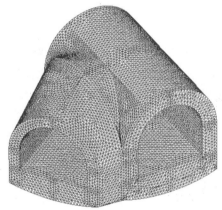

图4　主支洞交叉区域三维有限元计算模型示意图

3.2　计算条件

根据分析,检修期工况为衬砌结构计算控制工况,计算荷载包括自重、地应力以及外水压力;经计算地应力为 3.84 MPa,侧压力系数为 1;外水水头高 190 m,施加堵水排水措施后经渗流计算,外水压力折减系数取 0.1。参照类似工程计算经验,计算时考虑一次支护后围岩有 5% 剩余地应力释放作用至衬砌结构上。根据地质提供围岩力学参数见表 1。

表 1　围岩力学参数

围岩类别	密度（g/cm³）	弹性模量（GPa）	变形模量（GPa）	泊松比	内聚力（MPa）	内摩擦角（°）	渗透系数（cm/s）
V^2	2.05	0.3	0.125	0.39	0.035	21	3.06×10^{-4}

3.3　计算结果分析

基于上述计算条件,采用三维有限元法算得主支洞交叉段衬砌结构最大拉应力为 2.5 MPa,出现在支洞交主洞锁洞口断面底板顶部中心附近;最大压应力为 19.8 MPa,出现在锐角相交侧主、支洞边墙内侧相交的底部附近,属应力集中;除局部应力集中区域外,主支洞交叉段衬砌结构压应力均未超过 C40 混凝土抗压强度,衬砌结构基本处于稳定状态,见图5。

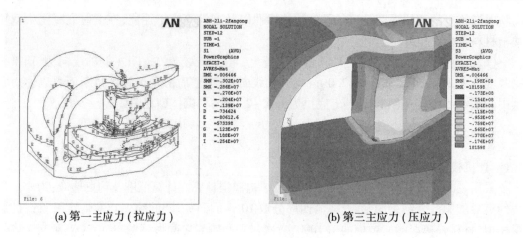

| (a) 第一主应力（拉应力） | (b) 第三主应力（压应力） |

图 5　主支洞交叉区域衬砌结构计算结果

4　结　语

以新疆某在建深埋长距离输水隧洞饱水泥岩洞段施工支洞与主洞交叉区域为背景，结合运用三维数值分析技术，探讨饱水泥岩隧洞主支洞交叉布置形式以及相应支护系统的设计，计算结果表明，主支洞交叉段结构满足稳定要求。目前，该隧洞交叉段已施工完成，监测资料显示隧洞交叉段施工过程中变形发展得到有效控制，总体变形不大，且已基本稳定。该交叉段的设计经验对类似工程具有一定的参考意义。

参 考 文 献

[1] 谢天智. 大涌水、大变形的极软岩隧洞施工技术[J]. 水利规划与设计, 2016(2):94-97.

[2] 孙德利. 典型膨胀岩隧洞围岩变形机制分析[J]. 水利规划与设计, 2018(3):97-99.

[3] 张志强, 何本国, 何川. 长大隧道横通道受力分析[J]. 铁道学报, 2010,32(1):128-132.

[4] 靳晓光, 李晓红. 深埋交叉隧道动态施工力学行为研究[J]. 重庆建筑大学学报, 2008,30(2):32-36.

[5] 张志强, 许江, 万晓燕. 公路长隧道与横通道空间斜交结构施工力学研究[J]. 岩土力学, 2007(2):247-252.

[6] 石继训. 长大山岭隧道斜井与正洞交叉段数值模拟及分析[D]. 重庆:重庆交通大学, 2014.

[7] 罗帆, 曲传勇. 新疆下坂地软岩隧洞的施工工艺[J]. 水利技术监督, 2009(4):55-58.

[8] 李刚. 新疆朝阳软岩隧洞施工方法与措施[J]. 水利技术监督, 2015(4):86-88.

[9] 王学勋, 季翔. V类围岩隧洞交叉口口段施工方法探讨[J]. 水利建设与管理, 2014(8):12-15.

[10] 杨延勇. 软弱围岩隧道斜井转正洞设计与施工技术[J]. 铁道标准设计, 2013(1):90-93.

[11] 韩旭东, 葛军. 纳米·增韧型粗纤维湿喷混凝土在锦屏二级水电站引水隧洞中的试验与应用[J]. 四川水力发电, 2014,33(6):5-9.

[12] 宁逢伟, 丁建彤, 陈波. 纳米级掺合料粗合成纤维湿喷混凝土施工及抗裂性能分析[J]. 水电能源科学, 2017,35(2):123-126.

【作者简介】　杨凡(1989—),男,工程师,主要从事水工结构设计研究方面的工作。E-mail:yangfanzi@126.com。

大石门水利枢纽库区左岸大区域渗控措施研究

王晓强[1] 崔 炜[2] 朱银邦[2] 彭卫军[1] 邓检强[2]

(1. 新疆水利水电勘测设计研究院，乌鲁木齐 830000；
2. 中国水利水电科学研究院，北京 100038)

摘 要 大石门水利枢纽工程库区左岸大范围分布深厚的第四系砂卵砾石层。本文采用三维有限元法对库区左岸大区域进行了渗流状态分析，了解库区的渗流、渗漏状况，对影响渗漏的因素做敏感性分析。结果表明，水库的年渗漏量为 2 000 万 ~ 3 000 万 m^3，可以满足建库基本条件。设置左岸帷幕能够减小渗漏量，其更重要的作用是延长渗径、保障下游边坡渗流稳定。为了避免出现高边坡滑塌事故，在坝下游边坡内增设排水洞和孔幕。在库区左岸形成了"上堵下排"的综合渗流控制方案，分析表明该方案可达到预期目的。

关键词 水库；渗流控制；有限元；砂砾石地层

1 引 言

大型水库工程区的渗流状况估计，通常难以使用工程类比实现，因为难以找到库容、水位、地质等条件均相近的工程。因此，渗流计算仍然是渗流状况估计经常采用的手段。常用的渗流计算方法有两类，第一类是解析方法，第二类是有限元、有限差分类的数值方法[1]。一般情况下，大区域的工程区难以概化成二维问题，三维数值计算是必要的。三维渗流计算需按实际的地质地形情况和水工建筑物布置建立模型，分区域设置渗流参数，给定渗流边界条件，然后计算分析，必要时做反馈计算和敏感性对比分析。新疆车尔臣河大石门水利枢纽工程库区左岸大范围地分布巨厚的砂卵砾石层，水库蓄水后可能存在渗漏和渗流稳定风险。本文采用三维有限元法，对该库区左岸 4 km×4 km 的范围进行渗流计算分析，以期了解库区的渗流状况，估水水库的渗漏量及坝下游河谷溢出部位的比降，了解库区左岸防渗帷幕深度和延伸范围的影响，提出针对性的渗流控制方案，并计算分析渗流控制措施的效果。

2 工程及地质概况

大石门水利枢纽工程是国务院确定的 172 项节水供水重大水利工程之一，是一项以灌溉、防洪为主，兼有发电等综合利用的水利工程，总库容为 1.27 亿 m^3，工程规模为大（二）型，主要水工建筑物有大坝、表孔溢洪洞、底孔泄洪洞、发电引水洞、地面厂房、过鱼设施等。大坝为碾压式沥青混凝土心墙，坝高 128.8 m。水库正常蓄水位高程为 2 300 m。

基金项目：国家重点研发计划课题（大埋深隧洞围岩—支护体系协同承载机理与全寿命设计理论及方法，2016YFC0401804）；中国水科院科研专项（高拱坝—坝基系统非平衡演化机理及长期变形稳定与控制研究，SS0145B112018）。

大石门水利枢纽位于车尔臣河从昆仑—阿尔金山区流出、即将进入塔里木盆地的出山口处。坝区主流近由南向北流动,水库为河谷型。坝址区左岸发育古河槽,整体呈 SE – NW 向。在漫长的地质年代中,古河槽已被第四系上更新统及中更新统砂卵砾石层填满,其现状地表与相邻区域在外观上无明显差异,形成了连续的洪积倾斜平原。大石门水利枢纽工程库区左岸几乎全部为古河槽沉积地层,即图 1(a)中的 Q_2、Q_3 地层,库区左岸直线长度约 3 km,库区基岩仅在坝址处凸起,才得以为建造大坝提供较好的地基。Q_3 砂卵砾石层厚约 40 m,位于正常蓄水位以上。下部为巨厚层的 Q_2 砂卵砾石层,泥质半胶结,厚 50 ~ 295 m。底部岩性为下元古界蚀变辉绿岩。左岸古河槽沉积物地层典型剖面见图 2,灌浆平硐揭露的 Q_2 地层砂卵砾石见图 3。蓄水后库水位主要位于 Q_2 地层,该层存在渗漏的可能。地下水勘察表明,古河槽地下水与附近河床地表水无联系。

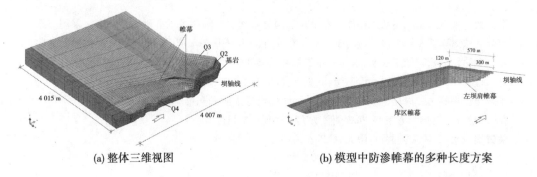

(a) 整体三维视图　　　　　　　　　　　(b) 模型中防渗帷幕的多种长度方案

图 1　大石门水库三维有限元网格模型

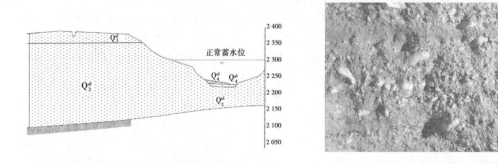

图 2　水库左岸古河槽沉积物地层剖面　　　　图 3　灌浆平硐揭露的 Q_2 地层砂卵砾石情况

3　库区左岸渗流状况及影响因素分析

3.1　计算模型和条件

根据水文地质资料建立库区左岸的三维有限元模型[2],如图 1(a)所示,以河床中心为界,向左延伸 4 km;自坝轴线向上游延伸 2.9 km,该处基岩已出露,自坝轴线向下游延伸 1.3 km;垂直向最大厚度为 370 m。模型中帷幕长度分五种方案:0、300、570、690、2 500(封闭左岸古河槽),见图 1(b)所示。根据地质勘查成果,对 Q_2 地层、基岩、砂卵砾石帷幕灌浆的渗透系数分别取 6.00×10^{-3}、1.00×10^{-5}、3.00×10^{-5} cm/s。有限元计算程序为中国水科院开发的 SEEP[3d]。

3.2　库区左岸渗流规律

设置 570 m 长的左坝肩帷幕,计算稳定渗流场。2 250 m 高程水平剖面位于正常蓄水位至库底的中间位置,该剖面的水头分布情况见图 4。由图 4 可见,水在坝下游河谷左岸表面和水库左岸远端边界渗出,在水平面内形成绕帷幕渗流的趋势。在垂直剖面上,帷幕后的压力水头比帷幕前降低约 32 m。水在坝下游河谷 Q_2 地层渗出时,边坡表面水力坡降有超过允许坡降 0.15 的范围存在。其位置在坝轴线下游 480 m 以外的地方,垂直分布在基岩顶面至 2 210 m 高程。水库每年渗漏量为 2 881.7 万 m^3,与坝址多年平均年径流量 8.71 亿 m^3 相比较,该渗漏量是可以接受的。

3.3　影响库区左岸渗漏的因素分析

在 570 m 长的左坝肩帷幕情况下,进行 Q_2 地层渗透系数对水库渗漏的敏感性分析,当 Q_2 渗透系数取 1×10^{-3}、3.1×10^{-3}、6×10^{-3}、1×10^{-2} cm/s 时,水库年渗流量依次为 509 万、1 523 万、2 882 万、4 760 万 m^3,二者基本呈正比例关系,见图 5,图中帷幕长度坐标 570 m 固定,4 种渗透系数坐标所对应的垂直向坐标为渗漏量。

进行帷幕长度对水库渗漏的敏感性分析,帷幕长度取 0、300、570、690、2 500 m 时,与之对应的水库渗漏量见图 5,即图 5 中渗透系数坐标 6×10^{-3} 固定,5 种帷幕长度坐标所对应的垂直向坐标。图 5 表明,Q_2 的渗透系数越大,增加帷幕长度所起到减少库区渗漏的作用越明显,在渗透系数较小时,通过增加帷幕长度减小渗漏的作用越微弱。现有 Q_2 渗透系数的条件下,帷幕长度与水库渗漏量变化基本呈反比例关系,但帷幕长度小于 300 m 时的作用不明显。

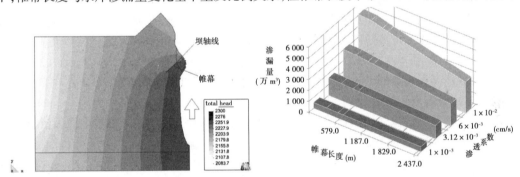

图 4　2 250 m 高程水平剖面　　　　　　图 5　Q_2 渗透系数、帷幕长度与水库
　　　　的水头分布　（单位:m）　　　　　　　　渗漏量的关系

若在库区左岸做封闭式帷幕,全长 2 500 m,则年渗漏量为 2 071.6 万 m^3,该渗漏量比帷幕长度为 570 m 时减小 28%。虽然减少了渗漏量,但不是大比例的消减,更不是基本不漏。这是由于灌浆帷幕仍然具有渗透性,并非完全隔水。类似的研究结论出现在对美国 Black Rock 水库的研究中[3]。封闭式帷幕深且长,造价将非常昂贵,综合考虑后决定不采取。

4　库区左岸渗流控制的实施方案

在库区左岸设置帷幕能够减小水库渗漏量,此外更重要的作用是能够延长库水绕坝渗流的渗径,使水在大坝下游的溢出点远离坝后边坡。但是,若仅设置帷幕,库水在坝下游 Q_2 地层边坡渗出时,仍有超过允许水力坡降的部位。为了避免高边坡滑塌事故、危及坝坡和厂房安全,决定在坝下游边坡内增设排水设施,形成"上堵下排"的综合渗流控制措施并对部分左岸边坡进行开挖卸荷处理。

4.1 帷幕设计

左坝肩帷幕防渗长度仍取 570 m,帷幕终点处于坝轴线延长线上,自该点向上游转折,沿地表可绕过水库左岸冲沟直达库尾,即该长度的帷幕基本将左岸冲沟包络在上游。经过技术经济比较,帷幕采用灌浆式帷幕,施工过程为沿坝顶高程向左岸开挖灌浆隧洞,自洞内向下灌浆,帷幕底部进入基岩。帷幕最大深度超过 200 m,位置见图 6 所示。灌浆帷幕钻孔设 2 排,排距 2.0 m、孔距 3.0 m,梅花形布置。经过技术咨询,要求帷幕渗透系数控制在 10 Lu 以下。

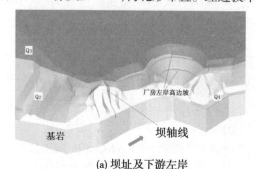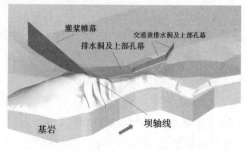

(a) 坝址及下游左岸　　　　　　　　　(b) 帷幕和排水设施

图 6　大石门水库左岸渗控措施三维视图

4.2 排水设计

在坝下游左岸边坡内布置一条主排水洞,沿上下游方向布置,洞底位于基岩顶面;主排水洞下游端与交通支洞相贯,自贯通点向山里一侧的交通支洞、交通主洞兼做排水洞。三段排水洞总长度为 475 m,洞顶部均设排水孔幕,孔距 2 m,孔内设滤水花管。各排水洞段和孔幕在空间上连续,基本沿上下游方向布置,上游端的孔幕顶高程为 2 265 m、高度约 22 m,下游端的孔幕顶高程为 2 250 m、高约 37 m。排水洞与孔幕的布置见图 6。

4.3 下游砂砾石高边坡处理

左岸在电站厂房位置的岸坡为 144 m 厚的 Q_2、Q_3 砂砾石,为进一步减小绕坝渗流对该部位边坡的影响以保证电站厂房的运行安全,对大坝下游左岸砂砾石岸坡进行削坡处理。开挖边坡采用 1:1,每 10 m 设一马道,马道宽 2 m,在高程 2 266 m 及 2 306 m 处各设一级 8 m 宽马道。底部砂砾石与基岩接触面马道宽 5 m,并设 2 m 高混凝土挡土墙作拦护,以拦护可能沿坡面滑落的砾石块,保证厂房安全。挡土墙底部设排水孔排泄砂砾石坡面水,并在高边坡开挖中段及底层开挖平台处各设置一道被动防护网对落石进行多级拦护。

左坝肩至厂房左岸之间的岸坡较陡,为保证大坝施工期填筑安全及运行期安全,对大坝下游左坝肩至厂房左岸之间左岸砂砾石岸坡进行削坡处理,砂砾石岸坡削坡高度约 45 m。

5　左岸渗流控制方案的三维有限元分析

为了解库区左岸渗流控制方案的效果,又做了三维有限元补充计算。重新建立的模型描述了地质和结构的细部特征,总体范围与图 1(a)接近。依据工程施工期揭露并修正的地质资料建模,添加了排水洞、孔幕等结构,并模拟人工开挖高边坡的结构特征,模型局部见图 6 所示。计算结果表明,水库形成稳定渗流场后,库水在左岸砂砾石地层中主要沿两个方向渗流:第一个方向为沿左坝肩帷幕绕渗、在下游河谷溢出,第二个方向为沿古河槽向左岸远方渗流,稳定渗流期总水头分布见图 7。由于在大坝下游左岸边坡内设置了排水洞与孔幕,明显降低了库水在下游边坡内的水面线,使库水在下游左岸边坡的溢出高度降低到基岩顶面之下,不再从Q_2地层中溢出(压力水头分布见图8),加大了边坡稳定的裕度。"上堵下排"的综合渗流控制方案效果良好。

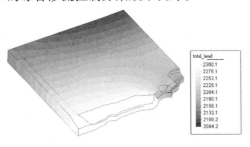
图7 稳定渗流期总水头分布 (单位:m)

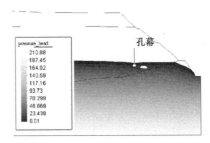
图8 主排水洞横剖面的压力水头分布 (单位:m)

6 结 论

(1)大石门水利枢纽库区左岸渗流分析表明,水库渗漏量与古河槽Q_2砂卵砾石层的渗透系数基本呈正比,Q_2砂卵砾石层主导着水库的渗漏。在采取左岸灌浆帷幕条件下,水库稳定渗流期的年渗漏量为2 000万~3 000万 m^3。与坝址多年平均年径流量相比较,该渗漏量是可以接受的,满足建库基本条件。

(2)敏感性分析表明,Q_2的渗透系数越大,通过增加帷幕长度来减少库区渗漏的作用越明显;渗透系数越小,加长帷幕来减渗的效果越微弱。

(3)现有渗透系数下,水库渗漏量与帷幕长度基本呈反比。但是,当长度小于300 m时,减渗作用不明显。封闭式帷幕虽然能够减少渗漏量,但不能大比例的消减。由于其造价昂贵,所以决定不采用。

(4)库区左岸帷幕能够减小渗漏量,更重要的作用是延长渗径,使库水在大坝下游的溢出点远离坝后边坡。为了避免出现高边坡滑塌事故,决定坝下游边坡内增设排水洞和孔幕,形成"上堵下排"的综合渗流控制方案。

(5)渗流分析成果表明,排水洞与孔幕明显降低了库水在下游边坡内的水面线,使库水在下游左岸边坡的溢出高度降低到基岩顶面之下,不再从Q_2地层中溢出,加大了边坡稳定的裕度,"上堵下排"的渗控方案效果良好。对大坝下游左岸砂砾石岸坡进行削坡处理,进一步减少了绕坝渗流对边坡的影响,保证了大坝和电站厂房施工期及运行期安全。

参 考 文 献

[1] 张有天. 岩石水力学与工程[M].北京:中国水利水电出版社,2005.
[2] 中国水利水电科学研究.新疆车尔臣河大石门水利枢纽工程水库左岸三维渗流计算分析研究[R],2014
[3] U. S. Bureau of Reclamation. Modeling mitigation of seepage from the potential black rock reservoir[R],2008.

【作者简介】 王晓强(1982—),男,高级工程师,主要从事水利工程设计方面的工作。E-mail: 597593190@ qq. com。

出山店水库复杂坝基筑坝技术方案

刘兰勤

（河南省水利勘测设计研究有限公司,郑州　450006）

摘　要　出山店水库土坝坝基存在软基和饱和砂土液化问题,需要处理的坝段占土坝段坝轴线长度的72%。为解决坝基问题,采用挤密砂桩进行处理。通过载荷试验、砂桩复合地基的数值试验研究、坝体应力变形三维有限元计算分析及现场生产性试验等论证处理软基及饱和砂土地震液化方案的可行性,并对挤密砂桩的布置、大坝填筑速率、大坝沉降量、差异沉降量及预留超高提供依据和参考。

关键词　软基;挤密砂桩;载荷试验;数值试验;有限元分析

1 引　言

1.1 工程概况

出山店水库是淮河干流上的大型防洪控制工程,位于河南省信阳市境内,坝址在京广铁路以西14 km的出山店村附近,距信阳市约15 km,控制流域面积2 900 km²。该水库是历次淮河流域规划中列为淮干上游的唯——座防洪控制工程,出山店水库主要建筑物有土坝、混凝土坝、南北灌溉洞、电站等。

出山店水库大坝采用土坝、混凝土坝的混合坝方案,土坝为黏土心墙砂壳坝,最大设计坝高27.4 m,坝轴线长3 265 m,坝基防渗型式为塑性混凝土防渗墙。土坝典型断面图见图1。

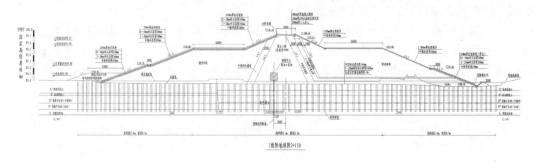

图1　出山店水库土坝典型断面图

1.2 地质问题

出山店水库土坝地质条件比较复杂,坝基不仅有异厚异深异宽软基问题,还有饱和砂土地震液化问题。

1.2.1 坝基软土稳定问题

左岸阶地在桩号1+036.9~1+219.34、2+156.65~2+475.45、2+720.02~3+147.80,桩号3+147.80以南坝段分布,有的为Q₄灰色、黑色软土、极软土层,厚度为9~11 m,排水固结条件差,有的软基存在于黄色低液限黏土与砂层之间或砂层、砂砾层中分布有零星透镜体状,一般厚1~4m或数十厘米,排水固结条件较好或良好,强度低,其工程地质条件差。其中,桩号1+036.9~1+219.34范围内上部含有树叶、牛粪等腐植质,贯入击数小于2击,属极软土层,其工程地质条件更差。

1.2.2 饱和砂土地震液化

左岸桩号2+140.294~3+274.9段Ⅰ级阶地下部砂层和河槽中的中粗砂为第四系全新统饱和少黏性土,Ⅰ级阶地下部砂层、河槽段砂土均为液化性土,Ⅰ级阶地场地液化等级为中等—严重,液化深度7.0~10m。河槽段砂土场地液化等级为严重,深度范围内全部液化。

土坝坝基根据地质存在的问题,需要处理的坝基分为如下三种情况:小泥河极软土坝段,长约200m;二级阶地一般软土坝段,总长约800m;一级阶地可液化砂层坝段,总长约1270m。以上需要处理的坝段共长约2300m,占土坝段坝轴线长度的72%。

软基段坝基大坝填筑时如果孔隙水压力不能及时消散,大坝建成后将出现较大沉降或不均匀沉降,造成大坝出现裂缝,局部滑塌等现象;可液化段大坝完成后,如出现较大地震,地基将产生液化,坝基失稳,大坝变形或滑塌。土坝段坝基存在的工程地质问题范围较广、面积较大且无法避开,如不采取合理的工程措施,将危及大坝安全。

1.3 国内外软基筑坝研究综述

软土具有高压缩性、高灵敏度、高流变性和低强度、低渗透系数的工程特性,因此在软基上施工面临着孔压过高、变形过大、抗力过小的难题。软基上建坝技术,在国内也有进行这方面的研究,如河海大学工程力学系进行的《深厚软基地基建坝的地基处理》,结合达开水电站,通过有限元模拟,探讨在深厚软弱地基上建设土石心墙坝的地基处理方法,通过分析,采用在心墙下坝基采用水泥土搅拌桩,坝壳下坝基采用碎石桩的地基处理方法,减少了地基开挖量,加快了施工进度,省了工程投资;《云南务坪水库软基建筑坝技术》(中国水利水电科学研究院)通过离心物理模型试验、有限元固结计算、坝坡稳定数值分析和振冲碎石桩生产性试验,确认了振冲碎石桩加固软基、修筑14m高的反压平台预压固结和分期施工综合应用方案修建务坪水库的可行性与有效性,为我国软基筑坝技术提供了一个很有参考价值的典范。国内外有关软基筑坝方面的有个别工程实例,但软基筑坝实际应用较少,设计仍处于发展阶段。

2 土坝基础处理设计

土坝段坝线较长,其间跨越了多处岩性不同甚至工程性质差异较大的地基,软基及液化砂层处理得是否合理直接关系到大坝的安全,要改善软土的物理力学性质,提高其强度,降低压缩性,减少沉降及不均匀沉降,防止产生裂缝,必须采取行之有效的工程处理措施。通过多个方案对比,综合考虑各方面因素,结合处理饱和砂土地震液化问题,坝基采取挤密砂桩进行处理。具体方案如下:土坝上游坡脚以外10m起至下游坡脚以外10m止全断面布置砂桩。砂桩采用振动沉管法,桩径为0.5m,等边三角形布置。为协调防渗墙与砂桩布置,以防渗墙中心线为准,分别向上下游布置,砂桩布置起始位置距防渗墙中心线距离为1.5m。其中桩号1+210~1+260段为砂桩过渡段,砂桩间距由4.0m过渡到2.0m,桩号1+260~2+140.3段砂桩间距为2.0m。该段砂桩伸入砂层不小于0.5m(不含桩头锥体)。

3　试验验证

针对土坝采取的挤密砂桩处理方案,通过载荷试验、砂桩复合地基的数值试验研究、坝体应力变形三维有限元计算分析及现场生产性试验等论证处理软基及饱和砂土地震液化方案的可行性,同时对挤密砂桩的布置、坝体安全性、施工进度合理性、大坝的最终沉降量、差异沉降量及坝顶预留超高提供依据和参考。

3.1　现场载荷试验

通过最大竖向荷载约为 300 t、承压板边长为 2.1 m、最大量程为 100 mm 的表面位移计、最大量程为 350 kPa 的渗压计、最大量程为 100 mm 的多点位移计、最大量程为 700 kPa 的土压力计进行载荷试验。两支土压力计布置在砂桩桩顶和试验区土体表面,用于量测实际施加于砂桩桩体和桩间土表面压力的变化情况,分析在不同上部荷载条件下地基土体内部不同深度孔隙水压力的消散情况,以及地基土内部及外部的沉降变形情况。加载过程中实时自动量测表面沉降变形、土压力变化、内部沉降变形,以及孔隙水压力变化。试验加载到每级荷载设计值后,稳定本级荷载,持续观察土体内部孔隙水压力变化情况,待本级加荷引起的孔隙水压力消散完毕或变化趋于稳定时,进行下一级荷载的施加,加载前需同时满足待每小时沉降量不超过 0.1 mm。

试验表明,荷载稳定时间越长,加荷引起的孔隙水压力消散更完全;稳压时间越短,尤其当连续加载数级荷载时,地基土内将累计产生较高的孔隙水压力。

3.2　砂桩复合地基的数值试验研究

复合地基的实际变形性状和固结排水效率采用数值试验方法,对现场复合地基载荷试验的检测成果进行反演分析,确定控制复合地基固结排水特性的关键参数,并对挤密砂桩的布置方案进行比较评价。

3.2.1　砂桩复合地基的渗流固结分析

砂桩复合地基按照砂井地基固结的方法计算。原状土渗透系数:$A \times 10^{-4} \sim A \times 10^{-8}$ cm/s 量级,桩间土的渗透系数分别为 1×10^{-6} cm/s、1×10^{-7} cm/s 和 1×10^{-8} cm/s。分别按理想井(不考虑井阻与涂抹效应)和考虑井阻和涂抹效应两种情况进行地基固结度的计算,计算结果与原状地基的固结度进行比较。

根据计算结果分析,当考虑井阻和涂抹效应时地基的固结速度较理想井有所减缓,但是减缓的幅度不大。但砂桩均对加速地基的固结排水起到了非常显著的效果,且原状地基的渗透系数越小,砂桩的作用越显著。

3.2.2　荷载板试验的反演分析

建立砂桩复合地基的三维实体有限元模型,根据室内试验和原位静探试验确定材料力学参数的前提下,桩间土取不同的渗透系数值,模拟荷载板试验的情况。通过将模拟结果与现场荷载板试验的实际测量结果相对比,从而估计现场桩间土的渗透系数。根据反演计算,桩间土渗透系数为 1.0×10^{-6} cm/s、1.0×10^{-7} cm/s 和 1.0×10^{-8} cm/s 时,16 天内地基的孔压变化规律有显著的不同。当桩间土渗透系数为 1.0×10^{-6} cm/s 时,荷载板加荷引起的超静孔压在 1 天内已经基本消散;其后孔压基本不变。当桩间土渗透系数为 1.0×10^{-7} cm/s 时,加荷后 1 天时超静孔压的最大值约为 1.5 kPa,其后逐渐消散;至第 16 天,超静孔压最大值约为 0.35 kPa。当桩间土渗透系数为 1.0×10^{-8} cm/s 时,加荷后 1 天时超静孔压的最大值约为 1.9 kPa；至第 16 天，超静孔压最大值约为 1.3kPa，仅消散了 30%。

根据现场荷载试验的三维有限元反演分析，桩间土的原位渗透系数量级为 $A \times 10^{-7}$ cm/s。

3.2.3 结论

根据复合地基的渗流固结分析成果，砂桩对促进地基的固结排水有非常显著的作用，如果坝基不处理，荷载施加后 5 年地基的固结度尚不到 50%。在打砂桩处理的情况下，地基固结完成（固结度达到 99%），在桩间距分别为 1.5 m、2.0 m 和 2.5 m 的情况下，分别需要 90 天、180 天和 365 天。

结合挤密砂桩的施工期为 4 个月左右，综合分析认为，采用 2.0 m 桩间距的布置方案，在施工期，部分地基即可基本完成排水固结。在大坝的填筑的竣工期，基本都可以完成固结。

3.3 坝体应力变形计算分析

3.3.1 计算模型

对土坝坝体和坝基建立了整体三维有限元模型，坝体和坝基土体的本构模型均采用邓肯 EB 模型，防渗墙和混凝土坝采用线弹性模型模拟，对于采用挤密砂桩处理后的地基，采用反分析的方法确定其等效邓肯 EB 模型参数和渗透系数矩阵，有限元计算网格见图 2。

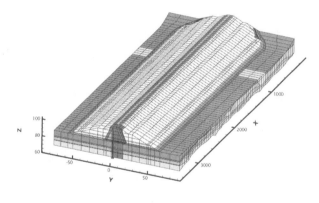

图 2　有限元计算网格

3.3.2 计算参数

桩间土的渗透系数根据荷载板试验反演分析确定，桩间土的变形参数由原状土的土工试验确定，复合地基的变形参数根据邓肯 EB 模型的公式依次算出每个轴向应变增量对应的切线杨氏模量、切线体变模量、轴向应力增量和体积应变增量，从而得到曲线，按照试验确定邓肯 EB 模型的方法来拟合确定邓肯 EB 模型参数。

3.3.3 结论

根据计算分析，挤密砂桩处理措施对加速坝基的固结有显著作用，并且设砂桩后，坝基整体渗透性主要取决于砂桩，因此砂桩处理段的变形受桩间土的渗透系数影响很小；采用砂桩处理地基的坝段，坝体蓄水后变形也较小。

换填土的渗透系数对软基换填坝段的变形有较大影响。当换填土渗透系数大于 1.0×10^{-7} cm/s 时，坝体竣工和蓄水期的变形与其他坝段的差异不大，在蓄水后的变形也很小；当换填土渗透系数减小至 1.0×10^{-8} cm/s 时，坝体在蓄水期间发生很大的顺河向水平位移，最大值可达 1.23 m，在蓄水完成后变形仍有较大发展；心墙渗透系数对坝体长期变形也有显著影响,当心墙按照 1.84×10^{-6} cm/s 取值时,坝体变形在填筑和蓄水过程中已经基本全部完成,后期变形可忽略不计;当渗透系数减小 $1 \sim 2$ 个数量级时,蓄水后 5 年内坝顶沉降达到 $9 \sim 12.8$ cm。

4 主要结论

(1)通过现场载荷试验表明,荷载稳定时间越长,加荷引起的孔隙水压力消散更完全;稳压时间越短,尤其当连续加载数级荷载时,地基土内将累计产生较高的孔隙水压力。

(2)通过砂桩复合地基渗流固结计算,及对现场载荷试验的反演分析,确定了桩间土的平均渗透系数量级为 $A \times 10^{-7}$ cm/s,挤密砂桩对促进坝基的渗透排水、提高大坝整体稳定性有显著效果,且加固效果受桩间土的渗透系数影响较小。

(3)根据对软土坝基段的计算:坝体竣工期最大沉降 0.562 m,最大向上游水平位移 0.288 m,向下游位移 0.349 m;蓄水期最大沉降约为 0.564 m,最大向上游水平位移 0.273 m,向下游位移 0.355 m。

(4)软土段采用换填法处理,换填土的性质对该坝段的变形和稳定有显著影响,当换填土料渗透系数为 1×10^{-8} cm/s 或更小时,坝体将在蓄水期发生很大的水平位移,并在蓄水后发生较大的工后变形。

(5)坝体的长期变形主要受坝基排水固结的影响,在挤密砂桩处理的坝段,坝基固结在施工期已经基本完成,因坝基固结引起的工后变形很小;通过模拟计算、试验验证及参考类似工程,坝体变形在填筑和蓄水过程中已经基本全部完成,后期变形可忽略不计。综合考虑换填土和心墙土渗透性能可能被高估的情况,建议坝顶预留 20 cm 左右的超高。

5 总 结

软土地基的处理是土坝修建过程中的一项难题,软基处理措施、方案及施工工艺是否合理,软基中承压水消散的速度等将影响大坝填筑的进度、大坝不均匀沉降、大坝的安全。多年来,学术界对采用砂桩处理软基存在着不同的看法,认为软基无法对砂桩提供足够的侧向约束力,无法达到预期效果。随着地基处理技术的发展,软基建坝已有成功案例。但是地基不均匀沉降,软基孔隙水压力变化与坝体填筑速率关系还需进一步研究。出山店水库作为采用砂桩处理软基及饱和砂土液化问题的工程实例,工程中方案通过各种试验均进行了验证,提供了翔实可靠的资料,丰富了砂桩处理软基的技术。

参 考 文 献

[1] 中华人民共和国水利部.碾压式土石坝设计规范:SL 274—2001[S].北京:中国水利水电出版社,2002.
[2] 国家质量技术监督局,中华人民共和国建设部.土工试验方法标准:GB/T 50123—1999[S].北京:中国计划出版社,1999.
[3] 何杰,李玉娥,张一冰,等.河南省出山店水库工程初步设计报告[R].河南省水利勘测设计研究有限公司,中水淮河规划设计研究有限公司,2015.
[4] 赵建仓,陈全礼,等.河南省出山店水库工程地质勘察报告[R].河南省水利勘测有限公司,2015.
[5] 王晓凤.水利工程软土地基处理方式探讨[J].水利规划与设计,2014(8).
[6] 刘明复,潘传钊,等.淤泥地基中振冲法碎石桩复合地基[J].地基基础工程,1994.

[7] 曾国熙,王铁儒,等.砂井地基的若干问题[J].岩土工程学报,1981.

[8] 中国水利水电科学研究院. 出山店水库土坝段坝基处理措施加固效果研究[R],2016.

[9] 于沭,张延亿,等.出山店水库土坝段坝基处理措施加固效果研究[R].

[10] 关志诚.水工设计手册[C].2 版.土石坝. 北京:中国水利水电出版社,2014.

[11] 王晓风.水利工程软土地基处理方式探讨[J].水利规划与设计,2014(8).

【作者简介】 刘兰勤(1978—),女,工程师,主要从事水利水电建筑物设计及研究工作。E-mail:657967628@ qq. com。

EH4 大地电磁法与瞬态瑞雷面波法联合探测古河道展布特征

张明财[1,2,3]　陈卫东[3]　李　洪[3]　孟　磊[3]　张文生[3]

(1. 中南大学地球科学与信息物理学院,长沙　410083;
2. 有色金属成矿预测与地质环境监测教育部重点实验室,长沙　410083;
3. 中国电建集团西北勘测设计研究院有限公司,西安　710043)

摘　要　古河道的存在与否直接影响水利工程的施工。本文针对古河道与上层覆盖层之间存在较明显的视电阻率、横波速度差异的特点,结合现场工作条件及各个探测方法的优点,采用 EH4 大地电磁法与瞬态瑞雷面波法某地区的潜在古河道进行了联合探测,探测成果表明了联合探测方法在其测深范围内对古河道探测的有效性。

关键字　EH4 大地电测法;瞬态瑞雷面波;古河道;展布特征

1　引　言

古河道的根本成因是河流改道。河流改道的主要原因包括:构造运动使某一河段地面抬升或下沉,冰川、崩塌、滑波将河道堰塞,人工另辟河道等。其中,构造运动可以使河流大规模改道,被废弃的河段可能被抬高而位于现今的分水岭上,也可能由于沉降而被后来的沉积物所埋藏。古河道的研究不但可以了解一个地区的河流地貌演变历史,而且是研究古地理环境的重要手段。在某些情况下,凭借古河道研究还可以揭示新构造运动的性质和规模。但就工程建筑而言,潜在古河道的空间分布情况将对工程的安全因素带来重要影响。

目前,对古河道的探测可根据裸露地表的古河道特征进行野外直接追索,但是大多数古河道深埋地下,属于隐伏构造,无法直接追索,此类则需要用钻探、物探方法。而钻探方法一般成本较大、工期较长,成果仅局限于钻孔范围内;物探方法可充分利用古河道与周围介质的地球物理差异探测其空间的展布特征。

2　工程概况及测区地球物理特征

某水利枢纽及配套灌区工程以灌溉与供水为主,兼顾发电,最大坝高 51 m,水库库容 1.114 亿 m³,总装机容量 40 MW,为 Ⅱ 等大(二)型工程,河岸发育 Ⅰ、Ⅱ 级阶地,坝址区河谷呈"U"形,相对较为开阔。河床及 Ⅰ 级阶地相对平缓,右岸上部山势陡峭,坡度为 60°~70°,花岗岩裸露呈碎块状,下部为冲洪积形成的 Ⅰ 级阶地,地势平坦。左岸上部坡度为 50°~60°,坡面有大量第四系坡积物覆盖,下部为第四系冲洪积形成的 Ⅰ 级阶地,临江侧岸坡高度约 10 m,坡度为 60°~70°。

据钻孔揭露,坝址区基岩为第三系 E_2H 层,主要为中粒斑状黑云二长花岗岩,第四系覆盖层上部为全新统冲积(Q^{4al})和少量的崩坡积($Q^{4dl+col}$),中下部为更新统冲积(Q^{3al})和冰水沉积层(Q^{fgl})。冲积主要分布河床、漫滩部位。上部为砂砾卵石层夹少量漂石,成分主要为凝灰岩、花岗岩,厚度一般为 10~20 m。下部为漂卵石层,厚度一般为 12~15 m。崩坡积分布于两岸坡脚部位,以碎块石土、巨块石为主,成分主要为花岗岩,厚度一般为5~20 m。冲积位于河床全新统冲积层下部,上部为漂卵石层,下部为砾卵石夹漂石,最大厚度约 80 m。冰水沉积层位于河床底部,为碎块石夹卵石,成分为凝灰岩、花岗岩及紫红色火山砾岩最大厚度 24 m。

一般情况下,古河道与周围介质相比,表现为低阻、低速特征。EH4 大地电磁法和瞬态瑞雷面波法作为常用的物探方法,即分别充分利用了古河道低阻、低速的特征,可探测出古河道的走向、埋深等空间分布特征。

3 工作方法与测线布置

3.1 工作方法

3.1.1 EH4 大地电磁法

EH4 大地电磁法是根据电磁波在地下岩层中传播时存在的时差性来反映地下介质的物性差异,即地下介质电场强度、磁场强度和相位的差异。该方法采用仪器为 StrataGem EH4 电磁成像系统,使用交变电磁场,不受高阻层的影响,特别是高阻薄层。在沙漠、山前卵石层覆盖区,均能有效地探测测点处的电磁场功率谱、振幅谱、视电阻率、相位、相关度,经过对数据进行解译反演可获取地下深部的地质信息。根据勘察目的,结合工作现场对比试验,本次 EH4 大地电磁法探测数据采集过程中选取最优电极矩为 25 m,对三个频组的数据全部采集,且每个频组采集叠加次数不少于 4 次,根据现场测试结果,对部分频组进行多次叠加。

基本的数据处理流程如图 1 所示。

3.1.2 瞬态瑞雷面波法

瞬态瑞雷面波具有如下特点:①在地震波形记录中振幅和波组周期最大,频率最小,能量最强;②在不均匀介质中其相速度(V_R)具有频散特性。依据上述特性,通过测定不同频率的面波速度 V_R,即可了解地下地质构造的有关性质并计算相应地层的动力学特征参数,达到不良地质体探查的目的,该方法工作布置示意图如图 2 所示。

瞬态瑞雷面波数据处理流程如图 3 所示。

3.2 测线布置

为了查明古河道的走向特征及发育深度,布设了"三纵三横"共 6 条测线,其示意图如图 4 所示。根据现场工作条件及部分钻孔揭露信息,当覆盖层深度小于 30 m 时,采用瞬态瑞雷面波法进行探测。

4 探测成果分析

H1、H2、H3 测线的成果剖面形态基本一致,而 Z1、Z2、Z3 测线的成果剖面形态基本一致,其中 H2 测线和 Z2 测线成果剖面图分别如图 5、图 6 所示。

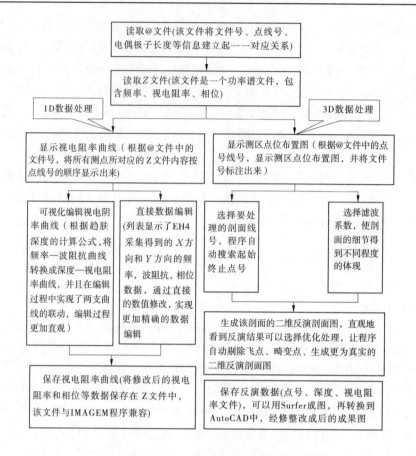

图 1　EH4 大地电磁数据处理流程

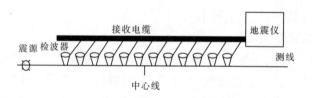

图 2　瞬态瑞雷面波法工作布置示意图

EH4 大地电磁测深剖面显示,碎石土、覆盖层与基岩存在明显的电性差异,根据钻孔揭露信息及视电阻率变化形态分析,测区内碎石土、覆盖层视电阻率小于 5 000 Ω·m,而基岩视电阻率不小于 5 000 Ω·m。

瞬态瑞雷面波测线成果显示,碎石土、覆盖层及不同程度的风化基岩层之间存在较明显的横波波速差异:测区内碎石土、覆盖层横波波速小于 1 000 m/s;基岩强风化层横波波速变化范围为 1 000 ~ 1 800 m/s,基岩弱风化层横波波速变化范围为 1 800 ~ 2 400 m/s,基岩微风化层横波波速大于 2 400 m/s。

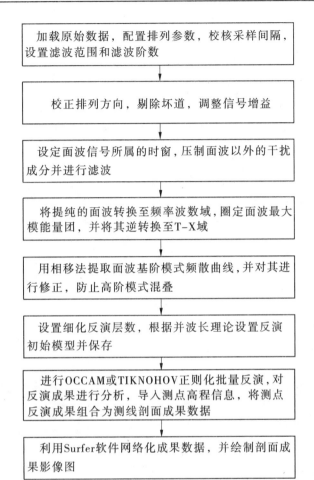

图3　瞬态瑞雷面波数据处理流程

　　提取不同测点处的覆盖层深度值并进行二维网格化插值,形成古河道等深度图和空间分布图立体图分别如图7、图8所示。古河道发育走向与现河道基本一致,但古河道发育宽度狭窄,深切地表,测试范围内古河道上游侧深约120 m,下游侧深度达145 m。

5　结　论

　　古河道与覆盖层之间存在较明显的视电阻率和横波波速差异,EH4 大地电磁法测试范围较深,但浅部分辨率有限;瞬态瑞雷面波法可根据横波速度差异进行分层,但其测试深度有限。在覆盖层较浅的测区可采用瞬态瑞雷面波法,在覆盖层较厚的测区可采用 EH4 大地电磁法进行探测,通过联合两种探测方法获取覆盖层深度,可直观地刻画古河道的空间展布特征。

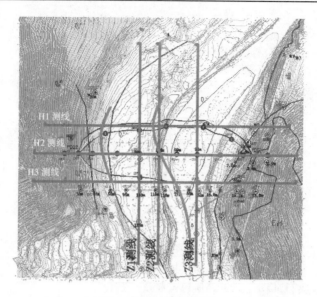

图4　测线布置示意图

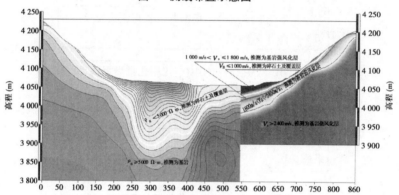

图5　H2 测线成果剖面图

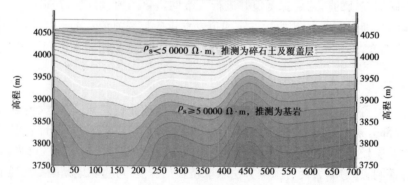

图6　Z2 测线成果剖面图

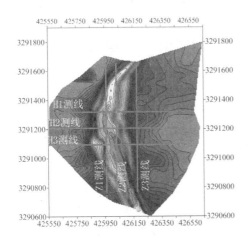

图 7　覆盖层等深度图

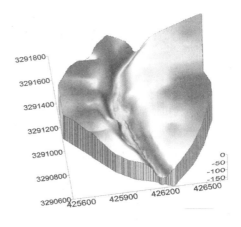

图 8　古河道空间分布立体图

参 考 文 献

[1] 李茂,丘崇涛,管少斌. CSAMT 法在内蒙古某古河道砂岩型铀矿勘查中的试验应用[J].铀矿地质,2009,25(3):173-178.

[2] 张赓,庹先国,葛宝,等. 地震映像法在古河道探测中的应用[J].成都理工大学学报(自然科学版),2011,38(1):38-41.

[3] 王红岩,徐春明,刘伟,等. 频谱分解技术在古河道识别中的应用[J].工程地球物理学报,2015,12(5):610-614.

综合物探方法在水库除险加固工程中的应用

张明财[1,2,3]　　陈宗刚[3]　李　洪[3]

（1. 中南大学地球科学与信息物理学院，长沙　410083；

2. 有色金属成矿预测与地质环境监测教育部重点实验室，长沙　410083；

3. 中国电建集团西北勘测设计研究院有限公司，西安　710043）

摘　要　水库除险加固工程的首要任务是探寻隐患所在。物探方法由于具有高效、低成本、高分辨率的技术特点，成为探查隐患所在的首选方法。每一种物探方法适用于不同的异常体探测。通过综合应用高密度电法、瞬态面波法、瞬变电磁法及探地雷达法对石堡川水库进行检测，查明了水库的隐患所在，为其除险加固工程提供了有力的技术依据。

关键词　综合物探方法；水库；除险加固

1　引　言

水库大坝作为一种重要的水利工程，在我国国民经济建设中发挥着巨大的作用。统计资料表明：我国 95% 的水库大坝是当地土料、石料或混合料，经过抛填、辗压等方法堆筑成的挡水土石坝。我国水库工程大部分兴建于 20 世纪 50～70 年代，由于缺乏经验，经常是"边勘测、边设计、边施工"，有许多工程防洪标准低，受施工条件的限制，大坝施工普遍存在坝体填筑不密实或清基及坝基防渗处理不彻底，使得大坝在使用过程中出现了各种病害现象，严重影响坝体的结构安全和防渗安全，破坝、溃堤时有发生[1,2]，不仅造成水库不能正常运行，不能充分发挥其效益，而且严重威胁着下游人民生命财产的安全或不能充分发挥其兴利效益，急需除险加固，而找到其病害所在更是首当其冲的重要任务。

目前对于此类地质问题，通常采用钻探和物探两种探查手段。其中，物探手段通过对坝体介质物性差异进行数据采集与处理分析，其无损方式、大面积勘查、高效低成本等特点，适合于坝体全面、常态化检测与测试，可为大坝安全评价提供有效的技术参数，成为大坝隐患快速、准确、无损伤探测的首选方法。针对不同的缺陷选取不同的物探方法，高密度电法、瞬变电磁法、瞬态面波法、探地雷达法等物探技术为大坝质量检测提供了有力的技术支持。现以石堡川水库为例进行分析。

2　工程概况及测区地质条件

2.1　工程概况

石堡川水库位于洛河一级支流石堡川河上，大坝地处陕西省延安市洛川县石头乡盘曲河村东 500 m 处，是一座以灌溉为主，兼有防洪、供水等功能的Ⅲ等中型水利工程。水库枢纽由大坝、输水洞、泄洪洞、泄洪底洞、溢洪道 5 部分组成。原设计正常蓄水位 929.3 m，死水位 905.7 m，总库容 6 220 万 m³。坝为均质土坝，最大坝高 58 m，坝顶长 380 m，坝顶设计高程 941.0 m,坝顶宽 4.9 m,设有 1.5 m 高浆砌石防浪墙[3]。大坝运行至今,背水坡出现渗漏现象,甚至一度出现管涌、流土、接触冲刷等破坏,两坝肩绕坝渗漏严重,坝体出现裂缝或滑坡等严重的地质问题。溢洪道、输水洞由于施工质量差等原因,出现大量的裂缝、露筋、冲蚀、渗漏等问题。

2.2 地质条件

石堡川水库位于渭北黄土塬区,沟壑发育,河谷呈"U"形,谷底宽 150 ~ 500 m,高程 907.7 ~ 935.4 m,塬面高程大于 971.0 m,黄土及黄土状壤土自然边坡一般 35° ~ 45°。库区分布一级阶地和三级阶地,二级阶地缺失。库区出露地层岩性为第四系黄土及中生界三叠系沉积的砂岩及砂页岩互层。水库岸坡由砂岩和黄土状壤土组成,岸边出露基岩高度 20 ~ 60 m。

水库枢纽区河谷呈"U"形宽谷,左岸基岩分布高程(960 m 以上)明显高于右岸(933 m),两岸地貌形态明显不对称。谷底宽度近 300 m,有河漫滩及一级阶地分布,一级阶地左岸宽度 175 m,右岸宽 25 ~ 80 m。右岸分布有二三级阶地。右岸黄土塬分布在坝线 350 上游,基座高程 933 ~ 935 m,上覆黄土,黄土状土厚度达 70 m 以上。

3 物探方法与技术

3.1 高密度电法

高密度电法是把很多电极同时排列在测线上,通过对电极自动转换器的控制,实现电阻率法中各种不同装置、不同极距的自动组合,从而一次布极可测得多种装置、多种极距情况下多种视电阻率参数的方法。本次勘探过程中,在水库右岸滩地布设 GMD1、GMD2 测线,测线电极距 5 m,电极数目 40 根,最大采集层数 13,采用温纳 α 装置进行测量,该装置电极滚动及现场测线布设示意图见图 1。

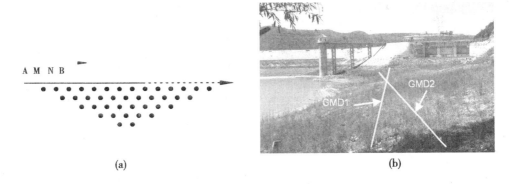

|(a)|(b)|

图 1　高密度电法温纳 α 装置测量滚动(左)及现场测线布设示意图(右)

3.2 瞬态面波法

瞬态面波法利用瑞利波在不均匀介质中的频散散特性来探测地表附近各分层厚度的横波速度。在本次勘探过程中,在大坝坝顶布设 MB1 测线,采样间隔采用 0.5 ms,采样点数 2 048,道间距取 2.5 m,偏移距取 5 m 和 10 m,18 磅大锤锤击作为激发震源,检波器主频为 4 Hz,工作布置示意图见图 2(a),数据处理流程图如图 2(b)所示。

3.3 瞬变电磁法

该方法利用不接地回线或接地线源向地下发射一次脉冲磁场,在一次脉冲磁场间歇期

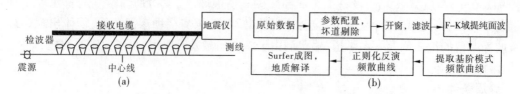

图 2　瞬态面波工作布置示意图及数据处理流程

间利用线圈或接地电极观测地下介质中引起的二次感应涡流场,从而探测感应电流由于热损耗而随时间衰减曲线,达到探测异常体电阻率的目的。根据现场条件和试验调试结果,本次沿大坝坝前面板和垂直大坝坝顶分别采用大定源装置和中心回线装置布设 TEM1、TEM7测线,两种装置中接受线圈均采用大小为 0.5 m×0.5 m 的正方形回线圈,同步方式选取GPS 授时,发射电流平均为 45 A,发射脉冲宽度 10 ms,对应基础频率为 25 Hz,其中大定源装置采用大小 55 m×20 m 的矩形回线圈作为发射线圈,中心回线装置采用大小 3 m×3 m的正方形回线圈作为发射线圈。

3.4　探地雷达法

探地雷达的使用方法和原理是通过发射天线向地下发射高频电磁波,接收天线接收反射回地面的电磁波,电磁波在地下介质中传播时遇到存在电性差异的界面时发生反射,根据接收到电磁波的波形、振幅强度和时间的变化特征推断地下介质的空间位置、结构、形态和埋藏深度。本次作业在输水洞布设雷达测线,工作参数选取 400 m 发射天线,天线发射率100 kHz,测量模式为连续测量,用 16 位 1 024 点采样。

4　成果解译

4.1　高密度电法

高密度电法 GMD1、GMD2 测线电阻率剖面成果分别如图 3、图 4 所示。

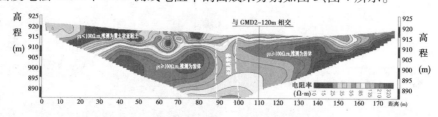

图 3　高密度电法 GMD1 测线电阻率剖面成果

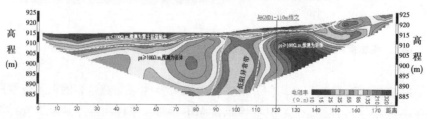

图 4　高密度电法 GMD2 测线电阻率剖面成果

图 3 和图 4 的物探成果剖面显示,水库右岸地层可以划分为两层:上覆层电阻率 ρ_s 小于 100 Ω·m,结合现有地质资料,推测该层为黄土状亚黏土;下伏层电阻率 ρ_s 大于等于 100Ω·m,推测为岩体。两条测线中,上覆黄土状亚黏土层厚均随桩号增大而减小,GMD1 测线

桩号23~170 m 范围内,其底界面高程变化范围为906~915 m;在桩号88~100 m 之间存在一低阻异常带,GMD2 测线桩号23~170 m 范围内,其底界面高程变化范围为906~921 m;在桩号88~108 m 之间存在一低阻异常带,地质调绘信息显示:该处为断层破碎带。由此推断,石堡川水库右坝肩背水坡渗水来源于该处。

4.2 瞬态面波法

布设于坝顶的 MB1 测线的横波速度影像图如图5所示。

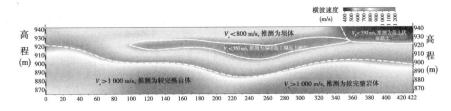

图5 瞬态面波法 MB1 测线横波速度影像图

结合水库大坝施工地质资料,分析 MB1 测线成果,根据横波速度变化规律,该剖面总体可以划分为两层,上覆层横波速度 v_s 小于800 m/s,推测该层为坝体,其中桩号100~356 m,高程905~928 m 范围内横波速度小于550 m/s,推测为坝体施工碾压不密实所致,桩号342~432 m,高程921~942 m 范围内横波速度小于550 m/s,推测为黄土状亚黏土层,下伏层横波速度 v_s 大于等于1 000 m/s,推测为较完整岩体。桩号0~240 m 段,岩体顶板高程由923 m 降至885 m;桩号240~432 m 段,岩体高程变化范围为885~912 m。

4.3 瞬变电磁法

瞬变电磁法 TEM1 测线与坝轴线垂直,小桩号一侧为迎水坡,大桩号一侧为背水坡,其电阻率剖面成果图见图6。

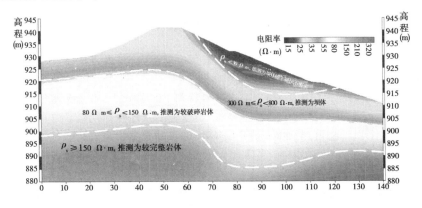

图6 瞬变电磁 TEM1 测线电阻率剖面成果图

根据电阻率分布特征及变化规律,该剖面总体可以划分为三层:上覆层电阻率 ρ_s 小于80 Ω·m,推测为坝体,该层底界面高程变化范围为902~925 m 其中桩号65~121 m,高程915~937 m 范围内电阻率 ρ_s 小于30 Ω·m,推测为坝体施工碾压不密实;中间层电阻率;第三层电阻率 ρ_s 大于等于80 Ω·m,且小于150 Ω·m,推测为较破碎的岩体,其底界面高程变化范围为886~903 m;下伏层电阻率 ρ_s 大于等于150 Ω·m,推测为较完整的岩体。

4.4 探地雷达法

在泄洪洞左右边墙分别布设探地雷达测线,其典型的剖面如图7所示。

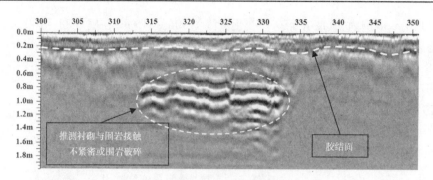

图 7　探地雷达测段成果剖面图

检测结果显示,泄洪洞 300～350 测段内胶结面深度约 20 cm,其中 313～334 段深度 0.6～1.4 m 存在衬砌与围岩接触不紧密或围岩破碎的异常现象,深度影响较大,在除险加固过程中应该引起重视。

5　结　语

病险水库和大坝的隐患排查一般希望尽量减少破坏性手段而采用无损的探查手段,而物探技术正好满足这一要求,针对不同介质的物理性质及地球物理特征,通过选取不同的物探方法可达到工程隐患排查的目的。但在缺少钻探资料的情况下,单一物探方法的解译成果具有片面性和不确定性。因此,采用综合物探方法再加以少量的钻探予以佐证则能更好地查找出工程隐患所在。笔者认为,物探技术在水库或大坝的除险加固工程隐患排查方面具有无损、大面积勘查、高效、低成本等特点,作用明显,具有很大的发展潜力,应给予高度重视。

参 考 文 献

[1] 陈兴海,张平松,江晓益,等. 水库大坝渗漏地球物理检测技术方法及进展[J]. 工程地球物理学报,2014,11(2):160-165.

[2] 吴献华,童文铎. 综合物探在豫西某水库大坝坝体检测中的应用[J]. 矿业与水利. 2016,6(3):108-110.

[3] 张斌,党福堂. 石堡川水库除险加固工程建设分析[J]. 工程建设与管理,2012(2):32-33.

[4] 黄春华,杨光华,袁明道. 英德市空子水库除险加固工程大坝检测成果分析[J]. 广东水利水电,2012(4):32-40.

[5] 杨阳,王范华,何勇军. 高勒罕水库大坝高密度电法检测与分析[J]. 大坝与安全,2016(3):64-76.

综合物探在坝址区隐伏断层探测的应用

侯剑凯　孙　刚

（河南省水利勘测有限公司,郑州　450008）

摘　要　近年来,地球物理探测技术在工程勘察中发挥出越来越重要的作用。研究人员在前坪水库建设过程中,利用高密度电法、地球物理测井对坝址区断层进行综合探测。通过地质钻探的验证,对综合物探的探测结果进行分析与研究。结果表明:高密度电法能较准确的探测到断层的空间位置,地球物理测井能精确的分辨断层的规模,起到了点线面结合的优势。利用综合物探技术可以较精细的探测出断层的分布情况,为水库建设工程制定预防治理方案、确保水库建设质量提供了可靠的地质资料。

关键词　综合物探;高密度;物探测井;隐伏断层

1　引　言

地球物理探测简称物探,是以观测各种地球物理场的变化规律为基础,来解决各种地质问题的一组勘探手段。以多种工程地球物理手段,如高密度电法、地震折射波法、探地雷达法、地球物理测井等来解决工程浅地表地质问题,是近年来地球物理学发展的一个新的前沿领域[1,2]。

断层及其破碎带是影响水库坝基稳定性的一种不良地质体。确保水库坝基的稳定是保证水库安全性的重要因素[3]。因此,水库在施工建设前对隐伏断层的探测就显得尤为重要。研究人员采用综合物探的方法,主要为高密度电法和物探测井,对河南省前坪水库坝址区隐伏断层进行了探测,并结合地质钻探资料,对综合物探在水库坝址区断层的探测结果进行了分析与研究。

2　基础地质条件及地球物理特征

2.1　地形地貌

本区处于豫西山地,为秦岭东延余脉,由崤山、熊耳山、外方山、伏牛山等几条山脉构成,山势整体西高东低,呈扇形向东展开,海拔一般为500~2 000 m,最高峰为伏牛山石山峰,海拔2 513 m。区域内主要发育河流有洛河、伊河、北汝河等。在地质构造的影响下,河流走向呈北东向,河流下游有小型的山间盆地。区域内冲沟发育,特点是切割深、延伸长。前坪水库位于淮河流域沙颍河支流北汝河上游。

坝址区地貌上位于剥蚀低山区与丘陵区交接地带,左岸山顶高程最高543.60 m,右岸山顶最高480.2 m。左岸岸坡上部基岩裸露,坡度较陡,坡角28°~40°;右岸岸坡为悬坡,基岩裸露,坝肩有一垭口,最低处高程416.05 m左右,上部被古近系和第四系松散沉积物覆盖。北汝河从近东西向流入坝址区后折向北东,左岸为堆积岸,右岸为侵蚀岸,河流在右岸通过坝轴线。右岸支流红椿河呈北东向在坝址上游注入北汝河。

2.2　地层岩性

本区属华北地层区豫西分区,基底地层为太古界太华群深变质岩及混合岩系,侵入岩发育。坝址区地层以元古界震旦系熊耳群马家河组(Pt_2^{m})安山玢岩和第四系松散地层为主。

2.3　地球物理特征

物性的差异是产生地球物理异常的前提条件,也是选择物探方法必须考虑的因素。因此,研究人员对库区物性进行了调查,收集了物性资料并在野外进行了测试。结果表明,工区内重粉质壤土、砂卵石、安山玢岩(完整安山玢岩与破碎安山玢岩)存在较明显电性差异,具备采用高密度电法探测的条件;完整安山玢岩和破碎安山玢岩之间存在电阻率和纵波波速的差异,具备电阻率测井和声波测井的条件。

3　方法与技术

各种物探方法都有其应用条件和局限性,物探资料的解释有时也具有多解性。运用综合物探手段,能克服其缺点,最大限度的发挥物探方法的优点,快速高效地为地质勘探提供客观的地质构造资料,以解决各种地质问题。

3.1　方法原理

高密度电法是一种阵列式直流电阻率勘探方法,综合了电阻率剖面法和电阻率测深法。该方法以地壳中岩(矿)石的导电性差异为物质基础,通过观测与研究人工建立的地中稳定电流场的分布规律,从而解决地质问题[2]。野外测量时只需将全部电极(几十至上百根)置于测点上,然后利用程控电极转换装置和微机工程电测仪便可实现数据的快速和自动采集,数据经批量处理后可以得到地电断面分布特征,从而获得隐蔽于地下的地质特征[4]。

地球物理测井是以不同岩矿石的物性差异为基础,如电性差异、电化学差异、核物理差异、声波差异等,通过相应的地球物理方法沿井连续测量反映岩石、矿石某种物理性质的物理参数,并利用这些物理参数来研究解决地下地质问题和钻井技术问题[5]。

本次探测中,目标异常体为断层。由于断盘挫动,会产生断层破碎带。断层破碎带的电阻率与围岩的电阻率存在差异,使用高密低电阻率法进行探测,能够查明破碎带的空间位置。断层破碎带与围岩电阻率、纵波波速的差异,利用物探测井,可以较精确地查明断层破碎带的深度及规模以及性质。

选择不同物性参数的物探方法进行组合,测试参数多样化,从不同的角度表现同一个探测目的体[6]。

3.2　野外工作布置

物探工作的工作布置是以物性差异为前提,地质任务为目的进行设计。此次探测的目标异常体为断层。要求查明断层在坝址区的位置、走向及规模。根据以往地质资料,断层大体走向为近东西向,故高密度电法的测线近南北向敷设。考虑到实际条件及地形影响,共布置5条测线:W1-1′剖面沿坝轴线布设;W3-3′剖面、W4-4′剖面在坝轴线上游平行坝轴线布设;W2-2′剖面、W5-5′剖面在坝轴线下游平行坝轴线布设。剖面间距20~60 m,剖面长度均为590 m。

在坝轴线,也是物探剖面W1-1′的4个钻孔中开展测井工作。钻孔编号分别为zk9-1钻孔、zk23-1钻孔、zk23-2钻孔、zk23-3钻孔。

3.3 物探方法装置选择

高密度电法最终的成像剖面由观测装置、道间距、隔离系数决定。观测装置电极系的排列方式有温纳排列、联合三极排列、偶极排列和微分排列等。可单独使用,也可联合使用[2]。本次探测使用了温纳装置和 MN – B 联合三极装置。温纳装置受地形的影响较小,垂向分辨率相对较高,能较好地反映地质体的垂向分布。但是,通过温纳装置获得的剖面中,越靠近测线的端点,数据量越少,勘探深度变得越来越浅。温纳装置对于水平变化较大的地质体反映相对较差。MN – B 三极装置受地形影响较大,尤其是高程的突变或测线方向大角度变化,极易发生畸变,产生虚假异常。但是,MN – B 三极装置无论是垂向还是横向分辨力都比较高,抗干扰能力相对较好,适合异常的识别和分辨。电极距与探测的异常分辨力有关,电极距变大,探测异常的分辨力变低。反之,电极距变小,探测异常的分辨力就会增高。隔离系数决定了电测深的最大探测深度和浅层的覆盖次数[7]。

在本次高密度电法探测中,采集系统为重庆奔腾数控技术研究所的 WGMD – 3 型高密度电法测量系统。电极总数 $P(sum) = 60$,电极距 $\Delta x = 10$ m。温纳装置剖面数 $n = 19$,MN – B 三极装置剖面数 $n = 29$。

根据地层岩性及地球物理特征,测井工作主要采用视电阻率测井和声波测井。

视电阻率测井是基于不同岩层间的电阻率差异,测量被钻井穿过的岩层的视电阻率,并根据视电阻率的井轴变化规律来划分钻井地质剖面,确定含水层位置、厚度和性质的一种测井方法。

电极系使用底部梯度电极系(N0.1M0.95A),电极距为 1 m。测井采用连续测量的方式,测试点距 0.1 ~ 0.2 m,由绞车均匀地提升或下降置有电极系的三芯电缆,用测井仪连续记录电位差(ΔV_{MN})曲线。在记录电位差曲线过程中,始终保持电流 I 不变,并由测井仪指示读数。电极系的 K 值是一常数,故电位差曲线的变化形态与 ρ_s 曲线的形态特征完全相同。连续测量方式具有速度快、精度高的特点。

声波测井是基于不同的岩石具有不同的声波传播速度的原理,利用测井曲线划分岩性剖面。

声波测井采用一发双收的声波探头。探头包括一个声波发射器(T)和两个接收器 R_1、R_2,接收器的间距为 l。仪器记录滑行波到达两个接收器的时间差 Δt,通过 l 和 Δt 的值计算孔壁岩体波速

综合测井使用仪器为重庆地质仪器厂产 JGSB – 1 轻便工程测井系统。该系统具有多功能多参数测量特点,工作效率高。

4 资料处理解释

4.1 探测数据的处理

处理高密度电法探测数据时,将采集到的数据传输至计算机上,经数据回放、剔除明显异常点、格式转换、数据编辑,采用 RES2DINV 高密度电阻率数据二维反演软件,利用最小二乘法对实测视电阻率数据进行了二维反演。反演过程中压制系数随深度的增加而增加,均方根误差值达到要求精度后,终止迭代,获得反演模型电阻率断面图。反演模型电阻率断面图能客观地反映测线剖面地表以下垂直和水平方向的岩层结构的变化特征[8],提高了分析解释效果和精度。

物探测井的数据处理分为视电阻率测井和声波测井。

视电阻率测井的原始数据经过校对无误后,以视电阻率为横坐标,钻孔孔深为纵坐标,绘制视电阻率－孔深曲线图。按视电阻率曲线突变特征和半幅值点分层原则,定性划分岩层及含水层位置。

声波测井的原始数据经过校对无误后,以声波速度为横坐标,钻孔孔深为纵坐标,绘制声速－孔深曲线图。声波曲线可以划分岩性,进行地层对比。对于安山玢岩岩体,完整致密的安山玢岩具有较高的声速,在时差曲线上则显示低值,而破碎安山玢岩在时差曲线上显示为高值(低速)。当其他测井方法不能获得良好的标准层时,可以利用声波测井曲线成功地进行地层对比。

4.2　探测资料的解释

高密度电法资料的解释是根据正演视电阻率拟断图和反演模型电阻率断面图,结合区域地质资料及地球物理特征,推断地下不同电性岩石(或矿体)的分布状况。剔除虚假异常,分析确定有效异常。确定异常空间位置,解决地质问题[9,10]。

测区共完成高密度电法排列 5 个。点距 10 m,单个排列探测剖面长度为 590 m。高密度电法温纳装置对地质体垂向分布有较好的反映。4 个剖面温纳装置反演模型电阻率断面图如图 1 所示(W4－4′因测量桩号与其他 4 条方向相反,故未列出对比)。

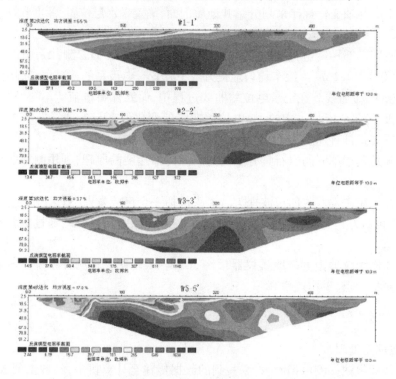

图 1　温纳装置反演模型电阻率断面图

由温纳装置反演模型电阻率断面图可以对地层进行定性的判断。垂向上地层基本分为三层。地表为深蓝色、蓝色低阻条带,深度随桩号的增大而变浅,推断岩性为重粉质壤土。深蓝色、蓝色低阻带以下,电阻率断面图上呈绿色、黄色为主,推断岩性为砂卵石。底部棕黄色、红色高阻带,推断岩性为安山玢岩。

MN-B 三极装置无论是垂向还是横向分辨力都比较高,抗干扰能力相对较好。应用 MN-B 三极装置反演模型电阻率断面来进行地层定量的划分和异常的识别。以沿坝轴线布设的物探剖面 W1-1′为例。

该剖面位于坝轴线上,剖面长 590 m。自北向南敷设。地表高程由高变低,整体平缓。地形对反演结果的影响可以忽略不计。测线在桩号 470 m 处存在大拐角,因此在反演模型电阻率断面图桩号 470 m 处深部出现椭球体状低阻块,推断为虚假异常。MN-B 三极装置反演结果见图 2。自上至下依次为实测视电阻率拟断面,正演视电阻率拟断面,反演模型电阻率断面。根据正演视电阻率拟断图和反演模型电阻率断面图划分地层和确定有效异常。

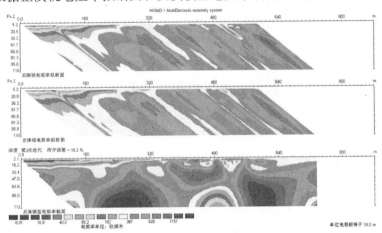

图 2　W1-1′MN-B 三极装置反演结果图

该剖面较长,根据明显地物分三段解释。

(1)桩号 0～155 m:这段为测线的端点,数据量较少,勘探深度浅,且缺乏可以对比的周边数据,因此对地质体反映相对较差。根据现场观察和地质资料,结合实测视电阻率拟断面推断,地面以下 4.0～7.0 m,电阻率图像上呈薄层状,深蓝色为主,蓝色次之,电阻率范围值为 $\rho_s = 8～29$ Ω·m,推断岩性为重粉质壤土。

在地面 4.0～7.0 m 以下,地下深度 15.0～21.0 m 以上,层厚范围在 5.5～14.0 m,电阻率图像呈绿色、黄色,电阻率范围值为 $\rho_s = 62～387$ Ω·m,推断岩性为砂卵石。深度在 15.0～21.0 m 以下,电阻率图像呈整体连续状,棕黄色、红色为主,电阻率范围值为 $\rho_s = 387～1\,757$ Ω·m,推断岩性为安山玢岩。

(2)桩号 155～420 m:桩号 155～330 m,地面以下 0～7.0 m,电阻率图像上深蓝色、蓝色条带逐渐变浅,电阻率范围值为 $\rho_s = 8～29$ Ω·m,推断岩性为重粉质壤土。厚度逐渐变浅。桩号 330～420 m,地表无浅色低阻条带,且地表可以观察到大量卵砾石。

桩号 200 m:电阻率呈低阻上下贯通状,两侧皆为高阻带,推断为断层破碎影响带。

桩号 155～420 m:在地面 0～15.0 m 以下,在地下深度 15.0～21.0 m 以上(其中桩号 190 m 附近,深度地下深度 35.0 m 以上,深度较深,且处于断层破碎影响带附近,推断为深切风化槽),层厚范围在 11.0～26.0 m,电阻率图像呈绿色、黄色,电阻率范围值为 $\rho_s = 62～387$ Ω·m,推断岩性为砂卵石。深度在 15.0～35.0 m 以下,电阻率图像呈棕黄色、红色为主,整体连续,电阻率范围值为 $\rho_s = 387～1\,757$ Ω·m,推断岩性为安山玢岩。

(3)桩号 420～590 m:为河床段。地面以下 15.0 m,电阻率图像上呈黄色、棕黄色,电阻

率范围值为 $\rho_s = 284 \sim 606\ \Omega \cdot m$,推断岩性为砂卵石。局部浅层低阻反映,在测线布置时存在拐角,与现在采集记录对比,推断为虚假异常。

深度在 15.0 m 以下,电阻率图像呈红色为主,次为棕黄色,电阻率范围值为 $\rho_s = 606 \sim 1\ 757\ \Omega \cdot m$,推断岩性为安山玢岩。其中,桩号 470 m 处深部出现椭球体状低阻块,测线在此处有大拐角,推断为虚假异常。

高密度电法探测的目标异常为断层。反映在电阻率图像上为低阻上下贯通状。据此依次探测到 5 条高密度电法探测剖面断层带的空间位置(见图 3)。

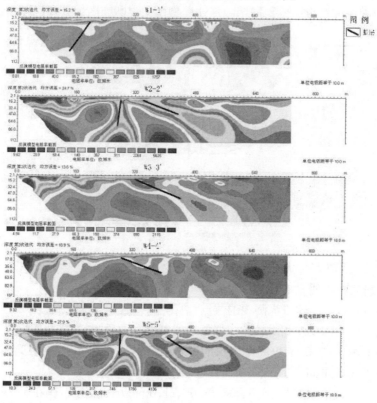

图 3　断层位置示意图

高密度电法是一种剖面探测方法,探测断面面积大。测井是依据钻井的一种点柱状探测方法。测井具有数字化、精度高的特点。视电阻率测井中,强风化安山玢岩呈现低阻反应,中等风化安山玢岩呈高阻反映,断层泥呈极低阻反应。电性差别较大,曲线反映明显。声波测井中,声波曲线可以划分岩性。对于安山玢岩岩体,完整致密的安山玢岩具有较高的声速,在时差曲线上则显示低值,而破碎安山玢岩在时差曲线上显示为高值(低速)。zk23 -1 孔测试成果见表 1。其中孔深 54.5 ~ 57.0 m 推断为断层。

通过四个钻孔测井成果分析,zk9 -1 孔、zk23 -1 孔、zk23 -3 孔三个钻孔,整体电阻率低,纵波波速亦低,判定三个钻孔位于断层影响带。

zk23 -2 孔西距 zk23 -3 孔 37.5 m,距 zk23 孔 30 m,该孔视电阻率为 373 ~ 1 775 $\Omega \cdot m$,平均值 945 $\Omega \cdot m$,岩体纵波波速为 2 451 ~ 5 952 m/s,平均值 4 410 m/s,安山玢岩较完整,判定该孔处于断层影响带外。

表1 zk23-1 钻孔测井成果

深度 （m）	岩性	电阻率 范围/平均值 （Ω·m）	纵波波速 范围/平均值 （m/s）
19.0～54.5	强风化安山玢岩	90～938/314	1 825～2 525/2 119
54.5～57.0	断层泥	22～68/43	
57.0～80.0	强风化安山玢岩	139～518/401	

5 成果分析

综合物探探测的结果,可以为钻探的布置提供依据。同时钻探的成果可以对综合物探探测的结果进行对比和验证。

钻探结果显示,断层:走向75°～85°,倾向 NW,倾角70°～85°,坝址区隐伏于左岸Ⅰ级阶地之下。在 zk23、zk23-1、zk23-3 钻孔中揭示,断带宽5～12 m,断层影响带宽度上盘14～22 m,下盘1～3 m,为压扭性正断层。在 zk23 孔24.2～31 m、zk23-1 孔52.8～60 m、71.5～78.2 m 及 zk23-3 孔38.6～42.5 m、49.8～59.0 m、63.8～74.5 m 揭露断层破碎带。断层带岩体呈棕红色、浅紫红色,岩性为碎块岩、糜棱岩、角砾岩,其中角砾岩多为泥质胶结,靠近主断面附近分布有砖红色断层泥。

经过对比,测井的结果与钻孔的成果一致性较好。地层的划分与断层的规模与钻探的成果对应较好。

高密度电法在垂向地层的划分与钻孔的成果较一致。在断层探测上,高密度电法 W1-1′坝轴线剖面探测到的断层位置,经钻孔验证,较为准确。但是在 W2-2′剖面上,高密度电法探测结果显示,共有两处异常,桩号280 m 处和桩号340 m 处;在 W5-5′面上,两处异常桩号为300 m、420 m,由图4可以看到,异常处电阻率呈相对低阻,形态上近上下贯通状,故推断为断层带。但是在后期钻孔验证后,桩号280 m、桩号300 m 未揭露断层带。推测原因可能是次生断层,也可能是断层发育不均。此外,高密度电法在断层走向上探测效果一般,而物探测井能够弥补高密度电法的不足。因此,在断层探测上,使用综合物探方法,相互结合验证,才能提供可靠的解释资料。

6 结 论

根据测区地形、地质和地球物理条件,采用了综合物探方法进行探测,主要为高密度电法和测井技术,测井采用电阻率测井和声波（纵波）测井两种方法,基本查明了地层及断层的走向、规模。

高密度电法与测井技术相结合,在解决局部异常体的同时,可探测到整体岩性分布情况,起到了点线面结合的优势。

综合物探探测结果与地质钻探结果比对,综合物探能够较准确的探测到断层的空间位置,但对断层产状要素的定量解释精度仍有待提高。断层发育的不均一性对物探资料的解

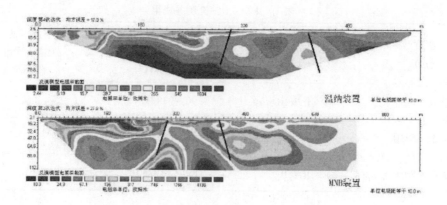

图4　W5-5'反演模型电阻率断面图

释产生一定干扰。必要情况下可对每个异常进行验证,以使探测结果更趋可靠。

参 考 文 献

[1] 程志平.电法勘探教程[M].北京:冶金工业出版社,2007:20-70.

[2] 宋维琪.工程地球物理[M].东营:中国石油大学出版社,2008:96-101.

[3] 马德明,李勃,闫志勇,等.综合物探方法在水库坝堤基础勘查中的应用[J].科技创新与应用,2013(8):143-144.

[4] 杨建顺,田凯,田依林,等.高密度电法探测堤防裂缝的模型研究[J].人民黄河,2010,32(12):44-46.

[5] 潘和平,等.地球物理测井与井中物探[M].北京:科学出版社,2009.

[6] 肖长安,王国滢,曾宪强,等.综合物探方法在大坝渗漏探测中的应用[J].水利规划与设计,2014(2):61-64.

[7] 向阳,李玉冰,易利,等.排列方式及电极距对高密度电法异常响应的影响分析[J].工程地球物理学报,2011,8(4):426-432.

[8] 刘成怀,刘康和.综合物探在水电站勘查中的应用[J].水利技术监督,2012(3):52-55.

[9] 黄杰炯,胡鑫垚.高密度电法在香河水库坝址区断层破碎带探测中的应用[J].广西水利水电,2015(6):4-6.

[10] 李军,马新龙.高密度电法在水库大坝塌陷勘测中的应用[J].工程勘察,2010,38(1):89-94.

【作者简介】　侯剑凯(1989—),男,助理工程师,主要从事水利水电工程地质勘察物探方向研究。E-mail:540262166@ qq. com。

机电信息化篇

浅谈引绰济辽供水工程调节阀型式的选择

唐 平 霍顺平

(内蒙古水利水电勘测设计院,呼和浩特 010020)

摘 要 本文就如何选择确定调节阀的型式进行探讨,介绍了国内不同型式调节阀的结构及特点,论述了引绰济辽供水工程末端调节阀的选型方案。

关键词 引绰济辽调;调节阀;分类;压差

1 引 言

引绰济辽供水工程主要包括从绰尔河引水至西辽河,向沿线城市和工业园区供水,结合灌溉,兼顾发电等综合利用。输水工程自文得根水库取水至莫力庙水库,线路全长 318.247 km,其中有压重力流管道输水管线长度 206.27 km,沿途设有 5 个分水口,分水口调度运行主要靠调节阀的控制来实现。目前,水利行业中常用的调节阀按结构型式主要分为三大类:活塞式调节阀、固定锥形调节阀和多喷孔套筒式调节阀。

2 调节阀分类

调节阀按结构型式主要分为三大类:活塞式调节阀(简称活塞阀)、固定锥形调节阀(简称固定锥形阀)和多喷孔套筒式(简称套筒阀)调节阀。其中,活塞阀根据其出口部件的形式不同可分为普通型(即敞开式)、槽形(即条形孔)、多喷孔形、复合式等多种形式;套筒阀又分为多喷孔套筒阀和淹没式多喷孔套筒阀(见图1)。

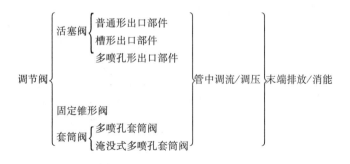

图1 调节阀分类

3 调节阀外形及结构图

(1)活塞阀外形及结构如图2所示。

(2)固定锥形阀外形及结构如图3如下。

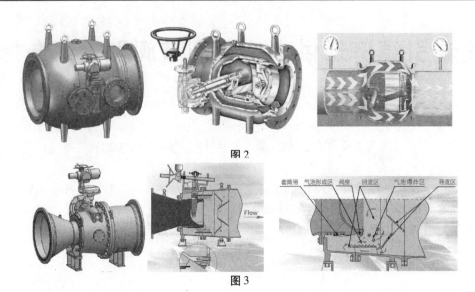

图 2

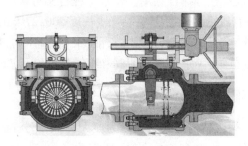

图 3

（3）套筒阀分为多喷孔套筒阀和淹没式多喷孔套筒阀。

①多喷孔套筒阀如图 4 所示。

图 4

②淹没式多喷孔套筒阀如图 5 所示。

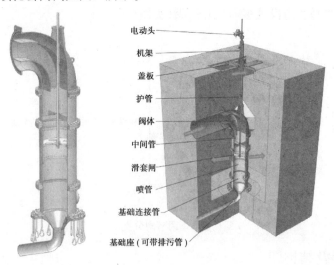

图 5

4 不同类型调节阀特性对比

不同类型调节阀特性对比见表1。

表1 不同类型阀门特性对比

项目	活塞阀	固定锥形阀	套筒阀(管中)	淹没式套筒阀
安装方式	管中卧式/末端排放	管中卧式/末端排放	管中卧式/末端排放	末端排放立式安装
适用工况	普通型:低压差; 条形孔:中压差; 多孔型:高压差	低压差	高压差	高压差
抗气蚀能力	普通型一般; 条形孔较好; 多孔型最好。 阀后一段管道 最好采用不锈钢	差。 管中式安装,阀后 需设导流板整流、 消能和防气蚀, 结构长度大	好。 阀后一段管道 最好采用不锈钢	很好
恶劣工况下寿命	较长	一般	较长	长
减压能力	好	差	好	最好
结构长度	小	大	小	大
流量—开度	接近线性	接近线性	接近线性	接近线性
主要操作机构	位于阀门中心, 为曲柄连杆机构	位于套筒外部, 双臂结构	位于套筒外部	位于套筒内部, 驱动部件为 一根推拉杆
优点	气蚀性能好寿命长, 噪音小;减压能力好; 尺寸小;零泄漏; 出口部件形式多样, 能满足多种工况; 技术成熟, 生产厂家较多	结构简单, 不易堵塞	气蚀性能好寿命长, 减压能力好, 结构简单	气蚀性能好寿命 长,减压能力好、 靠水体消能, 结构简单
缺点	多孔形需加 管道过滤器	气蚀性能差寿命 短,减压能力差; 尺寸大;工况 适用范围窄 生产厂家少	需加管道过滤器, 工况适用范围较窄, 生产厂家较少	需加管道过滤器, 池内立式安装, 生产厂家较少

5 引绰济辽供水工程调节阀型式的选择

5.1 选型要求

引绰济辽供水工程调节阀关键要解决好以下三个问题:

(1)阀门需满足最大、最小流量,同时需将富裕水头减掉,调节阀必须精确控制。

（2）阀门在任何开度下，均不允许出现气蚀、震动、噪音等问题。

（3）阀门的关阀时间必须满足 4 800 s。

5.2　不同类型调节阀适用范围

（1）固定锥形阀不适用于精确调流和控制压力，适用于水库泄洪排水等场合；固定锥形阀（管中型），阀内消能率约30%，剩余能量在阀后管道中消除，消能效果差，高压差时易产生噪音，不适用于高压差工况。

（2）多喷孔套筒式调节阀可满足本工程的需求，但其开孔为锥型圆孔，容易发生淤堵。

（3）活塞阀（普通型）阀内不消能，采用在阀后管道中消能，消能效果差，高压差时极易产生振动和噪音，不适用于高压差工况。

（4）活塞阀（出口多孔型）采用阀内小孔对撞消能，消能效果好，全程不易产生振动，噪音相对较小。

（5）淹没式多喷孔阀阀内几乎不消能，能量在消力池水体中消除，消能效果最好，高压差时不易产生振动和噪音，适用于高压差或超高压差工况。

5.3　不同类型阀门抗气蚀能力

（1）活塞阀（普通型）为普通环形流道，不具很好的抗气蚀能力。

（2）活塞阀（多孔型）采用喷孔对撞消能，使气泡的破裂不发生在金属的表面上，具有很好的自身抗气蚀能力。

（3）固定锥形阀，当工况气蚀系数较小（压差大）时，需要加装导流板，采用回流补压的方式，向高速水流附近的负压区补压，防止产生负压，从而防止空化现象产生，避免发生气蚀。

（4）淹没式多喷孔阀采用锥形小孔淹没喷射原理，空化现象在阀后水池中的水体中产生，阀体不会被气蚀破坏。

5.4　从关阀时间上比较

（1）根据阀门厂提供的设备资料，固定锥形阀和淹没式多喷孔阀采用电装进行关阀，电装的关阀时间不能实现 4 800 s 线性关阀，其关阀规律为：阀门正常启闭时间约为 360 s，根据要求现在启闭时间为 4 800 s，控制箱切换至时间控制模式后，阀门每次在开启 1.2 min（约20% 开度）后停止约18.5 min，循环直至阀门全开。关阀规律如图 6 所示。

在此关阀规律下，通过水力过渡过程计算，输水管线最大压力值为 120 m，局部位置压力与管线承压基本相同，管线存在不安全因素，因此这种关阀规律不满足本工程要求。

（2）活塞式调节阀配合液控关阀装置，其关阀规律如图 7 所示。

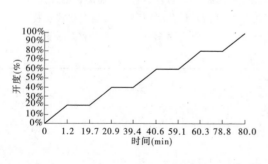

图 6　阀门开度—时间曲线　　　　　　　　图 7

在此关阀规律下,通过水力过渡过程计算,输水管线最大压力值为 104 m,最大压力值小于管线承压能力,管线比较安全,满足本工程使用要求。

6 结 论

综上所述,活塞式调节阀是最为主流的调节阀,已有 100 多年的应用背景,活塞式调节阀(多孔型)在中国国内重大调水项目上有广泛的应用,如南水北调项目、大伙房调水项目、辽西北项目、万家寨引黄入晋项目、磨盘山项目等项目,因此引绰济辽供水工程推荐采用活塞阀(多孔型)作为控制各分水口流量的措施 。

【作者简介】 唐平,高级工程师。E-mail:tangping58@163.com。

广西落久水利枢纽溢流坝工作闸门设计

刘 星

（广西壮族自治区柳州水利电力勘测设计研究院，柳州 545005）

摘 要 本文介绍了广西壮族自治区落久水利枢纽工程的泄水系统工作闸门的设计，通过对方案比选，结合有限元计算分析，对工作闸门的结构设计、顶止水选型等进行详细描述。

关键词 工作闸门；弧形闸门；方案比选；结构设计；液压启闭机

1 引 言

广西落久水利枢纽工程位于柳江支流贝江下游，贝江是柳江干流融江河段的支流之一，落久水库总库容 3.46 亿 m³，为大（2）型水利工程，工程任务为以防洪为主，兼顾灌溉、供水、发电和航运等综合利用。广西落久水利枢纽工程属全国 172 项重大水利工程之一，工程建成后，与柳江上游都柳江上的洋溪水库联合调度，堤库结合，可使柳州市城市防洪标准由 50 年一遇提高到 100 年一遇，达到防洪规划规定的防洪标准。同时，还可相应提高沿江融安县、融水县、柳城县等城市防洪标准，是柳江上的一座重要的防洪控制工程，对于提高柳州市城市防洪标准具有重要作用。

落久水利枢纽工程由泄水系统、发电系统、副坝输水系统、鱼道系统和施工导流系统组成。根据工程总体布置方案，金属结构分别设置在拦河坝溢流坝段、发电引水建筑物进口、电站厂房尾水管出口、榄口副坝输水系统进口、副坝泵站出水箱、鱼道系统出鱼口和施工导流隧洞进口等部位。

泄水系统设在拦河坝溢流段，设有 5 孔泄洪孔。每个泄洪孔设一扇工作闸门，布置于溢流坝事故检修闸门的下游侧，5 孔共设 5 扇闸门。平时工作闸门下闸蓄水，水库水位维持在正常蓄水位 153.50 m 运行，入库流量通过水轮机（发电）下泄；汛期按照水库的调度要求开闸泄洪，使库内水位降低至汛限水位 142.00 m；当下游遭遇超标准洪水时，闸门关闭挡水，水库可蓄水至 161.00 m（防洪高水位）。

2 工作闸门型式比选

2.1 平面工作闸门

溢流坝工作闸门采用平面闸门时，堰顶高程为 131.00 m，孔口净宽为 10 m，孔口高度为 12.5 m，设计水头为 30 m，采用 2×4 000 kN 固定卷扬式启闭机操作。平面闸门方案的优点是金属结构设备工程量相对较小，且制作安装工艺简单，闸门检修时可以完全提出孔口，维护较为方便。

根据本工程泄水工作闸门运行调度原则，该闸门操作频繁，且需频繁局部开启，实际操作要求复杂。本闸门的频繁局部开启导致门槽水流流态更加复杂，易产生空蚀，特别是局部开启时问题更为突出。平面闸门启闭设备采用 2×4 000 kN 固定卷扬式启闭机,需要设置约 22 m 高的混凝土排架,施工难度较大,坝面布置不美观,同时增加了坝顶门机的高度。

2.2 弧形工作闸门

溢流坝工作闸门采用弧形闸门时,堰顶高程为 131.00 m,孔口净宽为 10 m,孔口高度为 12.91 m,底槛高程为 130.10 m,设计水头为 30.9 m,采用 2×3 200 kN 弧形闸门液压启闭机操作。

依据《水利水电工程钢闸门设计规范》(SL74—2013)第 3.2.3 条规定:泄水系统工作闸门宜选用弧形闸门。由于弧形闸门不需要设置门槽,水流条件好,更适于局部开启,满足本工程中该闸门需频繁局部开启的要求。另外,本闸门启闭设备采用后拉式液压启闭机,坝面布置整齐美观,便于操作运行。

弧形闸门方案也存在缺点,金属结构设备工程量相对较大,结构相对平面闸门复杂,对闸门的制造、安装要求较高。该深孔弧形闸门不能拉出闸墩,只能通过检修廊道进行维护,不如平面闸门维护方便。

2.3 优选方案

最终经技术经济综合比选后,溢流坝工作闸门采用弧形闸门方案。

3 工作闸门设计

3.1 概述

弧形工作门布置在事故检修门后面,由门叶结构、支臂结构、水封装置、侧轮装置、支铰装置等组成。孔口尺寸($b×h$):10 m×12.91 m,按设计洪水位 161.00 mm 设计,底槛高程 130.10 m,设计水头 30.9 m,总静水压力 35 963.7 kN,由于闸门需频繁局部开启泄洪,取动力系数 1.2,动水压力为 43 156.4 kN。局限于溢流坝段水工结构的布置,该闸门采用斜支臂结构的潜孔式弧形闸门。本闸门孔口尺寸、设计水头和总水压力三项指标均处于国内同类闸门前列,本闸门频繁局部开启存在振动区域,我们在设计过程中辅助通过流激振动试验、三维有限元分析加以验证。

3.2 闸门结构设计

闸门主材为 Q345C,为了使弧形闸门梁系结构受力更明确,由三支臂的设想改为双支臂结构布置。本弧门最终采用双主横梁、双斜支臂结构,支臂与门叶、支臂与支铰之间均采用螺栓连接、球形铰结构组成;斜支臂主横梁及支臂均采用实腹焊接箱形梁结构;上下支臂间设有竖向联结系和斜支撑,均采用实腹焊接工字型结构,增大了支臂的刚度,提高了弯矩平面外的稳定性能。两支臂末端相交焊接在节点板上。

弧形工作闸门主框架设计采用平面体系假定进行分析计算,闸门面板按四边固定弹性薄板方法进行计算,并考虑 3 mm 腐蚀裕度。计算方法采用水压力与启门力叠加(按下主框架计算),初选主横梁截面,假定主横梁与支臂的单位刚度比,推算水平支承反力,计算支臂杆端弯矩,按双向偏心受压杆计算支臂稳定。

本闸门弧门面板半径为 21 m,支铰安装高程 144.30 m,闸门高度为 13.96 m,闸门最大开度 15.2 m,在闸门上方 145.00 m 高程处设有检修廊道。闸门的面板曲率半径与闸门高度的比值为 1.5,主横梁与支臂的单位刚度比 $K_0 = 5.842$。分别满足《水利水电工程钢闸门设计规范》(SL 74—2013)中第 6.1.7 条规定:潜孔弧形闸门的面板曲率半径与闸门高度的比值取 1.1～2.2;第 6.1.10 条规定:斜支臂主横梁与支臂的单位刚度比取 $K_0 = 3 ～ 7$。

通过流激振动试验以及三维有限元分析验算后,对原有结构进行加强:在门叶结构中部增设一根单腹式主梁以减小门叶中部的最大位移;支臂连接的两根纵梁,将板厚增加,且增加肋板数量;下主横梁启闭机吊耳位置、支臂与主横梁联结位置均进行加强,减弱闸门局部开启引起的振动;由于启门瞬间支臂尾叉部位应力集中,提高支臂与铰座联结的螺栓型号及将尾叉支承板厚度加强至 70 mm。

承重构件的验算方法采用容许应力法,经过加强修改后的门叶及支臂构件计算成果见表 1。

表 1　溢流坝弧形工作闸门门叶及支臂构件设计计算成果

序号	部位及计算类别			材料及型号	设计值	容许值
1	门叶结构	主梁	弯曲应力	Q345C	$\sigma = 124.74$ N/mm²	$[\sigma] = 191.25$ N/mm²
			剪应力		$\tau = 104.93$ N/mm²	$[\tau] = 114.75$ N/mm²
			折算应力		$\sigma_{zh} = 157.44$ N/mm²	$[\sigma_{zh}] = 210.4$ N/mm²
		面板	面板折算应力	Q345C	$\sigma_{zh} = 194.5$ N/mm²	$[\sigma_{zh}] = 294.5$ N/mm²
		平面内稳定		Q345C	$\sigma = 133.31$ N/mm²	$[\sigma] = 191.25$ N/mm²
		平面外稳定			$\sigma = 72.6$ N/mm²	$[\sigma] = 191.25$ N/mm²
2	支臂结构	平面内稳定		Q345C	$\sigma = 121.85$ N/mm²	$[\sigma] = 191.25$ N/mm²
		平面外稳定		Q345C	$\sigma = 102.24$ N/mm²	$[\sigma] = 191.25$ N/mm²

注:动力系数 $k_1 = 1.2$,容许应力调整系数 $k_2 = 0.85$。

3.3　止水装置设计

深孔弧形闸门的止水装置直接关系到闸门运行的可靠程度,尤其本工程有频繁局部开启的要求。开启及关闭弧门的过程中,高水压会使水封中细微的缝隙形成射流,射流对闸门门体结构及其埋件造成气蚀,严重的会导致闸门门体剧烈振动。因此,深孔闸门的止水装置尤其是顶止水的设计及制作需更密闭。闸门不管开启还是关闭的过程中,水封橡皮等构件都应该有足够的压缩量,止水装置在闸门启闭过程中能够自行适应间隙,保证止水装置有较好的密封性能,具有防止射流的措施。通过咨询其他单位及查阅各种资料,目前的深孔弧形闸门顶止水均采用主、辅两道止水来满足上述条件:主止水在闸门关闭挡水时起密封作用;辅助止水则在闸门开启时起防射流作用。启闭闸门时这两道止水将起到逐级减压和相互补偿的作用,使止水密封性能更为可靠。由于本弧门承受总水压力较大,若采用常规的预压缩式顶止水,则止水材料的强度、弹性等自适应缝隙的能力均不能满足要求。

经比较并听取了水利部有关专家的建议,本弧门最终采用转铰式止水结构(见图 1),它具有止水效果好、制作简便、可适应间隙的变化等特点。

本弧门顶止水的辅助止水采用转铰式止水装置,该装置由预埋水封座、转铰座、导轮、弹簧钢板及半圆头平板止水橡皮等组成。半圆头平板止水橡皮采用工程塑料合金。弹簧钢板厚度取 2 mm,设置在迎水面,弹簧钢板后侧紧靠 Ⅰ 型橡皮,设计止水状态预压力 15.2 kN/m(相当于高水头工作状态)。在无水状态时,转铰座的自重由弹簧钢板承受,计算弹簧钢板的预张角度和变形量;在低水头工作状态时,依靠弹簧钢板预张力保证辅助止水达到预压目

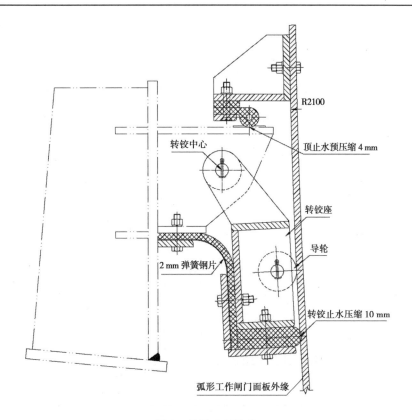

图 1 转铰水封结构

的;在高水头工作状态时,依靠上游水压作用,保证辅助止水达到预压缩量 10 mm,多余的压力由导轮承受并传递给面板,转铰结构按多跨连续梁来验算强度。本弧门顶止水的主止水为 P60 普通橡胶止水,防止辅助止水渗漏时产生阵喷式渗漏。

本弧门侧止水为方头 P60 橡胶止水,P 头与水封座板接触面复合聚四氟乙烯,预压缩量 4 mm。侧止水与顶住水之间采用异形转角水封密闭连结。

3.4 支铰装置设计

本弧形工作闸门采用斜支臂结构,弧门半径较大,考虑制作、安装误差其支铰采用球形铰,支铰结构由固定铰座、活动铰链、支铰轴、球面轴承、密封圈、挡环等组成。固定铰座、活动铰链材料为 ZG35Cr1Mo,支铰轴直径为 ϕ710 mm,采用阶梯轴的形式,材料为 40Cr,轴承为自润滑球面滑动轴承,支铰剖面结构如图 2 所示。

溢流坝弧形工作闸门支铰结构计算成果见表 2。

3.5 启闭设备

本弧门运行方式为动水启闭、局部开启。选用一台 QHLY2×3200 kN 液压式弧门启闭机进行操作,工作行程 10 300 mm,启门速度 0.5 m/min(可调),闭门速度 0.5 m/min(可调)。启闭机采用一门一机的布置方式,启闭机既可现地操作,也可远方控制。启闭机安装高程 155.841 m,液压泵站设在坝顶 161.80 m 的泵房内,每台启闭机由 1 套液压泵站控制。

在设计过程中反复与启闭机厂家沟通交流,通过加长导向套、减小工作行程、调整启闭机安装铰点位置等方法提高油缸的刚度。闸门运行期间,可通过调整闸门的开度,尽量避开局部开启闸门的振动区。

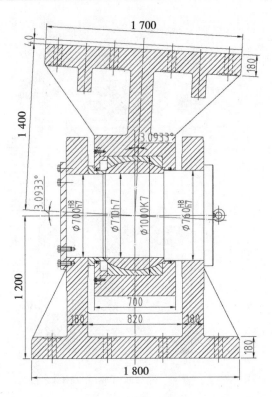

图 2　支铰剖面图

表 2　溢流坝弧形工作闸门支铰结构设计计算成果

序号	部位及计算类别		材料及型号	设计值	容许值
1	支铰结构	支铰轴	40Cr	$\sigma = 123.5\ \text{N/mm}^2$	$[\sigma] = 150\ \text{N/mm}^2$
		铰座底板	ZG35Cr1Mo	$\sigma = 99\ \text{N/mm}^2$	$[\sigma] = 170\ \text{N/mm}^2$
		轴套	复合材料	$\sigma_{\text{cg}} = 65\ \text{N/mm}^2$	$[\sigma_{\text{cg}}] = 70\ \text{N/mm}^2$

注:动力系数 $k_1 = 1.2$,容许应力调整系数 $k_2 = 0.85$。

溢流坝弧形工作闸门液压启闭机主要技术参数见表 3。

3.6　门槽结构

本弧形工作闸门门槽埋件由侧轨、门楣及底槛组成,门槽主要材料为 Q235B。侧轨、门楣上与水封接触部位均为 12Cr18Ni9 不锈钢板,二期混凝土标号为 C40。

本弧门泄洪时,在设计水头下,收缩断面流速达 23.69 m/s,因此只在底槛的局部范围内,设有一段 2.4 m 的钢衬砌,类比其他工程成功经验,衬砌表面厚度取 30 mm。底槛由钢衬面板、工形梁、纵向肋板焊接而成,共有 3 种规格的单元块,运输至现场进行安装、拼接,现场拼接焊缝为二类焊缝。为便于浇筑底槛二期混凝土,钢衬面板需开设灌浆孔,灌浆孔直径 40 mm,间距 1 000 mm,每个单元块共开 10 个灌浆孔。底槛钢衬安装调整满足要求后,安装焊缝、灌浆孔封堵须铲平、磨光。

表3　溢流坝弧形工作闸门 QHLY2×3 200 kN 液压启闭机主要技术参数

序号	名称	特性及主要参数
1	启闭机形式	后拉式,闸门全闭状态,油缸与水平夹角为73.6°
2	设置位置	高程 155.841 m,距离闸门支铰 8 330 mm
3	最大启门力	2×3 200 kN
4	工作行程/最大行程	10 300/10 500 mm
5	启门速度	~0.5 m/min
6	闭门速度	~0.5 m/min
7	操作条件	动水启闭,局部开启
8	油缸内径/活塞杆直径(mm)	Φ570/Φ300
9	杆腔内最大工作压力	17.3 5 MPa

4　结　语

广西落久水利枢纽工程是全国172项重大水利工程之一,本设计也通过了许多专家的审查,设计资料详尽,获得一致好评。目前,工作闸门已进入生产制作阶段。回顾设计过程,总结如下经验:

(1)设计必须紧密结合规范以及每个工程的特点(例如本工程弧形工作闸门需要频繁局部开启的特点),认真分析闸门运行工况,针对其特点寻求最合适的设计方案。方案比选能使我们设计出更优良的产品来。

(2)时刻记住设计的过程是一个探索、创新的过程,特别是对有难度、有特点的工程应在常规设计的基础上有所创新,在借鉴别人成果的基础上融入新的元素。本工程弧形工作闸门的设计通过流激振动试验、三维有限元分析加以验证,对结构局部设计进行改进,还需在实践中进一步验证。

(3)设计人员还需要不断地学习,通过学习掌握本专业的新动向,熟悉生产厂家的新技术、新工艺、新产品,了解与水工金属结构设计相关的信息,只有不断地学习并运用于设计实践,才能使我们的设计更加合理。例如,本工程弧形工作闸门上采用转铰式止水结构、液压启闭机相关的知识。

参 考 文 献

[1] 中华人民共和国水利部.水利水电工程钢闸门设计规范:SL 74—2013[S].北京:中国水利水电出版社,2013.
[2] 水电站机电设计手册—金属结构(一)[M].北京:水利电力出版社,1988.
[3] 吴传惠,王业交,罗华.洞坪电站拱坝泄洪中孔闸门设计[J].湖北水力发电,2005(S1):26-28.
[4] 石泽,洛文.构皮滩水电站泄洪洞弧形工作闸门设计[J].人民长江,2007(1):3-4.
[5] 王远,贺高年.乐昌峡溢洪道弧形闸门有限元静动力分析[J].广东水利水电,2012(8):28-31,36.
[6] 陈友青.大源渡泄水闸工作弧门动水原型观测分析[J].湖南交通科技,2002(4):90-91,96.

［7］谭大基,方勇,孙丹霞.汉江蜀河水电站泄洪闸三支臂弧形工作闸门设计［J］.西北水电,2010(6):50-53.

［8］上官林建,许闯,孔垂雨.水工金属结构钢闸门振动响应测试试验研究［J］.水利技术监督,2018(1):10-12,115.

［9］盛旭军,胡木生,张兵,等.弧形闸门流激振动原型观测试验技术研究［J］.水利技术监督,2016(1):7-11.

［10］关振广.弧形闸门使用中常见的问题及处理措施［J］.水利规划与设计,2011(6):84-85.

［11］张少济,徐树铨,杨敏.保证生态流量下乐昌峡弧形工作闸门稳定性研究［J］.水利水电技术,2014,45(12):38-43.

【作者简介】 刘星(1976—),男,高级工程师。E-mail:liux330@ qq. com。

大藤峡水轮发电机组制造可行性研究

李树刚　田晓军　王云宽　门　飞

（中水东北勘测设计研究有限责任公司,长春　130021）

摘　要　简要介绍初步设计阶段,在选择单机容量和机组参数时,对水轮发电机组的制造可行性进行的研究工作。对不同单机容量的机组,从类比、设计制造难度、工厂设备加工能力、主要部件刚强度等方面进行了分析研究,综合考虑技术先进性和运行稳定性要求,并经技术经济比选,推荐采用 8 台 200 MW 轴流转桨式水轮发电机组。

关键词　水轮发电机组;制造难度;推力负荷;加工设备;可行性

1　工程概况

大藤峡水利枢纽(见图 1)是红水河水电基地综合利用规划 10 个梯级中的最末一级,位于珠江流域西江水系的黔江河段,坝址在广西桂平市黔江彩虹桥上游 6.6 km 处。工程任务为防洪、航运、发电、补水压咸、灌溉等综合利用。电站总装机容量为 1 600 MW,多年平均年发电量 60.55 亿 kW·h。电站水头范围为 10.07~37.79 m,额定水头 25 m。采用河床式厂房,分设于黔江主坝两岸。其中左岸厂房布置 3 台机组,右岸厂房 5 台,共 8 台单机容量为 200 MW 的轴流转桨式水轮发电机组,水轮机转轮直径 10.4 m,额定转速 68.2 r/min。

图 1　大藤峡水利枢纽鸟瞰图

2　电站容量和水头参数

装机容量 1 600 MW,多年平均发电量 60.55 亿 kW·h,水库调节性能为日调节。水轮机净水头:最大水头 37.79 m,额定水头 25.00 m,最小水头 12.91 m,极限最小水头 10.07 m。

3　机组制造可行性研究

大藤峡机组与福建水口机组同为当前单机容量最大的轴流转桨式水轮发电机组。水口水头较高,转轮直径为 8 m;大藤峡水轮机转轮直径为 10.4 m,远大于水口水轮机。大藤峡机组的制造难度大于水口机组。由于三峡、向家坝、白鹤滩等巨型工程的先后建设,水力发电技术快速发展,设计制造 200 MW 水轮发电机基本没有制约因素。大藤峡机组的设计制造难度主要体现在水轮机制造难度高、机组推力负荷大、机组尺寸大、刚强度要求高等方面。

3.1　台数比选方案的水轮机主要参数

大藤峡电站装机容量 1 600 MW,初步设计阶段对 6、7、8、9 台四个方案进行了计算和研究,各方案的水轮机主要参数见表 1。

表 1　机组台数比选方案 – 水轮机主要参数

机组台数	6	7	8	9
单机容量(MW)	266.67	228.57	200	177.78
额定水头(m)	25	25	25	25
水轮机转轮直径 D_1(m)	12.02	11.13	10.42	9.82
水轮机制造难度系数($D_1^2 H_{max}$)	5 460	4 681	4 103	3 644
额定转速 n(r/min)	60	62.5	68.2	71.4
水轮机额定流量(m³/s)	1 183.29	1 010.84	886.53	786.89
推力轴承负荷(t)	5 900	5 000	4 400	3 900

3.2　国内外大型机组设计制造难度统计

我们收集了国内外大型轴流转桨式水轮发电机组和巨型混流水轮发电机组的资料,为大藤峡设计提供参考。国内外大型机组制造难度统计见表 2。

3.3　设计制造难度分析

电站装机容量为 1 600 MW,采用 6、7、8、9 台机组时,单机容量分别达到 266.67 MW、228.57 MW、200 MW 和 177.78 MW,转轮直径都在 10 m 以上。水轮机的制造难度,通常用转轮直径的平方与最大水头的乘积来表征。对转轮直径相同的水轮机,水头越高,强度要求就高;从而增加水轮机的设计制造难度;对水头相同的水轮机,随着转轮直径增大,水轮机尺寸变大,其设计制造难度增加,主要体现在主要部件的热处理、机械加工等;另外,从运行稳定性方面考虑,机组尺寸增大,其结构件支撑刚度下降,固有频率易与激振频率接近,产生共振的可能性增大。在水轮机制造难度方面,大藤峡机组的 6、7、8 台方案的水轮机制造难度系数均很高,在同类同水头段的机组中为国内外之最。

大藤峡机组的推力负荷较高,推力轴承是机组制造的难点之一。目前单机容量最大的轴流转桨式水轮发电机组是福建水口的机组,其单机容量同为 200 MW,推力轴承负荷 4 100 t,其推力轴承的比压和 PV 值在轴流机组中首屈一指,水口机组推力轴承的设计制造难度与三峡机组大体相当。

表2 国内外大型机组制造难度统计

电站名称		额定水头(m)	额定功率(MW)	转轮直径(m)	额定转速(r/min)	水轮机制造难度系数 $D_1^2 H_{max}$	推力轴承负荷(t)	推力轴承制造难度系数 $n \times T/10^3$	投产年份	备注
大型轴流机组	小南海	15.4	148	11.6	53.6	3 256	3 800		前期	
	葛州坝(大)	18.6	175.5	11.3	54.6	3 448	3 800	207	1 981	东方电机
	乐滩	19.5	153.1	10.4	62.5	3 407	3 650	228	2 005	哈尔滨厂
	桐子林	20	153.1	10.1	66.7	2 826			在建	哈尔滨厂
	银盘	26.5	152.6	8.8	83.3	2 827	3 500	292	2 011	浙富
	枕头坝一级	29.5	184	8.75	83.3	2 794	2 970	247	在建	浙富
	铜街子	31	154	8.5	88.2	2 890	3 060	270	1 992	东方电机
	深溪沟	30	168	8.3	90.9	2 756	3 070	279	2 010	浙富－东芝
	水口	47	204	8.0	107.1	3 699	4 100	439	1 993	日立－哈电
	安谷	33	194	8.65	88.2	2 798			在建	东方－东芝
大藤峡	6台机方案	25	272.1	12.02	60	5 460	5 900	354		
	7台机方案	25	233.2	11.13	62.5	4 681	5 000	313		
	8台机方案	25	204.2	10.42	68.2	4 103	4 400	300		
巨型混流机组	三峡	80.6	777.8	10.08	75		5 520	414	2 012	
	白鹤滩	202	1 015	8.6	107.1		4 200	450	招标	
	向家坝	95	888.9	9.3	71.4		4 830	345	2012	
	伊泰普	118.4	823.6	8.647	92.3		4 100	379	1 983	

从统计上分析,大藤峡机组的6台机方案,尽管反映推力轴承制造难度的推力轴承PV值、比压值、难度系数等小于水口、三峡等机组,但6台机推力负荷巨大,为5 900 t,不仅远超水口机组的推力负荷,而且远超三峡(70万机组)、向家坝(80万机组)、白鹤滩(100万机组),在推力轴承设计制造过程中会存有一定难度,在推力轴承的支撑结构、润滑冷却方式、瓦面材料等方面均需进行详细的研究。7台及8台机组方案,推力轴承负荷虽然在轴流机组中为最大,但根据目前水口机组以及巨型机组的推力轴承的资料分析,其推力轴承的设计制造虽有难度,但可控。9台机方案的机组设计制造难度不大,方案可行性较好。

3.4　工厂设备加工制造能力分析

根据计算和征询结果分析,7台机和8台机组的转轮直径均在11.5 m以下,6台机组的转轮直径处在11.5～12.6 m范围。葛洲坝大机是目前尺寸最大的大型轴流机组,其水轮机转轮直径为11.2 m;小南海项目目前正在开展前期工作,其采用的水轮机是转轮直径11.6

m 的轴流转桨式水轮机。

根据向国内主要主机制造商咨询的结果,6、7 台机组方案的部分部件尺寸及重量可能处在加工设备所能承受的临界状态,制造中会存在风险。对于 6、7 台机组方案,有的厂商加工设备能力能够满足需求;也有的厂商,座环、顶盖、底环等部件的加工制造需外协生产或对设备进行升级改造方可满足要求。

经与各主机设备制造商的交流征询,综合考虑设备制造商的设备加工制造能力,对于大藤峡项目,水轮机转轮直径控制在 11.5 m 以内是合适的。

3.5　主要结构件的应力计算和分析

水轮发电机组结构部件的刚度和强度,是决定水轮发电机组安全运行的基础之一。

针对大藤峡 8 台机方案,进行了机组轴系动态计算,对水轮机和发电机的主要部件均进行了静态和动态的应力计算,包括正常运行工况和甩负荷、飞逸等异常工况。计算结果表明,通过合理的结构设计、材料使用,机组轴系是稳定的,主要部件应力、变形、振动和安全系数在规定的范围内、满足规范要求,机组可以安全工作。

对于 9 台机组方案,单机容量和机组尺寸均小于 8 台机方案,通过合理的结构设计、材料使用,水轮发电机组的刚度和强度能够满足安全稳定运行的要求。

对于采用 6、7 台方案时,虽未进行详细的水轮发电机组轴系和部件应力计算和分析,仅就其机组的制造可行性向国内主要设备生产厂商进行了咨询。结合目前的机组设计制造水平,6、7 台方案的机组设计制造虽难度较高,但其结构刚强度问题是能够解决的。

3.6　机组运行稳定性因素

从电站投产后的运行角度分析,随着机组容量和尺寸的增大,流道中不稳定流的水力激振能量会随着转轮直径的增大而增加;流道部件的刚度、固有频率会随着转轮直径的增大而下降,诱发水力激振的危险性增大;尺寸越大,机组的安全稳定运行问题会变得越突出。

8 台机时,水轮机的制造难度系数($D_1^2 H_{max}$)为 4103,已经超过同类机组;6、7 台机时,水轮机的制造难度系数更大。

基于机组运行的稳定性,单机容量不宜过大,故大藤峡的水轮发电机组设计制造难度不宜超出现有机组设计制造难度的幅度太大,优先推荐采用 9、8 台机方案。

3.7　机组设计制造可行性研究结论

综合上述分析,认为大藤峡机组 6、7、8 台方案的水轮机制造难度在同类型轴流转桨式机组中均已经超过以往同类轴流机组的难度,制造商设备的加工制造能力和运输条件是方案可行性的重要制约因素。从分析结果看,7 台机及 8 台机方案的机组设计制造虽然会存在一些难题,但应在可控范围内;9 台机方案是可行的;而对于 6 台机方案,机组部件尺寸巨大,接近或超过目前机械加工制造的极限尺寸,同时发电机推力负荷巨大,因此机组设计制造存在较多不确定性因素,方案的可行性需要进一步研究和论证。

从得到的咨询回复结果看,基于当前的研究深度,综合考虑水轮机和发电机设计制造难度,不推荐 6 台机组方案;7、8、9 台机组方案的水轮发电机组的制造难度均在可控范围内,是可行的。

3.8　结合枢纽布置进行的机组台数方案比选结论

初步设计阶段,对于 6、7、8、9 台机组方案,采用左岸布置 3 台机组或 4 台机组对应的不同机组台数组合,共进行了六个方案的技术经济比选。主要从机组设计制造难度、对枢纽布置及水工建筑物的影响、对电气主接线及电气设备选择的影响、施工组织设计、工程投资概算、多年平均发电量和初期发电量及经济计算等方面进行了方案计算和综合分析比较。8台机组(左3+右5)方案枢纽布置充分利用了地形地质条件,机组制造难度适中,工程占地面积、初期发电效益合理,综合经济指标最优。推荐采用8台机组,单机容量为200 MW,左岸3台、右岸5台的布置方案。

初步设计推荐方案的水轮发电机组主要参数见表3。

表3 初步设计推荐的水轮发电机组主要参数

名称	单位	参数
水轮机型号		ZZ – LH – 1040
最大水头	m	37.79
加权平均水头	m	26.96
额定水头	m	25
最小水头	m	12.91
极端最小水头	m	10.07
额定功率	MW	204.1
额定转速	r/min	68.2
模型最高效率	%	不小于93.0
额定比转速	m·kW	551.2
额定比速系数		2 756
允许的吸出高度	m	−8.7
轮毂比		0.46
发电机型号		SF200 – 88/1773
额定电压		$U_n = 15.75$ kV
额定功率因数		$\cos\varphi = 0.875$

4 结 语

大藤峡在初步设计阶段推荐8台200 MW的轴流转桨式水轮发电机组,额定水头25 m,最大水头37.79 m,转轮直径10.4 m。水轮机制造难度系数超过了同类型机组;机组推力负荷也是轴流机组中最大的,与混流式巨型机组的推力负荷处于同一水平。大藤峡的200 MW轴流转桨式水轮发电机组参数水平处于同类型机组中的先进水平。

设备公开招标定厂后确定的水轮发电机组参数与初步设计阶段推荐的参数基本吻合,目前大藤峡机电设备安装已进入水轮机埋件安装阶段(已完成第一台机组的座环、转轮室的安装)。我们期待着机组早日投产发电为电网输送源源的电能。

本文简要介绍了大藤峡初步设计阶段在机组选型中的一些工作,希望为同行提供参考。

参 考 文 献

[1] 吕勤川,等.大渡河安谷水电站水轮机选型设计[J].四川水力发电,2018(1).

[2] 周凌九,等.轴流转桨式水轮机转轮改型设计及性能分析[C].第二十一次中国水电设备学术讨论会论文集,2017.

[3] 代朝科,等.水电站水轮机选型设计中主要参数的确定[J].水利规划与设计,2015(8).

[4] 中华人民共和国水利部.水利水电工程机电设计技术规范:SL 511—2011[S].北京:中国水利水电出版社,2011.

[5] 郑源,陈德新,等.水轮机[M].中国水利水电出版社,2011.

[6] 季定泉,等.银盘电站水轮发电机组主要参数及容量选择[J].人民长江,2008(2).

[7] 中华人民共和国水利部.水轮机基本技术条件:GB/T 15468—2006[S].北京:中国标准出版社,2006.

[8] 万澎,等.峡江水利枢纽机组机型选择[J].水利技术监督,2005(1).

[9] 张千里,覃大清,等.尼尔基水电站水轮机模型试验报告[R].哈尔滨电机厂有限责任公司,2003.

[10] 陆师敏,等.葛洲坝电站水轮发电机组选型设计及运行实践[J].人民长江,2002(2).

【作者简介】　李树刚,高级工程师。E-mail:547325015@ qq. com。

滇中引水基于景观要求的闸门型式及布置研究

陈 琪 尹显清 崔 稚

(中国电力建设集团昆明勘测设计研究院有限公司,昆明 650051)

摘 要 滇中引水昆明段龙泉倒虹吸金属结构设备位于昆明市区,为避免金属结构建筑物对城市景观造成不利影响,需对闸门结构型式和布置方案进行专门研究。龙泉倒虹吸设有2座分水闸、1座工作闸、1座节制闸,针对各类闸门不同的功能及水工结构型式,在布置空间有限的情况下,充分考虑金属结构建筑物对城市景观的影响,在闸门设计过程中采取了一些新的设计思路,做到即满足金属结构设备的运行功能及检修维护方便,又与周边城市景观协调一致的视觉效果。

关键词 基于景观要求的门型及布置研究;创新设计

1 引 言

滇中引水工程位于云南省中部,涉及金沙江、澜沧江、红河、南盘江四大水系,是以城镇生活与工业供水为主,兼顾农业和生态用水的重大水资源配置工程。工程由石鼓水源和输水总干渠两部分组成。

输水总干渠跨滇西北、滇中及滇东南地区,从丽江市玉龙县石鼓镇开始,终点为红河州蒙自。总干渠全长 664.236 km,设计流量 135~20 m^3/s,共划分为大理Ⅰ段、大理Ⅱ段、楚雄段、昆明段、玉溪段和红河段6段。

昆明段龙泉倒虹吸金属结构设备均位于昆明市区,为兼顾金属结构建筑物与周边城市景观协调一致的视觉效果,其设计与布置较具特色,因此撰文对此进行专门介绍。

2 龙泉倒虹吸金属结构闸门型式和布置方案研究

龙泉倒虹吸沿昆明城区主干道沣源路布置,进口位于龙泉镇昆明重机厂附近,下穿龙泉路,线路过龙泉路后基本沿沣源路布置,沿线依次经过龙泉路、盘龙江、北京路和已开通的地铁2号线,出口位于小河村附近,全长约4 264 m。

龙泉倒虹吸为单孔结构,在盾构始发井内(后期改造为倒虹吸进口)布置1孔1扇工作门;进口工作门前,盾构始发井侧部布置1孔1扇分水闸检修门。

倒虹吸中部,布置一座分水(兼退水)闸,分水闸(兼退水)顺水向依次设1孔1扇检修门和1孔1扇工作门。

倒虹吸出口,盾构接受井内布置1座节制闸,节制闸顺水流向依次设1孔1扇检修门和1孔1扇工作门。

2.1 龙泉分水闸布置

在龙泉倒虹吸进口,盾构始发井内(后期改造为进水池)侧,布置龙泉分水口。盾构始发井采用矩形结构,其顶部与室外地坪高程齐平。

　　龙泉分水口接抽水泵站,分水量由水泵控制,且泵站水池内可达到的最高蓄水位高于输水主干线的最高水位,泵站水池不会发生溢出情况,分水闸不需控制流量,只在抽水泵站水池前设一道检修门,其功能为检修泵站时下闸挡水。

　　闸门设计为平面定轮门,孔口尺寸 5 m×4 m(宽×高),设计挡水水头 15.33 m,启闭水头 10.03 m,底槛距始发井顶部 24.5 m,根据上述条件,闸墩顶部检修平台高度拟定为 16 m,配置卷扬式启闭机进行闸门起吊,启闭机平台距底槛高度为 21.5 m,将启闭机布置于盾构始发井内,使整体金属结构设备均布置于始发井内,在满足闸门运行、检修的前提下,避免了对城市景观造成不利影响。龙泉分水闸纵剖面图如图 1 所示。

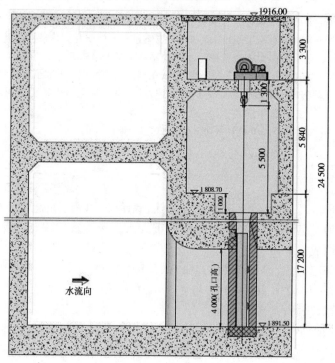

图 1　龙泉分水闸纵剖面图

　　闸门为双吊点,通过布置于启闭机平台上容量 2×250 kN,行程 20 m 的固定卷扬式启闭机操作,一门一机布置,闸门操作条件为动水启闭,利用加重闭门,启门时,为避免下游水池受水锤冲击,小开度提门充水平压后全开。不挡水时通过固定于门槽顶部的翻板式斜撑锁定装置将闸门锁定在闸墩顶部。闸门通过固定卷扬机提出孔口在闸墩平台检修。

2.2　龙泉倒虹吸进口工作闸布置

　　在盾构始发井内(后期改造为进水池),龙泉倒虹吸进口设 1 孔 1 扇潜孔式工作门。

　　闸门孔口尺寸 5 m×5 m(宽×高),设计挡水水头 15.33 m,为潜孔式平面定轮门,底槛距始发井顶部 24.5 m。与龙泉倒虹吸进口分水闸的布置原则一致,将整体金属结构设备设置于始发井内。闸墩顶部检修平台距底槛高度拟订为 15.5 m,此处如选用普通卷扬式启闭机,在满足闸门运行、检修条件下,卷扬机需布置于盾构始发井室外地坪以上,可能对城市景观造成影响,因此考虑采用悬挂式的启闭设备,启闭设备悬挂于始发井顶部盖板的承重梁上。

为保证倒虹吸安全运行,精确控制流量及水位,龙泉倒虹吸进口工作闸门有局部开启的要求。平时,无论闸门是否处于挡水状态,均禁止锁定闸门,由启闭机将闸门悬吊,处于工作或待命状态。采用双吊点启闭设备,且配置开度仪、荷重仪、电控柜设远程接口,实现远程监测和控制。因此,设备功能性及可靠性要求高,启闭设备的型式需进行重点研究。

一般情况下,选择电动葫芦,配备吊板或吊钩装置。但电动葫芦存在一定的不足和安全隐患,由于钢丝绳与卷筒缠绕采用单根钢丝绳并且单向缠绕,因此吊点位置发生偏移,即在上升或下降过程中必须对滑轮的位置进行调整,来保证吊点位置与闸门吊耳垂直起吊或下降,双吊点葫芦起升速度不平稳,会导致高速同步系统传动轴断裂等事故。在电动葫芦上安装开度仪,还没有工程实例。

为此,我们选择悬挂式新型启闭机。起升机构采用内置传动机构,采用制动电动机、梅花块制动轮联轴器、封闭式行星齿轮专用减速机,减速机装在卷筒内部,与传统的启闭机相比较,简化了大小开式齿轮、齿轮轴和轴承座。用封闭式行星齿轮减速机替代了普通的齿轮减速机,结构紧凑,承载能力及抗冲击能力强,输出扭矩大,工作平稳,传动比大,噪音低,传动效率可达到0.92～0.96,三级行星齿轮有四个,可减轻每个齿轮的承载荷载,使其不易损坏,从而延长了使用寿命。

新型悬挂式启闭机动滑轮吊轴上平面与启闭机机架底平面的尺寸可几乎持平,仅需100 mm的安全缓冲距离,以400 kN启闭机为例,传统启闭机上极限尺寸标准为1 400 mm,悬挂式启闭机上极限尺寸仅为870 mm,从而使安装启闭机排架高度比传统布置可减少530 mm,且结构紧凑,外形尺寸小,较传统启闭机的外形及重量减少约30%,属轻量化设计产品。

龙泉倒虹吸进口工作门选用容量2×320 kN,行程20 m的悬挂式启闭机进行操作,此类启闭机已有工程实例,但在云南省属首次运用。启闭机和工作门布置示意图如图2～图5所示。

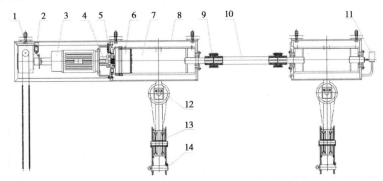

1—手摇装置;2—行程开关;3—电动机;4—联轴器;5—润滑装置;6—减速机;7—卷筒;
8—机壳;9—联轴器;10—同步轴;11—高度指示装置;12—平衡滑轮;13—动滑轮组;14—吊轴

图2　悬挂式启闭机

2.3　盘龙江分水(兼退水)闸

在龙泉倒虹吸中部,距离龙泉倒虹吸进口(盾构始发井)约2.5 km,设置1座分水闸,分水至盘龙江后自流向滇池补生态水,同时兼作退水闸。

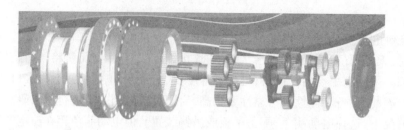

图3　行星减速器示意图

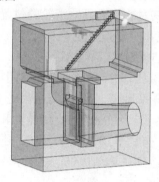

图4　悬挂式启闭机工程实例(伊泰供水工程)　　图5　龙泉倒虹吸进口工作门轴测图

　　盘龙江分水闸设1孔1扇检修门和1孔1扇工作门。闸门孔口尺寸5.0 m×4 m,设计挡水高3.21 m,闸墩高度5 m,为露顶式闸门。平时闸门承受上游水压,但检修隧洞时,隧洞内无水,闸门处于关闭状态,承受下游河床的水压。因此,闸门设计为双向承压,双向止水。

　　此处如采用传统的平板闸门+启闭机排架方案,整体建筑比较生硬呆板,可能对城市景观造成不利影响,为此进行了创新设计,门型设计为扇型翻板门,其形状类似弧形门,工作原理与半球阀相同,全关时,门叶面板处于竖直挡水状态;全开时,扇形门旋转90°,门叶面板处于水平状态(此状态时设机械锁定),且面板高于水面,门叶扇形支臂布置于流道两边侧墙内,实现全通道过流。闸门也可以局部开启,控制流量。扇型翻板门的支铰轴与支臂固结,铰轴两端头连接曲柄机构(见图6),通过液压缸推动曲柄使扇型翻板门转动,铰轴两端转动采用电气同步。曲柄及液压操作机构布置于两岸边的地下操作室内,操作室(泵站)顶板与岸边地坪齐平,左右两岸各设一个泵站,每套泵站设置两台全备用的油泵电机组。此种门型结构比传统的平面翻板门大大减小了门叶根部弯矩及底轴扭矩,相应也降低了曲柄转动力矩,结构受力更加合理;其缺点是支臂虽布置于边墙凹槽内,不受水流直接冲击,但在开启状态时支臂会受到水流扰动影响,需评估设备功能和可靠性,参考拦污栅栅条在水流中的工况,流速小于4 m/s工况下,栅条不会破坏。此分水口流速小于4 m/s,支臂比栅条的强度和刚度大得多,且不受水流直接冲击,可认定在较低流速的工况下,此方案是可行的。扇形翻板门属创新设计,还未有工程先例。

　　此闸门主要功能为控制分水,同时兼作退水闸,配置容量为2×200 kN,工作行程1.6 m的液压启闭机进行操作,液压启闭机活塞杆的运行速度为0.2~1 m/min,相应闸门的启闭速度为0.4~2 m/min,同时满足分水闸和退水闸不同启闭速度的要求,液压启闭机配置1套PLC和彩色触摸屏作为启闭机现地控制设备,通过10/100 m工业以太网与现地控制站通信,实现现地操作及远程控制。

操作室示意图见图7。

 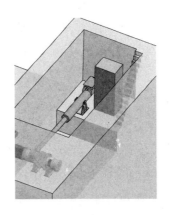

图6 曲柄示意图   图7 操作室示意图

采用这种布置方案,闸门及操作机构均位于岸边地坪以下,检修门平时处于全开状态,面板呈水平位置且与岸边地坪齐平,可兼作道桥,方便市民通行参观;在工作门局开运行时,门叶局部露出岸边地坪不超过1 m,建筑结构无突兀感,不会对周边景观造成破坏。门叶面板及支臂的装饰方案按与周围环境协调的原则,优化视觉效果,将此处做成一个城市景观。

盘龙江分水(退水闸)纵剖图见图8,轴测图见图9。

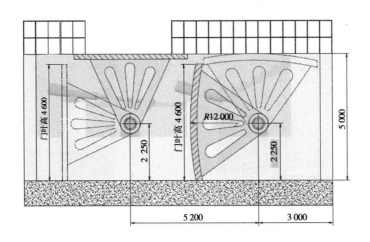

图8 盘龙江分水(退水闸)纵剖图

2.4 龙泉倒虹吸出口节制闸

在龙泉倒虹吸出口盾构机接收井内设置一座节制闸。

龙泉倒虹吸出口盾构机接收井(后期改造为出水池)内节制闸设1孔1扇潜孔式平面工作闸门,用于控制倒虹吸段水位,保证倒虹吸运行安全,同时参与全线水量调度。工作门的操作条件为动水启闭,局部开启,工作门前设1孔1扇潜孔式平面检修门,检修门平时锁定于闸墩平台上,当工作闸门出现事故或需要检修时动水下闸挡水。按检修闸门和工作闸门互为备用考虑,检修闸门和工作闸门按相同工况和条件进行设计。

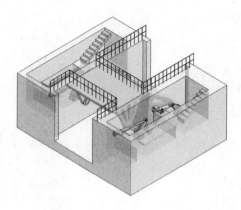

图9　盘龙江分水闸(退水闸)轴测图

　　龙泉倒虹吸出口未设检修闸(或事故闸),为实现保水检修的目的,出口节制闸兼作出口检修(事故)闸,闸门设计为双向承压,双向止水。

　　龙泉倒虹吸出口节制闸纵剖图见图10,轴测图见图11。

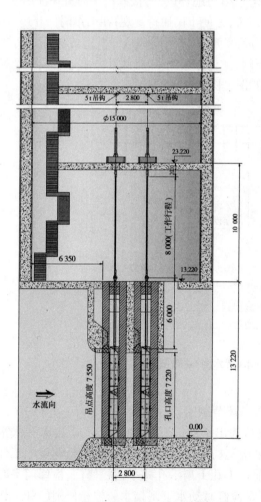

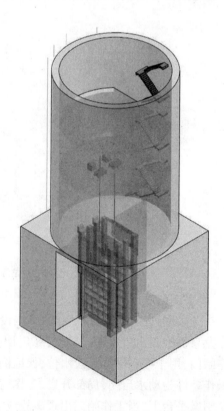

图10　龙泉倒虹吸出口节制闸纵剖图　　　　　**图11　龙泉倒虹吸出口节制闸轴测图**

盾构接收井为圆形结构,内径 15 m,闸门及启闭机均布置于接受井内,闸门底槛距接受井顶部 69.70 m,孔口尺寸 5 m×7.22 m(宽×高),设计挡水水头 10.54 m。接受井内,节制闸前还设有一道侧溢流堰,节制闸的布置受井内场地限制,检修门和工作门的门槽中心距不能超过 2.8 m,按上述布置,如配 800 kN 或 2×400 kN 卷扬机操作闸门,上、下游的卷扬机外形净距太小,不满足规范要求,因此配置容量 800 kN,工作行程 8 m 的液压启闭机操作闸门。采用 1 门 1 机布置,液压缸垂直布置,浮动支承安装,可适应一定的安装偏差,单作用液压缸(闸门利用加重下闸)活塞杆与闸门通过拉杆连接,液压缸机架及泵站均布置在距底槛 23.22 m 的井内平台上,每台液压启闭机各设置一套液压泵站,每套液压泵站设置两台全备用的油泵电机组。

3 结 语

希望以上项目的设计介绍,有益于推动城市引水工程金属结构设计与研究,欢迎同行探讨指正。

参 考 文 献

[1] 滇中引水初步设计报告[R].中国电建集团昆明勘测设计研究院有限公司,2017.

【作者简介】 陈琪(1969—),男,高级工程师,主要从事水电站水工金属结构设计。E-mail:289812001@qq.com。

引绰济辽供水工程活塞式调节阀的数量研究

霍顺平　唐　平

（内蒙古水利水电勘测设计院，呼和浩特　010020）

摘　要　本文就如何选择确定活塞式调节阀的数量进行探讨，论述了引绰济辽供水工程末端调节阀的台数确定方案，并就调节阀选型布置应注意的问题进行了说明。

关键词　引绰济辽；调节阀；气蚀；水力过渡过程

1　引　言

引绰济辽供水工程输水管道共有 6 个分水口，分水情况复杂，因此工程建成后调节阀能否正常运行、能否按设计的流量进行分水是工程成败的关键，如何选择确定活塞阀值得我们认真分析研究。本文以引绰济辽供水工程末端分水口为例进行了调节阀的选型。末端分水口的设计参数为最大分水流量 8.8 m³/s，最小分水流量 2.2 m³/s，采用活塞式调节阀控制流量，同时根据水力过渡过程计算结果，末端活塞式调节阀的关阀时间不小于 4 800 s 方可满足输水管线承压的要求，选择何种关阀规律决定着阀门关阀装置的型式。

2　调节阀方案的选择

以引绰济辽供水工程末端调节阀为例，可选择以下 3 个方案：

（1）调节阀采用电动关阀装置，由于电动装置可靠运行的情况下，关阀时间最长可达到 1 200 s，因此需安装 4 个活塞式调节阀工作，且阀门采用顺次相继关闭的规律满足 4 800 s 的关阀时间，调节阀公称直径为 DN1 400 mm，调节阀特性曲线如图 1 所示。

（2）调节阀采用液动关阀装置，由于液动关阀装置可实现 4 800 s 的关阀时间，在末端安装 2 台活塞式调节阀进行工作，末端不分水时 2 台调节阀同时关闭，调节阀公称直径为 DN1 800 mm，调节阀特性曲线如图 2 所示。

（3）调节阀采用液动关阀装置，在末端安装 1 台活塞式调节阀进行工作，调节阀公称直径为 DN2 400 mm，调节阀特性曲线如图 3 所示。

3　不同数量的阀门水力过渡过程计算分析

（1）将方案一（4 阀）的阀门特性输入水力过渡过程计算模型后，计算结果如下（见图 4）：

最大压力为 108.9 m，最大压力位置：T287 + 277.95；

最小压力为 3.5 m，最小压力位置：调节阀后。

（2）将方案二（2 阀）的阀门特性输入水力过渡过程计算模型后，计算结果如下（见图 5）：

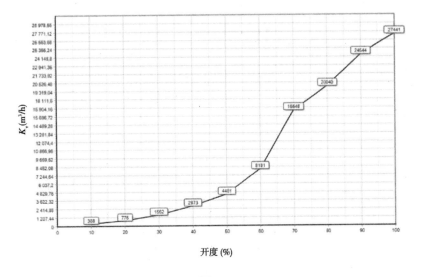

图1

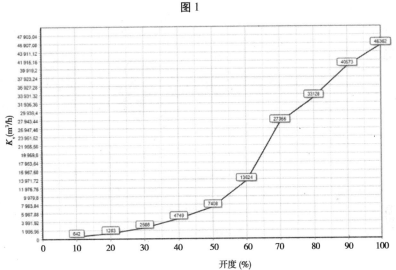

图2

最大压力为 91.2 m,最大压力位置:T218 +988.11;

最小压力为 3.5 m,最小压力位置:调节阀后。

(3)将方案三(1 阀)的阀门特性输入水力过渡过程计算模型后,计算结果如下(见图6):

最大压力为,93.6 m,最大压力位置:T218 +988.11;

最小压力为,3.5 m,最小压力位置:调节阀后。

通过以上计算可知,安装 4 阀方案输水管线产生的水锤压力最大,由此得出如下结论:

(1)方案一的关阀规律不如方案二的关阀规律,即 1 200 s 相继线性关闭,虽然总的关阀时间仍然为 4 800 s,但是产生的最大水锤压力大于单阀 4 800 s 线性关闭方案,所以单阀线性 4 800 s 关闭规律更优越。

(2)方案二过渡过程产生的最大压力比方案一低 17.7 m,因此方案二选择的阀门数量

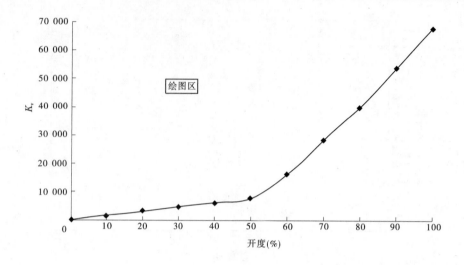

图 3

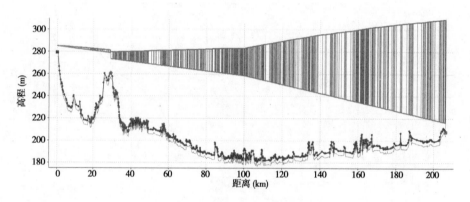

图 4　最大最小压力包络线（一）

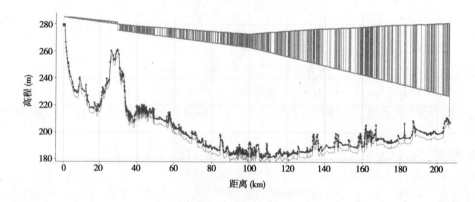

图 5　最大最小压力包络线（二）

优于方案一。

（3）方案二和方案三过渡过程产生的最大压力差异不大。

（4）方案三末端调节阀的公称直径为 DN2 400 mm，在如此大的口径下，经调研国外、国

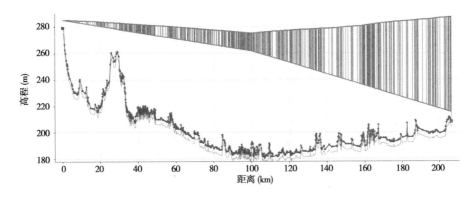

图6 最大最小压力包络线

内没有现成使用案列,需重新设计、模型试验及重新开模制造。因此,生产周期长、成本高,性能有待于工程建成后验证。

4 不同数量的阀门气蚀分析

方案一四阀同时工作,当其中1个阀门关闭后,另外3个阀正常运行时在开度不变的情况下,过阀流量会加大,当2个阀关闭后,剩余2个工作阀过流量更大,当3个阀关闭后,只有1个阀工作时,其过阀流量最大。在此情况下,调节阀实际过阀流量远远大于阀门设计流量,而阀门在选型设计时按照设计流量进行选择,阀门的气蚀特性也是按照设计流量进行计算,在如此大的过阀流量下会造成阀门震动、气蚀、噪声,在这种工况下运行会对阀门造成严重破坏(见图7)。国内有些工程采取并联几台调节阀运行工作,阀门采取顺次相继关闭的规律,这与方案一是相同的方案,这种方案容易造成阀门气蚀,需引起我们设计人员注意。

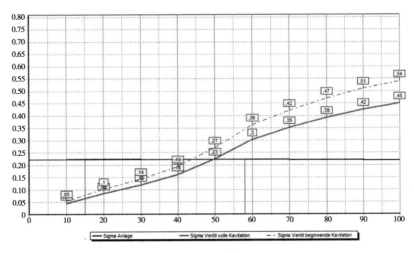

图7

图7表示:当两个调节阀运行时,另外两个关闭,当运行阀门开度大于45%时,阀门便开始发生气蚀。

5　活塞式调节阀的布置

调节阀的选型设计不单单是阀门的选型设计,而是要结合水力过渡过程整体分析,同时要考虑调度运行,尤其要注意调节阀的气蚀问题,无论在什么工况下均应保障阀门不出现气蚀。同时,阀门选型时应注意如下问题:

(1)调节阀的安装高程要满足阀门的气蚀要求。

(2)调节阀的进出口检修阀门及流量计应考虑调节阀出口水流的流态问题,建议调节阀阀前预留 5 倍管径的直管段,阀后预留 10 倍管径的直管段。

(3)调节阀的关阀时间应满足水力过渡过程计算的要求,水力过渡过程计算选取的关阀时间应与调节阀的开度相对应。

(4)水锤计算应考虑调节阀的特性。

(5)选择合理的阀门驱动方式,关阀时间小于 1 200 s 建议采用电动驱动的关阀方式,关阀时间大于 1 200 s 建议采用液动驱动的关阀方式。

(6)调节阀对于自流供水工程非常重要,建议在每个分水口均应设置备用阀门。

6　结　语

通过以上计算比选,考虑本工程前段为双管,为使阀门与管道匹配,结合水力过渡过程计算的结果,最终在此分水口安装了 2 台调节阀并联运行,阀门的关阀装置采用液动装置进行关闭,阀门采用 4 800 s 线性关闭的关阀规律,阀门公称直径为 DN1 800 mm。

【作者简介】　霍顺平,高级工程师。E-mail:29225031@163.com。

BIM 技术在引绰济辽工程稳流连接池设计中的应用

李国宁　肖志远　王雪岩　李利荣

（内蒙古自治区水利水电勘测设计院，呼和浩特　010020）

摘　要　本文根据引绰济辽工程稳流连接池设计方案，制定了总体技术路线，分别阐述了水工结构、金属结构和建筑结构的建模方法，介绍了模型在各软件间无缝导入和整合漫游的技术流程，总结了 BIM 技术应用于水利水电工程设计领域的思路和前景。

关键词　引绰济辽；BIM；三维模型

1　引　言

BIM 技术是一种融合数字化、信息化和智能化技术的设计和管理方法，以三维数字技术为基础，集成了工程项目各种相关信息，最终形成工程数据模型，是对工程项目设施实体与功能特性的数字化表达。BIM 技术可以利用强大的三维造型表达手段和工程属性关联技术，更好地表达设计意图，更准确地定义各种工程对象，更方便地进行专业配合，更直观地展示设计成果。BIM 技术给工程界带来了重大变化，深刻地影响工程领域的现有生产方式和管理模式，是提高工程设计效率和质量的有效方法。BIM 技术不仅仅是狭义上的设计工具和设计手段，更是设计思维的转变、设计流程的改进和项目管理的革新，其在设计行业替代传统二维设计的格局已势不可挡。

2　工程简介

引绰济辽工程是一项从嫩江支流绰尔河引水到西辽河，向沿线城市及工业园区供水的大型引水工程，结合灌溉，兼顾发电等综合利用。工程由水源工程文得根水利枢纽和输水工程组成，工程多年平均引水量 4.54 亿 m^3。输水工程由取水口、隧洞、暗涵、倒虹吸、稳流连接池、压力管道及其附属建筑物等组成，线路总长 390.263 km，引水渠首设计流量为 18.58 m^3/s，输水工程末端设计流量为 8.83 m^3/s。引绰济辽工程跨流域引水，实现通辽市、兴安盟地区间水资源优化配置；调节绰尔河流域水资源，为区域经济社会发展提供水资源保障；改善西辽河干流地区地下水超采问题，缓解该地区生态环境持续恶化的状况。

3　稳流连接池设计

输水工程山区段为无压输水线路，平原区为压力输水线路，为了使无压水流向有压水流顺利过渡，保证山区段为无压重力流、平原区为有压重力流，需在无压和有压水流连接位置设置稳流连接池。稳流连接池位于 6# 隧洞之后与 PCCP 管的连接段上，水工结构由渐变段、沉沙池段、连接段、水闸段、集水池段和出水管段等部分组成，设两孔检修闸、一孔退水闸。

正常运行时,检修闸常开,拦污清污设备工作,退水闸常关,主管线通水。事故检修闸门用于 PCCP 管、调流调压阀、旋转滤网检修及其他紧急状况时闭门挡水;拦污栅负责拦截上游来水中的污物,提栅清污;旋转滤网作为精细滤水设备,对通过拦污栅的原水进行第二次过滤,避免污物进入 PCCP 管道,保护下游调流调压阀,保证其正常工作。

4　总体技术路线

欧特克(Autodesk)系列 BIM 软件在软件产品的行业适应性、兼容性、开放性、知识重用性、协同设计性、可开发性、易用性等方面具有突出的优点,并且欧特克软件有广泛的群众基础和长期的应用历史,其设计界面、设计习惯已深入人心。在该平台的 BIM 解决方案中,每个专业都有一款主干软件可以很好地解决本专业的设计问题,例如用于金属结构和水工结构建模的 Inventor,用于建筑结构和机电设备建模的 Revit,用于土工、开挖、地形、道路建模的 Civil 3D,这些软件都功能强大,自成一体,在各专业可以进行充分的深度应用。近年来,欧特克又推出了用于碰撞检查和模型漫游的 Navisworks,用于方案布置和概念设计的 Infraworks,同时完善了项目协同平台 Vault,这三款软件解决了各软件的整合和协同问题。总体技术路线如图 1 所示。

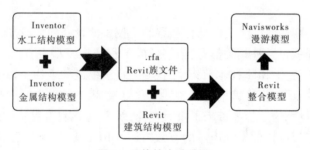

图 1　总体技术路线图

5　BIM 模型构建

5.1　水工结构模型

稳流连接池的水工结构大部分为规整的几何结构,通过拉伸、开孔、挖槽等操作便可完成建模,只有渐变段上游截面为城门洞形,下游截面为矩形,截面尺寸和形状不同,需通过放样命令实现平滑过渡。采用自顶向下的建模思想,分别完成各段水工结构的多实体建模,通过"生成零部件"命令将实体升级为零件,自动生成底板、闸墩、胸墙等零件,为后续三维配筋做准备。水工结构建模时最需要注意的问题是坐标系的布置,各段模型所采用的坐标体系应一致,如底槛均为 XY 面、顺水流方向中心面均为 XZ 面、垂直水流方向起始面均为 YZ 面。一致的坐标体系有利于模型整体组装和修改。水工结构模型如图 2、图 3 所示。

5.2　金属结构模型

Inventor 软件在三维机械设计和二维工程图领域有着很强的优势和适用性,经过多年的应用和开发,我们制定了水工金属结构程序化计算、参数化建模和关联出图的整体解决方案,应用非常普遍和成熟。就水工钢闸门而言,应根据其不同零部件各自的特点,采用不同的处理方式:如全参数化门叶模型、调用资源中心库标准件、建立系列件模型库、直接开孔挖槽等。具体工程实践中,先根据原始设计参数进行闸门结构程序化计算,得到的设计结果参

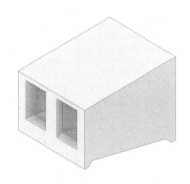

图2　闸室段水工结构模型　　　　图3　集水池段水工结构模型

数写到 Excel 数据文件中,门叶三维参数化模型提取结果数据,改变模型,开孔、开槽;接着选用系列件模型库中的主轮、侧轮、吊耳等;然后根据闸门尺寸,设置止水零件参数,改变止水模型;最后将各零部件通过调用资源中心库中的标准件安装于门叶上,完成建模,进而出版二维工程图。金属结构模型如图4所示。

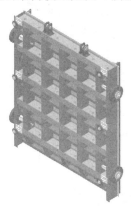

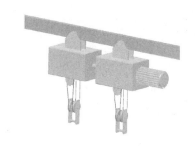

图4　事故检修闸门及移动卷扬式启闭机模型

5.3　建筑结构模型

Revit 系列软件是为建筑信息模型(BIM)构建的,可帮助建筑设计师设计、建造和维护质量更好、能效更高的建筑;能够帮助设计师在项目设计流程中探究最新颖的设计概念和外观,并能在整个施工文档中忠实传达设计理念。稳流连接池建筑结构的设计正是充分利用了 Revit 的特点和优势,将建筑造型与字母形状相结合,每个单体建筑的一个立面用字母 Logo 相搭配;用水文化与工程字母相结合,每一个建筑物代表着一种含义,在满足使用功能的前提下,从不同的角度出发,表述水资源的珍贵以及工程的意义,呼吁人们合理用水,杜绝浪费,珍爱水源。退水闸启闭机室模型如图5所示。

5.4　模型整合与漫游

Inventor 和 Revit 出自同一个软件厂商,两款软件之间有无缝的数据接口,各自的模型可以相互导入。Revit 中创建的建筑模型附加有颜色、材质等特性,导入到 Inventor 中时,虽然模型结构完整,但材质信息丢失,不能很好地展示建筑设计风格。所以,模型整合总的思路是金属结构模型和水工结构模型在 Inventor 中整合,通过"BIM 内容"—"导出建筑零部件"命令生成.rfa 族文件,然后在 Revit 中导入该族文件,放置建筑结构模型,最终通过"外部工具"命令无缝导入 Navisworks,完成整合漫游和碰撞检查。稳流连接池整合剖切模型如图 6 所示。

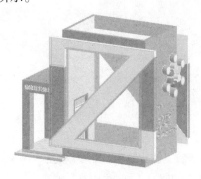 

图 5　退水闸启闭机室模型　　　　图 6　稳流连接池整合剖切模型

6　结论与展望

(1)水利水电工程设计包括水工、金属结构、建筑、机电、施工等不同专业,开展 BIM 设计时,应根据专业各自的不同特点和需要解决的不同问题对症下药。各专业分开应用适合本专业软件的时候,可以根据该软件本身的特点和优势,独立自主地进行深入的研究,充分解决本专业的设计问题;需要项目协同和总体布置的时候,重点研究各专业模型的数据接口和相互的关联性,集中整合。

(2)稳流连接池的 BIM 设计只是初步尝试和技术验证,随着研究应用的深入,需要利用 Vault 软件搭建项目协同平台,建立资源中心库,定制协同数据库,实现数据无缝流通、模型广泛共享、项目高度协同。

参 考 文 献

[1] 刘志明,刘辉.BIM 技术在提高水利水电工程建设现代化水平中的探讨[J].水利规划与设计,2018(2).

[2] 解凌飞,李德.基于 BIM 技术的螺山泵站主泵房三维配筋设计[J].水利规划与设计,2018(2).

[3] 暴占军.谈 Autodesk 平台在河道一体化设计中应用[J].水利规划与设计,2018(2).

[4] 郑璐,陈龙,邸南思,等.BIM 技术在界牌水利枢纽金属结构设计中的应用[J].水利规划与设计,2018(2)

[5] 李国宁,王雪岩,阿木古楞,等.水工钢闸门三维参数化设计理论基础与工程实践[J].水利规划与设计,2018(2).

【作者简介】　李国宁(1984—),男,高级工程师,主要从事水利工程金属结构专业设计工作和水利水电工程 BIM 技术研究应用工作。E-mail:liguoning0823@163.com。

水利工程节能评估报告编制探析

高普新　马韧韬

（中水北方勘测设计研究有限责任公司，天津　300222）

摘　要　节能是国家发展经济的一项长远战略方针，在水利工程建设过程中，从工程总体布置方案论证、主要工艺流程确定、设备参数选择及建成后运行管理等都应坚持开发与节约并举，把节约放在首位的方针。在水利水电工程各设计阶段的报告编制规程中，均加入节能设计章节。耗能大的水利工程需要编制独立的节能评估报告，报送国家发改委或地方发改委审查，作为可研报告批复的前置条件之一。

关键词　节能评估；能耗计算；能耗分析；能耗指标对比；节能评价

节能是国家发展经济的一项长远战略方针，加强节能工作是深入贯彻"坚持开发与节约并举，把节约放在首位"的方针，建设节约型社会，合理利用能源，切实提高节能水平和能源利用效率的一项重要措施。2006 年 8 月 6 日，国务院下发了《国务院关于加强节能工作的决定》；2007 年 7 月 1 日，中华人民共和国主席令〔2007〕第 77 号，发布了由中华人民共和国第十届全国人民代表大会常务委员会第三十次会议修订通过的《中华人民共和国节约能源法》；国家发展和改革委员会特制定《固定资产投资项目节能评估和审查暂行办法》；2011 年，《水利水电工程节能设计规范》国家标准出版发行；在水利水电工程各设计阶段的报告编制规程中，均加入节能设计章节。根据相关要求，有的水利工程需要编制独立的固定资产投资项目节能评估报告书或固定资产投资项目节能评估报告表，报送国家发改委或地方发改委审查，作为可研报告批复的前置条件之一。报告书或报告表的编制格式略有区别，但核心内容是一致的。

下面以引黄入冀补淀工程节能评估报告表的编制为例，初步探析节能评估报告编制要点及注意事项。

1　详细了解工程项目内容

节能评估报告编制前，应对工程的可研报告等已完成技术文件进行详细研读，尽可能多方面的收集工程相关资料，深入了解工程整体设计方案及设计思路，同时注意了解当地能源供应情况、法律法规等，确定评估范围和评估内容。

引黄入冀补淀工程由河南濮阳渠村引水，最终入河北省白洋淀地区。工程向沿线部分地区农业供水，缓解沿线地区农业灌溉缺水及地下水超采状况；为白洋淀实施生态补水，保持白洋淀湿地生态系统良性循环；并可作为沿线地区抗旱应急备用水源。为 I 等工程，工程规模为大（1）型。工程途经河南、河北两省 6 市的 23 个县市区。线路总长 481 km，其中河南省境内为 84 km，河北省境内 398 km。

评估报告的评估范围应涵盖引黄入冀补淀工程范围内的所有固定资产投资项目，主要包括三座泵站、挖泥船、一座橡胶坝、闸门及生产维护、生活管理设施等。评估内容包括：

①能源供应情况评估;②工程建设方案节能评估;③能源消耗和能效水平评估;④工程节能措施评估。

2　全面调查准确计算能源消费和供应

本工程跨两省多县市,应对项目建成年时,两省的能源供应情况进行全面调查,同时与本工程两省内耗能设备的煤消耗量进行对比计算,以此判断项目对当地能源消费的影响。

本工程评估阶段详细调查了河南省和河北省的能源生产总量、能源消耗量、电力供应能力等,用以判断本项目对两省能源消费的影响。但由于项目建成年时,此类资料收集相对较难,而且本工程消耗标准煤相对于全省能源消耗量较小,同时考虑到国民经济发展,能源生产总量、能源消耗量等均在增长,因此用现有资料进行对比估算,提出评估建议。河南省2011全省年能源生产总量达到 18 298 万 t 标准煤,电力装机容量达到 5 406 万 kW,电网已形成 500 kV 骨干网架和市域 220 kV 环网。河北省 2013 年全省能源消费总量达到 31 170 万 t 标准煤。全省建有 500 kV 变电站 24 座,形成了北部两个 500 kV 环网、南部"三横两纵" 500 kV 主网架格局。

本项目运行期内,河南省境内共消耗标准煤为 1 674.14 t,占 2011 年全省能源消耗总量的0.000 577%。河北省境内共消耗标准煤为 1 017.83 t,占 2013 年全省能源消费总量 0.000 33%。河北省境内供电网络完善,覆盖全面,各用电单位用电方便。不会造成河南、河北两省当地生产和生活用能短缺,也不会对当地能源消费产生不利影响。

3　分析能源消费影响,选择工艺流程方案

应详细分析项目的各工艺流程与技术方案的技术经济比选,分析所选方案是否符合节能要求。

本工程自黄河左岸现有引水口引水,渠线穿越黄河、海河两大流域后,向沿线受水区及白洋淀输水。从黄河总体河形、河势和河北受水区地理位置的相对关系来看,黄河沿线可供选用的现有引水口从上至下有河南境内的西霞院口门、人民胜利渠渠首、大功曹岗口门和渠村引黄闸,以及山东境内的聊城位山引黄口、德州潘庄引黄口,共计 6 处,对应可供选取的输水线路 6 条。针对上述 6 条线路方案,河南省段通过工程投资、含沙量分析及选定、泥沙处理及运行成本、环境影响四个方面的经济技术比较,推荐由渠村口门经濮清南干渠向河北输水线路。河北省段通过工程布置、运行管理、工程占地、投资及施工条件等因素比较,推荐东风渠线路方案。整个输水线路基本为既有线路,利用已有工程程度高,占地少,投资小,占地及拆迁建筑物少,开挖及回填量少,节能效果较优,对能源消费的影响较小。

在整个输水线路设计过程中,始终贯彻执行节能标准,将节能降耗指标(此指标主要融入投资、工期及运行维护费用等指标中)作为方案选择的重要考察内容,主要采取的节能降耗措施包括:①推荐的主输水线路短、投资小,建筑物数量少,相应耗能量小。②工程自引黄口至白洋淀的输水干线全部自流输水,可以节约大量能源。③输水过程中,尽量缩短输水线路,减少对沿线环境的不利影响范围。④选择合理的主接线,不但节约了设备投资,而且减小了电气设备运行损耗。

4 确定主要耗能工序、能耗指标及能效水平

首先,分析工程运行期的主要耗能工序,针对不同的工序和设备,分别采用不同的能耗计算、能耗分析和能耗指标对比。本工程主要的耗能工序为:①泵站提水运行消耗能量;②沉沙池运行维护消耗能量。

4.1 泵站节能评价

本工程改造三座泵站,新建一座泵站,主要耗能设备为水泵电动机组运行时所消耗的电能。本节主要从以下五个方面进行能耗分析、对比和评价:

(1)水泵的能耗指标。根据泵站流量、净扬程、综合系数和提水时间分别计算各泵站的年耗电量。

(2)水泵的能效水平。本工程几座泵站水泵均采用轴流泵或混流泵,对于水泵的能效水平,根据现行的规范要求,暂无对这两种泵型的节能评价标准,因此采用类比法。参考国内同类型的泵站进行对比,能评认为满足节能要求。

(3)电动机的能效水平。对于电动机的能效水平,根据现有规范采用对标法。本工程所选电动机产品能效偏低,仅能满足目标能效限定值。能评认为,应该提高电动机效率,55 kW 电动机效率应不低于一级能效指标,即 95.2%;95 kW 电动机效率应不低于一级能效指标,即 95%。同时,在设备招标阶段应明确提出产品的节能要求。

(4)泵站装置效率。根据公式:$\eta_{装} = \eta_{动}\eta_{传}\eta_{泵}\eta_{管+池}$,计算出各泵站装置效率,根据《水利水电工程节能设计规范》中对泵站装置效率的规定,采用对标法,对各泵站进行能评。能评认为各泵站装置效率均不满足规定要求,能效较低。分析泵站情况,能评给出提高能效方案建议:①适当改变进、出水管管径及管道长度;②调整进、出水池尺寸大小及结构形式,做到进水平稳无漩涡、出水顺畅;③出口拍门选用节能型拍门等。

(5)泵站能源单耗。根据《泵站技术管理规程》,计算各泵站能源单耗,即水泵每天提水 1 000 t,扬高 1 m 所消耗的能量,kW·h/(kt·m)。根据计算结果,各泵站能耗值符合对于电力泵站能源单耗不应大于 4.95 kW·h/(kt·m)的考核指标要求。

4.2 沉沙池挖泥船节能评价

在距离 1# 分水枢纽约 2.5 km 处,布置单条沉沙池,全年泥沙的淤积总量为 2 179 709 m³。设置两艘绞吸式挖泥船,将泥浆泵送至淤区,同时在淤区设置三台移动式离心泵(2 台工作,1 台备用),将泥浆中的水输回沉沙池。分别对挖泥船及离心泵进行节能评价。

(1)挖泥船。沉沙池泥沙清淤采用挖泥船方式,每年的清淤时间定为 138 天,挖泥船每小时需处理泥沙 658 m³,两艘工作。单船柴油发动机总功率 856 kW(主柴油机 + 液压柴油机),挖泥船消耗柴油量为 284 L/h。挖泥船有耙吸式、链斗式、绞吸式及抓斗式等多种形式,根据本工程特点及清淤泥沙量,合理选择了绞吸式挖泥船,且容量合适,避免大马拉小车现象。挖泥船的能效水平评估,采用类比方式。绞吸式挖泥船不同厂家柴油能耗为 278 ~ 320 L/h 之间,本项目挖泥船能耗为 284 L/h,处于居中等偏上,达到国内先进水平,满足节能要求。

(2)离心泵。对于离心泵的能效水平,采用对标法,能评认为,本工程所选水泵、电动机产品能效偏低,仅能满足目标能效限定值,应该提高水泵效率不低于节能评价值。

5　主要耗能设备、能耗指标及能效水平

评估过程中,对于本工程运行期内的耗能设备,进行详细梳理,分别计算起重设备、供排水设备、配电变压器、高低压配电盘、照明灯具、架空输电线路、箱式变电站、自动化系统设备、通信系统设备、启闭设备及防冰冻设备等设备的耗电量。需要注意年利用时间、设备效率、空载小时数、负荷率等参数与可研报告参数一致,然后用计算值,采用不同方法进行能耗分析和能效水平对比,给出评估结论。

6　其他耗能设备、能耗指标及能效水平

本项目辅助生产和附属生产耗能设备主要为生产管理设施、通风空调、生活区给排水、照明及交通工具等,运行期消耗的主要能源为电能、汽油、柴油。

面对涉及范围广、内容杂的评估内容,应对其每一项进行详细对比分析。例如:

(1)对于管理用房能耗,没有统一标准,本阶段亦无详细方案设计,因此采用统计、推算及对比计算,根据 2010 年全国公共机构共 190.44 万家,统计计算的单位建筑面积每平方米能耗,比较 2005 年下降百分数及本工程实际情况,推算本工程管理用房单位建筑面积每平方米能耗指标。分别统计渠首段 2 处管理用房、河南段 5 处管理用房、河北段 25 处管理用房,计算建筑面积、每平方米能耗及总能耗。

(2)对于交通工具能耗,分别统计各管理处、管理段的面包车、轿车、工具车及越野车的数量,同时考虑每辆车的汽油消耗、柴油消耗、年运行千米数,计算出汽油总量和柴油总量。

7　总体能耗指标对比

本章节能评价时,需要调查工程建成运行年时的等价值折标准煤系数、当地万元 GDP 能耗指标等数值,然后进行计算对比。

工程运行期河南省内设备电能耗能用电量为 165.632 万 kW·h,汽油年消耗量为 2.262 t,柴油年消耗量为 785.19 t,按当量值折标准煤系数[0.122 9 kgce/(kW·h)]计算,工程运行期的每年耗煤量为 203.56 t,按等价值折标准煤系数[0.318 kgce/(kW·h)]计算,本工程运行期的每年耗煤量为 526.71 t。运行管理期间每年的管理及交通耗能等相当于标准煤 1 147.43 t。

工程运行期河北省内设备电能耗能用电量为 324.19 万 kW·h,汽油年消耗量为 15.667 t,柴油年消耗量为 0 t,按当量值折标准煤系数[0.1229 kgce/(kW·h)]计算,工程运行期的每年耗煤量为 398.43 t,按等价值折标准煤系数[0.306 85 kgce/(kW·h)]计算,本工程运行期的每年耗煤量为 994.78 t。运行管理期间每年的管理及交通耗能等相当于标准煤 23.05 t。

项目年综合能源消费总量(tce)(等价值)为 2 691.97 t,项目年综合能源消费总量(tce)(当量值)为 1 772.47 t。

工程建成后产生的效益主要包括灌溉效益、生态供水效益以及环境和社会效益,属社会公益性质。根据工程年内的能源消耗和经济产出量,本工程运行期的每年能耗指标约为 0.047 4 t 标准煤/万元生产总值。对比河南省 2015 年 GDP 能耗指标 0.937、河北省 2015 年 GDP 能耗指标 1.31 及国家规划"十三五"全国万元国内生产总值能耗下降到 0.725 的要

求,本工程对降低区域 GDP 能耗有积极的促进和拉动作用。

8 节能技术措施、管理措施分析评估

本节主要从工程建筑物布置、建筑设计、水力机械设备、电气设备及节能管理制度、建立能源计量网络、能源管理机构等方面进行节能评估。

9 结 语

水利水电工程一般属于国家产业结构调整指导目录的水利鼓励项目,其项目能源消费增量占当地能源消费增量的比例一般都比较小,对降低区域 GDP 能耗有积极的促进和拉动作用。但随着工程项目范围的扩大,能耗也随之增加,应该加以分析评估,时刻把节能放在首位。本文仅就编写评估报告过程中,遇到的若干具体问题进行初步探讨,共勉进步。

参 考 文 献

[1] 国家发展和改革委员会.固定资产投资项目节能评估和审查暂行办法[S].2010 年 6 号,2016 年 44 号.
[2] 国家发展和改革委员会.关于加强固定资产投资项目节能评估和审查工作的通知[S].2006.
[3] 国家节能中心.固定资产投资项目节能评估工作指南[S].2014.
[4] 中华人民共和国水利部.水利水电工程节能设计规范:GB/T 50649—2011 [S].北京:中国计划出版社,2011
[5] 中华人民共和国水利部.泵站技术管理规程:GB/T 30948—2014 [S].北京:中国标准出版社,2014
[6] 任金明,金珍宏,吴迪.水电工程节能降耗分析与研究[J].水利规划与设计,2012(5).
[7] 杜选震,储训,杨淮,等.南水北调东线大型泵站设计与研究[J].水利规划与设计,2003(1).
[8] 王晓华,邱珍娇.浙江某大型渔港项目经济社会与节能评价[J].水利技术监督,2012(4).
[9] 康军强,陈伟,熊小明.照明节能设计新思路[J].水利规划与设计,2013(3).
[10] 汪栋.新疆某水电站厂房照明设计[J].水利规划与设计,2013(7).
[11] 李辉.泵站测试与节能降耗实例探讨[J].水利技术监督,2015(2).
[12] 孙鹏辉,王永新,王志刚.水利水电工程节能评估若干问题分析[J].中国水能及电气化,2015(12).
[13] 堵金元.低扬程泵站节能技术改造[J].排灌机械,1998(2).
[14] 古智生.排水泵站的效率与节能[J].排灌机械,1994(3).

【作者简介】 高普新,女,高级工程师。E-mail:gaopuxin2001@ sina.com。

水工金属结构前期设计有关问题探讨

吕传亮

（水利部水利水电规划设计总院，北京　100120）

摘　要　本文对水利工程金属结构前期设计阶段需注意的问题进行了探讨，主要涉及拦污、清污设备、生态流量泄放、分层取水、过鱼相关的金属结构设备，对闸门及启闭设备的布置和选型需注意的问题进行了分析，并提出相应的措施和建议。

关键词　金属结构；导流闸门；清污设备；分层取水；在线监测

目前，我国水利工程正处于积极建设阶段，172 项节水供水重大水利项目包括骨干水源、水利枢纽、大中型灌区、长距离引调水等各类工程，应用的水工金属结构设备种类繁多、相对复杂、布置形式多样。随着科技进步和设计理念创新，对水工金属结构设备的功能及操作运行要求也越来越高，产品更新明显加快、新技术和新材料应用于工程实践。在部分水利工程前期的可行性研究及初步设计阶段，金属结构设备布置和选型上遇到一些相近和共同的问题。有必要对这些问题进行归纳，供相关专业人员参考讨论，以利在后续工程中有所发展创新。

1　拦污及清污设备

在引水渠道、电站、泵站及倒虹吸进口应设置拦污设备，用以拦阻污物、保护机组、阀门、管道及人员的安全。拦污设备的布置及设计应着重考虑以下几点。

1.1　拦污栅过栅流速

一般情况下，平均过栅流速宜取 0.8 ~ 1.2 m/s，污物较少时（如高坝潜孔）为 1.0 ~ 1.2 m/s，污物较多（如渠道表孔）时为 0.8 ~ 1.0 m/s[1]。对泵站，采用人工清污时，过栅流速宜取 0.6 ~ 0.8 m/s，采用机械清污时宜取 0.6 ~ 1.0 m/s。在满足水轮机、水泵等设备的保护前提下，栅条净距应适当加大[2]；同时，考虑到制造要求及防止堵塞，栅条净距不宜小于 50 mm。为减少过栅水头损失，可采用流线型主梁、加工栅条等措施。

1.2　清污设备

拦污栅的清污方式主要有人工清污及机械清污两种型式。本文主要介绍机械清污的几种方式。

一般而言，对于引、调水渠道泵站等进口，当流量大于 20 m³/s 且污物较多时，应采用回转式清污机；当流量在 5 ~ 20 m³/s 时，可采用液压抓斗清污；当流量小于 5 m³/s 时，可采用人工清污。当流量大于 50 m³/s 时，需在前池进口设置回转清污机桥，并可增设长臂挖斗机抓取清除体积较大污物。有些引调水渠道工程设置拦污排替代回转清污机，实践证明效果不理想。

布置在大江大河岸边取水的泵站，由于分流比较小，大量污物被主流带走，虽然取水流量较大,在泵站进口设置液压抓斗清污即可[3],必要时也可在引渠设置拦污排,利用小船人工清除拦污排污物。流量小于 5 m³/s 的泵站可不设清污设备。

对于水库枢纽工程,电站等取水进口拦污栅前,应采用直立布置的液压抓斗清污机清污,并设置清污机导向槽。河床式低水头电站,由于单机流量较大、污物聚集较多,除进口拦污栅前设置液压抓斗清污外,宜在上游设置拦污排,或在前池进口设置面积较大的拦污栅,液压抓斗清污。

2 生态流量的泄放阀门选择

很多工程利用导流洞内设置钢管下泄施工期生态流量。一般来说利用导流洞下泄生态流量采用在导流洞底板下或侧墙内预先埋设钢管,钢管首部应设粗格拦污网,钢管前部安装检修阀门,在尾部安装工作阀门泄放生态流量。工作阀门常采用锥型阀。锥形阀锥具有大流量、抗垃圾能力强、阀前无需设置过滤装置、耐磨、抗冲刷的特点[4]。

对于永久生态水泄放,工作阀门可采用锥形阀或流量调节阀。流量调节阀具有结构紧凑、体积小、流量调节精确的特点,过阀流速一般小于 7 m/s,排放系数为 0.5 左右[5];抗污物能力一般、需设置拦污设备、无法在线维修,但有下游供水、灌溉有精确调节流量要求时,宜采用流量调节阀。一般来说,在满足流量调节的要求下宜优先选择锥形阀。

3 分层取水闸门及过鱼设备

3.1 分层取水闸门

分层取水闸门型式主要有叠梁式(取表层水)、多层式、套筒式等[6],大中型水利工程宜采用叠梁式或多层式。分层取水闸门应按一定水头差动水启闭设计,实际运行中,宜静水启闭。分层取水闸门的启闭设备比一般的闸门启闭设备运行频繁,其工作级别宜相应提高。启闭设备高度指示器除对上、下极限位置控制进行保护外,宜有针对闸门不同位置开度预置和下滑报警功能。采用抓梁操作的,宜优先采用液压抓梁,抓梁定位要准确。应结合水库水位及下泄水温要求选择合适的单节叠梁闸门高度,减少频繁的启闭。多层闸门要尽可能的共用启闭设备,节约工程投资。

3.2 过鱼设备

过鱼金属结构设备主要有鱼道闸门及升鱼机。除鱼道进口闸门外,出口应设闸门以满足鱼道运行和检修要求[7];鱼道闸门的启闭机应注意布置于设计洪水位或最高尾水位以上[8]。

升鱼机根据过坝方式不同可分为斜坡式和直升式。斜坡式升鱼机在坡段运行利用坝顶绞车牵引,平段可自行。直升式升鱼机参照升船机分类可分为钢丝绳卷扬式、齿条爬升螺杆式、水力式。目前,国内升鱼机大部分采用直升钢丝绳卷扬式。升鱼机一般由承鱼箱、集鱼探测装置、补氧及充排水装置、机械传动机构、事故制动装置等构成。在中、高水头及梯级水工建筑物的鱼类的过坝及保护工作可以发挥重要作用,应用前景广阔。

4 新技术的应用

随着国家对水利工程的投入加大,金属结构设备在采用新技术、新产品方面进行了有益的尝试,并取得了较好的效果。

4.1　灌区智能化闸门

我国大部分灌区输水系统渠道闸门大部分仍采用铸铁闸门,配套螺杆启闭机或手动操作实现闸门启闭;由于大型灌区各类闸门位置分散、距离远,闸门控制需要大量工作人员进行维护和巡视,运行管理成本高。在内蒙、四川、山西等某些灌区陆续试点采用远程测控智能闸门。该闸门具备手机操作及故障报警功能、分水信息及数据自动上报功能、无线远程控制功能,计量系统和分水控制系统能准确测定上下游水位、过闸流量、分水总量等数据。

远程测控智能闸门运行过程为:步进电动机的驱动力矩通过减速机传递到传动轴,传动轴带动钢丝绳卷轮转动,钢丝绳牵拉提升杆使门板开启或关闭。闸门主材为铝合金型材,各种联接螺钉及护罩采用不锈钢。配套直流步进电机,采用太阳能供电。传动装置具有自锁功能,无需另设制动器,启闭速度在 0.15 ~ 0.3 m/min 可调。闸门开度控制绝对误差 <0.1 mm,自由流状态计量误差 <5%,淹没流状态计量误差 <10%。

4.2　启闭机的应急操作

启闭机设备机械部分运行的可靠性一般较高,出现故障的可能性较小,电气部分受各种因素的影响较大,如湿度、程序、电网稳定性等,出现故障的环节较多。对于泄洪设施的启闭机设备,常规提高运行可靠性的措施为泄洪启闭机提供备用电源,从提高电源的可靠性方面来提高启闭机运行的可靠性。但电源只是启闭机设备运行的要素之一,如启闭机电动机出现故障,或是电气元器件出现故障,或是电气控制系统出现故障等,或是液压泵站出现故障,即使备用供电电源正常启闭机也无法工作。应急操作器均可实现以上情况闸门的正常启闭功能,电源、柴油发电机仅仅是电力控制备份,而应急操作器不仅是控制备份,还是闸门启闭设备的操作备份。实际工程使用中,应急操作器启闭速度大致可达到启闭机正常速度的 1/5 ~ 1/2。

4.3　金属结构设备在线实时监控

金属结构设备的现有检测手段有巡检、定检、安全监测。现有检测手段存在视听判断、简单检测,工作量大、效率低,检测工作安全风险大等缺点。金属结构设备多是用于挡水或泄水,一旦发生事故,后果严重[10]。因此,重要设备非常有必要进行实时在线监测,确保设备的运行安全。

实时在线监测可分为闸门、启闭机、压力钢管三类实时在线监测。监测的主要内容有动静应力、流激振动、运行姿态、部件(支铰、定轮、滑道、蘑菇头)钢丝绳断丝(磨损)、位移、振动监测等。为金属结构设备的设计、制造、安装、运行、维护提供有力的数据支撑。同时实现设备状态检修,可强化运行可靠性和精简金结设备的维保人员。

5　结　语

金属结构设备在前期设计阶段要根据设备承担的工程任务,结合水工布置、环境保护要求并综合考虑制造、安装等技术措施,合理的做出选型及布置方案。重视拦污、导流、分层取水、过鱼等工程要求,在工程实践中积极谨慎的采用新技术,从而使设备安全稳定的运行,发挥效益。

参 考 文 献

[1] 水工设计手册,第七卷[M].北京:水利水电出版社,2014.
[2] 徐强.峡江水利枢纽引水发电系统金属结构布置与设计[J].水利技术监督,2014(5):60-62.
[3] 丁峰.泵站回转式格栅清污机选型设计及应用[J].人民黄河,2015(7):138-140.
[4] 韩志远.锥型阀在无压隧洞消能中的应用[J].水利规划与设计,2015(5):90-91.
[5] 阀门选用手册[M].北京:机械工业出版社,2001.
[6] 水电站分层取水进水口设计规范:NB/T 35053—2015[S].北京:中国电力出版社,2015.
[7] 水利水电工程鱼道设计导则:SL 609—2013[S].北京:水利水电出版社,2013.
[8] 薛静静.国内外鱼道建设特色浅析[J].水利规划与设计,2015(6):12-13.
[9] 张玉炳.智慧水库一体化管理平台特点介绍[J].水利规划与设计,2018(2):85-88.
[10] 原玉琴.加强技术监督提高水利水电工程金属结构管理水平[J].水利技术监督,1998(1):34-35.

【作者简介】 吕传亮(1978—),男,高级工程师。E-mail:lvchuanliang@ giwp. rog. cn。

草海—外海联通泵站工程泵选型研究

胡卫娟

（中国电建集团昆明勘测设计研究院有限公司，昆明 650051）

摘 要 草海—外海联通泵站工程为滇池水质提升稳定方案中的一部分。作为草海—外海的一个联通泵站，起到为草海水置换和清洁的作用。本文根据联通泵站的建设目的、布置条件及泵站参数，从水泵的选型原则、稳定运行、经济比较等方面，通过分析比较后给出离心泵和混流泵的优缺点，并通过综合对比确定最终泵型，为类似泵站的设计提供借鉴和参考价值。

关键词 联通泵站；离心泵；混流泵；泵型

1 工程概况

滇池流域面积 2 920 km²，湖面面积 310 km²。主要入湖河流共计 35 条。以节制闸大坝划分为草海和外海。草海湖面面积约 10 km²，湖容 2 700 万 m³，入湖河流 7 条，有一个人工出口西园隧洞。外海（滇池）约 300 km²，湖容 15 亿方，主要入湖河流 28 条，有一个天然出口海口河。

草海最高水位约为 1 886.8 m，正常水位为 1 886.0 ~ 1 886.5 m，草海底部高程约为 1 885.0 m，草海岸边坝顶高程 1 889.0 m。外海（滇池）水位 1 887.2 ~ 1 887.8 m，本工程任务为由草海取水，跨过坝顶自流进入外海（滇池）。

根据草海与外海的水位特征和供水要求，取水最低水位到供水管路最高点高差为 10 m，根据水工专业提供的管路走向和距离等资料，经初步计算，计入管路沿程和局部损失以及阀门和管件局部水头损失确定联通泵站的主要参数如下：

（1）设计流量 16.8 m³/s（604 800 m³/h）。

（2）设计扬程 10 ~ 15 m。

2 水泵台数选择及参数确定

该泵站设计扬程 10 ~ 15 m，设计提水流量为 16.8 m³/s（604 800 m³/h），考虑机组运行的稳定性和灵活性，可采用 3 主 1 备和 4 主 1 备的布置方案。但是因该泵站拟建设地点为隔断草海与外海的隔断坝附近，且地点处于昆明市郊，周边居民密集，可利用空地有限，因此考虑泵站机组台数不宜超过 4 台，综合考虑该泵站的特点和要求以及泵站运行的供水过程等因素，选用 4 台 $Q = 20\,160$ m³/h（5.6 m³/s），$H = 10 \sim 15$ m 的水泵。其中 3 台工作，1 台备用。

初拟泵站机组主要参数如表 1 所示，施工阶段将根据具体资料及各水泵制造厂的制造研发能力，进一步优化选择最佳水泵参数。

表1　泵站机组主要参数

水泵		发电机	
设计流量	20 160 m³/h	型式	异步电动机
设计扬程	10~15 m	功率	1 000 kW
最高效率	>85%	电压	10 kV
设计工况轴功率	902 kW	转速	300 r/min
转速	300 r/min		

3　泵型的选择

3.1　泵型选择的原则

从技术、经济等方面考虑,泵型选择的主要原则[1]为:

(1)满足泵站设计流量、设计扬程及不同时期的运行要求,并尽量使所选水泵在泵站设计扬程运行时的工作点在其额定工况点附近,在泵站最高扬程运行时的工作点处于高效区范围内。

(2)选用性能良好,并与泵站扬程、流量变化相适应的泵型。

(3)具有多种泵型可供选择时,应综合分析水力性能、机组造价、工程投资和运行检修管理等因素择优确定。

针对本工程,除以上所列原则外还需考虑以下两点:

(1)受泵站拟建设地点限制,泵站的宽度不宜过大,从而不利于工程布置。

(2)水泵运行时声音不宜过大,以减少对周边居民生活的影响。

3.2　泵型选择的依据

为确保水泵长期无空蚀且高效稳定运行,水泵的类型及参数选择均至关重要。各种类型泵的使用范围也不尽相同[2],从水泵参数来看,泵的型式取决于泵的比转速,比转速越高,泵的体积越小,能量指标相对越好,投资也就会越省,因此在可能的条件下,倾向于选择较高的比转速。但比转速的提高往往受到水泵的汽蚀、结构和使用材料等方面的制约,所以在某一扬程范围内比转速不能无限提高。泵的型式与比转速关系如表2所示。

表2　泵的型式与比转速关系

比转速	泵类型		适用范围
30~300	离心泵	30~80 低比转速离心泵	各种流量低中高扬程的泵站
		80~150 中比转速离心泵	
		150~300 高比转速离心泵	
300~500	混流泵		大流量中低扬程泵站
500~1 000	轴流泵		大流量低扬程泵站,最高扬程一般不超过10 m

3.3 泵型比较

根据该泵站的流量扬程参数来看,适合该泵站的水泵应为大流量低扬程泵。从适用范围来看可初步确定适合该泵站的泵型有离心泵和混流泵(轴流泵的扬程很少超过 10 m,混流泵的扬程可达 30 m)。

要最终确定适合该泵站的泵型,需要从两种泵型的性能曲线、结构特点、安全运行、土建和设备投资等方面来共同确定。

(1)从性能方面来看,离心泵与混流泵的性能曲线如图 1 所示。

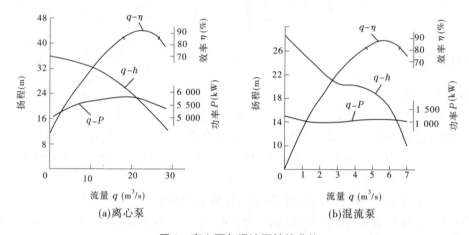

图 1　离心泵与混流泵性能曲线

结合图 1 及离心泵和混流泵特点可以得出离心泵与混流泵的主要性能差别表现在以下方面:

①离心泵功率启动功率较低,功率随流量增大呈上升趋势,对应泵启动方式应为"闭闸启动";混流泵启动功率较高,功率随流量增大呈下降趋势,对应泵启动方式应为"开闸启动"。

②离心泵有较好的抗汽蚀性能,但不能调节叶片;混流泵具有叶片可调的优点,但抗汽蚀性能较差。

从性能特点方面比较,离心泵和混流泵均可用于该泵站,但考虑该泵站具备"开闸启动"的条件而方便启动,且不存在提高汽蚀性能的限制措施,故更适合选用混流泵。

(2)从结构特点方面来看,离心泵的检修维护方便,检修时只需打开泵盖即可取出转子,不需要拆卸电动机和连接管路。但设备尺寸较大、运行时噪音高、对取水水位和介质要求较高,启动时必须进行灌水或者水下安装;混流泵检修维护稍复杂,但运转操作比较简单,运行时噪声低,对介质适应性强,叶轮淹没在水中,可直接启动,便于自动运行。

该泵站距离居民居住区较近,且水质保障性差,因此从结构特点来看,更适合选用混流泵。

(3)从安全运行角度分析,离心泵和混流泵均属于比较传统泵型,设计、制造和应用技术均较为成熟,均不存在限制因素。

(4)从土建投资角度分析,根据该泵站参数,需采用卧式离心泵,平面尺寸较大,泵房虽只需一层,但为了满足淹没深度所需开挖深度较大,故总体开挖量大,整体投资较大;若采用混流泵则可选用立式安装,平面尺寸较小,电动机和水泵位于两层,开挖深度离心泵大,但因平面尺寸小,同样水泵参数下总体开挖量较离心泵小,整体投资较小。

(5)从设备投资角度来看,因该泵站属于大流量低扬程泵站,且机组台数已确定不宜过多,导致单台水泵流量较大,对应水泵进出口管径也较大。目前国内外大口径离心泵可生产厂家为数并不多且价格差别较大,投资可控性较差;同样口径的混流泵生产技术成熟,可生产厂家很多且价格相差不大,投资可控性较好。因此,从该方面考虑选用混流泵更适合该泵站的现状。

4 结 论

(1)综上所述,从性能特点和安全运行角度来看,离心泵和混流泵均都能满足该泵站的运行需求,但从长远运行方便来看,更适宜选择混流泵;从结构特点、土建投资来看,混流泵的各项对比结果均要优离心泵;从设备投资来看,立式混流泵较卧式双吸离心泵的投资可控性强,并且国内类似流量的大口径离心泵应用业绩较少,而混流泵生产技术成熟,已投产的类似工程多。综合考虑,现阶段初拟采用混流泵是合适的。

(2)混流泵的特点是,构造比较简单,流量大于同叶轮直径的离心泵而小于轴流泵。因此,它可取代部分离心泵和轴流泵的工作范围,其适应面较广,也更能适用于该泵站。

(3)结合本泵站的拟建地点和水泵参数,该泵站采用立式混流泵。

5 结 语

(1)水泵是泵站的核心设备,其性能的好坏对于泵站的运行稳定性、可靠性都有重要的影响。如何结合工程实际为泵站选择性能良好、运行维护管理方便、投资节省等综合效益最佳的泵型显得尤为重要。

(2)草海—外海联通泵站现还处于规划阶段,以现有的水位参数及资料作为泵型选择的依据具有可信性但不足够精确,下一步仍需加强水文泥沙及地质等资料的收集和细化,并详细对比各选型方案的详细造价对比结果,以确保最终选用泵型能够高效、稳定运行,初期投资较省且综合效益较高。

参 考 文 献

[1] 栾鸿儒.水泵及水泵站[M].北京:中国水利水电出版社,1993.
[2] 姜乃昌.泵与泵站[M].北京:中国建筑工业出版社,2007.

【作者简介】 胡卫娟(1986—),女,工程师,主要从事水电站及泵站水力机械设计工作。E-mail:huwj861230@126.com。

垫层蜗壳中弹性垫层作用的分析计算

廖燕华

（湖南省水利水电勘测设计研究总院，长沙　410007）

摘　要　为研究垫层蜗壳中弹性垫层的作用，为小型电站垫层蜗壳中弹性垫层的设计提供依据，利用蜗壳与弹性垫层变形相容条件推求出垫层蜗壳外包混凝土平均径向压力与弹性垫层参数之间的计算关系式，对公式本身及其应用于外包混凝土结构分析的合理性进行分析，并将其应用于涔天河电站垫层蜗壳弹性垫层的设计。

关键词　垫层蜗壳；弹性垫层；外包混凝土；径向压力

1　引　言

弹性垫层广泛应用于水利工程中，当其设置于金属蜗壳外时，主要作用是减少蜗壳内水压力外传至外包混凝土、充分发挥金属蜗壳的承载力。大量研究表明，设置弹性垫层的蜗壳，仍有部分内水压力传至外部混凝土[1,2]，且外部混凝土承载比受弹性垫层弹性模量和厚度的影响[3,4]：垫层 E/d 相同，外包混凝土承载比基本相同；E/d 减小，外包混凝土承载比减小；当 E/d 减小到一定程度时，外包混凝土承载比几乎不再变化。文献[5]中也有明确的要求，对设置弹性垫层的金属蜗壳，传至混凝土上的内水压力应根据垫层设置范围、厚度及垫层材料的物理力学指标等研究确定。

然而，在实际设计工作中，由于技术手段或其他原因所限，很少对小型水电站厂房垫层蜗壳中金属蜗壳与外包混凝土各自承受的内水压力进行分析计算，通常假定内水压力全部由金属蜗壳承担，外包混凝土结构采用平面"Γ"形框架法按仅承担外部荷载进行配筋计算。文献[2]表明，虽然将蜗壳外包大体积混凝土简化为平面"Γ"形框架结构进行配筋计算是十分保守的，但若内水压力外传至混凝土的值较大，其计算配筋面积可能偏小，对结构安全不利。因此，即使不能采用有限元进行精确的分析，将蜗壳外包混凝土结构简化为平面框架进行计算时，也应考虑弹性垫层传给外包混凝土的内水压力值，以保证结构安全。

本文根据蜗壳与弹性垫层的变形相容条件推求出外包混凝土承担的内水压力值与弹性垫层参数之间的计算关系式，对公式本身及其应用于外包混凝土结构分析的合理性进行分析；最后以涔天河水电站垫层蜗壳为例，通过计算选定合适的弹性垫层厚度，并为蜗壳外包混凝土结构计算提供参考内压值。

2　计算公式的推求

水电站厂房垫层蜗壳中，弹性垫层一般设置于蜗壳上半部，下半部蜗壳直接与混凝土接触，因此蜗壳下半圆所受径向约束远大于上半圆。研究表明[1,2]，下半部蜗壳与混凝土之间存在摩擦作用，在承受内水压力后，下半部蜗壳相对于混凝土会发生滑动，沿着切向向约束作用较小的上半部运动，摩擦系数越小，蜗壳滑动的趋势越强。本次推求外包混凝土承担的平均径向压力值计算公式,假定蜗壳下半圆可沿切向自由滑动、弹性垫层的设置范围为蜗壳上半圆,蜗壳的膨胀变形均由弹性垫层吸收,即上半圆周弹性垫层的环向变形量与蜗壳整个圆周的环向变形量相等。

计算作如下基本假定:

(1)蜗壳结构为一空间整体结构,将其简化为平面问题考虑。

(2)蜗壳、弹性垫层和混凝土的应力都在其弹性范围之内,混凝土是完全弹性体,且各向同性。

(3)忽略蜗壳与弹性垫层之间、弹性垫层与混凝土之间存在的初始缝隙。

(4)外包混凝土的径向变形相对于蜗壳和弹性垫层的变形值来说很小,忽略不计。

设内径为 r_0 的某一蜗壳断面,内水压力为 p,蜗壳承受部分压力后,其余部分 p_1 传给弹性垫层,蜗壳在内水压力 $p-p_1$ 作用下,径向变形 Δ_s 为

$$\Delta_s = \frac{p-p_1}{E_s}\frac{r_0^2}{\delta} \tag{1}$$

式中:E_s 为蜗壳的弹性模量,MPa;δ 为蜗壳厚度,m。

弹性垫层的径向压缩 Δ_t 为

$$\Delta_t = \frac{r_1 p_1}{E_1}\ln\frac{r_1+d}{r_1} \tag{2}$$

式中:r_1 为蜗壳的外径,$r_1 = r_0 + \delta$,m;E_t 为性垫层的弹性模量,MPa;d 为弹性垫层厚度,m。

蜗壳传给弹性垫层的径向压力为 p_1,弹性垫层不承受环向力,弹性垫层传给混凝土的平均径向压力(线性传递)p_2 为

$$p_2 = \frac{r_1 p_1}{r_1+d} \tag{3}$$

根据变形相容条件,整理公式(1)~公式(3)得混凝土承受的平均径向压力 p_2 的计算公式:

$$p_2 = \frac{r_1}{r_1+d}\frac{\frac{2pr_0^2}{E_s\delta}}{\frac{r_1}{E_t}\ln\left(\frac{r_1+d}{r}\right)+\frac{2r_0^2}{E_s\delta}} \tag{4}$$

3 计算公式合理性的分析

3.1 公式(4)计算结果(简称计算值 p_2)准确性分析

文献[3]利用 ANSYS 软件,建立某水电站厂房垫层蜗壳结构的三维有限元模型,蜗壳与外包混凝土的摩擦系数取0.2,通过选取弹性垫层不同的弹性模量 E_t 和厚度 d 共5种方案分析了弹性垫层 E_t/d 对水电站蜗壳结构的影响,五种方案相关参数见表1。此水电站厂房的垫层蜗壳最大内水压力1.08 MPa,进口断面内径为9.818 m,金属蜗壳厚30 mm、弹性模量210 GPa。

表 1　计算方案

项目	方案一	方案二	方案三	方案四	方案五
E_t(MPa)	2	1	4	6	2
d(m)	0.02	0.005	0.02	0.02	0.005
E_t/d	100	200	200	300	400

本文利用公式(4)对此水电站厂房进口断面在以上 5 种不同方案下的外包混凝土平均径向压力进行了计算。有限元分析与公式计算两种方法计算出的各方案外包混凝土平均径向压力与内水压力比值(简称外包混凝土承载比),如表 2 所示。

表 2　外包混凝土承载比计算结果

计算方法	方案一	方案二	方案三	方案四	方案五
计算公式(4)	43.4%	60.5%	60.5%	69.7%	75.4%
有限元	48%	61.5%	61.5%	67.5%	71.5%

对比两组计算结果可知:

(1)两种方法所得外包混凝土承载比变化规律一致,外包混凝土承载比随 E_t/d 的减小而减小,当 E_t/d 一定时,外包混凝土承载比一定。

(2)E_t/d 比值取大值时,公式所得外包混凝土承载比较有限元分析结果大;当 E_t/d 比值取小值时,公式所得外包混凝土承载比较有限元分析结果小。

(3)公式计算的外包混凝土承载比相对有限元分析结果的偏差基本在 10% 以内。

可见,利用计算公式(4)所得外包混凝土平均径向压力值与外包混凝土实际承受的平均径向压力值基本相符。

3.2　计算值 p_2 用于外包混凝土结构分析的合理性

垫层蜗壳中外包混凝土的径向压力基本服从自顶部、上部、腰部,到下部、底部逐次增大的规律,如图 1 所示,蜗壳顶部径向压力最小,蜗壳底部径向压力最大,上半圆平均径向压力比下半圆平均径向压力小很多。

按平面框架计算时,外包混凝土结构计算简图如图 2 所示,可简化为 A 端铰支、C 端固结的等截面或变截面"Γ"形框架。当将作用于框架的不均匀径向压力采用平均径向压力 p_2 代替时,相当于作用于顶板 AB 上的不均匀荷载被一合力值大的均布荷载代替、作用于立柱 BC 上的梯形荷载被一合力值大小相当的均布荷载代替,如图 3 所示。

外包混凝土承受的上部荷载包括顶板自重、水轮机层荷载、发电机风罩荷载、定子基础板荷载等,均作用于顶部 AB 上;作用于顶板 AB 上的内水压力会抵消一部分上部荷载,加大作用于顶板 AB 上的内水压力对结构是不利的。因此,外部混凝土结构分析时,不考虑作用值较小的顶板 AB 上内水压力,仅考虑立柱 BC 上的内水压力,并采用平均径向压力值代替,计算配筋面积更大,结构是偏安全的。

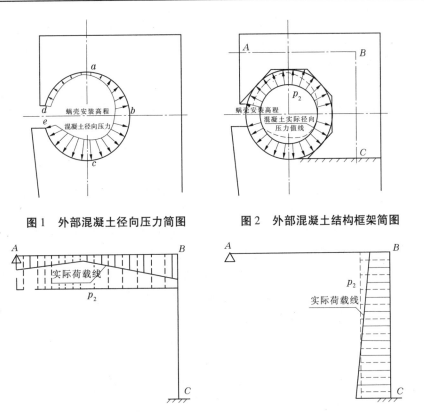

图1 外部混凝土径向压力简图 图2 外部混凝土结构框架简图

图3 "Γ"形框架内水压力简图

由此可见,采用公式计算所得混凝土平均径向压力值作用于外包混凝土"Γ"形框架的立柱上,以此进行小型水电站厂房垫层蜗壳外包混凝土结构配筋,结构偏安全,是基本可行的。

4　涔天河水电站蜗壳计算

涔天河水库扩建工程位于湘江支流潇水上游,系潇水流域开发的第一个梯级,水电站安装4台混流式机组,单机容量50 MW。电站蜗壳进口断面直径为4.1 m,最大设计内水压力为1.5 MPa,管壳厚度25 mm;弹性垫层布置于蜗壳上半圆,垫层材料采用聚乙烯弹性垫层,弹性模量为3 MPa;蜗壳顶部混凝土最薄处厚度1.7 m。取蜗壳进口断面为计算断面,利用公式4计算在不同的弹性垫层厚度下,弹性垫层传给外包混凝土的平均径向压力p_2和外包混凝土承载比,计算结果如表3。

表3　涔天河水电站蜗壳计算结果

垫层厚度 d(m)	0.01	0.02	0.03	0.04	0.05	0.06	0.07
E_t/d	300	150	100	75	60	50	42.9
p_2(MPa)	0.49	0.29	0.21	0.16	0.13	0.11	0.10
混凝土承载比	32.9%	19.7%	14.1%	11.0%	9.0%	7.6%	6.6%

分析表 3，弹性垫层厚度增大，混凝土承载比减小；弹性垫层厚度越大，其厚度增值对混凝土承载比的影响越小；当垫层厚度大于 40 mm 后，垫层厚度每增加 10 mm，混凝土承载比降低值均不超过 2%，此时厚度增加对混凝土承载比的影响已相当小。综合考虑顶部混凝土自重、上部机墩荷载、水轮机层荷载及施工过程的荷载等对弹性垫层的径向压缩，最终确定蜗壳外弹性垫层厚度为 50 mm，考虑外部混凝土结构立柱承受约 9%（0.13 MPa）的内水压力。

5 结 论

(1)利用变形相容条件推求出的计算公式，其计算结果与有限元分析结果相比，偏差基本在 10% 以内。

(2)在弹性垫层设置范围一致的情况下，外包混凝土承受的内水压力随 E_t/d 的减小而减小；E_t/d 一定时，外包混凝土承受的内水压力一定。

(3)计算公式(4)可用于小型水电站厂房垫层蜗壳弹性垫层的设计，并可将计算所得 p_2 作用于"Γ"形框架的立柱上，以此进行外包混凝土结构配筋，结构偏安全。

(4)计算公式(4)是假定蜗壳下半周可沿切向自由滑动、弹性垫层设置于整个上半圆推求出来的，故当蜗壳下半周与外围混凝土的摩擦作用很强时，公式不一定适用；当弹性垫层设置范围与本假定不一致时，公式不适用。

参 考 文 献

[1] 宋艳清. 大型水电站厂房弹性垫层蜗壳结构研究[J]. 中国水利水电出版社水利与建筑工程学报，2011,9(2):20-23.

[2] 于跃,张启灵,伍鹤皋. 大型水电站厂房弹性垫层蜗壳结构研究水电站垫层蜗壳配筋计算[J]. 天津大学学报,2009,42(8):673-677.

[3] 李守义,杨阳,梁倩,等. 垫层的 E/d 对水电站蜗壳结构的影响分析[J]. 应用力学学报,2015,32(1):145-149.

[4] 卢珊珊,刘晓青,赵兰浩,等. 水电站钢蜗壳垫层厚度对应力的影响分析[J]. 水电能源科学,2011,29(2):59-61.

[5] 中水北方勘测设计研究有限责任公司. 水电站厂房结构设计规范:SL 266—2014[S]. 中国水利水电出版社,2014.

[6] 张启灵,伍鹤皋. 水电站垫层蜗壳结构研究和应用的现状和发展[J]. 水利学报,2012,43(7):869-876.

[7] 江畅,伍鹤皋,陈鹏. 水电站垫层蜗壳外围混凝土结构受力分析[J]. 水电能源科学,2012,30(12):90-93.

[8] 肖潇. 蒙江双河口电站蜗壳外围混凝土结构配筋计算[J]. 水利技术监督,2014,(2):47-49.

[9] 徐国宾,张丽,李凯. 水电站[M]. 北京:中国水利水电出版社,2012.

[10] 顾鹏飞,喻远光. 水电站厂房设计[M]. 北京:水利电力出版社,1987.

【作者简介】 廖燕华,工程师。E-mail:617517598@qq.com。

引绰济辽工程大口径压力钢管的结构设计及有限元分析

王雪岩　梁一飞　李国宁　苏海涛

（内蒙古自治区水利水电勘测设计院,呼和浩特　010020）

摘　要　结构有限元分析作为一种可靠的现代设计分析方法,在压力钢管设计中得到广泛应用。本文根据引绰济辽工程大口径压力钢管的实际运行工况,运用有限元分析软件 ANSYS,分别对岔管结构和肋板结构进行了有限元分析,得到了它们在最不利工况下的最大应力及最大变形,验证了强度,确保设计方案安全可靠。

关键词　引绰济辽;压力钢管;有限元;ANSYS

1　引　言

引绰济辽工程是从绰尔河引水至西辽河,向沿线城市及工业园区供水的大型引调水工程,设计年调水量 4.88 亿 m^3,由水源工程和输水工程组成。工程为重力流供水系统,全长 206.833 km,最大流量 13.70 m^3/s,沿途有五处分水口。输水管线起点为恒定水位,末端有莫力庙水库较大的承泄区,输水线路在调度运行上对末端的关阀时间不需要控制的很短,故线路发生水力波动不大,主要是考虑到末端关阀时,为了不放空管道,管道内要承受静压,是本工程内水压力的控制条件。本工程压力管道 PCCP 管段长 203.757 km,其中管径 DN2 800 mm 管段长度 97.766 km,管径 DN3 200 mm 管段长度 105.991 km。采用埋置式 PCCPE 管,最大设计内水压力 1.4 MPa,覆土厚度 3～7 m。输水线路需要将两条 DN2 800 mm 管线合并为一条 DN3 200 mm 管线,由于两条 DN2 800 mm 管线管间距较小,故将管线先分开一定角度后接 DN3 200 mm/DN2 800 mm 钢岔管,如图 1 所示。

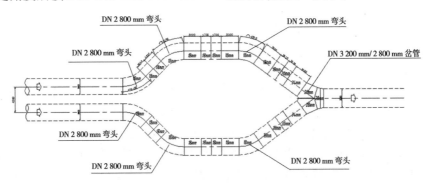

图 1　大口径压力钢管布置图

本工程钢岔管尤其是大口径对称 Y 形岔管,结构体形复杂,本次计算拟通过三维有限元方法,对钢岔管体形进行有限元结构计算,了解各部位的应力、变形等状态,确保岔管设计方案安全、经济。

2　材料及其性能参数

根据《水电站压力钢管设计规范》(SL 281—2003),岔管及肋板钢材采用 Q345R,材料性能参数如表 1 所示,其钢材的允许应力见表 2。

表 1　材料性能参数

材料名称	弹性模量(N/mm²)	泊松比	密度(kg/m³)	线膨胀系数(/°)
Q345R	2.06×10^5	0.3	7 850	1.2×10^{-5}

表 2　钢材的允许应力表

钢种	厚度	应力种类	屈服强度 σ_s (MPa)	抗拉强度 σ_b (MPa)	允许应力(MPa) 正常运行
Q345R	16～36 mm	整体膜应力	325	500	166
		局部膜应力	325	500	266
		肋板	325	500	223
Q345R	36～60 mm	整体膜应力	315	490	163
		局部膜应力	315	490	261
		肋板	315	490	218

3　岔管有限元分析

3.1　荷载种类及荷载值

岔管结构计算荷载种类及荷载值见表 3。

表 3　岔管荷载值

荷载分类及名称		荷载设计值(MPa)
内水压力	正常运行情况最高内压 (静水压力 + 水击压力)	1.4

3.2　计算边界条件

有限元模型建立在笛卡尔直角坐标系坐标(X, Y, Z)下,XOY 面为水平面,竖直方向为 Z 轴,向上为正,坐标系成右手螺旋,坐标原点位于主锥管与支锥管公切球球心处。模型计算范围的确定按不影响钢岔管单元应力、应变分布和满足足够的精度要求考虑。由于管道的限制,运行工况无轴向位移,模型在主管和支管端部取固端全约束。为了减小约束端的局部应力影响,主、支管段轴线长度分别取主、支管直径的 2 倍。

3.3　岔管体形尺寸

对称岔管体形如表 4 所列和图 2、图 3 所示。

表 4　岔管设计方案体形尺寸

名称		参数	名称	参数
主锥管A	主管进口内半径(mm)	1 600	肋板总高度 2b(mm)	3 996
	主管与过渡管公切球半径(mm)	1 600	肋板总宽度 a(mm)	2 735
	过渡管与主锥管公切球半径(mm)	1 700	肋板厚度 t_w(mm)	56
	最大公切球半径(mm)	1 900	肋板腰部宽度 BT(mm)	870
	过渡管节半锥顶角(°)	7	肋宽比	0.31
	主锥管半锥顶角(°)	15	肋板厚/管壁厚(mm)	2.0
	分岔角(°)	72	肋板与主岔锥轴线夹角(°)	0
	主管、过渡管管壁厚度(mm)	24、28	肋板与 B 支岔锥轴线夹角(°)	36
	主锥管管壁厚度(mm)	28	肋板与 C 支岔锥轴线夹角(°)	36
支锥管B	支管 B 出口内半径(mm)	1 400	支管 C 出口内半径(mm)	1 400
	支管与支锥管公切球半径(mm)	1 400	支管与支锥管公切球半径(mm)	1 400
	支锥管半锥顶角(°)	12	支锥管半锥顶角(°)	12
	支管壁厚度(mm)	24	支管壁厚度(mm)	24
	支锥管管壁厚度(mm)	28	支锥管管壁厚度(mm)	28

注:运行工况的计算壁厚 = 表中的壁厚 – 2 mm(锈蚀厚度)。

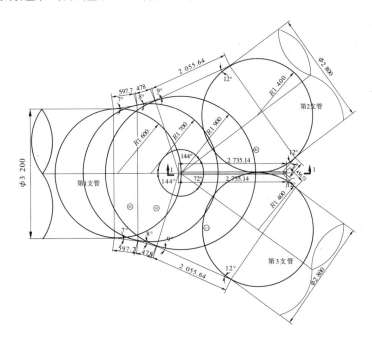

图 2　岔管体形图

3.4　单元的选取和网格划分

　　钢岔管管壳网格全部采用 ANSYS 中四节点板壳单元,肋板采用 ANSYS 中八节点实体

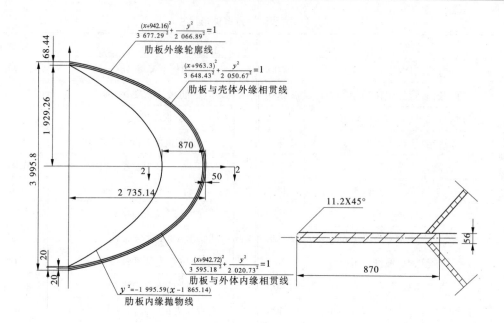

图 3　管肋板体形图

单元模拟。岔管有限元模型计算网格如图 4、图 5 所示。

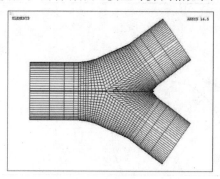

图 4　运行工况的岔管网格

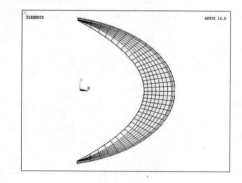

图 5　肋板网格

3.5　计算结果整理

根据以往类似工程的计算结果及工程监测的结果可知,岔管应力较大的部位往往发生在各相邻管节的连接部位以及肋板内缘的腰部等,这些位置是岔管的应力控制部位,有限元计算旨在了解应力控制部位的应力大小及变化情况,以及岔管结构整体的应力分布情况。为便于直观的了解和分析各方案有限元计算结果,本工程方案比较时的计算结果用岔管关键应力控制点的应力表格的方式表达。

根据各方案的计算结果,整理了运行工况钢岔管特征点 Mises 应力。报告根据计算结果将图 6 所示各特征点的应力值列于表 5 中,岔管和肋板应力图及位移云图如图 7 ~ 图 10 所示。

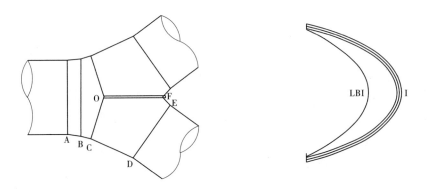

图6 岔管关键点位置示意图

表5 正常运行工况下特征点的 Mises 应力 （单位:MPa）

特征点	内表面		中面		外表面	
明管	Mises 应力	允许应力	Mises 应力	允许应力	Mises 应力	允许应力
A	104		98	266	96	
B	113		104	266	101	
C	125		115	266	113	
D	108		101	266	104	
E	109		103	266	117	
F	41		40	266	39	
O	46		41		47	
LB1	144	223	144	223	144	223
LB2	30	223	30	223	30	223
局部应力区最大值	151		115	266	127	
最大值部位	主支管相贯线		C 点		支管顶部	
整体膜应力区最大值	98	166	95	166	92	166

4 结果分析

（1）正常运行工况下所有特征点的局部膜应力＋弯曲应力均小于钢材的允许应力,特征点 Mises 应力最大点出现在 C 点内表面,其值为 151 MPa。

（2）局部膜应力 Mises 应力最大点也出现在 C 点,其值为 115 MPa,小于允许应力 266 MPa,并有一定的安全裕度。

（3）岔管的整体膜应力区最大膜应力为 98 MPa,出现主岔管远离转折角和肋板的部位,小于允许应力 166 MPa,并有一定的安全裕度。

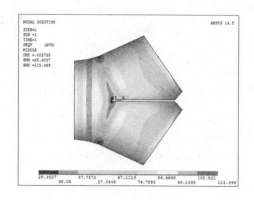

图7　岔管中面 Mises 应力云图

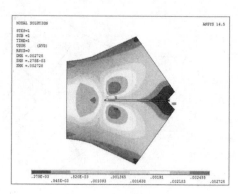

图8　岔管合位移云图

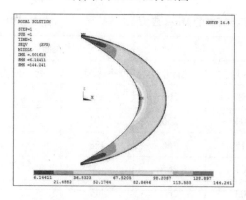

图9　肋板 Miss 应力云图

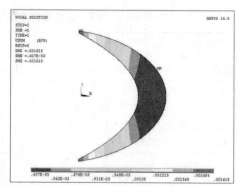

图10　肋板位移云图

（4）由于岔管结构对称,肋板厚度方向应力完全相同,肋板腰部内缘应力高于肋板其他部位,正常运行工况下 LB1 点应力最高为 144 MPa,小于允许应力 223 MPa。

（5）岔管主管各管节由于管径大于支管管节,其应力总体上高于支管部分。岔管应力分布复杂的部位在岔管的肋旁管壳一线以及主、支锥相贯线。

（6）岔管主管腰线 A、B、C 点的应力显著高于管壳腰线上其他控制点,其中 A、B、C 三点的应力基本相当。根据局部膜应力的计算结果可知,正常运行工况下该部位应力的不均匀度约为 10%,这说明岔管主管腰线一侧的局部应力分布较为均匀。

（7）相比较主管侧各管节,岔管支管侧各管节的应力控制点 D、E 点,在正常运行工况下的应力值为 101 MPa、101 MPa。

（8）由于结构对称,岔管裆部 F 点应力较低,该点局部膜应力 Mises 应力为 40 MPa,不是岔管设计的应力控制部位。

（9）O 点靠近肋板的端部,承受一定的弯曲应力,总体应力值较低,最大值为 47 MPa。

5 结 语

（1）正常运行工况下,岔管设计方案体形尺寸主锥管壁厚不小于 28 mm,支锥管壁厚不小于 24 mm,采用 Q345R 钢材,满足 DN3 200 mm/DN2 800 mm 岔管强度要求。

（2）条件允许情况下,应补充水压试验工况的分析。

参 考 文 献

[1] 曹伟涛.某水电站钢岔管 ANSYS 有限元分析[J].中国水运,2016.
[2] 燕乔.地下埋藏式钢岔管结构三维有限元分析[J].水力发电,2003.
[3] 陈刚.某水电站岔管有限元分析计算[J].甘肃水利水电技术,2017.
[4] 郝永志.吉音水库贴边岔管有限元分析[J].西北水电,2016.
[5] 苏凯,李聪安,等.水电站月牙肋钢岔管研究进展综述[J].水利学报,2017.
[6] 周维.贵州响水水电站扩机工程钢岔管有限元计算分析[J].河南水利与南水北调,2013.

【作者简介】 王雪岩(1989—),男,工程师,主要从事水利工程金属结构专业设计工作和水利水电工程 BIM 技术研究应用工作。E-mail:xueyanzaixian@126.com。

莽山水库工程导流隧洞堵头温度场仿真计算

吴国军　　曾更才

（湖南省水利水电勘测设计研究总院，长沙　410007）

摘　要　本文采用 Visual Basic. NET 语言，对 ANSYS 有限元软件进行一定程度的二次开发，编制了用于模拟隧洞堵头温度场的计算程序，用户只需输入相关参数，便能够得到无水管冷却时及水管冷却时的温度场变化情况，并将本程序运用到莽山水库工程导流隧洞堵头温度场仿真计算过程中。

关键词　有限元；VB. NET；温度场；堵头；水管冷却

1　引　言

导流隧洞堵头是水库工程的重要组成部分，是决定大坝能否正常蓄水的重要条件。从水规总院开展的安全鉴定中发现，一些工程设计中，由于堵头混凝土温度没有得到有效的控制而导致工程漏水严重[1]，因此对堵头进行温控设计是十分必要的。堵头的混凝土浇筑一般采取必要的温度控制措施，降低混凝土的入仓温度，多数工程在浇筑封堵体混凝土时埋设冷却水管，以降低混凝土的内部温升，并为后期接缝灌浆创造条件[2]。大中型水利水电工程大体积混凝土现普遍采用基于 ANSYS 软件平台对温度场进行仿真计算，其计算步骤为：前处理→计算→后处理。其中，前处理过程包括模型建立、施工层厚模拟、材料分区模拟、计算参数输入等；计算过程利用 ANSYS 温度场计算模块，进行水化热模拟、边界条件模拟、浇筑过程模拟等；后处理过程包括获得温度分布云图、温度变化曲线等。通常，对一个项目进行温度场模拟需要耗费较多时间，且在施工过程中混凝土浇筑层厚、浇筑时间等条件均有可能发生变化，若直接通过 ANSYS 软件进行修改效率较低。本文采用 Visual Basic. NET 语言（简称 VB. NET），对 ANSYS 软件进行了一定程度的二次开发，在设计人员输入相关参数后，可实现城门洞型堵头的自动建模、自动网格划分、自动分层分块及计算等功能，不仅能为温控设计及确定接缝灌浆时间提供依据，而且结合监测成果能够实现对施工过程的及时跟踪和控制，还能够降低设计人员工作强度、提高设计效率。

2　混凝土温度场计算原理和方法

2.1　基本理论

由热量平衡原理，温度升高所吸收的热量必须等于从外面流入的净热量与内部水化热之和，即[3]

$$\frac{\partial T}{\partial \tau} = a\left(\frac{\partial^2 T}{\partial x^2} + \frac{\partial^2 T}{\partial y^2} + \frac{\partial^2 T}{\partial z^2}\right) + \frac{Q}{c\rho} \tag{1}$$

式中：T 为温度；a 为导温系数；τ 为时间；Q 为由于水泥水化热作用，单位时间内单位体积中发出的热量；c 为混凝土比热；ρ 为密度。

水管冷却是水工大体积混凝土施工过程中普遍采用的温控措施,由于冷却水管管径较小,将水管和混凝土分开单独形成网格时,其单元的数目是巨大的,导致计算耗时较长。因此,绝大多数工程采用等效算法,水管冷却等效热传导方程见式(2)[3]。

$$\frac{\partial T}{\partial \tau} = a\left(\frac{\partial^2 T}{\partial x^2} + \frac{\partial^2 T}{\partial y^2} + \frac{\partial^2 T}{\partial z^2}\right) + (T_0 - T_w)\frac{\partial \phi}{\partial t} + \theta_0 \frac{\partial \psi}{\partial t} \tag{2}$$

式(2)右边可分为两大部分,第一部分是 $a\left(\frac{\partial^2 T}{\partial x^2} + \frac{\partial^2 T}{\partial y^2} + \frac{\partial^2 T}{\partial z^2}\right)$,它代表通过柱体边界热流而产生的温度变化;剩下的部分则代表在外表绝热条件下,由于水管冷却和混凝土绝热温升而产生的平均温度变化。

式中:θ_0 为混凝土绝热温升;T_0 是通水冷却时混凝土初温;T_w 是冷却水初温;ϕ 为水冷函数;ψ 为水冷温升函数;其余符号同前。

计算混凝土温度场的初始条件为在初始瞬时混凝土内部的温度分布规律,边界条件为混凝土表面与周围介质之间温度相互作用的规律。初始条件可表示为式(3),边界条件为式(4)~式(6)[3]。

在初始瞬间,温度场是坐标(x,y,z)的已知函数 $T_0(x,y,z)$,即当 $\tau = 0$ 时

$$T(x,y,z,0) = T_0(x,y,z) \tag{3}$$

第一类边界条件:混凝土表面温度 T 是时间的已知函数,可表示为

$$T(\tau) = f(\tau) \tag{4}$$

第二类边界条件:混凝土表面的热流量是时间的已知函数,可表示为

$$-\lambda \frac{\partial T}{\partial n} = f(\tau) \tag{5}$$

式中:n 为表面外法线方向。若混凝土表面绝热,则有$\frac{\partial T}{\partial n}$。

第三类边界条件:当混凝土与空气接触时,混凝土的表面热流量和表面温度与气温之差成正比,可表示为

$$-\lambda \frac{\partial T}{\partial n} = \beta(T - T_n) \tag{6}$$

式中:β 为表面放热系数,单位为 kJ/(m² · h · ℃)。

2.2 ANSYS 软件进行大体积混凝土温度场计算原理

利用 ANSYS 软件进行大体积混凝土温度场计算可直接利用 ANSYS 软件自带的温度场计算模块,混凝土浇筑过程通过 ANSYS 中的"生死单元"功能实现,先将所有混凝土单元全部"杀死",然后根据浇筑时间逐层激活混凝土。所谓单元的"杀死",ANSYS 程序并不是将"杀死"的单元从模型中删除,而是将其刚度矩阵乘以一个很小的因子,因子缺省值为 1.0×10^{-6}[4]。混凝土的水化热模拟采用 ANSYS 中的 BFE 命令实现,对流边界条件(包括散热和绝热)采用 SF 命令实现,与水接触边界条件采用 D 命令实现。计算时,ANSYS软件通过内部产热的外部边界条件的相互作用,计算热量在材料内部的转移过程,得到不同时刻的温度场分布。

2.3 利用 VB. NET 语言对 ANSYS 软件进行二次开发

如引言所述,对一个项目进行温度场模拟需要耗费较多时间,且在施工过程中混凝土浇筑层厚、浇筑时间等条件均有可能发生变化,若直接通过 ANSYS 软件进行修改效率较低,例

如混凝土浇筑层厚变化需要进行重新建模及网格划分。

为提高设计人员工作效率,本文利用 VB. NET 语言进行对 ANSYS 软件进行二次开发。VB. NET 语言适用性较强,能够直接调用多数软件。利用 VB. NET 语言调用 ANSYS 采用的是 shell 函数[5],通过 shell 函数启动 ANSYS 后,ANSYS 软件自动读入批处理文件,然后进行批处理计算。通过此方法开发的程序有两个优点:一是使用者无需掌握 ANSYS 软件的操作方法;二是能提高工作效率,对城门洞型断面的导流隧洞堵头,设计人员只需通过编制的 GUI 界面输入模型尺寸、网格大小、材料参数、冷却水管参数、气象参数、浇筑方案即可完成堵头温度场仿真计算。

3 工程应用

3.1 工程概况

莽山水库工程为我国十三五期间 172 个重大水利工程项目,主坝为碾压混凝土重力坝,最大坝高 101.3 m,工程施工采用一次拦断河床 + 隧洞导流方式。导流隧洞洞长 302.72 m,隧洞型式为城门洞型,洞径 5.2 m×5.6 m(宽×高),顶拱中心角 180°。

本工程导流隧洞计划于 2018 年 10 月底进行下闸封堵,导流隧洞堵头设计采用 C20 混凝土,采用中热硅酸盐水泥、掺粉煤灰、灰岩人工骨料。堵头长度为 20 m,内设 2.0 m×2.5 m(宽×高)灌浆廊道,灌浆廊道长 17 m。

3.2 计算模型

本程序坐标系原点位置为导流隧洞上游顶拱对应弦的中点,默认计算区域为 10 倍洞径,设计人员在程序中输入模型尺寸及网格划分大小后,即可生成计算模型,本工程生成的计算模型见图 1。

3.3 计算参数

本计算模型边界条件如下:

(1)绝热边界:围岩模型的边界面。

(2)散热边界:包括堵头下游面、廊道内侧面、堵头施工期上游面、堵头施工期各浇筑层顶面等。

(3)与水接触边界:堵头运行期上游面。

其中,散热边界及与水接触边界中需要用户

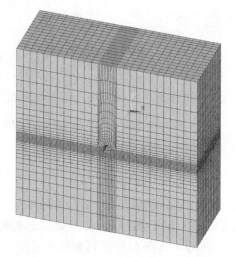

图 1 有限元计算模型

输入气象、混凝土及围岩的热学性能参数、混凝土浇筑方案、水温等数据,若需计算通水冷却时的温度场则需要输入冷却水管参数。本工程气象参数见表 1。

表 1 气象参数

时间	1 月	2 月	3 月	4 月	5 月	6 月	7 月	8 月	9 月	10 月	11 月	12 月
平均温度	6.0	7.5	11.4	17.7	22.4	26.1	28.8	28.0	24.2	19.0	13.6	8.6
平均最高温度	9.0	10.6	14.8	21.6	26.5	30.2	33.3	32.6	28.5	23.3	17.6	12.4
平均最低温度	3.7	5.4	8.9	14.8	19.3	23.1	25.4	24.7	21.1	15.9	10.4	5.7

混凝土及围岩的热学性能参数见表2。

表2 热学性能参数

项目	导热系数 [kJ/(m·d·℃)]	比热容 [kJ/(kg·℃)]	与空气的对流 换热系数[kJ/(m²·d·℃)]	最终绝热温升 (℃)
混凝土	254.4	0.96	554.4	32.8
围岩	302.4	0.92		

混凝土绝热温升采用指数型拟合,绝热温升表达式为 $\theta(\tau) = 32.8(1 - e^{-0.79\tau^{0.7}})$。

本工程堵头混凝土计划11月1日开始浇筑,施工分3层,层间间歇期3 d,堵头浇筑方案见表3,当在本程序输入浇筑方案参数后,程序可直接完成堵头的分层切割,"浇筑方案"参数输入界面见图2。

表3 堵头浇筑方案

序号	高程	浇筑时间(年-月-日)	浇筑温度(℃)
1	309.37~310.92	2018-11-01	17.6
2	310.92~312.37	2018-11-09	17.6
3	312.37~315.22	2018-11-17	15.6

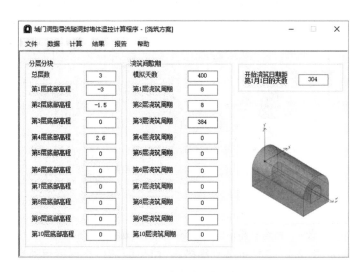

图2 "浇筑方案"输入界面

本工程冷却水管按梅花形布置,通水冷却参数见表4。

表4 通水冷却参数

序号	项目	单位	数值
1	初期冷却水温度	℃	14.1
2	水管流量	m³/h	1.0
3	水管间距(水平)	m	1.2
4	水管间距(垂直)	m	1.2
5	初期通水时间	d	20

3.4　计算结果及分析

根据以上计算参数,分别对堵头不采取通水冷却措施、采取通水冷却措施的温度场进行模拟,模拟时间为 400 d。经计算,最高温度发生在堵头廊道前端位置,最高温度截面处的最高温度分布云图见图 3 及图 4,最高温度节点处(选择第 3 层混凝土中的节点)的温度变化曲线见图 5 及图 6。

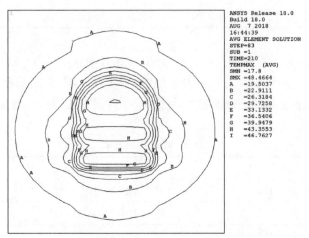

图3　不进行通水冷却条件下最高温度截面处温度分布云图

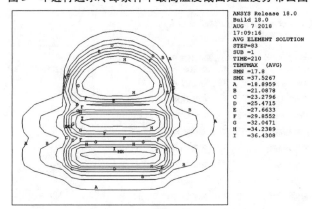

图4　通水冷却条件下最高温度截面处温度分布云图

以上计算结果表明,若不采取通水冷却措施,堵头内部最高温度可达 48.5 ℃,发生在混凝土浇筑后的第 13 d,此时洞内气温为 16.0 ℃,内外温差达 32.5 ℃,且温降速率缓慢,在计算时段内未达到稳定温度;采取通水冷却措施后,堵头内部最高温度为 37.5 ℃,发生在混凝土浇筑后的第 3 天,此时洞内气温为 16.8 ℃,此时内外温差为 20.7 ℃,通水时段内温降迅速,通水时间结束后温降速度开始变慢,在第 120 d 时达到稳定温度,可通过后期冷却让堵头混凝土尽快达到稳定温度以进行接缝灌浆。

4　结　语

本文利用 VB. NET 语言对 ANSYS 软件进行了二次开发,编制了用于模拟城门洞型隧洞堵头温度场的计算程序。本程序设计人员输入计算参数后,程序自动调用 ANSYS 软件进行

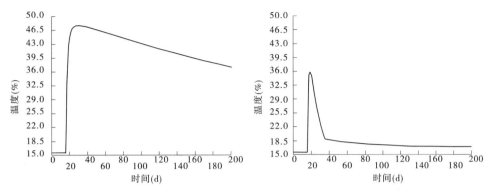

图5 不进行通水冷却条件下代表点
温度历时曲线

图6 通水冷却条件下代表点
温度历时曲线

批处理计算,直接得到堵头混凝土温度场施工仿真计算成果。通过将本程序应用于莽山水库工程导流隧洞堵头温度场仿真计算表明,本程序不仅能为温控设计及确定接缝灌浆时间提供依据,还有效降低设计人员工作强度。

参 考 文 献

[1] 刘志明.导流洞封堵建设之资鉴[J].水利规划与设计,2014.

[2] 康文龙.导流隧洞封堵体的设计与实例[J].水利技术监督,2009.

[3] 朱伯芳.大体积混凝土温度应力与温度控制[M].2版.北京:中国水利水电出版社,2012.

[4] 王新刚.ANSYS计算大体积混凝土温度场的关键技术[J].中国港湾建设,2009.

[5] 邵军.基于VB的ANSYS二次开发[J].重庆职业技术学院学报,2006.

[6] 混凝土坝温度控制设计规范:NB/T 35092—2017[S].北京:中国电力出版社,2017.

[7] 水工隧洞设计规范:SL 279—2016[S].北京:中国水利水电出版社,2016.

[8] 水利水电工程施工组织设计规范:SL 303—2017[S].北京:中国水利水电出版社,2017.

【作者简介】 吴国军(1992—),男。E-mail:421283459@qq.com。

边坡支护参数化三维建模技术研究

杨礼国　唐海涛　杨建城　胡　婷

（中国电建集团华东勘测设计研究院有限公司, 杭州　311122）

摘　要　介绍边坡支护参数化三维建模需求提出的背景、现状以及技术难点, 并针对性地阐述解决方案, 通过工程实际应用, 证实该技术能够快速高效的建立边坡支护的参数化三维工程信息模型。

关键词　边坡支护; 参数化建模; BIM

1　引　言

边坡支护是为保证边坡下结构施工和周边环境的安全, 而对边坡侧壁及周边环境采用的支挡、加固和保护措施。边坡支护工程又是岩土工程、结构工程以及施工技术互相交叉的学科, 是多种复杂因素交互影响的系统工程, 是理论上尚待发展的综合技术学科。

边坡支护工程造价高, 开工数量多, 是各施工单位争夺的重点, 又由于技术复杂, 涉及范围广、变化因素多、事故频发, 是建筑工程中最具有挑战性的技术上的难点, 同时也是降低工程造价、确保工程质量的重点。边坡支护工程正向大深度、大面积方向发展, 有的长度、宽度、深度均超过百余米。边坡支护工程规模日益增大, 工程实践证明, 要做好边坡支护工程, 必须做好包括整个开挖支护的全过程, 它包括勘察、设计、施工和监测工作等整个系列, 需要精心做好每个环节的工作。

设计作为边坡支护工程中不可或缺的一环, 对整个边坡的安全起着决定性的作用, 如何提高边坡设计的质量和效率, 至关重要。

2　现　状

当前国内外, 基于地形、地质、水工三维模型的支护参数化设计还没有相关成熟软件产品, 现阶段的支护设计基本处于类比研究和复杂计算复核的阶段, 也未形成一套统一的规范化平台, 且作为过程中的支护设计也未能妥善地进行记录。这一方面造成了工程设计人员在完成三维建模工作后, 还需花费大量精力去绘制支护断面图及统计相应工程量; 另一方面也造成工程属性信息得不到有效管理, 不能满足工程设计施工一体化管理的需求, 给工程运维期间信息查询带来极大的不便。

截至目前, 国外大型商业软件, 如 FLAC、ANSYS 等没有针对性地、方便快捷地应用于洞室边坡工程的参数化设计功能, 也没有相应施工图自动绘制功能。在科学研究领域, 国外在这方面的研究几乎是空白的, 国内也只有极少数研究人员做过这方面的研究。

为满足日益深化的土建三维设计及工程全生命周期管理应用的需求, 华东院开展了边坡支护三维设计系统的开发与应用研究, 通过采用参数化设计的理论和方法, 形成了一套支护设计参数化系统。系统可实现洞室与边坡模型尺寸信息及支护设计信息的管理,也能为工程设计施工一体化管理及工程全生命周期管理提供数据服务。

3 技术难点

3.1 边坡三维模型的表达

对于边坡,指的是为保证结构稳定,在结构两侧做成的具有一定坡度的坡面,边坡分为人为和自然边坡,形状十分不规则,并且体积巨大,如图 1 为国内某水电站的边坡全貌。边坡的支护设计都是依据边坡周边的地质环境进行,但通常支护后的边坡形状和支护前的边坡形状变化都不大,在实际建模过程中,边坡由于其不规则性,无法用规则的样条面和平面表达,通常用网格表达,三维网格具有描述手段灵活,建模速度快的优点。因此,进行支护的三维设计时,我们可以假设边坡为网格表达的不规则曲面,后续的支护设计我们将基于网格表达的边坡进行。

图 1 国内某水电站的边坡全貌

3.2 支护的分类及三维模型的表达

传统的支护分类方法,通常将支护分类方式按照施工工艺进行分类,大体分为四类:抹面与捶面防护、植物防护、柔性支护、综合防护,但这种分类方式并没有对支护本身的特性进行考量,更没有从三维建模的特点进行分类,这样在进行三维建模时,不能选择合适的表达手段。支护的类别众多,模型表达的粒度至关重要,直接决定了建模的工作量和模型的大小。模型表达的越精细,工作量越大,需要存储的数据也越大,模型所占用的存储空间也越大,进行分析处理需要的时间也越长。因此,我们需要根据工程应用需求,选择一个合适的建模粒度。

3.3 支护的属性设计

BIM 化是目前工程行业的一个不可扭转的趋势,BIM 的一个重要的核心就是信息,在支护的 BIM 模型中,最有价值的部分也就是和支护关联的属性信息,它是连接工程施工、工程运维的纽带。因此,如何设计和存储支护的属性信息至关重要,我们需要属性信息能够很便捷的查询同时而不依赖特定的平台,并可以在线分享和传播。

3.4 支护的三维建模

边坡的形状极不规则,支护的布置和边坡的表面形状紧密相关,采用手工建立三维模型的方法很难在不规则的表面进行精确定位,因此工作量大且非常烦琐,基本不可行。如果要建立支护的三维模型必须依靠程序并结合支护设计思想进行智能化的生成。因此,支护三维参数化建模的难点在于如果将工程人员的设计思想同计算机程序结合。

4　解决方案研究

4.1　使用网格表达边坡三维模型

　　三维模型的常用表达方式有三种:实体、曲面以及网格。实体建模是一种非常精确的表达方式,边界非常严格,各个软件通常都有自己的一套数据结构,相互之间存在转换障碍,实体建模不适用于表达不封闭的边坡。曲面也是一种常用的模型表达方式,曲面模型与实体模型的区别在于所包含的信息和具备性不同,实体模型总是封闭的,没有任何缝隙和重叠边,曲面模型可以不封闭,几个曲面之间可以不相交,可以有缝隙和重叠。实体模型所包含的信息是完备的,系统知道哪些空间位于实体"内部",哪些位于实体"外部",而曲面模型则缺乏这种信息完备性。最常用的一种样条曲面是 B 样条曲面,根据算法不同,B 样条曲面根据参数节点向量的不同,又可分为均匀 B 样条曲面、准均匀 B 样条曲面、分片贝塞尔曲面、非均匀 B 样条曲面四种,每一种都有其特殊的应用场景。总体上说,曲面表达模型的数据结构和算法都非常复杂,并且不适合表达边坡这种非规则、非光滑的形状。网格又被称为"Mesh",是计算机图形学中用于为各种不规则物体建立模型的一种数据结构。现实世界中的物体表面直观上看都是由曲面构成的;而在计算机世界中,由于只能用离散的结构去模拟现实中连续的事物。所以现实世界中的曲面实际上在计算机里是由无数个小的多边形面片去组成的。比如有些模型,在计算机渲染后由肉眼看是十分平滑的曲面,而实际上,计算机内部使用了大量的小三角形片去组成了这样的形状。这样的小面片的集合就被称作网格。网格既可以由三角形组成,也可以由其他平面形状如四边形、五边形等组成;由于平面多边形实际上也能再细分成三角形。所以,使用全由三角形组成的三角网格(Triangle Mesh)来表示物体表面也是具有一般性的。网格的数据结构十分清晰简单,并且所有 CAD 平台都能够支持,具有良好的跨平台特性。基于此,采用网格进行边坡的表达,可以解决采用实体及样条面方式表达边坡模型的不足。

4.2　根据支护布置方式的特点进行分类

　　传统的支护方式分类方法通常按照施工工艺进行分类,不适合作为三维建模的分类标转。因此,我们结合边坡支护行业的特点,以及参数化三维建模的要求,对支护按照其布置方式的特点进行分类,总结下来,可以分为以下三类:①点类支护;②面状支护;③体类支护。点类支护的特点可以概括和边坡表面交集是以点的形式存在的,通过大量的点状分布,来实现边坡整体的加强。例如锚杆类支护、种植树木支护。面状支护则可概括为通过覆盖边坡表面的方式来加强边坡整体,例如喷混凝土、覆盖草皮等方式,放置防护网。体类支护则可统一为在边坡表面建立纵横交错的条带状的混凝土块体型的支护方式。

4.3　建模粒度的选择及支护模型的表达

　　从工程设计、施工、运维的全生命周期进行考量,支护模型的粒度可以根据支护的类型分别进行划分。对于点类支护,又可以分为两类,一类可以采用线条进行表达,并在属性信息中记录其锚杆的直径、材料等信息,在模型显示时,则使用柱状的实体进行表达,对于锚杆表面的纹理、沟槽等信息则不在三维模型中表达,改为使用材质覆盖,这种表达方式适用于锚杆、钻孔类支护;另一类则采用单元(cell)表达,这种表达方式适用于种植树木一类的支护。面状支护的表达也可分为两类进行表达,一类为需要统计面积的支护方式,如喷混凝土、种植草坪等支护方式,统计时仅需要面积即可;另一类的支护模型使用没有厚度并附加材质的网格面进行表达。对于体类支护,由于其和边坡的表面紧密相连,同样具备边坡的不规则性,并且在工程应用中都需要统计其体积,因此使用封闭的网格体来表达。

4.4 支护的属性设计与存储

在 BIM 的世界里,一个完整对象不仅仅包含几何图形,还包含相关的属性信息。考虑到设计、施工、运维的各个阶段都需要大量的属性信息,因此属性设计需要兼顾各个阶段。同时伴随着属性不断的扩充,属性的存储需要容易扩展和变更。基于以上原因,属性的存储采用可扩展标记语言(XML)进行存储。XML 是一种用于标记电子文件使其具有结构性的标记语言,可以对文档和数据进行结构化处理,并且能够在部门、客户和供应商之间进行交换,实现动态内容生成,企业集成和应用开发。同时,XML 的简单使其易于在任何应用程序中读写数据,各个 BIM 平台都支持 XML。通过使用 XML 存储支护的属性数据,可以摆脱平台的依赖同时实现数据在各个平台的共享。如图 2 为使用 XML 格式表达的部分支护属性。


```xml
<ECClass typeName="RebarSupport" description="RebarSupport" displayLabel="钢筋属性" isStruct="True" isDomainClass="True">
    <ECProperty propertyName="Grade" typeName="int" description="强度等级" displayLabel="强度等级" />
    <ECProperty propertyName="Diameter" typeName="double" description="支护直径" displayLabel="支护直径" />
    <ECProperty propertyName="PreStress" typeName="double" description="预应力值" displayLabel="预应力值" />
    <ECProperty propertyName="Length" typeName="double" description="长度" displayLabel="长度" />
    <ECProperty propertyName="ExposedLength" typeName="double" description="外露长度" displayLabel="外露长度" />
    <ECProperty propertyName="Angle" typeName="double" description="入岩角度" displayLabel="入岩角度" />
</ECClass>
<ECClass typeName="PointSupport" description="PointSupport" displayLabel="点支护" isStruct="True" isDomainClass="True">
    <BaseClass>SupportBase</BaseClass>
    <ECStructProperty propertyName="Support1" typeName="RebarSupport" description="支护参数1" />
    <ECStructProperty propertyName="Support2" typeName="RebarSupport" description="支护参数2" />
    <ECProperty propertyName="IsUseDualRebar" typeName="boolean" description="第二组支护参数" displayLabel="第二组支护参数" />
    <ECProperty propertyName="NumPerM2" typeName="int" description="每平米布置根数" displayLabel="每平米布置根数" />
    <ECProperty propertyName="Arrangement" typeName="string" description="布置方式" displayLabel="布置方式" />
    <ECProperty propertyName="RandomPercent" typeName="double" description="随机布置占比" displayLabel="随机布置占比" />
    <ECProperty propertyName="DrillDia" typeName="double" description="钻孔直径" displayLabel="钻孔直径" />
    <ECProperty propertyName="RowSpace" typeName="double" description="行间距" displayLabel="行间距" />
    <ECProperty propertyName="ColSpace" typeName="double" description="列间距" displayLabel="列间距" />
    <ECProperty propertyName="EdgeOffset" typeName="double" description="距坡脚距离" displayLabel="距坡脚距离" />
</ECClass>
```


图 2　使用 XML 表达的支护属性信息

4.5 支护的参数化三维建模

由于边坡的形状不规则的特性,在三维空间内建立支护的三维模型和传统的二维制图有很大的不同,为了解决这一建模难题,可以将支护的设计参数和边坡作为输入参数,由程序对边坡进行几何分析,依据设计参数自动建立支护的三维模型。支护的参数通常具有很强的复用性和稳定性,通过建立边坡支护设计知识库,实现支护参数的模版化管理,将标准化支护设计参数以 XML 文件方式在服务器端统一管理,满足支护设计知识跨专业、跨工程共享。通过建立参数化的三维模型,可以显著的提高了边坡支护设计的质量,也使得支护工程量的统计变得更加直观和精确。

5 应用案例

如下以国内某水电站项目中边坡进行三维参数化支护设计的应用效果。在采用网格表达的原始边坡模型的基础上,程序自动将马道和边坡分离,基于用户选定的设计参数,在边坡上创建支护三维模型(见图 3)。

通过使用网格表达边坡,不但解决了边坡模型体量巨大造成的性能瓶颈,而且可以方便地导出到网页上进行发布和展示,而线状类支护采用线条进行模拟,既简化了模型,又方便了工程量统计和关联工程属性信息。

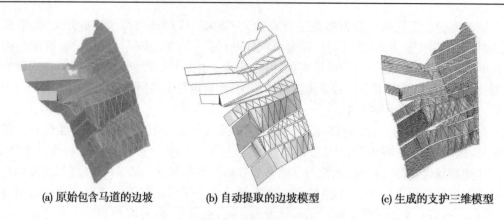

(a) 原始包含马道的边坡　　　(b) 自动提取的边坡模型　　　(c) 生成的支护三维模型

图3　边坡支护参数化三维建模过程

　　基于以上解决方案,该项目实现了边坡工程参数化支护设计、工程量统计、工程属性信息管理的一体化,为满足日益深化的枢纽三维设计及工程信息全生命周期管理的需求打下了坚实的基础。

6　总　结

　　本文针对边坡支护三维设计系统设计中遇到的一些问题,提出了从边坡模型表达、支护分类方式、支护数据存储的设计方案,最终实现了边坡支护的参数化三维建模,并且能够实现支护设计方案的模板化关联、支护信息管理、工程量统计的功能,显著提高了边坡支护设计的质量和效率,并为实现边坡工程全生命周期管理创造了条件。

参 考 文 献

[1] 张瑛. 工程施工中边坡支护技术的运用[J]. 建材与装饰, 2018(2).

[2] 王云飞. 探讨土木工程施工中的边坡支护技术[J]. 建筑工程技术与设计, 2015(27).

[3] 原艳. 边坡支护中多种技术措施的综合应用[J]. 山西建筑, 2007, 33(5):120-121.

[4] 梁思龙,万利民,蔡庆军,等.高边坡大型土石方及支护工程施工[J]. 施工技术, 2017(S1):142-144.

[5] 金振,潘国华,安彩霞,等. 多种支护形式在超大型深基坑工程中的应用[J]. 建筑技术, 2011, 42(12):1081-1083.

[6] 赵洪波,茹忠亮. 基坑支护设计优化研究[J]. 岩土工程学报, 2006, 28(b11):1525-1528.

[7] 杨治国,侯恩科,李琰庆,等. FLAC-3D与理正软件在基坑支护设计中的应用[J]. 西安科技大学学报, 2007, 27(2):224-227.

[8] 吴吉明. 建筑信息模型系统(BIM)的本土化策略研究[D]. 清华大学, 2011.

【作者简介】　杨礼国(1988—),男,工程师。E-mail:yang_lg2@ecidi.com。

Autodesk Civil 3D 在碾盘山水电站导流建筑物设计中的应用

梁建波　解凌飞　喻建春

（湖北省水利水电规划勘测设计院,武汉　430064）

摘　要　碾盘山水电站工程导流建筑物,具有过流流量大、尺寸大、防护结构复杂等特点。根据其结构各部位的特点,从建模的高效性及出图的方便性考虑,灵活选取不同的建模方式,分别利用"放坡法"和"道路法"互相配合建模,最终得到每个部位的工程量,并形成二维横断面图。

关键词　碾盘山水电站;导流明渠;围堰;放坡法;道路法;部件编辑器;二维图纸

1　软件介绍

Civil 3D 软件是 Autodesk 面向土木工程行业的建筑信息模型(BIM)解决方案。根据不同专业定制整体设计模板,并且拥有开放的 Api 函数,供使用者进行必要的二次开发。建立三维模型功能可以快速的完成道路工程、场地、雨水/污水排放系统以及场地规划设计。所有曲面、横断面、纵断面、标注等均以动态方式链接,可更快、更轻松地对多种设计方案进行设计比较,并且可以与 Autodesk Subassembly Composer 配合使用,可以完成各种断面造型的建模。根据分析和性能结果做出更明智的决策,选择最佳设计方案;快速、高效地创建模型与变更模型能够保持同步的可视化效果,同时项目中的任何设计修改都能自动更新到所有相关的图纸和标注中。

2　Civil 3D 在碾盘山水电站导流建筑物设计中的应用

2.1　项目概况

碾盘山水电站是汉江丹江口以下干流河段梯级开发的第 6 级,是一座以发电、航运为主,兼顾灌溉、供水的综合性水利水电工程。本工程施工导流流量为 13 500 m^3/s。

上游横向围堰堰顶高程 51.0 m,下游横向围堰堰顶高程 48.7 m。水下部分迎水面边坡为 1:4,水上部分上游边坡为 1:3,下游边坡为 1:2.5。围堰设计顶宽 8.0 m,最大堰体高度 16.2 m,迎水面设块石护坡,厚度 0.5～0.6 m。

纵向土石围堰堰顶宽 8.0 m,迎水面边坡为 1:3,背水面边坡为 1:2.5,迎水面设 0.6 m 厚的防冲块石护坡,下设垫层厚为 10 cm。

导流明渠由三段直线段和两段圆弧线组成,进出口与上下游河道相接,进口高程 39.0 m,出口为 38.0 m,底宽 250 m,两岸开挖边坡取 1:3,在 41.0 m 高程右岸设 16 m、左岸设 10 m 宽马道。

2.2　Civil 3D 在导流建筑物设计中的应用

Civil 3D 可以通过多种方法生成地形曲面模型。实际中可以通过测绘专业提供的航拍数据直接形成曲面模型,也可以通过含有高程信息的地形图生成曲面模型,由于在Civil 3D中建立模型几乎全部与地形曲面相关,所以相对精确的地形曲面很重要,这就需要精确的地形基础数据和后期调整。

在 Civil 3D 中建立模型,最主要的两种方法是"放坡法"和"道路法",放坡法操作简单,生成模型快捷,但不适用于比较复杂的实体造型;道路法适用于沿某一放样线横断面型式大体相同或存在一定规律的曲面,通过与部件编辑器配合,可以生成较为复杂的实体及曲面模型,并且方便二维出图。建模方法比较见表1。

表1　建模方法比较

方法	放坡法	道路法
优点	操作简单、方便、快捷	可编辑修改性好,参数化程度高
缺点	可编辑修改性差,参数化程度不高	操作较繁琐
适用性	适用于简单的开挖回填曲面模型	适用于各种线性工程模型
出图性	可出图性不高	方便出图

针对不同建模方法的优缺点及适用性,导流明渠渠底采用放坡法建模,导流明渠两侧防护部位、上下游及纵向围堰采用道路法建模。放坡法的基本思路是:预先设置需要放置模型的场地和放坡组,然后创建要素线和放坡标准集,最后放坡并生产曲面模型。道路法的基本思路是:先创建路线,通过部件编辑器编辑部件形成装配,将以建立好的装配和路线添加到道路模型中,最后生成道路模型,进而通过相关连接形成任意曲面模型(见图1~图5)。

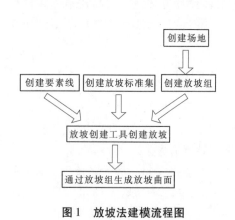

图1　放坡法建模流程图

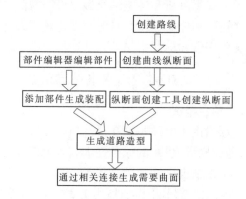

图2　道路法建模流程图

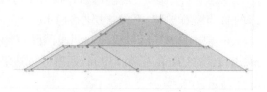

图3　明渠左侧防护部位部件　　　　图4　上游围堰部件

图5 导流建筑物整体曲面图

2.3 Autodesk Subassembly Composer 应用

Autodesk Subassembly Composer，即部件编辑器，作为独立的部件编写工具可以为 Civil 3D的道路装配提供自定义部件,部件编辑器丰富的作图编辑工具以及自有的 API 函数使得创建各种造型部件成为可能,从而使得 Civil 3D 的道路建模功能得到极大的提升。

碾盘山导流明渠左右侧防护部位及围堰断面造型均采用了部件编辑器编写,形成.pkt 文件,通过 Civil 3D 中导入部件的功能导入编写好的部件,形成可自动适应地形的装配。通过部件编辑器编写的明渠部件均设置了台阶和压顶宽度参数,围堰部件设置了顶宽和坡度参数,实现了导流建筑物的参数化设计,利于后期的设计修改。

2.4 工程量提取

在各导流建筑物模型建立完成后,可通过软件自带功能生成开挖回填及各部位防护工程量,Civil 3D 提供了两种最基本的工程量提取方式,第一种方法是通过生成体积曲面,然后提取曲面的体积,即方量。第二种方式是通过添加土方量标准,定义各模型的材质列表,然后通过计算材质功能导入已定义好的土方量标准,计算材质,在横断面图中添加计算完成的材质,生成对应各横断面的各造型部位面积及累计体积,提取最后一个横断面的累计体积,即工程量。第一种方法适用于曲面模型,提取开挖回填工程量。第二种方法理论上适用于所有模型的工程量提取,但对于开挖回填工程量的提取没有第一种方法简单方便。据此,导流明渠开挖方量通过第一种方法提取,导流明渠两侧防护部位及围堰各部分方量均采用第二种方法提取。各工程量提取成果见图6。

2.5 模型出图

模型建立完成后,即可生成各个桩号的横断面图,对每个桩号对应的横断面图进行自动填充和标注,最后套入图框,即完成模型的二维出图(见图7)。具体步骤为:对已经生成的模型创建横断面图→为需要标注的点高程、线性尺寸、材料类型等添加标签样式→为每个模型创建一套代码集样式→为每个点、连接以及造型代码添加已创建完成的标签样式→横断面编组特性中为横断面添加代码集样式→套入图框并完成出图。必须特别注意的是,Civil 3D 中同一模型的横断面图和平面图比例相同,由于平面图的比例一般是固定的,故横断面图的比例也是固定的,这就需要按合适的比例缩放图框以适应横断面图,所定制标签的字体大小也应是标准字体按此比例缩放后的大小。

3 结 语

本文以碾盘山水电站导流工程为例,介绍了 Civil 3D 的三维建模、工程量计算及二维出

明渠左侧2+760.00			
材质名称	面积	体积	累计体积
左侧护脚	4.25	42.50	11743.92
左侧护坡	11.54	115.97	41316.92
左侧压顶	5.10	50.93	13349.16

明渠右侧1+540.00			
材质名称	面积	体积	累计体积
右侧护脚	4.25	42.50	6545.00
右侧护坡	1.86	9.29	20734.25
右侧压顶	0.00	0.00	6638.47

纵向围堰0+832.81			
材质名称	面积	体积	累计体积
护坡	9.12	0.42	5594.37
填方	38.83	1.77	22987.97

上游围堰0+744.18			
材质名称	面积	体积	累计体积
土工膜斜墙	0.16	2.16	2492.23
块石护坡	0.38	5.67	11237.40
铅丝石笼护坡	0.00	0.00	12211.23
一期填筑	0.00	0.00	138751.08
二期填筑	0.00	0.00	171681.60
三期填筑	2.75	65.55	116836.92

下游围堰0+908.23			
材质名称	面积	体积	累计体积
土工膜斜墙	0.16	0.87	2376.04
块石护坡	0.22	1.13	7196.44
铅丝石笼护坡	0.00	0.00	9948.71
一期填筑	0.0	0.00	92984.55
二期填筑	0.00	0.00	122408.41
三期填筑	2.79	33.63	94786.18

名称	挖方(已…	填方(已…	净值(已调整)(立方米)	净值图表
总挖方:4427726.83 立方米 总填方:5836.95 立方米 净值: 4421889.88 立方米	4427726…	5836.95	4421889.88 <挖方>	

图6　各工程量提取成果

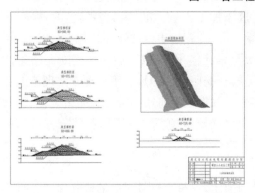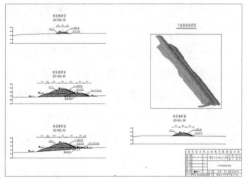

图7　上、下游围堰横断面示意图

图,充分展示了其强大的建模及出图功能,通过 Civil 3D 进行三维设计的优势性主要体现在以下几方面:

（1）部件编辑器使得同类型构筑物的标准部件库的建立成为可能。

（2）Civil 3D 软件与部件编辑器配合使用,完善了模型的参数化,使得同一模型的规划、布置、造型、及工程量实现了即时协同。

（3）从模型直接提取工程量,计算结果更趋近真实。

（4）通过编制代码集样式实现了图纸批量标注,特别对于线性工程量来说,极大地提高了图纸标注效率。

（5）三维模型的建立为后续的效果展示和施工模拟提供了直接素材。

参 考 文 献

[1] 郝永志. AutoCAD Civil 3D 在新疆某水利工程设计中的应用[J]. 西北水电,2014(4):104-106.

[2] 江宝刚. 浅谈 Autodesk Civil 3D 软件在工程中的应用[J]. 山西建筑,2008(16):364-365.

[3] 王振殿,王媞. Autodesk Civil 3D 在斯里兰卡国际机场地势设计的应用[J]. 山西建筑,2012(18):281-282.

[4] 李敏. 基于 BIM 技术的可视化水利工程设计仿真[J]. 水利技术监,2016(3):13-16.

[5] 王维成,吴茂云,李玉梅. 水利信息化建设促进水利现代化[J]. 水利技术监督. 2014(3):35-37.

[6] 李强,龚翼,陈伟. Autodesk Civil 3D 在精确地形建模中应用的几点体会[J]. 水利规划与设计. 2008(1):51-53.

[7] 张鹤冉,赵国富. 论 4D 施工管理系统在水利施工中的应用研究[J]. 江西建材,2014(15):113.

[8] 苗倩. BIM 技术在水利水电工程可视化仿真中的应用[J]. 水电能源科学,2012(10):139-142.

[9] 暴占军. 谈 Autodesk 平台在河道一体化设计中应用[J]. 水利规划与设计,2018(2):100-103.

[10] 李晶,张胜东. Autodesk Civil 3D 在平原水库坝体及库盘开挖设计中的应用[J]. 吉林水利,2013(6):34-38.

[11] 易平,骆秀萍. 渠道设计中 Autodesk Civil3D 技术的应用[J]. 黑龙江水利科技,2017(8):172-174.

[12] 王陆,陶玉波,王楠. 黑河黄藏寺水利枢纽 BIM 综合应用[J]. 水利规划与设计,2018(2): 23-27 + 64.

【作者简介】 梁建波(1987—),男,工程师。

水利水电工程征地移民三维地理信息云平台研建——以黄家湾水利枢纽工程建设为例

杨胜飞　　罗天文　　吴恒友　　徐　锐

（贵州省水利水电勘测设计研究院,贵阳　550002）

摘　要　本文立足于实际工作,依据人工手动计算模型的思路,依托 GIS 引擎及可视化技术支撑,以黄家湾水利枢纽工程建设为例研发实现征地移民三维地理云平台。系统针对不同的补偿计算数据处理模型计算输出满足各级用户需求的图表及统计报表,借助大数据平台进行可视化的展示分析,辅助完成征地移民相关工作。

关键词　实物补偿计算;征地移民;三维地理信息

目前水利水电工程征地移民工作中的实物指标补偿计算效率低下、费时费力且计算准确度低,给征地移民工作带来诸多不便;且尚未有成熟的征地移民实物补偿计算平台应用于征地移民工作中;基于文档的传统征地移民工作信息收集和信息传递停留在纸质档案及 Word、Excel 等各种文字表格处理软件上,这种模式工作效率低、信息更新慢,传递交流滞后,而且成果数据直观性也较差,缺乏相关统计分析,不利于参与各方的沟通交流。而一个成熟的水利水电工程征地移民三维地理信息云平台能对上述问题进行有效的解决,建立从手机端到网页端再到桌面端的一体化云平台,不仅能够改变原来移民数据的采集、传输、存储、管理方式,而且能够协同化征地移民工作中各阶段、各部门、各环节工作的精准化和人性化管理,真正实现移民工作全过程中的数据共享及可视化展示分析。

1　平台设计

以黄家湾水利枢纽工程建设为例的征地移民三维地理信息云平台的研建主要包括系统总体规划、系统需求分析、系统总体设计和应用软件开发等几个阶段。针对不同设计阶段进行不同粒度的细化,在每个阶段实施过程中始终以软件工程理论作为系统建设的方法论,始终坚持"高内聚合低耦合"的软件设计原则。

1.1　系统规划

黄家湾水利枢纽工程征地移民三维地理信息云平台的建设规划是组织专门人员对征地移民过程中实物补偿、移民工作开展程序的充分的调研,从移民局、业主、监理单位和移民公众等各个角度规划了平台的各个功能。根据规划,系统实现全过程的基础数据上传及查看、明白卡协议统计数据的输出及打印、资金兑现及统计和决策分析三维地理信息综合展现等。

基金项目:贵州省重大科技专项(黔科合重大专项字[2017]3005 号);贵州省科技计划项目(黔科合支撑[2016]2030);贵州省水利计划项目(KT201810)。

1.2 需求分析

在需求分析阶段,走访了具有代表性的地方移民局、地方政府、业主和移民公众,了解了各方的业务需求和数据的接口来源,根据业务需求和工作现状,编写了符合工作需要的需求分析报告。

1.3 总体设计

以黄家湾水利枢纽工程建设为例的征地移民三维地理信息云平台设计采用三层架构,将数据、业务逻辑和应用软件进行分离;总体设计阶段完成了系统架构设计、业务功能设计和数据处理模型设计。

1.3.1 系统架构设计

以黄家湾水利枢纽工程建设为例的征地移民三维地理信息云平台从逻辑上可划分为基础设施层、数据资源层、应用支撑层、业务应用层、用户层和相关安全保障体系等几个部分。

各层级的基本功能如下:①基础设施层为系统提供基本的软硬件设施保障;②数据资源层为系统提供所需的各类数据资源;③应用支撑层在系统的业务应用层和数据资源层间起纽带作用,为业务应用提供数据资源保障;④业务应用层是直接供用户使用的各类子系统;⑤用户层是使用信息系统的对象,具体包括项设计院、项目建设业主、水库征地移民所涉及的省地市等各级移民管理机构、移民监理单位和移民公众等。

1.3.2 业务功能设计

(1)实物指标基础数据上传查看及修改功能(见图1、图2)。将外业采集到的实物指标基础数据按平台的数据规范要求上传到平台中,包括人口、土地数据和人房数据等。上传后的数据可以在平台中及时的查看到,针对每一户有哪些人口,土地有多少块、每一块的面积等信息,房屋中正房、偏房等面积,内装饰和装修,零星数据等信息都可以准确的查询到;人口、土地、人房信息发生变动,在相应权限下,可以在界面上修改。

图1 数据上传示意图

(2)明白卡协议等输出及打印(见图3、图4)。根据(1)中上传的实物指标基础数据和移民公众所在的区域以及所选的安置方式自动生成明白卡,计算得出补偿结果;并依据当地政策和实际情况,生成相应的协议。生成的文件可直接打印,无需调整格式。

(3)实物指标量和签约统计(见图5、图6):从县区、镇、村、组等几个层级对人口、土地、人房的已签约和未签约的实物指标数量进行统计输出;从上述几个层级对人数、户数和各部分补偿费用进行统计分析输出。

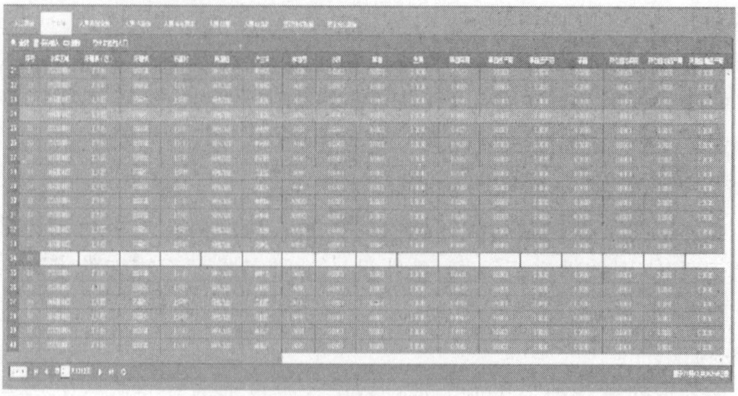

图2　数据查询及修改示意图

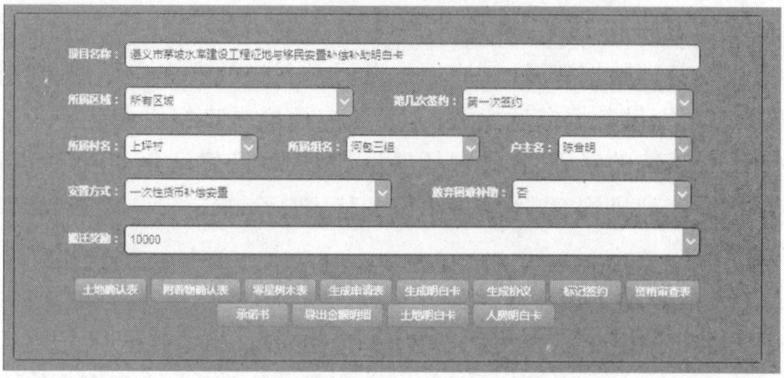

图3　明白卡、协议等生成界面示意图

图4　打印明白卡界面示意图

（4）三维地理信息综合应用（见图7～图9）。在实物补偿计算中的计算统计信息，实时

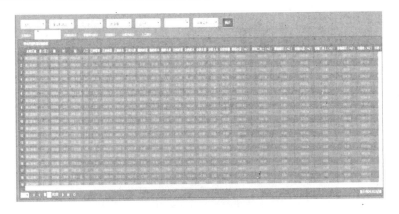

图5　统计实物指标数量界面示意图

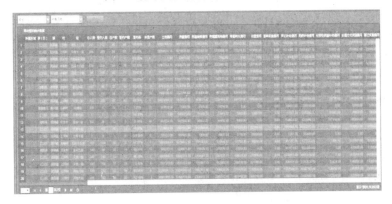

图6　签约统计界面示意图

同步到综合查询平台上,该平台可在二、三维地图引擎上叠加人房、土地矢量图层,实现土地、人房、专项等数据的空间多维度、综合查询分析。包括桌面端、网页端和手机端,多平台实时同步。

图7　三维平台(桌面端)

1.3.3　数据处理模型设计

1.3.3.1　灵活的编码结构管理

编码结构的作用是产生一系列编码,从而形成一个通用框架。编码一旦形成,将提供整

图 8　土地、人房赔偿查询（网页端）

个征地移民补偿计算业务范围内有效的编码库来支持数据输入校验、修改，并作为数据访问安全控制的基础。平台提供了编码结构模版定义功能，用户能根据实际需要自行灵活定义编码的层次和长度。例如行政区划编码通过模版定义，在用户录入行政区划数据时，系统将自动校验它是否符合已定义的标准。

1.3.3.2　多工程移民实物指标的集群管理

平台实现了多工程环境下移民实物指标数据和各部分补偿金额数据的集群管理，实物指标分类编码、参照编码等可供多个工程共享，从而保证所有工程的数据标准一致，方便多工程数据的汇总统计；另外，系统能够保证数据安全，可以根据实际需要对各工程之间的移民实物指标数据进行隔离，只有获得系统授权后，才能查询、统计、汇总相关工程数据。

图 9　土地属性信息查询（手机端）

1.3.3.3　建立了以权属人为核心的数据体系

平台以"以权属人为核心的数据体系"的设计理念，经过对移民管理业务、各部分数据采集来源、数据所涉及的指标和整个流程的分析和研究，建立了以权属人即户主为核心的数据模型。所有的人口、土地、房屋、房屋装修、内装饰、零星果木以及各种专项数据都和权属人关联。

1.3.3.4　能够对各种原始资料进行有效管理

平台能够对移民管理过程中所产生的各种原始资料（如照片、音像资料、调查表等）进行管理，且原始资料可以与每一个移民户、每一个人、每一块土地、每一处房屋等进行关联；另外，一条数据可以关联多份原始资料，如一个移民户可以与他的户口本照片、房屋产权证照片、房屋照片、家庭成员照片、原始调查签字表的扫描件或照片、其他财产的录像资料等进行关联。同时，出于安全性考虑，系统还可以根据实际需要对原始资料的浏览、下载进行权限控制，只有获得系统授权的用户才可以对相应的原始资料进行相关的操作。

2 应用软件开发

综合考虑系统项目和用户的地理分布、功能要求以及后续的运行维护成本等因素,系统主要业务功能平台采用 B/S 模式,降低系统的应用环境和安装部署要求,只需要一台能上网的电脑,提高了用户体验,采用大型关系数据库 SQL SERVER2008R,配置了主从热备功能,提高了数据库的高可用性,进行了读写分离,主数据库负责写和少量的读操作,从数据库负责读操作,在一定程度上减少了单个数据库的吞吐量,做到了一定程度上的负载均衡,提高了性能;研发上基于 JavaEE 平台,使用面向对象的软件工程技术,提升了系统的可扩展性和可伸缩性。

应用软件开发采用标准化的工作流程,在系统总体设计阶段,制定了严格的软件开发流程和规范,每个功能模块及插件都严格遵循所制定的开发流程和标准。

3 系统应用情况分析

水利水电工程征地移民三维地理信息云平台经过黄家湾水利枢纽工程的试运行和正式运行后,为了检验移民实物补偿计算的高效性和准确性,分别用此平台、Excel 表公式计算和人工手动计算的方式计算得到 500 户移民公众的明白卡和协议,统计了这 500 户移民公众的明白卡和协议生成时间和最终补偿金额的准确度,具体结果见表 1。

表 1 生成时间及补偿金额准确度统计

计算方式	对比项目	
	生成时间(户)	准确度
平台计算	约 5 s	约 100%
Excel 表计算	约 2 min	约 95%
手工计算	约 30 min	约 60%

从表 1 可以看出,通过平台计算显著的提高了计算效率,且极大地提高了补偿金额计算的准确度。鉴于平台的成功运用,现已经在绥阳团山水库、兴义马岭水库等项目中陆续启动运用。

4 结 语

通过对以黄家湾水利枢纽工程建设为例的征地移民三维地理信息云平台项目实践分析,得出以下结论:

(1)云平台大大提高了实物补偿计算的效率和计算精度,显著提高了征地移民的工作效率。平台提供的资料存档、数据统计报表输出、可视化分析、辅助决策功能很好地方便了管理者和管理工作。平台直观、形象、方便、快捷地展示移民工作全过程中各阶段的成果数据,协调移民工作参建各方的交流沟通,真正实现水利水电工程移民工作全过程的精准化和信息化管理。

(2)云平台初步实现了水利水电工程征地移民工作全过程管理的信息化建设,智能化水平还有待进一步提高。

参 考 文 献

[1] 王茂洋，孙德安，罗天文，等. WebGIS 在水利工程征地移民地理信息云平台中的应用[C]. 水利水电测绘科技论文集,2017(7):20-22.

[2] 周竞亮，姚英平，龙旸. 水电工程征地移民实物指标管理系统的设计与实现[J]. 水力发电,2009, 35(6):5-7.

[3] 嵇培欢，周竞亮. 水电工程建设征地移民管理信息系统建设概述[J]. 人民长江,2013,44(14):104-107.

[4] 程晖. 水利信息化建设中大数据技术分析[J]. 低碳技术,2016, 10(6):121-122.

[5] 刘军，鱼滨，关阿鹏，等. 大数据技术在移民搬迁信息化中的应用[J]. 西安邮电大学学报,2014,19(3):112-115.

[6] 王国强，张健，胡继华. 移民监理监测管理(进度监控)系统研究[J]. 水利技术监督,2006(6):31-34.

[7] 李斌，王建伟，陈云霞. Excel VBA 在水利工程建设征地移民人口分析中的应用[J]. 水利技术监督,2016,24(05):23-24,73.

[8] 施国庆，郑瑞强，张根林. 水库移民安置补偿过程中的几个问题探讨[J]. 水利规划与设计,2009(1):1-4.

[9] 田一德，黄立章，陈永道. 水利水电工程农村移民长期补偿安置方式探讨[J]. 水利规划与设计,2008(3):29-32.

[10] 何方，朱子晗，潘欣. 河南省水利工程农村移民生产安置的发展及特点分析[J/OL]. 水利规划与设计,2018(08):164-167.

[11] 李维乾，解建仓，李建勋，等. 基于 3S 的移民工程信息化平台设计与应用[J]. 计算机工程与应用,2011,47(25):22-25.

【作者简介】 杨胜飞,男,助理工程师。E-mail:1336060053@qq.com。

Civil 3D 二次开发在管道平纵横出图中的应用

梁凯旋

(新疆水利水电勘测设计研究院,乌鲁木齐 830000)

摘 要 使用 C#语言对 Autodesk Civil 3D 软件进行二次开发,其实就是利用 Civil 3D 提供的丰富的 API 接口来实现对软件的扩展。根据工作中的实际需求,扩展一些相应的功能,比如将一些重复性的操作进行计算机化,提高工作效率。

关键词 Civil 3D. net ;Civil 3D 二次开发;C#;API;CAD 插件

1 引 言

AutoCAD Civil 3D 是一款广泛应用于基础设施建设行业中的设计软件,它是在 Auto-CAD 软件的基础上专门针对土木工程行业进行二次开发定制的工具包,可以快速地完成道路规划、场地放坡、土方计算等设计工作,它的动态关联设计方式使设计人员能够准确高效地完成大量的烦琐工作。同时,它又提供了丰富的二次开发接口 API,使用户根据实际工作需要定制个性化工具,进一步提高工作效率。C#是由微软公司推出的一种面向对象的高级计算机语言,语法与 C 和 C + +类似,但是 C#更加简单易学,也是 Autodesk 推荐的二次开发语言。本文利用 Civil 3D 提供的 API 接口,使用 C#语言结合管道项目工作中的实际需求,编写了一些实用的命令,并将这些命令集中在一起,形成了一个工具集。在长距离管道等工程项目平纵横设计过程中经常会用到的命令包括:导出纵断图中的标注栏数据,向平面或纵断面图中批量插入建筑物标签,纵横断面图的范围调整等。利用本工具集可以快速方便地完成这些烦琐的重复性操作,节约设计者的时间,从而提高工作效率。

2 工具集界面预览

利用 Visual Studio 2015 编辑器,引用 Civil 3D 提供的库文件(acdbmgd. dll,acmgd. dll,accoremgd. dll,AecBaseMgd. dll 和 AeccDbMgd. dll),编写代码完成后,生成一个. dll 的类库文件,在 Civil 3D 命令行中输入"netload"命令,加载上述生成的类库文件,结果如图 1 所示,不同的命令显示到不同的面板中,方便查找和操作。

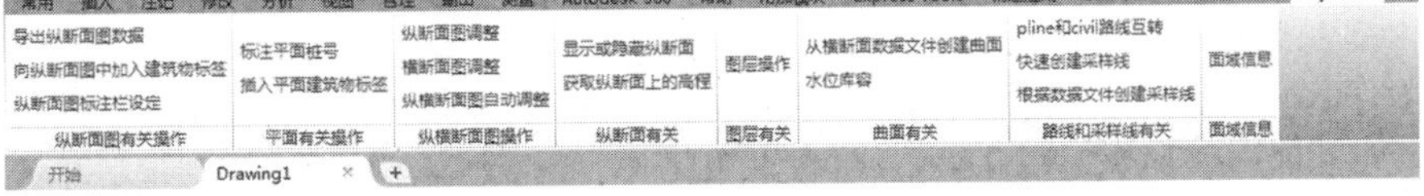

图1

3 项目中常用命令的介绍及主要的实现代码

3.1 向纵断面图中批量插入建筑物标签

　　在管道工程或其他长距离线性工程中,需要向纵断面图中插入几十个甚至几百个建筑物标签比如排气阀、泄水阀、排洪建筑物等,而且要保证插入的桩号位置准确无误,这是一件很烦琐的事情,为此编写了批量插入命令。在工具集中点击"向纵断面图中批量插入建筑物标签"命令,弹出的对话框界面如图 2 所示,点击"导入 txt 数据"按钮,弹出选择数据文件对话框如图 3 所示(该文件的数据格式包含三列数据,中间空格或逗号隔开即可),选择准备好的 txt 数据文件,然后在模型空间框选所有纵断面图,程序就会按照 txt 文件中的桩号数据在纵断面图中对应的桩号位置处批量插入标签文本。

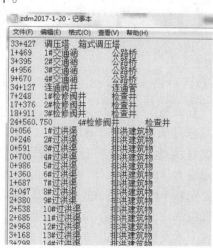

图 2　　　　　　　　　　　　　　　　　　　图 3

　　代码实现的过程为:定义标签类,将数据文件转换成标签集合对象,然后框选纵断面图,根据桩号数据将标签插入到对应的位置,主要代码如下:

```
class BulidingLabel : IComparable < BulidingLabel >//自定义建筑物标签类,并且实现排序接口
    { private double _stakeMark;//桩号记号
        private string _name;//名称
        private string _blockName;//块名
        public string BlockName
        { get{ return _blockName; }
            set{ _blockName = value; } }
    public string BulidingName
            { get { return _name; }
                Set { _name = value; } }
    public double StakeMark
            { get { return _stakeMark; }
            Set { _stakeMark = value; } }
```

```
          public int CompareTo( BulidingLabel other)//实现排序
           |    return this. StakeMark. CompareTo( other. StakeMark) ; | |
```

#region 根据块定义 创建标签的块参照,包含属性对象,
```
          ObjectId btrId = bt[ blockName] ;//获取块表记录的 id;      //打开块表记
录,获取块定义
          BlockTableRecord record = trans. GetObject( btrId, OpenMode. ForWrite) as Block-
TableRecord;
          //创建一个参照并设置插入点
          BlockReference br;//定义一个块参照;
          double rotateAngle = 0;//块的旋转角度
          br = new BlockReference( pt2, btrId) ;
          br. ScaleFactors = new Scale3d( scale) ;
          br. Layer = layerName;//layerName,, "0"
          br. Rotation = rotateAngle. DegreeToRad( ) ;
          space. AppendEntity( br) ;//向模型空间中添加块参照实例
     #endregion
      #region 创建参照块中的属性对象
      // 添加属性值,属性块中只包含"桩号"和"名称"这两个属性
      attNameValues. Add( "桩号", listLabels[ i]. StakeMark. DoubleToZH( ) ) ;
      attNameValues. Add( "名称", listLabels[ i]. BulidingName) ;
       if ( record. HasAttributeDefinitions)//判断块定义中是否包含属性定义
           |   foreach ( ObjectId id in record) //检查是否是一个属性定义
         | AttributeDefinition attDef = trans. GetObject( id, OpenMode. ForRead) as At-
tributeDefinition;
          if ( attDef ! = null)//不等于 null,说明具有属性定义,那么就创建属性对象实
例
         |   //创建一个新的属性对象 − − −实例对象 − −类似于一个单行文本
      AttributeReference attributeText = new AttributeReference( ) ;
          //从属性定义中获得属性对象的对象特性
      attributeText. SetAttributeFromBlock( attDef, br. BlockTransform) ;
          //设置属性对象的其他特性
    attributeText. Position = attDef. Position. TransformBy( br. BlockTransform) ;
    attributeText. Rotation = attDef. Rotation;
    attributeText. AdjustAlignment( db) ;
    if ( textStyleId ! = ObjectId. Null)
         |   attributeText. TextStyleId = textStyleId;//tst[ MyAppCon. textStyleName] ; |
         if ( attNameValues. ContainsKey( attDef. Tag) )//判断是否包含指定的属性名称,
如果有则改属性值
```

```
    { attributeText. TextString = attNameValues[ attDef. Tag];//设置属性值    }
    //向块参照中添加属性对象
        br. AttributeCollection. AppendAttribute( attributeText); trans. AddNewlyCreatedD-
BObject( attributeText, true);
      }//end if
    }//end foreach
    }//end if
    #endregion
    trans. AddNewlyCreatedDBObject( br, true);
    ……
```

插入标签后的实际效果如图4所示。

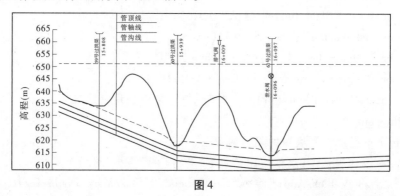

图4

3.2 调整横断面图的显示范围

当横断面比较多的时候,手动调整宽度方向和高程方向的显示范围就比较烦琐了,解决方法就是利用工具集命令,框选需要调整的多个横断面,同时进行范围调整。点击"框选横断面图—批量调高程和宽度范围"命令后,弹出的界面如图5所示,设置好调整步长,连续点击相应的按钮,就可以在模型空间中动态观察横断面图的范围显示变化。

现给出"底部高程上升"的主要代码:

图5

```
using ( DocumentLock lockDoc = doc. LockDocument( ))
    { using ( OpenCloseTransaction trans = db. Transac-
tionManager. StartOpenCloseTransaction( ))
        { try {
        //打开块表
      BlockTable bt = trans. GetObject(db. BlockTableId, OpenMode. ForRead) as Block-
Table;
        //打开模型空间
      BlockTableRecord space = trans. GetObject ( bt [ BlockTableRecord. ModelSpace],
OpenMode. ForWrite) as BlockTableRecord;
        foreach ( ObjectId sectionViewId in sectionViewIds)
```

```
    {  //获取横断面对象
      SectionView sv = trans.GetObject(sectionViewId, OpenMode.ForWrite) as SectionV-
iew;
    sv.IsElevationRangeAutomatic = false;
    if ((sv.ElevationMin + elevationStep) > = sv.ElevationMax)
    {  continue;//如果底部高程大于顶部高程,就进行下一个    }
    sv.ElevationMin + = elevationStep; }
trans.Commit();//提交修改,所有的修改都提交给数据库
_instance.Hide();
_instance.Show(); }
catch (System.Exception ex)
    { MessageBox.Show("\n sorry sorry" + "\n" + ex.Message);
        trans.Abort();    }
}//end using 结束事务
}//end using 解锁文档
……
```

3.3 导出纵断面图中的标注栏数据

在出纵断面图时,经常需要将纵断面的数据(桩号,高程等)导出来供其他人使用。点击工具集中的命令"纵断面图数据",弹出如图6所示界面,点击"框选标注栏"按钮,拾取纵断面图中的标注栏行,程序就会自动将数据行按列显示到控件中,最后使用复制粘贴即可将数据导入到 Excel 中。

下面给出主要代码:

```
//声明一个嵌套集合,用来存储多个 List < string >
List < List < string > > bandList = new List < List < string > >();
//获取选择集中的数据
SelectionSet ss = selectRes.Value;
int count = ss.Count;//记录下选择了几行数据
    ed.WriteMessage("\n 你选择了{0}个对象", count);
    for (int i = 0; i < count; i + +)
{
List < string > mtextList = new List < string >();
ObjectId objId = ss[i].ObjectId;//标注栏对象
//标注栏的标签对象炸开后会产生一个块参照
DBObjectCollection objCollection;//里面只有一个块参照对象
using (OpenCloseTransaction trans = db.TransactionManager.StartOpenCloseTransaction
())
    {
    Autodesk.AutoCAD.DatabaseServices.Entity ent = trans.GetObject(objId, OpenMode.
ForWrite) as Autodesk.AutoCAD.DatabaseServices.Entity;
```

图6

```
objCollection = new DBObjectCollection( ) ;
    ent. Explode( objCollection) ;//里面只有一个块参照对象
trans. Abort( ) ;
}
//声明一个 mtext 集合用于存储数据,因为上面的块炸掉之后会产生很多 mtext 对象
DBObjectCollection mtextCollection = new DBObjectCollection( ) ;
foreach ( Autodesk. AutoCAD. DatabaseServices. Entity item in objCollection)
{item. Explode( mtextCollection) ;//块炸掉之后会产生很多 mtext 对象
    foreach ( MText mtext in mtextCollection)
    { mtextList. Add( mtext. Text) ;}
    }
bandList. Add( mtextList) ;//获取数据并存到 list 集合中,以便后面使用
}
……
```

4　结　语

使用 C#语言利用 Civil 3D 提供的 API 接口进行二次开发,在管道工程项目中将遇到的烦琐的操作流程交给计算机处理,提高设计者的工作效率。在其他类似的工程案例中也可以归纳总结,编写出具有针对性的工具集,以应对不同的专业。

参 考 文 献

［1］曾洪飞,卢泽林,张帆. AutoCAD VBA & VB. NET 开发基础与实例教程(C#版)［M］.北京:中国电力出版社,2013.

［2］李冠亿. 深入浅出 AutoCAD. NET 二次开发［M］.北京:中国建筑工业出版社,2012.

【作者简介】 梁凯旋(1987—),男,工程师,主要从事水利水电工程设计工作。E-mail:woxing1987@ qq. com。

PCCP 管道 CECS140 配筋计算的程序化

梁凯旋

（新疆水利水电勘测设计研究院，乌鲁木齐　830000）

摘　要　根据规范《给水排水工程埋地预应力混凝土管和预应力钢筒混凝土管管道结构设计规程》（CECS 140 - 2011），分析了 PCCP 结构配筋的计算原理和过程，利用 C#面向对象语言，设计开发了界面简单、操作方便的 PCCP 管道结构配筋计算程序，能够节省大量的计算时间，进而提高工作效率。
关键词　PCCP;结构配筋;C#语言;软件开发

1　引　言

预应力钢筒混凝土管道(简称 PCCP 管道)是用混凝土为管芯,在混凝土管芯外缠绕环向预应力高强钢丝,并在钢丝表面喷以水泥砂浆保护层而制成的复合型管材。C#是由微软公司推出的一种面向对象的高级计算机语言,语法与 C 和 C + +类似,但是 C#更加简单易学。由于目前国内 PCCP 管道招标文件中的技术条款多以规范 C304、SL702 和 CECS140 计算结果中的最大值作为结构的最终配筋量,因此本文根据规范 CECS140 进行编制软件,将烦琐的计算过程程序化,只需输入相应的计算参数,便可完成 PCCP 管道的配筋计算,从而提高效率。

2　程序介绍

在程序主界面中包含三个区域:计算参数,计算目的,计算结果。计算参数区输入所有的计算参数,比如管道内径、工作压力、钢丝直径、混凝土强度标准值、覆土厚度、管基类型等;计算目的包含配筋的层数、管体复核和设计;计算结果区就是显示计算的成果。当设置完成后点击"计算"按钮,程序就会将计算结果显示到文本控件中,如图 1 所示。

3　开发中的关键技术

3.1　自定义实体类

首先自定义五个与计算有关的实体类,用于存储和传递数据, 包括管道参数及内压类、材料属性参数类、土压力及车辆荷载类、相关系数取值类、弯矩系数类。下面给出主要代码:

```
// 1、实体类 - - 管道参数和内压
public class PccpParametersAndInternalPressure
    {
        private double _D0;// 管道内径
        private double _D1;// 管道外径;需要内部计算
        private double _Dy;// 钢筒外径;
```

图1

```
    private double _t;//管芯厚度；
    private double _ty;//钢筒厚度
    private double _tm;//砂浆保护层厚度
    private double _d;//钢丝直径
    private double _td;//钢丝层间砂浆厚度
    private double _Fwk;//工作压力标准值
    private double _rG;//管材重力密度
    private double _Fwdk;//设计内压标准值
    private double _T;//管材壁厚;需要内部计算
    private double _rW;//水的重力密度
    private int _n;//配筋层数；
    private int _checkOrDesign;//复核－－1,设计－－2;
    ……
}
    //2、实体类－－材料属性参数
    public class PccpMaterialProperty
    {
        private double _fcuk;//混凝土的立方体抗压强度标准值
        private double _ftk;//混凝土的抗拉强度标准值；
        private double _Ec;//混凝土的弹性模量；
        private double _fptk;//prestress－－预应力,预应力钢丝的强度标准值
        private double _ControlStressFactor;//预应力钢丝的抗拉控制应力系数
        private double _fpy;//钢丝的强度设计值
        private double _Es;//钢丝的弹性模量；
        private double _ns;//钢丝弹模比上混凝土弹模
```

```
        private double _fy;//钢筒强度设计值
        private double _Ey;//钢筒的弹性模量
        private double _ny;//钢筒弹模比上混凝土弹模
        private double _fmck;//砂浆的抗压强度标准值
        private double _fmtk;//砂浆的抗拉强度标准值
        private double _Em;//砂浆的弹性模量;
        private double _nm;//砂浆弹模比上混凝土弹模
        ……
    }

//3、实体类－－土压力及车辆荷载
    public class SoilPressureAndVehicleLoad
    {
        private double _Hs;//管顶覆土厚度
        private double _rs;//回填土的重力密度标准值;
        private double _Zw;//地下水埋深;
        private bool _isConsiderGroundwater;//是否考虑地下水
        private double _rs1;//地下水有效回填土容重
        private double _qmk;//地面堆积荷载标准值
        private double miud;//动力系数;
        private double frontAxleWeightHas2Wheels;//前轴重
        private double midAxleWeightHas4Wheels;//中轴重
        private double backAxelWeightHas4Wheels;//后轴重
        private double length_a;
        private double front_width_b;//前轮着地宽度
        private double midAndBack_width_b;//中后轮的着地宽度
        private double axelLength;//前、中、后轴的总的轴距
        private double wheelDistance;//轮距
        private double distanceBetweenCars;//两辆车之间的距离
        private double _qvk_singleWheel;//车辆荷载－－单个轮压(前,中,后三个
值,取大值);
        private double _qvk_singleRow;//两个以上单排轮压,就是一侧的所有轮胎
        private double _qvk_doubleRows;//多排轮压,就是一辆车两侧的所有轮胎的
压力
        //两辆550kN货车并行
        private double _qvk_doubleCars;
        private double _qvk;//车辆荷载,取上面四个值中的最大值
        private double _Fsvk;//竖向土压力;
        private double _Fepk;//竖向土压力;
        private double _CdOrCc;//开槽施工竖向土压力系数:开槽施工1.2,填埋式
```

1.4

......

}

//4、实体类——相关系数的取值:分项系数,管道有关的参数

public class RelateFactor

{

    private double _gama0;//管道结构重要性系数 1.0;

    private double _fai_t;//管芯制管工艺影响系数 1.0;

    private double _gama;//受拉取混凝土的塑性影响系数 1.75

    private double _lamda_y;//pccp 管的综合管理系数.9

    private double _am;//砂浆保护层应变量设计参数 am:

    private double _a_pie_m;//砂浆保护层应变量设计参数 a'm:

    private double _fai_c;//可变作用的组合系数 0.9;

    private double _rQ1;//设计内水压力的分项系数 1.4;

    private double _rG3;//竖向土压力的分项系数;1.27

    private double _rQ2;//地面车辆的分项系数;1.4

    private double _rG4;//侧向土压力的分项系数;1.0

    private double _rG2;//管内水重的分项系数;1.27

    private double _rG1;//管自重的分项系数;1.2

    private double _fai_qv;//地面荷载-竖向-准永久值系数 ψqv

    private double _fai_qw;//地面荷载-竖向-准永久值系数 ψqw

    ......

}

//5、实体类——管道在各种荷载作用下的最大弯矩系数取值结果

public class WanJuXishu

{

    private kvm_khm_kwm_kgm _coefficient;

    private double bottom_value;

    private double top_value;

    private double side_value;

......

}

3.2 配筋计算

然后程序会根据输入的参数进行试算,计算过程如下。

3.2.1 准备基本参数

初始化各个实体类,将界面中输入的数据都存入到对应的实体类中。

3.2.2 预应力损失计算

包括如下步骤:

(1)钢丝应力松弛引起的预应力损失 σ_{s2}。

(2)混凝土收缩徐变引起的预应力损失 σ_{s3}。

(3)混凝土弹性压缩引起的预应力损失 σ_{s7}。

(4)环向预应力钢丝扣除应力损失后的有效预加应力标准值 σ_{pe}。

3.2.3　荷载计算

包括如下步骤：

(1)管顶竖向土压力标准值 $F_{sv,k}$。

(2)管侧土压力标准值 $F_{ep,k}$。

(3)可变荷载取地面堆积荷载与车辆荷载较大值。

(4)管道自重标准值 G_{1k}，管内水重标准值 G_{wk}。

3.2.4　按承载力极限状态计算钢筋面积

包括如下步骤：

(1)管芯混凝土、砂浆、钢筒及钢丝的截面折算面积 A_n。

(2)管芯混凝土、钢筒、砂浆、钢丝对管壁内表面的折算面积矩 S_n。

(3)折算后截面形心轴至管壁内表面的距离 y_0。

(4)预应力钢丝中心至管壁截面重心的距离 d_0。

(5)管壁内、外侧截面受拉边缘弹性抵抗矩的折算系数 ω_c 和 ω_m。

(6)管道截面计算半径 r_0。

(7)钢筒横截面积 A_{sc}。

(8)在基本组合作用下管侧截面上最大弯矩设计值 M_{max}。

(9)在基本组合作用下管侧截面上的最大轴向拉力设计值 N。

(10)配筋计算 A_p。

3.2.5　在标准组合下管芯管底混凝土抗裂度验算(按正常使用极限状态验算)

包括如下步骤：

(1)管底截面上的最大弯矩计算 M_{pms}。

(2)在内水压力标准值作用下，管壁上的轴向拉力 N_{ps}。

(3)在标准组合下，管底截面上的边缘最大拉应力 σ_{ss}。

(4)受拉区混凝土的影响系数 K。

(5)配筋计算 A_p。

3.2.6　在标准组合下管芯管顶混凝土抗裂度验算(按正常使用极限状态验算)

包括如下步骤：

(1)管顶截面上的最大弯矩计算 M_{pms}。

(2)在内水压力标准值作用下，管壁上的轴向拉力 N_{ps}。

(3)在标准组合下，管顶截面上的边缘最大拉应力 σ_{ss}。

(4)受拉区混凝土的影响系数 K。

(5)配筋计算 A_p。

3.2.7　在标准组合下砂浆保护层应力验算

包括如下步骤：

(1)在作用效应标准组合下，管侧截面的最大弯矩按 M_{pms}。

(2)在内水压力标准值作用下，管侧截面上的轴向拉力 N_{ps}。

（3）在标准组合作用下，管侧截面上的边缘最大拉应力 σ_{ss}。

（4）验算砂浆保护层抗拉强度 σ_{ss}

3.2.8　在准永久组合下砂浆保护层应力验算

包括如下步骤：

（1）管侧截面的最大弯矩值 M_{pml}。

（2）在内水压力准永久值作用下，管侧截面上的轴向拉力 N_{pl}。

（3）在准永久组合作用下，管侧截面上边缘最大拉应力 σ_{ls}。

（4）验算砂浆保护层抗拉强度 σ_{ls}。

下面给出部分代码：

```
#region 2 按承载力极限状态计算钢筋面积 - - 管侧，调用方法:Cal_Ap_limit( );
        private double _Ap_limit;
        public double Ap_limit { get { return _Ap_limit; } }
        private double _M_limit_max;
        public double M_limit_max { get { return _M_limit_max; } }
        private double _N_limit;
        public double N_limit { get { return _N_limit; } }


        // 方法: 按承载力极限状态计算钢丝面积
      public void Cal_Ap_limit( )
         {
         //this. is_sigma_pLess_half_f_pic_cu
         double gama0 = relateFactor. gama0;
         double fai_c = relateFactor. fai_c;
         double kvm = dicWanjuXishu[ kvm_khm_kwm_kgm. kvm ]. Side_value;
         double khm = dicWanjuXishu[ kvm_khm_kwm_kgm. khm ]. Side_value;
         double kwm = dicWanjuXishu[ kvm_khm_kwm_kgm. kwm ]. Side_value;
         double kgm = dicWanjuXishu[ kvm_khm_kwm_kgm. kgm ]. Side_value;
         double rG3 = relateFactor. rG3;
         double rQ2 = relateFactor. rQ2;
         double rG4 = relateFactor. rG4;
         double rG2 = relateFactor. rG2;
         double rG1 = relateFactor. rG1;
         double Fsvk = soilPressAndVehicleLoad. Fsvk;
         double Fepk = soilPressAndVehicleLoad. Fepk;
          double qvk = Math. Max( soilPressAndVehicleLoad. qvk, soilPressAndVehicleLoad. qmk );
         double Gwk = paramsAndInPressure. Gwk;
         double G1k = paramsAndInPressure. G1k;
         double D1 = paramsAndInPressure. D1;
```

//在基本组合作用下管侧截面上的最大弯矩设计值

this. _M_limit_max = gama0 * r0 * (kvm * (rG3 * Fsvk + fai_c * rQ2 * qvk * D1) + khm * rG4 * Fepk * D1 + kwm * rG2 * Gwk + kgm * rG1 * G1k);

double rQ1 = relateFactor. rQ1;

double Fwdk = paramsAndInPressure. Fwdk;

this. _N_limit = gama0 * (fai_c * rQ1 * Fwdk * 1000 * r0 - 0.5 * (Fsvk + fai_c * qvk * D1));

double Asc = paramsAndInPressure. Asc;

double fy = materialProperty. fy;

double fpy = materialProperty. fpy;

double lamda_y = relateFactor. lamda_y;

this. _Ap_limit = (this. _N_limit + Math. Abs(this. _M_limit_max) / this. d0 - Asc * fy * 1000) * lamda_y / fpy / 1000 * 1000000;

this. _is_ApLimit_Less_Ap_sum = Ap_sum > = this. _Ap_limit || Math. Abs(Ap_sum - this. _Ap_limit) < = _jingdu ? true : false;

}

……

3.3　输出成果

当计算完成后,最后需要判断结果是否符合设计要求,需要经过以下过程:

(1)判断管壁环向截面上的法向预应力 σ_p 是否小于0.5倍的 f'_{cu}。

(2)按承载力极限状态计算出的钢丝面积是否大于假定的钢丝面积。

(3)在标准组合下管芯—管顶—混凝土抗裂度计算出来的钢丝面积是否大于假定的钢丝面积。

(4)在标准组合下管芯—管底—混凝土抗裂度计算出来的钢丝面积是否大于假定的钢丝面积。

(5)在标准组合下砂浆保护层应力验算或计算是否满足设计抗拉值。

(6)在准永久组合下砂浆保护层应力计算或验算是否满足设计抗拉值。

(7)判断第一层钢丝螺距是否满足构造要求。

(8)判断第二层钢丝螺距是否满足构造要求。

如果上述条件都满足了,将输出计算成果,否则就需要调整设计参数重新计算。

4　在工程中的应用

以某工程中的 PCCP 型号 DN3200P1H4PCCPE 为例,计算参数:管径 3 200 mm,工作压力标准值为 1.0 MPa,管芯厚度 240 mm,管顶覆土厚度 4m,土容重 19.22 kN/m³,混凝土强度等级为 C50,管基形式为土弧基础 90°,砂浆抗拉强度标准值 45 MPa,预应力钢丝强度标准值 1 570 MPa,钢丝张拉控制应力系数为 0.7,预应力钢丝直径 7 mm,管道结构的重要性系数 r_0 为 1.0,将这些参数逐一输入,并选择双层配筋,点击计算按钮,将显示如下计算结果:

＊＊＊＊＊＊计算结果如下＊＊＊＊＊＊

当前的管道规格：DN3200P1H4PCCPE

管基形式：土弧基础90度

缠丝层数：双层缠丝

按承载力极限状态计算钢筋面积 ＝3 144.471 mm^2/m

在标准组合下管芯管底混凝土抗裂度验算 ＝3 648.541 mm^2/m

在标准组合下管芯管顶混凝土抗裂度验算 ＝2 929.82 mm^2/m

设计钢丝总面积 Ap＝3 648.541 mm^2/m

第1层预应力钢丝的面积 Ap1＝1 824.271 mm^2/m，第1层钢丝螺距 a1＝21.096 mm

第2层预应力钢丝的面积 Ap2＝1 824.271 mm^2/m，第2层钢丝螺距 a2＝21.096 mm

＊＊＊＊＊＊结果判断如下＊＊＊＊＊＊

按承载力极限状态验算：满足

在标准组合下管芯管底混凝土抗裂度验算：满足

在标准组合下管芯管顶混凝土抗裂度验算：满足

在标准组合下砂浆保护层应力验算：满足

在准永久组合下砂浆保护层应力验算：满足

根据构造要求，每层预应力钢丝的缠丝螺距 ai 应满足以下条件

14≤ai≤38 mm，即：1013≤Api≤2 749 mm^2/m

第1层钢丝螺距：满足

第2层钢丝螺距：满足

还可以点击生成计算书按钮，生成详细的计算过程文档以供参考。

5 结 语

通过使用 C#编程语言，将 PCCP 管道的结构配筋计算程序化，使设计人员摆脱了烦琐的计算过程，提高了设计效率。

参 考 资 料

[1] 李志. Learning hard C#学习笔记[M]. 北京：人民邮电出版社，2015.

[2] [美]Daniel. Solis 著，姚琪琳，苏林，朱晔译. C#图解教程[M]. 北京：人民邮电出版社，2013.

[3] 给水排水工程埋地预应力混凝土管和预应力钢筒混凝土管管道结构设计规程：CECS 140—2011[S]. 北京：中国计划出版社，2011.

【作者简介】 梁凯旋(1987—)，男，工程师，主要从事水利水电工程设计工作。E-mail：woxing1987@qq.com。

浅谈水电工程应急设施的设计配备

卢雯雯

（中国电建集团西北勘测设计研究有限公司,西安　710043）

摘　要　自然灾害、生产安全事故的日益增多以及环境的不稳定因素,对我国水电工程的正常运行提出了严峻考验,应急设施的合理设计和配备是水电工程安全运行的关键。为了使水电工程更快速有效地响应突发事件,本文对水电工程应急避难场所、生命线通道、应急物资储备等方面进行了简要探讨,为进一步提高水电工程应急能力建设开创了新思路。

关键词　应急设施;水电工程;设计配备

1　引　言

进入 21 世纪,我国经济处于飞速发展时期。但突发事件仍处于易发多发期。地震、地质灾害、洪涝、干旱、极端天气事件等重特大自然灾害分布地域广、造成损失重、救灾难度大;重点行业领域生产安全事故频发。这些突发事件不仅造成巨大的经济损失,同时也严重威胁生态环境。

近年来,水电工程各类突发事件频发,造成了巨大的生命财产损失和社会影响。如 2007 年 7 月,云南腾冲苏家河水电站发生泥石流,造成 27 人遇难;2008 年"5·12"汶川地震使得位于四川汶川境内岷江干流上的太平驿电站水淹厂房,并形成了具有严重威胁的唐家山堰塞湖;2016 年 5 月,福建泰宁芦庵滩(又名池潭)水电站施工现场发生泥石流灾害,造成 35 人死亡,1 人失踪。一系列重特大突发事件,呈现出自然和人为致灾因素相互联系、传统安全与非传统安全因素相互作用的特点。突发事件的关联性、衍生性、复合性和非常规性不断增强,使得社会安全面临新的挑战,也对我国重点行业领域的应急体系与能力建设提出更高要求。

水电工程作为国家重要的基础设施,在防洪、发电、灌溉、供水以及促进生态环境保护方面发挥着巨大作用[1]。经过多年发展,我国水电装机容量和年发电量已突破 3 亿 kW 和 1 万亿 kW·h。水电站大坝安全不仅涉及电力企业自身的电力生产安全,还关系到下游地区人民生命财产安全和社会稳定。水电工程应急设施设计是维持水电站长久、稳定运行的必要条件。为了使水电工程更快速有效地响应突发事件,最大程度地减少突发事件对水电站正常运行的干扰,在水电工程早期规划、建设时,应急设施设计显得尤为重要。

我国自《中华人民共和国突发事件应对法》从 2007 年 8 月 30 日颁布实施起,不断推动着各行业应急能力的发展。2017 年 9 月 22 日,国家安监总局印发《安全生产应急管理"十三五"规划》,提出"创新安全生产应急管理工作模式,要把应急设施设备作为安全设施"三同时"的重要内容,确保与主体工程同时设计、同时施工、同时投入生产和使用,将应急管理工作纳入企业安全生产标准化范围。

2 应急疏散通道

应急疏散通道是保证人员在最短时间内撤离到安全部位的特定线路,是发生突发事件时减少人员伤亡扩大的关键所在。在进行应急疏散通道设置时,需结合工程的总平面布置、周边环境等综合考虑。应急疏散通道应以时间效益最大化、灾害损失最小化为原则,做到疏散距离最短,疏散路径最优。可以不局限于陆路,从河道、空中进行设计考虑。如陆路设计应急疏散通道,沿途应顺畅、便捷,同时标志标识清晰明确,并在醒目位置贴有应疏散通道平面图。

3 应急设施设备

根据工程实际,水电工程需要配备不同种类功能的环境监测设备,对气象自然条件、地质水文情况进行监测。从而能更好地预测有可能发生的自然灾害,并能够及时响应。

应急设施设计还应涵盖应急通信以及应急广播。应急通信可以用有线与无线相结合、固定网络与机动通信系统相结合的方式,保证对外通信畅通,如无线电台、对讲机、卫星电话等。应急广播作为预警信息发布、疏导指挥的工作手段,得以实现应急工作的宣传和管理。

应急救生设施设备除了包括医用的应急设备,如担架、应急药箱,呼气器等,还包括用于应急运输的交通设施。一般水电工程配备的应急设施设备见表1。

表1 应急设施设备

类别	设备名称	技术或功能要求
环境监测	气体浓度检测仪	检测气体浓度
	便携式气象仪	测量风速、风向、温度、湿度、大气压等气象参数
	水质分析仪	定性分析液体内的化学成分
	雨量、雨情自动监测仪	水文监测
	泥石流泥位仪、泥石流警报传感器	地质灾害监测
	滑坡监测雷达	
	红外甲烷传感器	
应急通信	移动电话	
	卫星电话	
	对讲机、扩音器	
	电话	
应急广播		实现工程范围内的广播覆盖
应急照明	防爆式应急灯	设置独立回路

续表 1

类别	设备名称	技术或功能要求
应急救生设备	专业医药急救箱	盛放常规外伤和常见病急救所需的敷料、药品和器械等(体温计、血压计、听诊器、冰袋、止血带、常用小夹板、石膏绷带、氧气袋、骨折固定托架、便携式呼吸机、各种消毒液及物品)
	担架	运送事故现场受伤人员;为金属框架,高分子材料表面质材,便于洗消,承重不小于 100 kg
	急救车(越野车)	用于运送伤员
	冲锋舟/筏	用于运送伤员和救援设备
	救生衣(圈)	
	缓降器	高处救人和自救;安全负荷不低于 1 300 N,绳索防火、耐磨
	救生软梯	登高救生作业
	隔绝式压缩氧自救器	
	隔绝式正压氧气呼吸器	
其他	帐篷	
	食品及饮用水	
	保暖衣物	棉大衣、防寒服、棉鞋、棉袜、毛毯等

4　应急避难所

对于具有地下厂房的大中型水电工程,应同时考虑设计应急避难所。应急避难所的选址应以批准的水电站总体规划为前提依据,结合总体枢纽布置,尽可能因地制宜,同时考虑应急救援的方便性、可通达性。应急避难所避免设置在地质条件差、岩石稳定性差的地下洞室内,而宜选择在人员较为集中、较为便捷出入的地方,因此可以考虑布置在主副厂房建筑内,同时中控室可以作为应急指挥中心,及时进行统一部署,尽可能把突发事件带来的危害控制到最低。

应急避难所在设计时需考虑防淹、防震、防火的基本功能,具有应急电源,保证应急避难所里的应急照明以及其他用电设施;还需具有基本的生命保障体系,如医疗用品、卫生设备、食品、饮用水等。除此之外,应急避难所里需有应急通风或者氧气供应系统,以保证有害气体的去除,以及一定时间内的人员生命维系。

应急避难所设置的应急设备见表 2。

5　其　他

在进行应急设施设计时,某些设计可能与工程主体部分内容或专项预防设施相重复、重叠,如消防设施设计与安全设施设计。这就要求设计方尽可能地按照实用性、功能性、互补性、经济性的原则,以工程实际需要为出发点,对应急设施进行设计和配备。

表2 应急避难所设施设备

类别	设备名称
环境监测	氧量测试仪
	氧气传感器
	一氧化碳传感器
	红外二氧化碳传感器
	温度传感器
	红外摄像仪
应急电源	隔爆型备用蓄电池箱
	隔爆直流稳压电源
供气	隔爆型空气循环净化装置
	压缩氧供气系统
应急通信	移动电话
	卫星电话
	对讲机、扩音器
	电话
其他物资	食品及饮用水
	保暖衣物
	集便器
	药箱

参 考 文 献

[1] 沈海尧,沈静,王小清. 我国水电站大坝溃坝生命风险标准讨论[J]. 大坝与安全,2017,(2):22-27.

环境移民篇

移民安置前期—实物调查
准备工作经验总结
——以阿尔塔什水利枢纽工程为例

徐　刚　庞旭东

（新疆水利水电勘测设计研究院，乌鲁木齐　830000）

摘　要　在征地移民实物调查工作开展之前，需要做好"实物指标调查通告"公示、调查组织及分工、编制实物调查细则和调查人员培训等工作，笔者通过新疆阿尔塔什水利枢纽工程实物调查实例，阐述了开展实物调查前期准备工作的几个重要节点的认识，为水利水电工程建设征地移民安置前期工作提供借鉴经验。

关键词　实物调查；调查通告；组织及分工；调查细则；培训

1　引　言

实物调查是水利水电工程建设征地移民设计的重要组成部分，在开展实物调查之前，需要做好"实物指标调查通告[1]"公示、调查组织及分工、编制实物调查细则和开展调查人员培训等前期准备工作。这些是实物调查工作得以顺利实施的前提保证，起到事半功倍的作用。由于这部分内容在《大中型水利水电工程建设征地补偿和移民安置条例》（国务院471号）及《水利水电工程建设征地移民实物调查规范》（SL 442—2009）中虽有所要求，但未详细说明。笔者根据多次开展新疆境内大中型水利水电工程实物调查的成功经验，归纳和总结阿尔塔什水利枢纽工程开展实物调查前期准备工作[2]的认识和看法，以期能对水利水电工程建设征地移民实物调查前期准备工作提供一些参考经验。

2　工程建设征地实物概况

在初步设计阶段，本工程建设征收（用）土地总面积5 4812.96亩，其中水库淹没影响总面积44 283.47亩，包括农村部分土地面积43 546.56亩，集镇部分土地面积736.91亩。水库淹没总面积中耕地1 743.03亩、园地170.11亩、林地313.22亩、草地7 612.69亩、商服用地29.80亩、工矿仓储用地40.01亩、住宅用地672.66亩、公共管理与公共服务用地37.78亩、特殊用地96.23亩、交通运输用地1 401.24亩、水域及水利设施用地6 912.56亩、其他用地25 254.14亩。经2015年复核，淹没影响人口1 231户4 279人，其中水库淹没807户2 784人，影响扩迁424户1 495人；淹没各类房屋面积109 275 m^2，淹没库斯拉甫乡政府驻地一处，包括乡中心小学、医疗卫生院、派出所等单位；此外，还涉及部分道路、电力、电信、文物、矿产资源等专业项目。本工程枢纽工程建设区征收（用）土地面积10 529.49亩，其中永久征地4 014.49亩，临时用地6 515.00亩。枢纽工程建设区范围内需搬迁8户

50 人,影响各类房屋面积 1 596. 15 m²。

3 "实物指标调查通告"公示

根据《大中型水利水电工程建设征地补偿和移民安置条例》(国务院令 471 号)第七条规定"工程占地和淹没区实物调查,由项目主管部门或者项目法人会同工程占地和淹没区所在地的地方人民政府实施。实物调查工作开始前,工程占地和淹没区所在地的省级人民政府应当发布通告,禁止在工程占地和淹没区新增建设项目和迁入人口,并对实物调查工作作出安排。"目前,在大中型水利水电工程可行性研究阶段,新疆维吾尔自治区人民政府会根据项目业主的申请,发布"实物指标调查通告"。但"实物指标调查通告"到县、市级人民政府后,由于乡、镇级人民政府及村委会均没有配备移民安置专职工作人员,造成县、市级人民政府下发的"实物指标调查通告"无法传递到基层村委会,工程建设征地范围内的老百姓对工程建设基本情况和"实物指标调查通告"等都一无所知,进而在实物调查工作中出现群众不理解、不支持、不配合调查甚至出现抢建抢栽等现象。

要解决此类问题,需要依靠地方政府的大力支持,通过电视、电台、广播、村委会公示、发放宣传册等多种传媒方式,将工程建设的必要性、重要性和"实物指标调查通告"等信息告知工程建设征地范围内的老百姓。让人人都了解工程建设基本情况、实物调查的时效限制等信息,以期得到广大人民群众的理解和支持。同时,本工程地处少数民族聚居区[3],其中维吾尔族占 95%,其他民族包括汉族和柯尔克孜族等,因此需将所有宣传材料翻译成少数民族语言,例如维吾尔语等,从而提高宣传质量。

4 调查组织及分工

根据《大中型水利水电工程建设征地补偿和移民安置条例》(国务院 471 号)和新政发〔2010〕13 号《关于印发〈新疆维吾尔自治区大中型水利水电工程移民工作管理暂行办法〉的通知》的相关规定,工程建设征地移民工作在新疆维吾尔自治区移民管理局的指导下,由项目业主会同建设征地涉及区的地方人民政府组织实施实物指标调查工作,具体调查工作由项目业主委托的设计单位负责,在有关各方的参与下共同进行。

实物调查组织[3]以市、县级政府(移民办)、乡政府、设计单位、项目业主、行业主管部门等联合组成,并在此基础上设立调查小组、统计小组、质检小组等,明确各方的职责和权利。由此可保证调查成果的可靠性,同时也能保证实物调查汇总数据及时得到村、乡、县、市人民政府的确认。实物调查单位工作分工如下:

(1)设计单位负责组织开展具体的调查工作和负责技术归口管理工作。主要工作包括编制实物指标调查细则,负责调查工作技术管理,测设建设征地界桩、组织现场调查,整理、计算和汇总调查成果,参与公示和公示结果处理,编制实物指标调查报告。

(2)地方政府负责组织有关职能部门参与调查工作,并协调处理有关问题,为调查工作提供工作条件。参加单位包括县(市)移民管理局、乡级人民政府、国土资源局、水利局、林业局、农业局、畜牧兽医局、文体局、民政局、交通局、供电公司、电信局、村委会等。

地方政府主要工作包括提供调查所需的相关资料,落实建设征地居民迁移线外影响扩迁移民搬迁对象,根据移民安置工作需要将承包的耕、园、林地等指标分解到户,负责组织实物指标公示,对公示结果进行整理和分析,以政府文件形式对实物调查成果签署意见。

相关职能部门主要工作包括负责会同项目业主、设计单位、地方政府等调查人员开展工程建设影响各职能部门所负责项目的调查工作,对各方共同调查的成果签署意见并提出初步恢复、改建措施。

(3)项目业主负责向新疆维吾尔自治区人民政府提出实物指标调查申请,负责调查工作的总体组织及委托等工作,并参与实物指标调查和有关协调工作。

5　编制实物调查细则

可行性研究阶段实物调查前,需根据工程建设征地区地面附着物的特点,编制实物调查细则[5],并征求地方政府和有关部门的意见。实物调查细则的内容包括工程建设概况、建设征地范围的确定、调查依据、调查项目和内容、调查方法、计量标准、调查精度、组织形式、进度计划、成果汇总、成果公示和确认要求、调查样表[6](包括社会经济调查表、人口房屋财产调查表、土地调查表、移民搬迁安置意愿调查表、专业项目调查表等)、工程建设征地范围坐标及征地范围示意图等相关内容。

新疆维吾尔自治区境内编制实物调查细则依据的主要技术类文件包括《水利水电工程建设征地移民实物调查规范》(SL 442—2009)、《中华人民共和国国家标准房产测量规范》(GB/T 17986.1—2000)、《土地利用现状分类》(GB/T 21010—2017)和《自治区重点建设项目征地拆迁补偿标准》(新国土资发〔2009〕131号)。其中,《自治区重点建设项目征地拆迁补偿标准》是新疆维吾尔自治区国土资源厅2009年发布的文件,它详细规定了地上附着物包括房屋、附属建筑物、零星果树木的补偿类型及补偿标准,是对《水利水电工程建设征地移民实物调查规范》的补充,适用于新疆地区开展实物调查及征地补偿工作。

实物调查细则中应详细说明各种地上附着物的调查和计量方法,统一调查尺度。特别是对老百姓比较关心的具有地域特点的附着物,如棚圈、围墙、大门、馕坑、灶台、凉棚、炕、零星果树木等应详细说明调查方法及标准。同时,根据《自治区重点建设项目征地拆迁补偿标准》,对于无需补偿的附属物,如房间内的水(给水、排水)、电、暖、厨房卫生间配套设施及棚圈中的饲料槽等可写明无需进行调查。

6　采集影像资料

在正式调查开始前,项目业主单位可组织力量采用照相、摄影等手段[7],针对库区涉及的各类实物指标制作影像资料库,并作为永久档案。同时,利用航拍、遥感测绘解译技术等锁定建构筑物、专业项目、土地种植情况等,为"实物指标调查通告"的执行提供有力依据和基础,并避免出现争议。

7　调查人员培训

考虑到建设征地实物联合调查组成员均由相关行业部门临时抽调组成,缺乏实物调查实践经验,因此有必要对小组成员进行培训[8]。在实物调查细则编制完成并通过地方政府和有关部门的评审后,可组织联合调查组成员根据实物调查细则进行集中培训。培训的目的是统一调查方法、调查口径,使实物调查做到公开、公平、公正。

培训的内容包括工程建设概况、调查项目和内容、调查方法、计量标准、调查精度、成果公示和确认要求、调查表格的填写等。由于本工程建设征地范围内有少数民族聚居,因此调查组中尽量配备语言相通的少数民族调查人员,并需将培训资料翻译成当地少数民族文字,使调查组成员中的少数民族干部熟练掌握调查方法。

8　结　语

工程建设征地实物调查是水利水电工程建设征地移民设计的基础工作,关系到工程建设规模和布置方案,同时也关系到被征地移民的切身利益。要想使调查工作做到公正、公平、公开,调查成果真实、准确,需要我们在实物调查前期准备工作上多下工夫,只有这样才能保证实物调查工作顺利开展。

参 考 文 献

[1] 杜瑞芳,郭坤,杜超. 水利工程建设征地移民实物调查程序[J]. 水利规划与设计,2017(7):28-31.
[2] 吴克强. 对水库移民前期工作的思考[J]. 人民珠江,2002(3):9-11.
[3] 阿布都吾甫尔·艾依提. 新疆下坂地水利工程库区移民搬迁安置工作特点综析[J]. 水利技术监督,2009(1):63-65.
[4] 徐鑫. 水利工程征地移民实物量调查方法探析[J]. 城市道桥与防洪,2016(7):356-358.
[5] 姚玉琴. 浅议完善水库淹没实物指标调查成果质量保证体系[J]. 水利技术监督,2001(1):33-35.
[6] 党宁,马斌,吴文平. 水库移民调查中存在的问题及解决办法[J]. 水利规划与设计,2013(8):16-17.
[7] 郭磊磊,俞晓松,叶茜. 水电工程建设征地移民实物指标调查问题探讨[J]. 水力发电,2015(9):57-60.
[8] 阴奔,刘祖雄. 乌东德水电站可研阶段实物指标调查要点分析[J]. 水利技术监督,2014(6):33-36.

【作者简介】　徐刚(1977—),男,高级工程师。E-mail:550953227@ qq. com。

渠道工程征地移民安置关键问题与解决对策
——以 BA 干渠工程为例

徐 刚 赵金虎 芦 晨 张 博

（新疆水利水电勘测设计研究院 乌鲁木齐 830000）

摘 要 根据渠道工程征地移民的特点，以新疆伊犁 BA 干渠工程为例，阐述了渠道设计应体现"以人为本"的设计理念，考虑征地移民的难易程度，对渠道布置进行适当调整；根据实施情况，建议在设计报告中补充边角地的确认及补偿办法；考虑渠道工程影响地域不同，建议制定符合当地政策的征地补偿标准，以达到妥善安置移民的目的；水利水电工程开发应考虑如何使被征地移民及工程影响区受益，推动工程开发成果更多的惠及当地，促进共享改革发展成果。

关键词 渠线布置；难易程度；边角地；补偿标准；共享改革成果

1 引 言

随着社会经济的发展，为解决水资源时空分布不均、满足区域人口生活和社会经济发展的需求，修建了大量的渠道工程。受渠道工程开挖、施工临时占地等影响，将需要搬迁和解决生产出路人口，确定为渠道工程移民。笔者以新疆伊犁地区 BA 干渠工程建设征地移民初步设计阶段与实施阶段进行对比分析，找出设计中存在的问题，并提出解决方案。

2 BA 干渠工程与移民安置概况

2.1 工程概况

该工程主要用于农业灌溉，由拦河引水枢纽、BA 干渠（本文重点介绍）及察渠总干渠、灌区 6 条分干渠组成。其中，BA 干渠工程位于新疆伊犁地区境内，工程起始于伊宁县止于霍城县，全长 128.25 km（平均征地宽度 77 m），其中伊宁县境内长 34.83 km，伊宁市境内长 31.41 km，霍城县境内长 35.15 km，兵团第四师境内长 26.85 km。

2.2 建设征地概况

BA 干渠工程建设征地影响县、市、团级单位 6 个，乡、镇级单位 25 个，村、连级单位 91 个。初步设计阶段，干渠工程永久征地总面积 14 884.32 亩，其中耕园地 9 512.59 亩（占永久征地总面积的 64%）；2011 年调查年，工程征地移民搬迁安置人口 459 户 1 758 人，生产安置人口 5 676 人；拆迁各类房屋面积 68 573.45 m²，搬迁各类企业 9 家、影响砖窑 1 座；影响输水管道、等级公路、乡村道路、电力线路、通信线路等专业项目以及坟墓 2 786 座。

2.3 移民安置概况

初步设计阶段本工程移民安置采取传统的水库移民安置规划思路：搬迁安置人口采取在本村范围内后靠集中（建设集中安置居民点 9 处）或后靠插花安置；生产安置采取在本村或临

近村有偿调剂土地或经济补偿,同时开展舍饲养殖,提高被征地移民家庭经济收入。

3 实施阶段存在问题及解决方案

2012 年 7 月,水利部批复本工程初步设计报告,同年工程征地移民工作启动,2013 年 3 月开展实施阶段工程建设征地实物复核,2015 年实施移民集中安置居民点建房及搬迁工作,至 2017 年底,BA 干渠工程移民搬迁安置工作基本结束。统计 2012 ~ 2017 年本工程建设征地移民安置工作在实施过程中出现的具有代表性的问题及解决方案,可为今后同类项目的设计提供借鉴和科学规划的依据。

3.1 渠线布置方案应根据征地移民的难易程度进行适当调整

在以往的工程设计过程中,往往存在重工程轻移民现象,但殊不知移民的成败决定了工程建设的成败,对于渠道工程来讲,移民搬迁安置的进度直接影响了工程施工的进度。经统计,实施阶段 BA 干渠工程共对初步设计阶段的 9 段渠线布置方案进行了调整[1],其中根据地方政府的诉求和被征地移民的意愿,对 5 段渠线进行了调整,具体见表 1。

表 1　BA 干渠工程技施阶段渠线调整情况统计

序号	渠段名称	调线长度(m)	征地(亩)			备注
			初设	实施	实施—初设	
1	避让居民区	4 427	500.03	478.11	-21.92	初设阶段渠道从居民区中部穿越,考虑今后渠道运行对居民区的安全影响,实施阶段渠线调出居民区
2	避让经济作物	8 475	683.51	863.48	179.97	初设阶段渠道从耕地(一般农作物)中穿越,后根据当地农业产业政策,该地区统一种植酿酒葡萄,考虑征收葡萄地给当地造成的损失较大,并且工程建设后,不便于葡萄园的管理,技施阶段调整渠线,避开葡萄园
3	避让保护区	2 424	280.21	251.88	-28.32	初设阶段该段渠线左侧仅为鱼池,随着冬季陆续有野生天鹅在此越冬,地方政府在此设立天鹅栖息地保护区,技施阶段避让该保护区,渠线调整
4	减小边角地影响	3 149	310.5	297.06	-13.44	初设渠线将在当地渠道北侧形成312亩边角地,技施阶段渠线向北偏移,调整至当地道路北侧,可避免出现边角地
5	避让墓地	1 487	201.83	164.58	-37.24	初设渠线范围内将搬迁 1 200 座维吾尔族现代墓,考虑坟墓搬迁涉及宗教及稳定等社会问题,并且坟墓搬迁数量巨大,迁移时间长、搬迁难度大等问题,技施阶段调整渠线,调线后渠线范围内仅搬迁30座坟墓
6	合计	19 962	1 976.08	2 055.11	79.05	

从 BA 干渠工程实施阶段渠线调整的情况来看,渠线布置除了要遵循水工设计规范的要求,还应考虑征地移民的难度,尽量避开以下区域[2]:①集中居民区;②统一种植的经济作物区;③各类保护区(包括Ⅰ级保护林地);④存在社会稳定风险,搬迁安置难度较大的区域(如征地后剩余边角地较多的区域或集中坟墓区等)。

为增强渠道设计的科学性和可行性,勘测、设计与移民三个专业应相互沟通和配合[3],在渠道设计中体现出"以人为本"的理念,考虑被征地移民的合法权益,注意社会稳定风险因素,将工程征地的影响降到最低。

3.2 工程征地影响边角地的确认和补偿[4]

BA 干渠工程永久征地中耕园地面积占永久征地总面积的 64%,受干渠征地影响,在干渠两侧存在一定数量的边角地。根据《水利水电工程建设征地移民安置规划设计规范》(SL 290—2009,简称《移民规范》)的相关规定,初步设计阶段并未考虑边角地的影响和补偿问题。实施阶段,被征地移民户对边角地问题反应非常激烈,强烈要求工程进行征用,并多次出现阻工现象。

边角地的产生包括以下类型:①工程征地后无法或难以恢复交通、灌溉条件,导致边角地不能继续耕种;②征地后剩余生产用地面积过小,农户不愿耕种;③工程征地后,剩余边角地虽具备交通、灌溉条件,但地块边界非常不规则,农机具对该地无法作业或机耕费用较高,导致农户没有积极性继续耕种;④干渠将原耕地从中一分为二,干渠渠道两边各剩一块,耕种、浇水、管理均不方便,由于增加了生产和管理成本,农户没有积极性继续耕种。

针对边角地确认和补偿问题,伊犁州移民管理局与建设单位、地方政府、设计单位和监理单位共同研究制定解决办法。第一根据干渠征地沿线人均耕地面积 5.27~0.49 亩(人均耕地在 1 亩左右居多)的情况,确定受本工程影响的 1 亩及以下耕作、管理不方便的耕地确定为边角地;第二,根据新疆维吾尔自治区国土厅《关于边角地、路渠改移及电力线永久设施用地补偿有关问题的复函》(新国土资函〔2012〕716 号)文件,确定边角地采取"只补不征"的原则,按照 BA 干渠征收相应土地的安置补助费标准给予移民户一次性补助,土地承包经营权收归村集体所有。

边角地的确认和补偿问题是渠道工程征地中移民反映比较强烈的问题,目前在《大中型水利水电工程建设征地补偿和移民安置条例》(国务院令第 471 号,简称《移民条例》)和《移民规范》中未明确规定,建议后续在对《移民规范》的修改中补充边角地的确认和补偿办法。

3.3 渠道工程征地补偿标准应根据不同地区政策有所调整[5]

初步设计阶段本工程参照水库工程的通常做法,根据《关于公布实施自治区征地统一年产值标准的通知》(新国土资发〔2011〕19 号)的规定,确定本工程耕地补偿和安置补助费倍数。根据村人均耕地标准确定,人均耕地在 1.0 亩以下的,土地补偿和安置补助费倍数取 30 倍;村人均耕地在 1.0 亩以上的,土地补偿和安置补助费倍数取 25 倍。实施阶段,由于 BA 干渠工程要穿越伊宁市城乡结合部[6](BA 干渠伊宁市段长 31.41 km,占渠线总长的 24%),因征地补偿标准低,引起移民不满,导致移民安置困难,甚至阻碍工程施工进度。

BA 干渠建设期间,伊宁市城市建设力度不断加大,同时铁路、高速公路建设也产生大量征地,造成伊宁市人均耕地面积逐年减少,移民安置难度不断加大。2011 年 3 月,伊宁市人民政府在新国土资发〔2011〕19 号文件的基础上,批准制定了《关于印发伊宁市征用土地补偿标准的通知》(伊市政办〔2011〕111 号)。该标准规定耕地、林地补偿和安置补助标准为34 倍(高于干渠初设标准),菜地、园地补偿和安置补助标准为20 倍(低于干渠初设标准)。

考虑到伊宁市征地补偿的实际情况,为了妥善安置移民、不影响工程建设,经伊犁州移民管理局协商建设单位共同研究决定:①伊宁市初步设计阶段征地移民农村补偿资金由伊宁市包干使用;②BA 干渠伊宁市段征地补偿标准可结合伊宁市实际执行。

根据《关于修改 < 大中型水利水电工程建设征地补偿和移民安置条例 > 的决定》(国务院令第 679 号)第二十二条"大中型水利水电工程建设征收土地的土地补偿费和安置补助费,实行与铁路等基础设施项目用地同等补偿标准,按照被征收土地所在省、自治区、直辖市规定的标准执行"的规定,长距离输水渠道工程,在制定补偿标准时,不应持有"同一项目,采取同一补偿标准"的思路,应根据工程影响地域不同,制定符合当地政策的征地补偿标准,以达到妥善安置移民的目的。

3.4　渠道工程开发成果应更多地惠及被征地移民和当地群众,促进共享改革发展成果[7]

(1)利用土地补偿费解决"临门一脚"的问题。

BA 干渠征地沿线农田水利设施现状较落后,多为土渠,加之耕地地势起伏较大,局部耕地时常出现无法灌溉或内涝现象,严重影响了农作物产量。技施阶段,建设单位根据地方政府和当地群众的需要,对干渠影响的渠道进行了恢复改建,共修建各类农渠交叉建筑物 183座。这些农渠交叉建筑物有效地恢复了当地的水利灌溉系统,但是由于当地水利设施现状较简陋,加之恢复改建的农渠交叉建筑物与原有土渠的连接还需要磨合,由此造成干渠周边局部耕地出现灌溉保证率不高,灌溉困难,甚至因地形原因出现无法灌溉或内涝现象。对此,被征地移民户反映强烈,要求按照边角地进行补偿,并出现撂荒耕地现象。

针对此问题,伊犁州移民管理局根据《中华人民共和国土地管理法实施条例》第二十六条"土地补偿费归农村集体经济组织所有"和《移民条例》中的相关规定,出台《关于研究 BA干渠工程建设征地移民安置实施方案会议纪要》,该文件规定"土地补偿费要严格执行村集体一事一议制度,广泛征求移民的意愿,专项用于被征地移民的生产恢复以及改善生产开发"。

笔者认为,建设单位根据"三原原则",已恢复了干渠影响的当地灌溉水系,目前出现的灌溉不畅等问题主要是由于当地农田水利设施现状较落后造成的。因此,参照水库工程土地补偿费用于生产开发项目的经验,针对渠道工程征地特点,将土地补偿费用于干渠周边被征地移民户剩余耕地中田间水渠、闸门建设及局部耕地平整工作,是合适的,是解决由建设单位恢复灌溉系统后,灌溉水能顺利流到田地中的最后一步,起到了"临门一脚"的作用。建议在后续渠道项目移民安置规划大纲中,明确写入"土地补偿费归农村集体经济组织所有,应严格执行村集体一事一议制度,广泛征求移民的意愿,优先用于被征地移民改善生产条件及生产开发"。

(2)根据需要,在干渠沿线预留取水口,解决"远水不解近渴"的问题,使干渠沿线群众也能享受改革发展的成果[8]。

根据工程布置,BA 干渠工程本身不具备向沿线灌溉渠道输水的任务,由此干渠沿线居民和被征地农户只能守着一渠水却无法利用。根据干渠沿线灌溉用水的紧张情况、技施阶段,伊宁县、伊宁市、霍城县和兵团第四师均申请要求在干渠上预留取水口,共计 19 处,主要用于解决干渠沿线农业灌溉和生态用水的需要。

　　笔者认为,干渠沿线提出用水需求是被征地移民和当地人民政府的迫切需要,设计单位和建设单位应当积极响应。通过预留取水口,不但可解决干渠沿线居民"远水不解近渴"的实际问题,同时还可以调动沿线居民配合开展工程建设的积极性。由此,在水利水电工程规划设计阶段,需认真研究被征地移民及工程影响区任何受益,推动工程开发成果更多的惠及工程影响区和广大移民,促进大家共享改革发展成果。

4　结　语

　　渠道工程的特点是输水距离长、影响单位众多、影响单位复杂。根据先移民后工程的原则,在渠道前期设计中应体现以人为本的设计理念,通过社会稳定风险分析、评估,合理布置渠道,规避渠道设计和实施过程中的风险。同时,在渠道设计中,应认真研究被征地移民及工程影响区任何受益,促进大家共享改革发展成果。

参 考 文 献

[1] 张靖, 皇海军, 王书宁. 黄河下游防洪工程移民占压处理工作刍议[J]. 水利技术监督, 2013(2): 25-26.

[2] 孟岩, 范子训, 徐宜亮. 输水管道工程征占地及补偿探讨[J]. 水利规划与设计, 2013(3):1-3.

[3] 郑瑞强, 张春美, 李玕瓅. 渠道工程移民安置规划设计中应注意的几个问题[J]. 中国水能及电气化, 2011(5):23-26.

[4] 赵海蛟. 线型水利工程建设征地实施阶段移民问题探讨[J]. 水利规划与设计, 2015(11): 120-122.

[5] 王宝恩, 由国文, 朱东恺. 南水北调工程征地移民政策与管理体制[J]. 水力发电, 2006(9):9-17.

[6] 余文学, 包钢, 孙作林. 南水北调渠道工程移民安置关键问题与对策[J]. 水利水电科技进展, 2005(1): 64-66.

[7] 朱东恺, 潘玉巧. 工程移民与和谐社会建设问题的思考及建议[J]. 中国工程咨询, 2007(12):42-45.

[8] 王岚. 浅析南水北调阳谷县征地移民工作[J]. 水利技术监督, 2016(4): 35-39.

【作者简介】　徐刚(1977—), 男, 高级工程师。E-mail:550953227@ qq. com。

抬田措施在低水头水库移民安置中的作用

胡建军

（江西省水利规划设计研究院，南昌　330029）

摘　要　通过对峡江水利枢纽库区抬田区域设置思路的分析，总结了抬田措施在低水头水利水电枢纽工程移民安置中保护耕地资源、增加移民安置容量、减少外迁安置移民数量、减免扩迁人口、促进土地流转等方面发挥的作用，并为工程顺利竣工发挥效益创造有利条件。

关键词　峡江水利枢纽；抬田措施；低水头水库；移民安置

1　引　言

随着国家对环境保护、移民安置工作的逐步重视，高坝大库水利水电工程的建设将越来越受到限制。同时，伴随着水生态文明建设的推进，以防洪、航运、供水、改善城市景观等为主的低水头水利水电枢纽工程的建设需求正逐步呈现。

低水头水利水电枢纽工程选址大都位于河道的中下游河段，库区大都属于平原丘陵地区，区内人口、耕地分布比较集中，工程建设规模往往受限于库区淹没损失、移民搬迁规模的大小，因此一般为低坝，库区淹没水深相对不大。

结合江西省峡江水利枢纽工程实践，指出库区抬田措施对保护耕地资源、减少淹地不淹田受影响搬迁人口、增加移民后靠安置容量、减少外迁安置移民数量、减轻地方政府征地移民工作难度和压力、维护移民社会稳定、为工程顺利竣工发挥效益创造有利条件等方面起到的重要作用。

2　征地移民简况

峡江水利枢纽是一座以防洪、发电、航运为主，兼顾灌溉等综合效益的水利枢纽工程，坝址位于赣江中游下端的巴邱老县城上游约 4 km，水库正常蓄水位 46.0 m（黄海高程，下同），电站总装机 360 MW，建设总工期为 6 年。

库区防护工程包括 7 个堤防防护区和 15 个抬田保护区，在采取设置堤防及抬田措施后，库区（包括水库淹没影响区和堤防压占区）建设征地共涉及吉安市的峡江县、吉水县、吉安县、青原区和吉州区共 5 个县区的 18 个乡镇（街办）、112 个行政村（居委会），规范设计基准年需搬迁总人口为 24 911，需拆迁房屋面积 128.0 万 m^2，永久征收土地总面积 5.17 万亩（其中耕地 2.93 万亩），规范设计基准年生产安置人口为 16 838。

由于采取了大量抬田保护措施，库区移民搬迁安置方式以本村后靠为主，结合本乡镇近迁、本县区出乡镇及进城安置方式，农村移民生产安置则基本上为调剂耕地进行大农业安置。

3 库区抬田区域设置思路

为尽量减低库区淹没水面线沿程水位,减少淹没土地及移民搬迁数量,峡江水利枢纽工程水库调度运行方式采取不分汛期和非汛期、根据分级流量设置相应的坝前动态控制水位,依据上游来水流量结合坝前水位指示调度的洪水调度运行方式,因此库区淹没水面线基本以正常蓄水位结合风浪爬高、浸没影响控制。

根据峡江库区地形、地质条件,对部分人口密集、土地集中、具备修建堤防条件的区域,经技术经济比较,规划设置了同江、上下陇洲、金滩、柘塘、樟山、吉水县城、槎滩共 7 个堤防防护区。

对于其他部分沿河道呈带状分布的浅淹没区,由于修建堤防存在堤防占地相对较多、排涝面积较大、区内排水体系改变复杂、排涝泵站布置条件限制较多等因素,修建堤防保护将存在大大缩窄河段行洪断面而抬高淹没水位、运行维护成本高、经济不合理等问题。为最大限度保护耕地资源、减少淹地不淹房受影响搬迁人口、增加移民后靠安置容量、减少外迁安置移民数量,峡江库区规划对该类片区内淹没水深大部分在 2.0 m 以内(片区边缘最大不超过 3.0 m)、耕地分布比较集中、附近村庄地面高程大部分在淹没线以上的区域,采取抬高地面至耕地征收线以上的抬田保护措施[1]。峡江库区规划设置有沙坊、槎滩、金滩、南岸、潭西、吉州、禾水、八都、桑园、水田、醪桥、水南背、砖门、葛山、乌江共 15 个抬田区,抬田保护总面积约 2.16 万亩(不包括堤防防护区内的防浸没抬田,见表 1)。

表 1 抬田区基本情况

序号	抬田片	所处位置	抬田总面积(亩)
1	沙坊片	距坝址约 3 km 处左岸的支流黄金江,片内淹没人口 10	1 680
2	金滩片	距坝址约 38 km 处赣江左岸台地,片内不涉及人口	615
3	南岸片	距坝址约 39 km 处赣江左岸台地,片内不涉及人口	381
4	吉洲区片	距坝址约 54 km 处赣江左岸台地,片内不涉及人口	173
5	禾水片	距坝址约 64 km 处赣江左岸滩地,片内不涉及人口	357
6	八都片	距坝址约 3 km 处右岸的支流曲岭河,片内淹没人口 1 039	647
7	桑园片	距坝址约 5 km 处赣江右岸台地,片内淹没人口 192	1 067
8	水田片	距坝址约 18 km 处赣江右岸台地,片内淹没人口 5 121	5 465
9	槎滩片	距坝址约 28 km 处赣江右岸台地,片内淹没人口 615	1 022
10	醪桥片	距坝址约 38 km 处赣江右岸台地,片内淹没人口 160	3 082
11	吉水县城片	距坝址约 42 km 处赣江右岸台地,片内不涉及人口	102
12	水南背片	距坝址约 43 km 处赣江右岸台地,片内不涉及人口	541
13	砖门片	距坝址约 48 km 处赣江右岸台地,片内淹没人口 94	3 187
14	葛山片	乌江支流葛山水汇合口两岸,片内不涉及人口	2 500
15	乌江片	距坝址约 43 km 处赣江右岸乌江支流,片内不涉及人口	743
合计			21 562

4　抬田措施在移民安置中的主要作用

4.1　节省工程投资

　　峡江水利枢纽工程征收耕地补偿投资主要包括补偿及安置补助费、耕地开垦费、耕地占用税等费用,因抬田后均为水田,按征收水田补偿补助费 31 500 元/亩、耕地开垦费 9 397 元/亩、耕地占用税 15 000 元/亩计算,其总费用达到 55 897 元/亩。

　　本项目防护区外抬田平均抬高约 2.0 m,工程措施主要包括表层根植土剥离、基础料填高、保水层、根植土回填、田间工程恢复改造等[2],工程投资约 20 000 元/亩。此外,还有施工期补偿费用 1 678 元/亩、熟化期补助费 2 000 元/亩,合计抬田投资为 23 678 元/亩。

　　因此,峡江库区对淹没耕地采取抬田保护措施后,每亩可节省投资约 32 219 元,降低了工程总投资约 6.95 亿元。

4.2　增加移民后靠安置容量,减少淹地不淹房受影响搬迁人口

　　低水头水利水电枢纽工程库区大都位于平原丘陵地区,其一大特点是主要淹没对象人口、耕地分布在沿河两岸的一级台地上,一旦主要耕地被淹没,往往难以就近调剂耕地对农村移民进行生产安置,从而导致大量移民需外迁安置。通过对峡江库区淹没耕地采取抬田保护措施,相当于就地增加了 2.16 万亩农村移民的生产安置容量。因此,尽管库区需搬迁总人口达到 24 911,但就近后靠安置的人口达到 19 523,极大地减少了移民外迁安置数量,这不仅有利于移民搬迁安置,也能大大减少县级政府的调剂耕地的工作压力。此外,由于部分淹没的自然村总人口在千人以上,如不能后靠而需外迁安置,则必须分割成若干个小自然村进行外迁安置,其安置难度非常大。

4.3　减少淹地不淹房受影响搬迁人口

　　峡江库区农村移民生产安置规划遵循开发性移民安置方针,以土地为依托,大农业安置为主。对于淹地不淹房的农业居民,若能就地调剂耕地,房屋不予搬迁,仅作生产安置;对就地无法调整耕地和农业生产结构,又无其他生产出路安排者,才考虑其拆迁安置。

　　根据批复的初步设计报告,峡江库区基准年生产安置人口为 16 838。如仅有规划的 7 个堤防防护措施,淹没耕地将达到 5.08 万亩,且部分村组存在主要耕地基本被淹没但房屋不被淹的现象。根据调查,库区涉及各村组现有农业人口 13.05 万,现有耕地 18.03 万亩,人均耕地 1.40 亩,通过规划 15 个抬田片区,相当于增加保护耕地 2.16 万亩,相应减少了生产安置人口 1.54 万,从而极大减少了因耕地资源的淹没而产生的扩迁人口数量。

4.4　降低征地移民安置实施工作难度

　　峡江水利枢纽工程难点在库区,库区难点在于征地移民工作,这涉及移民社会的方方面面,当地移民干部对"移民工作是做人的工作,但不是人做的工作"这样的调侃语言有着切身的体会。我国实行的是农村土地承包经营制度,土地是农民的根本,外迁移民安置接收地调节耕地的难度普遍比较大,通过设置大面积抬田工程,在减少移民数量的同时,也相应减少了移民工作任务,减轻了地方政府的压力,降低了移民实施工作难度,为征地移民安置工作按时完成奠定了基础,也为主体工程早日发挥效益创造了有利条件。

4.5　便于抬田区土地流转

　　抬田工程实施前,由于丘陵地区大部分土地存在高低不平、肥力不均的田块,部分农户由于外出务工等原因而不愿意或无法耕种,有愿意流转给大户承包;而有些农户却不愿意流

转。同时,大部分农户不愿签长期合同,使得龙头企业不敢在较短承包经营期限内发展需长续投资的苗木花卉、大棚蔬菜等特色农业,从而制约了土地大规模流转,不能充分发挥土地的效益。

抬田后的耕地平整、成块,田间工程配套完整,在进行土地再分配时,峡江库区大部分乡村通过政府引导,采用"确权不确地、分田不分地"的土地分配模式,有效解决了土地规模流转的难题。

5 结　语

低水头水利水电枢纽工程库区淹没具有淹没水深相对不大的特点,通过采取抬田措施保护耕地资源,除了可以节省工程投资,在移民安置工作中,可有效增加移民后靠安置容量、减少淹地不淹房受影响搬迁人口、减少外迁安置移民数量,从而减轻地方政府征地移民工作难度和压力,对维护移民社会稳定、为工程顺利竣工发挥效益创造有利条件等方面均可起到重要作用。

参 考 文 献

[1] 黄文华,吴顺华.浅谈"抬田"措施在水库淹没处理中的应用[J].江西水利科技,2001,27(S1).
[2] 杨晓华.抬田工程技术在峡江水利枢纽库区的应用[J].中国农村水利水电,2015(8).

【作者简介】　胡建军(1970—),男,高级工程师。E-mail:418719397@qq.com。

喷植被混凝土护坡在广西落久水利
枢纽工程中的应用

廖宏骞

(广西壮族自治区柳州水利电力勘测设计研究院,柳州　545005)

摘　要　喷植被混凝土技术主要针对大于60°的高陡岩石边坡生态防护的新技术,对开挖后形成的裸露边坡能起到有效的防护作用,又能最大限度地修复被破坏的边坡,使开挖后边坡也能与周边绿水青山环境和谐一致。本文以广西落久水利枢纽工程左坝肩开挖边坡喷植被混凝土防护设计及施工为例,介绍了喷植被混凝土技术在水利工程的成功应用,望对类似工程有所帮助。

关键词　喷植被混凝土;边坡防护;边坡绿化;客土喷播

1　工程概况

落久水利枢纽工程位于广西柳州市融水苗族自治县境内的贝江下游,距离下游长赖村约600 m,距离融水县城约8 km。贝江是柳江干流融江河段的支流之一,发源于黔桂交界的九万大山,自西偏北向东南横贯于融水县境内的西南部,经融水县汪洞、三防、怀宝、四荣、融水等乡镇,于融水县境内的江门村附近汇入融江。贝江流域地处深山峡谷,山高林茂,植被良好,水土流失较少,整个流域均属侵蚀构造地形。沿河两岸山峰起伏连绵,主峰元宝山海拔高程为2 081 m,是广西第三高峰。流域气候温和,雨量充沛,水力资源丰富。多年平均气温为19.3 ℃,多年平均降雨量为1 755 mm,年平均日照时数达1 374 h,多年平均相对湿度为79%;年均无霜期在300天以上。

落久水库总库容3.46亿 m^3,为大(2)型水利工程,工程任务为以防洪为主,兼顾灌溉、供水、发电和航运等综合利用。

落久水利枢纽工程由拦河主坝区和榄口副坝区组成。主坝区布置有挡水、泄水、发电、过鱼等建筑物;榄口副坝区布置有挡水建筑物、灌溉及供水取水建筑物、灌溉抽水泵站等。主坝为碾压混凝土重力坝,主坝坝轴线垂直河床布置,坝轴线全长317.90 m,主要由8个挡水坝段、3个泄水坝段、2个门库坝段、1个厂房坝段共14个坝段组成。最大坝高59.0 m。

落久水利枢纽工程属全国172项重大水利工程之一。2015年11月2日,其初步设计报告由水利部批复,2016年9月主坝坝肩开挖正式开始,至今主坝基础开挖及支护施工已全部完成,主坝混凝土浇筑施工正在进行当中。

2　左坝肩开挖边坡防护设计方案

主坝两岸自然边坡大部分为第四系覆盖,下伏基岩主要是长石石英砂岩夹泥岩、粉砂质泥岩。根据地质勘察没有发现高陡边坡及边坡变形、滑坡等不良现象,也未发现有不利于边坡稳定的断层经过。岩石岩层倾角较陡,左岸一般为60°~70°,右岸一般为45°~60°,岩层倾角均倾向坡内,对边坡稳定有利,不会产生大面积滑坡。总体来说,两岸自然边坡不会出现大的边坡失稳现象。但是边坡开挖后,由于岩石比较破碎,坡面需进行防护。

左坝肩坝顶以上最大开挖边坡高度为68.2 m,为倾向左岸山体内的逆向坡,倾角62°,位于坝轴线偏下游侧。开挖坡度为1:1,每10 m高设一道马道,边坡面积约为8 600 m²。主坝左岸坝肩边坡级别为3级。

根据水利工程设计经验,大坝坝肩开挖后形成的裸露岩石边坡传统浅层防护方案一般采取喷混凝土、挂网喷混凝土、锚杆+喷混凝土(或挂网喷混凝土)等喷护技术,这些传统的岩质边坡浅层防护技术成熟,施工方便,投资较省,防护效果显著。但其最大缺点是不能修复开挖时破坏的生态环境,形成一大块寸草不生的大地疤痕,与周边绿水青山的自然景观极为不协调,跟不上当前国家大力提倡的"绿水青山就是金山银山"的绿色发展理念。本工程主坝坝址地处贝江下游河段长赖村上游约600 m处,此处河岸两侧山体植被以竹林和杉树为主,覆盖率较高,贝江河经下游长赖村后向左拐约90°,贝江河在此形成景色诱人的绿水青山,长赖村是当地出名的旅游民族文化村,为国家级AAAA景区。因此,为了尽量减少本工程修建对当地环境的不利影响,在主坝坝肩边坡防护方案设计时寻求一种能将边坡防护和绿化治理相结合的边坡防护技术是非常必要的。目前,在南方高速公路两侧开挖边坡的复绿技术使用较多,其常用的边坡复绿技术主要有喷植被混凝土与客土喷播两种。喷植被混凝土生态护坡技术是将水泥、生植土、混凝土绿化添加剂、腐殖质等与植绿种子均匀混合喷射到开挖坡面,形成一层人工基质,厚约10 cm,有一定强度,不龟裂,抗冲刷,稳定地附着在坡面上,植物能在此基质上正常生长,最大限度地修复了被破坏的边坡。该技术应用于高陡岩质边坡的绿化治理,不但施工方便,边坡绿化治理的整体效果好,同时也解决了岩石边坡的浅层防护问题,真正实现了边坡防护和绿化两大功能的完美结合,可用于坡度在90°以下的边坡防护。其主要缺点是单位面积投资相对较大。而客土喷播所喷护的基质中由于不掺水泥,对边坡的防护功能相对喷植被混凝土要差一些,故客土喷播技术主要适用于坡度在45°以下的低缓土质边坡或者岩石完整性较差的岩质边坡。各种边坡防护技术综合比较见表1。

本工程左坝肩开挖边坡为最高达68.2 m的岩质边坡,坡度为45°。考虑到本工程所处地区年均降雨量较大,工程处于旅游区附近,为确保左坝肩开挖边坡的防护安全和绿化效果,设计选用防护功能与绿化效果均较好的喷植被混凝土技术为左坝肩开挖边坡的防护方案。设计方案见图1。

3 喷植被混凝土应用效果及评价

本工程左坝肩开挖边坡喷植被混凝土支护施工从2016年11月20日开始,至2017年1月22日结束。实际总共喷护面积为11 000 m²(包括左坝肩下游松散体扩挖部分)。左坝肩开挖边坡喷植被混凝土施工完成后,经现场检验,均达到了本工程的验收标准。其喷护完成后边坡防护效果见图2。

表1　各边坡防护技术综合比较表

方案	挂网喷混凝土	客土喷播	喷植被混凝土
防护功能	能很好地附着在开挖面上,防护功能最强	能较好地附着在开挖面上,防护功能一般	能很好地附着在开挖面上,防护功能较强
绿化功能	无,与周边环境不协调	能生长小草,与周边环境协调,绿化功能较好	能生长小草及灌木等,与周边环境相协调,绿化功能好
适用性	可适用于所有边坡,主要适用于高陡岩质边坡	主要适用于坡度在45°以下的低缓土质边坡或者岩石完整性较差的岩质边坡	主要适用于高陡岩质边坡
施工技术	施工操作简单	施工操作简单	施工操作简单
单位平方米估算投资	100 元/m²	120 元/m²	180 元/m²
优缺点	对各种坡度边坡的防护效果均好,投资最省。但无绿化功能	对较陡岩质边坡的防护效果较差,投资较省。有绿化功能	对各种坡度边坡的防护效果均好,投资最大。绿化较果好

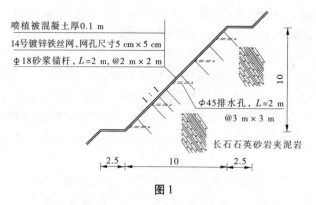

图1

图2

左坝肩边坡植被混凝土喷护后,植物生长状况良好,经过 2017 年汛期雨季的考验,坡面没有出现冲坑等坡面滑脱现象,说明坡面抗雨水的冲刷能力较强,并且随着坡面上小灌木的不断成长,坡面绿化与周边环境更加协调,坡面的防护功能会进一步加强,其防护及绿化效果均达到了设计的预期目的。为了便于对喷植被混凝土与客土喷播这两种边坡防护技术的绿化及防护效果的实地比较,在本工程右岸上坝公路开挖边坡防护设计采用了客土喷播技术。公路开挖边坡坡度为 1∶0.75,最大坡高约为 20 m,边坡岩石以强风化的粉砂质泥岩为主,岩石较为破碎。客土喷播设计厚度亦为 0.1 m,所使用的草种与植被混凝土一样,客土喷播与喷植被混凝土施工基本同时完成,施工后养护基本一样。从效果来看,客土喷播与喷植被混凝土完成后的初期绿化效果基本差不多,但随着时间的推移,客土喷播中有小部分小草已枯死,其绿化效果明显比喷植被混凝土差,且经过 2017 年汛期雨季,坡面局部出现了冲坑等坡面滑脱现象,说明坡面抗雨水的冲刷能力也明显比喷植被混凝土差。由此可见,客土喷播单位平方米投资虽然比喷植被混凝土省,但其绿化及防护效果均明显比喷植被混凝土差。大坝坝肩开挖边坡的稳定对确保大坝安全运行至关重要,为确保坝肩开挖边坡的防护安全和绿化效果,喷植被混凝土技术比客土喷播技术更适合南方多雨地区的坝肩开挖边坡防护。

4 喷植被混凝土护坡在本工程应用中发现的问题及解决的措施

(1)植被混凝土喷植前其开挖边坡必须是稳定的,否则必须采取工程措施加固边坡至稳定,即喷植被混凝土边坡防护技术只能解决边坡的浅层防护问题。因此,坡体部分岩石风化严重处,视情况锚杆应进行加长,以锚入坡体后稳定为准。

(2)坡面截(排)水沟必须按照设计要求及时完成。

(3)由于喷植被混凝土边坡防护技术为新技术,在水利工程中使用较少,施工队伍的经验会直接影响植被混凝土的喷植效果,故要求喷植被混凝土施工必须选择专业的施工队伍。

(4)当遇到超过 3 mm/h 强度降雨及施工期间气温低于 0 ℃,不宜进行喷植施工。

(5)植被混凝土基材由生植土、水泥、腐殖质、植被混凝土绿化添加剂(A - B 菌)、种子混合组成。实际应用时应根据开挖边坡坡度、地质及当地气候条件选择合适的配合比。本工程开挖边坡较陡、岩石比较破碎、年均降雨量较大,故在配合比设计时选用的水泥用量及植被混凝土添加剂的用量略高一点。选用的设计配合比见表 2。施工时实际采用配合比应根据工程经验结合现场试验确定。

表 2 植被混凝土基材设计配合比

配合比	生殖土(砂壤土)	水泥	腐殖土(有机质)	植被混凝土添加剂 A	植被混凝土添加剂 B
基层	100	10	5	5	5
面层	100	6.5	5	5	5

(6)植被混凝土绿化添加剂必须符合三峡大学后勤集团护坡绿化研究所专利产品要求。

(7)用种原则:草灌混合,多草种、多灌种混合。本工程采用狗牙根、高羊茅、糖蜜草、紫花苜蓿、多花木兰、紫穗槐、银合欢进行混播。

（8）喷植结束后两天内,在基层材面须加盖无纺布并进行养护。无纺布的主要作用是:①起到保墒、控温的作用,提高植物种子出芽速度;②防止植物种子被风吹走和被飞禽啄食,提高植物种子的出芽率和成活率。养护主要采用人工喷洒雾状水,严禁采用高压水头进行喷射,保持植被混凝土呈湿润状态,养护期限视坡面植物生长状况而定,不少于45天。

（9）由于喷植被混凝土边坡技术目前还无国家或者行业技术标准,无统一的验收标准。本工程结合有关工程经验提出以下验收标准:植被混凝土坡面力学性能应达到0.3 MPa左右;外观无龟裂及剥落现象;抗冲刷强度100 mm/h;浇水或下雨,坡面无积水,年流失率低于1%;种子发芽率不低于95%,坡面覆盖率不低于90%,植物生长状况良好。

5　结　语

喷植被混凝土技术在落久水利枢纽工程坝肩开挖边坡防护中的成功应用,达到了边坡防护和绿化两大功能的完美结合的设计目的,践行了"绿水青山就是金山银山"的绿色发展理念,得到了到工地检查的各级领导的高度好评,值得在水利工程建设中大力推广。

参 考 文 献

[1] 宜昌市意境园林绿化工程有限公司,三峡大学后勤集团护坡绿化研究所.岩石边坡植被混凝土护坡绿化技术规程:Q/YCYJ001—2005[S].
[2] 许文年,王铁桥,叶建军.岩石边坡护坡绿化技术应用研究[J].水利水电技术,2012,33(7).
[3] 叶建军,许文年,王铁桥,等.南方岩质坡地生态恢复探讨[J].岩石力学与工程学报,2011(22).
[4] 许文年,夏振尧,周宜红,等.植被混凝土无侧限抗压强度试验研究[J].水利水电技术,2007(4).
[5] 许文年,叶建军,周明涛,寇国祥.植被混凝土护坡绿化技术若干问题探讨[J].水利水电技术,2004(10).
[6] 许文年,王铁桥.混凝土绿化添加剂[P].中国专利:CN1358685.
[7] 何萍,谢嘉霖.道路护坡用植被混凝土研究与应用[J].安徽农业科学,2008(28).
[8] 陈向波.高速公路边坡生态防护技术及其应用研究[D].武汉:武汉理工大学,2005.
[9] 周德培,张俊云.植被护坡工程技术[M].北京:人民交通出版社,2003.
[10] 胡德熙.植被混凝土[J].建筑知识,1997(5).

【作者简介】　廖宏骞(1974—),男,高级工程师。E-mail:2278106303@qq.com。

生态护坡技术在史灌河综合治理中的
研究与应用

王 蓓 段 蕾 阮国余 金国强

(中水淮河规划设计研究有限公司,合肥 230000)

摘 要 边坡的失稳破坏是对河岸堤防安全的重大威胁之一,为保护岸坡稳定,防止水流冲刷,必须采取边坡防护措施。生态护坡不仅具有传统护坡的功能,而且融入了景观文化和生态文明等多方面内容,兼顾水土保持和生态修复功能,可以满足对生态文明建设的需求。文章结合史灌河综合治理工程,介绍了三角连锁式生态护坡的特点及应用。
关键词 护坡;生态护坡;史灌河;三角连锁式

1 边坡失稳成因及类型

1.1 边坡失稳破坏的原因

边坡的失稳破坏是对河岸堤防安全的重大威胁之一。边坡失稳最常见的破坏形式就是滑坡。边坡丧失其原有的稳定性,一部分岩土体相对于另一部分岩土体发生滑动的现象被称为滑坡[1,2]。众所周知,滑坡会造成重大的事故,例如山体的滑坡、泥石流等自然灾害,经常会对生活在山腰或山脚的人们造成生命威胁,而在我们水利工程中,若堤身发生滑坡,也将对堤防造成不可弥补的损害,堤身滑坡会导致堤防失去其本来作用,即抵御洪水的能力,若正值洪水爆发之际,将会威胁到堤防保护范围内众多人民的生命财产安全。因此,对边坡进行防护是水利工程中不可缺少的重要一环。

引起滑坡的根本原因在于,土体内某一个面上的剪应力超过了土体本身的抗剪强度,从而使土体内部失稳,导致土体沿该面进行滑动,造成边坡失稳的后果。那么,从破坏机制上讲,这种破坏的起因无非有两种:一是土体所承受的剪应力增加,在实际工程中可能是坝体上部荷载加重、渗流力的作用或者打桩、地震等动荷载的影响;二是土体本身抗剪能力下降,可能是由气候变化产生土体干裂冻融等现象导致[3]。

在实际工程中,边坡失稳的成因有多种,除了由工程质量不佳导致的一些设计方面的缺陷,或者在堤脚挖塘这种人为对堤防造成破坏的原因,主要有渗流、冲刷以及堤基三种原因[4]。

渗流原因:由于洪水期水位上涨,高水位持续时间较长,在浸润线以下的堤身土呈饱和状态,抗剪强度大大降低,再加上渗流力的带动,很容易发生滑坡。在水位骤降期退水过快可能导致堤身内浸润的水不能及时排出,易发生退水滑坡[5]。

冲刷原因:河流某些地段如凹岸处,较易受到水流的冲刷,如果岸坡防护措施做得不够到位或没有做岸坡防护的话,水流冲刷会将土粒带走,长时间下去岸坡将变得越来越陡,在达到某一临界值后会最终发生失稳破坏。

基础原因:地基的天然强度不够或施工原因导致地基强度降低都会导致滑坡,结合防渗来说,若防渗措施不够,渗流也会导致管涌、流土等危害地基稳定性的现象,最终引起边坡失稳滑坡。

1.2　边坡失稳破坏的类型

根据不同的分类方法,边坡失稳破坏的类型可有多种划分。就破坏形式来说,可以分为滑坡、液化、塑形流动及冲刷破坏四种[6]。

滑坡:前文中有提过,这是最常见的边坡失稳破坏形式,当土体内某一个面上的剪应力超过了土体本身的抗剪强度,就会让土体内部失稳,导致土体沿该面滑动,形成滑坡,尤其是当堤基存在软弱层的时候,更容易发生这种破坏形式。

液化:当堤防或堤基主要由粉细砂或松散砂粒等砂质材料组成的时候,较容易发生液化的破坏形式。砂性土内摩擦角比较大,相对来说块体比较稳定,不容易发生失稳破坏。但当遭受地震或其他外部反复振动荷载的时候,就会发生液化,尤其是饱和砂料,这种破坏发生突然,破坏性大。不过对于不常发生地震的地区以及做了地震防护措施的地区,一般来说也不太容易发生液化。

塑性流动:当土体受到的剪切力超过了土体的极限剪切强度或变形超过了土体的弹性极限时,就会发生塑形流动,工程现象上表现为裂缝、沉陷等,软黏土地基容易发生这种破坏。

冲刷破坏:堤防由于迎水坡长期浸泡在水中,长时间的水流冲刷会导致岸坡的破坏,主要是因为水在流动过程中或多或少会带走一些细小的土颗粒,从而使土体结构不稳定。这种冲刷破坏一般是长时间的积累所造成的,对于河流凹岸处或工程的一些险工段来说,更易发生冲刷破坏,更应做好防护措施[7]。

2　生态护坡的概念及类型

2.1　生态护坡的概念

党的十八大以来,党中央多次提及生态文明建设的重要性,生态兴则文明兴,绿水青山就是金山银山。传统的河道护岸结构一般只是对河道的防护引水、排水、蓄水地功能进行片面的处理,严重地忽视了对河道生态环境产生的影响[8]。随着国际国内社会对生态文明建设的重视,单一考虑工程稳定性的传统硬质护坡已经无法满足人类社会的发展需求。

生态护坡,是综合工程力学、土壤学、生态学和植物学等学科的基本知识对斜坡或边坡进行支持,形成由植物或工程和植物组成的综合护坡系统的护坡技术。开挖边坡形成以后,通过种植植物,利用植物与岩、土体的相互作用(相当于给土体加筋),对边坡表层进行防护、加固,使之既能满足对边坡表层稳定的要求,又能恢复被破坏的自然生态环境,是一种有效的护坡、固坡手段。

近年来,随着社会经济水平提高,城市规划更注重于美观,人与自然和谐等理念也深入人心,各种新型的生态护坡已广泛地应用于交通、水利、市政、园林等工程项目,并且取得了较好的效果。

2.2　生态护坡的类型

传统硬质护坡包括浆砌块石、干砌块石、现浇混凝土、护面墙护坡等。传统护坡从工程角度上来说护坡能力非常强,但是会破坏现状自然植被,无法恢复,且护坡表面单调生硬,没有一丝生气,不利于生态文明的建设和水土保持,且没有景观性,无法与周围环境达到协调美观的效果[9]。

早期生态护坡主要以草皮植被种植护坡、垂直绿化护坡以及土工材料植草护坡为主,但植被护坡对边坡高度有限制,且若草籽播撒时不均匀,易受洪涝影响使种子流失[10]。随着高分子材料技术的发展,近年来出现了许多利用高分子材料作为基质进行喷播制作的护坡,例如对一般的土质边坡通常采用高性能生态基材进行喷播,对较为贫瘠土质边坡则可采用土壤增活有机基质加上高性能生态基材混合喷播的方式,土壤增活有机基质可以提高土壤的肥沃程度,高性能生态基材则可以在较苛刻的环境下成长为植被面。

3　生态护坡在史灌河综合治理中的实例应用

3.1　史灌河综合治理工程概况

史灌河为淮河在南岸最大的支流,是淮河干流洪水的主要来源之一。流域跨安徽省金寨县、叶集试验区、霍邱县及河南省固始县、商城县,流域面积 6 895 km²,流域上游为山区,中游属丘陵区,下游为平原。史河上游建有梅山水库,控制流域面积 1 970 km²,总库容 22.64 亿 m³;灌河上游建有鲇鱼山水库,总库容 9.16 亿 m³,控制流域面积 924 km²,两水库控制面积占全流域的 42%,库区以下还有 4 001 km²。

20 世纪 60 年代末,史灌河沿河两岸开始围河造田、占滩圈圩,河道两岸防洪圩堤陆续形成,但由于历史原因,两岸堤防建设缺乏统一规划和有效管理,建设标准低,现状保护区的防洪能力不足 20 年一遇。河道存在诸多阻水建筑物,两岸大部分堤防堤身矮小,堤身质量差,由于非法采砂、翻采铁砂,造成河床地形紊乱、险工增多,沿线穿堤建筑物结构老化,管理设施落后,整体防洪减灾能力薄弱。据《淮河流域防洪规划》和《进一步治理淮河近期实施方案》中确定的治理标准和建设项目,为提高史灌河的防洪减灾能力,保障国家粮食安全和流域内的经济社会的可持续发展,对史灌河进行系统治理是十分必要和迫切的。

3.2　护坡方案的比选

史灌河河床多砂,抗冲能力较低,由于其复杂的地质条件,导致河道多处形成险工段,破坏型式主要为迎流顶冲、水流淘刷引起的坡脚崩塌。因此,为保证堤防的安全,对迎水侧进行护砌防护处理是必要的。

根据工程地形、地质和水流条件,结合已建工程经验,史灌河综合治理中拟订浆砌块石、干砌块石、混凝土砌块、现浇混凝土、连锁式生态混凝土五种型式进行方案比选。方案优缺点比较见表 1。

干砌块石护坡造价相对较低,生态护坡造价较高,其他方案价格相差不大。由于石料开采易造成水土流失和破坏环境,实施难度大,块石护坡施工质量不易控制,人工砌筑施工进度较慢。现浇混凝土护坡型式外型美观,施工质量易控制,但有适应变形能力差,消浪作用相对较小等缺点。混凝土砌块护坡型式外型美观,且具有强度高、防侵蚀、整体稳定好、施工质量易控制等优点。连锁式生态护坡抗冲刷能力强,与土工织物配合可有效治理管涌崩岸及泥沙流失,提高水体生物生存能力,可植草绿化,景观效果好。

表1　护坡结构型式方案比较

项目	方案Ⅰ 浆砌块石护坡	方案Ⅱ 干砌块石护坡	方案Ⅲ 混凝土砌块护坡	方案Ⅳ 现浇混凝土护坡	方案Ⅴ 三角连锁式生态护坡
抗冲刷效果	耐冲刷、整体性好	耐冲刷、整体性一般	耐冲刷、整体性好	耐冲刷、整体性好	耐冲刷性好
就地取材	可利用当地石料	可利用当地石料	可工厂化施工预制块	较差	厂家预制
施工质量	石料规格和尺寸要求低,质量易保证,但施工工序多,施工速度慢	石料规格和尺寸要求高,质量难以保证,施工工序多,施工速度慢	施工简便,质量易保证,外形美观,局部有损坏容易修复	地形适应性差;施工快捷,但毁坏后不易修复	整体铺设、施工快捷,质量易保证
单位造价	90元/m²	75元/m²	98元/m²	82元/m²	108元/m²

综合比较,考虑与周边环境协调、营造生态景观、建设生态文明、兼顾防护防冲以及水保景观功能,对城镇段堤防护坡采用三角连锁式生态护坡。

3.3 三角连锁式生态护坡

三角连锁式生态护坡是由一组尺寸、形状和重量一致的预制混凝土块,用一系列经过每个块体内部的预制孔内的横向绳索相互连接,而形成的具有改善生态环境的连锁型柔性矩阵护坡。

三角连锁式生态护坡的特点:由缆索穿孔连接的联锁护坡土壤侵蚀控制系统;整体式柔性铺垫自重大、抗倾覆力强;对水流情况下的中小规模变形具有高度的适用性;抗冲刷能力强,高速水流以及其他恶劣环境下能够保持铺面的完整性,能有效提高土壤的抗水流侵蚀能力;可利用机械体式安装大大提高施工效率,节省人力,降低劳动强度;孔内种植植物,还原护坡原有的生态功能。

与砌石传统护坡相比,其具有以下优势:整体铺设,工效高,节省人力成本;抗水流冲击刷能力强,高速水流以及其他恶劣环境下保持完整面层,不被侵蚀与土工布配合使用,防止管涌现象;砌块造型优美,能很好地将水利护坡与生态环境美化结合起来,使水利工程更环保;工程施工人工费用较低,能有效提高施工单位经济效益;砌块工厂生产,强度和外观及尺寸有保障,工程整体效果好;可植草绿化,保护生态环境。

4　结　语

本文介绍了边坡破坏的成因类型以及边坡防护的必要性,以及生态护坡的概念,与传统硬质护坡相比的优势。文章以史灌河综合治理工程为例,根据河道自然情况,通过对工程总体布置、生态景观要求、工程造价以及施工维护等多方面的综合比较,确定了史灌河综合治理工程采用三角连锁式生态护坡,经过工程实践证明,三角连锁式生态护坡不仅达到了传统护坡的保护效果,同时兼具水土保持和生态景观功能,又与城镇周边环境相互协调,营造了人与自然融洽相处的生态环境,对其他类似工程具有良好的借鉴意义。

参 考 文 献

[1] 荣强,谢磊. 堤防渗透破坏成因分析及加固措施[J].海河水利,2009,(1):61-63.

[2] 徐振. 堤防渗透破坏成因及防渗加固治理[J].科技创新导报,2008(36):61.

[3] 殷跃平. 中国滑坡防治工程理论与实践[J].水文地质工程地质,1998(1):529.

[4] 王飞. 堤防工程边坡稳定性分析与加固措施研究[D].合肥:合肥工业大学,2012.

[5] 赵杨. 堤防工程边坡稳定性分析与加固措施解析[J].河南水利与南水北调,2016,(7):119-120.

[6] 毛昶熙. 渗流计算分析与控制[M].北京:中国水利电力出版社,1990.

[7] 水电部第五工程局. 土坝设计[M].北京:水利电力出版社,1978.

[8] 吴事陆. 城市河道生态护坡工程设计分析[J].水利技术监督,2016(2):24-28.

[9] 刘黎明. 传统护坡与生态护坡比较与分析[J].三峡大学学报,2007(6):528-532.

[10] 王元春. 生态护坡在中小河流治理工程中的应用[J].水利规划与设计,2016(4):42-44.

【作者简介】 王蓓(1972—),女,高级工程师,主要从事水利规划设计工作。E-mail:alicewangbei@163.com。

刍议土地利用现状库在水利水电工程征地补偿中的不足与建议——以碾盘山水利水电枢纽工程为例

张　良　丁　俊　涂澜涛　李　航

（湖北省水利水电规划勘测设计院,武汉　430064）

摘　要　目前,湖北省的征地补偿都是根据湖北省国土资源厅同期发布的征地补偿安置倍数、修正系数、青苗补偿标准及土地权属来确定不同地类的补偿费用,而地类的判定参考和权属的判定通常是根据国土部门提供的土地利用现状库来确定,本文从四个方面分析了土地利用现状库在地类划分的不足,并提出相关建议。

关键词　征地补偿;土地利用现状库;地类划分;权属判断

1　情况介绍

1.1　项目概况

碾盘山水利水电枢纽工程是国家 172 项节水供水重大水利工程之一,水库总库容 9.02 亿 m^3,施工总工期 52 个月,永久用地幅员面积 20.72 万亩。

1.2　征地补偿概况

在建设过程中征地拆迁通常存在于工程建设始终,是制约工程进展的主要问题之一[1]。碾盘山水利水电枢纽工程征地面积大,建设周期长,是重要的公益性基础设施。建设投资主要由水利部、湖北省人民政府、地方人民政府预算内资金和其他财政性资金安排,不具备市场化运作及多元化投资建设条件[2]。本工程征地补偿实行与铁路等基础设施项目用地同等补偿标准[3],采用统一年产值标准和区片综合地价来确定[4]。土地地类的判定参考和权属的确定根据国土部门提供的土地利用现状库来确定,然而在实际征地补偿过程中发现少量的土地利用现状库数据和实际情况不一致,因此不能完全将土地利用现状库数据作为征地补偿的依据。

1.3　土地利用现状库

土地利用现状库将土地地类分为了 12 个大类,57 个小类,包含了行政区、行政界线等基础地理数据,地类图斑、地类界线、零星地物、现状地物等土地现状数据,宗地、界址线等土地权属数据以及基本农田数据。土地利用现状库以第二次全国土地调查数据库为基础,每年对土地数据进行更新[5]。

2　土地利用现状库在水利水电工程补偿的不足之处

土地利用现状库在水利水电工程补偿的不足之处主要表现在:土地利用现状库建库时

作为内业预判的航拍底图精度偏低、土地利用现状库入库地类和现场实际地类不一致、存在权属争议、数据库更新的实效性不足。

2.1 调查精度偏低

土地利用现状库在农村调查时以 1:10 000 正射影像图作为调查底图,而水利水电工程外业调查用地类地形图的比例尺为平原低丘区不小于 1:5 000,山岭重丘区不小于 1:2 000[6]。因此,水利水电工程农村移民征迁调查采用地类地形图的精度要高于土地利用现状库农村调查部分正射影像图的精度,并且农村土地调查的重点是耕地调查,在调绘时,对一些非耕地做了调整,将部分需要补偿的土地地类划分到了不需要补偿的土地地类中,或是把不需要补偿的土地地类划分到了需要补偿的土地地类中。

(1)将需要补偿的土地地类划分到不需要补偿的土地地类中。

土地利用现状库在做土地现状调查或是土地变更时将不能依照比例调绘的河滩地综合到河流中,将不能依比例尺调绘的堤防综合到河滩中。

在水利工程土地补偿中,河流、国有河滩地通常属于未确定给单位或个人使用的未利用地,不需要补偿。集体所有河滩地和集体所有的堤防用地被占用需要进行土地补偿,如果土地补偿的地类完全按土地利用现状库导出的地类来进行统计,导致部分需要补偿的土地没有计算到投资中。

(2)将不需要补偿的土地划分到了需要补偿的土地地类中。

在土地现状调查和土地变更调查的过程中,狭长地类的宽度小于 20 m 且小于最小图上宽度的不进行调查,综合到其他地类中。

在碾盘山水利水电枢纽工程防护工程的征地过程中,发现有部分堤在耕地与耕地之间,由于历史原因堤防年久失修,堤已经被路两边的耕地侵占了,堤宽已经达不到面状地物的上图标准,在土地利用现状调查和变更调查的过程中有可能将其综合到了周边的耕地中,并且在划分基本农田的时候将堤周边的耕地及堤一起划为了基本农田,如果按土地利用现状库进行补偿,将导致水工建筑用地按耕地的补偿标准进行了补偿使计算投资大于实际投资。

2.2 土地利用现状库划分地类标准与征地补偿地类划分标准不一致

统一年产值标准和区片综合地价是湖北省制定的新一轮的土地补偿标准,在该标准中将需要补偿的土地划分为 7 类,分别为耕地、菜地、果园、茶园、精养鱼池、林地、未利用地。该标准同时确定了区域范围土地补偿的统一年产值标准、土地补偿倍数和安置补偿倍数、青苗补偿、征地补偿修正系数[7]。

在湖北省的区片综合地价中明确的土地补偿地类中的菜地和精养鱼池在土地利用现状库中没有对应的地类,其中菜地包含在土地利用现状库的耕地或是设施农用地中,精养鱼池包含在土地利用现状库的坑塘水面中。

由于区片综合地价中菜地的补偿价格通常高于耕地的补偿价格,精养鱼池的补偿价格也高于非精养鱼池的坑塘水面价格,如果根据土地利用现状库地类进行征地补偿投资计算,将导致补偿偏低,易引起征迁矛盾。

2.3 存在权属争议

在土地利用库建库期间,土地权属调查时为了不影响整个调查工作的总体安排,对部分段时间难以协商处理的有争议土地保留搁置争议,权属界线只作为面积量算的依据,不是确权的依据[8],因此存在少量土地利用现状库中入库的村界和实际情况不符。在计算征地补偿时如果采用土地利用现状库确认的村界,则征地村的实际生产安置人口和生产安置情况不能正确反映、被征地村获得的征地补偿款与实际占地面积的征地补偿款不一致(见图1~图3)。

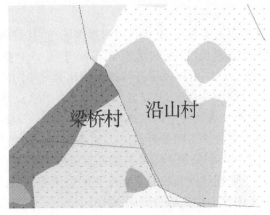

图1　土地利用现状库中划分的村界

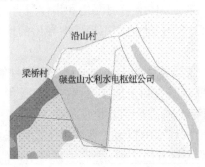

图2　双方村干部现场签字村界　　　图3　叠加到土地利用现状库的签字村界

2.4　土地变更滞后性

土地变更调查的统一时点为每年12月31日[9],在水利水电工程建设区域存在土地地类的变化产生在前后两次变更节点之间,导致土地地类发生了改变但变化的地类还没有录入到土地利用现状库中,现有的土地利用现状库导出的数据不能真实地反映土地现状。如土地利用现状库中定义的农用地,实际已经作为建设用地正在进行开发,土地利用现状库中定义的耕地实际已经挖成了鱼塘。

3　对上述情况的建议

水利水电工程中建设项目管理单位负责协调、保障资金,设计单位负责实物指标调查及移民安置论证,地方政府根据安置方案组织实施[10]。在碾盘山水利水电枢纽工程的征地移民过程中,湖北省人民政府成立了移民安置领导机构负责项目重大事项的决策与协调工作,指导、监督实施机构的工作,设计院提供技术指导,项目区域(涉及钟祥市、宜城市、东宝区)分别成立本项目协调领导小组办公室,对各自辖区内的实施工作具体负责,明确了县国土、水务等县直有关部门的职责和分工。其中,县级以上地方人民政府负责本行政区域内大中型水利水电工程移民安置工作的组织和领导,国土资源管理部门负责土地利用调查、地籍管理等工作,地类认定以国土资源部门的土地利用现状调查为准。因此,作为水利水电工程移民设计部门在进行实物指标统计、土地投资计算的过程中,将不能根据现有数据库判断土地信息的基础数据分离出来,根据职责分工的不同,交给相关单位进行处理。

3.1 调查精度不够的解决建议

因宽度小于 20 m,达不到土地利用现状库中面状地物的上图标准而被认定为现状地物或是合并到相邻地类中的堤防、河道(沟渠)等地类,需要在大比例尺的地形图上将堤防、河道(沟渠)等地类的外边线提取出来,交由建设管理单位要求相关国土部门协调解决。

3.2 土地利用现状库划分地类标准与征地补偿地类划分标准不一致的解决建议

土地利用现状库认定的 57 个二级类中不存在菜地和精养鱼池,然而根据地类的划分含义,菜地属于耕地或设施农用地中的一种,精养鱼池属于坑塘水面中的一种,因此将土地利用现状库中认定的耕地层、设施农用地和坑塘水面等的图层提取出来叠加到地类地形图上作为疑问图斑在现场一一确定,根据从属关系续分三级类。

3.3 权属不一致的建议

在实际调查的过程中存在土地利用现状库入库权属村界和现场指定的村界不一致的情况,如果相邻村干部现场确认的权属界线各方均没有异议,按照相邻村各村干部签字确认的村界作为行政村界;如果村干部有异议,则将疑问区域提交给建设项目管理单位,由当地人民政府来协商解决。

3.4 土地变更滞后性的建议

现状的土地地类存在和土地利用现状库不一致的地方,这些不一致的地方有些属于国土部门已经征收的土地,有些属于个人违法占用的土地,在尊重人民政府颁布的停建令的基础上,将土地利用现状库和大比例地类地形图以及现实情况相结合,收集国土部门的设计要点附图及规划图,综合考虑疑问地类的土地权属性质及土地的获得方式。如果根据以上数据仍然不能得出结论,应该提取出来交由建设项目管理单位请求国土部门给予确认。

参 考 文 献

[1] 王金智.水利工程征地拆迁工作中的有关问题的思考[J] 河海水利,2018(1):24-25.

[2] 刘卓颖.我国征地补偿政策和补偿标准现状分析[J] 水利发展研究,2017(3):9-12,26.

[3] 国务院 2017 年 679 号令.国务院关于修改《大中型水利水电工程建设征地补偿和移民安置条例》的决定[Z].

[4] 鄂政发[2014]12 号.湖北省人民政府关于公布湖北省征地统一年产值标准和区片价综合地价通知[Z].

[5] 土地利用数据库标准:TD/T—2007[S].

[6] 水利水电工程建设征地移民实物调查规范:SL 442—2009[S].

[7] 鄂土资函[2014]242 号.省国土资源厅关于公布征地补偿安置倍数、修正系数入青苗补偿标准的函[Z].

[8] 国土资源部.全国第二次土地培训教材[M].6 版.北京:中国农业出版社,2007:120-126.

[9] 中华人民共和国国土资源部令 2009 年第 45 号.土地调查条例实施办法[Z].

[10] 陈伟.我国水利水电工程移民安置现状及思考[J].中国水利,2010(20):10-12.

【作者简介】 张良(1983—),男,工程师。

碾盘山水利水电枢纽工程中移民效益分享模式探索

王绎思　张　徽　张　良　丁　俊

（湖北省水利水电规划勘测设计院，武汉　430064）

摘　要　随着我国城镇化的加速发展，水库工程的建设有效解决了城镇防洪、供水、灌溉的需求，然而水库工程的建设对一定区域内土地资源、库区移民和生态环境产生了较大的影响。通过参考相关文献及实地调研近年来库区移民的安置现状，本文提出了一种通过整合水库土地、生态资源解决水库移民安置问题的长效效益分享模式，为今后可持续的开发水库并科学合理的将水库红利分享给水库移民提供新思路。

关键词　水库工程；移民；效益分享

1　引　言

水库工程建设带来的正面效益主要体现在防洪、治涝、供水、灌溉等方面。调节性能好的水库可大幅度提高下游河段防洪标准，通过提前或滞后泄洪免除洪水危害。水库建成蓄水后可有效保障城镇发展所需的生活用水，同时也能满足农业灌溉和工业用水需求，缓解部分地区地下水超采及污染的问题。

另外，水库工程土地占用情况以库区为主，大面积适宜耕种、产值较高的低洼平整土地被淹没，影响范围较大，通常有整村、整组的可耕作土地被永久淹没。因此，以农业耕种为主要生产方式的水库移民多被迫迁出原生活区域到海拔较高或土地产值较低的生产地点，生产习惯有较大改变。同时，大坝建成后上游洄游鱼类产卵繁殖受到影响，逐渐改变了鱼类区系组成，下游水文、水动力和断面的变化将引起生物生境的不断改变，导致生物群落种群变化和结构特征改变。

2　新形势下水库建设影响因素

2.1　水库土地资源补偿范围的矛盾

从土地资源占用面积分布来看，淹没区是水库工程对地区现状影响最明显的区域。现阶段水库工程建设通常仅考虑对土地本身价值的一次性补偿，后续则简单的以货币补偿的方式给予后扶资金补助。

水库蓄水后，淹没区内被淹没的土地资源的价值转化成了清洁的水能、水域资源的价值。因此，水库工程建设对影响人群的补偿应该不仅是对淹没区土地资源本身价值的补偿，更应该是对淹没区土地资源所能产生的价值的补偿[1]。科学合理地挖掘库区的潜力价值来持续补偿建库对移民生活生产带来的长期影响成为了解决现阶段妥善安置水库移民的关键。

从土地资源利用效率来看,水库影响区是水库移民过程中最容易忽略的区域。目前,水库建设对于蓄水后淹没线上的土地并没有较为有效的利用途径,这部分土地并不能列入土地资源补偿范围,但普遍由于蓄水后生产道路不通而无法继续耕作。遗留的可耕作土地的利用问题一直是移民后期补偿关注的焦点。

2.2 水库移民大农业安置方法的局限

现阶段,水库工程移民基本采取大农业安置规划,即通过调整某些土地资源相对丰富地区的耕地来分配给耕地被淹没的移民的一种规划方式。大农业安置的模式较普遍地解决了移民生产安置的问题,对促进库区移民的稳定安置发挥了极其重要的作用。然而,随着经济发展的需要,各项工程建设占用的土地资源逐渐增多,大农业安置方法逐渐突显了其局限性,调地后对非工程区村民的正常生产生活造成了一定的影响,很多地区甚至面临无地可调的状态,容易激化地区人地矛盾[2]。

受耕地资源的限制,少数移民安置规划采用了非农业安置模式。该模式中水库移民不占用农业耕地,是一种特殊条件下实行的安置模式,第二、三产业安置需要依靠相关机构对水库移民进行技能培训,对移民的文化水平和工作技能也有较高的要求。实践中,非农业安置模式受到各种主客观因素的制约,很难大规模地推广和复制。

2.3 水库水生态环境改变的影响

水库项目的开发及运行对抵御季节性洪水有显著的作用,但也减少了鱼类进入洪泛区这一天然鱼类育苗和饲养栖息地的机会。同时,水库大坝对流域的连通性构成了一定的影响,使得天然河流的生态环境分割,改变了上下游生态环境。

水库上游河道水位逐渐抬高使得河段变成缓流,并导致水体扩散以及自净能力下降,在库尾或库湾处容易发生水体富营养化的现象。鱼道工程虽然一定程度上缓解了大坝建设对流域连通性的影响,但是洄游性鱼类种群仍然在河道上游和支流逐渐消失。水库下游河道流量受到工程运行的影响,引起下游短暂脱水或泄流发生极端变化,这些流量的急剧变化是水生生物和鱼类都难以适应的。蓄水期间使得原有河道、河床发生变化,影响到下游水生生物的生存环境[3]。

3 效益分享模式的思考及解决方法

3.1 挖掘库区资源形成内部生产链

近年来,我国水电工程建设开始逐步引入国外绿色水电评价的理念[4]。该体系建立了一套包括水文情势、河流水质、生物多样性、景观结合度、移民利益共享、水资源综合利用、区域经济贡献等多个因子的评估机制。受绿色水电概念的启发,结合近年来水库工程建设面临的现状,水库工程效益分享给移民的途径可以通过构建一套包含土地分配、生态利用、生产模式三因子的评估机制来评价,该体系依托库周资源开发出一条整合土地资源、水生态资源、生产资源的生产链,库区移民通过生产链分享水库开发所带来的收益。

土地分配主要评估淹没线上闲置的土地资源流转后与土地整理有机结合的可行性,从而充分利用区域周边已有耕地,减少异地调地[5]。当前,我国实行农村集体土地所有权、承包权和经营权改革后,土地流转工作变得十分重要,统筹规划库区周边土地,灵活调配土地经营权给有经营意愿和经营能力的主体已经成为推进现代农业发展的重要工作。

生态利用通过类比湖泊湿地生态系统,评估水库消落区形成湿地生态系统的可行性。

湿地系统独特的生态系统不仅是众多生物的重要栖息地,也是鱼类、贝类重要的孵化和哺育场所。湿地生态系统能够形成多种水禽和野生动物的食物链,丰富区域内生物的种类,为发展相关水产产业提供了基础条件。

生产模式评估指通过调配闲置的库区土地并挖掘库区自身的水生态资源逐步改变移民生产模式的可行性。平原型水库利用湿地生态区域开展野生虾蟹生态养殖;山丘型水库合理规划优质风化土壤区域发展畜牧业以及毛纺皮革加工业,结合地方气候、地理特征利用流转后的土地种植茶、果、药材、魔芋等高收益经济作物,适时发展无土式节约型种植方式[6]。推广多元化安置模式能够有效减小大农业安置调配耕地带来的土地压力,也解决了大面积耕地淹没后对移民后期生计的影响。

目前,我国已经展开了有关长江流域生态敏感区信息共享平台的研究。该平台不仅提供了大量的基础数据,同时也能够进行专题分析、模拟与计算,有效地关联了各地区和各行业部门间的数据,对提高流域管理者的规划、管理、决策以及工作效率发挥了十分显著的作用[7]。水库工程建成后通过收集区域周边的可利用资源数据同样能够建立动态信息共享平台,通过信息平台整合分布在库区周边的资源,从可利用土地、农林牧渔业生产力、生态多样性的方面挖掘水库工程的效益潜力,其数据通过构建的评估机制可用于水库资源开发和移民效益分享的权衡分析,为开发水库工程正面效益来补偿水库移民带来的负面影响做出理论支撑。

3.2　引入市场资源注入外部资金链

利用水库工程本身的土地补偿资金开发库区资源始终是有限的。库区内部资源的开发初具规模后,地方政府应该发挥出连接库区资源与资本市场的作用,通过加强库区周边基础设施的建设以及推出优惠的税费政策吸引社会资金入场。依托于具有水库资源特色的稳定产业可以逐步形成一条政府税收增加—移民安置稳妥—企业投资盈利的正反馈关系链,也能够使开发出的库区资源红利长效有序的分享到移民群体上[8]。

目前,湖北省多地已逐步开展退田还湖湖泊治理规划,政府充分利用湖泊周边资源分区划片生态水产养殖区、生态果林种植区、生态湿地涵养区、生态疗养度假区等不同开发区域,借此引入市场资金,不仅向退出土地的居民提供了全新的生产方式,也解决了政府自身债务问题。通过调研,这种比较成熟的规划思路十分值得库区水域资源开发借鉴。

4　结　语

水库工程的建设基本以保障防洪安全、服务农业灌溉、提供安全饮水为主,其本身不具有盈利性质,依靠水库建成后运行期的经济收益直接惠及到移民本身的分享模式效果较为有限。只有将库区自身的价值转化为稳定的产业才能长久的回馈移民,使搬出库区的移民确实享受到水库开发带来的好处。本文初步探索了一种库区综合开发模式的可能性,可持续水库开发利益分享模式的可行性还需要更多的专家、学者深入探讨和不断实践。

参 考 文 献

[1] 张锐连,施国庆,赵思.可持续水电开发利益分享探究[J].水利发电,2017(9):15-18.
[2] 李勋华.水电工程农村移民利益分享机制研究[J].人民黄河,2013,35(9):131-134.

[3] 唐萍,翟红娟,邹家祥.三峡库区水环境保护与生态修复初步研究[J].水资源保护,2011,27(5):43-46.

[4] 刘恒,董国锋,张润润.构建中国特色绿色水电评价和认证体系[J].中国水利,2010(22):46-51.

[5] 林志华,施伟平,赖建辉,等."先流转后整理"基本烟田土地整理模式运行分析——以龙岩市上杭县丰济村项目区为例[J].安徽农业科学,2017,45(26):171-175.

[6] 付前英.长江流域水果黄瓜椰糠无土栽培技术[J].现代农业科技,2017(3):68-70.

[7] 雷明军,黄鹤鸣,周国勇.长江流域生态敏感区信息共享平台建设探讨[J].人民长江,2012(10):82-84.

[8] 贾若祥.西部地区水电资源开发利用的利益分配机制研究[J].中国能源,2007,29(6):5-11.

【作者简介】 王绎思,男,工程师。E-mail:wangyisiwust@126.com。

引汉济渭工程黄三段隧洞废水
分析及处理优化

轩晓博　王　晶　宁亚伟　王　楠

（黄河勘测规划设计有限公司,郑州　450003）

摘　要　引汉济渭工程黄三段隧洞施工过程会产生大量废水,若处理不当,可能会对地表水产生一定的影响。为了降低废水对环境的影响,必须制订科学合理的处理措施。本文对秦岭隧洞黄三段 4 个施工支洞废水分别进行采样检测,pH 在 6.30 ~ 10.9 之间,悬浮物在 15 ~ 34 mg/L 之间,石油类在 0.05 ~ 0.11 mg/L 之间,氨氮在 0.47 ~ 1.19 mg/L 之间。通过对水质指标的分析,结果表明:隧洞废水悬浮物含量高,呈碱性,含有较少量石油类及氨氮等污染物。为了满足排放要求,提高处理效率,保证出水质,考虑施工现场用地难、地形复杂等特点,对前期提出的“沉淀 + 中和 + 混凝 + 过滤 + 吸附”处理方案进行了改进优化,改进了处理设施、搅拌装置、加药装置以及过滤器的适配滤料。以期为隧洞废水处理提供重要参考。

关键词　引汉济渭;隧洞;施工废水;处理优化

隧洞施工会产生大量的废水,其主要包括隧洞开挖、支护产生的施工废水以及隧洞涌水等。对地处河流水源区及上游地区的建设项目,施工废水对地表水环境的影响是制约工程建设的主要问题之一。解决好废水处理问题,才能保障工程得以顺利实施。

引汉济渭工程地处陕西省境内,是一项跨流域调水工程,从汉江流域调水至渭河流域,作为陕西省重点的水资源配置工程,将有效地解决关中地区水资源短缺问题,改善渭河流域生态环境,促进区域经济协调发展。秦岭输水隧洞南起黄金峡枢纽,北至黑河右岸周至县马召乡黄池沟,全长 98.299 km,分黄三段和越岭段,其中黄三段长 16.52 km。黄三段隧洞工程分为 4 个施工支洞,施工过程中产生大量施工废水,为了降低废水排放对生态环境的影响,必须制订科学、合理、可操作性强的处理措施。工程地处汉江一级支流戴母鸡沟、良心河及其支流东沟河、子午河等上游,该河段水质较好,地表水环境较为敏感,且该施工区地处秦岭山坳,施工区用地紧张,废水处理设施建设受到较大限制,采用传统的方式将很难保证处理要求。因此,需结合施工区实际情况,在对废水检测的基础上,总结其他同类工程运行处理经验,对前期提出的“沉淀 + 中和 + 混凝 + 过滤 + 吸附”方案进行改进和优化,进一步满足处理要求,有效保障汉江水质安全。本处理方案的实施,对隧洞施工废水处理具有一定的参考价值。

1　废水特性及影响分析

一般来说,隧洞施工过程中的废水主要包括以下几种:隧洞穿越不良地质单元时产生的涌水;隧洞爆破后用于降尘产生的废水;施工设备,如钻机等产生的废水;喷射混凝土和注浆产生的废水以及基岩裂隙水等[2]。引汉济渭工程隧洞施工废水,主要来源于地下涌水以及隧洞爆破降尘废水。根据现场水量计量监测,目前 1#、2# 支洞外排的废水量较少,3# 支洞外排的废水量为 458~4 167 m³/d,4# 支洞外排的废水量为 480~3 758 m³/d,出水量不稳定,时段性变化较大,隧洞涌水量占比例最大,钻机产生的废水量最小。

对 4 个支洞水质进行采样检测,分析结果如下表 1、图 1 所示。

表 1　施工隧洞废水检测结果

支洞编号	pH	浊度(mg/L)	石油类(mg/L)	悬浮物(mg/L)	氨氮(mg/L)
1#	10.9	54	0.10	15	0.75
2#	8.8	406	0.05	30	1.19
3#	9.6	406	0.07	34	0.55
4#	6.3	601	0.11	31	0.47

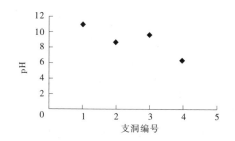 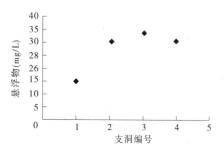

图 1　不同支洞废水 pH 和悬浮物检测结果

通过以上检测结果分析得出,1#、2#、3# 支洞施工废水 pH 偏高,呈碱性,4# 支洞废水 pH 偏低,呈酸性,悬浮物含量较高,水体较为浑浊,且含有少量石油类污染物以及氨氮,有机物含量低,石油类浓度低是由于隧洞产生的废水被稀释造成的[3]。根据《地表水环境质量标准》(GB 3838—2002)分析,水质未达到Ⅲ类标准。

隧洞废水若不进行处理而直接排放,将会对地表水环境、水生生态等产生较大影响。研究显示,水体中悬浮物浓度过大,会改变植物、无脊椎动物、脊椎动物的结构和生长。另外,悬浮物大量沉积于河底,会改变原有底栖生物的生境,如悬浮物的大量沉降可能覆盖鱼类重要的产卵场,从而破坏水生生物的生存和觅食环境。因隧道施工废水多为碱性废水,若不加处理直接进入水体,可能导致水体的 pH 发生变化,当 pH 过高时,会对鱼类生存造成严重影响。同时,pH 偏高会增大水中氨的毒性[4];当 pH 偏低时,伴随着可溶性的重金属离子的析出,会影响水生生物的生长,严重时将会使鱼类、浮游生物、藻类等中毒而大量死亡。该区为汉江一级支流的上游,水域环境较为敏感,环境保护要求高,因此必须对废水进行严格处理,出水全部回用,保障汉江水体安全。

2　传统处理方法

根据以往工程实践经验总结得出,处理此类施工废水一般有自然沉降法、酸碱中和法、絮凝沉淀法以及机械处理法等。这几种方法简单实用,且不容易引起二次污染,被许多隧洞施工项目所采用。

2.1　自然沉降法

该法原理比较简单,主要依靠重力作用使废水中的固体悬浮物等污染物自然沉降下来,上清液即为处理后的废水。国内多数隧洞工程都是在施工通道中建立沉淀池,将废水引入沉淀池中沉淀,悬浮物沉淀后将水排放[5]。但通常情况下,施工区域相对狭小,沉淀池的设计尺寸受到一定限制,因此在隧道涌水初期,无法满足悬浮物质沉淀条件,沉淀效果较差,且沉降速度慢,所需时间长,在隧洞排出废水水量不均匀时难以控制沉降效果。

2.2　酸碱中和法

酸碱中和法主要是调节废水的 pH,使废水的 pH 达到排放标准。对于呈碱性特征的废水,处理原理为:废水经初沉后,在管道上采用计量泵加入一定浓度的盐酸,进行机械搅拌,混合均匀,充分反应,采用试纸检测 pH 是否达到排放要求,如不满足,调节盐酸计量泵流量,直至满足要求。对于呈酸性的废水,可采用石灰乳作为中和剂来进行处理。将石灰配制成石灰乳,投入反应沟流入反应池,中和生成物($CaSO_4$ 沉淀物),在沉淀池中沉淀后除去。该方法具有就地取材、来源丰富、效能较好、反应快等优点,可适应酸性水水质和水量变化的要求。缺点是沉渣多、设备易结垢、易产生二次污染,需及时处理。郑雅杰等在传统中和法的基础上对其工艺进行优化,用石灰和氢氧化钠二段中和法来处理酸性废水。与传统的中和法比较,此方法产生的渣量小,而且生成的渣具有一定的利用价值,可减小环境的压力[6]。

2.3　絮凝沉淀法

絮凝沉淀法是在废水中投加絮凝剂和混凝剂,施工废水流入沉淀池后废水中的胶体脱稳生成微小聚集体,进而聚集形成较大的絮凝体,最终通过重力作用去除[7]。与自然沉淀法相比,该法可加快固体悬浮物等污染物的沉降速度,提高处理效率,不足之处是同样需要较大规模的沉淀池,受占地影响较大。因混凝剂具有适用的 pH 范围,为保证良好的处理效果,混凝作用一般在酸碱中和之后进行。

2.4　机械处理法

该法实际为絮凝沉淀法的后续处理过程。机械处理分为两个步骤,首先在施工废水中投加絮凝剂和混凝剂,使污染物在沉淀池中絮凝沉淀,然后启动机械处理装置对污泥进行脱水处理。此种方法适用于污泥细粒成分多的情况和狭窄的场地,但投资和运行费用均较高,如施工期细砂回收、污泥处置、含油废水处理、污水回用等机械成套装置[7]。

3　现状处理方案

以上几种传统的处理方法可单独使用,也可联合使用,主要是考虑废水特性、处理要求以及投资等。根据工程施工支洞废水分析结果,结合废水排放情况,在总结几种传统处理方法适用性的基础上,在设计阶段提出"沉淀 + 中和 + 混凝 + 过滤 + 吸附"的处理方法,最后出水得到回用,不外排。具体工艺流程见图 2。

处理过程:隧洞出水通过水管引入收集池,收集池同时具备初沉池的作用,经滞留后,上清液流入二沉池,二沉池在滞留过程中,可加入一定浓度的中和剂(盐酸或石灰乳)进行中和作用,待 pH 稳定至 7~8 时,上清液再逐步进入反应池,反应池中逐渐加入絮凝剂,然后进行机械过滤,最后上清液进入清水池待回用。每个池子所产生的污泥及时清掏,保障设施正常稳定运行。收集池的大小按照单位时间隧洞平均出水量和相应的滞留时间计算

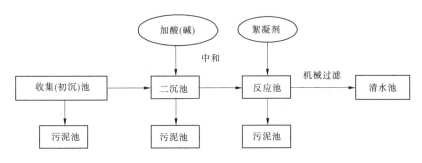

图2 隧洞废水处理工艺图

得出。

针对前期场地平整及施工场区布置的调整情况,结合建设初期各支洞实际出水情况,设计阶段提出的处理方案存在以下几个问题:

(1)引汉济渭工程地处秦岭山区,各支洞施工场区占地较小,用地十分紧张,废水处理设施难以布设,且各支洞废水的产生量不稳定,处理效果无法保证。

(2)目前采用机械搅拌棒进行搅拌,碱性废水中和处理过程需要加酸,搅拌棒容易接触盐酸,对设备有腐蚀作用,若为酸性废水,将会对搅拌棒有直接的腐蚀作用,都会影响搅拌装置,从而影响处理效率。

(3)在二沉池和反应池中分别加药,两套装置单独操作费时费力,且采用人工加药方式,药量难以控制,影响反应效果。

(4)机械过滤器的滤料采用活性炭,活性炭过滤器主要处理有机废水,而隧洞废水的主要污染物为悬浮物,滤料适配性弱。

4 处理方案改进优化

受地形因素影响,黄三段隧洞施工区用地极其紧张,使得废水处理设施布设存在较大困难,并且支洞涌水量较设计阶段估算的略有变化,因此为了满足废水处理要求,同时不降低处理效率,对设计方案进行了一些改进。

(1)处理设施分期建设。为了节省用地,废水处理设施可分两期实施,一期初沉池、二沉池及反应池的尺寸可较原设计方案同步缩小,初沉池和二沉池合并,中间设隔水板。随着废水量的增加,适时启动二期工程,可利用附近山坳地形设置初沉池,一期初沉池和二沉池的隔水板可拆除用作二沉池,将初沉池上清液引至二沉池进行处理。清水池规模可以减小或者不设置,直接用洒水车以及车载储水罐接装清水,及时回用洒水或暂存至施工场区外的区域。

(2)沉淀池形式的改进。鉴于工程区占地较为紧张,可考虑将沉淀池的形式改为竖流式,竖流式沉淀池具有排泥方便、管理简单,且占地小的优点,但也存在池子深度大,施工困难,以及对冲击负荷和温度变化的适应能力较差等[8]。结构形式可因地制宜采用砖石砌体或混凝土,为安全起见池周围设置护栏[9]。

(3)改进搅拌装置。考虑到污染物特性以及絮凝体对搅拌装置的影响,本次改用气动搅拌装置,主要设备为三叶罗茨风机和布气器,依靠空气搅动水流以增加水流的紊动,增强颗粒碰撞机会,进一步加快絮凝速度,提高处理效率,且可降低絮凝体对设备的影响。

（4）改进加药装置。将中和过程与絮凝过程全部放在反应池中进行,加药顺序不变,即先进行中和过程,然后加絮凝剂进行絮凝沉淀。在反应池中设置 pH 测试装置,每间隔 30 min,自动测试一次,当 pH 为 7～8 时,加药计量泵报警,可以逐渐减少投加量,同时絮凝投加装置开始工作,当 pH 接近 7.5 时,加药装置停止工作。

（5）改进过滤器的适配滤料。考虑到出水的回用功能,可增加适配滤料石英砂,即砂过滤器。石英砂具有吸附和过滤双重功效,因此更有利于对水中杂质的去除。另外,石英砂具有比表面积大、过滤阻力小、抗污染性好、耐酸碱性强等优点,并且滤料对原水浓度、操作条件、预处理工艺等具有很强的自适应性,即在过滤时滤床自动形成上疏下密状态,有利于在各种运行条件下保证出水水质,反洗时滤料充分散开,清洗效果好。砂过滤器可有效去除水中的悬浮物,并对水中的有机物、胶体、细菌等污染物有一定的去除作用,具有过滤速度快、过滤精度高、截污容量大等优点。活性炭可以配合使用。

5　运行应注意的问题

根据其他同类项目的废水处理设施运行经验,为了保证处理效果、满足处理要求,除规范操作外,还应注意以下几个问题:

（1）控制好滞留时间。沉淀池的最佳滞留时间为 120 min[7],当水量增大时,可适当降低滞留时间,但不能少于 90 min,当出水量稳定增大时,应启动二期工程建设,必要时应暂时停止开挖。

（2）合理选择药品种类,控制加药量。对于碱性废水,中和过程采用浓度 10% 的盐酸,当调节 pH 至 8.0 时,应逐渐减少投加量,当 pH 达到 7.5 时,应暂时停止投加盐酸;对于酸性废水,中和过程采用石灰乳,当 pH 升至 7.5 时,停止投加石灰乳。絮凝剂应结合悬浮物含量来选择:当悬浮物含量高于 2 000 mg/L 时,可加聚合氯化铝(PAC);当悬浮物含量低于 1 500 mg/L 时,可选用聚丙烯酰胺(PAM)。采用聚合氯化铝时,其最佳投药量为 400 mg/L,聚丙烯酰胺的投药量为 5 mg/L[10]。此外,每个工区要设专人管理药品,各类药品要分类、安全堆放,防止因存放不当引发安全事故。

（3）持续跟踪 4# 支洞废水水质变化情况。鉴于此次采样结果显示 4# 支洞废水 pH 偏低,因此应连续跟踪检测水体 pH,可使用 pH 试纸现场测试,做好记录。如果确定 4# 支洞废水呈酸性,应进一步采样检测,检测因子增加重金属、铁、锰、钙等,以此合理确定石灰乳的投加量。

（4）定期清掏。为了保证处理设施的长期稳定运行,须对沉淀池、反应池的污泥等进行及时清掏,将污泥专车运至弃渣场风干、填埋,禁止乱堆。

（5）管护与记录。应设专人对设备进行操作、管护,定期对设备运转情况进行检查。做好每日记录,记录内容包括每天的涌水出水量、加药量、各处理池的滞留时间、pH 监测记录、淤泥清掏记录等。

（6）处理后的清水应该全部回用,主要包括场区及交通道路洒水降尘、绿化以及冲洗车辆机械以及冲洗厕所等,剩余的若有条件可拉至附近城镇用于交通道路洒水,其他回用不了的应排放至附近废沟内,禁止排入地表水体。

（7）废水处理应急措施。制订好应急处理预案和措施,预防废水处理过程的突发事件。当废水处理设施运行期间出现突发性支洞涌水、沉淀池渗水、输水管道破裂、搅拌装置不工作时,应及时启动应急预案,暂停施工,尽量减少对周围环境的破坏。

6 结论与建议

(1)秦岭隧洞黄三段施工支洞废水取样检测得出:除 4# 支洞外,其他支洞废水 pH 整体偏高,氨氮等营养盐含量普遍偏低。

(2)针对该段隧洞施工废水特性,结合同类工程运行情况,考虑现场的实际情况,对设计方案进行了改进和优化,主要包括分期实施、改进沉淀池形式、优化加药装置、改进搅拌装置以及增加过滤器的适配滤料,并指出了运行过程应该注意的问题。

(3)建议持续跟踪 4# 支洞废水情况,考虑酸性废水的腐蚀作用,对部分接触装置进行改进,提出单独处理方案,保证排水水质满足环保要求。

参 考 文 献

[1] 李圭白,张 杰.水质工程学[M].北京:中国建筑工业出版社,2005.

[2] 贾志恒,陈战利.隧道工程施工废水对环境的影响及处理现状[J].江西建材,2016(22):170-171.

[3] 任 伟.某隧道施工废水对地表水环境的影响及对策[J].中国科技信息,2005(3):10.

[4] 蒋红梅,张兰军,丁浩.隧道建设对水环境的影响及其对策[J].公路交通技术,2010(5):144-147.

[5] 袁 勇.歌乐山隧道施工与环境保护[J].现代隧道技术,2004(1):68-72.

[6] 郑雅杰,彭映林,李长虹.二段中和法处理酸性矿山废水[J].中南大学学报:自然科学版,2011.42(5):1215-1219.

[7] 杨斌,蒋红梅,吴东国,等.公路隧道施工废水处理工艺探讨[J].公路交通技术,2008(6):162-164.

[8] 谭华锋.隧洞施工废水处理方法与工艺[J].水利科技与经济,2015(12):110-112.

[9] 郑新定,丁远见.隧道施工废水对水环境的影响分析及应对措施[J].现代隧道技术,2007(6):82-84.

[10] 祝捷.引汉济渭工程输水隧洞施工废水处理工艺研究[J].铁道工程学报,2014(6):109-113.

【作者简介】 轩晓博(1980—),男,高级工程师,主要从事水利工程环境影响评价及环保设计工作。E-mail:xbxuan@126.com。

新建挡土墙与其附近已有拦挡工程
最小安全距离探讨

刘　磊　宁勇华　杨西林

(陕西省水利电力勘测设计研究院,西安　710001)

摘　要　水利水电工程建设中,受地形或其他条件限制,往往不得不在已有的老旧拦挡工程(如河堤)附近甚至之上修建新的挡土墙,已有拦挡工程或缺少设计资料,或已年久失修,或其当初的设计标准低于准备新建的挡土墙,并且不能拆除或加固。在这种矛盾的情况下,设计施工只能对新老建筑物之间设置一定的安全距离,以保证两者同时稳定安全。本文基于引汉济渭工程凉水井弃渣场的设计,从新建挡土墙的建设对已有拦挡工程的地基土附加应力分析出发,在考虑已有拦挡工程的受力变化情况后,提出安全距离最小值的确定方法,用于指导现场设计施工,方法可对其他工程施工中的同类问题提供参考价值。

关键词　安全距离;附加应力

1　问题由来

秦岭隧洞工程为陕西省引汉济渭工程的组成部分,隧洞为明流洞,全长 81.779 km,设计流量 70 m³/s,多年平均输水量 15.05 亿 m³。沿线共设置弃渣场 10 处,以接纳隧洞弃渣,全部位于地形陡峻的秦岭山区。凉水井弃渣场为其中之一,选址位于陕西省安康市宁陕县四亩地镇凉水井村,蒲河右岸,占地 14.6 hm²,堆置方量 115 万 m³(压实方),为三级临河型弃渣场。当地早已在该处修建有浆砌石河堤,堤顶宽 0.6 m,外露高度 5 m。因堆渣而需要新建的挡土墙选址也位于该河堤附近,且该河堤应当地要求,不得拆除或覆盖。其一,若新建挡土墙设计在河堤之外,则已有河堤将被堆渣完全覆盖,成为隐蔽工程,而且将占用并缩窄蒲河河道,无法获得当地政府及河道管理部门的同意;其二,若将新建挡土墙修筑在河堤之上,因为河堤的设计标准低于新建挡土墙设计标准,且河堤内部破损情况未知,无法进行稳定设计;其三,新建挡土墙若退后一定距离修建,则由于会减少一定的连续耕种面积而遭到当地村民的质疑。经过讨论,最终决定挡土墙按照方案三执行,工程在确保挡土墙稳定的情况下,需要求出挡土墙与河堤最近距离,实现最大限度少占用耕地的原则,以确保当地村民的利益。

2　安全距离确定的思路

已有拦挡工程(即河堤)根据现状只能获得其墙顶宽和外露部分墙高,实际修筑的断面形式和内部破损情况未知,在计算分析中将其视为“保护对象”,即除去河堤在设计时已经考虑的荷载(如墙后填土体产生的土压力,墙外水流作用力,墙顶荷载等)之外,尽量不使其受到新建挡土墙修建后产生的新荷载,即维持老河堤受力状态基本不变,来求得新建挡土墙与老河堤的最短距离。

新建挡土墙的地基土体假设为连续介质,无黏性,半无限空间弹性体,各向同性,用一般土力学方法来定义土中的应力。

新建挡土墙设计为土工格栅挡墙,由面墙、格栅和填料组成,与墙后弃渣容重基本相当,本文在研究安全距离时,不再区分土工格栅挡墙和弃渣体,统一以竖直向的均布荷载 p 代替,其宽度为 B。由于挡墙修建长度 L 远大于宽度 B,因此将挡墙基底视为条形基底。

在以上假设条件下,按照土力学方法,求出均布荷载 p 的作用下(即格栅挡墙修建后),地基土体中的附加应力分布情况,使已有河堤基本分布在附加应力影响范围之外,求出此时的安全距离值 S 即可。

3 附加应力分析

根据以上思路,建立坐标轴,求出基底中任意一单元点的附加应力,计算图如图 1 所示。

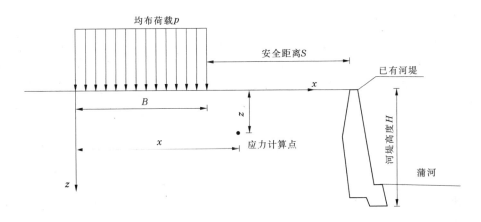

图 1 计算图

条形基底受均布荷载作用,利用附加应力计算式求解附加应力分布,计算式如下:

$$\sigma_z = \frac{p}{\pi}\left[\arctan\left(\frac{m}{n}\right) - \arctan\frac{m-1}{n} + \frac{mn}{m^2+n^2} - \frac{n(m-1)}{n^2+(m-1)^2}\right] \tag{1}$$

式中:σ_z 为应力计算点处的竖向附加应力值;p 为均布荷载值,本例中 $p = 160 \ \text{kN/m}^2$;m 为系数,$m = x/B$;n 为系数,$n = z/B$。

令

$$K_z = \frac{1}{\pi}\left[\arctan\frac{m}{n} - \arctan\frac{m-1}{n} + \frac{mn}{m^2+n^2} - \frac{n(m-1)}{n^2+(m-1)^2}\right] \tag{2}$$

则

$$\sigma_z = K_z p$$

根据凉水井弃渣场的实际,$B = 8 \ \text{m}$,由此 K_z 仅为 x 和 z 的函数,将 K_z 的计算结果按 x 值和 z 值列表汇合,如表 1 所示。

表1　K_z 随 x、z 变化取值

z	x										
	0	1	2	3	4	5	6	7	8	9	10
1	0.50	0.91	0.98	0.99	0.99	0.99	0.98	0.91	0.50	0.09	0.02
2	0.50	0.77	0.90	0.95	0.96	0.95	0.90	0.77	0.50	0.22	0.09
3	0.49	0.68	0.81	0.88	0.90	0.88	0.81	0.68	0.49	0.30	0.16
4	0.48	0.62	0.73	0.80	0.82	0.80	0.73	0.62	0.48	0.33	0.21
5	0.47	0.58	0.67	0.72	0.74	0.72	0.67	0.58	0.47	0.35	0.25
6	0.45	0.54	0.61	0.65	0.67	0.65	0.61	0.54	0.45	0.36	0.27
7	0.43	0.50	0.56	0.59	0.60	0.59	0.56	0.50	0.43	0.35	0.28
8	0.41	0.47	0.51	0.54	0.55	0.54	0.51	0.47	0.41	0.35	0.29
9	0.39	0.43	0.47	0.49	0.50	0.49	0.47	0.43	0.39	0.34	0.29
10	0.37	0.41	0.44	0.46	0.46	0.46	0.44	0.41	0.37	0.33	0.29

z	x										
	11	12	13	14	15	16	17	18	19	20	21
1	0.01	0.00	0.00	0.00	0.00	0.00	0.00	0.00	0.00	0.00	0.00
2	0.04	0.02	0.01	0.01	0.00	0.00	0.00	0.00	0.00	0.00	0.00
3	0.09	0.05	0.03	0.02	0.01	0.01	0.01	0.00	0.00	0.00	0.00
4	0.13	0.08	0.05	0.04	0.02	0.02	0.01	0.01	0.01	0.01	0.00
5	0.17	0.12	0.08	0.06	0.04	0.03	0.02	0.02	0.01	0.01	0.01
6	0.20	0.15	0.11	0.08	0.06	0.04	0.03	0.02	0.02	0.02	0.01
7	0.22	0.17	0.13	0.10	0.07	0.06	0.04	0.03	0.03	0.02	0.02
8	0.23	0.18	0.15	0.11	0.09	0.07	0.06	0.04	0.04	0.03	0.02
9	0.24	0.20	0.16	0.13	0.10	0.08	0.07	0.05	0.04	0.04	0.03
10	0.24	0.20	0.17	0.14	0.12	0.10	0.08	0.06	0.05	0.04	0.04

由图2可以得出 K_z 值的几种变化规律：

规律一：在同一深度 z 范围内(即同一水平线上)，K_z 在 x 为4时取最大值，两边对称递减，逐渐趋近于0，这表明距离新建挡土墙的中心越远，基底受到的附加应力越小。

规律二：在 x 取0至8的范围内(即新建挡土墙占地范围内)，K_z 从1开始随 z 值的增加而减少，逐渐趋近于0，这表明在新建挡土墙占地范围内，深度越大，附加应力影响越小。

规律三:在 $x > 8$ 时(即新建挡土墙占地范围之外),K_z 先是从 0 开始随着 z 值的增加而增加,到某一深度后,又随着 z 值的增加而减少,逐渐趋近于 0,这表明在新建挡土墙占地范围外的某一距离处,均存在着一个最大应力,并且不同距离处,最大应力及其存在的深度均不相同。

规律四:没有 K_z 严格取到零的点位,只是在 x 或 z 趋向于无穷大时,K_z 趋近于零

新建挡渣墙对于土中引起的水平向附加应力值应为竖向附加应力值乘以土的侧压力系数 K_0(K_0 采用经验公式 $K_0 = 1 - \sin\varphi'$ 确定,φ' 为土的有效内摩擦角,根据凉水井弃渣场的实际情况,可取 $K_0 = 0.4$)

$$\sigma_1 = K_0\sigma_z = 0.4K_zp \qquad (3)$$

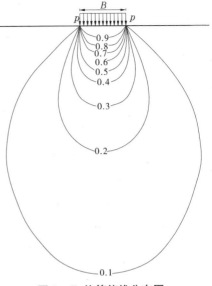

图 2 K_z 值等值线分布图

4 安全距离的最终确定

由于新建挡墙必然对已有河堤产生附加应力影响,在此情况下,先分析已有河堤墙背所受到的现状主动土压力 σ_0,然后叠加挡渣墙修建后已有河堤墙背受到的应力($\sigma_0 + \sigma_1$),比较两者大小,尽量保证已有河堤的受力状态基本不变。

已有河堤其任意深度下受到的土压力强度可采用主动土压力公式计算(设已有河堤后为无黏性土):

$$\sigma_0 = \gamma z \tan(45° - \varphi/2) \qquad (4)$$

式中:σ_0 为作用于某深度处的墙后水平向填土应力值;γ 为填土容重,取 20 kN/m³;z 为计算深度,z 取 0 ~ 6 之间的值(河堤最大高度 6 m);φ 为填土内摩擦角,取 30°。

对于深度为 z 处的河堤墙背进行应力计算,有

$$\sigma_0 = 20 \text{ kN/m}^3 \times z \times \tan(45° - 30°/2) = 11.546 z \text{ kN/m}^2$$
$$\sigma_1 = 0.4 K_z p = 0.4 \times K_z \times 160 \text{ kN/m}^2 = 64 K_z \text{ kN/m}^2$$

令系数 $\alpha = (\sigma_0 + \sigma_1)/\sigma_0$,则

$$\alpha = (\sigma_0 + \sigma_1)/\sigma_0 = (11.546z + 64K_z)/11.546 z = 1 + 5.54 K_z/z$$

由于 K_z 是 x 和 z 的函数,故 α 也是 x 和 z 的函数,可仿照 K_z 随 x、z 变化取值表制成 α 随 x、z 变化取值表如表 2 所示(只分析 $x > 8$ 时的情况)。

根据 α 的定义,它代表了挡渣墙修建之后与之前 x、z 处河堤所受到的水平向应力之比,该值越接近 1,越能说明相应位置处挡渣墙的修建对河堤的受力改变幅度越小,但根据前文的理论分析,不存在严格的 $\alpha = 1$ 的点位,故实际中,只能估计现状河堤的内部受损情况和折旧情况,先提出一个能够接受的 α 值,然后在表 2 中找到相应的点位,从而进一步确定安全距离 s,例如:

选定 α 不能超过 1.4,那么在整个河堤高度范围内($z = 1 \sim 6$),x 的最小值只能取 13,此时 $S = x - B = 13 - 8 = 5(\text{m})$。

表 2 　α 随 x、z 变化取值表

z	x										
	8	9	10	11	12	13	14	15	16	17	18
1	3.77	1.13	1.10	1.03	1.02	1.01	1.00	1.00	1.00	1.00	1.00
2	2.38	1.52	1.33	1.16	1.09	1.05	1.03	1.02	1.01	1.01	1.01
3	1.91	1.86	1.48	1.33	1.20	1.13	1.09	1.06	1.04	1.03	1.02
4	1.66	2.11	1.56	1.47	1.32	1.23	1.16	1.12	1.09	1.06	1.05
5	1.52	2.28	1.61	1.59	1.41	1.32	1.24	1.18	1.14	1.10	1.08
6	1.41	2.39	1.63	1.68	1.48	1.40	1.31	1.24	1.19	1.15	1.12
7	1.34	2.46	1.63	1.74	1.53	1.46	1.37	1.30	1.24	1.20	1.16
8	1.28	2.50	1.64	1.79	1.57	1.51	1.42	1.35	1.29	1.24	1.20

z	x										
	19	20	21	22	23	24	25	26	27	28	29
1	1.00	1.00	1.00	1.00	1.00	1.00	1.00	1.00	1.00	1.00	1.00
2	1.01	1.00	1.00	1.00	1.00	1.00	1.00	1.00	1.00	1.00	1.00
3	1.02	1.01	1.01	1.01	1.01	1.01	1.01	1.00	1.00	1.00	1.00
4	1.04	1.03	1.02	1.02	1.01	1.01	1.01	1.01	1.01	1.01	1.00
5	1.06	1.05	1.04	1.03	1.03	1.02	1.02	1.01	1.01	1.01	1.01
6	1.09	1.08	1.06	1.05	1.04	1.03	1.03	1.02	1.02	1.02	1.01
7	1.13	1.11	1.09	1.07	1.06	1.05	1.04	1.04	1.03	1.03	1.02
8	1.17	1.14	1.11	1.10	1.08	1.07	1.06	1.05	1.04	1.04	1.03

选定 α 不能超过 1.2，那么在整个河堤高度范围内($z=1\sim6$)，x 的最小值只能取 16，此时 $S=x-B=16-8=8(\text{m})$。

选定 α 不能超过 1.1，那么在整个河堤高度范围内($z=1\sim6$)，x 的最小值只能取 19，此时 $S=x-B=19-8=11(\text{m})$。

根据凉水井弃渣场的工程实际，经过几番现场查勘，对已损毁的河堤断面进行了详细检查，并由这些断面推测整条河堤的受损毁程度，设计中最终采用 $\alpha=1.2$ 的设定，并最终得出安全距离 $s=8$ m，即新建的格栅式挡渣墙在距离已有河堤 8 m 远处放线施工(见图 3)。

5　结　论

引汉济渭凉水井弃渣场于 2017 年完成施工，本文在分析新建挡土墙对已有河堤的荷载影响时，从应力分析角度出发，分别分析了新建挡土墙在修建前后对已有河堤受力的不同，重点分析了条形基底受均布荷载时的附加应力分布，并提出已有河堤荷载改变的幅度比例(α 值)，以不同的可接受的风险程度来确定不同的安全距离，可以根据工程的不同实际情况，取不同的安全距离值，为其他在新建挡土墙附近存在必须要保护而又缺乏资料的已有河

图3　凉水井弃渣场

堤如何确定安全距离的最小值提供了参考价值。

参 考 文 献

[1] 张伯平,党进谦.土力学与地基基础[M].西安:西安地图出版社,2001.

[2] 李章政.土力学与地基基础[M].北京:化学工业出版社,2011.

[3] 薛殿基,冯仲林.挡土墙设计实用手册[M].北京:中国建筑工业出版社,2008.

[4] 方玉树.土的自重应力和有效自重应力[J].岩土工程界,2009(1).

[5] 李玉根,马小莉,赵高文,等.条形荷载分布作用下土中附加应力的计算[J].低温建筑技术,2014(9).

[6] 陕西省引汉济渭工程秦岭隧洞弃渣实施方案设计报告[R].陕西省水利电力勘测设计研究院,2011.

[7] 陕西省宁陕县蒲河四亩地镇段防洪工程施工设计图[R].陕西省水环境工程勘测设计研究院,2011.

[8] 水利水电工程边坡设计规范:SL 386—2007[S].北京:中国水利水电出版社,2007.

[9] 水工挡土墙设计规范:SL 379—2007[S].北京:中国水利水电出版社,2007.

[10] 《水利水电工程水土保持技术规范:SL 575—2012[S].北京:中国水利水电出版社,2012.

【作者简介】 刘磊(1982—),男,工程师,主要从事水土保持设计研究工作。E-mail:379354498@qq.com。

基于二维水动力模型的引汉济渭工程
黄金峡水库饮用水水源保护区划分

万 帆 刘 睿

（中国电建集团西北勘测设计研究院有限公司,西安　710065）

摘　要　本文通过构建二维水动力模型,模拟引汉济渭工程黄金峡水库成库后库区流场,并耦合二维对流扩散模型模拟库区污染物的迁移转化,计算主要污染物降解所需距离,为科学确定黄金峡水库饮用水水源保护范围提供依据。

关键词　二维水动力模型;饮用水水源保护区;黄金峡水库

1 引 言

　　大型跨流域调水工程可促进缺水区域的经济发展,缓解受水区用水矛盾。其中以供水功能为主的跨流域供水工程,保证水源区水质安全十分重要。合理有效地划分饮用水水源保护区,是保护调水工程水源地最大可能免受人类活动影响、保证水质安全的重要措施。通过划分水库水源保护区,有利于水库水资源的管理和保护利用,也有利于水质监测部门加强对水质的长期监测和对污染物排放的监督,最大限度地发挥供水功能。

　　我国水源保护区划分相对发达国家起步较晚,且目前多以经验法、类比法为主。对于大型水库而言,采用技术手段研究保护区划分的新方法,构建水质模型对污染物扩散趋势进行预测和模拟,划分水源保护区是更加科学合理的划分方法[1,2]。国家《饮用水水源保护区划分技术规范》(HJ/T 338)也推荐大型水库优先采用水质模型进行划分。

　　根据当前水质数学模型的研究进展,随着对模拟精度要求的不断提高,水动力模型已成为研究的方向。丹麦水环境模型 MIKE21 适用于湖泊、河口、海湾和海岸地区的水动力及水质的二维仿真模拟[3]。本文通过 MIKE 的水动力模型耦合对流扩散模块来模拟水中污染物传输过程,为科学确定饮用水源地保护范围提供依据。

2　项目概况

　　陕西省引汉济渭工程是从陕南汉江流域调水至渭河流域的关中地区,缓解关中地区水资源供需矛盾,促进陕西省内水资源优化配置的大型跨流域调水工程。该工程由黄金峡水利枢纽、三河口水利枢纽及秦岭输水隧洞三个部分组成,工程一次建成,分期配水。工程近期设计水平年 2025 年,多年平均调水 10 亿 m³,远期设计水平年 2030 年,多年平均调水 15 亿 m³。工程等别为 Ⅰ 等工程,工程规模为大(一)型。

　　黄金峡水利枢纽工程、三河口水利枢纽工程为引汉济渭工程的水源工程。其中黄金峡水利枢纽水库总库容 2.29 亿 m³,正常蓄水位 450 m,水库淹没总面积 25.83 km²,干流回水长度 58.04 km,挡水建筑物为混凝土重力坝,最大坝高 68 m。

3　研究方法

3.1　库区地形构建

利用黄金峡水库库区横断面测量数据、正常蓄水位线范围数据等,通过插值计算,得到水库正常蓄水位范围内的 MESH 地形文件(见图1),以水深(m)表示。

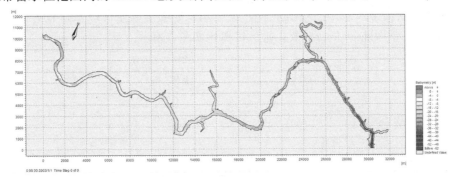

图1　黄金峡水库库区地形文件

3.2　数学模型选择

采用二维水动力模型模拟库区流场,并耦合二维对流扩散模型在流场模拟的基础上模拟库区污染物的迁移转化。分别介绍如下。

3.2.1　二维水动力学模型

模型原理如下:

连续性方程:

$$\frac{\partial u}{\partial x} + \frac{\partial v}{\partial y} + \frac{\partial w}{\partial z} = S \tag{1}$$

动量守恒方程:

$$\frac{\partial u}{\partial t} + \frac{\partial u^2}{\partial x} + \frac{\partial vu}{\partial y} + \frac{\partial wu}{\partial z} = fv - g\frac{\partial \eta}{\partial x} - \frac{1}{\rho_0}\frac{\partial p_a}{\partial x} -$$

$$\frac{g}{\rho_0}\int_z^\eta \frac{\partial \rho}{\partial x}\mathrm{d}z - \frac{1}{\rho_0 h}\left(\frac{\partial s_{xx}}{\partial x} + \frac{\partial s_{xy}}{\partial y}\right) + F_u + \frac{\partial}{\partial z}\left(v_t\frac{\partial u}{\partial z}\right) + u_s S \tag{2}$$

$$\frac{\partial v}{\partial t} + \frac{\partial v^2}{\partial y} + \frac{\partial uv}{\partial x} + \frac{\partial wv}{\partial z} = -fu - g\frac{\partial \eta}{\partial y} - \frac{1}{\rho_0}\frac{\partial p_a}{\partial y} -$$

$$\frac{g}{\rho_0}\int_z^\eta \frac{\partial \rho}{\partial y}\mathrm{d}z - \frac{1}{\rho_0 h}\left(\frac{\partial s_{yx}}{\partial x} + \frac{\partial s_{yy}}{\partial y}\right) + F_v + \frac{\partial}{\partial z}\left(v_t\frac{\partial v}{\partial z}\right) + v_s S \tag{3}$$

式中:t 为时间;η 为自由表面的水位;u、v 分别为沿 x、y 方向的流速;g 为重力加速度;ρ 为水的密度;S 为辐射应力;F 为水平涡黏剪切力。

通过有限元体积方法求解上述方程。

3.2.2　二维对流扩散模型

库区污染物衰减采用二维对流扩散方程进行模拟,基本方程如下:

$$\frac{\partial C}{\partial t} = D_x\frac{\partial^2 C}{\partial x^2} + D_y\frac{\partial^2 C}{\partial y^2} - u_x\frac{\partial C}{\partial x} - u_y\frac{\partial C}{\partial y} - KC \tag{4}$$

式中:C 为污染物浓度,mg/L;u_x、u_y 分别为沿 x、y 方向的流速分量,m/s;D_x、D_y 分别为 x、y 方向的扩散系数,m/s^2;K 为污染物衰减系数,d^{-1}。

3.3 污染源概化

根据排污口分布情况可知,黄金峡库周集中式排污口主要集中在库尾以上 5 km 的洋州镇和坝址以上约 11 km 的金水河汇入口附近,面源污染分散在库周,部分面源通过主要支流汇集后汇入汉江干流。

为保守起见,考虑最不利情况,本次研究在模拟污染物沿程降解时,认为库尾以上污染物均从洋州镇断面排入,库尾—坝址区间污染物均从距黄金峡水库取水口较近的主要支流金水河口断面(距坝址 11 km)排放。排污口概化如图 2 所示。

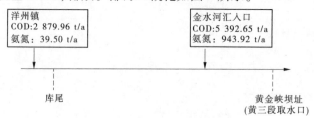

图 2　黄金峡水库污染源概化图

3.4 模型边界条件

黄金峡水库库尾及支流金水河回水末端作为模型进口。按最不利条件考虑,进口边界条件采用最枯月 2 月 90% 保证率下流量 30.4 m³/s。

黄金峡水库坝址断面作为模型出口,边界条件采用最枯月 90% 保证率下的坝前设计运行水位 440 m。

模型进口的黄金峡水库库尾断面水质采用预测值,按照预测水平年库尾上游 5 km 的洋州镇排污口污染源强排污后,二维衰减至库尾断面的预测值。

3.5 主要参数拟定

3.5.1 水文参数

本次研究按照 90% 保证率下最枯月的水文条件计算。根据水文成果及测量断面,主要水文参数及取值见表 1。

表 1　黄金峡水库主要水文参数及取值

参数名称	参数符号及单位	取值	
		黄金峡水库库尾	金水河汇入口断面
流量	$Q(\mathrm{m^3/s})$	25.84	30.4
水深	$h(\mathrm{m})$	1.27	16
河宽	$B(\mathrm{m})$	64	160
流速	$u(\mathrm{m/s})$	0.32	0.02
比降	$I(\mathrm{m/m})$	0.001	0.001

3.5.2 横向混合系数

横向混合系数是反映横向浓度混合输移的综合系数,横向混合系数 D_y 的确定采用泰勒公式:

$$D_y = (0.058H + 0.006\,5B) \times (gHI)^{0.5} \tag{5}$$

式中:B 为河流平均宽度,m;H 为河流平均水深,m;g 为重力加速度,m/s^2;I 为河流水力坡降,m/m。

将有关数据代入以上经验公式进行计算,结果见表2。

表2　横向混合系数 D_y 计算结果　　　　　　　　　　（单位:m^2/s）

	黄金峡水库		三河口水库		
库尾断面	金水河汇合口断面	椒溪河	蒲河	汶水河
0.05	0.73	0.12	0.06	0.27

3.5.3　综合降解系数

根据全国水环境容量测算大纲中给出的水质降解系数参考表,及相关汉江上游河段污染物降解系数的研究成果[4],本次工作对 COD、氨氮降解系数取值见表3。

表3　降解系数　　　　　　　　　　（单位:d^{-1}）

水质指标	COD		氨氮	
时间	工程前	工程后	工程前	工程后
降解系数	0.1 ~ 0.2	0.01	0.1 ~ 0.25	0.015

4　模拟结果

在二维水动力模型基础上,采用二维对流扩散模型模拟污染物在概化的排污口进入库区水体后的扩散和降解过程。预测水平年,在最枯月 90% 保证率计算条件下,库区污染物 COD、氨氮在距坝址上游 11 km 的金水河汇入口入库后,二维衰减过程数值解结果见图3、图4。

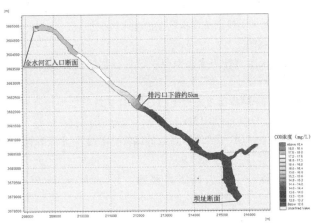

图3　黄金峡库区 COD 二维衰减计算结果(数值解)

由图3、图4可见,污染物从金水河汇入口断面入库后,COD 衰减到约 5 km 处可满足地表水 Ⅱ 类水质标准限值(≤15 mg/L);氨氮衰减到约 7 km 处可满足地表水 Ⅱ 类水质标准限值(≤0.5 mg/L)。

根据国家对地表饮用水水源地各级保护区的水质要求,以及二维水动力模型模拟结果,

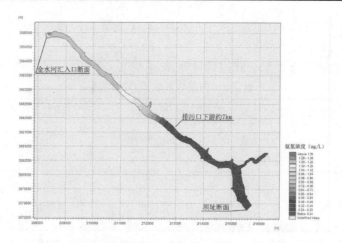

图 4　黄金峡库区氨氮二维衰减计算结果（数值解）

二级保护区长度不宜小于 7 km，以满足污染物衰减至一级保护区执行的地表水 Ⅱ 类水质标准限值的距离要求。

5　结　论

经模型计算，污染物衰减一定距离后可满足水源地一级保护区执行的地表水环境 Ⅱ 类标准。根据水源地保护区划分技术规范中的划分原则，由于黄金峡水库狭长，建议一级保护区长度不小于坝址（取水口）以上 2 km 范围内水域，以及两侧各纵深 200 m 范围的陆域；二级保护区建议从一级保护区上界上溯至少 7 km 水域，并包含两侧第一层山脊线以内的陆域。

参 考 文 献

[1] 陶涛,王韵钰,信昆仑,等. 基于二维水流模拟的湖泊型水源保护区划分方法 [J]. 同济大学学报（自然科学版）,2012,40（6）:882-889.

[2] 贺涛,彭晓春,白中炎,等. 水库型饮用水水源保护区划分方法比较 [J]. 资源开发与市场,2009,25（2）:122-123.

[3] 李娜,叶闵. 基于 MIKE21 的三峡库区涪陵段排污口 COD 扩散特征模拟及对下游水质的影响[J]. 华北水利水电学院学报,2011,32（1）:128-131.

[4] 寇晓梅. 汉江上游有机污染物 COD 综合衰减系数的试验确定[J]. 水资源保护,2005,21（5）:31-33.

【作者简介】　万帆（1983—）,女,高级工程师。E-mail:wanfan@nwh.cn。

引绰济辽工程鱼类增殖放流站工艺设计

卞勋文

（中水东北勘测设计研究有限责任公司，长春 130021）

摘 要 人工增殖放流作为鱼类资源补偿的一种实践措施，可以有效缓解水库建设对鱼类造成的不利影响。本文以引绰济辽工程鱼类增殖站设计为例，介绍了鱼类增殖放流站的工艺设计，以期为东北地区鱼类增殖放流站设计提供参考和借鉴。

关键词 引绰济辽工程；增殖放流站；水生生态

梯级水库的建设，使完整的河流环境被分割成不同的片段，生境的片段化和破碎化对鱼类的生活繁殖环境产生了极大的影响。人工增殖放流、栖息地保护、过鱼设施、兼顾生态需求的运行调度等保护措施[1]对减缓大坝建设对鱼类造成的不利影响具有重要的意义。根据国内成功经验，向江河库区投放大规格鱼种作为保护增殖水产资源是行之有效的措施[2]。

为保护绰尔河水生生物物种的多样性和特有的鱼类资源及鱼类资源量，依据《引绰济辽工程环境影响报告书》结论及其批复，在业主管理用地范围内建设鱼类增殖放流站，保护河段的生物多样性和鱼类资源量，以减缓大坝工程建设对鱼类的不利影响。

1 工程概况

引绰济辽工程由水源工程文得根水库及输水工程组成。文得根水库工程位于绰尔河流域中游，扎赉特旗音德尔镇上游 90 km 处，是绰尔河流域的骨干性控制工程，水库正常蓄水位 377.00 m，总库容 19.64 亿 m^3，调节库容 15.18 亿 m^3，为多年调节水库。输水工程线路总长 390.263 km，由取水口、隧洞、暗涵、倒虹吸、压力管道及其附属建筑物等组成。引绰济辽工程属大（一）型 I 等工程。

引绰济辽工程鱼类增殖放流站位于右岸交通桥附近，占地面积约 1.434 1 hm^2，增殖放流对象为哲罗鲑、细鳞鲑、黑龙江茴鱼、乌苏里白鲑和黑斑狗鱼，均为冷水性鱼类，放流规模为 78 万尾/年。其中，哲罗鲑[3,4]、细鳞鲑[5-7]和黑龙江茴[8,9]已有较为成熟的人工育苗技术，将这 3 种鱼作为近期增殖放流对象，规模为 63 万尾/年，放养规格为 3～6 cm；乌苏里白鲑和黑斑狗鱼因人工繁育技术尚未成熟，仍需继续研究，将这 2 种作为中远期增殖放流对象，规模 15 万尾/年，放流对象规格为 4～6 cm。

2 鱼类增殖工艺设计

2.1 生产工艺流程

增殖放流站的主要工作任务为通过对开发河段野生亲本的捕捞、运输、驯养、人工繁殖和苗种培育，对放流苗种进行标志（或标记），建立遗传档案，并实施增殖放流[1]。

根据增殖放流站的主要工作任务,结合绰尔河鱼类的特点,增殖放流工作分两步进行:
①近期放流鱼类直接收集亲本、繁殖、苗种培育到一定规格后放流;②远期放流鱼类须通过
研究,待人工繁殖技术成熟后开始放流,因此增殖放流站兼有开展研究的功能。增殖放流站
苗种生产流程见图1。

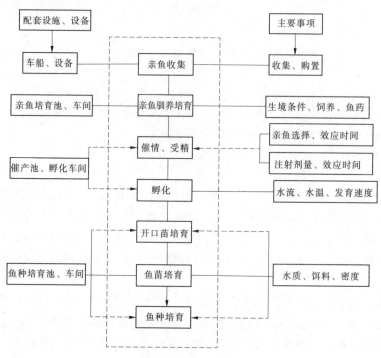

图1　苗种生产流程

苗种放流工艺流程包括苗种过渡培育、检验检疫、标记和放流,工艺流程见图2。

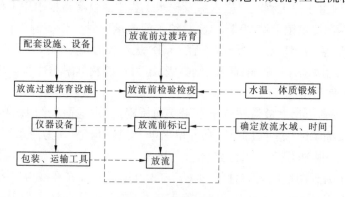

图2　放流流程

2.2　养殖模式选择

鱼类增殖放流站主要有循环水养殖、流水养殖或静水养殖等3种模式,各养殖模式特点
见表1。

表1 鱼类增殖放流站养殖模式比选

比选内容	养殖模式			比选	
	循环水养殖	流水养殖	静水养殖	比选分析	比选结论
适用对象	喜静水、流水环境鱼类	喜流水环境鱼类	喜静水环境鱼类	放流对象为喜流水环境鱼类	循环水养殖和流水养殖较优
水源条件	需水量小	需水量大	需水量较小	场地用水拟采用地下水或从坝下取水,水量充沛	均可满足
气候条件	对气候适应性较强	较适应高温、严寒等气候恶劣地区	不适应高温、严寒等气候恶劣地区	场地所处区域气候夏季炎热短暂、冬季严寒漫长	循环水养殖和流水养殖较优
占地面积	较小	较大	大	用地相对紧凑,无富余用地	静水、流水养殖不适用,循环水养殖较优
工程造价	低	较高	高		循环水养殖较优
运行费用	较低	高	低	流水养殖生产用水量大,能耗较高	循环水养殖和静水养殖较优
控制要求	温控、充氧	无	温控、充氧		流水养殖较优
环保要求	满足渔业养殖水质	污水综合排放一级标准	污水综合排放一级标准	无要求	均可满足

综上所述,综合考虑本工程场址的水源条件、气候条件、占地面积、工程造价、运行费用、控制要求、环保要求等因素,本工程推荐使用循环水养殖模式,即鱼类亲鱼培育、人工催产、受精卵孵化、开口苗培育、鱼苗培育和鱼种培育采取室内循环水养殖模式。

2.3 亲鱼培育

为达到增殖放流要求,须从亲鱼培育成活率、亲鱼催产率、鱼卵产出率、鱼卵受精率、受精卵孵化率、幼鱼成活率等方面综合考虑以确定亲鱼及后备亲鱼的数量和规格。参考目前国内的养殖水平、有关文献和咨询相关专家,各种鱼类的成活率、催产率等参数见表2。

表2 放流鱼类人工繁育产能计算参数

种类	亲鱼培育成活率(%)	亲鱼催产率(%)	鱼卵受精率(%)	受精卵孵化率(%)	鱼苗培育成活率(%)	鱼种培育成活率(%)
哲罗鲑	95	82	80	75	70	75
细鳞鲑	95	84	76	75	73	75
黑龙江茴鱼	95	84	80	74	76	78

渔业生产中,人工繁殖主要采取人工采卵授精和自然产卵受精两种产卵受精方法。本设计按雌、雄亲鱼1∶1配组计算,按此推算出需繁殖用亲鱼1 610 kg。同时,每年在人工繁殖

操作过程中亲鱼有一定的损失,且需自然淘汰一部分亲鱼,故需准备一定数量的后备亲鱼作为补充群体,并准备 25% 后备亲鱼,测算后备亲鱼质量为 403 kg。所以,亲鱼总数量为 2 013 kg。

本次建设亲鱼池 40 个,玻璃钢结构,面积 840 m²。池体规格为 7 m×3 m×1.2 m。实际亲鱼放养密度 2.41 kg/m²,远超过常规,需要增加水体交换量。因此,本次亲鱼培育池采用室内循环水养殖,通过循环水系统进水、回水形成的封闭循环管路,推动池内水体产生水流,并在池底设置微孔曝气盘增氧,可满足养殖要求。

2.4　催产孵化

催产主要包括雌、雄亲鱼鉴别、成熟亲鱼挑选、催产剂注射、产卵管理和授精方式等。亲鱼催产在室内车间进行,建设 2 个催产池,直径 3 m,钢筋混凝土结构。

孵化主要包括孵化设施选择、受精卵孵化密度、孵化操作管理技术、出苗操作管理等。依据增殖鱼种的生态习性及目前所掌握的科技繁育技术及增殖放流站的放流规模,本次设计配置孵化槽和尤先科孵化器,以满足后备科研及后续放流鱼类繁育需求。本次设计需 16 座玻璃钢孵化槽,规格为 2 m(长)×0.8 m(宽)×0.6 m(高);10 座尤先科孵化器,规格为 3.26(长)m×0.85 m(宽)×0.89 m(高);玻璃钢孵化槽和尤先科孵化器平面布置,玻璃钢孵化槽间距 0.5 m,尤先科孵化器间距为 0.5 m。

2.5　苗种培育

苗种培育分开口苗、鱼苗、大规格鱼种培育三个阶段。苗种培育应采用单养方式。苗种培育主要包括培育池条件、培育方式、不同培育阶段放养密度、饲料(饵料)要求和饲养管理等哲罗鲑、细鳞鲑、黑龙江茴鱼仔、稚鱼均在室内车间鱼池进行培育。根据参考文献和养殖经验,室内车间鱼池开口苗放养密度 0.5 万~1.0 万尾/m²,鱼苗放养密度 2 000~4 000 尾/m²,鱼种放养密度 800~1 200 尾/m²。共需 φ1 000 的圆形玻璃钢稚鱼缸 24 个、φ2 000 的鱼苗培养缸 84 个、φ3 000 的鱼苗培养缸 104 个,缸高 1.0 m,控制水深 0.8 m,采用 2 个为一组、组间距 0.5 m 的方式布置。

2.6　循环水处理系统

根据生产车间布置情况,设置 6 套循环水处理系统。每套设备由转盘式微孔过滤器、集成式生物过滤器、紫外线杀菌系统、动力系统、增氧系统、温控系统组成。循环水处里工艺流程见图 3。

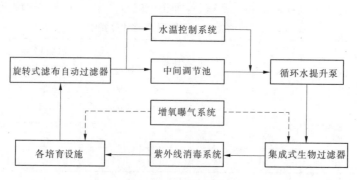

图 3　循环水处理工艺流程

2.7 运行管理

增殖放流站管理的好坏直接关系到放流效果,而增殖放流站的运行专业性较强,涉及专业较多,需要相关的管理和技术依托。因此,为了保证增殖放流站的正常运行,宜采用业主负责,渔业部门和环保相关部门监督,有关研究部门参与的形式进行。业主主要负责具体实施并提供相应费用,渔业部门和环保部门负责监督,有关研究部门提供技术支撑。

3 结 语

引绰济辽工程鱼类增殖站是绰尔河流域的第一座鱼类增殖站,该增殖站的建设与实施将对缓解工程对水生生物资源的负面影响起到积极的作用,也是有效恢复影响河段水生生物资源的重要途径之一,也将在绰尔河流域水生生物资源的保护工作中发挥重要的作用。

参 考 文 献

[1] 施家月,廖琦琛,梁银铨,等.功果桥和苗尾水电站鱼类增殖放流站设计中的关键技术研究[J].水生态学杂志,2009,2(6):51-56.
[2] 林莺.金鸡滩水利枢纽环境保护设计[J].水利规划与设计,2010(4):69-71.
[3] 姜作发,尹家胜,徐伟,等.人工养殖条件下哲罗鱼生长的初步研究[J].水产学报,2003,27(6):590-594.
[4] 徐伟,孙慧武,关海红,等.哲罗鱼全人工繁育技术的初步研究[J].中国水产科学,2007,14(6):896-902.
[5] 牟振波,李永发,徐革锋,等.细鳞鱼全人工繁育技术研究[J].水产学杂志,2013,26(1):15-18.
[6] 唐敬伟,任波.细鳞鱼的人工繁殖与苗种培育[J].黑龙江水产,2013(1):2-6.
[7] 张德隆,杜晓燕,张雅斌,等.细鳞鱼人工繁殖和苗种培育[J].淡水渔业,2006,36(2):49-51.
[8] 徐革锋,梁双,孙冬梅,等.黑龙江茴鱼的人工繁殖技术研究初报[J].水产学杂志,2006,19(2):51-53.
[9] 韩英,张澜澜,赵吉伟,等.黑龙江茴鱼胚胎的发育及仔、稚、幼鱼的生长[J].淡水渔业,2009,39(2):17-21.
[10] 中水东北勘测设计研究有限责任公司.引绰济辽工程鱼类增殖放流站专题设计[R].2018.

【作者简介】 卞勋文,男,高级工程师。

引绰济辽工程鱼道布置及数模试验研究

孙庆丰　吴允政　周炳昊　丛广明

（中水东北勘测设计研究有限责任公司，长春　130021）

摘　要　为满足兴建引绰济辽工程后洄游鱼类上溯的要求，保护绰尔河水生生态环境的完整性，减缓工程对鱼类种群遗传交流的影响，本文结合鱼类种群及习性，有针对性地开展鱼道的工程设计，并采用数学模型试验对相关设计进行研究和验证。

关键词　鱼道；游泳能力；池室结构；数学模型试验

1　引　言

引绰济辽工程是自绰尔河引水到西辽河，向沿线兴安盟、通辽市各旗县（市、区）城区及工业园区供水为主要开发任务的大型引水工程。枢纽建筑物主要由土石坝、引水发电系统、岸边溢洪道及鱼道组成。

鱼道过鱼种类为绰尔河越冬洄游的鱼类，如雷氏七鳃鳗、哲罗鲑、细鳞鱼、黑龙江茴鱼、狗鱼、瓦氏雅罗鱼、江鳕、瓦氏雅罗鱼、鱵属鱼类、鲌亚科鱼类等珍惜鱼种。为了避免因兴建工程而造成河流生态环境破碎化以及鱼类栖息环境变化，保证鱼类洄游通道畅通，使鱼类遗传交流延续，修建鱼道势在必行。

2　过鱼设施选择

过鱼设施可分为鱼类主动洄游和人工技术辅助两大类。主动洄游类包括鱼道和仿自然通道，人工辅助类主要包括升鱼机、鱼闸和集运鱼系统。主动洄游类过鱼设施依靠鱼类自身洄游过坝，能够实现连续过鱼，过鱼量较大，而且在鱼类的主动洄游中自然筛选了需要洄游过坝的种类，过鱼效率较高。人工辅助类过鱼设施需要外力的辅助，因此运行较为复杂，出现机械故障的几率较高，难以实现鱼类的连续过坝，过鱼量较小。工程条件许可的情况下优先采用主动洄游类过鱼设施。仿生态鱼道需开挖山体而建，难以适应上游水位 26 m 变幅，并且受地形条件影响，该方案既不经济也不安全。隔板式鱼道对洄游性鱼类适用性较好，工程难度低，适合引绰济辽工程需要。

3　鱼道布置

设置鱼道的目的是保证洄游鱼类顺利通过闸坝，实现闸坝上下游的生态连通。鱼道的规划设计不仅仅涉及水力学问题，还涉及生态科学、环境科学等多方面内容，是一个跨学科的系统工程。目前，国内关于鱼道规划设计的深入研究还比较少，但是总结国内外多年的建设运行经验，鱼道位置的选择、鱼道设计参数的选定，仍是设计过程中的重要环节。

3.1　进口布置

鱼道的进鱼口能否被鱼类较快的发觉和顺利的进入，是鱼道设计成败的关键因素之一。

鱼道进鱼口根据鱼类的生活习性、游泳能力和洄游规律布置。鱼道进口一个很重要的布置原则就是进口下泄的水流应使鱼类易从枢纽下泄的各种水流中分辨出来,进鱼口附近区域的流速应大于鱼类的感应流速。同时,鱼道进口应设于闸坝下游鱼类能够上溯到的最上游位置(流速屏障或上行界限)。鱼道进口应设于经常有水流下泄处、紧靠主流的两侧,鱼类洄游路线及经常集群的地方。鱼道进口一般最佳的诱鱼流速范围为临界游速和突进游速之间,其中流速越大、水流的影响范围越大。综合考虑,进口流速值范围为 0.8 ~ 1.2 m/s。

通过对下游河道数学模型试验研究,绘制流速等值线(图 1)可见:鱼道进口紧贴大流速区的尾部,便于鱼类准确进入。鱼道进口以下河段大于 0.2 m/s(感应流速)并且小于 1.0 m/s(克流流速)的区域贯通,鱼类洄游不存在流速屏障区;鱼道进口以上河段流速超过洄游鱼类的克流流速,避免鱼类洄游进入电站尾水渠。

经数学模型试验研究及验证,2 个鱼道进口位于电站尾水渠下游河道左岸距坝轴线约550 m 处,较为合适。鱼道进口中心线与河道呈 45°交角,便于洄游鱼类准确进入鱼道。

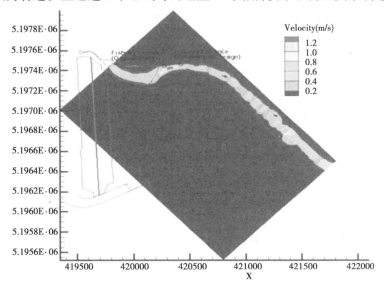

图 1 鱼道进口流速等值线

3.2 池室布置

鱼道的设计流速主要根据主要过鱼目标的克流能力而定,根据主要过鱼对象的特性,针对过鱼对象,鱼道池室内流速小于鱼类的巡航速度,这样鱼类可以保持在鱼道中前进;竖缝流速小于鱼类的突进速度,这样鱼类才能够通过鱼道中的孔或缝。细鳞鲑、哲罗鲑感应流速分别为 0.04 ~ 0.14 m/s、0.07 ~ 0.13 m/s,突进速度分别为 0.80 ~ 1.65 m/s、1.45 ~ 1.63 m/s,临界速度分别为 0.76 ~ 1.00 m/s、0.76 ~ 0.92 m/s。在过鱼设施中,鱼类通过竖缝一般都是以高速冲刺的形式短时间通过,通过高流速区时间一般在 5 ~ 20 s,通过后,鱼类寻找到缓流区或回水区进行休息,流速设计的边界条件为保证近底边壁有 0.2 ~ 0.25 m 的低流速区域,此区域流速在 1.0 ~ 1.2 m/s 的范围内,其余高流速区流速可适当放 1.5 ~ 1.6 m/s;鱼道的平均流速 0.8 ~ 1.0 m/s。鱼道水深主要视过鱼对象体长及池室消能要求确定,底层鱼和体型较大的成鱼相应要求较深。对于体长超过 0.2 m 的鱼类,最小池室水深应大于过鱼体长的 2.5 倍。本鱼道设计水深取 2.5 m。

鱼道数学模型试验模拟了四个不同结构尺寸的鱼道池室方案。各方案参数见表1。

表1 鱼道池室结构参数方案

方案编号	底坡	宽度(m)	长度(m)	竖缝宽度(m)	弯钩	水流条件
方案一	1/60	3	3.6	0.45	有	差
方案二	1/60	3	3.6	0.35	有	差
方案三	1/70	3	3.6	0.45	有	差
方案四	1/60	2	2.5	0.3	无	好

数学模型试验结果表明:隔板有无钩状结构及隔板墩头是否为圆形,在常规水池内水流流场分布规律相似,同时钩状结构容易造成鱼道内部泥沙淤积与漂浮物滞留,不利于洄游鱼类的上溯。因此,我国近期已建与在建的诸多竖缝式鱼道项目中,隔板墩头均采用不设置钩状结构的方案,而是将单侧竖缝式鱼道的隔/导板墩头的迎/背水面坡度设置为1:3,背/迎水面采用1:1坡度。竖缝断面水流流速大小从左向右呈逐渐递增规律,大部分断面流速超过0.8 m/s,断面最大流速为0.93 m/s,平均流速0.82 m/s,满足鱼类洄游上溯的要求。水流经过竖缝后发生弯曲,受到隔板的阻隔挡后折向下一道竖缝。主流位置明确,位于池室中间位置,两侧低流速区形成一对反向回流,相邻隔板间主流流速在0.3~0.8 m/s之间,回流区流速基本小于0.2 m/s,竖缝位置流速在1 m/s以下。池室内流速流态适合鱼类洄游上溯。竖缝处断面流速分布见图2。

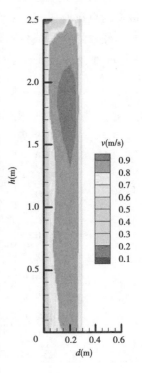

图2 竖缝断面流速分布

根据数学模型试验推荐方案结构布置。竖缝的宽度宜取0.3 m。鱼道净宽主要由过鱼量和过鱼对象个体大小决定,过鱼量或鱼的个体越大,鱼道要求越宽。鱼道宽度直接决定鱼池的水量,鱼池水量除满足消能要求外,还需满足过鱼能力的要求。鱼道净宽一般不宜小于主要过鱼对象体长的2倍。经数学模型试验验证鱼道净宽取2.0 m。池室长度与水流的消能效果和鱼类的休息条件密切相关。较长的池室水流条件较好,休息水域大,对过鱼有利。池室长度不应小于2.5倍最大过鱼对象体长,长宽比宜取1.2~1.5。经三维水动力数学模型试验验证,本鱼道池室长度2.5 m,鱼道底坡1/60,每隔10~20块隔板设一个休息池,休息池为平底,长度5.0 m。

3.3 鱼道出口设置

鱼道出口布置根据水库长系列调节计算的水位成果,在过鱼季节水库上游水位变动经常发生在366~377 m,因水库为多年调节水库,水位变动速度较小,故需在水位变动范围内合理布置出口。本鱼道出口根据水位变幅并满足主要过鱼季节在枯水、平水和丰水典型年的水位要求,分别在365.50 m、367.00 m、368.50 m、370.00 m、371.50 m、373.00 m和374.50 m水位设七个出鱼口。鱼道出口闸门的开启原则是:开启相应库水位出口淹没水深H为1 m<H≤2.5 m的鱼道出口,当水深H≤1 m时,开启下一高程出口闸门,当水深H≥2.5 m时,开启上一高程出口闸门,其他出口可保持关闭。

3.4 辅助设施

观测室:鱼道观测室用以观测过鱼效果,掌握过鱼规律和水流规律。观测室内配备摄像头、录像机、显示器和图像系统分析(电子计数器)等其他监测设备,用于过鱼效果监测。因水体可见度一般为 30~50 cm,在观测窗外的水池中,设置导流板和观察板,将通过该水池的鱼,拦导至可见度内,以便计数、观察全部通过鱼道的鱼类。

4 结论与思考

当前国家对生态环境的保护力度不断加强,鱼道建设问题备受关注,但是仍需要长时间的积极研究。引绰济辽工程鱼道经过数学模型试验研究和验证了鱼道设计。引绰济辽工程鱼道最大提升水头为 42.70 m,可参考的已建高坝鱼道工程成功案例少,绰尔河鱼类生态习性、游泳能力等基础研究薄弱也是鱼道工程设计的制约因素。在引绰济辽工程修建鱼道不但保持河流纵向连通性,提供洄游性鱼类上溯通道,还为今后其他类似鱼道布置、进出口位置、池室结构、隔板样式设计提供经验。

参 考 文 献

[1] 曹庆磊,杨文俊,周良景.国内外过鱼设施研究综述[J].长江科学院院报,2010(5).

[2] 陈凯麒,常仲农,曹晓红,等.我国鱼道的建设现状与展望[J].水利学报,2012(2)

[3] 曾海钊,周小波,陈子海.藏木水电站鱼道设计[J].水电站设计 2017(3).

[4] 王然.鱼道规划设计研究进展[J].水利建设与管理,2012(5).

施工概算篇

红崖山水库混凝土防渗墙施工技术研究

任仓钰

(甘肃省水利水电勘测设计研究院有限责任公司,兰州 731000)

摘 要 红崖山水库为亚洲最大的沙漠水库,长度6.6 km的东坝大部分坝基置于深厚覆盖层上,根据地质勘察和物探综合成果分析,建议在东坝的 1 + 00 ~ 1 + 100 及 3 + 600 ~ 3 + 900 段采取垂直防渗措施,施工中对混凝土防渗墙施工技术进行了研究与探讨,目的是为今后同类工程防渗处理积累宝贵经验,在此与同仁们交流、学习。

关键词 混凝土防渗墙;槽段;固壁泥浆;水下混凝土浇筑;施工参数;质量控制;质量检测

1 引 言

红崖山水库加高扩建后 6.0 km 长的东坝坝基覆盖层深厚,在初次修筑坝体时对接触面未进行任何防渗处理,在东坝坝后排水明渠曾发生集中渗漏点,根据地质勘察和物探综合成果分析,地质专业建议在东坝的 1 + 00 ~ 1 + 100 及 3 + 600 ~ 3 + 900 段采取垂直防渗措施,虽然不能完全封闭渗漏通道,但可以延长渗径、减少水力坡降,为此设计进行混凝土防渗墙施工范围为东坝 1 + 050 ~ 1 + 150 及 3 + 600 ~ 3 + 900 段,最大墙深约 24 m,墙厚 0.5 m,防渗墙深入坝基≥8 m,防渗墙成墙面积约 9 200 m²。

混凝土防渗墙施工方案、工艺、质量至关重要,它对坝后渗漏量的增减起着决定性作用,为此在施工中对混凝土防渗墙施工技术进行探究意义重大,也为今后同类工程防渗处理积累宝贵经验。

2 混凝土防渗墙施工总体方案

根据《水利水电工程混凝土防渗墙施工技术规范》(SL 174—2014),结合红崖山水库坝址区工程地质、水文地质条件、坝基的物质组成、颗粒级配等,混凝土防渗墙总体施工方案为:

(1)防渗墙施工平台及导墙建造。

(2)防渗墙采用"纯抓法"成槽。

(3)采用优质膨润土泥浆护壁,确保孔壁稳定。

(4)采用"抓斗捞抓法"进行清孔换浆。

(5)泥浆下"提升导管法"浇筑混凝土。

(6)采用液压拔管机进行"接头管法"墙段连接。

(7)吊车辅助浇筑。

根据红崖山水库地质、水文地质条件及施工强度的分析,混凝土防渗墙施工投入一台液压抓斗进行混凝土防渗墙造孔施工,两台套制浆、泵送、灌浆设备。

在施工前,在坝顶地面施工导墙,导墙采用 C20 混凝土浇筑,导墙断面呈"┐ ┌"形,目的是控制混凝土防渗墙位置、厚度,防止坝体填筑层施工中塌落,为施工提供宽敞的工作平台。

3　混凝土防渗墙生产性试验

为了验证防渗墙设计的有关技术参数及施工工艺的合理性、施工机械设备性能能否满足施工要求,工程开工前,按照监理工程师的指示,在防渗墙轴线上,进行现场生产性试验。试验槽段为 3 个槽孔,拟定槽长为 7.2 m,使用优质膨润土泥浆护壁,采用"纯抓"法成槽。"抓斗捞取法"清孔,水下混凝土浇筑,接头管法墙段连接。

生产性试验将验证泥浆性能、混凝土配合比性能;造孔设备的实际工效;清孔、浇筑工艺及接头管工艺进行墙段连接的可行性,以便于适时调整施工参数及工艺,指导主体工程施工。

4　混凝土防渗墙施工技术探究

4.1　混凝土防渗墙施工工艺流程

混凝土防渗墙施工工艺流程见图 1。

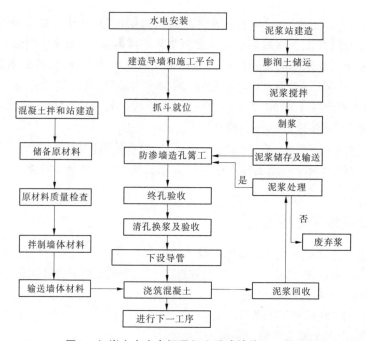

图 1　红崖山水库东坝混凝土防渗墙施工工艺流程

4.1.1　槽孔划分

考虑到现状坝基地下水位、设计槽孔深度、施工时段长短、导向管布置和混凝土浇筑能力等诸多因素的影响,在保证槽孔壁稳定前提下,初步拟定防渗墙 I 期、II 期槽段长度均为 7.2 m,两者相互间隔,防渗墙施工时,若有漏浆塌孔现象,可具体缩短槽孔施工长度灵活调整。

4.1.2　固壁泥浆

施工时依据地层岩性及膨润土造浆质量情况,对泥浆配合比及时做出调整。

新制泥浆通过泥浆泵沿输送管路输送至用浆点。

混凝土浇筑时,浆液经回浆管返回回泥浆池。

4.2 混凝土防渗墙成槽施工技术分析

4.2.1 坝体、坝基内成槽方法

防渗墙上部位于坝体内、下部位于坝基内,入坝基的深度≥8.0 m。防渗墙施工分期次进行,Ⅰ、Ⅱ期间隔布置,先施工Ⅰ期次的槽孔,后施工Ⅱ期次的槽孔。

混凝土防渗墙采用抓斗成槽,分3抓进行,先施工两端1、3抓,后施工中间第2抓。

在造孔过程中,应全程采用重锤法进行孔斜测量,当出现偏斜及时采取纠偏措施。

4.2.2 终孔及验收

按照设计意图防渗墙需穿过坝体,深入坝基≥8 m控制。终孔验收内容有孔位、孔深、孔槽宽度、孔斜等。

孔斜满足设计及规范要求,槽孔宽度不小于0.50 m,孔深不小于设计深度,孔内沉淀物不超过0.10 m。

4.2.3 清孔换浆及验收标准

清孔换浆采用捞取法施工。

槽孔终孔验收合格后,验证孔内泥浆及沉渣指标是否满足浇筑混凝土前的质量要求。

4.2.4 接头刷洗

Ⅱ期槽孔清孔换浆结束前,应对Ⅰ期槽孔接合孔分段次刷洗,接合孔的清洗使用具有一定重量的圆柱形钢丝刷。清洗结束的标准是刷子基本不带泥屑,并且孔底淤积不增多。

4.3 槽孔内水下混凝土浇筑

4.3.1 防渗墙性能指标要求

红崖山水库东坝塑性混凝土防渗墙墙体材料28 d龄期物理力学设计指标如下:

密度≥2.1 g/cm^3,抗压强度1.5~5 MPa,渗透系数≤10^{-7} cm/s,弹性模量300~2 000 MPa。

4.3.2 混凝土配合比

根据原材料性能以及设计要求进行混凝土的室内配合比试验,配合比投入使用前报请监理单位批准后实施。

4.3.3 混凝土拌和及运输

4.3.3.1 拌和设备

采用2台强制式搅拌机配合自动配料机建立混凝土拌和系统,标定合格后方投入生产,其综合生产能力为70 m^3/h。采用电子秤对原材料进行准确称量后加入,外加剂、拌和水、细骨料、粗骨料、水泥等材料的计量、拌和时间均电脑自动化、程控化,减少人为操作因素对混凝土物理力学指标不均一性的影响。拌和时间应符合规范要求。

4.3.3.2 混凝土输送

混凝土输送采用混凝土搅拌车2台,数量据现场实际情况进行增减。

4.3.3.3 混凝土浇筑导管下设

(1)浇混凝土导管。

导管采用快速丝扣连接的ϕ250 mm钢管子,并配置多段长度为0.5~1.5 m的短管若干根,以满足导管连接的要求。

(2)输送混凝土导管下设。

按照设计及规范要求配制管材,按照配管先后次序下入槽孔内,每个槽段设置2~3套输送管,输送管的安装应满足下面要求:一期槽孔端头距离管子中心1.0~1.5 m,导管中心间距小于5 m;当孔底不平,且高差大于0.25 m时,输送管中心位于该导管控制范围内的最低凹处,出管口与孔底距离在0.15~0.25 m间。

4.3.3.4　混凝土开浇及入仓

(1)运输混凝土至槽孔口,通过分料斗进行浇筑。

(2)采用压球法开始浇筑混凝土,每套输送管内都应该放入球状的隔离塞子。

(3)必须不间断连续浇筑混凝土,使槽孔内混凝土面的上升速度大于2 m/h。

4.3.4　防渗墙墙体连接

防渗墙Ⅰ、Ⅱ期槽混凝土套接连接采用"接头管方法",使用液压拔管机拔升输送管子。施工程序:Ⅰ期槽孔清孔后,于槽孔两端头下设置接头管,混凝土浇筑过程中及浇筑完成一定时段之内,根据槽内混凝土初凝情况逐渐拔升接头管,在Ⅰ期次槽孔两端头形成接头孔。Ⅱ期次槽孔浇筑混凝土时,接头孔靠近一期次槽孔的侧壁形成圆弧状接头,目的使防渗墙段形成有效连接。

4.3.5　混凝土浇筑过程质量控制

(1)输送导管埋入的深度应该在2~6 m。

(2)现浇的混凝土面应该匀速上升,最高面与最低面小于0.5 m,测量频次一次/30 min,同时每2 h测定一次导管内混凝土面,在开始和结束时适当增加测量次数,认真填写浇筑记录内容,核对浇筑混凝土方量,并指导拆卸导管作业。

(3)绝对不允许质量不合格的混凝土输送到槽孔内。

(4)浇筑时严防混凝土呈下雨状落入槽孔内。槽孔底部呈现高低不平时,必须从低处浇起。浇筑顶面必须满足设计和规范要求。

(5)在每个槽孔混凝土浇筑的过程中同时做现场坍落度试验,并在出机口取混凝土试块,每组样品必须按规范要求制作、养护,第28天后做室内试验进行检测。

4.4　防渗墙施工中非正常情况应急预案处理

4.4.1　浆液漏失、孔壁坍塌处理

(1)造孔中,如果遇到少量浆液漏失,则采用增大泥浆黏稠度、投放堵漏材料等方法进行处理;假如大量漏浆,采用投放木工锯末、干水泥、剁碎的干稻草等材料进行堵漏处理,确保槽壁安全。

(2)孔壁坍塌的处理:发现有塌孔迹象,及时提升施工机具,根据塌孔程度回填黏性土、羊毛、纤维、棉花等柔性材料或者低强度等级混凝土等处理;当孔口坍塌时,布置插筋、拉筋和架设工字钢梁等办法,保证槽口的稳定。

4.4.2　输送管堵塞的处理

当输送管堵塞时,使用吊车上下反复提升导管进行机械抖动,依靠重力疏通导管,无效后可适当减少导管埋深,减小混凝土的流出阻力,直至疏通导管。

4.4.3　孔斜处理

成槽施工时要加强槽孔斜度监测,当发现孔斜不合格时,充分利用抓斗的自动纠偏装置立即处理。

4.4.4 防渗墙体质量缺陷的处理

如混凝土防渗墙在浇筑过程中发生中断或发生事故而导致质量较差时,根据质量事故的具体情况采取补救措施:

(1)在上游侧进行钻孔帷幕灌浆,形成一段幕墙对缺陷部位进行补强,达到设计和规范要求的防渗标准。

(2)在靠近水库一侧进行高压旋喷灌浆,形成一段高压旋喷防渗墙体对质量缺陷部位进行补强,使其达到防渗标准。

4.5 防渗墙质量检查

4.5.1 施工过程质量检验

4.5.1.1 槽孔终孔后的质量检查

槽孔终孔质量检查主要有深度、厚度和孔斜等内容。

4.5.1.2 浇筑混凝土前清孔质量检查

使用取浆器从孔底以上 0.5~1.0 m 处取泥浆,采用泥浆比重秤、马氏漏斗、量杯、秒表、含沙量测量瓶等专用工具进行泥浆性能指标的检测。孔内淤积物厚度采用测针、测饼进行测量。

4.5.1.3 浇筑混凝土质量检查

(1)拌和与运输时,安排专人对其施工和运输过程进行监控。

(2)浇筑过程中,需每 2 h 抽查混凝土的坍落度、扩散度指标。

(3)浇筑过程中对混凝土取样,取样数量如下:抗压强度每个单元槽段取 1 组试样,抗渗强度每施工 10 个槽段取 1 组试样,弹性模量每施工 10 个槽段取 1 组试样。

4.5.2 混凝土防渗墙墙体质量检查

防渗墙墙体检测采用取芯检查、变水头注水试验检测。根据所划分的单元工程,按规范要求工布置了 4 个检查孔,分别为 JC – 01、JC – 02、JC – 03、JC – 04,分别位于东坝1 +098、3 +630、3 +760、3 +826。对检查孔进行取芯检查,并进行变水头注水试验,试验段长分别为 8.0 m、3.0 m、2.9 m、2.9 m。

(1)防渗墙钻芯检查。

钻孔取芯结果表明:塑性混凝土防渗墙体芯样完整,呈长柱状,为砾石、膨润土、水泥胶结体,胶结较好、强度高,混凝土防渗墙墙体连续性、完整性较好。

(2)防渗墙渗透系数检测。

注水试验按照《水利水电工程注水试验规程》(SL 345—2007)执行,并按变水头公式计算渗透系数,其结果见表1。

表1 混凝土防渗墙检查孔注水试验成果

孔号	所在单元	桩号	孔深(m)	试段长度(m)	渗透系数(cm/s)
JC – 01	F – 7	1 +098	14.1~22.1	8.0	3.71×10^{-9}
JC – 02	F – 23	3 +630	14.1~17.1	3.0	3.43×10^{-9}
JC – 03	F – 41	3 +760	14.1~17.0	2.9	7.22×10^{-9}
JC – 04	F – 50	3 +826	14.1~17.0	2.9	2.46×10^{-9}

　　通过钻孔取芯和变水头注水试验等手段对塑性混凝土防渗墙进行质量检测,检测结果表明,墙体连续性、完整性较好,渗透系数小于 10^{-7} cm/s,防渗墙墙体质量满足设计要求。

5　结　语

　　混凝土防渗墙作为水工防渗构筑物对减少渗漏起着不可估量的作用,已被工程实践证实是行之有效的方法,但红崖山水库东坝坝基为深厚覆盖层,悬挂式防渗墙的防渗效果有限,但至少可以延长渗径、减少渗漏量、对渗透稳定是非常有利的。总结混凝土防渗墙施工技术、工艺、质量检查要点,为今后同类工程积累宝贵的施工经验。

参 考 文 献

[1] 水利水电工程混凝土防渗墙施工技术规范:SL 174—2014[S].

[2] 林健. 水利水电工程混凝土防渗墙施工技术分析[J]. 工程技术,2016(6):00167-00168.

[3] 周灿,刘美智,等. 混凝土防渗墙施工质量控制要点及事故预防[J]. 人民长江,2010,41(11):57-59.

[4] 谭进轩. 水库大坝混凝土防渗墙施工技术探究[J]. 中国水能及电气化,2015(8):18-21.

[5] 文勇,上鹏礼. 九甸峡水利枢纽工程上游围堰混凝土防渗墙施工[J]. 水利水电施工,2010,45(2):68-70.

[6] 张国峰. 混凝土防渗墙工艺在渭河综合治理工程中的应用[J]. 水利规划与设计,2005,(3):69-71.

[7] 彭荷花. 燕宵水库塑性混凝土防渗墙施工[J]. 湖南水利水电,2011(5):20-21.

[8] 潘才发. 低弹模混凝土防渗墙施工技术探讨[J]. 水利建设与管理,2016,36(1):5-7.

[9] 曹宏亮,张鹏,李清富. 三门峡槐扒水库大坝塑性混凝土防渗墙施工[J]. 水力发电,2006,32(9):28-30.

[10] 何北. 国内混凝土防渗墙施工及质量检测技术[N]. 中国水利报,2006.

[11] 季宁,兰卿良. 探寻"世界第一墙"的检测技术[N]. 中国水利报,2006.

[12] 夏仲平,王萍. 为病险水库"对症下药"[N]. 人民长江报,2007.

[13] 王晓燕. 悬挂式混凝土防渗墙深度优化设计研究[D]. 西安:西安理工大学,2008.

[14] 焦会芹,武振仪. 于桥水库坝基加固工程混凝土防渗墙施工[J]. 水利水电技术,2002(9).

[15] 陈雄武. 超深混凝土防渗墙双反弧接头施工方法及纠偏措施的分析与探讨[J]. 广东水利水电;2002(S1).

[16] 霍宝有,隋元春,李海民. 混凝土防渗墙施工质量检查中相关问题的探讨[J]. 海河水利,2002(4).

[17] 甘肃省武威市民勤县红崖山水库加高扩建工程初步设计报告[R].甘肃省水利水电勘测设计研究院,2016.

【作者简介】　任仓钰(1964—),男,教授级高级工程师。E-mail:gslxrcy64@ sina. com。

复杂地质条件下的长引水隧洞施工方法研究

易义红　韦道嘉　徐云明

（中国电建集团昆明勘测设计研究院有限公司）

摘　要　目前隧洞施工主要采用传统的钻爆法和 TBM 法施工，随着 TBM 设备的国产化，TBM 施工的投资逐渐下降，在长引水隧洞施工中采用 TBM 法进行施工越来越收到青睐。本文介绍了钻爆法和 TBM 法施工的优缺点，通过对滇中引水工程昆明段的引水隧洞地质条件进行分析，比较研究了钻爆法和 TBM 法在昆明段长引水隧洞施工时的适应性。
关键词　岩溶；软岩变形；钻爆法；TBM 法

1　引　言

国内外山岭隧洞施工时，主要根据隧洞沿线的地形、地质条件，考虑方便施工采用钻爆法、掘进机法（TBM 法）或钻爆法与 TBM 法组合等进行施工。新疆大阪引水隧洞长 31.28 km，纵坡 1/1 016，衬砌后内径为 6.0 m，隧洞进口段约 5 000 m 和出口段约 2 019 m 采用钻爆法施工，中间段约 24 261 m 采用一台双护盾 TBM 掘进[1]。辽宁大伙房水库引水隧洞全长约 85 km，隧洞衬砌后直径为 8.0 m，引水隧洞约 60 km 长洞段采用 TBM 法施工[2]。滇中引水工程香炉山隧洞，长约 62.45 km，隧洞埋深为 600～1 200 m，最大埋深 1 512 m，埋深大于 600 m 洞段占总长的 67.3%，用钻爆法开挖规模较大的 4 条区域性断裂及部分不良地质段，其余地质条件较好或无施工支洞布置条件的洞段采用 TBM 法施工，香炉山隧洞钻爆段长 27.07 km，TBM 法施工段长 35.38 km[3]。

2　工程概况

滇中引水工程昆明段主要位于昆明市境内，起于楚雄州禄丰县碧城镇的蔡家村隧洞，止于昆明市晋宁区晋城镇的牧羊村倒虹吸。输水建筑物依次为：蔡家村隧洞→小鱼坝倒虹吸→松林隧洞→松林渡槽→盛家塘隧洞→盛家塘暗涵→龙庆隧洞→龙庆河倒虹吸→龙泉隧洞→龙泉倒虹吸→昆呈隧洞（分 4 段）→牧羊村倒虹吸。昆明段输水总干渠总长 116.758 km，共包括 6 条隧洞，总长 108.291 km，4 座倒虹吸，总长 7.484 km，1 座渡槽，长 0.754 km，1 条暗涵，总长 0.23 km。本段较长的隧洞分别是蔡家村隧洞（23.43 km）、松林隧洞（6.7 km）、龙庆隧洞（11.22 km）、龙泉隧洞（9.2 km）以及昆呈隧洞（长 56.58 m，断面尺寸 3 种），昆明段线路引水流量 95～40 m³/s。昆明段引水隧洞断面为马蹄形，开挖断面尺寸在 9.72 m×9.98 m 至 7.4 m×7.9 m 之间，净断面尺寸（宽×高）由蔡家村隧洞的 8.12 m×8.78 m（马蹄形、衬砌后底宽 6.6 m），变化至昆呈隧洞 4 段 6.2 m×6.7 m（马蹄形、衬砌后底宽 5.32 m）。

3　钻爆法和 TBM 法施工比较

钻爆法是通过钻孔、打眼和爆破开挖岩石的隧洞施工方法，钻爆法以均衡生产、循环流水作业和多工作面长洞短打为基本形式。当隧洞围岩条件较好时,一次支护可以滞后几个开挖循环后进行,减少循环时间,加快施工进度,在隧洞围岩自稳条件较差的情况下,需及时施工一次支护。钻爆法施工具有机动灵活、适应地层能力强、易于掌握,对各类围岩均适用,不受开挖断面形状和尺寸的限制,施工工艺可随地质条件灵活变化,且现场人员能容易地对掌子面围岩进行判断,施工场地要求小。但是钻爆法施工速度较低,施工安全性差,洞挖独头进尺较长时,通风散烟问题较突出。

钻爆法施工在处理岩溶、断层破碎带、较弱围岩、类砂性土构成的软弱岩层和具膨胀性的较弱围岩等不良地质问题时,相对灵活方便,不必为大型施工机械被卡住而担忧。到目前为止,我国地下工程与隧洞工程的施工仍然是钻爆法居多,因此国内对钻爆法已积累了丰富的经验,具有广阔的应用。

TBM(Tunnel Boring Machine)法是利用旋转刀盘上的滚刀借助推进装置的作用力使滚刀挤压剪切破岩,达到破岩开挖隧洞的目的,同时通过旋转刀盘上的铲斗齿拾起石渣,落入主机皮带机后向后输送,再通过牵引矿渣车或隧洞连续皮带机运渣到洞外的隧洞施工方法。其具有快速优质、安全节约、机械化及自动化程度高的特点,可实现破岩、出渣、运输、支护、衬砌等各工种多工序综合机械化联合作业,同一时间内完成多道工序,开挖速度快,衬砌和掘进可同时进行,成洞速度即为开挖速度。根据目前国内外施工资料可知,国外TBM施工的开挖速度已是钻爆法的4~5倍,国内为1.5~3.0倍。在需要衬砌的隧洞中,TBM成洞速度是钻爆法的8~10倍。TBM法施工的隧洞基本无超挖和欠挖,施工较为安全,作业环境好,对于埋深大、无条件设置施工支洞、地质条件好且围岩稳定的隧洞,可以减少施工支洞的施工征地、减少进场公路修建等。TBM法施工受地质条件影响较大,对断层、破碎带、挤压带、涌水、涌沙、软岩大变形等地质情况,适应性差;在复杂地质条件下掘进时易出现各种工程地质问题,掘进效率大大降低;对于岩石抗压强度大的隧洞,刀具磨损大、掘进速度也较慢,且一台TBM掘进机基本只能适应一种隧洞断面尺寸,掘进机有效寿命长度一般为20km;由于TBM机头及后配套组装要求,洞口安装场地一般宽40~60 m,长200~400 m;若洞口无安装场地,需在洞内安装,洞内安装段的洞径较大,根据掘进机直径的不同,一般需加宽至少2 m、加高6 m,长度超过主机长度至少3 m。

统计资料表明,在TBM施工中,围岩大变形、突(涌)水、突泥、岩溶等是导致重大工程事故的主要工程地质问题,尤以软岩大变形和突(涌)水为甚。在地质条件好的隧洞,掘进机能发挥其优点,掘进速度快、施工环境好、对环境影响小等特点,有利于工程的工期和环保。两种方法在不同的范围内、不同的条件下表现出各自的优势。研究某一隧洞或某一工程中隧洞采用何种方法开挖,是一件复杂而又细致的工作,必须对目前国内外钻爆法和掘进机法的现有水平及各自的利弊有充分的了解,才能根据现有的实际情况做出妥善的选择。

4　滇中引水工程昆明段长引水隧洞施工方法研究

4.1　昆明段隧洞总体地质条件

昆明段引水隧洞埋深一般在100~300 m,最大埋深696 m。其中埋深≥300 m的洞段累计总长21.64 km,蔡家村隧洞、松林隧洞和龙庆隧洞分布较多;埋深≥600 m的洞段累计总长3.91 km,约占隧洞总长的3.63%,主要分布在蔡家村隧洞,松林隧洞也有少量分布。

昆明段隧洞岩性以灰岩、白云岩、玄武岩和砂岩为主。其中穿越可溶岩洞段总长约46

km,穿越砂岩、泥岩、页岩等碎屑沉积岩洞段总长 33 km,穿越玄武岩等火成岩洞段总长 17.23 km,穿越板岩等前变质岩洞段总长 10.27 km,穿越第四系覆盖层洞段总长 0.99 km。据统计,昆明段隧洞穿越硬质岩地层洞段累计总长 93.74 km,约占隧洞总长的 87.20%,穿越软岩地层和软弱土体洞段累计总长 13.76 km,约占隧洞总长的 12.8%。

昆明段隧洞穿越 82 条Ⅲ级及Ⅲ级以上结构面断层,其中Ⅰ级区域断裂 6 条,Ⅱ级断层 32 条,Ⅲ级断层 44 条,断层及其影响带累计长度约 5.34 km,约占隧洞总长的 3.42%。浅埋(≤3 倍有效洞径)洞段累计长度约 6.12 km,约占隧洞总长的 5.69%,浅埋洞段主要分布于昆呈隧洞及其他隧洞进出口部位。

根据隧洞围岩详细分类,Ⅱ类围岩约占 5.04%;Ⅲ$_1$ 类围岩约占 11.46%;Ⅲ$_2$ 类围岩约占 19.73%;Ⅳ类围岩约占 19.22%;Ⅴ$_1$ 类围岩约占 19.9%;Ⅴ$_2$(特殊不良地质洞段)约占 5.75%;洞室围岩稳定条件总体较差。

昆明段隧洞穿越的 82 条断层绝大部分存在大断层围岩稳定与涌水突泥问题,累计长度约 5.34 km。

4.2 昆明段隧洞施工方法研究

昆明段隧洞通过可溶岩不仅多处存在涌水突泥问题,还可能揭露隐伏溶洞和遭遇岩溶塌陷,这些地质问题主要分布在龙泉隧洞和昆呈隧洞。昆明段可能发生软岩大变形的洞段累计长度约 7.2 km,其中严重挤压变形段和极严重挤压变形段长共约 6.02 km。根据地下水动力学法(柯斯嘉科夫法和古德曼经验式)和水均衡法(大气降雨入渗系数法)组合的方法对隧洞涌水量进行预测,预测单位长度正常涌水量 5.03 $m^3/d \cdot m$,单位长度最大涌水量 10.47 $m^3/d \cdot m$。涌突水灾害危险等级 A 级(极高危险区)和 B 级(高危险区)洞段累计长度约 33.06 km,约占隧洞总长的 30.75%。

对于断层破碎带、突水突泥、围岩稳定差等问题,均可通过超前勘探、超前预报、超前处理(如超前灌浆,超前锚杆、超前排水等)等措施进行处理,也可开挖旁通洞进行处理。但实际施工时,由于 TBM 机头一般只进不退,即使后退距离也较小,开挖掌子面基本封闭,开挖后岩壁也基本封闭,要做好超前的各种措施较困难,不像钻爆法那样开挖掌子面裸露,施工空间大,超前措施较易实施。

虽然采用 TBM 施工,在施工中对各种可能发生或已发生的问题均有处理的措施,但实际施工时,有的隧洞部分洞段采用了很复杂的、投资较大的处理措施后 TBM 才施工完成,有的 TBM 损毁严重无法继续施工,只能拆机换钻爆法继续进行。如昆明掌鸠河引水工程上公山隧洞全长 13.8 km,自 2003 年 5 月 TBM 进洞开始正式掘进以来,隧洞不良地质条件严重影响了 TBM 的掘进效率,施工第 1 年月平均进尺仅 388 m,在第 2 年,TBM 在穿越断层带时,频繁发生卡机和塌方的险情,TBM 在 70% 的时间都处于停机状态,最终在 2005 年 9 月,业主和承包商决定放弃 TBM 法施工,改用钻爆法施工剩余洞段。

因此,基于昆明段隧洞沿线地质条件复杂、昆明段隧洞采用 TBM 施工的适宜性差。昆明段引水隧洞若采用 TBM 施工主要还存在以下几个问题:

(1)昆明段隧洞根据设计流量大小,共分为 5 个断面尺寸。蔡家村隧洞为一种断面、长约 23 km,可以使用 1 台 TBM;龙庆隧洞和龙泉隧洞断面尺寸相同,合计长约 20.42 km,可以共用 1 台 TBM,挖完一条隧洞后,掘进机需转场;昆呈隧洞后 2 段共 27 km 为一种断面,可以考虑 1 台,前 2 段为 2 种断面,需要 2 台。就 TBM 台数来讲,如果大于 10 km 的隧洞均采用

TBM,需要 4 台不同直径的 TBM,设备投入大。

(2)昆明段引水隧洞进出口基本无 TBM 组装场地。隧洞之间连接段一般都是倒虹吸、渡槽或暗涵,要形成组装场地需进行很大的土石方工程,渡槽部位需进行填方,暗涵部位需开挖土石方,工程投资太大,施工征地太多。从隧洞布置和场地条件来讲,只有蔡家村山隧洞进口处的条件相对较好。

(3)若采用洞内组装 TBM 方案,洞内组装段需选择在地质条件好的洞段,并需要加大开挖断面,形成洞内组装场地。为选择隧洞条件好的洞段,也需进行较长洞段的钻爆段开挖或支洞开挖。

(4)TBM 施工隧洞采用圆形断面,为满足隧洞过流要求,和选定的马蹄形断面相比,每延米隧洞投资增加,圆形隧洞方案不经济。

昆明段引水线路隧洞段如采用钻爆法施工,根据地质和地形条件,共布置 28 条施工支洞,其中 20 条平洞支洞,8 条斜井支洞,斜井最大高差约 246 m,平洞最长约 1 128 m,斜井支洞最长约 734 m,支洞间距一般在 3.0 ~ 4 km,最长间距约 4.4 km。

采用钻爆法施工存在以下主要问题:

(1)各支洞口均需修建进场公路。昆明段输水线路对外交通共需改扩建进场公路约13.9 km,新建进场公路约 33.7 km。

(2)每个进洞口均需设置施工场地,施工征地面积大,对环境破坏较大。

(3)每个进洞口均需设置施工临时设施,临建设施投资大。

根据牛栏江 - 滇池补水工程昆明附近已施工的大五山隧洞的情况来看,昆明段隧洞多存在岩溶发育,容易发生突(涌)水、突泥,有的还遭遇地下泥石流和地下暗河,而采用钻爆法才能适应各种地质条件和可能发生的各种地质情况。

昆明段隧洞从地质条件、可能发生的工程地质问题以及施工条件来分析研究,可知采用TBM 法施工岩溶段隧洞适应性差。从适用性、经济性、安全性和进度保证性来分析,应选择常规钻爆法进行施工。

5 结　语

尽管传统经验上 TBM 法较适合长距离引水隧洞的施工,但是滇中引水工程昆明段长引水隧洞沿线地质条件较复杂,采用 TBM 法存在施工场地、突发涌水和施工过程中潜在的卡机风险等不利因素,经过综合比较后选择了钻爆法作为本工程的主要施工方法,同时为提高钻爆法的施工进度以及降低通风散烟、施工排水的难度,经技术经济比选后优化了施工支洞的布置,并采取了边挖边衬的施工技术,弱化了钻爆法的劣势。目前钻爆法和 TBM 法的适用范围并没有统一的规定,长距离引水隧洞施工方法的选择,应在对沿线地质条件的详细勘察,对施工过程中的风险有了较深的认识,并结合工程本身的施工条件等进行分析后,选择适合工程的施工方法。

参 考 文 献

[1] 颜秉仁.浅谈 TBM 法在大伙房水库输水工程中的应用[J].吉林水利,2009,2:36-37.

[2] 王睿.昆明掌鸠河引水工程上公山隧洞 TBM 施工监理[J].工程监理,2008,2:96-99.

[3] 田原.大伙房水库水利枢纽及输水工程隧洞导流及水力计算[J].水利科技与经济,2015,5:28-29.

[4] 罗明军.新疆大阪输水隧洞 TBM 滑行缓慢原因分析[J].西北水电,2015,3:58-59.

[5] 周小松.TBM 法与钻爆法技术经济对比分析[D].西安理工大学,2010.

[6] 张晓伟,诸葛妃,黄柏洪,等.输水隧洞施工方法选择[J].水利水电技术,2006,4:22-23,26.

[7] 周占胜.水工超长隧洞 TBM 施工方法研究[D].河海大学,2006.

[8] 高勤生.引红济石隧洞施工技术研究与应用[D].西北农林科技大学,2008.

[9] 戴金水.深圳市供水网络干线工程 1#隧洞掘进方案研究[J].水利规划与设计,2006,2:47-49.

[10] 袁光胤.TBM 技术在引水隧洞工程中的应用[D].西安理工大学,2007.

【作者简介】 易义红(1986—),男,高级工程师,主要从事水利水电工程施工组织设计工作。

龙泉隧洞浅埋软土隧洞施工影响及控制措施

杨小龙　蒋　敏　王　超　朱国金

（中国电建集团昆明勘测设计研究院有限公司,昆明　650051）

摘　要　滇中引水工程部分浅埋洞段周边分布厂矿企业、村庄、公路、铁路和市政管道等敏感建筑物,施工环境复杂。本文以主干渠昆明段龙泉隧洞穿越密集居民区浅埋洞段为对象,采用数值模拟的方法分析了开挖工法、施工进尺、隔离桩等因素对围岩位移和地表沉降的影响。发现采用短进尺、预留核心土台阶开挖、设置隔离桩的综合施工方法能有效的控制地表位移,减小对敏感环境的影响。

关键词　滇中引水工程;龙泉隧洞;浅埋洞段;敏感环境;施工控制

1　引　言

滇中引水工程输水总干渠昆明段经过昆明城区,昆明城区沿线分布的第四系湖、冲、洪积层和第三系上新统茨营组松散软土,组成物质复杂,均一性差,物理力学性质及透水性差异大,总体上强度低、水稳定性差,成洞条件及承载能力不足,部分土层还存在砂土液化、膨胀变形、渗透变形和含煤的问题。区域内浅埋洞段长、周边建筑繁杂、施工环境复杂,存在多处浅埋洞段,总长约7.3 km,约占昆明段隧道总长的6.79%,且浅埋洞段大部分处于松散的第四系、第三系茨营组软土地层中,同时浅埋段周边分布有厂矿企业、村庄、公路、铁路和市政管道等敏感建筑物,施工环境复杂。

浅埋软岩段因围岩软弱、自稳性低、拱效应差,容易发生围岩挤压变形和塌方等问题,进而可能诱发地面沉降、塌陷,对工程周边分布的敏感建筑物产生影响[1-3]。图1所示为龙泉隧洞下穿密集居民区示意图,隧道埋深在10～30 m间,隧道所处围岩条件为上软下硬,隧道底部以下均位于较好岩体中,大部分线路临近建筑物,隧道施工环境苛刻,地面建筑物对施工要求较高[4-6]。本文结合具体下穿区域的工程地质及周边环境,采用三维数值模型,对龙泉隧道下穿密集构筑物区综合施工技术方案进行分析。

2　隧道开挖施工工法分析

为充分研究隧道不同施工工法对地表环境及结构自身的影响,结合工程实际情况可知,龙泉隧道断面小(开挖高度及宽度均不足9 m),施工时不宜分步过多,故常见的隧道施工工法如导坑法[7]、三台阶预留核心土[8]、三台阶七步法[9]等,因其不利于施工组织,很少被采用。如图2所示,采用二维计算模型,选定进尺为1 m,模型中在隧洞右侧设置隔离桩[10,11],桩径0.65 m、桩长16 m的隔离桩,对比台阶法与台阶预留核心土法的优劣性。

计算得到两种开挖工法开挖完成后竖向及水平向位移如图3和图4所示。从中可以看出:

(1)不同施工工法条件下,隧道开挖引起的围岩位移变化规律基本相同,即竖向位移为

图1 龙泉隧洞下穿密集居民区平面图

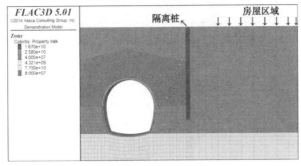

图2 二维计算模型示意图

拱顶沉降,拱底隆起;水平位移呈现向洞内收敛;受管棚支护影响,位移极值出现部位在拱腰附近。

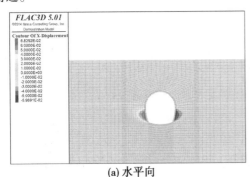

(a) 水平向

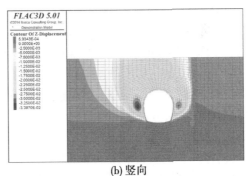

(b) 竖向

图3 台阶法围岩位移云图 （单位:m)

(2)台阶法的竖向位移极值为 -3.4 cm,水平位移极值为6.0 cm;预留核心土法量值分别为 -2.5 cm、5.2 cm。

(3)相对于台阶法,台阶预留核心土法在围岩竖向位移控制方面具有较为明显的优势,同时,考虑隧道埋深浅、地质条件差、掌子面稳定性差,埋下穿段采初拟采用台阶预留核心土法。

为研究隧道开挖地表土体的变形特征,获取各测点的竖向位移值,并绘制的竖向位移变化曲线如图5所示。

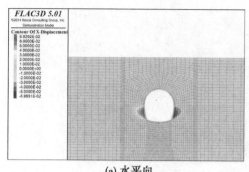
(a) 水平向

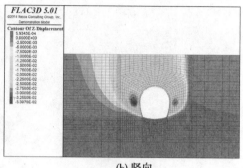
(b) 竖向

图 4　台阶预留核心土法围岩位移云图　（单位:m）

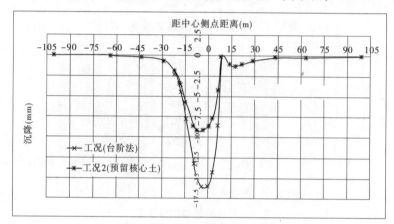

图 5　不同开挖工法地表竖向位移

从图 5 中可以看出:

(1)以图形左侧为例(无隔离桩),台阶法与台阶预留核心土法开挖引起的地表扰动均主要集中在 30 m 范围;工两者中心点位移分别为 16.0 mm、8.6 mm,以台阶法为基准,阶预留核心土法位移减小率为 46%,表明预留核心土法开挖引起的地表位移值要明显小于台阶法。

(2)以图形右侧为例(8~9 m 处设隔离桩,即距隧道开挖边缘 4~5 m),可以看出,就地表位移方面论述,隔离桩内侧 0~8 m 受开挖工法影响大,外侧因隔离桩对竖向位移的隔离作用,影响较小。

(3)隔离桩的设置能较大幅度的减小保护侧的地表位移;台阶预留核心土法对位移沉降的控制要明显好于台阶法。

3　道开挖施工进尺分析

浅埋隧道施工中,较小的进尺选择可大为减小开挖对周边环境的影响,然进尺的减小,会导致工期的延长,因此在台阶预留核心土法和右侧设置隔离桩的基础上,探究适宜本段区间合理施工进尺。结合工程设计情况可知,龙泉隧道钢拱架间距暂定为 0.5 m。选定计算工况进尺 1 m(工况一)和进尺 0.5 m(工况二)。提取两种工况开挖完成后目标面(中间断面)竖向及水平向位移如图 6 和图 7 所示。

从图 6、图 7 中可以看出:

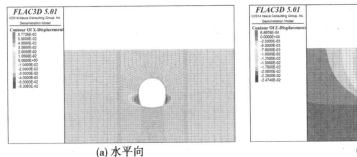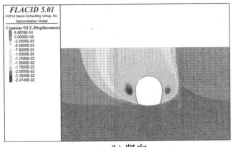

(a) 水平向　　　　　　　　　　(b) 竖向

图6　进尺1 m目标面围岩竖向位移云图　（单位:m）

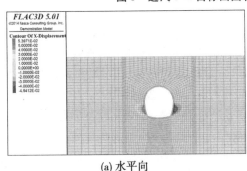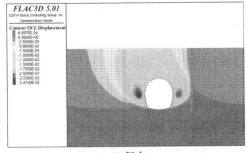

(a) 水平向　　　　　　　　　　(b) 竖向

图7　进尺0.5 m目标面围岩竖向位移云图　（单位:m）

（1）不同施工进尺条件下,隧道开挖引起的围岩位移变化规律基本相同,即竖向位移为拱顶沉降,拱底隆起;水平位移呈现洞内收敛。

（2）进尺1 m的竖向位移极值为2.5 cm,水平位移极值为5.2 cm;进尺0.5 m量值分别为2.1 cm、4.9 cm。

（3）相对于1 m进尺,0.5 m进尺在围岩竖向位移控制方面具有较为明显的优势。

为研究隧道开挖地表土体的变形特征,获取两种开挖进尺各测点的竖向位移值,并绘制的竖向位移变化曲线图如图8所示。

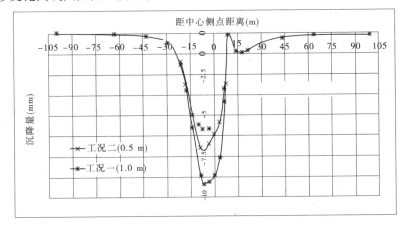

图8　不同进尺竖向位移变化曲线　（单位:mm）

从图8中可以看出:

(1)以图形左侧为例(无隔离桩),台阶预留核心土法 1.0 m、0.5 m 进尺开挖引起的地表扰动均主要集中在 30 m 范围;工况一、工况二中线点的位移分别为 8.6 mm、6.2 mm,以工况一为基准,工况二的位移减小率为 28%,表明 0.5 m 进尺开挖引起的地表位移值要小于 1.0 m。

(2)以图形右侧为例(8~9 m 处设隔离桩,即距隧道开挖边缘 4~5 m),可以看出,就地表位移方面论述,隔离桩内侧 0~8 m 受进尺影响大,外侧因隔离桩对竖向位移的隔离作用,影响较小。

(3)隔离桩的设置能较大幅度的减小保护侧的地表位移,0.5 m 进尺对位移沉降的控制要好于台阶法。

4 双侧隔离桩布置的隧道开挖分析

考虑浅埋沿线左右两侧均存在大量构筑物,如煤气公司、居民区等,在隧洞左右侧对称布置隔离桩,桩径为 0.65 m、桩长为 16 m,布置位置为距隧道中心线 7~8 m 处,即隔离桩距离隧道开挖边缘 3~4 m,模拟采用台阶预留核心土开挖,进尺选定为 0.5 m。数值模拟过程中核心土尺寸选为 2.3 m×4.8 m(横截面尺寸)×2 m(开挖纵向),上下台阶距 7 m,初期支护随开挖随支护,二衬滞后开挖面 40 m 施做,模型尺寸如下:侧边界与隧道中心距离 100 m;下底边界取 4 倍左右开挖断面宽度,距开挖底 30 m;上表面取自地表;纵向模拟长度取为 30 m,由此,计算区域拟定为 200 m×46 m(横截面)×30 m(开挖纵向)。

提取开挖完成后目标面(中间断面,纵向 15 m)围岩竖向及水平向位移如图 9 所示,从图中可以看出:

(1)总体规律上表现为拱顶沉降,拱底隆起,水平位移呈现向洞内收敛。

(2)双隔离桩设置,水平向及竖向位移均主要集中于隔离桩内侧围岩;隧道开挖对隔离桩外侧土体的扰动要明显小于对内侧土体的扰动。

(3)竖向位移极值为 -1.9 cm,出现在边墙附近,表明受管棚支护影响竖向位移极值下移;水平位移极值为 -4.9 cm,出现在下边墙附近,也受到了管棚支护的影响,导致出现位置下移。

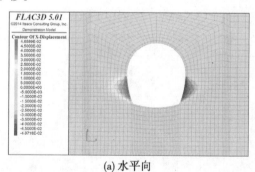
(a) 水平向

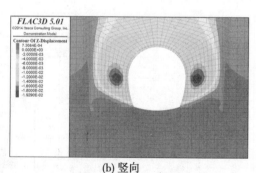
(b) 竖向

图 9 进尺 1 m 目标面围岩竖向位移云图 (单位:m)

提取开挖完成后目标面(中间断面,纵向 15 m)初期支护的最大最小主应力云图如图 10 所示,从中可以看出:

(1)最大压应力值为 4.13 MPa,最大拉应力值为 0.24 MPa;结合衬砌材料(C20)性能值,数值模拟显示一次衬砌结构处于安全状态。

(2)压应力极值(较大值)主要出现在边墙内侧,拉应力极值(较大值)主要出现在拱脚附近。

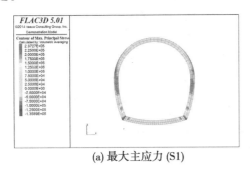 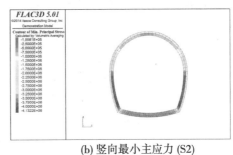

(a) 最大主应力 (S1)　　　　　　　　(b) 竖向最小主应力 (S2)

图10　进尺1 m目标面围岩竖向位移云图　(单位:m)

提取开挖完成后目标面(中间断面,纵向15 m)SMW的水平向、竖向位移和最大最小主应力云图如图11和图12所示,从中可以看出:

(1)隧道开挖后,SMW桩水平向呈现向内变形,最大位移值为3.7 mm,出现部位在开挖拱顶对应竖向高度附近;竖向呈现下沉,最大位移值仅为0.18 mm,影响较小。

(2)隧道开挖后,SMW桩以受压为主,最大压应力为1.6 MPa,最大拉应力仅为0.05 MPa,结合桩体材料性能值,结构安全性具有较大的保障。

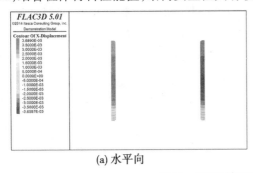 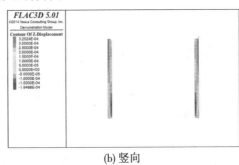

(a) 水平向　　　　　　　　　　　　(b) 竖向

图11　SMW桩位移云图　(单位:m)

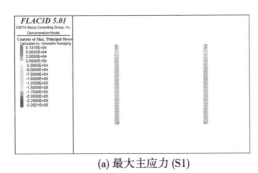 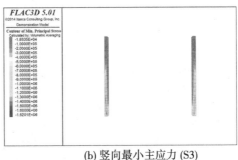

(a) 最大主应力 (S1)　　　　　　　　(b) 竖向最小主应力 (S3)

图12　SMW桩应力云图　(单位:Pa)

提取开挖完成后中间断面各测点的竖向位移值,并绘制的竖向位移变化如图13所示,从中可以看出:隧道开挖后,地表出现沉降,最大沉降值出现在拱顶位置处对应的地表点,即中心测点,为 6.83 mm;隔离桩内,随着距中心测点距离的增大,沉降值大幅减小,SMW 桩处测点沉降值仅为 0.05 mm;隔离桩外,沉降值先增大后减小,分析原因,桩体与土体参数差异大,土体参数对应力变化更为敏感,故在桩体附近必然出现一个"位移缓冲区";结合曲线变化图,即反弯点出现在距中心点 30 m 附近,推断开挖位移扰动区域为开挖洞轴线左右 30 m。

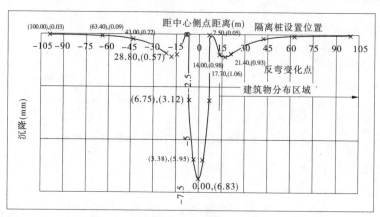

图 13　竖向位移变化曲线　（单位:mm）

5　结　语

本文通过对浅埋段龙泉隧道开挖进行数值模拟分析,研究了不同工法、不同进尺条件下,隧道开挖对围岩及地表的沉降影响,通过分析得出以下几点结论:

（1）隔离桩的设置能较大幅度的减小保护侧的地表位移。

（2）开挖对地表的影响主要集中在以隧道断面中心线为基准的 30 m 范围内。

（3）台阶预留核心土法在围岩竖向位移控制方面具有较为明显的优势,对地表位移的控制（不考虑隔离桩）也具有较为明显的优势。

（4）0.5 m 进尺在围岩竖向位移控制方面具有较为明显的优势,对地表位移的控制要好于 1.0 m 进尺。

（5）双侧隔离桩可以有效减小沉降量。

参 考 文 献

[1] 施成华,彭立敏,刘宝琛. 浅埋隧道开挖对地表建筑物的影响[J]. 岩石力学与工程学报,2004,23 (19):3310-3316.

[2] 王占生,张顶立. 浅埋暗挖隧道近距下穿既有地铁的关键技术[J]. 岩石力学与工程学报,2007,26 (S2):4208-4214.

[3] 王梦恕. 地下工程浅埋暗挖技术通论[M].合肥:安徽教育出版社,2005:1271-1271.

[4] 阳军生,刘宝琛. 城市隧道施工引起的地表移动及变形[M].北京:中国铁道出版社,2002.

[5] 麻永华,贺善宁. 建筑物下浅埋暗挖隧道施工技术研究[J]. 铁道标准设计,2004,(12):74-77.

[6] 吴波,高波. 复杂条件下城市地铁隧道施工地表沉降研究[J]. 中国铁道科学,2006,27(6):129-131.

[7] 孙钧,朱合华. 软弱围岩隧洞施工性态的力学模拟与分析[J]. 岩土力学,1994(4):20-33.

[8] 唐朝松. 大管棚超前支护环形开挖预留核心土三台阶隧道施工方法[J]. 铁道建筑, 2009(9): 46-49.

[9] 崔小鹏, 孙韶峰, 王广宏, 等. CRD工法及三台阶七步开挖工法的对比和改进[J]. 隧道建设, 2010, 30(2): 131-133.

[10] 翟杰群, 贾坚, 谢小林. 隔离桩在深基坑开挖保护相邻建筑中的应用[J]. 地下空间与工程学报, 2010, 6(1): 162-166.

[11] 费纬. 隔离桩在紧邻浅基础建筑的深基坑工程变形控制中的应用[J]. 岩土工程学报, 2010: 265-270.

【作者简介】 杨小龙(1983—),男,高级工程师。E-mail:119640424@qq.com。

复杂地质条件隧洞施工与初期支护探讨
——以涔天河水库扩建灌区工程为例

孙春山

（湖南省水利水电勘测设计研究总院，长沙　410007）

摘　要　隧洞根据洞身围岩情况可分为岩质隧洞和土质隧洞。岩溶发育隧洞施工过程中存在围岩塌落、涌水涌泥、充填物坍塌及洞底板塌陷等问题，土质隧洞因土体稳定情况较差，施工开挖过程中经常伴随着坍塌变形等失稳现象。本文根据涔天河水库扩建灌区工程施工实践，总结复杂地质条件隧洞施工工作重点，提出了施工过程中存在的工程地质问题，并提出相应的开挖施工原则及相应的支护处理措施。

关键词　岩溶发育隧洞；土质隧洞；初期支护技术

1　引　言

涔天河水库扩建工程为湖南省"十二五"期间主要骨干控制性工程，工程位于江华县境内，为灌溉、防洪、下游补水和发电，兼顾航运等综合利用的大型水利工程。水库正常蓄水位为 313 m，总库容 15.1 亿 m^3，设计灌溉面积 111.46 万亩。灌区共设有 6 条干渠和 13 条支渠，骨干工程渠线总长为 400.179 km，建成后将成为湖南省最大灌区。

涔天河灌区位于九嶷山、都庞岭、紫金山三山之间的中低山丘陵区，地层岩性涉及面广，大地构造单元处于南岭纬向复杂构造带中段，褶皱断层发育，受所处特殊的地理环境影响，工程地质条件复杂。

灌区共布置 84 座隧洞，隧洞埋深一般为 10 ~ 55 m，围岩绝大多数为灰岩、白云岩及少部分砂页岩、粉砂岩等，部分隧洞通过第四系松散堆积层，根据隧洞洞身围岩情况，分为岩质隧洞和土质隧洞。部分岩质隧洞穿越岩溶发育区，存在围岩塌落、涌水涌泥、充填物坍塌、洞顶地表塌陷和洞底板塌陷等问题，土质隧洞由于土体稳定情况相对较差，加之受地下水浸泡软化影响，施工开挖过程中经常伴随着坍塌变形等失稳现象。

根据涔天河水库扩建灌区工程施工实践，针对岩溶发育隧洞和土质隧洞施工及初期支护措施进行简要介绍如下。

2　岩溶发育隧洞施工方法及处理措施

2.1　岩溶发育隧洞施工原则

岩溶发育隧洞开挖施工总的原则是"先预报、预加固、弱爆破、快支护、勤监测"。

重视超前地质预报，地质预报采用地质素描、物探、钻探相结合的综合探测预报手段，主要监控前方地质及水文情况。超前地质预测预报，重点部位加强预报工作。

（1）前期勘察成果显示岩溶弱发育Ⅲ类围岩洞段，超前预报利用加深钻爆孔来完成，每回次进尺随机选择一个炮孔加深至 6 m 进行超前探测。

（2）勘察成果或开挖揭示显示岩溶发育洞段采取地质雷达、Tsp 进行长距离预报预测，并采取潜孔钻每回次进尺对掌子面前方、两侧墙斜前方、顶拱斜上方及底板斜下方进行探测，掌子面前方探测孔 6 m，侧墙、顶拱及底板探测孔 4.5 m。

（3）伴随掘进及时进行地质素描，及时了解相关信息，如裂隙、溶隙出现较多的铁质氧化锈或泥质，开挖面出现明显湿化或出现异常淋水现象，溶蚀现象出现频率明显增加且多有水流、河沙或水流痕迹，钻孔中涌水量剧增且夹有泥沙，有异常流水声，钻孔中有凉风冒出等，出现上述异常信息前方可能存在溶蚀现象，结合超前探测进行预测预报。

2.2 岩溶发育隧洞开挖施工存在的问题及处理措施

岩溶发育隧洞临时支护措施主要考虑围岩塌落、涌水涌泥、充填物坍塌、洞顶地表塌陷和洞底板塌陷问题，针对具体问题可考虑如下处理措施。

2.2.1 围岩塌落

具体处理措施根据顶拱上部岩体厚度、各结构面切割关系、溶蚀沟槽相互联系情况等综合确定。

（1）开挖施工过程中，及时对顶拱进行探测，探测深度 3 m，探测孔排距 2 m，根据探测情况采取相应的处理措施，当顶拱上部有连续溶蚀空腔存在时，采取钢支撑加强支护。

（2）存在不利结构面组合时，采取锚固处理，有必要的情况下采取钢支撑加强支护。

2.2.2 涌水涌泥问题

根据物探、超前钻探揭示前方存在富集地下水，探测孔出现涌水现象的，对边墙、顶拱及前方一定范围内进行探测，确保有效岩体厚度，记录水压水量变化情况，并综合考虑近期天气情况、地表汇水情况、上覆岩体厚度情况及排水对周边环境影响等，可利用超前钻限流限量进行疏干，流量较大抽排困难的情况下，结合前方溶腔充填情况进行封堵灌浆处理，需采取检查孔检后方可进行掘进施工。

2.2.3 充填物坍塌问题

根据超前预报成果，掌握前方溶腔发育规模及充填物充填情况，在有效岩体厚度的情况下进行超前灌浆预加固，利用小导管、超前锚杆等超前支护，短进尺弱爆破并钢支撑跟进加强支护，确保充填物不塌落。具体措施为：

（1）根据溶腔发育规模，溶槽发育宽度小于 0.5 m，采取挂网喷护，溶槽宽度在 0.5～1.0 m，采取锚杆挂网喷护，溶槽宽度在 1.0～3.0 m，采取钢支撑格栅结合超前锚杆支护，溶槽大于 3.0 m，采取钢支撑格栅结合超前小导管支护，有必要的采取预留核心土上下分层、左右边墙错开接腿施工方法，并视实际情况设置反拱防沉降处理。

（2）充填物较松散或呈软塑状黏土，考虑先导疏干再利用小导管灌浆固结，灌浆后期水泥浆添加速凝水玻璃。

（3）溶腔无充填，在上述处理情况下，顶拱溶槽空腔高度小于 0.5 m 的采用喷射方式回填混凝土充满，溶腔高 0.5～2.0 m 采用泵送混凝土回填，溶腔高大于 2.0 m 的回填厚度 2 m，侧墙溶槽空腔宽度小于 0.5 m 的采用喷射方式回填混凝土充满，宽度大于 0.5 m 以上采取浆砌片石或埋石混凝土填满。

2.2.4 洞底板塌陷问题

岩溶发育洞段加强洞底板探测，探测深度 3 m，探测孔距离溶蚀边界外围 1 m，根据探测情况适当增加探测孔排数,采取相应的处理措施,如石渣回填、板梁横跨等措施。

2.2.5 穿越溶腔

穿越溶腔进行上述处理过程中采取短进尺,弱爆破施工,加强施工监测,有必要的情况下及时素喷混凝土进行封闭,支护完成后,设置一定数量的排水孔,排水孔做好反虑措施,出现变形及时进行加固处理。

2.3 岩溶发育隧洞初期支护技术与实践

涔天河水库扩建灌区工程共布置 84 座隧洞,总长 45 305 m,其中灰岩区隧洞有 44 座,设计洞径 1.8~5.5 m,长度 31 116 m,占总隧洞总长的 68.7%,灰岩区隧洞浅埋段、进出口缓坡地段及跨沟洞段岩溶一般较发育,溶蚀一般沿构造面、层面、不整合接触面发育,溶蚀以溶洞、溶沟、溶槽及溶蚀裂隙为主。目前已经贯通的隧洞有 4 座,正在施工的隧洞有 24 座。

(1)左总干渠团结隧洞设计总长 535 m,洞径 5.5 m,为泥盆系棋子桥组厚—巨厚层灰岩、白云质灰岩,主要发育横洞轴线和斜切洞轴线两组节理,顺节理岩溶发育,多呈槽状,宽度 0.3~3.5 m 不等,全充填或半充填黏土夹碎石,隧洞进口段溶槽出现频率 2~5 m 不等。

施工过程中采取地质素描、地质雷达、超前钻探综合手段进行超前地质预测预报,根据预测成果,溶槽宽度小于 1.0 m,采取了锚杆挂网喷护,局部存在塌落的及时采取喷混凝土封闭,溶槽宽度在 1.0~3.0 m,在有效岩体厚度保护下,预先采取超前锚杆支护,短进尺采取钢支撑加强支护。于隧洞 1+284 处探测横洞轴线发育一 3.5 m 宽溶槽,充填黏土夹碎石,施工中采取超前小导管进行灌浆固结,打开溶槽后现场调整采取上下分层开挖,上部钢支撑推进 2.5 m 后,后续下部采取预留核心土左右边墙错开接腿施工,通过上述开挖支护方案,顺利通过该处溶槽。

团结隧洞进口段岩溶发育,根据溶蚀规模大小,分别采取上述处理,施工进展较顺利,进口段已施工完成近一年时间,经施工监测,进口段未发现异常变形,处理效果显著。

(2)右干渠虎板石隧洞设计总长 4 800 m,洞径 5.0 m,进口段岩性为泥盆系佘田桥组厚—巨厚层状灰岩夹白云质灰岩,受红星—桥市区域断裂影响,进口段岩体破碎,岩溶较发育,溶蚀沿层面、构造节理面发育,主要岩溶形态有溶沟、溶槽和溶蚀裂隙等。

施工过程中采取地质素描、Tsp、超前钻探综合手段进行超前地质预测预报,根据预测成果,规模较小的溶蚀沟槽分别采取了锚杆挂网喷护、钢支撑结合超前锚杆联合支护等措施。于隧洞桩号 27+227 处,预测为溶槽发育,宽度大于 3 m,且伴随有软塑状泥浆流出,在探测孔显示无高压地下水情况下,预先采取超前小导管灌浆固结,并在灌浆后期添加速凝水玻璃,短进尺开挖,及时跟进钢支撑加固,溶槽揭开后,左侧边墙出现坍塌,现场及时采取回填片石及配合喷射混凝土进行封堵,后续洞段对两边墙亦进行超前固结处理,此洞段揭示有 5 m 洞段属强岩溶区,溶槽间隔连续发育,后期监测此段两边墙出现变形,临时增加排水孔泄压,于底板增设反拱加固处理后趋于稳定。经处理后效果明显,目前已超过近一年时间检验,未发现有异常变形。

3　土质隧洞施工方法及处理措施

3.1　土质隧洞施工原则

土质隧洞具有稳定性较差、地质情况复杂突变及施工支护难度大等特点,开挖施工首先考虑开挖洞径和土质成分组成。开挖施工总的原则是"短进尺、弱爆破或非爆破、勤监测、快支护、早衬砌"。

洞径小于 3.0 m 的采取全断面开挖,洞径超过 3.0 m,多采用上下分层开挖支护,短开挖施工。

3.2 土质隧洞开挖施工存在的问题及常规处理措施

土质隧洞采用人工开挖施工法临时支护措施主要考虑排水问题、顶拱坍塌问题、边墙坍塌问题和洞底板沉降问题,针对具体问题可考虑如下具体的处理措施。

3.2.1 排水问题

具体处理措施必须考虑土层物质组成、透水性能、遇水性状变化情况等。富含地下水饱和水土体常规排水措施有:

(1)在开挖施工前,在掌子面底板以上 1~2 m 处采用潜孔钻打水平排水孔。两边墙排水孔需考虑必要的反虑措施,掌子面超前排水孔宜不小于 2.5 倍洞径。地下水较丰富时,宜于边墙墙脚护砌排水沟引排出洞外或于相应洞段设置集水井抽排洞外。

(2)在土质隧洞段地表采用竖直排水孔,采用地质旋转钻机打孔,布孔于洞壁两侧,孔底深入洞底板以下 1 倍洞宽,在孔中装全自动抽水井泵,向外自动排水。该措施应考虑物质组成,合理布置排水孔,考虑排水孔间距、孔深、孔径、护壁措施等,对于洞身附近为透水性强的粗粒土情况较适宜,若土体透水性较弱,洞身埋置较深,该措施不甚适宜。

(3)做好地表排水沟疏导畅通,防止洞顶地表积水。

3.2.2 顶拱坍塌问题

土质隧洞开挖的顶拱坍塌问题比较突出,开挖进尺应根据具体土质情况而定,原则上进尺不大于 2 m,及时支护,常规开挖支护措施有:

(1)顶拱范围内布设锁口超前注浆小导管,要求超前小导管尽可能与隧道轴线平行,外露端与第一榀钢支撑焊接牢靠,形成拱圈受力。洞径较小采用全断面开挖支护,洞径较大的(>3 m)采用分层开挖支护,上层开挖则采用预留核心土,先掏环形槽进行开挖,推进一段距离后,立即安装钢支撑,并进行钢支撑加固(安装锁脚小导管及连接钢筋),然后安装挂网钢筋,并喷混凝土,待上层开挖支护完成后再进行下层开挖支护,下层开挖同样需采用预留核心土,左右错开掏槽开挖,开挖成型后及时进行钢撑接腿。开挖典型断面见示意图 1。

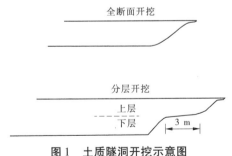

图1 土质隧洞开挖示意图

(2)在顶拱范围内布设管棚,管棚一般超过 10 m 的大管径超前注浆导管。

(3)施工过程中若遇软塑状土体,流塑变形较大时,可于钢撑内侧布置透水挡板进行支挡,支护完成后,设置一定数量的排水孔,排水孔做好反虑措施。

3.2.3 边墙坍塌问题

当洞径较大,边墙开挖较高时存在坍塌现象,常规处理是上、下分层开挖,上层开挖支护完成后,再进行下层开挖,有必要的情况下边墙增设超前锚杆或小导管支护。

3.2.4　洞底板沉降问题

由于土体浸水而导致的洞底板基础性状恶化,存在沉降变形问题,常规处理是对出露的地下水进行引、抽、排处理,洞底板基础性状较差时,应及时进行换填一定厚度的碎石或砂砾石,常规 1~2 m 为一个单元,底板每开挖一个单元应立即换填,开挖一段距离后,再铺设钢仰拱并喷射混凝土,然后回填一定厚度的碎石或砂砾石进行保护。

3.3　土洞初期支护技术与实践

涔天河水库扩建灌区工程存在较多的输水隧洞涉及第四系土层,此类隧洞拟称为土质隧洞。综合前期勘察设计成果,土质隧洞的洞径位于 1.8~5.5 m。

土洞施工做好洞口的支护措施。洞口开挖前 3 m 钢拱架间距为 0.3 m,3 m 以后纵向间距调整为 0.5~1.0 m,同时,在洞外紧贴开挖掌子面无间隙的布置三榀钢拱架,钢拱架榀与榀之间连接采用 Φ25 钢筋焊接连接,做好洞口的锁口工作。

(1)右干渠小麦冲隧洞设计总长 540 m,洞径 5.0 m,隧洞出口为残坡积含碎石黏土,可塑—硬塑状,施工过程中于洞口无间隙布置三榀钢拱架,小导管锁口,外端与钢拱架焊接,进口后采取超期锚杆结合钢支架联合加固处理,掘进 8 m 位置时,由于上覆土体较薄(约 7 m),加之受天气影响,地表水下渗软化,土体呈软塑状,顶拱出现坍滑变形。现场应急采取喷混凝土封闭,后续施工采取小导管灌浆固结,上下分层开挖,开挖采取预留核心土法,上层开挖支护推进约 3 m,下层再跟进左右错开预留核心土掏槽接腿施工,采用此开挖支护方式顺利通过土洞浅埋段。目前,小麦冲隧洞已贯通近半年时间,施工监测未发现异常变形,处理效果明显。

(2)左干渠南北冲隧洞设计总长 1 300 m,洞径 3.5 m,出口段岩性为残积含碎石黏土,可塑—硬塑状,施工过程中于洞口无间隙布置三榀钢拱架,小导管锁口,外端与钢拱架焊接,进口后采取超期锚杆结合钢支架联合加固处理,洞口 10 m 范围采取了上下分层开挖,10 m 后续洞段采取了全断面开挖,开挖过程中采取预留核心土法先顶拱边墙进行掏槽施工,机械配合人工安装钢支撑,钢支撑间距 0.5~1.0 m,超前锚杆 4.5 m,间距 0.3 m。目前,南北冲隧洞土洞段已施工完成近半年时间,施工监测未发现异常变形,处理效果明显。

4　结　语

以涔天河水库扩建灌区工程隧洞施工为例,总结出岩溶发育隧洞开挖施工总的原则是"先预报、预加固、弱爆破、快支护、勤监测",土质隧洞开挖施工的原则是"短进尺、弱爆破或非爆破、勤监测、快支护、早衬砌"。根据不同的地质条件,采取相应的初期支护措施,在工程实践中取得良好效果,通过实践总结,获得了一些复杂地质条件下隧洞开挖及初期支护技术经验,为后续隧洞施工快速处理起到指导作用,通过本文不成熟的总结希望能抛砖引玉,对类似工程起到借鉴作用。

参 考 文 献

[1] 谢云发.论土洞施工技术研究[J].施工技术,2012(12).
[2] 陈志敏,欧尔峰,马丽娜,等.隧道及地下工程[M].北京:清华大学出版社,2014.

[3] 孙建林.大跨度隧洞不良地质段无爆破机械开挖施工[J].云南水利发电,2013.

[4] 王锐,徐靖.浅谈隧道溶洞处理[J].中国水运,2012(10).

[5] 吴晓波.隧道小型溶洞处理方法探讨[J].工程实践,2009(1).

[6] 尚寒春.华蓥山隧道东口岩溶分析及溶洞处理[J].铁道工程学报,2007(8).

[7] 中华人民共和国水利部.水利水电工程地质勘察规范:GB 50487—2008[S].2009.

[8] 湖南省水利水电勘测设计研究总院.涔天河水库扩建工程灌区勘察资料成果[R].2015.

[9] 湖南省水利水电勘测设计研究总院.莽山水库工程灌区勘察资料成果[R].2015.

【作者简介】 孙春山,高级工程师。E-mail:471987862@qq.com。

出山店水库防护工程堤基防渗处理优化设计研究

张浩东　李　洋　曹　捷

（河南省水利勘测设计研究有限公司，郑州　450016）

摘　要　根据不同地层初步选取不同的高压喷射灌浆技术参数，通过灌浆试验对初步选取的灌浆技术参数进行试验，加强灌浆试验施工中的质量控制和施工后的质量检测，使获得的灌浆试验成果更加真实。根据高压喷射灌浆试验成果优化灌浆技术参数，调整设计布局，使灌浆孔距布置更加合理，投资更加节省，防渗墙防渗效果更加明显。

关键词　高压喷射灌浆；灌浆参数优化设计

1　工程概况

出山店水库是淮河干流上的大型防洪控制工程，位于河南省信阳市境内，坝址在京广铁路以西 14 km 的出山店村附近，距信阳市约 15 km，控制流域面积 2 900 km²，正常蓄水位 88.0 m，水库总库容 12.51 亿 m³。

出山店水库防护工程位于水库上游，共设 13 座圩区，每座圩区主要建设内容为圩区堤防、排涝沟和排涝闸站（闸）。

圩堤基础采用高压摆喷成墙防渗。

以新集圩区为例，圩堤地层岩性：

揭露圩堤地层主要为第四系全新统下段冲积层、第四系上更新统冲洪积层及古近系吴城群毛家坡组，现由老至新分述如下：

（1）古近系吴城群毛家坡组（E_m）。岩性主要为砖红色黏土岩、砂质黏土岩、砂岩和砾岩。

（2）第四系上更新统冲洪积物（Q_3^{alp}）。岩性主要为级配不良砂（中粗砂）和粉质黏土。

（3）第四系全新统下段冲积物（Q_4^{1al}）。岩性主要为重粉质壤土和级配不良砂。

各土、岩体单元的物理力学特征如下：

第①层重粉质壤土：标贯击数 5~12 击，平均 8 击，属中硬土。承载力标准值 $f_k = 130$ kPa。

第②层级配不良砂（细粒）：属稍密状。承载力标准值 $f_k = 130$ kPa。

第③层重粉质壤土（灰黑色软土）：标贯击数 4~9 击，平均 6 击，属软—中硬土。承载力标准值 $f_k = 70$ kPa。

第④层粉质黏土：标贯击数 5~22 击，平均 9 击，属中硬土。承载力标准值 $f_k = 130$ kPa。

第⑤层粉质黏土（灰色软土）：标贯击数 2~8 击，平均 4 击，属软—中硬土。承载力标准值 $f_k = 80$ kPa。

第⑥层级配不良砂(中粗砂)：标贯击数 24～48 击,平均 33 击,属密实砂。承载力标准值 $f_k = 220$ kPa。

各土层及土体物理力学性质见表 1,水文地质参数统计见表 2。

表 1　标准贯入试验成果统计

层号	土名	组数	标贯击数 N (击)		
			最小值	最大值	平均值
①	重粉质壤土(Q_4^{1al})	6	5	12	8
②	级配不良砂(细粒)(Q_4^{1al})	—	—	—	—
③	重粉质壤土(Q_4^{1al})(灰黑色软土)	5	4	9	6
④	粉质黏土(Q_3^{alp})	11	5	22	9
⑤	粉质黏土(灰色软土)(Q_3^{alp})	8	2	8	4
⑥	级配不良砂(中粗粒)(Q_3^{alp})	16	24	48	33

表 2　水文地质参数统计

土体单元序号	时代成因	土名	渗透系数(cm/s)
①	Q_4^{1al}	重粉质壤土	7.20×10^{-6}
②	Q_4^{1al}	级配不良砂	1.70×10^{-3}
③	Q_4^{1al}	重粉质壤土(灰黑色软土)	$7.20E \times 10^{-6}$
④	Q_3^{alp}	粉质黏土	3.20×10^{-6}
⑤	Q_3^{alp}	粉质黏土(灰色软土)	$5.60E \times 10^{-5}$
⑥	Q_3^{alp}	级配不良砂	3.60×10^{-2}

2　高喷灌浆技术参数初步选定

高喷灌浆设计指标:防渗墙布置在圩堤轴线处,采用摆喷形式,单排布置,三管法施工,初定孔距为 1.6 m,相邻桩搭接长度不小于 0.2 m。防渗墙处理深度深入下部相对不透水层不小于 1.0 m,顶部深入不透水覆盖层或堤身不小于 1.5 m。要求成墙厚度不小于 200 mm,墙体渗透系数不大于 1.0×10^{-5} cm/s,喷浆固结体 28 d 抗压强度不小于 1.0 MPa。

为保证最终施工方案的可行性及有效性,防渗墙施工前应进行高喷试验,试验选取和堤防轴线处地质条件基本一致的区域进行,根据不同地质情况和施工工艺,最终确定灌浆施工参数。

初定试验技术参数如下:水压力 35 ~ 40 MPa,水流量 70 ~ 80L/min;气压力 0.6 ~ 0.8 MPa,气流量 0.8 ~ 1.2 m³/min;浆液压力 0.2 ~ 1.0 MPa,浆液流量 60 ~ 80 L/min;提升速度 5 ~ 12 cm/min,摆速 4 ~ 12 r/min。

3　高喷灌浆试验

根据现场踏勘情况,高喷灌浆试验安排在新集圩区闸站附近进行,在孔距及关键工艺参数上从相对保守到相对经济进行阶梯布置,孔距可按 0.2 m 级差进行调整。

3.1　布孔方案

试验孔布设采用 1.8 m、1.6 m、1.4 m、1.2 m 四种孔距,单排布设在圩堤闸站高喷防渗墙轴线上,分Ⅰ、Ⅱ两序布置,布孔情况见图 1。

3.2　试验工艺参数

高压喷射灌浆试验的工艺参数及各组参数情况见表 3。

表 3　高喷灌浆试验工艺参数

项目		布置 1	布置 2	布置 3	布置 4	布置 5	布置 6	布置 7	布置 8
水	压力(MPa)	36	36	36	36	36	36	36	36
	流量(L/min)	75	75	75	75	75	75	75	75
气	压力(MPa)	0.6	0.6	0.6	0.6	0.6	0.6	0.6	0.6
	流量(m³/min)	1	1	1	1	1	1	1	1
浆	压力(MPa)	0.4	0.4	0.4	0.4	0.4	0.4	0.4	0.4
	流量(L/min)	70	70	60	60	60	70	60	60
提升速度 (cm/min)	壤土、黏土层	12	11	15	15	15	11	11	14
	砂层	15	15	20	20	20	15	15	15
转动速度 (r/min)	壤土、黏土层	12	11	15	15	15	11	11	14
	砂层	15	15	20	20	20	15	15	15
孔距(m)		1.6	1.6	1.6	1.4	1.2	1.2	1.4	1.8
搭接方式		折接	对接	折接	折接	对接	对接	对接	对接
摆角		30	60	30	30	60	60	60	60
使用范围		XJ - 01 ~ XJ - 02	XJ - 03 ~ XJ - 06	XJ - 07 ~ XJ - 10	XJ - 11 ~ XJ - 17	XJ - 18 ~ XJ - 22	XJ - 23 ~ XJ - 27	XJ - 28 ~ XJ - 34	XJ - 35 ~ XJ - 36

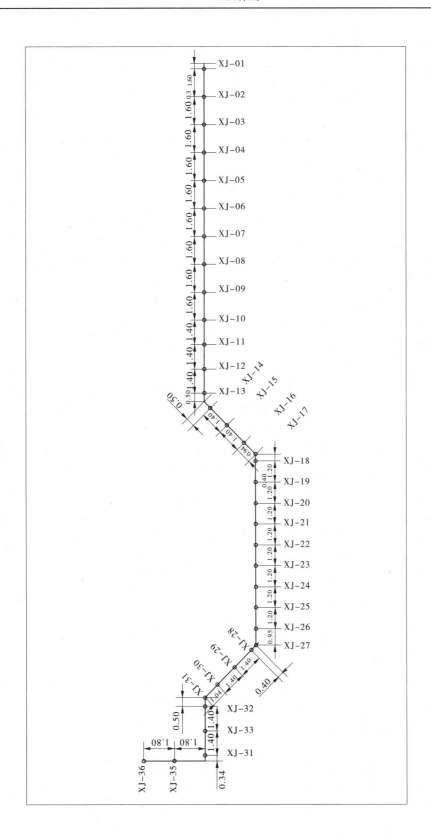

图 1　灌浆试验孔布置

3.3 灌浆试验施工质量控制

3.3.1 钻孔及制浆

为保证钻设开孔精度,测量放线采用 GPS 逐孔进行放样并记录地面高程作为计算孔深的依据。

钻孔选用 XY−2 型地质钻机回转法钻进、采用全断面聚晶金刚石复合片钻头、泥浆固壁。

钻孔孔径大于喷射管外径 20 mm 以上。回转钻进法钻孔时,开孔口径不小于 φ110 mm。

钻孔施工时采取预防孔斜的措施,钻机安放平稳牢固,加长粗径钻具。

施工前选取部分高喷孔作为先导孔,采取芯样,核对地层,间距根据相关要求确定。

钻进暂停或终孔待喷时,孔口加以保护。若时间过长,采取措施防止塌孔。

水泥浆的搅拌时间,使用普通搅拌机不少于 90 s。浆液从制备至用完时间不超过 4 h。使用时,滤去硬块、砂石等,以免堵塞管路和喷嘴。

低温季节施工做好机房和输浆管理的防寒保温工作,高温季节施工采取防晒和降温措施。浆液温度保持在 5 ~ 40 ℃。

高喷灌浆浆液的水灰比可为 1.5:1 ~ 0.6:1。

3.3.2 高压摆喷

(1)高喷灌浆在钻孔施工完成,并检验合格后进行。

(2)下喷射管前,进行地面试喷,检查机械及管路运行情况。

(3)下入或拆卸喷射管时,采取措施防止喷嘴堵塞,可将喷嘴用胶带等物包封密实;拆卸喷管前,将孔内注满浓浆,充填喷射管与与孔壁间间隙。

(4)当喷头下至设计深度,先按规定参数进行原位喷射,待浆液返出孔口、情况正常后方可开始提升喷射。

(5)高喷灌浆全孔自下而上连续作业。需中途拆卸喷射管时,搭接段进行复喷,复喷长度不得小于 0.2 m。高喷灌浆因故中断(中断时间大于 30 min)后恢复施工时,对中断孔段进行复喷,搭接长度不得小于 0.5 m。停机超过 3 h,对泵体输浆管路清洗后方可继续施工。

(6)施工中准确记录高喷灌浆的各项参数、浆液材料用量、异常现象及处理情况等。

3.3.3 回灌

高喷灌浆结束后,使用用水泥浆及时回灌,直至孔口浆面不再下降。

3.3.4 特殊情况处理

根据本工程出现的特殊情况,高喷灌浆过程中发生串浆时,填堵串浆孔,待灌浆孔高喷灌浆结束后,尽快对串浆孔扫孔,进行高喷灌浆,或继续钻进。

3.4 灌浆试验质量检查

3.4.1 桩头开挖

(1)孔距1.6 m 布孔段土层开挖后发现全部桩间搭接效果不良,桩间空隙30 ~ 50 cm 不等,工艺参数较保守的布孔段也未实现搭接。

(2)孔距1.4 m 布孔段小摆角折接布置孔段搭接良好,大摆角对接段均未搭接。

(3)孔距1.2 m 布孔段搭接效果良好,开挖出露的桩头均搭接完整密实。

(4)对 1.6 m、1.4 30°折接方案及对 1.6 m、1.4 m 60°对接方案分组对比表明:30°折接方案,孔距由 1.6 m 调整至 1.4 m 时,搭接间距减少了 0.22 ~ 0.5 m;60°对接方案,孔距由 1.6 m 调整至 1.4 m 时,搭接间距变化不明显。这表明孔距调整时采用 30°折接形式,更加有利于桩的搭接。

3.4.2　高喷取芯孔

为了解地层较深处桩体搭接情况,在试验区 1.6 m、1.4 m 布孔区布置 5 个取芯孔。从取芯情况看上部 0 ~ 7.5 m 重粉质壤土层水泥浆成分少见,取芯多为原状土,较少见有浆液固结体,搭接情况不良,下部砂层取芯为砂土与水泥浆混合体,取芯情况表明地层较深处高喷工艺对原地层切割及混浆情况明显。

3.4.3　静水头压水试验

灌浆 14 d 后,在 1.6 m、1.4 m 布孔区钻孔进行静水头压水试验测定,结果如下:

(1)1.6 m 布孔区,完成检测 6 段,合格 2 段,合格率 33.3%。

(2)1.4 m 布孔区,完成检测 7 段,折接布孔完成 3 段,合格 3 段,合格率 100%;对接布孔完成 4 段,合格 1 段,合格率 25%。

(3)1.2 m 布孔区,完成检测 3 段,合格 3 段,合格率 100%。

3.4.4　芯样抗压强度

灌浆 28 d 后按要求进行检查孔钻孔取芯,并对 1.4 m 布孔区检查孔和 1.2 m 布孔区检查孔芯样进行抗压强度检测,由检测结果看,芯样固结体 28 d 抗压强度值均 ≥1.0 MPa,达到设计要求。

3.5　高喷灌浆试验成果分析

(1)孔距 1.6 m 布孔段开挖后发现全部桩间搭接效果不良,工艺参数较保守的布孔段也未实现搭接;孔距 1.4 m 布孔段 30°小摆角折接段桩间搭接良好;60°大摆角对接段均未搭接;孔距 1.2 m 布孔段搭接效果良好,开挖出露的桩头均搭接完整密实。

(2)1.6 m、1.4 m 30°折接方案与 1.6 m、1.4 m 60°对接方案对比表明,孔距调整时采用 30°折接形式,更加有利于桩的搭接。

(3)由渗透系数检测结果看,1.4 m 折接布孔区和 1.2 m 布孔区孔段防渗效果更好。

(4)检查孔钻孔取芯,由检测结果看,芯样固结体 28 d 抗压强度值均 ≥1.0 MPa,达到设计要求。

4　高喷灌浆施工参数优化

从高喷灌浆试验成果看,孔距为 1.6m,土层桩间搭接困难,砂层桩间能够实现搭接。考虑提升速度对桩间距影响,又在另一个李畈圩区做一组慢提速灌浆试验,试验工艺参数组合见表 4。

表 4　慢提速试验工艺参数

项目		补充参数 1	补充参数 2
水	压力（MPa）	36	36
	流量（L/min）	75	75
气	压力（MPa）	0.6	0.6
	流量（m³/min）	1	1
浆	压力（MPa）	0.2	0.2
	流量（L/min）	60	60
提升速度（cm/min）	壤土、黏土层	10	8
	砂层	10	8
转动速度（r/min）	壤土、黏土层	10	8
	砂层	10	8
搭接方式		折接	折接
摆角		30	30
浆液水灰比		1:1	1:1
使用范围		LJW - BS01（Ⅰ序）、LJW - BS02（Ⅱ序）	LJW - BS03（Ⅰ序）、LJW - BS04（Ⅱ序）

慢提速试验高喷墙结构形式采用利于搭接的 30°折接方式，主要工艺参数提升速度参数控制在 8 cm/min、10 cm/min，对比前期试验，在孔距 1.6 m 不变的情况下桩间间隙缩小为 13～21 cm，较前期试验结果（桩间间隙 30～50 cm）有了改善，但仍未能实现搭接，不满足设计要求。

从两次灌浆试验结论可知，提升速度调整的空间已经很小，桩间搭接效果不良的主要影响因素应考虑孔距调整。

对土层桩间距 1.6m 不能实现搭接主要原因分析如下：

（1）土层标贯击数 5～12 击，平均 8 击，属中硬土，土质不均一，灌浆时切割困难。

（2）高喷试验前已进行清表，机械设备已对土体进行碾压，土体更加密实，灌浆时切割困难。

从完成设计指标可行性及施工经济性综合考虑，推荐在施工时采用 1.4 m 孔距 30°摆角折接方案；鉴于试验区地层第①层重粉质壤土和第③层重粉质壤土（灰黑色软土）属中硬土和软—中硬土，为提高搭接保证率，在此地层中应采用较保守的工艺参数，主要参数提升速度设置在 10～15 cm/min，全孔段浆液水灰比采用 1:1～1.2:1，其他参数以试验布置 4 参数为主。

5　结　语

高喷灌浆有旋喷、定喷和摆喷三种形式，每种形式可采用三管法、双管法和单管法，高喷墙的形式可根据工程需要和地质条件进行选择，本工程选用三管法摆喷形式。由于灌浆机械设备简单,操作灵活,灌浆技术成熟,在水利工程基础防渗中经常运用。

　　高喷灌浆属于隐蔽工程,影响工程质量的因素较多,在选取灌浆试验技术参数时要充分考虑地层复杂性和场地的环境因素,尤其是土层标准贯入击数、砂卵石粒径及地层岩性。通过大量的灌浆试验对初步选取的灌浆技术参数进行优化设计,使设计布局更加合理,投资更加节省,防渗效果更加明显,对类似工程具有一定参考价值。

参 考 文 献

[1] 水利水电工程高压喷射灌浆技术规范:DL/T 5200—2004[S].北京:中国电力出版社,2005.
[2] 河南省出山店水库工程初步设计报告[R].郑州:河南省水利勘测设计研究有限公司,2014(6).
[3] 杨谋豆.高压喷射灌浆施工技术及质量控制[J].陕西水利,2009(6).
[4] 梁润华.浅谈高压喷射灌浆技术的设计与施工[J].湖南水利水电,2010(8)
[5] 周晓磊.水库工程防渗墙施工[J].天津建设科技,2017(6).
[6] 李兴梅.浍河水库左坝肩高压喷射注浆的设计方案选择与施工[J].山西水利科技,2006(01)
[7] 杨红军,杨艳玲.高喷灌浆在水库除险加固中的应用[J].中国水利,2003(14).
[8] 郑国华.高压喷射灌浆中的喷嘴设计和制作[J].水利水电施工,2002(2).
[9] 叶斌,王志云.高压喷射灌浆几个问题的认识[J].西部探矿工程,2006(3).
[10] 董宏奇,李小榆.高压喷射灌浆在土坝防渗中的应用[J].土工基础,2004(3).
[11] 侯昌麟,冯光学.高压喷射灌浆在小峡水电站工程的应用[J].水电站设计,2006(1).

【作者简介】 张浩东(1978—),男,高级工程师,主要从事水利水电工程规划设计研究工作。E-mail:2846633047@qq.com。

坝基未达设计盖重固结灌浆参数的确定

黎良明　杨　来　李　帅

（湖南水利水电工程监理承包总公司,长沙　410007）

摘　要　文章根据莽山水库大坝固结灌浆在未达到设计盖重的情况下,采取现场灌浆试验结合规范确定最终的灌浆参数,最后实施,成效显著,对同类工程灌浆有一定的指导作用。

关键词　碾压混凝土重力坝;设计盖重;固结灌浆;参数确定

1　概　述

1.1　工程概况

莽山水库工程位于湖南省宜章县境内的珠江流域北江二级支流长乐水的上游,坝址控制流域面积 230 km²,水库正常蓄水位 395 m,设计洪水位 398.50 m,校核洪水位 399.43 m,发电死水位 355 m,总库容 1.332 亿 m³,防洪库容 2 400 万 m³。是一座以防洪、灌溉为主,兼顾城镇供水与发电等综合利用的大型水利枢纽工程。

枢纽工程由主坝、副坝、引水发电洞、坝后厂房、反调节坝等建筑物组成。主坝设计采用碾压混凝土重力坝,坝顶高程 399.80 m,建基面高程 298.5 m,最大坝高 101.30 m。

1.2　工程地质情况

主坝坝线区主要地层为燕山早期大东山花岗岩,岩性为浅肉红色中、粗粒斑状(黑云母)花岗岩和细粒花岗岩,局部为浅肉红色绿泥石化花岗岩、脉状细粒花岗岩。

主坝坝基大部分区域开挖揭露发现坝基持力层岩体中缓倾角节理较发育,尤其左河床区域密集发育。该节理延伸长,且在期间夹有薄层蚀变带,严重影响坝基的浅层抗滑稳定。

1.3　坝基处理

根据设计要求,主坝坝基采取固结灌浆进行加固处理,灌浆平台高程为 312 m,灌浆混凝土盖重为 13.5 m。但因工程实际施工情况,为保证工程进度,要求在混凝土高程 300 m 平台开始实施固结灌浆,灌浆盖重只有 1.5 m。如何保证工程质量,在低于原设计盖重的条件下,固结灌浆参数的选择尤为关键。

2　固结灌浆参数确定

2.1　试验区域选择

根据工程实际施工进度安排和现场条件,经业主、设计、监理、施工现场共同研究决定,在 6# 坝段(试验 1)桩号为坝横 0+30.0~0+40.0 m,坝纵 0+190.0~0+200.0 m,7# 坝段(试验 2)桩号为坝横 0+20.0~0+30.0 m,坝纵 0+163.0~0+173.0 m 两处区域定为试验区域,孔口高程 300.0 m。

2.2　钻孔布置

试验区钻孔布置为两个型式:试验 1 区采用二序孔,孔排距 3 m×3 m 梅花型布置,总共布置 14 个固结灌浆试验孔;试验 2 区采用三序孔,孔排距 2 m×2 m 梅花型布置,总共布置 25 个固结灌浆试验孔。控制孔深为混凝土覆盖层下深入基岩 8 m;每孔分两段,第一段 3.0 m,第二段 5.0 m。

2.3　固结灌浆试验施工过程控制

2.3.1　灌浆压力计算

按照静水压力理论,盖重混凝土厚度为 $D=1$ m 时,灌浆压力不大于 0.024 MPa,但实际施工中灌浆压力常常大于甚至远大于这一数值。假定灌浆压力 P 超过盖重静水压力的倍数为"不安全系数"K,则

$$K = P/0.024D$$

对于软弱松散或缓倾角层状岩体,K 值要接近 1。综合各种因数考虑,最终确定压力为 0.2 MPa,K 值达到 5.55,远大于本工程缓倾角层状岩体 K 值为 1。

2.3.2　灌浆试验

2016 年 11 月 16 日到 2016 年 12 月 8 日,完成两组固结灌浆试验,最后确定灌浆参数。

根据设计,试验 1 区为孔排距 3 m×3 m,试验 2 区为孔排距 2 m×2 m,梅花形布置,其余参数见表 1。灌前选取 5% 孔做灌前压水,灌后做检查孔压水,灌前灌后压水数据见表 2。

表 1　试验参数

孔序	第一段		第二段		备注
	建基面以下(m)	压力(MPa)	建基面以下(m)	压力(MPa)	
Ⅰ	0~3	0.2	3~8	0.25	
Ⅱ	0~3	0.25	3~8	0.3	
Ⅲ	0~3	0.4	3~8	0.45	

表 2　灌前灌后柰水数据

部位	段次	灌前压力(Lu)	灌后压力(Lu)	备注
试验 1	1	∞	13.03	设计值 <5 Lu
	2	28.99	5.31	
试验 2	1	∞	4.52	
	2	28.33	2.58	

试验过程中布置抬动观测,发现部分孔发生抬动,抬动最大值 0.09 mm,最小值 0.01 mm,均小于规范规定的 0.2 mm。灌浆过程中发现抬动时,采取降压限流、间隙灌浆、停灌待凝、扫孔复灌等措施进行处理。

通过试验,探索该地层固结灌浆各序孔发生抬动时灌浆压力临界值,以确定适宜的灌浆压力。

2.4　固结灌浆试验成果

通过现场灌浆试验,对暂定的施工技术要求进行检验和修正,最后确定的灌浆参数为:

灌浆施工按Ⅲ序孔进行,灌浆压力Ⅰ序孔第一段为 0.2~0.25 MPa,第二段为 0.25~0.3 MPa;Ⅱ序孔第一段 0.25~0.3 MPa,第二段为 0.3~0.35 MPa;Ⅲ序孔第一段 0.35~0.4 MPa,第二段为 0.4~0.45 MPa。

孔排距为 2 m×2 m,按灌浆孔总数的 5% 进行灌前简易压水试验,钻孔冲洗可按规范要求冲洗时返清水即可。施工方式采用一次成孔、自下而上的灌浆方法。浆液比级采用 3:1、2:1、1:1、0.5:1 四个比级。灌浆水泥采用 P·O 42.5R 普通硅酸盐水泥。采用 0.5:1 水泥浆液导管注浆法封孔。

3　固结灌浆施工

根据灌浆试验确定的灌浆参数,设计明确孔排距为 2 m×2 m,灌浆初始压力由 0.5 MPa 调整为 0.2 MPa,其余参数不变,进行固结灌浆施工,灌浆采用自下而上分段卡塞灌浆施工工艺。

固结灌浆施工灌前压水,共 42 个孔(均为Ⅰ序孔),6# 坝最大透水率∞,分布在建基面以下 0~3 m 范围内,3~8 m 最小透水率 45.0 Lu;7# 坝最大透水率 1 072 Lu,分布在建基面以下 0~3m 范围内,3~8 m 最小透水率 25.39 Lu。

固结灌浆完成后,检查孔压水最大透水率 6.25 Lu,最小透水率 1.23 Lu。透水率分部如图 1 所示。

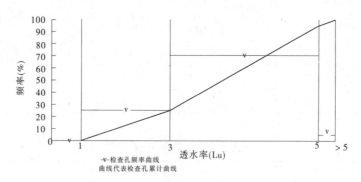

图 1　检查透水率频率曲线

检查孔灌浆后单位耗灰量最大值 9.22 kg,最小值 0.85 kg。其中检查孔 G6 - J2,G7 - J2 二个检查孔透水率大于 5 Lu,分别为 5.47 Lu、6.25 Lu,其分布部位 G6 - J2 位于齿槽 6# 坝段断层破碎带上,G7 - J2 位于齿槽 7# 坝段断层破碎带上,此二个部位经设计同意,进行加密处理。其余检查孔透水率均小 5 Lu,达到设计要求。

固结孔灌浆 6# 坝段单位耗灰量最大值 943.96 kg/m,最小值 4.11 kg/m;7# 坝段单位耗灰量最大值 1 766.91 kg/m,最小值 5.46 kg/m;两个坝段总的曲线分布如图 2 所示。

在灌浆过程中安排专人对抬动装置进行观测记录,观测出部分Ⅰ序孔发生抬动,其抬动值最大 0.18 mm,最小值 0.005 mm,抬动值增大时,现场采取降压限流、间隙灌浆、停灌待凝等措施处理,抬动值控制在 0.2 mm 范围内,符合设计要求。

4　灌浆效果检查

为验证工程灌浆效果,采取灌前、灌后声波检测,观察坝基岩体波速提升情况,为设计提

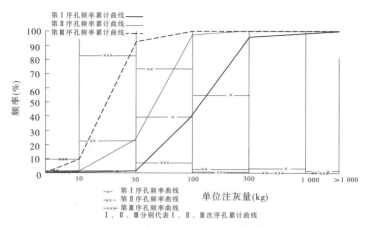

图2 大坝单位注灰量频率曲线

供参考依据。根据实际的灌前灌后声波测试,其结果见表3。

表3 莽山水库工程大坝基岩固灌质量声波检测成果(基坑表部地段)

声测组号	相对位置	声测剖面号	固灌后岩体声特性(28D)									备注
			声测段高程(m)	声测长度	声测点数	灌前波速范围(m/s)	灌前平均波速(m/s)	灌后波速范围(m/s)	灌后平均波速(m/s)	波速率(%)	固灌效果	固灌岩体质量达标情况	
B	基坑上游左侧	4-5 4-6 5-6	296~298	2	11	1 340~5 637	3 868	3 986~5 035	4 411	14.04	好	达标	
C	基坑中部	7-8 7-9 8-9	296~298	2	11	1 340~5 431	4 589	3 772~5 690	5 293	15.34	好	达标	
D	基坑下游右侧	10-11 10-12 11-12	296~298	2	11	1 340~5 083	4 271	3 492~5 389	4 749	11.19	好	达标	
E	基坑下游左侧	13-14 13-15 14-15	296~298	2	11	1 340~5 446	3 908	3 687~6 112	4 885	25.00	好	达标	

为保证声波检测的针对性,6#、7#坝段坝基固结灌浆声波检测,是在原坝基开挖声波检测孔的原位进行钻孔作为坝基固结灌浆后声波检测孔位,以便灌前与灌后的声波值的比较。声波检测共检测四个点(每个点三个孔),每个点声波波速均大于坝基固结灌浆前的波速,提升超过10%,灌浆效果明显。

5 结 论

莽山水库工程通过各方不断探讨,在坝基持力层岩体中缓倾角节理较发育、盖重混凝土厚度较小的不利条件下,通过调整孔位间排距,选取适宜的灌浆压力,采取现场灌浆试验结合规范确定最终的灌浆参数,收到了较好的效果,很好地保证了工程质量和进度,对同类工程实践有一定的指导作用。

参 考 文 献

[1] 李长永.浅析水利工程中延时基础灌浆技术[J].中国新技术新产品,2011.

[2] 张彦伟,杨占利.浅谈水利工程施工管理[A].土木建筑学水文库,2011,13.

[3] 张正田.四川三汇水库工程固结灌浆试验的新布孔方法报导[J].水利学报,1983.

[4] 张文倬.岩石坝基的固结灌浆问题探讨[J].水利发电学报,1991.

[5] 郭立红.龙羊峡水电站坝基固结灌浆设计与施工[J].西北水电,1992.

[6] 候全光.高压固结灌浆对改善花岗岩性能的作用[J].人民长江,1993.

[7] 赵永刚.二滩水电站坝基固结灌浆设计[J].水电站设计,1994.

[8] 毛影秋,王贵明,王蕾,等.棉花滩水电站碾压混凝土重力坝基础处理设计[A].2002.

[9] 龙益辉,黄开华.百色水利枢纽碾压混凝土主坝基础固结灌浆设计[A].2004.

[10] 杨学祥,李翠亮,李焰.长江三峡三期工程大坝及电站厂房基础岩石找平混凝土封闭法固结灌浆[A].
2004.

【作者简介】　黎良明(1991—),男。E-mail:1072686081@ qq. com。

三河口水利枢纽人工骨料料场开采规划方案研究

党 力 毛拥政 赵 玮 王云涛

(陕西省水利电力勘测设计研究院,西安 710001)

摘 要 料场在水利水电工程建设过程中起着举足轻重的作用,是工程顺利推进的关键环节之一,选择可靠的料场和确定合理的开采规划方案能够保证工程质量和进度,意义重大。本文以三河口水利枢纽工程人工骨料场为例,通过对料源的选择、开采规划方案比较,最终确定了合理的料场开餐规划方案,同时结合项目实施过程中发现的问题提出了部分风险环节建议,为以后类似工程提供参考。

关键词 料场规划;原岩;骨料;主采区

1 概 况

三河口水利枢纽主要由大坝、坝身泄洪放空系统、坝后引水系统、抽水发电厂房和连接洞等组成。其中,大坝建筑物为1级,抽水供水发电电站建筑物为2级,泄水消能防冲建筑物为2级,其他次要建筑物级别均为3级,临时建筑物按4级设计。

枢纽各建筑物混凝土总量约142万 m^3,骨料需要量约312.4万 t。同时,根据工程实际情况,人工骨料料场除提供三河口水利枢纽工程混凝土所需骨料的原岩外,还需保证引汉济渭工程另一个水源地工程黄金峡水利枢纽33.4万 t砂石骨料。因此,该工程人工骨料场最终需要提供成品骨料345.8万 t,需原岩储量212万 m^3,规划原岩储量265万 m^3。

2 人工骨料料场选择

砂石骨料为混凝土最主要的原材料,一般分为天然砂石料和人工骨料。工程勘察设计前期,在工程区附近选取了5个天然骨料料场和3个人工骨料料场进行了详查。通过考虑料源的运距、交通运输条件、天然料场的级配、人工料场的覆盖层厚度、可加工性、碱活性等因素,对天然骨料和人工骨料进行了详细的比选,最终确定距离坝址9 km的柳木沟人工料场作为混凝土骨料料源(见图1)。

3 人工骨料料场规划方案

根据确定的料场选择,工程设计前期对柳木沟人工骨料料场进行勘察,勘察范围高程为580~800 m,相应范围内测算的有用料原岩净储量为870万 m^3。根据料场地质情况,首先选择强风化厚度浅的区域作为开采范围,同时根据工程需要,按照规划原岩储量265万 m^3确定规划范围(见图2),按照设计原岩储量212万 m^3确定终采高程。因此,初步拟订了柳木沟下游区开采规划方案和柳木沟上下游两区域开采规划方案。

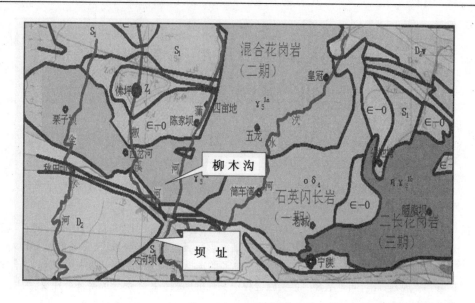

图 1　柳木沟人工骨料场位置

图 2　柳木沟人工骨料场示意图

3.1　柳木沟下游区开采规划方案(方案一)

下游区料场开采规划方案开采区剥离厚度为 17~24 m,规划开采高程 810~615 m,终采平台高程 585 m,每 15 m 高度设一马道,马道宽 2 m。料场可采范围内,以强风化下限为界,以上均为剥离料,以下为可用料。料场开采面积 7.76 万 m²,其开挖总量约 408 万 m³,其中可利用原岩量约 212 万 m³,剥离量约 196 万 m³。625~585 m 为备用区,备用区料原岩储量 74 万 m³。料场分层开采量规划表见表 1。开采面长约 120 m,纵深方向扩展区宽约 260 m。

料场最大开采高度 185 m,开挖边坡定在强风化线以下为 1:0.3,强风化岩体为 1:0.75,堆积体、坡残积层及全风化岩体采用 1:1。开口线以下 20 m 范围内(包括堆积体、坡残积层及全风化岩体层)边坡采用系统锚杆和挂网喷混凝土支护,并设表层排水孔。在开采区边线外侧3~5 m处修建浆砌石截水沟,拦截汛期雨水,截水沟采用人工开挖形成梯形断面,底宽0.6 m,深0.5 m,两侧坡比1:0.2(见图3)。

表1　柳木沟下游开采规划方案石料场分层开采量规划

高程 (m)	总开挖量 (m³)	开挖量累计 (m³)	无用料开挖量 (m³)	无用料累计 (m³)	有用料开挖量 (m³)	有用料 开挖量累计 (m³)
780	64 353	64 353	64 353	64 353	0	0
765	119 027	183 380	119 027	183 380	0	0
750	175 384	358 764	154 620	338 000	20 764	20 764
735	216 915	575 679	163 859	501 859	53 056	73 820
720	270 879	846 558	184 837	686 696	86 042	159 862
705	338 182	1184 740	211 916	898 612	126 266	286 128
690	405 635	1 590 375	225 489	1 124 101	180 146	466 274
675	463 722	2 054 097	222 992	1 347 093	240 730	707 004
660	498 995	2 553 092	201 357	1 548 450	297 638	1 004 642
645	508 012	3 061 104	166 058	1 714 508	341 954	1 346 596
630	512 200	3 573 304	149 008	1 863 516	363 192	1 709 788
615	509 949	4 083 253	137 298	2 000 814	372 651	2 082 439
600	497 851	4 581 104	124 942	2 125 756	372 909	2 455 348
585	461 870	5 042 974	93 180	2 218 936	368 690	2 824 038

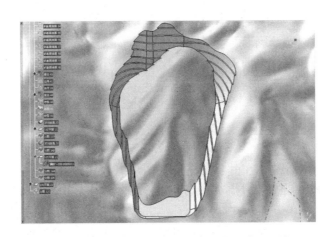

图3　柳木沟下游开采规划方案(三维设计图设计)

3.2　柳木沟上下游两区域开采规划方案

料场开采区剥离厚度为 17～42 m,每 15 m 高度设一马道,马道宽 2 m。该方案开挖总量约 571 万 m³,可利用量 298 万 m³,剥离量约 273 万 m³(见表 2)。其中,柳木沟下游规划开采高程 740～585 m,开挖总量约 145 万 m³,可利用量约 83 万 m³,剥离量约 62 万 m³;柳木沟上游规划开采高程 790～615 m,开挖总量约 323 万 m³,可利用量约 140 万 m³,剥离量约 183 万 m³。

表 2　柳木沟下游开采规划方案石料场分层开采量规划

高程 (m)	总开挖量(m³)		有用料开挖量(m³)		无用料开挖量(m³)	
	柳木沟上游	柳木沟下游	柳木沟上游	柳木沟下游	柳木沟上游	柳木沟下游
790 以上	0	0	0	0	0	0
790～780	9 193	0	0	0	9 193	0
780～765	43 288	0	0	0	43 288	0
765～750	84 190	0.6	30	0	84 160	0.6
750～735	136 316	1 750.4	7 242	0	129 074	1 750.4
735～720	225 815	8 223	28 653	0	197 162	8 223
720～705	295 234	20 980	59 004	0	236 230	20 980
705～690	322 871	43 550	118 094	3 519	204 777	40 031
690～675	344 927	76 486	169 344	20 203	175 583	56 283
675～660	382 339	118 376	201 959	38 238	180 380	68 517
660～645	425 792	161 030	233 406	71 156	192 386	74 616
645～630	463 735	190 906	270 798	108 516	192 937	82 390
630～615	494 796	246 348	315 436	151 152	179 360	95 196
615～600	516 607	291 179	356 642	198 428	159 965	92 751
600～585	505 255	293 152	388 904	239 888	116 351	53 264
合计	4 250 358	1 451 981	2 149 512	831 100	2 100 846	594 002
	5 702 339		2 980 612		2 721 727	

料场最大开采高度 205 m,平均开采高度 33 m。开挖边坡定在强风化线以下为 1:0.3,强风化岩体为 1:0.75,堆积体、坡残积层及全风化岩体采用 1:1。开口线以下 20 m 范围内(包括堆积体、坡残积层及全风化岩体层)边坡采用系统锚杆和挂网喷混凝土支护,并设表层排水孔。在开采区边线外侧 3～5 m 处修建浆砌石截水沟,拦截汛期雨水,截水沟采用人工开挖形成梯形断面,底宽 0.6 m,深 0.5 m,两侧坡比 1:0.2(见图 4)。

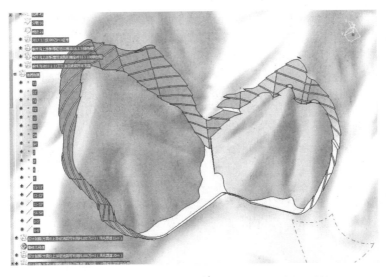

图4　上、下游两区域开采规划方案(三维设计图设计)

3.3　开采规划方案确定

通过对以上两个规划方案的分析,均能满足工程对人工骨料的需要,方案均可性。在方案确定过程中,柳木沟上游区风化厚底虽然大,总开挖量略大,但岩石强度相对较高,岩体完整性相对较好,且存在低强度岩石相对较低。柳木沟下游区虽然风化厚底虽然小,总开挖量略小,但是岩层中存在一条高倾角面向山体的低强度岩石条带,因此全部把料场主采取布置在柳木沟下游是存在风险的。同时,考虑规范关于"石料场开采工作面和出料作业线应根据各时段供料强度要求确定。开采工作面宜设两个以上。"的要求,最终选定了柳木沟上下游区域作为本次人工骨料场主采区实施。

4　结　语

三河口水利枢纽工程柳木沟人工骨料料场目前已经实施过半,在实施过程中也不断总结和讨论:

(1)料场的开采规划是一个指导性的设计方案,在料场开采执行过程中环节很多,如地质条件变化、开采设备、开挖方案、爆破控制、骨料运输、加工工艺、原岩选取标准等,因此在工程实施过程中加强技术指导、提高施工工艺,尽可能提高石料加工成品骨料的利用率。

(2)人工骨料的连续供应是工程顺利实施的保障,因此在料场开采和骨料加工计划中要结合项目施工实际情况,考虑天气、度期、运输、设备维护检修等因素,在满足工程需求的同时,要考虑成品骨料储备。

参 考 文 献

[1] 陕西省引汉济渭工程三河口水利枢纽初步设计报告[R].陕西省水利电力勘测设计研究院,2015.

[2] 陕西省引汉济渭工程三河口水利枢纽柳木沟料场开采规划方案报告[R].陕西省水利电力勘测设计研究院,2017.

[3] 陕西省引汉济渭工程三河口水利枢纽柳木沟人工料场地质专题报告[R].陕西省水利电力勘测设计研究院,2017.

［4］水利水电工程施工组织设计规范：SL 303—2017.［S］.北京：水利电力出版社.

［5］张安. 新疆奎屯河引水工程将军庙水利枢纽料场比选［J］.水利规划与设计，2016(11)：112-116.

［6］姜涛. 观音阁水库采料场采运能力和砂石储备量计算初探［J］.水利技术监督，2016(3)：111-113.

［7］李小梅. 积石峡水电站甘河滩主堆石(3BI)料场开采规划［J］.陕西水利，2009(6).76-78.

［8］王小二，李玉珠. 水电工程料源选择与料场开采设计规范浅析［J］.水电站设计，2011(3)：46-51.

［9］刘淑芳，杨堉果. 马马崖水电站料场选择及规划开采设计研究［C］. 2015年中国碾压混凝土筑坝技术与2015年水电工程混凝土施工新技术学术研讨会，2015,117-122.

［10］胡进武，刘迎雨，杨宁. 乌东德水电站工程施期料场优化分析研究［J］.中国水利，2017(S1).46-51.

【作者简介】 党力(1984—)，男，高级工程师。

海南省红岭灌区灌溉定额分析计算

王晓霞[1]　赵　伟[2]

（1. 海南省水利水电勘测设计研究院，海口　570203；

2. 水利部水利水电规划设计总院，北京　100120）

摘　要　海南省红岭灌区工程是红岭水利枢纽工程的配套项目，本文在充分参考《国务院关于推进海南国际旅游岛建设发展的若干意见》等综合性规划基础上，合理确定作物种植结构、因地制宜地设计灌溉制度，最终确定红岭灌区工程七个片区的综合定额。研究结果对未来灌区推广农业用水总量控制和定额管理制度有重大的理论意义和指导作用。

关键词　红岭灌区；灌溉定额；用水量

1　引　言

灌溉定额是制定流域规划、灌区水利规划及灌排工程规划设计的重要组成部分，是进行水资源优化调度方案，确定渠道设计流量的基本依据[1-3]，是水资源承载及灌溉用水管理中不可缺少的技术性指标。随着海南国际旅游岛的建设和经济社会的快速发展，海南农业用水占比较大的特点决定了缓解海南省水资源短缺的必由之路是农业节水[4-6]，因此红岭灌区作为海南省未来重要大型灌区之一，合理确定其灌溉定额尤为重要。

红岭灌区位于海南岛东北部，东面临海，西面、南面与本岛腹地接壤。灌区位于北纬 19°18′～20°02′，东经 110°00′～110°54′之间，南北长 100 km，东西长约 70 km。灌区范围包括海口市（海口市范围仅含美兰和琼山区，下同）、文昌市、琼海市、定安县、屯昌县等 5 个市县共 58 个乡镇和国营农场（含航天发射基地）。

灌区地形大体为西南高、东北低，由西南内陆向东北沿海逐渐降低。东部、东北部属滨海平原或玄武岩、花岗岩低丘台地，地势开阔平坦；西部、西南部相对较高，属丘陵区。中偏西部分布有龙州河盆地；在龙州河盆地和沿海平原、低丘台地之间还分布有一呈北东走向的中丘台地，为南渡江中下游支流水系和沿海独立河流水系的分水岭。区内绝大部分地区高程在 123 m 以下。

灌区范围内总土地面积 5 840 km²，灌区设计灌溉面积 145.48 万亩。综合考虑灌区气象和水土条件、工程布置和水利设施各方面因素，将灌区相关区域划分为西干渠片、东干渠上片、东干渠中片、东干渠下片。其中东干中片又按照渠系布置分为东干直灌片、琼海分干片、重兴分干片和文教分干片 4 个水量平衡片区。

2　作物种植结构规划

作物种植结构是影响灌溉用水的重要因素，需在深入研究分析未来农业发展形势的基础上，进行合理种植结构规划[7,8]。红岭灌区位于海南省东北部，属亚热带岛屿季风气候区,地形较为平坦,土地资源丰富,光热资源充足,长夏无冬,全年无霜,日照长、气温高、积热多。灌区内农业发达,适宜种植粮食、经济作物和热带作物,是海南省的粮食、热带作物以及反季节瓜菜等农产品生产基地。主产水稻、花生、红薯、反季节瓜果菜,是全省重要的的粮油生产基地,其他热带作物,如橡胶、胡椒、槟榔、椰子、咖啡等也在全省占有重要地位。

2009年12月31日,国务院发布《国务院关于推进海南国际旅游岛建设发展的若干意见》(国发〔2009〕44号),将海南省国际旅游岛建设上升为国家发展战略,意见明确将海南建设成为国家热带现代农业基地。

《海南省热带作物产业“十二五”发展规划》[9]确定的总体目标是至2015年努力实现我省热带作物产业结构优化升级,农业生态条件得到根本改善,热带作物产业化经营水平大幅度提高。《海南省国家冬季瓜菜基地建设规划》提出到2015年,通过国家冬季瓜菜基地建设,基本建成海南冬季瓜菜现代产业体系,形成海南瓜菜产业的区域化、良种化、标准化、组织化和产销一体化新格局,建成高产稳产、安全、优质、高效的冬季瓜菜产业基地,使海南冬季瓜菜基地真正成为全国冬季瓜菜基地和内陆大中城市冬春季“菜篮子”的重要保障。冬季瓜菜基地建设规划重点针对目前已成的239万亩冬季瓜菜生产基地,提高旱涝保收能力,提高单产量,扩种优势品种来实现基地建设。灌区内的5个市县将发展成为重要的冬季瓜菜种植区,重点发展椒类、青瓜、苦瓜、小西红柿、冬瓜等特色菜种。

灌区现状灌溉土地可划分为水田、水浇地和林果地。现状水田主要为双季稻、稻—稻—薯、稻—稻—菜、花—稻—菜等模式,随着农业结构的调整,预计今后反季节瓜菜的种植面积将大大增加,一年三熟的种植结构将以稻—稻—菜形式为主。现状水浇地种植制度主要为甘蔗、花生—蕃薯(瓜菜)轮作、豆类—蕃薯轮作等模式,预计水浇地今后发展趋势为甘蔗、花生和瓜菜。现状林果地灌溉作物主要有香蕉、芒果、荔枝、龙眼等。

根据《海南省国家冬季瓜菜基地建设规划》[10]和相关市县“十二五”农业发展规划,结合灌区土地资源条件、农业生产水平,在充分征求地方政府农业管理部门意见的基础上,考虑水源改善后的生产条件分析确定设计水平年灌区农作物组成情况。

(1)灌区现状水田面积为81.17万亩,占总灌面的56%,其中三造水田面积为33.86万亩,两造水稻田面积47.31万亩。考虑灌区缺水的实际,规划种植作物基本上考虑种植耗水量小的作物,设计水平年维持水田面积不变。灌区内粮食增产主要靠单产量的增加来实现。

(2)增加冬季瓜菜的种植结构,将原来两造水田改造为三造水田,三造水田面积由33.86万亩提升为59.78万亩,两造水田由47.3万亩减少为21.39万亩。通过水田种植结构调整,到设计水平年水稻种植面积将比现状扩大36.22万亩。

(3)规划优化原有瓜菜种植结构,扩大瓜菜种植面积。通过扩大三造水田种植面积和扩大旱地中瓜菜种植比例,到设计水平年冬季瓜菜比现状多增加67万亩。

(4)灌区内热带作物主要有胡椒、香蕉、甘蔗、芒果等,这些作物经济效益好,但是考虑到种植习惯和冬季瓜菜生产基地建设需要,灌面内果园种植面积维持不变。适当调整热作种植结构,提高热作品质。

(5)灌区内有文昌县城、屯昌县城,并且紧邻海口市城区、琼海市城区和定安县城区,在发展壮大冬季瓜菜生产基地同时,发展扩大非冬季蔬菜也是种植业发展方向。计划扩大夏季蔬菜种植面积。

(6)利用增、间、套种技术提高复种指数,调整粮经比由 58∶42 提高到 55∶45,复种指数由目前的 183% 提高到 227%。

分片作物种植比例见表1。

3 灌溉制度设计

3.1 设计原则

灌溉制度是进行农田灌溉需水量计算的依据,灌溉定额大小直接影响到灌水量的多少。为体现以节水为中心的指导思想,尽可能改变旧习惯、旧观念,灌溉制度设计主要遵循以科研试验资料为基础,合理确定作物生育期参数及因地制宜,推广经济、成熟的节水灌溉技术的原则。根据灌区规划范围,广泛收集灌区及附近地区灌溉试验站灌溉试验资料,参考全国及邻近省份的节水灌溉技术应用研究成果,利用项目区内塔洋灌溉试验资料和中国水科院 2004 年完成的《海南省水资源综合规划》[11],合理确定主要作物的生长规律和各生育期需耗水量。

旱作物根据地形特点广泛推广小畦灌溉、管灌等方式,并开展喷灌试验,根据经济和自然条件逐步扩大喷灌面积,以实现旱作物的节水。旱作物的灌溉方式:改变传统的灌溉习惯,按节水灌溉要求,因地制宜采取各种节水灌水方式,小畦灌和沟灌占50%,移动软管浇灌占45%,其他如喷灌、滴灌、微灌等占5%。

水稻:采用"薄、浅、湿、晒"灌溉方式。

根据灌区水土资源及种植业发展实际情况,本区以水稻为主。但是灌区是水资源紧缺地区,根据相关规范规定,灌溉设计保证率应在80%~95%间选取,本工程取80%。

3.2 方法

根据灌区土壤、气候特点及水文地质条件,考虑区内气象站已有较长实测气象资料,为如实反映其变化,在进行灌溉制度设计时,结合灌区分片及作物组成规划成果,本次选择琼海站作为西干渠片、东干上段片、琼海分干片灌溉制度设计的代表站,选择文昌站作为东干中片、重兴分干片、文教分干片和东干下片灌溉制度设计的代表站。

灌区现状灌溉土地可划分为水田、水浇地和果园地。本次将水田灌溉需水量分析的代表作物结构确定为早稻、晚稻和瓜菜(冬薯)。选择甘蔗、花生、瓜菜作为水浇地的代表作物结构,通过参考松涛灌区和分析海南省历年热作和甘蔗灌溉定额的计算成果,各分区热作定额采用甘蔗定额的 0.52,冬薯按照冬季瓜菜定额的 1/3。现状林果地灌溉作物主要有香蕉、芒果、荔枝、龙眼等,其中香蕉的需水量较大,本次仅对需水量较大的香蕉进行了灌溉需水量分析,芒果等灌溉定额暂按香蕉定额的 0.5 倍考虑。

综上所述,本次灌溉需水量分析的参考作物为早稻、晚稻、瓜菜、甘蔗、花生、香蕉等6种作物。采用时历法分时段水量平衡,进行各代表站 1964 年 6 月至 2010 年 5 月共 46 年系列的灌溉制度设计。其中,水稻本田期计算时段为候,旱作物及水稻泡田期计算时段为旬。

3.3 主要成果

3.3.1 单项作物定额

根据灌区气象资料、土壤特性及主要作物生育期参数,进行系列年水量平衡计算,灌区各代表站主要作物单项定额成果见表2。

表 1 分片作物种植比例表

（单位：万亩）

水平年		2010年								2030年							
片区		西干渠片	东干上片	琼海分干	重兴分干	文教分干	东干中片	东干下片	合计	西干渠片	东干上片	琼海分干	重兴分干	文教分干	东干中片	东干下片	合计
1.总面积（万亩）		13.64	30.06	24.87	12.24	17.67	23	24	145.48	13.64	30.06	24.87	12.24	17.67	23	24	145.48
1.1.现状保灌面	总面积	4.65	2.15	10.68	6.72	2.95	7.55	10.53	45.22	4.65	2.15	10.68	6.72	2.95	7.55	10.53	45.22
	三造水田	2.79	1.26	6.05	3.58	1.57	4.07	5.61	24.95	2.79	1.26	6.05	3.58	1.57	4.07	5.61	24.95
	两造水田	1.39	0.63	3.03	1.79	0.79	2.04	2.81	12.47	1.39	0.63	3.03	1.79	0.79	2.04	2.81	12.47
	水浇地	0.46	0.25	1.6	1.34	0.59	1.44	2.11	7.8	0.46	0.25	1.6	1.34	0.59	1.44	2.11	7.8
1.2.新增和改善灌面	总面积	9	27.92	14.19	5.52	14.72	15.45	13.47	100.26	9	27.92	14.19	5.52	14.72	15.45	13.47	100.26
	三造水田	0.63	2.41	1.42	0.55	1.47	1.09	1.35	8.92	0.63	2.41	1.42	0.55	1.47	1.09	1.35	8.92
	两造水田	2.52	9.64	5.67	2.21	5.89	3.51	5.39	34.83	2.52	9.64	5.67	2.21	5.89	3.51	5.39	34.83
	水浇地	4.5	11.68	4.96	1.93	5.15	7.71	4.71	40.65	4.5	11.68	4.96	1.93	5.15	7.71	4.71	40.65
	果园地	1.35	4.19	2.13	0.83	2.21	3.15	2.02	15.87	1.35	4.19	2.13	0.83	2.21	3.15	2.02	15.87
2.水田种植比例　三造	早稻	93%	71%	66%	86%	75%	84%	83%	79%	100%	98%	98%	98%	98%	98%	98%	98%
	晚稻	94%	84%	81%	87%	85%	90%	89%	87%	100%	100%	100%	100%	100%	100%	100%	100%
	蔬菜	96%	84%	81%	97%	91%	92%	90%	89%	100%	100%	100%	100%	100%	100%	100%	100%
	小计	283%	238%	228%	271%	251%	265%	263%	255%	300%	298%	298%	298%	298%	298%	298%	298%
两造	早稻	74%	65%	63%	77%	68%	75%	64%	68%	100%	92%	96%	97%	96%	98%	99%	97%
	晚稻	81%	72%	76%	83%	73%	83%	75%	76%	100%	100%	100%	100%	100%	99%	100%	100%
	小计	155%	137%	139%	160%	141%	157%	139%	144%	200%	192%	196%	197%	196%	196%	199%	197%

续表 1

水平年		2010年								2030年							
片区		西干渠片	东干上片	琼海分干	重兴分干	文教分干	东干中片	东干下片	合计	西干渠片	东干上片	琼海分干	重兴分干	文教分干	东干中片	东干下片	合计
3. 水浇地种植比例	甘蔗	11%	29%	12%	12%	12%	12%	3%	15%	8%	24%	9%	10%	12%	10%	2%	12%
	花生	62%	41%	38%	40%	40%	40%	69%	46%	50%	35%	35%	35%	34%	34%	53%	39%
	冬薯	62%	50%	45%	44%	45%	44%	53%	49%	40%	40%	32%	32%	32%	32%	35%	35%
	冬季瓜菜	16%	20%	28%	26%	28%	29%	31%	25%	42%	36%	42%	41%	41%	41%	48%	41%
	夏季瓜菜	63%	38%	54%	49%	51%	54%	66%	52%	78%	40%	57%	58%	58%	57%	72%	57%
	其他粮食作物	16%	9%	8%	8%	8%	7%	8%	9%	14%	7%	8%	8%	8%	8%	8%	8%
	小计	230%	187%	185%	179%	183%	186%	229%	196%	232%	182%	183%	184%	186%	182%	219%	193%
4. 果园地种植比例	香蕉	40%	40%	40%	40%	40%	40%	40%	40%	30%	34%	32%	32%	33%	32%	30%	32%
	胡椒	10%	10%	16%	16%	16%	16%	20%	14%	12%	12%	18%	19%	17%	19%	25%	17%
	其他经济热作	50%	50%	44%	44%	44%	44%	40%	46%	58%	54%	50%	49%	50%	49%	45%	51%
	小计	100%	100%	100%	100%	100%	100%	100%	100%	100%	100%	100%	100%	100%	100%	100%	100%
5. 复种指数		212%	164%	175%	198%	169%	185%	197%	183%	241%	214%	232%	235%	224%	211%	242%	227%

表2 琼海站及文昌站单项定额成果表 （单位：m³/亩）

| 代表站 | 水稻 | | | | 花生 | 甘蔗 | 冬薯 | 冬季瓜菜 | 夏季瓜菜 | 香蕉 | 胡椒 |
| | 三熟 | | 双造 | | | | | | | | |
	泡田	掺水	泡田	掺水							
琼海站	158.6	224.4	148.1	277.7	97.8	150.7	23.7	71.0	66.1	115.9	78.4
文昌站	162.9	229.6	143.8	281.7	86.1	169.9	28.9	86.8	81.5	113.6	88.3

3.3.2 综合灌溉定额

按照前述设计水平年各灌区片的水田、水浇地、热作园地中各农作物的种植比例，单项作物的灌水过程，考虑各种节水灌溉方式的节水效果，计算灌区灌溉定额成果见表3。

表3 各片区综合定额成果表 （单位：m³/亩）

| 地类 | | 琼海站 | | | 文昌站 | | | |
		西干渠片	东干上片	琼海分干片	东干中片	重兴分干片	文教分干片	东干下片
水田	三熟	454	449	449	475	475	475	475
	两造	426	406	416	417	418	416	424
水浇地		170	141	135	143	145	147	165
果园		78	80	80	81	81	81	82
综合定额		298	261	317	281	349	312	345

4 计算结果分析

2004年，中国水利水电科学研究院曾编制完成了《海南省水资源综合规划》，在"海南省主要作物灌溉用水定额分析"章节，对海南省全省的灌溉用水定额进行了详细分析。将全省划分为8个灌溉定额分区，红岭灌区所在区域属于琼中区、海口区和琼海区（见表4）。现将其结果与本次红岭灌区灌溉定额进行比较发现，本次结果相比《海南省水资源综合规划》中的结果整体偏小20%～30%，分析原因如下：

（1）所用时间序列有差异。

本次结果采用的是1964年6月至2010年5月共46年的蒸发和降雨序列，而《海南省水资源综合规划》采用的是至2000年的资料，时间序列相对较短。

（2）规划基准年有差异。

本次红岭灌区，规划基准年是2010年，其所有数据均基于2010年的基础数据进行分析，尤其是2009年12月，海南省国际旅游岛建设上升为国家发展战略后，国家热带现代农业基地建设要求，使得海南省的作物种植结构发生了变化。而《海南省水资源综合规划》设计基准年为2000年，近十年来，随着国家及海南省对水利基础设施的投入，节水改造措施的实施，全省的农业灌溉发生了变化。

表4 《海南省水资源综合规划》综合净定额 （单位:m³/亩）

片区	分区	稻—稻—菜		稻—稻		水浇地	
		75%	90%	75%	90%	75%	90%
西干渠片	琼中区	475	542	427	501	214	317
东干上片	琼海区	491	602	485	595	214	317
琼海分干片							
东干中片	海口区	527	644	474	581	229	259
重兴分干片							
文教分干片							
东干下片							

（3）作物种植结构有差异。

本次在作物种植结构的调整时，充分考虑到至设计水平年水田、水浇地和热作的种植比例，同时改变传统的灌溉习惯，按国家对节水灌溉的要求，因地制宜采取各种节水灌水方式。这些改变导致定额的相对减少。

5 结 语

（1）红岭灌区工程在进行作物种植结构规划及灌溉制度设计时，主要参考《国务院关于推进海南国际旅游岛建设发展的若干意见》《海南国际旅游岛建设发展规划纲要》《海南省国民经济和社会发展第十二个五年规划纲要》《海南省水务发展与改革"十二五"规划报告》《海南省热带作物产业十二五发展规划》和《海南省国家冬季瓜菜基地建设规划》等综合性规划。同时，结合灌区土地资源条件、农业生产水平，在充分征求地方政府农业管理部门意见的基础上，考虑水源改善后的生产条件分析确定设计水平年灌区农作物组成情况。

（2）考虑灌区缺水的实际，规划种植作物基本上考虑种植耗水量小的作物，设计水平年维持水田面积不变。灌区内粮食增产主要靠单产量的增加来实现。规划优化原有瓜菜种植结构，扩大瓜菜种植面积。通过扩大三造水田种植面积和扩大旱地中瓜菜种植比例。同时，利用增、间、套种技术提高复种指数，调整粮经比由58:42提高到55:45，复种指数由目前的183%提高到227%。

（3）合理确定灌溉面积后，坚持因地制宜的节水措施，计算相应灌溉制度下的定额，确定西干渠片、东干上片、琼海分干片、东干中片、重兴分干片、文教分干片和东干下片的综合定额分别为298 m³/亩、261 m³/亩、317 m³/亩、281 m³/亩、349 m³/亩、312 m³/亩及345 m³/亩。

（4）本文研究成果不仅作为灌区工程设计与建后运行管理的重要技术依据，也可作为最严格水资源管理制度落实"三条红线"分解、农业用水总量考核、农业用水效率考核的参考依据，为行政主管部门科学实施灌溉用水"总量控制、定额管理"及水资源优化配置的提供一定的帮助。

参 考 文 献

[1] 孙小平,荣丰涛. 作物优化灌溉制度的研究[J]. 山西水利科技,2004(2):39-41.

[2] 熊夏澜. 用水量平衡法确定灌区设计灌溉制度的计算[J]. 中国水运,2013(4):204-205.

[3] 刘钰,J L Teixeira,L S Pereira,等. 作物需水量与灌溉制度模拟[J]. 水利水电技术,1997(4):38-43.

[4] 海南省水务厅,海南省水文水资源勘测局. 海南省节水灌溉规划[R]. 2009.

[5] 李亮新,刘银迪,贺新春. 海南松涛灌区农业节水现状及对策分析[J]. 人民珠江,2015(2):100-103.

[6] 刘学军. 面向21世纪松涛灌区水资源开发利用的对策[J]. 人民珠江,2012(2):7-8.

[7] 李英能. 关于大型灌区节水改造规划的几个问题[J]. 水利规划与设计,2000(4):29-32.

[8] 李英能. 对节水灌溉工程规划若干问题的探讨[J]. 水利规划与设计,2005(3):1-5.

[9] 中国热带农业科学院. 海南省热带作物产业"十二五"发展规划[R]. 2011.

[10] 中国国际工程咨询公司. 海南省国家冬季瓜菜基地建设规划[R]. 2011.

[11] 海南省水务局,中国水利水电科学研究院. 海南省水资源综合规划[R]. 2005.

【作者简介】 王晓霞 (1980—),女,高级工程师。E-mail:544584132@ qq. com。

梅梅岭隧洞施工组织设计研究

徐 成 曾更才 宗 蓓

（湖南省水利水电勘测设计研究总院，长沙 410007）

摘 要 梅梅岭隧洞作为深埋无施工支洞无竖井的小断面、长距离输水隧洞，与一般隧洞相比，其不良地质洞段成洞、施工通风排烟及施工进度安排等问题尤为突出。本文通过研究梅梅岭隧洞施工组织设计中的关键施工技术，解决隧洞工程施工重难点、合理安排施工进度，确保其能够安全、高效、快速的施工。

关键词 梅梅岭隧洞；支护方案；施工通风；进度计划

1 引 言

毛俊水库工程为我国"十三五"期间 172 项节水供水重大水利工程之一，其中的梅梅岭隧洞为毛俊水库工程施工总进度计划中的关键线路项目，并一直是毛俊水库工程各设计阶段施工组织设计的重点内容之一。本文简要介绍招标设计阶段梅梅岭隧洞施工组织设计主要设计成果。

2 工程概况

毛俊水库工程位于湖南省蓝山县境内，是一个以灌溉为主，结合供水，兼顾发电等综合利用效益的 II 等大（二）型水利工程，包括枢纽工程和灌区工程。梅梅岭隧洞工程为毛俊水库灌区规模最大的隧洞，位于主灌面左干渠 ZG2 + 761 m ~ ZG8 + 155 m 处，设计流量 14.5 m³/s。隧洞洞长 5 394 m，纵坡 1/3 000，洞身断面为城门洞型式，顶拱 120°，最大开挖断面尺寸 5.26 m×5.085 m（宽×高），最小开挖断面尺寸 4.3 m×4.305 m（宽×高）。进、出口土洞段采用全断面衬砌，边顶拱衬砌厚度 45 cm，底板 50 cm；洞身 IV、V 类围岩采用全断面衬砌，边顶拱衬砌厚度 40 cm，底板 50 cm；洞身 III 类围岩仅在边墙和底板衬砌素混凝土减糙，其中侧墙 15 cm，底板 20 cm。

3 工程特点及施工重点、难点

3.1 工程特点

山体较雄厚、埋深较大，断面小、线路长，地质条件较复杂是梅梅岭隧洞工程主要特点。

（1）山体较雄厚、埋深较大，施工支洞布置较困难。梅梅岭隧洞位于较雄厚山体中，沿东南—西北向布置，最大埋深 425 m，隧洞进出口属丘陵地貌，中部穿越山岭地形起伏大，属中低山地貌，隧洞沿线仅有简易乡村道路至隧洞进出口，无合适的布置施工支洞的地形条件。

（2）断面小、线路长，施工难度较大。隧洞全长 5 394 m，隧洞断面尺寸 4.0 m×3.955 m（宽×高），最大开挖断面尺寸 5.26 m×5.085 m（宽×高），最小开挖断面尺寸 4.3 m×

4. 305 m(宽×高),属小断面长隧洞,施工难度较大。

(3)地质条件较复杂,隧洞施工安全问题较突出。隧洞沿线出露的地层主要有灰岩、石英砂岩夹页岩,及变质砂岩夹炭质板岩及第四系崩坡积含碎石、块石粉质黏土。其中,进出口洞段为崩坡积含碎石、块石粉质黏土浅埋土洞段,围岩稳定性极差;隧洞沿线均处于地下水位以下,岩溶又较发育,灰岩洞段及寒武系与泥盆系的不整合接触带部位突泥涌水风险较大;另受构造作用,隧洞中段部分洞段岩体挤压严重,岩石节理裂隙较发育,围岩稳定性差。

3.2　施工重点、难点

梅梅岭隧洞工程施工重点、难点主要表现在以下几个方面:

(1)不良地质洞段成洞施工安全。隧洞进出口浅埋土洞段、隧洞中段断层破碎带、节理密集带等部位等围岩稳定性差或稳定性极差,开挖过程中隧洞垮塌风险大。隧洞全线均处于地下水位以下,隧洞特别是岩溶发育洞段及寒武系与泥盆系的不整合接触带等部位,开挖过程中可能出现较大涌水。

保证上述洞段安全施工是本工程重点也是难点,也是梅梅岭隧洞施工组织设计需重点研究的问题。

(2)通风排烟难度大。隧洞受地形及布置等条件限制,独头通风长度达2.7 km,加之隧洞设计开挖断面小,最小开挖断面尺寸仅为4.3 m×4.305 m(宽×高),考虑出碴设备及其他设施的布置后,通风管道尺寸受到限制;而要保证隧洞掘进进度,又需要保证通风量,因此施工通风难度大。

(3)施工进度安排。梅梅岭隧洞为毛俊水库工程施工进度的关键线路,其工期直接决定毛俊水库工程开始发挥效益的时间。由于隧洞地质条件较复杂,特别是隧洞断面小、独头工作面长的特点,难以采用大型、高效施工机械设备,并带来供电、供风、排水、排烟出渣等一系列困难。因此,合理安排隧洞的施工进度计划也是本工程设计重点之一。

4　隧洞施工方法

4.1　施工方案选择

4.1.1　洞挖方法选择

钻爆法和TBM法是目前广泛采用的深埋长隧洞的开挖方法,由于TBM施工机械的购置费和运输、组装、解体等费用高,机械的设计制造及维修时间长,初期投资远高于钻爆法,且梅梅岭隧洞存在进出口施工布置场地狭小、洞身地质条件复杂、开挖断面尺寸变化等特点,TBM施工对地形地质条件的适应程度远不如钻爆法,因此梅梅岭隧洞洞挖方法采用钻爆法。

土洞段开挖应遵循"短进尺、强支护、快封闭、勤量测"的原则,采用台阶法开挖,人工配合风镐开挖;洞身段开挖采用全断面钻爆法开挖,采用双向进占方式,由隧洞进出口方向两个工作面分别向中段开挖进占,采用风动凿岩机钻孔,风钻钻孔,人工装药爆破,周边围岩光面爆破。

4.1.2　出渣方式选择

根据隧洞布置及地形条件,梅梅岭隧洞位于较雄厚山体中,最大埋深425 m,山垭口或山坳距梅梅岭隧洞轴线距离均在2 000 m以上,布置施工支洞或竖井的难度大、进度慢、投资高,因此设计考虑采用不设施工支洞和通风井的方式,仅在进出口设两个工作面,独头掘进的长度约2.7 km。由于洞内运距较长且隧洞断面较小,若采用无轨运输出渣,柴油机废气排放量较大,通风费用高,甚至通风无法满足要求,而有轨运输出渣在长隧洞中具有出渣快、无污染、安全性高的优点。因此,本工程采用有轨运输的出渣方式,有轨运输采用24 kg/m钢轨,轨距762 mm,采用蓄电池式电机车牵引8 m³梭式矿车运输。具体出渣方案如下:在隧洞掌子面人工操作立爪装渣机将爆破的渣料装至梭车,用电机车牵引出洞,在洞外卸渣,空回至掌子面,循环往复。

4.2 开挖支护方案

隧洞洞身开挖支护按新奥法原理进行施工,根据不同的围岩类别针对性地采用不同的开挖支护方案。

4.2.1 洞口施工

隧洞进出口均为浅埋覆盖层洞段,掘进过程中易发生坍塌,为确保进、出口洞口施工安全,在完成洞口边坡支护后,洞口进洞采用超前注浆大管棚方案。为此先施作管棚导向墙,导向墙采用C25钢筋混凝土,长6.4 m,墙厚80 cm,并在墙脚设50 cm厚C25混凝土基座防止沉降,具体见图1。导向墙内设I18钢拱架,每榀间距0.5 m,并在顶拱段设ϕ146导向管,间距40 cm,隧洞顶

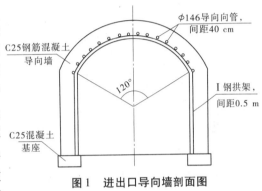

图1 进出口导向墙剖面图

拱120°范围注浆管棚采用Φ108管径,壁厚6 mm,单根长20 m,管棚外插角1°,管棚注浆前对开挖工作面、拱圈及孔口管周围岩面喷射厚15 cm厚的混凝土。

4.2.2 进出口土洞段

土洞段开挖遵循"管超前、严注浆、短进尺、强支护、快封闭、勤量测"的原则,开挖采用台阶法,支护采用"超前支护+钢拱架+系统锚杆+挂网喷混凝土"的形式。其中:除洞口进洞段采用超前注浆大管棚(参数见上4.2.1)外,其余土洞段采用注浆小导管。小导管参数为ϕ42@400 cm,壁厚3 mm,L=4.5 m。洞挖前沿顶拱开挖断面周边打入管棚或小导管,随后进行注浆,注浆施工结束后进行掌子面的开挖,开挖后及时进行刚性支护施工,采用I18型钢,每榀间距0.5 m+纵向连接钢筋Φ22@1.0 m+系统锚杆Φ25@1 m×1 m,L=3 m梅花型布置+锁脚锚杆Φ28、L=3 m的支护方式。挂网喷混凝土钢筋网规格为Φ6.5@0.2×0.2 m,喷混凝土为18 cm厚C25混凝土。为防止隧洞底板土层软化及橡皮土现象,设30 cm厚干硬性混凝土垫层封闭底板。

4.2.3 洞身III类围岩段

采用全断面钻爆法开挖,自制自行式平台车钻孔,YT-28型风钻钻孔,循环进尺2.5 m,人工装药,毫秒非电雷管起爆,周边孔光面爆破。初期支护采用随机锚杆并结合永久支护形式挂网喷混凝土。挂网喷混凝土钢筋网规格为Φ6.5@0.2 m×0.2 m,喷混凝土为10 cm厚C25混凝土。

4.2.4 洞身不良地质段

4.2.4.1 突泥洞段

对可能存在突泥涌水风险的富水洞段,特别是隧洞岩溶发育洞段、寒武系与泥盆系的不

整合接触带部位等,严格执行"先探后掘"的原则,先进行超前地质预报,探明掌子面前方的工程地质和水文地质条件,做到早预防、早准备,以尽可能减少涌水对施工造成灾难性的影响。根据探明的地下水类型,分别采取不同处理措施:若水量不大,如为渗滴水和线状渗水,可打排水孔排水,排水后继续掘进;如水量或水压较大、围岩稳定性差洞段,则采取先超前帷幕注浆止水或超前注浆管棚、注浆小导管等措施。完成后再掘进并及时进行初期支护。

4.2.4.2　断层破碎带等Ⅳ、Ⅴ类围岩洞段

对于Ⅴ类围岩洞段,采用台阶法开挖为主,循环进尺 0.8 m,支护采用"超前小导管 + 钢拱架 + 系统锚杆 + 挂网喷混凝土"形式。其中:小导管参数为 $\phi42@400$ cm,壁厚 3 mm,$L = 4.5$ m。采用 I18 型钢,每榀间距 $0.5 \sim 1.5$ m + 纵向连接钢筋 $\Phi22@1.0$ m + 系统锚杆 $\Phi25@1$ m×1 m,$L = 3$ m 梅花型布置 + 锁脚锚杆 $\Phi28$、$L = 3$ m 的支护方式。挂网喷混凝土钢筋网规格为 $\Phi6.5@0.2$ m×0.2 m,喷混凝土为 15 cm 厚 C25 混凝土。对于Ⅳ类围岩洞段,开挖采用全断面法,循环进尺 1.8 m,支护采用"钢格栅拱架 + 系统锚杆 + 挂网喷混凝土"形式。钢架支护采用 $\Phi22$ 钢格栅拱架,每榀间距 $1.0 \sim 1.5$ m,系统锚杆采用 $\Phi25@1.5$ m×1.5 m,$L = 3$ m 梅花型布置,挂网喷混凝土钢筋网规格为 $\Phi6.5@0.2$ m×0.2 m,喷混凝土为 10 cm 厚 C25 混凝土。

4.3　施工通风规划

4.3.1　通风方式

压入式通风具有费用低、安全可靠性好,工作面气象环境好,便于移装等优点,为满足隧洞快速掘进的要求,梅梅岭隧洞通风方式选择压入式通风。为改善洞内空气,局部增设射流风机;为降低工作面粉尘,还在距工作面 50 m 左右设水幕降尘器。

4.3.2　通风量计算

洞内环境的污染主要来自以下几个方面:①开挖面爆破产生的炮烟;②钻孔爆破及锚喷支护产生的粉尘;③内燃机设备产生的废气。

通风量按以下四个方面考虑计算,即洞内施工高峰期人数呼吸所需通风总量 Q_1;爆破后稀释一次最大爆破炸药量产生有害气体至允许浓度所需的通风总量 Q_2;稀释柴油机械设备排放废气所需通风总量 Q_3;隧洞允许最小风速的通风总量 Q_4。最后求得工作面所需风量 $Q = \max(Q_1、Q_2、Q_3、Q_4)$。

(1)施工人员所需风量。

洞内同时工作的最多人数按 20 人考虑,每人每分钟所需新鲜空气 3 m^3,同时考虑 1.15 的风量备用系数,经计算,施工人员所需风量 Q_1 为 70 m^3/min。

(2)爆破散烟所需风量。

隧洞独头掘进长度 2.7 km,同时爆破最大一次药量按Ⅲ类围岩一次循环进尺药量 65 kg 计,隧洞断面积 m^2,通风时间考虑为 30 min,经计算,压入式通风爆破散烟所需风量 Q_2 为 1 400 m^3/min。

(3)按稀释和排除内燃机废气计算。

隧洞采用有轨出渣,洞内工作的柴油机械总额定功率按 120 kW 计,单位功率需风量指标取 4.1 $m^3/(kW \cdot min)$,经计算,稀释和排除内燃机废气所需通风总量 Q_3 为 492 m^3/min。

(4)洞内最小风速所需风量。

洞内允许最小风速按 0.25 m/s 计,满足洞内最小风速所需的风量 Q_4 为 210 m^3/min。

根据上述计算成果,梅梅岭隧洞单个工作面设计所需最大风量为 1 400 m³/min。

4.3.3 风机风量及风压计算

(1)确定风机工作风量。

压入式通风采用优质通风软管,其布置采用在洞顶悬挂的方式,通风软管百米漏风率正常可控制在 2% 以内,经计算,风机的工作风量为 2 150 m³/min。

(2)确定风机工作风压。

考虑沿程风压损失及局部风压损失,经查通风计算诺模图,采用管径 1 000 mm 的通风软管,计算可知风机工作风压为 152 mmH₂O。

4.3.4 风机设备选型及配置

(1)风管选择。

风管内的风速决定风管直径,当风量一定时,风管中的风速越大,风管的截面积就越小,反之则越大。由于受到洞径和有轨出渣设备的制约,本工程选用直径为 1 000 mm 的涂塑帆布风筒,挂在洞顶壁,风筒每条长 10 m,接头采用拉链式连接,拆装方便。

(2)风机选择。

选择风机最主要的原则是风机必须满足最大距离送风量的要求。考虑风机的静压效率、机械传动效率、电动机容量储备系数后,计算可得通风机功率为 84 kW。

根据以上计算成果及相关施工经验,在本工程长隧洞中,共配置四台 SSF 系列轴流式风机进行串联供风可满足通风需求。第一台设在洞口处,第二台设在 800 m 洞深处,第三台设在 1 500 m 洞深处,第四台设在 2 300 m 洞深处。

4.4 隧洞衬砌施工

梅梅岭隧洞为城门洞型断面,且断面尺寸不大,为加快施工进度,缩短施工工期,施工原则上按照先挖后衬的程序进行,即隧洞衬砌在隧洞贯通后进行。衬砌采用先浇筑底板再边顶拱的施工方案。隧洞衬砌混凝土由布置在进、出口附近的拌和站供应,从进、出口方向往中间处浇筑,通过混凝土输送泵送混凝土入仓。底板混凝土采用拖模施工,边顶拱采用钢模台车施工。

5 隧洞施工进度计划

梅梅岭隧洞施工为本工程关键线路,其施工工期即为毛俊水库工程总工期,因此合理安排梅梅岭隧洞施工进度是整个工程能否按期完工并发挥效益的关键。

5.1 开挖进度计划

根据地质条件及隧洞断面尺寸确定炮孔深度,再根据炮孔深度确定的各类围岩循环开挖进尺如下:Ⅲ类围岩循环进尺 2.5 m,Ⅳ类围岩循环进尺 1.8 m,Ⅴ类围岩循环进尺 0.8 m。洞身开挖支护作业在计算出测量放线、钻孔、爆破、通风排烟、撬顶、出渣及初期支护等工序时间,并考虑不良地质洞段超前支护的摊销时间后,确定的梅梅岭隧洞各类围岩开挖支护作业循环时间如下:Ⅲ类围岩 9 h,Ⅳ类围岩 16 h,Ⅴ类围岩 17 h。

根据各类围岩循环进尺及开挖支护作业循环时间,隧洞Ⅲ类、Ⅳ类及Ⅴ类围岩理论月进尺分别为 180 m/月、73 m/月及 30 m/月,据此确定隧洞开挖进度计划采用如下指标:Ⅲ类围岩进尺指标 150 m/月,Ⅳ类围岩进尺指标 60 m/月,Ⅴ类围岩进尺指标 25 m/月。

综上,隧洞土石方洞挖工期为 27 个月。

5.2　衬砌进度计划

隧洞混凝土衬砌浇筑施工进度控制指标通过循环作业时间分析确定。混凝土衬砌采用先底板后边(顶)拱的顺序衬砌,底板混凝土采用拖模施工,月进尺为 1 000 m/月。边顶拱混凝土施工采用边顶拱钢模台车,模板长度 15 m,在计算出支模、浇筑混凝土、脱模等工序时间后,确定的Ⅳ、Ⅴ类围岩边顶拱衬砌循环时间为 60 h,Ⅲ类围岩仅边墙衬砌,循环时间为 42 h。经计算,Ⅳ、Ⅴ类围岩月进尺为 160 m/月,Ⅲ类围岩月进尺为 200 m/月。综上,衬砌施工总工期为 17 个月。

综合考虑施工准备期、进出口明挖及灌浆工期后,梅梅岭隧洞的施工总工期为 48 个月。

6　结　语

小断面、长距离输水隧洞在各类隧洞中施工难度较大,工程上出现的也越来越多,其施工组织设计受到多方面因素的制约,如何在有限的施工条件下经济快速的完成施工项目非常值得讨论与研究。本文以梅梅岭隧洞施工作为对象,研究和探讨了其出渣方案、开挖支护方案、通风措施及施工进度计划等关键施工技术,对小断面长隧洞工程的施工组织设计具有一定的借鉴意义。

参 考 文 献

[1] 孙养俊.深埋长隧洞施工技术[J].水电站设计,2005(1):68-70.
[2] 汪易森.关于深埋长隧洞开挖中高压涌水问题的讨论[J].南水北调与水利科技,2006(5):4-7.
[3] 刘彦卫.水工隧洞钻爆法施工中的通风散烟[J].山西水利科技,2013(5).
[4] 耿新春.钻爆法特长隧洞施工通风系统技术[J].山西建筑,2014(3).
[5] 杜睿鹏.有轨出渣及接力通风在小断面长隧洞中的应用[J].甘肃农业,2011(7).
[6] 孙建林.不良地质条件下隧洞进口开挖、支护施工技术[J].云南水力发电,2009(3).
[7] 侯华梁,张辉.小断面长引水隧洞衬砌综合施工技术[J].水利科技与经济,2013(10).
[8] 蒙丽丽.深埋无施工支洞引水长隧洞施工方法探讨[J].广西水利水电,2003(3).
[9] 赵才顺,王俊平,张福宝.加快长距离小断面隧洞掘进速度的施工措施[J].山西水利科技,2002(2).

【作者简介】　徐成,工程师。E-mail:124612064@qq.com。

庆祝新中国成立70周年之际，《四川夜景》付梓出版，盛事共襄。由此对于四川电力发展、对于人民幸福生活，油然生发出一些别样、鲜明的感受。

夜景，是展现"电之美"最直观的方式。人们在观赏夜景，获得美的享受和愉悦的同时，更加强烈地感受到电的存在与美好。

从太空看中国城市夜景亮度的变化，能够直观地感受到区域经济及人们生活的真实状况。从临海的长三角、珠三角、京津冀地区熠熠生辉，随着纬度西移，或向西南纵深，则星罗棋布，明暗错落。但在广袤的西部版图上，一片璀璨亮光却悄然出现，这就是位于祖国腹地的天府之国——四川。

谁能想到，这片灯火辉煌的地方，在40年前还是一个用电需要外省"接济"的省份。如今四川电网跨越70年，由"严重缺电"到"外送领先"，经历了天翻地覆的变化。从1905年成都点亮第一盏电灯，到新中国成立70年来的跨越发展，四川电力走过了极不平凡的创业、拼搏、超越之路。尤其是党的十八大以来，新时代、新征程为四川带来了大开放、大发展的新机遇，四川经济进入高速发展的快车道，四川电力呈现出创新突破的发展态势。"新甘石"联网工程、川藏联网工程、特高压工程建设……这一个个凝聚着四川电力人心血与汗水的累累硕果，为四川高质量发展、昂首迈向"两个一百年"奋斗目标，注入了强劲动力，也给亘古无垠的大地带来了无比辉煌而绚丽的光亮与梦想。

每一盏灯的光芒中，都散发着电力人汗水的温度；每一个屏幕的光影中，都闪烁着电力人创新的激情；每一座亮起来的城市里，都奔涌着电力人勇于担当的能量。

《四川夜景》由国家电网四川省电力公司编撰。书里的一百多幅照片，有许多来自国网四川电力的普通员工之手。他们或因职业需要，拍摄于日常工作的一线；或作为一个生于斯，长于斯的普通人，用镜头记录生活的瞬间。他们热爱这片土地，所以执着于展现这片土地的光彩；因为忠诚于电力事业，所以每一幅作品中都饱含着作为劳动者和建设者的自豪与光荣。

一方水土养一方人。地域文化是企业文化最鲜活灵动的基因源头。巴山之坚毅，蜀水之灵秀，造就了这片美丽的热土和勤劳的人民。因为有电，所以温暖；因为有光，所以隽永。让我们跟随这一个个镜头，一起走进迷人夜色中的天府之国，感受这光与影带来的美好与幸福。

SI
CHUAN
NIGHT
VIEW

编委会

策 划：谭洪恩　胡海舰

主 编：刘　勇

副主编：杜树兴　高德文

编写组：向莉莉　李轩仪　舒　虹　陈红梅　彭　晔

　　　　余　洋　周　斌　黄　铮　杨国梁　田　海

　　　　李京函　何　健　袁雨湉　马宁果　王青青

　　　　张　浩　刘　进　徐文燕　高跃明　刘　俊

　　　　曾　林　杨再秋　徐　艺　张　超　杨月红

前言
Foreword

《华阳国志》记载："沃野千里，号为陆海，旱则引水浸润，雨则堵塞水门，故记曰：水旱从人，不知饥馑，时无荒年，天下谓之天府也。"天府之国的美誉由此而来。

从曾经的"西南蛮夷之地"到如今的天府之国、宜居之城，巴蜀之地经历了怎样的岁月变迁？从"日照锦城头，朝光散花楼"到"晓看红湿处，花重锦官城"，成都之美不仅在于白日之下，更在于夜色之中。

除了成都，四川其他地区的发展同样日新月异、值得称颂。四川各地的夜景究竟美得如何动人心魄？各地夜晚的璀璨与哪些人的辛勤付出息息相关？本书将为您一一呈现。

本书从"电让城市更精彩""电让发展更强劲""电让乡村更闪亮""电让生活更美好"四个方面，勾勒出一个光芒四射、充满活力的"夜四川"，记录了时代大潮下四川发展的美丽倩影，生动展示了城乡面貌和人民生活的巨大变化，是一份独特的"四川档案"；同时，我们也记录下了这些璀璨夜景背后，一些普通的四川电力人的工作瞬间。他们，是真正的"光明使者"。

岁月流转，光影忠实地记录下古老的四川在新时代潮流涌动下焕发的勃勃生机。作为这个伟大时代的亲历者，让我们共同见证，举杯祝愿。

111

点亮四川、守护光明——他们是最美的夜景

093

活力四川、别样川味——电让生活更美好

075

广袤四川、星火燎原——电让乡村更闪亮

目录
Contents

魅力四川、璀璨天府——电让城市更精彩

从平均海拔500米的成都到3500米的甘孜州，电的存在改变了城市的面貌，提升了人们出行和生活的品质，更带来了温暖光明与安定幸福。

夜幕低垂，华灯初上。红色圣地巴中、小平故里广安、阳光花城攀枝花……天府之国东西南北中的各个城市，在灯火霓虹的装点下散发着风采各异的独特魅力。忙碌一天的人们纷纷走上街头，散步、聊天、会友，在流光溢彩中驻足流连，在璀璨灯火中拍照留影，享受现代城市的通达便利与精彩美好。

"拜水都江堰，问道青城山"。天府之国的美不止在山水之间，也在那灯火闪耀之中。霓虹中的城市，多了几分白天没有的妩媚与风情，精彩的故事轮番上演。

CHAPTER ONE

1

九天开出一成都，

万户千门入画图。

草树云山如锦绣，

秦川得及此间无。

——唐·李白

「成都」

　　"九天开出一成都，万户千门入画图"。成都，别称"蓉城""锦城"，素有"天府之国"美誉，是四川省省会、特大副省级城市，国家中心城市。成都处于"一带一路与长江经济带交汇点"的重要位置，辖区面积14335平方千米，常住人口1633万人，拥有都江堰、武侯祠、杜甫草堂、金沙遗址等名胜古迹，系古蜀文明发祥地，中国十大古都之一，先后获世界美食之都、世界最佳新兴商务城市、全球最佳旅游景点城市等称号。2018年，成都GDP生产总量突破1.5万亿元，占四川全省的38%，在中国新一线城市排名中位居第一，在中国最具发展潜力城市中排名第五，成为最适宜新经济增长、最有活力和激情的城市。

　　成都，一座来了就不想离开的城市。华灯初上，霓虹闪耀，为这座原本就悠闲的城更平添一份梦幻华彩。自1905年5月成都亮起第一盏灯以来，光亮已长达一个世纪。国网成都供电公司成立于1953年，是国家电网公司大型重点供电企业之一，担负着成都市18个区（市、县）的供电任务，共有35千伏及以上变电站340座，城市地下电缆6992千米，电缆隧道长度排名全国第二。2018年底，成都全社会用电量637.41亿千瓦时，同比增长11.84%，增速"跑赢"全国3.34个百分点。高速发展的成都电网，正为成都全面建设现代化新天府，成为可持续发展的世界城市提供着源源不断的动力。

成都天紫界夜景 ｜ 夏炜

55层高的天紫界国际公寓附近，东大街、水井坊、九眼桥和红瓦寺四大国际精华区，在深蓝色夜幕下泛出迷人的光芒。

成都望江楼 | 袁博

望江楼始建于清光绪十五年，是为了纪念唐代女诗人
薛涛而建造的，楼高39米，共4层，每层都饰有精美
的禽兽泥塑和人物雕刻。

安顺廊桥夜景 | 袁博

暮色中的合江亭 | 袁博

星空下的都江堰玉垒塔 | 袁博

都江堰南桥 | 袁博

都江堰水利工程，两千余年来造福于岷江河畔的"天府之国"，系世界文化遗产。位于都江堰南的南桥，原名普济桥、凌云桥，也称西蜀第一桥。夜色中的南桥，雕梁画栋、飞檐翘角，好似长虹飞架于江水之上，晶莹剔透，流光溢彩。

「绵阳」

　　别称"中国科技城"，四川省第二大城市。位于四川盆地西北部，涪江中上游地带。绵阳是党中央、国务院批准建设的中国唯一的科技城，重要的国防科研和电子工业生产基地，成都平原城市群北部中心城市，成渝经济圈七大区域中心之一，获联合国改善人居环境最佳示范奖。

　　绵阳古称"涪城"，始建于西汉时期，距今已有2200余年的历史。历来为州郡治所，后因城址位于绵山之南而得名"绵阳"，是诗仙李白的出生地，黄帝元妃"丝绸之母"嫘祖的故乡，夏王朝的缔造者大禹的诞生地。

俯瞰富乐山 ｜ 黎宁

富乐山被誉为绵州第一山。东汉建安16年，刘备入川，刘璋在此迎接，刘备望见四川的险要和富饶，不禁称赞"富哉，今日之乐乎"。为纪念刘备即兴之叹，便将此山称为富乐山，其名沿袭至今。

截至2018年末，绵阳市下辖3个市辖区、1个县级市、5个县，常住人口485.7万人，实现地区生产总值（GDP）超过2303.82亿元，总量居四川省第二位。

国网绵阳供电公司成立于1975年，当时年售电量仅4.53亿千瓦时，而今，全市社会用电量达105.89亿千瓦时，电量增速连续三年高于全国、全省平均水平。国网绵阳供电公司是国网四川省电力公司直属的特大一型企业，配电网规模位居全省第二，下辖35千伏及以上变电站123座，变电总容量889万千伏安，线路296条、长度4385.93千米。

作为中国唯一科技城的供电保障主体，国网绵阳供电公司积极践行"人民电业为人民"企业宗旨，秉承"根植绵阳、服务绵阳"的理念，为全市经济社会和工业快速发展提供了坚强的电力支撑。

富乐阁余晖 ｜ 方德玉

富乐阁位于富乐山之巅，阁高46米，分为五层。相传此阁是刘备与刘璋"涪城会"之地，登上此阁可饱览涪江横流和绵阳城市全貌。

远古对话 ｜ 黎宁

越王楼位于绵阳市龟山之巅，是唐太宗李世民第八子越王李贞任绵州刺史时所建，始建于唐高宗显庆年，其规模宏大、富丽堂皇，楼高十丈，时居四大名楼之首。越王楼与仿制清朝时期的镇水铁牛相互对望，仿佛在进行一场跨越时空的对话。

「攀枝花」

　　地处中国西南川滇结合部，位于四川最南端，全国唯一一座以花命名的城市。经过历史变迁，攀枝花从曾经的"不毛之地"，到如今已享有"花是一座城，城是一朵花"的美誉。这里是万里长江上游第一城，金沙江、雅砻江在此交汇；这里是四川唯一的亚热带水果生产基地，盛产芒果、枇杷、石榴、草莓、樱桃等特色水果，一年四季鲜果不断。

　　1965年，一台3千瓦的柴油发电机在金沙江畔点亮了攀枝花地区的第一盏灯，也开启了攀枝花的电力文明。如今，国网攀枝花供电公司担负着攀枝花及周边部分地区近万平方千米的供电任务，累计售电量近千亿千瓦时，为攀枝花建设成为四川南向门户和川西南、滇西北区域中心城市提供坚强保障。攀枝花电网与主网联系紧密，石板箐、甘泉和橄榄三座500千伏变电站与二滩水电站形成500千伏双环网；220千伏电网西部以石板箐、甘泉500千伏变电站为支撑，形成双环网；东部以石板箐、橄榄500千伏变电站为支撑，形成双链结构。现拥有变电站80座，主变电容量865.66万千伏安，输配电线路2658.6千米。

炳草岗夜景 | 王东

「乐山」

　　位于四川省中部，古称嘉州，面积1.27万平方公里，人口355万，有"海棠香国"的美誉。乐山是四川省重要的工业城市、成都经济区南部区域中心城市、重要枢纽城市、成渝城市群重要交通节点和港口城市。
　　乐山是国家历史文化名城，是一座有着3000多年历史的国家首批对外开放城市，有世界级遗产三处——世界自然与文化遗产峨眉山和乐山大佛、世界灌溉工程遗产东风堰，国家4A级以上景区15处，国家A级景区35处。

流光溢彩映三江

璀璨的灯光下，平静的江面倒映着城市的面容，仿佛向人们浅诉着嘉州古城的历史。

国网乐山供电公司成立于1969年，当时年售电量仅有1.7355亿千瓦时，经过50年的发展，2018年售电量达到131亿千瓦时，为乐山城市发展提供了优质的电力保障，注入了源源不断的动力。目前，拥有35千伏及以上变电站98座，总变电容量达到7738.45兆伏安。形成了以500千伏嘉州、南天、沐溪变电站为支撑，220千伏范坝、佛光、桥沟等变电站为骨干，110千伏及以下电网相互协调的输配电网络。供电可靠率大幅提升，电网实现了跨越式发展。

「德阳」

别称"旌城"，1983年建市。德阳地处四川成都平原腹心地带，辖区面积5911平方千米，人口387.7万人。境内"沉睡数千年、一醒惊天下"的三星堆古蜀文明遗址，被誉为20世纪人类最伟大的考古发现之一。

德阳是国家全面创新改革试验区、中国重大装备制造业基地、国家首批新型工业化产业示范基地和四川省重要工业城市。拥有中国二重、东方电机、东方汽轮机、宏华石油等一批世界知名重装制造企业。食品工业享誉中外，拥有中国名酒剑南春、冰川时代矿泉水等优质品牌。

2018年，全市实现地区生产总值2213.9亿元，全年进出口总额126.8亿美元，全社会用电量120.81亿千瓦时。经济总量、增速和规模以及工业增加值等主要经济指标均居四川前列。

国网德阳供电公司成立于1984年，当时年售电量仅有5.6035亿千瓦时。几十年来电力建设在德阳崭露锋芒，为城市发展注入源源不断的动力。变电站由11座增长至112座，变电站数量增长近10倍；总变电容量由198兆伏安增长至12580兆伏安，变电容量增长近63万倍。形成了以500千伏谭家湾、什邡变电站为电源核心的三个220千伏双环网结构，110千伏变电站均由双电源供电，10千伏网格互供率大幅提高，电网实现跨越式发展。

璀璨旌湖 | 陈波

德阳市旌阳区的标志性建筑彩虹桥与其他几座大桥横贯旌湖两岸，
整个城市的万家灯火在深邃的夜幕下显得格外璀璨动人。

旌湖之夜 ｜ 周斌

旌湖位于德阳市中心，贯穿城市南北，在德阳城市形象、生态环境、旅游、文化、生活等方面具有举足轻重的作用。

湖上彩虹 ｜ 张青林

彩虹桥是德阳的标志性建筑，夜幕下的彩虹桥散发着迷人的魅力。

「南充」

又称"果城""绸都"，四川省地级市，四川省第二人口大市。南充位于四川省东北部、嘉陵江中游，由于处在充国南部而得名。

南充是国家区域中心城市、"一带一路"倡议重要节点城市、川东北区域中心城市、中国优秀旅游城市、国家园林城市、全国清洁能源示范城市、南遂广城镇密集带中心城市、中国特色魅力城市200强之一。

2018年，全市地区生产总值（GDP）总量达到2006.03亿元，首次突破2000亿大关，在川东北率先跨入"2000亿俱乐部"，列全省第5位；全社会用电量为74.91亿千瓦时,同比增长14.02%。

大气新南充　|　赵燕玲

南充新地标下中坝嘉陵江大桥（也称四桥）与嘉陵江交相辉映，
共同织就南充的美丽夜景。

国网南充供电公司成立于1979年7月1日，最初承担着南充及广安、巴中地区供电任务，现负责南充整个行政区域的供电任务。南充电网是四川电网的重要节点、川东北电网枢纽，截至2019年7月，国网南充供电公司管理变电站133座，总容量7304.5兆伏安。其中500千伏电网分别与广安、遂宁、德阳500千伏电网相连，500千伏南黄一、二线是川电东送第二通道。220千伏电网由南、北电网两部分构成，南部电网双环网运行，北部电网单环网运行，10千伏配网建设不断加强，切实保障南充电力供应。

「 泸州 」

"风过泸州带酒香"。"全国文明城市""中国酒城"泸州,位于四川省东南、川渝滇黔四省市结合部,幅员面积12232.34平方千米,下辖江阳、龙马潭、纳溪三区和泸县、合江、叙永、古蔺四县,人口509.58万人。

酒香、港阔、江美、山秀。泸州,既有酒类制造业、化工产业、机械制造业、新能源四大支柱产业,更有正在加速打造内陆自由贸易港的中国(四川)自由贸易试验区川南临港片区。泸州老窖、郎酒两朵"金花"香飘万里,智能终端、现代医药等新兴产业发展迅猛,泸州产业正不断实现转型升级。2018年,泸州地区生产总值实现1695亿元,规模以上工业增加值增长10.4%,全社会用电量88.78亿千瓦时。

国网泸州供电公司成立于1981年,38年砥砺奋进,国网泸州供电公司已由成立时仅有4座变电站,发展到2018年底的96座变电站,售电量和变电站规模均已是成立时的25倍,形成了以500千伏泸州站为依托,220千伏双环网、多层级电网协调发展的大格局。如今,"港口岸电"等智慧用电系统覆盖泸州全域,清洁绿色的电力让泸州,这座古老的城市充满青春活力。

璀璨酒城 | 彭浪

从高处望去,酒城的夜晚五光十色,璀璨夺目。

「宜宾」

有"万里长江第一城""中国酒都""中国竹都"之称。地处云贵川三省结合部，金沙江、岷江、长江三江交汇处；地形整体西南高、东北低，属中亚热带季风湿润气候，全市森林覆盖率超过46%，空气中负氧离子含量高达47000个/立方厘米（七洞沟），极其适宜人类居住，辖区内长宁县等因此成为著名长寿县。

辉映三江 | 彭强

夜晚的城市倒映在岷江、金沙江汇合处的水面，格外动人。

国网宜宾供电公司成立于1978年，当年售电量仅4亿千瓦时，经过40年的发展，2018年售电量达到69.19亿千瓦时。宜宾能源资源丰富、区位独特，随着向家坝、溪洛渡水电站建成，特高压三大直流工程落地，四川水电源源不断送往华东，宜宾成为当之无愧的"电能批发中心"，通过特高压跨区电网把宜宾同四川、全国电网紧密连接起来，实现在全国范围内的配置消纳水电和水火电丰枯互济，将水电资源转化为经济优势。40年，宜宾电网经过跨越式发展，从一个受电能力仅30万千瓦的末端弱联系电网，发展成为以4条220千伏线路、7条500千伏线路与四川主网联络的川南500千伏环形网架，构建了以500千伏、220千伏电网为支撑，多层级电网协调发展的结构合理、安全可靠、经济高效的坚强主网架，宜宾成为一座"不差电"的城市。

城市之光 ｜ 彭强

在水天映衬下的万里长江第一城。

点亮宜宾 ｜ 彭强

亮化工程使城市更加美丽。

「遂宁」

别名斗城，位于四川盆地中部腹心，是成渝经济区的区域性中心城市，是以"养心"文化为特色的现代生态花园城市。

遂宁地处四川城镇化发展主轴，是四川省战略部署建设的"六大都市区"之一，是成都经济圈和成都平原城市群的重要组成部分，培育了锂电、天然气、机电和电子信息四大主导产业。2018年，遂宁市地区生产总值达到1221.39亿元，全社会用电量39.97亿千瓦时。

国网遂宁供电公司成立于2005年8月，负责遂宁电网的统一规划、建设和调度。公司下辖射洪、蓬溪、大英三家县公司并对明星电力股份公司趸售电力。

自国家电网入驻遂宁以来，遂宁地区电网不断坚强，形成了以500千伏变电站为支撑，220千伏网络为骨干网架，110千伏网络为主要输电网络，网内发电装机容量26.62万千瓦，年发电量约11.3亿千瓦时。充足的电力保障让遂宁这颗"川中明珠"绽放别样光芒。

燃·光电之弓 | 王兵

射洪县地处遂宁以北，素有"子昂故里 诗酒之乡"的美誉。2017年射洪县实现地区生产总值392亿元，全社会用电量14亿千瓦时。酒业、锂电新材料等产业是该县的支柱产业。
当夜幕降临，源源不断的电能就化成一支光电之弓，照亮城市。弓弦拉开，这支离弦之箭，如同这座奋进前行的城市，去追逐更光明的未来。

「达州」

位于四川省东北部，自东汉建县至今已有1900多年历史，是四川省人口大市、农业大市、资源富市、工业重镇、交通枢纽和革命老区，煤炭、钢铁、天然气、水泥、化工是达州市支柱产业，素有"巴人故里""中国气都"之称，被推选为2016中国特色魅力城市。达州罗家坝遗址、城坝遗址，是长江上游古代巴人和巴文化中心遗址的发源地。2018年达州市全社会用电量83.59亿千瓦时，地区生产总值（GDP）1690.17亿元。

国网达州供电公司成立于1966年，是根据当时国家"三线建设"规划部署而建立的，时称"水利电力部川东电力指挥部"。53年来，伴随着时代发展变迁，达州电网建设突飞猛进，为城乡发展注入源源不断的强劲动力。变电站由1970年的5座增长至89座，变电站数量增长17.8倍；总变电容量由1970年的8万千伏安增长至684万千伏安，变电容量增长85.5倍。形成了以500千伏达州站、玛瑙站为电源点，以220千伏环网为骨干，各级电网协调发展，供电可靠性较高的供电网络，为达州经济社会发展提供了更加完善和有效的电力能源保障。

夜幕下的达州老城

「内江」

　　位于四川盆地东南部、沱江下游中段，自东汉建县，曾称汉安、中江，距今已有2000多年的历史。内江人文荟萃，古有"十贤"，今有"七院士"，是国画大师张大千、新闻巨子范长江的故乡。

　　内江位于成都、重庆两大城市中心，在成渝经济区"居中独厚、南北交汇、东连西接"，是区域间梯度传递、互动和协调的重要枢纽和战略支撑点，是国家公路运输主枢纽之一、四川省第二大交通枢纽和西南陆路交通的重要交汇点，素有"川中枢纽""川南咽喉"之称。

　　国网内江供电公司成立于1978年。40年来，变电站由12座增长至77座，变电站数量增长6倍多；总变电容量由77兆伏安增长至4950兆伏安，变电容量增长近64倍。形成了以500千伏内江站为支撑，220千伏网格型环网向周围各110千伏变电站辐射供电的网络结构，配电能力持续增强，农网结构不断优化，各级电网协调发展，电网安全稳定水平和供电能力得到较大提高。

光之城市 ｜ 王冕

内江城区的仿古建筑与现代的灯光相映成趣。

夜色阑珊 ｜ 黄胜明

内江新城区夜景。

「自贡」

位于四川盆地南部，地处成渝经济区"双核"南部中心位置和"一带一路""长江经济带"的重要联结地，为四川南向出海的重要通道，是国家历史文化名城、中国优秀旅游城市、国家园林城市，以"千年盐都""恐龙之乡""南国灯城""美食之府"等美誉而蜚声中外。

从清朝中叶以来，自贡一直是中国井盐生产的中心，如今已发展成为一个拥有国家新材料产业化基地和一批全国知名企业及科研院所，并以机械、化工、盐业、纺织、轻工、食品、灯饰、新型建材等为支柱产业的工业城市，拥有两块全国首批全省唯一"金字招牌"，即全国老工业城市转型升级示范区和国家文化出口基地。

釜溪河夜色 | 兰平

自贡有"南国灯城"的美名。每年9月，自贡都会举办"灯光节"，城区各处灯火辉煌，
各种灯光秀闪亮登场，将自贡城区装扮得五彩缤纷，分外美丽。

国网自贡供电公司成立于1978年8月，承担着自贡市、隆昌市、威远县以及宜宾县部分区域的供电任务。自贡电网是川渝电力输送的重要通道，属典型的受端网络。现以500千伏洪沟站和铜街子水电站为主电源点，220千伏园湾、向义、舒平、天成变电站构成220千伏双环网，西与铜街子、北与内江、东与重庆电网联网运行。

　　自贡电网现有220千伏变电站7座、110千伏变电站22座。35千伏及以上输电线路134条、长1603千米，10千伏配电线路397条、长7365千米。全网最大日负荷113.66万千瓦，日最大供电量2098.74万千瓦时。

「雅安」

　　位于四川盆地西缘、邛崃山东麓，东靠成都、西连甘孜、南界凉山、北接阿坝，距成都仅120千米。全市面积1.5万平方千米，下辖2区6县，人口155万人，是四川盆地与青藏高原的结合过渡地带、汉文化与少数民族文化结合过渡地带、现代中心城市与原始自然生态区的结合过渡地带，是古南方丝绸之路的门户和必经之路，曾为西康省省会。雅安是有名的"雨城"，境内山川纵横，气候温润，是四川省历史文化名城和新兴的旅游城市，素有"川西咽喉""西藏门户""民族走廊""天府之肺"之称，更享有"熊猫家源""世界茶源"的美誉。

　　大渡河、青衣江从高山奔流而下，充沛的水能资源让雅安成为全国十大水电基地，也使雅安电网成为清洁能源外送的重要通道。从1942年成立的西康康裕公司雅安水力发电厂发展至今，国网四川雅安电力（集团）股份有限公司已走过70多年风雨历程。自2008年底纳入国网四川省电力公司控股管理以来，雅安电力事业开始谱写全新的篇章。截至2018年，雅安电网总体规模位列全省第5位，拥有500千伏变电站2座，总变电容量375万千伏安，500千伏线路18条，共计2265千米。管辖35千伏及以上变电站（含开关站）104座、总变电容量671.72万千伏安，输电线路326条、总长度3360.67千米；10千伏配电变压器7894台、总容量166.98万千伏安，线路390条、总长度6186.81千米。网内并网水电站793座、总装机容量1272万千瓦；公司自有电站31座、总装机容量13.995万千瓦。

雅安大桥夜景 ｜ 汤小强

雅安大桥是雅安的标志性建筑之一，横亘在青衣江上，方便两岸通行。大桥上题字"中国生态气候城市"，向过往的人们介绍这座生态城市的独特魅力。

「巴中」

　　位于四川省东北部，地处川陕交界的大巴山系米仓山南麓，辖区面积1.23万平方千米，总人口380万。巴中是全国第二大苏区——川陕革命根据地的中心和首府，境内红色遗址、遗迹数量众多，拥有红军烈士陵园、红军石刻标语群等革命遗迹，被称为"中国革命的露天博物馆"。

　　巴中生态环境优美、旅游资源丰富、矿产资源富集，尤其是石墨储量丰富，开发潜力巨大。独特的生态优势和资源优势，造就了巴中发展生态旅游、健康养老、生物医药、新能源新材料等产业的巨大潜力。

巴中夜景 ｜ 谢学成

灯火通明、霓虹闪烁的巴城，高楼环绕、璀璨迷人。这座曾经偏远的小城，在光影流动中，
正焕发着新时代的青春活力与发展的澎湃动能。

2018年，巴中实现地区生产总值（GDP）645.88亿元，比上年增长8.0%。全社会用电量29.26亿千瓦时，全年增长率14.37%，实现逆势攀升。

　　国网巴中供电公司于1998年挂牌成立。经过21年的大力发展建设，巴中电网由一座110千伏变电站逐步发展为以500千伏为支撑、220千伏双环网为骨架、110千伏为支架、35千伏辐射全市的坚强智能电网，主网供电能力由9万千瓦提升至124万千瓦。

「广安」

广安市是一代伟人、中国改革开放总设计师邓小平的家乡，下辖2区、3县、1市。广安历史悠久，有记载的文明史可追溯到三千多年前。自北宋开宝二年（969年）取"广土安辑"之意设广安军，"广安"之名沿袭至今。拥有"伟人故里""滨江之城""川东门户""红色旅游胜地"四张名片。

广安是一座"让人望得见山、看得见水、记得住乡愁"的滨江之城，位于四川省最东面，紧邻重庆，居"成渝西昆"钻石经济圈中心，是"一带一路"建设和长江经济带发展的重要节点城市。作为四川红色旅游的龙头和全国红色旅游的重要目的地，广安成为世人缅怀世纪伟人、追寻中国改革开放和现代化建设历程的重要旅游目的地，四川红色旅游国际形象展示窗口。

国网广安供电公司成立于1998年，供电面积3887平方千米，供电户数70余万户。截至目前，国网广安供电公司拥有35千伏及以上变电站53座，总容量4849兆伏安。从20世纪仅有的一座220千伏变电站，到如今的500千伏铁塔坚强挺立；从单薄、脆弱的电网骨架到110千伏系统实现"手拉手"供电，再到6座220千伏双环网脉络的形成，广安城乡电网建设全面升级，坚强智能电网点亮伟人故里。

邓小平故居陈列馆 ｜ 唐有法

坐落在广安"邓小平故里"园区内，距邓小平同志故居约500米，占地约10亩，建筑面积3800平方米，由1个序厅、3个展厅、1个电影放映厅及相关附属设施组成，具有极高的艺术品位。

都市血液 | 游青

每当夜幕降临，广安城南便灯火辉煌，大街小巷的华灯仿佛都市的"血脉"。

璀璨广安 | 游青

广安思源广场位于广安城南中轴路思源大道北端，主题是"饮水思源"，设计中利用地形的坡度，在宝鼎广场的宝鼎托座下设置水体，构成思源的"源头"，并以此隐喻"饮水思源"的主题。

「眉山」

　　"千载诗书城、人文第一州"。眉山古称"眉州"，是"千古大文豪"苏东坡的故乡，下辖东坡、彭山两区及仁寿、洪雅、丹棱、青神四县，辖区面积7186平方千米，人口约360万。

　　眉山是距离国家级中心城市成都以及双流、天府两大国际机场最近的地级市，是国家级新区"天府新区"两大片区之一，成都经济圈开放发展示范市。眉山已经成为成都经济圈最具活力和投资价值的新区域，至今落户的世界500强企业总数在全省仅次于成都。"互联网+现代服务业""眉山制造

2025""东坡味道千亿产业"三大现代产业体系初步形成；川港合作园、恒大童世界、乐高乐园、信利高端显示等巨型项目相继落户，眉山经济新一轮腾飞正蓄势待发。

国网眉山供电公司成立于2001年12月26日，属国网四川省电力公司直属特大一型供电企业。经营区域覆盖全市两区四县，供电范围6049平方千米，服务人口345万人，年售电量由成立之初的13.15亿千瓦时增长至2018年的105亿千瓦时。

远景楼夜色 ｜ 黄峥

远景楼是眉山这座文化名城的标志性建筑，苏东坡著有《远景楼赋》。

光耀眉州 ｜ 黄峥

眉山，如今已成为川西平原一座崛起的新城。电力为这座文化古城的
发展注入源源不断的动力，使它大放异彩。

「凉山彝族自治州」

位于四川省西南部，自古就是通往云南和东南亚的重要通道，"南方丝绸之路"的重镇；地处"大香格里拉旅游环线"腹心地带，有A级景区27个，其中4A级景区9个，有邛海—泸山、螺髻山、泸沽湖、西昌卫星发射中心等景点；有彝族漆器传统技艺等18项国家级非物质文化遗产，"彝族火把节"是国务院向联合国教科文组织推荐申报的"人类非物质文化遗产"，泸沽湖摩梭文化有"人类母系社会活化石"之称。

2018年，全州实现地区生产总值1553.19亿元，全年实现社会消费品零售总额649.58亿元，全社会用电量134.85亿千瓦时，经济运行呈现平稳增长态势。

国网凉山供电公司成立于1974年，经过45年的发展，凉山电网从一个装机容量不足5万千瓦、单电源线、单变电站的孤立电网发展成一个交直流混联电网，电压等级涵盖220伏至±800千伏，并网装机容量超过3000万千瓦，形成以1座800千伏换流站，6座500千伏、15座220千伏变电站为主网架电源支撑，37座110千伏、120座35千伏变电站为配电网的供电格局。国网凉山供电公司不断采用新技术提升电能质量，全力保障凉山州社会和民生用电的安全、稳定、可靠，助推凉山州经济社会的发展。

电亮"一座春天栖息的城市" | 钟玉成

西昌，一座春天栖息的城市，一座来了就不想走的城市。当夜幕降临，电照亮了整个城市，站在大箐梁子上俯瞰它，星星点点，万般柔情，整个夜空充满了温暖。

海河天街 | 钟玉成

海河天街以其独具魅力的水乡风貌和不可复制的临水商街，已成为西昌市继邛海、泸山、湿地公园之后又一张旅游新名片。

星光大道 | 王勇

娇子大道之于资阳，是中心城区的"门户"和"窗口"。
大道西延线、连接线及成渝高速收费站互通，串联中心
城区、临空经济区、城南工业园区和成渝高速。

「 资阳 」

　　地处四川盆地中部，北与成都、德阳接壤，东与重庆、遂宁毗邻。资阳历史底蕴深厚，35000年前，"资阳人"开启四川人类文明史，古代文豪苌弘、董钧、王褒并称"资阳三贤"。资阳被誉为蜀人原乡，也被称为三贤故里，是开国元勋陈毅元帅的家乡。

　　资阳市自然资源丰富，森林覆盖率39.8%，乐至县被评为全国绿化先进县，雁江区被誉为全省第3个"中国长寿之乡"。安岳气田探明储量6500亿立方米以上，是我国迄今为止发现的单体规模最大的整装气藏。

　　国网资阳供电公司成立于2001年12月26日。截至目前，资阳电网500千伏变电站1座、总变电容量150万千伏安；220千伏变电站4座、总变电容量117万千伏安；110千伏变电站16座、总变电容量111.9万千伏安；35千伏变电站25座、总变电容量29.815万千伏安。目前，资阳电网已经形成以500千伏为支撑、220千伏为骨干、各级电网协调发展、供电可靠性较高的供电网络，实现了资阳供电区域全覆盖。

沱江夜色 ｜ 王勇

沱江东边，一座座高楼平地而起。短短几年的时间，沱东新区已经换上新颜，资阳也正向前高速发展。

「广元」

古称"利州"，全市总面积16314平方千米，下辖3区、4县，2017年户籍人口302.62万人。广元自古就是入川的重要通道，是苴国故地、入蜀要塞、三国重镇。广元有着深厚的文化底蕴，特别是璀璨的红色基因代代相传。广元是先秦古栈道文化和中国蜀道文化的集中展现地，三国历史文化核心走廊，中国历史上唯一女皇帝武则天的出生地，也是原川陕苏区核心区域，是红四方面军后期首府地，西部战争主战场和长征出发地。

国网广元供电公司担负着全市七县区107万户电力客户的供电任务，供电面积1.63万平方千米，供电人口315万。公司成立于1984年，成立之初35千伏及以上变电站仅有12座，容量仅为28.42万千伏安，35千伏及以上输电线路仅有449.7千米。35年光阴荏苒，如今广元电网已有变电站85座，变电容量603.72万千伏安；35千伏及以上输电线路172条，线路长度3359千米。

火树银花耀利州 |  曾军

美丽的烟花在夜空中绽放，城市的五彩灯光照亮寂静的夜。焰火、霓虹交相辉映，倒映在静静流淌的嘉陵江水中。

「甘孜藏族自治州」

简称甘孜州，位于四川省西部，康藏高原东南，水利资源丰富，金沙江、雅砻江、大渡河流经全域。全州辖康定1个县级市，泸定、丹巴等17个县，是一个以藏族为主，羌族等24个民族和谐相处的地级行政区。

州府康定，因一曲《康定情歌》而名扬海内外，享有"一首世界的情歌，一个情歌的世界"的美誉。州内有大熊猫、小熊猫、金丝猴、白唇鹿等野生动物；有天麻、虫草、贝母、当归、黄芪等名贵中药材；有金、银、铜、铁、钼、锂、大理石、花岗岩等矿产资源，其中锂辉石储量丰富，甘孜州将着力打造成为"中国锂都"。

康定新城 | 徐艺

康定新城，开始崭露头角。

这里有红色名城泸定，有红军村虾拉沱，有"蜀山之王"贡嘎雪山，有"中国最大的观景平台"牛背山，有"温泉之乡"海螺沟，有"蓝天下最后一块净土"稻城亚丁。

国网四川甘孜州电力有限责任公司（国网甘孜供电公司）自成立以来，累计在藏区电网建设投资约300亿元。随着"新甘石"联网工程、"电力天路"建设工程、无电地区建设工程及脱贫攻坚项目的实施，基本实现了全州一张网，彻底改变了甘孜藏区长期缺电的历史。甘孜电网的跨越式发展，让每个县都有了电力输送的主动脉，有效促进了州内经济社会的发展。

火红的情歌 | 王东

夜晚的康定宛如盘旋在山涧的一条火龙，炫彩夺目。

「阿坝藏族羌族自治州」

位于四川省西北部，紧邻成都平原，辖13县、市，219个乡镇，1354个行政村。境内有世界自然遗产九寨沟、黄龙及卧龙、四姑娘山、大熊猫栖息地等世界级旅游景区；有马尔康卓克基土司官寨、松潘古城墙、营盘山和姜维城遗址等全国重点文物保护单位。

国网阿坝供电公司成立于2005年9月，2010年4月国网四川省电力公司与阿坝州人民政府共同出资组建了国网四川阿坝州电力有限责任公司，与国网阿坝供电公司统筹办公。2018年底，国网阿坝供电公司售电量突破90亿千瓦时大关，同比增长6.36%。拥有500千伏变电站3座、220千伏变电站12座、220千伏开关站1座、110千伏变电站26座、35千伏变电站60座。

远眺马尔康 | 杨桦

从昌列山上远眺阿坝州首府马尔康。

"微笑的"马尔康 | 田文涛

动力四川、西部引擎——电让发展更强劲

　　"蜀道难，难于上青天"。新中国成立以来，尤其是改革开放以来，航空、铁路、高速公路网的不断覆盖和延伸，使这一局面得到了根本改善。

　　70年沧桑巨变，70年历史跨越。今日的巴蜀大地，已经成为中国西部崛起的重要力量。这里有全国四大铁矿区之一的攀枝花；国防科研和电子工业生产基地，素有"蜀道明珠""富乐之乡"之称的绵阳；中国四大航天基地之一，功勋卓著的卫星城西昌等。

　　国网四川省电力公司不忘初心、牢记使命，践行"人民电业为人民"的宗旨，为社会稳定和经济发展提供稳定、安全的能源保障。

CHAPTER TWO

三峡上游烟水，

四川极险关山。

满市笙歌昼永，

漫山桃花春闲。

——宋·邓深

夜幕上的明珠 | 夏炜

作为成都二环路高架的重要组成部分，永丰立交桥犹如立交桥界的"时尚美人"，完美呈现了成都灿烂的千年历史和跃动的现代文明。

金融城夜景　|　袁博

夜色中的四川大学行政楼 | 袁博

此建筑由著名建筑学家梁思成先生设计，被列为国家文物
保护建筑，现已成为四川大学的标志性建筑。

荷花池畔的图书馆 | 袁博

四川大学华西校区的图书馆在夜色中静静伫立。

成都软件园 | 袁博

成都软件园是中国最大的专业软件园区、中国十个软件产业基地之一、国家软件出口创新基地、
国家服务外包基地城市示范园区。

成都环球中心 | 袁博

作为世界第一大单体建筑，环球中心是成都南门最显眼的地标。夜幕下的环球中心，
灯光变幻像一幅动态的海浪图，梦幻至极。

星空下的科技城 | 黎宁

画面主体是绵阳科技城科教创业园区的标志建筑。亘古不变的星空和象征科技发展的建筑相互辉映。

科技城之光 | 黎宁

绵阳科技城科教创业园区成立于2001年8月，是全国唯一的国家级军转民科技园。照片中左侧建筑是园区内的国家高新技术成果发布中心。

攀钢夜景 | 王东

攀钢集团有限公司创立于1965年，经过一期艰苦卓绝的建设，1970年出铁，1971年出钢，1974年出钢材，结束了我国西部没有大型钢铁企业的历史。经过五十年的建设发展，在坚强电网的支撑下，目前攀钢在钒钛磁铁矿资源综合利用方面已处于世界领先水平，是全球第一的产钒企业，也是我国重要的铁路用钢、汽车用钢、家电用钢、特殊钢生产基地。

灯火通明的装配车间 | 谢瑞发

东方汽轮机有限公司大型汽轮机转子装配车间。

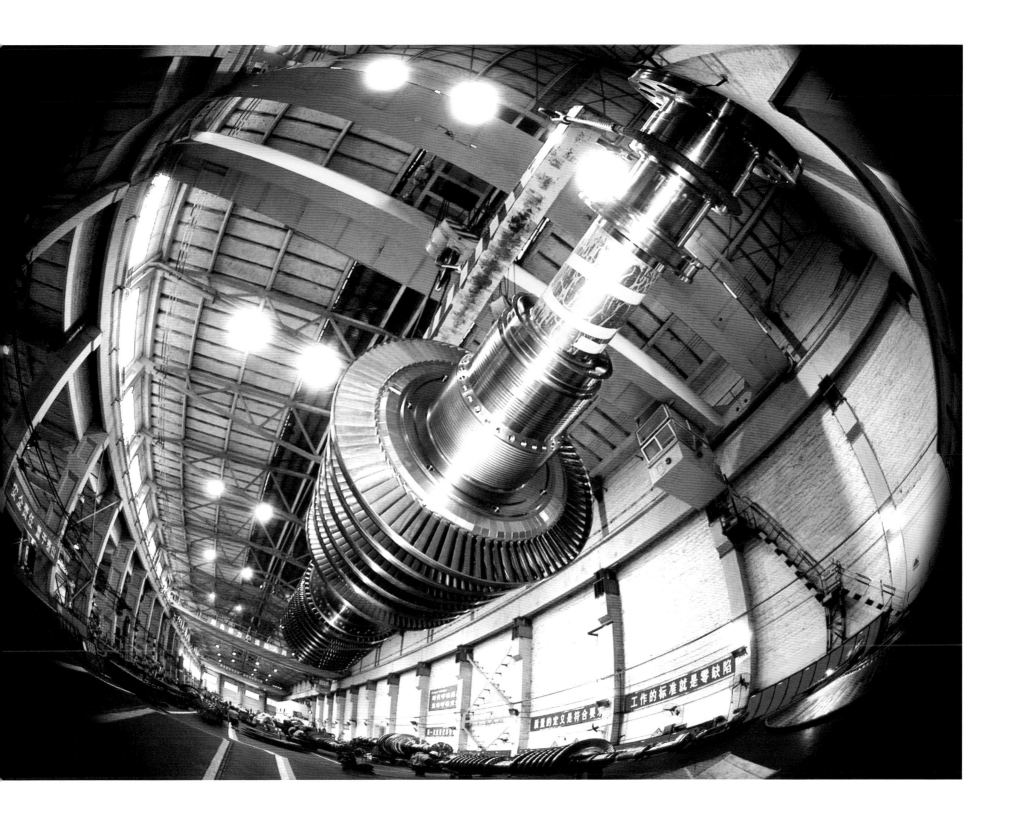

自贡老盐场 | 杨远华

沸腾的夜晚 | 于伟

达州市天然气能源化工产业区
（达州化工园区）成立于2005年
6月，是四川省重点扶持发展的特
色工业园区。产业区规划面积30
平方千米，分为化工工业区、能
源工业区、综合工业区和仓储物
流区。

达州化工园区是四川省大力支持以
天然气化工、磷硫化工为主导产
业的特色工业集中区。夜晚辉煌
的灯火，映衬出园区一派繁忙的
景象。

普光之夜 | 何健

普光气田位于达州市宣汉县普光
镇，气田开采面积1118平方千
米，资源量为8916亿方，是我国
已投产的规模最大、丰产最高的
特大型海相整装气田。国务院将
"川气东送"工程列为"十一五"
国家重大工程，将普光气田作为
工程的主供气源，惠及长江经济
带6省2直辖市共70多个大中型城
市、上千家企业、2亿多居民。

中国最大整装气田宣汉普光气田在
强有力的电力支撑下，宛若一颗璀
璨的明珠在巴山深处熠熠发光。

一路光明 | 廖麒

享有"万里长江第一城"之称的宜宾市近郊南广古镇公路桥，地处长江之畔，气势恢宏，是连接蜀南竹海、兴文石海、李庄古镇等风景名胜的重要通道，素有"万里长江第一立交桥"的美誉。

眉山印象 | 杨昌建

眉山高速公路路口流光溢彩的仿古建筑与高速路上川流不息的汽车交相辉映，展现出眉山开放的姿态和生机勃勃的迎宾形象。

攀枝花瓜子坪高速夜景 | 王东

攀枝花是四川的西南门户城市，瓜子坪高速是攀枝花通往云南大理、丽江等地的重要交通枢纽，
绚丽的灯光彰显着这座城市的开放与包容。

流光溢彩的成都人民南路 | 袁博

跨越 | 肖顺华

兴康特大桥是雅康高速的重要组成部分，被誉为"川藏第一桥"，于2018年12月31日建成通车。它跨越的不仅是大渡河，更承载着藏区人民迈向幸福生活的步伐。

广袤四川、星火燎原——电让乡村更闪亮

镜头转向广袤而多姿的农村。满眼翠绿醉人肺腑，清澈流水彰显灵动，民居农舍错落有致，到处是一幅幅美丽乡村、安居乐业的画卷。这里有习近平总书记时刻牵挂着的，在精准扶贫道路上奋力向前的彝区大凉山；有原汁原味，具有浓郁成都乡土特色的唐昌镇战旗村；还有圣湖纯净、四下寂然、广袤辽阔、壮美奇绝的藏区。

在四川省委省政府统一部署下，国网四川电力因地制宜，充分发挥电网行业优势，以"绣花功"精神驻村精准扶贫，扶贫更扶智，输血更造血，在点亮乡村的同时，也为他们带去改变命运的信息、注入内生发展动力、插上腾飞翅膀。

CHAPTER THREE

清江一曲抱村流，

长夏江村事事幽。

自去自来堂上燕，

相亲相近水中鸥。

——唐·杜甫

古城夜景 | 海霞

南充阆中古城，是国家5A级旅游景区，千年古县，中国春节文化之乡，中国四大古城之一。

近年来，国网阆中供电公司助力古城阆中实现了从农业大县到旅游名城的华丽转身，已逐步发展成为嘉陵江旅游龙头，四川旅游的重要支撑。

挽住暮色 | 汤晓莹

柳江古镇 | 黄峥

2015年柳江古镇电网转由国网眉山供电公司管理后，大力进行电网改造，为昔日沉寂的古镇注入活力，引来八方游客，促进了当地旅游业的发展。

2019年6月，由联合国教科文组织主办的"文化2030城乡发展：历史村镇的未来"在眉山召开，来自43个国家和地区的80多位专家学者及其他外宾参观柳江后，被这里的美丽倾倒，纷纷为柳江点赞。

柳江古镇夜色 | 袁博

静谧 | 闻安民

入夜的洛带古镇如此安详静谧。

安仁古镇 | 寇虹

安仁古镇位于成都市大邑县，历史悠久，早在唐武德三年（公元620年）就建于安仁县。2019年10月，安仁古镇入选首届"小镇美学榜样"名单。

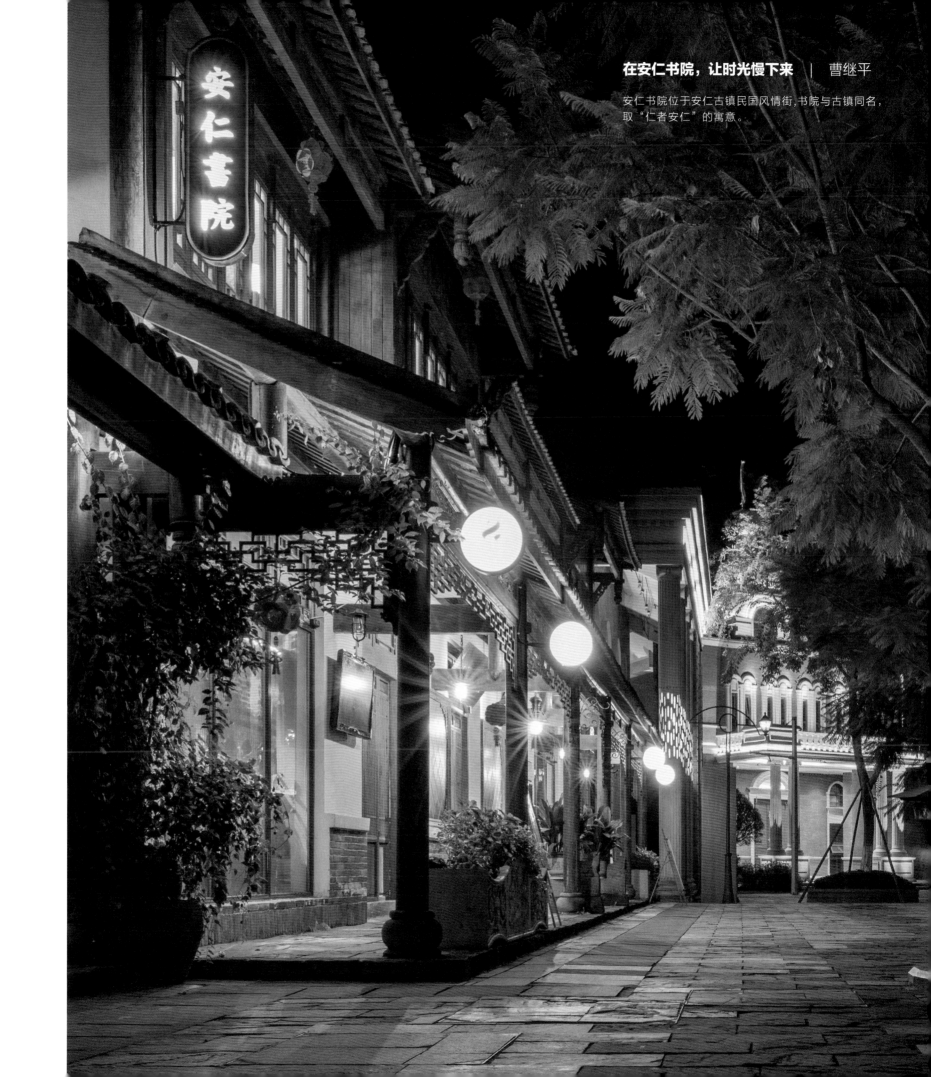

在安仁书院，让时光慢下来 ｜ 曹继平

安仁书院位于安仁古镇民国风情街，书院与古镇同名，取"仁者安仁"的寓意。

何家坝夜色 | 杜清泉

广元市旺苍县鼓城山气候凉爽，是知名的避暑圣地。夜里，较大的温差使得冷热空气在山间交替，在灯光的映射下，"丁达尔"奇景（一种光线效应）呈现于眼前，一幅农家小院的美景足以让喧闹的都市人感受来自山野的闲适。

古城夜色 | 付永鹏

位于凉山州的会理古城始建于明初，距今六百余年历史。古城中完好地保存着大量的明清时期的墙垣、城楼、寺庙、会馆、民宅等古建筑，其南北大街被评为首批"四川省级历史文化名街"。

红绸子舞起来 | 闻安民

夜幕下，游人散去的黄龙溪古镇成为了当地居民的舞台。

打烊以后 | 姚勤

黄龙溪古镇上打烊的商家，忙碌的一天又结束了。

流淌 | 姚勤

随着江水静静流淌的是黄龙溪古镇码头的岁月。

电亮希望 | 洛泽仁

所波大叔的客栈叫"517318所波大叔骑友之家",取自"我要骑318"的谐音,位于理塘往巴塘的川藏线——318国道的旁边。"每个人都有对美好生活的向往,我的向往是一间客栈,红火的客栈。感谢那些帮我点亮客栈和梦想的人。"这是大叔曾经在媒体上说过的一段话,现如今国网人帮助大叔实现了梦想,电亮了希望。

世界高城的美丽 | 洛泽仁

理塘县隶属甘孜藏族自治州,位于甘孜州西南部,距省会成都654千米,县城海拔4014米,素有"世界高城""天空之城""雪域圣地""草原明珠"之称。
从以前稀稀拉拉的灯光,到现在灯的海洋、灯的天地,一盏盏点燃起来的灯,远远望去,犹如天女洒下的朵朵金花,闪着亮光。

暖心电炉映红笑脸 | 李庆

新龙县措卡希望小学坐落在甘孜州雪山脚下，雅砻江畔。
国网四川甘孜州电力有限责任公司来到这里开展爱心助学行动，电取暖炉照亮了孩子们幸福的笑脸。

马边扶贫 | 李庆

马边的贫困户正聚在一起，通过电视收看节目，足不出户就把马边的大事小事一网打尽。

大山深处亮起来 | 蒋志明

2015年6月10日，大凉山大岩洞村为庆祝通电举办篝火晚会。

照亮 | 杨林

小小的灯泡照亮了一个家，也照亮了未来。

喜悦 | 杨林

幸福的藏族家庭享受着光明带来的快乐。

活力四川、别样川味——电让生活更美好

古蜀文明三星堆、"人间天堂"九寨沟、国宝大熊猫，是四川享誉世界的三张"金名片"。运动、休闲、购物、麻将、酒吧，安逸闲适的生活方式早已融入川人的日常。演唱会、音乐节、戏剧、书店等多样的消费方式展现着川人丰富的文化生活。

在这个钟灵毓秀、人杰地灵的风水宝地，曾孕育出浪漫主义诗仙李白、现实主义诗圣杜甫、中国古典文化集大成者苏东坡等一大批人文大家。如今，四川凭借活力四射、生机勃勃、开放包容的精神气质吸引着全球的投资者和建设者前来创业、旅游和定居。

"吃在中国、味在四川"。鲜香麻辣的川味是让人味蕾舞蹈的诱惑所在，四川更是让全世界的食客趋之若鹜。白天是事业的战场，夜晚才是生活的开始。入夜的四川，更加妩媚，更加灵动，更加光彩照人。

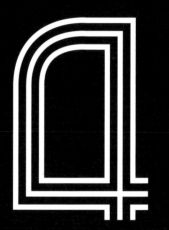

CHAPTER FOUR

锦城丝管日纷纷，

半入江风半入云。

此曲只应天上有，

人间能得几回闻？

——唐·杜甫

年味 | 杨冲

春节，南充阆中古城腊肉飘香，家家户户团圆，四处洋溢着浓浓的民俗风情。

包浆豆腐 | 李欣林

四川小吃

张公桥 | 王军

张公桥是乐山美食小吃的汇聚之地，也是来乐山的游客必经的打卡之地。

古城漫步 | 朱桂忠

广元昭化古城被嘉陵江水环抱，生活在古城里的百姓过着惬意的慢生活。仲夏之夜，河风习习，漫步在灯光朦胧的古城里，悠然自乐的心情无以言表。

玉林小酒馆夜景 | 袁博

一首《成都》唱红了玉林路上的小酒馆。

太古里及IFS夜景 | 袁博

比邻春熙路与大慈寺的太古里，系国际大都会的潮流典范。精致的餐厅、清雅的书房、古老的寺院、热闹的街区，让人禁不住放慢脚步，流连忘返于夜色中。

I'm here | 袁博

成都"网红"爬墙大熊猫，位于春熙路IFS的外墙上，高15米，重13吨。其巨大的体态，加上它憨憨的爬墙动作，成为不少外地游客的必打卡点和留影处。

成都方所 | 陈红梅

"书店与文化，一座伟大城市的智慧与浪漫"。成都方所，别有洞天的空间，开启一段与心灵对话的文化之旅。书只是开端，文化生活才是这座城的核心所在。

南充王府井 | 赵洪

位于南充市高坪江东大道的王府井购物广场，已成为市民休闲娱乐的最佳场所。

成都太古里广场庆祝圣诞节 | 张盛

打卡成都香香巷 | 黄茜

不知道香香巷是何时开始走红的，一条极其窄小的街道两边
布满各种网红店。今天，你打算去逛哪家？

成都街头的川剧广告画 | 陈红梅

川剧，是蜀地文化的一大特色。对许多老成都人来说，看戏是生活中的一部分。
老成都流行着多种戏曲形式，除了川剧，还有扬琴、评书、清音等。

不醉不归 ｜ 陈雨明

泡酒吧是成都人的夜生活之一。

锦里 ｜ 袁博

在成都锦里，总有一景让你沉醉其中。锦里自秦汉、三国时代就已经是全国有名的商业中心，可谓中国最古老的步行街之一。

不夜城 | 胡雅

光彩工程将入夜的成都打造成为不夜城。成都天府广场流光溢彩，
为市民奉上一道视觉盛宴。

城市里的"快闪" | 覃川

南充顺庆1227广场，一群快闪爱好者正在尽情表演。

第二届南充国际木偶艺术周开
The Opening Ceremony of the 2nd Nanchong International Pupp

国际木偶艺术周 | 蒲涛

第二届南充国际木偶艺术周开幕式上，南充歌舞剧院表演大木偶节目。

川剧变脸 | 陈红梅

变脸是全国首批非物质文化遗产保护项目川剧中的一个绝活。变脸艺人弹指一挥，黑脸、白脸、花脸、人脸、鬼脸切换自如，令人叹为观止。

川剧之木偶变脸 | 陈红梅

木偶也会川剧变脸？木偶变脸，"惊艳"了一座城。当变脸和木偶戏结合，融入生活走向国际，这既是变脸艺人对中国传统文化的传承，也是艺术创新。

点亮四川、守护光明——他们是最美的夜景

　　每当夜幕降临，城市的繁灯一盏盏点亮、汇聚、变幻，璀璨夺目胜似天上星辰。在这交织着人类智慧和现代文明的光河背后，是一群为之挥洒汗水、日夜兼程的电网人。

　　"5·12"汶川特大地震、"4·20"芦山地震、"6·24"茂县塌方……灾难发生后，冒着风险奔赴一线的抢险队伍中，有一群橘红色的身影。因为他们的存在，灾区在最短时间内亮起希望之灯，给予受灾群众光明和温暖，更赋予了所有人战胜天灾、重建家园的信心和力量。

　　在突如其来的灾害面前，在迎峰度夏带电作业的零点时分，在重大节日和各大赛事盛会的热闹背后，都有一群默默无言的人，无论白天或黑夜，他们都坚守岗位，保障稳定安全供电。他们，构成了夜晚最美的风景；他们的名字，是国家电网人。

夜战 | 黄峥

眉山境内高铁路段，深夜零时，电网作业人员进行拆除
跨越成昆铁路、成绵乐高铁的35千伏线路作业，以确保
四川交通大动脉安全畅通。

春节夜巡 ｜ 田海

为保障春节期间安全可靠供电，国网绵阳供电公司开展夜间特巡，对火车站、高铁站以及人口流动密度较大区域的输电线路供电设备进行巡查。

灯会守护神 ｜ 陈志远

自贡灯会，闻名遐迩，观灯者摩肩接踵，热闹非凡。为保障灯会供电，国网自贡供电公司一大批电力卫士坚守在工作岗位上。

璀璨牌坊的背后 | 罗国强

国网内江供电公司员工对隆昌古牌坊景区线路开展红外测温特巡，
保障元宵节期间安全可靠用电。

中秋晚会特巡 | 田海

2015年中央电视台中秋晚会在绵阳举办，电力员工正在进行保电特巡。

夜巡 | 兰小伟

成都彭镇供电所员工为桃花节保供电开展夜间巡查行动。

灯会保电 | 曾林

自贡灯会期间，国网自贡供电公司员工巡查灯会供电安全的情景。

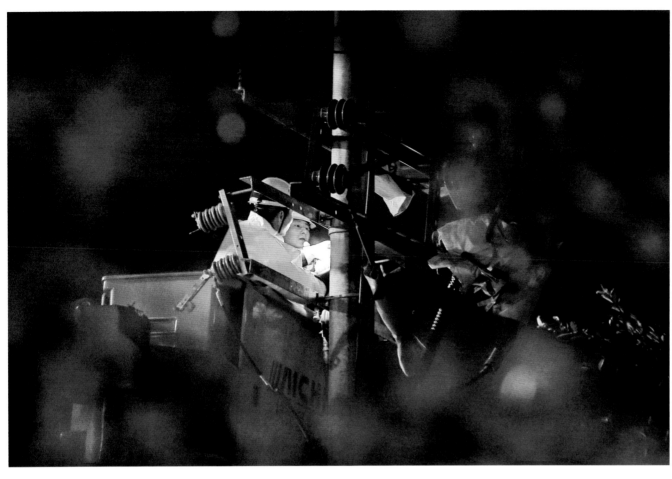

深夜检修 | 何健

国网达州供电公司为确保千家万户用电无忧，采取深夜检修的方式。

"电保姆"在身边 | 杨笃君

凌晨，国网广元供电公司"电保姆"在南河二十九街坊进行低压线路抢修。

涉水潜行 | 邹熠霏

暴雨过后，国网成都供电公司员工在地下电缆通道巡检电缆设备，守护城市光明。

夜战 | 黄峥

夏季高温天气下，国网眉山供电公司员工对城区故障电力设备进行紧急抢修。

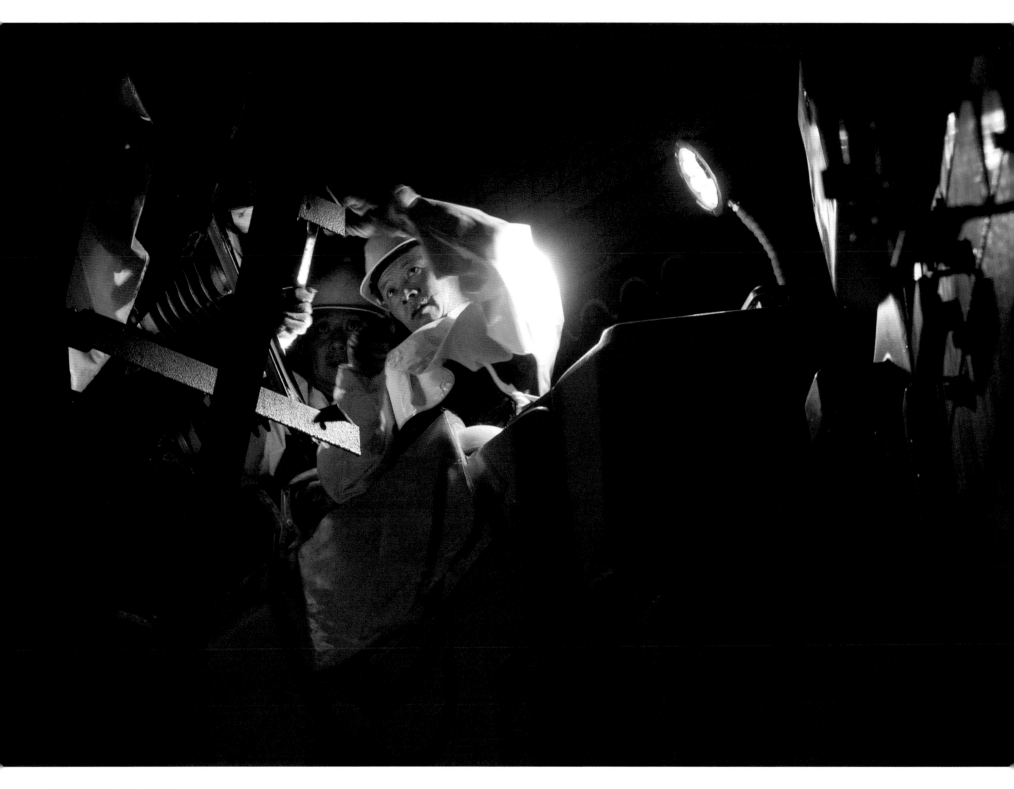

零点抢修 | 黄峥

为减少停电对居民生活的影响，国网眉山供电公司
员工深夜开展零点抢修。

挑灯夜战 | 方先荣

闷热夏季，深夜23时的南充顺庆，38℃高温，电力员工爬上高空线路，紧急抢修故障线路。

抢险 | 田海

四川九寨沟地震发生后，在110千伏九寨沟变电站，为保证及时恢复供电，临时转为35千伏运行方式，抢险队员正在连夜安装电缆。

夜归 | 王彬

2018年7月3日凌晨，电力应急队员利用皮划艇和绳索
救援技术营救受困的孩子归来。

密切监测 | 班伟

汶川洪峰过境，电力员工仔细观测水位。

守候 | 何健

在洪水涨到设备之前，国网达州供电公司抢险人员迅速将带电设备断开，确保洪水涨到哪里，电就停到哪里，水退到哪里，电就恢复到哪里。

安置点工地的灯光 | 曹志刚

深夜，芦山县黎明新村安置点的工地上，建筑工人们在明亮的灯光下加班加点的进行施工作业，力保受灾群众能够早日搬入新居。

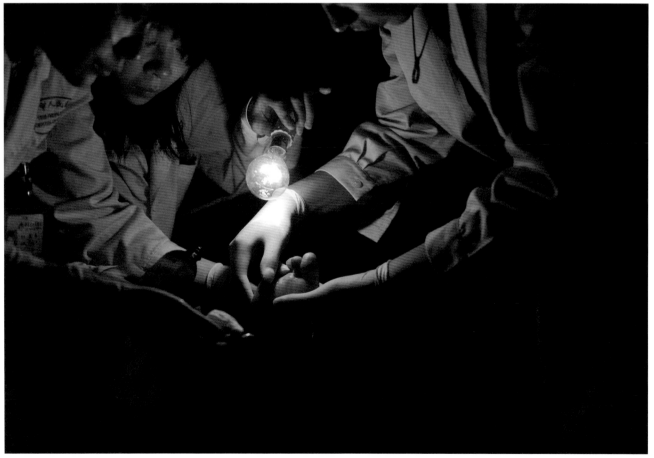

照亮"生命线" | 王鑫

在"4·20"芦山地震医疗救治点，通电后伤员得到及时救助。

震后抢修 | 田海

8月10日晚上，在110千伏九寨沟变电站，
国网绵阳供电公司抢险队员正在拆除地震中
损毁的电流互感器连接线。

光亮驱散恐惧 | 倪昶

点亮四川长宁6.0级地震最大安置点。

震后宁静 | 彭强

明亮的灯光驱散地震带来的恐惧，夜幕下的震中长宁双
河安置点一片祥和宁静。

北川新县城夜景 | 田海

北川是全国唯一的羌族自治县，2008年"5·12"汶川特大地震让北川毁于一旦，满目疮痍。十年重建，山川抚平伤痕，北川走向重生。
2010年9月25日，北川新县城拔地而起，异地重建的新城取名永昌镇，寓意"繁荣昌盛"。

芦山新县城 | 何斌

芦山震后的废墟上重建出一片璀璨夜空。

图书在版编目（CIP）数据

四川夜景 / 国网四川省电力公司编. —北京：中国电力出版社，
2019.11

（中国夜景丛书）

ISBN 978-7-5198-3738-9

Ⅰ . ①四…　Ⅱ . ①国…　Ⅲ . ①城市景观 – 照明设计 – 四川
Ⅳ . ① TU113.6

中国版本图书馆 CIP 数据核字（2019）第 222661 号

出版发行：中国电力出版社
地　　址：北京市东城区北京站西街 19 号（邮政编码 100005）
网　　址：http：//www.cepp.sgcc.com.cn
责任编辑：杨　扬（010–63412524）
责任校对：王小鹏
装帧设计：锋尚设计
责任印制：杨晓东
印　　刷：北京雅昌艺术印刷有限公司
版　　次：2019 年 11 月第一版
印　　次：2019 年 11 月北京第一次印刷
开　　本：889 毫米 ×1194 毫米　12 开本
印　　张：11.5
字　　数：497 千字
定　　价：168.00 元